주거환경학총론

주거환경학총론

주거환경교육연구회 지음

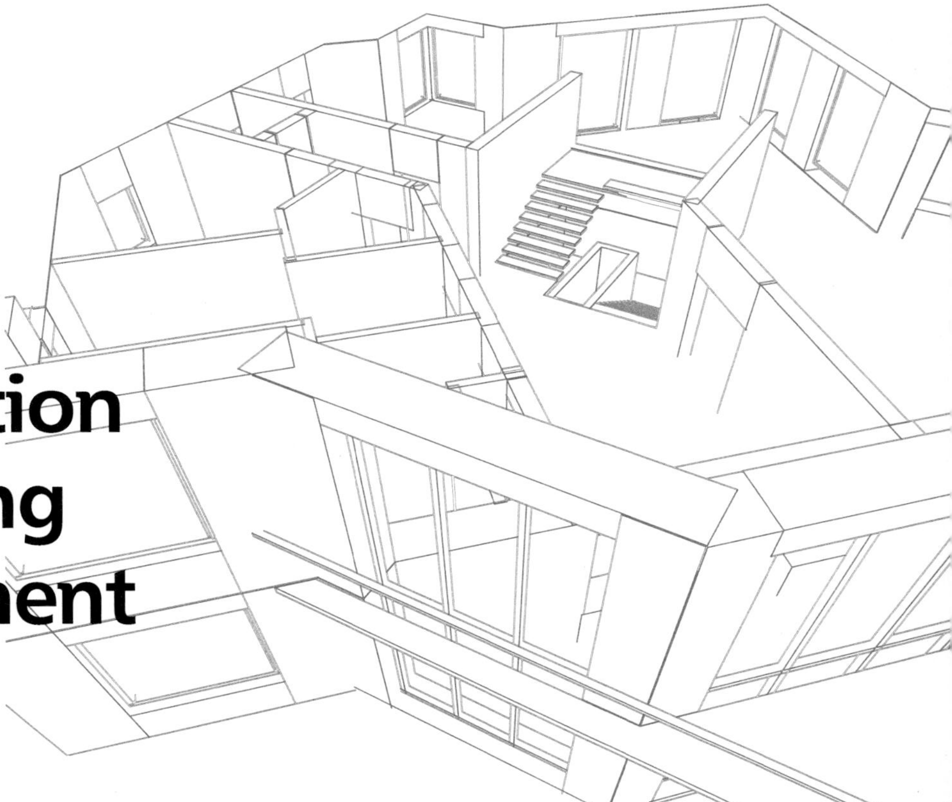

Introduction
to Housing
Environment

(주)교 문 사

머리말

인간생활의 기본적인 영역인 주거학 분야는 이 분야의 선구적 역할을 하신 분들의 노력과 사회적 요구에 부응하여 우리나라에서 학문으로서 그 뿌리를 내렸다. 주거학을 학문적으로 다루는 학과가 대학에 개설된 지 반세기에 이르며, 현재 전국 4년제 대학에 주거환경학과가 20개 가까이 운영되고 있다. 또한 주거학 전공자들이 모여 학술활동을 하는 학회가 창립된 지도 20년이 넘었으며, 관련 연구소와 업체 등도 많이 있다.

지금까지 주거학이 학문적으로 성장할 수 있도록 노력하신 전국 대학교의 교수님들, 연구소의 박사님들, 그리고 실무를 하고 계신 업계의 전문가들이 주거학 분야의 전문성을 보다 널리 알리고, 학문으로서뿐만 아니라 실용기술로서의 활용성을 높이는 데 도움을 주기 위하여 '주거환경교육연구회'를 자발적으로 구성하였다. '주거환경교육연구회'는 주거학 분야에 종사하면서 교육, 연구, 실무를 담당하는 전문가 38명으로 구성되어 있다. 앞으로 관심 있는 분들의 가입과 적극적인 활동을 기대한다.

'주거환경교육연구회'의 첫 번째 활동으로 두 권의 저서를 편찬하였다. 《주거환경학총론》과 《주거환경의 기획과 평가》이다. 《주거환경학총론》은 주거학 분야의 일반적이고 개략적인 이론지식을 전달하기 위한 내용이며, 《주거환경의 기획과 평가》는 주거학의 기본 이론지식을 바탕으로 실제로 주거환경의 기획과 주거환경의 평가실무에 필요한 내용이다.

《주거환경학총론》은 세 가지 영역으로 구성하였다. 주거환경일반, 주거환경디자인, 주택정책·기술이다. 주거환경일반에는 주거사, 주거문화, 주거환경심리, 주거환경학·그린홈, 주택·주거단지계획에 대하여, 주거환경디자인은 주택설계, 실내디자인, 인간공학, 특수주거설계, 생활디자인, 색채학에 대하여, 주택정책·기술은 주거관리·복지, 주택정책, 주택법규, 주택기술일반에 대하여 서술하였다.

《주거환경의 기획과 평가》는 두 가지 영역으로 구성하였다. 주거환경기획과 주거환경평가이다. 주거환경기획에는 주거환경기획 프로세스, 주거환경의 분석, 주택상품개발, 주거환경 서비스, 주거환경기획 사례에 대하여, 주거환경평가에는 주거환경평가 프로세스, 주거환경 현황분석, 조사분석방법 선정, 평가계획 및 실행, 평가결과 및 대안, 주거환경평가 사례에 대하여 서술하였다.

이 책은 주거학의 전반적인 내용을 모두 소개한다는 취지에서 서술하여 많은 내용으로 구성되어 있으며, 일반적인 지식의 범위 내에서 쉽게 서술하려고 노력하였다. 그러나 많은 저자들이 참여한 관계로 일관된 서술방식으로 되어 있지 않다. 이는 추후 내용과 편집의 수정 등을 통하여 보다 완성도 높은 책이 되도록 노력할 것임을 약속드린다. 출판계의 불황에도 불구하고 출판을 기꺼이 허락해 주신 (주)교문사 류제동 사장님께 특별한 감사를 드리며 이번 작업에 수고를 아끼지 않은 편집부 외 관계자 여러분께 감사드린다.

2010년 8월

주거환경교육연구회 편찬위원회

차 례

Part 1

주거환경일반

Part 2 주거환경디자인

Part 01

주거환경일반

Chapter 1 주거사

Chapter 2 주거문화

Chapter 3 주거환경심리

Chapter 4 주거환경학 · 그린홈

Chapter 5 주택 · 주거단지계획

CHAPTER 01

주거사

1. 한국주거사[1]

우리나라의 전통주거는 조선시대에 고유한 주거형식으로 완성되었으며, 자연환경과 조선시대 사회문화적 환경의 영향을 반영하고 있다. 전통주거의 물리적 특징은 목가구조로 온돌과 마룻바닥의 이원구조가 특징이다. 전통주거는 통시적 관점에서 계층성, 지역성을 고려하여 이해하여야 한다.

1) 고려시대 이전의 주거

한반도에는 구석기시대부터 동굴주거와 더불어 인공주거의 흔적이 있다. 선사시대부터 고려시대까지의 주거는 거의 남아 있는 것이 없으므로 집터나 문헌을 통해 그 근거를 알 수 있다.

(1) 석기 · 청동기 · 철기시대의 주거

① 석기시대의 주거

한반도에는 60~40만 년 전에 전기 구석기인이 살았던 것으로 보인다. 수렵생활을 하던 구석기시대에는 자연동굴을 은신처로 사용하고 이동 시 임시적 거처로 사용하기 위하여 인공주거가 건설된 것으로 보인다. 주거의 형태는 나뭇가지를 묶어 구조체를 만들고 그 위에 나뭇잎, 풀, 짐승가죽을 덮었던 것으로 추정한다. 공주 석장리의 유적이 대표적 사례인데, 그 크기는 동서방향 7.5 m, 남북방향 7 m 정도로 내부에 불 땐 자리가 있는 사각추 형태의 움막집이었다. 이러한 집자리는 햇볕이 잘 들고 강 가까운 곳에 자리 잡았다.

기원전 5000~1000년의 신석기시대에 농경의 시작으로 식량생산이 이루어져 정착생활을 하게 되면서 인공주거인 움집이 보편화되었다. 서울 암사동, 전남 담양 궁산리, 황해북도 봉산군 지탑리, 경기도 미사리 등의 집터 움집은 지름이 3~6 m인 원형 혹은 타원형의 평면으

1) 강영환(2002)의 《새로 쓴 한국 주거문화의 역사》를 중심으로 요약·보완함

그림 1-1 선사유적지(서울 암사동)

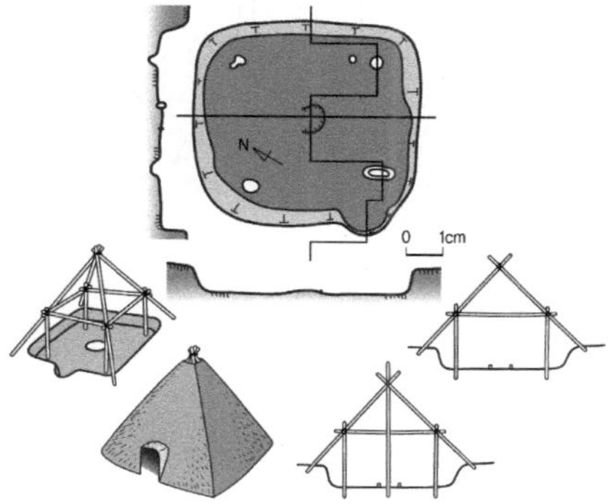

그림 1-2 서울 암사동 집터 및 복원도

출처 : 강영환(2002). p. 29.

로 바닥을 0.6~1.2 m 판 모양이다. 움집은 시기가 지나면서 원형과 모를 죽인 방형, 장방형의 평면으로 변화하였다. 움의 중앙에 난방, 취사, 조명의 기능을 하는 화덕이 있고, 내부에 곡식을 저장하는 토기를 파묻은 저장구멍이 있다. 빗살무늬토기가 사용되었으며 도끼, 화살촉, 그물추 등 농업과 관련된 도구를 사용하였다. 움집구조는 나무를 여러 개 모아 나무줄기로 끝을 묶은 원추형 또는 사각추형이며, 수직의 기둥구멍이 있다. 출입시설은 계단이나 경사로를 만들어 사용했던 것으로 보이며 구조체 위로 나뭇가지나 나뭇잎을 덮었다.

강원도 양양 오산리 집터는 기원전 5000~6000년대의 것으로 신석기 유적 중 가장 오래된 것이다. 예외적으로 움집이 아닌 주거바닥과 외부지면의 고저차가 없는 지상주거이어서 계절적 일시 주거로 추정한다. 14개의 주거지가 있으며 평면은 원형 또는 타원형이고 화덕 자리가 1개 또는 2개 있다. 서울 암사동 유적은 기원전 5000~1000년 전 신석기 전기의 것으로 추정되며 12개의 주거유적이 발굴되어 공동생활을 했던 취락지로 보인다. 움집 내부에서는 수직으로 뚫린 구멍이 발견되었는데, 이것은 기둥을 세우고 위에 보, 도리를 얹어 육면체의 구조틀을 만들고 여기에 기대어 서까래를 세워 벽체를 만든 것으로 보인다.

② 청동기시대의 주거

기원전 1000년 전부터 기원전 300년까지의 청동기시대에는 청동기, 민무늬토기, 목기, 석기를 함께 사용하였다. 청동기는 일부 특수계층에서만 사용하였고, 생활도구는 주로 석기였다. 집단으로 농경정착생활을 하여 취락이 형성되었으며, 마을 방어를 위해 환호(環濠)가 설치되었다. 농업은 논농사보다는 밭농사를 주로 한 것으로 보인다. 환호 안의 영역 내에서는 사회적 위계와 영역의 구분에 따라 공간배분이 되었다. 움집들은 대부분 강가의 평야나 강 유역 구릉에 지었다.

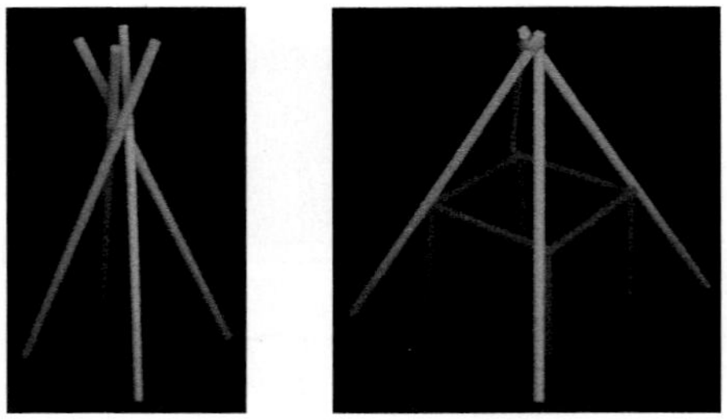

원추형 움집　　　　　수직벽체 움집

그림 1-3 움집의 구조

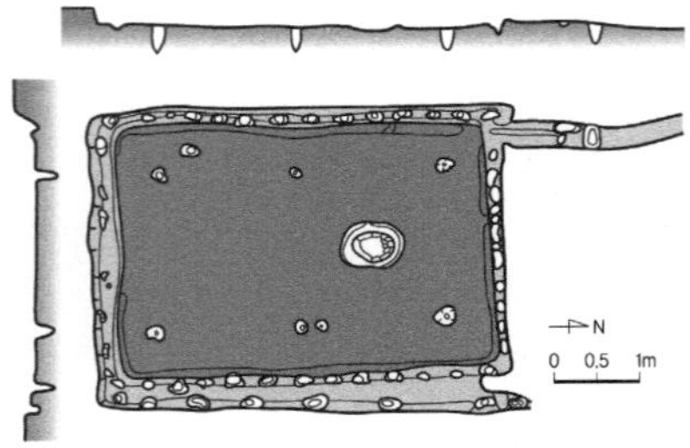

그림 1-4 청동기시대의 방형주거지(울산 옥현지구)

출처 : 강영환(2002). p. 44.

청동기시대의 집터는 평북 영변군 영변읍 세죽리 27개 집자리 중 7개, 함북 회령군 오동리, 경기도 파주군 옥석리·교하리, 충남 부여군 송국리에서 발굴되었다. 청동기시대에도 목조가구식의 움집이 지어졌지만 규모, 평면, 구조에서 신석기시대와 차이를 보인다. 신석기시대보다 움의 깊이가 얕아져 30~60 cm이고, 집의 규모가 커져서 40~50 m^2이며 평면은 대부분 장방형이다. 3개의 기둥이 2열로 배열된 6주식 또는 8주식이 많았다. 집 내부에는 화덕이 한 쪽으로 치우쳐 있거나 2개가 있었으며, 배수구가 있고 곡식을 저장하기 위한 별도의 저장공간이나 시설이 있었다. 이러한 특징은 움집에서 발전된 반움집으로 변화된 것으로 지상주거로 발전하는 중간 단계로 볼 수 있다. 지붕이 바닥과 분리되면서 수직벽체가 발생하고 지붕 형태도 맞배지붕이나 우진각지붕이 되었다. 기둥을 수직으로 세우면서 주춧돌을 사용하게 되어 구조적 안정성이 증가하였다. 화덕 시설도 신석기시대의 화덕보다 발전하여 화덕 주변에 단을 만들거나 판석을 세워 초기 아궁이 시설 형태도 나타난다.

소수의 장방형 주거지에서는 외부 벽 주변에 ㄱ자, ㄷ자, ㅁ자로 주변 바닥면보다 5~10 cm 높고 약 80 cm 폭 정도의 단차를 두거나 칸막이벽의 구획으로 내부공간이 분화하기 시작한다. 칸막이벽으로 구획된 경우는 한 공간에서는 다량의 토기와 곡류가 출토되고 다른 공간에서는 단단한 바닥과 화덕이 있는 것으로 보아 저장공간과 거주공간으로 구분하여 사용된 것으로 추정한다.

③ 철기시대의 주거

기원전 4세기 전후에 철기문화가 전파되어 철기가 생산자 계층에서 보편적으로 사용되었다. 철로 만든 괭이, 보습, 낫 등의 농기구로 농업이 크게 발달하였다. 생산력 증대의 개인 차이로 계층분화가 이루어지고 사유재산제가 발생하였으며 국가체계가 갖추어졌다. 성읍국가 또는 삼한소국이라 불리는 국가 형태가 출현하여, 한반도의 북쪽에 부여, 예맥, 고조선, 임둔,

진번, 한강 이남에 진국이 성립되었는데 고조선이 가장 선진국이었다. 한반도의 초기 국가들은 중국과 교류하면서 도시문명을 받아들였다. 국가체제가 성립되어 계층분화가 촉진되고 직능이 분화되어 철기를 다루는 기술이 주택에 적용되어 다양한 주택이 나타났다. 이 시기의 주거는 유적뿐만 아니라 중국의 역사서(후한서 동이전, 위서 동이전, 신당서 동이전, 구당서, 진서 숙신씨조)의 기록을 통해서도 알 수 있다. 청동기시대와 초기 철기시대를 구분하는 기준은 지상주거와 온돌이 시작되었다는 것이다.

그림 1-5

고상주거 가형토기(가야)

《후한서 동이전 부여국조》에 의하면 부여에 창고, 감옥이 있었다고 기록되어 있으므로 지상주거가 출현한 것으로 본다. 가장 오래된 지상주거의 유구는 기원전 7~5세기경, 초기 고조선 시기의 평북 영변군 영변읍 세죽리 집터이다. 27개 집자리 중 5개가 철기시대의 것이다. 평면은 방형·장방형으로 30 m^2 미만의 크기였고, 주춧돌 없이 기둥을 맨땅에 세운 것이다. ㄱ자형으로 구부러진 한 줄 고래의 구들이 있다. 소수의 지배계층에서는 고상주거를 사용하였지만 대부분의 피지배계층의 주거는 반움집으로 나타난다. 《후한서 동이전 읍루조》에는 바닥이 지상에서 1.4 m 이상 깊은 움집이 있었다는 기록도 있다.

우리나라 주택의 바닥구조의 특징으로 온돌과 마루를 들 수 있는데, 이들의 근거를 알 수 있는 유구가 이 시기에 나타난다. 세죽리 집터와 경남 삼천포항 앞의 사천 늑도 유적지에서 아궁이로부터 고래형식의 긴 연도가 실내에 설치된 유구가 발굴되어 온돌이 초기 철기시대부터 시작된 것으로 추정한다. 초기 철기시대의 또 하나의 특징은 고상주거가 한반도 전 지역에서 사용되었다는 것이다. 《진서 사이전 숙신조》에 '소거(巢居)에 살았다'는 기록이 있는데 바닥을 높게 만든 원두막 같은 집인 것으로 판단된다. 고상주거는 청동기시대에 중국에서 도입되어 망루로 사용되었을 것으로 추정되며, 철기시대에 들어서 철기의 사용으로 목재의 결구방법이 발달하여 판재로 만든 마룻바닥의 조립이 수월해져 한반도 북부에서 남부에 걸쳐 사용된 것으로 추정한다. 고상주거는 가야지역에서 발견된 고상형 가형(家形)토기를 통해서도 알 수 있다(그림 1-5). 《삼국지 동이전 변진조》에는 '나무를 횡으로 놓아 감옥처럼 만든' 귀틀집이 있었다는 기록이 있다.

(2) 고대국가시대의 주거

① 고대도시와 도시주거의 발달

기원전 1세기경 고구려, 기원후 2, 3세기경에 백제와 신라가 각각 고대국가체제를 정비하였다. 삼국과 통일신라시대는 고려가 성립되는 918년까지 지속되는 시기이다. 고대 국가체제를 유지하기 위한 도성의 계획은 당 장안성의 계획을 모방한 방리제(坊里制)를 따랐다. 도시를 장방형으로 하여 가로·세로의 가로인 리(里)로 구획하는 도로망과 네 가로로 둘러싸인 방(坊)으로 나누었다. 신라의 고도인 경주는 《삼국사기》에 5세기경 방리제를 적용하였다는 기록이 보인다. 남북과 동서 간의 방(坊)을 구획하였던 방로와 이를 구획하는 담장, 각 택지를 구획하는 담장과 대문이 있었다. 건물은 한 동으로 이루어지며 건물 앞에 마당과 우물을 두었다.

사회는 귀족, 평민, 노비의 세 계층으로 구성되었으며 불교가 유입되어 높은 문화수준을 보였다. 궁궐이나 사찰 등의 권위건축은 당시 중국의 한(漢)나라가 한반도 북부에 한사군을 설치하였으므로 이곳을 통해 한나라의 발전된 기술과 제도를 배울 수 있었다.

사회계층과 직능이 분화하여 건설 분야의 전문화와 건설인력의 조직화가 이루어졌고, 이로 인해 건축재료의 생산과 대규모 목조가구법의 발달을 촉진하였다. 신라 6세기경에 작성된 남산신성비와 황룡사 찰주본기의 기록을 보면 각 지방별로 분업화된 기술자들이 있었던 것을 알 수 있다. 황룡사 구층탑은 거대한 높이로 상륜부를 포함하여 225척(약 67.5 m)의 높이로 구조와 시공 면에서 상당한 기술수준이었다는 것을 증명해 준다. 또한 이음과 맞춤, 장부로 목재를 깎아 맞추는 공포 등의 기법이 사용되었다. 공포의 사용은 고구려 고분벽화인 안악 3호분, 쌍영총 내의 건물 구조부의 기둥머리에서 나타난다. 기둥머리 위에 놓이는 창방 위에는 인자대공(人字臺工 : 솟을합장)이 사용되어 도리를 받치고 있는데, 이는 조선 초기까지 사용되는 고전적인 수법이어서 건축물의 조성연대를 추정하는 지표가 된다. 기둥은 배흘림기둥으로 하였고, 지붕은 부연을 얹은 겹처마로 구성하였다.

삼국시대에는 석재 가공기술의 발달로 장식적인 초석, 기단의 판석이나 계단석뿐만 아니라 석탑, 분묘, 첨성대, 석굴암 등의 석구조 건축물이 만들어졌다. 흙으로 구워 만드는 건축재료의 생산이 이루어져 기와, 전, 와당, 수두, 치미 등이 건축에 사용되었다. 건축기술의 발달과 고급건축재료의 생산은 신분적 권위를 나타내는 데 사용되어 주거의 차별화를 이루었다.

고구려 고분 마선구 벽화 (강영환(2000). p. 71.)

나라(奈良) 도다이지(東大寺) 내 고대 양식의 귀틀집

그림 1-6 고상주거 귀틀집

② 고구려·백제·신라의 주거

이 시기의 주택은 상당한 수준인 것으로 보이며, 고문헌(후한서, 삼국지, 양서, 위서, 주서, 구당서, 신당서), 벽화, 가형토기를 통해 근거를 찾을 수 있다. 서민의 집은 움집 또는 기단과 초석을 사용하는 지상주거였으며, 남부지방에서도 초기 온돌에 해당하는 긴 연도의 아궁이 시설이 있었다.

고구려 서민주거는 《신당서》, 《구당서》의 고구려조에 대한 기록을 보면 "백성들이 겨울에 장갱을 만들어 불을 때고 난방한다."고 하였고 초가로 지붕을 덮었다고 한다. 고상주거가 있었으며 마루구조가 일반화하였다.

그림 1-7 고구려 안악 3호분 벽화의 부엌, 고깃간

《삼국지 위지 동이전》의 기록을 보면 집집마다 부경이라는 작은 창고를 두었고, 혼인을 하면 여자의 집에 서옥(壻屋)을 두어 사위가 살도록 하였다. 안악 제3호 고분벽화를 보면 부엌, 고깃간, 수레고, 마구간이 별도로 그려져 있어서 용도별로 채를 달리하여 사용한 것을 알 수 있다. 지붕에 기와를 사용하였고, 용마루에 치미를 장식하였다. 쌍영총·사신총의 벽화를 보면 좌식과 의자식 생활이 함께 이루어졌으며 실내에 휘장을 친 것으로 보인다.

백제의 주거는 ㄱ자형, 一자형 구들이 있었고 구들바닥을 넓게 깐 난방구조가 있었던 것으로 보인다. 생활은 《신당서 동이전 백제조》에 고구려와 풍습이 같다고 기록되어 있어 주택은 기능별로 채로 구성되었고 귀족계급은 좌식과 의자식 생활을 병행한 것으로 보인다.

신라의 주거에 대한 자료로는 《삼국사기》와 《삼국유사》가 있으며 가형토기, 와당, 벽전이 있다. 신라 초기의 주택은 움집이나 지상주거의 초가집이었으며, 진골과 육두품과 같은 상위계급의 주택은 목조가구식의 민도리집(기둥 위에 납도리를 얹어 꾸민 집) 구조의 기와집이었을 것으로 추정된다.

그림 1-8 안압지 내 건물의 용마루 위 치미와 인(人)자 대공

《삼국사기 옥사조》에 의하면 신분제도인 골품제에 의한 가사규제가 있어서 주택의 규모, 재료, 구조, 장식에 이르기까지 진골, 육두품, 오두품, 사두품 이하로 나누어 규제가 적용되었다. 진골에 규제한 내용을 보면 담장에 양동(梁棟)을 하지 못하게 했고, 살림채의 전면 폭 24척 이내, 기와는 당와(唐瓦 : 막새기와 또는 수입와로 해석) 사용 금지, 지붕의 합각부문에 현어(懸漁) 장식 금지, 오채(五彩)·금·은·백랍(白鑞) 치장 금지, 비첨(飛簷 : 부연으로 해석) 금지, 계단의 삼중계(三重階 : 세 폭의 계단으로 해석)를 금지하였다. 주택바닥은 마루·전·흙바닥이었으며 바닥에는 직물로 된 깔개를 깔았다.

신라의 상류층은 기와집에 숯으로 밥을 짓고 여름에도 얼음을 사용하였으며 집에 금드리를 한 화려한 주택이 있었다. 신라의 가형토기에는 고상식 주거 형태가 있고 《삼국사기》에도 마루가 있었다는 기록이 있어 당시 마루가 일반화되었던 것으로 보인다.

안압지는 신라의 별궁으로 군신 간의 향연과 외국사신을 접대하기 위한 목적으로 건립된 것으로 본다. 인공의 연못을 만들고 다섯 개의 건물터를 회랑으로 연결하였다. 발굴 당시 각종 기와, 치미, 부연, 공포부재 등이 출토되어 《삼국사기 옥사조》에 기록된 주택 관련 부재들을 확인할 수 있다.

(3) 고려시대의 주거

통일신라 하대의 후삼국을 왕건이 통일하여 고려를 개국하였고, 송악(개성)으로 천도하였다. 고려시대는 918년부터 조선이 성립된 1392년까지이다. 태조는 개국공신과 지방의 호족을 관리로 등용하였고, 성종 이후 중앙집권적인 국가체제가 확립됨에 따라 지방호족으로 중앙관료가 된 사람들은 여러 세대에 걸쳐 중앙에서 고위 관직자를 배출하여 문벌귀족이 되었다. 이들은 관직을 독점하고 권력을 이용하여 개인이나 국가의 토지를 차지하여 경제력까지 독점하였다. 사회적으로 유교는 정치적인 제도의 유지를 위해, 불교는 신앙생활과 관련지어 함께 보완하며 발전하였다.

고려의 신분구성은 귀족과 중류층, 양민과 천민으로 구성되었다. 중류층은 지배기구의 말단행정직으로 존재하였다. 양민은 농업이나 상공업에 종사하는 사람이며, 농민층이 주류를 이루었다. 천민의 대다수는 노비였는데 노비는 공공기관에 속하는 공노비와 개인이나 사원에 예속된 사노비가 있었다.

그림 1-9 주심포 양식(봉정사 극락전)

주심포 양식 다포 양식 익공 양식

그림 1-10 공포의 종류

고려시대의 건축은 궁궐과 사원이 중심이었는데 현존하는 건물이 거의 없고 개성 만월대 터로 당시 궁궐건축을 추정할 수 있다. 개성은 산지 지형이므로 경사지에 축대를 쌓고 건물을 계단식으로 건축하였는데, 중국의 건축방법으로부터 지형에 맞는 건축방법으로 변화한 것을 볼 수 있다. 목조 양식이 중국에서 도입되어 권위건축에 사용되었다. 고려 전기에는 기둥 위에만 공포를 얹는 주심포 양식이 건물에 사용되었는데 경북 안동 봉정사 극락전(1363년 수리 기록)은 가장 오래된 주심포 양식의 건물로 알려져 있다. 경북 영주 부석사 무량수전, 충남 예산 수덕사 대웅전 등이 주심포계의 대표적 건물이다. 고려 후기에는 기둥 위에 창방을 놓고 기둥 사이에도 공포를 얹는 다포 양식이 사용되었으며, 이후 조선시대 건축 전반에 영향을 끼쳤다. 황해도 사리원의 성불사 응진전이 고려시대 다포 양식의 예이다. 조선시대에는 중국의 영향을 받지 않은 독자적인 익공 양식이 나타났다.

① 귀족주택의 형태와 공간

문벌귀족의 주거는 신라의 왕궁을 모방하여 화려하게 지은 것으로 보이며, 《고려사》에 고려 초 최승로가 귀족들이 집의 높이 제한을 지키지 않는 것을 상소한 것으로 미루어 짐작할 수 있다. 《동문선》에는 귀족들의 집 장식에 대해 묘사하고 있는데, 저택이 10리에 달하고, 누각을 설치하며, 단청·금은 장식을 하였다고 기록되어 있다. 《고려사》에 아라비아인으로 고려에 귀화한 장순용의 집에 대한 기록이 있는데, 기와·자갈로 담을 쌓고 화초무늬를 넣어서 화려하게 장식하였다고 한다. 건물터에서 청자기와가 출토된 것으로 보아 귀족들의 주택에도 청와가 사용된 것으로 보인다.

또한 귀족들은 주택에 호화스러운 원림도 조성하였다. 《고려사》의 최우의 집에 대한 기록을 보면, 원림의 넓이가 수십 리였다고 한다. 원림은 연못, 기암괴석, 화려한 꽃으로 장식한 것으로 신라시대의 안압지와 유사한 양식이라고 짐작된다. 귀족들은 화려한 주택 이외에도 자연경관이 좋은 곳에 별장인 별서(別墅)와 별업(別業)을 두었고 누정을 건립하였다. 자연 그

대로의 모습에 가치를 두는 도가적 자연관이 나타나기 시작한 것으로 보이는데 귀족들의 문집에 별서건축에 대한 기록이 나타난다. 이러한 자연관은 조선시대로 갈수록 강화되어 사대부주거와 건축에 영향을 끼친다. 자연경관이 좋은 곳에 지어진 별서건축에는 누정이 들어서게 되며 경사지에 지어지게 되므로 누형식을 채택했을 것으로 보인다. 이인로의《동문선》에 보면 공주동정기(公州東亭記)에 대한 묘사가 있는데, 건물에 온돌방과 마루를 구비한 것, 여러 채로 되어 있는 것, 누와 축대와 같은 건축적 방법이 사용된 것이 기록되어 있다.

현존하는 주택 중 가장 오래된 주택으로 추정되는 고려 말의 맹씨행단에는 조선시대 주택과 구별되는 구조적, 의장적 특징이 있어서 당시 주택의 특징을 알 수 있다. 그 특징으로 첫째, 기둥머리 부분에 초익공 형식의 공포를 설치하였는데, 창방이 없이 화공과 행공을 사괘맞춤으로 짰으며 역동적인 앙서형 쇠서가 있다. 창방이 없는 것은 고려시대나 조선 초기의 초익공 형식이다. 둘째, 대청의 종도리를 받치는 솟을합장, 복화반 형식의 동자주대공이 있는데, 이러한 부재는 고려 말 조선 초의 건물에서 사용되는 것이다. 셋째, 정면 창호의 각 칸마다 중간에 설주를 세우고 3짝의 홀수 창호로 구성하였다. 가운데는 창호 하나씩 들문을 처리하고 우측 칸에는 외여닫이 창호와 들문을 혼합하여 설치하였다. 창호 위 아래에 머름을 설치하고, 정(井)자 격자살을 사용하였다. 넷째, 평면형식이 가운데 마루를 두고 좌우로 방을 두는 형식으로 조선시대 관아 등의 권위적이고 격식적인 건물에서 사용하는 배치이다. 맹씨행단은 조선시대에 칸마다 중간 설주를 두지 않는 것, 대청 앞의 창호는 분합문을 사용하는 것, 짝수 창호 및 창호 아래에 머름을 사용하는 것, 띠살문 설치 등과 차이가 있으므로 고려시대의 주택으로서의 특징을 보여 주는 건물이다.

② 온돌과 마루의 결합

고려시대 주거의 내부공간은 중국 송나라 사신인 서긍이 고려에 대해 기록한《선화봉사 고려도경》으로 알 수 있다. 귀족계층은 의자식 생활을 하여 와탑(臥榻 : 침상)과 의자를 사용하였으며, 겨울에는 실내에 온로를 두어 손을 덥혔다.

온돌은 서민층에서 일반적으로 사용하면서 한반도 남부까지 전파되었고, 고래(불길과 연기가 나가는 길) 수도 증가되었다. 한반도 북부지방에서는 상류계층도 온돌을 사용한 근거가 있는데, 발해의 상경용천부(현 길림성 화룡현) 궁성 안 살림채 유구에 온돌방이 있었던 것으로 나타났다. 남부지방에서의 온돌의 유구는 전북 익산 미륵사지 내 건물, 경주 감은사지 건물터, 전남 완도 법화사터 등이다. 전면 온돌의 유구는 북부지방의 평북 신의주시 상당리에서 나타나고, 남쪽으로는 경북 문경새재 조령 원터에서 6줄 고래의 집터가 발굴되었다. 원터에

외관

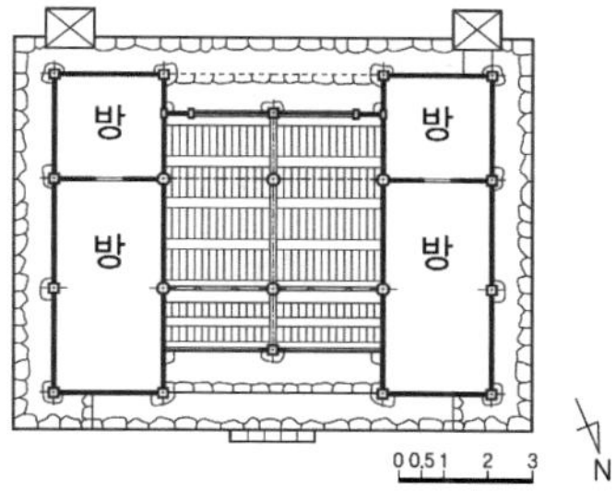

평면
(강영환(2002). p. 128.)

익공과 창호

솟을합장과 복화반 대공

그림 1-11 맹씨행단(충남 아산)

서는 부엌과 방이 벽체로 구획되어 분리된 형태로 나타났다.

온돌과 더불어 마루가 함께 결합되었다는 것을 알 수 있는 문집이 다수 나타나는데, 온돌방은 욱실(燠室)·온실(溫室)로, 마루는 냉청(冷廳)·냉재(冷齋)로 표현되었다. 온돌과 마루는 칸막이 벽체로 구별되었을 것이며, 방의 배치는 중앙에 대청을 두고 좌우에 방을 둔 형태로 맹씨행단과 유사한 평면형식일 것으로 유추한다.

③ 풍수사상의 적용

음양오행사상과 지모(地母)사상이 결합된 풍수사상은 고려 지배계층에 일반화되어 도시·마을·주택의 입지에 적용되었다. 고대국가 초기에 중국으로부터 음양오행사상이 전파되었고, 고구려의 고분에 사신수가 그려져 있는 것으로 보아 풍수에 대한 의식은 고대국가부터 있었던 것을 알 수 있다. 중국의 체계화된 풍수사상은 신라승이었던 도선의 《도선밀기》로 한반도에 전해져서 조선시대까지 사회 전반에 자연관이며 우주관으로서 자리 잡았다.

고려의 왕건은 풍수의 영향을 절대시하였으며, 후손에게 남긴 십훈요(十訓要)에도 풍수와 관련된 내용이 담겨 있다. 고려시대에 주택에 적용된 풍수에 대한 기록으로는 《고려사절요》에

"산이 드물면 높은 집을 짓고 산이 많으면 낮은 집을 짓는다고 한다. 산이 많은 것은 양이요, 산이 드문 것은 음인데 높은 집은 양이요, 낮은 집은 음이다."라고 하여 완만한 산이 많은 노년기지형의 우리나라의 건축적 규범으로는 단층의 집을 짓는 것이라 하였다. 건축기술이 부족하여 단층의 주택이 지어진 것이 아니라 지형과 조화를 이루기 위하여 단층주택이어야 한다는 건축적 규범이 존재했다는 것을 알 수 있다.

2) 조선시대의 주거

조선시대의 주거는 사회·경제적 배경에 따라 전기(1392~1592), 중기(1592~1725), 말기(1725~1910)로 나누어지며, 시대별로 차이를 보인다. 조선 전기는 건국(1392)부터 임진왜란(1592~1598)이 일어나기 전까지의 시기로 양반관료사회로 전환되어 성리학적인 생활 양식이 자리 잡는 시기이다. 조선 중기는 임진왜란 이후부터 영조 이전까지의 시기로 사대부 문화가 정착되는 시기이며, 조선 후기는 영조 이후 양반관료사회가 해체되고 실학사상이 대두되어 근대사회가 되어 가면서 대한제국이 일본에 의해 강제 합병되는 시기까지이다.

(1) 조선 전기

고려 말 성장한 신진사대부들 중 고려왕조를 부정하는 급진 개혁파는 이성계의 역성혁명을 도와 조선을 건국(1392)하였다. 태조는 한양으로 천도하여 도성을 쌓고 궁궐을 비롯한 권위건축을 건설하였다. 조선 전기에는 유교정치를 실현하였고, 국가의 행사를 유교식으로 하면서 사대부들에게도 주자가례의 시행을 장려하여 유교윤리가 사회윤리로 자리 잡게 되었다.

① 사회문화적 환경

성리학은 고려 말의 개혁과 조선의 건국에 사상적 기반을 제공하였으며, 조선사회는 성리학적 국가체제로 사회윤리로서 인륜을 중시하였다. 15세기 중반 이후에는 중소지주로 영남과 기호지방의 성리학에 투철한 사림 이기론에 대한 이론의 영향력이 커지면서 개인의 도덕성과 수신을 중시하였다.

불교와 도교는 크게 위축되어 사원의 경제적 기반이 약화되었다. 조선 초기 이래로 풍수지리설과 도참사상이 중요시되어 한양천도에 반영되었고, 양반 사대부의 묘지선정, 마을과 주택의 입지에 풍수를 적용하는 것이 일반화되었다. 집은 조선시대 사람들의 우주관에 따라 음양오행의 질서있는 조화가 이루어지도록 작은 우주의 모습을 지상에 구현하려 했다.

조선은 엄격한 신분제 사회로 관직을 가진 사람을 의미하던 양반, 양반 관료를 보좌하던 중인, 양인(평민, 상민), 천민으로 정착되었다. 양반은 토지와 노비를 많이 소유한 지주층이며 세습을 통해 국가의 고위관직을 독점하였다. 중인은 양반과 양민의 중간 신분계층으로 전문 기술이나 행정실무를 담당하였다. 양인은 농민, 수공업자, 상인을 말하며 대부분의 농민은 조세, 공납, 부역의 의무를 지고 있었다. 천민은 노비가 대부분을 차지하였으며, 고려와 마찬가지로 국가에 속한 공노비와 개인에게 속한 사노비가 있었다. 사노비는 주인집에서 함께 기거하는 솔거노비와 별도의 집을 가진 외거노비로 구분되었다.

② 가대·가사제도

토지는 국유제이며 대지를 국가에서 급여하고 가기세(家基稅)를 징수하였으며 주택의 사유와 매매는 인정하였다. 신분과 품계에 따라 주택의 대지를 분급하는 가대규제를 시행하여 집터의 규모를 제한한 것이다. 태조부터 가대규제가 시행되었으며 세종조에는 왕족도 대군, 공주와 왕자군, 옹주로 분류하고 정1～정9품, 서인으로 나누어 대지를 분급하여 대지의 한도를 정하였는데 대지규모의 지정은 주택규모의 한도를 정하는 것과도 연결된다.

가대규제에 이어 세종조부터는 가사규제를 시행하여 신분에 따라 주택의 규모를 간수(間數)로 제한하였다. 한 칸(間)은 기둥과 기둥 사이의 길이 또는 네 기둥 안의 면적인데, 기둥 사이의 길이가 정해져 있지 않아 한 칸의 크기를 늘림으로써 주택의 전체면적을 넓혔으므로 들보와 도리의 길이를 제한하여 총면적 규제, 기둥높이 제한, 숙석·화공·단청의 금지 등을 시행하였다. 주택이 정침·사랑·행랑 등 여러 채로 이루어져서 각 채마다 기능이 다르므로 이를 인정하여 채별로 제한기준을 두었다. 가사제도가 여러 차례 개정되었지만 상류계층에서는 이를 지키지 않는 사례가 많았으며 지방의 주택에서는 화공, 숙석을 사용한 사례를 많이 볼 수 있다. 성종 9년(1478) 이래로 가사규제가 더 이상 개정되지 않았고, 마지막 기록인 고종 2년(1865) 대전회통에는 가사규제 초기와 동일한 내용이 기록되어 있다. 가사규제의 내용으로 조선시대의 주택에 대해 알 수 있는 것은 간(間) 단위의 보편화, 간수를 통한 주택의 총면적 제한, 주택이 살림채·사랑채·행랑채 등 여러 채로 되어 있고 건물에 따라 제한기준이 다른 것, 누와 퇴의 보편화, 수직적 규모의 제한 등이며 신라의 가사규제와 달리 장식적 요소의 제한이 적은 것 등이다.

표 1-1 조선 최초의 가사규제

제정 연도	근거 자료	품계 / 구분	대군	친형제·친자·공주	2품 이상	3품 이하	서인	비고
세종 13년(1431)	세종 실록 권 21	주택 총규모	60칸	50칸	40칸	30칸	10칸	주초석 이외 숙석 금지, 화공, 진채 단청 금지

③ 주거계층

조선 전기의 주거계층은 신분에 따라 양반, 중인, 양인, 천민으로 나누어지며 생활이념과 생활방식의 차이에 따라 주택에 물리적 특징이 나타났다.

- 양반의 주거 : 양반은 지주층으로 유학을 공부하여 관료로 등용될 수 있는 지배계층이었다. 유학자로서 성리학적 규범에 따른 생활방식이 사대부주거에 적용되어 나타났다. 유교규범인 삼강오륜을 중요한 가치로 인식하였으며, 그중 남녀유별, 장유유서, 조상숭배의 윤리와 학문과 접객을 위한 사대부의 생활이 공간적으로 표현되었다.

  남녀가 지켜야 할 행동규범으로 인식한 내외법에 따라 남녀의 영역이 안채와 사랑채로 담을 둘러 별도의 영역으로 구분되었다. 변소도 안채·사랑채 별로 내측과 외측으로 구분하였다. 남녀의 공간이 인접하여 있을 때는 시각적·상직적 차단을 하는 내외담을 설치하였다. 음양론적 사고가 안채·사랑채에 반영되어 양의 방위인 남쪽·동쪽은 사랑채, 음의 방위인 북쪽·서쪽은 안채가 배치되었다. 가장이 제례를 집행하므로 사당과 사랑채는 근접한 위치에 배치하도록 하였다.

  직계가족의 거주로 장유의 위계가 안채의 안방과 건넌방으로 각각 고부(姑婦)공간을 분리하고, 사랑채의 큰 사랑방과 작은 사랑방으로 부자(父子)의 거주공간이 각각 분리되어 나타났다. 거주공간의 장유의 위계는 안방이 주부권, 큰 사랑방이 가장권의 상징으로 나타나는 것이다. 특히, 주부권은 지역에 따라, 시어머니가 며느리에게 주부권을 물려줄 때 거주공간도 내어 주는 '안방물림' 의식으로 나타난다. 상하의식은 안채·사랑채의 주인공간과 행랑채의 하인공간으로 엄격히 분리하는 것으로 반영되었다.

  주거영역은 사대부의 권위와 경제력을 나타내기 위하여 여러 채와 그에 연결된 마당으로 구분된다. 그 특징으로 솟을대문, 거대한 행랑채, 안채·사랑채의 대규모 대청, 안채와 사랑채의 오량가구법 등과 의장적 고급성을 들 수 있다. 조선 전기의 사대부주거는 사랑채가 미분화된 ㅁ자형 또는 날개집 형식을 보이고 있다. 고려 말에 집에 사당을 세우고 조상에게 제사를 지내는 풍습이 전파되었지만, 사당은 조선 전기 사대부계층에서도 보편화되지 못하였다. 초기의 사당은 안채의 대청마루에 감실 형태로 설치하였다. 16세기 이후 종법제, 봉사제, 상속제가 정착되면서 가묘(家廟)건립이 일반화되어 종가에서는 별동으로 가묘(별묘 : 別廟)를 설치하였다. 가묘는 제례, 관혼상제(冠婚喪祭) 등의 가례가 행해지는 장소이므로 위치의 선정을 중요하게 생각하여 양의 방향인 동쪽에 위치시켰다.

  조선시대의 주거는 우리나라 전통주거의 전형이다. 구조방식은 나무를 연결하는 목구조로 기둥을 세우고 그 사이를 흙벽으로 채우는 형식이다. 주거는 담장으로 둘러싼 대지

그림 1-12 상류주거의 사당

그림 1-13 상류주거의 소슬대문과 행랑채(경북 안동 하회마을 양진당)

그림 1-14 상류주거 안채의 안방·대청

안에 안채, 사랑채, 행랑채 등의 여러 채로 구성되고, 채는 각각의 안마당, 사랑마당, 행랑마당으로 결합되었다. 각 채별로 거주하는 사람의 성별과 위계가 달랐다. 각 채는 간을 기본단위로 하여 온돌과 마루의 거주공간을 구성한다. 한 채에는 흙, 온돌, 마루의 바닥 요소로 된 공간이 조합되는데 이런 세 종류의 바닥구조가 결합되어 나타나는 것은 조선 중기 이후로 보고 있다. 안채는 부엌, 안방 대청, 건넌방이 한 줄로 연결된 4칸 집을 기본으로 하여 각 공간들의 칸을 달리하여 대규모화하기도 하고, 평면 형태를 ㅁ자나 ㄱ자로 확장하였다. 사랑채는 사랑방과 침방, 대청, 누마루로 구성된다. 침방은 내외법에 따라 부부별침을 명하여 만들어진 방으로, 가장이 취침한다.

조선 전기의 주택 중 가장 오래된 것으로 알려진 양동마을의 서백당(1458년 건립)은 ㅁ자형 본채와 一자형 행랑채 겸 대문채로 배치되어 있다. 본채는 경북지방의 전형적인 ㅁ자형 뜰집으로 중정 내부에서는 개방적 육간(六間)대청과 안뜰을 느낄 수 있다. 대청의 뒤창에 중간 설주가 남아 있는 고식(古式)이다. 내외구분이 엄격하지 않았던 조선 초기 형식으로 본채의 오른쪽 모퉁이에 사랑영역이 있는 사랑채가 미분화된 형태이다.

평면
(강영환(2002). p. 172.)

동측면의 사랑과 내외담

사랑방 덧문과 2겹 안미닫이문
세살문 → 용자살 → 완자살의 순서

그림 1-15 서백당(경북 경주 양동마을)

표 1-2 주거계층별 주택의 특징

특징 / 계층	채 구성	주요채의 가구법	구조부재	기단	창호	벽체	주요채 지붕	대문
양반	안채, 사랑채, 행랑채 등 다수의 채와 마당	5량, 7량	네모, 두리기둥 지름 7치~1척	장대석 두세 벌대 기단, 사괴석	겹창호 안미닫이 : 아자살, 숫대살, 귀갑살	회벽	겹처마, 익공식, 기와 팔작지붕	솟을 대문
양인	마당에 살림채, 생산관련 부속채	3량, 4량	네모, 통나무 기둥 4~6치	토단의 막돌 초석	홑창호	토벽질, 사벽	홑처마, 초가 우진각지붕, 기와 맞배지붕	평대문

- 중인의 주거 : 중인은 기술관직, 문무관의 하급관리직을 세습하며 담당하였고, 양반과 서민의 중간계층이었다. 경제적으로는 양반계급과 크게 차이가 없어 양반주택을 축소하여 모방하는 형태였을 것이다. 현재 남아 있는 주택의 수가 적어 물리적 특징을 유추하기가 어려우나 직업상 행정기관이 위치하는 읍성 내에 거주하였으므로 주택에 생산적인 공간이 적었을 것이다.
- 양인의 주거 : 양인은 농·공·상에 종사하였으나 대다수가 농민이었다. 그들은 유교적 생활방식보다 농업생산성을 높일 수 있는 주거가 필요하였고, 지역의 자연환경에 대응할 수 있는 주거 형태를 취하여서 지역성을 나타냈다. 생활공간이 분화되지 않아 지역에 따라 단일채 또는 살림채와 생산공간과 결합된 아래채로 구성하고 삼량가구의 단순한 구조체, 6치 정도의 기둥, 홑창호, 초가지붕으로 구성되었다.
- 천민의 주거 : 천민은 주로 노비계층이다. 솔거노비는 양반주택의 행랑채나 대문간채에 기거하며 외거노비는 최소한의 주거로 살림채가 부엌과 방 한 개로 구성되었다.

그림 1-16 목가구조의 부위명칭

출처 : 김왕직(2000). p. 79, 96, 103.

(2) 조선 중기

임진왜란과 병자호란을 겪으면서 국가재정은 악화되고 농촌사회는 피폐해져 갔다. 이처럼 사회가 혼란하였음에도 불구하고 붕당정치는 더욱 격화되었다. 국가는 공납제도, 군역제도의 개편으로 농촌사회를 안정시키고 재정기반을 확대하였다. 성리학에 대한 이해가 깊어지면서 인간본성에 대한 학파 간의 논쟁은 더 커졌다.

① 씨족마을의 형성

조선 중기 이후 농촌에 씨족마을이 형성되는 배경에는 여러 가지 상황이 영향을 끼친 것으로 보인다. 우선 성리학적 유교문화가 정착하면서 종법제가 시행된 것으로, 종법제는 장자가 가계를 계승하며 선조의 제사를 모심으로써 부계 위주의 가족질서를 유지해 가는 것이다. 장자가 이를 수행하기 위하여 적장자 우대 상속제가 시행되고, 17세기 이후 종법제가 정착되면서 부계친 위주의 씨족마을로 편성되었다. 대표적인 마을로 경북 양동마을은 월성 손씨와 여강 이씨의 씨족마을이고, 경북 하회마을은 풍산 유씨의 씨족마을이다.

정치적 배경으로는 지방의 사대부들은 유향소(향청 : 지방군현의 수령을 보좌 자문하던 기관), 서원 등으로 농민 지배체제를 구축해 갔으며, 붕당정치가 심화되어 가면서 동일세력의 결속력을 강화하기 위하여 향촌의 씨족집단을 결속시킨 것이다. 경제적 배경으로는 마을입지가 산지로부터 평지나 낮은 구릉으로 이동하면서 농경지가 확대되고 집약 농업이 되면서 촌락의 주도세력이 동성의 씨족마을을 형성한 것으로 본다. 임진왜란 이후 씨족마을이 기하급수적으로 증가하였다.

씨족마을의 입지로는 풍수의 길지 선정에 북측의 주산, 앞에 바라보이는 안산, 마을을 안온하게 감싸는 산줄기가 좌우로 있는 좌청룡·우백호를 갖춘 지형을 선택하고자 하였다. 이를 위해 정교한 풍수의 방법론으로 장풍(藏風)법, 득수(得水)법, 점혈(占穴)법, 간룡(看龍)법, 좌향(座向)론, 형국(形局)론이 적용되었다.

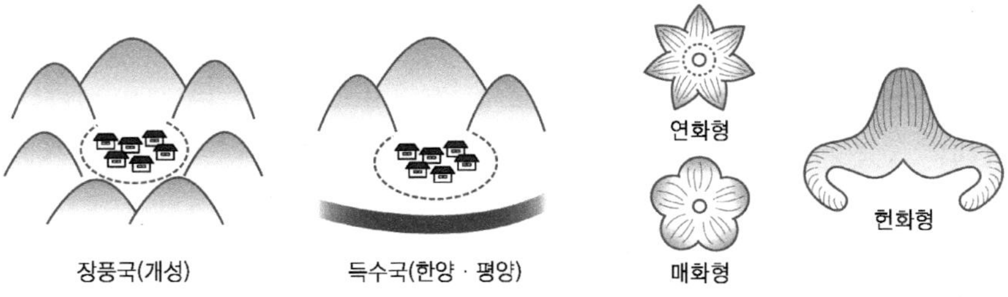

그림 1-17 풍수의 장풍(藏風)법, 득수(得水)법, 형국(形局)론 사례

출처 : 村山智順·최길성 역(1990). p. 222, 223.

마을과 주택의 입지를 선정하는 양택풍수는 주거지가 지기(地氣)를 받도록 하는 것인데, 지기는 바람을 만나면 흩어지고 물을 만나면 모이므로 이 두 조건을 갖추는 것이 중요하다. 장풍법은 땅의 기운을 얻기 위해 바람을 막는 지형을 택하는 것으로 주산인 현무, 안산인 주작, 좌·우측의 산인 청룡·백호가 둘러싸여 있는 것이다. 득수법은 청룡에서 나오는 물을 양수(陽水), 백호에서 나오는 물을 음수(陰水)라 하여 양수·음수가 상호 주고 받아 음양의 조화를 이루도록 하는 것이다.

그림 1-18 이언적을 배양한 옥산서원 (경북 안강)

장풍과 득수의 구조 중심에 생기가 모이는 혈(穴)과 명당(明堂)이 형성된다. 혈을 찾는 것이 점혈법이다. 주변 산의 형세를 살피는 것이 간룡법이며, 주거지가 자리를 잡고 바라보는 방향을 정하는 것이 좌향론이다. 형국론이란 지세를 인간, 동물, 물체 등에 비유한 것으로 옥녀산발(玉女散髮)형, 연화부수(蓮花浮水)형, 행주(行舟)형, 금환낙지(金環洛地)형 등을 명당으로 보았다. 이러한 풍수적인 방법론을 이용하여 입지한 마을은 마을의 생태학적인 조건을 만족시켜 주는 것으로 북쪽의 주산이 바람을 막아 주고 남쪽의 안산이 바라보는 경관요소를 제공하며 좌우의 산들로 마을의 보호경계가 형성되도록 하는 것이다. 씨족마을은 세대를 거듭하면서 마을 내에서 종가와 파가(派家)의 위계적 질서를 형성한다. 씨족마을 내의 종가와 파가의 배치관계는 산지형일 때는 가장 높은 곳에 종가가 있고 그 아래로 분파가(分派家)들이 위치하며, 평지인 경우는 종가가 중심에 있고 파가가 주변에 위치하는 위계관계를 갖는다. 씨족마을의 입지가 좁을 때는 인근에 새로이 마을을 만들어 나가는데, 분리된 마을이라도 이전 마을과의 관계를 나타내는 마을 명칭을 사용한다.

씨족마을의 공동영역과 시설로는 조상의 위패를 모시는 별묘, 제례와 서재, 문중집회의 기능을 수용하는 재사(齋舍)·재실(齋室), 교육시설인 서당·서재(書齋)·정사(精舍), 마을과 관련 있는 유명한 유학자의 학문과 덕행을 본받는 고등교육기관으로서의 서원(書院), 경관을 완상하는 누정(樓亭), 정자(亭子)가 있다. 이와 같이 씨족마을의 공간구성은 성리학적 사회질서를 나타내는 요소와 생활문화의 지원 요소로 구성되어 있다.

② 양택론

조선 중기 이후에는 풍수사상을 주택계획에 적용하는 양택론에 대한 저서가 활발히 저술되었으며, 홍만선의 《산림경제》 복거 편(1715)이 대표적이다. 《산림경제》는 음양오행, 풍수의 원리가 사상적 배경이 되었고, 실생활 조건과 결부되어 적용하기 쉽게 기록되었다. 여러 자료를 인용하였는데, 예를 들면 현실적으로 주택을 둘러싸는 사신(四神)이 충분하지 않으므로 좌청룡은 흐르는 물로, 우백호는 기다란 길로, 남주작은 연못으로, 북현무는 언덕으로 하여 이것을 4상(四象)이라 하여 이 네 가지 요소를 갖추면 좋은 택지로 보았다.

집의 공간과 건물들은 풍수상의 국면에서 각 요소와 대응하는 의미로서 배치되어 안채의 위치는 땅의 기운을 가장 많이 받을 수 있는 혈(穴)자리에 배치하며, 안채의 앞마당은 하늘로부터 양의 기운을 받기 위해 나무를 심지 않고 비워 두었다. 주택의 평면 형태로 길흉을 판단하였는데 칸수는 홀수로 하고, 좋은 의미를 가진 글자모양은 길하고 나쁜 의미를 가진 글자는 흉하다고 판단하여 기피하였다. 일(日), 월(月), 용(用), 구(口)자(字)를 길한 모양으로 보았고 공(工), 시(尸)는 흉한 형태로 보았는데, 공(工), 시(尸)를 금기시하는 것은 18세기 이후인 것으로 보인다.

③ 사대부주거의 변화

조선 중기 이후의 사대부주거는 규범적 형식에서 벗어나 개별적 요구가 반영되어 나타난다. 이는 가장권이 강화되어 사랑채가 가장의 권위를 표현하고 가장으로서의 다양한 역할과 행동을 하기 위한 장소로 사용되도록 한 것으로 보인다. 사랑채에 나타나는 변화로는 사랑채에 넓은 사랑대청이 수용되었는데 가장의 여름철 기거공간이면서 접객·제사를 지내는 의례공간으로 사용하기 위한 것이다. 사랑채 방의 기능이 분화되어 작은 사랑방, 감실, 빈소방, 청지기방 등이 설치되기도 하였다.

기존의 사랑채와는 별도로 별당형 사랑채를 건립하였으며, 기능상으로는 제실(祭室)형, 서재(書齋)형, 누정(樓亭)형으로 나누어진다. 제실형 사랑채는 별묘에서 지내는 제사를 위해 넓은 대청이 있으며 다수의 문중 친인척이 사용할 수 있는 숙박장소로 사용되었다. 예로 안동 하회마을의 양진당의 사랑채를 들 수 있다. 서재형은 사랑채의 학문과 교육기능을 분리시킨 것으로 지방 사족의 중앙진출을 위하여 학문에 정진하는 장소로 만들어진 것이다. 대표적 사례로 양동마을 출신의 회재 이언적의 서재인 안강 독락당이 있다. 별당형 사랑채로 가장 보편적인 것이 누정형인데 조선 중기에 그 수가 증가되었고 병자호란 이후 17세기에 급격히 증가하여 전성기를 맞이한다. 누정은 자연과 더불어 심신을 수양하는 장소로서의 기능이 가장 중요하므로 자연경관이 수려한 곳에 건설된다. 양동의 무첨당은 본채 건립 이후에 후대에 별도로 건립되었으며 제실, 서재, 누정형식을 갖춘 예이다.

사랑채는 형태적 차별화로 높은 기단을 쌓았고, 누형식으로 하여 화강석 초석에 누하주로 처리하기도 하였다. 팔작지붕을 얹어 화려하게 보이게 하였고 두리기둥(원주)을 사용하였다.

그림 1-19 제실형 사랑채(경북 안동 하회마을 양진당)

그림 1-20 무첨당(경북 경주 양동마을)

그림 1-21 사대부주거의 사랑채
(경북 안동 하회마을 충효당)

그림 1-22 방지원도
(충남 논산 교촌리 윤증고택)

음양원리에서 원주는 양(陽)의 의미로 남성이 양(陽)인 것과 관련이 있다. 기둥머리에는 익공양식을 사용하고 누마루 천장 부분에 충량과 외기반자(外機盤子), 누마루나 대청의 계자(鷄字)난간을 두르고 대청과 방 사이에는 분합문으로 불발기창을 설치하였으며, 사랑방은 겹창으로 하면서 안미닫이문 창살의 장식성도 높아졌다. 사랑채를 둘러싼 담과 사랑마당이 독립적인 영역을 구성하였고, 누정을 두고 조원도 이루어졌다. 조원의 방식은 상징적, 기하학적 방법을 사용하였다. 방형의 연못에 원형의 섬을 구축하는 것(방지원도 : 方池圓島)으로 땅을 상징하는 방형의 연못과 하늘을 상징하는 원형의 섬을 두어 천원지방(天圓地方)의 의미를 담고 있다. 섬은 봉래산이라 하여 도교적 이상세계를 표현한 것이다.

(3) 조선 후기

임진, 병자 양란 이후 군공과 납속으로 천민은 양인의 신분을 얻고 양인은 공명첩을 사서 양반이 되는 등 양반호구가 급증하고 세도정치에서 실세한 양반의 몰락으로 양반층이 해체되어 봉건적 신분체제가 붕괴되는 양상이 나타났다. 농민들 사이에서도 이앙법, 이모작, 묘종법 등 영농기술의 발달로 경영규모를 확대하여 상업적 농업으로 부를 축적한 부농이 생겨나서 농민층이 분화하고 신분제가 동요한다. 사회 전반에 걸쳐 경제력에 의한 주거계층의 세분화가 일어나서 세도가층, 부농층, 중농층, 소농층으로 나누어진다.

상공업 분야에서도 대동법의 시행으로 민간 상품경제와 장시가 발달한다. 관장제의 폐지로 수공업 기술자들이 민간활동을 하게 되어 관영 중심의 상공업체제가 해체되어 자유상인이 성장하게 된다. 한반도 주변의 국제정세도 급변하여 기독교(서학)가 전래되고 청(淸)과 서구의 근대적인 문물을 주체적인 시각으로 받아들이면서 현실에서 실리를 추구하는 실학파가 등장한다. 실학파의 등장으로 건축에서도 실용적이고 합리적인 신기술이 도입된다. 청나라를 여행한 실학자들이 조선주택의 난방기술, 건물의 배치방법, 건축재료의 사용에 나타나는 불합리성을 개선하고자 하는 서적들을 편찬해 냄으로써 근대적인 건축관과 건축술이 시작된 것으로 본다. 건축활동의 근대성은 노임제가 실시되어 관장제가 폐지되어 고급건축기술이 민간건축에 적용되고 건축도구가 다양하게 개발되어 주택건축기술이 발달되었다.

① 실용적 주거관

실학의 영향으로 주거건축도 생활의 편리함을 추구하게 되었다. 조선 후기에 다수의 주거입지 관련 서적이 나왔는데, 그중 대표적인 것으로 이중환의 택리지(擇里志)를 들 수 있다. 이중환은 사람이 살기 적합한 장소로 지리(地理), 생리(生利), 인심(人心), 산수(山水)를 들었는데 산수는 지형적 조건, 생리는 땅이 기름지고 배와 수레가 모여들어 상업적 이익을 낼 수 있는 경제적인 조건, 인심은 주민들의 사회적 조건, 산수는 경관적 조건을 의미하는 것으로 이를 중시하여 선택할 것을 강조하였다.

② 농민주거의 분화

- 부농주거 : 조선 후기에는 신분제가 붕괴되기 시작하면서 생산력이 향상된 농민계층도 경영형 부농으로 성장하였다. 조선 후기의 부농계층은 사대부에서 지주형 또는 경영형 부농으로 전이된 경우와, 농민들 중 경영형 부농과 서민지주가 된 경우가 있다. 이들의 주거는 사대부주거의 유교적 공간질서를 수용하게 되어 사대부주거와 상민의 주거를 구별하는 것이 어렵게 되었다. 이들의 주택은 안채에 생산을 위한 공간으로 넓은 작업마당 확보, 행랑채의 축소, 큰 규모의 창고 확보가 특징이며 가사규제에 의해 사용할 수 없었던 상류주택의 장식적인 요소도 추가하였다. 고급 건축요소로 사랑채의 장대석 기단, 사각 주초, 문의 금속장식을 붙이는 것 등이 사용되었다.

  강릉 선교장은 거대 부농의 사례로 18세기 중반부터 건축주의 재산형성에 따라 주택이 확장되는 사례를 보여 준다. 주택 건립 초기에는 강릉의 일반적인 ㅁ자 뜰집이었으나

외관

사랑채 열화당

연못과 활래정

그림 1-23 선교장(강원도 강릉)

점차 교육용 별당과 접객공간을 확장하고 거대 행랑채로 바깥 담을 쌓아가게 되었다. 사랑채인 열화당은 장대석의 세벌대 기단에 차양과 누각을 설치하였으며, 주택 외부마당에는 정자 활래정과 거대한 연못을 조성하였다.

- 중농·소농 주거 : 민가는 유교적 생활방식보다는 농업생산성을 높이는 주택으로 지역의 자연환경에 대응하는 형태이다. 조선 후기의 농민은 농업을 통해 부를 축적하여 거주공간과 농업생산을 위한 공간들을 확충하였다. 중농층은 소농층에 비해 생산력 확대를 위한 생산기반시설로 농업에 필요한 농기구, 생산물을 보관하는 공간, 축사, 방앗간, 도장이나 고방, 헛간, 잿간 등을 갖추었다.

③ 민가의 유형분류

민가에 다양한 기능이 추가됨으로써 지역성이 뚜렷해졌다. 민가를 구분하는 방법은 연구자에 따라 건물의 배치방식을 一자형, ㄱ자형, ㄷ자형, ㅁ자형으로 구분하는 것, 살림채의 평면 형태에 따라 구분하는 것, 살림채와 부속채의 관계로 집중형·분산형·절충형·특수형으로 구분하는 것 등 다양한 분류방법이 있다. 한반도에 분포하는 민가의 살림채는 크게 홑집계열과 겹집계열로 나눌 수 있다. 함경도에서 태백산맥을 따라 경북 북부지방까지는 겹집이 분포하고 황해도의 서해도서 지방에도 일부 겹집이 분포한다. 그 밖에 특수형으로 제주도에 겹집이 분포한다. 그 외 지역은 홑집이 분포하는 것으로 본다. 여기서는 기후와 지형적인 관계로 살림채와 부속채의 관계로 구분하는 강영환(2000)의 분류방식으로 살펴본다.

- 집중형 : 집중형은 겹집의 단동형(單洞型)과 홑집 두 동이 좁은 마당을 사이에 두고 배치된 쌍채집으로 나누어진다. 겹집의 단동형이 나타나는 지역은 한반도 북부지방과 태백산맥을 따라 내려와서 경북지방 북부까지인데 겨울이 길고 한랭한 기후이며, 평야보다 산지가 많은 지형이다. 마을의 주택들도 흩어져 있는 산촌형(散村型)이다. 이 지역의 주거는 난방과 방어의 효율이 중요하므로, 단동형의 주택에 생활의 모든 공간이 집약적으로 배치될 수 있는 겹집을 구성하게 된다. 공간의 깊이가 깊어야 하므로 오량구조를 택하고 두터운 반자로 마감하며 지붕도 팔작지붕과 유사한 형태가 된다. 주택의 견고한 벽체가 외부에 대한 방어벽이 되므로 별도의 주택 밖의 공간을 구획하는 담장이 설치되지 않는다.

  함경도지역에서는 단동형 주택으로, 마루가 없고 넓은 부뚜막의 연장과 같은 개방적인 온돌의 정주간에 네 개의 방이 田자형으로 배치된다. 정주간에서는 가족의 식사와 취침이 이루어진다. 강원도에서는 田자형에 외양간이 추가된 평면이 나타난다. 강원도와 경북 북부지방에서도 함경도의 주택과 같이 田자형의 방에 정지와 축사가 결합된 형태이며 경북 북부지역에서는 田자형 전면 방 하나에 마루가 설치되기도 한다. 이 지역의 중류 이상의 계층에서는 가운데 마당을 가진 ㅁ자형의 거주공간과 생산공간이 결합된 뜰집

그림 1-24 집중형 민가

출처 : 강영환(2000). p. 258, 260, 261 재작성

이 나타난다. 태백산맥 주가대의 남쪽으로 내려올수록 마루가 부가되는데 여름의 생활공간이 결합된 것으로 보인다. 황해도 멸악산맥 이남지역의 소농계층에서도 마루가 없는 단동형의 겹집이 나타난다.

쌍채집은 평안도지방에서 나타나는데 홑집의 살림채와 부속채가 二자형으로 배열된 주거형식이다. 두 채 사이의 거리가 좁고 평면구성상에 마루가 없어서 남부지방의 홑집과 구별된다. 이것은 평안도가 한랭한 기후 지역이지만 평야지대가 많아서 주택구성이 쌍채로 나타난 것으로 보인다.

- 분산형 : 분산형은 대지 내에 주택구성이 여러 채로 분산되어 배치된 것이다. 한반도의 남부지역은 북부에 비해 여름이 길고 고온다습하여 통풍이 중요하므로 주택을 홑집으로 하여 기능별로 여러 채를 배치한다. 홑집이므로 채의 깊이가 짧아 3량가구법으로 하며 지붕 형태도 우진각지붕이 만들어진다. 평야가 많으므로 논농사가 이루어져 협동작업의 필요로 집촌형 취락을 형성하며 각 주택 간 영역의 구획을 명확히 하는 것이 필요하여 외부에 담과 대문을 설치한 것으로 보인다. 주택평면에 여름의 거처공간으로 마루가 넓게 배치되고 툇마루도 발달하였다. 주로 경상남도, 전라남도에 분포한다.
- 절충형 : 절충형은 북부지방의 집중형 주거와 남부지방의 분산형 주거의 성격이 혼합되어 나타나는 형태이다. 살림채와 부속채가 ㄱ+ㄴ자형 또는 ㄷ+ㅡ자형으로 결합되어 두 채 사이의 마당이 넓게 확보된다. 서울과 경기지역에는 안방 아래에 부엌을 두는 ㄱ자형의 안채가 많이 분포하고, 충청도지방에서는 ㄱ자형, ㅡ자형 안채가 분포한다.
- 특수형 : 도서지방에서는 내륙지방과 다른 형태의 주거가 나타나므로 이를 특수형으로 분류한다. 제주도의 기후는 연중기온이 한반도에서 가장 높지만 바람이 강하므로 대지 내

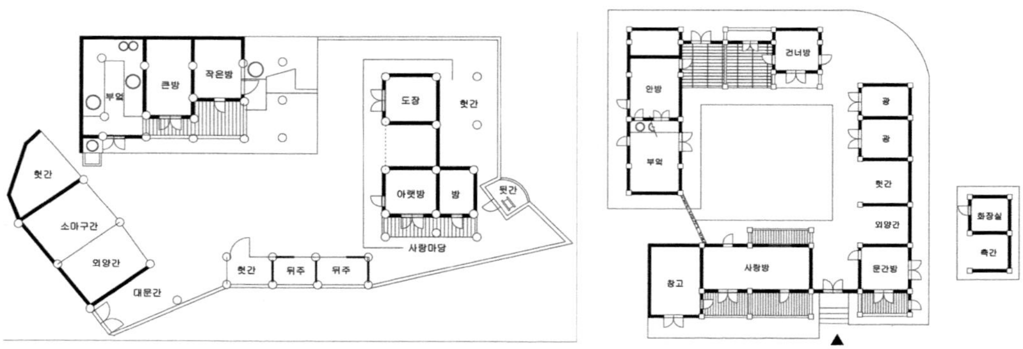

그림 1-25 분산형 남부지방 민가와 절충형 경기도의 ㄱ자형 민가

출처 : 강영환(2000). p. 264 재작성

에 여러 동의 건물이 배치되는 분산형 주거이다. 한 채는 겹집이며 중앙에 마루인 상방을 두고 좌우로 구들을 둔다. 구들에는 고래가 2/3 정도만 놓이고 취사용 아궁이와 난방용 아궁이를 별도로 둔 것이 특징이다.

울릉도는 겨울에 눈이 많이 오는 지역이므로 살림채는 홑집이면서 겨울에 실내에서 가사활동을 할 수 있도록 '우데기'라는 가벽을 홑집 바깥에 설치하여 살림채벽과 가벽 사이의 공간을 생활공간으로 사용한다.

3) 개항기와 일제 강점기의 주거

1800년대 후반 이후 봉건사회의 문제에 대한 사회개혁적인 사건들이 연이어 일어나면서 갑오개혁(1894~1896)이 단행된다. 이를 계기로 봉건사회의 관료제도와 신분제도가 철폐되고 가사제도도 폐지되어 근대적 주거문화를 시작할 수 있게 된다. 외부에서는 서양 열강과 일본이 우리나라에게 개항을 요구하여 강화도조약(1876)이 체결되었고, 이후 서양의 국가와 강제적인 국교를 맺고 문호를 개방한다. 고종은 자주 독립의 근대국가를 세우기 위하여 황제로 즉위하면서 대한제국을 수립하였다(1897). 일제는 청일전쟁(1894), 러일전쟁(1904)을 일으켰고 러일전쟁에서 승리하자 러시아와 조약을 체결하여 국제사회로부터 한반도에 대한 독점적 지배권을 승인받았다. 일제는 일방적인 을사조약(1905)과 한·일 신협약(1907)을 체결하여 대한제국을 식민지로 만들었다(1910~1945).

(1) 근대화와 외래건축문화의 영향

개항을 계기로 개항지인 부산, 원산, 인천을 중심으로 외국문물과 더불어 일본과 서구 건축양식이 도입되어 공관, 주택, 호텔, 교육시설, 종교시설이 건축되었다. 서양의 주택들은 벽돌, 유리 등의 새로운 재료를 사용하고 주택평면에 응접실, 부엌, 식당 등을 구성하였으므로 한옥에서 볼 수 없었던 재료와 공간들을 접하게 된다. 최초의 양옥은 1884년 인천에 건립된 세창양행 사택으로 2층의 벽돌집이었다.

일본인들은 상업을 위한 집단적 이주를 통해 부산, 인천, 서울을 중심으로 거류지를 형성하고, 일본식 가옥을 건설하게 되었다. 일본인의 주택은 그들 자본으로 설계와 시공이 되었으므로, 일본 현지에서 지어지는 주택형식이 여과 없이 들어오게 되었다. 그로 인해 도시경관을 일본식으로 바꾸게 되어 현재까지도 그 형태가 일부 도시에 남아 있게 되었다. 외래문물이 들어오면서 개화파 지식인들은 전래주택의 경제적, 기능적, 위생적 문제들의 대안을 서구주택에서 찾으려 했으나 사회·경제적 상황이 뒷받침되지 못하여 현실화되지는 못하였다. 그들

그림 1-26 1870년대 한옥
(서울 안국동 윤보선가 사랑채)

그림 1-27 고딕식 양옥
(서울 가회동 이준구가, 1938)

은 독립신문과 독립협회를 중심으로 계몽운동의 일환으로 재래식 화장실의 개선, 일조와 통풍을 위한 남향 거실과 높은 처마 설치 등을 주장하였다.

서민주택은 개항에 의한 서구건축의 영향은 거의 받지 않았으나, 일부 상류계층에서 서구식으로 주택을 개조하거나 외국 건축 양식으로 짓기도 하였다. 일례로 이준 주택(1910)은 석재를 혼용한 벽돌 2층의 프랑스 르네상스 건물이었다. 그러나 이러한 건축방식보다는 조선 후기의 상류건축의 고급건축요소를 화려하게 사용된 경우가 많았다.

상류계층에서 목가구조의 한옥을 지으면서 근대적인 건축재료인 벽돌을 마루 밑 고막이나 굴뚝에, 유리를 대청 앞 미서기문에 일부 사용하였다(예 : 1870년대 건립 안국동 윤보선가). 민중들도 과거 상류계층이 사용하던 장식적 건축요소인 다듬은 기단, 사괴석, 지붕의 장식적 요소인 굴도리·화반·소로·익공·부연, 솟을대문 등을 사용하여 계층에 관계없이 주택의 장식성이 높아졌다.

1920년대에는 지식인들을 중심으로 생활개선을 위한 주장들이 제기되었고, 근대적 건축교육을 받은 건축가들이 적극적으로 동참하게 된다. 서구적 생활 양식이 받아들여지면서 재래주택의 불합리한 점을 서구의 주택 양식을 받아들여서 개선하려고 하는 경향들을 보여 주었다. 이러한 경향 중에서 박길용은 서구형식의 맹목적인 추종을 비판하면서 재래주택의 형식을 토대로 과학적인 양식을 도입하여야 한다고 주장하였다. 그가 재래주택에 없는 건축 요소 중 제안한 내용으로 실의 배치를 주거부분과 종속부분으로 분리하고, 현관·반침·화장실을 설치한 것 등은 당시 일본주택에서 나타난 요소를 채택하여 근대적 주생활을 수용하려 했던 것으로 보인다.

(2) 일제 강점기의 주거

일제는 한국을 식민통치하면서 한반도를 병참기지로 만들어 동아시아로 진출하기 위한 교두보로 삼았으며, 민족적 주체성을 갖지 못하도록 하는 내선일체의 제도를 실시하였다. 일본은 일제 강점기 동안 전통문화를 강제적으로 단절하여 문화적 정체성을 소멸시키려 하였다. 일제 식민지 시기의 대표적인 주택으로는 시대별로 문화주택, 도시형한옥, 영단주택이 있다.

① 문화주택

1916년에 경성공업전문학교가 설립되면서 근대적 건축교육이 이루어졌으며, 이곳에서 1919년 한국인 건축가가 배출되기 시작하였다. 그들은 잡지를 통해 생활개선운동과 재래식주택의 대안으로 문화주택을 제시하였다.

그림 1-28 1920년대 현관이 설치된 상류층 한옥 (서울 가회동 한씨가)

1923년 김유방은 《개벽》지에 문화생활에 적합한 주택모델을 게재하였고, 1930년 김윤기는 동아일보에 건강주택안을 제안하였다. 이 두 안은 일본의 도시주택유형과 유사한 형태로 현관, 중복도가 도입되었다. 박길용은 재래식주택의 불합리한 점을 개선하기 위한 대안을 제시하였는데 전통적 주택에 기본을 둔 개선을 유도하려고 하였다. 이러한 움직임들은 계획안에 불과하여 건축되지 못하였다.

문화주택은 1930년대에 소수 상류계층의 주택과 별장으로 건축되었으며, 당시의 일본인과 상류층이 선망하였던 서구의 생활양식을 수용할 수 있도록 서구식 외관과 구조, 근대적 건축재료인 철, 유리, 시멘트, 벽돌 등을 사용하여 건축되었다. 문화주택은 소수의 상류계층에 한정되었고 일반화되지는 못하였다.

② 도시형 한옥

일제의 식민수탈이 심해지고 산업화가 가속화되자 농촌인구는 도시로 대거 이동하게 되어 대도시에 주택난이 심화되었다. 1920년대부터 서울은 소규모 필지로 분할되었고, 1930년대 이후 도심주변부에 토지구획정리사업지구가 형성되면서 한국인 주택업자들이 상품으로서의 주택을 건설할 수 있는 발판이 되었다. 소규모택지였으므로 서민층을 대상으로 한 개량한옥 형식이었다. 개량한옥 또는 도시형 한옥의 주택형식은 서울·경기지역의 ㄱ자 살림채에 방과 화장실 등을 추가하여 ㄷ자 형태로 하고 문간채를 더하는 형식이었다.

그림 1-29 도시형 한옥의 골목길
(서울 가회동)

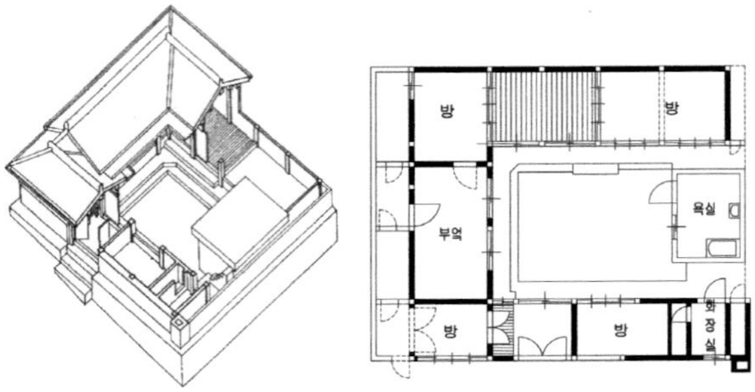

그림 1-30 도시형 한옥 평면
출처 : 송인호(1990). p. 126 재작성

30~40평의 대지에 건물이 마당을 둘러싸게 하고 도로를 향해 대문을 내었다. 조선 후기에 상류주택에 사용되었던 의장적 요소를 도입하였는데, 오량가구의 목구조에 대청 전면에 소로수장, 부연을 단 겹처마, 벽돌·유리·함석 등의 근대적 건축부재를 일부 사용하여 새로운 한옥 양식을 만들어 내었다. 도시형 한옥은 팔기 위한 집이었으므로 장식적 요소를 극대화하여 상품가치를 높인 것이다.

도시형 한옥의 주거사적 의미로는 주택을 상품으로 인식하여 대량생산하는 주택시장을 만들었다는 것, 상품으로 건설하기 위하여 평면과 배치에 유형을 설정하고 규격화하였다는 것이다. 한옥이 도시에서 거주에 적합한 주택유형으로 자리 잡을 수 있는 방법을 제시하였으며, 일제 식민지하의 상황에서 주거문화의 정체성을 유지할 수 있었다는 것이다.

③ 영단주택

1940년대의 식민지 말기에 접어들면서 일제는 군수산업을 위해 농촌인구를 도시로 유입시키고 도시의 주택문제를 해결하기 위하여 1941년 조선주택영단을 설립하였다. 조선주택영단은 서울과 지방도시에 주택단지를 조성하고 격자형 도로망으로 가구를 구획하였다. 주택단지에는 소공원의 기능을 하는 공지를 두었으며 공중목욕탕, 이발소, 상점, 의원 등의 근린생활시설을 배치할 수 있는 대지를 두었다. 주택단지 내의 영단주

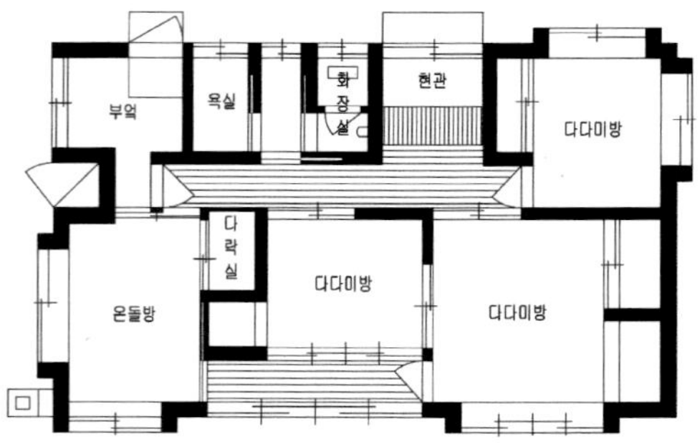

그림 1-31 영단주택 甲형 20평형
출처 : 강영환(2000). p. 314 재작성

택은 5평형에서 20평형까지 5개의 표준설계안에 의해 공급되었다

갑·을형은 일본인 관리나 직원을 위한 단독주택이고, 병·정·무형은 한국인 노무자를 위한 연립주택으로 1942년에는 3층으로 건설되었다. 평면의 특징은 일본식 도시주거에 기본을 두어 중복도식의 집중형 평면이며, 방의 규모는 다다미 크기(90×180 cm)를 모듈로 하였고, 다다미를 깐 방과 온돌방 하나를 필수적으로 두었다. 중복도를 사이에 두고 남측에는 거주공간, 북측에는 부엌·화장실·욕실·현관 등의 보조공간을 배치하였다. 외관은 나무기둥을 세우고 기둥 사이의 벽은 시멘트나 흙으로 채우고 기둥을 포함한 외부에 모르타르를 바르는 일본식 구조방식을 채택하였다. 지붕은 맞배지붕의 일식기와를 얹었다. 이러한 방식은 일제가 일본식 주거를 공급하여 한국인의 의식을 일본화하려는 의도였다.

2. 서양 실내디자인사

서양의 실내디자인사는 고대(이집트, 그리스, 로마)부터, 중세(초기 기독교, 비잔틴, 로마네스크, 고딕), 근세 양식(르네상스, 바로크, 로코코, 신고전주의, 미국에서의 실내디자인), 근대 양식(심미주의 운동, 모더니즘 및 컨템포러리)까지 건축에서 실내공간, 가구, 오브제에 있어서 시대적, 역사적 배경을 반영하며 하나의 양식으로 유형화할 수 있다.

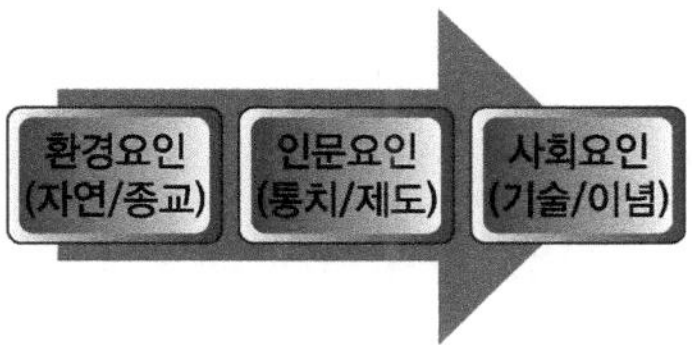

그림 1–32 실내디자인사의 영향 요인

이러한 실내디자인사에 영향을 미치는 환경적 요인으로 지형과 기후적 여건을 포함한 자연적 요인, 그 시대의 정신세계를 지배했던 종교적 요인, 국가의 통치이념과 제도와 같은 인문적 요인 그리고 기술이나 사람들의 조직관계 등의 사회적 요인이 있다.

1) 서양 실내디자인사의 전개과정

서양 실내디자인사의 전개과정은 학자들마다 조금씩 차이가 있다. 서양건축사(David Watkin, 1986)에서는 서양건축의 고전적 기초로 그리스, 헬레니즘과 로만시대, 초기 기독교와 비잔틴, 프랑스 카롤링거왕조와 로마네스크, 실험건축 고딕, 르네상스와 조화, 바로크의 확산, 18세기 고전주의, 19세기의 다양한 변화, 아르누보 그리고 20세기 건축으로 10개 부분으로 분류하였다.

이러한 서양건축사를 바탕으로 저술한 존 파일의 인테리어디자인의 역사(John Pile, 2000)에서는 선사시대와 초기문명, 고전문명으로서 그리스와 로마, 초기 기독교, 비잔틴과 로마네스크, 후기 중세, 이태리 르네상스, 이태리 바로크와 로코코 및 북유럽, 프랑스와 스페인의 르네상스, 바로크와 로코코, 영국의 르네상스에서 조지안 양식, 미국의 콜로니얼 양식과 페더랄 양식, 레전시, 리바이벌 그리고 산업혁명, 빅토리아, 심미주의 운동, 아르누보와 비엔나 세제션, 절충주의, 모더니즘, 아르데코와 산업디자인, 유럽에서의 초기 모더니즘의 확산, 미국에서의 모더니즘, 모더니즘의 우세, 마지막으로 20세기 후반의 디자인 등으로 모두 20개 테마로 분류하였다.

이연숙(1999)은 실내디자인 양식사에서 고대(이집트, 그리스, 로마), 중세(초기 기독교, 비잔틴, 로마네스크, 고딕), 르네상스, 바로크, 로코코, 전기신고전, 후기신고전, 빅토리아, 아트앤 크래프트, 아르누보, 아르데코, 모더니즘, 포스트모더니즘으로 분류하였다. 본 고에서는 이연숙(1999)의 분류를 기초로 하여 고대 양식, 중세 양식, 근세 양식, 근대 양식으로 재구성하였다. 근세 양식으로는 르네상스, 바로크, 로코코, 신고전주의와 미국의 실내디자인으로 분류하였으며, 근대 양식은 예술공예운동부터 아르누보, 아르데코, 모더니즘, 국제주의와 기능주의, 포스트모더니즘 그리고 컨템포러리로 구성하였다.

2) 서양 실내디자인사에 대한 이해

서양 실내디자인사를 이해하기 위해서는 먼저 건축적 요인으로 외관의 형태, 건축구조 및 건축상세를 이해하고 실내공간에 대해서는 바닥, 벽, 창문, 천장 등의 디자인과 관련성을 파악하여야 한다. 다음으로 실내공간에서 일어나는 다양한 행위를 지원해 주는 실내구성재인 가구, 조명, 오브제, 색채, 모티브 등의 특성을 이해한다.

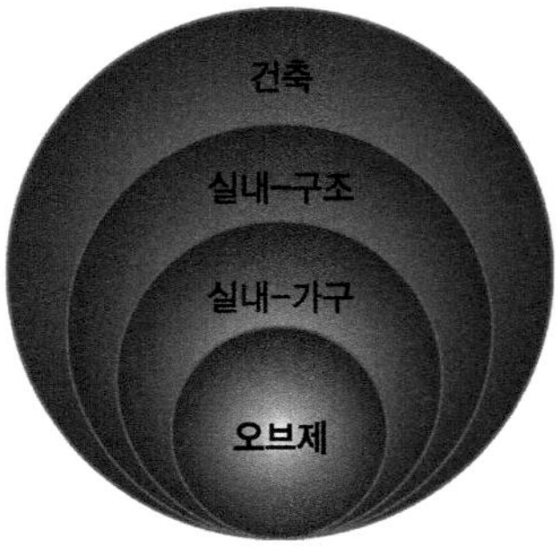

그림 1-33 실내디자인사의 대상

따라서 각각 시대별 양식의 특성과 디테일을 이해하고 나아가 양식 간의 영향력과 의미를 파악하고 유사점과 차이점, 모방과 창조, 변화와 일관성 등의 개념을 해석하여야 한다. 특히, 실내디자인은 실내디자인의 요소인 점, 선, 면, 형태, 질감, 색채와 디자인의 원리인 균형, 대칭, 조화, 리듬, 통일성을 기준으로 양식을 이해할 수 있다.

동시에 고대, 중세 양식에서 근세, 그리고 근대 양식으로 오면서 사회적 변화에 따라 왕권의 문화에서 대중의 문화로 이전되며, 현대(contemporary)에는 개개인의 선호와 욕구를 바

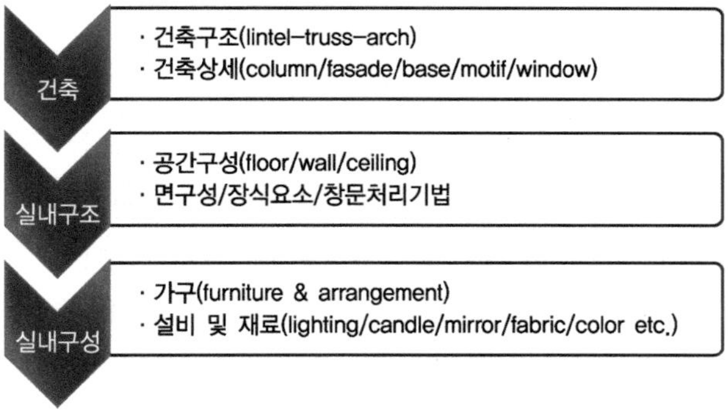

그림 1–34 실내디자인사 연구대상의 상세

탕으로 하는 다원화된 시대를 반영하므로 개별 디자이너의 철학과 사상, 배경, 표현방식 등이 중요한 영향력이 되고 있다.

이러한 서양의 실내디자인사를 시대별로 살펴보면 다음과 같다.

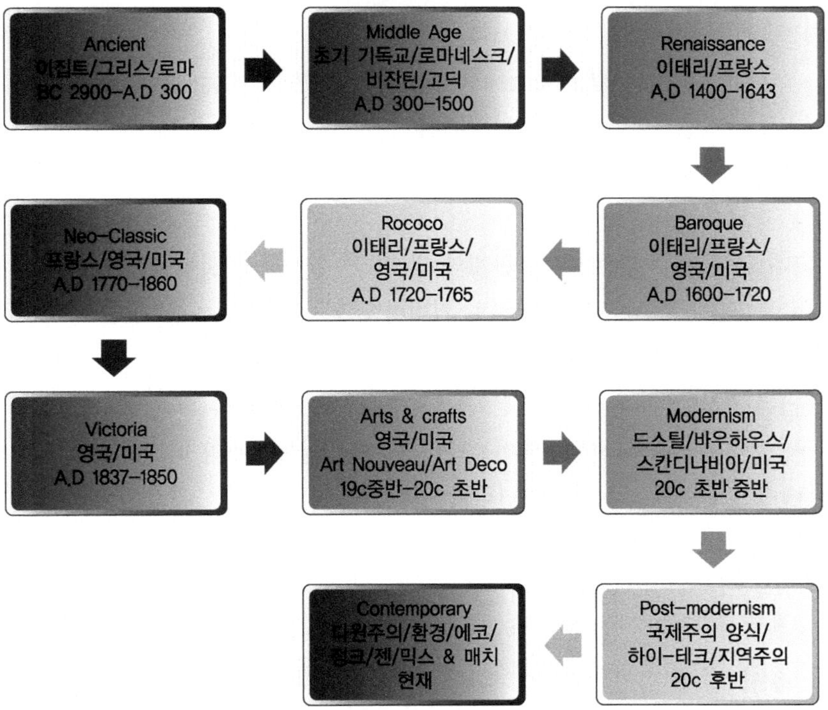

그림 1–35 서양 실내디자인사의 연대기표

3. 고대의 건축과 실내디자인

고대는 이집트, 그리스, 로마시대로 나누어 볼 수 있는데 이집트는 왕들(파라오)의 나라로 피라미드와 상인방과 기둥(lintel & post)으로 구성된 평지붕(flat)의 건축적 특성, 그리스는 신들의 나라로 파르테논을 포함한 신전의 트러스(truss) 구조, 로마는 로마시민이 중심이 되는 나라로 거대한 도시형성과 아치(arch)의 개발을 기초로 한 돔(dome) 구조가 나타났다. 그리스와 로마시대는 기본적인 고전주의 건축이 형성되고 정리된 시기로 서양의 실내디자인사에 있어서 건축구조를 정의할 때 매우 중요하다.

평지붕(flat, 이집트)

트러스(truss, 그리스)

돔(dome, 로마)

그림 1-36 고대 3개국의 지붕 형태의 발전과정

1) 이집트 양식

이집트는 고대 나일강 문명발생지로 현재의 생(生)은 일시적인 것이며 죽어서 내세의 영원성을 중시하여 부유층들은 사후의 안식처로 거대한 무덤을 만들었으며, 왕인 파라오(pharaoh)는 상이집트(수도 : 테베 룩소르 신전)와 하이집트(수도 : 멤피스)의 주인이며, 모든 사원의 수장으로 하늘로부터 권력을 위임 받은 자로서 왕위에 오르면서 피라미드를 건설하였다. 피라미드의 구조는 계단식 피라미드인 마스타바를 거쳐 정사면체의 피라미드로 발전되었고 스핑크스, 오벨리스크 등 수호신과 기념비를 만들었다.

(1) 건축 형태와 구조

건축물의 형태는 석재를 이용한 건축물로서 스팬(span)의 간격을 길게 할 수 없는 관계로 상인방과 기둥 구조(lintel & post)로 실내공간의 내부 볼륨이 작은 것을 알 수 있다. 화강암은 건물의 외벽이나 기둥 등 구조체에 사용되었으며, 석회암은 상대적으로 부드럽고 색감도 흰색과 약간의 밝은 붉은색이 실내 벽면장식에 사용되었으며 조각이 용이하였다.

공동주택　　계단식 피라미드　　피라미드　　상인방과 기둥

그림 1-37 이집트 나일강 주변의 건축구조

(2) 주거 형태와 실내디자인

주택은 점토나 햇빛에 말린 벽돌(adobe)을 주로 사용하였으며, 벽면은 동물, 식물, 일상생활 및 풍유적이고 종교적인 표현을 찬란한 색채로 처리하였으며 사막지대의 기후적 특성으로 인하여 강우량이 적고 뜨거운 일사를 피하기 위하여 두꺼운 벽과 작은 개구부, 평지붕(flat roof)으로 지었으며 삼면이 둘러싸인 로지아와 같은 반개방적 공간이 정원 방향으로 조성되었다. 장식 모티브로는 순수성의 상징인 연꽃모양, 파피루스, 뱀, 태양(Ra), 인간, 파도, 나선형 등이 사용되었다. 가구는 기후적 특성상 좋은 나무를 구할 수 없었던 관계로 합판이나 작은 목재를 다듬어 연결하는 방법을 사용하였으며, 침대, 의자, 스툴, 옷장 등이 있었다. 침대는 장방형이며 발받침대가 있고, 가구의 다리모양은 동물의 다리모양을 하였으며, X 형태 의자는 접을 수 있어서 유목생활의 이동성을 지원한 것으로 볼 수 있다.

주택평면/입면　　투탕카멘 의자　　여왕과 상징(뱀)　　동물다리 스툴　　동물모양 침대

그림 1-38 이집트의 주택과 가구

2) 그리스 양식

그리스는 적당한 일조량과 강수량의 비옥한 토지와 산과 바다로 고립된 지형적 이유로 인하여 독립심, 자연추구, 자유, 합리적인 정신적 측면을 중시하였다. 자연을 숭배하는 종교관으

로 신이 도처에 존재한다고 믿었으며, 인간을 만물의 척도로 생각하였다. 이는 정교한 비례와 우아한 선의 아름다움, 지적이고 창조적인 본능, 뛰어난 영감으로 예술을 높은 경지에 오르게 하여 이후 서양문명에 커다란 영향을 주었다.

(1) 파르테논 신전과 기둥 양식

파르테논(parthenon) 신전은 BC 479년에 페르시아인이 파괴한 옛 신전 자리에 아테네인이 수호여신 아테나에게 바친 것으로서, 도리스식 신전의 극치를 나타내는 걸작으로 선과 구성의 조화, 비례, 디테일, 조각의 기교와 우아한 품위로 그리스 건축미를 대표하는 것이다. 그리스 건축의 기둥 양식은 비례감과 장식적 표현미에 따라 세 가지로 구분한다. 첫째, 도리아 양식(doric column)은 주두(capital) 장식이 거의 없고 남성적이며 견고하고 단순하며 강한 이미지가 있다. 둘째는 이오니아 양식(ionic column)으로 주두에 두 개의 커다란 나선형 볼루트(volute)와 소용돌이 문양이 있어 도리아보다 여성적이고 부드럽고 경쾌한 느낌이 있다. 마지막으로 코린트 양식(corinthian column)으로 주두에 4개의 작은 나선형 볼루트와 그 아래 두 줄의 아칸서스잎(acanthus)이 장식되어 있어 화려하고, 섬세하며 풍요로운 느낌을 준다.

(2) 주택 형태와 실내디자인

일반주택은 소규모로 숙식 공간으로만 이용되었으며, 많은 시간을 밖에서 보내 창문이 없다. 입구인 문을 통해 들어가면 먼저 남성의 영역이 있고, 중정과 여성의 영역으로 구성되었다. 대표적인 가구로는 지금도 최고의 찬사를 받고 있는 클리스모스 의자(klismos chair)이다. 훌륭한 비율과 산뜻한 곡선, 우아한 단순미로 의자의 등받이가 인체의 자연스러운 등 곡선에 따라 곡면(concave)으로 되어 있고 등받이의 수직뼈대(uprights)와 뒷다리가 곡선을 이루며 하나로 연결되어 있으며 좌판은 가죽이나 색이 있는 천으로 쿠션을 형성하여 인체공학적 디자인을 적용하였다. 그 외에도 X 형태의 스툴, 왕좌, 테이블, 수납가구 등이 있다.

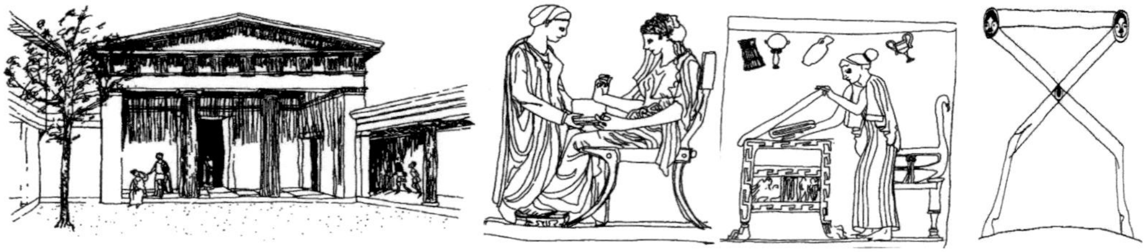

주택내부 중정　　클리스모스 의자　　체스트　　X형 스툴

그림 1-39 그리스의 주택과 가구

장식적 문양으로 연꽃(lotus), 안테미온(anthemion), 그리핀(griffin : 사자의 몸에 독수리 머리와 날개가 달린 형태), 키메라(chimera : 반은 사람이고 반은 동물), 격자무늬(fret), 장미무늬(rosette), 길로셰(guilloche), 아라베스크(arabesque : 나뭇잎을 수직 덩굴같이 만든 무늬), 린소(수평의 덩굴무늬), 케리아티드(caryatid : 여자 형태를 조각하여 만든 기둥) 등이 있다.

3) 로마 양식

고대 로마인들은 호전적인 국민성으로 인하여, 정복욕과 식민지 지배욕이 강하여 풍부한 노예 노동력이 있어서 대규모 건축물 건설이 가능하였으며, 또한 정복한 나라에 위대한 로마 건축물을 건축함으로써 현재까지로 로마의 건축물이 유럽과 중동지역에 많이 잔존하고 있는 것을 볼 수 있다. 그러나 로마인들은 그리스인의 현명함과 예술적 창의성을 인정하여 그리스 건축과 예술을 받아들여서 사용하고 여기에 더욱 웅장하고 화려하게 변형시켰다.

(1) 건축 형태와 기둥 양식

대표적 건축물로 모든 신을 위해 지은 판테온이 있다. 아치와 돔구조를 만들어 더 넓은 실내 공간을 확보하고 천창을 통한 광정으로 신비로운 느낌을 만들어 내었다. 또한 공공 건축물인 바실리카, 원형목욕탕, 원형극장 등의 건축을 위하여 콘크리트를 사용하였으며 그 표면을 가

폼페이 신전

폼페이 원형극장

콜로세움

오벨리스크 콜로세움 개선문

그림 1-40 고대 로마시대 건축물

벽난로/아치

트리포드

체스트

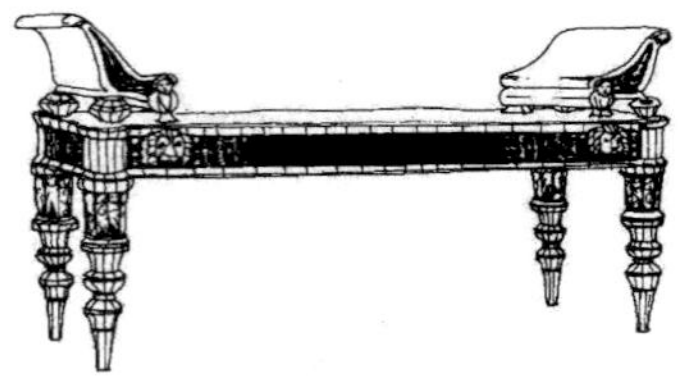

2인 의자

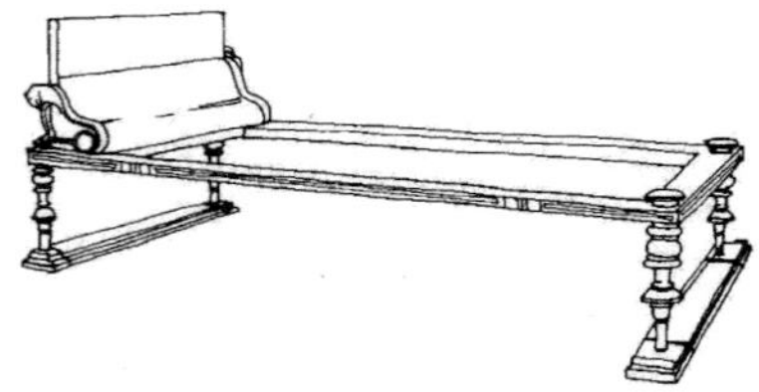

침대

그림 1-41 로마시대 주택 벽난로와 가구들

리기 위해 대리석판, 석회석고, 치장벽돌 등을 붙이기도 하였다. 비트루비우스(Vitruvius)는 그리스의 세 가지 기둥 양식을 포함하여 다섯 가지 로마 기둥 양식 표준 비율을 정리하였다. 즉, 도리아, 이오니아, 코린트 양식과 로마 고유 양식인 투스칸, 그리고 이오니아 양식과 코린트 양식을 혼합하여 새롭게 만든 복합 양식으로 로마 건축원리의 근간을 이루었다.

(2) 주택 형태와 실내디자인

귀족들의 주택은 각 방마다 기능이 있었으며 안마당은 아치의 연속으로 중정이 있고 실내는 대리석을 마감하고 벽기둥(pilaster), 페데스탈(pedestal), 작은 조각과 유색 모자이크 장식, 프레스코(fresco : 젖은 석고 벽에 수채물감으로 그린 벽화)로 장식하였다. 또한 가구는 꼭 필요한 것만 있었으며 세 발의 테이블(tripod : 3개의 가늘고 긴 청동 동물 형태 다리 위에 원탁 물그릇을 놓고 들기 좋게 고리 달린 손잡이를 달아 놓음), X형 다리의 의자, 유리제품, 식기류, 장식품 발달, 램프, 횃불, 장식촛대 등이 있다.

4. 중세 양식

중세는 초기 기독교-로마네스크-고딕으로 이어지는 서로마 지역과 비잔틴 문명으로 대표되는 동로마 지역으로 1000여 년 이상 지속된 시기이다. 이 시기에는 기독교문화를 기반으로 하는 바실리카 양식과 방어적 양식인 로마네스크, 중세의 아름다움과 종교적 고양의 절정을 나타내는 낭만적 건축 양식인 고딕 양식이 있다. 그리고 동로마지역의 비잔틴은 이슬람과 만남으로 오리엔탈적 영향이 반영된 양식이다.

1) 초기 기독교 양식

초기 기독교 양식(early christian)은 로마제국이 AD 313년 기독교를 공식 인정한 이후 로마와 이웃 도시들에 존재했던 예술 양식으로 종교적 신앙 안에서 건축물을 지었으며, 기독교 박해 시절 지하 동굴인 카타콤에서 생활을 생각하면서 소박하면서도 웅장한 기둥과 주두, 몰딩으로 초기 기독교 교회의 권위를 나타내었다.

바실리카의 실내디자인을 살펴보면, 실내 평면은 라틴 크로스(latin cross) 형태의 바실리카 교회 건축으로 장식적인 세부표현은 로마 건축물을 모방하였으며, 벽장식은 벽화와 스테인드글라스 등으로 모자이크, 페인팅, 색이 화려한 얇은 대리석 판을 벽에 붙이는 등 예술적 가치보다는 신의 존재를 민중에게 알리는 교리적 개념이 강하게 나타났다.

2) 비잔틴 양식

비잔틴 양식(byzantine)은 로마의 쇠퇴기에 수도를 동로마제국의 콘스탄티노플로 이전한 후 발달한 것으로 로마예술과 동양적 양식인 페르시아와 아라비아 문화의 융합과 기독교 교리의 영향을 받은 복합적이고 다채로운 형태로 볼 수 있다.

그림 1-42 비잔틴 양식의 건축물(산 마르코 대성당의 전면과 디테일)

(1) 성 소피아 대성당과 이슬람 양식

중세 비잔틴 양식의 대표적 건축물로 성 소피아(St. Sophia) 사원을 들 수 있다. 바실리카 평면에 지붕은 돔과 반돔의 형태로 내부에는 이 큰 돔을 지지하기 위한 4개의 펜던티브가 있고, 실내의 창이나 문 등 개구부에 반원아치(semicircle arch)가 구조적·장식적 목적으로 사용되어 이것은 이후에 이슬람 사원의 원형으로 회교도의 전통건물 양식이 되었다. 현재 터키의 이스탄불에서 볼 수 있는 성 소피아 대성당은 이슬람 사원으로 이슬람의 글자와 금색 문양 장식이 더해져 있는 것을 볼 수 있다.

(2) 주택 형태와 실내디자인

귀족주택은 중앙에 남성용 접객공간인 홀이 있으며 1층에는 주로 남성이, 위층에는 여성, 어린이, 하녀들이 생활하였다. 가구로는 장중한 목재구조로 칠 장식된 옥좌, 의자와 스툴, X자형 의자, 작은 보석함, 의자·침대·테이블로 사용할 수 있는 상자, 독경대와 책상, 침대 등이 있으며 상아양각, 놋쇠그릇, 칠보 및 직물 등이 유명하였다.

3) 로마네스크 양식

로마네스크 양식(romanesque)은 로마 북부지역, 프랑스, 서유럽을 중심으로 초기 기독교 양식과 뾰족아치가 나타나는 고딕 사이의 양식으로 그 당시 외부 침략에 대한 방어적 성격을 띠고 있어 폐쇄적이고 육중하며 개구부가 적은 것이 특징이었다.

이 당시 교회건축은 예배장소 이외에 학교, 도서관, 공회당, 박물관 등의 공공 공간으로서의 역할을 하여 사회생활의 중심지가 되었다. 중세 봉건 영주들은 잦은 가족의 이동생활로 무겁고 움직일 수 없는 붙박이 형태의 가구나 이동식 가구를 갖고 있었으며 가구는 권력에 대한 시각적 표현수단으로 신분 순위에 따라 특정한 가구를 사용하였다.

4) 고딕 양식

낭만적 건축 양식으로 분류되는 아름답고 섬세한 고딕 양식(gothic)은 그리스와 로마의 고전적 건축 양식에 근거를 두지 않은 창의적 디자인으로 프랑스에서 시작되어 서유럽에 퍼졌으며 종교와 정신적인 면이 가장 큰 관심사였던 시대 문명을 건축미로 승화시켰다. 이는 프랑스와 13세기 영국에서 절정을 이루어 노트르담 대성당(센강 옆 시테섬 : 1163~18세기)과 웨스트민스터 대성당에서 그 아름다움과 정교함을 찾아볼 수 있다.

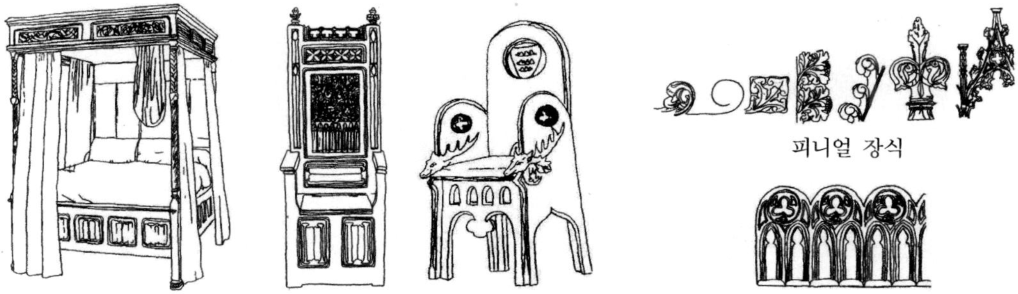

그림 1-43 고딕시대 가구 및 디테일

(1) 노트르담 대성당과 실내디자인

교회건축은 십자 형태의 평면에 뾰족아치, 불꽃 형태의 디테일, 리브드 볼트(ribbed vault)로 천장을 더 높게 하여 신앙심을 고양시키고 수직선을 강조하였다. 버팀벽(buttress)을 두어 건축물을 측면에서 구조적으로 지지하였으며, 거대한 창문으로 벽면이 좁아지고 자체 하중을 감소시켰다. 창은 트레이서리(tracery)로 골격을 만들고 유리를 끼웠으며 색채를 가미하여 화려하고 신비로운 스테인드글라스 예술로 발전시켰다.

(2) 주택 형태와 실내디자인

주택은 교회건축과 비교할 때 상대적으로 화려하지 않았으며, 내부디자인에 고딕의 아치나 벽난로 윗부분인 맨틀이 높아지는 등 수직적 경향이 나타났다. 벽에는 직물 형태의 페인팅, 태피스트리(tapestry) 장식을 하거나 역사적·종교적 장면이 그려졌다.

5. 근세 양식

1) 르네상스 양식

르네상스는 이탈리아 피렌체지역에서 발생하였으며, 중세 교회생활에 대한 회의로 고대 그리스, 로마의 문화를 부활시키고자 하는 휴머니즘과 개성을 존중하는 인본주의적 운동이다. 14세기 십자군 운동과 마르코 폴로의 항해로 지동설, 나침반, 인쇄술 등에 대한 새로운 과학과 지식이 보급되었고 경제적 부를 축적한 신흥 시민계급은 기존 교회세력과 갈등을 일으켰다.

그림 1-44 부루넬레스키의 두오모와 외관(이탈리아 피렌체)

이러한 움직임은 신 중심의 봉건적 사회에서 인간 개개인의 존엄성을 강조하고 그 예술성을 찾는 인간 중심 사회로 패러다임을 바꾸어 놓았다. 사회 전반에 문예부흥 운동이 일어났으며, 이탈리아의 경우 보티첼리(Botticelli), 레오나르도 다빈치(Leonard de vinci), 미켈란젤로(Michelangelo), 안드레이 팔라디오(Andrea palladio) 등 유명한 예술가와 건축가를 탄생시켰다. 또한 건축에서도 그리스, 로마의 고전적 비례나 예술성을 재발견하고 적용하였다.

(1) 이탈리아 르네상스

중세 봉건영주들에 의해 요새화되었던 성들은 더 이상 기능을 하지 못하고, 신흥 시민계급에 의해서도 화려한 주택과 고급빌라가 생겨나기 시작하였다. 그들은 권위를 과시하기 위하여 원주, 아치, 볼트, 돔 등 고전적 형태를 차용하였으며 큰 규모의 방과 가구를 들여놓았다. 또한 중정과 실내에서의 개방성과 쾌적성이 중시되고 편리하고 아름다운 형태가 나타나 근세 주택건축 및 실내디자인에서 예술적 감각이 나타나기 시작하였다.

천장은 높고, 목재나 석재를 사용하였으며 나무 패널과 우물천장 형태의 쿠퍼드(coffered) 천장이 나타나고, 아라베스크 문양과 더욱 양식화된 문양 및 풍경화 등으로 그려졌다. 바닥은 타일, 벽돌, 대리석 등의 재료가 사용되었으며 벽난로는 개구부가 벽 속으로 들어갔다. 가구는 직선적이고 수평적이며 육중하고 간결하면서도 정교한 장식으로 되었다. 체스트와 팔걸이 의자, 스툴, 테이블, 찬장 등 다양한 종류가 있다.

(2) 프랑스 르네상스

프랑스는 잔 다르크의 승리로 영국과의 백년전쟁을 마치고 중세적 종교적 신비주의가 사라지고 국가적 위엄을 갖추고자 하는 시대적 요구에 따라 권위적이고 정면성을 가진 로마의 고전주의가 요구되었다. 따라서 프랑스 르네상스는 점차 고딕의 특성이 사라지고, 이탈리아 르네상스의 장식 형태가 나타나기 시작하였으며, 네덜란드의 영향도 나타났다.

4기둥 침대　　　　동물 형태 침대　　　　의자　　　　테이블

그림 1-45 프랑스 르네상스시대의 가구

방은 크고 석고 벽에 가죽이나 태피스트리를 매달아 장식하였으며, 나무 패널과 바닥에는 타일을 사용하고 천장은 빔(beam)을 노출하였으며 벽난로는 벽에서 돌출하여 천장까지 올라가고 기둥이나 벽기둥으로 지지되었다. 그러나 후반부로 가면서 고딕 요소가 점차 감소하고, 고전적 비율을 이해하여 사용되었다. 방은 정식적이고 우아하였으며 벽은 나무 패널과 기하학적인 대리석 바닥, 쪽매널 및 쿠퍼드 패널이 천장에 사용되었다. 가구디자인은 이탈리아 장식과 고딕 형태가 나타나다가 16세기 중엽 프랑스 디자인 특징이 나타나기 시작하였다. 가구 재료로는 호두나무(walnut), 참나무(oak), 흑단(ebony)이 사용되었으며, 상감(inlay), 천을 씌우는 업홀스터리(upholstery) 기법이 사용되었다. 가구의 종류로는 의자와 캐비닛, 찬장, 옷장, 침대 등이 있다.

(3) 영국 르네상스

영국은 서유럽 대륙과 지형적으로 떨어져 있으며 보수적인 국민성, 통신기술의 미발달로 이탈리아 르네상스 발생 이후 100여 년이 지나서야 르네상스 양식이 일반화되기 시작하였다. 헨리 7, 8세와 메리여왕의 튜더왕조와 엘리자베스여왕 시기, 덴마크의 영향을 받았던 자코비안 시기와 산업과 예술의 정체기였던 크롬웰 시기 등이 여기에 해당된다.

특히, 건축가 이니고 존스(Inigo Johns)는 좌우대칭과 정식성을 강조했던 이탈리아 르네상스의 건축가인 팔라디오의 건축을 소개하였으며, 런던 화이트 홀(white hall)의 대연회장을 통하여 고전적 건축비율을 적용하였다. 튜더왕조시대에는 고딕구조와 르네상스 장식이 혼성되어 나타나 실내공간의 크기에 비례하여 데도(dado)선도 높게 처리하고 벽은 회반죽 마감과 아래는 웨인스코트(wainscot : 고딕식 세부 장식으로 참나무 패널), 창은 삼면창인 베이윈도(bay window), 개구부는 튜더아치, 천장은 빔을 노출하고, 빠지워(pargework : 장식적인 회반죽 마감 장식)으로 장식하였다.

엘리자베스여왕 시기는 경제성장과 산업 및 무역성장으로 중산층이 성장함에 따라 대규모의 주택이 발달되어 다양한 평면 형태로 다양하게 나타났다. 가구로는 돌려깍은 의자(turned chair), 웨인스코트(wainscot) 의자, 리펙토리(refectory) 테이블, 드롭리프(drop-leaf) 테이블, 게이트 레그(gate-leg) 테이블 등이 있었으며 장식기법으로는 컵 앤 커버(cup and cover), 멜론형 돌려깍기 등이 나타났다.

2) 바로크 양식과 왕의 건축

바로크는 이탈리아에서 발생한 마지막 중요 양식으로 이탈리아의 쇠락과 함께 프랑스에서 꽃을 피운 장엄하고 화려한 남성적인 양식이다. 이탈리아 바로크의 대표적 건축물인 로마의 성 베드로 대성당(St. Peter)은 브라만테, 라파엘로, 미켈란젤로, 베르니니 등 유명 건축가와 예술가들이 참여하여 지어졌으며, 고전적 범주의 엄격성에서 빠져 나오려는 이형적 스타일이 시작되었고 거대한 규모와 풍부한 장식으로 이루어졌다. 프랑스 바로크시대의 건축과 예술은 그 자체의 감수성이나 미적 가치보다는 왕의 신분을 보여 줄 수 있는 수단으로서 과장된 이탈리아 바로크 양식을 채택한 것이다. 그러나 그 이후 프랑스인 특유의 감수성과 독창력으로 지나친 장식을 제거하고 세련되고 명확하며 우아하면서도 장중한 프랑스만의 바로크를 완성하였다. 영국의 바로크시대는 1660년 왕정복고 이후 찰스 2세 때 루이 14세의 화려하고 아름다운 궁전인 베르사유 궁전을 모방하였으며, 그 당시 건축가 크리스토퍼 렌(Christopher Wren)경은 이탈리아와 프랑스를 여행하면서 팔라디안 양식과, 프랑스 바로크 양식에 영향을 받고 국내에 소개하여 윌리엄-메리 양식으로 발달되었다.

(1) 베르사유 궁전

베르사유 궁전은 루이 14세가 건설하기 시작한 건축물과 배치에서 바로크 양식이 적용되었고 그 이후 루이 15세 시대의 로코코 양식이 실내내부 및 가구에 적용되었으며, 루이 16세 시대의 신고전주의 양식까지 나타나는 세 가지 양식을 볼 수 있는 프랑스 건축의 백미이다.

이러한 바로크와 로코코 양식의 진수인 베르사유 궁전(1655~1661)은 루이 14세, 루이 15세, 왕비들의 삶이 그대로 느껴지는 곳으로 사냥을 좋아해서 만든 정원과 숲들, 즐비한 방들, 화려한 대리석과 금방이라도 살아나올 것 같은 조각들, 황제의 권위와 신권을 상징하는 거대한 건물과 도금들, 화려한 샹들리에, 곡선 장식의 다채로운 거울, 나선형의 캐브리올 레그의 아름다운 가구들, 큰 시계, 벽난로, 초상화, 초록색과 붉은색 그리고 화려한 꽃들이 수놓아 있는 두꺼운 드레퍼리 등 최고 수준의 건축과 실내디자인을 형성하고 있다.

그림 1-46 베르사유 궁전(거울의 방, 황실 대성당, 바닥 파케트리)

(2) 거울의 방

1,000여 개의 방 중에서 대표적인 거울의 방은 초록색 대리석의 코린트식 벽주와 아치형 거울이 있으며 반원형 천장은 화려하게 채색되어 있다. 왕비의 침실은 붉은색의 천개가 있는 침대와 데도(dado) 장식, 곡면 천장, 샹들리에 조명 등으로 화려하고 아름답게 디자인되어 있다. 벽, 천장, 문, 창문 등 구조적 부분의 장식이 가장 중요하며 움직일 수 있는 물건이나 가구는 부수적으로 판단하였다. 가구는 벽에 놓았고 방의 중앙은 비워놓았으며 금도금과 그림, 조각 등이 주로 사용되었다. 바닥은 기하학적 문양으로 흰색과 검은색의 대리석으로 디자인하거나 쪽매를 이용한 파케트리(parquetry)로 구성하였다.

(3) 가구디자인

가구디자인 역시 큰 규모의 실내와 조화를 이루기 위해 가구의 비율과 구조 또한 거대하며 조개껍데기, 은, 황동, 납으로 상감한 불워(bulle work)과 가구에 붙이는 금도금된 청동 장식인 오물루 마운트로 화려함과 견고함을 더하였다. 가구재료로는 흑단, 참나무, 호두나무, 밤나무 등이 사용되었으며 탁자 상판에는 대리석도 사용하였으며, 가구의 다리는 캐브리올 레그(cabriole leg)가 주로 사용되었다.

3) 로코코 양식과 여성화

바로크 양식은 18세기 초 파리를 실내디자인에 있어서 이웃나라와는 다른 우아함과 장엄함 그리고 화려한 취향을 가진 지역으로 문화적 브랜드화를 가져왔으며 이는 루이 14세의 절대적 권력이 그것을 가능하게 하였다. 이러한 바로크 양식은 루이 14세의 사후 내각들은 그 권위적 표현에 대항하여 디자인이 간결하고 여성스러운 루이 15세 스타일의 가구로 교체하였다. 이것은 소위 로코코 양식으로 불리며 바로크 양식을 조화롭고 부드럽게 만든 것으로 '존경받는, 사랑받는 왕' 이라는 뜻을 가지고 있었다.

로코코 양식은 이전의 디자인 양식과 다른 프랑스의 독창적인 양식이며 사회 계층적으로 위에서 아래까지 변화를 가져온 획기적인 디자인의 전환이었다. 그 당시까지 알려지지 않았던 다양한 스타일의 가구를 만들어 내었으며, 우아한 곡선이 우세하게 나타났고, 형태와 장식이 하나가 되어 가구의 질과 안락함을 조화시키는 결과를 가져 왔다. 이러한 접근은 가구에서도 특히, 침실용 가구와 의자에 나타났으며 실용성과도 깊은 관계가 있었고 여성적이고 에로스적인 신비로운 모습을 만들어 내기도 하였다.

(1) 루이 15세와 마담 퐁파두르의 양식

로코코 양식의 디자인은 루이 15세의 개인적인 취향이 나타난 것이기도 한다. 곡선의 뛰어난 감각은 궁궐에서의 생활 양식을 여성화하려고 하는 말할 수 없는 욕망에서 나온 것으로 그는 지나치게 화려한 생활과 마담 퐁파두르(Madame de Pompadour)에 대한 사랑의 이미지를 그렇게 여성적으로 표현하였다. 또한 루이 15세는 마담 퐁파두르의 오빠인 마리그니에게 궁궐의 감독권을 주었으며 이탈리아를 여행할 수 있는 기회를 주었다. 이는 그 당시 유행한 프랑스의 디자인 양식에 고전적 영향을 줄 수 있는 중요한 계기가 되었다.

마담 퐁파두르는 프랑스에서 처음으로 궁궐의 전통적이고 정식적인 거주공간을 깨고 화려하고 호감이 가는 공간으로 바꾸었으며, 비정식적인 유희공간으로도 만들었다. 그녀는 지나

그림 1-47 15세기 로코코 양식의 가구 및 의자디자인

치게 화려한 새로운 양식의 가구를 디자인하였다. 독서대, 소형 책상, 와인 쿨러(wine cooler), 커피테이블 등을 가벼우면서도 흐르는 선, 소용돌이 문양을 브론즈로 도금을 하고 래커, 상감세공, 우아한 칠 등 다양한 기법으로 장식하였다.

(2) 실내디자인과 가구디자인

로코코 양식의 실내디자인은 이후에 프랑스의 정치가들에 의해 향수를 자아내기도 하였다. 이 디자인이 궁궐의 경계선을 넘어 일반 대중에게까지도 전달되어 독특한 프랑스의 기호로 자리 잡게 되었다. 로코코 가구는 이후에 폴란드와 러시아의 궁궐에도 수입하게 되었으며, 오늘날까지도 파리에서는 고관들이 좋아하는 아주 특별한 가구로 만들어지고 있다.

로코코디자인은 꽃잎과 줄기, 소형 문양에 대한 끊임없는 영감으로 그려내었으며 색의 은은한 채도에 관심을 두었다. 그러나 철저히 이전 시대를 모방하지 않았고 서정적으로 매력적인 디자인을 만들었으며 궁극적으로 감각적인 디자인을 이끌어내었다.

오늘날에도 이러한 로코코 스타일은 감각적이고 여성적인 이미지를 표현하는 가장 프랑스적인 디자인의 진수로서 계속적으로 재응용되고 있다. 또한 고전주의에 매료되어 있는 파리지엔(parisians)들은 무의식적으로 고전성이 표현된 루이 15세에 대한 강렬한 염원을 갖고 있으며 파리의 현대적인 아파트의 실내에도 이러한 루이 15세 스타일의 가구가 반드시 자리 잡고 있는 것을 볼 수 있다.

영국에서 로코코 양식은 퀸 앤 스타일로 나타났다.

그림 1-48 영국의 퀸 앤 양식의 의자, 데이베드 및 체스트와 브로큰 페디먼트

4) 신고전주의 양식과 대중화

루이 16세가 왕위에 올랐을 때는 재정적으로 어려운 상태였으며 국민들도 새로운 변화를 요구하고 있었다. 따라서 디자인의 경향도 간소하고 단순화되기 시작하였다. 18세기 중엽 루이 16세 스타일은 루이 15세와 마찬가지로 폼페이 유적과 헤라클레늄의 발굴에 따라 유럽을 통하여 고전적 기호들이 전파되었으며 복잡하고 사치스러운 로코코 양식에 대한 반발에 의해 순수하고 조화로운 디자인을 원하게 되었다. 특히, 실내공간에서 가구에 많은 비중을 두기 시작하였으며 고상함(novelty)에 관심을 두었다.

(1) 마리 앙투아네트와 단순화

루이 16세의 왕비인 마리 앙투아네트(Marie-Antoinette)는 루이 15세에 비하여 단순함을 추구하였다. 자신의 작업실을 가지고 있으면서 국내의 유명한 가구디자이너들에게 자신이 고안한 가구를 만들게 하여, 이러한 작품들이 그 당시 유럽의 다른 나라에게도 알려지게 되었다. 그녀는 실내 장식과 전체적인 조화에 관심을 가져서 건축적 공간을 유기적으로 창출하여 그 당시 건축가들에게도 많은 영향을 주었으며, 단순화된 패널링이나 로코코 시대의 화려한 금도금의 축소, 정교한 파스텔톤의 가리개(shade)로 오스트리아의 왕실의 느낌을 자아내는 실내분위기를 연출하였다.

(2) 실내디자인

루이 16세 양식의 가구는 훌륭한 비율과 균형을 이루었고, 주로 직선의 다리가 많았다. 등판은 기하학적인 원형, 팔각형, 타원형이 사용되었으며, 고전적인 장식이 많이 응용되었다. 서랍장인 코모드는 정방형의 패널이 장식으로 사용되고 그 중앙에 바구니나 꽃병모양의 마케트리(상감세공)로 장식하였다. 이때 목재로는 마호가니나 흑단(ebony)을 많이 사용하였다.

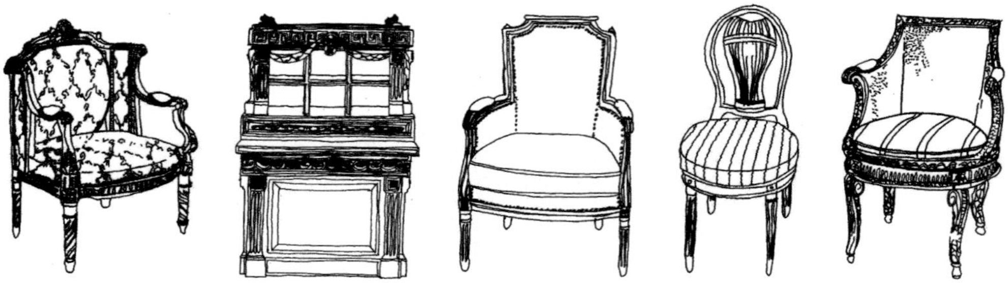

그림 1-49 루이 16세 신고전주의 양식의 가구 및 의자

또한 신고전주의 양식은 귀족사회에 한정되었던 장식들이 중산층에게까지 영향을 주었다. 실내장식품으로 벽난로 선반에는 주로 테라코타, 대리석 흉상, 향수, 꽃병, 수정 장식품, 촛대, 도자기 인물상 등이 놓여졌다. 또한 벽장식품으로는 금도금을 한 시계, 그림, 장방형이나 타원형의 거울이 있었으며, 도자기와 아주 정교한 보석으로 장식된 작은 상자 등을 놓아두기도 하였다. 이러한 루이 16세 양식은 아름다움과 조화가 있으면서도 가장 안락한 디자인임과 동시에 역사성을 지닌 고상함과 함께 인간미를 지닌 편안함이 느껴진다.

(3) 영국의 빅토리아 양식

영국에서의 프랑스 신고전주의 경향은 건축가인 로버트 아담과 조지 헤플화이트, 토마스 쉐라톤 등의 가구디자이너들에 의해서 진행되었다. 이후 절충주의 성향을 띠고 있는 빅토리아 양식은 빅토리아 여왕 집권 시기(1837~1901)에 산업의 발달로 부의 축적 결과 역사주의에 대한 모방으로 그리스와 고딕 양식에 대한 관심이 건축과 실내디자인 전반에 나타난 것이다. 이는 다양한 양식의 혼재를 가져와 절충주의 양식을 만들기도 하였다.

5) 미국의 주거건축과 실내디자인

미국은 본토의 48개 주와 1959년 주로 승격된 알래스카와 하와이를 합쳐 50개 주로 이루어진 인류 역사상 가장 새로운 나라의 하나이다. 합중국이란 여러 개의 주(state)가 모여 이루어진 연합국가로 지형적으로 중앙에는 로키산맥이 남북으로 있고 그 동쪽은 미시시피 강을 중심으로 대평원이 전개되어 있으며 서쪽은 산악지대로 되어 있다.

다민족, 다문화의 집합체인 미국은 얼마 되지 않는 역사 동안에 영국, 스페인, 프랑스, 독일, 네덜란드, 스웨덴 등 유럽 여러 나라의 식민지시대를 거쳤으므로 그들의 주거건축 양식은 모두 유럽 양식의 모방에서부터 시작되었다. 동시에 실내디자인에 있어서 모든 양식을 망라하는 전시장으로 그 고유성과 변화성 그리고 지역성과의 융합을 함께 볼 수 있는 특별한 곳이다.

따라서 미국의 주거는 각 지역의 물리적 환경조건과 사회문화적 조건에 따라 나름대로 독특하게 형성되어 왔다. 가장 전형적인 미국의 민가는 토착민인 아메리칸 인디언의 주택으로 티피라고 불리는 것이다. 세 군데에 기초 역할을 하는 기둥을 세우고, 그 주변에 12개의 보조기둥을 세운 후 동물가죽을 씌워 만든 원추형의 주택이다. 또한 푸에블로 인디언들은 다른 부족의 침입을 막기 위하여 계곡 높은 곳에 평지붕의 요새와 같은 마을을 이루었다.

(1) 콜로니얼 양식의 주택

식민지 시대 초기 주택으로는, 맞배지붕으로 규모가 작고, 소박한 나무판자로 이루어진 영국식 콜로니얼 주택, 기본 주택 구조 외에 집 뒤쪽으로 일부분이 추가된 형태인 솔트박스(salt box) 주택, 전면에 현관이 있고, 창과 지붕 등에 우아하고 정교한 장식이 있는 조지언식 주택, 네덜란드의 영향으로 주 건물 옆에 추가 건물을 지은 더치 콜로니얼 주택, 상당히 큰 규모로 외관이 스페인 양식의 주택에 주로 사용되는 흙벽돌인 아도비로 되어 있는 스페니쉬 콜로니얼 주택, 이중으로 경사진 지붕과 특이한 외부의 계단, 바닥보다 높게 주택을 지은 프렌치 콜로니얼 주택 등이 있다.

(2) 고전주의 리바이벌과 페데랄 양식

19세기에 들어와서는 그리스나 로마의 영향을 받은 고전적 스타일의 주택이 나타났다.

그릭 요소를 적용한 방갈로 스타일
(남일리노이주 카본데일 카이로)

고딕 요소를 적용한 라이트의 주택
(시카고 오크 파크)

영국풍의 솔트박스 주택
(남일리노이주 카본데일 월넛)

빅토리안 스타일
(남일리노이주 카본데일 카이로)

그림 1-50 19세기 초 다양한 양식의 미국주택들

토마스 제퍼슨 대통령은 새로운 국가에 걸맞는 건축적 표현을 찾고자 건물의 정면에 그리스 양식의 기둥과 로마 양식의 돔을 이용하여 우아하고 장중한 분위기의 주택을 디자인하기도 하였다. 또한 여유 있는 규모에, 우아하며 경사가 낮은 지붕, 4개의 굴뚝이 전체적으로 균형을 이룬 페데랄 스타일도 나타났으며, 장식적으로 외관이 돋보이며 천창, 고딕풍의 수직선, 비정식적이고 불규칙적인 형태와 장식적 치장에 중심을 둔 빅토리안 스타일까지 다양한 주택이 나타났다.

(3) 프랭크 로이드 라이트의 건축 양식

20세기에 들어오면서 과도한 장식과 치장에 대한 반발로 단순하면서도 기능적인 주택이 나타나기 시작하였다. 특히, 미국의 대표 건축가 중의 한 명인 프랭크 로이드 라이트(Frank Lloyd Wright)는 예술공예적 영향을 받기도 했지만, 잉카, 중세, 아르데코 등 다양한 양식을 적용하여 아주 독특한 형태의 주택을 디자인하였다.

그는 주택은 지어지는 대지와 어우러져야 된다고 생각하여 수평선, 넓은 처마가 달린 평평하거나 경사가 완만한 지붕, 실내공간과 실외공간의 연결 등으로 환경과 조화를 이룬 유기적 주택을 디자인하였다. 따라서 그의 초기의 작품들은 넓은 대지 위에 저층이고, 수공예적인 요소가 많이 있으며 자연과 하나가 되는 주택으로 넓은 실내공간, 기둥과 벽면 장식에 정교한 디자인, 넓은 창으로 외부와 교감을 이루는 공간을 만들어 내고 있다.

라이트는 식민지 양식과 역사적 양식들의 절충과 모방 속에 지어진 미국주택 속에서 '미국의 주택' 이라는 국적을 회복시킨 진정한 미국 국민의 건축가였다. 작품활동 제1기에 해당하는 시카고의 오크 파크(Oak Park)에 있는 그의 주택과 사무실을 보기 위하여 미국 전역에서 수많은 사람들이 방문하고 있다.

라이트의 홈 앤 스튜디오(Home & Studio : Oak Park, Chicago)는 습하고 더운 지역 기후에 대응하는 경사진 지붕과 높은 벽, 길고 수평적인 슬라브, 벽의 윗부분에 일련의 연속된 창을 통하여 내부에는 빛을 주며 천장 부분의 보와 조명기구를 통하여 공간감을 주지만 공허함을 보완하고 이를 미적 차원으로까지 승화시킨 프레리 양식을 나타냈다. 동시에 이집트와 고전주의, 고딕, 일본적 요소, 아트 앤 크래프트, 기하학적인 아르누보에 이르기까지 다양한 양식의 현대적 재현으로 결코 심심하지 않은 섬세하고 살고 싶은 공간을 창조하였다. 벽면에는 아라비안나이트의 이야기가 있고, 벽난로에 둘러앉으면 삶의 중심이 나타나 있고, 필요한 곳에 필요한 가구와 의자 그리고 조명이 있는 공간으로 인간과 생활 집기만 있으면 생활이 가능한 곳, 기둥과 붙박이가 하나 되고, 책장의 문을 열면 드로잉을 걸어 둘 수 있는 판넬이 되고, 서랍의 높이가 서로 다른 디자인으로, 이는 미국주택에 있어서 기능성과 미학을 동시에 구현한 것이다. 또한 미로와 같은 상호 관입과 방향 전환에 의한 프라이버시의 확보, 공간과 공간의 연결에 의한 상호 관련성 증대, 벽감과 붙박이 공간의 극대화, 외부공간과의 교감을 유도하였으며 건축과 실내공간, 가구, 조명, 조각, 드레퍼리와 패브릭, 손잡이에 이르기까지 가장 완벽한 총체적 디자인(total design)을 완성하였다. 그래서 프랭크 로이드 라이트는 미국 건축에 있어서 하나의 브랜드인 것이다.

그림 1-51 프랭크 로이드 라이트의 홈 앤 스튜디오

6. 근대 양식

1) 예술공예운동, 아르누보, 아르데코

예술공예운동(arts & crafts movement)은 중세적 전통이 강한 영국에서 산업혁명 이후 기계에 의한 값싼 모조품들이 양산되자 전통적 미학의 부활로 수공예운동이 일어난 것이다. 아르누보(art nouveau)는 프랑스에서 자연으로부터 영감을 얻은 디자인을 중심으로 새로운 재료인 철재를 받아들이면서도 흐르는 곡선의 아름다움을 만들었다. 아르데코(art deco)는 루이 16세 시대의 순수한 형태와 세련됨을 계승하면서도 1920년대 새로운 기능주의의 취향을 가졌으며, 직선과 지브라 문양과 아이보리 등이 주요한 모티브와 재료로 사용되었다.

(1) 예술공예운동

예술공예운동(arts & crafts movement)은 순수미술과 응용미술을 동격으로 보는 관점으로 예술을 생활환경 속에 도입함으로써 예술의 범위와 영역을 넓혔다는 의의를 갖고 있다. 결과적으로 기계에 의하여 대량생산되는 값싼 생활도구들을 배제하고, 재료의 정직한 사용과 단순하고 건전한 직선적인 형태 그리고 자연으로부터 모티브를 따온 장식 요소 등을 사용하였다. 영국의 윌리엄 모리스(William Morris)는 예술공예운동의 창시자이며 주요 디자이너이다.

(2) 아르누보

19세기 말 새로운 예술이라는 아르누보는, 프랑스에서는 아르누보(art nouveau), 영국에서는 모던 스타일(modern style), 독일에서는 유겐트스틸(jugend stil), 오스트리아에서는 세제션(secession) 등의 명칭으로 각 국에서 전개되었다. 프랑스 건축가 비올레 르 뒤크(Viollet-le-Duc)의 영향을 받은 스페인, 프랑스, 벨기에는 곡선을 사용하였으며 글래스고우와 비엔나에서는 직선과 직각적 격자들을 사용하였다.

이는 신고전주의나 절충주의 같은 역사적이고 전통적인 취향에서 벗어나 대중을 위한 예술을 꿈꾸며, 예술가 자아를 중시하는 전위 예술적 정신을 확산시켰다. 아르누보적 건축공간은 철(steel)이라는 신 재료의 구조적 가능성을 장식어휘와 결합시키면서 자연적 형태를 모델로 삼아 그 속에 내재된 생성력을 모티브로 차용하여 내·외부의 유기적 관계를 형성한 양식으로 볼 수 있다.

(3) 아르데코

아르데코(art deco)는 1920년대 초기, 강렬한 무대장치와 의상을 소개한 러시아 발레에 영감을 받아 시작되었으며 건축, 실내디자인, 장식예술뿐 아니라 패션, 영화 등 모든 생활영역에서 근대적 문화를 형성하였다. 처음에는 가벼우면서도 우아한 예술의 새로운 모색으로부터 출발하였으나, 근대예술가들에게 기계 시대의 속도와 강도를 표현할 수 있는 모던한 이미지를 표현할 수 있는 새로운 도구가 되었다.

아르데코는 루이 16세 시대의 가구에서 순수한 형태와 세련됨을 계승하고 1920년대 기능주의적 새로운 시도가 접속되었으며 흑단을 소재로 하는 가구가 많았으며 동양적 옻칠, 가죽, 상아, 지브라 문양 등이 사용되었다. 대표적인 디자이너로 에밀 자크 룰만, 엘린 그레이, 피에르 르그레인 등이 있다.

2) 모더니즘

모더니즘(modernism)은 몬드리안의 구성주의와 네덜란드의 드 스틸의 영향으로 평평한 평면, 직사각형과 정사각형, 직선 등을 모티브로 한 큐빅의 모듈화로 근대건축에 영향을 미친 운동이다. 1911년 독일에서 발생한 바우하우스는 국제적 스타일로 발전하였으며, 미스 반 데 로에 등에 의해 미국으로 전파되면서 유리와의 새로운 접목에 의해 단순하면서도 개방적인 평면과 규칙성을 강조한 건물들이 만들어졌다.

(1) 독일공예가 연맹과 근대건축

독일공예가 연맹에서 계획된 슈투트가르트시의 바이센호프 주거단지계획은 주거단지와 근대건축의 검소한 형태에 대한 가능성을 제시할 의도로 계획되었으며, 이 당시 미스 반 데 로에

와 발터 그루피우스, 르코르뷔지에, 마르트 스탐 등이 디자인한 일련의 주택들은 건축적 표현과 양식에 있어서 새로운 수법을 추구하였다.

모든 건물들은 평평한 지붕을 하고 있고, 강철과 콘크리트 등의 공업제품을 사용하고 있으며, 평평한 벽면이 모두 흰색으로 마감되어 있다. 또한 평면구성의 유연성은 강철프레임을 사용하여 구조와 포위 개념의 분리를 가능하게 하였다. 이는 19세기 도시의 고전 양식과 고딕 양식 등의 다른 건축 양식으로 변형하는 데에서 오는 혼란과 혼동을 엘리베이터와 강철프레임에 의한 새로운 건축 양식으로 일체화시키는 통일감을 보여 주었다. 즉, 모더니즘의 새로운 시작을 알리는 것이다.

(2) 국제주의 양식

국제주의 양식(international style)은 1920년대 근대 건축 양식으로 철, 유리, 콘크리트로 대변되는 것으로 과거의 전통적인 양식을 버리고 장식을 억제한 대신 기능을 중시한다. 주로 상자형의 단순한 기하학적인 형태의 건물로 공업화나 경제성이 추구되어 세계 어디서나 동일하게 세워지는 모더니즘의 건축으로 볼 수 있다.

(3) 기능주의 양식

기능주의(functionalism)는 건물의 형태를 디자인함에 있어서 건물이 당연히 갖춰야 하는 기능을 중요시한다는 주장으로 19세기 말부터 초기 근대 건축을 대변할 수 있는 중요한 사상이다. 이는 어떤 시대나 그 나름대로의 디자인이 있어야 한다는 주장과 실제 디자인의 방향성이 아직 확립되지 않은 상황에서 하나의 슬로건으로도 볼 수 있다.

루이스 설리반의 '형태는 기능을 따른다'는 말에서도 알 수 있듯이 필요하지 않은 장식은 덜어내고, 내부공간이 외부에 그대로 시각적으로 반영되는 이른바 근대건축의 시작이라고 볼 수 있다. 그러나 이후에 이는 지역성을 배제했다는 비판과 함께 너무 금욕적인 조형에 대한 반동으로 포스트모던(post-modern)의 움직임이 나타났다.

(4) 야수주의 양식

야수주의(brutalism)는 제2차 세계대전 이후 1950년대부터 60년대에 걸쳐서 영국에서 일어나 그 밖의 나라로 파급된 건축의 움직임 중의 하나이다. 근대건축에 있어서 조형성이나 장식성이 요구되기 시작하였는데, 이 당시 건축가들은 미스 반 데 로에나 르코르뷔지에의 기능주의와 구조나 재료의 장식이 없는 표현을 목표로 하여 건축적인 요구를 그대로 형태나 공간으로 표현하고자 시도하였다.

그들은 외관의 우아한 표현보다는 양식이나 유행을 제거해도 남는 건물의 본질을 중시하였으며, 벽돌이나 블록 등 토착적인 재료를 함께 사용하였다. 구체적인 표현으로는 콘크리트의 경우 형틀의 흔적을 그대로 방치한 노출콘크리트로 하거나 철강재·부재·설비 등을 숨기지 않고 드러내는 수법을 사용하였다.

3) 포스트모더니즘

모더니즘의 후기적 양상으로 획일화되고 규칙화된 모더니즘에 고전적 양식의 접목과 부활 및 새로운 형태, 하이테크를 통해 상징적 의미를 나타내고자 하는 탈모더니즘적 경향이다.

포스트모더니즘(post-modernism)은 역사주의, 은유와 상징, 장식성, 이중코드화, 복합성과 대립성, 맥락주의, 절충주의, 해체주의 등의 다원주의적 양상으로 건축, 실내, 가구, 오브제 등 다양한 측면에서 나타났다. 포스트 모더니스트들은 국제 양식에 잘 나타난 근대주의에 대한 조형적인 비판을 하기 시작하였다. 포스트모더니즘이라고 하는 후기 모더니즘은 단순한 양식이라고 하기보다는 고전적인 또는 전통적이고 역사적인 모티브와 지방적인 요소 혹은 토속적인 요소 등이 디자인에 적극적으로 받아들이고자 하는 움직임으로 1970년대 이후에 두드러진 경향이다. 이는 고전적인 전통이 깊이 뿌리를 내리고 있지 않는 미국에서는 모티브의 선택으로서 의미를 가지며 유럽에서는 모티브뿐만 아니라 과거와 현대를 이어주며 현재와 미래를 어떠한 관계로 파악해야 하는가도 문제 삼고 있다는 점이 특징이다.

4) 컨템포러리

현대의 실내디자인은 포스트모더니즘 이후 광범위한 다원주의적 영향으로 글로벌 디자인, 정크 스타일, 퓨전, 젠 스타일, 퓨어 스타일 등 다양한 양상으로 나타났다. 또한 인구의 폭발과 기술적, 기계적 발전이 계속되면서 생태환경의 중요성이 높아지고 지구환경의 지속가능성을 고려하게 되어 유니버설디자인, 에코디자인, 그린디자인 등이 중요한 화두가 되고 있다.

동시에 개개인의 개성과 욕구가 더욱 강해지고, 모두를 위한 하나의 디자인이 아니라 개인을 위한 하나의 디자인이 가능한 디지털디자인으로 자유 곡선과 자유 형태의 프리폼(free-form)디자인이 나타나고 있다. 세계의 네트워크화 및 정보의 공유로 서로 다른 것들의 만남(mix & match)현상으로 동서양의 크로스오버(crossover), 하이브리드(hybrid), 유비쿼터스디자인(ubiquitous), 가상현실(virtual reality) 등으로 실내공간은 고정적 공간이 아니라 거주자와 상호반응(interactive)하는 공간으로 더욱 다양화되고 있다.

(1) 글로벌 양식과 에스닉디자인

글로벌 양식(global style)과 에스닉디자인(ethnic design)은 오브제, 색채, 질감에 열정을 두는 것이고, 동양의 도자기, 오래된 것들, 의식적이며 종교적인 물건들, 수공예품 등의 컬렉션과 배치로 개인적 기쁨, 휴식과 편안함을 추구하는 것이다.

그것은 평범한 것과 독특한 것과의 만남이고 일상과 비일상, 특별한 것과의 만남이다. 이러한 글로벌 스타일은 테마가 있는 방의 연출이 아니며, 어떤 방식으로 예술품을 전시할 것인가, 즉 내가 갖고 있는 것들을 어느 공간에서 어떻게 무엇과 결합되어 보여 줄 것인가 하는 것이다.

대신에 그것은 세계 곳곳에서 모아온 공예품들이 끊임없이 현재 공간과 재결합되어 재미있고 아름답게 살아있는 공간으로 창조되는 것이다. 이러한 글로벌 스타일의 물건 중에 가장 중요한 매력을 주는 것 중 하나는 중동지역과 인도 등의 에스닉한 수공예품들이다.

(2) 정크 스타일

정크 스타일(junk style)은 이전 시대에 버려진 오브제들을 이용하여 집을 어떻게 완전히 개성적으로 연출할 것인가 하는 것과 관계된다. 다양한 형태의 오래된 교회의 벤치에서 거대한 체스트필드 소파에 이르기까지 그리고 빛바랜 옛날의 커튼에서 세탁기, 램프 등에서 역사와 시간적 흐름을 느낄 수 있고, 생태적으로 친근한 생활 양식으로 재활용되고 재창조될 수 있는 것들이다.

정크 스타일은 전통적이고 절충적이면서도 개개인이 아름답고 가치 있다고 느껴지는 그런 것들에 대한 적극적인 선택인 것이다. 따라서 정크 스타일의 오브제들은 본질적으로 의미 있고, 수준이 있으며, 특이하고 평범하지 않은 양식적 가치가 있는 것, 고색창연한 오랜 세월이 지나서 만들어진 색과 질감, 과거의 사람들이 소중히 사용했던 옷이나 물건 등이다.

(3) 젠 스타일과 미니멀리즘

젠(zen) 스타일은 불교의 선종(zen-buddhism)의 선(禪)사상에서 출발한 것으로 현대사회가 한쪽에서는 폭력과 전쟁 그리고 핵위기가 계속되고, 다른 한쪽에서는 비만과의 전쟁 또 다른 한쪽에서는 기아와 굶주림으로 두려움을 갖는 세기말적 불안한 시대에 있어서 현대인들이 정신적인 도피처가 필요한 것과 관련이 있는 것으로 보인다.

따라서 동양의 선사상에서 비롯된 문화가 패션, 음악, 인테리어, 영화, 책 등 다양한 분야에서 젠(zen)으로 불리는 경향들로 나타났다. 이러한 젠사상에서 나타난 디자인의 특징은 단순하고 동양적인 정적인 분위기가 나타난다. 현대 물질사회가 빚어낸 다양한 병폐는 정신세계와 삶의 근원적 의미를 설명할 수 있는 동양사상에서 그 해답을 찾고자 하는 것이다. 즉, 조용하고 극도로 절제된 공간, 과장됨 없이 깨끗하게 정리된 그릇들, 단순하고 철학적 분위기를 통한 경건함의 미, 화이트와 블랙, 다크 브라운, 카키색 등으로 마음을 따뜻하고 편안하게 만들어 주는 실내공간의 표현 등을 젠 양식에서 찾아볼 수 있다.

이러한 젠의 열풍은 그동안 인간의 삶을 지배해 왔던 자본주의와 과학주의의 한계점을 발견한 인간 자신이 관심의 중심을 내면세계로 돌리고자 하는 움직임에서 나왔다고 볼 수 있다. 서양의 미니멀리즘(minimalism)이 흑백이나 한 가지 색만으로 날카로운 이미지를 추구했다면 젠 스타일은 단순하면서도 부드럽고 따스한 이미지를 연출한다. 따라서 흑백의 모노톤 외에도 밤색, 카키색, 머스터드색, 보라색을 주조 색채로 하여 은은하고 부드러운 질감을 표현하였다. 동시에 기능적 업그레이드와 내추럴리즘의 가미로 하이테크적인 불투명 유리나 메탈이 목재, 자갈 등으로 대체되고 창문과 파티션에 국한되었던 유리나 메탈이 붙박이장이나 거실장, 싱크 조명 등 인테리어 전반에 사용되고, 단풍나무나 호두나무 등의 무늬목이 사용되었다.

최소 장식주의를 추구하였던 미니멀리즘은 무의미한 단순성의 전개로 전락하던 후기 모더니즘의 건축적 행태를 자연 존재에 대한 본질적 단순성으로 끌어올리는 은유적 형태로서 전개되는 것으로 동양의 선사상을 서양적으로 표현한 것이다.

(4) 순수 스타일

순수 스타일(pure style)은 우리를 둘러싸고 있는 주변 환경의 오브제 또는 자연에 대한 본질적이고 솔직한 접근인 것이다. 현대사회의 하이 테크적인 인공적 삶 속에서 바닷가의 조약돌, 바위, 봄의 새순, 화려한 장미의 색 등과 같은 아름다움의 본질을 찾아내는 것이다.

순수 스타일은 자연의 여러 색들처럼 다채롭고 오브제 하나하나의 질감을 느낄 수 있으며 감각적이고 우리 주변의 모든 공간을 아름답고 만족감과 행복감을 주는 공간으로 연출하는 것이다.

(5) 디지털디자인

디지털디자인(digital design)은 두 번째 모더니티(second modernity)라고 불리는 1990년대 새롭게 나타났으며 프로그램을 비롯한 건축의 외적 조건과 밀접한 관계를 갖는다. 유럽의 젊은 건축가들로 구성된 MVRDV, 렘 쿨하스(Rem Koolhaas), 반 버클(Van Berkel), 자하 하디드(Zaha Hadid)들은 건축디자인 개념을 설정하기 위해 여러 외적 관련 데이터를 바탕으로 독특한 다이어그램이나 스케치를 하는 데 건축설계에 있어서 제약조건이 되었던 법규나 환경들을 객관적인 데이터로 변환시켜 작품에 반영하고 있다.

데이터스케이핑(datascaping)은 건물을 형상화하는 보이지 않는 힘을 시각화하는 과정으로 그동안 심각하게 고려하지 않았던 정보들, 즉 건축가가 아닌 타자(거주자, 참여자, 관람자 등), 생활 양식, 밀도(기후, 바람, 조수간만의 차, 일조 등), 자연환경(물, 산, 모래언덕), 기존의 다양한 물리적 형태들을 하나의 사고과정으로 받아들여, 해석하고 형태를 도출하는 과정에서 사용자, 건설회사, 관리자문가, 공동생활대표 등 다양한 조직의 구성원과의 커뮤니케이션을 통하여 규모, 형태, 동선의 모양을 도출하여 시각화하였다.

이는 단순히 사용자, 기능을 고려하여 공간을 설정하고 건축주나 도시조직, 정치적 요구에 따른 건축물을 디자인하던 근대사회의 건축적 디자인 프로세스와는 차별화되는 것이다. 건축적 표현에 있어서도 예측 가능한 형태가 아니라 우연적, 상상과는 다른 복합적 형태를 도출하게 된다.

참 고 문 헌

• 한국 주거사

강영환(2002). 새로 쓴 한국 주거문화의 역사. 기문당.

김왕직(2000). 그림으로 보는 한국건축용어. 발언.

송인호(1990). 도시형 한옥의 유형연구. 서울대학교 대학원 박사학위논문.

주남철(2000). 한국의 전통민가. 아르케.

______(2002). 한국건축사. 고려대학교출판부.

村山智順(1990). 조선의 풍수. 최길성 역. 민음사.

• 서양 실내디자인사

김성혜(1999). 아르누보의 선형적 의미와 특성에 관한 연구. 한국실내디자인학회학회지, 19. 98-104.

박현옥(1999. 12. 30). Home & Society, 홈인테리어-루이 15세 스타일. 대전매일.

______(2000. 1. 20). Home & Society, 홈인테리어-루이 16세 스타일. 대전매일.

______(2000. 1. 27). Home & Society, 홈인테리어-파리의 창. 대전매일.

______(2000. 2. 10). Home & Society, 홈인테리어-뉴욕 스타일. 대전매일.

______(2000. 2. 24). Home & Society, 홈인테리어-미국의 주거형태. 대전매일.

______(2000). 이스라엘의 근대 주거디자인 특성에 관한 연구. 주택연구, 8(2), 173-191.

______(2007). MVRDV의 건축적 사유방식과 데이터스케이프를 기반으로 한 작품 특성 분석(1992-2006). 한국건축인테리어디지털학회논문집, 7(2), 9-17.
이연숙(1999). 실내디자인 양식사. 연세대학교 출판부.
홍승기 역(1994). 서양의 실내디자인사. 서우출판사.
Byars, M. (1994). The Design Encyclopedia. Laurence King.
Cumberbatch, J. (1996). Pure Style. Ryland Peters & Small. London.
Dilcock, L. (2000). Global style. Ryland Peters & Small. London.
Gympel, J. (1996). The Story Of Architecture. KONEMANN.
Molesworth, M. (1998). Junk Style. Ryland Peters & Small. London.
Oates, P. B. (1981). The Story Of Western Furniture. Harper & Row.
Pile, J. (2000). A History of Interior Design. Laurence King.
Tidbury, J. (1999). Zen Style : Balance and Simplicity for Your Home. Ward Lock Illustrated Division. London.
Watkin, D. (1986). A History of Western Architecture. T & H.

*사진 및 드로잉(The Story Of Western Furniture) : 박현옥

CHAPTER 02

주거문화

1. 주거의 문화적 의미

1) 문화현상으로서의 주거

주거가 갖는 문화적 의미를 이해하기 위해 문화 일반 및 주거문화의 개념적 정의를 소개하고, 이를 토대로 주거문화의 구조와 그 구체적인 내용에 대해 살펴본다.

(1) 문화에 대한 이해

문화에 대한 개념적 정의는 근간이 되는 이론이나 강조하려는 관점에 따라 매우 다양하다. 영국의 종교학자이자 초기 문화인류학자인 타일러(E. B. Tylor)가 내린 문화의 정의는 지금까지 내려진 많은 정의 가운데 가장 오래되고 포괄적인 것으로 알려져 있다. 그는 문화를 '사회의 일원으로서 인간이 습득한 지식, 신념, 예술, 규범, 도덕, 관습 그리고 인간에 의해 얻어진 다른 모든 능력들을 포함하는 복합적인 총체' 라고 규정하였다. 이를 토대로 화이트(L. A. White)는 문화란 '인간이 문화적인 수단을 통해 자신을 둘러싸고 있는 환경에 적응하며 생을 영위해 나가는 과정에서 축적된 지식, 기술, 사회조직, 언어, 관습, 신앙 등의 총합체' 라고 정의하였다.

이 같은 총체론적 관점이 아니더라도 많은 학자들이 다양한 관점에서 문화를 규정하였다. 역사적 관점의 사피어(E. Sapir)는 문화는 사회적으로 물려받은 습관과 신념의 집합체로서 인간생활의 조직을 정한다고 하였다. 생태학적 관점의 라포포트(A. Rapoport)와 도슨(C. Dawson)은 문화는 인간이 생태계에의 적응을 통해 보여 주는 삶의 양식이라고 하였다. 또 인류학자인 레드필드(R. Redfield)는 문화란 전통적으로 전해 내려오면서 한 인간 집단을 특징짓는 행동과 가공물에 나타나 있는 관습적 이해 방식의 조직으로 간주하였다. 문화에 대한 이러한 견해들을 종합해 보면 한 사회의 구성원들이 물리적, 사회적 환경에 적응해 가는 과정에서 축적시킨 사고방식과 이것이 겉으로 표현되어 나타나는 삶의 방식을 문화로 정의할 수 있다. 여기서 사고방식은 직접 관찰이 불가능한 사람들의 규범, 가치, 신념, 관습 같은 내재된 문화를 말하며, 이 같은 내재된 문화는 관찰 가능한 문화적 산물이나 행동, 즉 삶의 방식 등의 표현된 문화를 이루며 이들은 상호 간에 밀접한 연관성을 가진다.

문화는 시대나 장소, 성별, 사회, 산업 또는 계층 등에 따라 다양한 양상으로 나타난다. 즉, 문화라는 커다란 범주 안에서 고대문화와 현대문화, 서양문화와 동양문화, 여성문화와 청소년문화, 소비문화와 음식문화 등의 무수한 하위문화로 존재하는 것이다. 한편 문화에 대한 이해를 위해 문화의 보편적인 속성인 공유, 학습, 축적, 전체, 변화 등에 대해 구체적으로 살펴볼 필요가 있다. 첫째, 문화의 공유성이란 한 개인이 가지는 것을 문화라 하지 않으며 사회의 다른 구성원들에 의해 공유될 때 비로소 문화로 볼 수 있음을 의미한다. 문화의 공유를 통해 구성원들은 의사소통이 가능해지며 사회생활이 원만하게 이루어질 수 있다. 둘째, 문화는 성장과정에서 언어와 문자 등에 의한 학습을 통해 배우면서 얻어지는 것으로 유전적이거나 본능적인 행위는 문화로 간주하지 않는다. 셋째, 문화의 축적성이란 한 세대에서 이루어진 경험과 지식은 다음 세대로 전달되는 과정에서 전달매체를 통해 축적되어 전승됨을 의미한다. 넷째, 문화의 전체성이란 문화를 구성하는 각 요소들은 통합성을 가지고 긴밀하게 연결되어 있음을 뜻한다. 따라서 한 사회의 문화를 이해하려면 전체적이고 통합적인 관점에서 바라보아야 할 것이다. 끝으로 문화는 한 세대에서 다음 세대로 전달되고 계승되는 과정에서 어느 정도의 규칙성을 가지고 점차 변해간다.

문화는 인간이 가지고 있는 여러 욕구를 충족시켜 주고 생존을 보장하며 나아가 사회를 영속시켜 준다. 가장 기본적인 생리적인 욕구부터 자아존중과 자아실현이라는 상위의 욕구에 이르는 다양한 인간의 욕구는, 일부는 물질로 채워지기도 하고 물질이 아닌 사회적, 심리적 차원에서 채워지는 것도 있다. 이러한 모든 유형의 욕구는 바로 소속하고 있는 집단이 생태학적 환경에 대처해 나가는 방법이나 전형적인 생활방식, 그리고 그들이 표현하는 상징성 등을 통해 충족되어지는데 이것이 바로 문화가 우리에게 제공하는 역할이자 기능이다.

(2) 주거의 문화적 의미

한 사회의 구성원들이 주어진 환경에 적응해 가는 과정에서 축적한 삶의 방식을 문화로 간주할 때 주거는 문화를 이루는 대표적인 구성 요소의 하나이자 인간과 환경 간의 상호작용의 결과로 나타나는 문화의 한 반영물이다. 주택이 단순한 물리적 구조물인 데 반해 주거는 주택에서 영위되는 가족의 일상적인 생활과 그들의 주관적이고 심리적인 감정을 담아 내고 사회적인 상호작용의 배경이 되며 나아가 가족 또는 가족 구성원들의 자아실현의 장이기 때문이다. 주택을 매개로 형성되는 주거문화는 사회 구성원들의 전형적인 생활방식을 지원하기 위해 존재하며 구성원들의 경험과 전통을 반영하는 총체적인 문화적 산물의 하나이다. 즉, 주거문화는 단순히 주택유형이나 주생활 양식 같은 외형적 특성은 물론 이상주거를 이루기 위한 사회 구성원들의 일련의 행동과 과정까지도 모두 포함한다.

라포포트(A. Rapoport)나 알트만(I. Altman)을 비롯한 국내외의 많은 학자들의 연구결과는 주거가 갖는 문화적 의미를 이해하는 데 도움이 된다. 이들은 공통적으로 주거는 인간과 물리적 환경 간의 상호작용의 결과로 나타나는 문화의 한 반영물이며 여기에는 문화적 요인과 환경적 요인, 기술적 요인 등이 상호 유기적으로 연관을 맺으며 작용하는 것으로 설명한다. 문화적 요인은 세계관이나 가치, 규범, 환경에 대한 이해, 프라이버시에 대한 생각, 종교와 기타 가치의 인식 양태, 사회구조와 가족구조 등을 포함하며, 환경적 요인은 기후, 지역, 대지조건 등을, 기술적 요인은 자원이나 기술수준 등을 나타낸다.

국내 학자들이 주거문화를 바라보는 관점도 이와 거의 유사하며, 주택을 매개로 형성되는 주거문화를 문화적 개념 또는 문화현상으로 파악해야 한다는 것이 이들의 기본 입장이다. 주거문화는 주택을 비롯하여 사람이 거주하는 여러 유형의 공간과 관련된 삶의 한 방식이며 한 사회를 특징짓는 문화 특질의 하나이자 이에 관련된 여러 요인들이 복합적으로 영향을 주고받는 하나의 체계이다. 특정한 지역, 계층, 시대에 따른 사회적, 물리적 환경 속에서 이에 대응하기 위해 오랜 시간 지속되어온 생활 양식이 주거문화인 것이다.

요약하면 한 나라의 주거문화는 그 사회의 자연환경과 사회환경, 사회 구성원들의 이념과 가치, 생활과 제도 등 모든 영역의 문화적 내용을 담고 있다. 즉, 주거문화는 사회 구성원들의 역사적 경험과 전통을 반영하는 생활문화의 총체적인 산물의 하나이다. 따라서 주거문화는 단순히 주택유형이나 주생활 양식 같은 외형적 특성만을 의미하는 것이 아니라 여러 가지 제약 속에서 규범주거라는 목표를 실현하기 위해 경험하는 주거에 대한 평가와 선택, 조정이라는 일련의 과정까지도 모두 주거문화의 일부분으로 보아야 할 것이다.

(3) 주거문화의 구조

주거문화의 구조는 문화의 층상구조에 입각하여 설명이 가능하다. 일반적으로 문화는 내적 문화요인과 외적 문화요인으로 이루어지며 이 둘은 서로 분리되어 존재하는 것이 아니라 상호 밀접한 관계를 가진다. 내적 문화요인에는 세계관이나 가치관이, 외적 문화요인에는 행위나 행동 양식, 건조환경 등이 포함된다.

이 같은 문화의 구조를 주거문화에 대입해 보면 주거문화의 구조도 표현된 문화와 내재된 문화의 두 가지 위계에 의해 설명이 가능하다. 표현된 문화는 문화적 인공물이나 문화재 또는

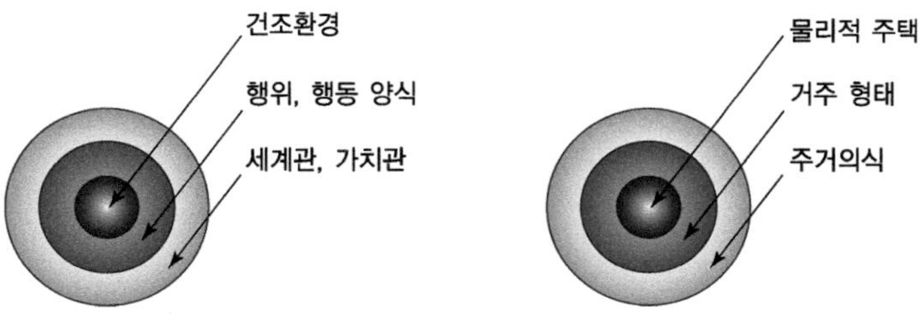

그림 2-1 문화와 주거문화의 구조

출처 : 천현숙(2002). p. 20.

행동을 통해서 쉽게 관찰이 가능한 영역을 나타낸다. 표현된 문화로서의 주거문화에는 역사적 보존 가치를 지니는 주거건축이나 유물, 유적은 물론 주택 형태나 유형, 입지 등의 물리적인 건조환경의 특성, 사회 구성원들의 주생활 양식과 거주 형태, 주택을 중심으로 다양한 측면에서 나타나는 주거 관련 행동, 법규와 제도 등의 주택에 관한 사회적 규제 등을 들 수 있다. 한편 내재된 문화는 직접적인 관찰이 가능하지 않은 것으로 흔히 표현된 문화에 부여되는 의미나 가치, 상징 등을 뜻한다. 구체적인 주거문화의 내재된 측면에는 사회 구성원들이 주거에 대해 부여하는 주거가치나 규범, 욕구 같은 다양한 유형의 의식을 포함시킬 수 있다. 주거문화 체계를 이루는 내재된 특성과 표현된 특성들은 밀접하게 상호영향을 주고받으며 복합체로서의 주거문화 형성에 기여한다.

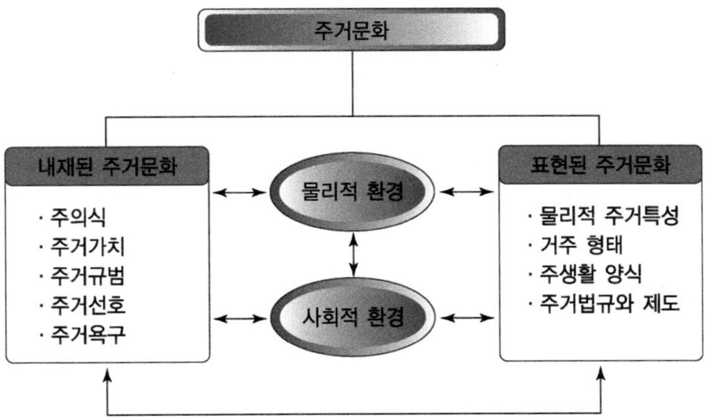

그림 2-2 주거문화와 물리적 환경 및 사회적 환경과의 관계

출처 : 양세화 외(2007). p. 9.

2) 주거문화와 환경

환경과 인간행동 간의 관계 설명에 흔히 거론되는 환경결정론, 환경가능론, 환경개연론은 주거문화와 이에 영향을 미치는 환경 요인들 간의 관계를 이해하는 데도 적용 가능하다.

(1) 환경결정론(environmental determinism)

환경이 인간에게 미치는 영향에 초점을 맞추고 이들 간의 관계에 존재하는 법칙을 체계화하려는 배경에서 시작된 환경결정론은 인간 행태의 원인을 인간이 처한 환경에 있다고 보았다. 즉, 인간의 행동은 환경에 의해 규정되는 환경의 산물이며 생활 양식이나 풍속 등의 문화 형태는 자연환경과 밀접한 관계가 있다는 것이다.

기후나 재료, 건축기술, 대지조건 같은 물리적 환경 요인이 전통주택의 특성을 결정한다는 견해는 널리 알려져 있으며 기후결정론은 한 예이다. 혹독한 기후조건으로부터의 은신처 확보는 주택의 가장 기본적인 기능이다. 이누이트(innuit)족의 이글루(igloo)나 한국 전통주거에서의 온돌과 마루 또는 겹집과 홑집의 구성 등은 기후결정론을 뒷받침한다. 그러나 동일한 기후조건에서도 주거나 도시 형태가 일관된 형태로 나타나지 않고 큰 차이를 보이는 경우도 종종 있다. 예를 들면, 중국의 복건성(福建省)과 안휘성(安徽省)은 기후조건은 유사하지만 주택 형태는 극단적인 차이를 보인다. 또 다른 예로 캄보디아에서는 집 아래에 나무뿌리가 뻗는 것을 불길하게 여겨 더운 기후에도 불구하고 집안에 나무를 심지 않는다. 이처럼 특정 지역에서는 기후가 주거에 크게 영향을 미치지 않으며 오히려 다른 요인이 중요하게 작용하고 있음을 알 수 있다.

이처럼 환경결정론적 시각은 주거와 영향 요인들 간의 관계를 원인과 결과라는 다소 극단적인 인과관계로 본다. 하지만 이러한 관점은 다분히 한계를 갖는다. 즉, 다양한 환경 요인들은 단순히 주거를 결정하는 요인이라기보다는 영향 요인으로 보는 것이 바람직한데, 이들은 상호 복합적으로 작용하기 때문이다.

(2) 환경가능론(environmental possibilism)

환경결정론에 대한 회의와 비판에서 시작된 환경가능론은 환경은 인간에게 어떤 가능성을 부여하는 것으로 간주한다. 환경가능론을 주장하는 사람들은 환경은 인간에게 기회를 제공하는 매개적 존재이며 같은 환경의 영향도 각기 다른 결과를 가져올 수 있다고 주장한다. 같은 환경이라도 인간이 이러한 기회를 어떻게 인식하고 선택, 노력하느냐에 따라 각기 다른 결과를 가져올 수 있다고 보는 것이다.

그림 2-3 아랍의 텐트(좌)와 몽고의 텐트(우)

출처 : http://www.yahoo.com

즉, 환경가능론 관점에서 보면 주거문화는 여러 유형의 환경 요인들로부터 영향을 받을 수 있지만 어느 특정 요인의 영향을 명확하게 일반화시켜 설명하기는 곤란하며, 여러 다른 요인들과의 복합적인 상호관계에 따라 다른 양상을 보일 수 있다. 이는 동일한 재료를 사용했음에도 불구하고 지역에 따라 다른 구조와 형태를 보이는 각국의 전통주거 사례에서도 그 예를 찾아볼 수 있다. 같은 천막집이어도 아랍과 몽고의 경우 구조가 다르며, 짚과 나무를 이용한 아프리카의 마사이(masai)족과 아마존의 야구아(yagua)족의 집도 외관과 구조가 다르다. 이는 비록 동일한 요인이 작용하더라도 각 문화의 다른 요인과 특질이 복합적으로 영향을 주고받으면서 나타난 결과로 보는 것이 타당하다.

(3) 환경개연론(environmental probabilism)

환경개연론은 환경결정론과 환경가능론을 보완한 것으로 볼 수 있다. 기계적인 법칙을 주장하는 환경결정론이나 일련의 규칙성을 부인하는 환경가능론에 비해 환경개연론은 상식적 차원에서 환경과 인간의 행동 사이에는 규칙적인 관계가 있다고 가정한다. 즉, 다양한 환경적 요인은 우리의 생활이나 행동을 전적으로 지배하지는 않지만 행동을 위한 기회나 잠재적 대안의 가능성을 충분히 제공할 수 있다고 보는 것이 환경개연론의 주된 시각이다. 따라서 특정 요인에 대한 연구를 통해 유기체와 환경, 그리고 그들의 행동이나 생활 양식 등의 관계에 대한 확률적 추정이 가능하다고 본다.

환경개연론은 주거문화와 다양한 요인들과의 관계에 대한 포괄적인 이해에도 적용 가능하다. 알트만(A. Altman)과 쉐머스(M. Chemers)가 제시한 환경과 문화의 관계에 관한 체계적 개념 모형은 환경개연론적 시각을 잘 나타낸다. 이 모형에 의하면 인간을 에워싸고 있는 자연

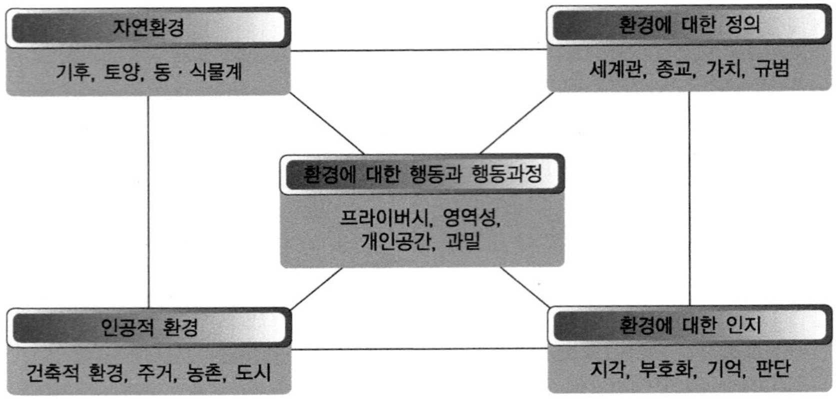

그림 2-4 알트만과 쉐머스가 제시한 환경과 문화의 관계

출처 : 이경희 외(2002). p. 44.

환경과 주거를 포함하는 건조(建造)환경, 이들 환경에 대한 인간의 의식과 인지, 그리고 그 안에서 영위되는 인간의 행동 간의 관계는 인과적인 관계이기보다는 상호적인 관계이며, 모든 요인들은 하나의 원인이자 동시에 결과이다. 예를 들면, 기후적인 요인이 주거를 결정하는 주요 원인일 수 있지만 역으로 기후적 결점을 극복하려는 인간의 행동은 기후적 조건이나 주거에 영향을 미칠 수도 있다. 결국 환경개연론은 주거문화를 인간과 환경 요인들이 통합된 의존적인 체계 하에서 형성된 것으로 간주하며 이에 대한 복합적이고 총체적인 이해가 필요함을 강조한다.

2. 주거문화에 영향을 미치는 요인

1) 자연환경적 요인

기후와 지형은 주거문화에 영향을 미치는 대표적인 자연환경적 요인들이다. 특히, 기후는 주택의 일차적 기능인 추위나 더위 등을 피할 수 있게 하는 은신처의 제공과 밀접한 연관이 있으며, 특히 극심한 기후 여건을 가진 지역에서는 주거문화에 지대한 영향을 준다.

북극해 연안에 사는 이누이트족이 눈덩이로 지은 이글루는 극심한 추위와 바람을 막는 데 아주 적합한 주거로 잘 알려져 있다. 반구형의 외관은 바람의 저항을 최소화하는 데 유용하며 내부는 벽을 따라 빙설을 쌓아 단을 만들고, 그 위에 작은 나뭇가지와 동물 가죽을 이용하여

그림 2-5 사라와크 부족의 고상주거

출처 : 주거학연구회(2004). p. 25.

그림 2-6 푸에블로 인디언의 주거

출처 : 주거학연구회(2004). p. 22.

침대 또는 가족 단란을 위한 공간으로 사용하였다. 입구는 다른 이글루의 입구와 연결, 과도한 노출을 막음으로써 보온의 효과를 높이고, 이 입구에는 짧은 터널을 두어 통로와 저장공간으로 사용하였다.

덥고 습한 지역에 거주하는 말레이시아의 사라와크(sarawak) 부족과 중국 운남성 소수민족인 태족(傣族)의 주거는 구조와 재료가 더위를 식히고 바람이 잘 통하도록 되어 있다는 공통점을 갖는다. 가옥 전체는 습기를 막고 바람이 잘 통할 수 있게 지상으로부터 일정한 높이를 띄운 필로티 형식으로 되어 있으며, 재료는 시원한 질감의 대나무나 골풀 등을 사용하였다. 미국의 아리조나와 뉴멕시코 지역의 사막에 거주하는 푸에블로(pueblo) 인디언은 3~4층 높이의 연립주택 형태의 주택으로 마을을 이루고 살았다. 사다리를 이용하거나 내부에서

그림 2-7 중국의 야오동 동굴주거(좌)와 터키 카파도키아 지방의 암굴집(우)

출처 : http://www.yahoo.com

연결되는 구조였으며, 재료는 진흙과 돌을 이용하여 뜨거운 태양열을 막고 시원한 기온을 최대로 유지할 수 있게 하였다.

건조하고 기온차가 큰 사막지역에서는 뜨거운 햇빛을 막고 일정 온도를 최대한 유지하는 데에 주안점을 두는데, 이들 지역에서 공통적으로 발견되는 것이 지하주거이다. 아프리카 사하라 사막에 위치한 마트마타(matmata) 마을, 호주 퀸즈랜드(queensland) 지역의 오팔 광산촌, 중국의 산서성(山西省)과 하남성(河南省)에 이르는 고원지역 등에서는 지하주거가 발견된다. 한 예인 중국의 야오동(窰洞, yaodong)은 바람에 의해 고비 사막에서 운반된 고운 흙을 이용하여 땅을 파고 만든 지하주거이다. 겨울에는 따뜻하고 여름에는 서늘하며 강풍에 실려 오는 모래먼지를 막을 수도 있고 필요에 따라서는 주거공간을 늘릴 수도 있는 등 지하주거로서의 장점을 여러 가지 가지고 있다.

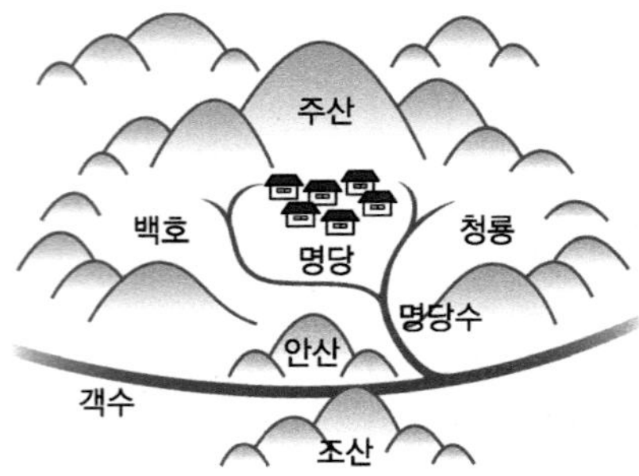

그림 2-8 풍수지리에 의한 좋은 주거지의 개념도

한편 터키의 카파도키아(kapadokya) 지방의 암굴집은 독특한 자연적 지형의 영향을 많이 받은 것으로 알려져 있다. 이곳에는 오랜 세월 격심한 침식작용으로 생긴 원추형의 기암이 매우 많은데, 응회암 성분의 이 돌들은 부드럽고 굴삭하기가 쉬워 사람들은 이 돌에 굴을 파고 그 안에서 생활하였다. 이러한 암굴집은 지하주거와 마찬가지로 내부 온도가 일정하게 유지되어 무덥고 건조한 여름과 매서운 겨울 추위를 피하는 데 유용하였다.

한편, 주택이 지어지는 땅, 즉 대지의 조건도 중요한 고려사항이다. 대지가 갖는 조건, 즉 지형과 지질, 일조와 통풍 등은 대지의 분할방식에 영향을 미치며 나아가 도시화 방식에도 영향을 준다. 우리나라와 중국 등에서 널리 성행하였던 풍수지리는 이 같은 대지 상황을 이해하고 이를 통해 이상적인 택지를 찾아내기 위한 방법의 하나였다. 즉, 산의 모양과 기복, 바람과 물의 흐름 등을 파악하여 바람을 막고 물을 얻을 수 있는 곳에 좋은 삶의 터전을 얻으면 복을 누리며 살 수 있다고 믿었다.

2) 기술적 요인

일부 문화권에서는 유행이나 전통, 금기, 규제 등에 따라 재료 선택이 달라지기도 하지만 보편적으로 주택을 짓는 데 이용가능성이 큰 재료와 기술 등의 기술적 요인은 한 나라의 주거 문화 형성에 기여를 한다.

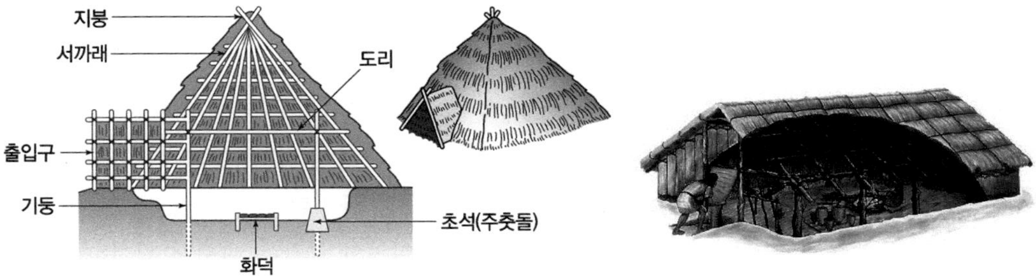

그림 2-9 신석기시대의 움집(좌)과 청동기시대의 움집(우)

석재가 풍부한 곳에서는 석조건물을 지으며 피그미족들은 나뭇가지와 나뭇잎으로 집을 지었다. 눈과 얼음이 풍부한 곳에 사는 이누이트족은 가장 손쉽게 얻을 수 있는 얼음을 잘라 만든 블록을 쌓아 이글루를 만들고 이글루의 천장에는 짐승 가죽을 이용하여 공기 보온층을 형성함으로써 이글루가 녹는 것을 방지하였다. 중국의 산서성(山西省) 지역에서 흙집이 주로 지어진 것도 바람에 실려와 쌓인 미세한 흙이 이용 가능하였기 때문이다. 흙은 돌이나 진흙을 구워 사용하는 것에 비해 훨씬 손쉽게 활용할 수 있는 경제적인 건축재료이다. 열전도율이 낮아 효율적인 온도조절이 가능할 뿐 아니라 오랜 세월이 흐르면 자연으로 돌아가는 환경친화적 재료이다.

한 사회의 환경적 특성을 반영하여 채택, 발전되는 주택건축기술은 주거문화에 영향을 미친다. 움집은 인류가 정착생활을 위해 만든 초기의 주거로서 원형으로 구덩이를 파고 둘레에 기둥을 세워 이엉을 덮어 만든 가장 단순한 구조물이다. 대개 바닥에는 진흙을 깔고 취사와 난방을 위한 화덕을 중앙에 설치한 형태였다. 건축기술이 점차 발달하면서 움집은 원추형 외관은 유지하되 일정한 높이의 벽체를 갖추게 되었다. 이후 수직 벽체와 보를 이용한 트러스 구조를 만들 수 있는 기술이 생기면서 주거는 직사각형의 형태를 띤 지상가옥으로 변모해 갔다. 한편 건축기술은 환경적 특성을 반영하여 발전되는 경우가 많다. 강한 바람이 많이 부는 남태평양의 피지(fiji) 섬에서는 유연성을 가진 부재로 기둥을 만들어 구조를 지지하고 있다. 땅에 깊이 박혀 강한 골조의 역할을 하는 기둥은 태풍이 불어도 구조체가 야자수 나무처럼 흔들리고 휨으로써 횡력을 견뎌 낸다.

3) 사회문화적 요인

세계관, 종교, 사회구조, 가족구조, 생활 양식 등의 주거문화에 영향을 미치는 대표적인 문화적 요인들이다. 세계관과 종교는 구성원들의 가치 체계나 신념에 영향을 미치며 이는 주택의 물리적 특성이나 주생활 양식에 영향을 준다. 또한 사회구조와 가족구조는 주거에 대한 가치관이나 공간 사용 등을 통해 주거문화 형성에 영향을 미친다.

세계의 주거문화 중에는 세계관이나 종교, 가족구조와 같은 사회문화적 요인이 상호 복합적으로 작용하여 형성된 사례도 다수 발견된다. 한국을 비롯하여 중국, 일본 등 아시아 문화권에서는 유교적 가치와 가족구조의 특성이 주거문화에 잘 반영된다. 부모의 공간이 주택의 중앙에 위치하고 자녀의 성별에 따라 공간이 분리되며 여성의 공간은 내부에 위치하는 등의 특성은 이들 문화권에서 나타나는 공통적인 경향이다.

중국 화북(華北)지방에 주로 분포하는 사합원(四合院)은 엄격한 전통 유교사회의 확대가족이 가지는 구조적 특성을 잘 반영하고 있다. 말레이시아 사라와크지역에서는 가족구조가 주거공간 구성에 잘 드러나는데, 여러 가구가 하나의 공동체를 이루며 살 수 있도록 공동주거의 형태로 이루어져 있다. 복도를 중심으로 양측에 방을 배열하여 개별 가족에게 독립된 취침공간을 제공하고 여러 가족이 공동으로 사용할 수 있는 공간은 중앙에 마련하며 한쪽에는 공동 부엌을 둔다.

주택 내에 2개의 중정을 가지는 고대 로마의 주택은 가족의 사생활을 중시하던 그 사회의 분위기를 보여 주는 사례이다. 출입구에서 가까운 쪽의 중정인 아트리움(atrium)은 남성의 생활공간이자 손님접대를 위한 공적 성격을 띤다. 이에 비해 안쪽에 위치한 중정인 페리스타일(peristyle)은 가사활동과 가족의 단란을 위한 사적인 성격을 가짐으로써 가족의 프라이버시를 중시하는 의도를 주거공간에 나타냈다.

세계관이나 종교가 주택의 공간구성이나 마을 형태에 영향을 미친 사례도 다수 발견된다. 북아메리카 인디언들은 세계를 원의 형태로 보며 이에 따라 주택과 마을을 원의 형태로 구축하였다. 이에 반해 고대 중국 사람들은 세계를 사각의 형태로 보고 사각 형태로 마을과 주택 평면을 구성하였다. 한편 유태인 가정이나 가톨릭 가정에서는 주거공간 내에 종교적인 상징물을 장식하거나 종교적인 의식을 실내에서 행하기도 한다.

그림 2-10 중국의 사합원

출처 : 주거학연구회(2004). p. 27.

그림 2-11 고대 로마의 페리스타일

출처 : http://www.wikipedia.org

그림 2-12 몽고의 게르(몽고포) 내부

출처 : 주거학연구회(2004). p. 24.

또한 유목생활을 하는 몽고인들은 이동이 용이한 텐트식 주거인 게르(gers)를 짓고 사는데 입구 쪽에서 침상 왼쪽에 가족을 위한 제단을 마련한다. 한국의 전통주거에도 민속신앙에 따른 가신을 두는 장소를 곳곳에 마련하고 있다.

3. 다양한 주거문화

1) 한국의 주거문화

오랫동안 지속되고 있는 한국의 전통적인 주거문화를 소개한다. 아울러 현대 우리 사회에서 새롭게 자리 잡은 주거문화에는 어떤 것이 있는지 살펴보고 이를 토대로 앞으로 다가올 미래 주거문화를 예측해 본다.

(1) 전통주거문화

① 공간의 위계와 연속성

작은 구릉이나 기복이 심한 준평원, 그리고 산간분지가 많은 지형적 특성과 일찍부터 발달하였던 풍수지리설의 영향으로 한국의 전통주택은 뒤가 높고 앞이 낮은 대지에 배치되는 경향이 지배적이었다. 이로 인해 각 공간들은 바닥의 높낮이가 달라 자연스럽게 위계를 갖게 되었다. 또한 전통주택의 위계성은 상하 신분에 의한 각 공간의 분화와 기단의 높고 낮음을 통해서도 나타난다. 안채와 사랑채는 상(上)의 공간이고 행랑채는 하(下)의 공간이며 상하의 공간을 연결하는 중문간 행랑채는 중(中)의 공간으로 중간층인 청지기가 거처한다.

한국의 전통주택은 우주와 마을, 마을과 집, 담 밖과 안, 마당과 집안, 마루와 방안 등에서 볼 수 있듯이 각 공간들이 연속성을 갖는다. 상류주택의 경우 행랑마당에 들어서면 중문 행랑채와 이들로 구성된 마당이 있고 이 공간은 다시 사랑마당이나 안마당으로 이어진다. 안마당이나 사랑마당에 들어서면 이들 공간은 안과 밖으로 서로 분리된 듯하면서도 모든 공간이 연속되어 있다. 또한 내부공간에서도 전체 공간이 연속성을 이루는데 방안에서는 방이 안이고 마루가 밖이지만, 다시 마루에서 보면 마당이 밖이고 마루가 안이 된다.

② 개방성과 폐쇄성

창호(窓戶), 즉 창과 문의 구별이 뚜렷하지 않은 한옥은 이들을 이용하여 개방성과 폐쇄성을 자유자재로 조절할 수 있다. 여름철 창과 문을 열어 놓으면 시원하고 개방성을 느낄 수 있으

그림 2-13 대청의 들어열개문

그림 2-14 폐쇄적으로 보이는 한옥의 담

며 겨울철에 창과 문을 닫아 놓으면 폐쇄성과 아늑함을 느낄 수 있다. 특히, 방과 대청을 연결하는 분합문은 대개 들어열개식으로 하는데 여름철 들어 올려서 매달아 놓으면 공간을 완전히 분리시키기도 하고 통합시키기도 한다. 즉, 분합문을 들어 올려 놓으면 마루와 온돌방은 하나의 공간이 되지만 닫아 놓으면 분합문이 벽체처럼 공간을 분리하는 역할을 한다. 또한 방과 대청 사이의 분합문에는 불발기창이 달려 있는 경우가 많은데 밤에 방에 등불을 밝히면 불발기창을 통해 불빛이 새어 나오고 대청에서 보면 창 그 자체가 어스름한 등불이 되는 효과가 있다.

한편, 유교적 윤리관은 한옥의 개방성과 폐쇄성을 관념적으로 조절하는 역할을 하였다. 예를 들면, 열려 있는 대문에서도 '이리 오너라'를 외쳐 들어갈 수 있는지를 확인한다거나 손가락에 침을 묻혀 뚫을 수 있는 종이 한 장으로 된 방문도 관념적으로는 견고함과 폐쇄성을 제공하였다. 또한 고샅 안에 은밀하게 자리 잡아 폐쇄적으로 보이는 솟을대문도 대낮에는 열려있어 지나는 과객에게 개방적인 경우가 다반사였다.

③ 온돌과 마루

온돌과 마루는 한국의 전통주거문화에서 두드러진 특징 중의 하나이다. 전통주택에서 상반된 특성을 지닌 온돌과 마루가 모두 이용된 것은 추위와 더위의 차이가 심한 우리나라 기후에 융통성 있게 대처한 것으로 볼 수 있다. 고구려의 장갱(長坑)에서 유래되어 발전된 온돌은 추운 겨울을 나기 위한 바닥구조로서 아궁이에 불을 때서 방바닥 밑의 구들장을 데워 그 열이 인체에 직접 전달되도록 고안된 난방방식이다. 온돌 내부구조의 주요 부분은 아궁이와 고래인데 연료가 아궁이에서 연소되어 부넘기를 통해 열과 연기를 고래로 이끌어 들이는 구조이다. 고래를 잘못 놓으면 방이 골고루 따뜻해지지 않아 아랫목은 절절 끓어 장판지가 검게 타지만 윗목은 냉기가 심하였다.

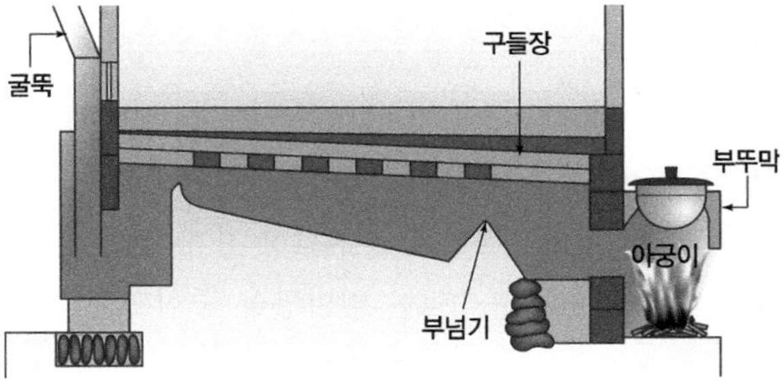

그림 2-15 온돌의 구조

그림 2-16 상류주택의 대청마루

고래에 불을 지피는 아궁이는 대개 부엌에 위치하여 취사를 겸하는 경우가 많았는데 밥을 짓기 위해 불을 때면 자연히 고래로 불길이 통해 방이 덥혀졌다. 상류주택의 온돌바닥은 장판지에 콩기름을 먹여 자연스러운 따스함이 돋보이게 마감하였으나, 경제력이 없는 서민들은 특별한 마감 없이 흙바닥에 대자리나 삿자리 등을 깔고 지내는 것이 다반사였다.

마루는 흙바닥에서 어느 정도 떨어진 마루널을 깔아 통풍이 잘 되도록 한 바닥구조를 말한다. 마루는 시원한 여름철 생활공간의 목적으로 쓰였으며 안팎의 구별이 모호한 전통주거에서 폐쇄적인 방과 개방적인 마당을 이어주는 연결공간의 역할을 하였다. 마루널을 받는 구조체는 마루틀 또는 마룻귀틀이라 하며 마루널을 깐 방은 마루방, 또는 마루청이라 하였다. 마루는 위치와 역할에 따라 넓은 마루청은 대청, 방이나 대청 바깥에 붙여 만든 좁은 마루는 툇마루 또는 쪽마루, 사랑채 가장자리에 다른 바닥보다 좀 높게 다락처럼 만든 누마루 등이 있다.

마루는 바닥이 지면으로부터 떨어져 있어서 마루 밑으로 바람이 잘 통하게 되고 땅에서 올라오는 습기를 막아 주기 때문에 여름을 쾌적하고 건강하게 나도록 해줄 뿐 아니라 곡식이나 물건을 상하지 않게 잘 갈무리할 수 있게 해주었다. 또한 마루는 상황에 따라 다양한 역할을 담당함으로써 효율적인 공간 활용을 가능하게 하는데, 특히 여름철에는 일상적인 생활공간이자 연결공간, 수납공간, 접대공간, 가사공간, 행사공간 등 다양한 기능을 수용하는 융통성을 가진 공간이었다.

④ 지역성과 계층성

우리나라의 전통주거는 지역에 따라 큰 차이를 보이는 기후적 특성과 신분사회적 특성에 의한 유교적 생활윤리와 규제 등에 따라 지역성과 계층성을 보인다. 서민주택은 다른 계층의 주택에 비해 지역성이 두드러지는데 이는 주로 기후적 여건과 관련이 있다. 알려진 바와 같이 부엌, 방, 대청의 3공간을 평면구성의 기본 요소로 하여 지역별 평면 분류를 해본 결과 함경도지방형, 평안도지방형, 중부지방형, 남부지방형, 제주도지방형 등으로 나눌 수 있다. 북부지방에서는 추위를 막기 위한 겹집 구조와 낮은 지붕이, 여름이 덥고 습한 남부지방에서는 홑집구조와 마루가 발달했다. 양반을 위한 상류주택과 중인 및 중간 정도의 경제력을 가진 사람들을 위한 중류주택은 지역별 차이보다는 유교윤리의 영향이나 지역별 가계계승방법 같은 문화규범의 차이에 따라 공간구성의 차이를 보인다. 상류주택은 앞마당을 중심으로 안채, 사랑채, 행랑채 등이 배치되고 이들 각 채는 담이나 건물로 에워싸 폐쇄적이다. 안채와 안마당은 대문으로부터 가장 안쪽에 위치하여 안주인을 중심으로 한 가족들의 일상사가 이루어지며, 대문과 가까운 곳에 배치된 사랑채 및 사랑마당은 바깥주인의 거처실, 서재와 접객공간이다. 대문과 행랑채 및 행랑마당은 하인들의 거처, 마구간, 곳간 등으로 구성되며 이 밖에 별당과 사당을 별도로 두었다. 중류주택은 규모는 작지만 일반적으로 상류주택과 비슷한 배치를 보인다. 한편 신분에 따라 가대(家垈), 가사(家舍), 장식(裝飾)을 제한하였기 때문에 주택의 구조적 특징은 계층에 따라 차이를 보였다.

⑤ 유교 및 민간신앙과 주거

유교의 영향이 지대하였던 조선시대에는 조상에 대한 숭배가 절대적으로 받아들여졌다. 조상의 혼이 가문의 번영을 지켜 준다고 믿어 상류주택에는 조상의 위패를 모시는 사당이 마련되었다.

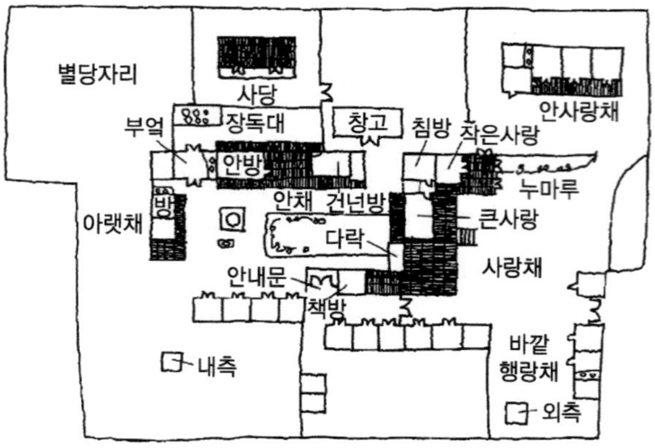

(박명희 외(2003). p. 139.)

그림 2-17 상류주택의 안채와 사랑채(좌)와 사랑채에서 안채로 통하는 일각대문(우)

사당은 주택의 안쪽에 배치하여 외부인이 쉽게 접근할 수 없도록 하였으며 사당의 조상에게 아침, 저녁으로 문안인사를 올리고 큰 행사가 있으면 가장 먼저 예를 갖춰 고하였다.

그림 2-18 성주신을 모신 성주단지

전통주거에 중요하게 적용된 또 다른 유교적 특성으로 남녀유별과 장유유서를 들 수 있다. 혼인한 부부라 할지라도 한 방을 사용하지 못하고 여자는 안채, 남자는 사랑채라는 분리된 생활공간에서 각기 기거하였다. 안채와 사랑채에는 각각 담으로 둘러싸인 마당을 두고 별도의 출입문을 두었으며 사랑채와 안채 사이의 담에는 작은 일각대문을 두어 사람이 드나들 수 있게 하였다. 채 분리가 이루어지지 않는 서민주택에서도 부엌이 딸린 안방은 여자들의 방으로, 마루 건너 있는 건넌방은 남자들의 방으로 사용하여 공간 사용에 있어 남녀 간의 분리를 최우선으로 하였다. 한편, 사랑채에는 큰 사랑방과 작은 사랑방을 두고 큰 사랑방에는 아버지가, 작은 사랑방에는 큰아들이 생활하였으며, 방의 크기, 천장의 높이, 향의 배치 등에 차이를 두었다. 이러한 장유유서의 원칙은 여자들의 생활공간인 안채에도 적용되었는데 시어머니, 큰며느리의 순서로 방을 정하고 그 외의 사람들은 형편이 되는 대로 방을 사용하였다.

사람이 사는 집안 곳곳에 가신, 즉 사람이나 집을 지켜 주는 여러 신들이 함께 살고 있다고 믿는 민간신앙은 유교와 함께 전통주거에 중대한 영향을 미쳤다. 가신은 가택신으로도 불렸는데 일정한 공간에 기거하며 집을 보호하고 이들의 길흉화복을 관장하는 것으로 여겼다. 따라서 가신은 정기적으로 의례의 대상이 되었으며 가신들의 거처인 집은 일종의 신전의 의미도 지녔다. 가신의 종류나 기능, 의례방법 등은 지역에 따라 차이가 있으며 대표적인 가신으로는 집 전체를 관장하는 성주신, 집터를 관장하는 터신, 종손 집에 있는 조상신, 출산과 관련한 삼신, 부엌에는 조왕신, 변소에는 측신, 고방에는 고방지신, 가족의 수명과 안전을 관장하는 불신, 집의 재운을 관장하는 업, 그 밖에도 대문신, 외양신, 뒷간신 등 다양한 종류의 가신이 있었다. 가신에 대한 주기적인 의례로는 굿이나 고사, 독에 쌀을 담아두거나 대청마루 한쪽에 여러 겹으로 접은 한지와 실타래를 두는 등 다양하다.

⑥ 공동체적 전통마을

우리나라의 전통마을은 협동적인 농업생산 활동을 위해 사람들이 모여 살기 시작하면서 형성되었다. 마을은 산과 물을 고려하여 자리를 잡았으며 자연에 순응하며 집과 길이 만들어지고 필요한 시설들이 들어섰다. 마을의 유지를 위해 필요한 생산과 제의(祭儀)는 공동체 생활을 통한 결속 하에 이루어졌으며 동시에 마을 사람들이 대를 물려 거주하면서 혈연공동체로 발전하였다.

마을의 입지는 배산임수(背山臨水)를 기본으로 하여 농사에 필요한 경작지와 생존에 필요한 식수 및 연료를 동시에 해결할 수 있는 곳에 정하였다. 자연지형이 이를 충족시키지 못할 경우에는 적절한 인위적인 보완을 통해 완성시켰다. 마을의 자연지형은 풍수지리의 영향으로 식물이나 동물, 사람, 길한 글자 등에 비유하여 길지(吉地)를 선택하려고 하였으며, 연꽃이 물에 떠 있는 모습, 닭이 알을 품은 모습, 미인이 머리를 풀어헤친 모습, 소가 누워 있는 모습 등을 좋은 마을의 형상으로 여겼다. 또한 마을이 바라보는 향(向)은 이를 매일 바라보는 마을 사람들의 심리상태를 배려하여 지형지세에 따른 시계(視界)나 이웃과의 기밀성 등을 확보하고자 하였으며 이 같은 기본 원칙은 마을의 집들을 배치할 때도 적용되었다. 전통마을은 외부에 대해 강한 영역성을 가지며 이웃 간의 결속력을 높일 수 있도록 위계를 고려한 길의 계획이나 장승, 우물 등의 시설물 설치 같은 물리적 측면의 고려를 하였다.

마을은 경제적 생산을 위한 기초 단위일 뿐만 아니라 다양한 의식을 통해 하나가 될 수 있는 공동체 단위이다. 공동생활에 관한 문제를 토의 결정하는 동회(洞會), 공동의 노동력 제공을 위한 두레, 친목을 위한 계(契), 그 밖의 다양한 농경의례와 세시풍속은 공동체 생활을 위한 대표적인 것들이다. 마을 주위에는 공동체 생활에 필요한 시설이나 또는 씨족마을의 위상을 나타내기 위한 시설을 마련하였다. 경치를 즐기기 위한 정자(亭子), 동계(洞契)나 향약 등의 모임을 위한 누정(樓亭), 생산활동인 품앗이를 위한 모정(茅亭) 등은 대표적인 공동체 시설들이다. 씨족마을의 경우에는 서원, 제각(祭閣), 별묘(別廟), 서당, 서재 등을 지어 후손들의 교육이나 학문 교류, 조상에 대한 의례의 장소로 사용하였다.

그림 2-19 대표적인 씨족마을인 경주 양동마을 전경

그림 2-20 안동 하회마을의 병산서원

(2) 현대사회의 주거문화

오늘날 우리 사회의 다양한 주거문화의 일면들을 소개한다. 아파트 주거문화와 같이 이미 정착된 것은 물론 아직 정착되었다고 보기는 어려우나 방향성을 가지고 확산되고 있는 경향들을 함께 살펴본다.

① 아파트 주거문화의 정착

1957년 서울 성북구 종암동에 건립된 종암아파트는 당시의 극심한 주택난을 해결하기 위한 일환으로 서구식 공동주거를 도입한 최초의 사례이다. 거실과 발코니, 싱크대, 수세식 변소와 같은 서구화된 요소들을 갖춘 시민 아파트들은 입주자들의 호응 속에 우리나라에 아파트 주거문화의 시작을 알리는 신호탄이었다.

경제개발계획 하의 주택정책에 따라 1962년 대한주택공사가 설립되고 계획적인 주택공급이 추진되기 시작하였다. 대한주택공사가 1962년에 건설한 마포아파트는 우리나라 최초의 단지식 아파트였으며 단지 안에서의 생활문화의 혁신과 주거문화의 변혁을 강조하였다. 1960년대 초 아파트 공급이 시작되던 초기에는 민간에 의한 영세한 아파트들도 많이 지어졌지만, 서민주거라는 아파트에 대한 선입견과 부실공사에 대한 불신으로 인해 큰 호응을 받지 못하였다. 그러나 중산층을 겨냥한 한강아파트(1966-67)가 성공을 거두고, 한강 이남에 처음으로 공급된 반포아파트(1972-73)로 아파트가 중산층 주거라는 인식을 확실하게 심어주면서 아파트에 대한 인식이 바뀌었다. 또한 도시화현상과 핵가족화와 같은 사회변화는 아파트야말로 현대인의 문명화된 도시생활을 상징하는 주거로 인식되는 데 일조하였다. 특히, 1970년대의 부동산 투기의 열풍 속에서 아파트가 투기의 대상이자 가장 확실한 재산증식의 수단으로 부각되면서 아파트에 대한 선호는 급속히 확대되었다.

그림 2-21 최초의 단지식 아파트인 마포아파트(좌)와 신도시의 대명사, 분당(우)

이후 서울의 잠실지구, 고덕지구, 둔촌지구 그리고 지방 곳곳에는 대규모 아파트단지가 공영 및 민영기업들에 의해 지속적으로 건설, 공급되었다.

1980년대 들어서는 서울 주변의 과천 신도시, 개포 단지, 상계 신시가지, 목동 신시가지 등이 개발되었고, 200만 호 주택건설계획의 일환으로 분당, 일산 등 수도권 5개 신도시가 개발되면서 아파트 중심의 생활문화는 한층 공고한 자리매김을 하였다. 두터워진 중산층이 아파트에 거주하는 비율이 높아지면서 아파트문화는 바로 중산층의 문화가 되다시피 했으며 아파트를 주거규범으로 여기는 경향도 정착되었다.

마포아파트 이후 거의 반세기를 보내며 아파트는 우리의 주거문화를 크게 바꾸어 놓았다. 여러 시행착오와 함께 아파트의 부정적인 면들이 부각되고, 이에 대한 비난이 늘 함께하고는 있지만 오늘날 전체 국민의 60%가량이 아파트에 살고 있으며 '집=아파트' 라는 등식은 공고하다.

통계청이 발표하는 '한국의 사회지표' 에 의하면 1979년 6.5%에 불과하던 아파트 선호율이 2004년 조사에서는 47.9%로 나타나 거의 8배 가까운 증가를 보였다. 아파트 공급 위주의 주택정책과 아파트가 주는 생활의 편리함, 재테크 수단으로서의 장점 등이 부각되면서 아파트는 우리 사회의 주거문화를 선도하게 되었다.

② 다양한 삶, 다양한 주거문화

오늘날 다양화되고 있는 주거문화는 사회변화에 따른 가족특성의 변화와 이에 따른 주거요구의 변화에 기인한다. 1980년대 이후 독신가구를 비롯한 비전형적인 가구의 증가, 결혼에 대한 가치관이 변화하고 이혼과 재혼이 증가하면서 다양한 형태의 가족 양산, 여성의 사회 참여와 맞벌이가구의 확산에 의한 분거가족의 증가, 가족 내 역할 분담의 변화, 노인 인구의 증가 등은 주택시장의 변화를 가져 왔다.

전형적인 핵가족 위주로 이루어지던 주택 공급은 새로운 가족들의 생활 양식과 그에 따른 주거요구를 수용하기 위해 다양한 대안을 선보였다. 독신가구를 위한 원룸주택, 동호인주택, 호텔식 주거 서비스를 제공하는 서비스 레지던스(serviced residence), 고령화 사회의 노인시설 주거 등이 그것이다.

1990년대 이후 보급이 확산된 전원주택은 아파트 탈출을 꿈꾸는 사람들을 위한 대안의 하나이다. 아파트생활의 권태로움, 도시 외곽으로의 주거지 확산, 자가용 보급의 확대, 친환경적인 생활에 대한 동경, 건강에 대한 관심 등은 전원주택에 대한 관심을 높이는 계기가 되었다. 오늘날 전원주택은 보통 사람들을 위한 도시주거의 대안으로 인식되고 있으며, 다양한 방식으로 공급되고 있다.

그림 2-22 전원에 위치한 주말주택

그림 2-23 노인주거시설인 노블카운티

1980년대 후반부터 초고층화되던 아파트는 초고층 주상복합아파트의 형태로 개발되고 있다. 주민 공유공간과 전망, 원스톱 라이프(one-stop life), 세련된 외관과 첨단시설, 완벽한 관리 등으로 표현되는 초고층 주상복합아파트에서의 삶은 새로운 주거문화를 선보이고 있다. 즉, 주거공간 밖에서 이루어지던 여가나 손님접대, 가사노동 등의 일상생활을 주거공간 내에서 수용하면서 편리함을 중시하는 현대사회에 적합한 주거의 대안으로 부상하게 된 것이다.

③ 친환경주거와 주생활

환경보존에 대한 패러다임은 우리가 영위하고 있는 주거환경에 대한 반성과 함께 건전하고 지속가능한 개발에 의한 인간과 자연의 공존에 대한 관심을 불러일으키고 있다. 자연환경과 조화를 이루며 자원을 생태적으로 이용하고 환경을 보호하는 건강한 주택을 뜻하는 친환경주거는 1980년대 이후 세계 각국에서 다양한 이름과 방법으로 시도되고 있다. 생태적 재료, 자연형 태양열 시스템 디자인, 생태적인 외부 공간계획 등을 중심으로 각국에서 추진되던 친환경주거는 이제 우리나라에서도 중요한 주거 패러다임의 하나로 자리를 잡았다.

우리나라에서는 2001년 12월 친환경 건축물(green building) 인증평가기준을 마련하고 2002년 1월 대한주택공사 주택도시연구원을 비롯한 3개 기관이 인증기관으로 지정되면서 공동주택을 대상으로 친환경 건축물 인증제도가 본격적으로 시행되었다. 이후 주거복합, 업무용 건축물, 상업용 건축물, 리모델링 건축물 등으로 확대되고 있다. 대한주택공사의 용인신갈 새천년 주거단지, 서울시의 상암주거단지 등은 기존지형 보존과 외부공간의 자연 친화성을 높이는 방향에서 친환경주거를 시도한 사례이다.

자연과의 접촉에 대한 현대인의 욕구가 커지면서 이는 친환경 주거 및 주생활에 대한 욕구로 연결된다. 환경친화형 주거단지를 공급하기 위한 건설 회사들의 시도는 다각도로 이루어

그림 2-24 망미동 주공아파트의 테라스형 주택(좌)과 환경친화형 주거단지로 개발된 서울 은평뉴타운(우)

지고 있다. 고밀도 주거단지의 한계를 극복하고 인간을 우선으로 하는 보행자 중심의 단지, 보행자 도로 변에 확보한 풍부한 녹지공간, 실개천이나 연못 같은 자연친화적인 수(水)공간으로 계획된 휴식공간, 투수성(透水性) 있는 도로 포장에 의한 빗물 활용, 그 밖에 단지 내 에너지 절감을 위한 다양한 시설과 설비 등은 현재 국내에서 적용되고 있는 친환경 주거단지의 일면들이다. 또한 자연 지형의 경사를 활용하여 시도되고 있는 테라스 하우스 형태의 아파트단지도 환경친화적인 대안의 하나로 좋은 평가를 받고 있다.

④ 유니버설디자인 주거

휠체어 사용자의 건물과 시설 이용에 장애를 제거할 것을 제안하였던 1960년대의 무장애디자인(barrier-free design)은 유니버설디자인(universal design)이라는 보다 포괄적 디자인 개념으로 확대되었다. 이를 주거에 적용하면서 성별, 연령, 신체상황 등이 다양한 가족 구성원이 살아가는 주택이야말로 그들의 변화하는 주거요구를 충족시키면서 안전하고 편안한 삶을 제공할 수 있어야 한다는 데에 초점을 맞춘다. 즉, 유니버설디자인으로 계획된 주택은 변화하는 상황에 제한받지 않고 가족 구성원의 장애 정도나 연령에 관계없이 누구나 원하는 대로 편하고 안전하게 살아갈 수 있도록 사용성을 최대화한 거주자 중심의 주거환경이다.

유니버설디자인은 지원성, 적응성, 접근성, 안전성을 기본 개념으로 한다. 보편적으로 디자인한 제품과 환경은 지원성이 있어 사용이 쉽고 유지관리가 쉽다. 적응성은 다양한 사람들이 각자의 요구변화에 맞추어 여러 가지 방법으로 사용할 수 있게 한다. 접근성은 확보될 경우 장애인도 정상인이 즐기는 일상적인 편리함과 편안함을 즐길 수 있게 된다. 또한 유니버설디자인에 의한 제품과 환경은 현재 장애를 갖고 있는 사람들이 안전하게 이용할 수 있을 뿐 아니라 사고에 의한 장애를 미리 방지할 수 있게 한다.

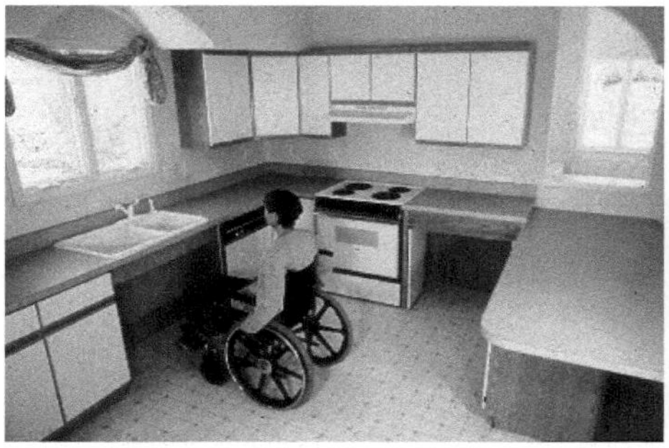 

그림 2-25 휠체어 사용자를 위한 유니버설디자인 부엌(좌)과 휠체어 사용자의 접근성을 높인 경사로 출입구(우)

유니버설디자인 주거는 1980년대 들어 장애에 대한 사회적 인식이 바뀌고 고령화 사회로의 진입이 현실화되면서 더 큰 관심을 받게 되었다. 유니버설디자인 주거는 요소의 모양과 크기, 위치, 작동하는 데 드는 힘, 사용방법, 색채, 재료 같은 것을 간단히 변화시킴으로써 누구나 사용하기 편하게 한다.

예를 들어, 벽 콘센트를 좀 더 높게 달거나 전등 스위치를 조금 낮게 설치하면 다양한 사람들이 사용하기 쉬워진다는 것이다. 장애인을 위한 유니버설디자인은 장애인을 정상인으로 간주하고 디자인의 초점을 장애 자체가 아닌 사람, 즉 사용자에게 확대함으로써 장애인들의 요구를 더 이상 특별하게 보지 않으면서 사용자에게 편리함과 유익함을 주고자 한다. 또한 노인 주거계획에서는 노화가 진행되면서 나타나는 주거요구의 변화를 부분 개조를 통해 지금까지 살던 곳에서 계속 살아갈 수 있도록 주거환경을 조절해 줄 수 있어 더욱 유용하다.

(3) 미래의 주거문화

우리 사회의 주거문화는 앞으로 어떤 양상을 띠며 전개될 것인가? 최첨단 과학기술과 정보화 기술의 지속적인 발전은 21세기 주거환경을 급속히 변화시키고 있다. 더불어 인구구조와 가족구조, 산업구조 등 사회적 여건의 변화는 생활 양식의 변화와 함께 주거문화의 변화를 가속화하고 있다.

과거 미래 주거에 대한 예측은 과학 중심적으로 이루어져 왔다. 즉, 한편으로는 과학기술에 대한 끝없는 믿음을 바탕으로 한 첨단지향적 특성을 강조하면서도 다른 한편으로는 황폐하고 암울한 모습을 보여 주면서 과학기술에 대한 경고의 메시지를 전달하는 것이 주된 경향이었다. 그러나 이러한 시각은 기술 자체에 의해서만 주거가 결정된다는 단편적인 시각을 보여 준다. 주거는 사회적 산물로서 가족, 문화, 자연적 조건, 전통 등 일상생활을 지탱하는 기본적인 생활 조건을 기반으로 하여 주변적 요소와 본질적 요소의 조화 속에서 이루어지기

그림 2-26 해저도시 상상도(좌)와 서울시가 계획 중인 지하도시(우)

때문이다. 따라서 미래의 주거문화는 어느 특정 경향에 대한 대응이기보다는 공존하는 다양하고 복합적인 요구에 대한 대응이 관건이다. 이를 위해서는 사회 여건, 기술, 가치관, 생활 양식 같은 영향 요인의 변화 경향을 토대로 바람직한 방향으로의 주거를 구상하는 일이 필요하다.

이미 주요 경향으로 나타나고 있는 일부 주거문화는 가까운 미래 사회에도 지속될 전망이다. 핵가족의 심화와 고령화에 따른 노인용 주택, 독신가구의 증가에 따른 원룸형 주택, 산업구조의 변화에 따른 재택근무형 주택, 첨단기술과 정보화, 그리고 친환경주택 등의 확산은 미래의 주거문화를 예측하게 한다. 이 밖에도 현대 도시의 문제 해결을 위해 세계 각국에서 활발하게 추진하고 있는 지하도시, 해양도시, 우주도시 등의 개발은 우리나라에서도 관심을 받고 있으며 이를 위한 연구와 개발이 시도 중에 있다.

2) 세계의 주거문화

세계 각국의 다양한 주거문화를 살펴보는 일은 우선적으로 각 나라의 주거문화 자체에 대한 지식을 습득할 수 있게 하는 것은 물론 인간이 다양한 환경에 대처하고 적응해 가는 과정에서 보여 주는 유사점과 차이점을 통해 주거문화에 대한 폭넓은 이해를 가능하게 한다. 이를 위해 본 절에서는 윤복자(2000)가 발간한 《세계의 주거문화》 내용 중 일부를 발췌, 요약하여 간략히 소개한다.

(1) 일 본

섬나라라는 제한적 조건을 가진 일본은 외래 문물을 적극적으로 도입하여 자신들만의 고유문화로 발전시켰다. 전통 일본주택의 특징은 목구조, 여름철에 적합한 집, 차양의 발달, 방이 독립되어 있지 않은 점 등을 들 수 있으며 바닥은 마루와 다다미로, 지붕은 기와나 새를 이용

하였다. 기본적으로 기후조건에 따른 지역적 풍토와 밀접한 연관이 있으며 공간 사용이나 공간의 배치 등은 시대나 지역, 그리고 계층에 따른 사회문화적 영향을 많이 받았다. 불교의 영향으로 주거 내 자시키(座敷 : 손님을 위한 격식적인 실)에 도코노마(床の間 : 방 한쪽에 바닥을 약간 높게 만들어 놓고 벽에는 족자를, 바닥에는 꽃이나 장식물을 꾸며 놓는 곳)를 만들고 부츠단(佛壇) 장식을

그림 2-27 도코노마와 부츠단
출처 : http://www.naver.com

하였다. 가족제도도 주거문화에 영향을 주었는데 대가족을 위한 대규모 다실형 주거나 또는 일부 지역에서 분화가족을 위해 마련하던 세대별 별도 주거인 은거(隱居) 등이 존재하였다.

근세 이후 일본 전통 상류주택은 에도(江戶) 시대의 사무라이(武士) 저택인 쇼인즈쿠리(書院造) 양식의 영향을 많이 받았다. 담으로 둘러싸인 부지의 한쪽에 있는 문을 들어서면 정식 출입구인 현관이 있고 중심 건물들을 중심으로 여러 동의 건물이 복합적으로 배치되어 있다. 건물의 내부는 후스마쇼오지(나무로 짠 살 양면에 종이나 천을 바르고 테두리나 손잡이를 붙인 간막이문)로 구획되고 바닥은 다다미(속에 짚을 두껍게 넣고 위에 돗자리를 댄 바닥재)를 깔았으며 천장에 반자를 댄 방으로 나뉘어진다. 손님을 위한 공간과 내부 일상생활공간은 명확히 분리하고 있으며 객실공간의 중심은 정원에 면하게 하였다. 1868년 메이지 유신(明治維新) 이후 적극적인 서양 문물이 도입되면서 상류주택에서는 서구식 공간과 일본식 공간이 함께 지어지기도 했으며 이후 소개된 문화주택에서는 서양풍의 응접간(應接間)을 두고 의자식 생활이 확대되었다.

그림 2-28 일본의 전통 농가(좌)와 가족들의 식사 및 담소 공간인 이로리(우)
출처 : http://www.naver.com

일본의 전통 서민주거는 농민, 상인, 장인, 피지배층 등의 주택으로 크게 농촌의 농가와 도시의 점포 병용 주거인 마치야(町家)로 나눌 수 있다. 농민들의 경우 부부와 자녀로 구성된 핵가족은 하나의 지붕 밑에서 살고 대가족의 경우는 하나의 울타리 안에서 함께 밀접하게 살았다.

대개 목조와 초가로 구성되었고 실내는 흙바닥에서 마룻바닥으로 바뀌었으며 침실은 마룻바닥에 짚을 깔고 생활하다 다다미로 발전하였다. 도시의 서민주거인 마치야는 상인이나 장인가족의 주생활과 경제활동이 함께 이루어지는 곳으로 중세까지는 농가와 차이가 없었지만 근세에는 부지의 효율적인 활용을 고려하여 다르게 발전하였다.

(2) 중 국

중국의 주거문화는 방대한 면적, 다양한 민족과 자연환경 등으로 인해 매우 다양하다. 또한 오랜 역사 속에서 강력하게 유지되어 왔던 절대 군주에 의한 중앙집권체제, 전통적인 우주관, 음양오행사상과 풍수사상, 유교와 이를 근간으로 하는 가부장적인 가족제도 등의 정치적, 사회문화적 요인은 중국의 주거문화 형성에 지대한 역할을 하였다.

중국의 전통주택인 사합원(四合院)은 오랜 역사를 갖고 있으며 중국 민족의 주류를 이루는 한족의 주거이다. 중정형 구조인 사합원은 주거 건축은 물론 중국 건축의 기본 유형이며 개별 건물보다는 중정을 중심으로 하는 건물군에 초점을 맞춤으로써 풍부한 거주환경을 만들어낸다. 사합원은 중국 전역에 널리 분포되어 있으며 지역별 자연조건이나 풍속 등에 따라 다양한 평면과 입면을 가지고 있다. 사합원주택의 평면배치는 크게 두 가지 유형이 있는데 하나는 대문이 중축선 위에 놓인 형태로 비교적 자연스럽고 주로 화이허 강(淮河) 이남에 분포한다. 다른 하나는 대문이 동남, 서북 혹은 동북 각(角)에 위치한 것으로 북경을 중심으로 산동, 산서, 하남, 섬서 등에서 많이 발견된다. 구성은 공통적으로 크게 원(院) 또는 청(庁)이라 불리는 건물 부분과 외부공간인 정원으로 구성된다.

한편, 대가족제도를 바탕으로 형성된 주택유형인 토루(土樓)는 유교의 위계적 질서보다 동족 구성원 사이의 평등한 공동생활의 사회관계를 반영하는 대형 집합주거로서 그 자체가 하나의 마을 혹은 도시라 할 수 있다. 대형 토루의 경우 500명 정도의 가족을 수용할 정도의 규모이며 평면 형태에 따라 원형, 타원형, 정방형, 장방형, 오각형, 말굽형 등 매우 다양하다. 공간은 단위주거와 공동공간으로 비교적 명확하게 구분되며 대등하게 구성되는 단위주거들은 가운데의 공동마당을 향해 열려 있는 회랑으로 서로 연결된다. 단위주거 사이는 견고한 토벽으로 구획되는데 이 토벽은 구조적 보강과 방화벽의 역할을 겸한다.

그림 2-29 사합원(좌)과 원형 토루(우)

(3) 인 도

많은 인구, 넓은 면적을 가진 인도는 기후, 지리, 인종, 종교 또한 다양한 나라이며 이들 요인은 다양한 주거 특성을 초래하였다. 특히, 엄격한 계급제도인 카스트제도는 인도의 주거 형태와 주거지 분리에 가장 많은 영향을 주었다.

한대성 기후지역에서는 돌로 지은 이층집이 다닥다닥 붙어 있고 지붕은 편평하며 창과 입구가 매우 작다. 고온 건조한 사막 지역에는 네모난 흙집들이, 고온 다습한 지역에는 경사진 초가지붕에 개구부가 크고 많으며 벽 구조는 기밀하지 않다. 주택건축에는 지역에서 유용 가능한 다양한 재료가 쓰였으며 구조는 지붕의 형태에 따라 경사지붕, 평지붕, 원추형 지붕 구조로 나뉜다. 경사지붕은 인도에서 가장 일반적인 형태로서 장방형의 평면 형태로 되어 있으며, 평지붕 구조는 비가 적은 곳에, 원추형 구조는 부족민이나 하층민의 집으로 대개 나뭇가지로 엮어 흙을 발라 만든 단순한 형태이다.

인도사회의 뿌리 깊은 카스트제도는 도시 내 주거지를 계급에 따라 구획하는데, 각 계급의 구성원은 자기보다 낮은 신분의 사람과 접촉하면 음식물과 식수 등을 통해 오염된다고 믿어 다른 집단과의 접촉을 최소로 하며 살았다. 브라만의 주택은 종교적 규제에 따라 배치되었는데 주택은 북동쪽 혹은 남서쪽에, 묘지와 외양간은 남동쪽 사분면에, 욕탕과 광은 북서쪽에 두었다. 주택의 형태는 개방적인 사각형이 중정 주위에 4개의 동으로 나뉘어 있고 전면에는 베란다가 있다. 서쪽은 저장과 취침을 위해, 북쪽은 취사와 식사를 위해, 그리고 동쪽과 남쪽은 중정 쪽으로 열려 있어 주로 방문객과 손님을 위해 사용하였다.

인도인들의 주생활은 주거가 위치한 촌락이나 카스트에 따른 사회적, 공간적 거리에 따라 달랐다. 공적 공간과 사적 공간의 구분은 집과 정원의 관계에서 잘 나타나는데, 중정은 생활의 중심에 있는 소규모 광장으로서 주위의 방이나 별채를 연결하는 역할을 하였다.

그림 2-30 전형적인 인도의 직사각형 평면의 초가 경사지붕 집(좌)과 벵갈 지역 미드나푸르 마을의 초가집(우)

출처 : http://www.wikipedia.org

가족 구성원들은 이 중정을 통해 가족 간의 연계를 가질 수 있을 뿐 아니라 집 밖의 세계와도 교류할 수 있다. 인도에서 각 방이 갖는 의미는 밀폐되어 있는 공간을 뜻하지 않으며 가족끼리는 방에 들어오면서도 노크를 할 필요가 없다. 대가족제도이므로 결혼한 아들은 부모의 집 바로 옆에 새 집을 짓고 살며 전통적으로 친척들과 가까이 모여 살았다.

(4) 태 국

비가 많이 내리고 습한 열대기후지역에 위치한 태국은 불교와 국가에 대한 헌신, 왕실에 대한 충성심으로 유명하며 비교적 외세의 침략이 적어 고유의 문화가 융성하였던 나라이다.

주택은 강수량이 많고 고온다습한 기후를 보완하기 위해 바닥을 지면으로부터 6~8피트가량 높여 공기를 잘 통하게 하였고, 이 공간은 아이들 놀이나 가축 사육을 위해 사용되었다. 또한 강이 많아 수로를 중심으로 도시의 생활과 교류가 이루어지면서 수상주거가 발달하였다. 물 위에 지은 집인 수상주거는 시원하고 통풍이 잘 되며, 나무껍질이나 양철판으로 만든

그림 2-31 수상주거(좌)와 고상주거(우)

출처 : http://www.yahoo.com

지붕은 급경사를 주어 많은 강수량에 대비하였다.

태국의 전통주거의 벽은 열대기후에서 잘 자라는 티크나 대나무를 많이 사용하여 바람이 잘 통하도록 하였으며 그 둘레는 넓은 베란다를 둘렀다. 지붕은 나뭇잎을 엮거나 풀잎, 또는 나무판자를 사용하여 주택의 전체적인 색상은 갈색을 띤다. 또한 뱀이나 해충, 동물로부터의 안전을 위한 방어적 차원에서 물 위에 말뚝을 박고 집을 지었다.

태국은 혈연으로 맺어진 확대가족을 매우 중요한 가족규범으로 여겼으며 오늘날에도 혈연관계로 맺어진 사람들끼리만 함께 거주한다. 이러한 전통적인 가족규범은 주택의 공간구성에도 잘 나타난다. 주택 정면에 있는 주 출입구를 들어서면 큰 홀이 있고 안쪽에는 재단을 만들어 반드시 종교적 공간을 두었다. 부모의 침실은 가장 중심에 위치하며 아들은 출입구 가까이에, 딸은 보다 깊숙한 곳에 기거하도록 하였다. 결혼한 딸 부부는 처가에 함께 사는데 연결은 되었으나 완전 독립된 주거공간에 기거하며 사위와 장모의 접촉을 규제하려는 의도가 공간의 배치나 사용방법 등에 반영되었다.

(5) 터 키

유목민이던 터키인들에게 주택이나 거주지는 일시적인 것으로 받아들여졌다. 이러한 생각은 훗날 정주생활을 하면서도 변하지 않아 도시가 공공건축물이 있는 장소로 받아들여지던 것에 반해 주택은 여전히 일시적인 것으로 여겨졌다. 인간생활의 무상함에 대한 믿음은 주거에도 적용되어 영원성을 부인하였으며 방도 사용자에 관계없이 텐트나 움막처럼 일시적이어야 하고 그 안에 들어가는 가구도 역시 그러하였다. 이런 연유로 공공 건축물들이 돌로 견고하게 지어지던 것과 달리 주거는 나무를 이용해 한 세대만을 견디도록 지어졌으며, 이 같은 생각은 지배자의 주택에도 적용되었다. 침상도 어떤 일정한 곳에 두지 않고 매번 각자가 원하는 곳에 놓을 수 있으며, 완성한다는 것을 꺼려 집의 작은 부분이나 어떤 모퉁이를 마감하지 않고 남겨두거나 엄격한 입방체를 피하였다.

터키의 대표적인 전통주택인 오토만(ottoman) 하우스는 목구조이며 빠른 시간 안에 지어진다. 오토만주택은 파사드가 없으며 1층은 출입구 외에는 창문이 없고 2층에 돌출되어 걸린 측창을 통해 커튼을 살짝 열고 밖을 볼 수 있게 되어 있다. 일상적인 방에는 면 솜이나 양모 솜으로 채워진 누빈 담요들과 그 위에 깔 호청을 정갈하게 개어 두며 세르겐(sergen)이란 벽 선반에는 물건들이 올려져 있다. 실내공간에는 위계가 있는데 문에서 가장 먼 모서리가 가장 위계가 높은 곳으로 바깥주인이나 안주인의 자리이다. 한편 오토만 하우스에는 식사나 취침을 위한 별도의 방이 없으며 벽장에 보관된 침구를 바닥에 깔면 침실이 되고 같은 방의 바닥이나 테이블에 그릇을 놓으면 식사공간이 된다.

그림 2-32 오토만 하우스

그림 2-33 오늘날 카파도키아 지역의 주택가

(6) 영 국

영국은 전형적인 해양성 기후지역으로 여름에는 시원하고 겨울에는 따뜻하지만 기상 변화가 매우 심하고 대체로 한랭한 편이다. 이러한 기후적 특성으로 인해 영국 사람들은 냉기와 습기를 제거하기 위한 벽난로를 예로부터 중시하였다. 또한 잦은 안개 탓에 햇볕을 중시하면서 잔디가 깔린 중정과 창을 많이 사용하였다. 섬나라라는 지형적 특성은 고유의 아름다운 자연환경을 느낄 수 있도록 장엄하고 웅대한 전원주택과 잘 계획된 아름다운 정원, 그리고 영국 특유의 가구와 장식 등을 발전시켰다.

영국인들의 완고하고 보수적인 국민성은 주거와 건축에 있어 지나치게 화려하고 유행성이 강한 유럽 대륙의 낭비적인 양식은 배제하였으며 간소함을 추구하였다. 전통계승에 대한 강한 민족성은 주택 외관의 파사드(fasade) 형식이나 벽에 기둥이나 들보가 노출되는 하프팀버(half-timber) 기법을 고수하는 데서도 엿볼 수 있다. 그리고 개별주택의 박공지붕에는 각각 특별한 모티브를 사용함으로써 완고함 속에 개인주의적 상징을 나타내었다.

영국 문화의 황금기인 엘리자베스 여왕(1558~1603) 때는 문화적 관심과 소양을 중시하여 상류계층의 대저택은 조각물과 예술품의 진열을 위한 벽장과 서재를 두는 것이 유행이었으며 이는 오늘날까지 이어지고 있다. 영국에서 17세기 이후 등장한 테라스하우스는 산업혁명과 함께 시작된 사회경제적 대변화 속에서 증가한 중산계층을 위한 도시주거로 확산되었다. 단위주택을 옆으로 계속 잇댐으로써 긴 블록을 형성하며, 건물 정면에 도로, 후면에 정원을 갖는 형태로서 오늘날에는 모든 계층을 위한 영국 잉글랜드 지방의 전형적인 주거유형으로 알려져 있다.

그림 2-34 하프팀버 하우스

그림 2-35 런던의 테라스 하우스

(7) 미 국

다민족, 다문화의 집합체이자 영국 및 유럽 여러 나라의 식민지를 경험한 미국은 주택을 포함한 건축 양식의 뿌리를 유럽에 두고 있다. 따라서 미국의 주거는 각 지역의 물리적 환경조건과 사회문화적인 조건에 따라 나름의 독특한 문화를 형성하고 있다.

미국의 주택은 자연을 조절하는 것에서 시작되었는데 초기 정착민들은 산허리의 굴이나 기둥을 세워 덤불과 흙으로 덮은 집, 짐승의 생가죽으로 만든 텐트, 자신들을 싣고 온 배 등에서 살았다. 초기의 농가와 요새는 유럽의 영향을 받았으며 미국의 상징인 통나무 오두막집 등은 17세기 전반에 델라웨어에 정착한 스웨덴 사람들에 의해 도입되었다. 대부분의 통나무 오두막집은 방 하나짜리 구조로서 코너 부분은 목재로 연결하였다. 이민자들이 여유가 생기고 새 집을 짓게 되면서 통나무 오두막집은 새로 오는 정착민의 근거지로 쓰이거나 수납용

그림 2-36 아메리칸 인디언의 텐트 주택 '티피'(좌)와 통나무와 판자로 지은 1700년대 미국 버지니아주의 농가(우)

출처 : http://www.yahoo.com

창고, 또는 노예나 하인의 공간으로 쓰이기도 했다.

미국의 초기 민가는 주변의 이용 가능한 재료로 거주자가 손수 지었으며 장인들의 도움을 받기도 하였다. 민가의 구조와 형태는 시대별 유행 양식보다는 지리적 위치의 영향을 강하게 받았다. 최초의 민가는 수천 년 동안 발전되어온 아메리칸 인디언들의 집이며 이후 유럽으로부터의 개척자들은 인디언들의 재료에 자신들만의 고유기술을 도입, 적용하였다.

이러한 유럽식 민가 전통은 19세기 중반 철도가 확산될 때까지 약간의 변형만 있었을 뿐 꾸준히 지속되었다. 이후 철도 운송이 늘어나 값싼 건축재료를 이용할 수 있게 되었으며 주로 목재가 풍부한 지역의 대규모 공장에서 나오는 목재들이 철도를 통해 나라 전체에 퍼져나가면서 어디서나 쉽게 구할 수 있게 되었다. 건축재료는 민가건축 전통에 변화를 가져왔는데 이전까지 사용되던 통나무, 목재, 석재 들이 공장에서 대량으로 처리, 생산되면서 주택의 형태에도 많은 변화가 나타나게 되었다.

참 고 문 헌

강영환(2002). 새로 쓴 한국 주거문화의 역사. 기문당.

강인호·한필원(2001). 주거의 문화적 의미. 세진사.

박명희(2003). 한국의 생활문화. 교문사.

서울대학교 생활과학대학 교재개발위원회 편(2005). 생활과학의 이해. 서울대학교 출판부.

손세관(2001). 넓게 본 중국의 주택. 열화당.

안옥희 외(1998). 주거학의 이해. 기문당.

양세화 외(2007). 울산시 거주 가구의 주의식. 울산학연구센터.

윤복자(2000). 세계의 주거문화. 신광출판사.

이경희·윤정숙·홍형옥(2002). 주거학개설. 문운당.

주거학연구회(2004). 안팎에서 본 주거문화. 교문사.

천현숙(2002). 아파트 주거문화의 특성에 관한 사회학적 연구. 연세대학교 대학원 박사학위논문.

네이버. http://www.naver.com

야후. http://www.yahoo.com

위키피디아. http://www.wikipedia.org

CHAPTER 03

주거환경심리

1. 주거환경과 환경심리

1) 주거환경의 환경심리적 영향

인간의 행동은 환경의 맥락 안에서 이루어지며 환경은 인간의 행동 및 이로 인한 삶의 질에 가장 근본적인 영향을 준다. 그러므로 도시나 건축과 같은 인위적인 환경의 폭이 넓어지는 현대사회에서는 인간의 행동에 영향을 주는 환경창조에 있어 인간의 이용자 중심 디자인의 요구가 증대되고 이용자의 행태에 대한 배려가 중요시되고 있다. 특히, 주거환경은 인간의 삶의 기본 장소로 물리적 속성 및 환경적 속성과 함께 거주자들의 사회적 그리고 심리적 속성을 내포하므로 거주자의 요구를 충족시키는 주거환경이 되기 위해서 환경심리 행태적 접근을 필요로 한다.

환경이 행동에 영향을 주는 정도에 관한 이론은 역사적 배경이나 학자에 따라 다르게 강조되어 왔으나 환경의 유형과 상황에 따라 모두 공존할 수 있는 가능성을 지닌다. 본 절에서는 환경의 개념과 인간행동에 주는 영향력을 이해하기 위해 환경의 체계와 환경이 인간 행동에 주는 영향력에 대해 살펴본다.

(1) 환경의 체계

인간이 반응을 보이는 환경은 일정 시간과 상황에서 움직일 수 있는 범위인 행동적 환경에서부터 인간의 감각기관으로 감지할 수 있는 가시권 혹은 가청권 내의 환경인 지각적 환경, 이미 알고 있는 정보가 상대적으로 중요시되는 공간의 범위로, 인체의 오감이 도달할 수 있는 범위 이상의 인지할 수 있는 공간의 범위인 인지적 공

그림 3-1 환경의 체계

간, 그리고 더욱 광범위한 범위로 지역이나 국가처럼 구체적인 공간의 인지는 어려우나 개념적으로 이해하는 공간의 범위인 지리적 환경 등 심리행태적 특성에 따라 분류할 수 있다. 객관적 환경과 주관적 환경과의 관계를 나타내는 환경의 체계는 행동적 환경, 지각적 환경, 인지적 환경, 지리적 환경 순으로 체계를 이룬다.

(2) 환경이 인간행동에 주는 영향력

환경은 우리 각자에게 어느 면에서든지 영향을 미치고 있는데 환경이 인간행동에 주는 영향력 정도에 관한 이론으로 환경이 행동에 절대적인 영향을 준다는 환경결정론과 환경이 행동의 제한뿐 아니라 기회도 주므로 인간행동은 환경과 인간의 선택에 의해 결정된다고 보는 환경가능론 그리고 이 두 가지 이론의 절충적인 관점인 환경개연론 등이 있다.

환경결정론은 도로의 건널목이나 건물의 출입구와 같이 형성된 환경은 건널목을 이용하는 보행자의 행태나 출입을 위해 문을 이용하는 사용자의 행동 등 환경이 그 환경을 이용하는 사용자의 행동을 형성한다고 주장하는 견해로, 환경이 인간행동 형성에 있어 절대적인 영향력을 갖고 있음을 강조한다. 환경가능론은 환경이 행동의 유일한 원인으로 보는 환경결정론의 극단적인 견해에 대한 반발에서 출발한 것으로, 환경은 인간행동을 제한하기도 하지만 여러 가지 다양한 행동이 발생할 수 있는 가능성의 기회도 제공할 수 있다는 견해이다. 즉, 환경가능론은 환경에서의 인간행동은 환경 이용자의 선택에 의한 것임을 강조하는 견해이다.

환경개연론은 환경결정론과 환경가능론의 절충적 관점으로, 환경과 인간은 원인과 결과를 나타내는 인과적인 관계이기보다는 상호적 관계에 있으며 환경과 인간을 하나의 통합된, 의존적인 체계로 보고 환경과 인간행동의 개연성을 강조하는 견해이다. 환경이 인간행동에 미치는 영향력에 관한 세 가지 이론은 한 환경에서 별개로 적용되기보다는 환경과 상황에 따라 서로 보완적으로 이해되어야 한다.

그림 3-2 건널목은 도로를 건너가는 사람 행동의 위치를 결정(좌), Mejiro, Toshima-ku Tokyo의 Drawer-House 벽에 있는 장을 인출하여 필요한 기능과 공간의 형태를 만들어서 사용(우)

출처 : http://sensoryimpact.com

2) 환경심리학의 개념

환경심리학의 목표는 쾌적한 인간환경을 창조하는 것으로, 인간행동과 환경 간의 상호관계를 다루는 학문이다. 환경심리학에 대한 정의를 이해하고 환경심리학의 제 특성에 대해 살펴본다.

(1) 환경심리학의 정의

환경심리학에 대한 정의는 Note 3-1에서 보는 바와 같이 학자마다 다소의 시각 차이가 있으나 일반적으로 자연 및 건조환경을 포함한 물리적 환경체제와, 사회적 환경과 인간의 개인 및 사회적 행동체제, 두 영역을 연결하는 학제적 학문 분야로 환경과 인간행동 간의 상호관계, 인간을 위한 환경디자인 과정에 활용하고 인간을 위한 환경을 개선하는 것을 목적으로 한다. 환경심리학은 환경과 인간행동 간 상호관계를 연구하는 학문으로서, 이때 환경은 자연환경 및 건조환경인 물리적 환경뿐 아니라 사회심리적 환경을 망라한 아주 포괄적인 의미를 갖는다.

Note 3-1

환경심리학에 대한 학자들의 견해

- 인간의 행동 및 경험과 인간이 만든 환경 간의 경험적 관계를 정립하려는 것이다(Proshansky, 1976).
- 물리적 환경에 내재하는 인간을 연구하는 학문이다(Kantowitz, 1977).
- 인간행동과 물리적 환경 간의 관계에 관심을 둔 학문이다(Heimstra & McFaring, 1978).
- 인간의 경험 및 행위와 그와 관련된 측면의 사회물리적 환경 간의 상호관계 및 교류를 다루고 분석하는 심리학의 영역이다(Canter & Cruik, 1981).

(2) 환경심리학의 특징

환경심리학은 다른 심리학 분야와 구별할 때 흔히 다음의 몇 가지 특징을 언급한다. 환경심리학은 환경과 인간행동과의 상호관계를 파악하는 것이므로 환경과 행동을 각각 구별된 성분으로 분류하여 연구하기보다는 환경과 행동을 한 단위로 연구하는 것을 강조한다. 이때 환경과 행동을 분리된 요소로 보지 않고 하나의 단위로 연구하는 것을 체계적 접근(systems approach)이라고 한다. 환경과 행동의 관계를 보면 행동은 환경의 맥락 속에서 이루어지도록 행동도 환경을 변화시킬 수 있는, 즉 환경과 행동은 서로 영향을 주고받는 양방향성을 갖는다는 관점을 강조한다.

환경심리학의 목표는 인간의 행동에 기초한 쾌적한 환경을 창조하는 데 있는 바 환경과 행동의 인과관계를 발견하고 이론을 구축하는 기초연구의 목적뿐만 아니라 이론적 관련성

이외에 구체적인 유용성도 중요시하므로 응용 학문적인 목적을 동시에 포함한다. 환경심리학은 응용연구와 기초 학문적인 연구의 격차를 줄일 수 있다. 환경디자인은 건축가와 설계가, 디자이너만의 관심사가 아니라 교통공학, 환경공학, 환경 및 시설관리 등 다양한 분야의 관심사이며 요즈음 지구환경오염이나 여가사회의 여가환경에 대한 관심은 모든 사람의 관심사이기도 하다. 따라서 바람직한 환경계획을 위해서는 관심 분야의 연구자들이 함께 고민하고 연구하여야 하며 다학제적 접근이 요구된다. 환경심리학은 환경과 인간행동의 다양한 관계를 파악하기 위한 다학제적 접근과 함께 각 학문에서 사용하는 연구방법을 도입한 절충적 연구방법을 필요로 한다.

2. 주거환경과 인간의 행태

1) 인간의 행태특성

복잡한 인간의 행태를 이해하기 위해 행태의 개념과 정의, 인간행동과 환경과의 관계를 이해하기 위한 기초이론에 대해 살펴본다.

(1) 행동과 행태의 정의

행태 혹은 행동은 'behavior'의 번역어로, 생활체인 인간이 행하는 신체적 및 정신적 활동의 총칭하는 행동과 이런 일반적인 행동자체보다는 특정 상황 하에서 특정인의 행동의 패턴을 강조할 때는 행태라는 용어를 사용한다. 즉, 행태는 환경과의 맥락에서 이해되는 특정인의 행동패턴으로 정의할 수 있다.

그림 3-3 환경디자인에서 다루게 되는 행동의 범위

출처 : 이연숙(1998). p. 43.

환경디자인에 있어서의 행동의 범위는 매우 포괄적이다. 인간의 행동은 크게 내적 행동과 외적 행동으로 구분되며 내적 행동은 다시 생리적 행동, 심리적 행동으로 나눠지고 외적 행동은 개인행동, 사회적 집단행동, 및 문화적 행동으로 구분된다. 인간행태 연구는 기본적으로 환경적 자극을 지각, 인지하고 평가하고 태도를 형성하는 전 과정을 포함한다.

(2) 인간행동과 환경관계를 이해하기 위한 기초이론

이론은 변인들 간의 관계를 구체화함으로써 현상에 대한 체계적인 견해를 제시해 주는 일련의 상호 연관된 개념으로, 많은 양의 자료를 요약해 주고 변인들 간의 관계를 예측할 수 있고 내재된 개념 및 관계를 일반화하며 부가적인 연구를 발생시키고, 실제 문제에 적용하여 연구할 수 있는 장점을 지닌다. 환경심리학은 아직 전체 연구의 방향성과 함께 통합적인 접근을 제시해 줄 이론이 부재하다는 비평을 받고 있다. 환경조건이 인간행동에 미치는 영향을 설명할 수 있는 기존 이론들에는 장의 이론, 각성이론, 환경부하이론, 과소자극이론, 순응수준이론, 행동제약이론, 참여이론, 환경스트레스 이론, 지원성 이론, 사용자 이득기준에 관한 이론 등이 있다.

① 장의 이론

레빈(Lewin)은 인간행태를 심리적 장(field)의 개념으로 설명하면서 다음과 같이 인간의 행태는 개인의 특성 및 개인적인 인자와 개인이 지각되는 환경의 함수로 나타내고 있다. 레빈은 유인가의 개념을 도입하여 이 함수를 설명하는데, 유인가는 인간의 생활공간 내의 사물, 상황, 사람에 따라 긍정적·부정적 유인가를 가진다고 하였다. 또한 유인가는 힘의 크기와 방향성을 가지며 유인가의 강도는 공간적, 시간적 거리에 반비례한다.

(B) = f (P · E)

B : 인간행태
P : 개인의 특성 및 개인적인 인자
E : 개인에게 지각되는 환경

② 각성이론

인간이 환경자극에 노출될 때 생기는 현상의 한 가지로 각성이 일어나는 것이다. 온도나 소음수준, 과밀 상태, 호감이 가는 사람의 존재 유무 등 환경의 특성에 따라 심장 박동이나, 호흡, 맥박 등이 빨라지거나 아드레날린 분비가 증가되는 등 생리적·신체적 변화가 생길 수 있다. 각성은 각성의 본질과 이유를 해석하는 등 인간이 자기 자신의 내적 상태에 관한 정보를 찾게 하고 각성의 원인을 찾게 되면 이 원인은 행동에 중대한 영향을 주게 된다. 각성의 원인 규명뿐 아니라 환경자극이 각성을 유발하면 주변의 다른 사람의 의견을 구하는 사회적 비교 과정을 갖는다. 예를 들어, 화재경보벨이 울리는 경우 각성수준이 올라가나 주위사람과의 사회적 비교 혹은 이전의 경험에 비추어 각성의 수준에 변화를 가져오게 되고 이 변화된 각성이 행동에 영향을 주게 된다.

각성이론은 인간이 환경자극에 노출되면 신체적 각성이 일어나게 되고, 이는 행동유발의 요인이 된다고 설명하는 이론으로 각성이 환경과 행동을 연결시키는 매개변인 혹은 중재변인으로 가정한다. 각성이론은 객관적으로 측정할 수 있는 생리적 각성에 비중을 두는 것이라 일부 행동에 영향을 주는 환경의 영향을 설명하는 데 매우 유용하다.

③ 환경부하이론

환경에서 유입되는 정보의 양이 개인의 능력을 초과할 때를 정보과부하 상태라고 한다. 많은 유형의 환경자극에 노출되면 생기는 환경정보의 과부하 상태는 일부 덜 중요한 자극에 대한 주의집중이 소홀해지고 입력되는 자극 중 중요하지 않은 자극은 무시하는 일차적인 대처전략을 갖게 된다. 과부하이론에 의하면 광범위한 주의를 요하거나 동시에 두 가지 일을 할 때는 덜 중요한 과제에 대한 수행능력이 떨어지며 장시간 주의 요구로 주의력이 고갈되면 적은 주의를 요구하는 자극조차 과부하를 초래한다. 예를 들어, 도시의 많고 다양한 자극에 노출됨으로써 도시의 사람은 주위사람에 관심을 덜 갖거나 스스로 익명성을 요구하는 행동상의 후속효과가 발생하게 된다.

과부하모델은 과도한 환경자극으로 인한 일부 행동적 결과에 대해 예측할 수 있는 장점을 지니며 과부하를 일으키기 쉬운 상황인지의 여부를 파악하고 주의력의 소모가 사회문제와 환경문제의 원인이 되는 정도를 감정할 수 있는 가능성을 제시한다.

④ 과소자극이론

과소자극이론은 환경부하이론의 반대되는 모델로, 지나치게 적은 환경의 자극은 인간의 감각박탈현상을 초래하게 되고 모든 감각자극을 박탈당한 경우 인간은 심한 불안과 다른 심리적 이상 징후를 경험하게 한다. 숲과 산은 계절적이나 식물의 생장변화에서 오는 시각자극의 요소들이 다양성을 지니지만 도시환경의 경우 비슷한 구조의 건물 특히, 모더니즘의 무미건조하고 단순한 특성은 인간에게 주는 자극의 결여를 초래하여 청소년의 비행과 같은 부정적인 결과를 초래한다고 주장하기도 한다.

과소자극의 문제는 아동성장 발달에 부정적인 결과를 초래한다는 연구결과가 나오기도 하여 가끔은 환경의 자극이 복잡하고 자극적으로 만들어 줄 필요성을 강조하기도 한다. 즉, 이러한 이유로 많은 사람이 자연적인 환경에 살기 위해 도시를 떠나는 이유를 설명하거나 모더니즘의 단조로움은 복잡하고 다양한 해석을 가능하게 하는 디자인인 포스트모더니즘의 디자인을 창출하게 하였다는 주장을 낳기도 한다.

⑤ 순응수준이론

순응수준이론은 환경부하이론과 과소자극이론의 절충적인 개념으로 중간수준의 자극이 이상적이라는 접근방식이다. 순응수준이론에서는 감각자극(sensory stimulation), 사회적 자극(social stimulation), 운동(movement)의 최소 세 가지 범주의 환경과 행태와의 관계들은 최적수준의 가설이 적용된다고 본다. 즉, 감각자극, 사회적 자극, 운동 등은 너무 지나치게 많거나 적으면 바람직하지 않다고 보는 관점이다. 월윌(Wohlwill)은 자극의 세 가지 범주에는 강도(intenity), 다양성(diversity), 조직화(patterning) 등의 세 가지 차원이 있음을 설명한다. 강도는 소리와 같은 청각자극이나 환경 내의 사람수와 같은 사회적 자극, 로비에서의 사람들의 움직임의 많고 적음을 의미한다. 다양성은 어느 한 시점에서의 다양성과 시간의 흐름 속에서 경험하는 다양성, 둘을 포함하며 색이나 네온사인의 변화, 환경 내 사람의 다양성 및 다양한 활동 등 및 변화를 의미한다. 조직화는 환경 내의 감각자극, 사회적 자극, 움직임의 형태가 패턴화할 수 있는지와 불확실한지를 의미한다.

환경자극에 대한 순응수준(최적수준)은 일반적인 규칙이 있으며 개인의 과거 경험에 따라 차이가 나고 상이한 수준의 자극에 노출되는 시간에 따라서도 달라질 수 있다. 순응(adaptation)은 인간이 자극에 노출되면 자극에 대한 반응을 변화시키는 것인데, 예를 들어 높은 온도의 환경에 노출되면 땀을 흘리지 않기 위해 그 온도에 점진적으로 익숙해지는 것이다. 그러나 인간은 단순히 환경에 순응하기보다는 자극 자체를 변화시키는 조정(adjustment)과정을 거치게 된다. 즉, 높은 온도를 낮추기 위한 냉방시스템을 사용하거나 얇은 옷을 입는 방법을 선택하게 된다. 순응수준이론에서는 순응과 조정 간의 선택기회가 주어지면 인간은 불편함을 최소화시킬 수 있는 방법을 선택하게 될 것이다.

⑥ 행동제약이론

환경제약은 환경에 내재된 그 무엇이 실제 우리가 원하는 것을 제한하거나 방해하는 것 혹은 그렇게 생각하는 것을 의미한다. 환경제약모델에 의하면 환경의 제약 상황이 자신의 통제력 범위를 넘어섰다고 인지적으로 해석하는 지각적 통제력의 상실 상태가 되면 인간은 불쾌감을 경험하게 되고 이 통제력을 회복하려는 노력을 하게 되는데 이를 심리적 반발이라고 한다.

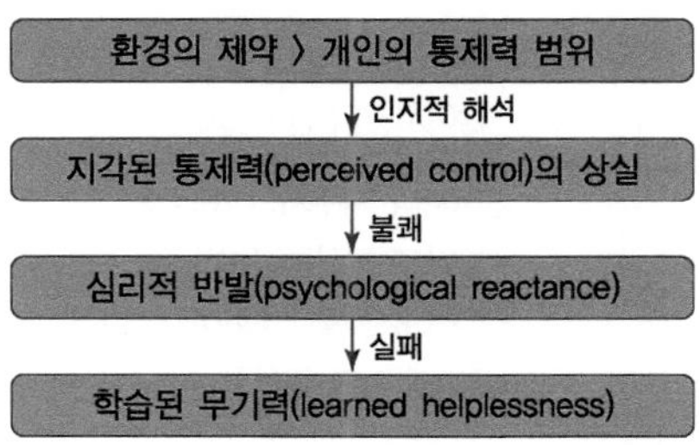

그림 3-4 행동제약모델

가령 외부의 소음이 내부에서 원하는 활동을 방해하게 될 경우 실내에 있는 사람은 외부 소음을 제거하거나 자신의 행동에 방해가 되지 않는 수준으로 낮추려는 노력을 할 것이다. 즉, 통제력 상실 후 통제력을 회복하려는 노력을 심리적 반발이라 할 수 있다. 외부의 소음을 제거하거나 줄이려는 노력이 실패하게 되고 이런 노력에 대한 실패가 계속되면 객관적으로 통제력이 회복되어 있는 상황에도 행동의 자유를 찾고자 하는 노력을 중단하는 학습된 무기력 상태에 도달하게 된다.

⑦ 참여이론

참여이론은 일정한 환경적 세팅 내에서 참여자의 규모에 따라 참여자의 행태가 달라질 수 있다는 이론이다. 한 환경세팅 내의 운영을 위한 참여자가 부족하면 환경세팅의 원활한 운영을 위해 참여자는 더욱 활발하고 적극적인 행태를 보인다. 이는 많은 사람의 행동이 행동상황의 영향력에 초점을 맞추고 있다. 바커(barker)는 행태적 세팅(behavior setting)의 개념을 사용하였는데 이는 환경과 행동을 하나의 단위로 보는 개념으로, 행태가 일어나는 환경의 물리적 구성과 상황적 여건을 중시하며 행태적 세팅의 조건은 사용자, 환경의 물리적 조건, 그리고 행태세팅의 운영방법이 포함된다.

Note 3-2

행태세팅의 인원을 조절하는 기재

1. 해당 세팅에 참여하려는 지원자의 접근을 조절하는 것
   - 참여자들의 수용기준을 변경시킴
   - 참여자들을 대기영역에서 기다리게 함
2. 해당 세팅의 수용능력을 조절하는 것
   - 물리적 환경의 배열이나 내용을 바꿈
   - 참여자들을 다루는 직원의 수를 증가시키거나 감소시킴
   - 참여자들의 증가 또는 감소에 따라 직원들에게 상이한 과제를 부여함
3. 참여자나 거주자가 해당 세팅을 쓸 수 있는 시간을 조절하는 것
   - 참여자를 차등적 비율로 수용함
   - 우선 순위를 정해 여러 유형의 지원자를 수용함
   - 참여자들의 원활한 흐름을 위해 고정된 행동유형을 바꿈

출처 : Bell et al.(1990). Environmental Psychology. 이연숙(1998). p. 72에서 재인용

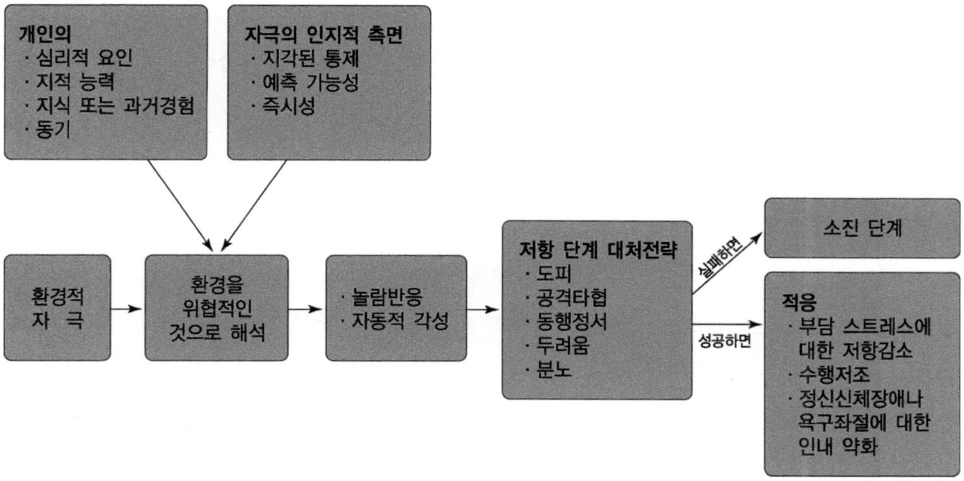

그림 3-5 스트레스 모델

출처 : Bell et al.(1990). Environmental Psychology. 이연숙(1998). p. 73에서 재인용

⑧ 환경스트레스 이론

환경스트레스 이론은 환경의 자극이 위협적인 요인이라고 평가되면 경계반응과 이 자극에 대한 저항반응이 자동적인 대처과정으로 이루어진다. 환경의 자극이 위협적인지를 해석하는 데에는 개인의 심리적 요인, 지적 능력, 지식 또는 과거의 경험과 동기 등에 영향을 받으며 지각된 통제, 예측 가능성, 즉시성 등의 환경자극에 대한 인지적 측면에 영향을 받는다. 위협적으로 인지되는 환경자극에 대한 저항 단계의 대처 전략에는 해당 자극으로부터의 도피, 물리적, 언어적 공격이나 타협, 동행정서, 두려움, 분노 등의 신체적, 심리적 저항기제가 사용된다.

대처방안들이 환경자극의 스트레스 요인을 해결하는 데 실패하고 모든 대체에너지를 사용하게 되면 소진 상태에 빠지게 된다. 소진 상태에 들어가기 전에 부정적인 자극에 반복적으로 노출되면 해당 자극에 대한 부정적인 반응이 점점 약화되는 경향을 보인다. 반면 저항 단계의 대처방안이 성공적이었다면 스트레스에 대한 저항이 감소되고 정신적·신체적 장애나 욕구좌절에 대한 인내가 약화된다.

⑨ 지원성 이론

지원성 이론은 환경에는 유기체에게 제공되는 변화지 않는 속성인 지원성이 내재되어 있고 내재된 여러 지원성 중에 필요한 속성을 취하여 행동한다는 환경의 지각자의 역할을 강조하고 있다. 즉, 나무라는 환경은 새에게는 먹이를 주거나 둥지를 틀 수 있는 환경으로, 나무꾼에게는 땔감의 소재로, 가구제작자에게는 가구재로 받아들이게 될 것이다. 이와 같이 나무가 원래 갖고 있는 특성을 유기체가 필요에 의해 선택 사용하게 되는데 이는 환경의 실체가 객관적이기도 하지만 환경을 지각하는 유기체가 어떤 의미를 부여하느냐에 따라 다르게 정의될 수 있는 주관적인 특성을 동시에 지니고 있음을 의미한다.

⑩ 사용자 이득기준에 관한 이론

사용자 이득기준은 사용자의 복지를 높여 주기 위한 환경의 역할에 중점을 둔 이론으로 사용자가 환경으로부터 얻을 수 있는 이득의 영역을 행동의 용이성(behavioral facilitation), 생리적 유지(physiological maintenance), 지각적 유지(perceptual maintenance) 및 사회적 용이성(social facilitation) 등 네 가지 범주로 나누어 설명할 수 있다.

행동의 용의성은 사용자가 여러 행동을 수행하도록 유도하거나 보다 쉽게 이루어질 수 있도록 해주는 환경의 지원성으로서 사용자의 주요 행동을 효율적으로 수행할 수 있도록 보조하는 기능이다. 행동의 용이성은 특정한 물리적 구성 요소, 환경의 기능적·조작적 측면을 강조한다. 생리적 유지는 행동을 수행하는 동안 사용자의 생리적·생물학적 쾌적성이나 건강을 지속되게 해주는 환경의 지원성으로 사용자의 신체와 접촉하거나 감각적으로 관련되는 환경적 요소가 포함된다. 지각적 유지는 환경의 형태와 의미가 사용자에게 적절히 전달되느냐와 관련된 지원성으로 직접적으로는 심리적 편안함·쾌적함에, 간접적으로는 기본적인 행동·신체적 건강에 영향을 미친다. 사회적 용이성은 사회적 상호작용을 조절하여 바람직한 수준으로까지 촉진시키는 환경의 지원성으로 조직이나 사회단위 내의 바람직하지 않은 사회적 접촉은 제한하고 의미 있는 사회적 접촉을 고무시키는 사회적 상호작용 조절에 관심을 집중시킨다.

이들 사용자 이득기준은 환경디자인 지침영역과 평가영역으로 사용 가능하며, 다양한 건물 유형에 따라 강조되는 디자인 기준 차원은 표 3-1과 같다.

2) 환경지각

지각이란 일정한 정보가 인간의 감각기관을 통하여 들어오는 일련의 과정으로 인간과 환경과의 상호작용을 이해하는 기초적인 단계이다. 인간은 환경지각과정을 통하여 일상환경의 주요 정보를 받아들이며 이때 시각, 청각, 후각, 촉각 등의 인체 감각기관이 이들 정보를 감지한다. 환경지각은 주로 지각자의 속성에 관련된 다양한 요인에 의해 영향을 받는다.

(1) 환경지각에 대한 접근

환경지각은 현존하는 소리와 빛과 같은 단순한 자극을 감지(sensation)하는 것과 이들 자극과 유사한 과거에 경험한 자극에 대한 정보 수집을 포함하여 의미 있는 자극에 반응하는 복

표 3-1 다양한 건물유형에 따라 강조되는 디자인 기준 차원

디자인 기준 차원		주택	아파트	호텔	사무실	상점	레스토랑	학교	도서관	병원	공장	실험실	놀이터	터미널	감옥	교회
행동의 용이성	전반적 일치	●	○	○	◎	○	○	●	○	●	◎	◎	○	◎	◎	○
	기능적 일치	◎	○	○	●	○	○	◎	○	●	●	●	◎	◎	◎	∘
	조작적 일치	◎	○	○	●	○	○	◎	○	●	●	●	○	○	○	○
	자극의 일치	○	○	○	●	○	○	◎	○	●	●	●	∘	○	○	○
	공간의 일치	◎	○	○	●	◎	◎	●	○	●	●	◎	○	◎	◎	∘
	가변성의 일치	◎	∘	○	◎	◎	○	◎	∘	●	○	◎	○	○	∘	
생리적 유지	지지적 일치	◎	○	○	●	∘	◎	●	◎	●	◎	◎	○	○	○	○
	기후적 일치	◎	○	○	◎	○	○	◎	◎	●	○	◎		○	○	○
	자극의 규제	◎	○	○	◎	○	○	●	○	●	○	◎	◎	○	○	◎
	외부요소 규제	◎	○	○	◎	○	○	●	◎	●	○	◎	∘	○	○	◎
	위험의 규제	◎	◎	○	◎	○	◎	●	○	●	◎	●	●	○	○	○
	내구성 지속	●	◎	◎	◎	◎	○	●	○	●	●	●	●	○	●	○
지각적 유지	지각적 일치	●	○	◎	○	●	●	◎	◎	○	○	○	○◎	○	○	●
	행동적 유인	●	○	◎	●	∘	○	○	○	◎	○	◎	∘	∘	∘	
	감각의 유인	◎	○	○	◎	○	○	◎	◎	◎	○	◎		∘	∘	◎
	감각의 조화	●	○	◎	◎	◎	◎	◎	○	○	○	○	◎	○	∘	◎
사회적 용이성	사회적 유인	○	∘	∘	●		∘	◎		◎	○	○				
	사회적 관찰성	○	∘	○	●	∘	∘	○	○	◎	○	○	○	∘		∘
	사회적 집중성	○	∘	∘	◎			◎		○	○	○	∘			
	사회적 고립	●	○	○	◎	∘	○	○	◎	●	∘	◎	∘	∘	∘	
	사회적 편익성	◎	○	○	●		○	◎	∘	◎	○	○	○	∘	∘	○

●: 매우 강하게 강조됨, 결정적인 요인　　◎: 강하게 강조됨, 중요한 요인
○: 보통으로 강조됨　　∘: 약하게 강조됨, 주변적인 요인
　: 강조되지 않음. 관련 없거나 거의 관계되지 않은 요인

출처 : Murtha, M. D.(1976). Dimensions of User Benefit. Washington D. C. : American Institute of Architects, 이연숙(1998). p. 108에서 재인용

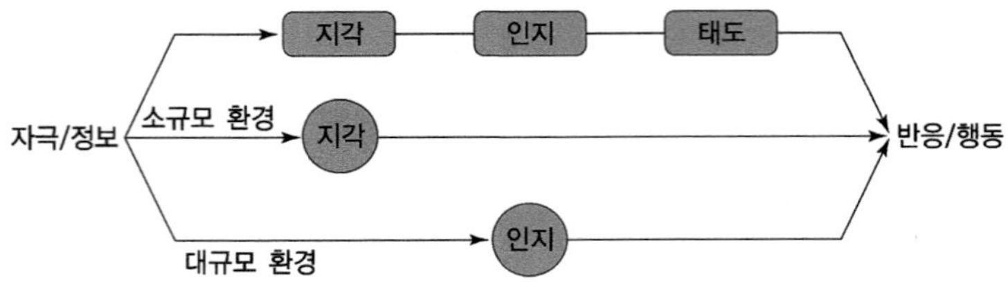

그림 3-6 지각과 인지의 독립된 과정
출처 : 임승빈(1997). p. 46.

합적이며 적극적인 과정인 지각(perception)과정을 포함한다.

감지는 단순한 감지자극에 반응하는 인간 감각기관의 비교적·직접적이며 단순한 활동인 반면, 지각은 일상생활에서 접하게 되는 의미 있는 자극에 반응하는 복합적인 활동으로, 감각기관을 이용한 원초적인 감지 단계에서부터 문화적 배경과 사회적 배경에 영향을 받는 고도의 정밀한 해석 단계까지의 일련의 과정을 거친다. 그러나 인간이 환경자극과 정보에 대한 반응 및 행동은 반드시 순차적인 과정을 거치는 것은 아니라 환경규모에 따라 그림 3-6과 같이 소규모 환경에서는 환경지각과 인지, 태도, 반응/행동의 과정을 거치거나 환경지각이 반응/행동과 연결되는 지각의 영향이 크게 작용되나 대규모 환경에서는 환경자극/정보에 노출되면 지각보다는 환경인지가 인간의 반응/행동에 영향을 준다.

(2) 환경지각에 영향을 주는 요인

환경이 갖는 물리적, 사회적, 문화적, 경제적 속성에 따라 환경의 일정한 의미를 갖게 되며 이를 지각하는 사람의 태도, 신념, 가치, 신체적 특성에 따라 달리 해석된다. 즉, 환경자극에 노출되면 인간은 다양한 동기에 의해 자극을 탐구하게 되고 일정한 환경자극이 전개되면 특정자극을 선택하는 자극선택과정을 갖는다. 이 과정에서 환경이 지닌 물리적 변수와 추상적, 상징적 변수에 따라 달리 지각된다. 또한 일상생활에서 다양한 자극을 오감을 통해서 받아들이게 되나 인간은 이 중에서 특정한 자극을 선택하여 이에 관한 정보를 받아들이고 그에 대해 반응하게 되는데 동일한 자극에 대해서도 지각자인 인간의 개인적 성격, 성별, 사회적 차이 및 문화적 차이에 따라 환경을 지각하는 과정에 달리 영향을 받는다.

3) 환경인지

과거와 현재의 외부적 환경과 현재와 미래의 인간행태를 연결시켜 주는 지식을 얻는 다양한 수단을 인지라 한다. 환경인지란 사람들이 환경에 대해 알고 있는 것, 인상, 정보, 이미지, 신념 등과 관련이 있다.

(1) 환경인지의 개념

환경지각이 환경을 '어떻게 받아 들이냐'에 관한 개념이라면 환경인지는 환경정보를 해석, 평가, 수집을 통하여 머릿속에 '무엇이 들어 있느냐' 하는 개념이다. 환경인지는 인간이 환경과 상호작용하면서 발생하는 것으로, 환경에 대한 정보와 이미지뿐 아니라 환경의 성격, 구조 등에 대한 인상, 그리고 이와 관련된 의미, 중요성, 상징성 등을 내포한다. 환경인지과정에는 환경에 대한 정보를 수집하고 저장하며 조직하고 이를 재편성하고 추출하는 등의 일련의 과정을 거친다.

(2) 인지도

인지도는 공간관계/환경특성에 대해 사람들의 머릿속에 기억해 두는 이미지로, 물리적 환경이 인간의 머릿속에 어떠한 형태로 존재하는가를 알 수 있게 하는 환경인지의 도면화 형태이다(그림 3-7). 인지도는 환경에서의 경험, 선호, 표현능력에 따라 실제와 다를 수 있으며 인지도의 구성 요소에는 장소, 장소들 간의 공간적 관계(거리, 방향), 이동방향성(wayfinding : 길찾기) 등이 포함된다.

인지도는 환경에서의 경험, 선호, 표현능력에 따라 실제 환경 요소를 생략하거나 불완전하게 표현하거나 혹은 거리와 방향을 왜곡, 확대하는 등 인지된 내용과 달리 왜곡되어 나타날 수 있으나 인지도를 통해 개개인의 환경에 대한 이해 정도를 파악할 수 있으며 인지도와 실제 환경을 비교하여 관계성을 파악할 수 있다.

어떤 환경을 정확하게 인지한다는 것은 그 공간, 특히 대규모 공간에서의 활동을 원활하게 할 수 있음을 의미하므로 대규모의 공간일수록 공간에 대한 인지력을 높이고, 이동방향성이 용이하도록 계획하여야 한다.

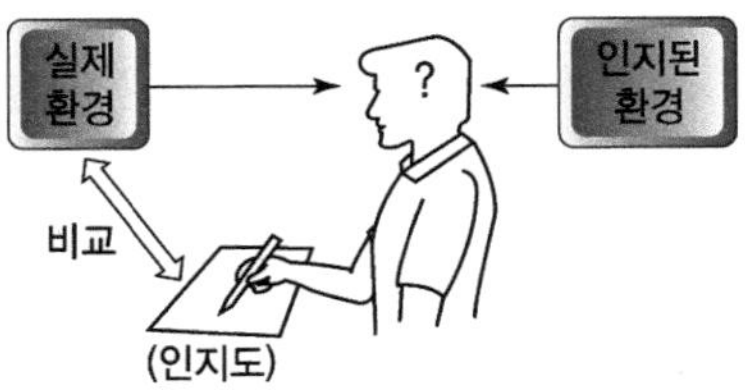

그림 3-7 인지된 환경의 표현

출처 : 임승빈(1994). p. 58.

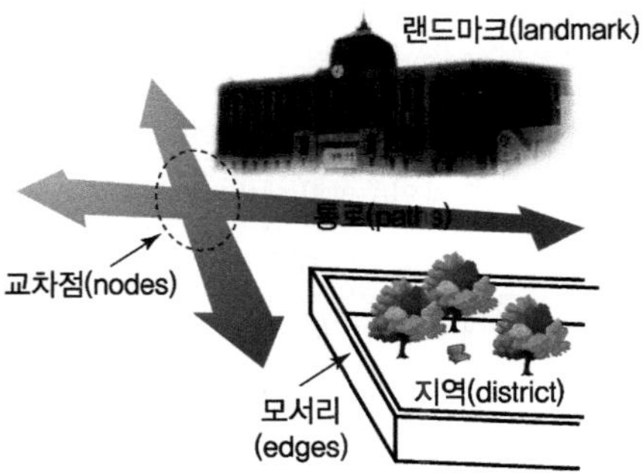

그림 3-8 도시 이미지 형성(인지도)에 영향을 주는 물리적 구성 요소

출처 : Bell et al.(1990). p. 62.

도시공간에 대한 인지도(도시이미지)를 연구한 린치(Lynch)는 도시 인지도 구성에 영향을 주는 요소로 통로(paths), 모서리(edges), 지역(district), 교차점(nodes), 랜드마크(landmark) 등의 다섯 가지 요소를 제시하였다(그림 3-8).

4) 환경에 대한 태도 및 평가

환경태도란 특정환경에 대해 갖는 개인의 느낌과 같은 정서적 반응이나 의견을 의미하며 평가는 인간이 환경과 상호작용하는 인지과정 중 감지, 지각, 인지, 태도 형성을 거쳐 개인의 욕구와 행동목적에 근거하여 비교적 마지막 단계에서 이루어진다.

(1) 환경에 대한 태도 형성

환경에 대한 태도 형성은 일반적으로 고전적 조건 형성, 도구적 조건 형성, 사회학습 등의 과정으로 구분된다. 고전적 조건 형성에서는 아무런 느낌을 주지 않았던 조건자극의 반복적 경험을 통해 이들에 대해 특정태도나 느낌을 갖게 하는 조건반응이 나타난다.

이에 비해 도구적 조건 형성은 보상받는 반응(바람직한 결과를 유발하는 태도)에 더욱 강화되어 태도가 형성되는 것이다. 또한 타인의 태도를 자주 접함으로써 그 태도를 모방하고 학습하는 과정을 통해 태도가 형성되기도 한다.

표 3-2 지각된 환경의 질 지표로 사용되는 몇 가지 차원들

지형에 관한 질 지표	주거 질에 관한 지표
지형상의 결	해당 지역에서 사는 것에 대한 느낌
기복의 수	교통안전
평균 평가	바깥 활동을 방해하는 소음
평균 경사분포	신체와 재산의 안전
자연주의의 대비	법무관
높이의 대비	거주자의 정착 정도
시야의 범위(시계)	불법 동물
시계의 길이	거주민 간의 격리
산림의 비율	비자동차 운송
토지 이용의 대체성	지역주민의 성격

출처 : 이진환 외(1997). p. 87.

(2) 환경태도 측정

환경태도 측정도구로는 자연환경 오염(대기/수질/소음)에 대한 물리적인 환경의 질은 측정하는 객관적인 환경의 질 지표(Environmental Quality Index : EQI)와 개인의 주관적인 합의를 중시하는 개념의 측정방법인 지각된 환경의 질 지표(Perceived Environmental Quality Index : PEQI), 그리고 인간의 감정이나 정서와 관련된 태도를 측정하는 환경에 대한 정서적 반응 지표(Environmental Emotional Reaction Index : EERI) 등이 있다.

객관적인 환경의 질 지표는 직접적으로 측정이 가능한 것만 측정하는 데 반해, 지각된 환경의 질 지표는 개인의 주관적인 합의를 중시한 개념이며 주거의 질에 대한 태도 측정과 같이 환경지각에 대한 주관적이며 개인차를 허용하는 개념이다.

(3) 환경평가

환경평가는 인간-환경 간의 상호작용 중 비교적 마지막 단계에 이루어지는 사고과정으로, 개인의 요구와 행동목적에 근거하여 이루어지며 감지 → 지각 → 인지 → 태도 형성 → 평가 과정을 거친다. 환경평가과정을 헬슨(Helson)은 적응수준이론(adaptation level theory)으로 메라비안과 러셀(Mehrabian & Russell)은 환경에서 주는 정보율(information rate, 단위시간당 감각을 자극하는 정보의 양)의 적정수준에 의해 설명하였다. 환경에 대한 정서적 반응은 현재의 자극수준과 적응수준 사이의 불일치 정도에 의해 결정되는데, 즉 현재의 자극수준이 적절한 적응수준 내에 속하면 환경에 대해서는 긍정적인 평가를 하는 반면, 현재의 자극수준이 적응수준과의 지나친 차이를 보이는 경우 부정적인 평가를 하게 된다.

환경평가도구로는 시지각적 경험에 근거한 서술적 접근 평가도구와 물리적-인지적 접근 평가도구, 그리고 심리적 접근의 평가도구가 있으며 사용자의 행동적 경험에 근거한 행동지향적 접근 평가도구가 있다. 서술적 평가도구는 주로 전문가의 경험과 예술적 판단에 의하여 이루어지며 대중의 평가와 일치하지 않는 경우도 많고 전문가들의 환경에 대한 서술적 평가가 우선시된다. 주로 시지각적 요소(경관의 기술요소 색, 선, 형태, 질감 등)와 디자인 원리에 의해 평가가 이루어진다. 물리적-인지적 접근 평가도구는 통계기법을 이용한 실증적인 접근방법으로, 환경의 물리적 특성에 긍정/부정적 평가를 초래하는 수학적 공식의 도출 등 환경적 구성요소를 수량화할 수 있는 장점을 지닌다.

심리적 평가방법은 환경평가에 있어서 환경의 물리적 구성 요소가 아닌 환경 내 요소들의 심리학적 체계화를 사용하는 것으로, 예를 들어 환경의 복잡성, 모호성, 독특성, 광활성 등을 평가할 수 있으며 공간 내의 포괄적인 특성에 대한 주관적인 판단에 의존한다. 행동지향적 접근방법은 사용자의 요구와 그 결과에 따른 행동에 근거하여 평가하는 방법으로, 건조환경

(man-made environment) 평가에 주로 사용한다. 행동지향적 평가방법의 예로는 프레이저(Preiser)의 사용 후 평가(Post Occupancy Evaluation : POE)나 자이젤(Zeisel)의 노인아파트 평가도구(실내디자인을 위한 행동지향적인 평가도구 : 디자인지침) 등이 있다.

3. 환경심리학과 주거환경디자인

1) 주거환경디자인에서 환경심리학의 역할

디자인과정에서 고려할 요소는 크게 사용자, 환경, 인접환경과의 환경적 맥락, 디자인과정, 디자인이 만들어지는 사회적/역사적 맥락 등이 포함되는데 각 요소마다 환경심리학적 지식이 중시된다. 환경디자인 프로젝트의 성격에 따라 다소 차이는 있으나 디자이너와 사회과학 및 행동과학의 결합, 혹은 상호작용이 요구되며, 과학적·합리적 환경디자인을 위한 이론적, 경험적 토대를 마련하는 환경심리학의 연구들은 필수적이다.

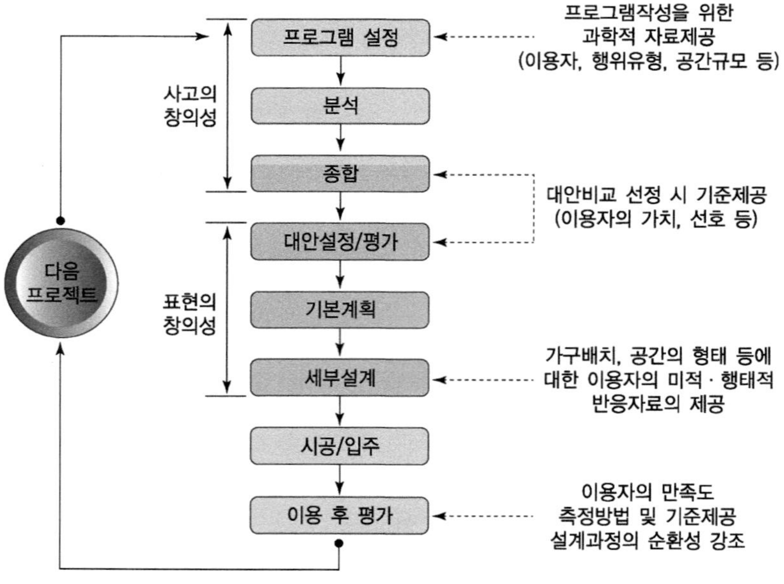

그림 3-9 설계과정과 환경심리학연구의 기여

출처 : 임승빈(1997). p. 22.

(1) 디자인과정과 환경심리학

디자인과정은 일반적으로 건설결정, 프로그래밍, 디자인, 시공, 사용 및 적응, 그리고 평가과정을 갖는데, 마지막 단계의 평가결과는 건물을 수정하거나 미래 건물 프로그래밍 단계에 피드백하는 순환적 특성이 있다. 이들 각 과정별로 다소 차이는 있으나 사용자의 행태에 관련하여 환경심리학연구가 기여하게 된다. 환경심리학연구는 디자인 작업을 대신하는 것은 아니나 디자인과정의 각 단계에서 과학적 근거에 의해 필요한 자료를 제시한다.

(2) 환경심리학의 역할

환경심리학은 디자인에 있어 인간의 사용을 전제로 공간을 보는 능력 및 공간에 내재된 본질적인 문제와 효율적으로 이용될 수 있는 환경적 처방기술을 기반으로 한다는 측면에서는 공간 의사(space doctor)의 역할을 한다고 할 수 있다. 즉, 환자의 증상을 보고 이를 바르게 이해할 수 있는 제반지식과 병을 고칠 줄 아는 치료방안에 대한 지식을 보유하여 환자상태를 진단 치료하는 것과 같이 공간이용 상태를 진단하여 사용자 행동에 대응할 수 있는 개선책을 제시한다는 관점에서 보면 의사의 역할과 유사하다고 볼 수 있고 공간을 처치의 수단으로 삼는다는 측면에서 공간 의사라 할 수 있다. 환경심리 전공자가 공간 의사의 역할을 하기 위해서는 인간의 사용을 전제로 공간을 보는 능력과 문제의 근본을 규명하여 효율적이며 정확한 처방을 내리는 기술을 증진시킬 수 있는 지식기반을 축적하고 있어야 한다.

환경을 사용하게 될 사용자의 요구에 대응될 수 있는 공간환경을 만들기 위해 생긴 환경심리행태학은 고객과 사용자의 요구를 파악하고, 이 요구에 대응되는 공간환경을 창조할 디자이너에게 사용자의 요구를 제시하고, 디자이너의 의도를 실제 사용하는 사용자에게 전달하며, 비용을 지불하는 고객(건축주)과 실 사용자와의 견해 차이를 좁혀 주는 역할을 하게 된다. 또한 연구자와 디자이너의 응용상의 차이를 줄여 주는 중간 역할을 한다.

환경심리학 전공자는 고객과 사용자에게서 그들의 요구를 파악하여 이를 디자이너에게 제시하고 디자이너가 제시한 안이 고객과 사용자에게 어떤 문제를 해결하고 가치를 줄 것인가를 전달하는, 즉 사용자와 고객, 고객과 디자이너 간 커뮤니케이션의 차이를 줄여 주는 공간 변호사로서의 역할을 한다고 할 수 있다.

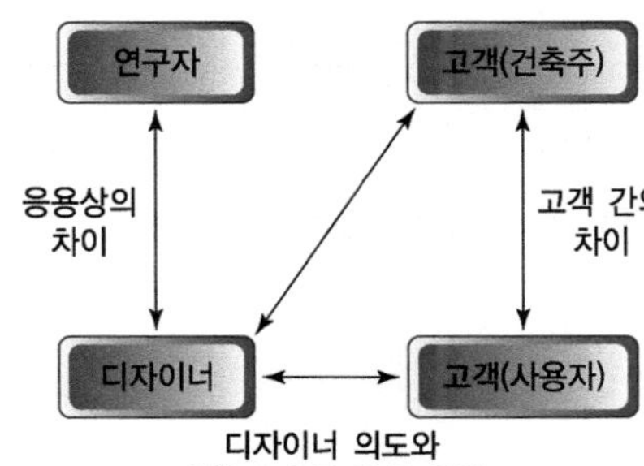

그림 3-10 디자인 변호사로서의 환경심리학자의 역할

출처 : 이연숙(1998). p. 51.

2) 주거환경디자인을 위한 환경심리학적 개념

환경디자인에서 사용자 중심 디자인이라는 용어가 사용되고 있으며, 사용자의 여러 제반 행태적 개념을 내포하고 있다. 인간행태와 요구를 만족시키는 실제 학문인 환경디자인학과 동일시되고 있는 환경행태학, 혹은 환경심리학은 환경과 개인의 사회적 행태를 다루는 개념으로, 개인공간, 영역성, 과밀, 프라이버시 등의 개념을 포함한다.

(1) 개인공간

개인공간은 침입자가 들어올 수 없는 개인의 신체를 둘러싼 눈에 보이지 않는 경계를 갖는 영역으로 타인과의 관계에서 완충적인 역할을 하는 지역을 의미하며 인간 상호 간의 접촉을 조절하고 바람직한 수준의 프라이버시를 이루기 위한 기능을 하는 영역으로 정의할 수 있다.

개인공간의 크기는 사람에 따라 다르며 대인관계에서만 의미가 있으며 거리, 공간뿐 아니라 신체지향, 눈길맞춤과 같은 행동에도 초점을 둔다. 개인공간의 유형은 개인 상호 간의 관련성과 활동에 따라 친밀한 거리(0~45 cm), 개인적 거리(46 cm~1.2 m), 사회적 거리(1.2~3.6 m), 공적 거리(3.6~7.6 m)로 구분한다.

친밀한 거리(intimate distance)는 연인, 가족, 어린이, 매우 친한 친구들에게 해당되는 거리이며 개인적 거리(personal distance)는 친한 친구/잘 아는 사람들 간의 일상적 대화에서 유지되는 거리로 낯선 사람들은 환영되지 않는 거리에 해당된다. 사회적 거리(social distance)는 대부분의 공적인 상호작용이 관찰되는 거리로 디자이너들이 관심을 갖는 거리이다. 1.2~2.1 m 거리는 사회적 모임에서 통용되는 거리로 의사전달을 효과적이고 정확하게 할 수 있는 거리이며 2.1~3.6 m 거리는 보다 공식적이며 낯선 사람들이 사용하는 거리(business distance)이다. 공적 거리(public distance)는 연사와 청중 간의 거리와 같은 공적인 모임에서 유지되는 거리로

그림 3-11 개인공간 : 신체를 둘러싼 보이지 않는 경계를 시각화한 모습의 예

출처 : 한국인삼공사, 정관장 TV광고

그림 3-12 공공장소에서의 개인공간

개인거리를 통해 어느 사람이 한 집단이고 어느 정도 가까운 사이인지 각 사람 간의 관계를 알 수 있는 정보를 제공

멈추거나 인사를 나누지 않고 아는 사람을 지나칠 수 있는 비개입이 시작되는 거리이다.

개인공간은 잠재적인 정신적, 물리적인 외부의 위협들(지나친 자극/친밀감)에 대한 완충지대의 역할을 하는 방어적 기능을 지니는 동시에 타인과의 거리에 따라서 대인과의 상호작용 시 어떠한 정보교환 수단(시각/청각/후각/촉각 등)을 사용할지를 선택하게 하는 비언어적인 의사소통 전달의 한 형태이다. 개인공간의 크기는 같이 있는 상대, 활동유형 등의 상황변수와 인종, 문화, 성격 등의 개인적 변수, 공간의 크기 및 조명과 같은 건축상의 세부적인 특징 등 물리적 변수들의 영향을 받는다.

(2) 영역성

영역성은 개인이나 집단의 물리적 공간에 대한 소유권 행사를 위한 일련의 인식 및 행동을 의미한다. 개인공간이 눈에 보이지 않고 사람 중심으로 이동하며 타인과 어떻게 상호작용할 것인가를 정하는 것인 데 반해, 영역은 주로 집을 중심으로 고정적이며 누구와 상호작용할 것인가를 정하는 개념이다. 영역은 프라이버시, 가족의 안전, 소유권의 보호 등의 동기가 있으며 크기, 위치 등의 지리적 형태를 가진다. 또한 개인, 가족, 커뮤니티 등 사회적 단위별로 구분되고 영구적이거나 잠재적인 영역으로 표현되는 시간성을 지니며 다양한 영역표시 행위 및 침입에 대한 방어행위를 하는 특성을 가지고 있다.

알트만(Altman)은 공간의 점유기간, 점유자와 타인들에게 불러일으키는 인지(지각된 소유권), 침범당했을 때 방어 가능성 및 사유화(개인화) 정도에 따라 영역을 1차영역, 2차영역, 공공영역 등의 세 가지 유형으로 분류하였다. 1차영역은 반영구적인 점유가 가능한 공간으로 사유화 정도가 광범위하고 소유자가 강력한 통제권을 가지며 외부로부터 침범을 받는 경우 강력한 대응이 가능한 영역이다. 2차영역은 소유권이 인정되지는 않지만 일정 기간 점유할

그림 3-13 강도의 침범을 당하지 않은 주택(좌) vs 강도의 침범을 당한 주택(우)

강도의 침범을 당하지 않은 주택은 명패, 울타리, 스프링클러의 작동, 차 등 이웃으로부터 감시가능성 높은 특성을 지님

출처 : Bell et al.(1990). p. 269.

자격이 있는 사람에게 점유권을 인정하게 되는 공간으로 1차영역보다는 덜 영구적이지만 합법적 점유기간 동안은 개인화가 어느 정도 가능하고 통제권도 지니는 영역이다. 공공영역은 소유권이 인정되지 않으며 통제권도 없으며 개인화 작업 및 침범 시 방어가능성도 거의 없는 공간이다.

영역은 특정장소에서 기대되는 행동유형과 만나게 될 사람에 대한 정보제공 및 공간 사용상의 질서유지와 안전성 증진 등 우리의 삶에 있어서 예측가능성과 조직의 기능을 지니며 자신의 소유영역을 타인과 구별되도록 개인화함으로써 장소에 대한 애착감, 긍정적 정서 및 자아정체감을 증대시키는 기능을 한다.

그림 3-13과 같이 영역의 소유에 대한 경계가 명확한 경우 범죄발생이나 파괴행위 및 반달리즘현상이 감소하는 효과가 있으므로 환경디자인 시 환경 스스로가 영역침범에 대한 방어기능을 지니도록 디자인하여야 하며, 개인의 영역에 대한 소유감을 높일 수 있게 그리고 영역적 마찰을 최소하도록 디자인하여야 한다. 또한 사용자들을 디자인과정에 참여시키는 등 사용자들이 건물의 영역에 대한 책임감을 느끼게 하고, 다양한 영역성 제공을 통해 공간의 질서를 지킬 수 있도록 디자인하여야 한다.

(3) 프라이버시

프라이버시는 격리, 은폐, 상호접촉의 회피 개념이라기보다는 타인에 대한 자아개폐의 조절 및 선택의 자유를 통해 바람직한 상호작용 수준을 달성시켜 주는 것이다. 웨스틴(Westin)은 프라이버시를 혼자 있는 상태(solitude), 친교의 상태(intimacy), 익명의 상태(anonymity) 및 은폐의 상태(reserve)의 4가지 차원으로 분류하였다. 혼자 있는 상태는 타인의 시각적인 관찰로부터 벗어난 가장 완전한 상태의 프라이버시를 의미하며, 친교의 상태는 그룹 프라이버시

(group privacy)라고도 하며 2명 이상의 작은 집단(가족, 친구)이 타인들로부터 분리되는 것을 의미한다. 익명의 상태는 개인이 공공장소에서 자신의 정체가 노출되지 않고 타인들의 감시로부터 벗어나고자 할 때를 의미한다. 은폐의 상태는 원하지 않는 침입에 대해 심리적 장벽을 쌓는 것을 의미한다.

프라이버시 기능에는 개인 또는 집단과 사회환경과의 상호작용을 조절 그리고 자아와 사회 간의 상호작용을 조절하는 기능과 자아정체감을 부여하는 기능이 있다. 주택을 평가할 때 프라이버시가 어느 정도 확보되느냐가 한 요소로 작용하며 청각적 프라이버시와 시각적 프라이버시 제 측면을 강조한다. 주택 내 프라이버시에 대한 요구는 가정생활주기 단계에 따라 차이가 있는데, 특히 자녀성년기에 가족에게 있어서의 프라이버시 요구수준이 높다. 가족구성원들이 각자의 방을 소유하는 것은 자신의 방에서 홀로 있을 수 있고 자신의 프라이버시 수준을 조절할 수 있는 가능성을 높여 줄 수 있다는 측면에서 중요시되고 있다. 주택의 외부에는 문과 울타리와 같은 고정 경계물의 설치로 외부접촉을 자연스럽게 조절함으로써 가족의 프라이버시를 유지할 수 있다. 즉, 주거 계획 시 내부 사용자 개인 간, 그리고 외부인과 가족 간 시각적, 청각적, 영역적 프라이버시의 침해를 방지하여야 하며, 동시에 상호접촉을 원활히 할 수 있도록 하여야 한다.

(4) 과 밀

과밀은 주어진 밀도 상황에서 느끼는 개인의 인지에 의존하는 주관적인 용어로, 개인이 원하는 정도보다 프라이버시를 적게 확보하여 개인이 원하는 이상의 상호관계를 경험하게 될 때 과밀을 느낀다. 과밀은 주관적 용어이므로 밀도라는 객관적 용어를 이용하여 과밀이 주는 영향력에 관한 연구를 진행하기도 한다. 밀도는 일정면적에 얼마나 많은 사람이 모여 있는가 하는 단위공간당 사람의 수를 나타내는 공간적 밀도(spacial density)와 인간 상호관계 접촉의 빈도를 나타내는 사회적 밀도(social density) 개념을 사용하는데 일반적으로 공간적 밀도와 사회적 밀도는 비례한다.

고밀도 상황에서는 정서, 생리적 각성, 질병에 부정적인 영향을 주며, 상대방에 대한 호감이 감소되고, 위축감이 들며, 친사회적 행태가 줄어든다. 또한 업무수행에 있어서도 부정적인 영향을 준다. 특히, 복잡한 업무를 수행하는 경우 공간적 밀도와 사회적 밀도가 높은 경우 업무수행이 감소되며 이때 사회적 밀도가 높은 경우 더욱 부정적 결과를 초래한다. 디자인으로 과밀현상을 완화시키는 방법으로는 천장을 높게 디자인하거나, 직사각형의 실내공간을 계획하고, 문이나 창문 등의 시각적 출구를 만드는 경우 과밀감을 상대적으로 경감시킬 수 있다. 또한 실내에서의 활동이 구석보다는 가운데에서 이루어지도록 유도하고 실내를 밝게 하는 경우도 과밀감을 줄일 수 있다. 또한 실내에 이동식 칸막이를 설치하여 사회적 밀도를 낮출 수도 있고 벽에 걸린 그림과 같이 시각을 분산시키는 설치물을 배치하면 과밀감을 경감시킬 수 있다.

참 고 문 헌

이연숙(1998). 실내환경심리행태론. 연세대학교출판부.

이진환·홍기원·정영숙(1997). 환경심리학. 학지사.

임승빈(1997). 환경심리·행태론. 보성문화사.

한필원 역(1993). 인간행태와 건축디자인. 기문당.

Bell, P. A. et al. (1990). Environmental Psychology. Holt, Rinehart and Winston, Inc.

http://sensoryimpact.com

CHAPTER

04 주거환경학·그린홈

1. 환경 - 주거환경 - 인간의 관련성

1) 자연환경과 주거

(1) 지구환경과 주거

① 주택이 지구환경에 미치는 영향

주택을 건축하는 과정 중에는 주택을 건축할 대지를 조성하기 위해 산을 깎거나 하천을 복개하는 등 자연환경을 파괴하며, 목재·석재 등의 건축자재는 자연으로부터 생산되는 재료이다. 흔히 인공재료라고 불리는 콘크리트 역시 골재로 쓰이는 모래와 자갈을 채취하기 위해서는 강바닥을 긁는 등 자연에 영향을 준다. 재료 자체를 얻기 위한 자연 파괴뿐 아니라, 자재를 생산하고 운반하는 과정에서 에너지를 사용하게 된다. 에너지의 사용은 지구상에 존재하는 에너지원을 고갈시킨다는 차원뿐 아니라, 화석에너지의 사용은 CO_2와 대기오염물질을 배출하여 대기오염의 원인이 된다.

주택에 거주하는 동안에는 주택은 생활공간이므로 필수적으로 물이 사용되고 생활폐수로 배출되므로 수질오염의 원인이 되며, 더불어 생활 쓰레기가 배출되어 수질오염, 토양오염의 원인이 된다. 또한 인간이 주택에서 건강하게 거주하기 위해서는 냉난방·조명 등의 설비가 필수적으로 가동되어야 하는데, 이들 설비를 가동하기 위해서는 많은 양의 에너지가 소비되며, 화석에너지 소비는 대기오염의 원인이 된다.

주택의 물리적, 사회적 수명이 다해 폐기하거나 수리하는 경우에는 막대한 양의 폐자재가 배출되어 지구환경에 영향을 준다.

② 도시기후

도시기후란 도시만이 갖는 독특한 기후현상으로서, 대표적인 도시기후 현상은 도시승온(열섬현상)이다. 도시승온이란 도시지역의 온도가 도시 주변부 온도보다 높아지는 현상을 말하며,

이에 따라 도시부의 일교차가 감소되고 여름철의 열대야현상이 발생된다.

도시승온은 지구온난화와 마찬가지로, 도시의 CO_2 농도 증가와 대기오염에 의한 온실효과가 그 원인이다. 또한 도시는 자연적인 지표면보다는 아스팔트 또는 보도블록과 같이 열용량이 큰 포장면이 넓고, 벽돌이나 콘크리트와 같이 열용량이 큰 재료의 구조물에 의해 도시 자체의 열용량이 증가되어 있다. 열용량이 큰 건물과 포장도로 등의 도시구조물은 밤이 되어도 잘 식지 않는다. 여기에 도시인들이 사용하는 냉난방, 조명, 자동차 등의 각종 기기에서 배출되는 배열이 더해진다. 따라서 여름철 낮에 더워진 도시가 밤이 되어도 최저기온이 25℃ 이상인 열대야현상이 빈번해지는 것이다.

도시승온과 같은 도시기후는 여름철 도시인의 생활상의 불편뿐 아니라, 여름철 에너지 소비량 증가, 도시의 에너지 체계 혼란, 도시 생태계의 질서가 파괴되는 심각한 결과를 가져온다. 따라서 우리는 이러한 도시기후의 발생과 생태계 질서 파괴를 감소시킬 수 있는 방안을 강구해야 하는 시점에 있다.

(2) 기후와 주거

① 기후디자인

■ 기후분석과 기후지표 : 기후디자인을 위해서는 주택이 건축될 지역과 대지의 기후를 분석해야하며, 이때 분석할 기후요소는 기온, 습도, 강수량, 바람, 일조 등이다. 이들 기후요소를 분석하여, 그 지역의 기후적 특징을 나타내는 지표를 기후지표라 하며, 기후지표에는 기후도표와 도일이 이용된다.

기후도표는 어떤 지역의 온열적 특성을 한눈으로 볼 수 있도록 일 년간의 기후를 그림으로 나타낸 것으로 클라이모그래프와 하이더그래프가 있다. 클라이모그래프는 월별의 평균기온과 평균습도를 조합한 것으로 온도를 세로축에, 습도를 가로축에 표시하여 어떤 지역의 수년간의 기온과 습도를 월평균치로 산출한 후 이를 연결해서 완성한 그림이다. 하이더그래프는 기온과 강수량을 좌표축에 표시한 것으로 기온과 강수량은 기후의 특성을 크게 좌우하는 요소이다. 그림 4-1은 세계 여러 도시의 클라이모그래프를 나타낸 것으로 각 도시가 상당한 차이를 보이고 있다. 클라이모그래프의 좌측 상단에 폐곡선이 위치한 카이로는 고온건조한 기후, 우측 상단에 폐곡선이 위치한 자카르타는 고온다습한 기후, 우측 하단의 모스크바는 습냉한 기후, 우측 중간의 런던은 습도가 높은 온대기후임을 알 수 있다.

각 지역의 난방이나 냉방을 할 때에 필요한 열량을 계산하기 위하여 고안된 지수가 도일(度日)이다. 난방도일이란 동계에 외기온이 기준실온 이하로 되는 기간 중의 외기온

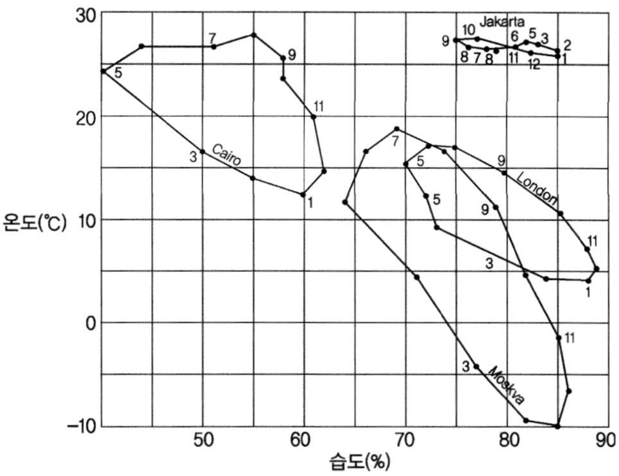

그림 4-1 여러 도시의 클라이모그래프

과 기준실온의 차의 합계치로 나타내며, 냉방도일이란 외기온(일평균기온)이 기준실온보다 높아지는 기간 중의 그 온도차의 합계치로 나타낸다.

- 기후디자인의 원리 : 거주자를 쾌적하고 건강하게 하는 주거공간이 되려면 실내환경을 거주자 특성에 적합하게 계획해야 한다. 건물의 실내환경을 조절하는 방법에는 크게 자연형 조절방법과 설비형 조절방법 두 가지가 있다. 자연형 조절은 건물의 외피계획을 통해 실내환경을 조절하는 것이고, 설비형 조절은 에너지를 사용하는 설비를 가동함으로써 실내환경을 조절하는 것이다.

기후디자인이란 기후 요소의 특성에 적합하게 주택의 배치, 구조, 재료, 설비 등을 설계하는 자연형 조절방법을 말한다. 따라서 그 지역의 기후, 그리고 대지의 미기후에 적합한 주거디자인은 친환경주거계획의 기본이 된다.

기후디자인은 기본적으로 인간생활에 필요한 실내조건과 외기조건에 차이가 있기 때문에 필요한 것이다. 따라서 인간이 건강하고 쾌적하게 거주할 수 있는 실내조건에 비해 외기조건이 벗어나는 범위에 대처하기 위한 건물의 형태, 재료 등을 선택하는 것이 기후디자인의 원리이다.

기후디자인의 기본원리는 춥고 건조한 지역에서는 열손실을 최소화하고 수열량 및 방풍효과를 증대하는 것, 덥고 건조한 지역에서는 외부 열기의 실내 침입을 최대한 차단하는 것, 덥고 습한 지역에서는 일사는 차단하고 통풍에 의해 습도와 체감온도를 저하시키는 것이다.

② 우리나라 주택의 기후디자인

- 우리나라의 기후 : 우리나라는 연평균 기온이 12.3℃, 강수량은 1310 mm이다. 위도와 지형의 영향으로 기온은 남쪽과 동쪽 연안 지방이 다른 곳보다 높으며, 내륙 산간지방은 기온이 낮다. 기온이 가장 높은 달은 8월, 가장 추운 달은 1월이며, 기온의 연교차는 25.9℃로 매우 큰 대륙성 기후를 보인다. 강수량은 7월과 8월이 가장 많고 1월이 가장 적은 몬순기후의 특성을 나타낸다. 그러나 울릉도의 기후는 다른 지방과는 달리 겨울에도 강수량이 많은 해양성 기후의 특성을 보인다.
- 주거기후구 : 기후 요소 또는 기후 요소에 의한 체감도를 기초로 하여 한 영토를 주거계획적으로 구분한 것을 주거기후구라 한다. 현행 건축법에 의한 우리나라의 지역구분은 '건축물의 설비기준 등에 관한 규칙' 에서 지역별 건축물부위의 열관류율을 규정(표 4-5)하고, '건축물의 에너지절약 설계기준' 에서 단열재의 두께 설정을 위한 지역구분으로서 중부지역, 남부지역, 제주도로 분류하고 있다.
- 한국 전통주택의 기후디자인 : 우리나라 전통주택은 우리나라 기후를 반영한 기후디자인 원리를 보여 준다(표 4-1).

2) 주거환경과 인간

(1) 주거환경의 기능

주거환경이 추구해야 하는 환경목표는 경제사회적 특성, 문화와 관습 그리고 지역적 여건에 따라 다르게 설정된다. 1961년 WHO(세계보건기구)는 인간의 기본 생활욕구를 충족시키기 위한 조건으로 안전(safety), 건강(health), 능률(efficiency), 쾌적(amenity)의 네 가지를 제시하였다.

이에, 인간의 건강과 생활에 영향을 미치는 주거환경의 기능에 대해 세계보건기구에서 제시한 건강주거환경의 기본조건이 공통적으로 인식되고 있다. 즉, 생존적 조건의 안전성과 보건성, 그리고 사회적 활동조건의 편리성과 쾌적성의 네 가지 기능을 말한다. 이 네 가지 기능과 이러한 기능을 위해 주거환경이 갖추어야 할 요소는 다음과 같다(윤정숙, 2006).

표 4-1 한국 전통주택의 기후디자인

특성	내용
내·외부의 연속성	• 외부공간과 내부공간의 연속성으로 자연과의 접촉 기회 많음  추사고택
자연 순응	• 자연과 마을, 주택의 조화 • 지역의 자연재료 사용 • 인공적인 수정 없이 자연의 형태를 그대로 사용 (주춧돌, 나무기둥)
기후에 적합한 입지 및 좌향	• 남향의 배산임수 입지로 일사 획득·차단과 북서계절풍의 차단, 남동계절풍의 취득, 조망 확보 등에 유리. 여름철의 남풍은 전면의 강에서 열을 식혀 불어오는 효과를 얻음  문의 민속마을
기후에 적합한 재료	• 목구조 : 축열성이 적고 통풍효과가 좋으므로 고온다습한 기후에 적합 • 지붕의 구조 및 재료 : 기와 또는 초가, 흙으로 구성되어 단열성이 좋음 • 흙벽 : 축열성으로 밤에 따뜻함
기후에 적합한 평면 및 공간 형태 ; 추위에 대한 대처	• 평면계획 : 겹집구조는 주로 북부지방에서 보온을 위한 형태, 지역에 따라 다른 평면형 • 겨울공간으로서의 온돌방 • 이중, 삼중 창호 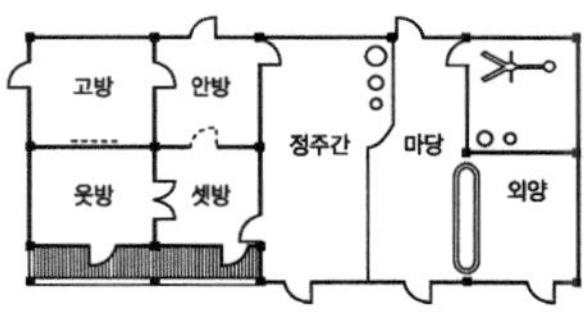 함경도지방형 평면  남산골 한옥마을
기후에 적합한 공간 및 평면 형태 ; 더위에 대한 대처	 제주 성읍 민속마을 • 평면계획 : 홑집구조는 주로 남부지방에서 더위에 대처하기 위한 형태 • 처마에 의한 일사 차단 및 기류 유도 : 처마는 태양고도가 높은 여름에 일사의 유입을 차단하고 태양고도가 낮은 겨울에는 일사를 실내 깊은 곳까지 유도하기에 적합한 길이이며, 기류를 거주자 위치로 유도하는 높이 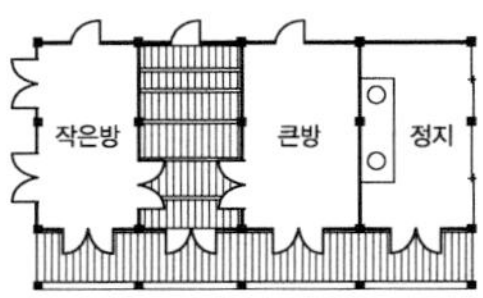 남부지방형 평면 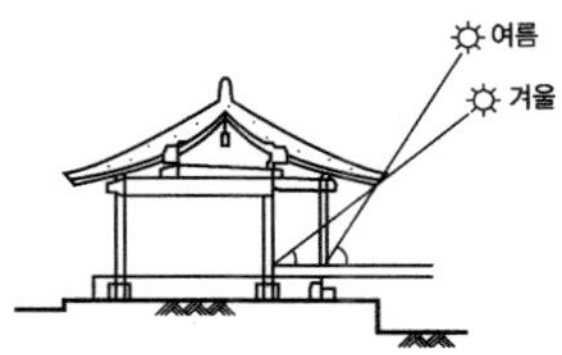 처마의 음영각

(계속)

<table>
<tr><th>특성</th><th colspan="2">내용</th></tr>
<tr><td rowspan="4">기후에 적합한
공간 및
평면 형태 ;
더위에
대한 대처</td><td colspan="2">• 여름공간으로서의 대청, 누마루, 툇마루 : 주택의 중앙에 위치한 대청은 평면구조상 방과 방 사이에 위치하여, 주택 전면에서 불어오는 바람이 집중되어 통과하는 바람의 통로 역할을 함. 마루 밑의 음영공간은 상온보다 낮은 온도로 유지되므로 마루 밑의 차가운 공기가 마루 틈새로 통과하여 더위를 식혀주는 역할을 함
• 완전개방 및 맞통풍이 가능한 개구부 구조

외암리, 문의 민속마을

창덕궁
• 자연통풍의 원리</td></tr>
<tr><td></td><td>• 처마에 의해 거주자 위치로 기류 방향 유도</td></tr>
<tr><td>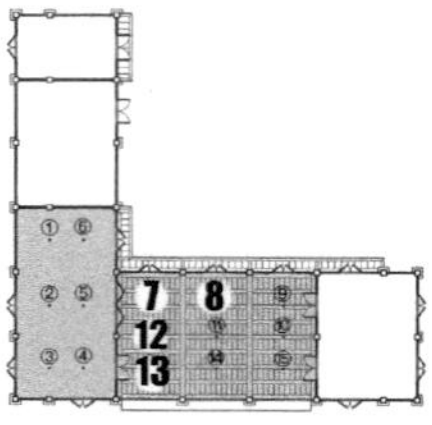
①~⑮ : 기류측정 위치</td><td>• 남북방향 및 동서방향의 맞통풍이 교차되는 지점의 기류속도가 높음
• ㄱ자 형태 건물이 기류를 유도하는 브라켓 역할</td></tr>
<tr><td></td><td>• 남북방향의 맞통풍 효과
• 북측 창호가 건물과 처마에 의해 항상 그늘진 위치가 되므로 온도차에 의한 기류 발생 〔좌측도면의 숫자는 기류측정 위치별 평균 기류속도(m/s)〕</td></tr>
<tr><td>쾌적하고
건강한
온열환경</td><td colspan="2">• 온돌 : 바닥복사 난방방식으로 상하수직온도차가 적고 머리는 차갑고 발은 따뜻한 상태가 되므로 인체에 쾌적함. 공기의 대류나 온풍에 의한 것이 아니므로 먼지 발생이 적음
• 자연재에 의한 습도조절 : 종이, 나무, 흙 모두 습도 조절 능력 있음
• 마루재료, 돗자리 등은 다습한 여름철에도 끈적이는 불쾌감을 감소시킴</td></tr>
<tr><td>쾌적하고
건강한 빛환경</td><td colspan="2">• 앞마당의 백토와 기단돌의 반사로 빛을 유입시켜 간접채광효과
• 창호지와 개구부 창살구조 : 눈부심이 없고 균제도 향상</td></tr>
<tr><td>건강유지에
도움이
되는 재료</td><td colspan="2">• 흙 : 벽체, 지붕재료-탈취력, 항균 효과, 원적외선 방사
• 나무 : 구조재, 실내마감재(마루), 창호재, 가구재, 생활재(돗자리, 발 등)-질병 예방 및 치료 효과, 실내에서 자연 삼림욕 효과
• 종이 : 창호와 벽, 바닥 마감-소음흡수 효과</td></tr>
</table>

① **안전성**

주거의 은신처(shelter) 기능으로서, 인간의 생존에 관한 가장 기본적인 것으로, 풍수해나 지진 등의 자연적인 재해, 화재나 폭발사고 등과 같은 인위적인 재해, 범죄 등에 대한 인적 요인 등으로부터 거주자를 안전하게 보호하여야 하는 기능이다.

② **보건성**

거주자의 육체적인 건강에 관한 것으로 건강하고 위생적인 환경과 이를 조절하기 위한 설비를 포함한다. 적당한 일조와 통풍, 맑고 깨끗한 공기, 조용한 환경, 상·하수도 등의 기반시설, 공해로부터의 보호 등이 포함된다. 예를 들어, 건축법에서 규정하고 있는 인접주택 간의 이격거리, 일조권, 거실의 채광 및 환기를 위한 창의 크기 조항, 각 나라마다 정하고 있는 최저주거수준 등이 이러한 보건성과 관계된다고 할 수 있다.

③ **편리성**

생활을 편리하게 할 수 있는 조건으로서, 대지 및 공간의 규모, 공간구성 및 배치, 작업대 설비와 수납 설비 등을 포함한다.

④ **쾌적성**

육체적인 쾌적을 포함하여 정신적으로 쾌적한 생활을 위한 공간의 여유, 프라이버시 확보, 주변환경 조건 등을 말한다. 즉, 시각적인 경관의 쾌적성, 주변환경의 쾌적성(녹지, 수변공간 등), 교육과 복지 등의 근린환경 등을 포함하는 어메니티(amenity) 개념이다.

주거환경의 기능에는 위의 네 가지 기능 외에 경제성, 사회성 등을 더 포함시킬 수 있으며, 원시주거는 안전성의 기능에서 출발하였으나, 사회가 발전하면서 주거수준의 향상과 함께 주거환경의 기능이 점차 보건성, 편리성, 쾌적성 순으로 그 중요도가 이동되고 있다.

(2) 인간-환경시스템

주택의 실내환경은 일차적으로 외부환경의 영향을 받고, 주택 자체의 건축적 특성에 의해 형성되며, 설비의 가동에 의해 보완되어 조성된다. 이러한 실내환경은 쾌적성 여부에 따라 거주자에게 생리적·심리적으로 많은 영향을 주며, 반대로, 거주자는 쾌적성을 확보하기 위해 거주자 자신의 상황 또는 건축적 요인이나 설비 가동을 변경시켜 조절한다. 이러한 거주자의 조절행위는 주택의 실내환경을 조성하고 이렇게 실내환경을 조성하기 위해 설비를 가동시키는 것은 에너지소비, 배열발생 등으로 외부환경에 영향을 주게 된다.

외부환경-실내환경-인간은 서로 영향을 주는 관련 체계를 가지고 있으며, 이를 인간-환경시스템이라 한다.

2. 주택의 실내환경

1) 실내온열환경

(1) 인간의 열적 반응

① 열쾌적

실내온열환경이 적절한 상태로 조절되어 열에 의해 스트레스나 긴장을 일으키지 않는 상태를 열적 쾌적 상태라 한다. 실내온열환경이 쾌적한 상태로 조절되지 못하고 너무 더운 상태가 지속된다면, 작업능률이 저하되며 체온이 상승하고 땀 분비량과 맥박이 증가하는 등 인체에 생리적인 영향을 미친다. 반대로 인간에게 너무 추운 상태가 지속되면 피부표면과 내피의 온도가 하강하며, 일반적으로 혈류량을 감소시키거나 근육을 긴장시키고 몸을 떨거나 움직여 열을 발생시키는데 이러한 상태가 지속되면 저체온증이 된다.

반대로 열적 자극이 너무 적은 것도 건강에 나쁘다는 지적이 있다. 예를 들면, 유아기에 에어컨이 켜진 방에서 자주 생활하면 땀을 흘리는 능력과 내서성이 부족해진다. 쥐를 사용한 실험에서는 24시간 공조가 실시된 공간에서 사육된 쥐의 수명이 짧았다는 결과가 있다(이경회 · 임수영, 2003).

그러나 일정한 온열환경이 유지되지 못하고, 주택내부라 하더라도 거실과 복도 등의 공간별 온열환경의 차이가 크거나, 갑자기 외부와 온도차이가 큰 내부에 들어가거나 하는 것은 열적 스트레스 상태가 될 수 있다. 냉방증후군은 이러한 예이다. 또한 고령자는 갑자기 추운 환경에 노출되면 혈관수축으로 뇌졸중이 유발되어 사망하는 사례도 있으므로, 일정한 실내온열환경이 안전하다.

② 열이동의 원리

열은 온도가 높은 쪽에서 낮은 쪽으로 이동하며, 열이 전달되는 경로에는 전도, 대류, 복사의 세 가지 형태가 있다.

전도는 물질의 이동 없이 온도가 다른 일정한 물체 내부에서 열이 전달되는 형태로서 일반적으로 고체 간의 이동이다.

대류는 물질이 열을 동반하고 이동하는 경우로 기체나 액체에서 일어난다. 고체의 표면에서 액체나 기체상의 매체 또는 그 반대로 유체에서 고체의 표면으로 열이 전달되는 형태를 포함한다.

복사는 고온의 물체표면에서 저온의 물체표면으로 직접 열이 이동하는 것으로 진공 중에서도 일어난다. 태양열이 지구까지 도달하는 것은 복사에 의한 열 이동의 예이다.

③ 인체의 열교환시스템

인간은 음식물을 섭취하여 체내에서 영양소를 연소하고 산화작용을 통하여 열을 생산하며 일정한 체온을 유지한다. 이와 같이 우리 신체 내에서의 열생산이라는 생화학적 과정을 대사라 하고 안정 시의 에너지대사를 기초대사라 한다. 인체는 주변의 실내환경과 전도, 대류, 복사, 수분증발 과정을 통해 열교환을 함으로써 체온을 유지한다.

인체와 실내환경 사이의 전도, 대류, 복사, 수분증발 과정에 의한 열교환은 주위환경의 기온, 습도, 주위벽면의 온도, 기류속도와 관계되므로, 이를 실내온열환경의 물리적 4요소라고 하며, 주위환경 측면이 아닌 인체 측면에서 열교환에 영향을 주는 착의 상태, 활동 정도 등의 요인을 인체측 요인이라 한다.

(2) 실내온열환경의 쾌적 요인

① 실내온열환경의 물리적 요소

- 기온: 기온은 실내온열환경의 쾌적성을 좌우하는 가장 중요한 요소이다. 체온의 정상범위는 36.1~37.2℃이며, 그 이상이 되거나 30℃ 이하로 떨어지면 각 기관의 기능이 상실되어 항상성은 파괴된다. 기온과 피부온도(직장온, 머리, 몸통, 손, 발, 평균피부온 등)는 정적인 상관관계를 갖고 있다.
- 상대습도: 절대습도는 공기 1 m^3 중에 포함된 수증기의 양을 g으로 나타내는 것으로, 수증기밀도 또는 수증기농도라고도 한다. 이에 비해 상대습도는 현재 포함한 수증기량과 공기가 최대로 포함할 수 있는 수증기량(포화 수증기량)의 비를 퍼센트(%)로 나타내는 것이다. 일상생활에서 공기의 건습 정도를 나타낼 때 사용하는 습도가 바로 상대습도이다.

  포화 수증기량은 공기 1 m^3에 최대로 포함될 수 있는 수증기량으로서 온도가 높을수록 증가한다. 포화 수증기량이 온도에 따라 다르기 때문에 공기가 포함하고 있는 수증기량이 일정하여도 온도가 변하면 상대습도는 다른 값을 가지게 된다.

  상대습도는 극단적으로 높거나 낮지 않는 한 온열 쾌적성에는 거의 영향을 미치지 않으나 피부표면으로부터의 수분증발에 영향을 준다. 건조한 날에 세탁물이 잘 마르는 것과 같이 습도가 낮을수록 땀에 의한 방열이 촉진된다. 특히, 고온환경에서는 기온과 피부와의 온도차에 의한 방열이 되지 않으므로 땀을 흘려서 방열량을 늘리는 신체조절기구가 작동한다. 고온환경에서는 습도를 낮추면 온열감이 크게 개선되며 반대로 낮은 기온의 경우는 습도가 낮을 경우 추위를 더 느끼게 된다.

- 평균복사온도: 복사온도는 기온 다음으로 실내온열환경의 쾌적성에 영향을 미치는 요소로서, 쾌적한 상태는 평균복사온도가 기온보다 1~2℃ 정도 높을 때인 것으로 알려져 있다. 모닥불에 손을 가까이 가져가면 기온이 낮더라도 손바닥은 따뜻함이 느껴진다. 이것은 모닥불과 손바닥 사이에 복사열전달이 일어나기 때문이며 공기의 온도와는 관계없는 현상이다. 반대로, 우리가 차가운 유리창 부근에 있을 경우, 창틈으로의 공기이동이 없어도 창으로부터 찬바람이 들어와 추운 것으로 오인하는 수가 있다. 그러나 이는 인체의 열이 차가운 유리창 표면으로 방출되는 것이다. 이와 같이 주위의 표면온도는 온열감에 큰 영향을 미친다. 같은 기온의 공간이라도 복사열이 있는 공간에서 더 따뜻함을 느끼게 된다.
- 기류: 기류는 공기의 움직임을 의미하는 것이며, 기온보다 높은 온도의 기류인지 낮은 온도의 기류(냉기류)인지에 따라 인체의 열감각은 달라진다. 냉기류가 원인이 되는 신체 일부의 바람직하지 않은 국부냉각현상을 드래프트라 한다.

  기류는 대류에 의한 열손실을 증가시키므로 체감온도를 낮추는 효과가 있어, 고온환경에서는 같은 기온의 공간이라도 인체 피부표면의 땀을 방열시킬 정도 이상의 기류가 있으면 서늘한 감각을 늘리지만, 한랭환경에서는 피부와 주위 공기와의 온도차에 의한 대류전열이 촉진되어 더 추워진다.

  기류속도에 따른 인간의 일반적 반응은 표 4-2와 같다.

표 4-2 기류속도에 따른 인간의 일반적 반응

기류속도	반응
0.00 ~ 0.25 m/s	기류를 느끼지 못하여 답답함
0.25 ~ 0.50 m/s	쾌적함
0.50 ~ 1.00 m/s	공기의 움직임을 느낌
1.00 ~ 1.50 m/s	냉각 효과를 느낌
1.50 m/s 이상	불쾌감을 느낌

출처: S. V. Szokolay 저. 이경회·손장열 역(1984). p. 275.

■ 기타 : 일반적으로 실내의 온도는 수직방향 및 수평방향으로 위치에 따라 차이가 발생하게 된다. 특히, 실내온열환경의 쾌적성과 관계되는 것은 수직의 온도차이고 수평방향의 온도차와는 달리 그 차이가 동시에 몸에 지각되기 때문에 체감상 영향이 크다.

대류난방일 경우에 상하의 온도 기울기는 바닥면 가까이가 저온이며, 천장 가까이가 고온이다. 인체의 쾌감도 면에서 보면 머리쪽과 발 밑의 기온차이가 1~1.5℃ 이내인 것이 좋고 적어도 3℃ 이내로 한정하여야 한다. 바닥복사난방의 경우에는 수직온도차가 적고 두한족열(頭寒足熱)의 상태가 되므로 인체에 쾌적한 난방방식으로 알려져 있다.

또한 바닥온도는 공간의 평균복사온도에 큰 영향을 미치는 요소일 뿐 아니라, 인체의 발이 직접 접촉하는 부분이므로 국부불쾌감을 유발할 수 있는 요소이다. 특히, 우리나라는 주택 내에서 신발을 벗고 생활하며 바닥 면에 접촉하는 좌식생활을 병행하는 주생활의 특성상 바닥온도는 매우 중요한 요소이다.

② 실내온열환경의 인체측 요인

■ 착의량 : 의복의 환경조절 측면의 기능은 신체표면과 주위환경과의 온도변화에 대한 조절이다. 의복의 열저항의 단위로 clo를 사용한다.

1 clo의 의복이란 기온 21.2℃, 상대습도 50%, 기류속도 0.1 m/s의 조건에서 의자에 앉아 안정하고 있는 사람이 쾌적하게 느끼는 의복상태이다.

■ 활동량 : 인체는 어떤 활동을 하느냐에 따라 대사량에 차이가 있으며 대사량이 크면 열을 많이 생산하는 것이므로 같은 기온이라도 더 덥게 느끼게 된다.

기초대사량을 체표면적당의 열량으로 나타내면 표준 체격(신장 177.4 cm, 체중 77.1 kg, 체표면적 1.8 m^2)인 사람의 안정 시의 경우는 58.2 W/m^2이며, 이 값을 1 met라 한다.

인간이 느끼는 열쾌적의 범위는 인체의 활동량에 따른 방열량에 따라 달라진다. 주거공간에서는 취침(0.7 met)이라는 최소활동으로부터 청소(2.0~3.4 met)와 같은 강도 높은 작업까지 다양하므로, 각 공간의 용도에 따른 활동량을 예측하여 쾌적한 실내온열환경을 계획해야 한다.

(3) 실내온열환경의 설계기준

실내온열환경의 쾌적성은 인체측 요인에 따라 차이가 있으므로, 공간의 용도와 인체측 요인에 적합하게 조성될 수 있도록, 기온, 상대습도 등의 기준을 설정해 놓은 것을 실내온열환경의 설계기준이라 한다.

표 4-3 설계기준은 일본의 건축설계자료집성을 인용한 것이다. 우리나라에서는 아직까지 확정된 기준은 없고, 국토해양부 고시 '건축물의 에너지절약설계기준' (일부개정 2008.11.18)에서 냉난방장치 용량계산을 위한 난방 시 건구온도, 냉방 시 건구온도와 상대습도 기준이 제시되어 있는 정도(표 4-4)이다.

(4) 주택의 열교환

건물은 외부 기후환경과 끊임없는 열교환이 이루어진다. 일반적으로 실내의 열이 주택 외부와 교환되는 과정은 구조체를 통한 열이동, 환기에 의한 열이동, 창을 통한 열이동 세 가지 경우이다.

표 4-3 실내온열환경 설계기준

활동내용	대사량(met)	착의량(clo)	기온(℃)	상대습도(%)	적용 예
앉은 자세	0.7~1.0	0.4~0.6 0.8~1.0	25~27 23~25	40~60 40~60	주택 · 극장
경(輕)작업	1.0~1.2	0.4~0.6 0.8~1.0	23~25 21~23	40~60 40~60	사무소 · 은행 · 학교 · 레스토랑
중(中)작업	1.4~1.8	0.4~0.6 0.8~1.0	21~24 18~21	40~60 40~60	은행 · 백화점 · 상점
중(重)작업	2.0~2.5	0.4~0.6 0.8~1.0	17~20 14~17	40~60 40~60	댄스홀 · 공장

※기온 ≒ 평균복사온도, 기류속도 < 0.2 m/s 인 경우

출처 : 연제진 역(1989). p. 109.

표 4-4 냉· 난방장치의 용량계산을 위한 실내 온· 습도 기준

구분 용도	난방	냉방	
	건구온도(℃)	건구온도(℃)	상대습도(%)
공동주택	20~22	26~28	50~60
학교(교실)	20~22	26~28	50~60
숙박시설(객실)	20~24	26~28	50~60
판매시설	18~21	26~28	50~60
사무소	20~23	26~28	50~60

출처 : 건축물의 에너지절약 설계기준 〈일부개정 2008.11.18〉, 별표 7 일부 발췌

이러한 주택의 열교환 원리는 실내온열환경을 쾌적하게 계획할 수 있는 방법과 연결된다. 구조체를 통한 열이동의 원리에서 구조체의 열관류율을 낮게 해야 하고 이를 위해 단열설계가 필요함을 알 수 있다. 환기에 의한 열손실을 줄이기 위해서는 주택의 틈새가 적은 기밀성 있는 구조로 설계해야 하며, 여름철에는 환기열손실의 증대를 위해 자연통풍에 유리한 창호의 계획이 필요하다. 창을 통한 열이동을 줄이려면 열관류율이 낮은 유리재료를 사용하고, 겨울철에는 창을 통한 열획득, 여름철에는 일사차단에 유리하도록 창을 남향으로 하고 일사조절장치를 계획해야 한다.

(5) 주택의 열성능 계획

① 구조체의 열특성

주택의 구조체는 종류에 따라 열적인 특성이 다르기 때문에 기후에 적합한 열특성을 가진 구조체를 선택해야 한다.

단열성은 주택 구조체가 실내와 주택외부 사이의 열이동을 차단하는 성능으로서 단열성이 좋은 주택은 실내온열환경을 일정하게 유지하는 데 유리하고 냉난방 효과도 좋다.

열용량은 어떤 물체 전체의 온도를 1℃ 높이는 데 필요한 열량으로서, 질량 m kg, 비열 c kcal/kg의 물체의 온도를 1℃ 높이는 데에는 mc kcal/℃의 열량이 필요하며, 이 열량을 그 물체의 열용량이라고 한다. 즉, 주택구조체의 온도가 얼마나 쉽게 변하는지를 나타내는 양으로서, 조적조나 RC조와 같이 열용량이 큰 건물은 더워지는 데 오래 걸리고, 또한 열이 잘 식지 않으므로 조절된 실내온열환경을 오랫동안 유지한다. 열용량이 큰 구조체는 외부기후의 변화에 의해 실내온열환경이 변화되는 데 걸리는 시간을 지연시키는 성능(타임랙)도 좋다. 기밀성이 좋은 구조체는 치밀하고 틈새가 적은 것으로서 환기를 통한 열이동이 적으므로 역시 열성능 면에서 유리하다. 그러나 지나치게 기밀성이 좋은 구조체는 침기량 부족에 의한 실내공기질의 악화와 결로발생의 가능성이 있다. 그러나 자연 침기량이 많은 구조체는 열손실이 커 냉난방 효과가 적고 에너지 사용량이 커진다. 에너지 절약적이면서도 건강한 주택은 기밀성이 좋은 구조체로 건축하고, 자연환기설비를 설치하는 것이다.

② 단 열

- 단열의 원리 : 단열의 원리에는 저항형, 반사형, 용량형이 있다. 저항형 단열이란 열이 흐르는 물체의 열전도 저항을 크게 하여 열흐름을 적게 하는 것으로, 벽체의 열관류율을 적게 하기 위해서는 단열재의 두께를 증가시키거나 열전도율이 낮은 재료(단열재)를 사용하여야 한다. 일반적으로 단열재란 열전도율이 낮은 재료를 의미하며 통상 0.05 kcal/mh℃

이하의 열전도율을 가진 재료를 말한다.

열전도율이란 두께 1 m, 면적 1×1 m^2의 재료 양면 사이에 온도차이가 1℃일 때 온도가 높은 쪽에서 낮은 쪽으로 1시간에 흐르게 되는 열량을 말한다. 일반적으로 실내의 열이 외부로 전달되는 과정을 보면 먼저 실내에서 외기로 열이 전달되기 위해서는, 우선 실내공기로부터 내벽표면으로 열이 전달되고, 다시 벽표면에서 재료 속을 통하여 외기표면으로 전달된 열은 벽의 외표면에서 외기로 전달된다. 복합벽의 경우는 벽체의 외표면 열전달 저항, 내표면열전달 저항, 벽재료들의 열전도율, 재료의 두께에 의해 구할 수 있다. 열관류율값을 적게 하기 위해서는 열전도율이 적은 재료로 벽의 두께를 크게 하는 것이 유효하다.

반사형 단열은 복사열에너지를 반사해서 열의 전달을 방지하는 것을 말한다. 약 60%의 열전달이 복사에 의해 이루어지는 중공벽이나, 약 50~70%의 열전달이 복사에 의해 이루어지는 다락이나 마루에서와 같이, 복사의 형태로 열전달이 이루어지는 공기층에 매우 유효한 단열방법이다. 재료표면의 열반사를 이용하는 반사형 단열재는 보통 반사율이 좋은 금속박판을 이용하여 많이 쓰는데, 이 경우, 금속박판은 열전도율이 매우 높기 때문에 구조체와 닿지 않게 시공해야 한다. 이러한 점을 보완하기 위해 최근에는 금속판박과 저항형 단열재가 일체화된 단열재가 생산되고 있다.

용량형 단열이란 엄밀한 의미에서는 단열이라 할 수 없지만, 열용량이 큰 재료의 타임랙 효과를 이용하면, 우리나라의 경우 여름철에도 오전 중에는 서늘한 실내환경을 조성할 수 있다. 그러나 한낮에 더워진 구조체가 일몰 후에 외부기온이 하강해도 잘 식지 않는 문제가 있다.

■ 단열의 종류 : 단열의 종류는 단열재를 구조체의 실내측에 부착하는지 복합벽체의 중간에 충전하는지, 외부측에 부착하는가에 따라 내단열과 중단열, 외단열로 구분된다. 실내온도가 동일하다고 할 때 외단열의 경우에는 구조체 자체의 온도가 실내온도에 가깝게 유지될 수 있으나 내단열의 경우에는 구조체 자체의 온도가 외부온도에 가까우므로, 단열의 효과나 구조체 내부의 결로 발생 측면에서 외단열이 바람직하다.

최근에는 건물외벽에 부착하는 외단열재들이 다양하게 생산되므로 신축주택뿐 아니라 리모델링하는 건물에도 외단열을 채택할 수 있다. 최근에는 건설사들에서 슈퍼단열재를 이용한 에너지절약 주택을 연구개발하여 실용화 단계 적용시험 중에 있다.

■ 단열설계 기준 : 주택의 단열설계와 직접 관련된 법규는 '건축물의 설비기준 등에 관한 규칙'(일부개정 2009.12.31 국토해양부령 제205호) 제21조 건축물의 열손실방지가 해당되며, 건축물 각 부위의 열관류율은 표 4-5에 따른다.

표 4-5 지역별 건축물부위의 열관류율표(제21조 관련)

(단위 : $W/m^2 \cdot K$, 괄호 안은 단위 : $Kcal/m^2 \cdot h \cdot ℃$)

건축물의 부위			중부지역[1]	남부지역[2]	제주도
거실의 외벽	외기에 직접 면하는 경우		0.47 이하 (0.40) 이하	0.58 이하 (0.50) 이하	0.76 이하 (0.65) 이하
	외기에 간접 면하는 경우		0.64 이하 (0.55) 이하	0.81 이하 (0.70) 이하	1.10 이하 (0.95) 이하
최상층에 있는 거실의 반자 또는 지붕	외기에 직접 면하는 경우		0.29 이하 (0.25) 이하	0.35 이하 (0.30) 이하	0.41 이하 (0.35) 이하
	외기에 간접 면하는 경우		0.41 이하 (0.35) 이하	0.52 이하 (0.45) 이하	0.58 이하 (0.50) 이하
최하층에 있는 거실의 바닥	외기에 직접 면하는 경우	바닥난방인 경우	0.35 이하 (0.30) 이하	0.41 이하 (0.35) 이하	0.47 이하 (0.40) 이하
		바닥난방이 아닌 경우	0.41 이하 (0.35) 이하	0.47 이하 (0.40) 이하	0.52 이하 (0.45) 이하
	외기에 간접 면하는 경우	바닥난방인 경우	0.52 이하 (0.45) 이하	0.58 이하 (0.50) 이하	0.64 이하 (0.55) 이하
		바닥난방이 아닌 경우	0.58 이하 (0.50) 이하	0.64 이하 (0.55) 이하	0.76 이하 (0.65) 이하
공동주택의 측벽			0.35 이하 (0.30) 이하	0.47 이하 (0.40) 이하	0.58 이하 (0.50) 이하
공동주택의 층간바닥	바닥난방인 경우		0.81 이하 (0.70) 이하	0.81 이하 (0.70) 이하	0.81 이하 (0.70) 이하
	그 밖의 경우		1.16 이하 (1.0) 이하	1.16 이하 (1.0) 이하	1.16 이하 (1.0) 이하
창 및 문	외기에 직접 면하는 경우	공동주택	3.00 이하 (2.58) 이하	3.30 이하 (2.84) 이하	4.20 이하 (3.61) 이하
		공동주택 외	3.40 이하 (2.92) 이하	3.80 이하 (3.18) 이하	4.40 이하 (3.78) 이하
	외기에 간접 면하는 경우	공동주택	4.30 이하 (3.70) 이하	4.70 이하 (4.04) 이하	6.00 이하 (5.16) 이하
		공동주택 외	4.60 이하 (3.96) 이하	5.30 이하 (4.56) 이하	6.30 이하 (5.42) 이하

1) 중부지역 : 서울특별시, 인천광역시, 경기도, 강원도(강릉시, 동해시, 속초시, 삼척시, 고성군, 양양군 제외), 충청북도(영동군 제외), 충청남도(천안시), 경상북도(청송군)

2) 남부지역 : 부산광역시, 대구광역시, 광주광역시, 대전광역시, 울산광역시, 강원도(강릉시, 동해시, 속초시, 삼척시, 고성군, 양양군), 충청북도(영동군), 충청남도(천안시 제외), 전라북도, 전라남도, 경상북도(청송군 제외), 경상남도

③ **결로의 방지**

결로는 공기 중의 수증기가 차가운 표면에 닿아 생기는 현상으로서, 유리창과 같은 불투습성의 재료표면에 물방울이 맺히는 표면결로와 흡수성 물질에는 내부결로에 의해 곰팡이류, 각종 균의 번식으로 인한 건강에 영향을 주고, 마감재의 손상 및 불쾌한 냄새가 발생하게 되며, 변형에 의해 주택재료와 구조체에 해를 끼치게 된다.

결로의 원인은 높은 습도와 차가운 표면이다. 따라서 주택내부의 결로 발생은 겨울철에 극심하다. 실내외의 큰 온도차에 의해 벽표면온도가 실내공기의 노점온도보다 낮은 부분이 생기게 되면 결로가 발생하며 이러한 현상은 벽체 내부에서도 생긴다. 벽표면온도가 낮은 부분은 단열이 미비하거나 단열재 접합부의 열교현상 발생 부분에 존재한다. 이는 흔히 공간의 모서리에 곰팡이가 발생하는 이유이다. 또한 습기를 머금은 공기가 차가운 표면과 만나는 시간이 길수록 결로 발생이 쉬운데, 이렇게 공기가 정체되어 있는 부분에 결로가 발생하는 예가 가구 뒷부분이다.

따라서 결로의 방지를 위해서는 차가운 표면이 생기지 않도록 단열에 의해 벽체표면온도를 실내온도와 가깝게 유지하고 단열재의 접합부 시공을 철저히 하는 것이 중요하다. 또한 공기의 정체를 감소시키고 높은 습도를 저하시키기 위해서는 구조체가 기밀한 경우 자연환기구를 계획할 필요가 있다.

④ **통 풍**

통풍의 첫 번째 기능은 피부로부터 수분증발을 촉진시켜 인체를 냉각시키고, 대류를 증가시켜 피부로부터 열손실을 증가시키는 것이다. 이러한 기능을 위해서는 인체 높이에서 감지되는 충분히 빠른 속도의 기류가 있어야만 한다. 이러한 냉각효과는 실내온도를 저하시키는 것이 아니라 증발과 대류 열손실을 증가시키는 기류속도의 냉각효과이다.

통풍의 두 번째 기능은 건물 자체를 냉각시키거나 건물에 열을 공급하는 것이다. 이러한 기능은 건물 외부와 내부에 온도차이가 있어야 가능하다.

맞통풍은 실의 유입구 및 유출구가 외부에 면하고, 그 위치가 각각 풍향측(+압)과 풍배측(−압)에 있을 때의 실내기류현상을 의미한다. 즉, 1개 이상의 개구부가 바람이 불어오는 쪽의 벽이나 지붕에 있고, 1개 이상의 개구부가 바람이 불어가는 쪽의 벽이나 지붕에 배치된 경우에 맞통풍 현상이 일어난다.

⑤ **창의 열성능**

■ 남향 창의 효과 : 겨울에는 태양열을 취득하고 여름에는 태양열을 차단할 수 있도록 우리나

라의 경우에 건물 창의 방위를 남향으로 하고 적절한 길이의 처마를 설치하고(표 4-1의 처마의 음영각 참조), 남향 창 앞에 활엽수를 식재하는 것이 유리하다. 남향 창 앞의 활엽수는 여름철에는 무성한 잎으로 일사를 차단시켜 주고, 잎이 지는 겨울철에는 일사획득을 방해하지 않는다.

- 유리의 종류 : 창은 일반적으로 유리라는 재료로 만들어지므로, 단열 시공된 벽체에 비해 단열성이 매우 낮다. 따라서 창을 통한 열이동을 줄이려면 열관류율이 낮은 유리재료를 사용하고, 여름철의 열취득량을 줄이려면 열선흡수유리를 사용할 수 있다. 복층유리는 유리와 유리 사이에 공기층을 단열재로 이용하는 원리로서 12 mm 복층유리의 열관류율은 일반 3 mm 단층유리의 1/2 정도로 낮다. 태양열의 투과를 적게 하고 가시광선을 될 수 있는 한 많이 투과할 수 있도록 개발된 열선차단유리는 5 mm의 두께로 태양으로부터의 열선의 약 36%를 차단할 수 있다.

  최근에는 유리에 시공하는 자외선 차단필름, 단열성이 매우 향상된 초고성능 복층유리 등이 시판되고 있다.

2) 실내공기환경

(1) 실내공기질의 영향

① 실내공기질이 인체에 미치는 영향

주거공간은 인체에 의한 수분증발과 함께, 환기부족인 경우 생활에서 발생하는 수분에 의해 습도가 증가하게 되고 이는 곰팡이, 집먼지 진드기 등의 미생물 또는 미세곤충의 서식을 용이하게 하여, 각종 알레르기·아토피 등의 질환을 야기시킨다. 또한 인체에 의해 발생되는 이산화탄소는 그 자체가 유해한 물질은 아니지만, 환기부족에 의해 그 농도가 증가하게 되면, 상대적으로 산소 농도가 감소하여, 중추신경에 장애를 주어 졸음·사고저하 등의 증상이 나타나기도 한다.

실내공기오염물질 중에서는 인체에 유독한 것들도 있다. 예를 들어, 연소기구를 사용할 때 발생하는 일산화탄소의 경우는 저농도에서도 중추신경에 장애를 주고 나아가 생명에 지장을 주는 오염물질이다. 2006년 9월 8일 서울 종각 지하상가 상인들이 호흡곤란 등의 증세로 쓰러지는 사건이 발생하였는데, 추후 서울시 조사결과, 기계실에 설치된 냉난방기에서 불완전연소로 과다 발생한 일산화탄소가 지하 1층 상가로 유입되어 일어난 것으로 잠정 결론을 내렸다(매일경제, 2006). 이 사건 이외에도 80년대 이전, 연탄을 주 난방연료로 사용하던 시절에는 일반 가정에서 연탄가스 중독이 자주 일어나곤 하였는데, 연탄가스 중독 역시 일산화탄소가 원인이다. 최근에는 실내공기의 오염물질인 휘발성유기화합물이나 집먼지 진드기가 아토피 피부염과 알레르기성 비염, 천식 등의 원인으로 밝혀진 바 있다.

- 빌딩증후군과 새집증후군 : 1970년대 초에 전 세계적으로 발생한 석유파동으로 원유 값이 10배 이상 상승되자 빌딩의 냉난방에너지 절약방법으로 채택되었던 빌딩의 밀폐화(외기도입량을 줄이기 위한 환기 횟수 감소) 등으로 실내공기가 오염되어 빌딩증후군현상이 초래되었다. 빌딩증후군은 실내공기오염이 원인으로, 환기부족이 초래될 수 있는 고정창이 설치된 대형건물에서 나타나기 시작하였다.

  새집증후군은 휘발성유기화합물 등이 방출되는 자재를 사용한 신축주택에서, 머문 시간에 비례하여 급성적인 건강침해나 쾌적성에 영향을 미치는 증상으로 일반적으로 피곤함, 두통, 메스꺼움, 졸음, 집중력 감소 등의 증상과 점막계통의 자극으로서 피부의 건조, 코·목·눈의 자극 등이 있을 수 있으며, 호흡기 계통의 증상으로서 기침, 목이 쉬거나 잠김, 피부 증상으로서 발진 등이 나타난다. 그러나 특정한 병이나 원인이 발견되지 않고 주택을 떠나면 아무런 증상도 보이지 않는다.

  새집증후군을 유발하는 실내공기질의 오염원은 건축재료이지만, 이러한 오염물질의 농도를 감소시키지 못하는 원인은 환기부족이다. 즉, 새집증후군의 원인은 건물 자체의 원인과 거주자와 생활습관으로 나누어 볼 수 있다.

- 복합화학물질과민증 : 복합화학물질과민증은 각종 화학물질에 피폭된 사람이 중독증상을 일으키면, 체내에 항체가 만들어지고 그 후 화학물질 알레르기 체질이 되는 것인데, 그와 같은 실내에서는 생활할 수 없을 만큼 심한 증상이 나타나는 사람도 있다.

  복합화학물질과민증의 원인이 되는 화학물질은 체내에 축적되며, 복합화학물질과민증이 발생한 사람들의 발생시기가 새집 또는 새 학교에 입주했을 때부터인 경우가 많다. 즉, 사람마다 화학물질의 종류별로 과민 정도가 다른데, 새집 입주와 같은 다량 폭로 시가 만성적인 증상을 초래하게 되는 시점이 될 수 있다.

② 실내공기의 오염물질

실내공기를 오염시키는 물질의 종류는 기체상 오염물질(CO, CO_2 등), 입자상 오염물질(꽃가루, 먼지 등), 새집증후군 관련 물질인 화학오염물질(휘발성유기화합물, 포름알데히드), 방사성 물질(라돈 등)로 구분할 수 있으며, 이들 오염물질의 발생원인은 외부원인, 건물원인, 생활원인으로 구분되며, 그 종류와 농도에 따라 인체에 미치는 영향이 다르다(표 4-6).

표 4-6 실내공기 오염물질 발생원과 인체영향

오염물질	주 발생원	인체영향
미세먼지와 중금속	실외공기 중 먼지의 실내유입, 실내발생 먼지	호흡기 관련 질환(규폐증, 탄폐증, 진폐증, 석면폐증 등)
석면	건축재료(단열재, 절연재, 석면타일), 자동차 브레이크	피부 질환, 호흡기 질환, 석면증, 폐암, 중피증, 편평상피 등
담배연기	담배, 궐련, 파이프 담배	두통, 피로감, 기관지염, 폐렴, 기관지 천식, 폐암 등
연소가스	난방용 조리용 연소기기	만성 폐질환, 기도저항, 중추신경계 영향
라돈	토양가스, 건축재료	폐암
포름알데히드	건축재료(합성재, 접착제, 단열재 등), 담배연기, 화장품, 화학섬유 등	눈, 코, 목자극, 기침, 현기증, 구토, 피부 질환, 정서불안, 기억력 저하
미생물	가습기, 냉방설비, 애완동물, 결로, 식물 등	알레르기성 질환, 호흡기 질환
휘발성유기화합물	건축재료(페인트, 접착제, 마감재), 방향제, 왁스 등	피로감, 두통, 구토, 현기증, 정신착란, 중추신경계 영향
악취	실외 악취 유입, 체취, 음식물 부패, 곰팡이 등	두통, 식욕감퇴, 불면, 구토, 알레르기, 정신신경계 영향
오존	복사기, 생활용품, 연소기	두통, 기침, 천식, 알레르기

출처 : 차동원(2007). p. 56.

- CO_2(이산화탄소) : 이산화탄소는 사람들의 호흡 시 또는 연소기구에서 발생하는데, 무색, 무미, 무취의 가스로서 자체의 독성은 없다. 보통의 경우 실내에 다수인이 장시간 밀집하여 있으면 CO_2 농도가 증가하나 일반적인 상태의 공간에서 CO_2 자체로 인해 건강장해를 받는 경우는 별로 없다. 그러나 실제로 실내에 이산화탄소 농도가 높아진다는 것은 재실자의 생활에 의해 각종 공기오염물질들이 발생했을 가능성이 높으므로 실내공기오염을 대표하는 요소로 취급된다.
- CO(일산화탄소) : CO는 인체에 유독한 가스이지만 무색, 무취이고 자극성이 없는 가스로서 실내공기에 5 ppm만 존재해도 교차신경계의 반사작용의 변화를 일으킬 수 있다. CO는 석탄가스 중에는 7~10%, 목탄이나 장작을 태울 때 발생하는 CO_2 중에는 4~13%, 담배연기 중에는 0.5~1.5%가 함유되어 있다.

표 4-7 CO_2 농도의 허용량과 인체영향

구분	농도(ppm)	영향 정도
허용량	700 (0.07%) 1,000 (0.1%) 1,500 (0.15%) 2,000~5,000 (0.2~0.5%) 5,000 (0.5%) 이상	많은 사람이 실내에 있는 경우 일반적인 경우의 허용량 환기계산에 사용되는 허용량 매우 불량하다고 인정되는 양 아주 심한 불량상태
인체의 영향	1,000 (0.1%) 40,000 (4%) 80,000~100,000 (8~10%) 200,000 (20%) 이상	호흡기, 순환기, 대뇌기능에 영향 귀울림, 두통, 혈압상승 의식혼탁 생명위험

출처 : 윤정숙(2006). p. 182.

표 4-8 CO 농도에 따른 인체영향

농도(ppm)	폭로시간	영향
5	20분	교차신경계의 반사작용의 변화
30	8 h 이상	시각, 정신기능의 장애
200	2~4 h	앞머리가 무겁고, 가벼운 두통증세
500	2~4 h	강한 두통, 메스꺼움, 탈력감, 시력장애, 허탈감
1,000	2~3 h	맥박이 빨라지고 경련을 수반한 실신
2,000	1~2 h	사망

출처 : 윤정숙(2006). p. 181.

- NO_2(이산화질소) : 이산화질소는 연소기기로부터 발생되는 갈색의 자극적인 냄새가 나는 기체이며, 0.1 ppm 이상이면 후각으로 식별할 수 있다. 일반적으로 5 ppm 이상이면 기도에 자극증세를 일으키고 100 ppm 이상이면 사망하는 수도 있다. 특히, 호흡기질환이 있거나 적응력이 적은 어린이에게는 위험성이 높은 것으로 알려져 있다.

  이처럼 이산화질소는 고농도일 때 폐손상을 일으키는 강한 산화성 물질이다. 또 이산화질소는 전염병에 대한 폐의 방어기능을 감소시킬 뿐 아니라 단기간에 노출되어도 천식을 악화시킬 수 있다고 알려져 있다.
- O_3(오존) : 광화학 스모그 70~90%는 오존으로 특유한 냄새가 나는 자극성 가스이다. 오존가스는 0.5 ppm 이상을 흡입하면 자극증상이 일어나며 고농도에서는 폐수종을 일으키는 것으로 알려져 있다. 일반적으로 실내에서 오존발생량은 매우 드물지만 복사기나 공기청정기로부터 발생되므로 이러한 기기를 사용하는 경우에는 자주 환기를 해야 한다(윤정숙, 2006).

- PM10(미세먼지) : 총 부유분진이라고 먼지를 통틀어 일컫는 TSP는 입자크기에 관계없이 공기 중에 떠다니는 분진(먼지) 전체를 뜻하는 말이다. 우리나라 실내공기질 관련 법규들에서의 미세먼지는 PM10(직경 10 ㎛ 이하의 먼지)을 기준으로 하고 있다.

  거대입자가 비강경로에서 여과되기 때문에 문제의 소지가 상대적으로 적은 데 비해, 미세입자는 인간이 호흡할 때 흡입되어 폐 깊숙이 유입될 수 있다. 미세입자는 불완전연소, 공기 중에서 1차 오염물질의 화학적인 반응 또는 고온 응축과정을 거쳐 생성되며, 무게가 가볍기 때문에 공기 중에 여러 날, 때로는 여러 주일 떠다니는 부유분진이 된다.

  오염물질로서의 미세입자를 유의해야 하는 또 하나의 이유는, 미세입자에 중금속이 농축되어 있을 수 있기 때문이다. 미세먼지가 인체에 미치는 영향은 미세먼지의 구성성분에 따라 달라질 수도 있지만, 입자의 크기가 작아지면 작아질수록 유해성 가스나 유해성 중금속을 쉽게 흡착하여 인체에 전달하는 매개체가 되기도 한다. 따라서 미세먼지가 일으키는 병은 단순한 기침에서부터 천식은 물론, 규폐증, 진폐증, 탄폐증, 석면폐증 같은 중병을 일으키기도 한다.

- 석면 : 석면은 내화재, 방화재, 보온재, 단열재, 절연재 등에 이용되고 석면 슬레이트 등 건축재료의 제조에도 사용되고 있다. 석면은 부서지기 쉽기 때문에 공기 중으로 쉽게 분산되며 석면에 노출되는 주 경로는 호흡을 통한 흡입이 된다. 석면 조직의 흡입과 폐암 및 늑막암 위험의 증가와는 명백한 관련이 있다. 늑막의 벽과 폐의 세포 조직에 침전된 많은 양의 섬유 조직 때문에 염증과 결합 조직이 형성된다. 이 때문에 폐의 기능이 손상될 수도 있다(박은선, 1996).

- 미생물성 오염물질 : 실내환경에 존재하고 있는 미생물들은 다습하고 환기가 불충분하며 공기질이 나쁠 경우 잘 증식하게 되는데, 전염성 질환, 알레르기 질환, 호흡기 질환 등을 유발시키는 원인이 된다. 병원의 경우 덕트 내에 쌓인 먼지는 미생물성 오염물질의 발생원이고, 에어컨 사용이나 스프레이나 살균제 살포 등으로 박테리아나 곰팡이 등이 증식할 수 있으며, 급배기장치를 통한 결핵, 폐렴 등과 같은 기인성 전염병을 옮겨 병원 내 질병발생이 촉진될 수도 있다.

- 집먼지 진드기 : 집먼지 진드기는 0.1~0.5 mm의 미세한 벌레로 먼지 속에서 사람이나 동물의 피부에서 떨어지는 비듬, 각질 등을 먹고 산다. 집먼지 진드기가 사는 곳은 빛이 없고 습한 곳으로 침실의 매트리스, 이불, 베개, 요, 거실의 소파, 카펫 등 실내의 구석구석이며, 각종 섬유제품 및 의류, 봉제인형에도 살고 있다.

  집먼지 진드기는 호흡기 알레르기 질환의 가장 중요한 기인항원으로 알려져 있으며 우리나라 소아 호흡기 알레르기 환자의 70% 이상과 성인 환자의 반수에서 집먼지 및 집먼지 진드기 항원에 대한 알레르기 피부반응 검사에 양성을 보인다고 한다(최정윤 외, 2002).

집먼지 진드기는 주로 침구류에 서식하므로 극세사로 조성된 침구를 사용하여 집먼지 진드기의 이동을 차단하는 방법이 있고, 집먼지 진드기는 습도 45% 이하의 환경에서는 생존하지 못하므로, 서식장소인 침구류 등을 거풍하거나 환기 등의 방법으로 습도를 45% 이하의 환경으로 만들어 사멸시키는 방법이 있다. 집먼지 진드기는 그 자체보다 사체나 배설물이 알레르겐이 되므로 사멸 후 사체나 배설물을 세탁, 강력흡입 등의 방법으로 제거해야 한다.

■ VOCs(휘발성유기화합물) : 휘발성유기화합물이란 어떤 물질을 녹일 수 있는 액체 상태의 유기화합물을 총칭한 것으로 기름 및 지방을 잘 녹이고 휘발성이 강한 것이 특징이다. 특히, 유기용제는 유기물을 녹이고 스며드는 성질이 있어서 피부를 통해 흡수되기 쉽고, 용제의 종류에 따라 침범되는 장기도 달라진다. 유기용제는 주택 내 생활 속에서 다양하게 사용되는 건축자재, 세탁용제, 페인트, 살충제 등의 생산과정에서 포함되어, 이러한 건축자재를 주택건축 시 사용하면 서서히 방출되는 경우가 많고, 페인트 등은 건조과정에서 일시적으로 방출하는 양이 더 많으며, 세탁용제나 살충제 등은 거주자의 사용습관에 따라 실내에서의 농도가 달라질 수 있다. 이러한 휘발성유기화합물은 실내의 밀폐화로 인해 일반적으로 실외보다 실내공기 중에서 더 높은 농도를 나타내고 있으며, 환기량이 부족해지는 겨울철에 그 농도가 증가한다.

실내에 있어서 휘발성유기화합물의 방산방법에는 세 가지가 있는데, 증산 지배형 방산, 내부 확산 지배형 방산, 그리고 직접방산 등이다. 직접방산은 화학물질이 직접 공기 중에 방산되는 현상을 말한다. 페인트칠을 한 벽이나 왁스를 칠한 바닥에서 아직 건조되지 않은 경우에 발생하는 것을 증산 지배형 방산이라고 한다. 이 경우에는 바닥이나 표면에 존재하는 휘발성유기화합물이 없어질 때까지 방산된다. 이 경우 오염 화학물질이 실내에 방산되는 속도는 온도와 표면부근의 풍속에 영향을 받는다. 온도가 높으면 속도는 빨라지고, 벽이나 바닥 부근의 풍속이 빠르면 방산되는 속도는 빨라진다. 베이크 아웃(bake out)은 이러한 원리를 이용한 것이다.

한편, 건축자재의 내부에 함유되는 오염 화학물질이 건축자재의 표면으로 스며 나와 이것이 공기 중에 방산되는 경우를 확산 지배형 방산이라고 한다. 예를 들어, 합판에서 접착제의 성분이 방산하는 경우이다. 건축자재 내부에서 표면에 오염 화학물질이 이동하는 것을 확산이라고 한다. 건축자재 내부에서의 확산은 표면으로부터의 증산에 비해 매우 느리므로, 확산 지배형 방산의 경우에는 건축자재표면의 풍속이나 온도에 관계없이, 표면에

표 4-9 VOCs의 농도별 인체 증상

농도	증상
400 ㎍/m³ 이하 (0.09 ppm 이하)	재실자의 불쾌감 인식
600 ㎍/m³ (0.14 ppm)	20%의 재실자가 자극을 느끼고 가벼운 두통 등의 증상 호소
1,000 ㎍/m³ (0.23 ppm)	인간의 지각 등으로 오염물질을 감지할 수 있는 정도
2~10 ppm	두통, 메스꺼움, 어지러움, 구토증세, 기침 등을 유발

출처 : 손장렬·윤동원(1995). p. 48. ppm 표시는 저자가 환산함

스며 나오는 오염 화학물질은 모두 실내의 공기에 방산된다. 신축한 직후의 방에 냄새가 나는 것은 증산 지배형 오염 화학물질의 방산에 의한 것이며, 어느 정도 시간이 경과한 후에도 실내에서 오염 화학물질이 검출되는 것은 확산 지배형으로 방산되기 때문이다.

VOCs는 주로 호흡 및 피부를 통해 인체에 흡수되며 급성중독일 경우 호흡곤란, 무기력, 두통, 구토 등을 초래하며 만성중독일 경우 혈액장애, 빈혈 등을 일으킬 수 있다. 대부분의 VOCs는 강력한 마취제로 중추신경계 억제 작용을 나타내며, 눈과 호흡기계를 자극하고 피부·심장에 과민반응을 일으키기도 하고, 고농도에서는 간과 신장에 손상을 입히기도 한다.

- 포름알데히드 : 포름알데히드는 VOCs 물질 중 하나로 비점(끓는점)이 −19.5℃로 다른 휘발성유기화합물에 비해 매우 낮으며, 자극적 냄새를 가지는 가연성, 무색의 기체이다. 건축자재에서 발생된 포름알데히드는 건축자재의 수명, 실내온도 및 습도 등에 따라 그 방출량이 좌우되며, 일반적으로 방출되는 기간은 4.2년 정도로 추정되고 있다.

포름알데히드의 발생원은 포르말린 제조, 합판 제조, 합성수지 및 화학제품 제조, 소각로, 석유정제, 유류 및 천연가스 연소시설 등으로 매우 광범위하다. 또한 실내공기오염의 주요 원인물질로 일반주택 및 공공건물에 많이 사용되는 단열재인 우레아폼과 이 외에 실내가구의 칠, 가스난로 등에서의 연소과정, 접착제, 흡연 등에 의해 발생된다.

신축된 건축물의 실내에 들어가거나 또는 새로운 가구 구입 후 눈이 따갑고 목이 아픈 경우가 있는데 이것은 주택이나 가구에 사용되고 있는 단열재나 합판에서 발생하는 포름알데히드 때문인 경우가 많다. 포름알데히드가 0.1 ppm만 되어도 목과 기관지에 자극을 받는 사람이 있으며 0.25 ppm이 되면 천식을 일으키며 어린이들은 건강상에 심각한 위험이 생긴다.

- 라돈 : 라돈과 라돈의 산물은 우라늄 계열의 무색무취의 방사성 물질이며, 사람이 가장 흡입하기 쉬운 기체성 물질이다. 라돈은 일반적으로 흙, 시멘트, 콘크리트, 대리석, 모래, 진흙, 벽돌 등의 건축 자재 및 우물물, 동굴, 천연가스에 존재하여 공기 중으로 방출되고

표 4-10 포름알데히드의 농도에 따른 증상

농도(ppm)	발생하는 증상
0.01~1.6	눈의 자극이 시작되는 최저 값
〈 0.04	신경조직의 자극이 시작됨(EEC)
0.05~1.0	냄새가 느껴지는 최저 값
0.08~1.6	눈과 코에 자극
0.08	WHO, 일본의 기준 값(지침 값)
0.1	독일의 최소 오염농도
0.25~0.33	호흡장애의 시작
0.5	목의 자극이 시작되는 최저 값
2~3	눈을 찌르는 듯 아파짐
10~20	심하게 눈물이 남
30~	생명이 관계된 위험, 독성 폐수종

출처 : 마사오 이노우에(2004). p. 6.

있다. 토양에서 방출되는 라돈 가스는 콘크리트 판의 기공을 통하거나 구조체나 하수관의 틈을 통해 실내로 침투될 수 있다. 라돈 가스는 공기보다 무겁기 때문에 지표에 가깝게 존재하므로 지하실의 농도가 높게 검출된다.

라돈의 알파붕괴에 의하여 라듐의 낭핵종을 생성하는데 이 낭핵종은 기체가 아닌 미세한 입자로 흡입 시 폐에 흡입되어 폐포나 기관지에 부착되어 알파선을 방출하기 때문에 폐암이 발생되는 것으로 알려져 있고, 라돈은 폐 중에 흡수되면 배출되는 일이 없다(박은선, 1996).

(2) 실내공기와 환기

① 실내공기질 관련 법규

'다중이용시설 등의 실내공기질관리법'에 다중이용시설(17개시설군) 및 신축 공동주택의 실내공기질 관리가 규정되어 있다. 공동주택에 대한 내용으로는, 신축 공동주택의 경우 입주 전 실내공기질 측정결과를 공고하게 하는 내용이 포함되었고, 이후 2005년 12월에는 신축 공동주택을 대상으로 실내공기오염물질의 특정항목에 대한 권고기준이 마련되었다.

실내공기의 유지를 위해 오염물질의 기준을 정하는 것 이외에 표 4-11과 같이 환기시설을 갖추도록 하고 오염물질방출건축자재의 사용을 제한하는 내용의 조항들이 있다.

표 4-11 주택의 환기시설 및 건축자재사용 관련 조항

조항	내용	근거
공동주택 및 다중이용시설의 환기설비기준	신축 또는 리모델링하는 주택 또는 건축물(기숙사를 제외한 100세대 이상의 공동주택, 주택을 주택 외의 시설과 동일건축물로 건축하는 경우로서 주택이 100세대 이상인 건축물; 이하 "신축공동주택 등"이라 한다)은 시간당 0.7회 이상의 환기가 이루어질 수 있도록 자연환기설비 또는 기계환기설비를 설치하여야 한다. 기계환기설비에서 발생하는 소음은 40 dB 이하가 될 수 있는 구조와 성능을 확보해야 한다.	건축물의 설비기준 등에 관한 규칙(일부개정 2009. 12.31) 제11조
채광 및 환기를 위한 창문	환기를 위하여 거실에 설치하는 창문 등의 면적은 그 거실의 바닥면적의 20분의 1이상이어야 한다. 다만, 기계환기장치 및 중앙관리방식의 공기조화설비를 설치하는 경우에는 그러하지 아니하다.	건축물의 피난 · 방화구조 등의 기준에 관한 규칙(타법개정 2009.7.1) 제17조
건축물의 내부마감재료	공동주택에는 '다중이용시설 등의 실내공기질관리법' 제11조 제1항 및 동법 시행규칙 제10조에 따라 환경부장관이 고시한 오염물질방출 건축자재를 사용하여서는 아니 된다.	건축물의 피난 · 방화구조 등의 기준에 관한 규칙(타법개정 2009.7.1) 제24조

표 4-12 국내 건축자재 인증제도

구분	환경마크제도	HB마크제도	KS마크
목적	생산·소비 전 과정에서 자원재활용, 에너지절약, 오염물질저감 등 친환경 성능이 있는 제품에 부여하는 인증	국내건축자재 및 수입건축자재를 대상으로 실내공기오염물질(HCHO, VOCs) 방출량이 적은 제품에 대해 부여하는 인증	업계의 사내표준화와 품질경영을 도입·촉진하고 우수공산품의 보급확대로 소비자보호를 위하여 특정상품이나 가공기술이 한국산업규격 수준에 해당함을 인정하는 제품인증제도
운영 및 인증기관	환경부, 한국환경산업기술원	한국공기청정협회	지식경제부 기술표준원
인증성격	법정임의(환경기술개발 및 지원에 관한 법률)	민간인증	법정임의(산업표준화법)
인증대상	사무용기기, 주택건설용자재, 가정용기기, 교통여가문화관련 제품 등 총 120개 제품군	건축물의 내장재 중 실내마감자재로 사용되는 일반자재(판, 패널 및 보드, 목재류, 바닥재, 벽지 등의 롤 형태의 제품)와 페인트, 퍼티, 접착제, 실란트 등	기본부문(A)부터 정보산업부문(X)까지 16개 부문으로 구성
실시시기	1992년 4월	2004년 2월	1962년
인증기준 항목	생산, 유통, 사용, 폐기에 이르는 전 과정에 걸쳐 환경성 평가(내장 건자재는 포름알데히드와 VOCs 방출량 평가)	TVOC, 5VOC(신축공동주택의 실내공기질 물질 : 벤젠, 톨루엔, 에틸벤젠, 자일렌, 스티렌)와 포름알데히드 방출량	가정용 가구/마루에 대한 인증항목 : 포름알데히드 방산량(SE_0형, E_0형, E_1형)

건축자재인증과 관련된 현행 제도로는 환경부에서 실시하는 '환경마크(표시)제도'와 한국공기청정협회에서 운영하는 '친환경 건축자재 단체품질인증제도(HB)'가 있으며, KS표시인증제도에서 가구재에 대한 등급 구분이 있다(표 4-12).

② 환 기

실내의 오염된 공기를 깨끗하게 하는 가장 유효한 방법은 오염된 실내공기와 깨끗한 외기를 교환하는 것으로 이를 환기라 한다.

- 필요환기량과 환기횟수 : 재실자에 의해 실내에 불쾌한 공기환경이 생기는 원인은 인체에서 발생하는 체취와 기타 오염물질의 종합적인 영향에 의하지만 일반적으로는 인체로부터 발생하는 CO_2에 비례한다고 볼 수 있다. 또한 체취나 기타 오염물질의 양을 측정하는 것은 곤란하지만 CO_2 농도의 측정은 간단하기 때문에 재실자에 의한 공기오염의 지표로서 CO_2를 이용하는 것이 일반적이다.

  CO_2 허용치에 근거한 필요환기량은 다음 식과 같다.

$$V = \frac{CO_2 \text{ 발생량}}{\text{기준치} - \text{외기농도}}$$

  CO_2 농도의 허용치(1,000 ppm)를 기준으로 계산한 결과 1인당 약 20~30 m^3/h 정도의 신선한 공기가 필요하다.

  실내에서 성인 한 사람당 필요한 환기량은 20~30 m^3/h이며, 실내의 환기횟수는 필요환기량에 재실자 수를 곱하여 실의 용적으로 나누어 산출한다.

  즉, 다음 식과 같다.

$$\text{환기횟수} = \frac{\text{필요환기량} \times \text{재실자 수}}{\text{실의 용적}}$$

  주거 내에서의 환기량은 실의 종류에 따라 다르며 일반적으로 화장실은 1시간에 2회, 부엌은 3회 그리고 거실이나 다른 방은 1시간에 1회의 환기횟수를 필요로 한다.

  1회의 환기횟수라는 것은 실의 체적에 해당하는 정도의 실내공기가 외기와 교환하는 것을 의미한다(윤정숙, 2006).

- 베이크 아웃 : 신축건물이나 보수작업이 끝난 건물에서 실내공기를 30~40℃ 범위를 유지하며 오염물질의 발생량을 일시적으로 증가시킨 후에 이를 제거하는 방법으로, 낮시간에 가구를 포함한 실내의 모든 문을 열고 외부로 통하는 모든 창호를 밀폐시킨 상태에서

난방에 의해 실내온도를 상승시켜 발생된 오염물질을 밤시간에 모든 창호를 개방하여 환기를 통해 내보내는 베이크 아웃을 하면 VOCs의 농도가 현저히 낮아지는 것으로 나타났다. 그러나 입주 후 베이크 아웃의 효과만을 믿고 환기하지 않을 경우, 내부 확산 지배형 방출에 의해 화학오염물질이 재방산되는 것으로 알려져 있다.

3) 실내빛환경

(1) 빛환경의 영향

① 인간의 빛환경 반응

- 조명의 영향 : 불량한 빛환경은 시력 저하를 비롯하여 피로, 작업능률 저하, 안전사고 발생 등의 원인이 된다. 그러나 상황에 적합한 빛은 치유효과까지도 기대할 수 있다(지철근 외, 2008).
  - 피로 : 눈의 피로는 피로감이 눈의 아픔, 두통, 어깨의 뻐근함 등으로 쉽게 인식된다. 이것을 객관적으로 계측하기 위한 조도에 따른 조절시간실험으로 조도가 높아질수록 눈의 피로가 적어진다는 보고가 있었다. 눈의 피로에 따라서 나타나는 중추신경의 피로, 즉 뇌의 피로도 사람의 건강에 중요하다.

표 4-13 일조의 효과

효과		내용
일조의 직접 효과	빛의 효과	천공광에 의한 일조는 주광조명의 효과가 있고, 명랑화, 활성화 효과가 있다.
	열의 효과	일조가 좋은 주택과 나쁜 주택 사이에는 겨울 난방비에서 분명히 경제적 차이가 나타나므로 일반적으로 열효과는 빛효과보다 강하다는 인식을 갖는다.
	건강효과 및 광합성의 효과	자외선은 대기 중으로 투과 중에 300 nm 이하의 단파장은 흡수되고 300 nm 이상의 파장만이 지상에 도달한다. 그중에서 290~320 nm 부근의 파장이 건강에 필요한 자외선으로 건강선 또는 도르노선이라 한다. 인체의 칼슘대사에 필요한 비타민 생성에는 이 파장영역의 자외선이 영향을 가장 많이 주며, 피부를 강하게 하는 효과와 피부병, 그 밖의 치료에 응용되고 있다. 건축에서는 햇빛을 실내로 사입시켜 의류, 침구, 바닥 등의 소독을 하며, 이는 특히 병원건축에서 일조계획의 중요성을 강조한 하나의 요소가 된다.
일조의 간접 효과		일조 확보 시 창을 통해 통풍이 원활하며 눅눅함이 방지될 수 있다. 개구부로부터 양호한 조망을 얻을 수 있고 개방감을 준다.

출처 : 이경회 · 임수영(2003). pp. 101-102.

- 작업능률 : 조명의 양이 부족하거나 조명의 질이 나쁘면 물체의 보임이 떨어질 뿐만 아니라 시간이 경과함에 따라 피로를 일으키고 근시 등의 원인이 되며, 작업능률도 떨어지고 생산 등에 영향을 미친다. 또한 시야 내의 휘도의 분포는 물론 시야 밖의 휘도 환경도 작업능률에 영향을 미치는데, 높은 조도에서는 광원의 개수나 휘도가 증가하면 눈부심이 일어나기 쉬우므로 작업능률의 저하도 생기기 쉽다. 그러나 일반적인 작업에서 눈부심을 느끼지 않는 범위에서는 조도가 높을수록 작업능률이 높아지는데, 조도가 높아지면 시력이 증진하고 명시의 깊이가 깊어지며, 밝으면 기분이 명랑해져서 작업이 촉진되기 때문이다.
- 근시 : 눈의 모양체의 피로는 근시의 발생과 직접적인 관계가 있으며, 조명의 우열은 모양체의 피로와 관계가 있다.
- 안전 · 범죄 : 조명과 안전 사이에도 밀접한 관계가 있는데, 도로조명의 경우 조명설치에 의하여 야간교통사고는 고속도로에서 40~60%, 지방간선도로에서 30~70%, 시가도로에서는 20~55% 감소하였다는 국제조명위원회(CIE)의 조사통계보고가 있다. 그리고 뉴욕(1975년)의 조사결과에 따르면, 도로(주로 가로, 주택가로)에 조명을 설치함으로써 각종 범죄 발생건수가 감소되었다고 한다. 공장에서 조명을 개선함으로써 생산이 증가될 뿐 아니라 사고건수가 줄고, 피로에 의한 결근도 적어진다는 보고가 있다. 이와 같이 조명과 사고나 범죄의 발생, 즉 안전성과의 사이에는 밀접한 상관관계가 있다.
- 라이트 테라피(light therapy) : 인간은 과도한 빛에 노출되면 근시가 될 수 있으며, 수면공간이 너무 밝으면 수면 장애와 멜라토닌 형성 저하에 따라 면역기능이 약화될 수 있다. 인체는 햇빛을 본 후 15시간 후 멜라토닌 분비로 졸리게 되고 어둠에 노출된 후 2시간 후 멜라토닌이 분비된다. 이러한 빛에 의한 영향, 즉 광색의 측면, 밝기의 측면에서 빛을 이용하여 수면장애, 우울증 등의 치료를 하는 것을 라이트 테라피라 한다.

② 빛환경 계획의 원리

일반적으로 생활을 위한 빛을 주거 내에 확보하는 데에는 두 가지 방법이 있다. 하나는 낮 동안에 태양광선을 광원으로 이용하는 것으로 이를 주광조명 또는 채광이라 한다. 즉, 태양으로부터의 직사광선과 이것이 대기 중에 반사, 산란된 천공광을 창이나 그 밖의 개구부를 통하여 실내에 끌어들이는 것이다. 다른 하나는 태양광선이 없는 야간에 전등이나 그 밖의 인공적 광원을 만들어 생활에 이용하는 것으로 인공조명 또는 조명이라고 한다. 일반적으로 조명이라고 하면 인공조명을 가리키는 경우가 많다. 그러나 낮에도 채광이 불충분하다든지 실내의 조도분포를 적정화하고 싶은 경우에는 인공조명을 함께 사용한다. 그러나 주광조명은 경제적, 심리적으로 오늘날의 조명기술이 따르지 못하는 뛰어난 특색이 있다. 실제로 인공광과 자연광은 빛의 방향이나 강도 등에서 각기 다른 특성을 지니고 있다. 따라서 주거조명에서 인공광을 사용할 것인지 또는 자연광을 이용할 것인지는 시간과 장소에 따라 각각의 특성을 살려 계획하는 것이 바람직하다.

일반적으로 사물을 잘 보기 위해서는 대상물의 크기, 밝기, 대비, 시간 등이 문제가 된다. 크기에서는 밝기와 대비가 같아도 대상물의 크기가 커야 잘 보인다. 또한 밝기는 빛을 받는 조도뿐만 아니라 대상물의 반사율에 의한 휘도에 따라 정해진다. 한편 대비조건은 대상과 배경과의 밝기의 차이가 문제가 되며 사물을 보는 데 영향을 크게 미친다. 또한 사물을 잘 보기 위해서는 어느 정도의 보는 데 요하는 시간이 필요하다. 이상의 네 가지는 기본적인 조건이며 이 중 특히 밝기와 대비는 기술적으로 중요한 조건이 된다.

빛환경 계획을 위한 기초 개념인 광속, 광도, 주광률 등을 소개한다. 실내 빛환경 계획이란 공간의 용도에 적합하게 빛의 밝기와 색을 조절하는 것으로서, 양호한 빛환경이 되려면 조도와 조도분포, 휘도와 휘도분포, 눈부심현상, 연색성 등을 고려하여 채광창과 조명을 디자인하여야 한다(윤정숙, 2006).

- 광속 : 광원으로부터 나오는 가시범위의 빛이 단위시간 내에 통과하는 빛의 양을 광속이라 하며 단위는 루멘(lm)이다. 와트 수가 동일한 백열전등과 형광등을 비교할 때 형광등 쪽이 훨씬 밝다. 이는 형광등으로부터 발산되는 빛의 양이 백열등보다 많기 때문이다.
- 광도 : 광원으로부터 한 방향을 향하여 단위 입체각당 발산되는 광속을 말하며 단위는 칸델라(cd)이다. 자동차의 헤드라이트나 회중전등은 램프의 크기가 작고 전력소비가 적은데 비해 대단히 밝다. 이것은 렌즈나 반사경의 도움으로 광원이 발산하고 있는 광속을 모으기 때문으로 이와 같은 빛의 세기를 광도라 한다.
- 주광률 : 실외의 주광조도는 계절이나 시각에 따라 태양고도의 변화, 날씨 등에 따라 여러 가지로 변동하므로 이에 따라 실내의 주광조도도 변동하게 된다. 따라서 주광의 변동에 의한 영향을 받지 않는 밝기의 지표로서 주광률을 이용하는데, 이 주광률은 실외조도와는 무관하게, 그 실내가 밝은지 어두운지를 판단할 수 있는 지표이다.

  주광률이라는 것은 외부의 밝기에 대한 실내밝기의 비율이며 다음과 같이 구할 수 있다.

$$\text{주광률 } D = \frac{\text{어떤 점의 조도 } E}{\text{어느 시점의 전 천공조도 } E_s} \times 100(\%)$$

■ 조도와 균제도 : 광원으로부터 비추어진 어느 면의 밝기를 조도라 하며 조명설계에서 기본이 되는 밝기의 기준이다. 조도는 어느 면에 입사하는 빛의 양으로 표시되므로 어느 면 위 한 점의 조도는 단위면적(1 m^2)당의 입사광속을 말하는 것으로 어떤 면(A m^2)에 광속(F lm)이 균등하게 입사하고 있을 때 이 면의 조도(E)는 E=F/A, (lx=lm/m^2)이다.

작업의 종류, 사용빈도 등을 고려하여 적당하게 볼 수 있는 정도를 얻을 수 있는 조도를 적정조도라 하며 조명설계의 기준으로 한다. 이 적정조도를 조도기준이라 하며 각종 건물별로 장소와 작업내용에 따라 설계의 기준이 될 조도를 정하고 있다.

조명 계획 시에는 각 공간의 조도가 조도기준에 적합하도록 하는 것도 중요하지만 조도의 분포도 고려해야 한다. 최고조도와 최저조도의 비를 균제도라고 하는데, 실내에 극단적으로 밝은 곳과 어두운 곳이 있는 것은 거주자에게 피로감과 안전사고 등의 원인이 된다. 인공 조명 시의 균제도 목표치는 1/3 이상, 낮 동안에 인공조명과 주광조명이 사용되고 있는 상태에서는 1/7 이상, 국부조명 병용 시 또는 주광조명 시는 1/10 이상이 적당하다.

■ 휘도와 휘도비 : 어느 방향에서 본 표면 또는 시대상의 밝기를 휘도라 하며 단위는 니트(nt) 또는 스틸브(sb)로 나타낸다. 1(nt)=1(cd/m^2)이다.

즉, 휘도는 어떤 대상을 본 눈의 밝기를 나타내는 것으로 이 대상은 서로 다른 방향으로 다른 양의 빛을 내므로 보는 방향에 따라 휘도가 달라진다. 그러므로 조도와 달리 보는 사람의 눈에 의한 밝기감과 직접 관계되는 지표이다.

휘도의 차이가 크면 보고자 하는 대상의 식별은 용이하나, 우리 눈은 시야 내에 휘도 차이가 큰 부분이 있으면 순응이 잘 안 되므로 작업이 어렵게 되며 피로의 원인이 된다. 따라서 작업자가 쾌적하게 작업을 수행하기 위해서는 실내면 전체의 휘도를 작업면의 휘도와 적정비율로 제한할 필요가 있다. 이를 권장휘도비라 하며 건물 종별에 따라 그 범위를 정하고 있다. 일반적으로 작업대상과 주변과의 시력이 저하되지 않는 휘도비의 범위는 1/3~1 정도가 적당하다.

■ 눈부심현상 : 대상물을 보기가 괴롭다든지, 불쾌감을 느끼게 되는 현상으로 빛에 의해 일어나는 장애를 넓은 의미로 글레어(현휘)라 한다. 일반적으로 높은 휘도가 시선에 가까울 때 그리고 대상물의 표면반사광에 의해 시대상의 반사광이 저하될 때 사물을 보기가 어렵게 되는데 이러한 현상을 눈부심에 의한 불능현상이라 한다. 이러한 현상은 직사일광이 강한 창 측에 앉아 있을 때 흔히 경험하게 된다. 특히, 광원으로부터 입사한 빛이 시대상의 표면에서 반사하여 보기 어렵게 되는 현상을 반사 글레어라 하는데, 이렇게 반사광에 의한 눈부심은 주택설계 측면에서는 실내의 표면처리를 매끄럽지 않게 하거나

광원의 면을 크게 함으로써 방지할 수 있다.

- 연색성 : 국제적 정의에 의하면 기준광원으로 조명한 경우와 비교하여 나타내는 색의 효과를 연색이라 하고, 특정조건 하에서 연색의 특성을 연색성이라 한다. 연색성의 좋고 나쁨은 여러 가지로 생각할 수 있으나 가장 보편적인 것으로는 주간의 자연광으로 보았을 때와 다름이 없는 색으로 보일 때에 연색성이 좋다고 하고, 이러한 빛을 발하는 광원을 연색성이 좋은 광원이라고 한다. 따라서 이렇게 주광과의 비교에 의해서 연색평가되는 방법이 건축계획에 이용하기 쉬우며 바람직하다.

  일반적으로 색온도가 낮으면 붉은빛의 따스함을 느끼는 빛으로 되고, 색온도가 높아짐에 따라서 태양광과 같은 백색의 빛을 띠게 되며, 더욱 높아지면 푸른빛을 띤 시원한 빛으로 된다.

(2) 채광과 일조조절

① 일조 관련 법규

현행 법규에서 주택의 채광, 일조 관련 조항과 그 내용을 요약하면 표 4-14와 같다.

표 4-14 주택의 채광, 일조 관련 현행 법규

조항	내용	근거
거실의 채광	단독주택 및 공동주택의 거실, 교육연구시설 중 학교의 교실, 의료시설의 병실 또는 숙박시설의 객실에 채광 및 환기를 위한 창문 또는 설비 설치 규정	• 건축법 제49조 • 건축법 시행령 제51조 • 건축물의 피난·방화구조 등의 기준에 관한 규칙 제17조
복도	공동주택의 중복도에 채광 및 통풍을 위한 개구부 설치 규정 : 40미터 이내마다 1개소 이상 외기에 면하는 개구부 설치	• 주택건설기준 등에 관한 규정 제17조
일조 등의 확보를 위한 건축물의 높이제한	공동주택의 일조와 관련하여 건축물의 높이, 건축물의 인동거리에 대해 규정 (예외 규정) • 도시 및 주거환경정비법 제33조 • 도시 및 주거환경정비법 시행령 제43조	• 건축법 제61조 • 건축법 시행령 제86조 • 건축법 시행규칙 제36조

② **채광계획**

■ 창계획

• 창의 위치 : 창의 폭과 높이가 일정한 창이라도 그것이 설치되는 벽면에서의 위치나 천장 면에서의 위치에 따라 채광효과에 차이가 있게 된다. 측창은 벽의 중앙에 있을수록 또한 아래쪽에 있을수록 더 큰 평균 투사율을 얻을 수 있으나 실내의 깊이가 있을 경우에는 창의 위치가 높을수록 안길이 방향의 주광률의 변화가 작으므로 높은 창이 바람직하다. 천창의 경우는 중앙에 있을수록 채광효과가 좋다.

• 창의 분할 : 한쪽 방향에서만 채광을 하는 측창의 경우에는 창을 집중하여 설치하는 것이 창을 분할하는 것보다 어느 정도 큰 투사율을 얻을 수 있지만 채광의 균제도로 보아서는 창을 분할하는 것이 유리하다.

• 창의 형태 : 벽이나 천장에 설치된 창이나 기타 다른 채광 개구부는 실외의 밝기와 그 개구부에 바로 인접한 실내 벽표면의 밝기에 있어서, 일반적으로 극단적인 대조를 이루어 재실자가 창을 통하여 밖을 내다 볼 때에는 눈이 피로해지기 쉬우며 불쾌한 느낌을 가진다. 이 문제를 해결하기 위해서는 경사창틀의 사용과 창면을 실내의 벽면으로부터 깊이 후퇴시킨 창을 고려해 볼 수 있는데, 이 경우에 창틀은 일종의 루버 역할을 하기 때문에 실내 깊숙이 빛을 끌어들이는 데에도 유리하다(윤정숙, 2006).

그림 4-2 자연채광 연구사례(실내측)

출처 : D산업 건축환경연구센터

■ 채광설비 : 최근에는 자연광을 창이 없는 실내공간이나 지하공간 등으로 유입시키는 채광설비가 연구 중에 있고 실제 도입되고 있다. 실외측에 자연광이 입사되는 장치를 하고 광덕트를 통해 실내로 유입시키는데, 그림 4-2는 자연광이 도입된 지하공간으로서, 조도가 500 lx에 달한다.

■ 일조조절 : 일조는 유익한 효과가 많지만, 눈부심 방지와 여름철의 열취득을 차단하기 위해 조절할 필요가 있으며, 일조조절의 방법에는 다음의 세 가지가 있다.

• 구조적 조절 : 일사열량을 실내에 투입시키지 않기 위해서는 외벽의 밖에서 차단하는 방법이 효과적이며, 그 외에 벽체나 창의 외부에 설치하는 구조적 조절 수법들이 이용되고 있다. 낮 동안의 태양고도가 높은 경우에는 차양, 발코니, 루버차양, 수평루버, 수

평핀 등의 수평재에 의한 것들이 효과적이며, 서향 빛과 같이 낮은 경사각으로 입사하는 일사를 방지하기 위해서는 수직루버, 수직핀 등 수직계에 의한 것이 좋다.

- 창의 재료선택 : 창으로부터의 직사일광을 막으면서 창에 의한 채광과 통풍의 목적을 충분히 하기 위해서는 창의 재료선택이 중요하다. 창의 재료 중 유리는 가장 우수한 것으로 알려져 있으나 태양광선의 약 85%를 투과하므로 실내온도를 상승시키고 눈부심을 유발할 수 있다. 우리나라는 오래전부터 열린 창이 아닌 경우에는 한지를 창의 주재료로 사용해 왔다. 이 한지는 습기에 젖어도 쉽게 망가지지 않으며 또 서양의 종이처럼 빛을 차단하지 않으면서 통풍효과도 있고 단열효과도 큰 것으로 알려지고 있다. 따라서 주거공간의 습기를 조절하고 단열효과를 높이며 외기를 막으면서 통풍을 가능하게 하고 바깥의 햇빛을 은은하게 투과시켜 주는 한지는 우수한 창의 재료라 할 수 있다. 최근에는 빛분산 복층유리, 불투명 변환유리, 내부에 블라인드가 장착된 유리가 시판되고 있으므로 이러한 유리 종류를 선택하여 쾌적한 빛환경 계획을 할 수 있다. 또한 일조와 일사조절, 단열효과를 볼 수 있는 다양한 덧문도 생산되고 있다.
- 장식적 조절 : 구조적 조절방법과 달리 창의 내부에 설치하여 빛을 조절하는 것이다. 건물외부에 설치하는 발은 태양빛의 실내입사를 방지함과 동시에 밖에서 안이 잘 보이지 않기 때문에 프라이버시의 확보에 도움이 된다. 그 밖에 창 내측에 설치하는 것으로 베네시안 블라인드, 레이스 커튼 등이 있는데, 베네시안 블라인드는 태양의 이동에 따라 날개의 각도를 바꾸어 일광의 입사를 방지하여 눈부심 방지에는 효과적일 수 있으나 차폐열은 매우 낮은 결점이 있다.

4) 실내음환경

실내음환경을 위한 음향설계는 음악홀 등의 공간설계에 적용되며, 주택의 경우는 음향설계는 일반적이지 않고, 소음의 영향, 소음 조절이 주요 내용이 된다.

(1) 소음의 영향

① 소음이 인체에 미치는 영향

청각세포 말단부에서는 압력변화에 민감한 작은 모상세포가 청신경을 자극하여 뇌로 전달하는데, 노화로 인한 난청은 모상세포의 수명이 다해 빠져버리면서 발생한다. 그러나 소음성 난청은 노화가 진행되기 전에라도 모상세포가 소리의 압력에 의해 누웠다가 다시 복원되는데 필요한 시간적 여유없이 계속해서 자극을 받게 되면 복원되지 못하고 빠져버리는데, 이 모상세포는 재생되지 않기 때문에 난청이 발생한다.

90 dB(A) 이상의 소음에 장기간 폭로되면 청각세포가 점차 파괴되어 소음성 난청이 발현될 가능성이 크다. 또한 110 dB(A) 이상의 큰 소음에 일시적으로 폭로되면 회복 가능한 일시성의 청력손실이 일어나는데, 이를 일시적 난청이라 한다. 일시적 난청을 일으키는 소음에 상습적으로 장기간 폭로되면 회복 불능사태의 청력손실이 나타나는데, 이를 영구적 난청이라 한다.

소음은 청력뿐 아니라 생리적인 영향을 미친다. 강한 소음으로 인한 스트레스 요인이 가해지면 시상하부의 자율신경중추가 자극되어 교감신경계가 긴장하고, 그 결과 부신피질로부터 호르몬(아드레날린과 노르아드레날린)의 현저한 분비가 일어난다. 이때 혈압 상승, 심장 박동수의 증가, 동공의 확대, 혈당상승, 위장의 소화 흡수 억제 등의 반응을 보인다. 이것은 생체가 스트레스에 대처할 수 있는 자세를 만들고, 부신피질 호르몬이 방어적으로 작용하는 것으로 생각된다.

소음의 심리적 영향은 주로 회화장애와 수면장애 및 단순한 짜증과 불쾌감 등과 같이 정신적 측면에서 고려된다(이동훈, 2006).

② **소음이론**

- 음의 매체 : 소리는 고체와 공기라는 두 가지 전달 경로를 통해 전달되는데, 건물에서 고체를 통해 소리가 전달되는 경로는 위층의 충격음이 구조체를 통해 아래층으로 전달되는 것과 급배수 소음 등이 배관을 타고 전달되는 것이다. 공기를 통해 전달되는 경로는 열려 있는 창호나 구조체 및 창호의 틈새를 통해서이다.

  소리는 공기보다는 고체를 통해 더 빠르고 크게 전달된다. 예를 들어, 소리가 공기만의 경로로 전달된다면, 기밀한 구조체의 공동주택에서 모든 창문을 닫고 있을 때 위층에서 뛰는 소리가 아래층으로 들리지 않을 것이다. 그러나 위층에서 뛰는 소리는 고체를 통해 직접적으로 전달되기 때문에 아래층에서 매우 크게 들리게 되는 것이다.
- 주파수 : 음이 1초간에 진동하는 횟수를 주파수라 하며, 단위는 Hz(c/s)를 사용한다. 고주파수음은 높게, 저주파수음은 낮게 감지된다. 인간의 감각으로는 음이 주파수의 배수에 따라 그 배수만큼 높게 들리는 것은 아니다.
- 음색 : 음은 일반적으로 각종 주파수의 음이 혼합되어 있으며, 그 혼합상황의 차이에 따라 다른 감각(음색)으로 느껴진다.

  한 개의 음이 가진 고유의 주파수만을 가진 음, 즉 한 개의 사인파곡선으로 표시될 수 있는 음을 순음이라고 한다. 그러나 대부분의 음은 여러 개의 폭넓은 주파수 성분을 가지고 있으며, 이를 복합음 또는 광대역음이라 부른다.

- 음압과 음압레벨 : 음압이란 음파에 의해 공기진동으로 생기는 대기 중의 변동, 단위면적에 작용하는 힘이다. 음압레벨은 어떤 음의 음압이 기준음압의 몇 배인가를 대수(對數)로서 나타낸 것으로 단위는 데시벨(dB)을 쓴다.
- 음의 크기 레벨 : 음의 크기 레벨은 인간의 청각에 의한 음의 크기를 나타내며, 단위는 폰(phon)을 사용한다. 데시벨(dB)은 물리적인 척도인데 비해 폰(phon) 척도는 귀의 감각적 특성을 고려한 인간 청감의 척도이다.
- 소음계와 청감보정 특성 : 인간 청각기관의 작용은 주파수에 따라 음이 일정한 크기로 들리지 않으므로 소음공해 등의 문제를 취급할 때는 인간의 청각기관과 흡사한 증폭기를 사용하여 음을 측정하게 된다. 소음계는 'A' 특성이라 칭하는 인간의 귀와 같은 청감보정 특성을 통해 음의 크기를 측정하도록 제작된 것으로, A 특성회로의 소음계를 통해 측정한 음의 크기 레벨의 단위는 dB(A)를 쓴다.

그림 4-3 소리의 전달 경로

표 4-15 데시벨(dB)의 구분

음압(N/m^2)	음압레벨(dB)	실례	음역구분
60	130	제트엔진, 고통을 느낌	유해음역
20	120	프로펠러, 비행기의 엔진소음, 제트기 이륙(60 m), 괴로움을 느끼기 시작	
	110	자동차의 경적소음(전방 1 m), 건축소음(3 m), 말로 할 수 있는 최대한계	주의음역
2	100	금속가공, 고속특급열차 통과 시, 제트기 이륙(600 m), 소리침(15 m), 대단히 견디기 어려움	
	90	진공청소기, 소음이 심한 공장 안(예 : 방직공장), 지하철 또는 기차역, 무거운 트럭(15 m), 큰소리의 독창, 계속적인 노출은 청력에 위험, 산업적 노출의 한계	
2×10^{-1}	80	교통혼합지역, 지하철 차내 소음, 시끄러운 기계를 가진 사무실, 견디기 어려움	
	70	승용차, 전화벨(0.5 m), 시끄러운 사무실, 거리, 화물열차(15 m), 고속도로 교통량(15 m), 전화사용 곤란, 방해됨	
2×10^{-2}	60	조용한 승용차, 보통회화, 명동 등에서 붐비는 거리의 소음, 회계사무실	안전음역
	50	조용한 사무실, 음식점에서의 소음, 가벼운 교통량(15 m), 조용함	
2×10^{-3}	40	도서관, 주간의 조용한 주택, 거실, 침실, 부드러운 라디오 음악	
	30	속삭임, 심야의 교외, 대단히 조용함	
2×10^{-4}	20	조용한 주거지역, 시계 초침, 방송실	
	10	살랑거리는 바람소리, 나뭇잎 움직임, 겨우 들림	
2×10^{-5}	0	최소가청치, 청력의 시초	

출처 : 이경희(2003). p. 397; 윤정숙(2006). p. 46, 275.

(2) 주거환경의 소음조절

① 소음 관련 법규 및 기준

현행 법규에서 주거환경의 '소음' 관련 조항은 표 4-16과 같고, 소음환경기준은 표 4-17, 미공기조화냉동공학회의 실내소음 권장치는 표 4-18과 같다.

표 4-16 주거환경의 소음 관련 현행 법규

조항	내용	근거
생활소음의 규제	소음·진동으로 인한 피해를 방지하고 소음·진동을 적정하게 관리·규제	• 소음·진동규제법(일부개정 2009.6.9), 시행령(타법개정 2009. 12.24), 시행규칙 (타법개정 2009.6.30)
소음 환경기준 (표 4-17)	국민의 건강을 보호하고 쾌적한 환경을 조성하기 위하여 환경(대기, 소음, 수질 및 수생태계)기준을 설정	• 환경정책기본법(타법개정 2008.3.28), 시행령(타법개정 2009.12.24)
소음 등으로부터의 보호	공동주택을 건설하는 지점의 소음도(이하 "실외소음도"라 한다)가 65데시벨 이상인 경우에는 방음벽·수림대 등의 방음시설을 설치하여 해당 공동주택의 건설지점의 소음도가 65데시벨 미만이 되도록 하여야 한다. 다만, 공동주택이 '국토의 계획 및 이용에 관한 법률' 제36조에 따른 도시지역(주택단지 면적이 30만제곱미터 미만인 경우로 한정한다) 또는 '소음·진동규제법' 제26조에 따라 지정된 지역에 건축되는 경우로서 다음 각 호의 기준을 모두 충족하는 경우에는 그 공동주택의 6층 이상인 부분에 대하여 본문을 적용하지 아니한다. 〈개정 2007.7.24〉 1. 세대 안에 설치된 모든 창호(窓戶)를 닫은 상태에서 거실에서 측정한 소음도(이하 "실내소음도"라 한다)가 45데시벨 이하일 것 2. 공동주택의 세대 안에 '건축법 시행령' 제87조 제2항에 따라 정하는 기준에 적합한 환기설비를 갖출 것	• 주택건설기준 등에 관한 규정(일부개정 2009.11.5) 제9조
공동주택의 경계벽, 층간소음 방지	• 경계벽은 이를 지붕밑 또는 바로 위층 바닥판까지 닿게 하여야 하며, 소리를 차단하는 데 장애가 되는 부분이 없도록 설치 • 공동주택의 바닥은, 각 층간 바닥충격음이 경량충격음 58데시벨 이하, 중량충격음 50데시벨 이하의 구조가 되도록 하거나, 건설교통부장관이 정하여 고시하는 표준바닥구조가 되도록 할 것 • 국토해양부장관은 공동주택의 바닥충격음 차단구조의 성능등급 및 기준을 정하여 고시한다.	• 주택법(타법개정 2009.6.9) 제21조, 제21조의2, 제21조의4 • 주택건설기준 등에 관한 규정(일부개정 2009.11.5) 제14조

표 4-17 소음환경 기준

(단위 : Leq dB(A))

지역구분	적용대상지역	기준	
		낮 (06 : 00~22 : 00)	밤 (22 : 00~06 : 00)
일반지역	"가" 지역	50	40
	"나" 지역	55	45
	"다" 지역	65	55
	"라" 지역	70	65
도로변지역	"가" 및 "나" 지역	65	55
	"다" 지역	70	60
	"라" 지역	75	70

(비고)

1. 지역구분별 적용대상지역의 구분은 다음과 같다.
   가. "가" 지역
      (1) 「국토의 계획 및 이용에 관한 법률」 제36조 제1항의 규정에 의한 관리지역 중 보전관리지역과 자연환경보전지역 및 농림지역
      (2) 「국토의 계획 및 이용에 관한 법률」 제36조 제1항의 규정에 의한 도시지역 중 녹지지역
      (3) 「국토의 계획 및 이용에 관한 법률 시행령」 제30조의 규정에 의한 주거지역 중 전용주거지역
      (4) 「의료법」 제3조의 규정에 의한 종합병원의 부지경계로부터 50미터 이내의 지역
      (5) 「초 · 중등교육법」 제2조 및 「고등교육법」 제2조의 규정에 의한 학교의 부지경계로부터 50미터 이내의 지역
      (6) 「도서관 및 독서진흥법」 제2조의 규정에 의한 공공도서관의 부지경계로부터 50미터 이내의 지역
   나. "나" 지역
      (1) 「국토의 계획 및 이용에 관한 법률」 제36조 제1항의 규정에 의한 관리지역 중 생산관리지역
      (2) 「국토의 계획 및 이용에 관한 법률 시행령」 제30조의 규정에 의한 주거지역 중 일반주거지역 및 준주거지역
   다. "다" 지역
      (1) 「국토의 계획 및 이용에 관한 법률」 제36조 제1항의 규정에 의한 도시지역 중 상업지역과 동조 동항의 규정에 의한 관리지역 중 계획관리지역
      (2) 「국토의 계획 및 이용에 관한 법률 시행령」 제30조의 규정에 의한 공업지역 중 준공업지역
   라. "라" 지역
      「국토의 계획 및 이용에 관한 법률 시행령」 제30조의 규정에 의한 공업지역 중 일반공업지역 및 전용공업지역
2. 도로라 함은 1종렬의 자동차(2륜자동차를 제외한다)가 안전하고 원활하게 주행하기 위하여 필요한 일정폭의 차선을 가진 2차선 이상의 도로를 말한다.
3. 이 소음환경기준은 항공기소음 · 철도소음 및 건설작업 소음에는 적용하지 아니한다.

출처 : 환경정책기본법 시행령, 별표 1(제2조 관련), 소음 발췌

표 4-18 ASHRAE 실내소음 권장치

공간		dB(A) 근삿값
개인주택, 임대·분양아파트		33-43
호텔 또는 숙박시설	개인실, 회의실	33-43
	홀, 복도, 로비	43-53
사무실	임원실, 개인 사무실	33-43
	오픈 플랜 사무실	38-48
	이동지역(통과지역)	48-53
도서관		38-48

출처 : American Society of Heating, Refrigeration and Air Conditioning Engineers' (Atlanta) Applications Handbook(1995). p. 435 일부 발췌

② 외부소음의 조절

- 외부소음의 종류
  - 교통 및 수송소음(자동차, 트럭, 오토바이, 전차, 기차, 항운, 항공 등)
  - 산업소음(공장, 작업장, 각종 기계장치 및 설비 등)
  - 인간이 발생하는 소음(스포츠, 옥외활동, 확성기 등) (이경회, 2003)
- 외부소음의 경로차단 : 부소음의 소음원에서 발생하는 음압레벨을 감소시키는 소음원 대책으로는 도시계획과 건물배치에 따라 소음레벨의 변화를 주는 방법과, 차량과 건물 사이에 방음벽이나 수림대를 설치하여 소리의 경로를 차단하는 방법이 있다.

충분한 길이와 높이의 방음벽은 수음측 건물의 특히 저층부에 음의 그림자를 형성시키므로 소음을 감쇠하는 데 유용하게 사용된다. 방음벽은 음원 가까이 있을 때 가장 효과적이고 그 다음은 수음점 근처에 두는 것이 유리하다. 그러나 방음벽에 의한 소음조절은 소리의 반사의 원리에 의한 것으로 도로측에서는 소음레벨의 감소효과를 기대할 수 없을 뿐 아니라, 열용량이 높은 재료의 방음벽은 도시의 열섬현상에 일조하므로, 최근에는 방음벽 녹화가 활발히 시행되고 있다. 담쟁이덩굴 등의 덩굴식물을 식재하여 음의 그림자 형성뿐 아니라 소리의 상쇄효과와 자연(green)도입효과를 얻고 있다.

이러한 측면에서 볼 때 수림대는 소음의 경로를 차단할 뿐 아니라 흡음과 같은 소리의 상쇄효과가 있고 다양한 친환경적 의미가 있다. 그러나 수림대에 의해 소음을 저감시키려면 활엽수와 같이 잎과 잎 사이에 틈이 많은 나무에 의한 수림대는 소음감소효과가 미약하고, 침엽수와 같이 잎이 빼곡한 수종으로 나무 간격도 밀집하여 식재해야 한다.

도시공원 및 녹지 등에 관한 법률(일부개정 2008.2.29) 제35조에 의하면 대기오염·소음·진동·악취 그 밖에 이에 준하는 공해와 각종 사고나 자연재해 그 밖에 이에 준하는 재해 등의 방지를 위하여 설치하는 녹지를 완충녹지라고 하며 도시공원 및 녹지 등에 관한 법률 시행규칙(일부개정 2008.3.14 국토해양부령 4호)에서 설치기준을 정하고 있다.

■ 자연음의 도입 : 소음이란 듣는 사람에게 좋지 않은 느낌을 주는 소리이므로, 외부소음의 레벨을 감소시키기 위해서 인간이 소음으로 느끼지 않는 '자연음(물소리, 새소리 등)'을 도입하여 차폐효과를 얻는 것도 한 방법이다. 즉, 주변에 생물 서식처를 조성하는 것은 주변 환경과의 친화, 미기후 조절효과뿐 아니라 외부소음 레벨의 감소효과도 있는 것이다.

■ 건물의 차음 계획

- 차음성능 : 벽에 입사된 음파의 에너지의 일부는 원점으로 반사하고, 일부는 벽체 내부에서 열에너지로 변화(흡수)하고, 나머지는 벽의 반대측으로 투과하는데 투과 손실이 클수록 차음력이 크다고 본다. 대기 중의 소리가 한 공간으로부터 다른 공간으로 전달되는 것을 방지하기 위해서는 공간의 분리벽으로 차음재를 사용한다. 차음재는 소리의 전달을 가급적 차단시키기 위해서 사용되는 건축재료이다. 재료의 특성에 의해 일반적으로 좋은 흡음재는 소리의 차단율이 좋지 않다. 이는 다공질 흡음재에서와 같이 입사된 소리에너지의 많은 양이 연속적인 작은 구멍들을 통해 다른 공간으로 전달되기 때문이다. 한편 견고하고 작은 구멍들이 없는 재료인 경우에는 입사된 음파를 잘 반사시키기 때문에 차음률은 좋으나 흡음률은 좋지 않다. 대표적인 차음재로서는 철, 납, 합판, 석고, 유리, 콘크리트, 시멘트 벽돌 등이 있다.
- 창의 차음성능 : 창은 환기, 일조, 조망 등의 역할을 하나, 건축물의 개구부로서 외부소음 전달의 주요인이 되기도 한다. 창의 크기, 모양, 기밀성에 따라 차음성능에 영향을 주는데 창의 차음성능에 영향을 주는 요인은 유리 자체의 차음성능 이외에도 틈, 창문 면적, 지지조건 등이 있다. 틈은 차음성능에 영향을 주는 요인 중 가장 중요한 것으로, 틈면적률이 최소가 되도록 기밀하게 하는 것이 차음에 유리하다.
- 발코니 계획 : 차음성능을 높이기 위한 또 하나의 방법은 발코니에 유리창을 설치하는 것이다. 발코니 전면에 유리창을 설치하면 음의 완충공간이 형성되어 10 dB(A) 정도의 차음효과를 얻을 수 있다(임만택, 2002; 윤정숙, 2006).

③ 내부소음의 조절

■ 내부소음의 종류 : 생활소음을 포함한 건물내부의 소음은 Note 4-1과 같이 조사된 바 있다. 지금까지 공동주택의 내부소음은 건물내부 소음 즉, 윗집·이웃집·계단이나 복도로

부터의 소음이 거주자에게 영향을 미치는 것으로 인식되어, 내부소음의 대책은 층간소음, 개폐음, 급배수소음에 대한 대책이 위주가 되었다. 그러나 Note 4-1에서 보는 바와 같이 생활소음을 포함하면 단위주거 내 소음이 그 종류가 많으며, 소음이 신경 쓰이는 정도에 대해 건물내부의 소음과 자신의 주택에서 발생되는 소음에 큰 차이 없이 반응하여, 단위주거 내 소음조절도 주거환경에서 중요한 계획요소로 보아야 할 것이다.

- 바닥충격음 대책 : 고체를 통한 소리의 전달을 막기 위해서는 위층 바닥 구조체와 아래층 천장 구조체의 접촉을 가능한 줄이는 방법으로서 뜬바닥 구조를 채택하거나 충격을 완화하는 차음재를 설치하는 것이 바람직하다.
- 개폐음 대책 : 개구부 개폐음은 문과 문틈 사이의 틈새를 통해 전해지는 공기 전달음과 문이 동작할 때 문틀과 부딪치며 발생하는 고체전달음을 말한다. 개폐음 대책으로는 개폐시에 큰 충격이 발생하지 못하게 창호의 동작을 억제하는 방법으로 도어체크 등을 설치하거나, 창호의 주변부에 완충재를 설치하여 충격력의 전달량을 감소시키는 방법으로 방진고무, 코르크, 펠트 등을 완충재로 이용하는 것이 좋다.
- 설비음 대책 : 설비음 대책을 위해서는 설비상의 보완이 필요하다. 급배수설비의 소음 및 진동은 덕트와 배관 파이프를 따라 전파되므로 접속부에 고무 등 신축성 있는 재료를 사용하며, 바닥 관통 부분에는 완충재와 파이버 글라스 등을 사용해 방진구조로 하거나 최근 시판되는 소음저감 파이프 등을 선택한다.
- 흡음 대책 : 내부소음 저감을 위해서는 흡음재료를 사용하는 방법이 있다. 차음성능 및 흡음성능이 좋은 복합구조를 채용하면 단열성능도 증대되고 차음성능도 좋으나, 비교적 경량구조로서 소음을 줄이기 위한 방안으로 이용되는 것이 흡음재이다.

흡음은 벽에 입사한 음파의 반사하는 비율을 가능한 한 적게 하여 실내의 음파에너지를 빨리 소멸시키는 작용으로서, 음파의 에너지(진동의 에너지)를 열에너지로 바꾸는 현상이다. 흡음재료는 이 변환원리에 따라, 연속기포 다공질재료, 판상재료, 구멍 뚫린 판의 세 종류로 대별된다. 이러한 건축적 방법 이외에 주 생활재에 의한 방법으로 주택내부의 소음을 저감하기 위해 두껍고 흡수력이 강한 커튼이나 타페스트리를 설치하거나 러그, 카펫 등을 까는 것도 좋은 방법이다. 그러나 이러한 패브릭 종류의 주 생활재는 흡음효과는 있으나 최근 제기되고 있는 실내공기오염물질인 집먼지 진드기, 미세먼지 등의 농도를 증가시킬 수 있음을 유의해야 한다.

Note 4-1

아파트의 내부 생활소음레벨 및 소음종류 실태

아파트 단위주거 20곳에서 거주자의 생활을 포함한 상태에서 현장조사한 결과, 창을 닫고 생활하는 겨울철의 아파트에서의 소음종류는 다음과 같다.

아파트의 소음의 종류 조사결과

소음발생원		소음의 종류
단위주거 내 소음	급배수설비소음	화장실 사용, 부엌물 사용, 변기 물 내리는 소리
	생활기기 소음	TV 소리, 라디오 소리, 오디오 소리, 세탁기 소리, 드릴 소리, 전화벨 소리, 초인종 소리, 드라이어 소리, 컴퓨터 소리, 인터폰 소리, 관리사무소 안내방송, 청소기 소리, 측정기기 소리, 시계 소리, 가스레인지 점화 소리
	가족이 발생하는 소음	아이들 떠드는 소리, 아이들 뛰어다니는 소리, 전화통화, 방문개폐 소리, 망치질 소리(못질 소리), 기침 소리, 집안 정리 소리, 수업 소리, 물건 떨어뜨리는 소리, 테이프 뜯는 소리, 서랍장 개폐 소리, 물 끓는 소리, 샤워하는 소리, 종이 접는 소리, 발 소리, 비닐봉지 소리(과자봉지 포함), 샤워 소리, 웃음 소리, 대화 소리, 음식 소리
	환기설비 소음	주방후드 소리
	가사작업 소리	그릇 정리 소리, 설거지 소리
건물내부 소음	계단·복도 소리	계단에서의 대화소리, 층계 발 소리
	이웃집 소리	이웃집 공사 소리, 앞집 현관 닫히는 소리, 못질 소리
	윗집 소리	피아노 소리, 물건 떨어뜨리는 소리, 위층 소리
건물외부소음		외부 크레인 소리, 이삿짐 이동 소리

소음에 대한 주관적 반응에 대해 조사한 결과, 윗집과 이웃집 소리, 급배수설비 소음, 가족이 발생하는 소음에 대해 부정적으로 응답하였다. 연구의 조사시기와 같이 창문을 닫고 생활하는 계절에는 아래 표에서 보는 바와 같이 건물 밖 소음보다 건물 내 소음이 더 영향을 미친다는 것을 알 수 있다.

소음종류별 소음이 신경 쓰이는 정도(■ : 최대빈도)

신경 쓰이는 정도 / 소음종류		① 많이 신경 쓰임		② 신경 쓰임		③ 약간 신경 쓰임		④ 거의 신경 쓰이지 않음		⑤ 신경 쓰이지 않음		계(명)	평균	
		명	%	명	%	명	%	명	%	명	%		구분	전체
건물 밖 소음		2	10	3	15	3	15	7	35	5	25	20	3.5	3.5
건물 내 소음	계단, 복도에서의 소리	0	0	2	10	7	35	6	30	5	25	20	3.7	3.4
	이웃집 소리	2	10	3	15	7	35	4	20	4	20	20	3.3	
	윗집 소리	4	20	1	5	8	40	3	15	4	20	20	3.1	
단위 주거 내 소음	급배수설비 소음	2	10	4	20	5	25	5	25	4	20	20	3.3	3.6
	냉난방설비 소음	1	5	2	10	4	20	6	30	7	35	20	3.8	
	기기 소음	0	0	0	0	6	30	7	35	7	35	20	4.1	
	가족이 발생하는 소음	1	5	3	15	8	40	3	15	5	25	20	3.4	
	환기설비 소음	1	5	2	10	8	40	4	20	5	25	20	3.5	
	가사작업소리	0	0	4	20	2	10	7	35	7	35	20	3.9	

출처 : 최윤정(2009). pp. 83-90 일부 발췌

3. 그린홈

1) 그린홈의 개념

그린홈이란 개념적인 의미에서는 친환경적 계획 및 설계를 통해 지어지고 거주자의 건강·안전·편리성 제공과 더불어 지구환경부하 발생을 최소화한 주택이며, 성능적인 의미에서는 건축물의 에너지효율화 설계, 신재생에너지의 적용, 외부 자연환경과의 조화 등의 기술을 통해 주택의 열과 전력에너지 공급을 위해 소비되는 화석연료 사용량을 줄임으로써 기후변화 대응에 부합하고 지구온난화 방지에 기여하는 주택이다(대한주택공사, 2009).

다시 말해서 그린홈은 에너지 소비를 줄이면서 사용하는 에너지도 탄소가 배출되지 않는 청정에너지를 이용하는 친환경 주택으로 지구환경에 미치는 부정적 영향을 최소화하면서 거주자에게 쾌적하고 편리한 거주공간을 조성시킬 수 있는 주택이라 할 수 있다.

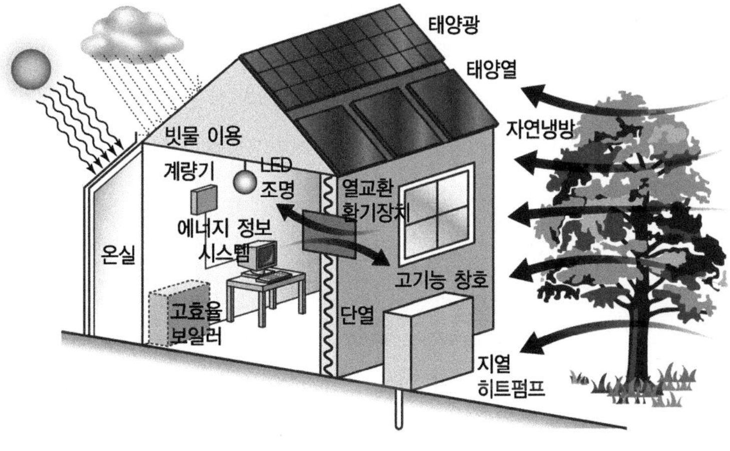

그림 4-4 그린홈의 개념

출처 : 대한주택공사(2009). p. 50.

(1) 그린홈의 필요성

과거 국내의 주택정책은 심각한 주택난 문제를 완화하기 위해 주택구입 능력이 취약한 일반 서민에게 저렴한 가격으로 임대・분양하기 위한 공급위주에 치중해 왔기 때문에 그린홈 정책은 다소 초보적인 수준에 머물고 있다.

지금까지 그린홈 정책은 건축법에서 단열 및 기밀성능 기준강화 등의 에너지절약계획서 제출, 친환경건축물인증제도 및 주택성능등급표시제도의 시행 등에 의해 기본적인 수준에서 유지해 왔다고 할 수 있다. 2001년부터 통합 운영해 오고 있는 '건축물 에너지절약설계기준'은 주택의 단열기준 강화 및 고효율 기기 사용 등을 설계에 반영하여 의무화함으로써 에너지 절약을 도모하였다. 2002년에 도입한 친환경건축물인증제도는 친환경 건축에 대한 인식 변화로 친환경 성능을 만족시킬 수 있는 건물 수요가 점진적으로 증가하는 계기를 마련하였다. 또한 주택부문에서는 2006년부터 주택성능등급표시제도가 시행되면서 에너지성능등급을 분양 공고에 표시하도록 의무화됨에 따라 더욱 에너지 절약적인 주택건설에 기여할 수 있게 되었다.

이러한 국내의 그린홈 관련 제도 및 기술 적용은 수요자 측면에서 초기 투자비가 많이 소요되기 때문에 저에너지·저탄소형 주택건설에 대한 관심이 저조한 면이 있으며, 정부와 일부 기업에서는 저탄소 녹색성장을 위한 제품 및 기술개발에 선도적 역할을 하고 있으나, 선진외국(EU)에 비해 상당 수준 미미한 실정이다. 선진국은 저탄소 녹색성장을 위한 첨단 건설기술부문과 관련한 신기술 개발에 지속적인 노력을 도모하고 있으며, 난방비를 줄이는 패시브하우스 기법을 반영한 주택건설이 증가하는 추세이다.

최근 들어 에너지 소비와 온실가스 배출량 증가에 따른 기후변화 대응이 인류 생존을 좌우하는 국제적 현안으로 부상함에 따라 국내 건설부문에서도 에너지의 저소비·저탄소를 위해 태양열·태양광 등 신재생에너지의 활용, 가용 폐기물의 에너지화를 통해서 온실가스 감축 노력을 활발히 진행하고 있다. 국내의 경우, 국가 전체 에너지사용량 중에서 가정상업부문인 건물에서의 에너지사용량이 약 20% 이상을 차지하고 있으며, 이 중 주거용 건물에서 약 54%의 에너지 소비가 발생하고 있다. 또한 주거용 건물에서도 약 51% 정도가 공동주택에서 소비하는 것으로 나타나고 있다.

따라서 국내에서도 에너지 절감과 신재생에너지 사용 등 저에너지 친환경 주택인 그린홈 건설 및 조성이 시급한 실정이다. 이에 저에너지, 저탄소형 친환경 주택건설을 위해서는 관련 기준의 마련과 각 요소기술들에 대한 효과분석, 그리고 관련 기술 간의 유기적 통합과 구현을 위한 방안마련이 필요하다.

(2) 그린홈의 등장

최근 범지구 차원에서 국가 간에 가장 중요한 이슈는 에너지와 이산화탄소라 할 수 있다. 그 동안 인류는 발전을 위해 자연환경을 무분별하게 훼손하고 화석에너지의 많은 사용으로 이산화탄소의 배출이 빠르게 증가되어 지구온난화가 가속되고 있다. 이러한 온난화는 인류의 지속가능성에 가장 위협적인 존재가 되고 있다.

지구온난화는 1972년 로마 클럽보고서에서 처음 지적되어 1985년에 세계기상기구(WMO)와 국제연합환경계획(UNEP)이 지구온난화의 주범으로 이산화탄소를 공식 선언하게 되었다. 이들 두 기구는 1988년 기후변화에 관한 정부 간 패널(IPCC)을 설치하고, 1992년 브라질 리우환경회의에서 처음으로 기후변화협약(UNFCCC)을 채택하였다.

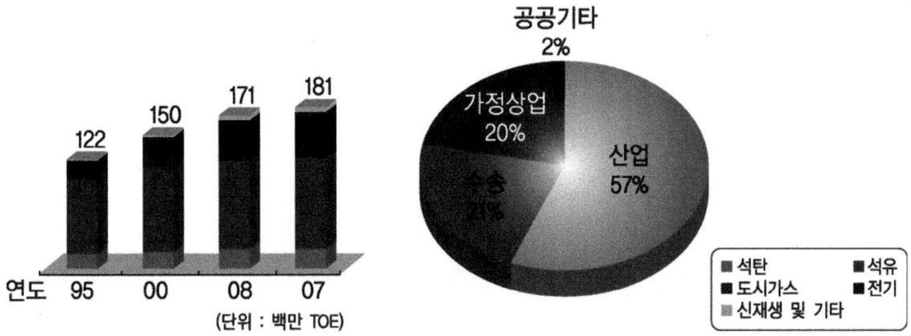

그림 4-5 국내 최종에너지 소비현황

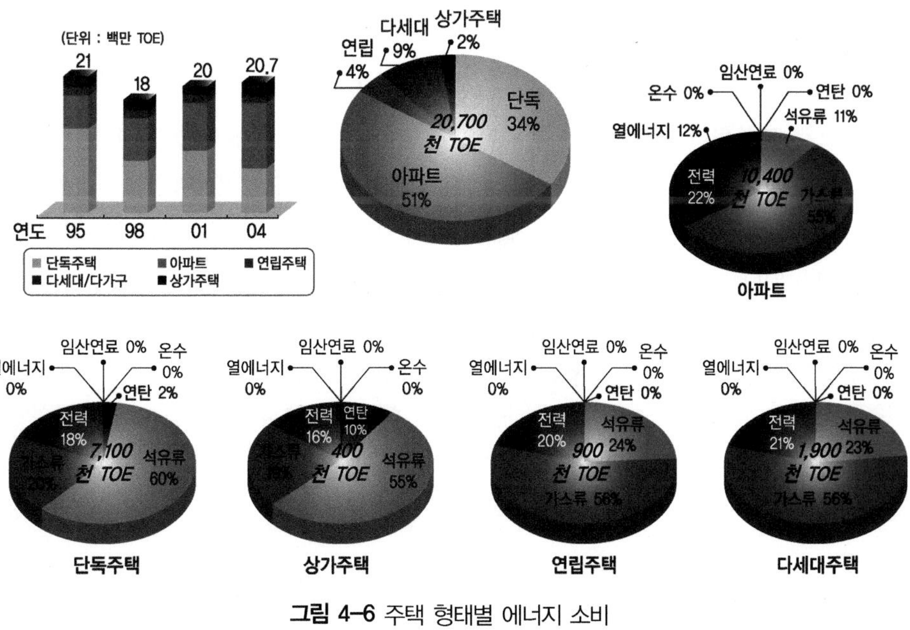

그림 4-6 주택 형태별 에너지 소비

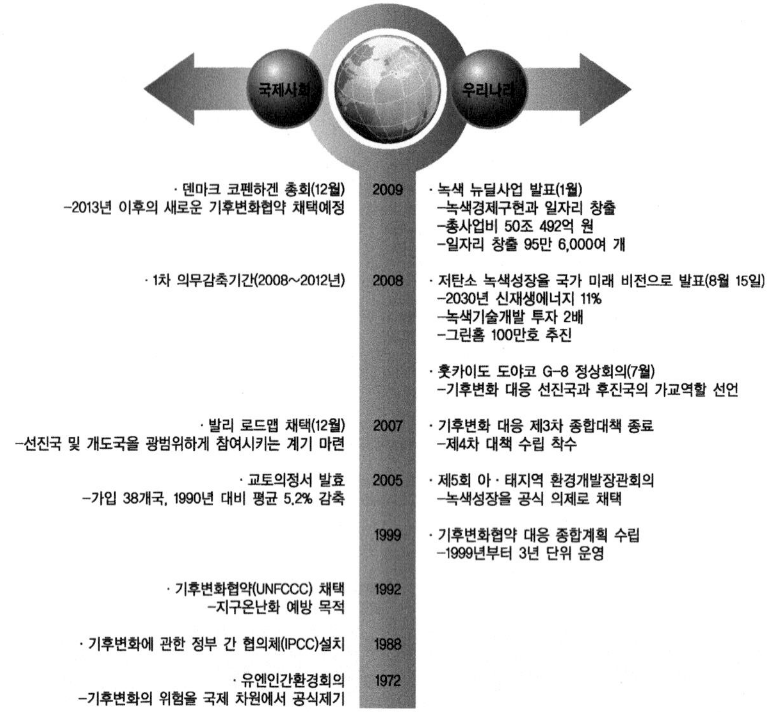

그림 4-7 국내외 기후변화 대응 경과

출처 : 대한주택공사(2009). p. 6.

1997년 유엔 교토총회에서는 선진 38개국이 1차 공약기간 동안(2008년부터 2012년까지) 1990년 배출량 대비 평균 5.2%를 감축하고자 하는 교토의정서를 채택하였다. 당시 우리나라는 개도국으로 분류되어 대상에서는 제외되었다. 이러한 상황 속에서 2007년 12월 인도네시아 발리에서는 2013년 이후의 기후변화 대응체계 구축을 위해 선진국과 개도국이 모두 참여하여 2009년 12월 코펜하겐 총회까지 새로운 온실가스 감축목표를 제시하자는 발리 로드맵을 채택한 바 있다.

그림 4-8 국가 에너지 패러다임의 변화

출처 : 김효성(2009). p. 58.

정부는 이러한 국제적인 흐름에 대응하면서도 선진국과의 성장 격차를 급속히 줄일 수 있는 새로운 국가의 성장이념으로서 저탄소 녹색성장을 2008년에 발표한 바 있다. 저탄소 녹색성장은 선진국이 주도권을 쥐고 있는 국제적 조류에 뒤지지 않고, 오히려 이를 선도할 수 있는 계기로 만들기 위한 중요 정책이다. 이것은 낮은 에너지효율과 높은 이산화탄소 발생으로 인한 취약한 대응구조를 높은 에너지효율과 낮은 이산화탄소 발생 구조로 전환시켜 성장과 환경이 시너지효과를 내는 새로운 성장이념이다.

국내의 경우, 전체 사용하는 에너지 중에서 건물에서 사용하는 에너지가 약 22% 정도이지만, 선진국으로 갈수록 건물에서 사용하는 에너지 비중이 증가하는 경향이 있어 40%에 이를 것으로 전망하고 있다. 이처럼 건물에서 사용하는 에너지 절감과 이산화탄소 저감은 국가적으로 중요한 문제이며, 이에 따라 등장한 것이 저탄소 녹색건물이라 할 수 있다. 기존의 건물에서는 에너지와 환경이 계획·설계·구조·시공·관리·자재·설비와 함께 건축물을 구성하는 단순 요소로 고려되었지만, 최근의 건물에서는 에너지 절약과 이산화탄소 배출 저감이 주요 관심 대상으로 간주되고 있다. 즉, 에너지와 이산화탄소를 줄이기 위한 건축계획, 그것을 달성하기 위한 디자인과 설계, 구조계획, 시공, 관리, 자재를 사용하는 것이 저탄소 녹색건물이다. 여기서 건물의 종류는 다양하지만 크게 주거와 비주거로 구분할 수 있으며, 저탄소 녹색건물로서 주거는 그린홈, 비주거는 그린빌딩으로 구분할 수 있다.

그린빌딩, 그리고 최근의 그린홈 개념이 등장하기 이전에도 친환경 건축, 환경친화 건축, 환경공생 건축, 생태건축 등의 친환경 건물들이 있었으나, 주로 환경·생태적인 측면의 건축형태를 중시한 건축행위라 할 수 있다. 반면 새롭게 등장한 저탄소 녹색건물인 그린홈과 그린빌딩을 살펴보면, 그린홈은 법적으로 '에너지 절약형 친환경 주택' 으로 정의하고 있으며, 그린빌딩은 '에너지 절약, 자원 절약 및 재활용, 자연환경의 보전, 쾌적한 주거환경을 목적으로 설계·시공·운영 및 유지관리·폐기까지 라이프사이클에서 환경에 대한 피해가 최소화되도록 계획된 건축물' 로 정의하고 있다. 이러한 관점에서 그린홈은 에너지절감과 이산화탄소 저감을 통한 지구환경부하를 줄이는 데 초점을 두고 있는 반변에 그린빌딩은 자재생산부터 해체·폐기까지 전생애에 걸친 친환경성을 강조하고 있다. 녹색건물에 관한 두 개념이 다소 다르게 정의되고 있으나 모두 저탄소 녹색건물을 추구하고 있다는 점에서 일맥상통한다고 볼 수 있다.

세계 각국은 건물의 신축·유지·보수과정에서 발생하는 온실가스를 줄이고 에너지 효율을 높이기 위해 많은 노력을 기울이고 있다. 우리나라도 녹색성장 국가전략 및 5개년 계획(안)을 수립하고(2009. 7), 그린홈과 그린빌딩 사업, 신재생에너지 산업화 및 보급 촉진, 저탄소 녹색마을 확대 등의 사업에 적극 투자하고 있다. 특히, 그린홈과 그린빌딩 사업은 온실가스를 줄일 수 있는 가장 경제적이면서도 효율적인 분야로 평가받고 있다. 실제로 전체 온실가스

배출원 가운데 가정상업부문의 비중이 약 40%에 이르고 있다. 감축 잠재량 또한 매우 높아 2020년까지 총 예측발생량의 약 29%, 2030년까지는 31%를 줄일 수 있을 것으로 예상하고 있다(IPCC, 2007a). 이처럼 그린홈과 그린빌딩을 포함한 에너지 절약형 친환경 건설은 온실가스 감축을 위한 효과적인 정책수단으로 평가됨에 따라 관련 기술개발과 보급 촉진을 위한 기반 마련이 시급하다.

2) 그린홈의 계획기법과 기술 요소

그린홈 및 그린빌딩 등 건물에서 발생하는 이산화탄소 배출을 저감하는 방안으로는 크게 두 가지를 거론할 수 있다. 첫째, 건물에서 사용하는 에너지 소비량을 줄임으로써 단위당 발생하는 이산화탄소 발생량을 감소시키는 것이다. 둘째, 에너지 소비량을 줄이지만 어쩔 수 없이 사용할 수밖에 없는 화석에너지를 대체할 수 있는 신재생에너지를 적용하여 이산화탄소의 배출을 줄이는 것이다.

두 방안 가운데 비교적 손쉽고 확실하게 이산화탄소를 저감할 수 방안은 기본적으로 에너지 소비량을 줄이는 것이다. 즉, 단열성능, 창호성능, 설비효율(환기, 펌프, 보일러 등)의 향상, 자연광을 활용한 조명부하 저감, 자연통풍의 활용, 냉방부하의 저감, 고효율 조명기구 적용 등을 통해 건물의 에너지 소비를 줄일 수 있다. 또한 건물외부에 옥상 및 벽면 녹화, 단지녹화, 비오톱(biotop) 조성, 우수 및 오배수의 활용 등 생태환경적인 요소를 적용하여 에너지 소비를 줄일 수 있다. 기존 건물에 비해 약 10%의 에너지만 사용하는 패시브하우스(passive house)가 대표적인 예라고 할 수 있다. 우리나라는 1인당 에너지 소비량이 많기 때문에 에너지 절약에 따른 이산화탄소 감축효과가 더욱 크게 나타날 수 있다. 대표적인 제도로는 건물에너지효율등급인증제도(2001), 친환경건축물인증제도(2002), 주택성능등급표시제도(2006), 그리고 에너지 고효율 기기 및 기자재 보급사업, 에너지절약전문기업, 에너지진단 등을 들 수 있다.

둘째, 신재생에너지를 육성, 발전시켜 화석에너지의 비중을 대체시키는 방안이다. 정부는 저탄소 녹색성장을 선언한 후 관련 신성장 산업 육성에 집중하여 많은 예산을 투입하고 있다. 현재 우리나라는 신에너지 및 재생에너지개발 이용보급촉진법(2005.7 발효)에서 11개의 신재생에너지를 정의하고 있지만, 신재생에너지 적용에 따른 이산화탄소 감축효과가 불확실하고 경제성 분석 등이 부족하여 향후 보급 확대를 위해서는 많은 노력이 요구되고 있다.

이와 더불어 그린홈을 구현하기 위한 계획기법과 기술요소로는 크게 다섯 가지로 구분할 수 있으며, 일반적으로 저에너지 건물 조성기술, 고효율 설비기술, 신재생에너지 이용기술, 외부환경 조성기술, 녹색 IT기술로 구분하여 살펴보고자 한다.

(1) 저에너지 건물 조성기술

저에너지 건물 조성기술은 고단열·고기능 외피구조, 기밀설계, 일조확보, 친환경자재 사용 등을 통해 건물의 에너지 및 환경부하를 절감하는 기술을 말한다.

겨울철에 사람들이 추위를 이기기 위해 두꺼운 옷을 입는 것처럼 건물도 벽체·창호 등 바깥공기와 접하는 부위를 효율이 좋은 단열재를 사용하고, 기밀성능이 뛰어난 창호를 사용하는 등 효율적으로 설계하면 건물 자체의 에너지 소비량을 줄일 수 있다. 즉, 에너지를 절감하는 단열(insulation)은 건물을 감싸는 외벽이나 천장 등을 통해 새어 나가는 열을 잡는 방법으로 스티로폼, 유리섬유, 우레탄 등을 들 수 있다. 또한 일반 단독주택은 창호 면적보다 벽체 면적이 많기 때문에 단열재를 두껍게 하면 많은 에너지 절감효과를 얻을 수 있다. 단열재는 종류별로 각각의 독특한 특성과 기능을 갖는다. 따라서 어떠한 대상물에 어떤 단열재를 사용할 것인지는 실내온도, 외부조건, 강도, 내화성, 내약품성, 흡음·방습 및 결로에 대한 성능과 가격 등을 충분히 검토한 후에 결정하는 것이 중요하다.

한편, 건물에서 열손실이 가장 많이 발생되는 곳은 창호이다. 또한 결로 발생, 소음 유입 등의 원인이 되기도 한다. 따라서 고기밀·고단열 창호의 선택은 건물의 에너지 절약을 위해 아주 중요하다. 창호의 단열성과 기밀성을 강화하기 위해 열이동을 줄여 주는 열교차단재를 사용하고 3중 유리를 사용하기도 한다. 최근 아파트의 외부 창호는 성능이 점점 강화되고 있다. 고기밀·고단열 창호를 사용할 경우 7~10%의 에너지 절감효과가 있는 것으로 보고되고 있다.

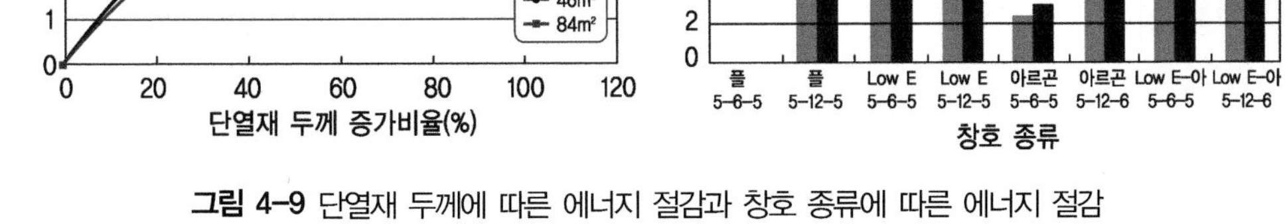

그림 4-9 단열재 두께에 따른 에너지 절감과 창호 종류에 따른 에너지 절감

출처 : 김종엽(2009). p. 66.

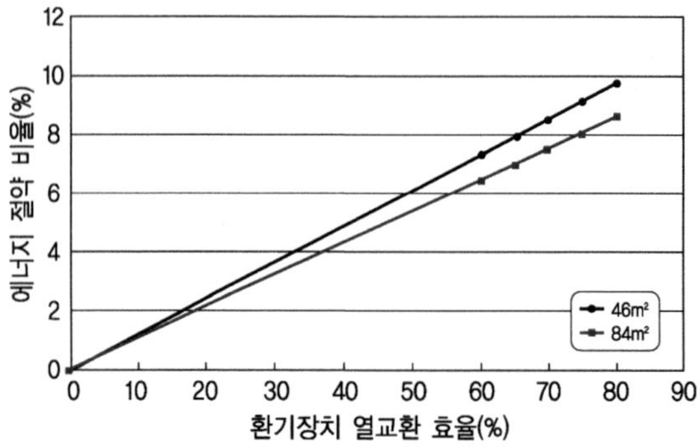

그림 4-10 환기장치의 열교환 효율에 따른 에너지 절감

출처 : 김종엽(2009). p. 67.

(2) 고효율 설비기술

고효율 설비기술은 고효율 열원설비, 최적 제어설비, 고효율 환기설비 등을 이용하여 건물에서 사용하는 에너지량을 절감하는 기술을 말한다. 여기서 고효율 기기란 일반적인 기기보다 효율이 좋은 에너지 기기로 콘덴싱보일러, 고효율펌프, 열교환환기장치 등이 있다.

그린홈에 있어서 고효율 자재의 사용과 더불어 고효율 기기의 사용도 중요하다. 2006년에 '건축물의 설비기준 등에 관한 규칙'이 개정되면서 100가구 이상의 신축 및 리모델링 공동주택은 시간당 0.7회 이상 환기횟수를 만족해야 한다. 그러나 탄소 배출저감 의무화, 에너지 절약과 같은 이슈에 의해 '환기를 통한 에너지 손실'이 문제됨에 따라 폐열을 회수하는 환기장치의 요구가 증대하였다. 폐열회수형 환기시스템은 환기를 통해 배출되는 공기의 열로 외부로부터 끌어들인 공기를 따뜻하게 하는 방식이다. 일반 환기시스템과 비교하여 연간 약 30%의 에너지 절감효과가 있는 것으로 평가되고 있다. 이 밖에도 지열을 이용하여 공기를 따뜻하게 하는 지중덕트 시스템, 실내공기와 신선한 외기를 CO_2 센서가 감지하여 자동으로 환기시키는 시스템 등이 있다. 또한 하이브리드 환기시스템은 기존의 기계환기시스템과 자연환기시스템을 병합한 것으로 에너지 소비를 줄일 수 있는 시스템이다. 기존의 자연환기에 부가적으로 화장실 배기팬과 주방 배기팬을 연동할 수 있으며, 유입외기를 데우거나 시원하게 하기 위해 지중덕트와 연계하여 활용할 수 있다. 이는 환기부하를 20~30% 절감하는 것으로 평가되고 있다.

(3) 신·재생에너지 이용기술

신·재생에너지란 신에너지 및 재생에너지 개발·이용·보급촉진법 제2조의 규정에 의거 '기존의 화석연료를 변환시켜 이용하거나 햇빛·물·지열·강수·생물유기체 등을 포함하여 재생

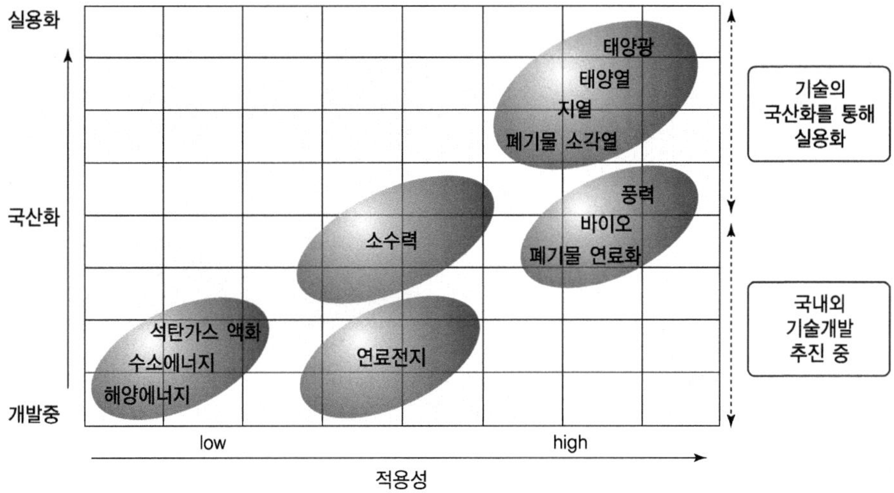

그림 4-11 국내 신재생에너지 기술의 기술개발 수준 및 적용성

출처 : 김종엽(2009). p. 67.

가능한 에너지를 변환시켜 이용하는 에너지'로 정의하고 11개 분야로 구분하고 있다.

- 재생에너지 : 태양광, 태양열, 바이오, 풍력, 수력, 해양, 폐기물, 지열(8개)
- 신에너지 : 연료전지, 석탄액화가스화 및 중질잔사유가스화, 수소에너지(3개)

11가지 신·재생에너지 기술 가운데 그린홈에서 적용할 수 있는 기술로는 태양열, 태양광 발전, 풍력, 지열, 연료전지, 바이오에너지 등을 들 수 있다. 국내 적용 가능한 신재생에너지 기술의 개발수준과 적용 가능성을 상대적으로 살펴보면 그림 4-11과 같다. 대부분의 신재생에너지 기술은 시스템이 고가이거나 설치장소가 제한적이어서 비용 상승이 많은 것으로 나타나고 있으며, 기본적으로 태양열/태양광, 풍력, 지열, 폐기물의 바이오화 등의 기술 적용 가능성이 높은 것으로 분석되고 있다. 향후 지역특성에 효과적으로 적용하고 활용하기 위해서는 신재생에너지 기술별 적용성 평가 및 경제성 분석이 요구된다. 각각의 기술을 살펴보면 다음과 같다.

① 태양열시스템

태양에서부터 오는 에너지를 모아서 열로 변환하여 난방이나 급탕, 그리고 냉방열원으로 활용하는 시스템이며, 집열판, 축열조, 펌프, 보조보일러 및 제어장치로 구성되어 있다. 태양열 집열판 1 m^2를 설치할 경우 1년 동안 난방 혹은 급탕으로 유용하게 쓸 수 있는 에너지양은 약 235 Mcal이다.

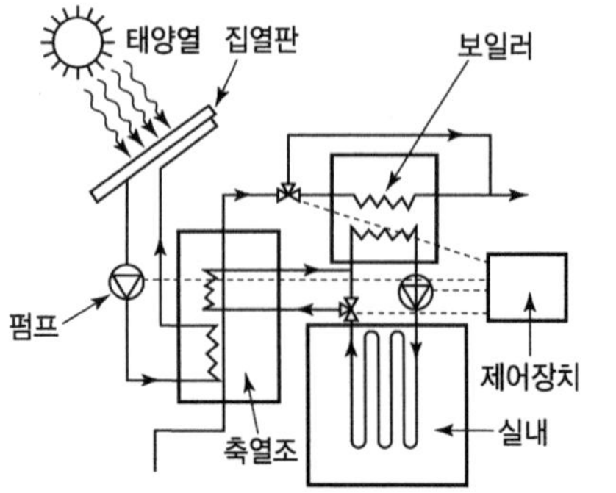

그림 4-12 태양열 급탕시스템 개념도(좌)와 태양열시스템 적용사례(우)

출처 : 에너지관리공단 신재생에너지센터

② 태양광 발전시스템

햇빛을 받으면 광전효과(photoelectric effect)에 의해 전기를 발생하는 태양전지와 전기에너지를 저장·공급하는 요소들에 의해 전력을 생산하는 시스템으로, 집광판, 축전기 및 전력변환장치 등으로 구성되어 있다. 1 kW급 태양광 발전 시스템의 집광판 면적은 약 7.5 m^2이고, 1년에 약 1,140 kWh의 전력생산이 가능하다.

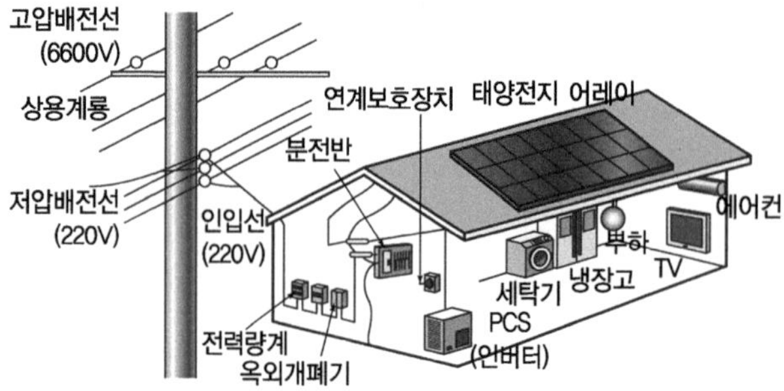

그림 4-13 태양광발전 시스템 구성도(좌)와 신안 태양광발전소 적용사례(우)

출처 : 에너지관리공단 신재생에너지센터

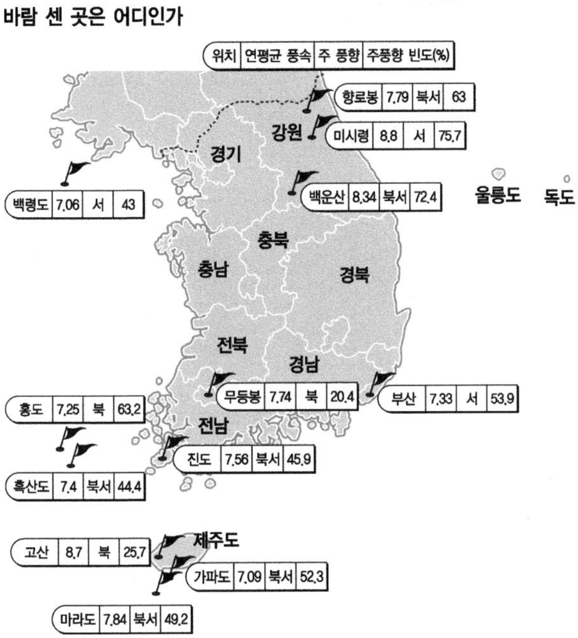

그림 4-14 우리나라 바람지도

출처 : 기상청

그림 4-15 덴마크 해상풍력단지

그림 4-16 고속도로 풍력발전기

③ 풍력시스템

바람의 힘을 이용하여 풍차를 돌려 회전력으로 전환시키고, 전환된 회전력을 이용하여 유도전기를 발생시켜서 전력을 생산·공급하는 시스템이다. 풍차를 움직일 수 있는 바람속도는 약 5 m/s다. 대관령에 설치된 풍력발전 시설의 경우 1 MW급 풍력발전기에서 1년간 생산하는 전력량은 약 2,500 MWh다.

④ 지열시스템

지열시스템은 땅의 열을 발전·난방·급탕·냉방 등의 열원으로 활용하는 시스템으로 히트펌프와 지중파이프 및 온수·냉수 탱크 등으로 구성되어 있다. 국내에서는 약 100 m 깊이의 연중 일정한 지열을 이용하여 냉난방 장치의 효율을 높이는 데 활용하고 있다. 지열을 이용할 경우 일반 히트펌프에 비해 약 30%의 전기에너지를 절약할 수 있다.

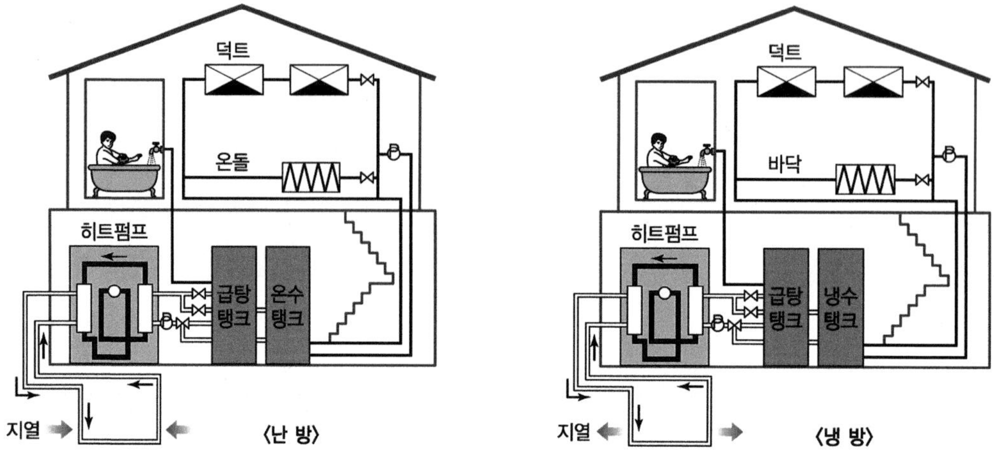

그림 4-17 지열시스템 개념도

출처 : 대한주택공사(2009). p. 45.

⑤ 연료전지 시스템

수소, 메탄 및 메탄올 등의 연료를 산화시켜서 생기는 화학에너지를 직접 전기에너지로 변환시켜 전기를 공급하고 반응과정에서 발생한 열을 난방·급탕열로 공급하는 기술로 개질기, 연료전지 및 전력변환기 등으로 구성되어 있다. 발전효율은 40~60%이며, 배열을 같이 이용하는 열병합발전일 경우 약 80%의 효율 달성이 가능하다.

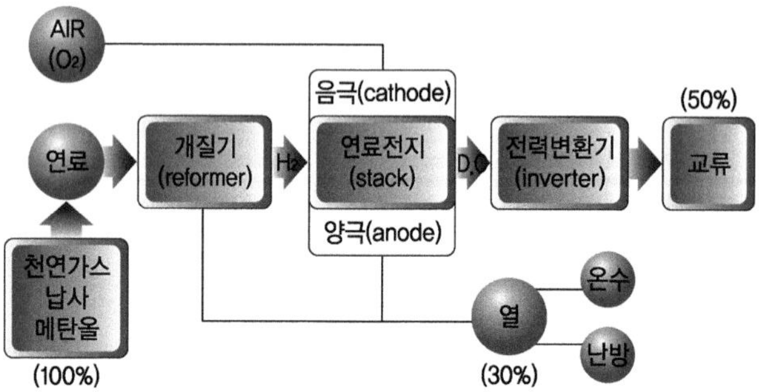

그림 4-18 연료전지 시스템의 원리(좌)와 1 kW급 가정용 연료전지(우)

출처 : 에너지관리공단 신재생에너지센터

평택 바이오디젤 양산 공장

바이오디젤 주유소

수도권매립지 매립가스 발전소

하수처리장 바이오가스 이용 발전

그림 4-19 바이오에너지 적용사례

⑥ 바이오에너지 시스템

바이오에너지 시스템이란 바이오매스(생물 유기체)를 각종 가스, 액체 혹은 고형연료로 변환하거나 이를 연소하여 열 · 증기 · 전기를 생산하여 공급하는 시스템을 말한다. 음식물 쓰레기 50톤/일(5만 가구 기준)에서 발생되는 메탄가스를 연료전지의 에너지원으로 활용할 경우 발전량은 11,680 kWh/일, 열발생량은 13,530 Mcal/일 정도로 예측된다.

(4) 외부환경 조성기술

외부환경 조성기술은 주로 주택을 둘러싸고 있는 자연환경을 개선하여 주택의 난방 · 냉방 부하량을 줄이는 것으로 녹화, 물순환, 육생 · 수생비오톱, 바람길 설계 등의 기술을 말한다. 즉, 자연지반의 보존, 생태면적률의 확보, 미기후의 활용, 빗물의 순환 등 건물외부의 생태적 순환기능의 확보를 통해 건물의 에너지부하를 절감하는 기술을 말한다.

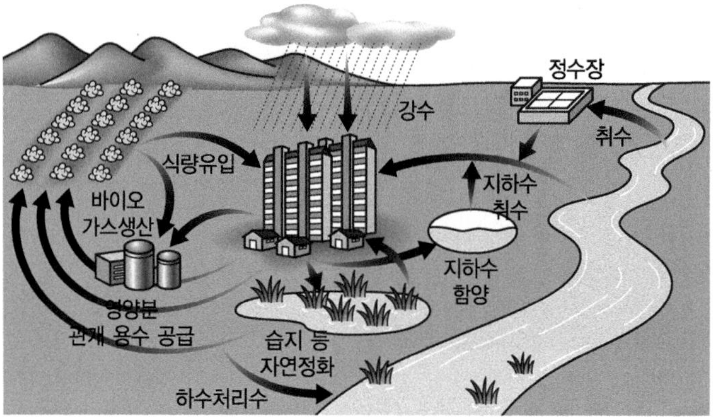

그림 4-20 빗물, 하천, 하수처리수 및 습지 등의 자원에너지화 시스템

출처 : 한무영(2007), p. 34.

자연지형을 살리는 배치, 남향 배치, 녹지의 네트워크, 비오톱, 바람길, 단지녹화, 옥상녹화, 벽면녹화 및 투수성 포장 등을 이용하면 5~10%의 에너지를 절약할 수 있는 것으로 예측된다. 또 잡배수 재이용, 우수 · 중수 이용, 각종 절수시스템을 통해 수자원 절약을 실현할 수 있다.

(5) 녹색 IT기술

IT기술이란 건물에너지 정보화 기술, LED 조명, 자동제어 기술 등과 같이 IT기술을 이용하여 주택에 살고 있는 사람으로 하여금 에너지 절약을 고취시키거나 건물의 에너지를 절감하는 기술을 말한다. 여기서 '건물에너지 정보화 기술'이란 거주자가 난방 · 급탕 · 전력 · 급수 등을 위하여 사용한 에너지정보를 세대에서 확인할 수 있도록 구성된 시스템을 말한다.

특히, 건물에너지 정보시스템(BEIS)은 소비자의 에너지 사용습관을 개선하여 자발적으로 에너지 절약을 도모하는 기술이다. 에너지정보 제공방법으로는 방송매체를 이용한 홍보와 교육을 통한 방법, 본인과 타인의 에너지 사용정보를 공유하게 하면서 에너지 절감을 유도하는 방법 등이다. 외국에서는 에너지 정보를 서로 공유함으로써 4~15%의 에너지 절감효과를 거둔 사례가 있는 것으로 보고되고 있다. 또한 건물에너지관리시스템(BEMS)이란 에너지를 효율적으로 관리하는 시스템이다. 내부환경과 외기조건, 건물에너지 사용현황 등의 정보를 수집하여 설비시스템에 대한 최적의 운전관리를 목적으로 하며, 일본은 건물에너지관리시스템을 통해 4~10%의 에너지 절감을 거둔다고 보고하고 있다.

그림 4-21 BEIS 인터넷 사이트

출처 : 김종엽 외(2007). p. 49.

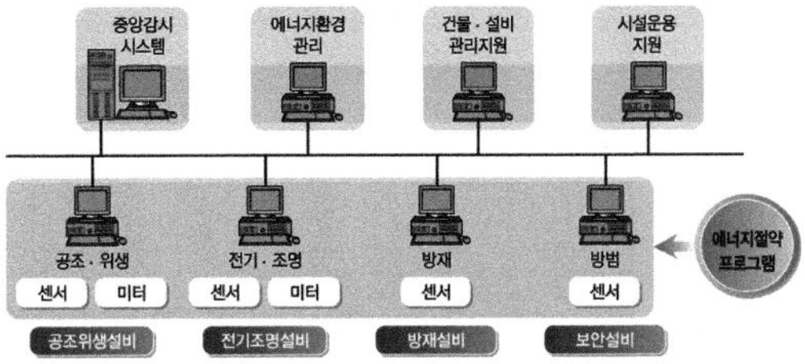

그림 4-22 BEMS 개념도

출처 : 곽노열(2008). p. 27.

3) 그린홈 관련제도

국내에서 기존에 운영되고 있는 유사제도는 친환경과 에너지 절약적인 주택 개발과 보급에 주안을 두고 있다면, 그린홈은 탄소저감에 더 비중을 두고 있다고 할 수 있다. 주택부문에서의 탄소저감을 위한 그린홈 제도는 기존의 유사 제도를 중심으로 현황 및 문제점을 살펴보고 구체적인 그린홈 평가등급 및 관리제도 등에 대해 설명하고자 한다.

(1) 기존의 유사제도

국내에서 주택의 친환경과 에너지 절약을 위한 관련제도로는 친환경건축물인증제도, 주택성능등급표시제도, 건물에너지효율등급인증제도 등을 들 수 있다. 각 제도의 목적 및 특징을 비교하면 표 4-19과 같다.

① 친환경건축물 인증제도[1)]

친환경건축물 인증제도는 건축물의 자재생산·설계·건설·유지관리·폐기 등 전 과정을 대상으로 에너지 및 자원의 절약, 오염물질의 배출감소, 쾌적성, 주변 환경과의 조화 등 환경에 영향을 미치는 요소에 대한 평가를 통해 건축물의 환경성능을 인증함으로써 친환경건축물 건설을 유도·촉진하는 데 목적이 있다.

1999년에 환경부가 '그린빌딩 인증제도'를 시범운영하였고, 건설교통부도 2000년부터 '주거환경 우수주택 인증제도'를 시범운영해 왔으나, 서로 중복되거나 유사한 점이 많아 2002년 2월 1일부터 통합하여 현재 국토해양부와 환경부가 공동으로 운영하고 있다.

1) 친환경건축물 인증기준(환경부고시 제2008-78호, 국토해양부고시 제2008-178호) 참조

표 4-19 기존 주택의 친환경 및 에너지 절약 관련 제도 비교(2009.10 기준)

구분	친환경건축물인증제도	주택성능등급표시제도	건물에너지효율등급인증제도
시행근거	건축법 제65조	주택법 제21조2	건축법 제66조2
시행일자	2002. 1. 1	2006. 1. 9	2001. 8. 29
목적	친환경건축물의 건설 유도·촉진	소비자에게 정확한 정보를 제공하고 주택의 품질향상을 유도	에너지효율 및 절약이 우수한 건물의 보급 촉진
운영형태	자발적 인증제	의무제	자발적 인증제
운영기관	국토해양부, 환경부(2년 교대)	국토해양부	지식경제부
대상	건축법 제18조의 규정에 따라 사용승인을 득하거나 주택법 제29조의 규정에 따라 사용검사 등을 받은 건축물	주택법 제16조의 규정에 의하여 사업계획 승인 대상인 주택단지[1,000세대 이상은 의무신청대상] (주택건설기준에관한규정제58조)	18세대 이상의 공동주택
심사 및 평가	친환경건축물인증에 관한 규칙 (2008.5.27)	주택성능등급 인정 및 관리기준 (2006.1.9)	건물에너지효율등급인증에 관한 규정 (지경부 고시 제2008-4호)
인정/인증 부문(항목)	• 토지이용(8개) • 교통(4개) • 에너지(2개) • 재료및자원(8개) • 수자원(4개) • 환경오염(1개) • 유지관리(3개) • 생태환경(6개) • 실내환경 (8개)	• 소음 (4개) • 구조 (4개) • 환경 (6개) • 생활환경 (3개) • 화재·소방 (3개)	• 난방에너지소요량 • 이산화탄소 발생량(난방) • 총에너지 절감률
인증방법	예비인증 및 본인증	사업승인도서에 의한 인정	예비인증 및 본인증
인증 등급	• 인증등급별 점수에 따라 −최우수(85점 이상) −우수(65점 이상)	• 성능평가 항목별로 −1, 2, 3, 4등급 표시	• 총에너지절감률 기준 3등급 −1등급(33.5% 이상) −2등급(23.5~33.5% 미만) −3등급(13.5~23.5 미만)
인증 유효기간	인증일로부터 5년 (1회에 한하여 5년 연장 가능)		
인정/인증기관	• 한국토지주택공사 토지주택연구원(구 주공 주택도시연구원) • 한국에너지기술연구원 • 크레비즈인증원 • 한국교육환경연구원	• 한국건설기술연구원 • 한국시설안전공단 • 한국토지주택공사 (구 주택공사) • 한국감정원	• 한국에너지기술연구원 • 한국건설기술연구원 • 에너지관리공단
지원책 (인센티브)	• 지방세 감면(5~15%) (10.01.1~12.12.31)	• 성능등급 점수에 따라 기본형 건축비의 일정비율 가산 −80점 이상 1%, 85점 이상 2% −90점 이상 3%, 95점 이상 4%	• 에너지효율 2등급 이상 건물에 대해 에너지이용합리화 자금지원 • 견본건물 등에 인증서 및 인증마크 활용

자발적 인증제도로서 공동주택, 주거복합건축물(주거부분, 주거 이외 부분), 업무용건축물, 학교건축물, 판매시설, 숙박시설을 대상으로 하고 있다. 국토해양부와 환경부가 2년간 교대로 운영하며 친환경건축물 인증기준(환경부·국토해양부 공동고시)을 근거로 한다. 친환경건축물 인증기관으로는 한국토지주택공사 토지주택연구원(구 대한주택공사 주택도시연구원), 한국에너지기술연구원, (주)크레비즈큐엠, (사)한국교육환경연구원 등 4개 기관이 지정되어 있다.

인증 심사는 토지이용, 교통, 에너지, 재료 및 자원, 수자원, 대기오염, 유지관리, 생태환경, 실내환경 등 9개 부문으로 구성되어 있으며 부문별 평가항목과 가산항목, 배점은 건축물 유형에 따라 다르다. 공동주택의 부문별 항목수와 배점은 표 4-20과 같다.

에너지부문의 경우 건물에너지절약 설계기준의 에너지성능지표 취득 점수를 근거로 평가하며, 신재생에너지 시설 설치 여부는 건축물에 따라 평가항목 혹은 가산항목으로 배점을 받게 된다. 한편 환경오염 혹은 대기오염 부문 지구온난화 방지 범주는 난방부하의 20% 이상을 열병합발전의 배열을 이용하거나 사용 에너지원에 대해서 평가하여 이산화탄소 배출 저감을 평가하게 되어 있다. 전반적으로 9개 부문 중에서 실내환경의 배점 비중이 가장 높다. 사업계획 승인 전에 예비인증을 신청할 수 있으며 예비인증을 받기 전에 허가·신고 또는 사업계획 승인을 받아야 한다. 본인증의 유효기간은 인증일로부터 5년이며 예비인증서는 본인증을 받기 전까지 유효하다.

표 4-20 친환경건축물 인증제도의 공동주택 인증심사기준 항목 및 배점

부문	항목수(개)		배점(점)	
	평가항목	가산항목	평가항목	가산항목
토지 이용	5	3	15	7
교통	3	1	6	2
에너지	1	1	12	3
재료 및 자원	6	2	14	9
수자원	3	1	9	4
환경오염	1	0	3	0
유지 관리	2	1	6	1
생태환경	5	1	17	1
실내환경	5	3	18	9
합계	31	13	100	36

출처 : 친환경건축물 인증기준(환경부고시 제2008-78호, 국토해양부고시 제2008-178호)

표 4-21 친환경건축물 인증제도의 주요 개정사항

구분	기존	개정
분류체계	4개 전문분야, 9개 세분류	9개 분류체계
인증의 신청	신청 시기에 대한 명확한 규정 없음	사용승인 또는 사용검사 후 3년 이내
항목구성	평가항목 31개/가산항목 13개	필수항목 7개/평가항목 31개/가산항목 2개
등급체계	2개 등급체계(최우수, 우수)	4개 등급체계(최우수, 우수, 우량, 보통)
총점 계산방법	단순합계에 의한 총점 계산	분류체계별 가중치를 반영한 총점 계산
용도별 인증기준 항목	용도별 인증기준 항목개정 요구	주택성능등급과의 항목 통일화 시대흐름에 맞도록 일부항목 개정, 항목신설 및 일부항목 삭제
그 밖의 건축물평가	기타용도 평가불가	그 밖의 용도에 적용 가능한 기준체계 정립 그 밖의 건물(비주거용)에 대한 평가방안 마련
평가방법	단지내 일부 증축/복합건축물 평가불가	단지내 일부 증축 및 복합건축물 평가 가능
인센티브	취·등록세 15% 이내 감면	취·등록세 15% 이내 감면 건축기준 및 환경개선 부담금 완화 계획

출처 : 친환경건축물 인증기준(국토해양부고시 제2010-301호, 환경부고시 제2010-52호)

한편, 최근 국토해양부는 친환경건축물 인증기준(국토해양부고시 제2010-301호, 환경부고시 제2010-52호)을 고시하여 현재 6개 용도의 건축물만 평가가 가능하던 제도를 2010년 7월 1일부터 모든 용도의 신축건축물로 확대 시행되었고, 2011년에는 기존 건축물까지 확대를 계획하고 있다. 표 4-21은 친환경건축물인증제도의 주요 개정사항을 나타낸다. 주요 내용으로는 분류체계가 9개로 재정립되고, 필수항목을 신설하여 의무적으로 적용하도록 하였다. 또한 현행 인증등급(2등급-최우수, 우수)간 점수 차가 커 우수등급으로 실적이 편중되어 보다 우수한 설계 유도에 한계가 있는 점을 감안하여 적극적인 친환경 설계 유도를 위해 인증등급을 4등급(최우수-그린1, 우수-그린2, 우량-그린3, 일반-그린4)으로 세분화하고 단순합계에 의한 총점 계산에서 분류체계별 가중치를 반영한 총점 계산을 적용하는 등 전면 개정되었다.

표 4-22 친환경건축물 인증등급별 점수기준

등급	공동주택	업무용건축물, 학교시설, 판매시설, 숙박시설, 그 밖의 건축물, 복합건축물	비고
최우수(그린1등급)	74점 이상	80점 이상	100점 만점
우수(그린2등급)	66점 이상	70점 이상	
우량(그린3등급)	58점 이상	60점 이상	
일반(그린4등급)	50점 이상	50점 이상	

출처 : 친환경건축물 인증기준(국토해양부고시 제2010-301호, 환경부고시 제2010-52호)

② 주택성능등급표시제도[2)]

주택성능등급표시제도는 '주택법' 제21조의 2(주택성능등급의 표시 등)의 규정에 따라 사업주체가 1,000세대 이상의 주택을 공급하고자 하는 때에 국토해양부 장관이 지정하는 기관으로부터 주택성능에 대한 등급을 인정받아 입주자 모집 공고 안에 의무적으로 표시하도록 하는 제도로 2006년 1월부터 시행되었다.

사업자는 소음관련 등급, 구조관련 등급, 환경관련 등급, 생활환경 등급, 화재·소방관련 등급 등 5개 성능부문을 근간으로 세분화한 14개 범주의 20개 성능 항목별로 정해진 평가지표와 방법에 따라 인정받은 등급을 입주자 모집 공고 시 표시하여야 한다.

표 4-23 주택성능등급 평가항목

성능부문	성능범주
소음등급	경량충격음
	중량충격음
	화장실소음
	경계소음
구조등급	가변성
	수리용이성(전용/공용부분)
	내구성
생활환경 등급	놀이터 등 주민공동시설
	고령자 등 사회적 약자의 배려(전용/공용부분)
환경등급	조경(외부공간 및 건물외피의 생태적 기능)
	조경(자연토양 및 지반보전)
	일조(빛환경)
	실내공기질(실내공기오염물질 저방출자재의 적용)
	실내공기질(단위세대의 환기성능 확보)
	에너지성능(열환경)
화재소방 등급	화재감지 및 경보설비
	배연 및 피난설비
	내화성능

출처 : 주택성능등급 인정 및 관리기준(국토해양부고시 제2008-539호)

2) 주택성능등급 인정 및 관리기준(국토해양부고시 제2008-539호) 참조

표 4-24 에너지성능(열환경) 평가지표

등급	등급기준
1급	에너지성능지표검토서 평점합계가 81점 이상이거나 건물에너지효율 1등급 수준인 경우
2급	에너지성능지표검토서 평점합계가 74점 이상~81점 미만이거나 건물에너지효율 2등급 수준인 경우
3급	에너지성능지표검토서 평점합계가 67점 이상~74점 미만이거나 건물에너지효율 3등급 수준인 경우
4급	에너지성능지표검토서 평점합계가 60점 이상~67점 미만인 경우

출처 : 주택성능등급 인정 및 관리기준(국토해양부고시 제2008-539호)

주택성능등급은 하나의 등급으로 표시되는 것이 아니라 항목별 특성에 따라 3~4단계로 구분되어 있다. 주택성능평가는 사업계획 승인을 받은 주택단지 단위로 이루어진다. 당초 주택성능등급 인정기관으로는 한국건설기술연구원, 한국토지주택공사(구 대한주택공사), 한국시설안전기술공단, 한국감정원, 대한주택보증주식회사 등 5개 기관이 지정되었지만, '08. 10부터는 대한주택보증을 제외한 4개 기관만 재지정되었다.

건물에너지 사용과 직접 관련된 에너지성능(열환경) 등급은 '에너지절약 설계기준'의 에너지성능지표 검토서에서 산출된 평점 합계 혹은 건물에너지효율등급에 의해 에너지 절약수준을 평가하여 4개의 등급으로 구분된다.

현재 1,000세대 이상의 주택은 성능을 등급화하여 표시하도록 하고, 에너지성능 등급 표시대상은 500세대 이상 표시하도록 되어 있다. 2008년 10월 16일 '주택건설기준 등에 관한 규정(대통령령)' 개정에 따라 그린홈(저에너지 친환경 주택) 건설촉진을 위해 에너지성능등급 표시대상을 300세대 이상으로 확대하고 이를 2009년부터 시행하고 있다.

한편 2009년 12월 22일에 국토해양부는 주택성능등급 인정 및 관리기준(국토해양부고시 제2009-1191)을 고시하여 5개 부문 27개 성능항목별로 심사하여 1~4등급으로 평가하도록 개정되었다. 표 4-25는 주택성능등급 평가기준의 주요 개정사항('09. 12. 22 기준)을 나타낸다. 기존 20개 항목에서 추가항목으로 외부소음(2개), 홈네트워크(1개), 방범안전(2개), 피난안전(2개) 등 7개 항목을 신설하였으며, 기존 평가항목도 부분적으로 수정되었다.

표 4-25 주택성능등급 평가기준 개정사항(2009.12.22 기준)

성능부문	성능범주	세부 성능항목	비고
소음 관련 등급	경량충격음		
	중량충격음		
	화장실소음		
	경계소음		개정
	외부소음	전 층을 실외소음도 기준 적용	신설
		실외소음도(5층 이하)와 실내소음도(6층 이상)기준 적용	신설
구조 관련 등급	가변성		
	수리용이성 (리모델링 및 유지관리)	전용 부분	
		공용 부분	
	내구성		개정
환경 관련 등급	조경 (외부환경)	외부공간 및 건물외피의 생태적 기능	
		자연토양 및 자연지반의 보전	
	일조(빛환경)		
	실내공기질	실내공기오염물질 저방출 제품의 적용	개정
		단위세대의 환기성능 확보	개정
	에너지성능(열환경)		
생활환경 등급	놀이터 등 주민공동시설		개정
	고령자 등 사회적 약자의 배려	전용 부분	개정
		공용 부분	개정
	홈네트워크	홈네트워크 종합시스템	신설
	방범안전	방범안전 콘텐츠	신설
		방범안전 관리시스템	신설
화재·소방 등급	화재·소방	감지 및 경보설비	개정
		제연설비	개정
		내화 성능	개정
	피난안전	수평피난거리	신설
		복도 및 계단 유효폭	신설
		피난설비	개정

출처 : 주택성능등급 인정 및 관리기준(국토해양부고시 제2009-1191)

③ 건물에너지효율등급 인증제도

건물에너지효율등급 인증제도는 18세대 이상의 신축 공동주택을 대상으로 난방에너지 성능 분석을 통해 신청주택의 각 세대 및 단위 공동주택의 에너지소모량과 표준주택에 대한 에너지소모량을 산출·비교하고 이에 대한 총 에너지 절감률(%)로 건물에 등급을 부여하는 제도이다(에너지관리공단).

설계 단계부터 원천적으로 에너지 절약 시설 및 장치가 설계된 건축물(1~3등급)을 많이 짓도록 하기 위해 에너지 성능 기준을 충족시키는 건물에 대하여 인증을 발급하고, 건축비의 일정분에 해당하는 자금을 저리 융자해 주는 제도이다. 이 제도는 건물의 에너지 효율이나 주거환경의 질과 같은 객관적 정보를 제공하고 건물의 성능적 가치를 부여함으로써 에너지 절약기술에 대한 투자를 유도하고, 에너지 절약 인식을 제고하며 쾌적한 실내환경을 제공하기 위한 것으로 건설사업주체, 소유주체, 관리주체 및 건물사용자 등 건물과 관련된 모두에게 득이 된다.

기준에 비해 33.5% 이상의 난방에너지를 줄이면 1등급을 받게 되고, 2등급은 23.5%~33.5%, 3등급은 13.5~23.5%의 에너지를 적게 소모한 경우이다. 인증은 신청주택을 완공하기 전에 설계도면 등을 평가한 결과를 토대로 등급을 인증하는 예비인증과 완공한 다음 최종 설계도면과 현장실사를 거쳐 최종적으로 평가된 결과를 토대로 하는 본인증으로 구분된다. 2등급 이상을 획득한 건물에 대하여 건축비의 일정분에 해당하는 자금을 지원한다. 예를 들어, 건물에너지효율등급 인증을 취득하고자 하는 사업장은 100억 원, 사업자는 300억 원 이내(당해년도)의 사업자금을 융자 받을 수 있다.

1등급 또는 2등급의 예비인증을 받은 후 3년 이내에 실시하는 공동주택 건설사업의 경우 에너지시설 소요자금의 80% 이내(공공기관, 중소기업은 100% 이내)를 연이자율 2.75%(2008년 3/4)로 2년 거치 2년 분할 상환(변동금리)할 수 있도록 지원해 준다. 융자의 지원범위는 전용 단위면적(m^2)당 1등급은 20만 원, 2등급은 15만 원 이내이다.

표 4-26 건물에너지효율등급제도의 평가등급(2008.4 기준)

인증마크	등급	총 에너지절감률
	1	33.5% 이상
	2	23.5~33.5% 미만
	3	13.5~23.5% 미만

출처 : 건물에너지 효율등급인증에 관한 규정(지식경제부고시 제2008-14호)

2008년 현재 39개의 공동주택 단지 및 건물이 본인증(1등급 3개, 2등급 39개, 3등급 4개)을 받았고, 173개소(1등급 7개, 2등급 138개, 3등급 28개)가 예비인증을 받았다. 건물에너지효율등급인증에 관한 규정(지식경제부고시 제2008-14호)을 근거로 지식경제부가 인증하고, 에너지관리공단이 운영하고 있다. 인증기관으로는 에너지관리공단, 한국건설기술연구원, 한국에너지기술연구원 등 3개 기관이 지정되어 있다.

최근 국토해양부와 지식경제부는 '건축물 에너지효율등급 인증규정 전부개정'(국토해양부고시 제2009-1306호, 지식경제부고시 제2009-329호)을 공동 고시하여 기존 공동주택에만 적용하고 있던 제도를 2010년 1월부터 업무용 신축 건물로 확대 시행되었으며, 2011년에는 기존 건물로 확대를 계획하고 있다. 개정된 건축물 에너지효율등급은 공동주택의 경우, 표 4-27과 같이 총 에너지절감률에 따라 5개 등급으로 구분하며, 업무용 건축물의 인증등급은 연간 단위면적당 1차 에너지 소요량에 따라 5개 등급으로 구분하고 있다.

공동주택 및 업무용 건축물의 에너지효율등급 평가는 표 4-28의 평가기준에 따르며, 업무용 건축물의 인증을 위한 에너지효율은 ISO 13790 등 국제규격에 따라 난방, 냉방, 급탕, 조명, 환기 등에 대해 종합적으로 평가하도록 제작된 프로그램에 따라 산출된 연간 단위면적당 1차 에너지소요량으로 평가한다.

표 4-27 공동주택 및 업무용건축물의 에너지효율 인증등급(2009.12 개정 후)

등급	신축 공동주택 (총 에너지절감률)	신축 업무용 건축물 연간 단위면적당 1차 에너지소요량(kWh/m^2·년)
1	40% 이상	300 미만
2	30% 이상 40% 미만	300 이상 350 미만
3	20% 이상 30% 미만	350 이상 400 미만
4	10% 이상 20% 미만	400 이상 450 미만
5	0% 이상 10% 미만	450 이상 500 미만

출처 : 건축물 에너지효율등급 인증규정 전부개정(국토해양부고시 제2009-1306호, 지식경제부고시 제2009-329호)

표 4-28 용도별 에너지효율등급 평가기준

구분	에너지효율등급 평가기준
공동주택	$\text{총에너지절감률(\%)} = \dfrac{\Sigma(\text{단위공동주택의 에너지절감률} \times \text{단위공동주택의 총전용면적})}{\text{공동주택의 총전용면적}}$
	$\text{단위공동주택의 에너지절감률(\%)} = \dfrac{\Sigma(\text{단위세대의 에너지절감률} \times \text{단위세대의 전용면적})}{\text{단위공동주택의 총전용면적}}$ $+\text{기타(에너지절약효과가 있다고 인정되는 설계기술의 해당 절감률)}$

(계속)

구분	에너지효율등급 평가기준
업무용 건축물	에너지소요량＝해당 건축물에 설치된 난방, 냉방, 급탕, 조명, 환기시스템에서 소요되는 에너지량
	단위면적당에너지 소요량＝$\frac{\text{난방에너지소요량}}{\text{난방에너지가 요구되는 공간의 바닥면적}}+\frac{\text{냉방에너지소요량}}{\text{냉방에너지가 요구되는 공간의 바닥면적}}+\frac{\text{급탕에너지소요량}}{\text{급탕에너지가 요구되는 공간의 바닥면적}}+\frac{\text{조명에너지소요량}}{\text{조명에너지가 요구되는 공간의 바닥면적}}+\frac{\text{환기에너지소요량}}{\text{환기에너지가 요구되는 공간의 바닥면적}}$
	단위면적당 1차 에너지소요량＝단위면적당 에너지소요량×1차 에너지 환산계수

출처 : 건축물 에너지효율등급 인증규정 전부개정(국토해양부고시 제2009-1306호, 지식경제부고시 제2009-329호)

(2) 그린홈(친환경 주택) 평가제도

정부는 저탄소 녹색성장 정책을 건물부문에서 실현하기 위한 방안으로 그린홈 보급정책을 추진하고 있다. 그린홈 평가제도는 일명 친환경 주택 평가제도로 통하며, 건물 에너지절감 및 이산화탄소 저감을 위한 최소기준을 운영하면서 인센티브를 통한 높은 수준의 에너지절감 및 이산화탄소 저감 유도하는 데 있다. 2009년 10월 국토해양부는 '친환경 주택의 건설기준 및 성능' (국토해양부고시 제2009-1014호)을 고시하여 20세대 이상의 공동주택은 모두 친환경 주택으로 건설해야 한다. 주요 내용으로는 60 m^2 초과 주택은 총에너지의 15% 이상(60 m^2 이하는 10% 이상)을 절감해야 주택사업계획 승인을 받을 수 있다. 또한 친환경 주택 건설기준 및 성능제도 도입으로 발생하는 건축비 증가분은 분양가에 별도로 실비를 인정해 줄 계획이다. 더불어 정부의 보금자리주택을 통해 선도적으로 그린홈을 공급하고 민간부문으로 확산할 계획이다. 정부는 궁극적으로 '에너지 제로 주택' 을 목표로 삼고 있으며, 지속적인 그린홈 기술개발을 병행하고 신성장 동력으로 육성하면서 중장기적인 관점에서 글로벌 수준의 주택 에너지성능으로 강화시킬 예정이다. 구체적으로 친환경 주택을 건설하기 위해서는 표 4-29와 같이 친환경 주택의 설계방향을 제시하고 있다.

친환경 주택은 단위세대의 에너지사용량 또는 이산화탄소배출량을 10% 이상 절감할 수 있도록 설계하여야 하며, 전용면적이 60 m^2를 초과하는 경우에는 15% 이상 절감할 수 있도록 설계하여야 한다.

표 4-29 친환경 주택의 설계방향

구분	설계방향
1. 토지의 원형 보존	토지의 절·성토량을 최소화하고 토양의 특성을 고려한 계획을 수립함으로써 생태환경과 주변 생태자원들의 높은 질을 유지하기 위해 자연지반 보존율을 최대한 확보하도록 한다.
2. 개발밀도	기존의 생태자원의 용량산정을 기반으로 대상지가 감당할 수 있는 개발밀도를 산정하여 장기적인 관점에서 인간의 개발이 적정수준을 넘어서지 않도록 한다.
3. 생태기능 확보	토양기능, 미기후조절 및 대기의 질 개선기능, 물순환 기능, 또는 동식물 서식처 기능 등 생태적 기능을 가지는 생태면적률을 최대한 확보하도록 한다.
4. 일사·일조활용	주거단지 내의 모든 건물은 난방, 조명부하 등을 줄이기 위해 최대한 남향으로 배치하고, 세대에서의 연속일조를 최대한 확보할 수 있도록 설계한다.
5. 신재생에너지 설치를 위한 주동배치	신재생에너지를 설치할 경우에는 신재생에너지 시설의 생산효율성을 높이는 데 장애가 되지 않도록 최적의 위치에 설치하여야 한다.
6. 바람길을 고려한 주동배치	바람길은 단지 내의 냉방부하를 줄이기 위해 조성하며, 단지 전체에 통풍이 잘 되도록 주동을 배치한다.
7. 미기후의 개선	미기후를 최대한 개선하기 위해 단지 내 활용 가능한 수자원을 이용하여 온·습도를 유지하거나 생태녹지의 조성으로 공기를 신선하게 유지하는 기법 등을 도입하여 단지가 건강하게 숨쉴 수 있도록 계획한다.
8. 폐기물 재활용	단지 내에서 배출되는 생활폐기물은 분리수거하여 재활용하고, 음식물쓰레기는 분리수거시설, 감량화시설, 자동집하시설 또는 에너지화시설 등을 도입하여 그 양을 줄이거나 에너지자원으로 활용하도록 한다.
9. 빗물의 재활용	빗물이용은 개발로 인해 왜곡된 물순환을 건전화하고 빗물순환을 복원하기 위한 것으로, 단지 내에서 최대한 저장하여 활용하거나 지반으로 침투시키는 방식을 도입하도록 한다.

친환경 주택의 건설기준과 성능은 주택의 평형에 따라 전용면적 60 m^2 초과와 이하 주택으로 나누어 상기 최소기준 및 의무기준 이외에 적용을 장려하기 위한 권장기준을 두었다.

전용면적 60 m^2 초과 주택은 기본적으로 표 4-30의 설계조건을 충족하고 표 4-31에서 설명한 제8조, 제9조, 제13조, 제14조, 제15조 제1호 및 제2호, 제16조, 제17조의 설비를 모두 설치하면 별도의 평가를 받지 않더라도 친환경 주택으로 인정하며, 전용면적이 60 m^2 이하 주택은 표 4-30의 모든 설계조건을 충족하고 상기 조항에서 제14조, 제16조를 제외한 설비를 모두 설치하면 인정해 주고 있다.

표 4-30 친환경 주택의 기본 설계조건

• 전용면적 60 m^2 초과 주택

부위			열관류율 기준(W/m^2K) (괄호 안은 법기준)		
			혹한지, 중부	남부	제주
1. 창호단열	외기 직접 면함		1.8	2.1	2.8
	외기 간접 면함		2.8	3.1	3.7
2. 벽체단열	외벽	외기 직접 면함	0.36 (0.47)	0.45 (0.58)	0.58 (0.76)
		외기 간접 면함	0.49 (0.64)	0.63 (0.81)	0.85 (1.10)
	측벽		0.27 (0.35)	0.36 (0.47)	0.45 (0.58)
3. 열원설비	개별난방		효율이 87% 이상인 보일러 설치		
	지역난방 또는 열병합발전		공급열의 95% 이상을 난방 및 급탕열로 사용하도록 설계		

• 전용면적 60 m^2 이하 주택

부위		열관류율 기준(W/m^2K) (괄호 안은 법기준)		
		혹한지, 중부	남부	제주
1. 창호단열	외기 직접 면함	2.1	2.4	3.1
	외기 간접 면함	2.8	3.1	3.7
2. 현관문 단열		주택의 현관문 열관류율은 1.8 W/m^2K 이하로 설계		
3. 열원설비	개별난방	효율이 87% 이상인 보일러 설치		
	지역난방 또는 열병합발전	공급열의 95% 이상을 난방 및 급탕열로 사용하도록 설계		

※법기준이란 '건축물의 설비기준 등에 관한 규칙' 의 별표 4 '지역별 건축물부위의 열관류율' 을 말한다.

표 4-31 친환경 주택의 설계조건

조항	설계사항	설계조건
제8조	창의 기밀성능	• 창의 기밀성능은 KS F2292 창호의 기밀성 시험방법에 의해 그 성능이 2등급 이상을 만족하는 제품을 사용
제9조	고효율 기자재의 사용	• 가정용보일러, 변압기, 전동기(단, 0.7 kW 이하 전동기, 소방 및 제연송풍기용 전동기는 제외)는 지식경제부 고시 '고효율에너지기자재보급촉진에 관한 규정' 에 따라 고효율에너지기자재로 인증받은 제품을 사용 • 난방, 급탕 및 급수펌프는 그 평균 효율이 KS 규격에서 정해진 기준 효율의 1.12배 이상의 제품을 사용

(계속)

조항	설계사항	설계조건
제10조	친환경자재의 사용	• 주택 내에 건축자재는 환경표지(마크) 또는 GR마크를 획득하거나 제품의 환경성능에 대하여 인증받은 제품 사용을 권장
제11조	단열재의 설치	• 세대 내의 단열재는 '건축물에너지절약설계기준' 에 따라 설치
제12조	에너지사용량 정보 확인시스템 설치	• 과거 또는 현재 사용하는 난방, 급탕, 전력사용량 등의 에너지사용량과 사용금액정보를 거주자가 확인 및 조회할 수 있는 시스템 설치를 권장
제13조	대기전력 자동차단장치의 설치	• 거실, 침실, 주방에는 대기전력자동차단콘센트 또는 대기전력차단스위치를 각 개소에 1개 이상 설치
제14조	일괄소등스위치의 설치	• 세대 내에는 일괄소등스위치를 설치(60 m^2 이하 예외)
제15조	조명	• 세대 및 공용부위 조명기구는 고효율조명기기로 정의되는 제품 또는 동등 이상의 성능을 가진 제품을 사용(단, LED는 제외) • 단지 내의 공용화장실에는 자동 점멸스위치를 설치 • 세대 내 조명, 공용부 보안등, 경관등 또는 지하주차장 조명등은 LED조명 설치를 권장
제16조	실별 온도조절장치의 설치	• 세대 내에 각 실별 난방온도조절장치를 설치(60 m^2 이하 예외)
제17조	절수기기의 설치	• 세대 내에 수전류는 '수도법' 제15조 및 '수도법시행규칙' 제6조에 따른 절수형기기를 설치
제18조	건물녹화	• 단지 특성과 여건에 따라 건물의 옥상이나 벽면을 녹화하여 생태기능을 확보할 것을 권장
제19조	신재생에너지의 설치	• 각종 신재생에너지 설비는 지식경제부고시 '신재생에너지설비의 지원·설치·관리에 관한 기준' 에 따라 설치

이와 같이 친환경 주택에서 반드시 설치하여야 하는 설비(의무사항)는 고기밀 거실 창, 고효율 설비(변압기 등), 조명/대기 전력 차단장치, 일괄소등 스위치, 실별 온도조절장치 등이고, 설치가 권장되는 설비(권장사항)는 친환경 자재, 에너지사용량 정보 확인시스템, LED 조명, 옥상 또는 벽면 녹화 등이다.

이 외에도 별도의 성능평가 없이 친환경 주택의 최소 성능조건을 충족하는 것으로 인정받기 위해서는 건물에너지 효율등급 1등급을 받거나, 고효율 창호(공기층이 16 mm 이상인 로이 복층창), 벽체(기존 대비 두께가 20~30 mm 증가), 보일러(기존 효율 84%에서 87%로 향상된 것)를 포함하여 설계하여야 한다.

(3) 그린홈 관리 및 보급

그린홈 사업승인은 사업자가 제출한 별지양식 및 첨부 도서에 의거 주택사업승인권자가 확인한 후 기준을 만족하는 경우 사업승인을 하도록 하고 있다. 그에 대한 이행여부는 준공 전에 해당 감리자가 확인하여 해당 건축주에게 제출하고, 건축주는 그린홈 이행여부 확인서를 준공 전에 사업허가권자에게 제출하여야 한다. 이행여부의 확인결과 예정대로 이행하지 않은 경우에는 사업승인시의 건설기준으로 시정조치를 하여야 한다.

이와 더불어 주택부문의 에너지 저감과 탄소 저감을 위한 정책 및 제도관련 수단은 크게 규제적 수단과 비규제적 수단으로 구분할 수 있다. 규제적 수단은 고효율기자재 사용 의무화, 신재생에너지 시설 설치 의무화 등과 같이 정해진 기준을 강제하거나 특정한 행동을 취하도록 정하는 것이다. 비규제적 수단은 신재생에너지 시설 설치 또는 에너지효율 개선에 소요되는 시설 투자를 유도하기 위한 각종 보조금, 세제감면, 융자 등의 경제적 인센티브와 에너지효율 적용에 따른 용적률의 완화 적용 등 건축법의 기준을 완화하거나 PQ심사에 가산점을 부여하는 방안, 기타 인증마크의 부여 및 포상이나 홍보 등의 비경제적 인센티브 등의 지원제도를 통해 보급을 촉진할 수 있다. 이와 같이 그린홈 촉진을 위한 그린홈 지원기준은 본 건설기준 및 성능 고시와 별도로 방안을 마련하여 고시할 예정이다.

참 고 문 헌

• 주거환경학

마사오 이노우에(2004). 새집증후군 실체와 대응전략. 김현중 역. 한국목재신문사.

매일경제(2006.09.12). 종각역 가스사고 냉난방기 고장탓.

박은선(1996). 공동주택의 겨울철 실내공기환경 평가. 연세대학교 대학원 박사학위논문.

손장렬·윤동원(1995). 실내공기환경에서 휘발성유기화학물질(VOCs)의 특성과 제어방법. 공기조화냉동공학, 24(1), 48.

연제진 역(1989). 건축설계자료집성-1. 환경. 태림문화사.

윤정숙(2006). 주거환경학. 문운당.

이경회·임수영(2003). 친환경건축개론. 기문당.

이경회(2003). 건축환경계획. 문운당.

이동훈(2006). 공학도를 위한 소음공학 : 이론과 실무. 아진.

임만택(2002). 건축환경계획. 문운당.
지철근 외(2008). 최신 조명환경원론. 문운당.
차동원(2007). 건축환경-실내공기오염. 기문당.
최윤정(2009). 아파트 단위주거 내부생활소음의 특성과 실태. 한국주거학회논문집, 20(1), 83-90.
최정윤 외(2002). 침구류에서의 집먼지 진드기 농도 측정. 소아알레르기 및 호흡기, 12(3), 185-186.
한진규(2006). 잠이 인생을 바꾼다. 한국생활환경학회 추계종합포럼자료집.
S. V. Szokolay(1984). 건축환경과학. 이경회·손장열 역. 기문당.
American Society of Heating, Refrigeration and Air Conditioning Engineers' (Atlanta) Applications Handbook(1995). p. 435.

• 그린홈

건물에너지효율등급인증에 관한 규정(지식경제부고시 제2008-14호).
건축물 에너지효율등급 인증규정 전부개정(국토해양부고시 제2009-1306호, 지식경제부고시 제2009-329호).
곽노열(2008). 건물에서의 에너지관리. 에너지관리공단 건물에너지 효율향상 기술설명회.
기상청. http://www.kma.go.kr
김종엽 외(2007). 웹기반의 건물에너지소비량 정보시스템 개발. 대한주택공사.
김종엽(2009). 신재생에너지를 이용한 저탄소도시 조성방안. 국토해양부 세미나 자료집.
김효성(2009). 녹색성장과 그린 IT를 말하다. 에너지 & 기후변화, 통권 제396호. 에너지관리공단동우회.
대한주택공사(2009. 3). 미래를 여는 저탄소 녹색성장 이야기.
에너지관리공단 신재생에너지센터. http://www.energy.or.kr
에너지관리공단. http://www.kemco.or.kr
주택성능등급 인정 및 관리기준(국토해양부고시 제2008-539호).
주택성능등급 인정 및 관리기준(국토해양부고시 제2009-1191호).
친환경건축물 인증기준(국토해양부고시 제2010-301호, 환경부고시 제2010-52호).
친환경건축물 인증기준(환경부고시 제2008-78호, 국토해양부고시 제2008-178호).
한무영(2007). 친환경 수순환시스템. 건축환경설비, 1(2), 한국건축친환경설비학회.

CHAPTER 05

주택·주거단지계획

1. 주택계획

1) 다양한 주택의 유형

우리들은 아파트, 연립주택, 단독주택 등 여러 종류의 집에서 생활하고 있다. 우리나라뿐 아니라 세계 각국에도 그들 각 나라의 자연환경, 사회문화, 기술에 맞는 집들이 지속적으로 건축되고 있다. 이러한 주택들은 구조와 재료가 다양하며, 주택 본연의 기능 이외에 여러 기능이 복합적으로 구성되기도 한다.

주택을 분류하는 방식은 여러 가지가 있으나 일반적으로 단위주택의 집합형식, 주택의 구조와 재료, 주택의 기능에 따라서 분류한다.

(1) 집합형식에 따른 주택유형

주택유형은 단위주택이 독립적으로 지어졌는지, 집합적으로 지어졌는지에 따라 단독주택과 집합주택으로 구분한다. 단독주택은 실내공간과 외부공간은 물론 출입구를 독립적으로 사용하는 주택이며, 집합주택은 아파트처럼 한 건물에 여러 개의 주택이 함께 계획된 주택이다.

① 단독주택

단독주택이란, 한 가구가 개별적으로 실내공간과 외부공간을 사용하며 독립적인 출입구가 계획된 주택을 말한다. 단독주택을 결정하는 데 층수는 중요하지 않으나 1~3층이 일반적이다. 단독주택은 거주자의 개성을 발휘하여 주택을 계획할 수 있고, 프라이버시 확보가 유리하다는 장점을 지닌다. 그러나 가구별로 대지를 구입하여 건축해야 하고, 완공 후 생활하면서 유지관리를 독자적으로 해야 하므로 번거롭고 비경제적이라는 단점이 있다. 또 대지이용에 있어서 집합주택보다 비효율적이라는 것도 단점이다.

② **집합주택**

집합주택의 종류는 층수, 집합 형태, 건물 형태 등에 따라 매우 다양하다. 집합주택은 층수를 기준으로 저층형, 중층형, 고층형으로 구분하는데, 저층형은 3층 이하, 중층형은 5층, 고층형은 10층 이상을 말한다.

- 저층형 집합주택 : 저층형 집합주택의 층수는 보통 1~3층이며, 개별 출입구와 개별 마당이 있어서 비교적 프라이버시가 유지된다. 주택의 수와 형태에 따라서 2호 연립형 주택, 로하우스, 테라스하우스, 파티오하우스, 아트리움하우스로 나눈다.

  2호 연립형 주택은 듀플렉스(duplex house)라고 하며, 두 채의 주택이 하나의 벽면을 공유하는 집합주택이다. 단독주택에 비해서 대지를 효율적으로 사용하면서 단독주택의 장점을 살릴 수 있다는 것이 2호 연립형 주택의 특징이다.

  로하우스(row house)는 4채 이상의 주택이 연속해서 건축된 집합주택이다. 아파트와 다른 점은 각 가구로 진입하는 개별 출입구가 있고 가구별 마당이 있어서 프라이버시를 어느 정도 확보할 수 있다는 것이다. 그러나 여러 채의 주택이 벽을 공유하기 때문에 채광은 전면과 후면 두 방향만 가능하다. 로하우스는 1~3층으로 건축하며 아래층에는 거실, 식당, 부엌 등 공동생활공간을 계획하고, 위층에는 침실 등의 개인생활공간을 계획하는 것이 일반적이다. 도시에서 지은 로하우스를 타운하우스(townhouse)라고도 한다.

  테라스하우스(terrace house)는 대지의 경사면을 따라 주택을 입체적으로 배치한 집합주택으로, 위쪽 대지로 올라갈수록 주택을 후퇴시켜 배치하여 집합주택 전체가 경사를 이루는 형태를 지닌다. 위쪽에 위치한 주택은 아래쪽 주택의 옥상을 정원으로 이용하기 때문에 테라스하우스라고 한다. 테라스하우스의 장점은 토지이용률이 높고 자연친화적인 환경을 조성할 수 있다는 것이다. 그러나 각 주택의 후면이 경사지에 파묻히므로 주택 전면에만 채광이 가능하고 통풍에 문제가 있을 수 있다는 단점이 있다.

  파티오하우스(patio house)와 아트리움하우스(atrium house)는 개별 마당이 있는 집합주택으로, 단위주택들을 앞·뒤·옆 등 붙여서 지은 형태이다. ㄷ자 형태의 단위주택들을 연속하여 붙여 지어 가구별로 한쪽으로 열려진 파티오가 있는 집합주택을 파티오하우스라고 하며, ㅁ자 형태의 단위주택들을 붙여 지어 가구마다 중정이 있는 집합주택을 아트리움하우스라고 한다. 파티오하우스와 아트리움하우스의 장점은 집합주택이면서도 가구마다 개별 마당과 개별 출입구가 있으며, 대규모 단지로 공동개발함으로써 대지 구입비와 건축비를 절약하여 경제적이라는 것이다.

■ 중층형 집합주택 : 중층형 집합주택은 4~5층 건물에 여러 가구가 공동의 출입구와 공동의 외부공간을 사용하고 단위주택들이 벽·바닥·천장을 공유하는 형태이다. 중층형과 고층형을 구별하는 것은 엘리베이터 유무이다. 엘리베이터 없이 사용할 수 있는 층수의 한계는 5층이며, 엘리베이터를 설치하는 경우에는 경제성을 고려하여 10층 이상으로 건축하는데 이를 고층이라 한다.

중층형 집합주택은 건물 형태에 따라서 일자형, 도시형, 중정형으로 구분한다. 일자형은 단위주택이 한 방향으로 연속 배치되어 일자 모양을 한 형태로서, 채광은 건물의 전면과 후면만 가능한데 대부분의 우리나라 아파트가 여기에 속한다. 일자형 집합주택은 단위주택에 접근하는 방식을 기준으로 계단실형, 편복도형, 중복도형으로 구분한다.

도시형 집합주택은 단위주택들이 여러 방향으로 배치되어 건물의 형태가 일자가 아닌 박스형이며, 건물의 사방으로 창이 개방되어 채광의 방향이 다양하다는 것이 특징이다.

중정형 집합주택은 단위주택들이 ㅁ자 형태로 배치되어 중정을 둘러싸는 형태이며, 유럽의 전형적인 집합주택 형태로 블록 하나를 차지하는 경우가 많다. 중정형은 고밀도 계획이 가능하여 경제적이라는 장점이 있으나, 중정이 사방으로 막혀 있는 형태이어서 규모가 작은 단지는 통풍·환기·채광이 불리하다는 단점이 있다.

■ 고층형 집합주택 : 고층형 집합주택은 공동의 출입구와 외부공간을 사용하고 벽·바닥·천장을 아래·위·옆에 위치한 이웃과 공유한다는 점에서 중층형 집합주택과 같으나, 층수가 10층 이상이고 엘리베이터가 설치된다는 점이 다르다.

고층형 집합주택은 건물 형태에 따라 판상형과 타워형으로 구분하는데, 판상형은 일자형 중층형 집합주택과 형태는 같으나 층수가 10층 이상인 것을 말한다. 판상형의 고층형 집합주택은 건물이 높고 획일적인 형태이어서 삭막한 분위기가 조성된다는 단점이 있다. 단위주택에 접근하는 방식에 따라 계단실형, 편복도형, 중복도형으로 구분하는 것은 중층형 집합주택과 같다.

타워형은 20층 이상의 초고층으로 탑(tower) 형태를 지니는 집합주택을 말한다. 타워형은 건물 중앙에 코어를 두어 엘리베이터·계단·배관설비를 배치하고, 코어 주변에 3~5호의 단위주택을 배치하는 경우가 일반적이다. 타워형 집합주택은 채광이 사방으로 가능하기 때문에 채광이 불리한 북향·서향으로 배치되는 가구가 생기게 된다는 단점이 있다.

(2) 구조와 재료에 따른 주택유형

주택유형은 구조에 따라서 가구식 주택, 조적식 주택, 조립식 주택으로 구분하며, 재료에 따라서 목조주택, 석조주택, 벽돌조주택, 철근콘크리트조 주택으로 구분한다. 그러나 주택의 재료와 구조를 함께 포함시켜 주택유형을 구분하는 것이 일반적인데, 목조 가구식 주택, 철골조 가구식 주택, 벽돌 조적식 주택, 석재 조적식 주택, 프리캐스트 콘크리트 조립식 주택이 그러한 예이다.

① 가구식 주택

가구식(架構式) 주택은 건물의 구조체인 기둥과 보를 먼저 구성하고, 2차적으로 지붕, 벽, 바닥을 구조체에 연결하는 방식으로 짓는 주택이다. 가구식 주택의 구조체로는 목재와 철골이 많이 이용된다. 가구식 주택의 장점은 기둥과 보의 간격에 맞추어 공간의 규모를 정하고 벽체는 필요에 따라 자유롭게 구성하며, 건물의 해체, 이동, 증·개축이 가능하다는 점이다.

- 목조 가구식 주택 : 목조 가구식 주택은 목재로 기둥과 보를 짜 맞추어 지은 주택으로, 대표적인 예가 우리나라의 전통주택인 한옥이다. 댐을 건설하면서 생기는 수몰지구의 한옥들을 다른 지역으로 옮겨 건축할 수 있었던 것도 한옥이 해체, 이동, 증·개축이 용이한 목조 가구식 주택이기 때문이다. 그러나 목조 가구식 주택은 목재라는 재료의 특성상 내구성이 떨어지고 하중을 견디는 정도가 약해 대형 건물을 짓는 데 한계가 있으며, 화재에 취약하다는 단점이 있다.
- 철골조 가구식 주택 : 철골조 가구식 주택은 내부공간에 하중을 받는 철재 기둥을 배치하고, 벽은 비내력벽으로 구성하여 건축한 것이다. 초고층 철골조 건물인 경우, 건물의 하중을 줄이기 위하여 내부의 벽체는 가벼운 경량벽 구조로 하고, 외부 벽은 커튼월(curtain wall) 공법을 이용한 유리로 처리하는 경우가 일반적이다.

  철골조 가구식 주택의 장점은 철재 자체의 특성상 견고하고 내구성이 강하며 지진, 바람에 잘 견디어 50층 이상 건물의 건축도 가능하다는 것이다. 그러나 화재에 견디지 못하고 비용이 많이 든다는 단점이 있다. 또 외부 벽을 유리로 하는 경우가 대부분이어서 따뜻한 분위기의 외관이 아닌 첨단 업무시설 같은 차가운 느낌을 준다는 단점이 있다.

② 조적식 주택

조적식(操積式) 주택은 벽돌, 콘크리트 블록, 석재와 같은 재료를 조적하여 지은 주택을 말하며, 대부분 재료가 내화성이 크고 내구성도 좋으며, 보온과 단열에 유리하다는 장점이 있다. 그러나 조적식 주택은 사용되는 재료의 무게, 두꺼운 벽 등으로 인해서 건물의 하중이 많이 나가고, 재료를 쌓아올리는 조적방법이 수평적 충격에 약하기 때문에 지진이 우려되는 지역에서는 사용할 수 없다는 단점이 있다.

조적식 주택에 많이 이용되는 벽돌은 외관이 친근하고 아름다우며 가격이 비교적 저렴한 편이며, 석재는 내구성·내마모성이 탁월하고 고급스러운 느낌을 주지만 가공이 어렵고 가격이 비싸다는 단점이 있다.

③ 조립식 주택

조립식 주택은 주택 건설에 필요한 부품을 규격화하여 대량생산하고 건축현장에 이동시켜 조립하는 주택을 말한다. 주택 부품은 건축현장에 이동시켜야 하므로 경량화시키는 것이 유리하다. 가구식 주택과 조적식 주택은 건축방식에 따라서 습식(濕式)구조 주택이라고 하며, 조립식 주택은 건식(乾式)구조 주택, 또는 공장에서 부품을 생산하여 건축현장에서 조립한다는 의미에서 프리패브(pre-prefabrication) 구조 주택이라고 한다.

철근콘크리트를 이용한 조립식 주택은 벽체·바닥판·기둥 등의 구조재로 공장에서 생산한 프리캐스트 콘크리트(precast concrete)를 사용하므로 PC구조라고 한다. 이에 반해서 일반 콘크리트(reinforced concrete)를 사용한 것을 RC구조라고 한다. 조립식 주택에서 기둥식 구조란, 기둥과 보로 구조체를 구성하고 벽체와 바닥판을 조립하는 것을 말하며, 벽식 구조는 벽과 기둥, 바닥과 보를 한 장의 패널로 만들어 조립하는 것을 말한다. 벽식 구조는 일체식 구조라고 한다. 요즈음은 구조재뿐 아니라 내장재와 외장재도 규격화하여 공장에서 생산하고 있다.

조립식 주택은 현장에서의 조립을 최소화하기 위하여 특정공간 또는 단위주택 전체를 공장에서 생산하여 구조체에 끼워 넣는 경우도 있다. 이러한 방식을 이용한 주택은 콘센트에 플러그를 꽂는 원리와 같다고 하여 플러그인(plug-in) 주택이라고 한다. 끼워 넣는 단위공간으로 가장 일반적인 것이 욕실이다. 욕실의 바닥·벽·천장을 일체화시키고 그 안에 세면대·양변기·수전 등을 설치한 후 배관·전기 등의 설비가 집중된 설비코어에 연결시키기 때문에 시간과 경비가 절약된다. 원룸주택과 같은 소규모주택 전체를 만들어 끼워 넣는 경우도 있다.

④ 철근콘크리트조 주택

철근콘크리트는 모래, 자갈, 시멘트를 물로 섞어 만든 콘크리트에 철근을 넣어 만든다. 콘크리트가 압축력에는 강하나 인장력에 약하고, 철이 인장력에는 강하나 압축력에 약하다는 특성을 서로 보완하여 만든 재료가 철근콘크리트이다. 철근콘크리트는 지진·바람·화재에 강하고, 내구성이 크며 유지관리가 쉽고, 비교적 저렴하며, 수명이 길고 대량생산이 가능하다는 장점이 있다. 따라서 철근콘크리트는 고층형 집합주택을 생산하는 데 많이 이용되는데, 기둥식 구조와 벽식 구조가 있다.

- 철근콘크리트 기둥식 구조 : 철근콘크리트 기둥식 구조는 기둥·보·바닥판으로 이루어져 있고 기둥과 보가 하중을 받는 구조로서 벽체는 비내력벽으로 하중을 받지 않는다. 따라서 벽을 헐고 공간을 개조하거나 확장할 수 있다는 장점이 있으나, 기둥이 벽체보다 두꺼워 돌출되기 때문에 벽선이 깔끔하지 못하다는 단점이 있다.
- 철근콘크리트 벽식 구조 : 철근콘크리트 벽식 구조는 하중을 받는 벽체와 바닥판으로 이루어진 구조로서 하중을 받는 내력벽과 하중을 받지 않는 비내력벽의 두 가지가 있다. 벽식 구조의 내력벽은 철거하거나 이동할 수 없기 때문에 공간을 개조하기가 어렵다는 단점이 있으나, 돌출된 기둥이 없어서 벽선이 깔끔하며, 보가 없기 때문에 건물의 층고를 낮출 수 있다는 장점이 있다.

(3) 건물의 기능에 따른 주택유형

주택은 공간을 이용하는 방법에 따라 주거전용 주택, 복합기능형 주택, 융통형 및 가변형 주택으로 구분한다.

① 주거전용 주택

주거전용 주택은 주거생활만을 목적으로 하는 주택을 말하며, 거주자를 기준으로 독신자주택, 2세대주택, 3세대주택으로 나눈다.

- 독신자주택 : 독신자주택에는 독립주거형 주택과 거주공동체형 주택이 있다. 독립주거형 독신자주택은 취침·식사·작업·휴식 등이 한 공간에서 이루어지는 원룸의 형식을 띠고 있으며, 주거이동이 잦은 독신자를 대상으로 하기 때문에 가구와 가전기기가 빌트인된 경우가 많다.

  거주공동체형 독신자주택은 독신자들끼리 모여 공동체생활을 하는 주택이다. 침실은 개별적으로 사용하고, 거실·식당·부엌은 공동으로 사용한다. 거주공동체형 독신자주택은 침실의 크기나 모양은 똑같이 하고 공동생활공간으로의 접근이 용이하도록 구성한다.
- 2세대주택 : 2세대주택은 부부와 1~3명의 자녀로 이루어진 핵가족을 대상으로 지어진 주택을 말한다. 도시화로 핵가족이 급증하면서 주택을 대량으로 공급하던 시기에 획일적인 방식으로 지어져서 거주자의 다양한 욕구를 충족시켜 주지 못한다는 비판을 받아 왔다. 최근에는 다양한 주택평면을 지닌 2세대주택을 개발하고 있다.

- 3세대주택 : 3세대주택은 대가족이 함께 사는 주택이므로 세대 간의 프라이버시를 확보하면서 가족 공동의 생활이 원활하게 이루어지도록 계획해야 한다. 거실과 같은 공동생활 공간을 중심으로 가족 간의 교류가 이루어지게 하면서 층별로 각 세대의 공간을 배치하도록 한다. 공간을 수직적으로 분리해서 세대별로 사용하고 개별 욕실과 개별 부엌을 두면 프라이버시를 유지하기 좋다.

② 복합기능형 주택

복합기능형 주택은 가족의 주거생활 이외에 부가된 내용을 기준으로 업무복합 주택, 상업복합 주택 등으로 구분한다.

- 업무복합 주택 : 업무복합 주택은 소규모 창업이 활발해지고 재택근무가 활성화되면서 나타난 새로운 주거유형으로서 오피스텔이라고 한다. 단위주택별로 주거기능과 업무기능이 갖추어져 있는 형태로 취사시설, 욕실 겸용 화장실이 갖추어진 주거겸용 업무공간을 말한다.

  업무복합 주택은 내부공간의 가변성과 융통성이 큰 철근콘크리트 기둥식 구조가 많다. 건물에 업무와 가사에 관련된 전반적 생활지원시설을 갖추고 있어서 학생, 직장인, 전문직 종사자, 신혼부부 등 수요계층이 다양하다. 또 CCTV · 위성방송시스템 · 카드키 · 홈오토메이션 · 컴퓨터 고속 송신 · 전송을 위한 전용회선 등이 구비되어 있어 생활이 편리하다는 것이 특징이다.
- 상업복합 주택 : 상업복합 주택은 산업화시대 초기에 직주(職住) 분리로 인한 도심공동화 현상을 막기 위해서 생긴 주택유형이다. 도시 직장인의 라이프스타일을 반영하고 생활의 편리함을 극대화할 목적으로 슈퍼마켓 · 스포츠시설 · 세탁소 등 다양한 시설이 있으며, 클럽하우스 · 멀티미디어 룸 · 게스트 룸과 같은 주민공유시설이 제공된다. 우리나라에서는 주상복합 주택이라고 부른다.

  최근에는 기존의 열악한 도시주거를 재개발하면서 주거, 상업, 업무의 기능을 복합적으로 수용하는 경우도 있다.

③ 융통형 주택과 가변형 주택

융통형 주택은 건축구조의 변경 없이 공간의 변경이 이루어질 수 있도록 계획된 주택을 말하며, 가변형 주택은 건물의 구조적 변경을 통하여 공간의 변경이 이루어질 수 있도록 계획된 주택을 말한다.

- 융통형 주택 : 융통형 주택에는 용도교환형/용도변경형, 공간병합형, 오픈 시스템이 있다.

용도교환형/용도변경형 주택이란, 공간의 기능을 바꾸어 다른 공간으로 사용할 수 있도록 공간의 배치와 규모를 계획한 주택이다. 또 경우에 따라 간이 벽체나 이동식 가구로 공간을 분할할 수 있도록 공간의 규모를 정해 주는 경우도 있다.

공간병합형은 인접한 두 공간을 통합하거나 분리할 수 있는 주택이다. 두 침실 사이의 벽체, 침실과 거실 사이의 벽체를 이동하여 공간의 크기를 조정할 수도 있다.

오픈 시스템은 거주자의 요구에 맞게 공간을 구획하는 주택이다. 외벽과 화장실·부엌 등 배관설비가 필요한 부분을 제외한 나머지 공간을 개방적인 평면으로 제공하는 방식이다.

- 가변형 주택 : 가변형 주택이란, 건축구조의 변경이 이루어질 수 있도록 계획된 주택을 말하는데, 세대 간 병합형과 개축형/증축형이 있다.

세대 간 병합형은 인접한 주택 간의 변경이 가능한 것으로 단위주택의 확장이나 축소가 필요할 때 이루어진다. 인접한 주택의 전체 또는 일부 공간을 병합하거나 규모가 큰 주택을 분리하여 두 세대가 살 수 있도록 계획하는 방법이 있다.

개축형/증축형은 확장할 수 있도록 계획한 주택으로, 발코니를 확장하여 외부공간을 넓히거나 증축하여 내부공간으로 사용하는 방법이 있다. 수평적 공간의 확장뿐 아니라 옥상의 증·개축 등 수직적인 확장도 포함된다.

2) 주택의 공간계획 원리

주거공간에는 사회의 변화와 함께 그 속에서 생활하는 사람들의 가치관이나 생활 양식이 반영되어 있다. 사회경제적 수준이 높아지면서 주거공간에 대한 사람들의 관심이 지대해지고 있다. 주거공간은 침실·거실·식당·부엌·욕실 등과 같이 기능과 목적이 각기 다른 여러 공간들로 구성되어 있다. 주거공간을 계획할 때 고려해야 할 사항, 주거공간을 계획하는 순서, 각 실의 계획에 대하여 알아보도록 한다.

(1) 주거공간을 계획할 때 고려해야 할 사항

기능적이고 쾌적한 주택을 계획하려면 주거공간에서 거주하는 사람에 대한 이해와 함께 거주자의 생활내용을 파악할 필요가 있다. 주거공간을 계획하기 위해서 고려해야 할 내용을 파악하고, 공간계획의 원리에 맞게 단계적으로 접근하는 것이 바람직하다. 주거공간을 계획하려면 다음과 같은 내용들을 고려할 필요가 있다.

① 거주자에 대한 제반사항을 고려한다

주거공간을 사용할 거주자의 수에 따라서 주거공간의 계획은 달라지므로 거주자의 구성을 파악하는 것은 무엇보다 중요하다. 다음으로 거주자의 내용을 파악해야 한다. 거주자 가족의 형태, 가족 수, 각 가족의 연령과 라이프스타일, 경제적 능력을 고려한다. 주거공간에 거주할 사람이 1명인 경우에는 독신자 개인의 특성을 공간계획에 반영하도록 한다. 독신자의 직업, 경제적 능력, 라이프스타일, 주거공간에서 지내는 시간, 식생활 패턴, 연령 등은 고려해야 하는 중요한 요소이다.

주거공간에 대한 거주자의 요구수준은 점차 높아지며, 가족 형태, 가족 수, 가족생활주기, 경제력, 연령 등 현재의 상황은 변하므로 이러한 변화에 적응할 수 있도록 공간의 수와 크기를 융통성 있게 계획한다. 예를 들면, 가변형 벽을 계획하여 두 공간을 하나로 통합하거나 반대로 한 공간을 둘로 분할함으로써 공간의 수를 늘리는 방법이 있다.

② 거주자에게 적합한 주택유형이 무엇인지를 고려한다

다양한 주택유형 중에서 거주자에게 적합한 유형 하나를 정하고 공간을 계획하는 것이 바람직하다. 거주자의 제반사항을 고려한 결과, 단독주택이 적합하다면, 다음으로는 단층 또는 2~3층 중에서 어떤 것이 더 나을지를 정한 후에 공간계획을 하도록 한다. 주택유형을 집합주택으로 정한 경우에는 저층형, 중층형, 고층형 중에서 하나를 정한다. 또 건물의 기능에 따른 주택유형인 주거전용 주택, 업무복합 주택, 상업복합 주택 중에서 어떤 유형이 거주자에게 이상적인지를 정한 후에 주거공간을 계획한다.

③ 주택의 평면과 입면을 고려한다

평면계획은 주거공간에서 가장 기본이 되고 주거생활에 많은 영향을 미친다. 개방형 평면과 폐쇄형 평면 중에서 거주자에게 적합한 평면을 정한 후에 주거공간을 계획하도록 한다. 주택의 입면에는 단층식, 다층식, 스플릿 레벨식(split level), 스킵 플로어식(skip floor) 등이 있다. 이러한 입면형식은 각기 장단점이 있으므로 거주자의 가족 형태나 라이프스타일, 취향 등에 맞는 입면이 무엇인지를 생각해 보도록 한다.

④ 동선을 단축시키는 방법을 고려한다

동선에 따라서 주거생활의 쾌적성과 기능성이 좌우되기 때문에 동선의 계획은 중요하다. 동선이란 사람이 걸어 다닌 흔적으로, 일정한 작업을 하는 경우 동선이 짧을수록 효율적인 공간계획이라고 평가된다. 서로 왕래가 많은 공간들을 가깝게 배치하면 동선이 짧아진다. 침실 가까이에 욕실을 배치하고, 부엌 가까이에 식당을 배치하는 것은 동선 절약에 효과적이다. 특히, 부엌, 세탁실 등의 가사작업공간에서는 많은 작업이 이루어지기 때문에 동선을 단축시키도록 계획해야 한다.

⑤ 가구를 기능적이고 아름답게 배치하는 방법을 고려한다

가구 배치를 예측하지 않고 주거공간을 계획하면 생활하기에 불편하다. 침실의 경우, 창이 크고 많으면 실내가 밝고 넓어 보이지만 침대나 수납장 등을 배치하기 곤란하다. 창과 문의 위치와 크기, 붙박이장의 위치와 크기, 스위치와 콘센트 등의 위치에 따라 가구 배치가 달라지므로, 공간계획을 할 때는 가구를 사용하는 데 불편함은 없는지, 가구를 아름답게 배치할 수 있는지를 고려해야 한다.

(2) 주거공간을 계획하는 순서

주거공간계획은 다음과 같은 순서로 진행하는 것이 합리적이다.

① 필요로 하는 공간과 공간별 면적을 산출하여 전체 면적을 정한다

주거공간의 면적은 거주자의 경제적 능력, 취미, 가족 형태와 가족 수에 따라서 정해진다. 따라서 가족의 상황과 경제력을 고려하여 최소 면적을 산출한 후에 여유 면적을 추가하는 방법으로 주거공간의 전체 면적을 정하도록 한다. 일상적인 생활을 하면서 주거공간으로서의 기능을 하려면, 1인당 최소한 18 m^2의 면적이 필요하다는 사실을 고려하여 주거공간의 면적을 정해야 한다.

② 주거공간의 조닝방법을 정한다

조닝(zoning)이란, 주거공간을 구체적으로 계획하기 전에 용도가 비슷하거나 같은 성격을 지닌 공간끼리 묶어서 구분하는 것을 말한다. 주거공간을 조닝하는 방법은 다양하다. 주택에서 이루어지는 생활 내용에 따라서 사회적 공간·개인적 공간·가사작업공간으로 조닝하는 방법, 공간 사용자에 따라서 부부공간·자녀공간·부부와 자녀의 공동생활공간으로 조닝하는 방법, 공간을 사용하는 시간을 기준으로 주간생활공간·야간생활공간으로 조닝하는 방법, 공간의 기능을 기준으로 가족생활공간·재택근무공간으로 조닝하는 방법 등이 있다. 조닝계획에서는 거주자가 어떠한 공간에 비중을 두고 생활할 것인지를 고려하여 면적을 분배하도록 한다. 예를 들어, 주거공간을 생활 내용에 따라 사회적 공간·개인적 공간·가사작업공간으로 조닝하는 경우, 주택에서 집필이나 연구활동을 많이 하면 프라이버시가 확보되는 개인적 공간의 면적을 크게 하고, 손님을 자주 초대하면 사회적 공간의 면적을 크게 한다.

조닝의 장점은 각 영역에서의 생활이 독립적으로 이루어지고, 가족 구성원의 프라이버시가 보장되며, 동선이 절약되고, 작업에 소요되는 에너지를 절약할 수 있다는 것이다. 따라서 거주자의 생활내용, 주거공간에서 지내는 시간 등을 고려하여 목적에 맞는 조닝방법을 선택하도록 한다.

③ 조닝이 확정된 후 침실, 거실, 부엌 등 개별 공간의 위치를 정한다

개별 공간의 위치는 옥외공간과의 관계, 출입구와의 거리, 동선, 소음 등을 고려하여 정하도록 한다. 침실은 숙면, 서재는 연구에 대한 집중력이 요구되는 공간이므로 도로와 떨어진 조용한 곳에 계획하고, 부엌은 물품반입 및 쓰레기처리를 위한 작업 동선이 짧아야 하므로 현관이나 차고와 가까운 곳에 계획하도록 한다.

3) 주택의 각실계획

주거공간에서 가장 일반적으로 이용되는 조닝방법은 생활 내용에 따라 사회적 공간·개인적 공간·가사작업공간으로 구분하는 것이다. 사회적 공간에는 거실·식당·LDK 공간·현관이 포함되며, 개인적 공간에는 침실·서재·작업실·욕실이, 가사작업공간에는 부엌·가사작업실·세탁실이 포함된다. 이 외에도 욕실·화장실 같은 생리생활공간을 별도의 조닝에 포함시키기도 한다. 그러나 주거수준이 높아지면서 욕실을 침실에 또는 침실 가까이에 배치하는 경우가 많아져 생리생활공간을 개인적 공간에 포함시키는 경향이 크다.

(1) 사회적 공간

주택에서 사회적 공간은 거실, 식당, 현관이다. 요즈음은 거실을 독립적으로 사용하기보다는 거실과 식당 또는 거실·식당·부엌을 한 공간에 배치하는 경우가 많은데 이러한 LDK(Living Dining Kitchen) 공간 역시 사회적 공간에 포함된다.

① 거 실

거실은 가족이 모여 이야기를 나누거나 편하게 쉬는 장소이며, TV를 보거나 음악을 감상하는 장소, 손님을 접대하는 장소, 간단한 가사작업을 하거나 책을 읽는 장소, 어린이의 놀이장소 등 다목적으로 이용된다. 온 가족이 이용하고, 이용시간도 많은 공간인 거실은 안정된 분위기에서 가족 간의 관계를 돈독하게 유지할 수 있도록 계획한다.

■ 거실의 위치 : 가족의 사회적 공간인 거실은 주택의 중심에 배치하여야 동선이 단축되어 가족이 쉽게 모일 수 있으며, 가족공동의 공간으로서의 역할을 하기 좋다. 그러나 거실이 공간과 공간을 연결하는 통로 역할을 하면 거실로서의 독립적인 분위기를 유지하기 어렵다.

거실이 현관과 가까워 프라이버시를 유지하기 어려운 경우에는 가구나 화분을 이용하여 시각적으로 차단하는 것이 바람직하다. 거실은 전망, 채광, 통풍 등의 조건이 좋은 위치에 계획한다.

소규모주택에 거실과 식사공간을 구분하지 않는 LD/K형을 계획하면 공간이 넓어 보이고, 공간활용에도 유리하다. 이런 경우에는 거실과 식사공간 사이에 칸막이 또는 양쪽에서 이용할 수 있는 가구를 배치하고, 식탁 위에 펜던트등(pendent lamp)을 설치하거나 식탁 아래에 러그(rug)를 깔아 주면 두 공간이 분리된 것처럼 느껴진다.

거실은 정원이 보이는 남향에 위치하는 것이 좋다. 주택인 경우에는 거실과 접한 정원에 야외용 의자나 테이블을 놓아 옥외공간을 활용하도록 한다. 아파트인 경우에, 거실과 연결된 발코니를 정원으로 꾸미면 거실도 넓어 보이고 친환경적인 분위기가 조성된다.

서재를 만들 공간이 없는 경우에 거실과 겸용할 수 있도록 서재를 계획해도 좋다. 거실 한쪽 벽면을 활용하여 책장을 붙박이식 또는 이동식으로 계획하고 책상과 의자를 배치하면 서재로 활용할 수 있다.

■ 거실의 공간계획과 가구배치 : 거실의 분위기를 결정하는 데 많은 영향을 미치는 것은 바닥·벽·천장의 마감재료와 천장, 창, 출입구의 형태이다. 이러한 구성요소들을 먼저 정한 후에 전체적인 거실 분위기에 어울리는 가구와 실내 소품을 선택한다.

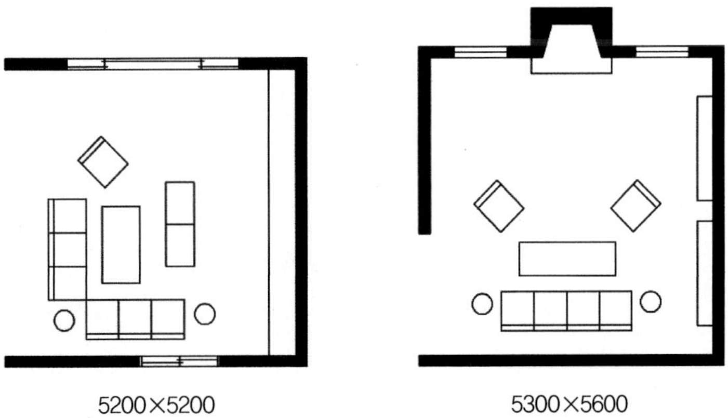

그림 5-1 거실의 평면계획(단위 : mm)

바닥·벽·천장의 마감재료의 색채와 질감에 따라 거실이 넓게 또는 좁게 보이고, 따뜻한 느낌 또는 시원한 느낌을 주며, 현대적인 분위기 또는 전통적인 분위기가 결정된다. 색채, 질감, 형태와 같은 디자인 요소는 서로 조화되야 하므로 거실 전체의 디자인을 통합적으로 생각해야 한다.

가족의 다양한 활동이 이루어지는 거실은 가족의 생활 양식이나 가족 형태, 가족 수, 가족의 분위기에 따라서 가구의 종류, 형태, 배치를 달리하도록 한다. 거실에는 가족이 편안하게 앉아 쉬거나 TV를 보고 음악을 듣기 위한 소파와 의자, 테이블, TV 수상기, 오디오 세트 등이 필요하다.

소파와 의자를 원형이나 타원형으로 배치하면, 대화하기 좋고 부드러운 분위기가 조성된다. 거실 입구에서 의자까지의 동선은 짧아야 하며, 의자에 앉기 위하여 다른 의자 앞을 통과하지 않도록 배치한다. 마주보는 의자 사이의 간격은 1,500 mm가 넘지 않는 것이 대화하기 좋다. 의자와 테이블 사이는 250 mm 정도 떼어놓아야 앉기에 편하다. 1인용 안락의자의 크기는 등받이나 팔걸이의 두께에 따라서 달라지나, 일반적으로 가로·세로가 900 mm 정도이다.

TV 화면은 의자에 앉았을 때의 눈높이보다 높지 않게 하고, 화면의 중심에서 60° 범위 안에 의자가 배치되도록 하는 것이 좋다. 화면의 높이나 방향을 조절하는 회전받침대를 이용하면 편리하다. TV에서 의자까지의 거리는 TV 화면(대각선 길이)의 6배 이상 떨어지도록 한다. 오디오 세트의 스피커는 귀 높이에 오도록 배치한다. 음의 질은 실내 마감재료에 의해서 영향을 받는데, 스피커의 뒷면에는 음을 반사하는 재료를, 맞은편에는 흡음재료를 이용하는 것이 바람직하다.

그림 5-2 현대적 분위기의 거실

② 식 당

음식을 함께 들면서 가족공동체 의식을 강화하고 친밀감을 높이는 식당은 중요한 사회적 공간이다. 식당은 식사행위 이외에 손님접대, 가사작업, 자녀의 놀이나 공부, 책 읽기 등의 다목적 공간으로 이용되고 있다.

- 식당의 위치 : 식당은 부엌과 거실의 중간에 위치하는 것이 바람직하다. 식당이 부엌과 가까우면 식탁을 차리거나 치우는 동선이 단축되고, 거실과 가까우면 가족의 사회적 공간이 모여 있게 되므로 생활의 질서가 잡힌다.

  식당의 이상적인 방위는 남향이나, 남향에 배치하기 어려우면 남동향이나 동향으로 한다. 식당도 거실과 마찬가지로 채광이나 통풍을 고려하고 전망을 즐길 수 있도록 창문을 크게 하는 것이 바람직하다.

- 식당의 공간계획과 가구배치 : 식당과 부엌은 왕래가 잦으므로 식당은 안전을 위하여 부엌 바닥과 높이를 같게 해야 한다. 식당의 바닥은 음식을 흘려도 청소하기 쉽고, 의자를 움직여도 소음이 적은 흡음성이 큰 재료로 마감한다. 이러한 목적으로 식탁 밑에 러그를 깔아 주기도 한다.

  식당에는 강한 색채나 복잡한 무늬를 사용하지 말고, 식탁이 중심이 되도록 공간을 계획한다. 식탁보는 식탁 끝에서 150~200 mm 늘어지게 하며, 식탁보와 냅킨은 식당 분위기, 의자의 디자인과 조화되는 것으로 깨끗하고 부드러운 느낌을 주는 단색이나 잔잔한 무늬를 선택한다.

  식당의 분위기를 좌우하는 식탁 조명은 펜던트등에 식탁 위로 빛이 떨어지는 다운라이팅(down lighting)을 많이 이용한다. 다운라이팅은 식탁 위 1,000 mm까지 늘어뜨리는 펜던트등을 설치하는 것이 보통이다. 넓은 식당에는 식탁 조명 이외에 전체 조명을 따로 설치한다.

  식당에는 식탁, 의자, 식기 수납장이 필요하다. 식탁의 종류는 정사각형, 직사각형, 타원형, 원형이 있으며 크기를 변화시킬 수 있는 조립식 식탁 또는 접이식 식탁, 벽에 고정시킨 식탁 등이 있다. 공간이 협소한 경우에는 식탁의 한 면을 벽면에 붙여 배치하기도 한다.

  식탁의 크기는 1인당 필요한 면적인 400×600 mm에 사용자 수를 곱한 후에 여유면적을 더해 주어 정한다. 이를 기준으로 4인용 식탁의 크기를 산출하면 900×1,200 mm에서 1,000×1,400 mm가 된다. 식탁의 높이는 사용자의 키에 따라 다르나 일반 성인을 기준으로 700~750 mm이다. 의자의 바닥높이는 400~450 mm가 적당하다. 식탁 의자는 거실 의자와는 달리 식탁에 붙여 놓으므로 식탁에서 등받이까지의 간격은 500 mm이다.

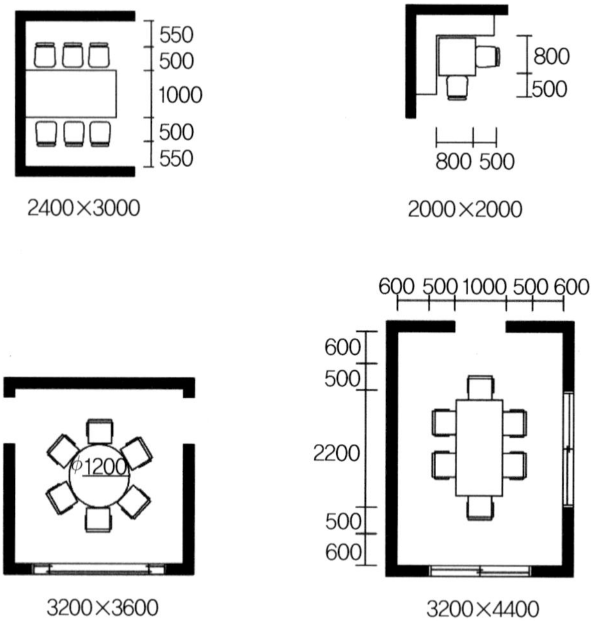

그림 5-3 식당의 평면계획(단위 : mm)

③ **LD/K형, L/DK형, LDK형**

식당, 거실, 부엌을 일부 또는 전부 개방시켜 계획하면 공간이 넓어 보일 뿐 아니라 벽체로 인하여 손실되는 공간이 없어서 공간활용이 유리하며 공사비가 절약된다. LD/K형, L/DK형, LDK형의 장·단점을 알아보도록 한다.

- LD/K형 : 거실(living room)과 식당(dining room)을 한 공간에 만들고 부엌(kitchen)을 따로 독립시킨 형식이다. 부엌에서 식당까지 음식을 날라야 하므로 LDK형에 비해서 동선이 길지만, 식당과 거실이 함께 있어서 공간의 활용도를 높일 수 있다. 또 식당이 부엌과 떨어져 있어서 안정된 분위기에서 식사할 수 있다.

  손님을 식사에 초대하는 경우가 잦거나 가족이 많은데 독립된 식당을 두기 어려운 경우에 LD/K형이 L/DK형이나 LDK형보다 바람직하다. LD/K형은 부엌과 식당 사이에 해치(hatch)를 설치하면 음식이나 그릇을 쉽게 나를 수 있어 편리하다. 해치가 없는 경우에는 바퀴 달린 왜건(wagon)을 이용하여 동선을 줄인다.
- L/DK형 : 거실을 독립시키고 식당과 부엌을 한 공간에 둔 평면으로, 거실이 독립된 분위기를 유지할 수 있다. 부엌과 식당이 한 공간에 있어서 가사작업 동선은 짧으나 안정된 분위기에서 식사하기는 어렵다. L자형인 공간인 경우 한쪽으로 식탁을 배치하면 식당의

독립성을 어느 정도 확보할 수 있다. L/DK형은 조리과정에서 생기는 냄새와 습기 제거를 위해 환기장치가 필수적이다.

거실에서 손님을 자주 접대해야 하는 경우나 부엌에 식탁을 놓을 공간이 있는 경우에 L/DK형이 적합하다.

- LDK형 : 거실·식당·부엌을 한 공간에 계획한 것이다. 동선이 짧고 공간을 효율적으로 활용할 수 있어서 소규모의 주택에서 많이 이용된다. LDK형은 냄새와 습기를 배출하는 환기장치가 필수적이다.

LDK형은 독신자 또는 가족 수가 적은 핵가족에게 적합하다. 부엌에서 일하면서 가족과 이야기하거나 자녀를 돌볼 수 있으며, 가족 누구나 쉽게 부엌에 접근할 수 있어서

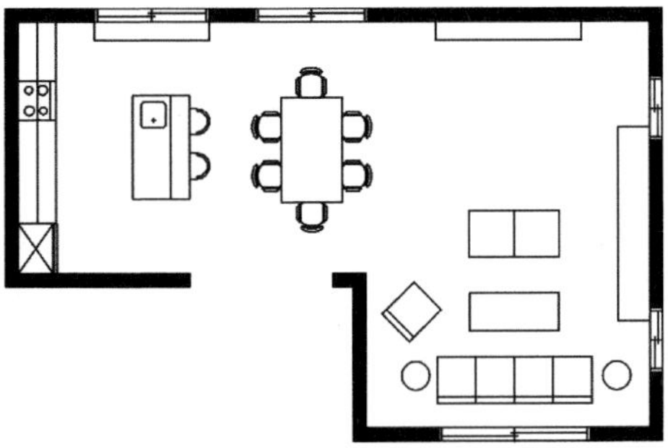

그림 5-4 LDK형의 평면계획

그림 5-5 LDK형의 공간

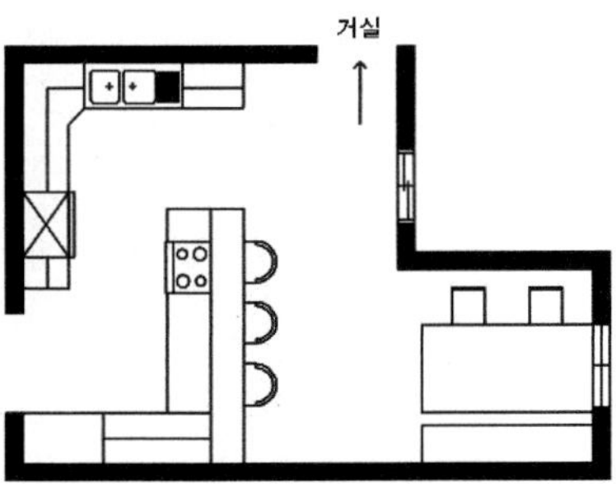

그림 5-6 L/DK형의 평면계획(단위 : mm)

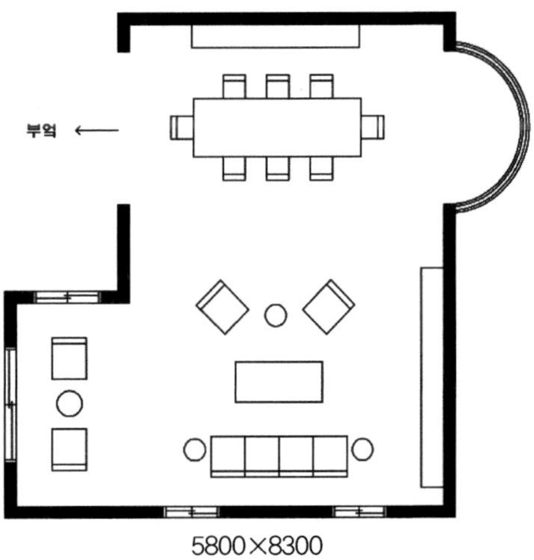

그림 5-7 LD/K형의 평면계획(단위 : mm)

가사작업을 자연스럽게 분담할 수 있다는 장점이 있다. 그러나 손님이 방문한 경우 각 공간에서의 활동이 한 눈에 들어와 프라이버시를 유지하기 어렵고, 식사 또는 휴식 등을 안정된 분위기에서 하기 어렵다는 단점이 있다.

④ 현관

현관은 주거공간의 출입구로서 크기는 작으나 그 집에 대한 인상을 결정하는 사회적 공간이다. 현관은 손님을 맞이하는 공간인 동시에 원하지 않는 사람의 출입을 차단하는 역할도 한다. 따라서 출입자의 통제가 가능해야 하며, 문단속은 간편하고 안전하게 이루어져야 한다.

- 현관의 위치와 크기 : 현관의 위치는 대지의 형태, 인접도로와의 관계, 가족의 생활습관, 안전, 외부 손님에 대한 배려 등을 고려하여 정한다. 현관을 대문에서 멀리 배치하면 가족의 프라이버시가 유지되나, 손님이 많은 경우에는 대문과 가까운 것이 오히려 번거로움을 줄일 수 있다.

  2층인 경우 현관이 계단과 가까우면 주거공간의 동선이 짧아진다. 현관문을 열어서 거실 등의 실내가 직접 보이면 방문객이나 가족이 모두 불편하므로 주의하여 계획한다.

  현관의 크기는 주택의 크기, 가족이나 방문객의 수, 신발장, 수납장, 대기용 의자 유무에 따라 정한다. 현관의 최소면적은 1,000×1,500 mm이다.

- 현관의 공간계획과 가구배치 : 현관은 크기가 작으므로 큰 창을 설치하면 공간이 넓어 보인다. 창을 낼 수 없는 경우에는 천창을 계획해 본다. 현관에 투명유리를 사용하면 밝아서 좋으나 실내가 들여다보이고 방범상 문제가 있으므로 특수유리를 선택하도록 한다.

  조명은 현관 내부와 외부 포치(porch)에 모두 설치하여 출입에 안전하게 하고 방범효과도 높이도록 한다. 현관은 단순하고 경쾌한 재료와 색채로 마감하며, 바닥은 내수성과 내마모성이 강한 재료를 선택하도록 한다.

  현관의 가구는 단순하고 통일성 있는 디자인을 선택한다. 공간에 여유가 있으면 작은 탁자와 간단한 의자를 마련한다. 현관에 전면거울을 계획하면 옷매무새를 가다듬을 수 있을 뿐

그림 5-8 계단이 현관에 인접해 동선이 절약되는 주택

아니라 공간을 넓어 보이게 하는 효과도 있다. 현관에는 신발장 이외에도 우산, 운동기구, 겉옷, 손님용 외투를 보관할 붙박이수납장을 두도록 한다.

(2) 개인적 공간

개인적 공간에는 침실, 서재, 작업실, 욕실, 화장실이 포함된다. 욕실과 화장실을 개인적 공간에 포함시키지 않고 생리생활공간이라는 별도의 조닝에 포함시키기도 한다.

① 침 실

취침시간을 고려하면 침실은 인생의 1/3을 보내는 중요한 공간이며, 취침 이외에도 휴식·공부·가사작업 등 다목적으로 이용되는 개인적 공간이다. 침실계획에서 가장 많이 고려해야 하는 사항은 개인의 프라이버시가 보장되도록 하는 것이다.

- 침실의 위치 : 침실은 프라이버시 유지를 위하여 도로나 현관에서 떨어진 조용한 위치에 계획하며, 정원을 내다볼 수 있는 위치이면 더욱 바람직하다. 침실은 욕실과 인접시키는 것이 편리하나, 침실에서 욕실이 직접 보이는 것은 좋지 않으므로 침실과 욕실 사이에 드레스룸을 계획하도록 한다.

  침실은 남향이나 남동향이 좋으나, 취침공간으로만 이용하는 경우에는 향에 구애받지 않아도 된다. 2층 주택인 경우 아래층에는 사회적 공간과 가사작업공간을 두고, 2층에는 개인적 공간인 침실을 배치하는 것이 이상적이다.

- 침실의 공간계획과 가구배치 : 침실은 개인적인 공간이므로 개성있게 계획하도록 한다. 침실의 분위기를 먼저 정한 후에 실내공간에서 많은 면적을 차지하는 구성요소에 대한 내용을 정하는 것이 바람직하다. 즉, 벽·바닥·천장에 대한 내용을 먼저 정하고 창과 문, 커튼이나 침대 커버, 안락의자 등의 가구의 순서로 정한다.

  가구는 침실의 분위기 연출에 효과적이므로 사용자의 취향을 고려하여 전통 양식, 현대 양식, 절충 양식 중에서 하나를 정하여 전체적인 흐름을 같게 하는 것이 좋다. 침대·서랍장·책상 등을 서로 조화되도록 만든 침실용 모듈러 가구(modular furniture)를 선택하면 공간활용에도 좋고 통일된 침실 분위기를 연출하기 용이하다.

  침실의 창은 실내디자인에서 중요한 요소이다. 침실에는 적어도 한 벽면에 창이 있어야 한다. 창이 한쪽에 집중되어 있으면 실제보다 넓어 보이고 가구를 배치하기가 쉬운데, 크기는 최소한도 바닥 면적의 1/10 이상이 되어야 하며 1/5이면 이상적이다. 침실의 프라이버시를 유지하기 위해서 창에 커튼이나 블라인드(blind)를 이용한다. 화재 위험에 대비하여 침실 창문 중 하나는 사람이 나갈 수 있는 크기가 확보되어야 한다.

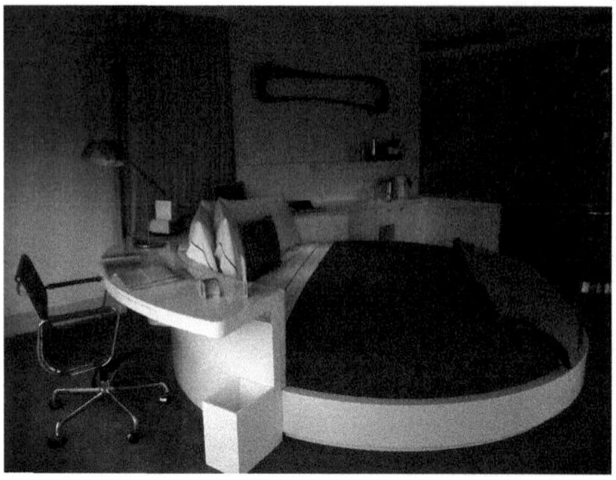

그림 5-9 헤드보드 겸용 간이 책상과 결합된 원형 침대가 있는 침실

그림 5-10 킹사이즈 침대가 있는 현대적 분위기의 침실

침실의 조명도 실내 분위기에 많은 영향을 미친다. 취침만의 목적으로 이용될 경우에는 간접조명이 이상적이나 취침 이외의 활동을 하는 경우가 많으므로 국부조명으로 스탠드등(stand lamp)이나 브래킷 램프(bracket lamp)를 준비한다.

침실의 소음 기준은 40 dB 이하가 바람직하다. 주변이 시끄러운 지역은 건축 시에 방음재료를 적절히 이용하고 소음을 차단할 수 있는 공간계획을 강구하도록 한다. 예를 들면, 시끄러운 거리에 면한 벽 또는 침실과 침실 사이에는 옷장이나 책장을 계획하고, 바닥·벽·천장의 마감재료는 흡음성이 우수한 카펫·벽지 등을 사용하며, 침구·커튼·쿠션 등을 적절히 활용하여 소음을 낮추도록 한다.

침실에 필요한 가구는 침대, 스탠드등, 테이블, 서랍장, 붙박이옷장, 화장대, 휴식용 안락의자 등이다. 이러한 가구들이 배치되려면, 침실의 크기는 최소한 3,600×3,600 mm가 넘어야 한다. 침실에 붙박이옷장을 설치하면 공간활용도가 커져서 실내의 정리정돈에 효과적이다. 붙박이옷장의 깊이는 600 mm가 적당하며 너비는 1인당 1,500 mm 이상이 필요하다. 따라서 부부침실의 붙박이옷장의 크기는 600×3,000 mm 이상이어야 한다.

침대는 상당한 면적을 차지하는 가구이다. 침대의 머리 쪽은 벽면에 붙이고, 다른 3면은 500 mm 이상의 공간이 확보되어야 동선에 지장이 없고 침대 정리에도 편리하다. 공간을 활용하기 위하여 낮에 침대를 세워놓았다가 필요할 때 사용하는 방법, 침대를 천장에 부착시켰다가 필요할 때만 내려서 사용하는 방법, 소파를 침대로 변형시킬 수 있는 소파겸용 침대(sofa-bed) 등이 있으므로 거주자에 맞는 것을 선택하도록 한다.

② 욕 실

욕실은 위생도기 설치방법에 따라 세 가지 유형으로 구분한다. 욕조·세면대·양변기를 모두 설치하는 유형, 욕조와 세면대를 한 공간에 두고 양변기를 분리하는 유형, 세면대와 양변기를 한 공간에 두고 욕조를 분리하는 유형이 있다. 이 외에도 욕조를 제외하고 세면대와 양변기만을 설치하는 파우더룸(powder room)이 있는데 거실·식당·부엌 등에서 생활하다가 사용할 수 있어 편리하다.

- 욕실의 위치 : 욕실은 침실에 부속시키거나 가까운 위치에 계획하여 동선을 줄이도록 한다. 침실에 부속되지 않은 욕실은 가족들이 공용으로 사용하는 공간이므로 각 침실과의 거리를 고려하여 계획한다.

  욕실은 급·배수 및 온수 설비가 필요하므로 배관 비용과 유지관리를 고려하여 부엌, 세탁실과 가까이에 배치하며, 2층인 경우에는 아래·위층의 같은 위치에 배치하도록 한다. 이와 같이 배관 설비를 한군데로 모아 배치하는 것을 설비적 코어 시스템(core system)이라고 한다. 부엌과 욕실을 인접시키더라도 출입구의 방향을 달리하여 가깝다는 느낌이 들지 않게 하는 것이 바람직하다.
- 욕실의 공간계획 : 욕실의 크기는 위생도기의 크기와 설치방법에 따라 달라진다. 욕조·세면대·양변기를 모두 갖추려면 최소한으로 1,500×2,200 mm, 즉 3.3 m^2가 필요하다. 공간이 부족한 경우에는 욕조를 설치하는 대신에 샤워실을 계획하도록 한다.

  욕실은 습기가 많아 냄새가 나기 쉬우므로 반드시 환기시설을 설치해야 한다. 문을 열면 자동으로 환기장치가 작동되도록 하면 편리하다. 욕실에는 수건 이외에 약품·휴지·수건·치약·칫솔·비누 등을 보관하는 수납장이 필요하다. 욕실 수납장을 매입형 붙박이장으로 계획하면 공간활용에도 유리하고 넓어 보이며, 통일감 있는 실내를 연출하는 데 이상적이다. 욕실 수납장의 깊이는 300 mm로 한다.

  욕실에는 방수성이 우수하고 곰팡이가 생기지 않는 마감재료를 사용하고, 바닥과 벽 사이 또는 벽과 욕조 사이에 방수처리를 잘 하여 누수가 되지 않게 한다. 바닥과 벽에는 타일이나 대리석이, 천장에는 합성수지 패널이 많이 이용된다. 욕실의 한쪽 벽면을 거울로 마감하면 공간을 넓어 보이게 하는 데 효과적이다.

  욕실의 창은 채광과 환기를 위해 필수적이나 프라이버시가 유지되도록 계획하고, 열손실이 없도록 기밀성이 우수해야 한다.

  조명은 욕실의 분위기를 결정하는 중요한 요소이다. 조명기구는 습기에 강한 것을 선택한다. 넓은 욕실에는 중앙조명과 국부조명이 필요하지만 일반적으로 거울 위에 국부조명을 설치한다. 욕실 조명은 명암 차이가 적고 균일하게 보이는 것이 좋으므로 광원이 여러 개인 조명기구가 바람직하다. 조명기구의 광원이 거울에 반사되어 눈이 부시지 않도록 하며 펜던트등보다 벽이나 천장에 직접 부착시키거나 매입시키는 것이 좋다.

- 욕실의 위생설비 : 욕실에는 욕조, 세면대, 양변기, 수납장, 거울, 수건걸이, 휴지걸이, 칫솔이나 컵을 놓을 선반이 필요하다. 또, 급·배수 설비, 환기 설비, 조명, 콘센트 등의 전기설비가 필수적이다.

욕실에서 가장 큰 면적을 차지하는 욕조는 형태와 크기가 다양하므로 욕실의 크기와 창의 위치 등을 고려하여 선택한다. 욕조 옆에는 붙잡고 일어날 수 있는 안전손잡이를 부착하고, 바닥에는 고무 패드를 깔아 안전사고를 미연에 방지한다.

세면대는 상단이 750~800 mm, 하단이 바닥에서 650 mm 이상이 되도록 설치하며, 급수장치는 900~1,000 mm 높이에 설치한다. 세면대는 물론 욕실 바닥 등의 배수관에는 반드시 트랩(trap) 장치를 하여 악취를 방지하고 벌레가 들어오지 못하게 해야 한다.

양변기는 좌판의 높이가 400~450 mm, 양변기 중심에서 벽까지 거리가 450 mm 이상이 되도록 설치한다.

헤어드라이어나 면도기 등의 사용에 필요한 콘센트는 습기방지용 덮개가 있는 것을 선택하고, 바닥에서 400~850 mm 높이에 설치하며, 스위치는 1,000~1,200 mm 높이에 설치한다.

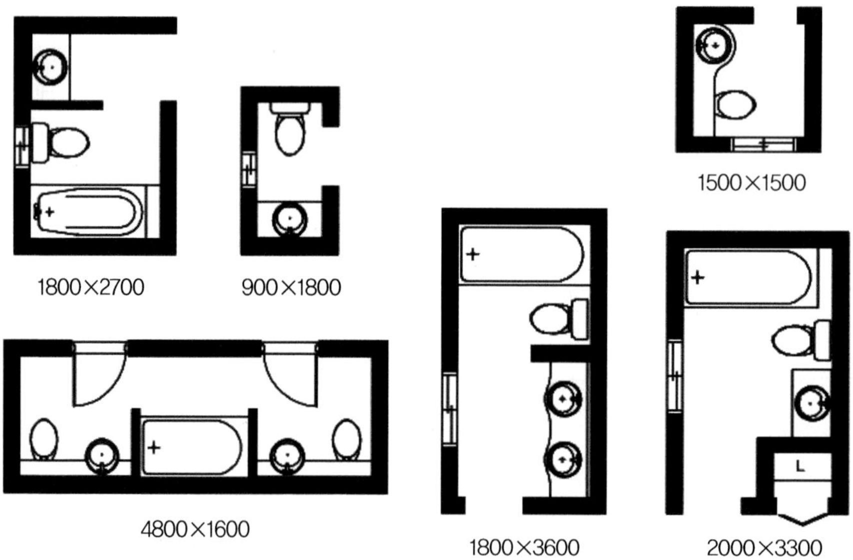

그림 5-11 욕실의 평면계획(단위 : mm)

그림 5-12 세면대 하부에 여유공간이 있는 욕실

그림 5-13 검정을 포인트 색상으로 이용한 욕실

(3) 가사작업공간

주택에서 가사작업공간은 부엌, 가사작업실, 세탁실이다. 가사작업공간의 계획에서 중요한 것은 에너지 소모가 적고 동선을 짧게 계획하여 작업이 능률적으로 이루어질 수 있도록 하는 것이다.

① 부 엌

가족의 건강을 유지시켜 주는 음식을 준비하는 부엌은 주택에서 단위면적당 건축비가 가장 많이 드는 공간이다. 요즘은 가족 누구나 부엌을 자유롭게 드나들면서 음식을 준비하기 때문에 가족공용공간의 성격도 증가하는 추세이다.

- 부엌의 위치 : 부엌은 대문, 차고, 현관에서 가까워야 식품의 반입과 쓰레기 반출에 소요되는 동선이 절약된다. 또 가사작업실, 세탁실, 서비스 야드 등 가사작업공간들과 인접시켜야 생활의 질서가 잡힌다. 부엌은 식당과 가까워야 하며 거실에서 멀지 않은 것이 좋다.
  부엌을 배관 설비가 필요한 욕실과 인접시키면 유지관리가 쉬우나 시각적으로는 먼 것이 좋으며, 전망을 즐길 수 있는 곳이면 더욱 바람직하다. 2층 주택에서는 아래층에 부엌을 두는 것이 편리하다.
- 부엌의 공간계획 : 부엌의 크기는 주택의 크기, 가족 수, 음식에 대한 기호, 식생활 습관, 경제 수준에 따라 다르나, 일반적으로 주택 크기의 10%로 한다. 주택이 넓은 경우에는 10% 이하로 한다. 부엌이 음식을 만드는 장소로만 이용될 경우에는 8 m^2 정도가 적당하다. 부엌은 가사작업공간이므로 너무 넓으면 동선이 길어져서 피로해지기 쉬우므로 12 m^2가 넘지 않도록 계획한다. 부엌의 형태는 가로와 세로의 비율이 2 : 3 정도인 것이 작업대 배치에 유리하다.

부엌의 창은 바닥 면적의 10% 이상이어야 한다. 일반적으로 작업대와 상부 수납장 사이에 창을 만든다. 부엌에 고창을 설치하면 환기에 효과적이며, 천창을 설치하면 수납장을 부착시킬 벽면을 감소시키지 않으면서 채광효과도 우수하여 좋다.

음식 조리과정에서 수증기가 생기고 물과 불을 사용하는 부엌의 마감재료는 방습성·방수성·내열성·방화성이 우수하고 유지관리가 용이한 것을 선택해야 한다. 바닥의 재료는 목재 플로링, 모노륨, 아스타일이 많이 이용된다. 부엌 바닥은 작업 시 피로를 덜 느끼도록 탄력성이 있고, 내열성·내수성·내구성이 우수하며, 더러움을 덜 타는 재료가 좋다. 작업대에 면한 벽에는 타일이 많이 이용되나, 다른 벽면은 큰 제한을 받지 않는다. 천장에는 합성수지 패널, 무늬합판, 벽지, 페인트가 이용된다.

부엌의 분위기는 작업대 상판과 수납장 마감재료의 색상과 질감에 따라 달라지는데, 천연목재부터 고광택 합성수지를 이용한 재료까지 다양하므로 개성 있는 부엌을 연출하도록 한다. 부엌 작업대의 상판에는 파티클 보드에 멜라민 수지를 코팅 처리하여 내수·내열성을 강화한 재료가 많이 사용되며, 스테인리스스틸, 인조대리석도 사용된다.

부엌에는 전반조명과 함께 작업을 위한 국부조명을 준비한다. 전반조명은 부엌 천장에, 국부조명은 개수대와 가열대 위쪽의 수납장 밑에 설치한다.

■ 부엌 작업대의 배치 : 부엌에 작업대를 배치하려면 문과 창의 위치와 형태, 급·배수시설의 위치를 고려해야 한다. 부엌의 작업대는 개수대의 위치를 먼저 정하고 다음으로 가열대를 정한 후 나머지 작업대들을 작업순서에 맞게 배치한다. 一자형 부엌인 경우에 가장 오른쪽에 냉장고를 두고, 그 왼쪽으로 준비대 → 개수대 → 조리대 → 가열대 → 배선대 → 식탁의 순서로 배치한다. 좁은 부엌에서는 개수대, 조리대, 가열대만을 배치하고 다른 작업대는 겸용으로 사용한다.

부엌은 작업대의 배열방법에 따라 一자형 부엌, ㄴ자형 부엌, ㄷ자형 부엌, 병렬형(二자형) 부엌, 아일랜드형(island : 섬형) 부엌, 페닌슐라형(peninsular : 반도형) 부엌으로 구분한다. 동선이 가장 짧고 효율적인 부엌은 ㄴ자형이다. 병렬형 부엌은 마주보는 작업대 사이의 간격이 1,200 mm 정도이어야 동선이 짧다. 아일랜드형 부엌은 가열대를 섬처럼 따로 배치하는 것으로 간단한 식사 시에 식탁으로 활용하기도 한다. 가열대 끝 부분에 식탁을 한쪽 벽에 붙여 배치하는 페닌슐라형 부엌에서는 식탁이 부엌과 거실을 구획 짓는 역할을 한다.

그림 5-14 상부수납장을 생략한 병렬형 부엌

그림 5-15 다양하게 활용할 수 있는 부엌의 개수대

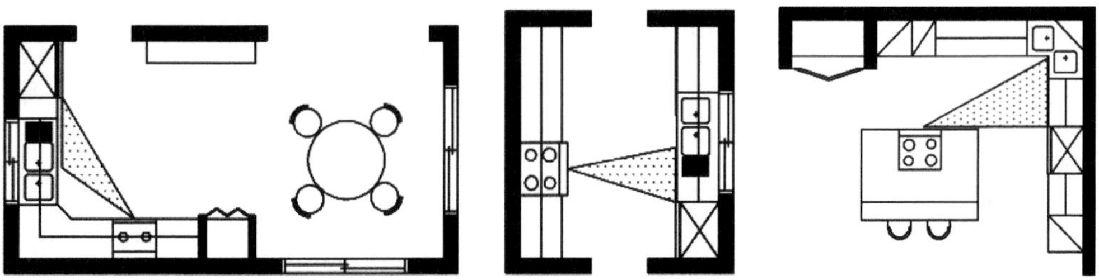

ㄴ자형 6000×3000　　병렬형 2800×3200　　아일랜드형 5000×4200

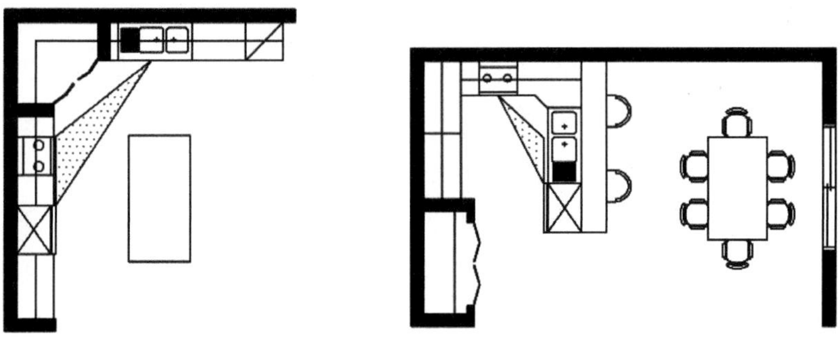

ㄴ자형 4500×4700　　ㄷ자형 6500×4200

그림 5-16 부엌의 다양한 평면계획과 작업삼각형(단위 : mm)

가사작업 공간인 부엌은 동선이 짧아야 한다. 부엌의 동선은 냉장고, 개수대, 가열대의 각 지점을 연결하여 삼각형을 만들고, 삼각형 세 변의 길이를 합하여 평가한다. 작업삼각형(work triangle)의 한 변 길이는 1,800 mm가 넘지 않고 세 변을 합한 길이가 4,000~6,000 mm이면 부엌의 동선으로서 적당하다.

부엌에는 충분한 수납공간이 확보되어야 한다. 작업대의 상부와 하부에 수납장을 계획하고, 유사한 품목을 같은 위치에 보관하여 찾기 쉽게 한다. 수납장에는 사용빈도가 높은 것을 꺼내기 쉬운 위치에 보관한다. 예를 들면, 자주 사용하는 수저, 도마, 칼 등은 작업대 바로 밑의 서랍에 보관하도록 한다. 부엌 수납장이 부족하면 가까운 식당이나 가사작업실 등에 수납공간을 더 확보하도록 한다.

② 가사작업실

주택에는 세탁, 건조, 다림질, 옷수선, 가정용품 수리, 목공작업 등을 할 수 있는 가사작업실이 필요하다. 이러한 가사작업실이 부엌과 가까이 있으면 모든 집안 일이 해결되므로 생활의 질서가 잡히고 작업능률이 오를 뿐 아니라 거실·침실 등 다른 공간의 질도 높아지게 된다.

- 가사작업실의 위치 : 가사작업실은 부엌과 인접해야 동선이 단축되고 작업시간을 줄일 수 있다. 부엌 한 쪽에 가사작업공간을 만들기도 하는데 이런 경우, 세탁기는 급·배수시설을 고려하고 건조기는 환기가 잘 되는 위치인지를 확인하도록 한다. 가사작업실을 욕실 가까이에 두면, 급·배수시설이 모여 있게 되므로 시설비가 적게 든다. 그러나 세탁기와 건조기를 욕실 내에 두면 습기 때문에 수명이 단축된다. 가사작업실을 만들 공간이 없는 경우, 간이형 세탁공간을 붙박이수납장처럼 디자인하여 세탁기와 건조기를 배치하고 벽면에 세탁관련 물품을 보관할 수납장을 만들면 편리하다. 다리미대는 접이식 붙박이형으로 설치하도록 한다.

  요즘은 부엌 가까이에 보조부엌을 만들어 가열대를 설치하고, 김치냉장고, 세탁기, 건조기, 수납장을 계획하는 추세인데 이는 한국형 가사작업실이라고 할 수 있다. 보조부엌의 평면형태도 과거의 발코니처럼 좁고 길지 않으며 직사각형 또는 정사각형이어서 쾌적한 가사작업공간의 역할을 하고 있다.

- 가사작업실의 공간계획과 설비 : 가사작업실에는 세탁기, 건조기, 손빨래용 세탁조, 세탁물 건조대, 다리미대, 재봉틀, 작업대, 수납공간 등이 필요하며 세제, 손세탁용 용구, 다리미, 분무기, 청소기, 공구 등을 보관하기 위한 수납공간을 설치해야 한다.

  세탁기와 건조기는 제품에 따라 크기가 다르나 650×650 mm 정도이며 높이는 부엌 작업대와 비슷하다. 다리미대는 공간활용에 유리하도록 벽부착식 또는 접이식을 선택하

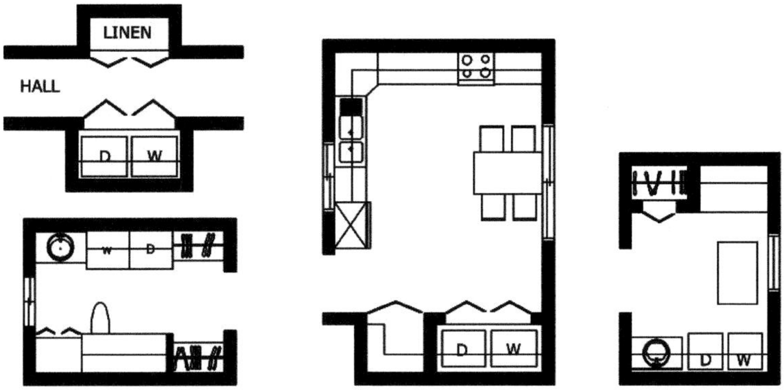

3300×2400 3600×5400 2400×3600

그림 5-17 가사작업실의 다양한 평면계획(단위 : mm)

도록 한다. 별도의 다리미대를 마련하지 않고 작업대의 상판을 활용하기도 한다. 가사작업실의 설비는 작업순서에 맞게 배열되어야 하며, 크기는 인체치수에 맞아야 한다.

가사작업실의 바닥, 벽의 마감재료는 청소하기 쉽고 깨끗한 느낌이 드는 것으로 선택한다. 급·배수시설이 완벽하면 바닥을 타일이나 인조석으로 제한할 필요가 없다.

조명은 전반조명과 국부조명을 갖추어 가사작업에 지장이 없도록 하며, 창은 환기와 채광이 잘 되도록 설치해야 한다.

가사작업실의 색채계획은 집안일을 즐겁게 할 수 있도록 밝고 경쾌하며 깨끗한 분위기를 조성하도록 계획하는 것이 바람직하다.

2. 주거단지계획

1) 주거단지의 계획과 밀도

밀도는 주거단지의 생활의 질을 결정해 주는 매우 중요한 정량적 요소이다. 쾌적한 밀도는 단지에 충분한 빛과 공기를 제공해 주고, 건물 정면에서의 충분한 시야를 확보해 주어 프라이버시를 확보해 준다. 또한 이는 주거단지계획의 경제성과도 밀접한 관계를 갖고 있으므로 적절한 밀도의 계획이 필요하다. 또한 밀도는 주거동 유형, 오픈 스페이스의 계획에 큰 영향을 미치는 계획요소이며, 서로 불가분의 관계에 있는 각 요소 간의 균형있는 계획은 주거단지 계획의 관건이라 할 수 있다.

(1) 밀도지표와 주거단지계획 요소

① 밀도지표의 종류

■ 거주 밀도

- 인구 밀도는 헥타르(ha)당 인구수를 말하며, 교통량이나 상하수도 시설 등 도시 기반시설의 규모를 판단하는 지표가 된다. 인(人)/ha로 나타낸다.
- 호수 밀도는 단위 부지 면적당 건설된 주택 수를 말하며, 가구당 평균 가구원수에 따라 인구 밀도가 좌우된다. 호(戶)/ha로 나타낸다. 즉, 인구 밀도=호수 밀도×평균 가구원수 라는 관계가 성립한다.

■ 건축 밀도

- 건폐율은 일정한 부지에 건축된 건축물의 건축 면적을 부지면적의 비율로 표현한 지표이다. 부지면적을 S1, 건축면적을 B라 할 때 건폐율은 B/S1×100으로 나타낸다. 건폐율은 부지에서 건축물로 덮인 부분에 대한 비율을 말하므로, 건물과 공지의 관계를 나타내는 밀도지표이다.
- 용적률은 일정한 부지에 건축된 건축물의 각층 바닥면적의 합계(연면적)를 부지면적의 비율로 표현한 지표이다. 부지면적을 S1, 건축면적을 A라 할 때 용적률은 A/S1×100으로 나타낸다. 용적률은 건물의 3차원적 체적을 나타냄과 동시에, 사용 가능한 바닥면적의 합계를 말하므로, 3차원적인 공간의 밀도를 나타낸다. 용적률=건폐율×평균층수 라는 관계가 성립한다.

■ 총밀도 및 순밀도

- 총밀도는 주택건설 용지에 일상생활에 필수적인 기반시설인 상업 및 공공시설용지를 포함하여 계산한 면적을 기준으로 밀도를 산정한 것이다.
- 순밀도는 순수하게 주택건설에 사용된 부지면적만을 기준으로 하여 밀도를 산정한 것이다.

② 밀도와 주거동 유형의 상관성

주거단지의 밀도는 물리적 배치 조건의 차이를 가져온다. 예를 들어, 용적률의 차이는 배치해야 할 건물의 체적의 차이를 가져 오며, 외부공간의 계획 역시 밀도와의 상관성을 보인다. 따라서 그로 인해 발생하는 생활의 모습과 공간적 이미지에 영향을 미치게 된다. 밀도와 주거동 유형은 밀접한 관계를 갖고 있으므로, 밀도 수준은 저층 연립, 고층 탑상형 등의 계획가능한 주거동 유형의 범주를 규정한다. 하지만 각각의 밀도 수준과 주거동 유형은 일대일 대응관계에 있는 것이 아니라 밀도가 주거동 유형의 선택조건이 되며, 밀도에 따라 주거동 유형의 범주가 정해지고 제한된다는 의미이다. 다음 그림에는 동일한 밀도 수준에서도 각각 다른 단지배치 및 주거동 유형이 가능하다는 것을 보여 준다. 또한 어느 정도의 고밀의 주거 밀도에 이르면 저밀에서의 주거동 유형이 불가능하다는 것, 역으로 그 반대의 경우도 성립한다는 것을 보여 준다. 또한 달라지는 외부공간의 밀도도 보여 준다.

표 5-1 밀도와 주거단지 배치 및 주거동 유형의 관계

총 인구 밀도 (人/ha)	주거단지 배치 및 주거동 유형	도식 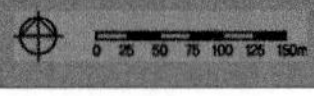	① 단지의 동서단면 ② 단지의 남북단면	층수
150	단독주택 및 2호연립	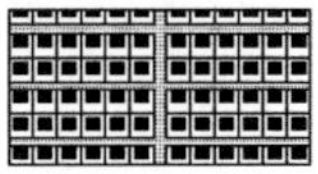		2층
	4호조합 탑상형 아파트	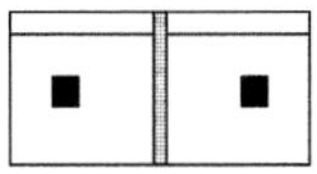	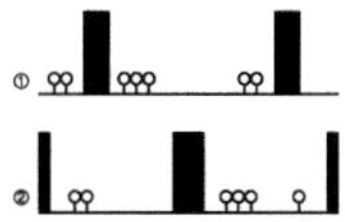	20층
165	단독주택 및 다가구주택	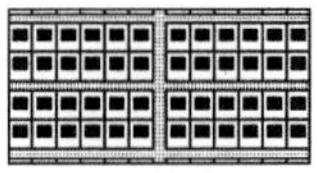	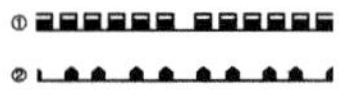	2층
	저층연립	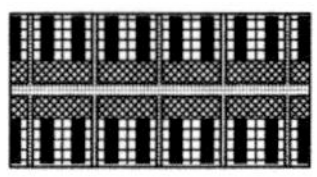	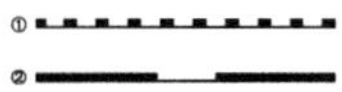	2층
	4호조합 탑상형 아파트	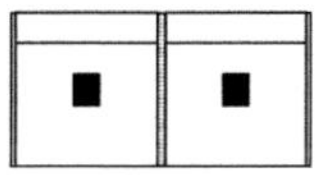	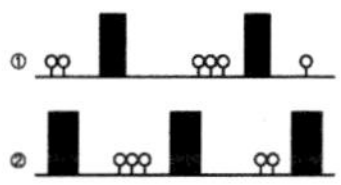	15층
200	2호조합 저층연립	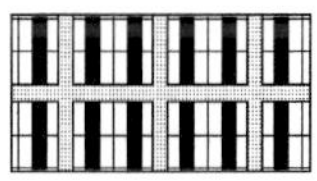	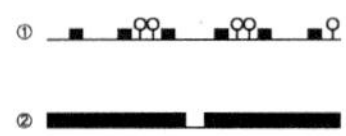	3층
	4호조합 탑상형 아파트	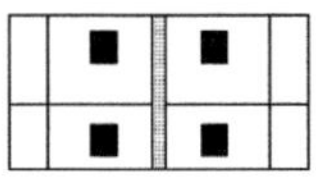	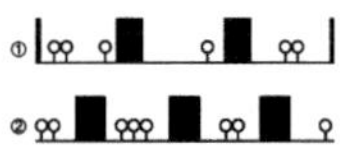	10층
	6호조합 탑상형 아파트	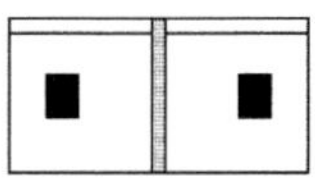	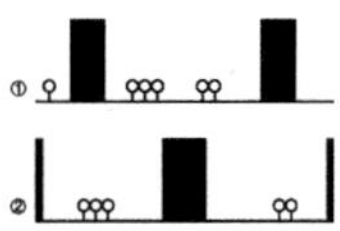	20층

(계속)

총 인구 밀도 (人/ha)	주거단지 배치 및 주거동 유형	도식	① 단지의 동서단면 ② 단지의 남북단면	층수
220	2호조합 저층연립	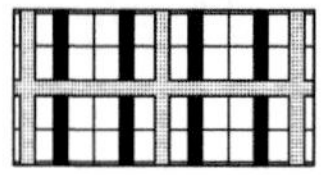	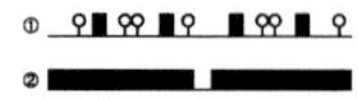	5층
	3호조합 저층연립	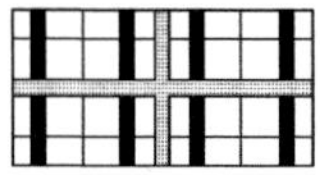	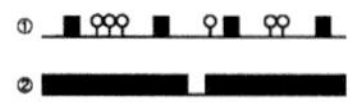	5층
	4호조합 탑상형 아파트	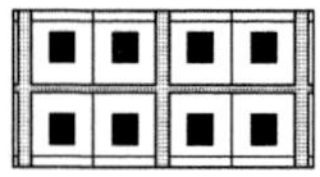	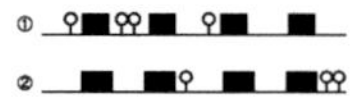	5층
225	30도 경사 테라스하우스	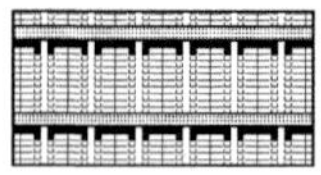	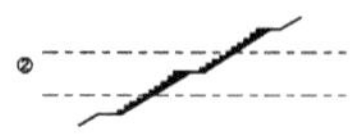	5층씩 경사배치
	6호조합 탑상형 아파트	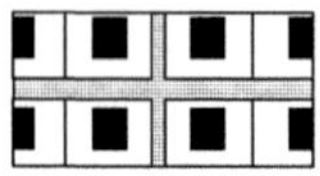	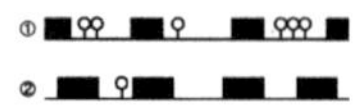	5층
	6호조합 탑상형 아파트	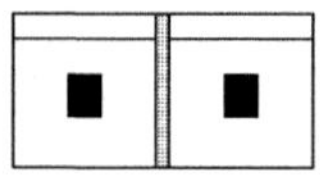		15층
296	30도 경사 테라스하우스	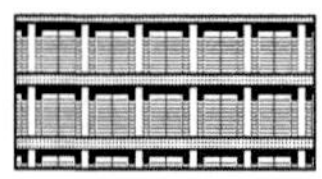		5층씩 경사배치
	3호조합 판상형 아파트	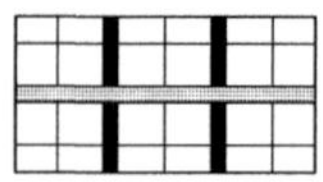	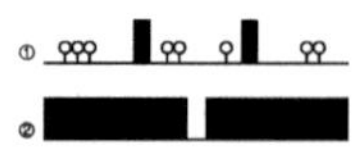	10층
	3호조합 판상형 아파트	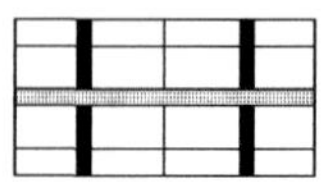	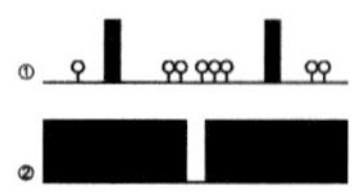	15층

출처 : Reinhardt, W. & Trudel, H. (1979). pp. 154-165.

③ 동일 밀도에서 층수와 용적률 및 외부공간의 관계

모든 조건이 같을 경우 주거동의 높이를 올리면 밀도가 증가한다. 층수가 증가할수록 인접 주거동과 떨어져야 하는 이격거리가 커지기 때문에 필요한 부지면적도 증가하지만, 이 부지 면적의 증가보다는 밀도의 증가폭이 훨씬 크다. 즉, 층수의 증가는 용적률 증가의 가장 효과적인 요인이다. 그러나 일정 층수 이상에서는 층수 증가에 따른 용적률 증가의 효과가 점점 약해진다(공동주택연구회, 2008).

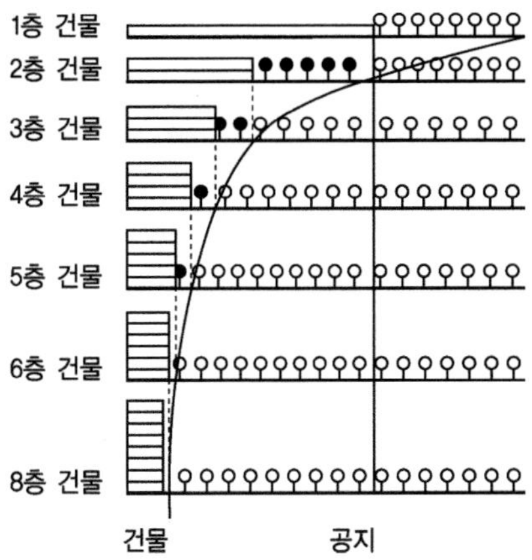

그림 5-18 건물의 층수 증가와 외부공간의 증가 관계

출처 : 양동양(2004). p. 152.

또한 외부공간도 층수가 증가함에 따라 증가효과가 있지만, 일정 층수 이상에서는 외부공간이 늘어나는 비율도 현저히 떨어지게 된다. 이러한 관계를 요약하면 다음과 같다.

- 인동계수 1.0[1]의 경우 대략 30층 이상이 되면 용적률 효과는 줄어든다.
- 용적률 100을 기준으로 4층까지는 층수를 높임에 따라 외부공간이 늘어나는 비율은 현저하지만, 그 이상 층수 증가는 외부공간 확보에 큰 의미가 없다.
- 같은 원칙으로 용적률 200%일 경우는 8층까지, 용적률 300%일 경우에는 12층까지 외부공간 확보 비율이 두드러지게 증가함을 알 수 있다. 즉, 고층건물일 경우에는 층수를 높여도 외부공간 확보에 미치는 영향은 미미하다.

(2) 주거단지의 밀도계획

① 밀도의 유형

밀도는 주거단지계획의 중요한 지침이 되며, 다음과 같이 분류할 수 있다. 우리나라의 경우 서구에 비해 주거단지의 밀도가 훨씬 높기 때문에 최고밀도의 개념이 추가된다(양동양, 2004).

1) 인동계수란 주거동 높이와 인접 주거동까지의 이격거리 비율을 말하는 것으로, 우리나라의 경우 현행법상 1.0 이상을 유지하는 것이 일반적이다.

표 5-2 밀도의 유형

총밀도		순밀도	
인/ha	호/ha(호당 3인 기준)	인/ha	호/ha(호당 3인 기준)
50 이하	17 이하	120 이하	40 이하
50~100	17~33	120~200	40~66
100~ 150	33~50	200~300	66~100
150~200	50~66	300~400	100~132
200 이상	66 이상	400 이상	132 이상

② 밀도에 따른 주거단지계획

주거 배치 유형을 간략하게 세 종류로 나누고 그것이 계획할 수 있는 최대 밀도(총밀도 기준)를 알아보면 다음과 같다(Deilmann, H., Bickenbach, G. & Pfeiffer, H., 1977).

표 5-3 분산형(molecular building)

층수	2층	3-4층	8층
도식	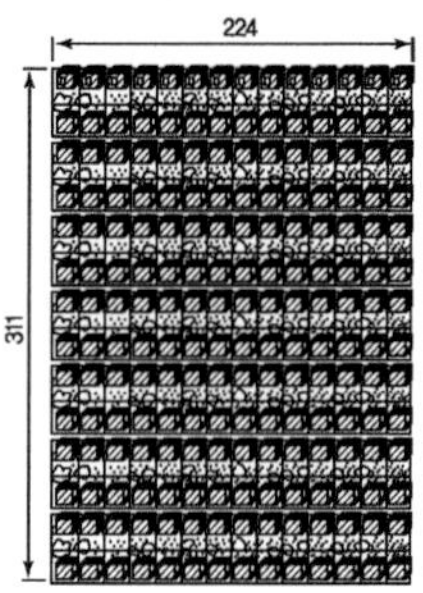	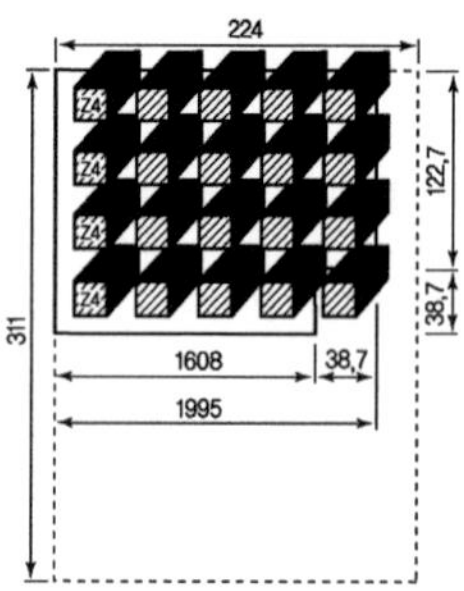	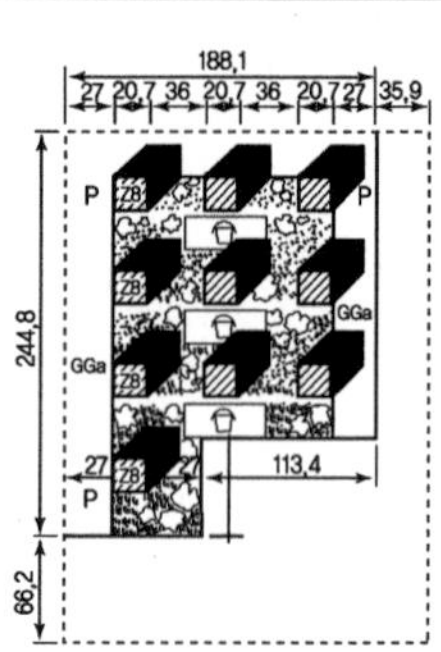
최대밀도	165인/ha	339~351인/ha	259인/ha
단지의 특징	프라이버시와 개인적 외부공간이 확보된 단독주택	• 개인적 외부공간은 제한적임 • 이상적 규모의 주거 커뮤니티 단위 형성 • 3~12 단위세대로 구성된 다세대/다가구주택의 유형	• 개인적 외부공간은 제한적임 • 층수 증가에 따른 인동간격 증가로 거주밀도 감소(주거동과 주거동이 마주볼 경우)

표 5-4 선형(building in lines, street and rows)계획

층수	2층	4층	8층
도식	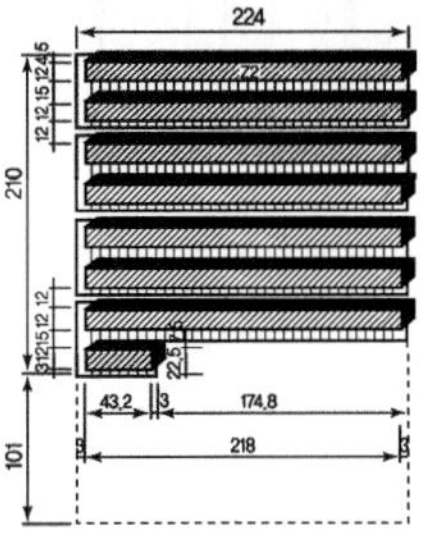	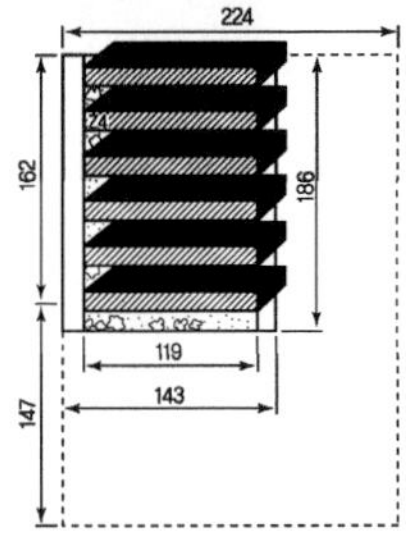	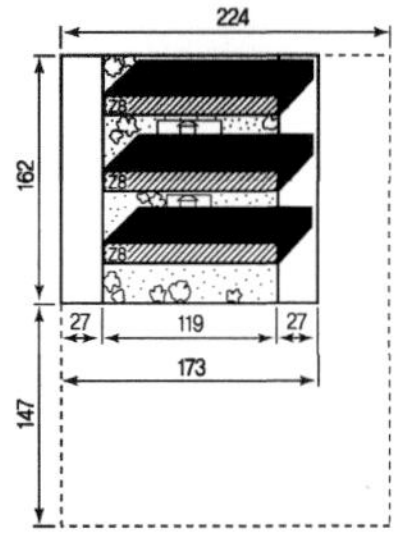
최대밀도	296인/ha	400인/ha 이상	350인/ha 이상
단지의 특징	• 최소 이격거리 때문에 사생활 침해 및 외부공간으로부터의 소음 피해 우려 • 외부공간은 거주자 공동의 외부활동의 장으로는 제공되지 못함	사생활 침해를 방지하기 위한 이격거리 최소 20 m 필요	층수 증가에 따른 인동간격 증가로 거주밀도 감소

표 5-5 중정형(courtyard building)계획

층수	2층	4층	8층
도식	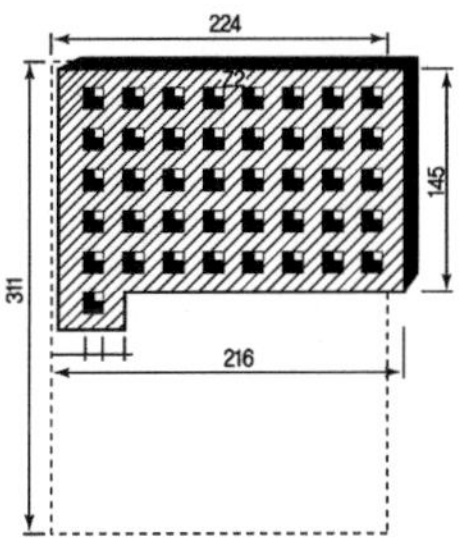	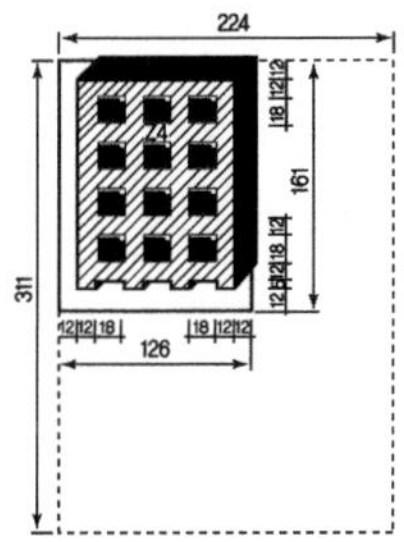	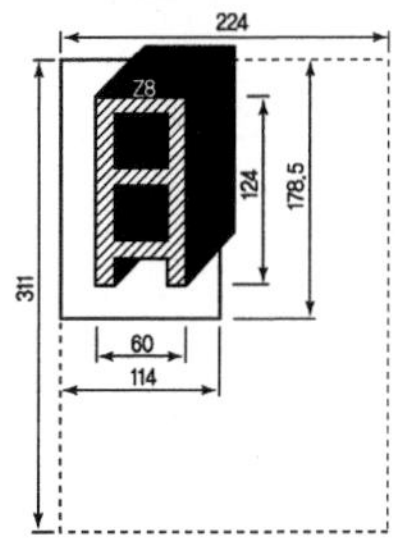
최대밀도	320인/ha	550인/ha 이상	최대 600인/ha
단지의 특징	• 개별적 외부공간이 주어진 저층 고밀형 • 카펫하우징(carpet housing)의 한 유형 • 채광에 불리한 거주공간 발생 가능	• 적절한 크기와 비례를 갖는 중정은 거주성이 좋고 거주자에게 심리적 안정감을 줌 • 동시에 적정 밀도를 달성할 수 있는 좋은 방식 • 이에 적합한 대지의 크기와 형상을 필요로 함	• 사방으로 폐쇄됨으로써 외부공간의 질은 현저히 떨어짐 • 외부공간에서의 반향(反響) 효과로 소음의 피해 심함. 특히, 모서리 부분에서의 상호 프라이버시 침해 발생 • 건물과 외부공간의 영구음영 가능 • 통풍에 불리하고 열섬현상 발생

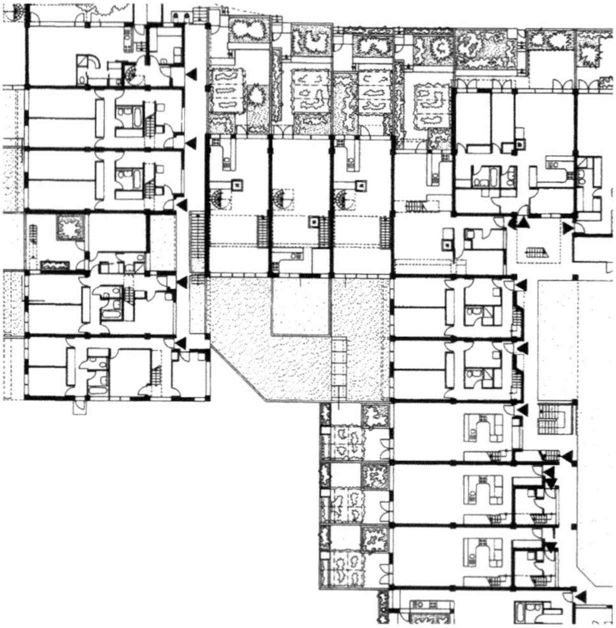

그림 5-19 지상층에서 바로 진입할 수 있는 개별적 현관이 있는 저층 집합주택

출처 : Achleitner, F. (2000). p. 92.

2) 주거동과 오픈 스페이스의 계획

주거동과 오픈 스페이스는 주거단지의 경관을 창출하고 단지의 성격을 규정짓는 가장 중요한 계획요소이다. 또한 그 계획에 따라 밀도가 달라지고, 층수가 달라지며, 오픈 스페이스의 규모가 결정지어진다. 이는 주거 내부공간뿐만 아니라, 주거동 공용 부분, 주거동 주변, 외부공간에서의 거주자의 생활의 질을 담보하게 된다. 여기서는 대표적인 사례만을 분류하여 정리하였으나, 각각의 유형들이 다양하게 조합되어 수많은 주거동과 오픈 스페이스, 그리고 단위세대의 유형들이 만들어질 수 있다.

(1) 주거동의 유형

① 단위주거 진입방식에 의한 분류

- 개별적진입: 각 단위세대가 개별적인 옥외공간 및 지상층으로부터 직접 진입하는 진입현관을 갖는 형식이다. 주거동은 3층 이내인 경우가 일반적이다. 혹은 그 이상의 경우 저층부만 개별적 진입으로 구성할 수 있다. 타운하우스(town house), 중정형 주택(patio house/atrium house), 테라스하우스 등에서 찾아볼 수 있다.

■ 주거동 내 공용공간을 통한 진입 : 4~5층 이상, 또는 고층 공동주택의 경우 상부층으로의 진입이 주거동의 현관을 통해 이루어진다. 이때 수직동선을 해결하기 위한 엘리베이터 및 계단실, 그리고 각 단위세대로의 진입을 위한 복도 및 홀 등의 구성에 따라 다양한 유형이 나타난다.

• 계단실형(홀형) : 계단실, 또는 엘리베이터 홀로부터 단위세대로 진입하는 형식으로, 홀을 중심으로 다수의 단위세대가 배치되어 있다. 단위세대 배치의 규모에 따라 2호 조합형, 3호 조합형, 4호 조합형, 5호 이상 조합형 등으로 분류할 수 있다. 장점은 3호 이내 조합의 경우 단위세대의 통풍, 채광, 프라이버시 확보에 유리하다는 점이다.

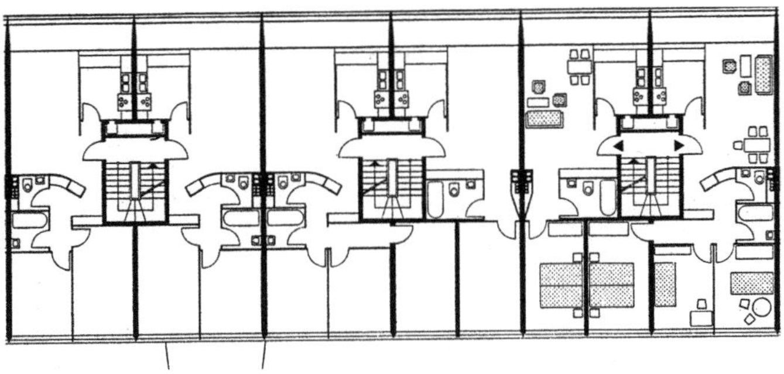

그림 5-20 2호 조합의 계단실형 아파트

출처 : Schneider, F. (Eds.). (2004). p. 141.

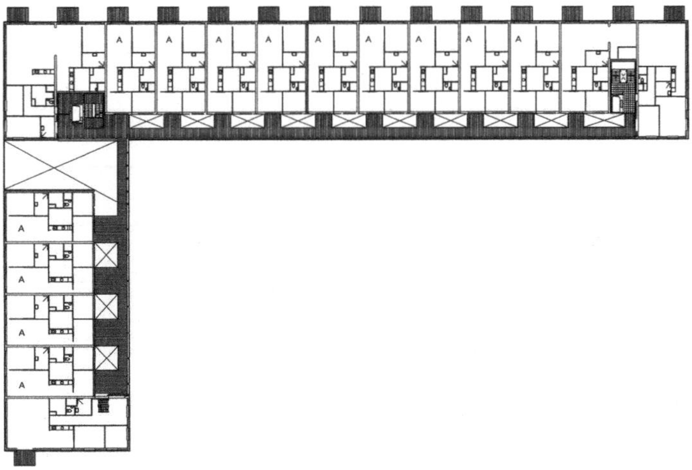

그림 5-21 편복도형 아파트

출처 : a+t(2002b). p. 142.

- 편복도형 : 복도가 주거동의 한 측면에 배치되어 있고 단위세대는 한 방향으로 배치되어 있다. 하나의 계단실 및 엘리베이터 홀을 많은 세대가 공유하기 때문에 경제적이라는 장점이 있으나, 복도에서의 통행으로 인해 단위세대의 프라이버시가 침해되고, 복도에 면한 실의 채광에 불리하다는 단점이 있다.
- 중복도형 : 복도가 주거동의 중앙에 배치되어 있고 단위세대가 중복도를 중심으로 양방향으로 배치되어 있다. 하나의 계단실 및 엘리베이터 홀을 편복도형보다도 많은 세대가

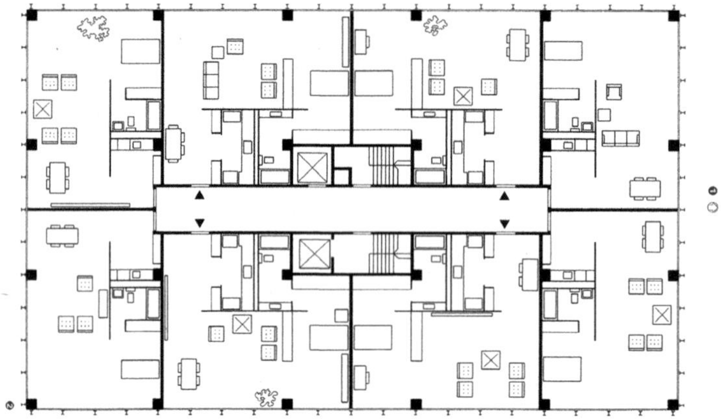

그림 5-22 중복도형 아파트

출처 : Schneider, F. (Eds.). (2004). p. 181.

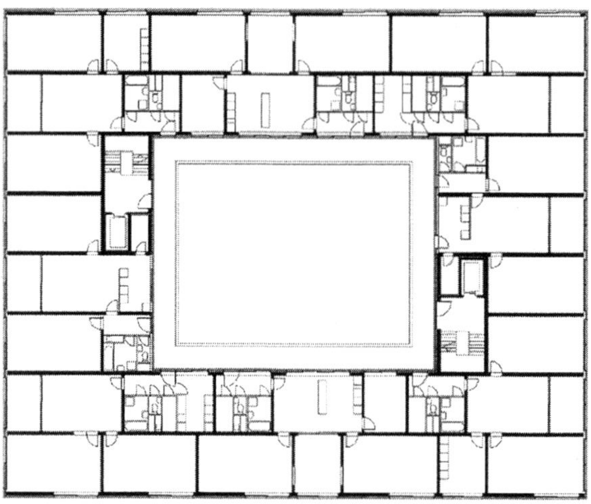

그림 5-23 양복도형 아파트

출처 : a+t(2002b). p. 107.

공유하기 때문에 경제적이라는 장점이 있으나, 통로를 통해 단위세대의 프라이버시가 침해되고, 복도에 면한 실은 채광이 되지 않는다는 단점이 있다. 또한 복도의 채광과 통풍이 되지 않아 거주환경이 좋지 않다. 두 개 층, 혹은 세 개 층마다 중복도가 있는 복층 중복도형도 있다.

- 양복도형 : 보통 ㅁ자의 주거동 형식을 갖고 복도가 광정(光井)을 사이에 두고 양편으로 배치된 형식이다. 중복도형보다 폐쇄적 느낌이 약하지만 단위세대의 채광에는 불리하다. 중정형 주거동이 축소된 유형으로 볼 수 있다.

② **주거동 형태에 의한 분류**

- 판상형 : 다수의 단위세대가 한 방향으로 연속 결합되고, 주거동의 깊이에 비해 길이가 긴 형태로 나타나는 형식이다. 편복도형·중복도형은 보통 판상형이며, 계단실형의 경우에는 대개 2호 조합형이 연속하여 결합되어 있는 경우이다.
- 절곡형 : 기본적으로 판상형의 구성방식과 동일하나, 다만 그 형태가 변형되어 다양하게 나타나는 경우이다.

그림 5-24 중·고층 판상형 아파트

- 블록형 : 역시 기본적으로 판상형의 구성방식과 동일하나, 다만 가운데 중정을 중심으로 건물이 둘러싸는 폐쇄적인 주거동을 구성하는 것이다. 이때 건물의 바깥쪽이 가로에 면할 경우 연도형(連道形)이라고 하기도 한다. 이 형식은 일정 층수 이상이 될 경우 중정 측의 채광과 환기에 매우 불리하기 때문에 주로 중층까지의 주거동에서만 채택하게 된다.
- 도시형 빌라 : 중·저층의 박스형 건물을 구성하면서 한 층에 여러 단위세대가 조합된 형식이다. 우리나라의 경우 다세대·다가구 주택이 이 유형에 가깝다고 볼 수 있다. 보통 중앙의 홀 및 복도를 중심으로 사방으로 단위세대가 배치되어 향에 불리한 세대가 생길 수 있다.
- 탑상형 : 중앙에 계단실 및 엘리베이터가 있는 코어(core)가 있고, 그것을 중심으로 보통 3호 이상의 단위세대가 배치되어 있는 형식으로, 좁은 입면 폭을 갖는다. 설비의 집중화가 가능하고 구조적인 이점으로 고층, 또는 초고층에서 많이 채택하는 형식이다. 단지의 경관상 개방감을 부여할 수 있는 장점이 있으나, 단위세대에서는 전·후면 개방이 어려워 통풍에 불리하고 향에 불리한 세대가 생길 수 있다.

그림 5-25 블록형 주거단지

그림 5-26 도시형 빌라 주거단지

그림 5-27 탑상형 아파트 단지

③ 단면형식에 의한 분류

- 단층/플랫형 : 하나의 단위세대가 단일 층을 사용하도록 계획된 유형으로 전형적인 아파트 형식에서 볼 수 있다. 평면 구성에 제약이 적고 적은 면적을 최대한 효율적으로 활용할 수 있다.
- 복층/메조넷형 : 하나의 단위세대가 둘 이상의 층을 사용하도록 계획된 유형으로, 다양한 단면의 형식을 취할 수 있다. 이것이 단순 연립되면 타운하우스, 중정형주택, 테라스하우스 등의 유형이 되고, 적층(積層)되어 중고층 이상의 주거동 유형에서도 채택될 수 있다.
- 스킵플로어형 : 단위세대 내에서 바닥이 동일층을 구성하지 않고 보통 반개 층의 다른 레벨(level)이 나타나는 경우이다. 역시 다양한 단면형식을 취할 수 있으며 복층/메조넷 형식과 마찬가지로 다양한 주거동 유형에 적용될 수 있다.

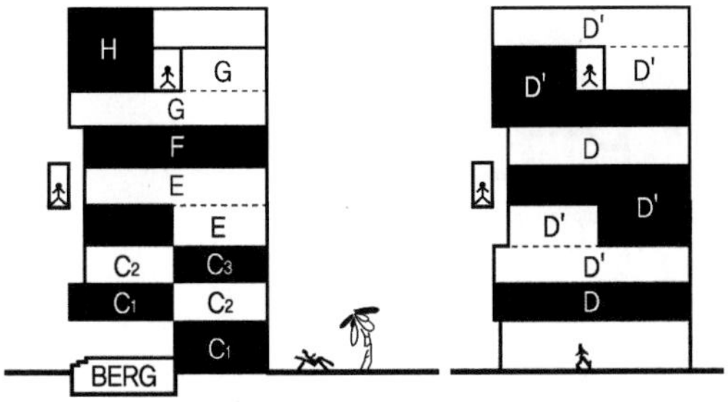

그림 5-28 단층형과 복층형이 조합된 주거동

출처 : a+t(2002a). p. 108.

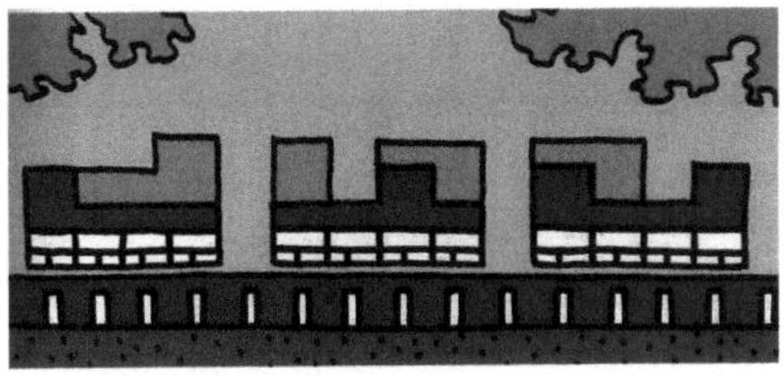

그림 5-29 다양한 단면형식을 보여 주는 개념도

출처 : Mostaedi, A. p. 239.

(2) 오픈 스페이스의 종류와 구성

① 대규모 외부공간

건폐율을 축소하고 공용의 외부공간을 확보하는 방법으로 주로 고층아파트에 해당한다. 채광과 환기 제공에 유리하며 개방적이고 연속적인 외부공간 형성을 형성하는데, 외부공간은 폐쇄성이 낮기 때문에 그 성격이 모호해질 수 있다. 또한 접지성이 떨어지고, 인간적 스케일을 벗어난 공간이 된다는 단점이 있다.

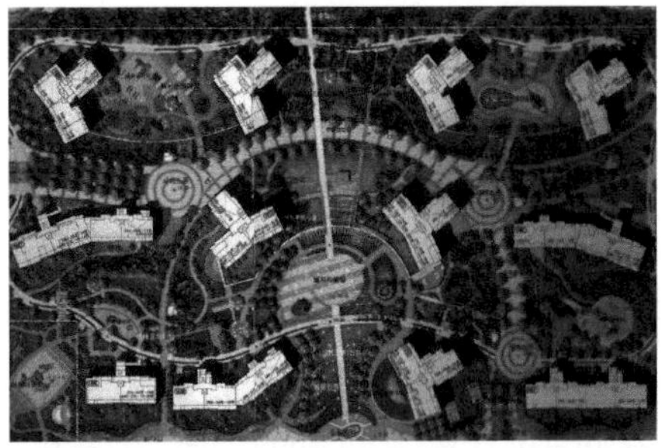

그림 5-30 고층 판상형과 탑상형으로 구성되어 넓은 외부공간을 확보한 주거단지

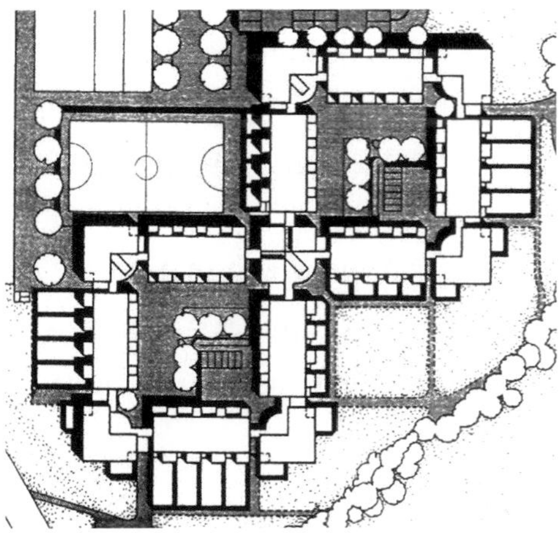

그림 5-31 커뮤니티를 증진하도록 소규모의 외부공간으로 주거 클러스터를 형성한 주거단지

출처 : Achleitner, F. (2000). p. 114.

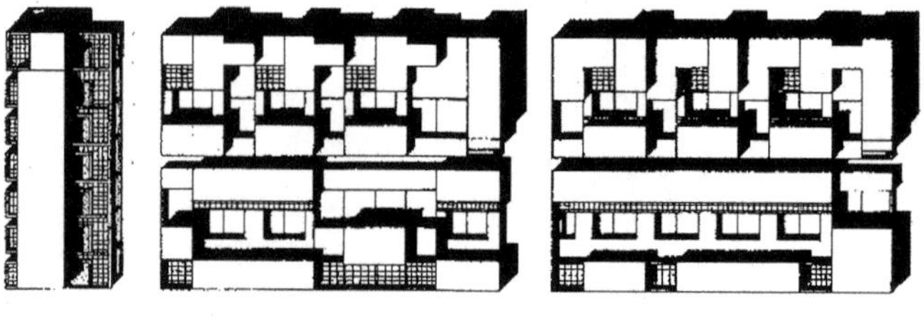

그림 5-32 개별적 외부공간을 갖는 저층 고밀형 주거단지

출처 : Stamm-Teske, W. (1998). p. 67.

② **커뮤니티형 외부공간**

밀도를 증가시킴과 동시에 커뮤니티와 개별성을 효율적으로 확보하는 방법으로, 중정형 또는 격자배치 유형을 채택한다. 중·소규모로 인간적인 스케일을 가진다. 인접 단위세대와의 프라이버시 침해를 방지하기 위한 적절한 평면계획이 필요하다.

③ **개별적 외부공간**

카펫하우징, 경사지주택 등 저층 고밀형 주거유형에서 주로 나타나는 것으로, 저층을 유지하면서 건폐율을 증대시킴으로써 각 단위세대에 개별적인 외부공간을 확보해 주는 방식이다. 개별적 외부공간은 전정(前庭), 파티오(patio), 아트리움(atrium) 등으로 다양하게 구성할 수 있다.

3) 주거단지의 커뮤니티와 프라이버시

주거환경이 형성된 장(field)은 외부공간과 내부공간으로 구성되어 있으며, 여기에는 공적인 공간과 사적인 공간이 항상 혼재되어 있다. 이러한 상반된 성격을 갖는 공간들 사이에는 중간적 성격을 갖는 여러 종류의 공간들이 존재하며, 각 공간들은 가장 공적인 공간에서부터 가장 사적인 공간에 이르기까지, 그리고 완전한 외부공간에서 완전한 내부공간에 이르기까지 일정한 위계를 형성하게 된다.

따라서 이러한 사회문화적 요소들이 건조환경의 디자인과 그 사용에 어떻게 작용하는가를 이해하는 것은 주거단지계획에서 매우 중요하다. 공동주택에서는 위계에 따른 이러한 공간들의 적절한 배분과 배열이 전체 주거환경의 성격과 질을 결정하는 중요한 요건이 된다.

(1) 커뮤니티 및 프라이버시와 삶의 질

① **거주환경의 조건**

'사회적 접촉'과 '안정성'은 인간의 환경에 대한 가장 기본적인 욕구이다. 인간은 가족·이웃

나아가 사회와의 교류와 접촉, 그리고 공유를 통해 정체감을 확보하고 심리적 안정감을 누리게 되는 것이다(박은정 외, 2003). 그렇지만 한편으로 인간은 남들과의 공동생활의 번잡함을 피하고 그 시선과 방해로부터 물러나 자신만의 세계를 확보하고자 하는 욕구도 갖고 있다. 이러한 대립적인 욕구는 동전의 양면과 같은 것으로 항상 공존해 왔고, 시대적으로 요구되는 정도는 조금씩 차이를 보여 왔으나 오랜 세월 동안 주거환경의 구조는 이러한 양면성을 충족하기 위해 진화해 왔다. 사회적 접촉을 활성화하기 위해 공적 공간으로부터 사적 생활을 보장하는 사적 공간까지의 단계는 체계적이고도 단계적으로 이루어져야 하며 세심하게 배려되어 균형을 이루어야 하는 것이다. 연구에 의하면(박은정 외, 2003) 공동주택에서 그 단계적 연결성을 향상시키는 방안은 다음과 같다.

- 전체 거주자의 관계형성을 돕기 위해 각 공간들을 통합시킬 수 있는 공유공간, 즉 공적 영역과 사적 영역의 사이공간이 확보되어야 한다.
- 공적 영역부터 사적 영역까지 단계가 세분화되어야 영역감의 확보가 용이하다. 내·외부의 성격을 명확히 하고 중간영역을 위계화하여 공간을 구성할 때 사적 영역부터 공적 영역까지의 점진적 체계가 형성되어질 수 있다.
- 안정성의 측면에서 범죄로부터의 보호와 아이들의 안정을 위해 단지 외부에서는 임의적인 접근이 어려워야 하고, 단지 내부에서는 자연스러운 감시가 이루어질 수 있어야 한다.
- 지원성을 높이기 위해 단위주거를 군집화(群集化)하고, 이를 통합시키는 개방된 공용공간을 확보해야 한다.

② 공동주택 단지 내 커뮤니티 활동을 위한 장소

공동주택 단지 내 보행가로, 광장, 놀이터, 노인을 위한 휴게공간은 자동차로부터 거주자를 안전하게 지켜 주고 다양한 공동체 활동을 위한 장소를 제공한다. 이곳에서는 산책, 어린이들의 놀이, 이웃과의 담소, 청소년들의 운동 등 여러 활동이 일어난다.

특히 어린이들을 위한 놀이공간은 사회화를 위한 중요한 환경을 제공한다. 놀이공간은 접근성이 좋은 곳에 위치하고 어른들의 시선으로 감시할 수 있도록 하여 안정성을 높여야 한다. 놀이공간에 적절한 기구를 배치하는 것은 적극적인 놀이를 유도할 수 있는 장점이 있다. 하지만 여유있게 비워져 있는 공간이나 녹지 또한 어린이들에게는 훌륭한 접촉과 교제의 공간이 될 수 있다.

녹지공간은 성인과 노인에게 심신의 건강을 위해 제공됨과 동시에 시각적 편안함을 줄 수 있다. 또한 그늘을 제공하여 쾌적한 단지 내 환경을 조성한다. 한 그루의 나무는 사람을 모이게 하는 구심점이 될 수 있으며, 주변의 벤치는 쉼터를 제공한다.

단지 내 거주자들의 커뮤니티 활동은 다양하게 이루어진다. 자치회 등을 통한 조직적이고 정례적인 모임이 있을 수 있으며, 의도하지 않은 채 우연히 이루어질 수도 있다. 전자의 경우 공동의 식사나 파티 및 행사를 위한 시설물이나 공간을 마련하는 것이 일반적이다. 후자의 경우는 건축적인 배치계획과 조닝을 통해 거주자의 행위를 유도해 준다.

③ 프라이버시의 설정과 사적 영역의 확보

공동주택에서 내부공간 외의 사적 영역을 확보하기는 쉽지 않다. 가능한 개별성을 부여하고 개인의 개성과 타인과의 차별성을 보장해 주기 위해 공동주택에서도 개별적인 진입현관과 외부공간을 확보해 주고자 하는 노력들이 많이 시도되고 있다. 1층에서 직접 진입하여 접지성을 확보해 줄 경우 공적 영역과의 완충을 위해 여유공간을 두는 것이 바람직한데, 이것이 불가능할 때 거주자들은 공적 영역을 사유화하여 개인의 공간을 확보하고자 하는 욕구를 표출하기도 한다.

단위주거를 위해 제공된 사적 외부공간이 있을 경우 거주자들은 타인으로부터의 시선을 차단하기 위해 수목 식재 등을 통해 프라이버시를 더욱 확고하게 하는 경향이 많다. 한편으로 타인의 시선으로부터는 피하되, 사적 공간으로부터는 외부를 조망할 수 있는 위치를 선호한다. 또한 개인의 영역을 상징적으로 드러내기 위하여 담장이나 울타리 등을 이용하여 공·사의 경계를 확실하게 설정하고자 한다. 이 공간에서는 가족 간의 친밀하고 단란한 사적 교류행위와 휴식, 여가의 행위가 이루어진다.

(2) 공적 공간과 사적 공간의 구성

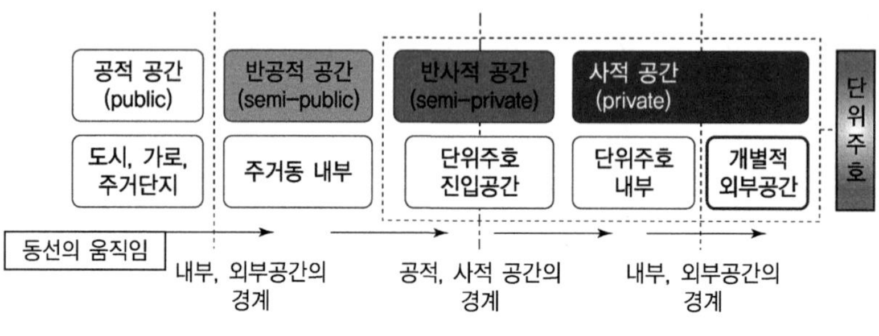

그림 5-33 공적 공간과 사적 공간의 켜를 이루는 위계

① 도시와 단지의 차원

- 도시공간 : 주거공간을 존재 가능하게 하는 기본 환경이다. 사람과 사람의 만남과 교차가 이루어지고 다양한 행위가 이루어지며 익명성이 확보되는 대표적 공간이다.

- 주거단지 내 공동생활공간 : 가로, 광장, 녹지 등의 공간으로 거주자들의 통행과 사용, 즉 동적인 움직임과 정적인 머무름을 동시에 수용하는 공간이다. 오픈 스페이스(open space)는 주거동의 배치로 둘러싸이게 되며, 열려지거나 닫혀지는 정도에 따라 외부에 대한 경계가 강해지거나 약해진다.
- 중정 : 건물이 오픈 스페이스를 사방으로 둘러싸며 외부의 가로 또는 광장 등 공공 공간으로부터 폐쇄적인 영역을 형성하는 장소이다. 공간구성에 따라 공적 성격과 중간적 성격, 사적 성격 등을 다양하게 내포한다.

② **주거동의 차원**

- 진입공간 : 주거동으로 진입하는 공동의 현관으로 여러 세대가 공유하게 된다. 단지의 외부공간과 주거동의 내부공간을 연결하고 완충하는 매개적 역할을 하며, 동선이 집중되는 공간이다.
- 주거동 내 공용공간 : 단지 차원에서 단위주거에 이르기까지 수평, 수직의 이동경로를 형성하여 주거동 내 거주자 모두가 사용하는 통과공간의 역할을 한다. 이 공간에서는 경우에 따라 거주자들의 커뮤니티가 형성된다. 계단실, 복도 등은 단위주호를 집합시키고 연결하는 기능을 갖는다. 이 공간이 위계적으로 형성되고 명확히 구획되면 소규모 집단 간에 강한 일체감과 소속감을 심어주게 된다(공동주택연구회, 2000).

③ **단위주거의 차원 단계**

- 전이공간 : 공동생활공간으로부터 사적 내부공간에 이르기 전 단계에 마련된 중간적 성격의 공간이다. 거주자들은 개인의 영역을 식별하고 자신만의 공간에 정체성을 부여하기 위해 사적으로 점유하는 경향이 있으나, 시각적으로는 외부에 노출된다. 외부에서 직접 진입하는 개별 현관이나 전실이 이에 해당된다.
- 단위주거 : 개인만을 위해 제공된 사적 공간으로, 내부공간과 외부공간을 포함한다.
- 마당, 개인정원, 옥상정원 : 가장 마지막 단계를 이루는 외부공간의 단계로, 공공공간이 작은 단위의 외부공간으로 나뉘어져 단위주거에 사적 공간으로 제공된 장소이다. 즉, 개인화된 공공 공간이라 할 수 있다.

(3) 공적 공간과 사적 공간의 계획 쟁점

공적 공간과 사적 공간의 균형있는 배분과 배치는 공동주택에서 상당히 중요한 문제이다. 이는 건물과 외부공간의 배치, 그리고 각 단위주거로의 진입공간의 위치 등 여러 계획요소와 밀접한 관계가 있다. 이들이 서로 어떠한 관계를 맺는가, 서로 어떠한 영향을 미치는가 하는 문제는 공간의 성격을 규정해 주고, 공간 간의 경계를 설정해 주며, 공간의 켜를 만드는 데 매우 중요한 역할을 한다. 따라서 건물과 외부공간 및 진입공간의 계획은 전체 공간의 성격을 어떻게 규정하고자 하는가에 따라 다양한 방식 중 선택적으로 이루어져야 한다.

① 건물 및 외부공간의 다양한 배치방식

인접한 건물의 방향, 공적인 외부공간과 사적 또는 반사적 외부공간의 경계, 건물과 건물의 사이 외부공간의 배치에 따라 공·사적 영역의 배분이 달라지는 관계를 이해하고 주거단지 계획에 있어서 다양한 방식으로 계획하는 것이 바람직하다.

- 대칭형 : 인접한 건물의 방향이 서로 마주보도록 구성하는 방식으로, 공적인 가로 및 광장과 반대편의 사적인 또는 반사적인 외부공간은 명확히 구분된다. 따라서 외부공간은 단일한 성격을 갖는다. 이 경우 건물 자체가 공적인 외부공간과 사적 또는 반사적 외부공간의 경계를 이룬다. 이것을 NS형 배치라고도 한다.
- 평행형 : 인접한 건물의 방향이 각각 같은 방향을 바라보도록 구성하는 방식이다. 여기서 공적인 외부공간과 사적 또는 반사적 외부공간의 경계는 건물과 건물의 사이 외부공간에 위치하는데, 담장, 울타리, 경계표시 등 여러 형태로 나타난다.

  따라서 외부공간에는 공·사적 영역이 혼재된다. 이때 건물로의 진출입공간, 건물, 외부공간에 이르는 배치 순서는 반복적으로 나타난다.

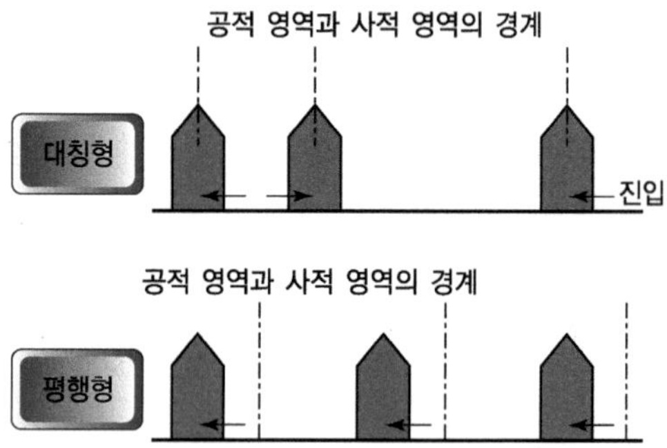

그림 5-34 건물과 외부공간의 대칭형 및 평행형 배치

② 진입공간의 계획방식

각 단위주거로의 진입이 이루어지는 방향에 따라 외부공간은 사적 및 반사적 공간, 또는 공적 공간으로 규정된다. 이에 따라 거주자의 상호 접촉과 교류는 달라지게 된다.

- 블록형 : 건물의 내부에 중정을 형성하는 경우 각 단위주거로의 진입이 외부 가로에서 직접 이루어지는 경우이다. 이때 내부의 중정은 거주자를 위한 조용한 사적 또는 반사적 공간이 된다.

표 5-6 전형적인 중정형 공동주택에서의 진입체계와 외부공간의 성격

구분	블록형(blockbebauung)[2]	마당형(hofbebauung)[3]
개략적 도식	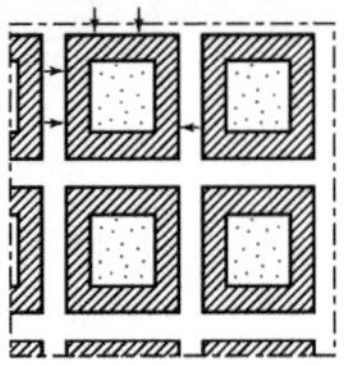	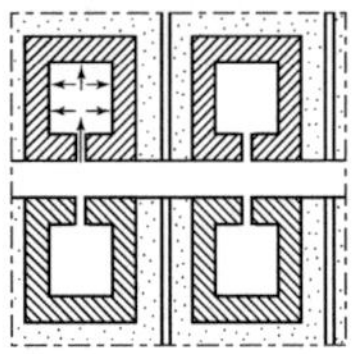
특징	주거동이 가로를 둘러싸며 폐쇄적 블록을 형성한다. 블록의 외부에 각 주호로의 진입현관이 배치되어 있다. 내부중정은 거주자를 위한 조용한 사적 공간으로 배려된다.	주거동의 한쪽이 가로를 향해 열려 있고 각 주호로의 진입현관은 내부중정에 배치된다. 내부중정은 거주자의 공동 오픈 스페이스로 제공되어 반공적 공간의 성격을 갖는다.

- 마당형 : 건물의 내부에 중정을 형성하는 점은 동일하지만 주거동의 한 쪽이 가로를 향해 열려 있고, 각 단위주거로의 진입은 중정 내부에서 이루어진다. 내부의 중정은 거주자의 공동의 오픈 스페이스로 주어지게 되고 블록형보다 더욱 공적인 성격이 강해진다. 이러한 방식은 거주자들의 상호 접촉과 교류를 활성화해 준다.

(4) 주거단지 계획의 각 부분 사례

- 주거단지 내 공동생활공간 : 오픈 스페이스에 어린이 놀이터, 쉼터 등의 장소를 배치하고 보행자 도로로 단절되지 않도록 영역을 확보한다. 주거동 진입현관으로부터의 접근성을 좋게 하고 커뮤니티를 위한 시설들을 배치한다. 또한 주거동 사이의 사적 생활을 보장하기 위해 적절한 규모를 확보해야 한다.
- 중정 : 주거동의 유형에 따라 다양한 규모와 형태의 중정 계획이 가능하다. 또한 주거동을 클러스터(cluster)형으로 배치하여 중정과 같은 폐쇄적인 오픈 스페이스를 확보할 수 있다. 중정의 규모 및 성격과 용도에 따라 공적 공간, 반공적, 반사적 공간으로 다양하게 계획할 수 있다. 거주자들의 커뮤니티를 증진시키기 위해서는 각 단위주거로의 진입을 중정을 향하게 하고, 상부층의 복도 등에서 중정을 관망할 수 있도록 하면 좋다. 1층 단위주거로의 사생활 침해를 최소화하기 위해서 식재 등의 차폐가 필요하다.
- 주거동 진입공간 : 각 주거동으로의 진입공간은 전체 단지에서 잘 보이도록 식별성이 있어야 하고, 정면성과 입구성을 강조하는 것이 좋다. 때로는 필로티 등을 이용하여 개방감을

2) Brinkmann, A. E. (1925)에 의한 정의; in: Stadtbaukunst vom Mittelalter bis Neuzeit.
3) Fester, F. M. et al. (1983)에 의한 정의; in: Raum für soziales Leben.

그림 5-35 어린이 놀이터와 휴식공간, 녹지가 적절히 계획된 오픈스페이스

그림 5-36 중정 둘레로 복도를 배치하여 커뮤니티를 증진시키고 1층의 프라이버시를 위해 차폐성을 높인 중정

그림 5-37 셋백되어 여유공간을 확보한 주거동 진입 공간

그림 5-38 계단실의 식별이 용이하고 공간의 여유가 있는 주거동 내 1층 공용공간

그림 5-39 현관 전면에 전이공간으로서의 여유공간을 둔 경우

그림 5-40 진입현관 옆에 발코니 형식으로 제공된 사적 외부공간

증진시키고 머무를 수 있는 반외부공간으로 계획하여 다양한 활동이 이루어지도록 할 수도 있다. 또한 타인이 쉽게 접근할 수 없도록 하고, 필요할 경우 소방의 목적이나 대피의 목적을 위해 출입이 용이하도록 한다. 진입공간의 전면도 건물을 셋백시키거나 단차를 두어 공적 영역으로부터의 경계를 인지하도록 할 수 있어, 거주자의 편의성을 증대할 수 있다.

- 주거동 내 공용공간 : 1층은 주거동의 모든 거주자가 사용하고 거쳐가는 공간이므로 가능한 충분한 면적을 제공하고 잠시 앉을 수 있거나 커뮤니티를 증진시키는 다기능적 공간으로 만들어 준다. 이곳에는 우편함 등을 배치하고 공동체의 활동을 위한 각종 게시물들을 볼 수 있도록 한다. 그러나 이로 인해 1층에 면한 단위세대는 방해를 받는 단점이 있으므로 그에 대한 배려가 있어야 한다. 상부층 단위세대로 접근하는 계단·엘리베이터 등은 인식하기 쉬운 위치에 배치하고, 수평동선인 복도는 지루하지 않은 공간이 되어야 한다. 이곳은 이웃과의 담소, 어린이들의 놀이활동이 이루어지는 친밀한 반공적 교류공간의 역할을 하기 때문에 채광과 통풍을 원활하게 하여 쾌적성을 유지하도록 한다. 무엇보다 이 공간은 통과공간으로서 최소한의 면적을 배분하는 공용공간이 아니라, 거주자 모두를 위한 공유의 공간이라는 인식을 갖고 다양한 건축적 어휘로 거주성을 증진시키는 방향으로 계획되어야 한다.
- 개별현관 및 전이공간 : 개별적으로 진입현관을 둘 경우 가로 또는 공용마당에서 분리되어 계획되어야 하므로 지면과 단차를 두어 계단을 두거나 낮은 식재로 경계를 삼는 것이 좋다. 입구 현관까지의 경로는 독립적이어야 하며, 도로로부터 후퇴하여 여유공간을 마련하고 물건을 임시로 올려놓거나 유모차나 자전거를 놓을 수 있도록 하는 것이 좋다. 주거동 내 공용공간에서 개별 현관으로 진입할 경우에도 전실이나 개별적인 마당 또는 여유공간을 두어 단위주거의 영역성을 확보해 주는 것이 바람직하다. 이때 알코브를 마련하여 독자적인 전이공간을 두거나, 기둥 등으로 식별성을 높이는 등 단위주거의 개성을 표현할 수 있는 여지를 제공한다.
- 마당, 개인정원, 옥상정원 : 단위주거로부터 접근하는 사적 외부공간으로, 이는 건물의 유형과 주거동의 형태에 따라 다양하게 계획될 수 있다. 우리나라에서 흔히 볼 수 있는 발코니 역시 이것의 한 종류인데, 시각적으로 주거단지의 외부공간으로의 전망과 접촉이 가능한 것이 바람직하다. 또한 유리창 등으로 차폐되지 않고 충분히 외기에 면하여 자연에의 교감이 되도록 한다. 1층에 개별적으로 주어지는 전용마당은 프라이버시가 침해되지 않도록 담장이나 울타리 등으로 차폐되는 것이 좋고, 일부가 건물로 둘러싸여 아늑하고 안정감 있는 공간이 되는 것이 좋다.

참 고 문 헌

• 주거계획

주거학연구회(2005). 넓게 보는 주거학. 교문사.

__________(2006). 안팎에서 본 주거문화. 교문사.

최정신·김대년·천진희(2009). 실내디자인. 교문사.

Faulkner, R., Nissen, L. & Faulkner, S. (2006). Inside Today's Home, (5th ed.). Holt Rinehart & Winston.

• 주거단지계획

공동주택연구회(2008). 주거단지계획. 동녘.

대한국토·도시설계학회 편(1998). 단지계획. 보성각.

박은정·한기정·손세관(2003). 도시집합주택에서 공(公), 사(私) 공간의 단계적 연결성에 관한 연구. 한국도시설계학회 춘계학술발표대회논문집.

박전자(1990). 주거단지계획의 원리 및 방법론. 세진사.

양동양(2004). 주거단지계획. 기문당.

주종원(1999). 도시설계. 문운당.

최윤경(2003). 사회와 건축공간. 시공문화사.

a+t (2002a). densidad density 1, vol. 19, 108.

___ (2002b). densidad density 2, vol. 20, 107, 142.

Achleitner, F. (2000). Atelier 5. Birkhäuser.

Bollnow, O. F. (2000). Mensch und Raum. Stuttgart.

Deilmann, H., Bickenbach, G. & Pfeiffer, H. (1977). Wohnbereiche Wohnquartiere. Karl Krämer, Stuttgart.

Fester, M. et al. (1983). Raum für soziales Leben. Kahlsruhe.

Häussermann, H. & Siebel, W. (1996). Soziologie des Wohnens. München.

Lawrence, R. J. (1999). 주택·주거·집. 이연숙 외 역. 태림문화사.

Mostaedi, A. Residential Complexes. Carlos Bruto & Josep M. Maguet.

Reinhardt, W. & Trudel, H. (1979). Wohndichte und Bebauungsformen. Deutscher verlags-Anstalt.

Schneider, F. (Eds.). (2004). Grundrissatlas-Wohnungsbau. Birkhäuser Verlag.

Simmel, G. (1983). Soziologie des Raumes. Dahme.

Stamm-Teske, W. (1998). Preiswerter Wohnungsbau in den Niederlanden 1993-1998. Verlag Bau+Technik.

MEMO

Part 02

주거환경디자인

CHAPTER

06 주택설계

1. 주택설계 프로세스

주택이란 주생활을 영위하는 가족 단위의 보금자리로서, 주택을 설계한다는 것은 거주자의 생활과 공간이 합당하게 대응되도록 공간계획을 전개해 나가는 것이다. 그러므로 주택설계의 기본 목표는 거주자 모두의 생활을 만족시킬 수 있는 주거공간을 창조하는 것이 된다. 한편, 설계의 프로세스란 목표를 설정하는 단계에서 계획을 결정하는 단계까지 디자인과 평가가 교차적으로 발전해 나가는 과정을 말하는 것으로서, 주택설계 프로세스는 거주자와 대지를 분석하는 등의 사전조사 및 기획을 통해 목표를 설정하고, 검토된 사항과 개념에 맞도록 도서를 작성하는 순서로 진행된다.

본 장에서는 주택설계의 프로세스를 도면의 작성 단계에 초점을 맞추어, 디자인 개념이 아이디어 스케치나 다이어그램을 포함하는 초기 단계의 도면으로 작성되는 기획설계, 이를 발전시켜 주택의 디자인 방향이 구체적으로 정립된 기본설계, 그리고 기본설계 도면이 시공이 가능하도록 수정 및 보완되고 정제된 도면으로 작성되는 실시설계의 세 단계로 구분하여 설명하였다. 기획설계 단계에서 도면을 작성하기 이전에 사용자와 대지를 분석하고 스페이스 프로그래밍을 실시하며, 조닝을 계획하는 내용에 대해서는 2절의 '사전조사 및 기획'을 참조하라.

1) 기획설계

기획설계 단계에서는 공간의 전체 볼륨과 여러 디자인 요소들이 형상화되면서 평면과 함께 입면 및 단면이 계획된다. 설계의 개념을 스케치와 도면 등으로 작성하게 되는데 결과물 자체보다는 여러 상황이나 조건에 대한 분석적인 검토에 더 의의가 있는 도서가 작성되는 것이 특징이다.

(1) 기획설계란

① 개념디자인

기획설계는 아이디어를 창출하고 개념을 형성하는 것이 주요 내용이 되므로 개념디자인이라고 할 수 있다. 여기에서 개념이란 형태적인 발상의 출발점으로서 3차원 형태의 기본적인 구상을 만들기 위한 과정이자 결과이다. 설계의 초기 단계에서 다양한 분석을 통해 도출된 내용이 통합적인 해결안으로 제시되기 위한 핵심 부분이 개념이기 때문이다. 특히, 주택설계에서 개념은 건축주의 요구조건, 설계의 내용, 건축가의 신념 등을 통합시킬 수 있는 방법을 제시해 주기 때문에 대단히 중요한 역할을 한다. 이러한 개념은 특정 관념이나 개별적인 생각들이 하나로 통합된 아이디어다. 여기에서 아이디어는 사전조사와 분석의 결과로 갖게 되는 특수하고 구체적인 사고라 할 수 있으며, 관념은 그 내용이 비현실적이고 체계성이 없는 사고를 말한다. 종종 관념이 구체화되어 훌륭한 아이디어가 되기도 한다. 이러한 개념 또는 아이디어는 스케치나 다이어그램 등의 가시적인 이미지로 구체화된다.

② 개념의 형성

개념의 형성은 하나의 창작활동과 같아서, 개념을 형성하기 위해서는 먼저 그 중요성을 인식하고 디자이너의 생각이나 관념을 전달하는 스케치 및 제도능력, 각각의 요소들을 적절하게 하나로 연결하는 통합능력, 그리고 어떤 아이디어가 훌륭한 개념인지 결정하는 분별능력을 기르는 데에 집중적인 노력을 필요로 한다. 개념을 설정하는 것은 공간의 전체 형태인 매스, 공간의 구성, 표현방법, 디테일 등 정교화 작업의 출발점이 된다. 이러한 개념은 기본 형태의 발상과 함께 구체화되고 여러 실험적인 과정과 분석을 거쳐 진화된 형태로 발전한다. 즉, 초기의 형태는 변형, 분해, 접목, 확대와 축소, 회전, 반전, 겹침, 이동, 접기 등의 변형과정을 통해 복합적인 설계 개념으로 전환된다. 한편, 주택설계에는 경중을 가르기 힘든 여러 고려사항이 존재하지만 사용자의 생각에 따라 그 중요성이 다를 수 있으므로 디자이너와 사용자의 협의를 통해 개념에 대한 우선순위를 설정하는 것이 중요하다.

(2) 기획설계도서

기획설계는 대략적으로 입면의 형태를 잡고 단면 스케치를 작성하되 단순히 평면을 세운 입체의 개념을 벗어나 개념의 구체화, 스페이스 프로그램과 공간구성의 상호 관련성, 구조적 일치감 등을 고려하여야 하는 것으로서, 초기 스케치와 기획 단계의 평면도, 입면도, 단면도 등의 도면이 작성된다.

① 초기 스케치

초기 스케치는 프리핸드로 방안지나 스케치북 등에 그리는 것으로서 설계에 대한 초기의 발상이나 아이디어를 개략적으로 표현한 것이다. 거주자가 요구한 모든 가능한 생활공간의 배치를 실시하는 데 정확하지는 않더라도 상대적인 크기를 염두에 두고 작성하는 것이 중요하다. 배치를 함에 있어 주동선 및 부동선을 기능적이고도 미적으로 계획하고 2층 이상의 주택이라면 수직동선을 우선적으로 고려한다. 수직동선은 건물디자인의 핵심적인 디자인이 될 수 있으며 상층부의 경우 수직동선으로 형성된 공간이 중심부가 되고 계획이 발전된 후에는 임의로 변경할 수 없는 부분이기 때문이다. 초기 스케치는 주로 공간과 공간의 상호 관계성과 건물의 전체적인 측면에서 각 부분의 위치를 선정하기 위한 것이므로 상세부에 대한 측면은 자세히 설정할 필요가 없다. 작성된 스케치를 검토할 때에는 계획된 설계안들을 정리하여 설정된 스페이스 프로그램과 계획된 주택디자인의 기능과 경제적인 면 그리고 미적으로 가장 적합한 가능성이 있는 계획안을 선택한다.

② 기획설계도면

선택된 스케치는 기획설계도면으로 작성되는데 스케일을 작게 사용하여 계획의 전체적인 흐름을 한눈에 파악할 수 있도록 한다. 기획설계도면은 일반적으로 건축주에게 여러 대안으로 제시되고 건축주로 하여금 주택의 형태와 규모를 결정짓게 하는 중요한 근거가 된다. 해당 도면으로는 기획설계 단계의 배치도, 평면도, 입면도 그리고 단면도 등이 있다. 배치도는 대지 내에서 건물과 출입구의 위치 및 토지이용현황 등을 표시한다. 평면도는 각 실의 배치, 가구 등이 표시되고 개략적인 치수가 결정되며, 입면도는 건물의 입체적인 모양과 치수가 표현된다. 단면도에서는 지형의 고저, 건물의 바닥 높이, 천장 높이, 층 높이 등의 높이 관계를 파악할 수 있다. 이 외에 주택의 전체 모습을 비전문가도 한눈에 알아볼 수 있는 투시도, 투상도, 모형 등이 작성된다. 일반적으로 기획설계도면은 디자인 개념과 함께 사전조사 및 분석 내용을 포함하는 내용의 제안서 형태로 건축주에게 제시된다.

2) 기본설계

기본설계는 기획설계 또는 개념디자인 다음의 설계 단계에 해당하는 것으로서 설계안을 발전시키고 건축비를 추정하기 위해 진행된다. 배치도, 평면도, 입면도, 단면도, 투시도, 모형 등의 도면이 작성되고 설계 시 채택한 내용들인 건물의 구조, 재료, 기계설비, 전기설비, 성능수준, 추정 건축비에 대해 기록된 설계설명서가 포함된다.

(1) 기본설계란

기본설계는 디자인의 핵심으로서 기획설계 단계에서 논의된 종합적인 정보가 도서로 표현되는 일이므로 기획설계안에 대해 건축주와 검토하고 논의한 후에 기본설계 단계에 들어가야 한다. 기본설계에서는 각 실과 공간을 좀 더 밀도 있게 발전시키면서 상세디자인을 개발하는데, 구조나 기능을 검토하는 공학적 해석과 평가는 물론 평면과 관련된 여러 가지 디테일을 고려함으로써 구체적인 치수나 재료를 결정한다. 이 단계에서 평면에서의 계획과 함께 수직적인 요소들의 변화에도 주의를 기울여 3차원 공간의 형태를 검토해야 하며, 문과 창호의 위치 등 평면에서 다루어지는 모든 상세들이 건물의 외관과 직결된다는 것에 유념해야 한다. 기본설계안은 평가와 검토를 통해 채택할 것인가 또는 수정할 것인가가 결정되며, 제시된 대안 중 가장 합당한 계획안을 결정해서 도면을 작성한다.

(2) 기본설계도서

① 기본설계도면

- 배치도 : 배치도는 선정된 대지에 건축할 건물 및 시설이나 수목의 위치를 표시한 도면이다. 건축물의 1층 또는 지붕 평면도를 기준으로 축척 1/100~1/600의 범위 내에서 그리는 것이 일반적이다. 대지의 형상, 고저, 치수 등과 건축물의 위치, 대지경계선까지의 거리 및 대지에 접한 도로의 위치와 폭 등을 나타내고, 대문, 담장, 주차장, 정화조 등 부대시설의 위치와 건물 출입구의 위치 및 조경계획 등과 함께 방위도 표시한다.
- 평면도 : 평면도는 건물의 평면 상태를 나타낸 도면으로서 창문의 중간 정도의 높이인 1,000~1,500 mm 윗부분을 수평 방향으로 절단하여 바로 위에서 내려다본 수평 투상도이다. 도면 중에서 가장 기본이 되는 중요한 도면으로서 각 실의 벽체, 복도, 계단, 창문 등의 위치를 알 수 있다. 평면도에 창문이 표시되어 있으나 바닥부터 천장까지가 모두 창으로 된 것인지 벽의 일부에 창이 있는 것인지 알 수 없으므로 단면도나 입면도를 함께 보아야 한다. 평면도는 보통 축척 1/50~1/300의 범위 내에서 그리며 각 실의 명칭, 치수 등을 기입한다.
- 입면도 : 입면도는 건축물을 마주본 대로 그린 것으로서 외관을 표현하기 위한 수직 투영도이다. 일반적으로 방위에 따라 동, 서, 남, 북의 4면에서 입면도를 그리는데, 방위가 애매한 경우에는 정면도, 좌측면도, 우측면도, 배면도 등으로 표기하기도 한다. 입면도는 건축물의 외관을 나타내는 도면이므로 건물의 전체 높이, 외벽의 마감재인 외장재, 개구부의 모양과 위치 및 개폐 방향, 돌출된 기둥이나 발코니, 지붕, 난간 등의 정보를 준다.

- 단면도 : 단면도는 건물을 적당한 위치에서 수직으로 잘랐다고 가정하고 내부구조를 나타낸 것으로서 기초의 깊이, 벽체, 천장의 높이, 지붕, 문과 창 등 구조의 치수를 알 수 있다. 건물의 특징을 가장 잘 나타낼 수 있는 부분에서 종·횡의 두 방향에서 절단하여 작성한다. 주단면도는 건물의 전체 단면 상황을 검토할 수 있는 도면으로서 구조 및 설비시스템 등과 밀접한 관계를 갖는다. 평면도, 입면도와 함께 검토되어야 하므로 같은 축척으로 작성하는 것이 일반적이다.
- 투시도 : 투시도는 3차원 형상인 건물의 형태를 어떤 시점에서 보고 2차원 종이에 나타낸 도면이다. 건물의 모양을 첫눈에 알 수 있게 해주기 때문에 형태계획을 검토하는 자료가 되며 제안용으로도 활용된다. 투시도는 채색하면 더욱 효과적이고 현실감이 나는데, 색연필이나 마카 등으로 가볍게 색칠하거나 포스터컬러 등을 이용하여 채색하기도 하며 컴퓨터를 이용하여 그리기도 한다. 설계자 스스로가 디자인을 검토하고 조정하기 위한 역할을 하기도 하는 투시도는 스케치나 모형으로 대체되기도 한다.
- 모형 : 모형은 앞에서 작성한 배치, 평면, 입면, 단면, 투시도 등의 도면을 바탕으로 모형 제작용 재료를 사용해 실제의 건물 모습을 일정한 축척으로 축소하여 실감이 나도록 만든 것이다. 도면으로는 이해가 부족할 수 있는 부분을 축소된 3차원 모형을 통해 제시함으로써 일반인에게도 쉽게 이해시킬 수 있으며 설계안을 정확하게 파악하게 할 수 있도록 해준다.

② 설계설명서

설계설명서는 설계자의 의도를 설명하는 것으로서 건축의 개요와 구조방식 및 설비계통도 등 설계자가 채택한 내용들을 서술한다. 건축개요에는 건물의 용도와 규모 및 층수 등의 일반적인 사항은 물론 입지조건과 부지의 활용방안, 설계의 방향, 디자인 콘셉트 등이 포함된다. 구조방식이란 건축에 사용되는 각부의 주요 구조재의 종류와 형상 및 규격, 그리고 시공법 등에 관한 설명을 말한다. 이 외에 전기, 급배수, 위생, 공조, 환기 등 설비에 대한 계통도 및 설비기기와 설치방식 등이 설명된다.

3) 실시설계

실시설계는 기본설계의 다음 설계 단계를 말하는 것으로서 문건과 도면을 보고 직접 건설할 수 있도록 항목별로 상세하게 설계하는 일을 의미한다. 실시설계 단계에서는 실시설계도서와 시방서 등 시공 및 계약에 필요한 도면을 작성한다.

(1) 실시설계란

실시설계 단계에서는 기본설계가 발전되어 공사가 가능하도록 구체적인 도면이 작성되고 수량이 산출되는 등 건축주와 시공자 사이의 중간 역할을 하는 것과 같은 활동들이 행해진다. 실시설계도서에는 실시설계도면과 시방서와 시공도 및 추가 지시사항 등이 포함된다. 실시설계도서의 목적은 시공자가 응찰하고 시공하기 위해 알아야 할 정보를 명확하고 간결하게 보여 주는 데 있으며, 일련의 실시설계도서로 시공이 가능해야 한다. 일반적으로 실시설계도면은 위치와 수량을 나타내며, 시방서는 질과 권장된 절차를 밝혀주는데, 어떤 설계사무소에서는 표준 상세도를 시방서에 싣기도 한다. 실시설계도면과 공사비내역은 공사입찰의 기준이 되며, 이 도면대로 공사를 시행하게 된다.

(2) 실시설계도서

① 건축설계도서

- 부지 안내도 : 선정된 대지인 건축 부지의 위치를 나타내는 도면으로 설계의 대상이 되는 주택 건물을 기준으로 위치를 표시한다.
- 배치도 : 대지 내에 건축물과 부대시설을 배치한 도면으로서 부지에 접하는 도로 및 대지 경계선을 작성하고 위치와 간격, 방향과 축척 등을 나타낸다. 축척은 건물과 대지의 규모에 따라 보통 1/100~1/600로 한다.
- 면적표 : 대지의 면적, 건축면적, 각 층의 바닥면적, 연면적 등을 산출하여 기입한다.
- 실내외 마감표 : 건물 내외부의 마감재료 종류와 내용을 목록으로 작성하여 나타낸다.
- 평면도 : 건축물을 각 층마다 수평으로 절단한 면의 수평 투상도로서 실의 형상, 크기, 치수 등이 표현된다. 축척은 건물의 규모에 따라 일반적으로 1/50~1/300 범위로 한다.
- 입면도 : 건축물의 외관을 나타낸 직립 투상도로서 정면도, 측면도(좌측면도, 우측면도), 배면도 또는 동서남북의 4면에서 나타낸다. 축척은 대개 1/50~1/300 범위 내에서 평면도와 같게 한다.
- 단면도 : 건축물의 주요한 부분을 수직으로 잘라 그 단면을 투영 묘사한 도면으로서 건축물의 높이(기초, 지반, 바닥, 천장, 층, 처마 등의 높이)와 지붕의 물매, 추녀 길이 등을 나타낸다. 축척은 평면도, 입면도와 같게 하여 교차 검토가 용이하게 한다.
- 단면 상세도 : 건축물의 구조상 주요한 부분을 수직으로 잘라서 절단면을 작성하고 각부의 높이, 부재의 형상, 크기, 접합 및 마감 등에 대하여 상세를 명시한다. 축척은 주로 1/20~1/50로 한다.
- 부분 상세도 : 시공상 명시하지 않으면 안 될 주요 구조부의 일정 부분을 확대하여 상세하

게 그린다. 축척은 보통 1/5~1/30로 한다. 아주 세밀한 부분은 축척 1/1의 실척도 또는 그 이상의 축척으로 나타내기도 한다.

- 전개도 : 건축물 내부의 실별 입면을 4면으로 펼쳐 놓은 모양을 그린 도면으로 벽면의 형상, 치수, 마감 등을 명기한다.
- 각종 평면도 : 건축물의 층별 평면도 외에 기초 평면도, 바닥틀 평면도, 천장 평면도, 지붕틀 평면도 등이 있으며, 각각 구성재의 종류, 배치, 치수, 형상, 마감 등을 나타낸다.
- 창호도 : 건물에 사용되는 창호의 개폐방법, 재료, 형상, 치수, 마감, 창호용 철물, 유리 등을 도표로 나타낸 것이다. 축척은 주로 1/30~1/50로 한다.
- 외구도 : 외구공사를 위한 도면으로서 대문, 담장, 포장 등 부대공사의 형상, 치수, 재료 끝마감 등을 나타낸다.
- 시방서 : 설계도면으로 나타낼 수 없는 사항을 문서로 적어서 규정한 것으로서 공사에 필요한 재료의 종류와 품질, 사용처, 시공법, 제품의 납기, 준공 기일 등을 명확하게 기록한 것이다. 일반적인 경우에는 표준시방서를 사용하며, 표준시방서에 명기되지 않은 사항을 보충하거나 해당 공사만의 특별한 사항이나 전문적인 사항을 기록한 특기시방서도 있다.

② 구조설계도서

- 기초, 기둥, 벽, 보, 바닥 평면도 : 각각의 위치, 형상, 치수 등을 표시한다.
- 기초, 기둥, 벽, 보, 바닥판 일람표 : 각각의 형상, 치수, 배근 등을 상세하게 명시한다.
- 골조도 : 건축물의 기둥, 보, 개구부 등의 입면을 나타내고, 각각의 위치, 크기 등에 대하여 기입한다.
- 골조 상세도 : 골조 각부 구조재의 치수 및 재질 등에 대한 상세를 명시한다.
- 각부 상세도 : 계단 및 기타 중요한 각 부분의 구조에 대해서 재료, 형상, 치수 등의 상세를 명시한다.
- 구조 계산서 : 복잡한 구조인 경우 건물의 하중을 지탱할 수 있도록 기초, 기둥, 보, 슬래브 등의 내력을 계산하여 설계에 반영한다. 이때 각 구조물이 견디는 힘을 계산하는 것을 구조계산이라고 하고 그 내용을 정리한 서류를 구조 계산서라고 한다. 주요 구조부의 응력을 산정하고 각부 주요 구조재의 형상, 치수 등을 나타낸다.

③ 설비설계도서

- 전기 설비도 : 동력, 전등, 콘센트, 조명기구, 통신, 방송, 화재경보기 등의 설비에 대해서 각각의 배관, 배선에 필요한 계통도, 기구 배치도 등이 표현된다.

- 위생 설비도 : 급수, 배수, 정화조, 옥내 소화전 등의 설비에 대해서 각각의 배관, 계통도 및 기기 배치도 등을 나타낸다.
- 냉난방 설비도 : 냉난방에 필요한 배관 계통도를 나타낸다.
- 가스 설비도 : 가스 설비를 위한 배관 계통도를 나타낸다.
- 공조 설비도 : 공기조화 설비를 위한 배관 계통도, 기기 설치도 등을 나타낸다.
- 승강기 설비도 : 승강기, 에스컬레이터 등의 기기 배치도 및 설치도 등을 나타낸다.
- 기타 설비도 : 배연 설비, 피뢰침 설비, 굴뚝 등에 대해서 필요한 도면을 나타낸다.

2. 사전조사 및 기획

주택설계 프로젝트는 대개 건축주가 서너 개의 주택전문 설계사무소에 의뢰하여 경쟁적인 프레젠테이션이 있은 후에 적격자에게 맡겨진다. 이를 위해 설계자는 일반적인 설계의 지식과 더불어 해당 프로젝트에 관한 정보를 수집하고 분석하게 되는데, 다양한 정보에 대해 목록을 작성하여 조사와 분석을 행하고 해결책을 검토하여 보는 것이 바람직하다. 가장 중요한 고려사항이자 디자인의 출발점이 되는 것은 거주자에 대한 제반사항을 이해하고 대지의 조건을 면밀히 조사하며 관련 건축 법규를 검토하는 일이다.

1) 사용자 분석

(1) 사용자 분석이란

주택설계의 고려사항 중 가장 기본은 그 주택에 누가 거주할 것인가 하는 사용자에 관한 것이다. 주택계획의 궁극적인 목표가 주택에서 생활하게 될 사람들에게 안락함과 행복함 그리고 즐거움을 주는 것이라고 보면, 주택의 거주 주체를 파악하는 것은 매우 중요한 일이다. 거주자의 가족사항과 관련된 제반특성으로는 가족구성과 가족생활주기, 그리고 가족 각자의 성별, 연령, 교육 정도, 직업, 수입, 취미, 특기, 종교 그리고 가족생활주기 등이 일반적으로 조사되어야 한다. 주택 내 사용자의 일상생활 행위, 활동 및 의식구조 등도 파악해야 하며 사용자가 주택에 대하여 무엇을 요구하는지를 잘 파악하여 설계에 반영해야 한다.

(2) 거주자 생활 분석

가족을 구성하는 내적 요소와 외적 요소는 계속해서 변화하며, 가족은 그들이 처해 있는 시기에 따라 가족구성, 가치관, 목표, 자원, 의사결정 및 당면하는 문제 등이 달라진다. 가족 구성원의 변화에 따라 공간에 대한 요구와 욕구, 반응이 달라지기 때문에 가족생활주기에 따라 주택유형, 주택의 소유 형태, 가족이 필요로 하는 서비스의 종류 및 공간이 달라지는 것이다. 거주자의 생활은 일반적으로 가족구성, 생활주기, 생활행위 그리고 생활 양식을 통해 정리될 수 있으며 이러한 과정에서 건축주의 요구사항을 함께 파악한다.

① 가족구성

가족의 조건은 주택의 규모를 결정하는 요인이 되며 개인 및 가족의 성향을 개략적으로 파악할 수 있다. 표 6-1과 같이 각 구성원의 인적사항을 도표화한 가족구성표는 구성원의 수, 성별, 나이, 직업, 취미, 특기, 종교 및 개인적 특성을 자료화한 것으로서 각자 개성에 맞는 공간을 형성하고 배치하기 위한 유용한 자료가 된다.

② 생활주기

생활주기란 생활구조가 반복되는 동안 나타나는 시간적인 주기적 변화를 말하는 것으로, 일반적으로 가족의 성립시점으로부터 소멸시점까지를 보는 경우에 사용되므로 가족주기와 혼용되는 경우가 많다. 대부분의 가정은 시간이 흐르면 가족구성원의 규모가 변하게 되는데 이에 따라 각 발달 단계에서 가족구성원 수의 변화와 공간에 대한 요구, 변화하는 생활 패턴 등에 대응해서 주택이 대처할 요구사항들이 달라진다. 그러므로 변화에 대처할 수 있도록 융통성 있는 주거공간을 계획할 필요가 있다.

③ 생활행위

생활공간에 대응되는 생활행위는 취침, 식사, 손님접대, 가사작업 등의 구체적인 행위뿐만 아니라 육체적인 것에서 심리적인 것, 개인적인 것에서 사회적인 것, 물질적인 것에서 비물질

표 6-1 가족구성의 특성

구성원	나이	직업	종교	취미 및 특기
아버지	52	사업가	기독교	골프, 등산
어머니	50	전업주부	기독교	헬스, 영화 감상
아들	20	대학생	기독교	테니스, 컴퓨터 게임
딸	17	고등학생	기독교	수영, 음악 감상

적인 것까지 생활의 전반적인 면모를 대상으로 생각해야 한다. 또한 생활상을 이해하는 데에도 과거와 현재의 생활을 관찰함은 물론 미래에 희망하는 생활상을 예측해야 하며 공간과의 상호관계를 고려하여 분석해야 한다.

④ 생활 양식

생활 양식은 가족 개개인 및 가족 전체의 주의식이나 주거관을 반영하며 과거로부터 내려오는 전통 혹은 풍습과도 결부되어 하나의 생활습관으로 나타나는 것으로서 일상 속에서 자연스럽게 표출된다. 따라서 주택을 설계함에 있어서는 거주자의 생활 양식을 파악하기 위하여, 표 6-2와 같이 우선 가족 개개인의 보편적인 하루 일과인 1일 생활구조를 조사하게 된다. 가족의 하루 일과는 시간과 장소에 따라 주요활동을 중심으로 조사하게 되는데, 기본적으로는 각 시간대별 실 사용량, 활동과 실과의 관계, 활동에 소요되는 시간 등을 파악할 수 있고, 이를 기초로 실의 용도와 면적을 결정하고 동선 및 실 배치 등을 계획한다.

(3) 거주자 요구사항

주택은 실제 사용자인 가족 구성원이 만족하는 디자인이 되어야 하므로 그들의 요구사항을 잘 파악하여 설계에 적용시키는 것이 중요하다. 즉, 거주자의 요구사항은 주택설계 방향의 기본적인 틀을 이루는 요소라 할 만큼 매우 중요한 것이므로 심도 있는 면담을 통해 요구사항을 면밀히 파악하고 파악한 내용을 표 6-3과 같이 기록하여야 한다. 건축주가 요구사항으로 제시하는 주택에 대한 추상적인 내용이나 구체적인 자료 이외에도 많은 면담을 통해 건축주의 사고, 성향 등을 분석함으로써 가족 구성원 모두의 요구사항과 각 공간의 요구사항을 조사하여 정리하도록 한다. 정리된 사항은 설계에 반영하도록 하며, 설계를 진행할 때에 난해한 부분은 건축주와의 협의를 거쳐 결정하고 발전시켜야 한다.

2) 대지 분석

(1) 대지 분석이란

대지 분석이란 설계대상 대지의 조건, 즉 대지의 물리적 현상 및 규모, 지표면, 수리, 지질, 기상, 경관 따위의 자연조건과 인근 대지 및 주변의 상황, 공급 및 처리 조건, 법 규제 따위의 사회적 조건을 분석하는 일을 말한다. 즉, 대지에 대한 토지이용계획과 가용공간, 대지의 공간 지각, 대지의 자연환경과 인문환경 및 대지의 사회적 요소와 법적 제한 요소를 분석하여 주택이 어느 위치에 계획되는 것이 가장 적합할 것인지를 분석하는 것이다.

표 6-2 가족의 1일 생활구조

가족 시간	아버지		어머니		아들		딸	
오전 6	기상	부부침실	기상 세면 · 화장	부부침실 화장실	기상	자녀침실	기상	자녀침실
7	세면 아침	화장실 식당	아침준비 아침	부엌 · 식당 식당	세면 아침	화장실 식당	세면 아침	화장실 식당
8	용변 출근	화장실	용변	화장실	용변 등교	화장실	용변 등교	화장실
9			설거지	부엌				
10			청소	모든 실				
11			휴식 점심준비	거실 부엌				
12			점심 설거지	식당 부엌				
오후 1								
2								
3								
4								
5								
6	귀가 갱의	부부침실	저녁준비	부엌			귀가	
7	저녁	식당	저녁 설거지	식당 부엌			저녁 등원	식당
8	신문 · 독서	거실	가계부	식당				
9	TV · 담소	거실	TV · 담소	거실	귀가 TV · 담소	거실		
10	샤워	부부욕실	샤워 · 화장	부부욕실	게임	자녀침실		
11	취침	부부침실	취침	부부침실	샤워 취침	화장실 자녀침실	귀가 샤워	화장실
12							취침	자녀침실

표 6-3 거주자 요구사항

항목	요구사항
희망 디자인	모던 스타일, 한옥 스타일 등
규모 · 구조	지하 1층, 지상 2층, 철골조연면적 50평

항목	지하 1층		지상 1층		지상 2층	
희망공간 및 면적	기계실 · 차고	50m^2	거실 · 부엌 · 식당	40m^2	부부침실	30m^2
			다용도실	5m^2	드레스룸	5m^2
			가족실	10m^2	부부욕실	10m^2
			화장실	4m^2	계단실	30m^2
			현관	3m^2	테라스	
			계단실	6m^2		
			테라스	30m^2		

항목	외벽	지붕	실별	바닥	걸레받이	벽	천장
희망 마감재	지정석재	콘크리트	거실	합판온돌마루	합판마루용 걸레받이	무늬목 도장	도장
	도장		화장실	합판온돌마루 샤워부스: 타일	합판마루용 걸레받이	도장 타일	도장
			침실	합판온돌마루	합판마루용 걸레받이	도장	도장
			현관	합판온돌마루	합판마루용 걸레받이	도장	도장
			계단실	합판온돌마루			

항목	종류	치수	배치	장소
기존 소유가구				
구매 희망가구	종류	치수	배치	장소

항목	요구사항
소요 예산	건축비 : 억 천만 원
기타	손님방문 방식 및 빈도, 주택 내 취미활동 종류, 부엌의 조리시설 유형, 식당의 테이블 수용인원 범위, 수집품 및 장식물 소장 여부, 재택근무 여부 등

(2) 대지조건

대지조건은 크게 사회적 조건과 물리적 조건으로 나누어 살펴볼 수 있다. 사회적 조건으로는 주택이 소속되어질 지역사회의 질에 관한 정보로서, 근린 공공시설을 비롯한 교육, 위생, 상가시설 및 도로교통 등의 각종 생활여건과 이웃과의 생활수준, 생활 양식에 따르는 동질성 여부 등을 조사하게 된다. 물리적 조건으로는 대지 자체가 갖고 있는 여러 가지 물리적 특성으로서, 대지의 위치, 크기, 형태, 지형, 지질, 일조 및 바람, 조망, 진입로, 기존 하부시설, 소음, 프라이버시, 공해 등을 조사한다. 특히, 대지의 위치는 크게 도시, 교외, 혹은 농촌 중 어느 곳에 속하는가 하는 것에서부터 주소지에 따른 주거전용, 준주거, 상업, 공업지역 등의 지역과 고도, 미관, 풍치지구 등의 지구 구분에 따른 위치로 나누어 고려해 볼 수 있는데, 이것은 주택건축에 적용되는 여러 법규와 규정을 파악하는 데 필요한 정보를 제공해 준다. 또한 대지의 크기와 형태, 지형, 지질 등은 주택의 배치, 규모, 평면 형태 그리고 실제 시공 내용에 영향을 미치며, 일조, 바람, 조망 등은 건강·위생과 관련된 문제로서 대지의 위치와 방위, 지형 등에 따라 영향을 받는다.

① 물리적 조건

- 모양과 크기 : 대지의 모양은 네모가 반듯한 정방형 또는 장방형에 가까운 것이 좋다. 부정형의 대지는 바람직하지 않지만, 계획을 잘하면 의외로 형태구성이 독특한 아름다운 주택을 만들 수 있다. 부지가 작을 때는 동서로, 클 때는 남북으로 긴 것이 유리하다. 대지가 너무 작으면 일조, 통풍, 프라이버시 등의 확보가 어렵고, 배치 및 평면계획상 많은 제약을 받으며, 정원의 확보가 어렵다. 대지의 크기는 건물 1층 면적의 3배에서 5배 정도가 좋다.
- 방위와 지형 : 방위는 남향의 경우 여름철의 태양은 높기 때문에 실내에까지 깊이 들어오지 않고 겨울철에는 깊이 들어와 실내를 따뜻하게 한다. 서향은 오후의 태양이 실내 깊이 들어와 불쾌함을 주고 여름철에 특히 무덥다. 북향은 하루 종일 태양이 비치지 않고 겨울철에는 북풍을 받아 한랭하다. 동향은 아침의 태양이 실내에 깊이 들어와서 겨울철에는 아침에 따뜻하나 오후에는 춥다. 지형은 평탄한 것이 무난하지만 전망 조건상 기울기는 1/10 정도가 이용하기 좋다. 남쪽 경사지가 일조와 통풍에 유리하고 배수도 잘 되며 전망도 좋아 최적이다. 북쪽 경사지는 겨울철에 북풍을 받아 춥고 여름철에는 통풍이 좋지 않으며 일조에도 불리하다.
- 기온과 강우량 : 기온의 높고 낮음이 건축을 규제하는데 기온이 낮은 지역은 벽이 두껍고 창의 크기가 작아 폐쇄된 건축 양식을 보이고, 기온이 높은 지역은 통풍을 위한 창으로

인해 개방된 건축 양식을 보인다. 강우량은 연중 월별 변화에 대한 분석으로 하루에 내릴 수 있는 최대 강우량을 조사하여 홍수 범람에 의한 대지 사용 제한 지역을 검토하고 건축이 가능한 영역을 계획한다. 연중 월별 적설량 변화에 대한 조사와 분석을 병행하여 하루에 내릴 수 있는 최대 적설량을 검토하고 건축물의 하중을 계획할 때 반영되도록 한다.

- 일조와 일사 : 태양으로 인한 일조 및 일사는 건물의 배치와 인동간격의 결정 등에 영향을 미치는 중요한 자연 요소이므로 대지 분석 단계에서 적용 가능성을 철저히 검토하여야 한다. 주택을 배치할 때에는 동서 방향으로 길게 배치하여 많은 일조량 확보하고, 남쪽에 처마를 계획하여 여름철 태양 차단 및 겨울철 태양을 적극적으로 도입한다. 창문은 남측 및 남동측은 크게 계획하고 동측 및 서측은 적당한 크기로 계획하며 북측은 최소 규모의 창문으로 계획한다. 일조의 조건은 동지 때 남쪽 면에 최소 4시간이고, 이상적으로는 6시간이어야 한다.
- 바람 : 바람의 세기에 따라 지붕의 경사도, 방향, 형태가 다양하며 구조를 계획할 때 풍압이 고려되어야 한다. 바람은 열 손실을 크게 발생시켜 난방이나 냉방 부하를 증가시키므로 겨울에는 북서 계절풍을 제한하기 위해 건물의 북서 측에는 창문 및 출입구를 최소화하고 상록수 등의 방풍계획으로 바람을 차단한다. 여름에는 남동 계절풍으로 건물의 내부와 외부공간을 시원하게 하기 위해 통풍을 유도하는 구조로 계획한다.
- 수목 : 수목은 지역 고유의 종류와 규격 등이 분석되어야 하며 대지에 식재된 기존 수목의 보존 여부 등을 결정하여 계획한다. 대지 북서측은 상록수를 식재하고 대지 남측 및 남동측은 낙엽 활엽수를 식재하고, 경관 수목 식재 및 가로 수목 식재를 통한 미적인 조경계획을 고려하며, 건물 내외부 간의 프라이버시 확보를 위한 시각적 차단을 유도하고, 주차장이나 차역장 등 환경이 불리한 부분의 시각을 차단한다.
- 소음 : 도로나 공원 등 주변 지역의 소음을 분석하여 건물을 배치하고 각 실별계획에 반영한다. 소음 공해를 감소시키기 위해 소음의 원천으로부터 건물 이격 거리를 확보하고, 소음 완충 지대를 계획하여 소음 공해를 감소시키며, 소음 차단을 위한 둔덕이나 수목을 식재하고 솔리드한 건물 벽체를 활용한다.
- 경관 : 대지의 경관은 지형이나 수목의 구성, 대지 주변의 산천 등 여러 가지 요소에 의해 이루어진다. 대지의 경관은 그 대지의 이미지와 직결되므로 이에 대한 분석 자료는 대지 내의 도로 체계를 확립하고 진입로를 결정하는 문제와도 관련된다. 경관 분석은 대지 내부에서 대지 외부로의 경관과 대지 외부에서 대지 내부를 바라보는 경관 분석을 모두 고려한다.

② 사회적 조건

- 도로와 교통 : 주택을 이용하는 사람들의 교통 시간, 거리 및 수단 등을 조사하고 주변 도로망 현황 및 계획에 대하여도 조사함으로써 건물을 이용할 때 혼잡이 최소화되도록 한다. 대지의 형태나 도로의 폭, 교통량 등에 따라 주 도로와 부 도로를 결정하는데 도로 폭이 크고 교통량이 많은 도로를 주 도로로 본다. 대지는 교통이 번잡하지 않은 보조 간선도로와 접해 있어야 좋으며, 도로에 한 면이 접한 대지보다 두 면이 접한 대지가 사람이나 차량의 진출입과 일조, 채광, 조망 등에 유리하다. 대지와 접한 도로의 폭은 8 m 또는 6 m가 무난한데, 4 m 이하는 폭이 좁고, 10 m 이상의 도로는 교통량이 많을 우려가 있다. 지하철역, 버스정류장과 멀지 않고, 노선이 많아 일상생활에 편리한 위치가 좋으나, 간선도로에 면하여 소음 및 매연, 진애 등 공해에 시달리는 곳은 피해야 한다.
- 근린시설 : 주택의 대지는 도시계획법 및 건축법 등의 법적 기준에 적합하여야 하며 조용하고 양호한 환경이 유지될 수 있는 곳이어야 한다. 근린시설의 종류별로 살펴보면, 상하수도, 전기, 가스 등 도시기반시설이 완비되어 있어야 하고, 학교, 시장, 병원 등의 교육, 구매, 의료시설과 거리가 적당해야 한다. 도서관, 극장, 전시장 등의 문화시설과 접하기 쉬운 곳이어야 하며, 위험물 취급시설이나 풍기상 좋지 않은 시설이 근처에 없는 것이 좋다. 상하수도, 전기, 가스 등 도시 제반시설의 이용과 공공시설, 학교, 의료시설, 도서관, 공원 등의 이용이 편리해야 한다. 그리고 슈퍼마켓이나 시장과의 거리가 가까워야 한다.

(3) 대지 분석

① 준비 자료

주어진 대지를 분석하기 위해서는 먼저 관할구청에서 대지 관련 서류를 참조하고, 직접 현장을 답사하여 주변의 상황과 특이한 점을 파악하여야 한다. 답사 시에는 소형 스케치북에 대지의 형태, 종횡단면, 대지 축, 일조 및 바람, 조망, 진입로, 기존 하부시설, 소음, 프라이버시, 공해 등의 내용을 간단히 스케치한다. 또한 사진기를 준비하여 현장에 대한 설득력 있고 근거 있는 자료를 마련한다.

- 토지이용계획확인원 : 토지이용계획확인원은 구 도시계획확인원으로서 해당 토지를 이용함에 있어 토지이용의 규제사항, 적용 기준, 관리사항, 관련 개별법 확인 및 기타 국민이 알아야 할 정보 등을 명시 확인하는 서류이다. 용도 지역, 용도 지구, 도시계획시설, 도시계획사업, 개발제한구역, 지정 재건축 및 지적도에 대한 내용을 파악할 수 있는데, 지번을 부여받은 각 필지는 토지로서의 기능을 수행하고 각 토지는 지목, 면적, 용도, 도로

관계 등에 따라 법적 성격을 가진다. 이러한 각 토지의 법적 성격을 이해하고 해당법에 대한 검토를 통하여 프로젝트의 목적에 맞는 부지를 선정하며 프로젝트 수행 시 개발 행위에 대한 범위를 제시하게 된다.

- 지적도 : 지적도란 실제 대지면적을 등록업무를 위해 1/500~1/1,200로 축소한 도면으로 대지의 지번으로 시청이나 구청 등에 청구하면 얻을 수 있다. 지적도는 설계를 시작할 때 필요로 하는 기본적인 지도가 되며, 대지의 모양, 향, 위치 및 주변 필지의 구획 내용을 파악할 수 있다. 일반적으로 지적도에서 우측은 동쪽, 좌측은 서쪽, 상측은 북쪽, 하측은 남쪽을 가리킨다. 대지면적을 산출하기 위해서는 지적도상의 그림을 1/100 축척으로 확대하여 그린 후 대지면적을 삼각구적법(대지를 면적 계산이 가능한 삼각형의 형태로 여러 개로 쪼개어 계산하는 방식)으로 계산한다. 이때 토지대장상의 면적과 일치되는지의 여부도 파악해야 한다.
- 토지대장 : 토지의 현황을 명확하게 하기 위하여 토지의 소재지, 지번, 지목, 지적 및 소유자의 주소, 성명 등을 등록하는 공부로서 지적대장이라고도 한다. 토지가 존재하는 장소의 시, 구, 군을 표시하고 1필지마다 지번을 붙이고 그 지목과 면적을 정한다. 지번이란 토지에 붙어 있는 번호를 말하는데, 대통령령이 정하는 바에 따라 소관청이 지번지역별로 기번하여 정한다. 지목이란 토지의 주된 사용목적에 따라 토지의 종류를 구분하여 표시하는 명칭으로서, 논, 밭, 과수원, 목장 용지, 임야, 도로, 하천, 묘지, 염전, 대, 공원, 잡종지 등을 말한다. 면적은 지적 측량에 의하여 지적 공부에 등록된 토지의 수평 면적을 말하며, 토지대장에 등록하는 면적은 평방미터를 단위로 정한다.
- 위치안내도 : 위치안내도란 설계할 대지의 위치와 대지 주변의 시설에 대한 현황을 명확히 알 수 있는 자료로서, 부근의 주 도로와 보조 도로, 공원, 공공시설, 교육시설, 위생시설, 상가시설 및 교통시설 등을 나타낸 도면이다. 대지의 거시적 미시적 위치 및 도로 체계를 파악할 수 있다.
- 대지현황사진 : 대지현황사진은 그림이나 문서를 통한 대지의 기본적 사항 외에, 대지를 직접 현장 답사하는 것과 더불어 실제적인 모습을 촬영한 사진을 통해 대지에 대한 현황들을 면밀히 조사하고 프레젠테이션 자료로 활용하기 위한 것이다. 그림이나 문서를 통해서 알 수 없는 현장감을 주변상황이 함께 담긴 사진을 통해 제시함으로써 대지현황에 대한 실제적인 예측을 가능하게 한다.
- 지도 및 지형도 : 지형도란 설계할 대지와 인접도로 및 인접대지와의 고저차를 등고선으로 나타낸 그림이다. 이때 도로와 대지의 높이가 같은 기준면을 ±0으로 정하고 주변도로보다 대지가 높은 경우는 '플러스(+)', 낮은 경우는 '마이너스(−)'로 표시한다. 또한 지형도

만으로는 대지의 형상을 입체적으로 파악하기 어려우므로 대지를 위도와 경도 방향으로 잘라서 그 경사도와 고저를 알기 쉽게 표현하는 대지 종횡단면도를 작성하기도 한다.

② **결과 자료**

- 조망도 : 조망도는 설계대상 대지의 각 방향에서 바라보는 시각특성을 나타낸 그림으로 시각의 방향과 범위에 따라 조망의 좋고 나쁨을 표시한다. 가깝게는 도로교통시설, 교육시설, 의료시설, 상가시설, 업무시설로부터 멀리로는 산이나 강과 같은 자연물까지 개방되고 폐쇄된 시각의 질을 표시한다. 대지의 거시적 입장과 미시적 입장은 물론 다각적인 측면에서 대지의 조망을 분석해야 한다.
- 일조·일사·바람 분석도 : 주택설계에서 일조, 일사, 바람을 분석하는 것은 춘하추동에 따른 시간대별 태양의 고도 및 방위각과 풍향을 표시한 그림을 통해 파악될 수 있다. 풍향은 여름과 겨울에 따라 남서풍 혹은 북서풍을 구체적으로 기입하며, 방위가 표시된 설계대상 대지의 그림 위에 풍향을 표시하고 여름과 겨울의 일조권을 도식화하여 제시한다.
- 진입로 표시도 : 설계대상 대지 주변의 도로교통망을 상세하게 표현한 도면으로 사람과 차가 가장 합리적으로 대지에 접근할 수 있는 방법으로 진입로를 표현한 것이다. 사람과 차의 진입동선 및 방향을 표시하되 가능한 한 이 둘의 진입로를 기능적인 면에서 분리하는 것이 좋다.
- 기존 하부시설 관계도 : 설계대상 대지와 인접대지, 대지 주변과 대지 주변도로에 대한 지하 매설물, 즉 전화선, 전기선, 상수도, 하수도, 맨홀, 도시가스선 및 지상의 전화, 전신의 위치와 용량에 대한 설계 및 시공 시의 이용계획이 나타난 그림이다.
- 소음·공해·프라이버시 분석도 : 대지 주변에서 일어나는 소음과 프라이버시 침해 및 공해 상황을 구체적으로 도면에 표현한 그림이다. 이 도면을 기초로 구체적인 공간계획, 즉 정적 공간과 동적 공간의 분리가 이루어지며, 위생문제를 고려하는 참고자료가 된다.
- 대지사용계획 : 대지 분석을 통해 대략적인 주택의 형태와 위치 및 진입로를 배치하는 작업이다. 대지사용 계획에서 축은 형태와 공간을 구성하는 가장 기초적인 도구로서, 주축과 부축으로 대지를 분할하고 건축공간 부분과 외부공간 부분, 진입로 등의 위치를 계획한다. 도로와 인접대지 상황을 통해 법규를 검토하여 건물이 들어설 수 있는 건축 가능성을 파악해야 한다.

3) 스페이스 프로그래밍

(1) 스페이스 프로그래밍이란

프로그래밍이란 디자인 프로세스의 초기 분석 단계로서 정보를 처리하는 과정이다. 디자인에서 발생하는 문제가 무엇인지 종합적으로 정확히 파악하여 이를 해결하려는 과정이라 할 수 있다. 분석해야 할 정보는 건축주의 의식이나 목표 및 행위를 중심으로 하는 인간적인 요소와, 대지 조건이나 치수 및 동선 등의 물리적 요소, 그리고 관련 법규나 예산 및 미래의 변화 요소와 같은 외적 요소로 구분될 수 있으며, 이처럼 다각도의 측면에서 세세한 사항을 검토할 필요가 있다. 필요 시에는 수차례 반복에 의해 분석이 이뤄진다. 스페이스 프로그래밍의 주요 작업은 소요공간의 종류 및 면적을 산출하는 것으로서, 각 소요공간의 종류를 파악하고 적절한 공간면적을 산정한다. 즉, 실 종류, 실별 사용인원, 1인당 면적, 사용가구, 여유치수 등을 고려하여 각 공간의 면적을 산출하고 정리한다. 면적계획은 면적산출 자료를 바탕으로 하여 건축주가 제시하는 실 크기와 건축계획상 요구되는 규모를 종합 분석하여 작성하며, 실제로 적용하는 면적은 약간의 가감을 전제로 한 개략적 면적으로 산정할 수 있다. 스페이스 프로그래밍이 정리되면 이를 바탕으로 구체적인 설계작업(건축주의 요구에 따른 기능 및 동선계획, 그리고 이에 따른 설계)을 진행할 수 있다.

(2) 면적 분석

① 면적계획

면적계획은 건축주가 요구하는 시설의 종류 및 시설별 단위공간의 규모를 산정하여 계획에 적용할 자료로 정리하는 작업이다. 실의 면적을 계획하기 전에 검토해야 할 사항으로는 가족 구성원의 생활공간별 행동유형과 행동반경, 사용자가 제시한 실의 크기와 가구목록 검토, 현재 보유하거나 앞으로 추가될 가구와 설비를 위한 공간 고려, 창과 문의 위치 고려, 그리고 건축물에 관한 각종 자료를 통해 각 공간의 적정 크기와 특성을 조사하고 비슷한 규모의 건축물 사례를 비교 분석해 본다.

② 면적산출

필요한 공간의 면적산출은 인체공학적 치수에 근거한 일반 자료와 가족 구성원의 특성 및 생활주기, 생활구조 등의 주생활 분석 자료, 그리고 거주자의 요구사항 등을 통해 산출된다. 즉, 가족의 수와 성별 및 생활주기에 따라 기본적으로 필요한 실의 종류와 개수를 설정하고, 각 실에서 이루어질 생활행위에 따라 소요면적을 산출할 수 있다. 공간의 규모는 인체치수를 기본으로 하되 인간의 생리적·심리적인 측면을 고려하고, 생활과 공간의 대응이라는 측면에서 생활상의 요구를 양적으로 파악하여 계획대상 공간과 물품사용에 적합하도록 적절한 규모를 결정한다. 생활 자세와 최저 필요치수를 기본으로 하여 생활 자세에 필요한 동작공간과 가구에 필요한 설치공간이나 창호의 개폐에 필요한 면적을 고려하면 각 실의 필요면적을 산출할 수 있다.

③ 면적계획표

주택의 면적은 표 6-4와 같은 면적계획표를 통해 전체 면적에서 상대적으로 차지하는 단위공간의 면적 비율, 공동공간의 비율, 외부공간의 비율 등이 제시될 수 있으며 각 실별 면적이 숫자로 정리된다. 이러한 과정을 통해 제반 관련사항이 고려된 방의 크기가 정해질 수 있으며 면적의 비교와 조정이 가능해진다.

(3) 분석내용의 시각화

사용자 분석 및 대지 분석 등을 통한 설계조건과 스페이스 프로그램 내용을 토대로 공간 사이의 연관성을 시각적으로 표현하기 위하여 구역도, 다이어그램, 기능도 등을 작성한다.

이는 대지 사용계획과 소요공간 면적산출을 바탕으로 각 단위공간의 위치 및 연결 상태를 계획하는 작업으로서 평면계획의 근거 자료가 된다.

표 6-4 면적계획표

구분	실명	면적			비고
		m^2	평	%	
지하 1층	기계실·차고	50	15.25	31	주차대수 2대 수용
지상 1층	거실·부엌·식당	40	12.10	41	벽난로 설치
	다용도실	5	1.51		
	가족실	10	3.02		
	공용욕실	4	1.21		
	현관	3	0.91		
	계단실	6	1.82		
지상 2층	부부침실·드레스룸	30	9.08	28	wet-bar 설치
	부부욕실	5	1.51		
	계단실	10	3.02		
합 계		163	49.31	100	내부면적

① **구역도**

구역도는 대지 분석결과에 근거하여 토지이용계획을 세우거나 필요한 공간을 몇 개의 기능으로 활용하기 위하여 성질이 유사한 구역 또는 존(zone)으로 나누기 위해 작성하는 것으로서 구역을 나누는 것을 조닝(zoning)이라고 한다(p. 253 '조닝계획' 참조). 구역도를 통해 내·외부의 생활공간이 어떻게 구분되고 배치되는가가 표현된다. 일반적으로 정원이나 마당과 같은 외부공간은 동적 공간과 정적 공간으로 구분되며, 각 실들로 구성되는 내부의 생활공간은 크게는 공적 공간과 사적 공간으로 구분되고, 보다 세부적으로는 공동생활, 개인생활, 가사작업, 생리위생공간 등으로 구분된다.

② **기능도(기능 다이어그램, functional diagram)**

제시된 구역도를 기준으로 각 공간의 위치가 결정되고 생활공간의 기능적, 시각적, 청각적 관계에 대한 분석이 끝나면 각 공간 간의 관계를 선으로 표시하는 기능도를 작성한다. 기능도를 통해 전체 공간에서의 단위공간의 위치와 동선계획을 검토할 수 있으며 이를 토대로 평면계획은 물론 단면 및 입면계획을 설정할 수 있다. 개략적인 구역의 설정과 기본적인 동선의 계획이 통합적으로 나타나는 기능도는 대개 버블 다이어그램을 사용하고 연결 상태는 선으로 나타낸다.

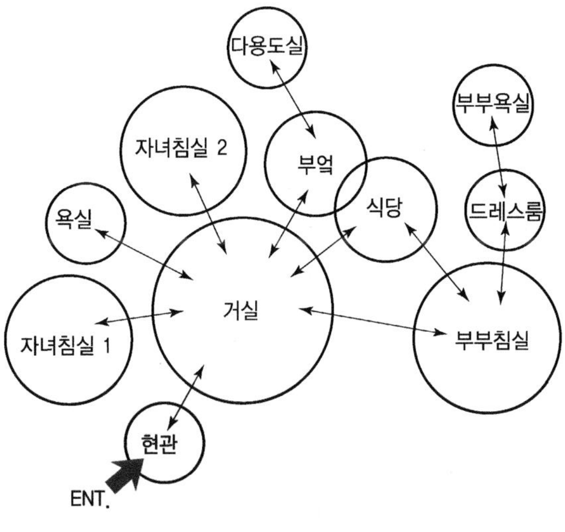

그림 6-1 버블 다이어그램

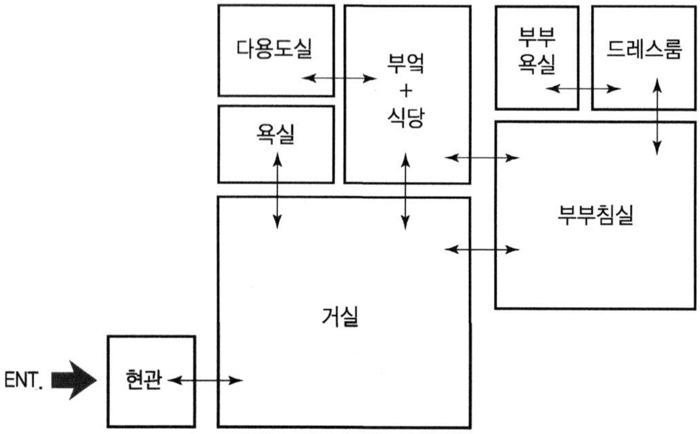

그림 6-2 블록 다이어그램

- 버블 다이어그램(bubble diagram) : 기능도에서 각 공간은 일반적으로 원으로 표시되며, 원의 크기는 상대적인 공간의 크기를 나타내는데 이러한 형태의 기능도를 버블 다이어그램이라 한다(그림 6-1). 각 원(버블)은 개별공간을 표현하는 것으로서 상호 이동이 가능한 경우 단순히 선으로 연결하거나 동선의 흐름을 나타내기 위해 화살표를 사용하기도 한다. 일반적으로 면적이 넓은 공간부터 시작하여 요구되는 모든 공간을 적절하게 배치한다. 2층 이상의 주택인 경우에는 수직 연결 요소를 고려하여 층별 배치가 기능적으로 구성되도록 한다.
- 블록 다이어그램(block diagram) : 블록 다이어그램에서 각 블록은 버블 다이어그램에서 원으로 표시된 각 공간에 해당되므로 버블 다이어그램과 마찬가지로 공간의 상대적 크기에 따라 블록의 크기가 결정되고 블록 간의 동선이 표현된다(그림 6-2). 보다 상세한 블록 다이어그램의 경우에는 창문과 출입문 등의 개구부를 표시하고 계단이나 램프, 그리고 데크 등의 반외부 공간이 배치되며, 개략적인 가구배치를 계획하여 초기 단계의 평면도가 된다.

③ 동선도

동선이란 사람이나 차량 또는 물건의 이동궤적으로서, 동선도는 주로 평면도 상에서의 이동궤적을 가정하여 작성한 그림을 말한다. 주택에서는 가족 구성원의 동선, 방문자의 동선, 가사노동을 위한 동선 등으로 구분하여 작성해 볼 필요가 있으며, 평면도가 정리된 후에도 검토를 위해 동선을 평면도 상에 그려보기도 한다. 동선을 계획할 때에는 단순하고 명쾌하게 하는 것이 좋은데 빈도가 높은 동선은 짧게 해야 한다. 서로 다른 종류의 동선이나 차량, 사람의 동선 등은 가능한 분리시키고 필요 이상의 교차는 피해야 한다. 가족 구성원별로 한 공간에서 다른 공간까지의 동선 빈도수를 조사할 때에는 주부를 중심으로 먼저 계획해 보는 것이 바람직하다. 동선 빈도수란 사람이 어떤 공간에서 다른 공간까지 움직이는 빈도수를 말하는데, 동선계획을 제대로 하기 위해서는 이것을 측정하여 조사하는 것이 바람직하다. 동선 빈도수는 가족 구성원 모두에 대하여 각각 측정하여 조사할 수 있으며, 이들 전체를 합치면 총 동선 빈도수를 구할 수 있다.

4) 조닝계획

주택설계에 있어서 조닝은 토지이용계획과 주택의 평면을 계획할 때 이루어진다. 즉, 대지 분석결과에 따라 대지 내에 주요 공간이나 시설들을 배치하기 위한 조닝과, 건축물 내의 공간을 몇 개의 구역으로 나누어 각각 별개의 성격을 갖도록 하는 조닝이 이루어진다. 보통 3개 또는 5개의 대안을 마련하여 검토한다.

(1) 조닝이란

조닝이란 도시계획이나 건축계획 등에 있어서 하나의 지역 전체 또는 건축공간을 기능·용도·법적 규제 등을 지표로 하여 몇 개의 작은 부분으로 나누는 작업 또는 그 과정을 말한다. 건축계획에 있어서의 조닝은 토지이용계획(대지사용계획) 및 건축평면계획 시 이루어진다. 즉, 토지이용계획 시에는 대지 분석의 결과에 따라 대지 내에 주요 공간이나 시설들을 배치하기 위한 조닝이 이루어지며, 건축평면계획 시에는 건축물 내의 공간을 몇 개의 구역으로 나누어 각각 별개의 성격을 갖도록 할 때 조닝이 이루어진다. 조닝은 분리하기 어려운 대상을 확정하지 않은 상태에서 나누어 가는 계획의 결정방식이므로 초기적인 계획 단계에서 많이 이용되고 있다. 조닝의 기본 원칙은 유사한 요소는 서로 접근시키거나 공용시키며, 상호 간의 요소가 다른 것은 분리시키는 것이다.

(2) 조닝의 유형

조닝은 주택평면의 공간계획과 관련하여 동적 공간 대 정적 공간, 공적 공간 대 사적 공간, 주간공간 대 야간공간 등의 유형으로 구분할 수 있다. 평면상에서 권역이 형성되는 것을 수평적 분리라 하고 입단면상에서 층별 구분에 의해 조닝이 형성되는 것을 수직적 분리라 한다.

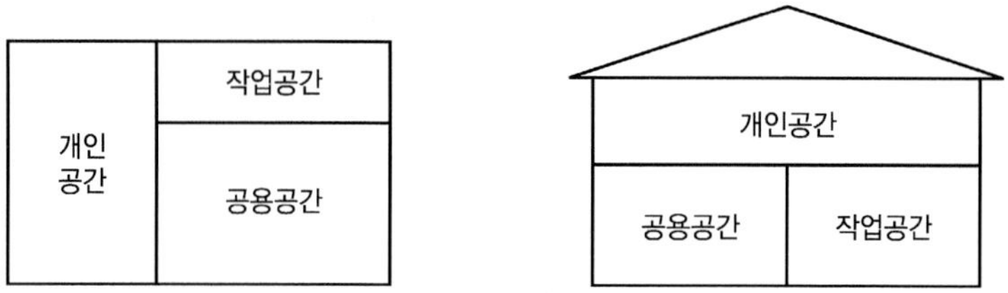

수평적 분리 수직적 분리

그림 6-3 조닝의 수평적 분리와 수직적 분리

① 공간 성격별 조닝

- 정적 공간 : 조용한 분위기를 필요로 하는 공간으로서 완전한 독립성이 요구되며, 특히 동적 공간과는 완전히 분리되는 것이 좋다. 침실, 서재의 개인공간이 주로 여기에 속하므로 사적 공간이라고도 한다.
- 동적 공간 : 활동적이고 능률이 중요시되는 공간으로서 정적 공간과는 정반대로 독립성보다 개방성을 필요로 하는 공간이다. 거실, 식사실, 주방, 현관 등의 공용공간이 여기에 속하므로 공적 공간이라고도 한다.

② 생활권별 조닝

- 사적 공간 : 침실, 서재 등의 사적인 생활공간이다.
- 공적 공간 : 거실, 식당, 현관 등의 공적인 생활공간이다.
- 작업공간 : 주방, 다용도실 등 가사작업을 위한 생활공간이다.
- 위생공간 : 욕실, 화장실 등 생리위생을 위한 생활공간이다.

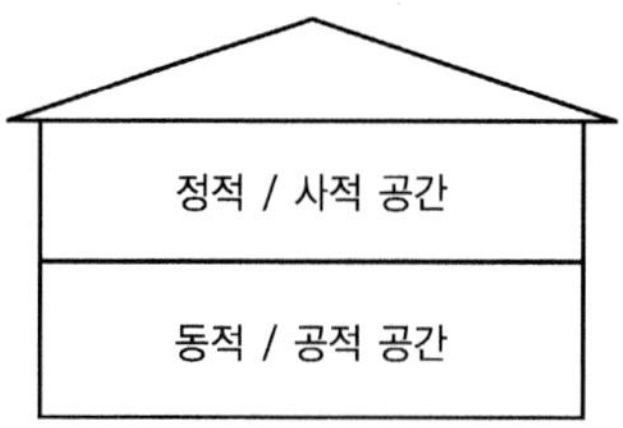

그림 6-4 공간 성격별 조닝

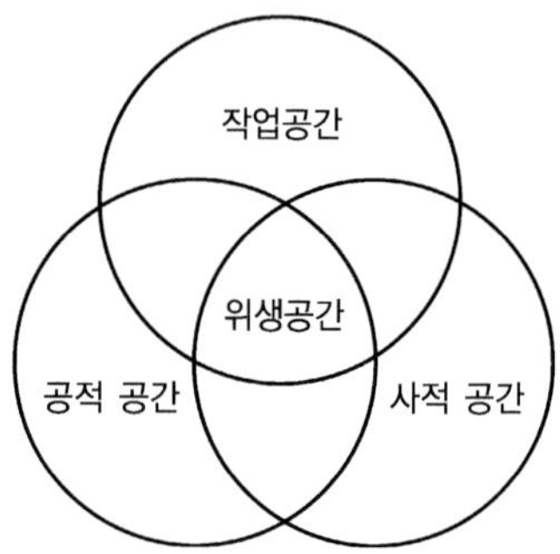

그림 6-5 생활권별 조닝

③ 기능별 조닝

- 공용공간 : 거실, 식사실, 응접실 등 가족 구성원이 공동으로 사용하는 공간이다.
- 개인공간 : 부부침실, 노인실, 아동실, 서재 등 구성원 각각의 개별공간이다.
- 작업공간 : 부엌, 세탁실, 가사실, 다용도실 등 가사노동공간이다.
- 위생공간 : 세면실, 욕실, 화장실 등 생리위생공간이다.
- 연결공간 : 현관, 홀, 복도, 계단 등 개별공간을 이어주는 공간이다.
- 수납공간 : 창고, 반침 등 저장 및 보관공간이다.
- 기타 공간 : 테라스, 발코니, 베란다, 데크, 정원, 주차장 등 외부 또는 반외부공간이다.

(3) 조닝의 고려사항

① 기능별 분화

조닝계획에서 가장 중요한 고려사항은 기능별로 분화되게 하는 것으로서 다음 사항들을 고려해야 한다. 취침공간, 단란공간, 식사공간, 접객공간, 가사작업공간, 설비공간 등으로 구분하여 생각한다. 취침공간과 식사공간은 완전히 분리한다. 가족구성원 각각의 생활을 위한 개실을 확보하여 개인의 프라이버시를 확보한다. 가사작업공간은 유기적으로 결합되도록 하고, 가사작업공간과 단란, 식사공간 등이 서로 접하거나 결합되도록 한다.

② 평면설계의 기본방식

주택의 평면을 설계할 때에는 다음의 실별 기본방식들을 고려해야 한다. 침실은 독립성을 확보하고 타실과의 통로가 되지 않게 해야 한다. 거실, 식사실, 주방, 마루 등은 통로로 이용되는 면적이 최소가 되는 방향으로 해야 한다. 주방, 욕실, 세면실, 화장실 등 배관설비를 필요로 하는 곳은 한곳으로 집중하여 배치하는 것이 좋다. 평면형은 너무 복잡하지 않도록 하고, 공간 이용률을 높이도록 해야 한다. 주방은 식료품의 용이한 반출입을 위해서는 외부와 직접 연결되는 것이 바람직하다. 대지 이용률은 최대한으로 높이는 방향으로 하되 대지는 충분한 여유가 있어야 한다. 내부공간과 외부공간을 유기적으로 연결시켜 생활을 윤택하게 해야 한다.

3. 계획설계

1) 배치계획

(1) 배치계획이란

배치계획은 주택설계 과정에서 건축물과 관련한 대지 현황을 분석하여 합리적인 건축물의 배치와 옥외공간 전반을 계획하는 것이다. 이는 대지 주변 환경, 도로와 인접 건물과의 관계 분석과 건축주의 요구사항에 기반을 둔 내부 조닝을 유기적으로 연계하여 대지 내 건축물의 위치, 구체적인 대지 사용계획, 즉 출입구나 주차장, 정원 등을 장래의 종합적인 부지계획까지 포함한 것이다.

배치계획은 건축물의 형태가 구체적으로 정해지기 까지 건물 내 공간계획과 병행하여 계속적인 검토가 이루어져야 한다.

특히, 대지의 구체적인 지반 및 지형의 특징, 대지의 방위, 바람의 방향, 일조권, 조망조건, 주변 소음발생에 대한 배려, 주변 도로와의 관계, 내부공간과의 연계 등을 고려하여 건축물의 계획을 종합적으로 진행하는 단계이며 초기 개념에서 건축물의 형태와 공간계획의 기본 방향을 설정하고 최종 건축물의 배치와 구체적인 대지사용계획까지 이루어진다.

(2) 배치계획 시 고려해야 할 사항

① 입지조건과 환경특성

건축물의 규모와 위치 산정을 위한 법규적 사항 검토, 대지의 지반과 지형의 특징, 일조와 방위, 통풍, 조망, 주변 소음과 공해, 상하수도, 가스, 전기, 통신시설, 인접건물과 도로, 주변 자연환경의 관계에 따른 전반적인 대지의 입지와 환경적 조건에 대한 조사, 분석, 검토가 충분히 이루어져야 하며 이는 건축물의 형태와 방향을 결정하는 데 영향을 미친다.

② 내부공간구획

건축주의 요구사항에 따른 각 실의 수와 배치에 따른 내부공간의 제약 조건들은 공간사용자의 프라이버시와 내외부의 유기적인 동선계획을 위한 공간구성에 영향을 미친다.

③ 대지사용계획

건축주의 요구사항과 설계자의 배치계획 의도에 의해 건물 외부공간구성을 결정하는 것으로 정원 및 휴게공간의 위치와 형태, 식재계획, 옥외 가사작업공간, 보행로, 주차장, 건물 내부에서의 조망과 프라이버시에 고려한 전반적인 대지사용계획을 한다.

④ 보행 및 차량 출입동선

도로와 현관과의 관계, 대지사용계획 및 내부공간구획에 따른 보행 및 차량 진·출입 동선을 계획한다. 이때 현관과 도로가 멀어지면 통행로 면적이 지나치게 넓어지거나 출입구의 위치가 정원을 분할하지 않도록 유의한다. 또한 내부 공간의 프라이버시, 가사작업공간의 내외부 연계, 출입에 대한 배려를 하여야 한다.

⑤ 장래의 증·개축과 관련한 계획

향후 건물의 증·개축에 대한 계획을 고려하여야 한다. 특히, 가족 수의 변화나 건축주의 생활전반에서 예측될 수 있는 변화에 대한 대처가 가능할 수 있도록 계획한다.

(3) 배치계획의 프로세스

① 배치계획 관련 분석 자료 검토

대지 주변의 환경, 대지와 도로와의 관계, 인접 건물의 종류, 건축물의 크기 및 위치, 대지의 방위축, 관련 법규 등 미리 조사된 대지 분석 자료와 일조와 방위, 통풍, 조망, 주변 소음과 공해, 상하수도, 가스, 전기, 통신시설 등의 환경 분석 자료, 건축주의 요구사항, 기본 개념, 스페이스 프로그래밍, 조닝계획 등 설계 기초 자료를 충분히 검토한 후 건축물의 배치계획에 착수한다.

② 건축물의 위치결정

지역·지구에 따른 건폐율과 용적률을 계산하여 최대 건축면적과 연면적을 파악하고 건축주가 요구하는 연면적과 층수를 반영하여 건축물의 적정 규모를 산정한다. 설계자의 건축 기본 개념 및 대지 분석 자료, 법규 검토, 인동(隣棟) 간격, 스페이스 프로그래밍, 조닝계획의 내용을 기초로 건축물 위치를 결정한다.

③ 외부공간계획

결정된 배치안을 기초로 세부적인 외부공간의 사용계획을 실시한다. 대지의 지형적인 특성, 도로와 현관과의 관계에 따른 차량 및 보행자 출입 동선계획, 주변 환경과 연계된 정원의 위치, 주차장 위치결정, 내부 가사작업공간, 정원 및 보행로계획 등이 종합적으로 이루어져야 한다. 특히, 주택은 일조(日照)와 통풍이 잘 되고, 전망이 좋게, 정원을 적절하게 배치하는 것이 좋다. 또한 출입동선이나 외부공간의 보행로는 내부 각 실의 배치에 따른 영향이 크다. 따라서 각 실과의 유기적인 연계를 고려하고 또한 장래 증축을 고려하고 일조의 확보를 위해 남쪽 면에 최소 4시간의 일조를 확보해야 한다. 이를 위해 1층일 경우 남쪽 경계선과 약

8,000 mm, 2층일 경우, 약 14,000 mm 정도 거리를 확보하는 것이 좋다. 외부공간계획은 평면계획의 구체적인 진행에 따라 계속적인 수정과 검토를 실시하도록 한다.

④ 조경계획

외부공간에 대한 계획이 어느 정도 확정되면 대지의 조경계획을 한다. 이는 건축주의 취향과 대지지형 및 기후특성, 자생하는 식목군, 대지 주변 자연환경과 어울릴 수 있도록 계획한다.

⑤ 외부 마감계획

대문과 울타리, 파고라 등의 형태를 결정하고 외부 바닥의 재료와 패턴을 계획한다. 이때 건축 기본 개념과 건축물의 마감과 조화될 수 있도록 디자인한다.

(4) 배치도의 작성

배치도의 표현방법으로는 도로와 대지 경계선과 경사도, 지붕평면도나 1층 평면도 또는 더 간단하게 건물의 외형선만 표현하여 건축물을 배치를 표현하고, 외부공간의 구체적인 계획안을 그리는 것이다. 도면 작성 내용과 주의사항은 다음과 같다.

① 배치도 작성 내용

- 대지의 특성과 주변 환경 관련 사항 : 대지 경계선, 대지의 경사(등고선), 방위, 주변 현황(도로, 하천 등 자연적 요소, 인접건물)
- 건물과 관련한 사항 : 건물의 위치, 건물의 출입구, 주차장
- 외부공간과 관련한 사항 : 외부공간 및 외부시설, 조경계획, 인도 및 차도, 램프, 계단 표현, 보행자 및 차량 진・출입구
- 치수 : 대지, 건물, 외부시설, 시설 간의 거리 등을 기록한다.

② 배치도 작성 시 주의사항

- 주변 현황 중에서 계획에 영향을 미치는 요소를 표현하기 위한 도면의 크기 및 범위를 정한다.
- 건물과 외부공간과의 관계가 잘 표현되도록 작성한다.
- 외부공간의 명확한 기능을 부여하고 명칭은 건축 기본 개념과 어울리도록 한다.
- 식수와 마감재 표현을 하고 필요한 경우, 일람표를 작성하여 이해를 돕도록 한다.

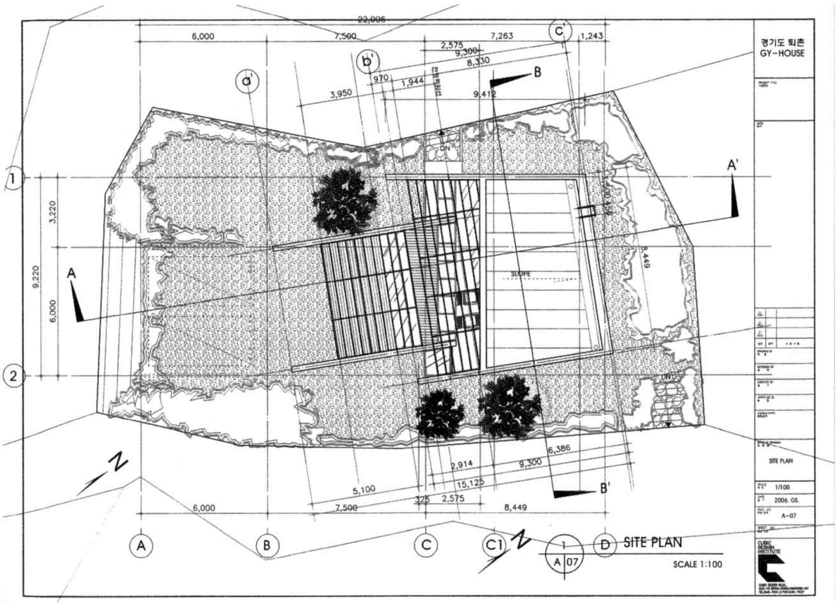

그림 6-6 배치도(경기도 퇴촌 주택)

출처 : 큐빅디자인연구소(2006). p. A-07.

2) 평면계획

(1) 평면계획이란

평면계획은 주택 내부공간에서 일어나는 다양한 거주자의 행태와 필요한 면적, 공간구성요소의 위치와 그 상관관계를 고려하여, 각 실의 거주자 동선과 적절한 면적으로 구획하고 각 실 공간의 성격과 주생활의 요구를 반영하여 각 공간을 분리 결합하여 주거공간을 합리적으로 구성하는 것이다. 즉, 가족구성에 의한 생활 양식과 행위에 따른 동선, 생활 형태에 따라서 주택평면이 결정되며 이러한 생활공간을 기술적으로 구성하는 것이다. 이때 각 주거공간별 기능, 생활행위, 평면구성요소(가구 등)에 따른 분석이 충분히 이루어져야 한다. 평면계획 시 공간의 기능별 분화, 조닝별 계획, 공간 성격별 구성, 생활권별 조닝, 방위별 성격상에 따른 계획요소, 동선에 따른 계획요소, 평면 형태에 따른 계획 특성 등을 적절히 고려하여 진행한다.

① 기능별 분화방법

취침공간, 단란공간, 식사공간, 접객공간, 가사작업공간, 설비공간 등으로 구분하여 계획하는 것이다. 취침과 식사공간의 분리, 각 개인공간의 프라이버시 확보, 가사공간의 유기적인 결합 및 단란 및 식사공간과의 연계 또는 결합을 하기도 한다.

② 조닝별 계획

- 공간 성격별 조닝 : 정적 공간은 침실 등의 개인공간이 주로 속하며 조용한 분위기와 독립성이 요구되며 동적 공간과는 분리하여 계획하는 것이 좋다. 동적 공간은 거실, 식사실, 주방, 현관 등의 공용공간이 여기에 속하며, 활동적이고 능률이 중요시되는 공간으로 정적 공간과는 정반대로 독립성보다 개방성을 필요로 하는 공간이다.
- 생활권별 조닝 : 침실, 서재 등의 사생활을 위한 개인공간, 거실, 식당, 현관 등 공공생활을 위한 사회공간, 주방, 다용도실 등 가사작업을 위한 노동공간으로 조닝한다.

③ 방위별 성격상에 따른 계획

동서남북 방위에 따른 일조권을 고려하여 계획한다. 남쪽의 경우, 여름철 태양은 높기 때문에 실내까지 입사하지 않지만 겨울철 태양은 깊이 입사하여 따뜻하다. 서쪽은 오후에 태양 광선이 깊이 입사하므로 오후에는 무더워 부엌이나 보관을 위한 공간은 음식물 부패가 우려되니 피하는 것이 좋다. 동쪽 아침의 햇살은 실내에 깊이 들어온다. 따라서 겨울은 따뜻하나 오후는 춥다. 북쪽 광선은 하루 종일 균일하지만 태양이 비치지 않고 겨울에는 북풍을 받아 춥다. 이러한 각 방위별 특성을 고려한 실 배치를 계획한다.

④ 동선에 따른 계획

가족 구성원의 생활 방식에 따른 동선을 구획하도록 한다. 이때 단순하고 명쾌한 동선을 계획한다. 이때 빈도가 높은 동선은 짧을수록 좋다. 개인생활영역, 공공생활영역, 가사작업영역 등의 독립성을 유지할 수 있도록 하고 서로 다른 종류의 동선이나 차량과 사람의 동선 등은 가능한 분리시키고 필요 이상의 교차는 피한다.

⑤ 평면 형태상 분류

- 편복도형 : 건물의 한쪽 방향에 복도를 두어 각 실을 연결하는 형식이다. 각 실의 통풍이나 일조 등의 환경적 조건을 같으나 동선이 길어질 수 있으며 북쪽에 복도를 설치한다.
- 중복도형 : 중앙에 복도를 두어 양 쪽에 실이 배치되는 형식이다. 편복도형에 비해 동선 길이가 짧아지고 복도 면적 비율도 작아진다. 그러나 건물 전체의 밀도가 좁게 되며 각 실이 서로 면해 있으므로 프라이버시가 침해되기 쉽고 복도의 채광과 통풍이 좋지 않으며 각 실의 환경조건도 균일하지 못하다.
- 회랑 복도형 : 외곽에 복도를 돌린 형식으로 복도 외부에서 출입이 가능하나 각 실의 독립성이 떨어지고 프라이버시가 침해되기 쉽다. 또한 복도의 길이가 길어지며 면적비율도 커진다.

- 중앙홀형 : 거실이 중심이 되는 형태로 복도가 없이 각 실에 바로 연결되는 형식이다. 각 실로의 동선은 줄일 수 있으나 거실에 통과 동선이 발생하여 거실 자체의 독립성 확보는 어려울 수 있다.
- 코어형 : 설비 관련 부분을 건물의 중심으로 집결시키는 방법으로 보통 사무소 건축에서 유효면적을 확대시키기 위한 것이나 최근 주택에도 이용되고 있다. 개방적인 평면계획이 가능하다.
- 중정형 : 건물의 가운데 정원을 두고, 그 주위로 각 실을 배치하는 것이다. 커뮤니티용 오픈 스페이스를 위한 공간 확보가 용이하다.
- 원룸형(일실형) : 한 공간 내에 모든 생활 기능을 배치하는 방식으로 생활의 단순화, 생활 경비의 경감이 가능하며 건축비를 절약할 수 있다. 그러나 독립적으로 각 실을 구획하기 힘들어 독실, 부부만의 가정 등과 같은 소규모 가족에 적합하며 가족 수가 많은 경우는 좋지 못하다.
- 분리형 : 공간을 생활행위 특성에 따라 결합 분리하는 방식으로 유사한 사용 공간은 집약시키고 그렇지 않은 것은 분리하는 것이다.

(2) 평면계획 시 고려해야 할 사항

건물 및 각 실 계획은 일조, 통풍, 조망, 소음, 도로와의 관계, 인접 주택에 대한 프라이버시 등을 잘 고려하고 각 실 간의 상호관계를 고려하여야 한다.

- 면적결정 : 법규 검토에 의한 허용 용적률과 건폐율, 건축주의 요구가 반영된 주택의 연면적과 층수를 먼저 결정하고, 대지 분석의 결과와 건축주의 요구사항을 반영하여 각 실의 종류, 크기 등을 결정하도록 한다. 이때 대지 이용률은 최대한 높이는 방향으로 하되 정원으로 활용하거나 장래 증·개축이 가능하도록 대지는 충분한 여유가 있도록 한다.
- 가족 구성원의 조건, 즉 인원수, 성별, 연령, 직업, 세대수, 세대구성, 생활 양식, 취향 등과 대지의 조건 및 경제적 조건을 배려해야 한다. 또한 향후 가족 구성원의 변화, 시간의 흐름에 따른 성장, 확대 또는 분화, 축소에 대해 고려해야 한다.
- 평면의 형태는 너무 복잡한 것은 피하고 가능한 단순화하며 생활행위에 따른 실의 기능에 역점을 두고 이는 항상 유동적이므로 종합적인 계획으로 진행되어야 한다.
- 옥외 공간구성과 유기적인 관계를 고려한 개구부의 크기 및 위치 결정, 각 실 크기에 따른 공간감과 가구 배치를 고려한 공간구성을 고려한다.
- 각 실의 방위, 조망, 채광을 고려한 공간 배치를 하고 건물 규모와 형태의 특성에 따른 필요 설비의 선정 및 합리적인 구조방식을 채택하도록 한다.

- 생활행위에 관계성이 높은 실들은 인접하여 배치한다. 특히, 상하수도의 배관설비가 필요한 실, 즉 부엌, 욕실, 세면실, 화장실 등은 한곳에 집중하여 배치하도록 한다.
- 거실, 식사실, 부엌 등은 통로로 이용되는 부분을 최소화하여 실의 독립성을 보장하도록 한다.
- 각 개인공간은 독립성을 최대한 확보하고 통로로서 이용되지 않도록 하며 프라이버시를 보장하도록 한다.
- 주거공간의 계획은 다양한 공간사용자의 특성과 생활행위를 만족시키기 위해 전체적인 내·외부의 공간구획에 대한 충분한 검토를 반복(feed back)하여 정리하도록 한다.

(3) 평면계획의 프로세스

평면계획은 기획 단계에서 정리된 자료를 바탕으로 조닝계획을 한다. 이때 작성된 다이어그램을 각 실의 기능과 동선계획을 통해 구체화된 공간을 정리한다. 각 단위실의 배치, 넓이, 개구부의 위치 및 크기, 창문과 출입문의 구별, 부대시설 등을 고려하여 작성하며 이때 기본개념에 부합되는 입면디자인과 건축물의 형태를 염두에 두고 계획한다. 이러한 평면계획의 프로세스는 다음과 같다.

① 기획 단계에서 정리된 평면계획 관련 사항 검토

가족 구성원의 특성, 필요한 실의 종류, 각 실의 사용 목적과 기능, 각 실 간의 관계, 필요한 면적 및 위치, 그 외 부대시설, 옥외공간과의 연결 등을 정리한 자료 등을 충분히 검토한 후 평면계획에 착수한다.

② 기획 단계에서 정리된 개념에 근거하여 공간의 분할, 즉 조닝계획하여 버블 다이어그램 작성

정리된 자료를 바탕으로 수평, 수직 공간구성에 따른 조닝계획, 각 실 위치와 동선을 표현한 계획을 버블 다이어그램으로 작성한다. 버블 다이어그램은 실의 면적이 넓고 기본적인 공간부터 시작하여 모든 공간이 요구사항에 맞도록 배치하여 나간다. 특히, 수직적인 요소인 계단, 엘리베이터, 화장실 등 급배수시설 등을 고려하여 수직적인 배치와 층별 기능적인 배치를 한다.

③ 블록 다이어그램 작성

각 실별 구체적인 요구조건 및 크기를 고려하여 블록 다이어그램을 작성하는데 버블 다이어그램에서 좀 더 발전된 형태로 각 공간은 모듈 치수를 적용하여 벽체와 동선을 계획한다. 수직적인 실의 기능을 충분히 고려하여 공간을 배치하고 모듈을 계획한다. 이때 주요 동선을 먼저 계획하고, 개별공간을 나중에 배치하며, 창문 및 개구부, 데크 및 계단, 램프, 개략적인 가구배치계획을 한다.

④ 기본 구조시스템 계획

주택의 사용 목적이나 요구하는 공간의 형태에 가장 적합하고, 안전하며, 균형이 있도록 구조시스템을 결정한다. 구조시스템에 적합한 기둥 및 구조방식을 블록 다이어그램을 기초로 작성하고 구조적으로 불합리한 부분은 평면을 조절하도록 한다.

⑤ 대지 내 건물 배치

대지에 건물을 배치하기 전, 대지 내 건축 경계선, 접근성, 동선, 식생, 조망, 주변환경 등 배치계획과의 관계를 고려하여 건물을 배치하도록 한다.

⑥ 건물의 입면디자인에 대한 고려 및 검토

정리된 평면계획은 입면적인 디자인을 고려하여 문과 창문의 위치 및 크기, 실의 위치와 크기 등 입면디자인에 영향을 미치는 요소들을 고려하여 검토한다.

(4) 평면도의 작성

평면도는 대지의 경계선 및 경사, 방위 및 주변현황과 구체적인 건물의 내부공간계획, 외부공간과 관련된 사항을 정리하는 것이다. 특히, 구조시스템과 각 실 크기 및 위치를 분명하게 알 수 있도록 한다. 또한 공간의 유기적(有機的)이고 효율적으로 배치와 사용자의 동선, 고객의 동선, 관리자의 동선에 대한 충분한 반영 그리고 디자인 콘셉트의 반영 정도를 파악하여 도면을 작성한다. 특히, 의뢰자가 요구하는 기능의 적합성, 관리·운영의 불편함, 전망, 비능률적인 공간, 제외된 공간 등을 파악하여 설계한다.

① 평면도 작성 내용

- 대지의 특성과 주변환경 관련 사항 : 대지 경계선, 대지의 경사(등고선), 방위, 주변 현황(도로, 하천 등 자연적 요소, 인접건물)
- 건물과 관련한 사항 : 건물의 위치, 건물의 출입구, 주차장
- 건물 내부공간계획 : 실 들의 위치 및 실 간의 연결관계, 실내환경(조망, 환기, 채광), 실의 크기 및 모듈, 실의 내부 인테리어, 구조체의 구성방식
- 외부공간과 관련한 사항 : 외부공간 및 외부시설, 조경계획, 인도 및 차도, 램프, 계단 표현, 보행자 및 차량 진·출입구
- 치수 : 대지, 건물, 외부시설, 시설 간의 거리 등을 기록한다.

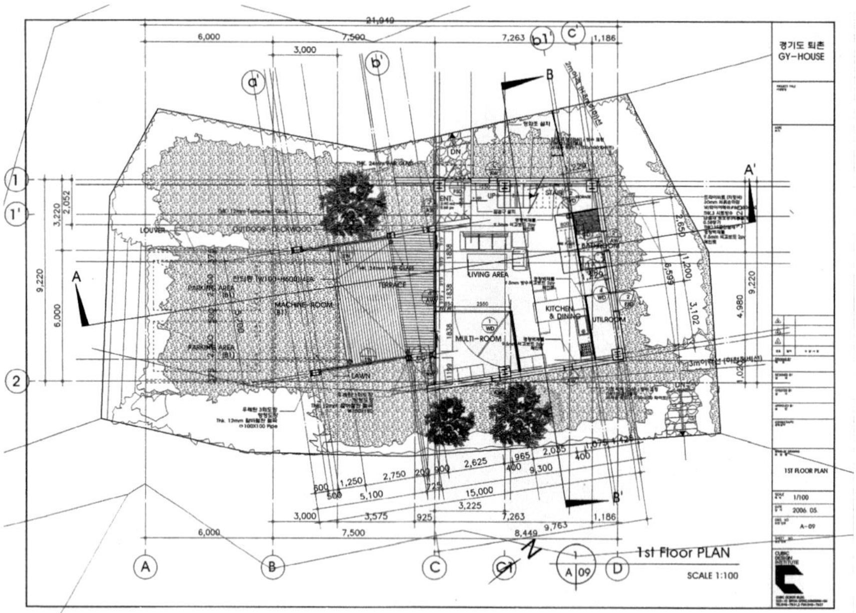

1층 평면도

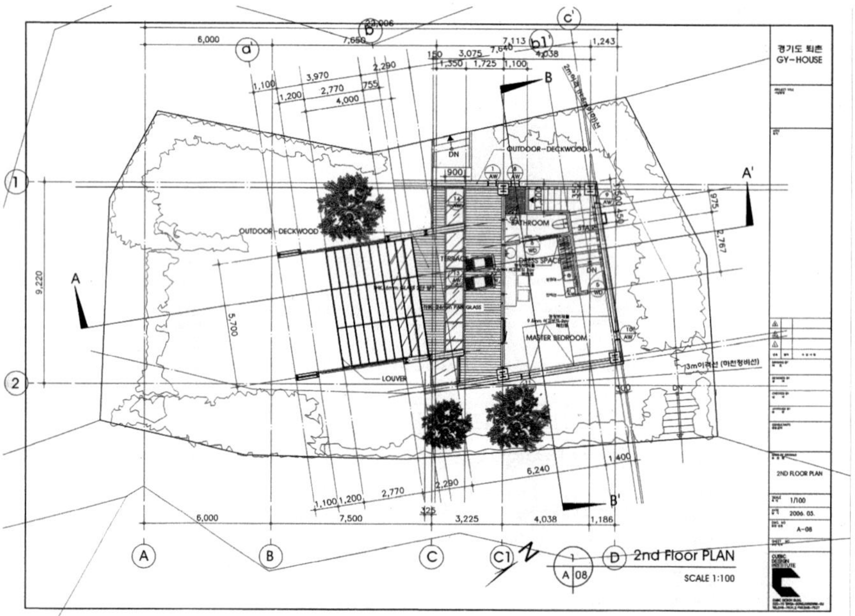

2층 평면도

그림 6-7 평면도(경기도 퇴촌 주택)

출처 : 큐빅디자인연구소(2006). pp. A-08~09.

② **평면도 작성 시 주의사항**

- 모든 층(지붕층, 지하층, 중층)을 그린다.
- 1층 평면도는 외부환경을 같이 표현하여 외부와의 접근 관계를 보여 준다.
- 문의 개폐 방향은 안전을 고려하여 결정한다.
- 주요 공간의 레벨을 표시하며 램프에는 경사도를 기입한다.
- 다른 종류의 도면도 중요하지만 특히 평면도가 가장 중요함으로 평면도를 꼼꼼히 검토하여 잘 그려야 하며, 평면도 작성 후 건축주(의뢰자)와 협의하여 각각의 입장에서 다시 검토를 하며 요구되는 사항은 수정 보완작업을 한다.

3) 단면계획

(1) 단면계획이란

단면계획은 평면에서 나타나는 건축물의 구조와 설비 그리고 공간 등의 기술적 요소를 파악한 후 공간의 단면 높이를 결정하고 지반과 건축물의 관계, 계단의 형태와 구조 등을 수직적으로 계획하는 것이다. 단면계획은 보통 입면계획과 병행하여 진행하는데 건물의 구조, 실내 공간, 기능성 등과의 관계를 고려하여 건축물 높이 기준을 설정하고 이것에 맞춰 각 구조재의 높이를 정한다. 일반적으로 건물의 특징을 가장 잘 나타낼 수 있는 부분에서 종·횡의 두 방향으로 절단하여 표현한다. 단면을 결정하기 전에 1층, 2층 또는 스플릿 레벨(split level) 주거형식 중 어느 것이 대지상황과 건축주의 취향에 가장 적합한가 하는 것이 검토되어야 한다. 특히, 이러한 사항은 평면계획이 시작되기 전에 고려되어야 한다. 그 다음에 가족구성, 구조적 합리성, 쾌적한 공간감, 편리성, 미적인 문제, 유지에 관한 문제 등을 고려하여 계획한다.

단면(입면)의 형태에 따른 분류는 다음과 같다.

- 단층형 : 한 층으로 구성되어 외부공간으로 접근이 용이한 형태로 어린이나 노인이 있는 가족유형에 적합하다. 그러나 주택의 관리, 청소, 에너지가 비효율적인 단점이 있다.
- 중층형 : 2층 이상의 층으로 구성된 형태로 대지면적이 여유가 없을 경우 사용된다. 2층 이상의 층은 통풍, 일조, 프라이버시 등의 조건이 좋아지고 각 실 간의 연결 통로는 단축되나 계단 이용이 불편한 단점이 있다. 특히, 화재 등 비상사태 발생 시 피난에 대한 고려가 충분히 검토되어 계단의 위치가 정해져야 한다.
- 보이드형(void) : 일부는 단층이고 일부는 중층인 형태로 보통 거실이나 홀 등의 공적인 공간의 개방감을 위해 천장고를 높게 단층으로 구성하며 침실, 욕실 등 천장고가 높지

않아도 되는 곳은 중층으로 구성한다.

- 스킵플로어형(skip floor) : 대지 자체에 경사가 있거나 공간의 분위기에 변화를 주기 위해 주로 사용되며 바닥의 레벨에 고저가 있는 형식이다. 주로 반 층 정도의 높이로 계획된다.
- 필로티형(pilotis) : 1층은 기둥만 있고 벽이 없는 오픈공간이고 2층 이상에 각 실을 두는 형태로 건물 전체가 기둥에 의해 떠 있는 느낌을 주며, 지면 부분은 개방적인 공간으로 활용 가능하다.

(2) 단면계획 시 고려해야 할 사항

단면계획 시 고려할 사항은 단위실의 기능, 크기, 용도에 따라 층고 및 천장고를 결정해야 한다. 이는 내부공간계획의 중요한 인자로 건물과 지반고와의 관계를 검토하여 계획한다. 단면도는 기본적으로 종·횡축상의 2개의 단면을 계획한다. 종단면계획은 건물을 세로 방향으로 절단하여 한쪽 면을 바라본 것이며, 횡단면계획은 건물을 가로 방향으로 절단하여 한쪽 면을 바라본 것이다. 그 외에도 주요실 및 계단 부분, 옥외공간과 연결되는 부분 등 필요에 따라 부분적인 단면계획이 이루어질 수 있다.

- 구조 형태의 결정 : 기초, 기둥, 슬래브, 보, 벽 등
- 천장고(반자 높이)의 결정 : 천장고는 실의 기능에 적합하도록 적정 높이를 확보해야 한다. 예로, 거실의 천장고는 법규에 명시된 기준으로 2,100 mm 이상이나 일반적으로 인간의 거주를 위해 최소 2,400 mm 이상이 적합하며 화장실과 복도는 2,100~2,400 mm 정도가 좋다.
- 컬러 콘셉트 설정 및 마감 재료 선정 : 건축물의 기본 콘셉트와 계획 방향에 따른 주조색, 보조색, 강조색 컬러 배색에 따른 기본 구조체인 바닥, 벽, 천정, 창호 등의 재료를 선정한다.
- 창호계획 : 채광, 환기 및 기능에 적합한 크기의 창문을 계획하도록 하며, 적정한 높이로 구성하여야 한다. 출입문은 사람들의 이용 빈도에 따라 폭을 계획하며 출입문의 높이는 통행에 지장이 없도록 최소 2,000 mm 이상 확보하도록 하며 일반적으로는 2,100 mm를 표준으로 하는 것이 일반적이다.

(3) 단면계획의 프로세스

- 대지 형태와 주변 현황 분석 자료 검토 : 단면계획을 실시하기 전 대지현황과 주변상황에 대한 자료를 검토한다. 조망과 대지 형태에 따른 경사도 이용 등 건물의 단면과 관련한 사항을 검토하여 계획의 방향을 설정한다.

- 평면계획에서 정리된 평면도를 파악 : 단면도를 그려야 할 곳을 결정하고 평면도를 기본으로 한 키플랜을 작성하여 절단선을 표기한다.
- 단면 스케치하기 : 트레이싱지에 그려진 층별 평면도를 겹쳐 놓고 축선을 기준으로 층고를 고려하여 각 층의 단면 형태를 간략하게 단선으로 그린다. 지반 기준선에서 각 층과 기초 순으로 작성한다.
- 층고 및 지붕 형태 결정 : 단면스케치를 기본으로 하여 각 실별 요구사항에 맞도록 기본적인 천장고와 위층 바닥과 아래층 천장, 보, 설비 등의 필요공간을 계산하여 층고를 결정한다. 결정된 층고를 기준으로 하여 지붕 형태를 결정하여 단면 형태로 발전시킨다. 지붕의 경우 다양하게 시도할 수 있으므로 옥상조경이나 파라펫의 형태와 높이 천창 등을 고려하여 결정하도록 한다.
- 벽체구조, 설비 요소 검토 : 수평적 단면요소에 대한 검토 후 외벽 부분을 검토한다. 외벽의 경우, 창대 높이, 창호의 크기 및 높이 위주로 검토하며 커튼박스, 고창 등을 고려한다. 내벽의 경우 출입문이 있는지 여부와 벽면의 종류를 파악해야 한다. 내벽이 조적조인 경우는 상부에 인방이 설치되어야 한다. 경량철골구조의 경우는 기존 구조체와 접합 부분에 대한 고려가 되어야 한다.
- 기타 단면 요소 검토 : 기초의 구성과 동결선, 계단의 단면과 입면을 구분하여 표현하고 캐노피 부분에 출입문 높이, 난간의 투시여부 및 높이, 형태를 확인한다.
- 입면 요소 검토 : 단면의 절단선 상에서 보이는 부분을 입면으로 표현한다.
- 각종 마감 검토 : 건축물의 사용용도와 컬러 콘셉트에 기준한 적합한 마감재를 결정하고 작성한다. 특히, 외벽의 경우 지붕의 방수, 단열 등을 고려한다.

(4) 단면도의 작성

① 단면도 작성 내용

단면도는 내부공간의 형상과 층간 공간 간의 수직적 연결관계, 내부공간의 크기, 구조방식과 기초, 벽체와 바닥 지붕의 형태 및 재료 등이 작성되어야 한다. 특히, 계단이나 난간, 파라펫, 캐노피, 창호 등의 부수적인 단면 요소들이 빠짐없이 표현되며 건축물의 구조 및 설비에 관련 요소들도 정리되어야 한다.

- 평면의 중요한 부분으로 보통 계단, 현관, 화장실, 거실과 테라스 부분 등을 그리고 지반과의 관계, 계단과의 관계 등을 나타내 주는 곳
- 구조, 재료가 특이한 부분으로 구조상 복잡한 부분, 새로운 공법, 특이한 재료의 사용 부분을 보여 주어야 할 곳

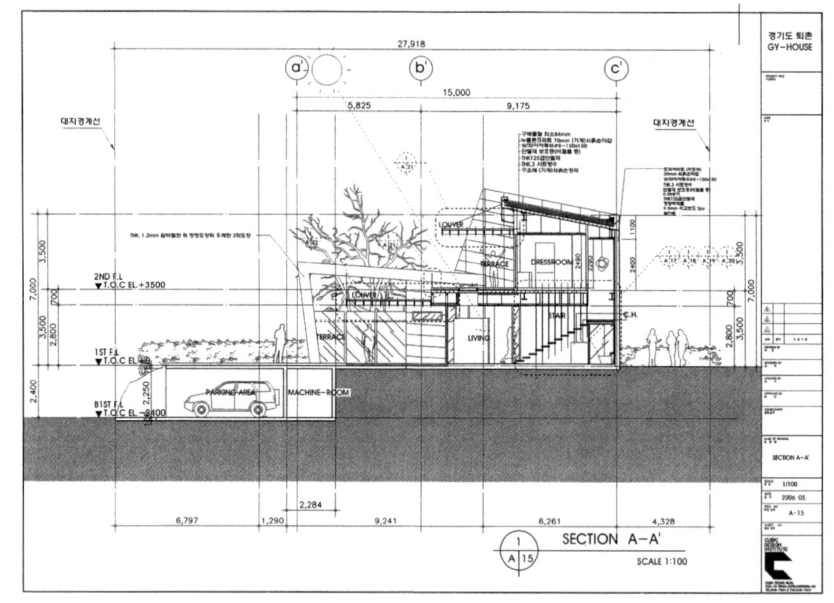

A-A' 단면도

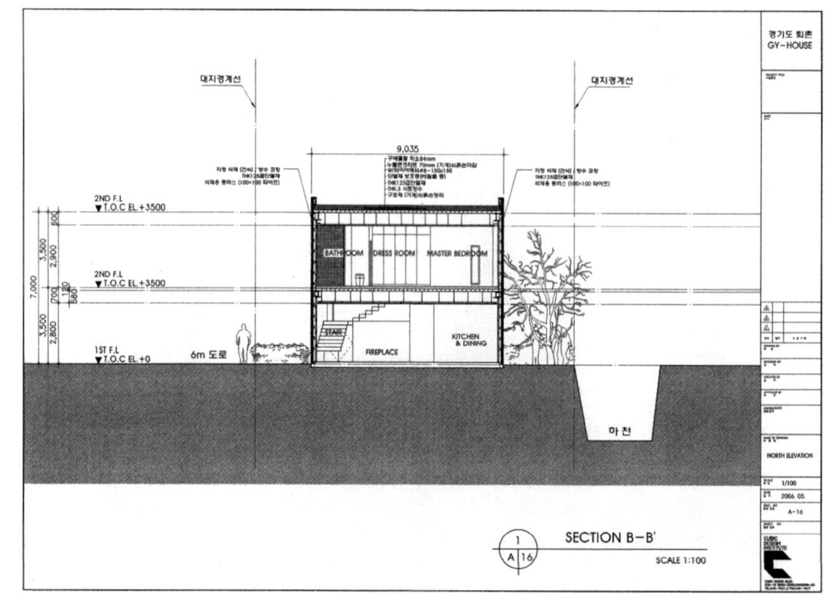

B-B' 단면도

그림 6-8 단면도(경기도 퇴촌 주택)

출처 : 큐빅디자인연구소(2006). pp. A-15~16.

- 설계자가 특히 강조하고자 하는 부분 등을 상세하게 그려 주고 평면도에나 별도의 키플랜(key plan)상에 절단한 부분을 일점쇄선으로 나타내어 부호를 붙이고 바라본 방향

② **단면도 작성 시 주의사항**

- 평면에서 종단면도, 횡단면도의 절단면을 결정하고 2면 이상을 작성한다.
- 평면을 기본으로 한 키플랜에 절단면을 표현하여 어느 부분의 단면인지 표기한다.
- 계단의 단 높이와 폭이 정확하게 층고에 맞게 계산되어야 한다.
- 지붕에 경사가 있는 경우 슬로프의 방향과 경사도를 기입한다.
- 각 공간의 실명을 실 내부에 작성하도록 한다.
- 인접대지경계선 및 도로경계선 그리고 각 층 레벨(천장고)이 정확히 표현되어야 한다.

4) 입면계획

(1) 입면계획이란

입면계획은 건축물의 정면과 우측, 좌측면 그리고 배면을 계획하는 것으로 주택의 외부 형태를 계획하는 것이다. 또한 건축물의 내부 입면계획은 단면선 상에서 보이는 모든 입면 부분을 계획하는 것으로 각 실의 벽면계획을 의미한다. 일반적으로 방위를 기준으로 동·서·남·북측 등 4면의 입면을 계획하는데, 방위가 애매할 경우 정면도, 우측·좌측면도, 배면도 등으로 나타내기도 한다. 이때 외벽의 마감재와 개구부, 돌출된 기둥이나 발코니, 지붕, 난간 등이 고려되어야 한다. 내부 입면계획의 경우, 실내에서 사방의 벽면을 보고 각각 계획하는 것으로, 문과 창의 위치, 모양, 천장의 높이, 벽체구성, 가구배치, 마감재료 등이 표현된다. 벽체구성은 벽에 부착된 가구와 액자, 문과 창, 몰딩 또는 걸레받이 등이 포함되고, 마감재는 재질 그대로 표현되어야 하나, 표현이 어려울 때는 인출선을 그린 다음에 재료의 명칭을 기입한다.

(2) 입면계획 시 고려해야 할 사항

- 주요 구조부의 높이 : 전체 건물의 높이 및 처마 높이, 바닥 레벨, 반자 높이, 각 층의 천장고
- 지붕의 형태와 경사도 : 지붕 물매, 지붕의 형태 및 마감재료
- 벽, 창호 등의 모양과 크기, 창호의 개폐 형태, 발코니, 현관 높이 및 캐노피 형태, 난간의 높이, 벽체의 부수적인 장식 및 기타 마감재료

(3) 입면계획의 프로세스

- 평면도와 단면도의 파악 : 앞서 정리된 평면계획과 단면계획 자료를 충분히 검토하여 디자인 콘셉트와 어울리는 계획방향을 결정한다.
- 건축물의 입면 형태를 결정 : 건축물의 외관을 형성하는 입면의 형태를 스케치한다. 이때 트레이싱지에 그려진 층별 평면도와 단면도를 겹쳐 놓고 축선을 기준으로 각 층의 입면형태를 단선으로 스케치한다.
- 입면의 외벽 요소 표현 : 외벽의 창대 높이, 창호의 높이, 창문의 크기 및 형태를 위주로 검토한다.
- 기타 입면 요소 표현 : 현관, 캐노피, 난간, 테라스, 파라펫 등의 높이와 디자인적 요소를 검토한다.
- 건축 마감 표현 : 전체 콘셉트에 부합하도록 각 면들에 대한 구체적인 재료를 선택하고 그 재료의 질감과 색상의 조화로운 구상을 하여 재료를 정한다.

(4) 입면도의 작성

건축물의 외부 입면도는 건축물의 외관을 나타낸 직립 투상도로서 건축물의 입면을 정면도, 측면도, 배면도 등으로 또는 동서남북의 4면에서 나타낸다. 축척은 평면도와 같은 1/50~1/300로 한다.

- 정면도(front elevation) : 건물의 정면이나 남측 방향의 입면도이다.
- 측면도(side elevation) : 정면을 중심으로 한 건물의 양 측면으로 우측면도(right side elevation), 좌측면도(left side elevation)가 있다.
- 배면도(rear elevation) : 정면의 반대편(후면)에서 본 입면도를 나타낸다.

① 입면도 작성 내용

- 건축물 입면의 형태
- 대지 지반 경사 형태
- 지반과 건물 간의 연결
- 창호의 위치와 크기, 디자인
- 외부 마감재의 종류 및 마감 형태(질감과 패턴)
- 외부 입면의 전체 크기 및 층별 높이

② 입면도 작성 시 주의사항

- 평면 · 단면도와 일치하도록 작성한다.

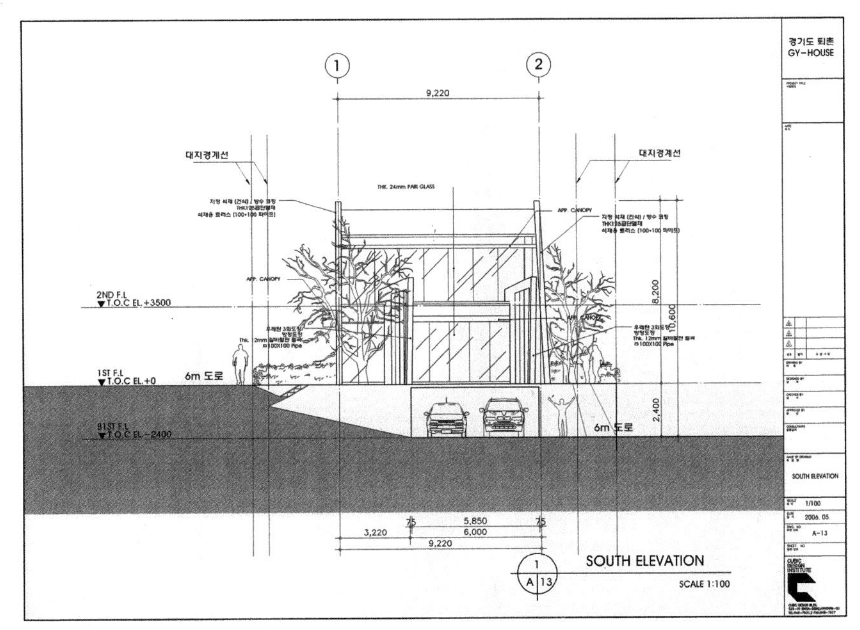

남측 입면도

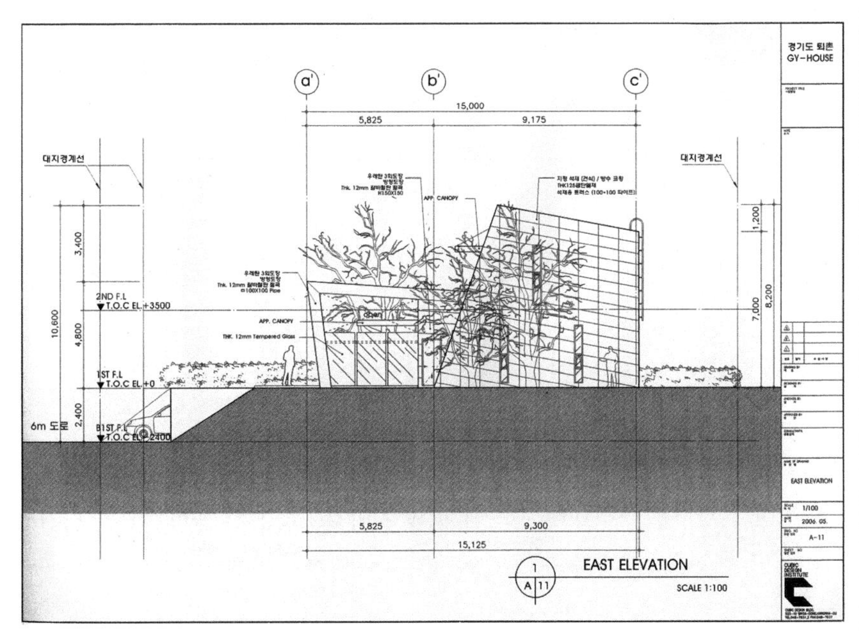

동측 입면도

(계속)

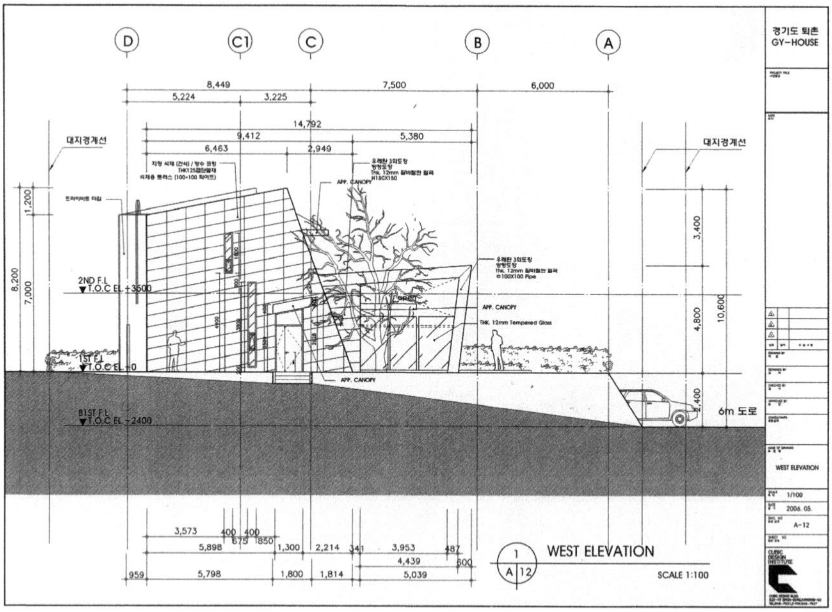

서측 입면도

그림 6-9 입면도(경기도 퇴촌 주택)

출처 : 큐빅디자인연구소(2006). pp. A-11~13.

- 실제와 유사한 크기 및 모양으로 외부 마감재를 표현한다.
- 건물 매스를 간략하게 표현한 키플랜을 첨부한다. 이때, 방위를 표시하며 보는 방향을 그린다.
- 정면도, 배면도, 우측면도, 좌측면도의 4면을 그리는 것이 원칙이나 더 표현해야 할 부분이 있다면 별도로 추가 작성하도록 한다.

5) 천장계획

(1) 천장계획이란

천장계획은 실내의 윗면을 나타내며 천장의 형태와 마감, 조명 및 음향계획을 디자인의 콘셉트, 실의 용도 및 건축주의 요구수준, 공간사용자의 생활행위를 충분히 고려한 계획이 되어야 한다. 그러나 일반적으로 천장계획을 소홀히 하는 경우가 있다. 공간의 분위기와 기능을 충분히 살리는 것이 조명이고 눈에 잘 띄는 공간이 천장부위이니 평면의 공간구성과 가구배치 및 단면계획에서 결정된 층고, 천장의 형태와 마감, 창문의 위치와 크기에 따른 자연광의 유입정도를 충분히 검토 후 실시하여야 한다.

천장은 슬래브의 하부를 직접 천장으로 구성하고 설비 요소들이 노출되는 노출천장과 위층의 바닥구조와 분리하여 천장틀을 이용해 구성하는 이중천장이 있다. 천장틀은 설비용 배관, 전기의 배관과 배선, 조명 등을 위한 공간으로 쓰이며 충분한 설비공간이 확보될 수 있도록 고려해야 하며 일반적으로 층고는 천장계획에서 다시 검토하여 확정하도록 한다.

(2) 천장계획 시 고려해야 할 사항

천장계획 시 공간사용자들의 특성과 공간 내에서의 행위에 알맞은 시각환경을 만들 광원들을 조정하고 변화시켜야 한다. 이를 위한 구체적인 사항들은 다음과 같다.

① 천장고와 천장의 형태

천장고(반자 높이)는 실의 기능에 적합하도록 적정 높이를 확보하고 지붕의 형태, 설비배관 노출여부, 건축화 조명에 따른 천장의 형태를 결정해야 한다. 일반적으로 거실은 법 기준으로 2,100 mm 이상이나 2,400 mm 정도가 일반적이며 화장실과 복도는 2,100~2,400 mm로 계획한다.

② 천장 색채 및 마감재료

색채와 마감재료의 상태에 따른 빛의 반사 정도를 고려하여야 한다.

③ 실별 적정 조도

실별 적정 조도는 실을 주로 사용하는 공간사용자의 시각적 특성과 행위에 따른 적정조도, 마감색채와 재료에 따른 반사, 휘도 등의 요소, 가구배치를 고려하여 산정한다. 특히, 공간 내의 다양한 행위를 수용할 수 있는 시각환경을 만들어 주는 것이 중요하며 필요에 따라 조도가 변화할 수 있도록 한다.

④ 조명기구의 설치간격

공간사용자의 작업면 조도가 균일하도록 기구설치 높이의 1.5배 이하로 하며 기구와 벽과의 거리는 기구설치 높이의 1/2 이하가 적당하다.

⑤ 조명의 형태 및 배광방식의 결정

조명기구와 건축화 조명방식을 용도에 맞게 적절히 배치하며, 일반적으로 조명기구는 전체조명, 국부조명, 장식조명으로 구분되는데 이를 균형 있게 조화되도록 한다. 조명의 경제성, 공사에 대한 예산, 전력량, 유지, 절전 등을 타진하여 조명, 배광방식을 결정하고 광원을 선정한다. 조명의 연색성, 재료의 색과 질감에 따른 빛의 반사율, 공간의 크기와 형태에 따른 공간감과 조명의 효과, 사용자 측의 요구를 종합적으로 고려하여야 한다.

⑥ 조명기구의 선택

조명되어질 면과 그림자로 남아야 할 면의 조합을 결정하고, 조명기구의 선택은 빛, 공간, 시각 사이의 관계에 따른 적절한 빛의 분포와 방향을 확실하게 한다.

⑦ 전기배관배선

건축주가 요구하는 사용전기량, 허용전력 등을 고려하여 계획한다. 전기의 공급과 배분, 특히 스위치나 콘센트, TV, 전화, 랜 선 등의 위치는 생활과 밀접한 관계가 있으므로 건축주의 요구와 가구배치계획을 충분히 검토하여 진행하도록 한다.

(3) 천장계획의 프로세스

① 평면도, 단면도, 입면도의 파악

앞서 정리된 평면계획과 입면 및 단면계획 자료를 충분히 검토하여 건축물의 전체 디자인 콘셉트와 어울리는 계획방향을 결정한다.

② 천장의 형태 결정

천장은 실내공간의 윗면을 그리는 것으로 이때 트레이싱지에 그려진 평면도를 겹쳐놓고 그리도록 한다. 기본선을 작성한 후 천장의 형태를 그린다.

③ 마감재료의 선정

천장의 형태에 따른 마감재료를 선정한다. 천장의 재료는 전체 디자인 콘셉트와 어울리며 음향에 대한 계획, 빛의 반사를 고려하여 선정한다.

④ 실별 적정 조도에 따른 조명 배치 및 기구의 선정

전체 실내부공간의 적정 조도를 설정하고 실내에서의 공간사용자의 행위와 가구배치를 중심으로 공간을 분석하여 조명배치를 한다. 이때 조명기구와 건축화 조명방식을 용도에 맞게 적절히 배치하도록 한다.

⑤ 일람표 작성

시공방법, 조도계산, 관련법규, 조도분포 등을 함께 고려하여 천장도에 광원의 종류, 조명기구의 용량과 개수, 조명기구, 조명방식 등을 표기하여 도면으로 정리한다.

⑥ 전기 및 설비도면 작성

천장도가 완성된 후 전기배관배선에 대한 설비도면을 작성한다. 이때 전원의 공급과 배분, 스위치 및 콘센트, TV, 전화, 랜 선 등의 위치를 건축주의 요구사항과 평면도 및 가구계획을 고려하여 작성한다.

(4) 천장도의 작성

주택의 내부공간을 정리한 평면도의 반대 방향인 위를 바라본 천장의 수평적 구성계획을 표현한 것이다. 천장도는 천장의 형태, 재료 그리고 조명의 종류와 위치, 수량 등 구체적인 천장구성 내용이 표현되는 것이다. 시공방법, 조도계산, 관련법규, 조도분포 등을 함께 고려하여 천장도에 광원의 종류, 조명기구의 용량과 개수, 조명기구, 조명방식 등을 표기하여 도면으로 정리한다. 이에 따른 전기의 배관 및 배선에 대한 전기설비도면을 작성하도록 한다. 천장도의 경우 명확하게 정의된 심벌과 천장안내도에 따라 섬세하게 표현해야 하며 평면도와 같이 천장의 형태가 복잡한 경우 천장구조계획도와 설비기구배치도를 분리하여 도면을 제작하게 된다. 축척은 평면도와 같은 1/50~1/300로 한다.

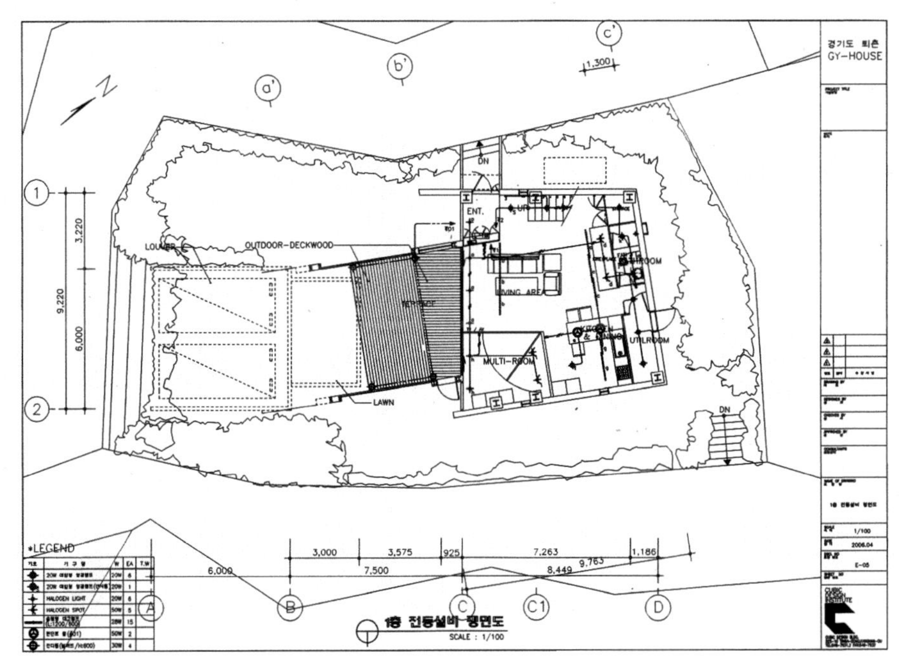

전등설비 평면도

(계속)

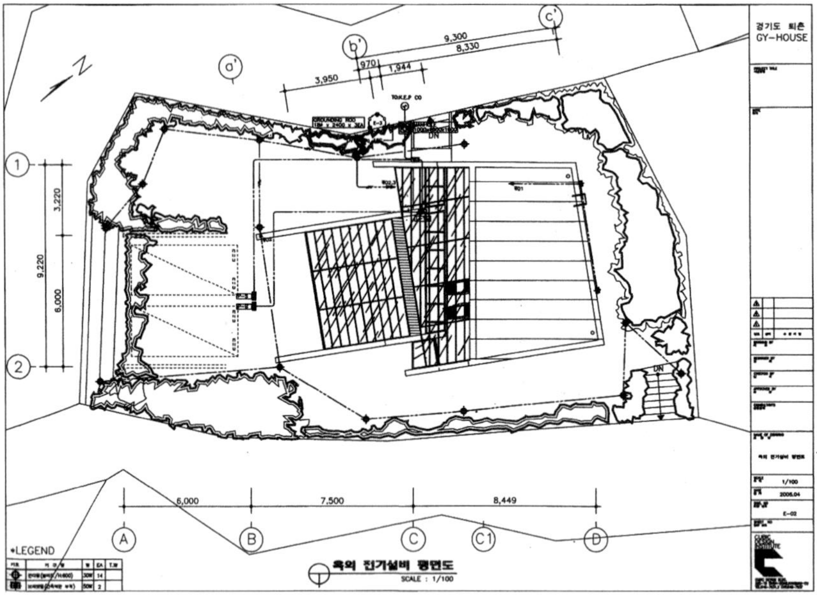

옥외 전기설비 평면도

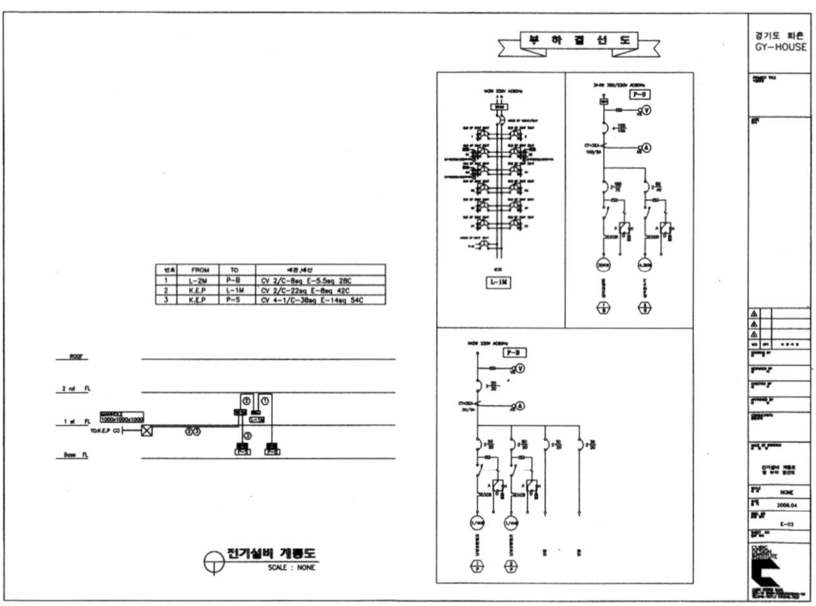

전기설비 계통도

그림 6-10 설비도면(경기도 퇴촌 주택)

출처 : 큐빅디자인연구소(2006). pp. E-02~03, 05.

6) 주요상세계획

(1) 상세계획이란

상세계획은 건축물을 시공하기 위한 바닥과 벽체와 만나는 면, 천장과 바닥이 만나는 면, 그리고 입면 상에 표현하기 힘든 부분의 상세계획을 정리한 것이다. 특히, 구체적인 재료의 크기와 부착방법을 구체적으로 표현하는 것이다. 건축물의 구조상 주요한 부분의 수직으로 자른 절단면을 그리고 각 부의 높이, 부재의 형상, 크기, 접합 및 마감 등에 대하여 상세를 명시한다. 축척은 1/20～1/50로 한다. 상세도에는 구조 상세도, 계단 단면 상세도, 부분 상세도, 창호도, 가구 상세도 등이 있다.

(2) 상세계획 시 고려해야 할 사항

재료가 만나는 부분, 바닥·벽·천장이 만나는 부분의 마감을 잘 배려하여야 한다. 이를 위해서는 마감재에 대한 크기와 두께 강도에 대한 구체적인 정보와 시공방법을 잘 살펴야 할 것이다. 그리고 다른 재료와의 연결이나 조화에 이상이 없는지, 재료의 수명은 어느 정도이며 실내에서만 사용되는 재료인가, 아니면 실내·외 공용으로 사용할 수 있는가 등도 체크하여야 한다. 때때로 시공 후에 잘못된 재료의 선택으로 인해 방수가 되지 않거나 누수가 생겨서 어렵게 완성한 디자인을 망치는 수가 있기 때문이다.

시공 시 적당한 재료가 선택되어야만 경제적으로도 많은 이익을 볼 수 있으며 같은 돌이라도 벽에 붙이는 두께와 바닥에 붙이는 돌의 두께는 차이가 있고, 계단의 디딤판과 챌판의 두께 또한 다르기 때문이다. 바닥의 두꺼운 돌을 벽에 붙인다면 비경제적인 공사가 되며, 반대로 얇은 돌을 바닥에 붙인다면 추후 사용 시 금이 가고 깨지게 될 것이다. 따라서 항상 각 회사에서 제공되는 카탈로그를 모아 두고, 또한 재료의 샘플을 수집하여 미리 체크하는 것이 상세도를 그리는 데 도움이 된다.

(3) 상세도의 작성

상세도는 실제 시공되는 도면을 설계하기 위한 것으로서 비교적 주요 부위를 자세하게 표현하는 것이 좋다. 스케일은 부위에 따라 또는 중요도에 따라, 다를 수 있겠으나, 1/1부터 1/10이 보편적이다. 가장 자세한 스케일로 표현하여야 할 것은 벽, 천장, 가구 등에 많이 쓰이는 몰딩이 있고, 벽이나 기둥 등 비교적 큰 구조물에는 1/10 스케일이 적용된다. 스케일은 처음부터 자세한 것보다는 입면이나 천장, 평면에서 비교적 점차 자세한 크기로 줄여 나가는 것이 도면을 이해하기 좋다. 아무리 좋은 디자인이라 할지라도 그것이 시공되기 위해서는 상세(detail)계획의 과정을 거치지 않으면 안 된다.

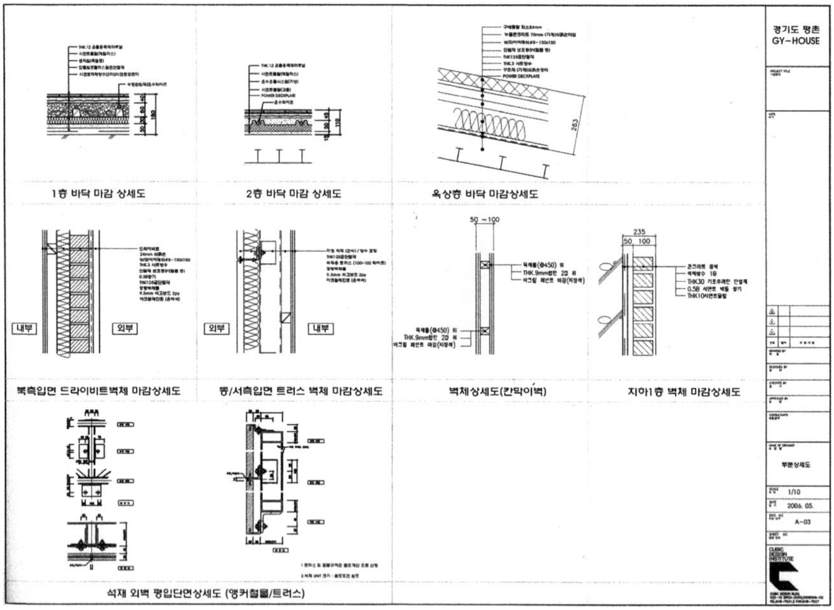

구조 상세도

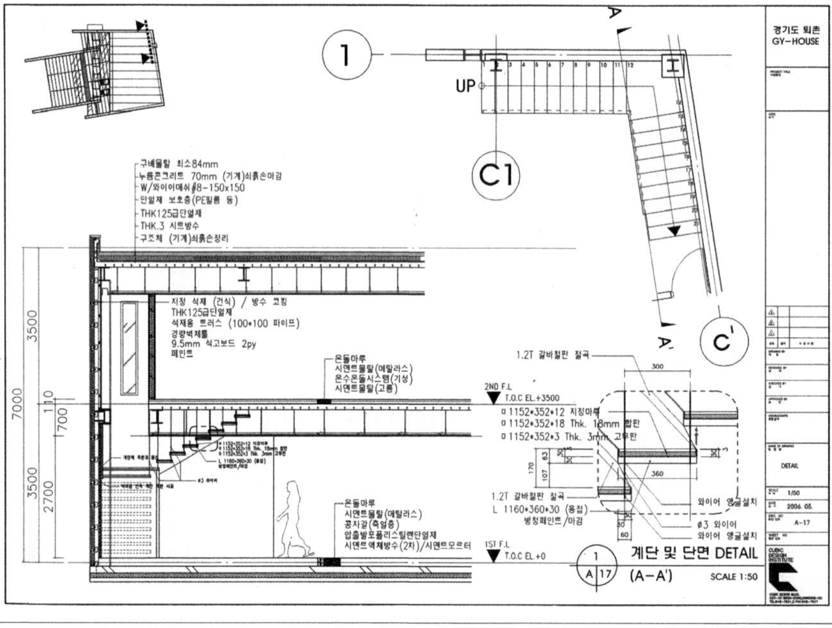

계단 및 단면 상세도

(계속)

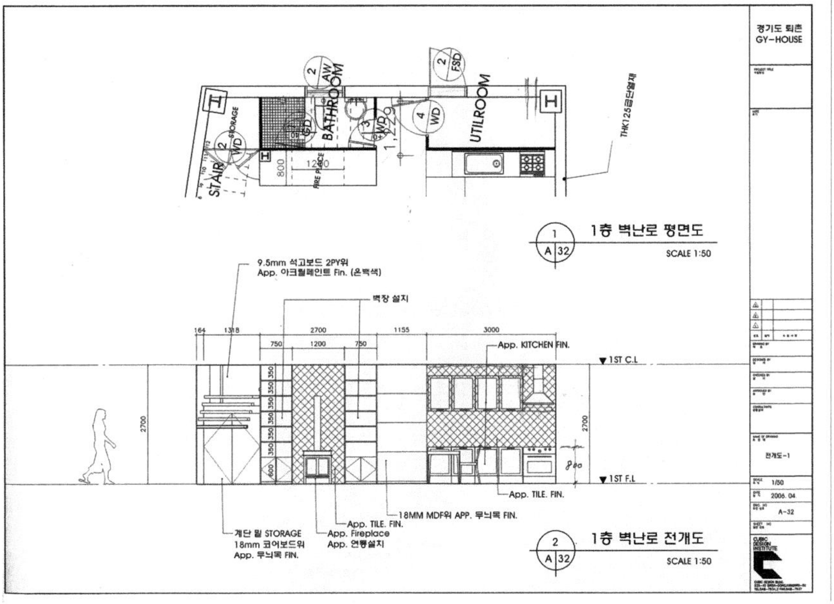

부분 상세도

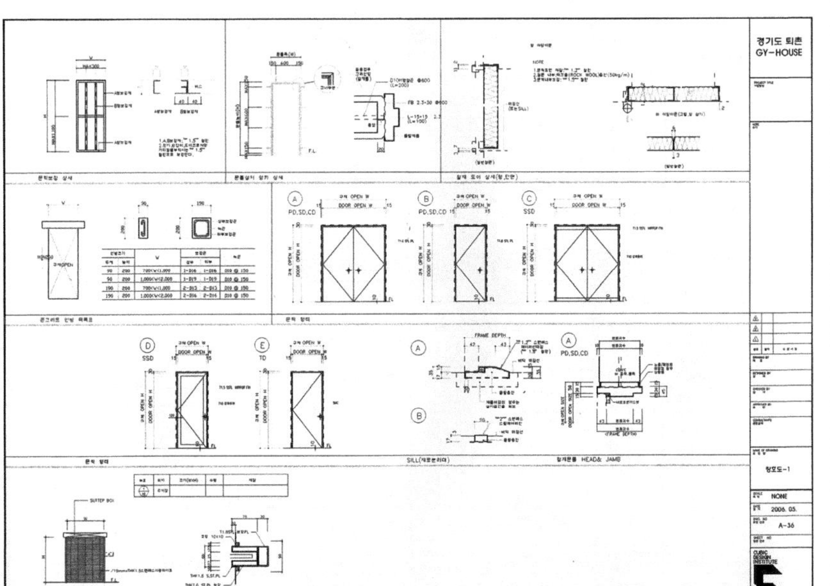

창호도

그림 6-11 상세도(경기도 퇴촌 주택)

출처 : 큐빅디자인연구소(2006). pp. A-03, 17, 32, 36.

① 구조 상세도

실내공간을 이루는 상세 중에서 바닥, 벽, 천장 등 구조체를 이루는, 이동되지 않는 곳의 상세도를 구조상세라 한다. 이는 바닥, 벽, 천장의 순서로 전개되는데, 일반적인 곳에서부터, 특수한 곳으로, 큰 곳에서 작은 곳으로 상세도를 그려간다. 물론 벽이 계속해서 같은 디자인으로 반복되거나 천장의 디자인이 같다면 여러 곳을 반복해서 상세도를 그릴 필요가 없다. 재료와 재료가 바뀌거나 디자인의 변화가 있는 곳에는 필요에 따라 상세도를 그려야 할 것이다.

② 계단 상세도

계단, 기타 중요한 각 부분의 구조에 대해서 재료, 형상, 치수 등의 상세를 명시한다.

③ 부분 상세도

부분 상세도는 시공 상 명시하지 않으면 안 될 주요 구조부의 일정 부분의 계획을 상세하게 그린다. 축척은 보통 1/5~1/30로 한다. 아주 세밀한 부분은 축척 1/1의 실척도 또는 그 이상의 축척으로 나타내기도 한다.

④ 창호도

건축물에 사용될 모든 창문과 문에 대한 상세를 정리한 도면이다. 창문이나 문의 사이즈, 사용될 재료, 시공될 구체적 공간 그리고 수량을 정리한 것이다. 이는 일반적으로 창호일람표와 창호단면 상세도로 구성된다. 창호는 작동을 가능케 할 수 있는 복잡한 구조를 가지게 되며 벽체의 일부분을 절단하여 창호를 설치함으로써 이질적 재료가 만나는 연결부위에서 발생할 수 있는 구조적(균열), 기능적(방수 단열) 결함을 방지하기 위하여 특별히 보강된 디테일이 적용되어야 한다. 따라서 항시 사용되는 작동구조물로서의 내구성을 만족시키면서도 디자인 상 중요한 조형요소로서 고려되어야 하는데 이를 완벽하게 설계하고 시공하기 위해서는 보다 섬세하고 정확한 설계가 이루어져야 한다.

참 고 문 헌

건축자료연구회(1994). 건축설계자료실례집, 42:주택1 (주거공간의 탐구). 도서출판 보원.

임종엽 역(2004). 실내디자인론. 도서출판 서우.

김민용(2007). 건축설계도 보는 법 & 그리는 법. 일진사.

김영수(2001). 실내디자인각론. 도서출판 지음.

김준(1995). (라이프 스페이스를 통한) 인테리어 실무 주거공간[1]. 도서출판 건설도서.

박우장(2002). 주택설계 : 프로세스와 실무사례. 지음.

윤복자(1998). 지순, 기초주거학. 신광출판사.

조광희(2008). Process+Design : 주택설계. 대가.

조영호(2007). 건축설계이론. 예문사.

최재순 외(2000). 주거공간의 계획과 설계. 기문당.

허병이(2007). 주택설계 : 건축설계과정 및 사례. 기문당.

San F. Miller, AIA(1997). 디자인 프로세스. 저 김용규 역. 도서출판 국제.

C H A P T E R

07 실내디자인

1. 실내디자인의 기초

1) 실내디자인의 개념과 목표

실내디자인은 건축물의 기본 구성요소인 바닥, 벽, 천장으로 둘러싸인 내부공간을 계획, 설계하는 것으로, 내부공간을 인간생활에 적합하도록 안전하고 편리하며, 쾌적하게 하여 보다 능률적이며, 사용자에게 바람직한 생활공간을 만드는 것이다.

실내디자인은 사용자의 다양한 욕구와 기호를 충족시키고 개별공간에서 요구되는 기능과 목표를 달성하는 실내공간을 창조하는 것이다. 이러한 실내디자인은 효율성, 경제성, 심미성, 개성 등을 목표로 한다.

(1) 실내디자인의 개념

실내디자인이란 건축물의 내부공간을 목적에 맞게 기능적, 미적, 경제적으로 창조하는 활동이다. 따라서 실내디자인은 사용자의 요구조건에 맞도록 실내공간을 디자인하는 것이 중요하며, 기능적 조건과 정서적 조건을 모두 만족시켜야 한다.

실내디자인이란 용어는 interior와 design의 합성어이다. interior는 '물건의 안' 또는 '내부'라는 뜻을 가지고 있으나, 요즘에는 실내디자인을 약칭하는 용어로 사용되고 있다. design은 '계획하다', '설계하다'라는 의미의 라틴어 designare에서 파생된 어휘로 물건을 제작할 때 기능적이면서 경제적이고 아름다운 형태가 되도록 계획하고 설계한다는 것을 의미한다.

실내디자인의 사전적 의미는 '건축물의 내부를 쓰임에 따라 아름답게 꾸미는 일', '건물의 내부를 그 용도에 알맞게 미학적(美學的)으로 구성하는 일, 또는 그 기술'이다. 이러한 개념은 제2차 세계대전 이전에 '실내장식'과 동의어로 사용한 것으로, 실내디자인은 주로 건축가나 실내장식가들이 완성된 건축물의 내부에 벽지, 직물, 조명, 가구 등을 부과하는 '마지막 손질' 정도로 여기며, 실내공간의 기능적인 면보다는 시각적이고 장식적인 면에 치중한 소극적인 작업으로 한정한 것이다.

그러나 제2차 세계대전 이후부터 실내디자인이라는 용어가 보편적으로 사용되기 시작하면서 건축이나 실내장식 또는 산업디자인영역과 분리되어 실내공간을 기능성과 심미성을 고려한 생활공간으로 창조하는 전문영역이 되었다. 그리고 1960년대 이후 환경문제가 중시되면서 환경디자인이라는 넓은 의미로 실내디자인이 다루어지기도 하며, "21세기는 디자인의 세기이다."라는 말이 회자될 정도로 일반인의 관심이 높은 영역이기도 하다. 따라서 앞으로 실내디자인 분야는 주어진 건축물의 내부공간을 사용 목적과 사용자의 요구에 맞게 기능적, 미적, 경제적으로 창조하는 전문분야로 더욱 발전되어 나갈 것이다.

즉, 실내디자인은 건축물의 기본 구성요소인 바닥, 벽, 천장으로 둘러싸인 내부공간을 계획, 설계하는 것으로 실내건축이라고도 한다. 건축물의 내부공간을 인간생활에 적합하도록 안전하고 편리하며, 쾌적하게 하여 보다 능률적이며, 사용자에게 바람직한 생활공간을 만드는 것이다. 쾌적한 환경조성을 통하여 능률적인 공간디자인을 하기 위해서는 인간공학, 심리학, 물리학, 재료학, 구조학, 환경학, 디자인학 등을 고려하여 인간생활에 필요한 효율성, 심미성, 경제성, 개성 등을 갖도록 해야 한다.

(2) 실내디자인의 목표

실내디자인의 궁극적인 목표는 사람이 생활하기에 적합한 실내환경, 즉 거주자의 다양한 욕구와 기호를 충족시키고 개별 공간에서 요구되는 기능과 목표를 달성하는 실내공간을 창조하는 것이다. 이러한 실내디자인은 효율성, 경제성, 심미성, 개성 등을 목표로 추구한다.

① 효율성

효율성은 실내공간을 사용목적에 맞게 합리적으로 구성하고, 공간의 기능이 최대로 발휘될 수 있도록 계획하는 것이다. 실내공간을 합리적으로 구성하기 위해서는 행위별 또는 용도별로 공간을 적절히 구분하고, 목적에 맞는 기능을 수행할 수 있도록 계획해야 한다. 또한 실내공간과 가구는 인간공학을 기초로 하여 치수를 정하고, 생활의 편의를 제공하는 시설을 갖추어야 한다.

② 경제성

경제성은 최소한의 자원을 투입하여 거주자가 최대로 만족할 수 있는 실내공간을 구성하는 것이다. 실내디자인에 투입되는 자원은 인적 자원, 물적 자원으로 분류할 수 있다. 인적 자원은 공간 활용과 유지관리 측면을 고려하는 것이며, 물적 자원은 기존 공간이나 시설, 가구 등의 재활용, 구입자재 및 집기 등의 유지관리, 수선 등을 고려하고, 환경을 고려하여 친환경 자원을 활용하는 것이다.

③ 심미성

심미성은 인간의 생활공간인 실내공간을 아름답게 구성하는 것이다. 아름다움의 미적 판단기준은 시대적, 문화적 배경에 따라 다르며, 같은 시대, 같은 문화권이라도 개인의 취향이나 기호에 따라 각기 다르다. 그러나 대다수의 사람들이 아름답다고 판단하는 공감각(共感覺)이나 아름다움에 대한 욕구는 시대의 흐름과는 상관없이 지속되고 있다. 실내공간을 아름답게 조성하기 위해서는 디자인 요소를 적절하게 구성하여 심미성을 확보해야 한다.

④ 개 성

실내디자인은 독특함, 즉 거주자 자신만이 지닌 개성이 표현되어야 한다. 남의 디자인을 모방하거나 유행만 따라 조성한 공간은 지루하고 매력이 없다. 실내디자인에 있어서 개성의 표현은 거주인의 생활양식, 가치관, 기호, 취미, 욕구 등을 이해해야만 가능하다.

이와 같은 실내디자인의 목표를 달성하기 위해서는 다음과 같은 사항을 고려하여야 한다.

- 사용자 : 실내디자인에서 가장 중요한 것은 인간에게 적합한 환경, 즉 쾌적한 생활공간을 디자인하는 것이다. 따라서 디자인하고자 하는 실내공간의 사용자(거주자)에 대한 파악이 중요하다. 예를 들어, 대학로에 있는 커피숍이나 미용실의 실내공간을 디자인한다고 가정해 보자. 이곳을 이용하는 계층은 주로 대학생이므로 이들의 요구(needs)가 무엇인지를 면밀히 파악하고 분석하여 디자인해야 한다. 만약 이 실내공간에 전업주부의 요구를 반영하여 디자인하면 소비자에게 외면당하게 될 것이다.

  또한 주택의 경우에는 가족의 수, 가족관계, 생활주기, 소득수준, 개개인의 성별, 연령, 직업 그리고 생활양식, 취미, 기호, 가치관 등에 따라 요구조건이 달라진다. 부부와 자녀로 구성된 핵가족과 노부모를 모시고 3대가 함께 거주하는 가정, 또는 생활양식이나 주거관이 서로 다른 경우에는 공간(방)의 수, 크기, 공간구성방법, 공간유형 등의 요구조건이 상당히 다를 것이다. 이러한 사용자의 다양한 요구조건은 주로 설문이나, 면접, 관찰 등을 통하여 파악한다. 특히, 생활양식이나 취미, 기호, 가치관 등 내면적인 요구조건은 거주자의 생활을 직접 관찰하여 파악하는 것이 바람직하다.
- 환경조건 : 실내디자인에서 환경조건, 특히 외부환경은 실내환경 조성에 많은 영향을 미치게 된다. 외부환경 요인으로는 기후, 위치 그리고 건물의 방향 등이 있다. 기후와 위치는

공간의 구조, 형태, 창의 크기, 실내 마감재료, 색채 등에 많은 영향을 미친다. 예를 들어, 열대지방의 건물은 바람이 잘 통하도록 개방되어 있어야 하며 동시에 폭풍우에 잘 견딜 수 있도록 견고해야 한다. 강설량이 많은 지방에서는 지붕이 경사지고, 창과 벽은 열 차단효과가 있어야 한다. 대도시, 교외, 해변 혹은 산속 등 건물이 위치하는 곳에 따라 실내디자인이 달라져야 한다. 건물의 방향은 주로 창문의 위치와 관련된 요인으로 전망은 물론 햇빛과 바람을 조절해 주며, 창문의 처리방식에도 큰 영향을 미친다.

그러나 실내디자인은 그 건물이 위치해 있는 곳의 기후상태에 따라 적절한 분위기를 조성함으로써 물리적 시설보다 훨씬 많은 기여를 할 수 있다. 예를 들어, 색채나 재료의 사용에 따라 공간에 개방감, 폐쇄감, 온난감, 한랭감 등 거주자의 심리적 반응을 다양하게 조절할 수 있다. 따라서 건축물의 위치와 기후조건 등이 언제나 실내디자인에 절대적인 영향을 주는 것은 아니며, 그에 상관없이 디자인할 수도 있다. 즉, 대도시에 위치한 아파트의 경우 오히려 도회적 분위기를 탈피한 자연재료로 실내를 마감하고, 부드러운 유사조화를 이루어 전원풍의 분위기가 나도록 실내를 디자인할 수 있다.

- 자원의 준비 : 실내디자인을 실시할 때 인적, 물적, 환경적 자원을 준비해야 한다. 여기서 인적 자원이란 실내디자인에 제공할 수 있는 시간, 능력, 노동력 등을 말하는데, 이러한 인적 자원을 활용하면 실내디자인의 효과를 높일 수 있을 뿐만 아니라 물적 자원을 절약할 수 있어 경제적이다. 물적 자원은 실내디자인에 투입할 수 있는 경제적 능력과 현재 소유하고 있는 것 중 재사용이 가능한 가구, 커튼, 실내용품 등을 말한다. 환경적 자원은 실내디자인을 실시하는 장소의 기반시설, 공사 중의 이웃의 협조 등을 말한다.

  실내공간을 경제적으로 디자인하기 위해서는 공사비용에 대해 신중히 고려해야 한다. 여기서 비용이란 실내디자인에 소요되는 모든 비용, 즉 재료비, 인건비, 완공 후의 유지관리비 등을 포함한다. 공사과정에서 미숙련공을 고용하거나 품질이 낮고 값이 싼 재료를 사용하여 인건비, 재료비를 줄이면 재료의 수명과 유지관리 등에서 추가 부담이 생길 수 있다. 따라서 인력고용과 재료선택은 완공 후 재료의 수명과 유지관리에 소요되는 시간과 비용 등을 고려하여 경제적으로 해야 한다.

(3) 실내디자이너의 역할

실내디자이너는 생활공간의 쾌적성을 추구하여, 공간의 기능 확대, 감성적 욕구의 충족을 통한 공간의 질을 향상시켜 인간의 예술적, 서정적 욕구의 만족을 해결하는 역할을 한다. 또한 실내디자이너와 사용자의 독자적인 개성을 실제적으로 표현하는 역할을 한다.

인테리어 디자이너(interior designer)는 실내공간을 설계하고 계획하는 역할을 하며, 인테리어 데커레이터 또는 코디네이터(interior decorator, interior coordinator)는 실내의 표정을 풍부하게 하고 공간의 콘셉트(concept)를 잘 전달하기 위해 인테리어 소품 등으로 실내공간을 연출하는 역할을 한다. 또한 실내를 구성하는 요소들에 대한 디자인을 담당하는 가구디자이너(furniture designer), 조명디자이너(lighting designer), 디스플레이 디자이너(display designer) 등이 실내디자이너와 협력하여 관련 업무를 수행한다.

2) 실내디자인의 영역과 과정

실내디자인의 영역은 매우 광범위하며 다양하다. 주거공간, 상업공간, 업무공간, 전시공간, 특수공간 등 인간이 사용하는 모든 공간을 대상으로 한다. 실내공간뿐만 아니라 도시환경이나 가로공간, 가구디자인 등도 실내디자인의 영역에 포함된다.

실내디자인은 기획 단계인 조사분석 단계, 기본계획, 기본설계, 실시설계의 단계를 거치는 디자인 단계, 공사진행 및 설계감리 단계를 포함하는 시공 단계, 공사완료 후 관리를 하는 사후 관리 단계의 과정으로 이루어진다.

(1) 실내디자인의 영역

실내디자인의 영역은 대단히 광범위하고 다양하다. 모든 건축공간과 자동차, 선박, 항공기 등의 교통기관, 심지어 우주선에 이르기까지 인간이 사용하는 모든 공간이 포함된다. 그러나 가장 일반적으로 다루는 영역은 건축물의 실내공간이므로 건축물로 그 범위를 한정하여 실내디자인의 대상영역을 분류하면 다음과 같다.

① 대상공간별 영역 분류

수익성을 기준으로 분류하면, 영화관, 백화점, 호텔, 레스토랑, 나이트클럽 등 수익공간과 주거용 건물, 교육시설, 종교시설, 보건복지시설 등 비수익공간으로 구분된다.

기능성을 기준으로 분류하면, 주택, 아파트 등 주거공간, 업무공간, 공장 등 작업공간, 음식점, 판매점 등 상업공간, 홍보관, 기념과, 박물관 등 전시공간, 대형건물의 로비, 대합실 등 공용공간, 교육시설, 종교시설, 보건복지시설, 문화 취미공간 등 특수공간으로 구분된다. 1990년대 이전까지는 수익을 위주로 한 공적 공간의 디자인이 활발하였으나 21세기에 접어들면서 주택에 대한 가치관 등이 변화하여 주거영역에 대한 디자인 요구가 증가하고 있다.

② 업무내용별 영역 분류

실내디자인을 업무영역별로 분류하면, 실내공간의 설계 및 감리를 하는 인테리어 디자이너,

실내공간계획, 실내장식품 및 디스플레이를 기획하거나 제작하는 인테리어 코디네이터, 생활공간에 필요한 설비, 가구, 장식 등을 설계하는 실내장식가(interior decorator), 가구디자인과 선정을 하는 가구디자이너, 쇼윈도 디스플레이, 모형제작 등을 하는 디스플레이 디자이너, 실내장식품 디자인 및 개발을 하는 소품디자이너(prop designer), 패브릭 관련 상품 제작 및 개발을 하는 홈패션디자이너(home fashion designer), 상품에 대한 정보를 제공하고 판매서비스 및 소비자 욕구를 분석하는 인테리어 상담 및 인테리어용품 판매직(interior counselor) 등으로 구분된다.

실내디자인의 업무내용을 가장 포괄적으로 하는 영역은 인테리어 디자이너의 영역이다. 인테리어 디자이너는 실내공간을 생활하기에 적합한 환경으로 창조할 수 있는 기술적, 감각적 능력이 필요하며, 창의적인 작업을 할 수 있어야 한다.

이와 같이 실내디자인은 보다 세분화, 전문화되기 위해 건축영역에서 구분되어 독립된 영역을 구축하고 있다. 실내디자이너는 건물 내부와 가구디자인 및 배치를 계획하고, 디자인 원리와 재료에 대한 정보를 통하여 생활공간의 쾌적성을 추구한다. 그리고 이용 가능한 공간을 최대한 활용하여 예술적, 정서적 욕구를 만족시키고, 독자적인 개성을 표현한다. 또한 공간의 기능을 확대하여 공간의 내실화를 추구하고 기획 단계에서부터 문제해결능력을 가지고 있어야 한다. 인테리어 디자이너와 고객 사이에는 신뢰가 있어야 하며, 고객의 가치관, 심미성, 경제성 등을 충분히 고려해야 한다.

(2) 실내디자인의 과정

① 조사분석 단계

조사분석 단계는 기획 단계(programming process)로서 공간의 사용목적, 예산 등을 종합적으로 비교 검토하여 설계에 대한 희망, 요구사항 등을 결정하고 시공 후 관리운영에 이르기까지 운영방법, 경영의 타당성 등도 분석한다. 이때 실내디자인을 어떤 목적으로 할 것인지를 결정하고 현재 생활과 공간과의 관계에서 어떤 문제점이 있는지 파악하고 해결하기 위한 자료를 수집, 분석한 후 실제 디자인 단계에서 활용한다.

- 목적과 범위 : 디자인의 목적과 공간의 용도를 파악하고, 그에 따른 작업범위를 결정해야 한다. 주택의 실내디자인 범위에는 신축, 증축, 개축, 개조, 마감재 교체 등이 있다. 신축의 경우는 공간의 구조에서부터 각 공간의 용도, 가구, 마감재 선정에 이르기까지 실내공간에 관련된 모든 문제를 다루어야 하며, 개조나 마감재 교체의 경우는 목적을 정확히 인식하고 그 범위를 결정해야 한다.

- 문제점의 인식 : 디자인의 목적과 범위를 결정한 뒤에는 그에 따른 문제점을 파악해야 한다. 디자인과정에서 문제점을 파악하는 것은 훌륭한 디자인을 하기 위하여 반드시 필요한 과정이다. 주택의 실내디자인에서 생기는 문제점은 대개 공간의 문제, 가족의 요구, 시간 및 경제적 문제 등이다.
- 정보수집 : 디자인의 문제점을 해결하기 위해서는 자료와 정보를 수집해야 한다. 정보수집은 서적, 재료상이나 건축자재백화점 방문(샘플, 카탈로그 수집), 인터넷이나 현장 답사를 통한 유사한 디자인 사례 수집 등 다양한 방법이 있다. 특히, 가구나 재료에 대한 정보는 시장을 방문하여 실물의 크기, 색채, 질감 등을 직접 경험해 보고 현재의 시장상황을 점검해 두는 것이 매우 유익하다.
- 종합분석 : 수집된 자료는 종합적으로 분석하여 정리해야 한다. 이 과정에서는 수집된 자료를 분류하여 자료들 간의 관련성을 쉽게 알아볼 수 있도록 정리하는 것이 유용하다. 그리고 디자인 단계에서 직접적인 자료가 되거나 참고가 될 내용은 스크랩하여 별도의 자료집을 만들고, 그 외의 자료는 다른 작업을 위하여 데이터베이스화해 둔다. 이러한 자료들은 디자인의 기초자료가 되며, 디자인 방향을 정하는 근원이 되므로 매우 중요하다.

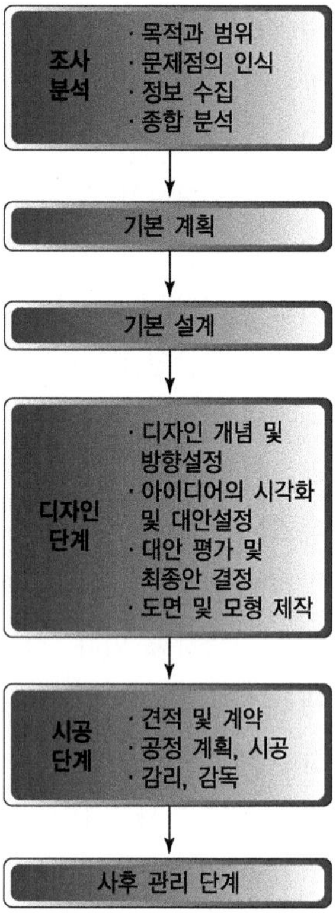

그림 7-1 실내디자인 과정

② 디자인 단계

디자인 단계(design process)에서는 가족의 요구사항, 공사할 공간의 환경과 시공기간, 법적인 문제, 기술적인 문제, 경제적인 사항 등을 종합하여 디자인 개념을 설정한다. 디자인 단계는 기본계획, 기본설계, 실시설계의 단계를 거친다. 즉, 기본계획 단계에서는 디자인 개념을 구체화시키는 작업을 한다. 단위 공간별 분위기를 설정하여 계획안 전체의 기본이 되는 형태, 기능, 마감재료 등을 도면이나 스케치, 다이어그램 등으로 시각화한다. 기본설계 단계에서는 2~3개 이상의 기본계획안을 분석 평가하여 전체 공간과 조화를 이루도록 하며 거주자의 요구조건과 맞는지를 평가하여 최종안을 결정한다. 디자인의 최종안이 결정되면 공사를 실시할 실시도면과 모형을 제작하는 실시설계 단계를 거친다.

- 디자인 개념 및 방향 설정 : 디자인 아이디어가 발상되는 단계로 전체 공간에 대한 개념을 설정하는 단계이다. 디자인 개념은 환경적 범주에서부터 각 실의 세부적인 범주에 이르기까지 다양하게 전개될 수 있다. 주택의 실내디자인을 위한 일반적 개념은 기능성, 실용성, 경제성, 미와 개성의 표현 등이 있는데, 이는 주어진 공간의 조건, 가족의 요구사항 등 문제점을 보는 시각에 따라 다양하고 세부적인 방향으로 전개해 나갈 수 있다. 그러나 세부적인 디자인 개념의 방향을 전개시키기에 앞서 전체 공간에 대한 이미지의 방향 설정이 우선되어야 한다. 그리고 각 실에 있어서 거실이나 식당 등의 공동공간은 가족 전체의 의견을 고려하고 개인공간은 실제 사용자의 의견을 고려해야 한다.
- 아이디어의 시각화 및 대안의 설정 : 디자인의 개념과 방향을 시각적으로 표현하여 문제점에 대한 해결방안을 설정하는 과정이다. 아이디어를 시각화하는 방법은 버블 다이어그램(bubble diagram)을 이용하여 계획안을 프리핸드로 스케치하는데, 이를 아이디어 스케치라 한다. 실내공간을 계획할 경우, 아이디어 스케치(idea sketch)는 표현이 자유로우면서 짧은 시간에 작성할 수 있고, 공간 상호 간의 관련성과 동선관계를 한 눈에 볼 수 있어 문제점을 파악하기 쉽다. 따라서 스케치로 여러 개의 디자인 안을 계획해 보고, 이 중 가능성이 가장 높은 2~3개의 안을 선택하여 구체적 안으로 정리해 나간다. 스케치는 일정한 형식을 가지고 있지는 않으나 일반적으로 방안지나 트레싱지 또는 스케치북에 연필이나 사인펜 등을 사용하여 도구 없이 자유롭게 그린다.
- 대안의 평가 및 최종안의 결정 : 디자인 문제에 대한 해결안은 단 하나의 정답이 있는 것이 아니며, 선택된 대안들은 각각 나름대로의 특징과 장점을 지니고 있다. 그러나 주택의 실내는 하나이므로 대안의 평가과정을 통해 최적의 안을 최종안으로 결정하여야 한다.

  대안평가의 주안점은 첫째, 설정된 디자인의 개념 및 방향은 사용자의 요구사항을 얼마나 충실하게 반영하는가, 둘째, 디자인의 문제점 해결에 얼마나 적합하고 유용한가, 셋째, 가구의 크기나 수는 공간의 규모에 적절하며, 동선은 효율적으로 계획되었는가 등이다. 이러한 주안점에 따라 항목별로 점수를 주어 가장 높은 점수를 받은 것을 최종안으로 결정한다. 최종안을 평가하는 과정에서 전체적으로 만족하게 되면 실시설계로 넘어가지만 부족한 점이 발견되면 그 부분은 다시 수정하고 보완한다.
- 도면 및 모형제작 : 최종 디자인이 결정되면 이를 실행에 옮기기 위한 구체적인 표현작업이 필요하다. 계획안은 평면도, 입면도, 천장도, 투시도 등의 도면과 모형으로 표현하며, 재료와 색채는 샘플북과 샘플보드를 제작하여 표현하기도 한다.

③ 시공 단계

시공 단계(execution process)에서는 실시설계 도면과 시방서에 표기된 내용으로 공사가 진행되며, 이는 공사시공업자에 의해 수행된다. 또한 공사가 진행되는 과정을 관리 감독하는 부분까지 시공 단계에 포함되는데, 이를 설계 감리라 하고 설계대로 공사가 잘 진행되는지를 관리 감독하는 것이다.

- 견적 및 계약 : 설계도와 시방서를 기준으로 그 공사에 필요한 공사비를 산출하는 것을 적산, 내역 또는 견적이라 한다. 일반적으로 설계자가 공사가격을 예측하여 산출하는 것을 적산이라 하고, 시공자가 계약을 위해 공사 가격을 산출하는 것을 내역 또는 견적이라 한다.

  시공자의 자질은 설계의 성공과 실패를 좌우하는 관건이므로 어떤 사람을 선정하느냐는 매우 중요하다. 건축공사는 오랜 기간에 걸쳐 이루어지는 작업이므로 구두 약속만으로는 불충분하며, 공사 중에 분쟁을 대비해서라도 반드시 문서로 작성하여 보관해야 한다. 계약서의 내용은 공사 총금액, 건축물의 개요, 착공 및 준공 기일, 설계도의 시방서, 공정표, 공사금의 지불조건과 지불방법, 공사규정, 양자 간의 보증인과 같은 사항이다.
- 시공계획 : 시공계획은 건축물을 완성 할 목적으로 건물의 기술적 우수성, 공사비의 절감, 작업의 안전성 및 공정의 단축 등을 위해서 시공기술과 공사방법 및 과정 등을 검토하고 합리적인 수단을 연구해야 한다. 즉, 공사를 착수하기 전에 전체 공기(工期) 안에 각종 공사의 일정을 세심히 고려한 공정표를 만들고, 시공에 필요한 시공도면에 따라 자재의 발주, 반입, 검수, 보관 및 노동력의 확보 등을 제대로 해서 공사 진행에 차질이 없도록 한다. 시공 과정을 공종별 공사로 분류하면 수평공사, 석공사, 조적공사, 철물공사, 경량철골공사, 목공사, 지붕공사, 창호공사, 도장공사, 미장공사, 수장공사, 타일 및 유리공사, 방수공사, 난방 및 위생설비공사, 전기공사, 조경공사, 잡공사 등이 있다.
- 감리 : 공사계약의 체결에 따라 실내건축 시공이 설계와 합치하도록 공정한 입장에서 공사 시공자를 지도하는 것을 감리라고 한다. 감리는 시공자의 선정 및 계약방식의 결정에 도움을 주고, 시공자가 제출한 공사비 내역명세서의 내용을 체크하여 예산과 합치하도록 조정하는 것이다. 그리고 물론 설계의 의도를 명확히 하기 위해 건축상세도를 작성하도록 하고, 시공공정, 재료 등의 검사, 승인과 현장에서 공사 지도를 담당한다.

④ 사후관리 단계

공사가 완료되어 새로운 공간이 만들어지면 거주자가 들어가서 생활하게 되고, 이때 거주자는 새로운 공간에 대한 사후 평가(POE : post-occupancy evaluation)를 하게 된다.

평가란 사용자의 일상생활의 요구에 대해 환경이 행동적·구조적 적응에 얼마나 잘 맞는지에 대한 척도로서, 주관적으로 사용하는 거주자에게 초점을 맞추어 완성된 주택이 원래 계획목표를 만족시키는지를 알아보는 것이다. 완성된 집에 대하여 거주자가 어떤 반응을 하는지, 불만족의 유형은 무엇이며, 이를 느끼는 정도는 어떤가, 디자인적으로는 매력적인 집이더라도 사는 사람에게는 그렇지 못한 경우가 있으므로 의식적 또는 무의식적 반응에 대하여 분석하여 불만족을 해소할 수 있도록 디자인의 사후평가가 이루어져야 한다.

평가를 할 때에는 지역 및 근린 요인(주변과의 조화, 학군, 편의시설, 지역의 성장 단계, 대규모 환경친화시설, 재해발생 위험 등), 주택요인(주택규모, 교통 및 주차, 전망, 소음 및 방음 여부, 방향, 구조 등), 실내환경 요인(공간넓이, 방수, 난방방법, 사생활 보호 등) 등을 고려해야 한다. 이러한 정보를 수집하여 잘못 계획된 부분이나 착오가 있었던 부분은 다음 공사에 반영해야 한다.

2. 디자인의 요소와 원리

1) 디자인 요소

모든 디자인은 디자인을 구성하는 원재료라고 할 수 있는 여러 인자(因子)들로 결합되어 있다. 따라서 디자인의 특성은 이들 요소들이 어떻게 쓰이고 결합되는지에 따라 달라진다.

디자인의 출발은 형태의 최소 단위인 점에서부터 시작한다. 점을 이동하면 선이 되고 선을 이동하면 면이 생기고 면을 조합하면 형태가 되는데, 선과 면에 방향을 주면 크기가 다른 여러 가지 형태가 이루어진다. 이렇게 이루어진 형태는 그 틀 표면구성으로 하나의 조형물로 완성되어 위치를 포함한 주변과의 적절한 공간관계를 갖게 된다.

디자인 요소는 크게 형태구성 요소[점, 선, 면, 입체(형태)], 형태의 표면구성 요소(질감, 색채), 형태의 규모와 위치 결정 요소(방향, 크기, 공간) 등으로 구분할 수 있다.

(1) 형태구성요소

① 점

점(point)은 크기가 일정하지 않으며 위치만을 표시한다. 점의 크기는 주변조건에 따라 상대적이므로 놓이는 위치, 또는 시선과의 거리에 따라 다르게 지각된다. 즉, 점은 관념상 그 형태가 둥글다고 생각하지만 기하학적으로는 보이지도 않고, 그 형태도 일정하지 않다. 점은 시각적으로 형태를 지각할 수 있는 실점(實點)과 선의 양끝이나 선과 선, 선과 면 등이 서로 교차점에 포함되어 눈에 보이지 않는 허점(虛點)이 있는데, 실점은 크기나 형태가 일정하지 않으므로 무한하다.

점의 시각적 특성을 보면, 점이 면 또는 공간에 한 개 있으면 시선이 집중되어 위치가 강조되고, 일정한 간격을 두고 두 개의 점을 놓으면 둘 사이에 서로 끌어당기는 힘(인장력)이 생기게 된다. 이때 점의 크기가 같으면 주의력은 같으나, 크기가 다르면 큰 점에서 작은 점 쪽으로 주의력이 이동하게 된다. 그리고 크기와 형태가 같은 여러 개의 점들이 모이면 선이나 면으로 발전한다. 이때 점들의 크기가 각기 다르면 서로의 영향력에 의해 동적인 면이 지각되며, 크기가 같으면 정적이고 소극적인 면을 암시하게 된다.

점의 가장 뛰어난 표현력은 위치를 나타내는 것이다. 점의 시각적 특성은 형태에 의한 것보다 크기에 의한 것이며, 그 특성은 선, 면, 형과 관련이 있다. 예를 들어, 전체적으로 흰색 톤으로 구성된 거실의 소파 위에 빨간색 쿠션이 하나 놓여 있다면 쿠션은 점으로 인식되어 시선이 쿠션에 집중되나, 같은 크기의 쿠션을 하나 더 놓으면 시선은 이 두 개의 쿠션 사이를 이동하며, 크기가 다른 두 개의 쿠션을 놓으면 시선은 큰 쪽에서 작은 쪽으로 이동하게 된다. 이 거실에 빨간색 쿠션 두 개를 놓고 그 옆에 빨간 꽃을 꽂은 화병을 하나 놓으면 쿠션과 꽃병이 점으로 인식되어 이들 사이에 선이 연상되면서 통일감을 느낄 수 있다. 그리고 여러 개의 빨간색 쿠션을 모아 놓으면 면으로 인식되어 하나의 영역이 강조될 수 있다.

점의 특성은 다음과 같다.

- 크기가 일정하지 않다. 즉, 주변환경에 따라 상대적으로 지각된다.
- 확대하면 면이 된다.
- 같은 크기라도 놓이는 면이나 공간의 크기에 따라 면이 되기도 하고 점이 되기도 한다.
- 공간 내의 위치만 표시할 뿐 길이, 폭, 깊이가 없고 어떤 공간도 형성하지 않는다.
- 1개의 점은 주의력이 집중되는 효과가 있다.
- 2개의 점 사이에는 보이지 않는 선이 생기고 두 점 사이의 거리가 가까우면 굵게, 멀면 가늘게 느껴진다.
- 서로 같은 두 점 사이에는 서로 당기는 힘인 인장력이 생긴다.
- 점의 크기가 다르면 큰 점에서 작은 점으로 시선이 이동하고, 큰 점이 작은 점을 끌어당기는 것처럼 지각된다.
- 다수의 점은 선이나 면으로 발전한다.

② 선

선(line)은 점이 이동한 궤적으로 그 길이와 넓이의 구성비에 따라 면으로 인식되기도 한다. 또한 선은 점에 비하여 동적 성질을 가지며 서로 결합하여 하나의 공간영역, 즉 면을 구성한다.

선은 크게 직선과 곡선으로 나누어지며, 직선에는 수평선, 수직선, 사선이 있고 곡선에는 기하곡선, 자유곡선이 있다.

선이 가지는 시각적 특성을 보면, 직선은 남성적 이미지로 딱딱함, 단순함, 완고함 등의 느낌이다. 특히, 굵은 직선은 둔하면서 강한 느낌이고 가는 선은 세밀하고 신경질적이며, 여성적인 이미지를 가진다. 수평선은 가장 단순한 직선 형태로서 안정감, 평화로움, 안락감, 고요함, 차분함, 냉정, 평화, 평등, 침착 등, 정적이고 소극적이며 친근감을 준다. 수직선은 지각적으로 구조적 높이감을 느끼며, 심리적으로는 상승감, 존엄성, 위엄, 경건함, 엄숙함, 절대적 힘, 고상, 단정, 희망, 신앙, 강한 의지적인 느낌이다. 중세 고딕건축의 종교적 엄숙함은 이러한 수직선의 강조에서 나타난다. 사선은 기울어져 한쪽으로 넘어지려는 움직임이 있어 역동적이며, 시각적으로 운동감, 긴장감, 불안정, 위험, 생동감, 변화 등 활동적인 느낌이다.

곡선은 여성적 이미지로 부드러움, 온화함, 유순함, 우아함, 섬세함 등을 느끼게 하며, 선의 각도에 따라 운동감을 나타내기도 한다. 곡선 중 기하곡선은 원이나 타원, 포물선, 쌍곡선 등이 있는데, 명쾌함, 단조로움, 강직한 느낌을 준다. 특히, 포물선은 율동감과 속도감을, 쌍곡선은 대칭의 아름다움과 율동감을 준다. 자유곡선은 자연물의 모든 선이나 현수선, 나선 등에서 볼 수 있는데, 경쾌한 느낌을 주는 반면 나약한 느낌을 준다. 소용돌이선은 구심적, 원심적 또는 유동하는 느낌을 가진 발전적인 선이다.

이와 같이 선은 여러 가지 표정이 있으나 가장 뛰어난 표현력은 방향성과 형, 길이, 운동감이다. 따라서 상승감과 경건함, 종교적인 분위기를 조성하기 위해서는 천장, 문과 창, 가구 등을 높게 구성하여 수직선을 강조하고, 안정감, 평온한 분위기를 조성하기 위해서는 천장을 낮게 하고 문과 창, 가구 등의 폭을 넓혀 수평선을 강조하는 것이 좋다. 또한 공간에 운동감, 활동감을 주기 위해서는 경사천장, 비스듬한 벽 등을 설치하여 사선을 표현하는 것이 좋다.

선의 특성은 다음과 같다.

- 점이 이동된 궤적으로, 점이 확장되어 선이 된다.
- 위치, 길이, 방향은 있으나 폭과 깊이는 없다.
- 폭이 넓어지면 면이 되고, 굵기를 늘리면 입체 또는 공간이 된다.
- 어떤 형상을 규정하거나 한정하고 면적을 분할하며, 길이, 속도, 굵기, 색에 따라 다양한 느낌을 준다.

- 모든 표현 및 2차원적인 장식을 위한 기본이 되며, 디자인 요소 중 가장 감정적인 느낌을 준다.

③ 면

면(surface)은 선이 움직이는 궤적으로, 길이와 넓이는 있으나 깊이, 부피는 없으며 위치와 방향을 가지는 선의 집합체이다.

면은 크게 평면과 곡면으로 나누어지며, 평면에는 수직면과 수평면, 경사면이 있고, 곡면은 기하학적인 면과 자연적인 면이 있다. 실내공간에서의 면은 벽, 바닥, 문, 창, 테이블의 윗면 등과 같이 편평한 표면을 의미한다. 평면은 크게 사각형, 원, 삼각형 등의 기하학적인 면과 불규칙한 곡선들로 이루어진 자연적인 면으로 나누어진다. 그러나 실내공간을 구성하는 평면을 실용성이나 생산성의 문제로 인해 대부분 기하학적인 면의 형태로 나타나는데, 그중에서도 사각형의 면이 대부분이다. 실내디자인에서 면이 갖는 표현효과는 면이 놓인 위치, 질감, 색, 패턴, 광택, 다른 면과의 관계뿐만 아니라 면의 구성방법에 따라서도 다양하게 나타낼 수 있다.

실내디자인에서의 면의 구성방법은 지배적 구성, 분리구성, 일렬구성, 자유구성 등이 있다. 지배적 구성은 벽면에 벽난로를 설치하거나 그림액자 등을 걸어 한 지점을 강조하는 방법이며, 분리구성은 벽면을 두 부분으로 나누고 양쪽을 모두 강조하는 구성을 하여 대립되도록 하는 것이다. 일렬구성은 벽면의 일정높이에 일렬로 여러 개의 그림을 걸어놓거나 창문을 여러 개 내는 경우에 그 효과를 얻을 수 있다. 자유구성은 면 전체를 자유롭게 활용하는 것으로 벽면에 벽지, 재료, 장식물 등을 자유롭게 배치하여 효과를 높이는 것이다. 또한 면을 다양한 방법으로 분할하거나 변화시켜 흥미롭고 개성 있는 구성을 만들 수도 있다.

④ 입체 또는 형태

입체(solid)는 면의 이동에 의해 만들어지는 3차원의 공간이다. 입체물의 형태(form)는 자연적인 것과 기하학적인 것으로 분류된다. 자연적인 것은 동물, 식물 또는 광물의 결정 등 모든 자연물을 포함하며, 기하학적인 것은 원기둥, 육면체 등과 같이 인간이 의도하여 표현하는 모든 목적물이 해당된다.

실내공간에 존재하는 기둥, 계단, 가구 등은 모두 실내공간을 차지하는 매스(mass)라는 입체물이다. 이러한 입체물은 과거 수공예시대에는 주로 자연물로부터 그 모티브를 얻어 유기체적 형태였으나, 기계생산 이후 생산적, 기능적인 면이 중요시되면서 기하학적인 형태를 나타내게 되었다. 그러나 최근에는 기술의 발달로 기계생산에 의해서도 유기적인 형태를 만들 수 있게 됨에 따라 입체물의 형태는 매우 다양한 모습을 보이고 있다.

실내공간에 사용되는 입체물은 재료, 색, 크기, 균형, 인간과의 관계, 비례 등 여러 요인에 의해 그 형태가 결정된다. 실내공간의 입체물 배치방법은 지배적 배치, 분리배치, 일렬배치, 자유배치 등이 있는데, 실내공간의 바닥은 시각적 대상일 뿐만 아니라 동선을 제공하는 공간이므로 기능성을 함께 검토하여 입체물을 배치해야 한다.

⑤ 형태의 지각심리

게슈탈트의 지각심리에 따르며, 인간은 근접성, 유사성, 연속성, 폐쇄성, 단순화, 도형과 배경의 지각심리가 있다.

- 가까이 있는 시각요소들을 패턴이나 그룹으로 인지하게 되는 지각심리를 근접성이라고 한다.
- 형태와 색깔, 크기 등이 유사할 경우 함께 모여 보이는 지각심리를 유사성이라고 한다.

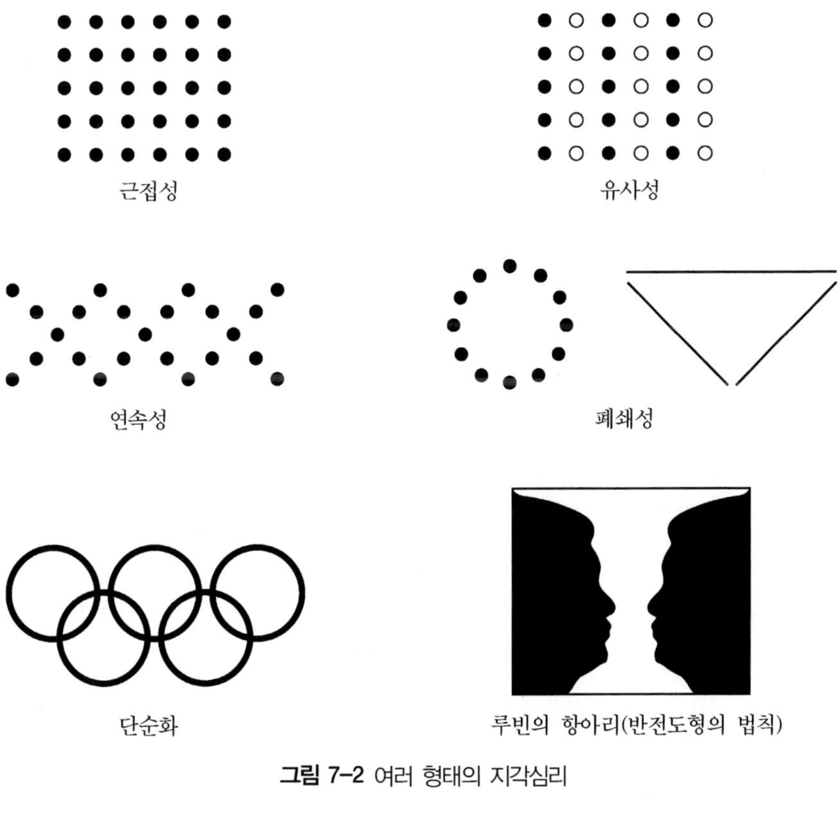

그림 7–2 여러 형태의 지각심리

■ 점들의 연속이 선으로 지각되어 형태를 만드는 지각심리를 연속성이라고 한다.
■ 불완전한 시각요소들을 완전한 형태로 지각하려는 심리를 폐쇄성이라고 한다.
■ 어떤 형태를 접했을 때 복잡한 형태보다는 단순한 형태로 지각하려는 심리를 단순화라고 한다.
■ 도형과 배경이 순간적으로 번갈아 보이면서 다른 형태로 지각되는 심리를 도형과 배경의 법칙(반전도형의 법칙)이라고 한다.

(2) 표면구성 요소

① 질감

질감(texture)이란 자연물이나 인공물의 표면적 특성으로 손이나 발 등 신체로 느끼는 촉각적인 것과 눈으로 보고 감지하는 시각적인 것이 있다. 질감의 효과는 재료의 표면구성에 따라 달라지기 때문에 구성재료가 중요한 요소가 되며, 그 표면을 어떻게 처리하느냐에 따라 빛의 반사, 스케일(크기), 시간성, 유지관리, 개성과 미 등에 영향을 준다.

질감은 재료 및 그 구성방법에 따라 만들어지는 구조적 질감과 재료의 표면처리에 의해 만들어지는 변경된 질감으로 나누어 볼 수 있는데, 실내디자인에서는 구조적 질감이 중요시된다. 질감과 밀접한 관계가 있는 것은 문양(pattern)이다. 문양은 표면의 가치를 향상시키기 위한 질감의 마감처리로서 그 구성방법에 따라 사물을 사실적으로 표현한 사실적 문양과 사물의 모양을 단순화, 약식화하여 표현한 양식적 문양, 그리고 실제의 사물과는 관계없이 선이나 문자, 색채 등을 조합하여 구성한 추상적 문양으로 나눌 수 있다.

장식은 표면의 가치를 향상시켜 시각적인 아름다움을 더하기 위한 것으로 대개 특정한 주제를 규칙적, 반복적으로 구성한 무늬를 넣어 조화를 얻는데, 이것을 패턴이라 한다. 패턴은 연속성을 가지며, 모티브에 따라 여러 가지 무늬를 만들 수 있어 운동감을 나타낸다.

질감은 물체의 표면적 특성으로 다음과 같은 특징이 있다.

■ 따뜻함과 차가움, 거칠고 부드러움, 가벼움과 무거움 등의 느낌을 말한다.
■ 색채와 조명을 동시에 고려하는 것이 효과적이다.
■ 매끄러운 질감은 빛을 많이 반사하므로 가볍고 환한 느낌을 주고 주의를 집중시키고 같은 색이라도 강한 느낌을 준다. 거친 질감은 빛을 흡수하여 무겁고 안정된 느낌을 준다.
■ 나무, 돌, 흙 등의 자연재료는 따뜻함과 친근한 느낌을 준다.
■ 단일 색상의 실내에서는 질감 대비를 통하여 풍부한 분위기를 연출할 수 있다.

한편, 문양은 표면의 가치를 향상시키기 위한 질감의 처리로서 다음과 같은 특징이 있다.

- 수직 줄무늬는 공간을 더 좁고 높아 보이게 한다.
- 수평 줄무늬는 공간을 더 넓고 낮아 보이게 한다.
- 긴 벽체에 수직 또는 수평적인 장식물을 설치하면 지루한 느낌을 줄일 수 있다.
- 세로 줄무늬와 가로 줄무늬를 불안정하게 병용하면 혼란스럽게 된다.
- 작은 공간에서는 서로 다른 문양의 혼용을 피하는 것이 좋다.

② 색 채

색채(color)는 빛이 눈을 자극하는 것에 의해 생기는 시감각(視感覺)으로 빛과 함께 가장 기본적인 시각환경 요소이다. 색채는 형태보다 먼저 지각될 만큼 가장 강하고 빠른 감각의 전달수단이며, 색채감각에 대한 인간의 심리적 반응은 매우 다양하다. 우리가 구분할 수 있는 색의 수는 수백만 종에 이르나 크게 무채색과 유채색으로 구분되며, 이들 색채의 조합과 변화로 인간의 다양한 정서와 감정을 표현할 수 있다. 색채의 체계와 이론은 인간에게 미치는 영향이 매우 큰 환경요소이다.

(3) 규모와 위치결정 요소

① 방 향

방향(direction)은 형태를 구성하는 간접적인 요소로 형태를 보는 사람과 형태를 구성하는 외곽선, 그리고 주위의 다른 형태에 의해 결정된다. 즉, 하나의 조형물은 상하 또는 좌우의 보는 위치에 따라 그 형태가 다르며, 그때 보이는 디자인 특성 또한 다르다. 따라서 우리가 공간을 디자인하거나 완성된 조형물을 전시할 때에는 보는 방향, 사용 방향에 대한 고려가 필요하다.

② 크 기

크기(size)는 넓이, 길이, 높이, 체적 등에 관한 기하학적이고 시각적인 단위의 등급을 의미한다. 실내디자인에서의 크기는 상대적인 크기로 공간과 대비한 크기를 말한다. 크기의 결정은 인간의 신체치수를 고려한 휴먼 스케일(human scale)과 인간의 생활습관으로 결정되는 감각 스케일을 중요시해야 한다. 실내공간에 사물을 배치할 때는 상호 간에 적정 크기로 존재하는 것이 중요하며, 위압감을 느끼게 하는 크기이거나 사용이 불편할 정도로 작은 크기는 피해야 한다. 특히, 우리나라 사람들은 필요 이상으로 큰 크기의 공간을 소유하려는 경향이 있으므로 효율적인 공간계획을 통하여 적절한 크기의 공간사용을 유도해야 한다.

③ 공 간

공간(space)은 모든 사물을 담고 있는 무한한 영역으로 어디에나 존재한다. 그러나 건축물의 구조적 요소인 바닥, 벽, 천장 등에 의해 측량 가능한 공간으로 한정되기도 하며, 시간이나 시선의 위치에 따라 다양한 공간감을 나타낸다. 즉, 실내공간을 사용하는 경우, 낮과 밤, 앉거나 서거나 하는 등의 시간의 경과, 자세, 위치의 변화 등에 따라 각기 다른 공간감을 느끼게 된다.

공간은 그 성격과 구성방식에 따라 적극적 공간(positive space)과 소극적 공간(negative space), 개방적 공간(open plan)과 폐쇄적 공간(closed plan) 등으로 구분한다. 적극적 공간은 바닥, 벽, 천장 등의 공간 요소에 의해 둘러싸여 적극성을 띠고 구심적(求心的)이며, 소극적 공간은 둘러싸인 공간이 공허하여 소극적이고 원심적(遠心的)이다. 실내공간의 경우, 적극적 공간은 가구 등의 물체들이 차지하고 있는 공간이고, 소극적 공간은 물체와 물체 사이의 빈 공간이다. 한편, 개방적 공간은 원룸과 같이 하나의 공간을 기능에 따라 벽체로 구획하지 않고 내적 개방감을 느낄 수 있도록 구성한 것이며, 폐쇄적 공간은 기능에 따라 각기 독립된 여러 개의 공간으로 연결하여 구성한 것이다.

2) 디자인 원리

디자인의 원리는 조형물을 아름답게 계획하기 위한 디자인 요소들의 구성법칙인 동시에 조형물의 아름다움을 해석하고 분석하는 방법이기도 하다. 즉, 디자인 요소들을 결합하는 원리로 자연의 법칙을 응용한 것이다. 실내디자인의 원리에는 조화, 균형, 규모와 비례, 리듬, 강조 등이 있다.

그림 7-3 디자인 원리

(1) 조화와 균형

① 조 화

조화(harmony)란 여러 요소들의 집합이 하나의 전체로 보이도록 통일성을 부여하는 것이다. 즉, 두 개 이상의 조형 요소가 부분과 부분 사이, 부분과 전체 사이에서 공통성과 이질성이 공존하면서 감각적으로 융합해 새로운 성격을 창출하며 쾌적한 아름다움이 성립될 때 조화를 이루었다고 한다. 게슈탈트 학파가 주장하는 인간의 시각적 속성을 보면, 인간은 다양하고 복잡한 대상을 볼 때 그것을 가장 단순한 형태로 변화시켜 이해하기 쉬운 형태로 지각하려는 속성을 지닌다고 하였다. 예를 들어, 주택의 각 방들이 다른 주택의 방처럼 지각된다면 지각 체계의 혼돈이 초래되고 편안한 느낌이 감소될 것이다. 따라서 통일성은 어떠한 디자인에 있어서도 기본이 되어야 할 중요한 개념이다.

디자인에서 조화를 이루는 방법은 모든 요소를 동일하게 처리하여 통일성을 부여하는 유사조화가 가장 쉬운 방법이다. 그러나 유사조화는 너무 단조롭고 딱딱한 분위기가 되기 쉬우므로, 통일성은 다양성과 변화를 전제로 해야 한다. 즉, 다양한 여러 요소들은 전체와 어떤 관련성을 지니면서 조화를 이루어야 한다.

통일성을 이루기 위한 구체적인 방법은 근접, 반복, 연속 등을 들 수 있다. 근접은 서로 다른 요소들을 어떤 관계가 있는 것처럼 보이게 하거나 유사하고 친근한 관계를 갖는 요소들을 결합하는 것이다. 반복은 동일한 요소를 여러 번 반복시켜 통일성을 이루게 하는 방법이다. 연속은 디자인 요소들이 지닌 선이나 형태의 방향과 위치, 또는 색채들 간의 관계 때문에 마치 서로가 연속된 것 같은 느낌을 주는 방법이다.

- 유사조화 : 유사조화(similar harmony)는 형식적, 외형적, 시각적으로 동일한 요소의 조합에 의해 성립된다. 각 요소가 공통성을 가지고 있으므로 온화하며 부드럽고 여성적인 안정감이 있으나 지나치면 단조롭고 신선함을 잃을 우려가 있다.
- 대비조화 : 대비조화(contrast harmony)는 질적, 양적으로 상반된 두 개의 요소가 조합되었을 때 상호 간의 반대성에 의해 성립된다. 강력함, 화려함, 남성적인 느낌을 주나 지나치게 큰 대비는 혼란스럽고 통일성을 잃을 우려가 있다. 조형요소로서 대비의 개념은 직선과 곡선, 밝음과 어두움, 크고 작음, 길고 짧음, 무거움과 가벼움, 투명과 불투명, 높음과 낮음, 추위와 더위, 두꺼움과 얇음, 집중과 반사, 움직임과 고요함, 나오고 들어감 등이다.

② 균 형

균형(balance)이란 안정과 중심성을 의미한다. 즉, 두 가지 조형 요소의 상호작용이 일정한 중심점에서 역학적으로 균등하여 평형을 이룰 때 균형을 이루었다고 한다. 균형의 유형은 대칭균형, 비대칭균형, 방사상균형이 있다.

- 대칭균형 : 대칭균형(symmetry balance)은 축(軸)을 중심으로 정확히 좌우대칭을 이루게 한 것으로 정적 균형이라고 한다. 즉, 형태나 크기, 위치 등이 양쪽으로 균등하게 놓이는 경우로 이지적, 소극적, 형식적, 안정감, 엄숙함, 단순한 느낌을 준다.

우리 주변의 자연물이나 조형물 등이 대부분 좌우대칭의 모양을 가지고 있어 대칭균형은 매우 친숙하고 기능적으로 생각된다. 그러나 대칭균형은 강조하고자 하는 영역이나 사물에 시선이 집중되어 전체적인 구성이 형식적이고, 엄숙함을 느끼게 하기 때문에 항상 유용한 방법은 아니다. 이러한 대칭균형은 전통적인 건물의 외관이나 실내공간에서 많이 볼 수 있다. 그러나 실내공간의 전체를 대칭적으로 균형 잡는 것은 어려우며, 공간 전체를 너무 대칭균형으로 디자인하면 공간이 작아보이므로 선, 형, 색 등을 조절하여 공간 속에서 시선을 옮겨 주도록 한다. 따라서 대칭균형은 공간 전체보다는 가구와 같은 작은 단위에 이용하는 것이 적합하다.

- 비대칭균형 : 비대칭균형(asymmetry balance)은 시각적 무게나 시선을 끄는 정도는 같으나 그 형태나 구성이 다른 균형으로 동적 균형이라고도 한다. 즉, 물리적으로 불균형이지만 시각적으로 균형을 이루는 것으로, 감성적, 비형식적, 운동감, 긴장감, 생명감을 느끼게 한다. 실내디자인에서 비대칭균형을 가지도록 하는 기본방법은 형태가 다른 경우는 각각의 시각적 무게를 같게 하거나 시소의 원리를 이용하여 구성의 중심에서 균형감을 얻을 수 있는 거리에 놓는 것이다. 생활공간에서는 비대칭균형이 자연스러운 느낌을 주므로, 대칭형의 가구를 배치할 때는 놓이는 거리나 모양이 다른 가구를 배치하여 비대칭균형을 얻는 것이 효과적이다.
- 방사상균형 : 방사상균형(radiative balance)은 하나의 점을 중심으로 주위에 있는 사물들이 원형으로 돌면서 균형을 이루게 한 것으로 원형균형이라고도 하며, 사각형으로 된 공간에서 신선한 대비감을 느끼게 한다.

  방사상균형은 축이 되는 중심의 주위에 형태를 정확히 반복해 나가는 것일 뿐만 아니라 초점 주위를 맴도는 것인데, 그 초점은 강조가 될 수도 있고 그렇지 않을 수도 있다. 방사상균형은 접시, 그릇, 둥근 쿠션, 문양과 같은 소품에서 많이 볼 수 있는데, 실내에서는 대칭적이면서 정적인 것과 비대칭이면서 소용돌이 모양인 것을 볼 수 있다.

디자인에서 균형은 시각적인 균형을 의미하는데, 이러한 시각적 균형의 감각은 물리적 균형의 경험에서 비롯된다. 실내공간에서의 균형은 하루 동안 계속 변화되는데, 이는 조형의 효과와 인간의 활동에 기인한다. 즉, 자연광을 조절하고 인공조명을 설치함으로써 밤과 낮의 균형을 얻고, 인간이 움직임으로써 공간의 균형에 변화를 유발시킨다.

균형의 특성은 다음과 같다.

- 기하학적 형태는 불규칙적인 형태보다 가볍게 느껴진다.
- 작은 것은 큰 것보다 가볍게 느껴진다.

- 차가운 색은 따뜻한 색보다 가볍게 느껴진다.
- 부드럽고 단순한 것은 복잡하고 거친 것보다 가볍게 느껴진다.
- 밝은 색은 어두운 색보다 가볍게 느껴진다.
- 사선은 수직선, 수평선보다 가볍게 느껴진다.

(2) 규모와 비례

① 규 모

규모(scale)란 스케일, 크기라는 의미로 물건과 물건, 인간과 공간과 관련하여 크기를 평가하는 기준이다. 공간과 공간 내에 배치되는 물체들의 상호 간에 유지되어야 할 적정 크기로 실질적 상호 간의 수리적 관계를 말하는 것으로 실내의 크기, 가구와 집기 등의 체적, 인간의 척도 및 동작 범위 등을 고려하는 공간관계의 측정기준이 된다. 규모는 인간 척도, 인간 신체 치수를 기준으로 한 크기인 휴먼 스케일(human scale), 볼펜이나 휴대전화 등과 같이 사용하기 쉽고 친근감을 주는 크기인 인티메이트 스케일(intimate scale), 기념탑 등과 같이 실제적인 크기보다 아주 커서 신비감을 느끼게 하는 크기인 모뉴멘탈 스케일(monumental scale)로 분류할 수 있다.

디자인에서 크기를 결정하는 일은 매우 중요하다. 각 공간의 크기, 이들 공간 내의 가구나 기구 등의 크기를 결정하는 것은 시각적인 것이면서도 기능성과 밀접한 관련을 갖고 있다. 실내디자인에서는 공간의 크기와 공간에 배치하는 가구나 각종 기구 및 장식품들 상호 간의 스케일이 조화를 이루어야 한다. 예를 들어, 방의 마감재로 벽지가 많이 사용되는데 작은 방에는 작은 문양의 벽지, 큰 방은 큰 문양의 벽지를 사용해야 조화롭다. 즉, 실내디자인에서 규모를 조정함으로써 친밀감, 안정감, 흥미로움 등 다양한 분위기를 만들어 낼 수 있다.

② 비 례

비례(proportion)는 자연의 질서체계에 대응한 인간의 감각으로부터 비롯된 것으로 전체를 볼 때 전체와 부분, 부분과 부분 사이에 상대적인 크기를 의미하는 개념이다. 즉, 물체 상호 간의 비교 측정관계를 말하는 것으로 대소의 분량, 장단의 차이, 부분과 부분 또는 부분과 전체의 수량적 관계를 말한다. 실내디자인에서는 건축물의 전체 치수와 실내공간, 개구부, 가구 등의 구성요소 사이에 폭, 높이, 깊이관계에서 적절한 치수관계를 가지게 된다. 예를 들어, 인체에서 몸 전체에 대한 얼굴의 크기, 다리의 길이 또는 팔의 길이에 대한 손의 길이 등을 인체 비례라고 한다.

실내의 벽면에 밀착하여 소파를 배치하면 소파 위에 커다란 벽면이 남게 된다. 남은 벽면에 그림 액자를 걸 때 그 액자가 너무 크다거나, 작다거나 또는 적당하다는 등의 느낌을 가지게 되는데, 이 느낌이 비례에 대한 감각이다. 즉, 벽면과 액자와의 비례, 액자와 소파와의 비례 그리고 액자와 실내공간과의 비례가 모두 적당할 때 아름답고 편안한 느낌을 갖게 된다.

르 코르뷔지에(Le Corbusier)는 인간생활에 적합한 건축을 위해 인체치수를 고려한 황금비례를 건축디자인에 적용해야 한다고 모듈러(modular)의 개념을 주장하였다. 인체치수는 신체를 기준으로 하여 측정하는 크기로 휴먼 스케일(human scale)의 기준이 되는 척도이다. 척도는 가구, 실내, 건축물 등 물체와 인체의 관계 및 물체 상호 간의 관계를 말하는 것으로 인간을 중심으로 공간 구성요소들이 적절한 크기를 가지고 있어야 한다. 이러한 적절한 규모를 가지게 하는 것을 척도조정(modular coordination)이라고 한다.

모듈러 코디네이션은 건축의 재료, 부품에서 시공에 이르기까지의 건축 생산 전반에 걸쳐 치수상 유기적인 연계성을 만들어 내는 것이다. 즉, 건축계획, 설계에서 건축공간을 구성하는 각 부분의 치수가 건설목적에 접합하고 이용에도 적당하도록 치수계획을 하면서 동시에 건축을 구체화하는 건축재료에 대해서 기성제품의 치수를 사용하므로 낭비를 줄이고 마무리가 잘되도록 해야 한다. 따라서 건축물의 구성재는 물론 건축물 구성요소인 실내공간의 평면, 입면, 단면 및 가구류, 개구부 등 다양하게 적용될 수 있다.

비례는 여러 가지가 있으나, 대표적인 비례는 황금비와 정수비이다.

- 황금비 : 황금비(golden section)는 자연물이나 인체에서 흔히 발견되는 비례이다. 고대 그리스인들은 1 : 1.618이라는 비례를 발견하고 이를 가장 아름답다고 하여 황금비라 지칭하였다. 황금비는 지금까지 디자인의 기초적인 비례로 널리 활용되고 있다. 이 비례의 구성 체계는 어떤 선을 이등분하여 작은 부분과 큰 부분의 비가 큰 부분과 전체와의 비와 같게 하는 비례이다. 즉, 큰 것이 a, 작은 것이 b라고 한다면, b : a = a : (a+b)이다. 이때 b = 1로 하면 a = 1.618이 된다. 황금비는 다소 딱딱한 느낌이 드나 통일성과 변화를 동시에 느낄 수 있는 아름다운 비례이다.
- 정수비 : 정수비는 1 : 2, 2 : 3과 같이 정수에 의한 비례를 말한다. 정수비는 대량생산이나 교환성, 규격화 등을 중시하는 현대건축이나 공예에서 실용적 가치가 높으며, 정적이고 명쾌한 느낌을 준다.
- 피보나치의 수열 : 0, 1, 1, 2, 3, 5, 8, 13, 21, 34…와 같이 각 항은 그 전에 있는 2개항의 합한 수가 된다. 이를 피보나치(fibonacci) 급수라 한다.
- 르 모듈러 : 휴먼 스케일을 디자인 원리로 사용한 르 코르뷔지에는 모듈러라는 설계단위를 설정하고, 이를 인체척도와 관련시켜 형태비례에 대한 학설을 주장하고 실천하였다. 모듈러는 인체의 수직 치수를 기본으로 하여 황금비를 적용, 전개하고 여기서 등차적 배수

를 더한 것으로서 인체 각 부위의 비례에 바탕을 둔 치수 계열이다. 르 모듈러(Le modulor)를 적용한 첫 작품은 마르세이유의 주택단지이다.

(3) 리듬과 강조

① 리듬

리듬(rhythm)은 율동이라고도 하는데, 균형이 잡힌 후에 나타나는 변화의 원리이다. 즉, 규칙적인 요소들의 반복으로 나타나는 통제된 운동감이 리듬이다. 리듬은 음악에서뿐만 아니라 디자인에서도 중요한 원리의 하나로 눈의 움직임에 의해 나타나는 것이다. 리듬을 구성하는 방법은 반복, 교체, 점진, 대조, 방사 등이다.

- 반복 : 반복(repetition)은 동일한 형, 색, 문양, 질감 등의 요소를 하나의 단위로 두 개 이상 반복 구성하여 통일된 질서의 미와 연속성, 리듬감을 나타내는 것이다. 이는 리듬을 구성하는 가장 간단한 방법으로, 질서에 의한 통일감을 얻기 쉬우나 단조롭고 지루한 느낌을 주게 된다. 실내 바닥재의 패턴 깔기, 벽체의 질감 변화 등으로 반복리듬을 얻는다.
- 교체 : 교체(opposition)는 대립이라고도 하는데, 디자인 요소들을 교체 반복시켜 리듬감을 얻는 방법이다. 반복보다 역동적인 효과를 나타내며, 디자인 요소들 사이의 간격을 유지시키고 이들을 강조하거나 약화시키기도 한다. 벽과 천장 사이, 기둥과 보의 교차, 실내 벽면에 크고 작은 그림들을 규칙적으로 배열하는 경우가 그 예가 된다.
- 점진 : 점진(gradation)은 점이, 점층, 계조라고도 하는데 색, 형, 크기 등의 요소들이 점차 변화하는 것이다. 즉, 어떤 형태 요소가 점점 작아지거나 커지는 현상, 또는 색채가 벽 아래에서 위로 올라갈수록 점차 진해지는 것 등이다. 이는 변화와 진보, 동적, 생동감, 희망, 창의성 등의 시각적 효과를 준다.
- 대조 : 대조(transition)는 대비, 변이라고도 하며, 형이나 색 등의 디자인 요소를 갑작스럽게 변화시켜 상반된 분위기를 조성하고 리듬감을 생기게 하는 것이다. 즉, 갈색소파 위에 빨간 쿠션과 흰색 쿠션을 나란히 놓는다든지, 벽면에 사각형 액자들 사이에 마름모꼴의 액자를 하나 배열하여 대조를 이루는 것이다. 이와 같이 대조의 리듬은 자극적이고 혼란을 초래할 우려가 있으며, 지나친 대조는 오히려 리듬을 깨칠 수도 있다.
- 방사 : 방사(radiation)는 중심점에서 주위를 행하여 선이 퍼져나가는 리듬의 일종이다. 화환 같은 장식품이나 바닥의 패턴, 가구의 배치 등에서 볼 수 있다.

② 강조

강조(emphasis)는 디자인의 부분 부분에 주어진 강세, 즉 강도의 다양한 정도를 의미하는 것으로 주와 종의 관계를 형성하는 것이다. 따라서 다른 것을 덜 강조하지 않고는 다른 어떤 것을 강조할 수가 없으므로 우세한 것과 그에 종속되는 것의 정도가 정해진다. 디자인에서 단조로움이나 규칙성을 변화시킬 때 또는 관심의 초점을 형성할 때 주로 강조의 원리가 이용된다. 강조나 초점은 한 공간에서 통일감과 질서를 느끼게 하기 때문이다. 가시성을 결정하는 요소는 대상물의 크기, 주변과의 대비, 대상물의 밝기, 시간성이다.

강조를 표현하는 방법에는 강조, 우세, 보조, 종속 등이 있는데, 강조는 절대적인 강조로서 강하게 시선을 끄는 역할을 하며 눈이 상대적으로 오래 머무는 곳이다. 우세는 지배적인 강조로 주변공간보다 조금 더 시선을 끄는 역할을 한다. 또한 보조는 보조적인 강조로서 보충하는 역할을 하며, 종속은 쉽게 눈에 띄지 않으면서 강조하는 역할을 한다. 주택에서는 거실의 벽난로, 응접세트, 미술품 등이 눈길을 끄는 요소가 된다.

3. 실내공간의 요소

실내공간의 요소는 1차적(고정적), 2차적(가동적), 3차적(심리적) 요소로 구분할 수 있다. 1차적(고정적) 요소에는 천장, 벽, 바닥, 기둥, 개구부, 통로, 실내환경시스템 등이 있으며, 2차적(가동적) 요소에는 가구, 조명, 액세서리 등이 해당된다. 3차적(심리적) 요소에는 색채, 질감, 직물, 문양, 형태, 전시 등이 포함된다.

1) 바 닥

바닥은 실내공간을 구성하는 수평적 요소로서 시각적, 촉각적 요소와 밀접한 관계를 가진다. 바닥의 높낮이에 따라 시간, 공간의 연속성을 조절할 수 있으며, 바닥면의 모서리는 형태나 색채, 질감, 마감재를 다르게 하거나 조명을 설치함으로써 시각적인 구분을 명확하게 한다. 바닥재의 색채는 저명도에 중채도나 저채도의 색상이 좋다. 특히, 자연 마감재료는 친근감과 따뜻함을 주며, 인공 마감재료는 차가움과 세련미를 느끼게 한다.

(1) 바닥의 기능

바닥(floor)은 인간의 활동공간으로 인체와의 접촉 빈도가 가장 높은 수평적 요소이다. 바닥은 지면으로부터 습기를 차단하고 인체와 가구를 지지하며, 공간을 분할하여 크기를 결정하고 동선을 유도하기도 한다. 바닥은 보행성(안전성)이 좋아야 하며, 단열성, 내마모성, 내수성을 갖추는 것 외에도 촉감이 좋고 유지관리와 교체가 쉬워야 한다. 바닥은 시선이 머무는 범위 내에 있으므로 실내 전체의 디자인에 미치는 영향력이 크다.

(2) 바닥의 분류

목재 바닥은 장선(jois)과 데킹(decking) 구조 또는 널과 보 구조로 이루어져 있다. 장선은 보통 60 cm를 넘지 않는 가까운 간격으로 배열되고 합판이나 목재 널판 또는 얇은 콘크리트 판으로 덮인다.

스틸 바닥구조는 주로 비거주용 건물에서 쓰인다. 스틸은 목재보다 장력과 압축력이 월등히 강하나 고온에 노출되면 녹을 수 있기 때문에 반드시 내화성이 있어야 하고 콘크리트를 입혀야 한다. 스틸 구성품들은 규격화된 크기로 대량 생산되며 스틸 부품들은 용접이나 볼트로 고정된다.

콘크리트 바닥은 지면 위의 슬래브(slab)나 복층 건물의 바닥에 쓰이는 구조이다. 현장에서 콘크리트를 바닥판과 내력보에 부어서 만들거나, 규격화된 제품을 현장에서 조립한다. 콘크리트는 불에 타지 않아 불연재이지만, 콘크리트 내부에 넣은 보강재가 고온에서는 녹을 수 있으므로 이 강철을 보호하는 처리가 필요하다.

특수 바닥은 건물 내부의 특수기능을 수용하기 위해서 만드는 바닥이다. 예를 들면, 액세스(access) 바닥은 전선, 에어 덕트, 배수관 등을 손쉽게 설치하기 위해 기존 바닥 위에 얹는 모듈화된 높임 바닥이다.

이러한 유형의 바닥은 우선적으로 사무공간과 컴퓨터실에 적용되며, 이 구조는 유지 관리와 수선, 부품 교체를 위한 여유공간이 필요하다.

(3) 바닥디자인

바닥은 천장이나 벽과는 달리 우리의 몸과 직접 접촉하는 곳이며, 특히, 우리나라와 같이 실내에서 신을 벗고 생활하는 습관에서는 그 촉감도 매우 중시되는 부분이다. 바닥은 이러한 특징 때문에 수평을 유지하는 것이 일반적이다.

그러나 바닥에 단차를 구성하여 공간의 영역을 조정할 수 있다. 바닥을 기준면보다 높이거나 낮게 구성하며 공간의 흐름을 조절하거나 그 범위를 한정시켜 영역을 분리시킬 수 있으며, 고저의 정도에 따라 시간적 연속성도 조정할 수 있다. 즉, 시점보다 높은 바닥면은 접근하기 어렵고 신성한 영역으로 전환시킬 수 있다.

반면, 시점보다 낮은 바닥면은 주변공간과 시각적 연속성이 적어지고 동일한 공간 내의 볼륨은 강조된다. 깊이가 깊어져 시점보다 더욱 낮아지면 하나의 공간이 형성된다.

또한 단차를 두지 않고 바닥의 재료, 색채, 질감, 문양 등을 변화시켜 공간에 연속성을 부여하거나 성격을 변화시킬 수 있다. 거실이나 복도에 부분적으로 카펫을 깔아 영역을 구분, 강조할 수 있는데, 이 경우 카펫의 색채, 질감, 패턴이 강렬하면 이 부분은 전체 공간에 있어서 더욱 중요하고 지배적인 영역으로 강조된다.

2) 벽

벽은 실내공간의 구성 요소 중 가장 많은 면적을 차지하며, 가장 먼저 지각하는 수직적 요소이다. 인간의 시선과 동작을 차단하며, 공기의 움직임을 제어한다. 상부의 하중을 받는 내력벽은 실내공간 구성이나 동선에 영향을 주고, 벽 자체의 하중을 받지 않는 비내력벽은 경량 칸막이, 유리 칸막이, 이동 칸막이, 기타 스크린 등으로 실내디자인의 대상이 되는 벽이다.

벽은 눈에 잘 띄는 곳에 있으며 면적이 넓으므로 그 처리방법은 장식 면에서 비중이 높으나 기능 면에서는 바닥만큼 중요하지 않다. 그 역할로는 인간의 시선, 동선, 공기의 움직임, 소리, 열의 이동 등의 차단기능이 크다. 또한 공간과 공간을 구분하며 공간 형태에 변화를 줄 수 있는 요소이다.

(1) 벽의 기능

벽(wall)은 공간을 에워싸는 수직적 요소로 공간을 분할하고 한정하며, 색채, 질감, 패턴 등에 의해 실내의 분위기를 형성하고 가구, 조명 등의 배경이 되기도 한다. 실내공간의 구성 요소 중 가장 많은 면적을 차지하며, 외부환경으로부터 인간을 보호하고 프라이버시를 지켜준다. 또한 실내공간의 형태와 규모를 결정하며, 가구나 장치물의 배경이 되고 창과 문, 수납장 등이 설치되기도 한다. 벽은 실내공간 구성 요소 중 가장 눈에 띄기 쉬운 요소로 시각적 대상물이 되거나 공간의 초점 역할을 하기도 한다.

(2) 벽의 분류

벽은 실내공간에서 높이, 위치, 구조적인 면에서 각기 다른 성격과 기능을 갖는다.

먼저 높이에 따라 분류하면, 높이가 600 mm 정도이면 한정된 공간의 모서리는 규정할 수 있지만 감싸는 효과는 없고, 상징적 벽체로 영역구분만 할 뿐 통행이나 시각적인 방해가 되지 않는다. 가슴 높이(900~1,200 mm) 정도이면 주변 공간에 시각적인 연속성을 주면서 에워싸인 분위기를 준다. 이 높이의 벽은 개방적 벽체로 눈높이보다 낮아 시각적인 개방감은 있으나 동작의 움직임은 제한되는 높이로 레스토랑, 사우나, 커피숍 등에 이용된다. 눈높이(1,200~1,600 mm) 정도가 되면 공간이 분할된 것으로 지각하고, 1,700~1,800 mm 이상의 벽은 눈높이보다 높아 시각적 프라이버시가 보장되는 가장 일반적인 벽체로 자유로운 동작을 완전히 제한하는 차단적 벽체이다. 벽의 높이에 따른 시각적, 심리적 변화는, 특히 원룸을 계획하거나 개방된 거실, 식당, 부엌을 구분할 때 다양하게 활용할 수 있다.

또한 벽은 위치에 따라 외벽과 내벽으로 분류할 수 있는데, 내벽은 내부공간의 분할을 위해 설치된 벽으로 양쪽이 모두 내부에 접해 있는 경우이고, 외벽은 외부와 내부를 구획하는 벽으로서 단열성을 높여 주어야 한다.

구조적인 관점에서 보면 내력벽과 비내력벽으로 구분된다. 내력벽은 외부로부터 힘을 받고 있는 벽이고 비내력벽은 외부로부터 힘을 받지 않고 단순히 칸막이 역할을 하는 벽으로 장막벽, 커튼월이라고도 한다.

(3) 벽의 디자인

벽의 디자인에서 중요한 것은 창과 문의 구성이다. 창의 크기 및 위치, 배치 형식 등에 따라 정식적, 비정식적 또는 개방적, 폐쇄적 공간으로 조절할 수 있다. 또한 바닥과의 경계면에 있는 걸레받이, 천장과의 경계면에 설치하는 반자돌림띠(몰딩), 벽의 아래부분에 부가하는 징두리판벽 등을 장식요소로 활용하는 것이다. 이러한 장식요소들의 색채나 재료, 질감 등을 벽면과 대조적으로 처리하면 인접하고 있는 벽, 바닥, 천장이 구분되므로 여러 가지 시각적 효과를 얻을 수 있다. 그리고 붙박이 가구를 설치하거나 액자를 걸어 벽면에 초점을 형성하여 강조 효과를 얻을 수 있다. 뿐만 아니라 가구류나 장식물의 배경으로 이용하거나 벽면 자체의 색채, 질감, 패턴 등을 살려 디자인 감각을 부여할 수도 있다.

벽을 디자인할 때에는 디자인 자체가 주는 느낌을 고려해야 하고, 이동벽, 낮은 칸막이, 투명하고 넓은 출입구 등 벽의 개방감에 대해 고려해야 한다. 또한 벽은 색과 질감에 따라 분위기가 좌우되므로 빛과의 관계를 고려해야 하며, 질감과 관계가 깊은 소리의 흡수, 반사를 고려하고 냉난방을 위한 절연방안을, 그리고 벽의 용도와 청소와 보수 등 내구성과 유지관리를 생각해야 한다.

3) 천 장

천장은 실내공간을 형성하는 수평적 요소로서 다양한 형태나 패턴처리로 공간의 형태를 변화시킬 수 있다. 천장이 낮으면 친근하고 아늑한 공간이 되며 공간의 영역구분이 가능하다. 천장이 높으면 시원함, 확대감을 주어 공간에 활기를 준다.

(1) 천장의 기능

천장(ceiling)은 수평적 요소로 공간지각의 대상이 되며 시각적 흐름이 멈추는 부분이다. 또한 실내공간의 형태와 수직적 규모를 결정하며, 조명, 음향, 냉난방효과와 직접 관련을 가지는 중요한 요소이다. 천장은 바닥과 달리 촉각적 요소는 거의 없고 시각적 요소만 요구된다.

천장의 높이는 실내공간의 성격을 결정하는 중요한 요인으로 용도와 넓이에 비례한다. 즉, 주택의 각 실은 강당이나 백화점, 대합실과 같이 넓은 면적이 아니므로 천장고는 2,300 mm 정도가 일반적이다. 이보다 높으면 개방감과 경쾌감을 주는 반면 이보다 낮으면 친근감, 안락감을 준다. 천장면의 높이 변화는 공간의 영역을 규정하고 인접공간과 분리시키는 공간분할 효과를 준다.

(2) 천장 분류

평천장은 가장 일반적인 천장으로 단순하여 시선을 거의 끌지 않는다. 보통 판재를 붙이거나 석고를 입히거나 페인트, 벽지로 마감한다. 들보를 노출시키거나 덧대기도 하는데, 나무색을 그대로 둠으로써 선을 강조하는 경우도 있다.

경사천장은 한쪽이 기울어진 형태의 천장이다. 천장면이 넓어서 공간을 커 보이게 하고, 사선의 효과가 있어서 동적인 느낌을 주며 시선을 끌게 한다. 주로 다락방에서 흔히 볼 수 있는데, 너무 낮아서 제대로 설 수 없는 부분에는 붙박이 수납장을 만들면 공간 활용에 좋다. 이와 같은 낮은 경사천장의 경우 천장을 뚫어서 공간감을 얻을 수도 있다.

코브천장(coved ceiling)은 벽과 천장이 만날 때 곡선을 이루는 천장이다.

볼트천장(voulted ceiling)은 궁륭천장이라고도 하며, 아치를 수평으로 이동하여 생기는, 완전히 곡면으로 이루어진 천장을 말한다.

코퍼천장(coffered ceiling)은 격자천장이라고도 하며, 과거에 많이 쓰였던 형태이다. 주로 목재의 격자 구조체로 만들어지며 몰딩이나 선큰(sunken) 장식 패널로 이루어져 있다.

내림천장은 천장의 일부나 전체를 아래로 내린 형태로 실내공간을 수평으로 분할하여, 사이 공간에 조명을 설치하여 간접조명의 효과를 낼 수 있다.

(3) 천장디자인

천장디자인의 첫 번째 방법은 천장의 형태구성으로 공간의 특성을 달리 표현하는 것이다. 천장은 다른 공간 요소와는 달리 조형적으로 자유롭기 때문에 다양한 형태로 자유롭게 구성할 수 있다. 천장의 형태로는 평천장, 단이 있는(층단형) 천장, 경사천장, 들보(연등)천장, 코브(아치)천장 등이 있다.

평천장은 바닥과 평행하여 편평한 면을 가진 천장으로 아늑하고 평온한 느낌을 주며, 단이 있는 천장은 낮은 부분은 친근하고 아늑한 느낌을 주어 사람을 모이게 하는 한편, 높은 부분은 개방감, 확장감과 더불어 위로 들어 올린 것 같은 자유로움을 준다. 천장의 중앙 부분을 높게 구성하여 샹들리에 등의 조명기구를 설치하여 실의 중심성을 강조하기도 한다. 경사천장은 평천장을 사선형으로 변화시켜 천장면을 실제보다 확장시키고 실내에 운동감과 활기를 불어넣는다. 들보천장은 우리나라 전통주택의 대청에서 주로 볼 수 있는 유형으로, 보와 서까래 등의 구조체를 노출시켜 구조미와 리듬감을 느끼게 한다. 코브천장은 여러 가지 아치형으로 구성하여 형태미와 시각적 효과를 연출한다.

다음으로 천장의 높낮이를 변화시켜 공간의 영역성을 부여하거나 분위기를 변화시키는 방법이다. 천장을 낮추면 친근하고 아늑한 공간이 되고, 높이면 개방감, 확대감을 줄 수 있다. 천장에 고저를 둘 경우 천창을 설치하면 공간의 변화를 풍부하게 할 수 있다. 특히, 조명계획과 병행하면 다양한 디자인 효과를 얻을 수 있다.

4) 문과 창

(1) 문과 창의 기능

문(door)과 창(window)은 보통 벽의 한 부분으로 존재하지만 벽과는 다른 기능을 가지고 있다.

문은 여닫는 방식에 따라 종류가 다양하고 개구부의 크기와 열었을 때 여유공간의 정도에 따라 문의 종류와 크기가 정해진다. 또한 문에 따라 작동하는 방법이 다르므로 공간의 용도에 따라 적합한 문을 선택하여 설치하도록 한다.

창문은 빛과 공기를 통과시켜 채광, 통풍을 가능하게 하며, 건물의 표정이나 실내공간의 성격, 가구배치에 영향을 준다. 또한 전망이나 외부의 경치를 실내로 끌어 들이는 차경(借景)의 기능을 한다. 문은 창의 기능에 덧붙여 사람과 물건을 드나들 수 있게 하고 공간과 공간을 연결하는 물리적 기능을 한다.

(2) 문의 분류

문은 양식에 따라 문틀에 경첩을 사용하여 개폐하거나 상하 모서리에 플로어 힌지(floor hinge)를 사용하여 내외 어느 쪽으로도 개폐가 가능한 여닫이와 문이 벽체의 내부로 들어가거나 좌우 옆벽에 밀어 붙여 개폐하는 미닫이로 분류할 수 있다. 여닫이문은 출입문의 가장 일반적인 형태이나 문의 개폐를 위한 면적이 필요하다.

① 개폐방식에 따른 분류

여닫이문(외여닫이문, 쌍여닫이문, 관음여닫이문), 자유 경첩을 달아 스스로 닫히는 문인 자유문(스윙도어), 횡방향으로 개폐되며, 문을 열었을 때 문짝이 좌우의 벽 안으로 들어가거나 옆에 겹치게 되며 개구부 전체가 열리게 되는 미닫이문(외미닫이문, 쌍미닫이문) 문틀 홈으로 문이 미끄러지듯 개폐되며 문짝이 서로 겹쳐지게 되어 전체 개구부의 반이 열리게 되는 미서기문(2짝 미서기문, 4짝 미서기문), 그리고 그 외 아코디언의 주름과 같이 개폐가 이루어지는 접이문(주름문, 아코디언 도어, 폴딩 도어), 유리문 4짝을 축에 장치하여 개폐가 이루어지는 회전문, 우리나라 전통주택에서 볼 수 있는 들문 등으로 분류할 수 있다.

② 형태에 따른 분류

문이 설치되어 있는 벽면과 동일한 위치에 있는 평문, 벽체보다 들어간 후퇴형문, 벽체에서 튀어나온 돌출문 등으로 분류할 수 있다.

(3) 창의 분류

창은 실내공간의 채광과 통풍, 환기 그리고 전망을 제공해 주며, 공간 사이를 시각적으로 연결해 주는 기능을 한다.

① 개폐여부에 의한 분류

고정창(붙박이창)은 채광, 조망을 위해 설치된 것으로 구조체에 고정되어 크기와 형태에 제약 없이 자유로이 디자인할 수 있다. 틈새가 없어 기밀성이 높으나 공조시설이 없으면 공기조절에 어려움이 있다. 이동창은 상하, 좌우로 이동되어 개폐하므로 채광, 조망뿐만 아니라 환기가 가능하다.

② 위치에 의한 분류

창은 설치위치에 따라 측창, 천창, 정측창, 고창, 출창으로 분류된다. 측창은 일반적인 창의 형식으로 벽면에 설치된다. 눈부심이 적고 입체감이 우수하다.

천창은 건물의 지붕이나 천장면에 위치한 창으로 측창에 비해 3배 정도의 빛을 끌어들이며, 조도분포가 균일하여 광창이라고도 한다. 디자인 면에서 재미있으나 빛이나 열조절이 어렵고 청소가 힘들다. 정측창은 창턱 높이가 눈높이보다 높고 창상부가 천장선과 같거나 그 아래에 위치한 수직창으로 천창과 같은 수직면과 측창과 같은 수평면을 함께 가지는 특징이 있다. 고창은 클리어스토리 윈도(clear story window)라고도 하며, 측면 벽에 위치하나 거의 천장 가까운 높이에 위치하고 있어 주로 채광을 목적으로 사용된다. 출창(bay window)은 건물 벽체보다 돌출된 창으로 아늑한 구석공간을 형성하므로 식물이나 장식품을 놓아 장식하거나 간이 휴식공간을 마련한다. 특히, 둥글게 돌출된 창을 보 윈도(bow window)라고 한다.

그림 7-4 창의 종류

출처 : 최정신 외(2009). p. 177.

③ **개폐방식에 의한 분류**

창은 개폐방식에 따라 미세기창, 미닫이창, 오르내리창, 여닫이창, 들창 등으로 분류된다.

미세기창은 2짝 이상의 창문을 좌우로 개폐하는 형식으로 창을 열었을 때 2짝이 서로 겹쳐 반만 열리게 되며, 미닫이창은 같은 형식으로 열렸을 때 2짝의 창문이 벽의 옆이나 안으로 들어가 전체가 열리게 된다. 오르내리창은 위아래 2짝 창문을 개폐시키되 창문이 반만 열리나 동시에 위아래를 열 수 있어 환기가 잘된다. 여닫이창은 열리는 범위를 조절할 수도 있고 전체를 열 수 있어 청소가 용이하며 환기가 잘 된다. 안으로나 밖으로 열리는데, 특히 안으로 열 때는 열 수 있는 면적이 필요하다. 들창은 창문을 들어서 여는 형식으로 경사지게 열리므로 비나 눈이 올 때 창문을 열 수 있는 장점이 있다.

이외에 바닥에서 천장까지 창으로 이루어진 전망을 한 폭의 그림처럼 느끼게 하는 픽처 윈도(picture window), 벽면 전체가 창으로 이루어져 개방감과 확대감을 얻을 수 있는 윈도 월(window wall) 등이 있다.

(4) 문과 창의 디자인

문과 창의 디자인은 문과 창의 크기, 위치, 방향, 형태 등을 고려해야 한다. 그리고 조망에 따른 프라이버시의 보호, 채광, 환기, 냉난방에 대해서도 고려해야 한다.

문의 위치는 동선과 가구배치, 공간 성격에 영향을 준다. 즉, 문의 주위는 동선이 되어야 하므로 가구를 배치할 수 없으며, 문이 벽의 중앙에 위치하느냐 또는 한쪽으로 치우쳐 있느냐에 따라 실내공간의 구성이나 실내로 들어가는 사람의 공간감은 크게 달라진다. 따라서 문의 위치와 시선 방향, 문의 개폐 방향, 열린 문의 방향에서 보이는 실내의 모습도 고려해야 한다.

창의 크기와 위치는 실내에 들어오는 빛의 양과 강도, 조망에 영향을 준다. 따라서 창문의 설치는 얼마만큼의 빛과 조망을 확보하여야 하는지에 따라 달라진다. 창이 작으면 그림이나 하나의 점으로 인식되어 장식적 효과를 주고, 큰 창은 밝고 넓은 조망으로 개방감과 확장감을 준다. 또한 창의 설치여부, 창턱의 높이 등에 따라 가구의 배치와 동선에 영향을 준다.

창은 창틀, 창살, 창면으로 구성되어 있다. 이들의 재료적 특성 외에 창살의 모양으로 다양한 분위기를 연출할 수 있다.

(5) 창의 처리방법

창의 처리방법에 따라 열이나 음을 차단하고 프라이버시, 밝기를 조절할 수 있다. 또한 아름다움과 개성을 표현하여 보다 만족스러운 분위기를 조성하는 데 도움이 된다.

① 커 튼

커튼은 외부의 시선이나, 빛, 프라이버시, 열을 조절하는 것은 물론 열손실을 막아 보온의 효과를 주며 소리를 흡수하고 색이나 문양으로 개성을 표현할 수 있다. 또한 실의 크기나 건축적 결함을 가리는 효과도 얻을 수 있다.

커튼의 종류는 글라스 커튼(glass curtain), 드로 커튼(draw curtain), 드레이퍼리 커튼(drapery curtain), 새시 커튼(sash curtain)으로 나눌 수 있다.

글라스 커튼은 투시성이 있는 얇은 커튼의 총칭으로 유리 바로 앞에 치는 투명한 직물이다. 빛을 은은하게 통과시키므로 커튼의 색이 실내에 퍼져 독특한 분위기를 만들어 낸다.

드로 커튼은 장식을 목적으로 만든 불투명 혹은 반투명의 두꺼운 직물커튼이다. 일반적으로 빛과 열, 프라이버시를 조절하는 것이 주요 기능이고 장식적인 측면에서도 큰 역할을 한다.

드레이퍼리 커튼은 장식을 목적으로 사용되는 것으로 드로 커튼보다 두껍고 무거운 직물로 만든다. 빛, 열, 프라이버시 등을 융통성 있게 조절해 준다. 처음에는 따뜻하게 보이도록 벽에 정착하였으나, 근래에는 창에 걸치거나 고정시키는 형태로 변화하였으며, 모든 커튼의 총칭이다. 창문에 느슨하게 걸려 있는 커튼으로, 호화롭고 중후한 느낌이 나며 차광, 방음, 보온 성능이 좋다. 새시 커튼은 부분 커튼으로 창문의 반 정도만 가리도록 한 것이다.

② 블라인드

블라인드는 빛의 양이나 조망을 용이하게 조절할 수 있고 색과 문양 등이 다양하여 널리 사용된다.

블라인드의 종류는 베니션 블라인드(venetian blind), 버티컬 블라인드(vertical blind), 롤 블라인드(roll blind), 로만 블라인드(roman blind) 등이 있다. 베니션 블라인드는 일정한 크기의 날개를 수평 방향으로 나란히 배열해서 만든 것으로 각도, 승강 조절이 가능하나 청소하기가 어렵다. 버티컬 블라인드는 슬릿을 수직으로 배열하여 180° 회전하는 홀더 체인으로 연결되어 있어 좌우 개폐가 가능하다. 천장 높이가 높은 곳이나 대형 창에 많이 쓰인다. 롤 블라인드는 롤러로 천을 말아 올리거나 내릴 수 있도록 만든 것으로 높이 조절이 가능하며, 칸막이나 스크린효과를 얻을 수 있다. 셰이드 블라인드(shade blind)라고도 한다. 로만 블라인드는 천의 내부에 풀코드나 체인이 설치되어 있어 당기면 아래가 접혀 올라가므로 풍성하고 우아한 분위기를 연출할 수 있다.

③ 그 외

가리개는 직물로 된 롤 스크린과 대나무 등의 나무 조각으로 짠 발의 형식이 있다. 직물로 된 롤러식 가리개는 값이 싸고 높이 등을 융통성 있게 조절할 수 있으며, 대나무로 된 가리개는 빛과 공기를 여과시키면서 조망을 즐길 수 있다. 가리개는 아래위로 내리거나 올려 빛과 프라이버시를 조절할 수 있다.

셔터(shutter)는 어떤 틀에나 움직일 수 있는 얇고 좁으며, 긴 나뭇조각이나 금속을 짜 맞춘 것으로 프라이버시와 빛의 정도를 다양하게 조절할 수 있다. 설치비가 비싸지만 반영구적으로 사용가능하다.

루버(louver)는 편평한 부재를 창의 전면에 설치하여 외부 시선을 차단하고 일조, 환기를 조절한 것으로 주로 창 외부에 덧문으로 단다. 수평형, 수직형, 격자형이 있다.

창호지는 통기성이 있는 창호지를 창면에 발라 창을 통해 들어오는 햇빛을 분산시켜 부드러운 실내 분위기를 연출한다. 따라서 창 자체의 디자인이 좋지 않거나 조망이 좋지 않을 경우에 사용하는 것이 좋다.

4. 주거공간 실내디자인

주거공간은 가족들이 가정생활을 영위하게 하기 위한 공간으로 인간생활의 기본적인 안식처로서의 역할을 한다. 주거공간을 실내디자인할 때에는 기후, 위치, 방위, 디자인 스타일, 거주자, 생활 양식 등을 고려해야 한다. 또한 주거공간은 기능을 달리 하는 여러 공간이 함께 연계되어 형성되어 있으므로 각 공간에서의 행위, 사용시간, 행동반사 등 공간기능을 고려한다.

주거공간을 계획할 때는 생활의 편리함과 쾌적함을 추구할 수 있어야 하며 개인의 프라이버시를 확립할 수 있는 계획이어야 한다. 또한 가족의 일상생활의 터전이므로 기후, 위치, 방위 등의 물리적 사항과 거주자의 요구가 반영되어야 한다.

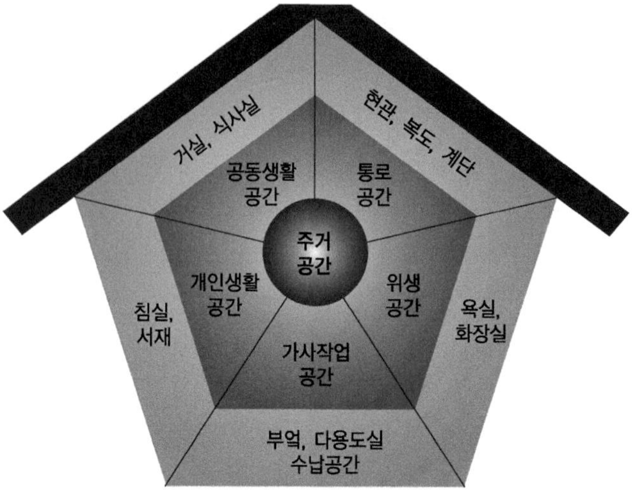

그림 7-5 주거공간의 종류

1) 공동생활공간

주거공간에서 공동생활공간은 거실, 식사실 등이 있다. 공동생활공간을 실내디자인할 때에는 사용자 모두의 특성을 고려하여야 한다. 특히, 거실의 경우 다양한 생활행위를 하는 곳이므로 사용자뿐만 아니라 생활행위에 대한 고려도 반드시 필요하다.

(1) 거 실

거실(living room)은 가족 모두가 공동으로 사용하는 다목적, 다기능 공간으로 공동생활공간의 대표적인 공간이다. 따라서 온 가족이 쉽게 모일 수 있는 주택의 중심에 위치하는 것이 좋으며, 연결통로에 근접시켜 거실의 독립성과 안정성을 유지하여야 한다. 각 실을 연결하는 동선의 분기점 역할을 하도록 한다.

거실의 실내디자인을 실시할 때에는 가장 먼저 가족원의 거실사용 행태에 대하여 알아야 한다.

일반적인 거실의 기능을 보면, 가족들이 모여 대화하고 가족 간의 관계를 강화하는 단란장소로 활용된다. 또 손님이 오면 대접하는 접객장소이며, TV시청을 하고, 간단한 독서, 취미생활을 한다.

거실공간을 디자인할 때 일반적으로 적용하는 실내디자인 기법을 살펴보면 다음과 같다. 거실의 면적은 일정하게 규정할 수는 없지만 주택면적의 20~25% 정도, 가족 1인당 4~6 m^2 정도로 한다. 이보다 좁은 경우에는 거실 한 벽면에 거울을 설치하여 공간을 넓게 보이게 한다. 거실은 통로역할만 하면 안 되고 많은 활동을 하는 장소이므로 좁아 보이지 않게 개방감을 확보하고 조명을 너무 어둡게 하지 않는다. 또 남향에 큰 창을 내어 바깥 경치를 조망하거나 벽의 한 부분에 벽난로를 설치하여 가족 단란의 중심장소를 만들기도 하고 밝은 분위기를 유지하도록 한다. 거실의 천장 형태는 공간 분위기 연출에 영향을 많이 주는데, 보를 노출시키는 연등천장이나 천장을 경사지게 하면 구조미를 느낄 수 있다.

마감재는 보통 바닥은 플로어링, 석재, 타일을 사용하고 벽과 천장은 벽지, 패브릭소재가 많이 쓰인다.

거실가구는 공간 스타일을 연출하는 데 중요한 요소이므로 실내디자인 양식과 가구가 조화를 이룰 수 있게 한다. 특히, 소파를 많이 사용하므로 소파배치에 따라 분위기를 연출하기도 한다. 그리고 붙박이 가구를 설치하거나 가구를 없앤 노퍼니처 기법(no-furniture style)을 활용하면 실내공간을 넓게 사용할 수 있다. 거실에서 TV시청의 최적 거리는 TV화면의 대각선 길이의 6배 이상이다.

거실의 색채는 유사색 조화를 하면 실내 분위기가 단조로워져서 싫증이 나기 쉬우므로 쿠션, 반자돌림띠, 걸레받이, 문틀 등을 강한 강조색으로 처리하여 변화감을 부는 것이 좋다. 전체적으로는 천장은 명도 8 이상, 벽은 6.5~8, 바닥은 명도 5~7로 어둡고 무거운 색보다는 밝고 명랑한 색을 선택하는 것이 좋다. 조명은 전반조명과 국부조명을 병행하는 것이 좋다. 전반조명으로 천장에 조명을 설치하고 국부조명으로 스탠드 등을 활용한다. 거실의 룸 액세서리는 가족의 취미, 기호 등 가족과 관련이 있는 것을 선택하여 다른 집과는 구분되는 독창성을 부여할 수 있는 것이 좋다.

(2) 식사실

식사실(dinning room)은 식사 및 식사준비를 하는 곳이다. 그리고 가족이 함께 식사를 하면서 단란을 꾀하며, 간단한 작업 및 손님접대를 한다. 이러한 식사실은 거실과 식사실, 부엌의 연결유형에 따라 분류한다.

식사실이 하나의 독립된 공간으로 있는 독립형 식사실은 안정된 분위기를 연출할 수 있으나, 공간 간의 연결이 잘 안 될 수 있으며, 소규모 주택에서는 택하기 어렵다.

식당과 부엌이 한 공간에 있는 DK형은 식사를 준비하는 부엌에서 발생하는 냄새나 소리 등에 노출되면 음식준비과정에서 사용했던 그릇 등이 식사 중에 시야에 들어와 지저분해 보인다. 그러나 음식을 만들어 바로 상을 차릴 수 있으므로 가사노동이 상당히 줄어들 수 있다. 거실과 식당이 함께 있는 LD형과 거실, 식사실, 부엌이 한 공간에 있는 LDK형은 여러 공간이 통합되어 있어 넓게 느껴져 개방감이 있지만, 각 공간의 독립적인 사용이 어렵다.

식사실을 디자인할 때 일반적으로 적용하는 실내디자인 기법을 살펴보면 다음과 같다.

마감재는 밝고 따뜻한 느낌을 주는 질감의 소재가 좋다. 바닥은 음식물을 떨어뜨릴 수도 있어 더러워지기 쉬우므로 쉽게 청소할 수 있고 관리가 용이한 재료를 사용하는 것이 좋고, 벽과 천장은 잔잔한 무늬의 비닐벽지 등이 좋다.

가구는 식탁과 의자가 기본이 되는데, 가능한 장식이 많은 것보다는 단순한 모양이 청소하기 용이하다. 색채는 식욕을 일으키는 난색 계열이 좋고, 조명은 식탁을 중심으로 주변에 둘러앉은 사람을 우선하여 계획한다. 식탁 위에는 형광등보다 백열등으로 펜던트형 조명기구를 사용한다.

2) 개인생활공간

주거공간에서 개인생활공간은 침실, 서재 등이 있다. 개인생활공간을 실내디자인할 때에는 사용자의 특성과 사용목적을 고려하여야 한다. 특히, 노인실이나 아동실과 같이 특정 연령대가 사용하는 침실의 실내디자인을 할 때에는 그 연령의 신체적, 심리적 특성을 반드시 고려하여야 한다.

(1) 침 실

개인생활공간의 대표적인 공간은 침실(bed room)이다. 침실은 수면, 휴식, 사색, 독서, 착탈의, 수납 등을 하는 사적인 공간으로 독립성이 요구된다. 침실은 디자인 스타일에 따라 한식침실과 양식침실, 사용자의 특성에 따라 부부침실, 자녀실, 노인실로 구분할 수 있다. 우리나라의 경우 부부침실은 안방, 큰방의 역할을 하는 경우가 많다.

① 부부침실

부부침실은 개인의 취향이나 개성이 표현되고 편안하고 안락한 분위기를 연출할 수 있도록 한다. 마감재는 부드럽고 따뜻한 느낌을 주는 재료를 쓰는 것이 좋은데, 바닥은 카펫, 벽은 양식화 패턴의 패브릭벽지나 종이벽지를 많이 사용한다.

색채는 사용자 기호에 따라 좌우되나 주로 흰색, 크림색, 베이지색 계열이 널리 사용되고 소품이나 침구 등에 강조색을 사용해서 활기를 불어 넣는 것이 좋다. 커튼, 카펫, 침대커버 등은 색과 무늬를 통일하여 전체적으로 통일성을 가지게 한다.

침실은 휴식공간이므로 조명 설치 시 편안하고 분위기 있는 조명으로 계획한다. 따라서 천장에 설치하는 전반조명보다는 브래킷(bracket)이나 스탠드(stand)를 사용해 국부조명을 활용하는 것이 좋다.

② 노인실

노인실(elderly room)의 실내디자인을 할 때에는 노인의 신체적, 심리적, 사회적으로 약화된 여러 기능을 보안해 줄 수 있도록 하는 것이 바람직하다. 바닥은 좌식생활에 익숙하므로 장판으로 하는 것이 정서적으로 잘 어울리나, 신체적 기능이 많이 약화된 경우에는 침대사용이 편리하다. 벽과 천장은 온화한 색상의 부드러운 질감을 갖는 벽지를 사용한다. 특히, 노인실의 실내디자인에서 색채디자인은 매우 중요한데, 노인이 되면 노랑과 파랑을 잘 구분하지 못하므로 색채대비를 통하여 안전을 고려하여야 한다. 조명시설 역시 다른 연령대가 사용하는 공간보다 명시성을 강조한 밝은 조명으로 연출해야 한다.

③ 자녀실

자녀실(nursery room)에서는 취침, 공부, 놀이를 한다. 자녀실은 자녀의 신체, 지능, 정서, 창의력 발달에 영향을 주는 장소이므로 상상력이 솟아나는 분위기로 연출하고, 자녀의 성장을 위해 가변성과 융통성을 부여해야 한다. 그리고 자녀실의 실내디자인은 부모의 취향대로만 하지 말고 자녀의 의사를 많이 반영하는 것이 좋다.

바닥은 충격흡수에 잘 견딜 수 있고 탄력성이 좋은 소재를 사용하고, 벽은 흡음성과 내구성이 좋은 소재가 좋은데 보통 비닐벽지를 많이 쓴다. 색채는 화사하고 밝은 색으로 하고, 의자나 커튼, 침대커버 등은 전체적인 조화를 위하여 유사색으로 통일한다. 특히, 어린이가 사용하는 방에 오렌지색, 노란색 계통으로 연출하면 활동적이고 개방적이며, 성장호르몬의 분비가 촉진되어 신체적인 발달이 잘된다. 핑크색은 차분해지고 조용한 분위기가 연출되며, 청록색은 온화하고 안정감을 느끼며, 푸른색은 학습능률을 증진시킬 수 있다. 자녀실의 조명은 시력보호를 위해 밝게 하는 것이 좋은데, 천장에 전반조명을 설치하고 책상 위에 스탠드로 국부조명을 한다.

취학 전 아동의 방은 놀이가 중요한 행위가 되므로 장난감을 담아두는 상자나 선반을 설치하고, 취학아동의 방은 입식생활을 익힐 수 있도록 입식가구를 사용한다. 초등학교 상급생의 경우에는 급격한 체격성장이 이루어지는 시기이므로 성장발달에 맞추어 조정할 수 있는 가구를 선택한다.

청소년기가 되면 많은 사색을 하게 되므로, 취미나 사색을 통해 자아가 실현될 수 있도록 실내공간을 구성한다. 즉, 수납공간 및 프라이버시 확보, 자신을 표현할 수 있는 코너를 마련해 주는 것이 좋다.

(2) 서 재

서재(library)는 특정 직업을 가진 경우가 아니면 거의 만들지 않는다. 그러나 서양주택의 사실(私室, den)과 같이 남자의 취미활동 장소나 우리 전통주택의 사랑방과 같은 공간으로 서재를 구성하는 것이 좋다. 요즘은 서재에서 독서를 하거나 친구와의 모임, 취미생활, 컴퓨터 이용, 전문적인 오피스 개념으로 활용하는 예들을 볼 수 있다.

서재는 개인적인 공간이므로 독립성을 유지하고 안정되고 안락한 분위기를 연출한다. 독립된 공간을 서재로 활용할 수 없을 경우에는 거실이나 침실의 한 부분에 별도의 코너를 설치하거나 사용 빈도가 낮은 복도나 계단의 일부 코너에 서재공간을 만들 수도 있다.

조명은 전체적으로는 안정적인 분위기를 연출하고, 책상조명은 높은 조도로 국부조명을 하는 것이 좋다.

3) 가사작업공간

주거공간에서 가사작업공간은 부엌, 다용도실, 수납공간 등이 있다. 가사작업공간을 실내디자인할 때에는 작업의 내용을 고려하여야 한다. 특히, 부엌의 경우 부엌가구와 설비디자인을 함께 고려하는 것이 좋다.

(1) 부 엌

부엌(kitchen)은 가사작업공간의 중심공간이므로 쾌적하고 일광에 의한 건조 소독을 할 수 있는 남향이나 동향이 좋다. 또한 주부의 동선이나 피로를 감소시킬 수 있도록 공간계획을 해야 한다. 부엌의 크기는 주택의 면적, 가족 수, 식생활의 방식, 생활수준에 따라 다르나 일반적으로 주택면적의 10% 정도가 적당하다. 부엌은 음식을 준비하고 조리하고 설거지 하는 등 조리와 관련된 가사뿐만 아니라 식품, 식기, 조리기구 등을 수납하며 간단한 식사나 세탁을 하기도 한다. 가족들의 부엌일 참여가 많아지면서 동선을 짧게 하고 노동력을 절감할 수 있는 DK형 공간의 계획이 많아지고 있다.

부엌의 작업대는 준비대 → 개수대 → 조리대 → 가열대 → 배선대 → 식탁의 순으로 배치하며, 냉장고, 개수대, 가열대의 중간 지점을 연결한 삼각형(work triangle)의 각 변의 길이가 1,800 mm 이하이고 세 변의 합이 4,000~6,000 mm이면 적당하다.

부엌의 가구배치 유형에 따라 카운터형(counter), 아일랜드형(island kitchen), 키친네트(kitchenette), 일자형, 병렬형, ㄱ자형, ㄷ형으로 분류한다.

카운터형은 싱크대와 카운터를 따라 설치한 형과 ㄴ자형을 연결시킨 형 등이 있다.

키친네트는 간이 부엌의 형태로 사무실이나 독신자 아파트에 적합하다.

아일랜드형(섬형)은 조리대가 부엌의 벽에 붙어 있는 것이 아니고 중앙 부분에 배치된다. 이런 형태는 부엌에서 작업을 하면서 거실을 볼 수 있어 거실에 있는 가족의 참여를 유도하거나 자녀의 활동을 관찰할 수 있다. 그러나 거실과 부엌이 구조체로 분리되어 있지 않으면 조리과정에서 냄새, 습기, 연기, 소음 등이 발생하고, 이것이 다른 공간으로 확산된다. 따라서 후드를 설치해 냄새나 연기를 빠른 속도록 배출할 수 있도록 환기 성능이 좋은 환기시스템을 설치해야 한다.

일자형(I자형)은 작업대가 부엌 벽면에 일자모양으로 길게 배열되는 형식으로 소규모 부엌에 알맞은 형식이다. 동선의 혼란이 없고 한눈에 작업 내용을 알 수 있는 장점이 있으며, 작업대 전체길이는 2,700 mm 이상이 되지 않게 해야 한다.

병렬형(二자형)은 작업대가 부엌의 마주보고 있는 두 벽면에 길게 배열되는 형식이다. 작업동선은 줄일 수 있지만 몸을 앞뒤로 바꾸는 데 불편하다. 마주보는 작업대 간 거리는 1,200 mm 정도가 적당하다.

ㄱ자형(L자형)은 가장 일반적인 형식으로 붙어 있는 두 벽면에 작업대가 배치된 형태이다. 한 면에 싱크대를, 다른 면에 가스레인지를 설치하면 공간의 효율성이 높으며, 작업대를 설치하지 않은 남은 공간은 식사공간으로 사용하는 것이 좋다.

ㄷ자형(U자형)은 부엌 벽의 삼면에 작업대를 배치한 형태로 매우 효율적인 형태이다. 다른 동선과 완전 분리가 가능하며, ㄷ자형 사이를 1,000~1,500 mm 정도 확보하는 것이 좋다. 부엌의 작업대 높이는 800~850 mm 정도를 기준으로 한다.

부엌가구는 간단한 선반형으로 처리할 수도 있고 작업대의 윗면을 한 장의 판으로 처리하는 시스템 가구로 할 수도 있다. 시스템 가구는 스테인리스나 인조대리석 등 매끈한 재료를 사용하여 이음 부분과 높이차 없이 작업대의 상판이 하나로 마무리되기 때문에 통일감과 청결감이 있다.

부엌의 실내디자인을 할 때에는 다음과 같은 사항을 고려해야 한다. 먼저 편리성을 확보해야 한다. 부엌의 작업시간을 최소화하고 편리하게 작업하여 작업능률을 향상시켜야 한다. 이를 위해서는 적절한 조리용 기구의 사용, 효율적인 작업과정에 대해 이해하고 인체공학적으로 디자인된 작업대와 수납가구가 필요하다. 둘째, 항상 청결하고 위생적인 공간이 되어야 한다. 부엌은 음식을 만드는 공간이므로 위생성이 확보되도록 청결유지가 용이한 마감재와 시설이 필요하다. 셋째, 안전성이 확보되어야 한다. 부엌에서는 위험한 불(가스, 전기), 칼 등을 사용하고 그릇이 깨질 수 있으므로 안전에 대한 고려가 요구된다. 넷째, 합리적 수납을 할 수 있어야 한다. 부엌용품은 종류별로, 사용시기별로 기준을 두고 합리적인 수납을 해야 한다. 다섯째, 쾌적한 환경을 조성해야 한다. 부엌은 너무 춥거나 덥지 않고, 공기가 맑고, 미적으로 아름다운 상태의 환경을 조성해야 한다.

부엌의 바닥은 보온성이 있고 탄력성이 있는 재료를 사용하는 것이 좋은데, 모노륨 계통이 많이 쓰인다. 벽과 천장은 내수성이 있고 내화성이 있는 재료로 비닐벽지, 타일 등을 많이 사용한다. 부엌의 색채는 밝고 연한 난색 계열을 사용하여 부드러운 느낌을 연출하고, 바닥, 벽, 천장을 동색 계열로 처리하여 공간의 확장감을 얻는 것이 좋다. 그리고 성능이 우수한 부엌의 설비를 갖추어야 한다. 부엌 설비로는 급배수 설비, 환기 설비, 전기 설비 등이 있다.

(2) 다용도실

다용도실(utility room)은 다양한 용도로 사용되는 공간으로 아파트의 경우에는 부엌 옆 베란다가 다용도실의 역할을 한다. 다용도실에서는 세탁, 다림질, 재봉, 청소용구의 보관 및 정리정돈, 보조부엌 등으로 사용된다. 다용도실은 독립적으로 있는 독립형과 다른 공간의 한 모퉁이를 이용하는 가사코너형이 있다.

다용도실의 각종 기구의 선택 및 배치는 작업능률을 향상시킬 수 있는 것으로 한다. 마감재는 내수성, 내마모성이 있는 재료를 선택하는 것이 좋은데, 타일을 많이 사용하고 있다. 조명은 작업공간이므로 충분한 조도를 확보하도록 한다.

(3) 수납공간

수납을 합리적으로 하면 공간을 더욱 넓게 사용할 수 있으므로 수납공간계획을 중요하게 생각해야 한다. 수납공간(warehouse)은 다락, 벽장, 붙박이장과 같이 건축물과 일체가 된 건축화된 수납공간과 가구, 선반과 같이 이동 가능한 수납공간으로 구분된다.

수납공간을 디자인할 때에는 기능성을 가장 중요시해야 한다. 편리하고 체계적으로 수납을 위해서는 입체적인 수납방법을 강구한다. 신발장의 폭은 300 mm 이상으로 한다. 실내의 수납공간은 벽면 활용을 하지만, 바닥이나 천장을 이용할 수도 있으므로 다양한 수납공간을 확보하는 것이 거주면적을 넓히는 좋은 방법임을 잊지 말아야 한다.

4) 위생공간

주거공간에서 위생공간은 욕실, 화장실 등이 있다. 위생공간을 실내디자인할 때에는 사용자의 생리적 특성을 고려하여야 한다.

욕실(bathroom)과 화장실(toilet)은 생리위생공간의 대표공간이다. 욕실과 화장실에서는 목욕, 세면, 용변, 세탁 등을 한다. 욕실과 화장실공간은 현관과 거실 가까이에 위치하여 가족 모두가 사용하는 가족공용형과 침실에 부속되어 있는 침실부속형이 있다. 그리고 욕실과 화장실을 따로 만드는 독립형, 입욕과 세면을 하는 장소와 용변을 보는 장소를 따로 만들거나 세면대를 독립적으로 두고 입욕과 용변을 같이 하는 형태, 그리고 입욕, 세면, 용변의 기능을 모두 통합한 유닛형 욕실(unit bath type)이 있다.

유닛형 욕실의 경우에는 면적의 적정성을 살펴야 한다. 그리고 햇빛이 들어와 밝고 깨끗하게 관리할 수 있어야 한다. 습기, 수증기, 냄새 등 환기시킬 수 있고 급배수가 잘 되어야 한다. 또한 보온이 유지되고 심미성이 있어야 한다.

욕실과 화장실의 바닥은 내수성, 내구성의 재료를 선택하고, 천장은 보온성 재료가 좋다. 성능이 뛰어난 욕조, 변기, 세면기, 비데, 샤워기 등 욕실설비를 갖춘다. 색채는 밝은 단색계통으로 하며 넓고 따뜻하게 보이는 것이 좋다. 조명은 전반조명을 하고 거울 면을 밝게 하는 국부조명을 하여 청결감과 따뜻함을 줄 수 있게 연출한다.

욕실과 화장실의 실내디자인 시 주의해야 할 점은 다음과 같다.

- 안전성 : 미끄러지지 않게 한다. 특히, 노인이나 어린이에 대해서는 주의를 요한다.
- 청소하기 쉬울 것 : 설비의 요철이나 이음매를 피하고 타일줄눈은 어두운 색으로 한다.
- 물에 대한 배려 : 바닥, 벽, 천장 등의 내장재는 습기에 강하고 직접 물이나 온수를 끼얹어도 괜찮은 재료로 한다.
- 몸을 편안하게 하는 장소일 것 : 위생적인 면에서 더 나아가 정신적인 쾌적감을 느낄 수 있게 한다.
- 탈의실과 다른 공간과의 연결 : 프라이버시가 확보되게 다른 위생공간 및 침실과 직접적으로 연결되게 한다.

5) 통로공간

주거공간에서 통로공간은 현관, 복도와 계단 등이 있다. 통로공간을 실내디자인할 때에는 공간과 공간의 연결을 고려하고 각 공간의 사용을 저해하지 않도록 한다.

(1) 현 관

현관(entrance)은 그 집의 얼굴이며 첫인상을 주는 공간으로, 사람과 물품이 출입하고 손님을 맞아들이며, 간단한 수납이 이루어진다. 현관은 면적이 비교적 좁은 공간이므로 밝은 분위기의 실용적이고 개성적인 연출을 하는 것이 좋다.

현관의 한 벽면에 거울을 설치하여 확장감이 들도록 하고 화초, 그림액자 등의 장식물품으로 활기를 부여한다. 신발장은 수납의 양을 생각하여 적당한 크기로 하고 스툴을 놓아 활용하는 것도 좋다.

현관의 마감재는 청소하기 쉬운 재료를 선택하고 색상 수를 제한한다. 바닥은 진한 색으로 하여 더러움이 쉽게 띄지 않고 안정감을 느끼게 하고, 벽과 천장은 밝은 색으로 하여 공간의 확장감을 얻는다. 조명은 백열등을 사용하여 부드러운 빛을 연출한다.

(2) 복도와 계단

복도(corridor)와 계단(stair)은 사람과 물건이 이동하는 통로이다. 방과 방 사이를 완충해 주는 역할을 하는데, 복도는 수평이동공간이며, 계단은 수직이동공간이다. 복도의 너비는 최저 900~1,200 mm 정도로 하고, 주요 통로인 경우에는 2,400 mm 정도 확보하는 것이 좋다. 계단의 종류는 형태에 따라 똑바로 올라가는 직통계단, 똑바로 올라가다가 꺾이는 꺾임계단, 나사 모양으로 회전하면서 올라가는 회전계단이 있다. 계단의 평면 길이는 일반적으로 2,700 mm 정도이며, 단 높이는 1,500~1,800 mm, 디딤 바닥면의 너비는 2,700~3,000 mm, 계단의 너비는 900~1,400 mm 정도로 한다.

복도와 계단의 실내디자인을 할 때에는 통일감 있는 장식성을 부여하는 것이 좋다. 재료는 내구성, 탄력성이 있고 미끄럽지 않은 재료가 좋다. 계단은 활용빈도에 비해 면적을 많이 차지하므로 면적을 최소화시킬 수 있는 방법을 강구한다. 회전계단이 면적을 가장 적게 차지한다. 그리고 계단 밑 자투리 공간(dead space)을 잘 활용하면 공간을 넓게 사용할 수 있다. 계단의 난간부분은 디자인적인 효과를 얻을 수 있도록 독특한 형태를 하는 것도 좋다.

참 고 문 헌

김홍기(2002). 건축조형디자인론. 기문당.

박필제 편저(2001). 조명과 실내장식. 조형사.

신경주·안옥희(2004). 주택실내디자인. 기문당.

안옥희 외(2007). 스스로 하는 인테리어디자인. 영남대학교 출판부.

오영근(2002). 인간척도론. Spacetime.

이연숙(1998). 주택과 실내디자인. 연세대학교 출판부.

최정신 외(2009). 실내디자인. 교문사.

CHAPTER

08 인간공학

인간공학적 접근은 어떤 경우에 필요할까? 우리는 구매를 목적으로 상품을 선택할 때, 현재의 제품이나 시스템을 향상시키려고 할 때, 새로운 제품이나 시스템을 디자인하려고 할 때, 개인적인 작업장소를 바꾸려고 할 때, 사업 혹은 직장을 개장할 때, 산업적인 업무를 위해 필요한 설비 혹은 건물과 같은 완전한 시설을 디자인할 때 인간공학적 접근이 필요하다.

인간공학적 접근을 위해서는 몇 가지 지켜야 할 사항이 있다. 첫째, 프로젝트에서 사용자를 포함시킨다. 이것의 목적은 디자인이나 구입(purchase)에서 실수를 피하고, 결정에 대한 확신을 극대화하고, 아이디어를 발전시키고, 문제점의 근원에 대해 더 빨리 파악하고, 고용인에게 일에 대한 발언권을 주기 위한 것이다. 둘째, 프로젝트에서 인간공학적 요구사항들을 가능한 빨리 언급한다. 셋째, 프로젝트관리에 대한 관례적인 방법을 사용한다. 넷째, 계획이 유연할 수 있다는 것을 확실히 한다. 다섯째, 협업은 공동의 책임을 의미한다.

Note 8-1

인간공학적 접근을 위한 프로젝트 각 단계에서의 가이드라인

- **최초 단계**(initiative phase)

첫째, 이 프로젝트에 참가한 사람이 누구인지 정의한다.

둘째, 참가한 사람들이 이 프로젝트를 이끌어 간다는 것을 분명히 한다. 프로젝트를 책임지는 담당자로서, 참가한 모든 사람들이 왜 그들이 이 프로젝트에서 일해야 하는지(목적), 어떻게 그들이 공헌할 수 있는지(역할), 그들이 무엇을 보상받을 수 있는지(잠재적 이익)에 대해 이해시켜야 한다.

셋째, 일의 수행방법을 일치시켜야 하는데, 이는 프로젝트에 참가한 구성원들의 권리와 제한을 의미한다. 프로젝트와 관련되어 그들이 필요한 정보에 자유롭게 접근할 수 있어야 하는 반면, 다른 목적으로 정보를 이용해서는 안 된다.

넷째, 사용자에 대해 잘못된 기대감을 갖지 않는다. 인간공학자가 어떤 데이터를 얻기 위해 사용자에게 접근했을 때, 가능한 오해를 피하기 위해 사용자와 사전 약속을 잡아야 한다.

다섯째, 프로젝트의 제한점을 언급한다. 어떤 프로젝트에서든지 예산과 시간에 따른 약간의 제한점이 있을 수 있으므로, 최초 시작단계부터 이 제한점에 대한 한계선이 분명하게 세워져야 한다.

여섯째, 최초에 프로젝트의 계획된 코스를 설명한다. 프로젝트의 각각의 단계는 최초 시작부터 분명하게 계획되어져야 한다. 프로젝트 매니저는 각각의 그리고 매 단계에서 수행될 분명한 아이디어를 갖고 있어야 한다.

• **문제 인식 단계**(problem identification phase)

불만(컴플레인), 아이디어, 바라는 사항과 같이 수집된 문제점들은 채택된 해결안과 연관된 안전, 건강, 편안함과 채택된 해결안의 수행 가능성을 고려하여 분석되어야 한다.

첫째, 처음 단계에서 데이터가 어떻게 처리될지 수립한다. 데이터 수집을 시작하기 전에, 데이터 수집, 진행, 분석에 대한 분명한 계획을 세워야 한다. 그리고 많은 양의 데이터 수집을 계획할 때, '실제' 데이터를 모으기 전에 샘플 데이터를 수집하고, 전체 과정을 테스트해 보는 것이 바람직하다. 이렇게 함으로써, 가능한 문제점을 미리 찾아내고 바로잡을 수 있다.

둘째, 한 가지 분석방법 이상을 선택한다. 가능한 분석방법으로는 문헌고찰과 통계에 대한 분석, 관찰, 인터뷰, 그룹 토의, 설문지, 실험 등이 있다. 견고하고 좀 더 신뢰할 만한 분석결과를 얻기 위해, 한 가지 이상의 데이터 수집과 분석을 사용하는 것이 바람직하다.

셋째, 항상 문헌고찰(existing documents) 조사로 시작한다.

넷째, 분석은 결과에 영향을 미치지 못한다는 것을 명심한다.

• **해결방법 선택의 단계**(selection of solution phase)

첫째, 교과서(책), 소프트웨어, 그 밖에 다른 도구가 완전한 답을 제시하지 못한다는 것을 인지한다. 디자인 해결방법은 상황에 따라 매우 다양할 수 있고 또한 잠재적 사용자는 각 상황에 따라 완전히 다르기 때문이다.

둘째, 사용자가 원형(prototype)을 갖고 일하도록 한다. '프로토타이핑(prototyping)' 이라고 부르는 이 단계에서, 상품의 실물크기의 모형(mock-up)을 만든다. 이것은 아이디어를 확인하기에 빠르고, 저렴하고, 쉬운 방법이다. 사람들이 제품을 사용하는 데 서투른 움직임이나 자세를 하고 있는지, 상품의 어떤 점이 사람들이 사용하기에 어려움이 있는지 등의 사항을 체크해야 한다.

셋째, 간접적 사용자를 고려한다. 교실 환경의 경우, 학생들과 선생님들은 '직접적 사용자' 이고 학교의 청소부, 유지관리자들은 '간접적 사용자' 가 될 수 있다. 해결책을 선택할 때 이러한 간접적 사용자를 염두에 두어야 한다.

• **실행 단계**(implementation phase)

첫째, 사전에 실행 전략을 선택한다. 선택된 해결안이 얼마나 편안한지, 효과적인지에 상관없이, 모든 사용자가 자연스럽게 이것을 받아들일 것이라고 기대해서는 안 된다. 예전 방식에서 새로운 방법으로 자연스럽게 변화하기 위한 몇몇 유용한 방법으로는 처음부터 예전 방식이 없었던 경우(from scratch-there is no old system), 직접적 변화(direct transition), 유사 적용(parallel application), 단계별 도입(phased introduction), 임시 시험운영(occasional trial runs)이 있다.

둘째, 시험(test)은 현실적이어야 한다.

셋째, 모든 사용자를 훈련시킨다.

넷째, 좋은 매뉴얼을 제공함으로써 실행을 돕는다.

다섯째, 사용자에게 체계적인 변화 안에서 역할을 준다.

여섯째, 사용자에게 개선점을 이해시킨다.

• **평가 단계(evaluation phase)**

새로운 해결방안이 항상 완벽하고 예전 것보다 나을 것이라고 기대할 수는 없다. 이것이 해결방안에 대한 평가를 해야 하는 이유이고 평가를 통해서 어떤 문제가 발견되었다면, 그것을 바로잡을 수 있다. 만약 이러한 문제가 고정적이지 않다면, 아마도 다른 대안을 채택해야 할 것이다.

첫째, 데이터 수집방법을 통일한다.

둘째, 새로 생긴 문제들은 스스로 해결되도록 놓아 두라. 이러한 초기 문제(teething problem)는 시간이 지남에 따라 해결될 수 있는 문제라는 것을 의미한다. 평가를 수행하기 전에, 몇몇 초기의 문제들에 대해 스스로 해결될 수 있도록 충분한 시간을 주어야 한다.

셋째, 바람직하지 않은 습관 형성이 되어 있지 않은지 주의하여 살펴보아야 한다. 인간은 누구나 놀라운 적응력을 가지고 있다. 이는 인간의 매우 큰 장점이기도 한 반면, 때로는 어떤 제품이나 시스템을 잘못된 방법으로 사용하면서도 그에 익숙해졌기 때문에 편리하게 사용하고 있다고 착각할 수도 있다. 그러므로 평가 단계에서 정확한 평가를 위해서는 사용자가 이러한 오류를 범하고 있지 않은지 주의하여 살펴볼 필요가 있다.

1. 환경과 감각

지각이란 외계의 사물에 의하여 일어난 여러 가지 일들이나 형상을 각각의 수용기(receptor)를 이용하여 파악하는 것 또는 그 과정이다. 지각에는 시지각, 청지각, 촉지각, 미지각, 후지각, 운동지각, 평형지각, 시간지각, 공간지각 등이 있으며 복수의 수용기가 복잡하게 관계한다.

중추신경계에 전달된 감각정보는 우리가 그것에 대한 사전 경험이 없을 경우 뇌에 도달한 단순한 신경신호에 불과하다. 마치 복잡한 새의 울음소리를 듣는 것처럼, 우리 뇌에 전달된 그 울음(청각) 신호가 무슨 의미인지도 모르면서 그냥 '소리'로 듣는 것(감각, sensation)과 같다. 그러므로 감각 수용체를 통해 발생한 감각 정보를 단순한 신호 이상의 의미로 이해하기 위해 중추신경계는 현재의 신호(감각정보)와 그 동안 경험으로 축적해 온 기억들을 활용하게 된다. 이러한 과정으로 감각신호의 의미를 이해하게 되는 뇌의 활동을 '지각(perception)'이라 한다.

결국 지각이란 우리 뇌가 감각정보에 대해 내리는 해석이다. 만일 예를 들어, 어떤 소리에 대한 정확한 해석을 하려면 뇌는 그 소리를 발생하는 물체로부터 생김새와 색깔 등의 시각적인 정보를 얻어내고, 냄새와 맛과 같은 정보를 활용하며 그것이 생물인 경우 움직임이나 활동유형에 대한 다양한 정보를 얻어 과거의 지식들과 통합적으로 분석하는 것이다. 이러한 통합적 분석에는 대뇌피질에 자리 잡은 시각, 후각, 청각중추 그리고 기억센터 간의 신경연락망이 상호 교통하고 있음이 조금씩 밝혀지고 있다.

- 감각(感覺, sensation) : 감각이란 자극에 직접 결부된 인식으로, 감각은 단순한 요소적 자극을 주관적으로 인정하는 것이다. 감각은 시각, 청각, 미각, 후각, 피부감각 등의 이른바 오감(五感)과 평행감각을 포함한 전정감각(前庭感覺), 신체의 위치감각이나 운동감각과 관계가 있는 심부감각(深部感覺)이나 내장감각(內臟感覺) 등이 있다.
- 지각(知覺, perception) : 같은 종류의 감각에 대해서도 그 강도(intensity)나 질(quality)을 변별하고, 시간적 경과 등을 인정하는 역할을 한다. 따라서 지각이란 크다, 작다와 같이 판단이나 기억 등의 작용이 많이 포함된 복잡하고 고차적인 인식을 뜻한다.
- 인지(認知, cognition) : 몇 가지의 지각을 통합해서 지각된 것이 무엇인가를 아는 것이 인지(認知)이다. 감각(感覺)은 단순한 요소적 자극(시각, 청각, 미각, 후각, 피부감각)을 주관적으로 인정하는 것이며 지각(知覺)은 같은 종류의 감각에 대해서도 그 강도(intensity)나 질(quality)을 변별하는 역할을 하며, 인지(認知)는 몇 가지의 지각을 통합해서 지각된 것이 무엇인가를 아는 것이 인지(認知)이다. 주위의 사물이나 사건, 혹은 자기 자신의 모습을 알고 그에 관한 지식을 얻는 작용을 인지라고 한다. 인지는 느끼는 작용, 문제를 해결하는 작용, 추리하는 작용, 지각하는 작용, 기억을 하는 작용, 개념을 만드는 작용 등과 같은 하위기능이 포함된 종합기능이다.

1) 온열환경과 피부감각

(1) 피 부

피부는 생체(生體)의 표면에 있고, 외부와 직접 접촉하고 있기 때문에 끊임없이 여러 가지 자극을 받게 되는데 이런 외부 자극으로부터 생체를 보호하고, 신체의 움직임을 주위의 변화에 순응(順應)시키는 작용을 하고 있는 것이 바로 피부이다. 일반적인 체격의 성인의 피부는 1.66 m^2의 넓이를 가지며, 다양한 역할을 하는 기관(器官)들을 포용하고 있으며 신체 중 개구부(開口部)에서의 피부는 점막(粘膜)에 연결되어 있다.

(2) 피부의 기능

① 보호작용

외부로부터의 기계적(機械的) 충격완화(衝激緩和) 또는 충격흡수(衝擊吸收)를 한다. 진피의 탄력 섬유 및 진피 아래의 피하지방 조직에서 충격을 완화 내지 흡수하게 되는데 만성적으로 기계적 자극을 받는 부위는 두텁게 된다(예 : 발꿈치, 무릎, 손바닥 및 발바닥 등). 피부표면은 항상 약산성 pH를 일정하게 유지하므로 약알칼리에 대해 완충능력(緩衝能力)을 지니게 되어 화학적(化學的) 유해자극(有害刺戟)으로부터 보호한다.

피부 최외층(最外層)의 각층(角層) 및 피부표면의 지질(脂質)이 보호장벽(保護障壁)의 역할(役割)을 한다. 피부수분의 과도한 유출입에 대해 제어하는 역할을 하고 외부로부터 유입되는 유해물질의 차단 그리고 치료를 목적으로 투입되는 약물의 진입 허용 여부를 결정한다. 우리가 흔히 알레르기를 일으키는 것도 다 이 과정에서 일어나는 현상으로 이해된다. 피지 내부에 있는 불포화지방산을 이용하여 유해균류를 살균하는 작용 및 세균류의 발육을 저해시켜 외부 침입 세균류로부터 일차적 방어작용을 해준다. 따라서 화상으로 인해 피부 손상 정도가 심하면 이런 방어작용을 상실하여 세균의 침입을 허용하게 되고 그로 인해 위험한 상태에 이르게 되므로 중환자실의 격리가 필요하게 되는 것이다. 피부는 면역에 관여하는 세포(랑게르한스)를 가지고 있으므로, 면역반응을 통하여 생체 방어기구에도 관여한다(예 : 튜베르클린 반응, 즉 세균감작상태를 나타내는 피부반응을 통하여 우리에게 정보를 제공해 준다). 표피의 멜라닌(melanin)색소는 자외선을 흡수하여 생체내로의 자외선 장애로부터 피부를 보호해 주며, 광방어(光防御)작용을 한다. 피부 표면의 요철을 이용한 광선(光線)반사(反射) 작용과 광산란작용[光散亂作用 : 각층 및 케라토히아린(keratohyalin)에서 일어남]을 한다.

② 체온조절작용

우리 피부는 인간의 몸을 늘 일정한 체온으로 유지시켜 생명을 유지하게 하는 가장 근본적인 기능을 수행하는데 이는 피부 모세혈관의 확장, 수축에 의한 피부 혈류량의 변화 및 발한(發汗) 시의 기화열(氣化熱)에 의한 두 가지 메커니즘(mechanism)을 통해 일어나게 된다.

즉, 저온시(低溫時)에는 피부혈관의 수축성 신경(收縮性神經)의 활동이 증가하여 피부혈관을 수축시켜 체온의 저하를 막아내고, 고온시(高溫時)에는 신경활동이 줄어 피부혈관이 확장되어 방열(放熱)을 증가시켜 일정한 체온을 유지하게 하는 것이다.

피부 구조상의 각층, 피하조직 등 그들 자체가 신체의 열 발산을 막기도 하고, 반대로 외계(外界) 온도의 변화를 신체 내부에 전달하지 않도록 작용하기도 하며, 입모근(立毛筋)이 수축하여 피부 중에 공기층을 형성하고, 체내로부터의 열발산을 감소시켜 체온을 일정하게 유지시키기도 한다. 예로는 새의 피부, 즉 닭살 돋음이 있다.

③ 지각작용

피부 내에 존재하는 여러 종류의 수용기(受容器)가 관여하여 우리가 느끼게 되는데 주요 감각으로 압각, 촉각, 온도감각, 냉각, 통각 등이 있다. 이러한 각 감각을 느끼게 하는 우리 몸의 소체(素體)는 다음과 같다.

- 촉점(메르켈소체, 마이스너소체) : 실상 압점의 기능을 병행
- 압점(파치니소체) : 약한 기계적 자극 감각
- 냉점(크라우제소체) : 온도가 하강함을 감각
- 온점(루피니소체) : 온도가 상승함을 감각
- 통점(신경말단) : 강한 기계적 자극, 높은 온도, 화학적 자극. 가장 많다. 특별히 분화된 소체가 나타나지 않는다.

마이스너소체는 손가락, 발가락 끝의 지문에 많다. 압력을 감지하는 압점에는 파치니소체도 있지만 비교적 깊은 곳에 위치하기 때문에 미세한 접촉을 감각하는 기능(촉점)을 하지는 못한다. 촉각과 압각은 같은 소체에서 수용되기 때문에 실상 비슷한 감각이다. 다만 표피와 근접한 곳인가보다 깊은 곳인가에 따라 자극의 크기가 차이날 뿐이다. 촉각이 생기는 원리는 피부에 밀거나 당기는 힘을 가했을 때 압력이 가해진 부분과 그렇지 않은 부분 간에 압력차가 발생하는 것으로 이 압력차가 자극으로 나타나게 된다.

- 마이스너 소체 : 촉각소체라고도 한다. 1852년 독일의 의사 G. 마이스너(1829~1905)가 발견한 지각신경의 종말장치(終末裝置)로 타원형 세포가 겹쳐 있는 형태이다. 피부의 얕은 곳, 진피(眞皮)의 유두(乳頭) 속에 있으며, 손바닥, 발바닥, 특히 손가락이나 발가락의 지문이 있는 부분인 촉각소구(觸覺小球)에 많이 있다.
- 파치니 소체 : 대체로 난원형(卵圓形)이고, 길이 0.5~4.5 mm, 너비 1~2 mm가 보통이며 육안으로 보인다. 피부의 비교적 깊은 곳에, 특히 손바닥과 발바닥의 피부에 많이 존재한다. 피부뿐만 아니라 장간막(腸間膜), 이자, 골막 속의 관절 가까이에 있다. 포유류에서 볼 수 있는데 그중에서도 고양이의 장간막이 파치니소체를 관찰하기에 가장 적당하다. 파치니소체는 압각(壓覺)을 지배한다.
- 루피니 소체 : 온점에 위치한다. 피부의 표층에 평행으로 위치하는 평판상체로서 지각신경의 말단이 가늘게 갈라져 있다. 피부 1 cm^2당 1~3개 분포해 있으며, 온도 변화가 자극이 되어 감각을 느끼게 된다. 손가락 끝, 입술, 입안에 특히 발달해 있다. 조상(爪床), 모포(毛包), 뇌경막, 안구의 홍채(紅彩)와 모양체(毛樣體) 속에도 같은 구조가 있다. 피부 외부정보의 전달 계통(傳達系統)을 보면 지각신경종말(知覺神經終末)에서의 자극(刺戟)이 감지되면 척수(脊髓)를 통해 뇌간(腦幹), 시상(視床)을 거쳐 대뇌(大腦) 피질(皮質)에 전달되어 감지(感知)하게 되는 것이다.

신체부위에 따라 각 감각점의 수는 다르다. 통점 > 압점 > 냉점 > 온점의 순으로 존재한다. 손가락 끝에는 다른 부분보다 많은 촉점이 있고 통점이 가장 많은 신체부위는 무릎

이다. 압점은 입술이나 손가락 끝에 많이 분포되어 있다.

가려움은 그것을 느끼는 특수한 수용기관이 있는 것은 아니고, 피부의 통각(痛覺)을 느끼는 말단 신경의 가벼운 흥분에 의한 것이다. 통각을 느끼는 신경 말단에 비교적 가벼운 기계적 또는 화학적 자극을 가할 때 일어난다.

④ 흡수작용

우리는 피부의 이 흡수작용을 이용하여 화장품을 사용하여 피부를 보호하고 더 부드럽고 맑게 가꿀 수 있고 약물 등을 최적시간에 전신에 투여할 수 있다. 우리 피부의 생체내로의 흡수 경로는 두 가지가 있는데 표피의 흡수와 모낭 피지선의 흡수가 그것이다. 여성 호르몬, 남성 호르몬, 부신피질(副腎皮質) 호르몬 등의 스테로이드나 비타민 A, D, E, K 등의 지용성물질은 경피흡수(經皮吸收), 그 외 수용성(水溶性) 물질은 각층(角層) 자체가 소수성(疏水性)이기 때문에 경피흡수가 어렵다. 경피 흡수성의 인자(因子)로는 물질의 지용성 정도, 연령, 피부 국소혈류량(局所血流量), 피부온도, 각층의 수화성(水和性), 각층의 손상도(損傷度), 환경 온도, 환경 습도, 기제(基劑) 등의 영향에 따라 좌우된다. 피부의 이 흡수성을 잘 이용하면 현재 주사로 약물을 투여하는 것보다 훨씬 효과적인 약물투여방식이 되겠지만, 그 흡수성이 너무 많은 요인에 의해 변화된다.

⑤ 그 밖의 작용

이 외에도 우리 피부는 인간관계에서 아주 특별한 작용을 하는데 그 대표적인 것이 바로 감정전달기관(感情傳達器官)의 역할을 하는 것이다. 즉, 감정의 움직임에 따라 홍조(紅潮)를 띠거나 창백해진다든지 털의 역립(逆立)현상 등을 통해 현재의 우리 감정을 표현해 내는 것이다. 또 하나 중요한 작용으로 비타민 D의 생합성(生合成)을 들 수 있다. 피부표피 안에 존재하는 비타민 D의 전구체(前驅體)에 자외선이 조사(照射)됨으로써 합성된다.

(3) 감각의 활용

① 디자인 적용 사례

- 예1: 조종사들이 랜딩 기어에 대한 제어장치와 보조 날개를 조작하기 위한 제어장치를 혼동하는 경우–제어장치들은 각각 매우 독특하게 느껴질 수 있도록 재설계해야 한다(그리고 이왕이면, 제어장치들은 그것들이 활성화시키는 시스템과 어느 정도 유사하게 느껴지거나 보일 수 있도록 해야 한다).
- 예2: 점자를 통해 맹인들에게 공간적, 상징적 정보 모두를 전달할 수 있는 것처럼 시각이

나 청각이 손상된 사람들에게는 정보를 전달해 주는 대체 경로로서 충분히 활용될 수 있다. 통점의 세포에서 인식한 통증이 대뇌로 전달되는 통각 신경의 경우 다른 감각 신경에 비해서 신호를 매우 느리게 전달한다. 촉각이 초속 70 m로 전달되는 데에 비해 통각은 초속 0.5~30 m 정도이다. 대신 통각 신경의 이러한 느린 속도는 촉각 신경이 보완한다. 통증이 일어날 때 대부분 촉각도 함께 인식되는데, 우리 몸은 경험을 통해 촉각에 반응하여 통각의 느린 속도를 보완하게 된다.

예를 들어, 뾰족한 것이 닿았을 때 순간적으로 손을 떼거나, 등 뒤에서 누군가 건드리면 휙 돌아보거나 하는 반응에서 촉각 신경은 통각 신경을 보완해 우리 몸에 빠르게 반응할 수 있도록 돕는다.

② 촉감 마케팅

촉감은 제품을 만졌을 때의 느낌, 착용감뿐만 아니라 실제로 작동해 보는 것까지를 모두 포함한 개념이다. 제품을 시각적으로 차별화하는 일이 점점 어려워지면서, 촉감을 통해 제품의 가치를 높이고 소비자에게 어필하는 촉감 마케팅을 내세우고 있다. 짝퉁이 흉내 내기 힘든 촉감이라는 가치를 소비자에게 어필하기 위해 최근 명품 브랜드들은 소재는 물론이고 스위치와 버튼, 뚜껑, 밑바닥 같이 소홀하기 쉬운 부분의 촉감 처리에도 주의해야 한다.

에피스 카세이는 'MOGU' 라는 쿠션제품을 발매 2년 만에 700만 개나 판매하는 대히트를 기록하였다. 모구는 미세 발포 비즈를 이용해 매우 부드럽고 말랑말랑한 촉감을 구현하고, "촉감이야말로 국경을 넘은 공통 언어임을 실감했다."하고 말한 바 있다.

촉감과 관련된 단어로는 온냉감, 경연감, 조활감 등이 있다. 온냉감은 열이 접촉면을 통하여 단위시간당, 면적당 어느 정도 전달되는가이고, 경연감은 손발 등으로 물체 표면을 눌렀을 때 단위힘당 들어가는 깊이, 조활감은 손발 등과 물체 사이의 마찰계수이다.

촉감 마케팅에는 유의해야 할 점이 아래와 같다.

첫째, 촉감 마케팅 자체를 브랜드커뮤니케이션의 도구로 활용한다. 자사제품을 최고라고 직접적으로 강조하는 메시지는 오히려 거부감을 일으킬 수 있지만 촉감은 소비자 체험을 통해 부지불식 간에 기억되기 때문에 브랜드에 대한 호감을 높이고 제품을 구매하도록 만드는 무언의 힘이다. 자사 제품만의 특별한 촉감을 개발한다.

둘째, 첨단기술과 어떻게 융합할 것인가. 뱅앤올룹슨(Bang & Olufsen)은 경쟁사들이 전화기의 사이즈에만 집착하며 초소형화를 외칠 때, 전화기가 얼굴에 닿는 제품이라는 사실에 주목하고 '세계 최고의 촉감을 가진 전화기' 를 개발하였다.

셋째, 지나친 독특함의 추구는 오히려 부작용을 낳을 수도 있다. 자극이 지나치게 강한 촉감은 거부반응을 일으킬 수 있다.

2) 공기환경과 후감각

(1) 후 각

후각은 냄새가 있는 화학물질의 분자에 의하여 비강 내의 후세포(嗅細胞)가 자극되어 일어나는 냄새의 감각이다. 냄새는 기체성 화학물질에 반응하는 감각수용기에 의해서 이루어진다. 이들 화학수용기는 후각상피에 존재하는데 후각상피는 비강 위쪽에 존재하는 우표크기 모양의 조직이다. 미각과 후각은 깊은 관계가 있지만 미각의 수용기는 200여 개인 반면, 후각의 수용기는 약 2,000개이다. 공기 중의 냄새 성분이 점액에 묻게 되면 용해되거나 이온화되어 후각수용기 세포를 탈분극시키며 활동전위를 일으킨다.

후각을 일으키는 물질은 모두 휘발성이며, 어느 정도 물에 녹고, 리포이드에 쉽게 녹는 성질을 가진다. 따라서 휘발하여 가스 상태로 된 물질이 공기 중을 확산하여 비점막에 달하고, 이곳에서 점막 표면의 수성(水性)점막에 녹아 들어간다. 이어서 감각세포 속의 리포이드 물질에 녹아 일종의 물리화학적 변화를 일으키면 감각세포의 흥분이 일어나게 된다.

이렇게 발생한 활동전위는 수용기세포와 연접을 이룬 후 세포(olfactory nerve)로 전달되어 후각중추로 보내진다. 후각중추에서는 냄새를 발생하는 물체의 시각 정보 및 과거의 경험을 바탕으로 그 후감각에 대한 정확한 냄새를 해석해 내게 된다. 각각의 냄새들은 서로 다른 화학물질들의 혼합이지만, 우리는 각 냄새를 독립된 것으로 인식한다. 장미는 장미 냄새를 가지고 있다. 이 냄새는 여러 종류의 방향족 화합물로 구성되어 있지만, 우리는 이 냄새를 이러한 화합물의 총합이라고 느끼지는 않는다.

후각은 비교적 고등한 동물이 갖추고 있는 감각으로서, 동물체 내의 특별한 부분이 후각기로 발달되어 있다. 후각은 시각에 대한 빛이나 청각에 대한 소리와 같이 냄새를 내는 물질로부터 상당한 거리에 떨어져 있어도 이것을 감각할 수 있다. 후각은 습성화(habituation)가 가장 빨리되는 감각이다.

습성화란 감각이 자극에 적응하여 더 이상 인지되지 않는 과정이다. 대부분의 냄새는 처음 인지 30초 후면 더 이상 느껴지지 않는다. 후각은 피로하기 쉬운 감각으로 냄새를 계속 맡고 있으면 그 냄새에 대한 감각이 약해지는 것이다. 반대로 북극이나 남극처럼 냄새가 없는 환경에서 생활하면, 냄새에 대한 감수성이 증가해서 미약한 냄새도 민감하게 느끼게 된다. 같은 냄새를 서로 다른 벌에 노출시킨 후에 신경 세포의 패턴을 조사한 실험결과에 따르면 각각의 벌들은 같은 냄새를 약간씩 다르게 느낀다. 이는 신경 세포의 패턴이 단순히 냄새 분자에 의해서만 생기는 것이 아니라, 이전에 맡았던 냄새에 대한 기억도 작용한다는 것을 의미한다. 이는 냄새가 사람에 따라서 서로 다르게 느끼고, 이전의 경험에 따라서 서로 다르게 느껴지는 이유를 설명해 준다.

(2) 냄 새

냄새를 가지고 있는 화학물질은 40만 종에 달하며, 전문가의 경우는 그중 4,000종을 구별할 수 있다고 한다. 강한 냄새 분자라면 1리터 중에 100억 분의 1 정도만 있어도 사람의 후각이 느낄 수 있다. 냄새를 구별하는 능력은 후신경구의 수에 따라 다른데, 사람은 평균 500만 개 정도의 후신경구를 갖고 있다. 그러므로 대략 3,000종에서 1만 종 정도의 냄새를 구별할 수 있다. 개는 1억 개에서 2억 개에 달하는 후신경구가 있다. 그러므로 개는 인간보다 더 많은 냄새를 맡을 수 있다.

우리가 흔히 맛을 느끼는 미각작용은 실제 대부분 후각에 의해 만들어진다. 커피 향을 맡아 커피 맛을 느낀다. 후각은 가스, 쉰 음식 등의 냄새를 감지해 위험으로부터 보호하는 중요한 기능을 한다. 시각이나 청각과 달리 후각을 잃은 환자는 현재까지 어떤 방법으로도 치료가 불가능하다. 외상, 축농증, 종양 등으로 냄새를 못 맡는 질병을 후맹증이라고 한다.

냄새감각의 세기는 냄새를 발하는 물질의 농도와 후상피 위를 흐르는 속도에도 비례한다. 후각은 자극이 계속되면 쉽게 순응하여 소실되지만, 서로 다른 종류의 자극에 대해서는 반응한다. 냄새가 있는 물질을 혼합하면 완화되지만, 완전히 상쇄되는 일은 없다. 또 혼합함으로써 전혀 별개의 후각이 생기므로 악취를 제거하는 데 이용된다.

(3) 탈취의 방법

- 감각적인 방법을 사용한 것 : 방향제. 화장실이나 방안에 좋지 않은 냄새가 나면 이들보다 더 강한 향료를 사용해 사람이 나쁜 냄새를 맡지 못하도록 만드는 경우이다. 냄새 나는 물질을 제거하는 것은 아니다.
- 물리적인 방법을 사용한 탈취제 : 숯. 숯은 1 g의 표면적이 약 300 m^2 나 되는 다공성 물질로 냄새나는 물질을 흡착한다. 냉동실에 사용되는 냄새 먹는 하마도 숯의 일종인 활성탄을 이용한 것이다. 활성탄의 구멍은 숯에 비해 훨씬 작은 약 2 nm 정도이며 냄새 분자가 활성탄의 구멍에 모두 흡착되면 더 이상 흡착을 못하게 되어 효과가 없으므로 냄새 탈취제로 쓰인 활성탄을 정기적으로 바꿔줘야 한다. 따라서 숯을 냉장고에 넣어두었다면 가

끔 통풍이 잘되는 곳에 놓고 햇볕에 말렸다가 써야 효과가 있다. 온도가 올라가면 냄새 분자의 운동성이 증가한다. 그렇게 되면 냄새 분자는 기공을 빠져나올 수 있다. 숯을 다시 냉장고 탈취제로 쓸 수 있다.

- 화학적인 방법을 사용한 것 : 대부분의 탈취제품이 여기에 속한다. 예를 들어, 안정화 이산화염소는 강한 산화력으로 냄새나는 물질을 산화시킨다. 냉장고에서 김치냄새가 사라지는 것도 이와 같은 이유이다.

후각은 비교적 고등한 동물이 갖추고 있는 감각으로서, 동물체 내의 특별한 부분이 후각기로 발달되어 있다. 후각은 시각에 대한 빛이나 청각에 대한 소리와 같이 냄새를 내는 물질로부터 상당한 거리에 떨어져 있어도 이것을 감각할 수 있다. 후각뉴런은 언어중추가 있는 대뇌 신피질과 직접적 연결이 거의 없다. 이것이 인간이 후각세계를 명확히 표현하고 분류하는 것이 어려운 이유이다. 그러나 감정, 기억, 성, 식욕 등을 관장하는 뇌변연계와 강하게 연결되어 있다. 냄새가 감정과 욕망을 암시하고 불러일으키며, 공포를 느끼게 하고 상상력에 영향을 미치는 이유이다.

(4) 냄새의 측정법

냄새의 원인이 되는 화학물질의 농도를 각각의 물질을 측정할 수 있는 기계 등을 이용하여 측정하는 방법(가스 크로마토그래피 등)과 인간의 후각에 의해 측정하는 방법(관능시험)이 있다.

① 직접 관능법

- 측정원리 : 이 시험방법은 악취가 발생하는 현장(공장)의 부지경계선상이나 피해지점에서 취기강도가 가장 높은 지점을 선정하여 건강한 사람의 후각을 이용하여 악취의 취기강도를 측정하는 방법이다.
- 시험방법 : 악취조사 판정자는 조사대상 지역에서 거주하지 않는 사람으로서 후각이 정상이고 건강한 사람 5인으로 구성한다. 악취조사 담당자는 악취의 취기강도가 가장 높은 악취발생 현장의 부지경계선이나 피해지점을 측정 장소로 선정한다.
- 판정방법 : 악취도의 판정은 시험방법에 따라 각 판정자가 감지한 악취도 중 판정자의 다수가 감지한 악취도로 한다. 다만 판정수가 동일한 경우에는 악취도가 높은 것을 선택하며 2도 이하이면 적합, 3도 이상이면 부적합으로 판정한다.

② 공기희석 관능법

시료채취 대상업소 부지경계선에서 채취한 시료를 시험실로 운반한 후 무취공기로 희석배수를 단계적으로 증가시키면서 희석하여 냄새를 느낄 수 없을 때까지 희석하여 해당 희석배수(냄새감지한계 희석배수)를 구하는 방법이다. 관능시험은 시험용 냄새주머니의 희석배수가 낮은 것부터 높은 순으로 실시하되 다음의 방법으로 한다.

- 단계별로 희석시킨 시험용 냄새주머니 1개와 별도로 준비한 냄새 없는 공기주머니 2개를 1조로 하여 판정인에게 준다.
- 판정인은 마스크를 쓰고 '시험용냄새주머니' 와 '냄새없는 공기주머니' 를 손으로 눌러주면서 각각 233초간 냄새를 맡는다.
- 각 판정인은 두 주머니로부터의 냄새가 구분이 되면 'o' 표 냄새구분이 잘 안 되면 'X' 표를 별도로 기록표시하여 둔다.
- 한 단계의 시험이 끝나면 5분 이상 신선한 공기로 호흡한 후 다음 단계의 시험을 한다.

③ 관능시험 결과치의 산출

- 관능시험 결과 무취로 판정된 희석배수의 바로 전 단계 희석배수를 각 판정인의 냄새감지함계 희석배수(이하 '냄새 감지한계 희석배수' 라 한다)로 한다.
- 각 판정인의 냄새감지한계 희석배수 중 최대치와 최소치를 제외한 나머지를 기하평균한 값을 판정인 전체의 냄새감지한계 희석배수로 한다.

④ 기기분석법

기기분석법은 배출허용기준에서 정하고 있는 8가지 물질을 분석하는 방법이다.

표 8-1 환경보전법상 악취대상물질

	악취물질	공업지연안의 사업장	기타 지연안의 사업장
기기분석법	암모니아	2 ppm 이하	1 ppm 이하
	메칠메르캅탄	0.004 ppm 이하	0.002 ppm 이하
	황화수소	0.06 ppm 이하	0.02 ppm 이하
	화화메틸	0.05 ppm 이하	0.01 ppm 이하
	이황화메틸	0.03 ppm 이하	0.009 ppm 이하
	틀리메틸아민	0.02 ppm 이하	0.005 ppm 이하
	아세트알데히드	0.1 ppm 이하	0.05 ppm 이하
	스티렌	0.8 ppm 이하	0.4 ppm 이하

(5) 악 취

한국 환경 보전법 19조 1항의 규정에 악취는 "배출금 부과 금의 부과 대상이 되는 오염 물질"로 정의되어 있고, 대기 환경보전법에 악취의 정의는 "황화 수소, 에르캅탄류, 아민류 기타 자극성 있는 기체성 물질이 사람의 후각을 자극하여 불쾌감과 혐오감을 주는 냄새"라고 규정하고 있다

(6) 향공조

모든 사람을 만족시키는 향기란 어렵기 때문에 개인공간 이외는 화장실 등 악취가 나고, 체재시간이 비교적 짧은 공간에 국한하여 이용하는 것이 좋다. 실제 일본에서 향공조 시스템을 채용한 44건물을 조사한 결과, 계속 사용하고 있는 건물은 14건물에 지나지 않았다.

적용대상은 대형건물의 로비, 연회장, 쇼룸, 전시장, 백화점, 금융매장, 휴게실, 극장, 체육시설 등이다.

(7) 프루스트현상

프랑스 작가 M. 프루스트의 대하소설《잃어버린 시간을 찾아서 la recherche du temps perdu》에서 유래하였다. 이 작품에서 주인공 마르셀은 홍차에 적신 과자 마들렌의 냄새를 맡고 어린 시절을 회상한다. 프루스트현상은 과거에 맡았던 특정한 냄새에 자극받아 기억하는 일을 말한다. 이 현상은 2001년 필라델피아에 있는 미국 모넬화학감각센터의 헤르츠(Rdchel Herz) 박사팀에 의해 입증되었다. 연구팀은 사람들에게 사진과 특정 냄새를 함께 제시한 뒤, 나중에는 사진을 빼고 냄새만 맡게 하였다. 그 결과 냄새를 맡게 했을 때가 사진을 보았을 때보다 과거의 느낌을 훨씬 더 잘 기억해 낸다는 사실이 밝혀졌다.

3) 음환경과 청감각

(1) 소리는 어떻게 생길까

소리란 어떤 물질이 떨리고 그 떨림이 다른 물질을 타고 퍼져 나가는 것, 즉 진동이다. 얼마나 빨리 떨리는가, 얼마나 크게 떨리는가에 따라 소리는 달라진다. 매질이란 진동을 전달해주는 물질인 공기, 물, 땅, 고체, 액체, 기체 등이다. 고체는 공기보다 소리를 더 빠르고 강하게 전달한다. 음속은 약 1,500 m/sec, 금속에서의 음속은 약 5,000 m/sec로 매질의 분자간격이 밀집한 상태(phase)일수록 빨라진다.

(2) 파 동

파동이란 진동이 물질을 따라 퍼져나가는 것으로 소리, 지진, 파도 등이 그 예이다. 모든 소리는 파동의 일종이며 파동의 진행방향과 매질의 진동방향에 따라 횡파와 종파로 나누어진다.

파동의 종류는 다음과 같다.

- 종파 : 매질의 진동방향과 파동의 진행방향이 나란한 파동으로 소밀파(疏密波)라고도 한다. 예로, 소리, 용수철을 앞뒤로 흔들었을 때 생기는 파동 등이 있다.
- 횡파 : 매질의 진동방향과 파동의 진행방향이 수직인 파동으로, 고저파(高低波)라고도 한다. 용수철을 위아래로 들었을 때 생기는 파동을 예로 들 수 있다.

음파는 전달경로 상에서 동일한 패턴을 반복하는데 공기입자가 밀한 부분에서 밀한 부분까지(혹은 소한 부분에서 소한 부분까지)의 길이를 파장(波長), 파가 진동하는 폭을 진폭(振幅), 파의 모양을 파형(波形)이라고 한다. 파장과 주파수는 반비례관계에 있으며, 주파수가 높은 고음이면 파장이 짧고 저음이면 파장은 길어진다.

(3) 주파수

진동의 반복이 일정시간(1초) 내에 몇 번인가를 나타내는 것을 주파수(f, frequency) 또는 진동수라 하며, 단위는 Hz(Hertz)로 나타낸다. 주파수가 낮으면 저음으로 들리고 주파수가 높으면 고음으로 들린다. 피아노를 예로 들면, 건반의 왼쪽으로 갈수록 주파수가 낮고 오른쪽으로 갈수록 주파수가 높다. 음의 고저는 주파수로 결정된다. 보통사람이 지각할 수 있는 주파수는 20~20,000 Hz이다.

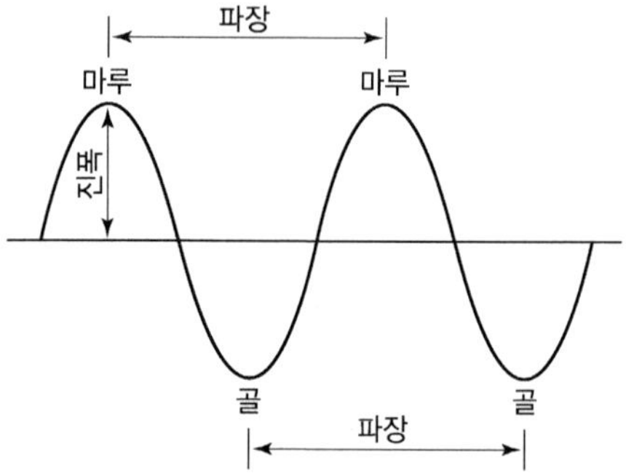

그림 8-1 파장과 진폭, 주파수의 관계

음의 파장(m)=음의 전반속도(m/s) / 주파수(Hz)

음의 고저를 결정하는 주파수는 일정시간(1초) 내에 진동의 반복회수를 나타내는 것으로, 1회 진동하는 데 걸리는 시간을 나타내는 주기(T, period)와는 역수관계이다. 예를 들면, 1,000 Hz 음의 경우 1회 진동하는 데 걸리는 시간은 0.001초이며, 1초 동안 1,000번을 진동한다. 단일주파수를 갖는 정현파(사인파)의 음파를 순음(純音, pure tone)이라 한다. 소리굽쇠(tuning fork)를 진동시키면 하나의 주파수 음만을 발생시키는데 이 음이 순음이다. 그러나 일상생활에서 듣게 되는 대다수의 음은 다른 주파수와 진폭을 갖는 여러 가지 음색으로 구성되어 있는 복합음(complex sound)이다.

(4) 귀의 구조

귀는 외이, 중이, 내이 세 부분으로 이루어져 있다. 청각 수용기는 내이의 달팽이관에 있고, 외이 및 중이는 음을 내이에 전달하는 전음기(傳音器)이다. 외이는 귓바퀴와 외이도(外耳道)로 이루어져 있으며, 고막이 중이와의 경계를 이룬다. 중이에는 망치뼈, 모루뼈, 등자뼈라고 하는 3개의 이소골(耳小骨)이 있어, 고막의 진동을 난원창에 전달한다. 이때 음파의 진폭은 감쇠되지만 음압(音壓)은 약 20배로 증강된다.

전달된 소리가 내이의 난원창을 통해 달팽이관(와우)에 존재하는 약 2만 개의 세포(우모세포)들을 자극함으로써 소리가 감지되고 분석되어 신경을 통해 뇌로 전달된다. 음이 강할 때는 달팽이관 신경으로 발사되는 임펄스의 빈도가 증가하고, 음이 약할 때는 빈도가 감소한다. 즉, 음의 강약은 달팽이관 신경의 임펄스 빈도의 다소로 변환되어 중추신경계로 전달된다.

코르티기관은 유모세포(hair cell)라 불리는 특수한 뉴런 다발들로 이루어져 있는데, 내부 유모세포 하나와 외부 유모세포 서넛이 길이를 따라 반복하여 분포되어 있다. 뉴런 다발들은 서로 다른 음파, 즉 달팽이관 입구에서는 고음부의 음들, 그리고 나선의 끝에서는 저음부의 음들에 각각 민감하게 반응한다. 유모세포에 나 있는 미세한 털들의 일부는 한쪽에 고정되어 있으며, 그 위에 떠 있는 젤라틴 성분의 막을 자극한다. 중이로부터의 진동이 유동체를 타고 퍼지면서 유모세포의 털들을 흔들면 그 끝의 K+이온 통로가 기계적으로 열리고 닫힘으로써 신호가 전달되기 시작한다.

뇌에 전달된 청각신호는 1차 청각피질(primary auditory cortex)에서 처리된다. 어느 단일 주파수의 소리가 귀에 다다르면 곧 그 주파수의 피질 띠가 반응을 보인다. 1차 청각피질에서 감지된 소리들 간의 관계 설정은 1차 피질을 둘러싸고 있는 2차 청각피질(secondary auditory crtex)에서 이루어진다. 이것을 통해서 두뇌는 진동수, 강도, 출처, 변화속도 등 다양한 특징들 간의 관계와 그 관계와 그 관계들 간의 관계들, 또 그 관계들 등을 계속하여 파악하게 된다. 우반구의 청각피질은 동시에 발생하는 소리들 간의 관계에 주목하기 때문에 화성체계에 집중을 한다. 따라서 순수한 진동수로 구성된 소리가 들릴 때는 좌뇌보다 나을 바 없지만 상음이 풍부한 음이 들려오면 실력을 발휘한다. 또한 언어에서 하모니가 고도로 발달된 모음 소리를 분석하는 일에 월등하다. 반면 좌반구의 청각피질은 리듬에 집중을 한다. 1차 청각피질이 위치하는 우뇌반구의 측두엽의 물리적인 크기가 유전적으로 음악적 능력을 나타낸다는 연구결과도 있으며, 30명의 음악인의 뇌를 비음악인의 뇌와 비교하여 절대음을 가진 음악인들에서 커다란 크기의 측두엽을 발견되었다는 연구결과도 있다.

(5) 웨버 페흐너의 법칙

- 웨버(Weber)의 법칙 : 두 물체의 무게가 서로 다르다는 것이 감지될 수 있기 위한 최소 무게 차이(판별역)는 물체의 무게가 증가 혹은 감소함에 따라서 비례하여 증가 혹은 감소한다. 1834년 웨버는 ⊿R/R=일정한 상수 (k)값을 갖는다는 것을 밝혀냈다.

> ⊿R : 비교해 보고서 그 차이를 구별할 수 있는 자극의 최소변화량(변별력)
> R : 원자극의 강도
> K : 감각의 종류나 질에 따라 다름. 소리는 1/ 10, 피부압력은 1/ 7, 밝기는 1/ 60.
> (값이 작을수록 그 감각이 예민하다는 것을 나타냄)

- 페흐너(Fechner)의 법칙 : 감각량이 등차증가하기 위해서는 자극량은 등비증가를 해야 한다. 즉, 청각을 포함해서 사람의 감각은 주어진 자극의 물리량이 아니라 그 로그에 비례한다.

(6) 소리의 단위와 레벨

① 음의 크기레벨 (loudness level)과 등청감곡선

사람의 청각이 느끼는 주관적인 음의 대소를 음의 크기(loudness)라 하며, 이는 음의 물리적 강약을 나타내는 음의 세기(강도)와 구별음에 대한 사람의 감각은 가청주파수범위에서 일정하지 않기 때문에 같은 음압레벨이라도 주파수에 따라서 같은 크기로 감각되지 않는다. 동일한 주파수의 음에서는 음압레벨이 큰 음은 음압레벨이 작은 음보다 크게 들리지만, 주파수가 다르면 음압레벨이 작은 음이 오히려 크게 들릴 수도 있다. 즉, 사람이 느끼는 음은 음압레벨의 대소뿐 아니라 그 음의 주파수 성분에도 관계된다. 따라서 사람의 청감에 대응한 단위로서 음의 크기레벨이 필요하다. 음의 크기레벨은 사람이 느끼는 음의 크기를 수치화하는 방법의 하나로, 비교기준으로 삼은 1,000 Hz의 순음과 그 크기가 같다고 판단될 때에 후자의 크기를 전자의 음압레벨로 표시하는 것으로 단위는 폰(phon)으로 표기한다.

각 주파수의 순음에 대하여 같은 크기로 느끼는 주파수별 음압레벨을 연결한 선을 등청감곡선(equal loudness contour)이라고 한다. 주파수 1,000 Hz에서는 음의 크기레벨은 음압레벨과 동일하다. 주파수가 낮은 영역에서는 등청감곡선은 상향하는 경향을 보이고 있는데 이는 청감상 둔감함을 의미한다. 청감이 가장 민감한 주파수는 곡선에서 가장 낮은 4,000 Hz이다.

등청감곡선은 각각 phon을 나타내고 있는데, 1,000 Hz에서 60 dB을 통과하는 곡선을 60 phon 곡선이라고 한다. 주파수 100 Hz의 음이 60 phon의 크기를 느끼기 위해서는 음압레벨이 대략 70 dB 정도가 되어야 함을 의미한다.

② **소음레벨(noise level)**

소음레벨은 한국산업규격(KS C 1502 및 1505)에서 규정한 지시소음계에 의한 소음의 크기를 표시하는 단위이다. 소음의 크기는 음의 크기를 나타내는 음의 크기레벨을 간략화한 감도를 갖는 소음계를 규격화하여 그 계측치를 소음레벨로 사용하고 있다. 지시소음계는 A, B, C, 3종류의 주파수특성을 가지며, 각각 40, 70, 100 phon의 등청감곡선에 근사한 감도를 갖는다. 계측치는 어느 주파수특성을 적용하였는지를 나타내는데 dB에 A, B, C를 표시한다. 통상 소음레벨은 A특성에 의한 계측치가 가장 사람의 귀의 감도에 근사하기 때문에 A특성에 의해 계측되는 경우가 일반적이며 이 경우 dB(A)로 표현한다.

일반적으로 대면회화(face to face communication)에서의 평균 소음레벨은 65 dB(A) 정도이고, 조용한 환경에서의 회의 시에는 70~75 dB(A) 정도된다. 114 dB이 되면 귀에서 통증이 느껴지고 50%의 사람이 불쾌감을 느끼게 되며, 120 dB이 되면 100%의 사람이 불쾌감을 느끼게 된다. 보통 우리들 주변은 기본적으로 일정 이상의 소음이 존재하기 때문에 0 dB은 없다. 일반적으로 낙엽 떨어지는 소리는 약 10 dB, 조용한 교외는 20 dB, 교통이 없는 조용한 밤은 40 dB 정도이다.

각종 소음 크기는 발생원의 종류와 발생원의 위치(실내, 실외), 발생원으로부터의 이격거리 등에 따라 달라지지만, 우리 주변에서 듣게 되는 일반적인 소리의 정도를 소음레벨로 나타내면 그림과 같다.

소리의 크기변화는 3 dB 정도부터 변화를 약간 느끼기 시작하며, 5 dB 정도의 레벨차부터는 확연하게 느끼게 된다. 소음이 인체에 미치는 영향은 청취방해나 난청(難聽)과 같이 소음에 직접 유래되는 특이적 영향과, 정서불안이나 생활방해 등에 기인한 소화 장애나 순환기 질환과 같은 신체적 피해로 나타나는 비특이적 영향으로 구분된다.

4) 시환경과 시감각

(1) 시 각

시각이란 빛의 감각 및 그에 따르는 공간의 감각이다. 빛을 느끼는 곳은 눈 안의 망막뿐이고, 그 밖의 구조는 빛을 바르게 망막으로 도달시키게 하기 위한 통광장치(通光裝置)에 지나지 않는다. 빛을 굴절시키는 것은 각막, 안방수, 수정체, 유리체 등이다. 그중에서 수정체의 굴절률이 가장 크므로, 눈에서의 빛의 굴절은 주로 수정체가 맡고 있다.

정상적인 사람의 눈은 눈앞 약 6 m 이상의 거리에 있는 물체를 망막에 정확하게 상을 맺는다. 하지만 이보다 가까이 있으면 망막 후방에서 상을 맺게 되므로, 수정체를 두껍게 해서 굴절률을 증대시킨다. 이것을 눈의 조절작용이라 하며, 나이가 먹어갈수록 감퇴된다. 망막은 눈의 내면을 덮고 있는 막으로, 몇 개의 세포가 층을 이루고 있다. 빛을 느끼는 것은 가장 바깥쪽에 있는 시세포(視細胞)이다. 시세포는 그 돌기의 모양에 따라 원추세포(cone cell)와 간상세포(rod cell)의 두 종류로 구별한다. 원추세포는 망막 중심부에 많고, 빛이 강할 때 작용하며, 빛깔을 느끼는 기능이 있다. 간상세포는 망막 주변부에 많이 분포하고, 어두운 곳에서 약한 명암의 차를 느낀다. 간상세포는 여러 개의 세포가 하나의 신경세포와 연결되어 있다. 빛의 감각에는 빛의 양의 다소를 구별하는 밝기의 감각과, 빛의 종류를 구별하는 색의 감각이 있다.

인간이 필요로 하는 정보의 80% 이상을 시각으로부터 받아들인다. 자극이 들어오면 지금의 상황과 직전의 정보, 양쪽 눈의 시각정보의 차 등을 비교분석, 뇌와 안구의 운동을 촉진시켜 주시점을 변경하거나 동시에 기억과 조합을 일으킨다.

밝기의 감각은 외계의 상황에 따라 달라진다. 어두운 곳에 있으면 점차 망막의 감수성이 높아지고(暗順應), 밝은 곳으로 나오면 재빨리 망막의 감수성이 낮아진다(明順應). 빛이 들어와도 일정시간이 경과하지 않으면, 그 빛에 대응하는 느낌이 일어나지 않는다. 반대로 빛을 차단해도 감각은 금방 없어지지 않고 잠시 남는다.

색의 감각은 주로 파장에 관계된다. 사람이 느낄 수 있는 빛은 파장이 380~780 nm까지다. 스펙트럼으로 구별할 수 있는 색상은 빨강에서 보라색까지인데, 사람의 눈은 약 160만 가지의 색상을 구별할 수 있다. 색상을 식별하는 데 필요한 빛의 강도는 색에 따라 다르다. 충분히 밝은 때는 노란색이 밝고, 자주색은 어둡게 보인다. 그러나 빛이 약해지면 스펙트럼에서 가장 밝게 보이는 부분이 노랑에서 녹색 쪽으로 옮겨가므로, 해질 무렵에는 파란색이 잘 보인다.

(2) 시 력

물체의 모양을 분간하는 능력을 시력(視力)이라 한다. 한쪽 눈으로도 물체의 모양을 분간할 수는 있으나, 두 눈으로 보면 양쪽 시야가 겹쳐서 넓은 범위가 보인다. 동시에 두 눈으로 함께 보이는 부분에서는 시력이 증가되며, 또 깊이에 대한 감각도 생긴다. 민족, 생활 등에 따라 다르고 주위의 밝기와 대상의 콘트라스트(contrast)에 의해 영향 받는다.

(3) 휘도비

하얀 종이에 회색으로 글씨를 쓰는 것보다 검은색으로 쓰는 것이 더 잘 보인다. 이것은 같은 밝기 아래, 하얀색과 검은색을 동시에 보면, 하얀색이 휘도가 높고, 하얀 종이와 검은 글자 사이에 휘도차가 커서 잘 보이는 것이다. 이와 같이 대상물과 배경 사이에는 어느 정도 휘도차가 있는 편이 잘 보이나, 너무 많으면 눈이 부셔서 오히려 잘 안 보이게 된다.

(4) 시 야

시야란 똑바로 전방을 보고 눈에 보이는 범위로 정시야는 안구를 고정한 상태에서 보이는 범위, 동시야는 머리를 고정하고 안구만을 자유롭게 움직였을 때 보이는 범위를 말한다.

일상적으로는 목을 움직이면서 보게 되며 인간이 무리 없이 목을 움직일 수 있는 운동범위 좌우 각 45°, 위 15°, 아래 30°이다.

미술관 전시실의 가장 좋은 시야의 각도는 27°~30°이고, 건물 외관 전체를 한눈에 보기 위해서는 건물 높이의 2배 정도 떨어진 거리에서 바라보는 것이 좋으며, 쇼윈도의 진열을 잘 보이게 하기 위해서는 시선과 30°의 각도 안에 두는 것이 좋다.

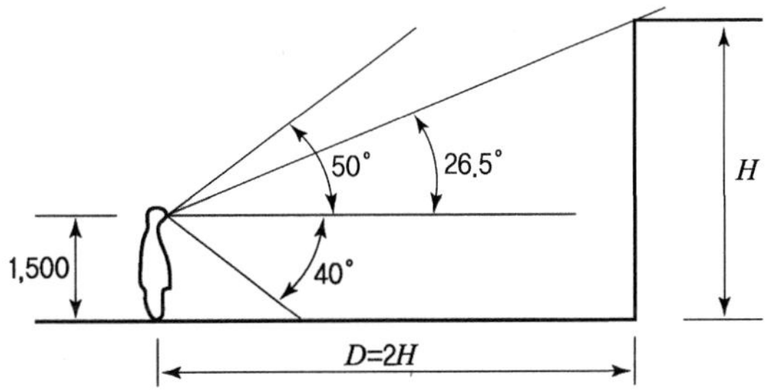

그림 8-2 인간의 시야 범위

(5) 깊이 지각(depth perception)

어떻게 2차원의 망막상으로부터 3차원의 깊이 정보를 얻어내는가?

① 눈단서(동안단서)

두 눈에는 렌즈가 있어서 물체의 거리에 따라 조절을 통해 정확한 상을 맺게 하는데 물체가 가까울수록 렌즈가 두꺼워진다. 또한 물체가 가까워질수록 두 눈은 대상을 향해서 수렴하게 되어 물체와 두 눈 사이의 예각이 커진다. 이런 눈의 기계적 변화를 통해 대상의 거리를 판단하는 것을 눈단서(oculomotor cue)라고 한다. 하지만 물체와의 거리가 상대적으로 멀 때는 눈단서가 별로 유용한 정보를 주지 못한다.

② **회화적 단서, 그림단서**(pictorial cue)

회화적 단서는 2차원 그림을 그릴 때나 볼 때 사용된다. 한쪽 눈만으로도 이 단서가 사용가능하기 때문에 단안단서라고도 한다.

③ **운동단서**

관찰자가 대상을 보면서 움직이면 가까운 대상은 먼 대상보다 더 많이 눈의 망막 상에서 옮겨지는데 이를 운동시차(motion parallax)라 한다. 기차를 타고 가다 보면 먼 산은 자기를 따라오고 가까운 전봇대는 빠르게 뒤로 가는 것처럼 보이는 것이 그 예이다.

④ **양안부등**

인간의 두 눈은 약 6 cm 떨어져 있어서 양쪽 눈에 맺힌 망막상은 약간 다르다. 이 양안부등 현상을 이용하여 입체영화와 입체사진이 만들어졌다. 두 눈의 불일치는 3D장면을 볼 때, 왼쪽 눈과 오른쪽 눈에 투사되는 영상에 차이가 나는 것을 말한다.

두 눈에 맺히는 상의 불일치로 인해 우리는 입체영상을 지각하게 된다. 각각의 눈에 들어오는 이미지는 서로 상이한 상을 갖게 되며 이 정보를 뇌에서 융합하여 하나의 이미지로 처리하게 된다. 우리가 물체의 거리를 느낄 수 있는 이유는 물체에서 반사되어 나온 두 빛이 각각의 두 눈에 포착되어 뇌에서 합성 처리하기 때문이다. 두 눈의 시각 차가 클수록 물체는 가깝게 존재하는 것으로 느끼고 시각 차가 작을수록 물체가 먼 곳에 있는 것으로 느끼게 된다.

2. 자세와 동작

1) 인체치수

인체치수(physical dimension)란, 가구나 기기, 실내공간의 치수를 결정하는 기초 자료로서 성별, 연령, 직업, 민족 등에 따라 다르다. 따라서 대상공간의 이용자를 충분히 파악한 후 적절한 인체치수를 적용해야 한다. 설계 시에는 인체치수에 여유치를 더한 치수를 사용한다.

(1) 치수의 단위

- Stadium은 고대 그리스의 치수의 단위로 Stadion에서 유래되었으며 1 Stadion의 달리기 코스를 가지는 경기장을 뜻한다. 사막의 아침, 태양이 지평선에 떠오르기 시작할 때, 태양을 향해서 걷기 시작하여 태양이 지평선으로부터 벗어나는 순간까지 걸은 거리의 평균치가 1 Stadion이다. 어른 보행의 경우 약 180 m로 약 2분간 걷는 거리이다. 올림피아의 Stadium은 192 m, 바빌로니아는 184 m, 이집트는 평균 175 m의 거리를 나타낸다.
- Cubit은 성서에 자주 나오는 단위로 노아의 방주는 300×50×30 큐빗의 규모이다. 큐빗이란 팔꿈치를 뜻하는데, 즉 팔꿈치에서 가운데 손가락 끝까지의 길이로 50 cm 전후이다. 따라서 노아의 방주는 150×25×15 m, 용적 2만 톤의 크기이다.
- Feet는 발꿈치에서 발가락 끝까지의 거리로 1 feet은 약 30 cm이다. 1 yard는 (2 cubit=3 feet=약 91 cm)와 같은 길이이고, 1척은 30.3 cm로 1평은 (6×6척=3.3 m^2)로 나타낼 수 있다.
- 인체치수는 인체치수의 길이를 나타내는 것으로, 높이 축은 신장과 비례, 인체치수의 폭은 체중과 비례한다. 신장을 H로 봤을 때 눈높이는 0.9 H, 양팔을 벌렸을 때의 넓이는 H, 어깨넓이는 0.25 H로 나타낼 수 있다.

일반적으로 추운 지방의 사람들이 신체가 큰 경향이 있고 동물도 마찬가지이다. 단위체중당 체표면적(방열면적)은 신장이 클수록 작아진다. 호텔, 회의장, 공항 등 외국인이 많이 사용하는 공간은 국제적 치수를(ISO) 사용하며, 미국 성인남자의 99% 치와 한국여자의 1% 치의 중간을 평균치로 하는 국제인간을 설정하여 설계한다.

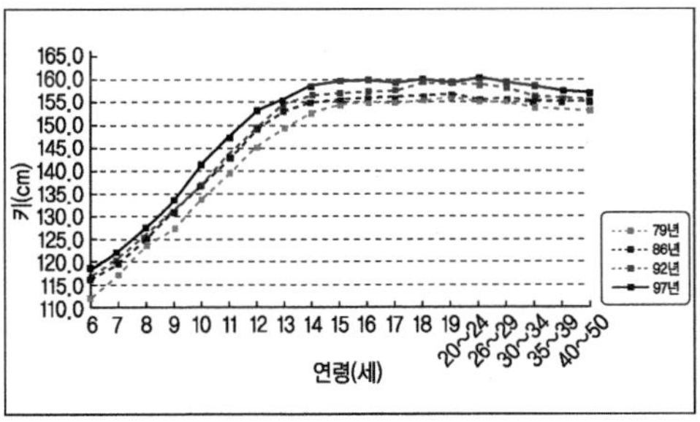

우리나라 남성의 신장 변화

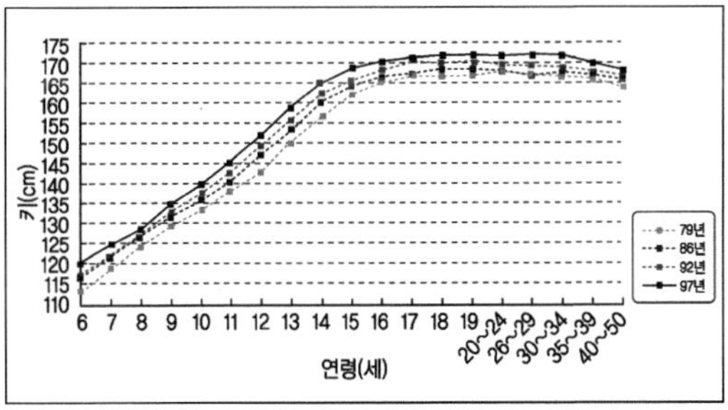

우리나라 여성의 신장 변화

그림 8-3 우리나라 국민의 신장변화

출처 : 산업자원부 기술표준원 국민표준 체위 조사보고서

(2) 의복과 소지품에 의한 증가치수

욕조를 제외한 나머지 공간은 착의상태의 치수를 기준으로 한다. 기존의 인체 계측치에 의복 증가치를 더하여 산정하는데, 의복 증가치는 여름철의 경우 30 mm, 겨울철 코트를 입은 경우 150 mm로 한다. 의복은 두께보다 형태에 따라 치수가 증가한다. 공간설계 시는 겨울철 코트를 입은 경우를 상정하고, 결혼식장이나 연회장의 경우는 주의가 필요하다.

직립자세에서도 전후좌우로 100~150 mm의 간격이 흔들리고, 지하철이나 버스의 경우는 90% 이상이 가방 등 소지품을 들고 타기 때문에 고려해야 한다. 장거리 열차 역이나 공항은 여행 가방이나 스키 등도 고려해서 치수를 산정해야 한다.

(3) 인체치수 적용 시의 여유분

인체치수의 개인차, 의복이나 소지품, 신체의 흔들림, 동작에 필요한 여유, 심리적인 여유 등을 고려하여 여유분을 산정한다. 인체치수는 개인차가 심하므로, 디자이너에게는 평균치보다 전체분포가 중요하다. 따라서 퍼센타일(percentile)의 개념을 적용하는데, 모든 구성원에게 적절한 디자인을 하는 것은 불가능하므로 90% 범위를 대상으로 하는 것이 보통이다.

Tolerance(여격)는 Plus tolerance, Minus tolerance, Plus or minus tolerance 세 가지로 나눌 수 있다. Plus tolerance는 가장 키가 큰 사람도 드나들어야 하는 개구부 높이와 같은 경우에 적용하고, Minus tolerance는 가장 키가 작은 사람도 그 너머를 볼 수 있어야 하는 관중석의 난간높이 등에 적용한다. Plus or minus tolerance는 키가 가장 작은 사람은 물론, 키가 가장 큰 사람에게도 적당해야 하는 문손잡이 높이 설정 등에 적용할 수 있다.

체형(somatotype)이란 인체 각 부위의 치수의 비를 뜻하는 말이다. 인체 각 부위의 중심(center of gravity)이란 신체를 이용한 실측으로, 신체를 기하학적 입체의 집합으로 보고 각 부위의 중량과 중심으로부터의 힘의 합성에서 구한다. 직립자세의 경우 신장의 54~58%(배꼽 아래)이고, 남자가 여자보다 중심이 높다.

인체의 체적은 각 부위를 수중에 넣었을 때 배제되는 물의 체적으로부터 구하며, 성인남자의 경우 54리터 전후, 성인여자의 경우 52리터 전후이다. 체표면적은 신체 각 부위에 종이를 붙인 후 떼어내는 실험으로부터 구할 수 있으며 그 이외에 신장, 체중, 머리둘레로부터 약산하는 식도 있다.

2) 자세(posture)

(1) 앉기(sitting)

앉는 자세는 서 있는 자세에 비해 많은 이점을 가지고 있다. 사람이 앉는 자세를 취할 때 더 많은 신체의 안정감을 가지게 되는데, 그 이유는 바닥, 의자, 의자 등 받침대, 팔걸이와 같은 여러 가지 표면들이 사람의 몸을 지탱해 주기 때문이다.

올바른 앉기 자세를 위한 가이드라인은 다음과 같다.

- 장시간 앉아 있지 말고 가끔씩 일어서거나 걷도록 한다.
- 의자의 높이와 의자의 등받이는 조절이 가능해야 한다.
- 조절 가능한 정도는 제한한다. 모든 요소들이 조절 가능하면 오히려 사용자에게 혼란을 야기시킨다.
- 올바른 착석 지침서를 제공한다.
- 하고자 하는 업무에 따라 의자의 특성을 결정한다.
- 작업면의 높이는 업무의 특성에 맞게 선택되어야 한다.
- 작업면의 높이, 의자, 발 사이의 거리가 적당해야 한다.
- 만약 작업면의 높이를 조절할 수 없다면 발 받침대를 사용한다.
- 힘들게 팔을 뻗는 자세를 피하도록 한다. 사용자의 업무에 필요한 물품들이 쉽게 닿는 곳에 배치되도록 계획한다.
- 독서와 같이 읽는 업무를 할 때에는 작업 면이 경사진 것을 선택한다.
- 앉았을 때 발을 뻗을 수 있는 충분한 공간을 확보한다. 책상 아래 최소 100 cm의 공간이 확보되어야 한다.

(2) 서 있기(standing)

어떤 업무를 수행하기 위해 긴 시간 동안 서 있는 것은 될 수 있으면 피한다. 장시간 서서 업무를 하는 것은 등이나 다리에 무리를 주거나 혈액순환 장애, 발의 통증이나 근육의 피로를 유발할 위험이 있다.

서 있는 자세로 효과적인 업무를 하기 위한 가이드라인은 다음과 같다.

- 장시간 서있는 것을 피하고 자주 앉거나 걷는다.
- 작업면을 업무에 따라 조정한다.
- 작업면의 높이는 조절이 가능해야 한다.

- 서 있을 때는 가급적 단(platform)을 사용하지 않는다. 작업대의 높이가 고정되어 있을 때 키가 작은 사람은 단을 사용하는 것이 보통이나, 때로는 단을 사용하면 사용자들이 걸려 넘어지거나 물건 운반 시에 방해가 되는 등의 문제가 발생할 수 있다. 따라서 이미 언급한 바와 같이 작업면의 높이를 조절 가능하게 하는 것이 바람직하다.
- 다리나 발을 편안하게 둘 수 있는 공간을 충분히 확보한다.
- 앉아서 작업할 때와 마찬가지로, 서서 작업할 때도 과도하게 팔을 뻗지 않아도 되도록 공간을 계획한다.
- 독서와 같은 읽는 업무를 할 때는 경사진 작업대(책상)를 사용하는 것이 좋다.

(3) 자세 바꾸기(change of posture)

- 업무 또는 활동 시 다양한 자세로 움직이도록 한다. 업무 시 다양성을 제공하기 위해서 '업무 강화(job enrichment)' 또는 '업무 확대(job enlargement)'의 개념이 적용될 수 있다. 업무 강화는 고용인을 다루거나 고용인의 책임감을 증진시키기 위한 업무의 부가를 말하며 이것은 업무의 수직적 확장을 뜻한다. 회사는 고용인들을 위해 좀 더 도전적이고 보상적인 일을 만들 수 있는데, 이때 '업무 강화'를 사용할 수 있다.

  '업무 확대'는 업무의 수평적 확장을 말하며, 기술이나 책임감의 수준이 동일한 상태에서 일의 양을 늘리는 것을 의미하기도 한다. 자신의 업무를 자신의 수준과 비슷한 동료에게 넘길 수 있는 기회를 가지게 되며, 이것은 일의 지루함으로부터 사람들을 보호할 수 있다. 작은 회사는 판매 촉진을 위한 기회가 비교적 적을 수 있기 때문에 업무 확대를 통해서 직원들에게 동기부여를 할 수 있다.
- 사용자의 편의에 따라 앉거나 서서 일할 수 있는 작업대(sit-stand work station)를 활용한다.
- 앉는 자세를 다양하게 취할 수 있는 의자를 활용한다. 현대인들이 호소하는 많은 질병이 장시간 앉아서 근무하는 고정된 자세에서 비롯된다. 이러한 증상을 감소 또는 예방하기 위해 '활동적 착석(active sitting)'의 개념이 관심을 받고 있다. 활동적 착석은 사용자의 움직임을 적극적으로 도와주는 것을 기본 전제로 한다. 이러한 개념을 적용한 의자들의 예는, 착석면이나 등받이가 사용자의 움직임을 따라 기울어지며, 좌우나 앞뒤로 움직임이 가능하거나 회전하는 등 보다 융통성이 있는 의자들이다.
- 서 있는 일을 할 때 경우에 따라 걸터앉을 수 있는 간이의자(pedestal stool)를 사용한다. 간이의자는 일반 의자와 달리 사용자가 잠시 걸터앉을 수 있는 형태의 것을 의미하는데, 장시간 앉아 있기에는 부적합하지만 서서 일하는 사용자가 잠시 앉음으로써 다리에 주어지는 부담을 경감시킬 수 있다.

(4) 손과 팔의 자세

팔과 손목을 받치지 않은 채로 장시간 반복적으로 일을 하면, 점차적으로 손목이나 어깨의 통증을 유발하고 염증을 일으킬 수 있다.

올바른 손과 팔의 자세는 다음과 같다.

- 올바른 모델의 도구를 선택한다. 손목을 가장 편안한 자세로 유지할 수 있는 도구를 선택한다.
- 손목을 구부리지 말고 대신 구부려진 도구를 사용한다.
- 손에 쥐는 도구는 너무 무거워서는 안 된다. 손에 쥐는 도구의 최대 무게는 2 kg을 넘지 말도록 권장한다. 그러나 사실, 손으로 사용하는 도구의 무게 제한이 있는 것은 아니고, 다만 힘들이지 않고 한 손으로 도구를 다룰 수 있어야 한다는 것을 말한다. 또한 양손으로 도구를 다룰 수 있도록 두 개의 손잡이가 있는 경우가 있는데, 예를 들어, 한손은 도구를 지탱하고 한 손은 도구를 조절할 수 있다.
- 도구들을 잘 관리한다. 관리가 잘 된 도구들은 사용하는 데 힘이 덜 들고, 안전사고를 방지할 수 있으며, 작업결과의 질이 한결 높다.
- 손잡이의 모양에 주의한다. 약간 볼록하게 굽어 있는 손잡이는 손바닥 표면을 손잡이와 더욱 밀착시키기 때문에 더 좋다. 그리고 미리 모양이 잡힌 손잡이(pre-shaped handgrips)의 사용은 좋지 않은데, 이는 사람 손의 크기가 제각각 다르기 때문이다. 만약 특별히 작은 손을 가지고 있는 사람은 미리 만들어진 손잡이를 쥘 때 손가락을 넓게 벌려야 하는 반면, 유난히 큰 손을 가진 사람이 그 손잡이를 사용한다면 손잡이의 폭이 좁아 손가락끼리 겹칠 수 있다. 또 미리 만들어진 손잡이는 장갑을 끼고 물건을 운반해야 할 때 불편하다.
- 어깨 위로 물건을 운반하는 것을 피한다.
- 등 뒤로 손을 사용해서 일하는 것을 피한다.

3) 동작(movement)

(1) 들기(lifting)

- 손으로 물건을 옮기는 일은 제한적으로 한다.
- 물건을 들어올리기에 적합한 최상의 상태를 만든다.
  - 가능한 한 물건을 몸통 가까이로 잡아당긴다.
  - 물건을 들어올리기 전에 짐의 높이가 약 75 cm가 되도록 한다.

- 물건을 수직으로 들어올릴 때 25 cm를 초과해서는 안 된다.
- 가능한 물건을 두 손으로 잡는다.
- 물건의 무게에 알맞은 손잡이가 마련되어야 한다.
- 물건을 들어올릴 때 자유로운 자세를 취할 수 있어야 한다.
- 물건을 들어올리는 일은 5분당 한 번 미만으로 해야 한다.
- 물건을 들어올리는 일은 한 시간 이상 해서는 안 되며, 그 일을 했던 시간의 120%의 시간을 쉬어야 한다.

■ 가급적이면 23 kg 이하로 들도록 한다.
■ 들어올리는 활동에 알맞은 적절한 공간을 확보한다.
■ 올바른 들어올리기 기법을 사용한다.
■ 무거운 짐은 여러 사람이 함께 운반한다.
■ 물건을 들어올리는 데 유용한 도구들을 사용한다.

(2) 운반(carrying)

■ 물건의 무게를 제한한다.
■ 가능한 한 물건을 몸 가까이 밀착시킨다.
■ 잘 고안된 손잡이를 만든다.
■ 높이가 높은 물건을 운반하는 것은 피한다.
■ 한 손으로 물건을 운반하는 것을 피한다.
■ 물건을 옮기기에 유용한 도구들을 사용한다.

3. 정보와 처리(information and operation)

컴퓨터 기술은 지난 십 년 내지 이십 년 동안 매우 보편화되었으며, 현대사회에서 사람들에게 컴퓨터의 사용은 필수적이다. 컴퓨터가 우리의 일상생활에서 이토록 중요한 역할을 하고 있는 만큼, 정보시스템을 디자인할 때 고려해야 할 요인들에 대해서 알아볼 필요가 있다. 컴퓨터 사용자에게 제공되는 정보와 이러한 정보를 다루기 위한 사용자 행동지침에 대해 살펴보자.

사람과 기계의 경계를 유저인터페이스(user-interface)라고 한다. 이것은 또한 사람-기계

인터페이스(Man-Machine interface : MMI) 또는 인간-기계 인터페이스(Human-Machine Interface : HMI)라고도 한다.

그리고 특별히 그 기계가 컴퓨터일 때 이것은 'Human-Computer Interface' 라고 하며 여기서는 간단히 인터페이스라고 칭하도록 한다. 이 장에서는 정보시스템 디자이너로서 알아야 할 주요사항들, 즉 사용자, 정보, 콘트롤 그리고 정보와 처리 사이의 관계들을 다루도록 하겠다.

1) 사용자

무언가를 디자인하려고 할 때, 당신이 알아야 할 첫 번째 사항은 잠재적 사용자가 누구냐 하는 것이다. 이것은 모든 상품에 똑같이 적용되며 사용자 인터페이스의 디자인도 예외가 아니다.

① 될 수 있는 한 정확하게 사용자 규모를 결정하라

당신은 사용자 그룹에 대해 알아야 한다.

- 국적(그에 따른 언어와 문화)과 연령, 즉 사용자의 일반적 배경
- 지식이나 교육수준 : 사용자가 무엇을 알고 있으며, 무엇을 배울 수 있는지
- 이용 가능한 콘트롤의 형태 : 키보드, 마우스 또는 터치 스크린 등
- 수행할 업무 : 그에 따라 사용자가 무엇을 필요로 하며 무엇을 원하는지
- 사용 빈도

② 멘탈 모델(mental model)을 고려한다

우리는 멘탈 모델을 통해 현실세계에서 일어나는 현상에 대한 인간의 사고과정을 설명할 수 있다. 인지과학자들은 인간이 여러 가지 환경에서 어떻게 알고, 인지하고, 의사결정을 하고, 행동을 구성하는지에 대해 설명하기 위해 멘탈 모델을 연구해 왔고 'Human-Computer Interaction' 분야에서는 이러한 개념을 채택해 왔다. 소프트웨어 인터페이스는 사용자가 시스템의 생산적인 멘탈 모델을 만들 수 있도록 디자인되어야 한다.

다음은 인터페이스를 디자인할 때 사용자의 멘탈 모델을 지원하기 위해 고려해야 할 몇 가지 사항들이다.

- 단순성 : 멘탈 모델이 실제성을 단순화하기 때문에, 인터페이스 디자인은 실제 컴퓨터 기능을 단순화해야 한다. 기본적이고 가장 자주 사용되는 기능은 즉시 알아볼 수 있어야

하는 반면 고급 또는 상위 기능은 사용자에게 덜 인식되도록 한다 .

- 친근감 : 인터페이스는 사용자가 사전 지식을 갖도록 해야 하는데, 특히 현실에서 상호 교환되는 경험으로부터 얻어지는 지식이다. 사용자는 실제 경험을 통해 이미 이해하고 있는 개념과 기술을 사용할 때 훨씬 수월하게 느낀다. 오피스 메타포(metaphor)를 사용하는 윈도(window) 작동시스템이 좋은 예이다. 드래그(drag)와 드롭(drop) 기능과 결합되어 있는 윈도(window)의 폴더와 서류 아이콘은 사용자가 전통적인 명령 체계의 시스템보다 기본 개념을 좀 더 빨리 이해하도록 돕는다.
- 이용가능성(availability) : 인터페이스는 자동적으로든 사용자의 요구에 의해서든 시각적 단서, 재인식, 선택 목록과 그 밖에 다른 도움들을 제공해야 한다. 인간은 기억에 의존하는 것보다 인지능력이 더 우월하다. 사용자는 이전 세팅방식, 파일 이름, 그 밖의 인터페이스 디테일과 같이 시스템에 미리 입력된 무언가를 자신의 기억에 의존하여 사용하려고 해서는 안 된다.
- 안전성(safety) : 사용자의 행동은 사용자가 기대하는 결과를 가져올 수 있어야 한다. 사용자는 필요에 따라 마음대로 실행을 시도할 수 있고, 그 실행결과를 볼 수 있고, 또한 그 결과가 마음에 들지 않을 경우 쉽게 실행을 취소할 수 있다는 사실을 알 때, 탐색에 자신감을 가지게 된다.

2) 정보(information)

인간은 시각, 청각, 미각, 후각, 촉각과 같은 오감을 통해서 정보의 다양성을 알게 된다. 이 다섯 가지 감각 중에서 인간은 시각을 통해 가장 많은 정보를 수집한다. 다음에서 시각 정보와 청각 정보에 대해 중점적으로 살펴보도록 하자.

(1) 시각 정보(visual information)

① 글자디자인에 대한 가이드라인

- 영문 텍스트를 전부 대문자로만 쓰지 않는다 : 대문자로만 구성된 텍스트는 읽기가 훨씬 어렵다.
- 행의 길이를 맞추기 위해 과도하게 빈칸을 삽입하거나 축소하지 않는다.
- 사람들에게 익숙한 활자체를 사용한다 : 지나치게 장식이 없는 단순한 글자가 가장 읽기 쉽다. 꾸밈이 많은 글자체는 장식의 목적으로만 사용하고 보통의 본문 텍스트로는 적합하지 않다.

- 영문 텍스트 사용 시 유사한 알파벳은 더욱 명확히 한다(예컨대 C와 G, 소문자 l과 대문자 I 등).
- 글자체는 적당한 사이즈로 써야 한다.
- 줄이 길수록 줄 사이의 간격을 넓게 둔다 : 텍스트를 구성할 때 여백이 많을수록 읽기가 쉬우며 덜 피로하다.
- 배경과 글자의 대비가 선명할수록 읽기가 용이하다.

② 다이어그램(diagrams)과 픽토그램(pictograms)

다이어그램은 개념, 아이디어, 구조, 관계 및 그 밖의 것을 단순화하고 구조화한 시각적 표현이다. 그리고 픽토그램은 물체나 생각을 아이콘을 이용한 표현이며 글을 대체하는 이미지이다(화장실, 휴게소, 비상구 등을 나타내는 픽토그램은 가장 쉽게 볼 수 있는 예이다). 픽토그램은 특히 말하거나 읽거나 쓰는 것에 제약을 받는 사람들, 예를 들어, 배우는 데 어려움을 겪고 있는 사람들 또는 다른 문화나 다른 나라에서 온 사람들에게 유용하다.

다이어그램이나 픽토그램을 디자인할 때, 가장 기본적이고 중요한 것은 사람들이 이해하기가 쉽고 분명해야 한다는 것이다. 그들이 전달하고자 하는 메시지는 구체적이고 간결해야 한다.

③ 시각적 정보의 인식

디스플레이 형태는 물리적 특성에 따라 분류되거나 그들이 제공하는 정보의 형태에 따라 분류될 수 있다. 아날로그 디스플레이는 일반적으로 포인터와 스케일을 보여 준다. 스케일 위의 포인터의 위치는 계속적으로 디스플레이가 나타내는 값과 상응한다. 디지털 디스플레이는 컴퓨터의 시계처럼 직접적으로 숫자로 정보를 보여 준다.

디스플레이의 종류는 필요로 하는 정보의 종류에 따라 선택되어질 수 있다. 정확한 수치보다는 전반적인 변화의 흐름이나 현재 상태의 상대적 위치 등을 알고 싶다면 아날로그 디스플레이가, 반면 정확한 수치가 빨리 필요하다면, 디지털 디스플레이가 유용할 것이다.

(2) 청각 정보(auditory interfaces)

다양한 목적을 위해 청각 정보를 사용할 수 있는데, 청각 인터페이스는 다음과 같은 이점을 갖는다.

- 감지속도가 빠르다 : 시각 자극에 비해 짧은 반응 시간
- 경고효과가 크다 : 알람에 좋다.
- 동시 듣기 : 동시에 다양한 소리를 들을 수 있다.

반면, 청각 인터페이스를 사용했을 때 다음과 같은 문제들이 있을 수 있다.

- 사용자나 상황에 따라 어떤 소리들은 짜증스럽게 느껴지거나 주의를 산만하게 할 수 있다.
- 대화를 방해한다 : 직장환경이나 심지어 집에서도 문제
- 오픈된 공간에서 어떤 사람에게 유용한 청각 인터페이스가 다른 사람에게는 원치 않는 소음이 될 수 있다.

3) 제어(control)

① 제어란 무엇인가

제어는 사람이 사물과 커뮤니케이션하고 그것들을 다루는 것을 가능하게 하는 도구이다. 예를 들어, 핸드폰의 제어는 사람이 통화하고 메시지를 받고 좋아하는 벨소리를 선택하는 것 등을 가능하게 한다. 또한 키보드의 키와 마우스의 버튼으로 컴퓨터 모니터에 무언가를 보내기 위한 모든 제어가 가능하다.

제어의 주된 기능은 사용자가 사용하는 대상(예컨대, 컴퓨터나 휴대폰 등)에게 원하는 정보를 보내는 것이다. 제어를 사용함으로써 정보는 사용자로부터 대상에게 흘러들어간다. 제어를 위해 뇌는 근육으로 신호를 보내고 사용자는 피드백을 통하여 사물로부터 정보를 수집함으로써 사용자와 대상은 서로 상호작용하는 것이다. 사용자가 키보드의 키를 누를 때 시각적 디스플레이에서의 변화나, 전등 스위치를 작동했을 때 방의 조도의 변화를 예로 들 수 있다.

기계나 시스템을 디자인할 때는 어떤 형태의 제어를 적용할 것인지 결정하는 것이 중요하며 무엇보다도 제어는 사용자가 이해하기 쉬워야 한다. 제어의 기능이나, 작동되는 방법은 사용자가 이해하기에 분명해야 한다. 그렇지 않으면, 사용자는 잘못된 제어를 할 수 있고 때때로 이것은 심각한 결과를 초래할 수 있다.

② 제어 간의 구별

- 제어가 모양, 사이즈, 터치(만지는 것)에 의해서 구별되도록 한다.
- 표준 형태를 사용하고 제어 기능 간에 충분한 공간을 둔다.
- 실수에 의한 조작을 최소화하도록 한다.
- 제어는 사용자의 손이 미치는 범위 안에 위치해야 한다.
- 라벨이나 상징을 사용하기 전에 주의 깊게 생각한다.
- 색깔의 사용을 제한한다(색맹의 사용자도 무리 없이 사용할 수 있어야 한다).

③ **제어의 형태**

- 표준 키보드를 사용한다.
- 숫자 키패드는 논리적인 레이아웃을 선택한다(예컨대, 컴퓨터의 숫자 키보드는 1-2-3이 하단에 위치하는 반면 전화기는 1-2-3이 상단에 위치한다. 이처럼 기기에 따라 보다 편리한 레이아웃을 선택한다).
- 기능키(function key)의 숫자를 제한한다 : 기능키가 너무 많으면 오히려 혼란을 야기할 수 있다.
- 업무수행에 가장 효율적인 제어의 형태를 선택한다(예컨대, 버너가 마름모꼴로 배열된 가열대에 불을 켜는 스위치가 일렬로 배열되어 있는 경우를 흔히 본다. 이 경우 어떤 스위치가 어떤 버너를 제어하는지 혼란스러운 경험을 흔히 하게 된다. 버너의 배치 형태와 스위치의 배치 형태를 일치시킨다면 이러한 혼란을 경감시킬 것이다).
- 마우스를 유일한 제어수단으로 사용하지 않는다 : 장시간 마우스만 사용할 경우 손목터널 증후군(carpal tunnel syndrome)과 같은 질병이 유발될 수 있다.
- 터치스크린은 미숙한 사용자를 위해 적합하다 : 은행의 ATM 터치스크린은 좋은 예이다. 터치스크린은 컴퓨터 사용이 익숙지 않은 사용자에게 보다 쉽게 이용될 수 있으며, 청각 정보가 더해진다면 더욱 효과적이다.
- 리모트 콘트롤은 사용자에게 편리함을 더해 준다.

4. 주거와 안전

안전은 인간의 기본적 욕구이다. 한 연구에 따르면, 영국에서는 주택에서 일어나는 사고로 매년 4,000명의 사람들이 죽고 적어도 300만 명이 병원 치료가 필요한 심각한 상해를 당한다. 또한 미국에서도 주택에서 일어나는 사고로 매년 거의 2만 명의 사람들이 죽고 2,100만 명이 병원 치료가 필요한 수준으로 상해를 당한다고 하다. 이것은 집안에서 일어나는 사고의 수가 직장이나 길거리에서의 사고의 수보다 더 많은 것을 의미한다. 당연히 어린이와 노인들은 집에서의 일어나는 우연한 사고의 대부분의 경우에 대해 가장 취약한 집단이다.

집에서 당하는 상해의 주된 원인은 다음과 같다.

- 떨어짐, 넘어짐, 미끄러짐
- 화재
- 익사
- 세제와 같은 독성 물질, 약물 등에 의한 중독
- 호흡곤란, 질식

Note 8-2

주택 내의 안전성에 대한 가이드라인

■ 욕 실

- 욕실에서의 상해를 방지하기 위해서, 미끄럼 방지처리가 된 욕실 바닥이나 샤워 부스를 제공하는 것이 가장 좋은 방법이다.
- 모든 샤워 문에 안전한 유리를 사용하고 샤워 도어에 빗장의 사용을 피한다.
- 욕조나 샤워실 안에 수평 손잡이(bar)를 설치한다. 이때 손잡이 대의 끝을 날카롭게 해서는 안 된다.
- 야간에 복도와 욕실에 야간 등을 설치한다.
- 헤어드라이어나 면도기와 같은 전기기기는 사용하지 않을 때는 플러그를 뽑고 물 가까이에 놓아 두어서는 안 된다.

■ 부 엌

- 부엌 작업대의 모든 가장자리는 둥글게 처리해야 한다.
- 부엌의 작업삼각형(work triangle : 냉장고–싱크대–가열대를 잇는 삼각형)은 되도록 작게 하며 (7,010 mm 이하가 권장됨), 이 작업삼각형 사이에 장애물이 없도록 하여 안전성을 높인다.
- 화학제품, 약물, 다른 독성 있는 제품은 안전한 곳에 두고 잠가 둔다.
- 나이프나 날카로운 물건은 어린이의 손이 미치지 않는 곳에 둔다.
- 부엌의 통로에 잡동사니들을 치운다.

■ 계 단

- 계단의 손잡이는 계단 맨 위부터 아래까지 양쪽에 모두 설치한다.
- 계단의 위부터 아래까지 많은 조명을 설치한다.
- 계단을 깨끗하게 유지한다.
- 야간 조명을 설치한다.
- 엎질러진 것은 즉시 닦는다.

■ 전기 안전

- 전기기기는 물이 담겨 있는 욕조나 개수대 가까이에 놓아서는 안 된다.
- 전기기기를 청소하기 전에 기기의 전원을 뽑는다.
- 인정된 기관에서 승인한 전기기기를 사용한다.
- 코드를 꽂은 콘센트에 과부하가 걸리지 않도록 한다. 그리고 코드를 깔개류나 가구 아래에서 작동시키지 않는다. 그 코드는 과열되어 화재를 일으킬 수 있다.
- 어린이들에게 포크와 같은 뾰족한 물체로 콘센트나 전기기기를 찌르지 않도록 주의한다. 플러그 덮개를 사용한다.
- 전기 코드는 어린이의 손이 닿지 않도록 한다.

■ 화재 안전

- 집의 모든 층에 연기 감지 알람을 설치한다.
- 전기에 의한 화재를 방지한다.
- 화재가 발생하면 빨리 밖으로 나가는 방법을 알아둔다.
- 창문과 문은 쉽게 열릴 수 있도록 한다.
- 모든 사람이 문과 창문에 접근하고 잠긴 것을 열 수 있도록 한다.
- 계단과 출입구는 절대 막지 않는다.

이 연구는 미국에서 행해진 것으로 이 연구결과는 한국과 약간 다를 수 있다.

어떤 제품인가를 막론하고 '사용 가능한' 제품을 위해서는 안전이 명백한 기준이 되어야 한다. 모든 제품은 안전하고, 경제적이고 믿을 만하고 내구성이 있어야 한다. 인간공학자들은 소비자가 형편없는 디자인을 점점 멀리하고 좋은 디자인을 찾는다고 말한다. '안전성'은 '좋은 디자인'의 여부에 중요한 판단기준이 될 수 있을 것이다.

모든 디자이너들은 그들 제품의 안전성에 신경을 써야 한다. 그러므로 그들은 철저한 사전 조사를 통해 자신이 디자인하는 제품의 모든 잠재적인 위험 요소를 제거하고 본질적으로 안전할 수 있게 한다. 몇몇 엔지니어들은 인간의 실수에 대한 잠재성은 너무 커서 모든 잠재된 실수를 예견하는 것은 불가능하다라고 말한다. 그럼에도 불구하고 디자이너들은 사용자들이 제품을 사용할 때 얼마나 많은 실수가 일어날 수 있는지를 세심하게 고려하고 사람과 장비에 일어날 수 있는 손상을 고려해야 한다.

참 고 문 헌

김영수·이영직(2005). 인간공학 및 주거계획. 성안당.

사토우 마사히코(1986). 인간의 이야기. 기보당출판.

안옥희·정준현·김순경(2002). 주거인간공학. 기문당.

일본건축학회 편(1999). 건축인간공학사전. 쇼코쿠사.

E. Bruce Goldstein (2007). 감각과 지각. 시그마프레스.

Jan Dul & Bernard Weerdmeester (2001). Ergonomics for Beginners, A Quick Reference Guide. (2nd Ed.). Taylor and Frances.

R. S. Bridger (2009). Introduction to Ergonomics. (3rd Ed.). CRC Press.

CHAPTER

09 특수주거설계

1. 특수주거의 개요

우리나라는 노인인구비율이 2000년에 7%를 초과하여 UN의 '고령화' 분류인 65세 이상 고령인구가 전체 인구의 7% 이상인 '고령화 사회(aging society)'로 진입하였다. 노인인구의 증가는 평균 수명의 연장이 주원인이지만 저 출산율과 독신의 증가 등이 노인인구의 비율을 높이는 원인이 되고 있다. 노인의 평균 수명 연장은 노인층의 생산성 저하와 세대 간, 부모와 자녀 간의 사회적, 심리적 고립과 소외와 역할상실 등의 다양한 노인문제를 발생시키고 있다. 이런 사회적 변화는 노년을 보낼 수 있는 주거와 의료에 대한 욕구가 증가하게 되었다. 노년기에는 노화로 인하여 신체의 제 기능이 저하되고 사회적 관계가 가족이나 부부 또는 개인 중심으로 축소된다. 이에 대부분의 활동영역인 주거공간은 가장 중요한 생활공간으로서의 역할을 하게 되므로 노인의 물리적인 환경뿐만 아니라 심리적으로 영향이 크게 작용한다.

경제성장 속에서도 도시산업화에 따른 재해, 각종 질병, 사고에 의한 질병이 발생하고 고령화 사회가 되면서 노인성 장애인구 또한 증가하게 되었다. 신체적, 정신적 장애를 지닌 장애인 역시 일상생활의 제약으로 어려움을 겪고 있고, 사회경제적으로 열악한 여건 속에서 가정에서 장애인을 돌볼 수 없는 상황 또한 증가하고 있다. 2008년 12월 말 기준 224만 6,965명으로 2007년 210만 4,889명과 비교해 볼 때 장애인구는 지속적으로 증가하고 있는 상황이다. 장애인의 시설보호는 가족이나 지역사회에서 보호받을 수 없는 장애인들에게 집단보호와 치료를 마련해 주는 목적을 가지고 주거서비스를 제공하고 장애인의 재활기회를 제공하고 있다. 이러한 노력에도 불구하고 장애인복지가 발달된 외국은 지역사회 중심으로 장애인의 자활에 무게를 두는 반면 우리는 베풀고 의존하게 하고 격리하는 방향으로 제도를 시행하고 있어서 장애인의 자활능력의 기회가 사라지고 있다.

열악한 소득수준과 주거에 대한 욕구 등을 고려하여 더욱 적극적인 인간이 가장 안정을 찾아야 하는 공간이 있다면 그곳은 주거공간이다. 이에 증가하고 있는 노인인구와 고령자의 특성을 고려하고 장애인의 건강권, 물리적 접근성의 보장을 충족시키기 위하여 적절한 주거환경을 조성할 필요가 있다.

1) 노인주거복지시설의 종류 및 실태

노인주거복지시설은 건강이 비교적 양호한 노인이 생활하는 시설주거로서 양로시설, 노인공동생활가정, 노인복지주택으로 분류되며, 시설은 노인의 신체적 · 정신적 기능의 유지를 위해 다양한 프로그램을 운영하거나 생활편의를 위한 각종 부대시설 및 복리시설을 설치 운영하여야 한다. 현재 국내 노인주거복지시설의 수는 감소하고 있는 추세이나 입소정원은 오히려 증가하고 있으며, 특히 노인복지주택과 2008년부터 등록된 노인공동생활가정은 증가추세이다.

(1) 노인주거복지시설의 종류

노인주거복지시설에는 노인이 거주하면서 일상생활에 필요한 편의를 제공하는 양로시설과 입소인원을 10명 내외로 줄여 가정과 같은 주거여건을 만들어 주는 노인공동생활가정, 그리고 노인에게 주거시설을 분양 또는 임대하는 노인복지주택이 있다(노인복지법 제32조, 표 9-1 참조). 양로시설, 노인공동생활가정은 교양·오락설비 등을 구비하고 적절한 레크리에이션을 실시하여야 하고, 노인복지주택은 입주자의 생활편의를 위한 체육시설, 여가 및 오락시설 등 부대시설 및 각종 복리시설을 설치하여 직접 또는 위탁하여 운영하여야 한다(노인복지법 시행규칙 별표 3 노인복지시설의 운영기준).

노인주거복지시설 입소자는 일상생활에 지장이 없는 65세 이상의 자를 기준으로 국민기초생활수급권자, 부양의무자로부터 적절한 부양을 받지 못하는 자, 혹은 실비보호대상자로 한다.

표 9-1 노인주거복지시설의 종류

구분	유형	정의
노인주거복지시설	양로시설	노인을 입소시켜 급식과 그 밖에 일상생활에 필요한 편의를 제공함을 목적으로 하는 시설
	노인공동생활가정	노인들에게 가정과 같은 주거여건과 급식, 그 밖에 일상생활에 필요한 편의를 제공함을 목적으로 하는 시설
	노인복지주택	노인에게 주거시설을 분양, 또는 임대하여 주거의 편의, 생활지도, 상담 및 안전관리 등 일상생활에 필요한 편의를 제공함을 목적으로 하는 시설(노인이 비용 전액 부담)

입소자로부터 입소비용의 전부를 수납하여 운영하는 양로시설이나 노인공동생활가정의 경우는 60세 이상의 자로 하고 노인복지주택은 단독취사 등 독립된 주거생활을 하는 데 지장이 없는 60세 이상의 자로 한다. 단, 입소대상자의 배우자는 65세 미만(노인복지주택은 60세)이라도 함께 입소할 수 있다(노인복지법 시행규칙 제14조 1항).

(2) 노인주거복지시설의 실태

노인주거복지시설의 총 시설 수는 2007년까지 증가세를 보였으나, 2008년을 기점으로 감소하여, 2008년 12월 기준 전국에 347개의 시설이 운영되고 있다. 반면, 입소정원은 계속해서 증가하고 있으며, 노인복지주택의 증가와 2008년부터 등록된 노인공동생활가정의 급증을 눈여겨볼 만하다.

표 9-2 노인주거복지시설의 연도별 실태

종류	2005		2006		2007		2008	
	시설 수	입소정원	시설 수	입소정원	시설 수	입소정원	시설 수	입소정원
	282	13,289	366	16,074	398	16,579	347	17,342
양로시설	270	11,131	351	12,509	384	13,014	306	11,520
노인공동생활가정	–	–	–	–	–	–	21	177
노인복지주택	12	2,158	15	3,565	14	3,565	20	5,645

(3) 노인주거복지시설 직원 배치기준

노인복지법 시행규칙 별표 2에 의한 노인주거복지시설 직원의 배치기준은 표 9-3과 같다.

표 9-3 노인주거복지시설 직원의 배치기준

<table>
<tr><th rowspan="2">구분</th><th colspan="2">양로시설</th><th rowspan="2">노인공동
생활가정</th><th rowspan="2">노인복지
주택</th></tr>
<tr><th>입소자 30명 이상</th><th>입소자 30명 미만
10명 이상</th></tr>
<tr><td>시설의 장</td><td>1명</td><td>1명</td><td>1명</td><td>1명</td></tr>
<tr><td>사무국장</td><td>1명</td><td rowspan="2">1명</td><td>–</td><td></td></tr>
<tr><td>사회복지사</td><td>–</td><td>–</td><td>1명</td></tr>
<tr><td>의사 또는 촉탁의사</td><td>필요 수</td><td>–</td><td>–</td><td>–</td></tr>
</table>

(계속)

구분	양로시설		노인공동생활가정	노인복지주택
	입소자 30명 이상	입소자 30명 미만 10명 이상		
간호사 또는 간호조무사	입소자 50명당 1명	1명	–	–
요양보호사	입소자 12.5명당 1명*	입소자 12.5명당 1명	입소자 3명당 1명	–
사무원	1명(입소자 100명 이상인 경우)	–	–	–
영양사	1명(입소자 50명 이상인 경우)	–	–	–
조리원	2명(입소자 100명 초과 시 1명 추가)	1명	–	–
위생원*	입소자 50명당 1명	1명	–	–
관리원			–	1명

*세탁물을 전량 위탁처리하는 경우 위생원을 두지 않을 수 있고 입소자로부터 입소비용의 전부를 수납, 운영하는 양로시설의 요양보호사 배치기준은 입소자 20명당 1명으로 함

2) 장애인거주시설의 종류 및 실태

장애인거주시설은 '장애인 복지법' 제58조의 '장애인복지시설의 종류' 중에서 장애로 인하여 가정에서 생활하기 힘들거나 연고가 없는 장애인에게 거주 장소를 제공하는 시설로 정의한다.

(1) 장애인거주시설의 종류

장애인복지시설 중 거주서비스를 제공하는 시설은 장애인생활시설과 지역사회재활시설 중 공동생활가정, 단기보호시설이다. 장애인 복지법 제58조 1항 1호에 의거하여 장애인생활시설이란 장애인이 필요한 기간 동안 생활하면서 재활에 필요한 상담·치료·훈련 등의 서비스를 받아 사회복귀를 준비하거나 장애로 인하여 장기간 요양하는 시설을 의미한다.

또한 장애인 복지법 제58조 1항 2호에 의거하여 장애인지역사회재활시설이란 장애인복지관, 주간보호시설, 단기보호시설, 의료재활시설, 체육시설, 수련시설, 공동생활가정 등 장애인에게 전문적인 상담·치료·훈련 등을 제공하거나 여가활동 및 사회참여활동 등에 편의를 제공하는 시설을 말한다.

표 9-4 장애인거주시설의 종류

구분	유형	정의
장애인 생활시설	장애유형별 생활시설	장애유형이 같거나 또는 유사한 장애를 가진 사람들을 입소 또는 통원하게 하여 그들의 장애유형에 적합한 의료, 교육, 직업, 심리, 사회 등 재활서비스와 주거서비스를 제공하는 시설
장애인 생활시설	중증장애인 요양시설	장애의 정도가 심하여 항상 도움이 필요한 사람을 입소하게 하여 상담, 치료 또는 요양서비스를 제공하는 시설
장애인 생활시설	장애영유아 생활시설	6세 미만의 장애영유아를 입소 또는 통원하게 하여 보호함과 동시에 그 재활에 필요한 의료, 교육, 심리, 사회 등 재활서비스를 제공하는 시설
장애인 지역사회 재활시설	장애인 주간보호시설	장애인을 주간에 일시 보호하여 장애인에게 필요한 재활서비스를 제공하는 시설
장애인 지역사회 재활시설	장애인 단기 보호시설	장애인을 일정기간 보호하여 장애인에게 필요한 재활서비스를 제공하는 시설
장애인 지역사회 재활시설	장애인 공동 생활가정	스스로 사회적응이 곤란한 장애인들이 장애복지 전문 인력에 의한 지도와 보호를 받으며 공동으로 생활하는 지역사회 내 소규모 주거시설
장애인 유료복지시설		장애인생활시설로서 장애인에게 필요한 치료, 상담, 훈련시설 등 편의를 제공하고 이에 소요되는 일체의 비용을 입소한 자로부터 수납하여 운영하는 시설

(2) 장애인거주시설의 실태

보건복지부의 통계에 따르면 2008년 12월 말 전국의 장애인 거주시설 수는 1,246개소로 나타났고 그중 장애인생활시설은 347개소, 장애인지역사회재활시설은 899개소로 집계되고 있다. 각 시설별 수는 표 9-5와 같다.

표 9-5 장애인거주시설의 연도별 실태

구분	생활시설 계	생활시설 지체장애인시설	생활시설 시각장애인시설	생활시설 청각언어장애인시설	생활시설 정신지체인시설	생활시설 중증장애인요양시설	생활시설 장애영유아시설	지역사회재활시설 계	지역사회재활시설 주간보호시설	지역사회재활시설 공동생활가정	지역사회재활시설 단기보호시설	전체시설수
2002	213	32	11	13	86	71	–	139	61	63	15	352
2003	225	32	12	13	90	74	4	215	90	100	25	440
2004	237	31	12	11	96	82	5	282	100	152	30	519
2005	265	31	13	12	110	93	6	651	259	331	61	916
2006	288	30	15	12	122	102	7	701	274	358	69	989
2007	314	33	14	11	131	116	9	797	321	400	76	1,111
2008	347	33	14	11	144	136	9	899	365	450	84	1,246

표 9-6 장애인거주시설 직원의 배치기준

구분	장애인생활시설	장애인 유료복지시설
시설의 장	1명	1명
총무	1명(시설거주자 30명 이상)	1명(시설거주자 30명 이상)
의사 또는 촉탁의사	1명 이상(시설의 장이 의사인 경우 따로 두지 않음)	
간호사 또는 간호조무사	1명 이상 (중증장애인 요양시설과 장애영유아 생활시설의 경우 시설거주자 50명 당 1명[1])	1명 이상
생활지도원	시설거주자가 18세 이상인 경우 10명당 1명 이상 중증장애인 요양시설 및 장애영유아 생활시설의 경우 시설거주자 3명당 1명 이상[2]	장애인 생활시설 필요인원보다 1.5배 이상
영양사	1명 이상(시설거주자가 50명 이상)	
사무원	1명(시설거주자 100명 이상인 경우)	
사회재활교사	1명 이상(시설거주자 30명 이상)	
시설관리인	1명 이상(시설거주자 200명 이상인 경우)	
조리원	1명(시설거주자 50명 이상인 경우-50명 초과 시 1명 추가)	
위생원	1명 이상(시설거주자 30명 이상인 경우-100명 초과 시 1명 추가)	

1) 2명 이상인 경우 1명은 간호사이어야 함

2) 아동과 지적장애인 또는 자폐성장애인의 경우 시설거주자 5명당 1명 이상, 시각장애인의 경우 시설 거주자 4명당 1명 이상이어야 함

(3) 장애인거주시설 직원 배치기준

장애인복지법 시행규칙 제41조 및 제 42조(별표 5)에 의한 장애인거주시설 직원의 배치기준은 표 9-6과 같다.

3) 장애인 · 노인 · 임산부 등의 편의증진 보장에 관한 법률

1997년에 제정된 이 법은 장애인, 노인, 임산부 등의 생활을 영위함에 있어 안전하고 편리하게 시설 및 설비를 이용하고 정보에 접근하도록 보장함으로써 이들의 사회활동 참여와 복지증진에 이바지함을 목적으로 한다(제1조). 이 법률에서는 건축물의 용도에 따라 다양한 편의시설을 규정하고 있다.

표 9-7 노유자시설의 편의시설 유형

편의시설			노유자 시설		
			아동 관련 시설 (영유아보육시설 · 아동복지시설 · 유치원)	노인복지시설 (경로당 포함)	사회복지시설 (장애인복지시설 포함)
매개시설	주 출입구 접근로		■	■	■
	장애인전용주차구역		■	■	■
	주 출입구 높이차이 제거		■	■	■
내부시설	출입구(문)		■	■	■
	복도		■	■	■
	계단 또는 승강기		■	■	■
위생시설	화장실	대변기	■	■	■
		소변기	■	■	■
		세면대	▲	▲	■
	욕실			▲	■
	샤워실 · 탈의실			▲	■
안내시설	점자블록				■
	유도 및 안내설비				■
	경보 및 피난설비				■
기타시설	객실침실			▲	■
	관람석 · 열람석				■
	접수대 · 작업대				■
	매표소 · 판매기 · 음료대				■
	임산부 등을 위한 휴게시설		▲		

■ 의무, ▲ 권장

(1) 편의시설의 정의

장애인 등이 생활을 영위함에 있어 이동과 시설이용의 편리를 도모하고 정보에의 접근을 용이하게 하기 위한 시설과 설비를 말하며 장애인복지시설 등 장애인 관련 시설만이 아니라 원칙적으로 모든 시설을 장애인이 비장애인과 동등하게 편리하게 이용할 수 있도록, 누구나 쉽게 이용할 수 있도록 만드는 시설이다.

(2) 편의시설의 유형

'장애인·노인·임산부 등의 편의 증진보장에 관한 법률 시행령' 제4조와 별표 2에서는 편의시설의 유형으로 매개시설, 내부시설, 위생시설, 안내시설, 기타시설 등으로 분류하고 있으며 장애인, 노인시설을 구분하는 노유자시설의 의무 권장 편의시설을 제시하고 있다.

(3) 편의시설의 설치기준

편의시설의 설치기준은 '장애인·노인·임산부 등의 편의 증진보장에 관한 법률시행규칙' 의 제2조 1항, 별표 1에서 편의시설의 구조·재질 등에 관한 세부기준에 대하여 규정해 주고 있다. 일반적으로 바닥은 미끄러지지 않는 재질로 마감하고 단차를 제거하고 부득이한 경우는 경사로를 설치하여야 하며 문의 형태는 회전문을 제외한 형태의 문을 설치한다. 그 외 세부기준은 다음과 같다.

- ■ 주 출입구 접근로
  - 휠체어 사용자가 통행할 수 있도록 접근로의 유효 폭은 1,200 mm 이상
  - 기울기는 18분의 1 이하(지형상 곤란한 경우에는 12분의 1까지 완화가능)
- ■ 장애인 등의 출입이 가능한 출입구(문)
  - 통과 유효폭 800 mm 이상, 전면 유효거리는 1,200 mm 이상
  - 자동문이 아닌 경우에는 출입문 옆에 600 mm 이상의 활동공간을 확보
  - 손잡이 형태는 레버형, 수평 또는 수직막대형으로 설치

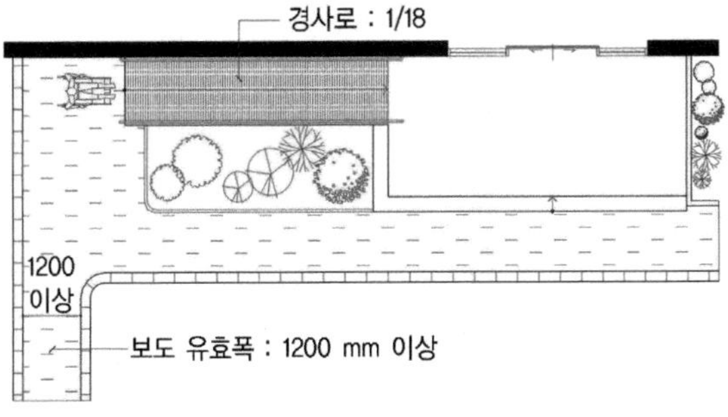

그림 9-1 장애인 등을 위한 주출입구 접근로

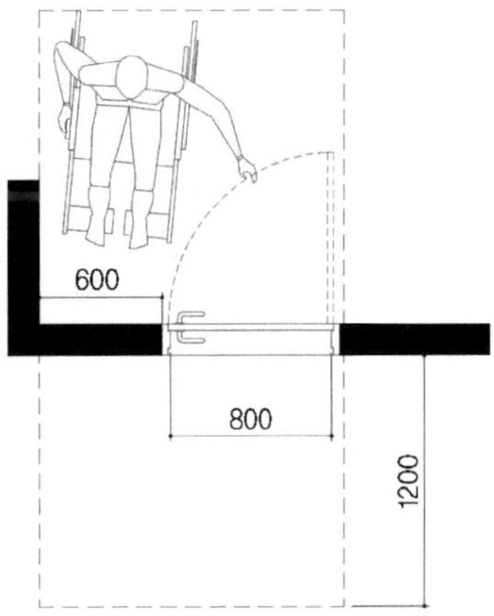

그림 9-2 장애인 등을 위한 출입문 유효폭 & 유효거리

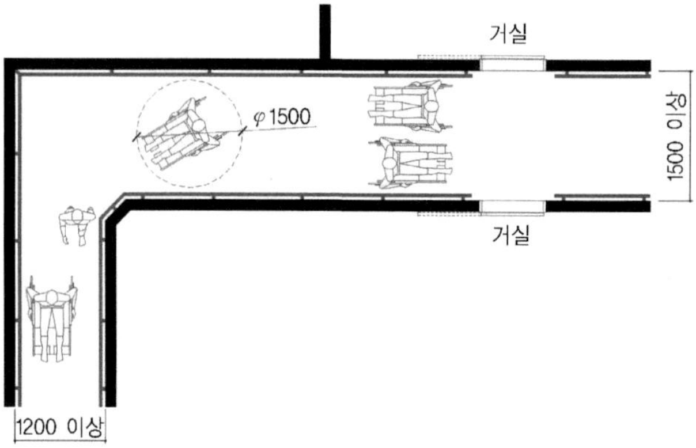

그림 9-3 장애인 등을 위한 복도 유효폭

■ 장애인 등의 통행이 가능한 복도 및 통로

- 유효폭은 1,200 mm 이상, 복도의 양옆에 거실이 있는 경우에는 1,500 mm 이상
- 장애인전용시설의 복도 측면에는 손잡이를 연속하여 설치하며 손잡이의 양끝 부분 및 굴절 부분에는 점자표지판을 부착(계단 부분도 같이 적용)

■ 장애인 등의 통행이 가능한 계단

- 계단은 직선 또는 꺾임 형태로 설치하고 바닥면으로부터 높이 1,800 mm 이내마다 휴식을 할 수 있도록 수평면으로 된 참을 설치하고 계단 및 참의 유효 폭은 1,200 mm 이상
- 계단의 시작 지점과 끝 지점의 300 mm 전면에는 계단의 폭만큼 점형블록을 설치하거나 시각장애인이 감지할 수 있도록 바닥재의 질감 등으로 마감

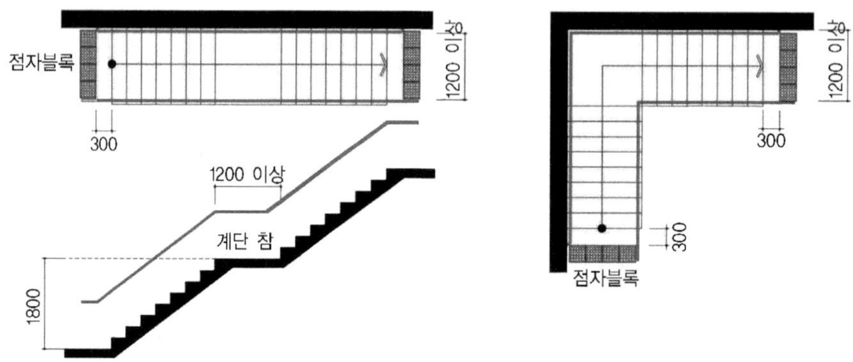

그림 9-4 장애인 등을 위한 계단의 유형

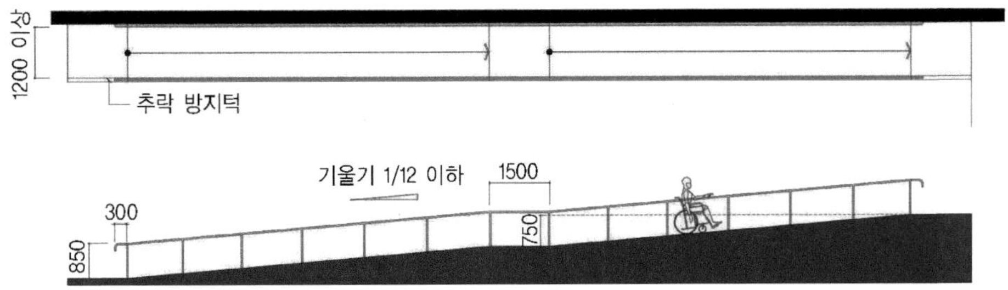

그림 9-5 장애인 등을 위한 내부 경사로 유효폭 & 기울기

■ 내부 경사로

- 유효폭은 1,200 mm 이상이며 기울기는 12분의 1 이하
- 바닥면으로부터 높이 750 mm 이내마다 수평면으로 된 참을 설치하고 참의 길이는 1,500 mm 이상
- 양 측면에는 휠체어의 바퀴가 경사로 밖으로 미끄러져 나가지 않도록 50 mm 이상의 추락 방지턱 또는 측벽을 설치

■ 장애인 등의 이용이 가능한 화장실

- 화장실 입구의 300 mm 전면에는 점형블록을 설치
  동 출입구(문)옆 벽면의 1,500 mm 높이에는 남자용과 여자용을 구별하는 점자표지판을 부착
- 출입문의 통과 유효폭은 800 mm 이상

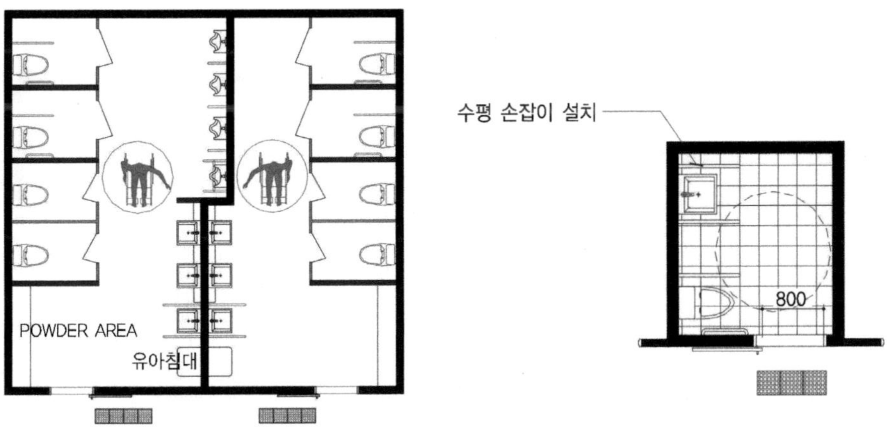

그림 9-6 장애인 등을 위한 화장실 사례

• 목발사용자 등 보행 곤란자를 위하여 세면대의 양옆에는 수평손잡이를 설치
• 수도꼭지는 냉·온수의 구분을 점자로 표시

■ 장애인 등의 이용이 가능한 욕실

• 출입문의 형태는 미닫이문 또는 접이문(화장실, 샤워실, 탈의실과 같이 적용)
• 욕조의 전면에는 휠체어를 탄 채 접근이 가능한 활동공간을 확보
• 욕조주위에는 수평 및 수직손잡이를 설치

■ 장애인 등의 이용이 가능한 객실 또는 침실

• 식당, 로비 등 공용공간에 접근하기 쉬운 곳에 설치
• 휠체어 사용자를 위한 객실 등은 온돌방보다 침대방으로 가능
• 객실 등의 내부에는 휠체어가 회전할 수 있는 공간을 확보
• 침대의 높이는 바닥면으로부터 400 mm 이상 450 mm 이하로 하여야 하며 그 측면에는 1,200 mm 이상의 활동공간을 확보

■ 점자블록

• 시각장애인의 보행편의를 위하여 감지용 점형블록과 유도용 선형블록을 사용
• 크기는 300×300 mm인 것을 표준형으로 하며, 그 높이는 바닥재의 높이와 동일
• 점자블록의 색상은 원칙적으로 황색으로 사용하되, 바닥재의 색상과 비슷하여 구별하기 어려운 경우에는 다른 색상으로 함

■ 시각장애인 유도·안내 설비

• 주요시설 또는 방의 배치를 점자, 양 각면 또는 선으로 표시하는 점자안내판 설치
• 시각장애인용 음성 안내장치는 주요시설 또는 방의 배치를 음성으로 안내

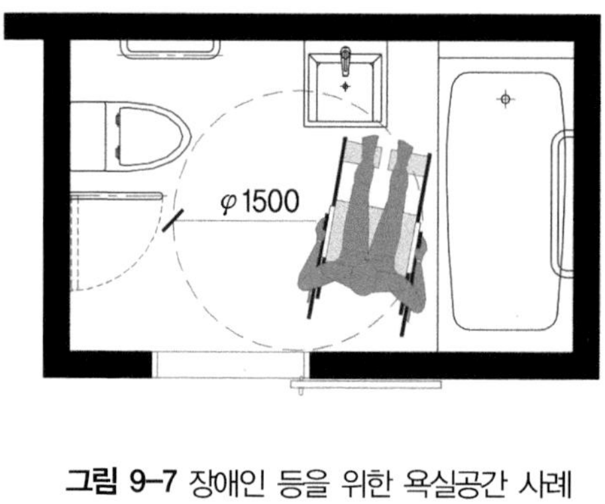

그림 9-7 장애인 등을 위한 욕실공간 사례

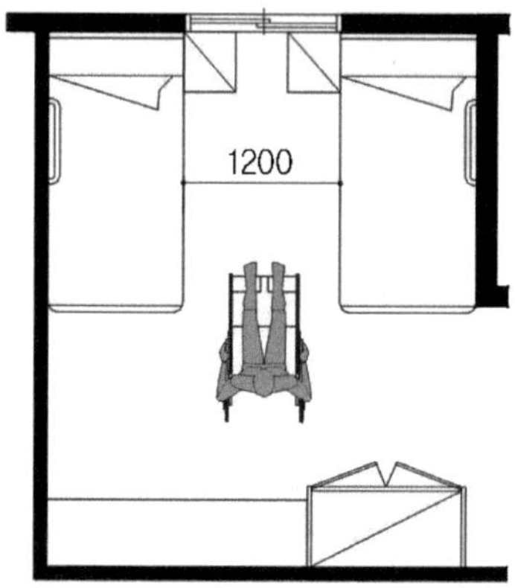

그림 9-8 장애인 등을 위한 침실 사례

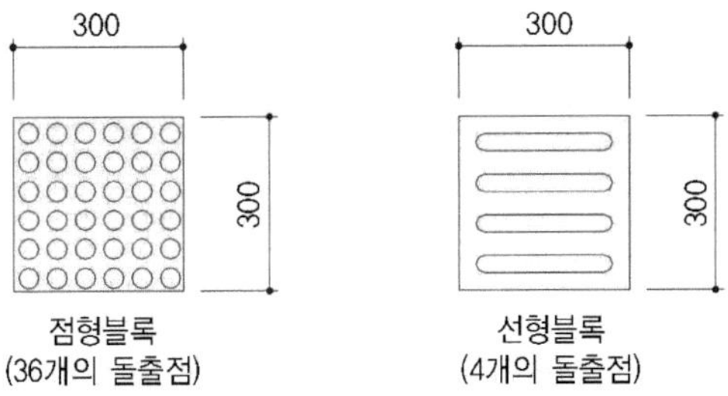

그림 9-9 장애인 등을 위한 점자블록

2. 특수주거의 설계

1) 사용자의 특성 분석

특수주거를 설계할 때 가장 먼저 고려해야 할 사항은 거주자인 노인과 장애인의 신체적, 심리적, 사회적 특성을 고려하고 이에 대응하는 일반적인 물리적 환경의 기초를 세우는 것이다.

(1) 노인의 특성 및 물리적 환경대응

노인은 나이가 들면서 각종 신체적 능력의 감퇴와 더불어 지적 능력의 쇠퇴를 겪게 되고, 사회적 역할을 상실하면서 심리적으로 불안감을 느낄 수 있다. 노인을 위한 주거를 계획할 때에는 이러한 노인의 신체적, 심리적, 사회적, 인지적 특성을 고려하여 이에 적합한 물리적 환경, 즉 적절한 규모와 치수, 안전을 위한 설비, 각종 기능감퇴의 보완을 위한 공간 환경 등을 마련해야 한다. 노인의 신체적, 심리적, 사회적, 인지적 특성과 이에 대한 물리적 환경대응은 표 9-8과 같다.

(2) 장애인의 특성 및 물리적 환경대응

장애인이란 "신체적·정신적 장애로 오랫동안 일상생활이나 사회생활에서 상당한 제약을 받는 자"를 말하는 것으로, 여기서 '신체적 장애'라 함은 주요 외부 신체기능의 장애, 내부기관의 장애 등을 말하는 것이고, '정신적 장애'라 함은 자폐성 장애 또는 정신 질환으로 발생하는 장애를 말한다(장애인 복지법 제2조 장애인의 정의 등).

'장애인 복지법'에 의한 장애 분류는 신체적 장애와 정신적 장애로 크게 분류하며 신체적 장애에는 지체장애, 시각장애, 청각장애 등이 속한다. 지체장애인은 장애의 정도에 따라 지팡

표 9-8 노인의 특성과 물리적 환경대응

구분	노인의 특성		물리적 환경대응
신체적	체격의 변화	작업영역축소, 운동동작능력감소	규모 및 치수계획 안전사고방지계획
	골격 및 운동기관의 쇠퇴	안전사고, 이동보조기구, 동작의 완만	간호 및 보호공간계획
	감각기간의 쇠퇴	야간 시지각기능저하, 고립화, 소외감	조명, 사인, 표지판, 사회화공간
	호흡순환계의 장애	천식, 지체장애	난방, 공조, 온도/습도설비, 휴식공간
심리적	생활부적응, 폐쇄성	불안, 과거집착, 고독, 조심성, 경직성, 의존성의 증가, 성역할 지각의 변화, 친숙한 사물에 대한 애착심	집과 같은 분위기, 여가공간
사회적	사회참여, 경제능력, 사회적 신분 및 역할의 상실	고립감, 허무감, 소유욕구, 열등감, 경제적 자립약화, 여가시간 증가	여가공간 및 취미공간 설치, 공동작업장 및 개인작업공간 설치, 사회참여기회 확대
인지적	지적 특성	학습능력, 기억력, 창의성, 사고 및 문제해결능력, 지능의 저하	교육공간, 치매노인을 위한 단위공간

출처 : 조광석(2000), 김인하 외(2007)에서 발췌 정리

이, 목발 등의 보조기구를 이용하는 보행 가능 장애인과 휠체어를 타고 생활하는 휠체어 사용 장애인으로 분류하고 시각장애인은 미약한 시력으로 강한 색 대비나 뚜렷한 윤곽만 인지되는 약시자와 전혀 볼 수 없기 때문에 촉각이나 음향 정보에 의지하는 전 맹인으로 구분한다. 장애인의 행동특성과 물리적 환경대응은 표 9-9와 같다.

표 9-9 장애인의 행동특성과 물리적 환경대응

장애분류	행동특성	물리적 환경대응
보행가능장애인	노인, 목발사용자는 단차 혹은 경사면이동에 곤란이 있음	경사로보다는 계단이 용이함 건물 출입구 단차제거, 계단에 핸드레일 설치
	보행 속도가 느리고 보행 중 휴식이 필요하거나 넘어지기 쉬움	경사로나 통행로에 휴식 참 설치
	목발사용자는 미끄러지거나 보행 시 점유 폭이 넓음	통과 유효폭의 확보 미끄러지지 않는 바닥재 설치

(계속)

장애분류	행동특성	물리적 환경대응
휠체어사용장애인	평지이동은 용이한 편이나 단차가 있거나 가파른 경사면은 오르지 못함	출입구의 단차 제거
	좁은 공간에서는 통행 및 회전 불가능	복도 및 문의 유효폭 확보, 회전공간 확보
	옆으로 직접이동이 불편하며 접근 시 휠체어 활동공간이 필요	자판기 등은 옆으로 접근 가능하도록 배치 카운터, 세면대 등 하부공간 확보
시각장애인	계단이나 단차를 발견하기 어려움	계단이나 단차 앞에는 점형블록 설치
	지팡이로는 바닥면만 인지하므로 벽, 천장의 돌출물에는 위험 노출됨	복도 등의 돌출물, 계단 밑
	옆으로 직접이동이 불편하며 접근 시 휠체어 활동공간이 필요	자판기 등은 옆으로 접근 가능하도록 배치 카운터, 세면대 등 하부공간 확보

(3) 노인 및 장애인의 행동 공간 치수

공간의 크기는 노인과 장애인의 신체적 특성과 인체치수, 행동치수, 사물의 치수, 여유치수 등을 고려하여 결정되므로 종합적으로 검토하여 공간을 계획하여야 한다.

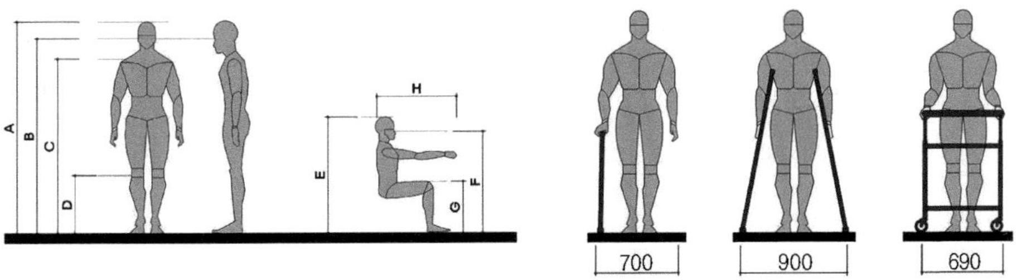

그림 9-10 노인의 행동치수(60세 기준)

표 9-10 노인의 행동치수(단위 : mm)

항목		남	여	항목		남	여
A	키	1645.8	1518.3	E	앉은 키	887.5	822.9
B	눈높이	1533.8	1409.7	F	앉은 눈높이	775.3	713.9
C	어깨높이	1338.9	1223.7	G	앉은 무릎높이	492.9	456.8
D	무릎높이	426.7	387.5	H	벽면 앞으로 뻗은 주먹 수평길이	695.0	656.5

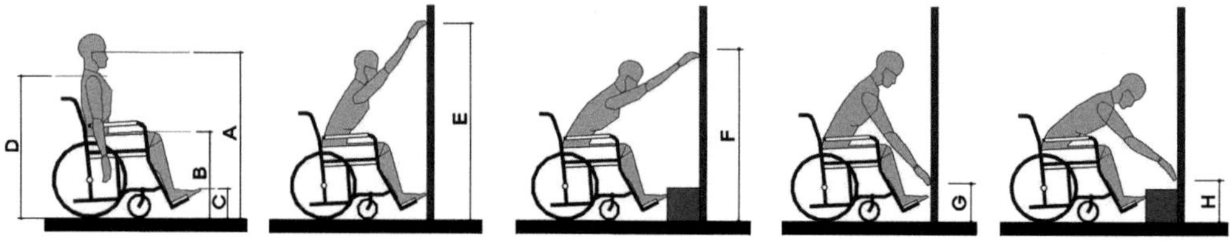

그림 9-11 휠체어장애인 행동치수(나이 19~59세 기준)

표 9-11 휠체어장애인 행동치수(단위 : mm)

항목		남	여	항목		남	여
A	눈높이	1256.39	1081.07	E	전방최고도달높이	1485.79	1408.07
B	무릎높이	608.92	575.6	F	전방최고도달높이(장애물)	1319.6	1253.48
C	발끝높이	216.89	222.27	G	전방최저도달높이	249.65	250.88
D	어깨높이	1338.9	1223.7	H	전방최저도달높이(장애물)	298.52	317.75

*지식경제부 기술표준원 SIZE KOREA 기준

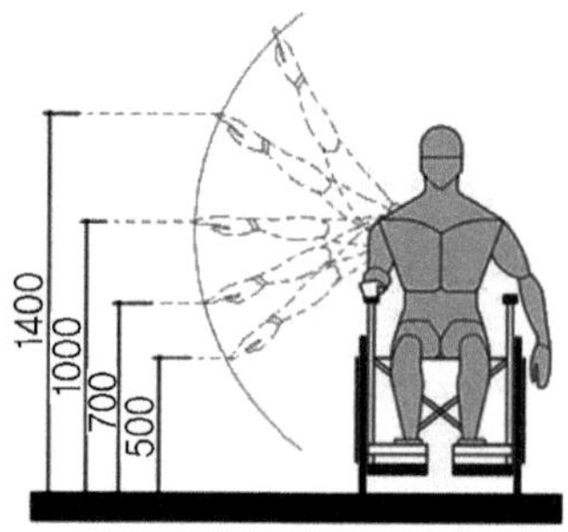

그림 9-12 휠체어장애인의 측면도달범위

2) 대상지 주변환경 분석

특수주거는 지역에 따라 건물의 형태나 시설의 특성이 달라질 수 있으므로 계획 시 지역환경에 대한 분석이 필수적이고, 또한 거주자의 신체적, 정신적 안정을 저해하는 요인이 없는지 알아보는 것이 매우 중요하다. 일반적으로 좋은 자연환경을 가지되 사회와 격리된 지역은 고립감과 소외감을 유발시킬 수 있으므로 사회와 지속적인 교류가 가능한 곳이 특수주거의 대상지로서 적합하다고 본다.

장애인 복지법 제41조 및 제42조와 관련된 법규에 따르면 장애인거주시설 중에서 장애인 주간 및 단기보호시설, 장애인 공동생활가정을 제외한 시설에서는 입지조건을 그 분포의 적정성과 보건·위생·급수·안전·환경 및 교통편의 등을 충분히 고려하여 장애인이 쉽게 접근하고 편리하게 이용할 수 있는 쾌적한 환경을 갖춘 부지를 선정하여야 한다.

(1) 자연환경의 분석

기후가 온화하고 녹지가 풍부한 곳이 좋으며 자연재해의 위험이 적어야 하고, 자연지형을 최대한 이용하여 거주자가 정서적 안정을 유지하면서 쾌적한 생활을 할 수 있어야 한다. 대지환경 및 지세가 건물의 성격에 적절한지 알아보고 우수한 채광과 통풍, 그리고 자연친화적인 건물이 될 수 있도록 단위주호공간을 계획하고 공용공간은 남, 동남향에 면하도록 한다.

(2) 인문사회적 환경의 분석

거주자들이 건강한 자립생활을 할 수 있도록 그 지역의 근린생활시설에 대한 물리적, 심리적 접근성의 확보와 다양한 교통수단의 손쉬운 이용으로 거주자의 이동성이 보장된 곳이 좋다. 이 밖에 인근지역과의 연계성, 시설의 사회화 가능성 등을 고려하도록 한다. 거주자의 혈연, 지연, 오래 사귀던 친구나 문화사회적 환경 또한 고려요소가 된다. 장애인을 위한 시설은 이동과 접근의 측면에서 많은 제약을 받게 되므로 입지선정 과정에서 접근성과 안정성을 고려하여야 한다. 장애인이 시설로 접근하기 위해 교통수단이 확보될 수 있는 지역에 위치하며 짧은 보행거리에 대한 배려가 필요하다.

(3) 입지 형태별 분류

시설의 입지 형태별로 도시형, 도시근교형, 전원형으로 분류가 가능하다. 도시형은 대도시에 입지하여 기존의 공공시설, 상업시설, 의료시설 등과 밀접한 관계를 유지하는 형태로 고층형으로 건축되고 기존생활권의 연장으로서 도시기능의 활용에 용이하고 문화, 정보의 지속성이 있다는 장점이 있으나 고가의 토지가격과 자연환경의 조건이 좋지 않다는 점이 단점으로 작용한다. 도시근교형은 도심으로서의 통근 가능한 곳에 입지하여 종래의 대도시에서의 사회생활의 참여가 가능한 형태로 도시형과 전원형의 장점을 활용할 수 있으나 자연환경의 조건이 보통 이하이며 부대시설이 필요하다. 전원형은 중도시에 입지하여 농장이나 화단 등을 이용해 건강한 노후생활을 영위하는 데 적합한 형태로 토지확보가 용이하다. 하지만 의료서비스가 필요하고 문화, 정보의 괴리, 고가의 운용비용이 단점이 될 수 있다.

그림 9-13 도시형 특수주거(N카운티, 경인 용인) **그림 9-14** 전원형 특수주거(S양로원, 전북 군산)

3) 시설규모 및 배치

시설의 전체규모, 부분별 규모에 대한 법규나 기준을 점검하고, 시설 외부단지의 동선을 고려한 배치를 계획하며, 적절한 배치유형을 결정하는 단계이다.

(1) 시설규모

대지위치나 입지조건이 비슷한 지역에 위치한 시설들의 사례를 조사하여 대지면적과 건축면적, 연면적 그리고 건축계획과 규모, 유니트 규모 등의 데이터를 정리하고 주거 부분과 공용 부분, 의료 및 설비시설의 면적비율을 조사하여 적정규모를 산정하는 단계이다.

노인주거복지시설의 경우 입주전후의 환경에 차이가 심할 경우 노인들이 심리적으로 불안감을 느낄 수 있으므로 다양한 수준의 유형을 고려해야 하며, 계획 시 거주자들에게 친숙한 느낌을 주는 것이 필요하다. 이를 위해서는 규모 산정에 있어서 지나치게 대규모일 경우 시설의 느낌이 강해지므로 이웃규모의 소규모로 계획하는 것이 좋다. 노인복지법 시행규칙 별표 2에 의하면 양로시설은 입소정원 10명 이상으로 계획되며 1명당 연면적 15.9 m^2 이상의 공간을 확보하여야 하고, 노인공동생활가정은 입소정원 5명에서 9명 이하로 계획되며 마찬가지로 1명당 연면적 15.9 m^2 이상의 공간을 확보하여야 한다. 노인복지주택은 30세대 이상의 규모로 계획된다. 우리나라 중소도시 노인주거복지시설을 기준으로 할 때 각 부분별 비율을 보면 주거 부분은 전체면적의 약 50~60% 정도, 공용 부분은 약 15~20%, 의료 부분이 3~5%, 관리서비스 부분이 25~35% 정도로 나타나고 있다(박지윤, 2000).

한편, 장애인이 30명 이상 거주하는 시설 중 지체장애인이나 뇌병변장애인, 청각, 언어장애인의 생활시설은 1명당 21.78 m^2 이상, 시각장애인 생활시설은 1명당 19.8 m^2 이상, 중증

장애인 요양시설과 장애영유아 생활시설은 1명당 18.48 m^2 이상으로 해야 한다. 30명 미만의 장애인이 거주하는 시설은 1명당 9.37 m^2 이상으로 한다.

(2) 시설배치

특수주거의 시설배치는 대지의 기능과 주변시설 및 부지와의 연계, 이용성, 시공성, 인접 주거커뮤니티로부터의 간섭 등을 고려하여 배치하되 보차분리를 고려한 차량동선 및 보행동선 계획을 세운다.

기능의 집약 및 분산에 따라 일체형, 연결형, 분동형으로 구분할 수 있다. 일체형 시설은 특수주거의 모든 공간이 하나의 건물에 집약된 형태이고, 연결형 시설은 연결통로를 이용하여 2개의 건물을 나누어 사용하는 형태이다. 이 경우, 직원들이 사용하는 공간과 거주자가 사용하는 공간, 혹은 개인적 공간과 공용공간을 분리하여 사용할 수 있다. 분동형 시설은 몇 개의 건물이 대지 내에 분산되어 있는 형태이다. 주거복지시설의 경우 건강이 양호한 노인들의 사회참가와 재활을 위해서는 각종 활동이 다양한 공간에서 이루어지는 연결형이나 저층분동형의 건물배치가 적절하다.

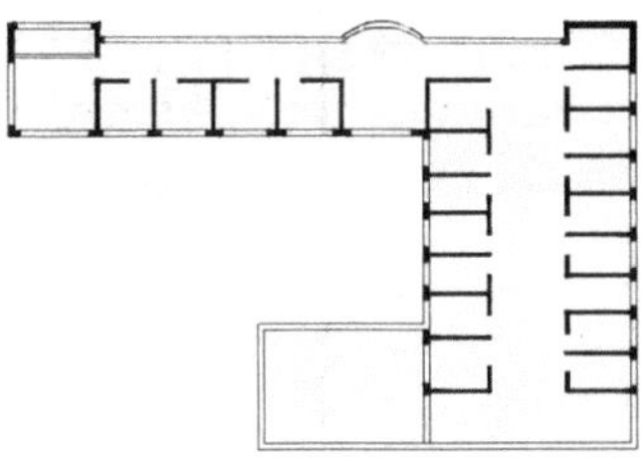

그림 9–15 일체형 사례

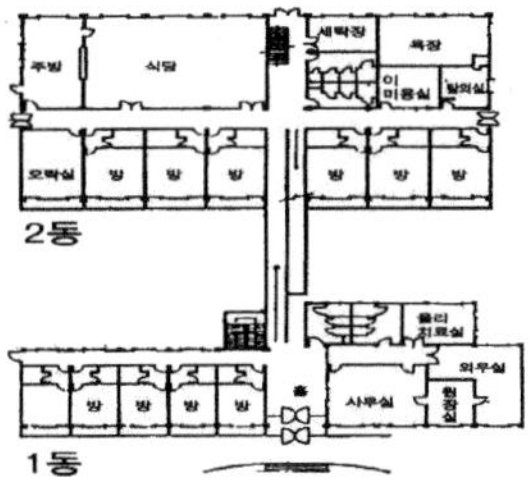

그림 9–16 연결형 사례

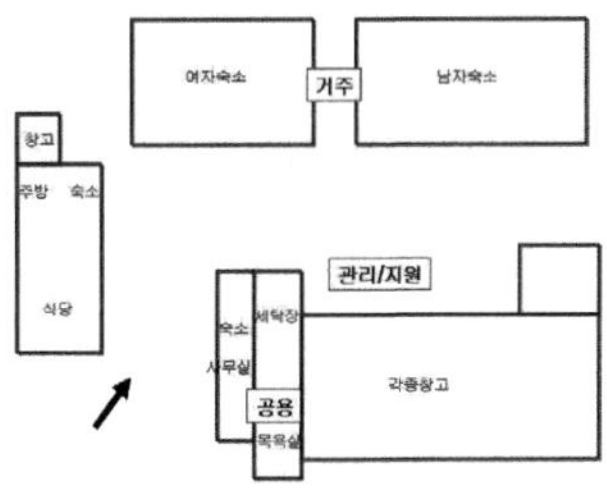

그림 9–17 분동형 사례

4) 디자인 목표 및 프로그램 설정

특수주거의 거주자와 대상지의 환경적 특성이 분석되고 시설의 배치유형이 결정되면 주어진 프로젝트의 디자인 목표와 프로그램을 설정한다. 디자인 목표는 설계자가 최종적으로 도달하고자 하는 비전에 해당되며 프로그램은 설정된 디자인 목표와 사용자, 기타 외부영향 요인에 대한 정보를 수집하여 주어진 프로젝트에서 필요한 공간들 간의 관계 및 사용자 행태의 패턴화 등이 이루어진다.

Note 9-1

디자인 프로그램 사례

노인복지시설 내에서 행해지는 생활 및 행동내용은 아래와 같이 분류될 수 있다.

■ 거주자 생활내용

- 일상생활 관련 : 세면, 목욕, 용변, 취침, 이·미용, 요리, 식사, 청소, 세탁, 수납
- 건강치료 관련 : 운동, 산책, 물리치료, 수치료, 작업치료, 검진/진료, 치료
- 여가/문화/취미관련 : 정적 활동(휴식, 독서, 감상, 종교, 교육, 예술/공예, 취미), 동적 활동(레크리에이션, 오락, 예술/공예, 취미, 감상, 교육)
- 사회교류 관련 : 잔치, 행사, 담화, 만남, 모임, 공동작업, 거주자회의, 우편/전화, 구매/쇼핑, 외출

■ 관리자 행동내용

- 사무행정 관련 : 사무, 거주자/방문자 상담, 회의, 행사, 교육
- 시설관리 관련 : 식사준비, 세탁, 경비, 수납
- 직원관리 관련 : 직원휴식, 당직/숙직

■ 방문자 행동내용

- 가족상담/면회/단순방문
- 시설이용, 자원봉사, 행사참여

작성된 생활 및 행동내용을 기초로 실행공간을 다음과 같이 연계시킬 수 있다.

사용자	생활 및 행동내용	실행공간
거주자	일상생활	침실, 화장실/욕실, 주방/식당, 공용공간
	건강치료	공용, 외부공간, 복도, 체력증진공간, 물리치료실, 수치료실, 작업치료실/프로그램실, 진료실
	여가/문화/취미	복도, 강당, 라운지, 휴게실, 회의실, 취미실, 독서실, 시청각실, 편의점, 외부공간
	사회교류	강당, 회의실, 복도, 라운지, 외부공간
관리자	사무행정	사무실, 상담실, 회의실, 강당, 교육실
	시설관리	주방, 세탁실, 경비실, 창고, 식당
	직원관리	직원휴게실, 숙직실, 공용화장실
방문자	상담/면회	로비, 상담실, 면회실, 거주자침실
	이용/자원봉사	로비, 강당, 직원휴게실, 공용화장실, 식당, 외부공간, 회의실 등

(1) 디자인 목표 설정

노인주거복지시설은 노인들의 독립적인 주거생활을 지원하고, 건강과 활력을 최대한 장기간 유지할 수 있도록 계획하는 것, 장애인생활시설은 편의시설을 고려한 물리적 환경과 함께 지역사회와 유대감을 위한 시설계획에 최종 목표를 둔다.

주어진 프로젝트에 따라 특정한 부분을 목표로 설정할 수도 있다(예 : 자연친화적 주거환경, 사회적 활동의 활성화, 개인공간과 공용공간의 조화 등)

(2) 디자인 프로그램 설정

공간 내에서 일어나는 거주자의 행동패턴의 시간적 연계성을 파악하고 요구되는 공간의 리스트를 적은 뒤, 각 공간의 이용 빈도와 공간 간의 관계성에 입각하여 사용자의 행동패턴과 공간패턴의 그루핑을 시도한다.

5) 공간구성 및 배치

(1) 관련법에서의 공간구성

노인복지법 시행규칙(별표 2)에는 노인주거복지시설기준 관련 사항이 있으며, 노인복지주택의 경우 설치, 관리 및 공급 등에 관하여 노인복지법에서 규정된 사항을 제외하고는 주택법의 관련규정을 준용하고 있다(노인복지법 제32조 3항).

표 9–12 노인주거복지시설 기준

<table>
<tr><th colspan="2">구분시설별</th><th>침실</th><th>사무실</th><th>요양보호사 및 자원봉사자실</th><th>의료 및 간호사실</th><th>체력단련실 및 프로그램실</th><th>식당 및 조리실</th><th>비상재해대비시설</th><th>화장실</th><th>세면장 및 샤워실</th><th>세탁장 및 세탁물건조장</th></tr>
<tr><td rowspan="2">양로시설</td><td>입소자 30명 이상</td><td>○</td><td>○</td><td>○</td><td>○</td><td>○</td><td>○</td><td>○</td><td>○</td><td>○</td><td>○</td></tr>
<tr><td>입소자 30명 미만 10명 이상</td><td>○</td><td colspan="2">○</td><td>○</td><td>○</td><td>○</td><td>○</td><td>○</td><td colspan="2">○</td></tr>
<tr><td colspan="2">노인공동생활가정</td><td>○</td><td colspan="3">○</td><td>–</td><td>○</td><td>○</td><td>○</td><td colspan="2">○</td></tr>
<tr><td colspan="2">노인복지주택</td><td colspan="10">침실 1, 관리실 1(사무실, 숙직실 포함), 식당 및 조리실 1, 체력단련실 및 프로그램실 1, 의료 및 간호사실 1, 식료품점 또는 매점 1, 비상재해대비시설 1, 경보장치 1</td></tr>
</table>

* 단, 세탁물을 전량 위탁 처리하는 경우에는 세탁장 및 세탁물건조장을 두지 아니할 수 있다.

표 9-13 장애인주거시설 기준

구분시설별		거실	사무실	의무실 또는 의료 재활실	재활 상담실	집단 활동실	자원 봉사자실	조리실	목욕실	세탁장	건조장	화장실	급수 배수 시설	비상재해 대비시설
장애인 복지 시설	거주자 30명 이상	○	○	○	○	○	○	○	○	○	○	○	○	○
	거주자 30명 미만	○	○		–	–	–	○	○		○	○	○	○

*장애인 지역사회재활시설 중 장애인 주간 및 단기보호시설, 장애인 공동생활가정은 기준에서 제외한다.

**건축법상 '거실'이라 함은 건축물안에서 거주·집무·작업·집회·오락 기타 이와 유사한 목적을 위하여 사용되는 방을 말한다.

한편, 장애인거주시설은 장애인·노인·임산부 등의 편의증진보장에 관한 법령에 따른 편의시설을 갖추어야 하고, 장애인 복지법 시행규칙 제41조 및 제42조(별표 5)에 의거하여 거실, 사무실, 의무실 또는 의료재활실, 재활상담실, 집단활동실, 자원봉사자실, 조리실, 목욕실, 세탁실, 건조장, 화장실 등을 필요로 한다. 시설의 구조와 설비는 장애인의 장애유형별, 성별, 연령별 특성에 맞도록 하되 6세 미만의 장애영유아를 위한 시설은 '아동복지법'에 따른 아동복지시설 중 영아시설에 준하는 설비를 따로 갖추어야 한다.

(2) 공간의 기능단위

특수주거의 조직과 관리운영체계 및 거주자들의 인지능력 등을 고려해 볼 때, 시설 내 공간의 기능단위는 보통 관리단위, 간호단위, 거주단위로 구성된다.

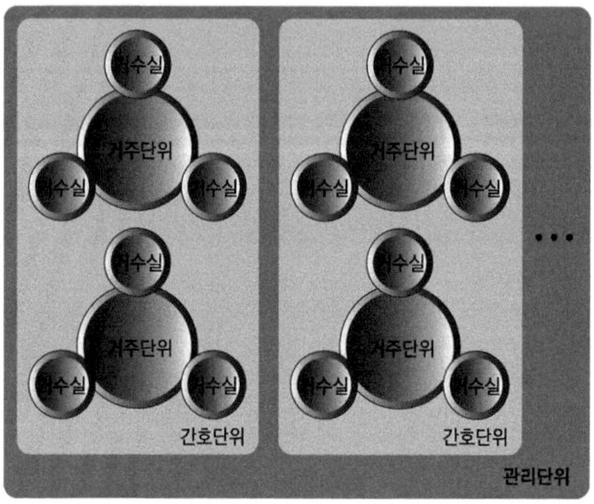

그림 9-18 유니트케어 개념도

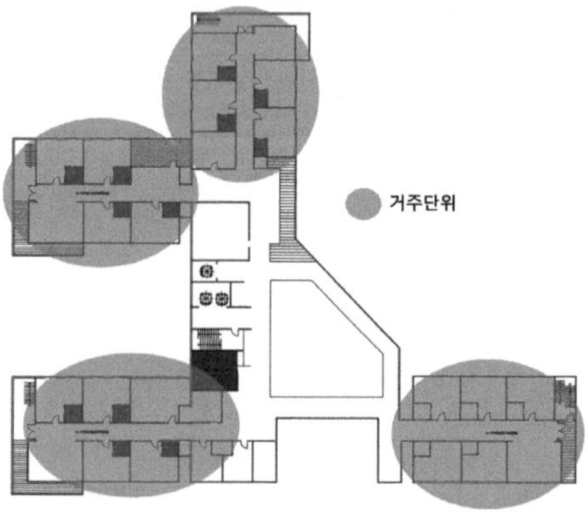

그림 9-19 유니트케어 사례

표 9-14 거주자의 사회적 관계 증진을 위한 단계별 소요시설 계획

단위	세대	거주단위	간호단위	관리단위
세대수	1가구	4~6세대	8~24세대	50세대 이상
건강부문	너스콜, 건강이상감시장치	–	산책로	체력단련실
의료부문	–	–	간호사실	진료실, 약국, 특수욕실
문화부문	–	다목적휴게실, 식당, 화단, 벤치	공용휴게실, 마당	도서실, 취미활동실, 게스트룸
서비스부문	화장실/욕실, 주방, 개인수납공간	창고, 공용화장실	–	이·미용실, 매점, 공용욕실

출처 : 박지윤(2001). p. 63.

거주자들의 주요생활공간인 단위주호는 기본적인 생활서비스가 제공되는 중요한 장소로서 거주실 3~4개, 즉 거주자 10~15명이 그룹을 이루어 1개의 거주단위가 형성되고, 보통 2~4개의 거주단위가 한 개의 간호단위를 형성하게 된다. 일반적으로 1개 층에 2~4개의 거주단위, 즉 1개의 간호단위를 형성하는 경향이며, 여기서 관리단위는 1개의 시설로 인식된다(민대홍, 2005). 최근 우리나라 노인주거복지시설의 경우 가정과 같은 분위기가 강조되면서 거주단위별 거주자관리, 즉 유니트케어(unit care)가 중요하게 대두되고 있다.

(3) 단계별 소요시설

시설 내 거주자의 이동 동선을 최소화하면서 거주자 간 자연스러운 사회적 관계증진을 유도하기 위해 활동범위를 파악하여 단계별 소요시설을 계획할 수 있다.

(4) 공간의 구성 및 배치계획

건물이 하나인 경우 1층에 직원과 방문객을 위한 공간을, 2층부터 거주자를 위한 공간을 집중시키는 것이 일반적이지만, 대지의 조건, 시설의 기능, 서비스, 거주자의 요구 등을 반영하도록 한다. 개인적 공간은 거주자의 사적 생활을 충분히 보장할 수 있도록 하되 소외되거나 고립감을 느끼지 않도록 복도를 비롯한 공용공간과 유기적 관계를 갖도록 한다. 거주자의 단위주호공간이 우선적으로 고려되어야 하며, 공용공간과 의료공간은 지역주민이 사용할 수 있도록 외부진입이 용이한 곳에 배치하고, 또한 관리공간과 의료공간은 응급상황 시 동선을 확보해야 한다.

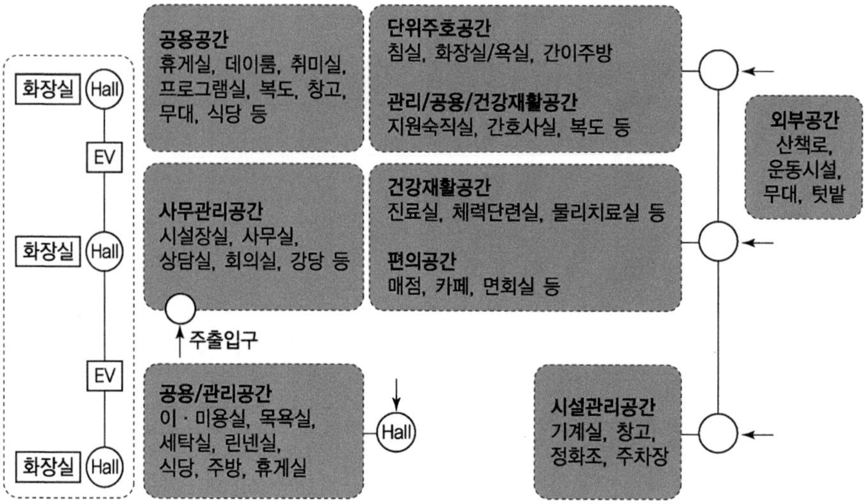

그림 9-20 노인주거복지시설 공간구성 및 배치 다이어그램 사례

이들 각각의 공간을 구체적으로 분류하여 살펴보면 다음과 같다.

① 관리공간

관리공간은 시설장실, 사무실, 당직실, 자원봉사자실과 같이 행정직원이 사무를 보는 사무관리공간과 세미나실/강당, 린넨실, 공용세탁실, 창고, 주방과 같이 행사 및 시설설비와 관련된 시설관리공간으로 구분된다. 관리공간의 동선은 거주자의 동선과 충돌되지 않는 위치가 적당하며, 지역주민과의 연합행사를 통한 거주자의 사회참가를 유도하고 비공식적 지원체계를 강화시키는 방향으로 공간을 구성하는 것이 바람직하다.

- 사무관리공간 : 일반적으로 1층의 현관이나 로비와 인접 배치되어 관리가 용이하도록 하고, 업무상의 접객공간이나 회의실 기능으로도 활용 가능하도록 한다. 거주자와의 친밀감 형성을 위해 벽의 일부분을 유리 등으로 마감하여 직원의 작업 활동이 로비나 복도에서 보이도록 계획하되 프라이버시가 필요한 장소는 독립성 유지를 위한 영역설정을 한다. 사무실은 사무를 위한 적당한 집기, 설비를 갖추어야 한다.
- 시설관리공간 : 시설관리공간은 대부분 지하층에 배치하며 각종 기계소음과 설비작동 시의 위험이 있으므로 거주자의 단위주호공간에서 거리가 있는 장소가 좋다. 단, 세탁실과 린넨실은 거주자들에게 신속하게 제공될 수 있도록 고려하는데, 거주자 30명당 최소한 세탁기 2대가 제공되어야 한다.

그림 9-21 사무실

그림 9-22 상담실

② **공용공간**

거주자가 공동으로 사용하는 공간으로 출입구, 로비, 복도, 엘리베이터와 같은 이동공간과 면회실, 상담실, 매점, 식당과 목욕실, 이·미용실 등의 편의공간, 그리고 거주자 간 교류나 취미, 교양활동 등 사회참가활동을 위한 휴게실, 취미실 등의 여가활동공간이 포함된다.

거주자들의 주동선, 특히 엘리베이터에서 가깝게 배치하고 충분한 채광과 조망의 확보를 위해 남향의 넓은 창과 정원 등의 옥외공간으로 접근이 가능하도록 한다. 시설을 전체적으로 분산배치하고, 단위주호공간에서 접근이 쉽도록 설치하되 영역구분은 확실히 하는 것이 좋다. 공용공간의 면적비율은 대략 전체시설 면적의 40%를 차지한다.

- 이동공간 : 주 출입구는 인지의 용이성 측면에 주안점을 두되, 대기공간으로서의 기능도 고려하도록 하고 외부로부터 물리적, 사회심리적 위계성 확보를 위해 방풍공간을 마련한다.

그림 9-23 세탁실

그림 9-24 린넨실

주 출입홀에 관리자를 별도로 배치하지 않는 경우, 방문객과 거주자의 출입을 사무관리 공간에서 확인/관리할 수 있도록 하고, 방문객의 상담을 위한 회의실과 상담실을 인접배치 하도록 한다.

복도는 각 실을 연결하는 연결 통로이므로 통행과 각 실로의 접근에 어려움이 없어야 한다. 복도의 유형에 따라 편복도형, 중복도형, 이중복도형, 회랑형, 혼합형 등으로 구분할 수 있다. 편복도형은 한쪽에 거주실을 배치하고 다른 한쪽에는 복도와 창을 배치하여 채광에 유리하고 복도에 휴게공간을 설치하기에 좋다. 중복도형은 복도를 중심으로 양쪽에 거주실이 마주보고 있는 형태로 공간절약에 가장 효율적이며, 이중복도형은 가운데 홀을 중심으로 양쪽으로 2개의 중정을 형성하여 긴 복도를 두 개의 공간으로 구분하고 있는 형태이다. 회랑형은 선형의 양쪽 복도 끝을 곡선으로 이어서 배치하여 중정을 형성한다.

■ 여가활동공간: 신체적, 정신적 장애는 심리적으로 소외감을 가져오게 되므로 노인과 장애인을 위한 사교적인 모임의 기회를 제공하는 것이 필요한데, 활동범위가 제한된 거주자들도 쉽게 접근할 수 있도록 내외부에 다양한 여가활동공간을 배치한다.

공용거실이나 라운지 등의 교류를 위한 공간은 단위주호 및 엘리베이터에서 가까운 것이 좋고, 통로를 방해하지 않으면서 좌석이 배치된 공간을 마련하도록한다. 채광과 조망의 확보를 고려하고 옥외공간으로의 접근성이 좋도록 계획하고 실내 천창을 이용한

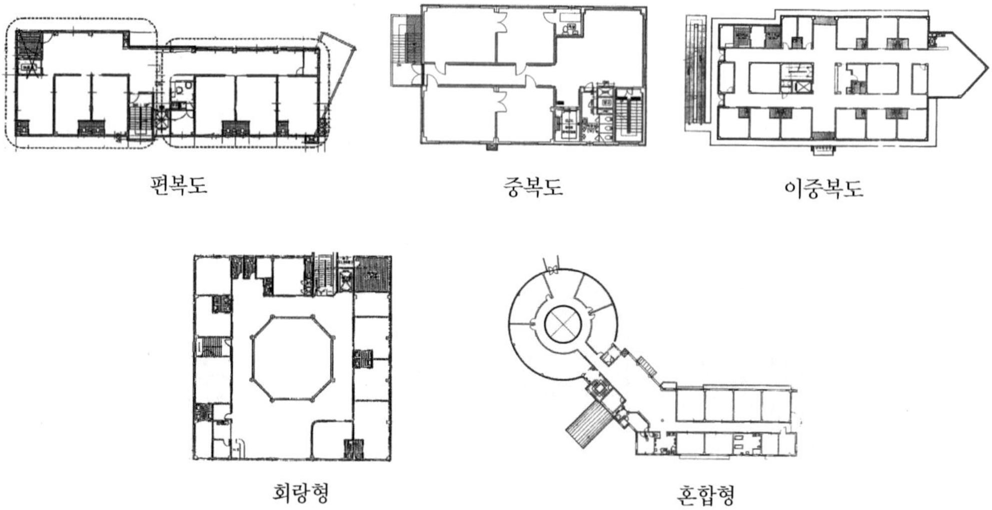

그림 9-25 특수주거 복도유형별 시설 도면 사례

중정을 도입할 수도 있다. 개별 여가활동공간의 형태는 홀, 복도확장, 넓은 복도, 일반 복도, 독립, 거실, 알코브 등의 형태가 있다(표 9-15).

여가활동공간은 공간의 크기와 용도를 다양하게 하고, 세부구성요소에 있어 간이주방을 함께 배치하여 편의를 제공하며 거주자의 다양한 신체적 상황을 고려하여 입식과 좌식을 병행한 가구를 배치하여 시설 전체에 분산시키는 것이 거주자 간 교류에 도움을 준다. 또한 주위를 환기시키는 창문과 각종 디스플레이, 취미설비를 비치하여 거주자의 관심을 유도하도록 한다. 대그룹 휴게실의 경우 노인 1인당 1.3 m^2를 확보하고, 소그룹 휴게실은 실당 30~40 m^2를 기준으로 한다.

표 9-15 특수주거 여가활동공간의 형태

형태	홀	복도확장	넓은 복도	일반 복도
특징	층의 입구나 중심부에 라운지 형태로 위치	통행복도의 일부공간이 확장	복도를 넓게 하여 통행과 활동공간의 명확한 구별이 없음	통행복도의 벽이나 한쪽에 가구를 배치
사진				

형태	독립	거실	알코브
특징	거주단위의 막다른 곳에 고립된 공간	가정의 거실과 같은 스케일의 활동공간	벽의 일부분이 들어가거나 복도의 코너를 이용
사진			

그림 9-26 여가활동공간 내 간이주방

그림 9-27 다양한 디스플레이 요소가 있는 공간

그림 9-28 전면창으로 인해 밝은 여가활동공간

- 편의공간 : 거주자의 편의를 위한 공간은 시설 내에 1~2개 정도로 배치한다. 행정직원의 관리가 필요한 면회실과 상담실은 관리공간과 연계하여 배치하고, 거주자의 일상생활 편의제공을 위한 식당, 목욕실, 매점, 이·미용실 등은 거주자 단위주호공간에서 접근이 용이하도록 배치한다.

  특히, 식당은 조망이 좋은 곳에 배치하고 모든 단위주호에서 비슷한 거리에 위치시키며, 대규모보다는 소규모 공동식당을 마련하는 것이 가족적인 분위기 형성에 좋다. 습기에 의한 천장 오염방지를 고려하고, 개방창호를 형성하는 것이 중요하다. 주방과 다른 층에 식당이 있을 경우 배식을 위한 덤웨이터를 설치할 수 있다. 식당의 규모는 거주자 2인당 1석을 기준으로 하고, 1인당 면적 1.87 m^2를 확보한다.

  이 밖에 거주자가 건강한 생활을 영위하는 데 도움이 되는 도서관, 스포츠/레크리에이션 시설 등의 문화체육부대시설을 설치할 수 있으며, 시설의 장은 지역사회와 시설 간의 상호교류 및 거주자의 사회와의 유대감 증진을 위해 외부에 개방하여 운영할 수도 있으며, 재가복지시설을 병설, 운영할 수 있다.

그림 9-29 구내매점

그림 9-30 식당

그림 9-31 이·미용실

그림 9-32 물리치료실

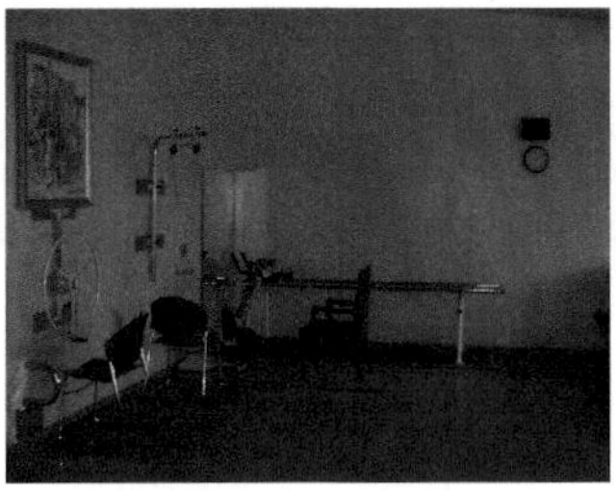

그림 9-33 기능회복실

그림 9-34 프로그램실

③ 건강재활공간

거주자의 체력증진과 기능저하방지를 위한 체력단련실 및 프로그램실, 물리치료실 그리고 진료 및 치료를 위한 진료실, 간호사실 등이 있다. 기본적인 체력을 유지할 수 있는 적절한 운동기구와 진료 및 간호에 필요한 상용의약품, 위생재료 또는 의료기구를 갖춘다. 이용이 많은 거주자와 가깝게 배치되도록 하거나 관리공간과 가깝게 배치하여 업무상 협조가 이루어질 수 있도록 한다. 재활상담실은 거실 가까운 곳에 설치하되 비밀보장에 필요한 방음설비를 갖추어야 하며 의무실 또는 의료재활실은 진찰, 건강상담 및 치료를 위한 적당한 설비와 기계, 기구를 갖추어야 한다.

- 체력증진공간 : 거주자의 신체적 기능을 파악하여 기능저하방지 및 일상적인 동작능력을 연장시키기 위한 체력단련실, 프로그램실, 물리치료실이 있으며 법규에서 정한 적절한 설비를 계획한다. 체력단련실은 차음과 진동을 고려하여 개실로 분리하여 배치한다.
- 의료공간 : 진료실은 주거공간에서 접근이 가능한 친근한 공간으로 인식될 수 있도록 계획하고, 간호사실은 거주자의 상시관찰이 가능하도록 가깝게 배치하거나 관찰 설비를 갖추도록 한다. 거주자의 건강상태에 따라 진료의 요구 정도가 다양하므로 의존 정도가 높은 거주자의 공간에 가깝게 배치해야 한다. 그러나 진료 및 치료공간은 평소에 잘 인식되지 않도록 배치되는 것이 좋고 관리공간에 근접시켜 업무상 협조체제를 이루도록 한다.

④ 단위주호공간

거주자의 사적인 공간으로 거주실과 부속화장실, 소규모 간이부엌, 발코니, 현관, 수납시설 등이 있다. 다인실인 경우 수납공간을 통한 공간구획도 고려할 수 있다. 단위주호는 시설별로 50세대 정도가 적당하나, 도시의 경우 100~200세대까지 수용도 가능하며, 단위주호를 4~12세대로 그룹화 하여 소규모시설의 장점을 최대한 수용하는 것이 바람직하다. 각 실에 현관과 발코니를 배치하여 프라이버시 유지에 중점을 두고 그 밖에 일조확보, 이웃과 연계한 소

표 9-16 노인주거복지시설의 침실기준

구분	양로시설	노인공동생활가정	노인복지주택
종류	독신용, 합숙용, 동거용	독신용, 합숙용, 동거용	-
남녀구분	남실과 여실의 구분	남실과 여실의 구분	-
면적	1인당 5 m^2 이상	1인당 5 m^2 이상	독신용, 동거용은 20 m^2 이상
1실의 정원	4명 이하	4명 이하	-
개인수납시설	개인용품 보관시설 설치	개인용품 보관시설 설치	-
기타 설비	채광, 조명 및 방습설비	채광, 조명 및 방습설비	채광, 조명 및 방습설비 취사설비, 목욕실과 화장실 등 생활편의 설비

* 침실이 2층 이상인 경우 경사로를 설치하되 승강기를 설치한 경우 설치하지 않을 수 있음

그룹 구성, 휴게실과 같은 완충공간이 필요하다.

노인주거복지시설의 경우 거주실(침실)에 대해 성별의 구분, 거주자 1명당 침실면적, 각종 부속시설 및 설비, 채광, 조명 등에 대한 법적 기준이 있다(노인복지법 시행규칙 〈별표 2〉 4. 설비기준 참조).

장애인이 생활하는 거주실은 겨울에도 상당시간의 일조량을 확보하고 출입구는 비상 재해 시 대피하기 쉽게 복도 또는 넓은 공간에 연결하게 계획하여야 하며 6세 이상 장애인이 생활하는 시설에는 성별로 실을 구분하여야 한다. 장애인이 거주하는 시설의 거주실은 6세를 기준으로 하여 거주자 1명당 실 면적 및 정원에 대한 법적 기준이 있다(장애인 복지법 시행규칙 제41조 및 제42조 〈별표 5〉 3. 시설의 구조 및 설비 참조).

그림 9-35 침실에 배치된 가족사진

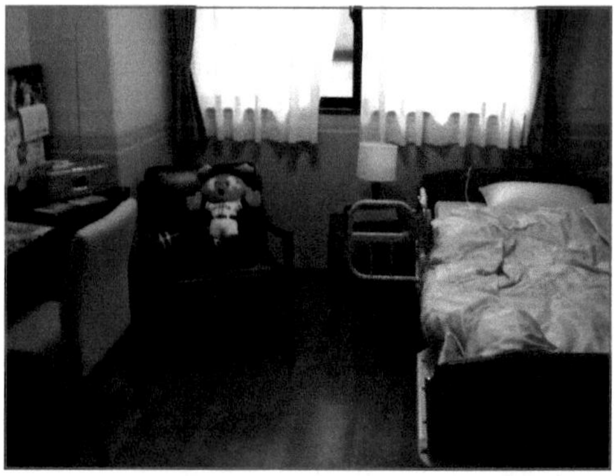

그림 9-36 노인시설 침실 사례

표 9-17 장애인거주시설의 거주실 기준

구분	장애인거주시설	
종류	6세 이상	6세 미만
남녀구분	남실과 여실의 구분	
면적	1인당 3.3 m^2 이상	1인당 2 m^2 이상
1실의 정원	8명 이하	10명 이하
기타 설비	채광, 난방 및 통풍장치	

⑤ 외부공간

외출이 자유롭지 않은 거주자들에게 정원과 산책로, 외부 체육시설 등과 같은 외부공간은 심신의 안정 및 치유를 위해 매우 중요하다. 거주실이 2층 이상에 위치한 경우 경사로를 설치하는 것이 원칙이나, 승강기로 대치가능하며 야간사용등, 완만한 계단경사, 난간설치, 부드럽고 미끄럽지 않은 바닥재가 필요하다.

경우에 따라 강당의 기능을 외부로 이동하여 야외공간을 시설의 공식행사장으로 이용할 수도 있으며, 좁은 대지의 도시형 시설은 층별 옥외공간을 산책공간이나 운동공간으로 사용할 수도 있다. 외부공간은 크게 일반정원과 산책로로 구분하여 계획할 수 있다.

- 정원 및 산책로: 정원은 계절의 변화를 느끼고 정서적 안정감을 도모할 수 있다는 측면에서 매우 중요하다. 정원조성의 목적이 내부공간에서 외부로의 조망에 있는지, 원예치료나 거주자들 간의 친화에 있는지에 맞춰 그 특성과 내용을 계획한다. 휠체어 사용자도 원예가 가능하도록 화분대의 높이를 거주자 특성에 맞춰 설치해야 하고, 분수나 기타 조형물과 함께 조화시킨다.

그림 9-37 외부 정원

그림 9-38 외부 모임공간

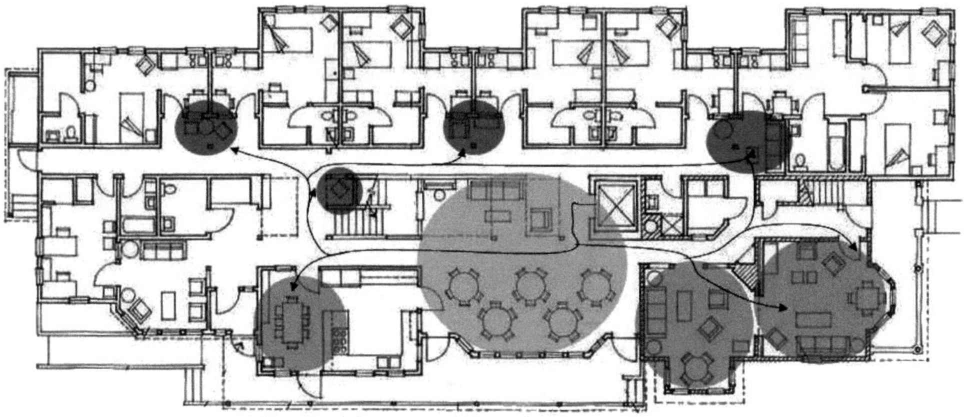

그림 9-39 공간의 위계성이 좋은 시설도면 사례(Captain Eldridge Congregate House, Hyannis, Massachusetts)

출처 : Regnier, V. (1994). p. 164.

- 주차장 : 주차장의 배치는 주 출입구에서 최대 60 m 이내에 배치하도록 하며, 보행로는 반드시 차로와 구분하여 설치한다. 야간 주차장 이용이 편리하도록 밝고, 일반 보행로보다 2배 정도 밝기의 균일한 조명을 설치한다. 휠체어 사용자를 위해 장애자용 전용 주차장을 설치하고 보행로와 직접 연결하고, 보행로의 돌출물이 없도록 주의한다.

⑥ 공간의 위계성

거주단위별 관리를 위한 공간구성 외에 특수주거의 공간구성 계획 시 염두에 두어야 할 것은 공간의 위계성이다. 거주자의 독립성과 프라이버시를 보장하면서 동시에 거주자 간의 상호교류행위를 높이고 활동을 활성화시키기 위해서는 개인 거주실에서 활동공간까지 사적 → 준사적 → 준공적 → 공적 영역의 흐름으로 동선을 계획하는 것이 필요하다(곽창호, 1999; 권순정, 2002).

6) 주요 실별 공간계획

(1) 공간 구성 요소

특수주거시설은 노인 및 장애인의 신체적 특성을 고려하되 거동이 불편한 사용자를 기준으로 공간을 계획하도록 한다. 공간계획 시 고려해야 할 요소들을 살펴보면 표 9-18과 같다.

표 9-18 특수주거 공간계획 시 고려해야 할 요소

구분	내용
바닥	• 탄력성이 있고 미끄러지지 않으며, 방수가 되는 재료 이용 • 휠체어 사용자에게 불편한 털이 긴 카펫은 사용하지 않는다. • 단차를 없애고, 불가피한 경우 재료나 색채를 달리하여 구분한다.
벽	• 벽의 접촉이 많은 점을 고려해서 특히 더러워지지 않고 반사를 통해서 빛을 발하지 않는 재료를 사용 • 모서리는 둥글게 하고 튀어나오게 되는 기둥이나 가구 등은 벽면 안으로 계획
천장	• 오랜 시간 누워서 보내는 거주자를 고려하여 다양한 형태와 재료로 거주자의 시선을 즐겁게 함 • 청각장애인을 위해 소리를 잘 흡수하는 재질을 사용 • 천장의 높이는 개인 주거환경의 분위기를 제공할 수 있는 높이
문	• 창문은 이중창으로 단열과 방음에 유의하고 직사광선을 차단할 수 있는 차양과 커튼을 설치 • 적절한 환기를 위하여 개폐창을 설치하되 안전장치와 방충장치 고려 • 휠체어 사용자를 위해 여닫이문보다는 미닫이문을 설치, 여닫이문일 경우 레버핸들(lever handle)과 스프링 힌지(spring hinge)를 사용하여 개폐가 쉽도록 고려 • 외부에서도 열 수 있는 설비를 비치

출처 : 박지윤(2001), p. 85 ; 황원일(1999). pp. 11-14.

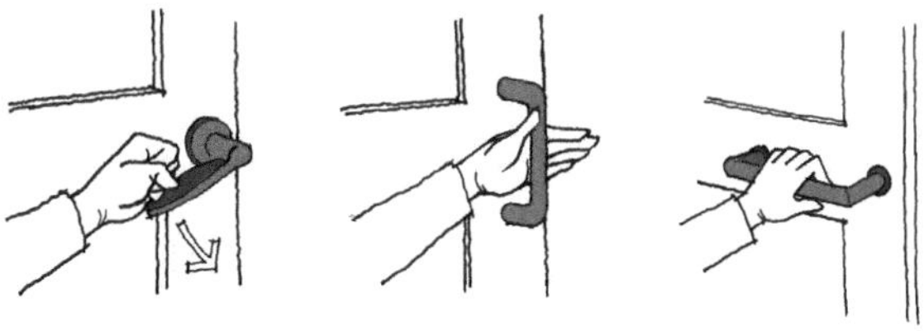

레버형 막대형 수평형

그림 9-40 특수주거 문 손잡이 유형

(2) 출입구와 현관

시설의 주 출입구는 휠체어 사용자와 시각장애인이 직진할 수 없는 회전문은 사용이 불가능하다. 출입구는 단차를 없애야 하며 단차가 있을 경우 경사로를 이용하여 쉽게 출입할 수 있도록 하고 출입구의 폭은 최소 900 mm 이상을 확보한다. 주 출입구에는 방풍실을 설치하여 여름, 겨울철에 덥거나 차가운 공기에 직접적으로 노출되지 않도록 한다. 장애인 거주시설의 현관의 턱은 필수불가결한 단차이므로 이는 접근경로 단차 항목을 따른다. 출입구 턱의 단차는 30 mm 이하로 하고 단차가 30 mm 이상의 경우에는 간이 경사로를 설치하여야 한다. 핸드레일은 출입구의 턱 전후에 설치하는데 시각장애인의 경우 입구를 확인하기 어렵기 때문에 청각적

신호음을 사용하거나 입구를 감지할 수 있도록 300 mm 전면에 유도블록을 설치하거나 바닥재의 질감을 달리하여 안전하게 찾을 수 있도록 한다. 출입구의 폭은 900 mm 이상이 바람직하며 최저 800 mm가 필요하고, 침실의 스트레처 운반이 필요한 곳은 1,200 mm 이상의 폭이 필요하다. 공중의 이용이 주목적인 사무실 등의 출입문에는 점자표지판을 부착한다.

그림 9-41 특수주거 출입구

(3) 복 도

복도는 시설 내의 각 실들을 연결하는 통로로서 폭은 편복도의 경우 1,800 mm, 중복도는 2,700 mm가 요구되고 산책과 운동을 겸할 경우 3,000 mm 이상이 요구되는데, 일반적으로 두 개의 침대가 교행할 수 있도록 2,400 mm를 확보하고, 거주자의 안전을 위해 벽체 모서리를 둥글게 처리하도록 한다. 장애인거주시설의 복도의 폭은 휠체어 장애인이 여럿이 사용하는 공간이므로 복도의 적정 유효폭은 1,800 mm 이상이 바람직하다.

복도나 통로는 되도록 직선으로 교차하도록 하며 방향을 알기 쉽게 하고 복도의 양 측면에 780~850 mm 높이의 손잡이를 배치하는 것이 좋으며 복도의 바닥면은 안전성을 고려하여 단차를 없애도록 한다. 통행의 안전에 초점을 맞춰 너무 어둡거나 눈부심이 없도록 주의하고, 단위주호 앞에는 알코브를 계획하여 영역성을 보장할 수도 있으며, 안전을 위해 미끄럽지 않은 바닥재와 핸드레일을 설치한다.

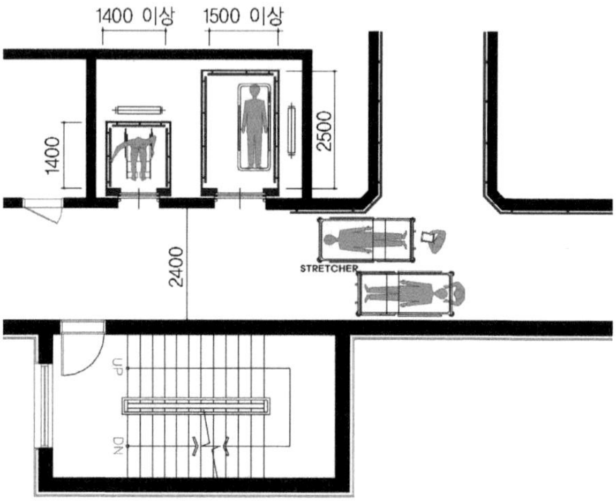

그림 9-42 특수주거 복도와 엘리베이터 계획 사례

그림 9-43 특수주거 복도

엘리베이터에서 스트레처 이동이 가능한 크기는 1,500×2,500 mm이어야 하며 일반적으로 휠체어가 회전할 수 있도록 유효 바닥 면적이 1,400×1,400 mm 이상이어야 한다. 거울을 설치하여 휠체어 후진 시 배면을 확인할 수 있도록 한다.

(4) 침 실

침실은 거주자가 가장 오랫동안 머무는 장소로 무장애공간으로 계획되는 것이 원칙이다. 쾌적한 환경을 위해 남향으로 하고, 독립적인 생활을 위해 소장품을 수납할 수 있는 공간도 필요하다. 바깥을 조망할 수 있도록 창의 높이는 거주자가 의자에 앉아서 바깥이 보이는 정도로 조절한다. 시각장애인의 경우 침대를 사용하지 않을 때 이불장은 매일 사용되기 때문에 돌출부분이 없어서 안전하고 수납공간이 충분히 확보될 수 있는 붙박이식 벽면 수납장이 적합하다. 침대 바로 옆의 협탁의 높이는 침대 머리 판의 높이와 맞추면 감각만으로도 물건을 놓고 집을 수 있어 시각 장애인에게 편리하다. 휠체어 사용자에게는 침대를 이용하는 것이 편리하며 침대 측면에는 1,200 mm 이상의 활동공간을 확보하여야 한다. 침대의 높이는 휠체어의 좌면높이와 같이 450 mm 정도가 적당하고 침대 주변 핸드레일은 휠체어가 접근하는 반대 방향 측면에 설치한다.

(5) 화장실 및 욕실

휠체어장애인을 위하여 욕실의 문은 접근성과 안전을 위하여 미닫이가 적합하나 화장실의 문이 여닫이일 경우 밖으로 열리게 설치하여 내부에서의 활동에 편의를 제공하고, 화장실 내외부 바닥단차는 30 mm 이하로 한다. 양변기, 세면대, 욕조를 설치계획하는 것이 일반적이나 면적이 좁을 경우 욕조 대신 샤워기를 설치하고 샤워의자를 배치한다.

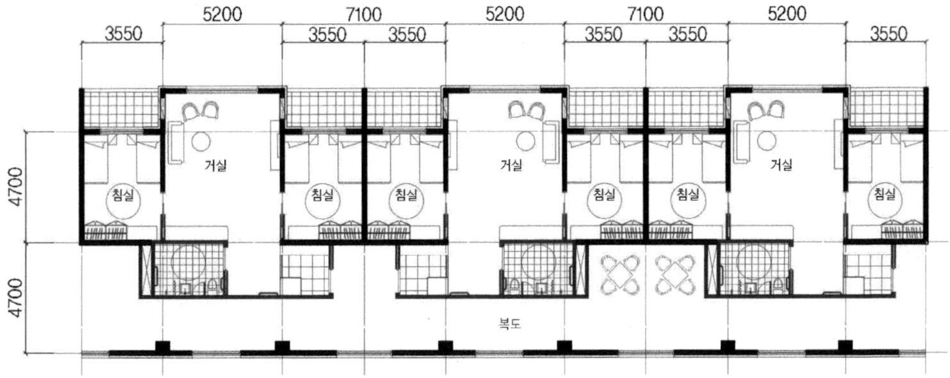

그림 9-44 특수주거 거실 & 침실계획 사례

바닥은 미끄럽지 않도록 하고, 욕조를 설치하는 경우 거주자의 전신이 잠기지 않는 깊이로 하며, 욕조의 출입이 자유롭도록 최소 1개 이상의 보조봉과 수직 손잡이 기둥을 설치한다(노인복지법 시행규칙 〈별표 2〉 4. 설비기준).

양변기는 우측 또는 좌측에 유효폭 750 mm 이상을 두어야 하며 여닫이문은 바깥쪽으로 개폐한다. 수평손잡이는 양쪽에 설치바닥면으로부터 600~700 mm 높이에 두고 한쪽손잡이는 변기 중심에서 450 mm 이내 고정설치하며 다른 쪽 손잡이는 회전식으로 설치가능하다.

소변기는 전면 여유공간 900×1,200 mm 이상이 필요하며 양옆에 수평 및 수직손잡이 설치한다. 세면대는 양옆 수평손잡이를 수평으로 700 mm 간격, 길이는 세면기 전면 끝에서 250~300 mm 돌출 설치하고 거울은 상단 부분을 15도 경사로 설치 가능하다.

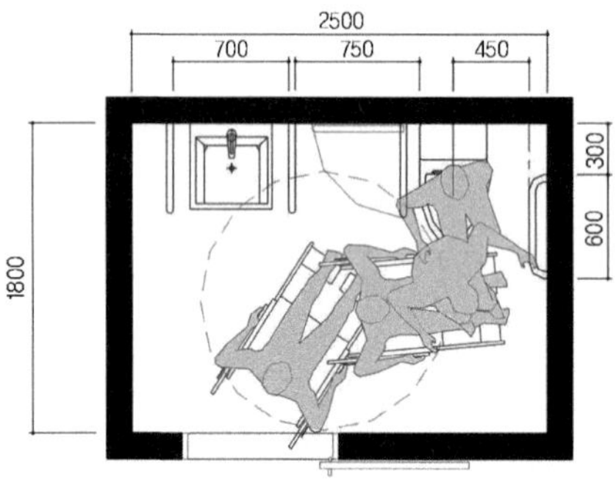

그림 9-45
휠체어 사용자의 화장실 내부동선

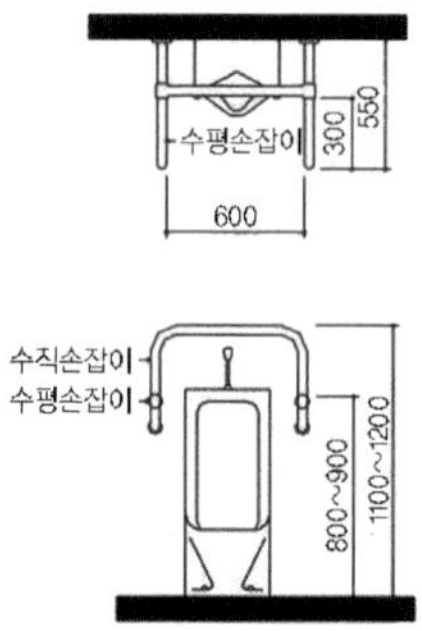

그림 9-46
소변기 손잡이

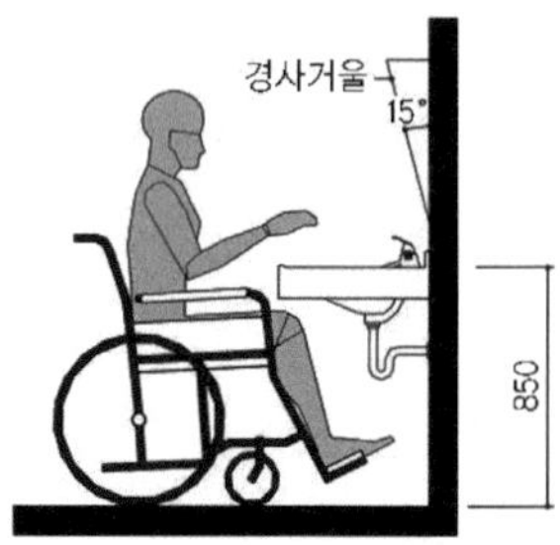

그림 9-47
휠체어 사용자의 세면대 높이

그림 9-48 샤워실

그림 9-49 세면대

그림 9-50 변기설비

(6) 주방 및 식당

식당은 행사나 집회 등 다목적으로 사용 가능하도록 가구배치는 가변성 있게 한다. 노인 또는 장애인의 행동특성을 고려하여 면적은 되도록 넓게 하고 휠체어 또는 보행기구 등을 이용하는 노인 또는 장애인이 고려되어야 한다. 시설 내 설치되는 공용식당 외에 거주자들이 원하는 간단한 식사를 자유롭게 할 수 있도록 거주실 내에 간이주방과 식사공간을 제공해 주는 것이 좋다. 가열대의 경우 가스보다는 전기식이 안전하며 노인과 장애인은 작업의 범위가 작으므로 주방가구의 선정과 배치, 치수산정에 거주자의 신체적 특성을 고려한다.

7) 기타 세부계획

(1) 가구계획

수납공간 전면에는 바닥 유효공간을 확보하고 하부까지 내려오는 수납공간인 경우에는 측면 접근이 가능하도록 계획하여야 한다. 시각장애인을 위하여 가구의 크기는 비슷한 것보다는 큰 것과 작은 것을 조합하는 것이 구별하기 쉽다. 또한 전체적으로 가구는 모서리와 가장자리를 둥글게 처리한다. 상부 수납장은 휠체어 사용자가 접근하기에 어려움이 있고 머리를 받칠 위험이 있으므로 통행로에 설치하지 않는 것이 좋고 기능상 설치를 필요로 할 때에는 최소 1,300 mm 이상 높이에 설치하도록 한다. 노인주거시설의 활동공간에 배치되는 소파나 의자는 획일적인 일렬배치를 지양하고 ㄱ자나 마주보는 배치를 통해 거주자의 상호작용을 증진시킨다. 또한 테이블은 다인용보다는 4인용 이하를 사용하여 시설의 느낌을 줄이는 것이 중요하다.

욕실의 가구는 벽 한 면에 일렬로 배치하여 요철을 줄이며 현관에는 벤치 또는 의자를 배치하여 신발을 신고 벗을 때 또는 휠체어를 탈 때 편리하도록 한다. 손잡이의 형태는 반드시 레버형이나 수평 또는 막대형으로 한다.

(2) 조명계획

특수주거시설 중 특히 시각장애인이 거주하는 시설에서 조명의 양은 매우 중요하며 비장애인이 생활하는 거실보다 조명을 3배 정도 높이는 것이 좋고 상황에 따라 빛을 조절할 수 있는 조도조절기 설치를 권장한다. 눈부심 없이 전반적인 조도를 높여 주는 간접조명은 노인시설에 적합하며 거실에 자주 사용하는 가구나 소품은 적절하게 빛을 비추어 형태가 쉽게 인식되도록 해야 하고 빛이 직접 눈에 비추지 않도록 유의한다. 침실에서는 다른 공간보다 낮은 조도가 허용되나 시각장애인에게는 옷이나 이불을 찾고 정리하는 작업을 위하여 부분 조명으로 조도를 높이는 계획이 필요하다.

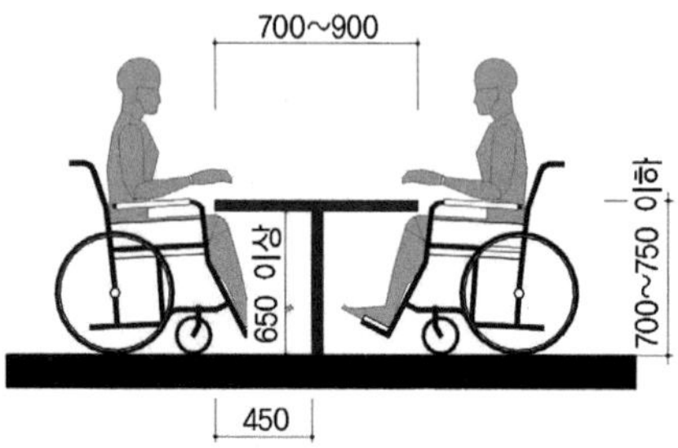

휠체어 사용자를 위한 식탁 치수

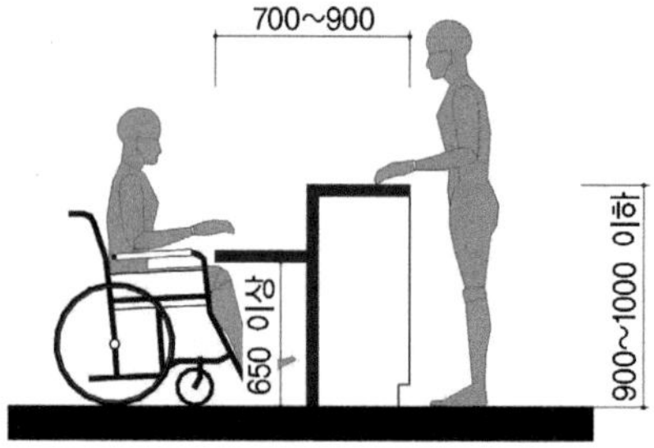

휠체어 사용자를 위한 상담 또는 접수대 치수

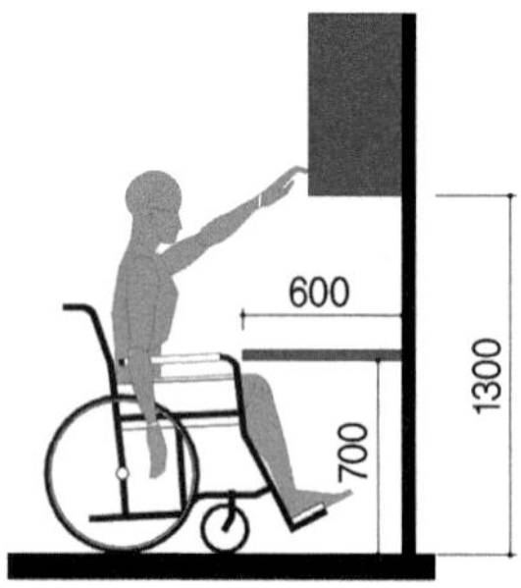

휠체어 사용자를 위한 책상 및 수납장 치수

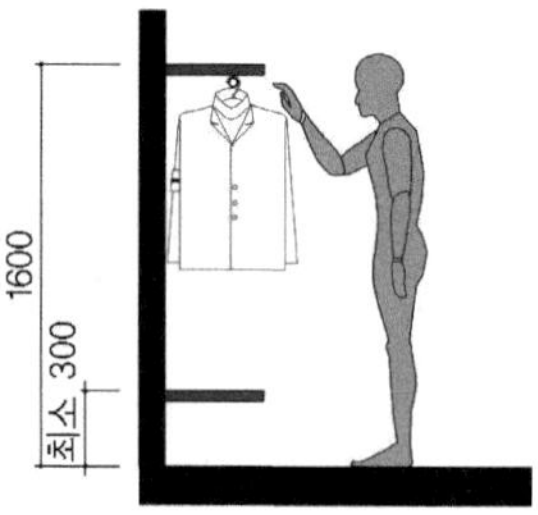

노인을 위한 수납 높이

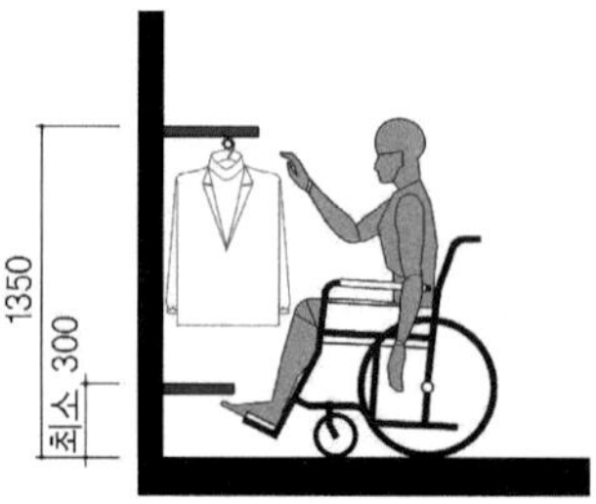

휠체어 사용자를 위한 수납 높이

그림 9-51 특수주거 가구 관련 치수

복도는 보행 시 바닥면에 그림자가 생기지 않도록 하고 조명기구의 배치간격을 좁혀서 밝기가 균일하도록 배려한다. 천장등의 높이에 변화를 주어 공간의 다양성을 느끼게 할 수 있다.

욕실은 밝은 것이 좋으며 이를 위해 전반조명과 부분조명을 모두 계획하는 것이 좋고 평균 조도는 75~150 lx가 되도록 한다. 욕실의 외부 및 복도에는 자동 점멸기 및 열선 센서 등을 설치하여 야간에도 욕실을 이용하는 데 어려움이 없도록 한다.

(3) 색채계획

전반적으로 밝고 차분한 색으로 하되 적당한 자극을 위해 부분 포인트 색을 활용한다. 특수주거에서 거실 가구가 눈에 쉽게 띄도록 하기 위해서 색채는 주변과 대비를 이루어야 한다. 또한 바닥과 벽면은 명확히 구분되도록 색채의 대비가 필요하며 경우에 따라서는 걸레받이를 대비가 되는 색채를 사용하여 경계를 구분하는 것이 좋다. 하지만 불필요한 색의 대비는 눈의 피로를 줄 수 있으므로 주의하여야 한다. 욕실은 바닥, 벽 그리고 위생기기 등 색채 대비효과로 약시자가 구별하기 쉽도록 한다. 위험물과 위험장소에는 안전색채를 표시하여 위험성을 신속하게 인지시켜 사고를 방지한다.

(4) 마감재계획

특수주거에서 노인시설공간은 유해물질이 최소화된 친환경 마감재를 사용함으로 신체 면역력이 약한 노인을 위한 환경에 도움을 주도록 한다.

복도의 바닥면은 미끄럽지 않고 휠체어 통행에 대비하여 내구성, 내마모성 재료를 선택하되 탄력이 있는 재료를 선택하는 것이 무릎 등에 부담을 줄이고 넘어졌을 경우 충격을 완화시킬 수 있다.

넓은 면적의 벽은 빛의 반사를 방지하기 위하여 무광택의 마감재를 사용하는 것이 바람직하다. 또한 복도 벽은 오염 방지 및 보호를 위하여 킥 플레이트를 설치하는 것을 권장한다. 현관의 바닥은 물에 젖거나 신발을 신고 벗을 때에 미끄럽지 않은 재료로 선택하고 욕실의 바닥은 논슬립 타일을 사용하되 요철이 심하여 휠체어 바퀴가 구르는 데 무리가 없도록 선택한다. 가구는 차갑거나, 딱딱하거나, 날카롭거나 깨지기 쉬운 재질은 피하도록 한다.

그림 9-52 휠체어 사용자를 위한 침실 복도 사례

복도바닥은 따뜻한 느낌의 wood p-tile을 사용하고 침실문은 미닫이문에 킥 플레이트를 설치하였다. 복도 벽 하부에 조명을 부착하여 야간에도 공간 인식이 쉽도록 도움을 준다. 바닥과 벽의 색채는 대비가 되도록 하되 적당한 자극을 위하여 오렌지색의 포인트를 사용하였다.

8) 사례 계획안

(1) 노인주거복지시설 계획안 사례

■ FLOOR PLAN－1F

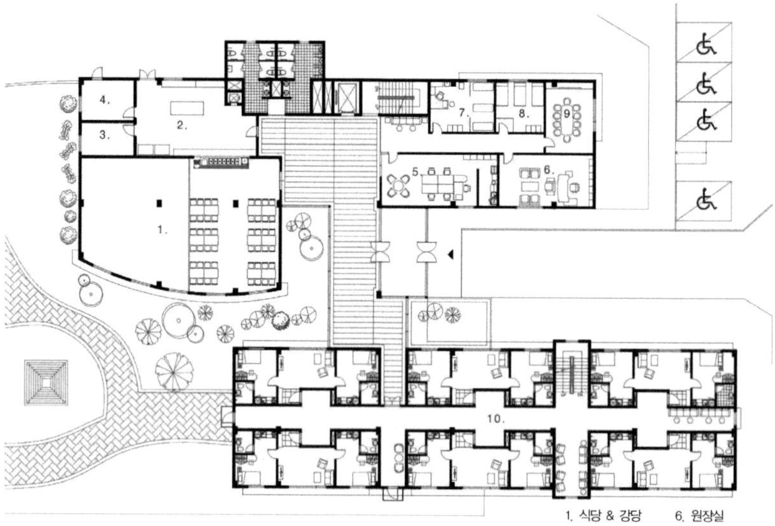

1. 식당 & 강당
2. KITCHEN
3. 영양사실
4. 창고
5. 사무실
6. 원장실
7. 의무실
8. 숙직실
9. 회의실
10. 거주실

■ FLOOR PLAN－2F

1. 거주실
2. 휴게공간
3. 자원봉사실
4. 운동실
5. 세탁실
6. 린넨실
7. 목욕실

■ ELEVATION

• 1F-1

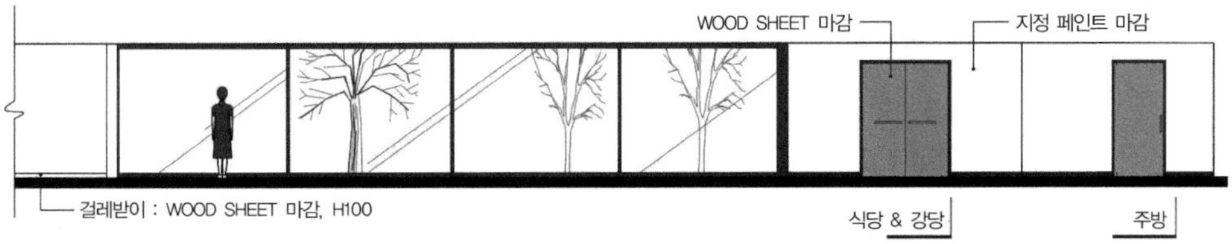

• 1F-2

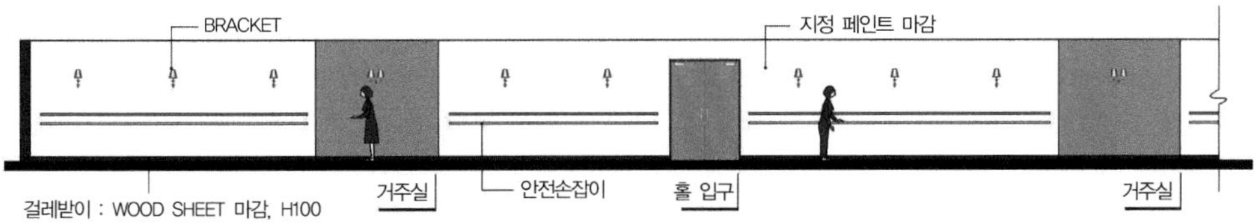

• 2F

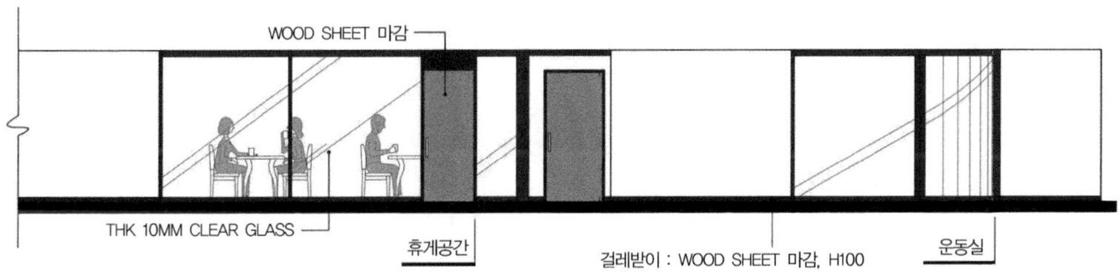

(2) 장애인 생활시설 계획안 사례

■ FLOOR PLAN－1F

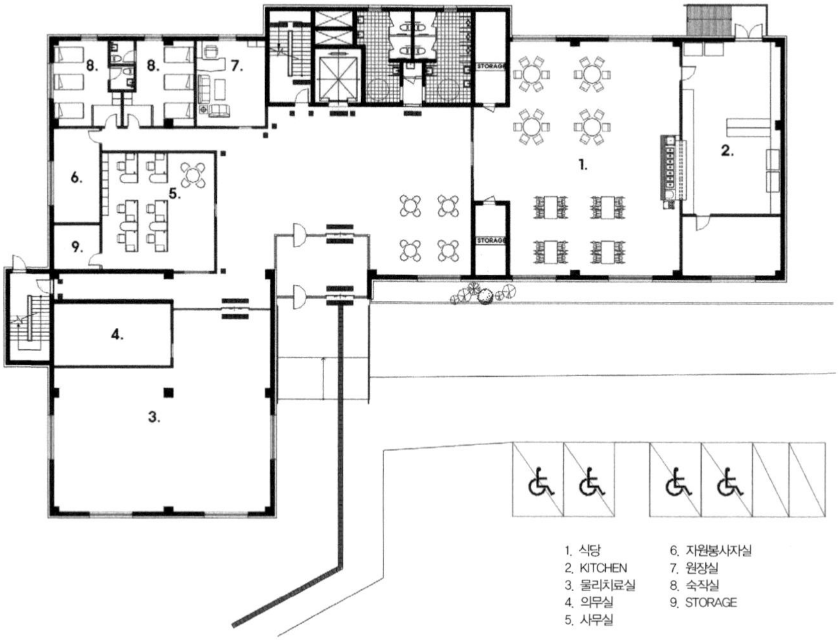

1. 식당
2. KITCHEN
3. 물리치료실
4. 의무실
5. 사무실
6. 자원봉사자실
7. 원장실
8. 숙직실
9. STORAGE

■ FLOOR PLAN－2F

1. 강당
2. 사회재활팀
3. 여자숙소
4. 세탁실
5. STORAGE

■ FLOOR PLAN－3F

■ ELEVATION

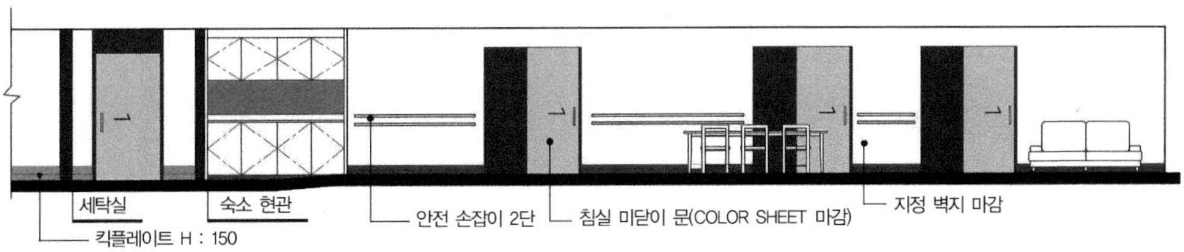

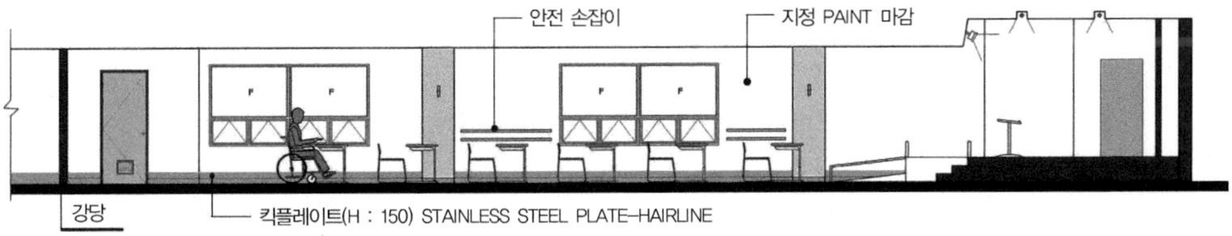

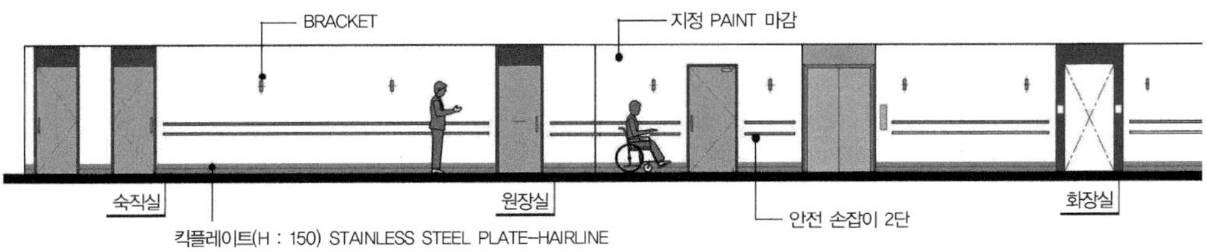

3. 검토 및 평가

설계프로세스에 따라 도출된 최종 계획안을 검토하고 평가하여 잘못된 부분을 수정하거나 향후 프로젝트 계획 시 피드백이 될 수 있도록, 혹은 사용자 입주 후 현장답사나 만족도 조사를 통해 외부환경과 내부환경을 검토하고 평가하는 단계이다.

1) 외부환경 검토 및 평가

외부환경의 평가지침으로는 시설에의 접근성과 안전성, 환경 및 소음, 주변 근린시설의 근접성 및 외관과 관련된 사항이 있다.

2) 내부환경 검토 및 평가

내부환경의 평가지침으로는 시설의 설비나 모양의 가정적 분위기, 안전성, 쾌적성, 이동의 편의성, 채광 및 환기, 공간의 크기, 휠체어 사용자의 접근성, 다양한 선택, 각 시설공간의 구비, 안전설비, 옥외공간에의 접근성 등이 있다.

표 9-19 노인주거복지시설 평가지침 사례

하위영역	개별지표	평가내용
시설 접근성	시설의 접근성은 어떠한가?	주요 공공 교통수단(지하철, 버스)의 이용이 용이하거나 인근 주요 상업지역으로부터 15분 이내의 거리이다. 또는 주요 공공 교통수단이용가능 지점까지 운영되는 자체 셔틀 버스가 있는지 여부
외부환경	시설의 외관은 어떠한가?	• 건물 외관이 파손되거나 페인트칠이 벗겨지지 않고 깨끗하게 관리되고 있다. • 시설주위에 공해를 유발하는 시설이 전혀 없다. • 정원이 있으며, 깨끗하게 관리되어 있다.
내부환경	시설의 설비나 모양(거실, 복도, 현관 등)이 가정과 같은 쾌적한 분위기를 주는가?	• 건물의 외관이 공공시설보다는 친근한 주거의 느낌을 주도록 배려하고 있다. • 시설 내의 실내 장식(가구, 색상, 조명등)이 가정과 같은 분위기로 조성되어 있다. • 주요 휴게실과 거주실의 마감이 따뜻한 느낌을 주는 가정용 마감재를 사용하고 있다. • 거주실은 개개인의 프라이버시를 존중하고 개인의 공간을 표시하는 장식으로 되어 있다.

(계속)

하위영역	개별지표	평가내용
내부환경	거주노인을 위한 안전요인을 고려하고 있는가?	• 실내의 위험요인(가스, 전기콘센트, 세제, 약품 등)이 노인들에게 노출이 되지 않게 배려하고 있다. • 이탈 사고 등을 방지하기 위해 적절한 조치를 취하고 있다. • 추락 등의 위험에 대비하여 안전장치를 하고 있다. • 필요한 곳에 핸드레일이 설치되어 있다.
	시설이 거주노인이 이동하기 편리하도록 되어 있는가?	• 시설이 단층으로 되어 있거나 복층에 휠체어 사용자가 거주하는 경우 장애인용 승강기 또는 경사로가 있다. • 휠체어 사용자를 위한 편리한 거주실이 있다(문폭, 침대 주위 여유공간 등). • 휠체어를 이용할 수 있는 화장실과 목욕탕이 설치되어 있다. • 휠체어 이용자를 위한 식당, 휴게실, 물리치료실 등 공용공간이 있다. • 시설의 1개 이상의 출입구는 휠체어의 이동이 가능하도록 되어 있다.
	내부 마감재의 소재 및 관리상태는 어떠한가?	• 바닥재가 노인들이 쉽게 미끄러지지 않는 재료로 되어 있다. • 벽의 마감(도배나 페인트)이 깨끗하다. • 커튼은 깨끗하고 방염 처리되어 있다.
	시설의 내부가 생활하기에 쾌적한가?	• 거주실과 활동공간에 채광이 잘 되도록 배려하고 있다. • 환기가 잘 되고 있으며 불쾌한 냄새가 없다. • 실내 온도가 적절하다. • 실내의 조도가 적절히 유지되고 있다.
	공간의 크기는 어떠한가?	• 시설유형에 따른 1인당 침실공간의 면적이 적절하며 개개인을 위한 수납장이 있다. • 물리치료 및 프로그램실이 사용노인의 수와 비교해 적절하다. • 목욕실, 화장실 공간이 충분히 확보되어 있다. • 직원의 업무공간이 적절히 확보되어 있다. • 다양한 휴게실이 적절히 확보되어 있다.
시설설비	식당은 어떠한가?	• 쾌적한 분위기가 조성되어 있다. • 휠체어 이용자의 사용이 가능하다. • 식사보조가 필요한 노인을 위하여 직원이 원활히 보조할 수 있는 충분한 공간이 확보되어 있다. • 식사 준비를 위한 주방의 공간이 적절히 확보되어 있으며 청결하다.
	화장실은 어떠한가?	• 거주노인들이 이용하기에 충분한 화장실이 준비되어 있다. • 모든 화장실이 청결하며 냄새가 나지 않는다. • 미끄럼방지 타일 등 미끄럼을 방지하기 위한 노력을 하고 있다. • 장애노인이 사용할 수 있는 화장실이 있다.
	목욕탕은 어떠한가?	• 신체상태에 따라 다양한 형태의 목욕이 가능하다. • 목욕실의 크기가 사용자나 기구와 비교하여 적절하다. • 위급 시 필요한 호출 장치가 되어 있다. • 직원이 목욕을 보조하는 데 편리하도록 배려가 되어 있다(탈의실, 수납공간, 작업 위치 등).

(계속)

하위영역	개별지표	평가내용
시설설비	여가프로그램실(오락실)은 어떠한가?	• 이용하기 용이한 위치에 여가 프로그램실이 있다. • T.V, 노래방 등 다양한 오락 기구가 비치되어 있다. • 분위기가 쾌적하다. • 이용 노인의 수에 비해 적절한 규모의 공간이 제공되어 있다. • 휠체어 이용자의 이용도 가능하다.
	상담실은 어떠한가?	• 상담실이 있다. • 상담실 분위기가 상담하기에 적당하게 조성되어 있다. • 상담실이 이용하기에 용이한 위치에 있다.
	가족이 면회하거나 이용할 수 있는 방이 있는가?	방문자가 숙박할 수 있는 방이 준비되어 있다.
	외부의 환경이 적절하게 조성되어 있는가?	• 노인들이 자유롭게 이용할 수 있는 안전한 옥외공간이 있다. • 시설에서 도보로 10분 이내에 공원 또는 산책로, 숲이 있어서 직원이 동행하여 이용이 가능하다. • 옥외나 옥내에 노인들이 즐길 수 있고 직접 가꿀 수 있는 원예치료공간이 있다. • 옥외활동 및 게임 등의 프로그램이 가능하다.
위생상태	식품위생관리는 어떠한가?	• 식기소독을 하고 있다. • 식품보관 장소가 위생적이다. • 음식공급자들이 위생기준을 잘 지키는지를 검토할 수 있는 기준이 있으며 이에 따른 점검이 항상 이루어지고 있다. • 식당직원들의 위생교육이 정기적으로 이루어지고 있다.
안전관리	안전(비상상태) 관리는 어떠한가?	• 시설유형 · 규모별로 적절한 소방시설이 되어 있다(스프링클러, 급수전, 감지기, 소화기 등 소방법 상의 시설물들의 설치 여부). • 응급 시 신속하게 대처할 수 있도록 비상구나 대피도구가 있다. • 화기관리가 적절하다(개별 난방기구, 개별 취사도구, 가스 등).
	거주노인 및 직원에 대한 안전(비상사태) 교육이 실시되고 있는가?	• 각종 안전관리에 따른 훈련이나 자격을 갖춘 직원이 있다. • 명확한 안전(비상상태)관리 체계가 마련되어 있다. • 안전(비상상태)교육이 정기적으로 이루어지고 있다. • 안전(비상상태)점검 기록이 충실히 이루어지고 있다.
	위험에 대비한 보험 가입이 되어 있는가?	• 화재보험(대물) • 화재보험(대인) • 가스(LPG) 보험

출처 : 한국보건사회연구원(2002). pp. 215-224.

표 9-20 지체장애인복지시설 평가지침 사례

<table>
<tr><th>평가항목</th><th>평가지표</th><th>평가내용</th></tr>
<tr><td colspan="3">가. 기본시설(침실, 식당, 화장실 등의 시설)</td></tr>
<tr><td>침실(거실) 충분성</td><td>1인당 침실(거실)공간은 정원 기준으로 충분히 확보되어 있는가?</td><td>법정 기준 면적의 1.5배 이상 확보하고 있다.</td></tr>
<tr><td colspan="3">해설 : 거실의 법정 기준 면적－복도·바닥 등을 제외한 바닥의 면적은 시설거주자 1인당 6세 미만은 2.0제곱미터, 6세 이상은 3.3제곱미터 이상이다(장애인 복지법 시행규칙 별표 4). 본 항목은 거주자 1인당 최소한의 거주 면적을 확보하기 위한 노력을 나타내는 것이며, 전체 면적에 적절한 거주인원이 생활하도록 유도하기 위한 것이다. 또한, 1인당 면적을 비교하기 때문에 전체 시설의 규모와는 직접적으로 상관이 없다.－전체면적(침실과 거실을 포함) ÷ 3.3제곱미터.</td></tr>
<tr><td>화장실의 충분성</td><td>1인당 화장실 변기의 수 및 필요공간은 충분히 확보되어 있는가?</td><td>법정 기준의 2배 이상이며, 동시에 일반적인 가정생활에 적합한 분위기이다.</td></tr>
<tr><td colspan="3">해설 : 법정 기준 변기의 수 - 수세식 변기로서, 여자용은 10인당 변기 2개, 남자용은 15인당 대변기 2개, 소변기 2개이다. 단, 남자용의 경우 15인당 대변기만 4개인 경우, 소변기를 보유한 것으로 본다. 여기에서는 현원이 아닌 정원을 기준으로 한다. 좌변기인 경우 가정생활에 적합한 분위기로 평가한다.</td></tr>
<tr><td>기본시설의 기능성(기본 시설의 연결)</td><td>시설 내 기본시설(침실, 식사장소, 화장실, 목욕실)이 사용에 불편하지 않게 잘 연결되어 있는가?</td><td>침실, 식사장소, 화장실, 목욕실 등이 일반가정집과 마찬가지로 인접하게 부속되어 있으며, 모든 거주자가 접근할 수 있도록 편의시설이 확보되어 있다.</td></tr>
<tr><td colspan="3">해설 : 이 지표는 장애인생활시설이 일반 가정과 유사한 환경을 갖는 것이 가장 바람직한 방향이라는 가정에서 포함된 것이다. 거주자 50% 이상이 위의 기준에 해당하는 기본시설에서 생활하고 있으면 각각을 충족한 것으로 본다. 화장실과 목욕실이 같이 있는 경우는 각각을 확보하고 있는 것으로 본다. 분리되어 있다 함은 신발을 신거나 벗는 동작이 필요한 경우를 말한다.</td></tr>
<tr><td>기본시설의 안전 요소와 과보호 요소의 균형성 미적 조화</td><td>거실(침실), 화장실, 식당, 주방 등에 안전장치를 적절히 갖추고, 거주자에 대한 과보호 요소는 없으며, 구조나 디자인, 소재 등이 거주자의 인격과 품위를 유지할 수 있도록 적절히 고려되었는가?</td><td>기본시설에 안전을 위해하는 요소나 과보호 요소가 발견되지 않으며, 거주자의 편의나 사생활, 독립성의 유지 등을 보장할 수 있는 구조로 건축되었으며, 실내장식이나 소재의 선택 등을 통해서 거주자의 품위 유지와 쾌적한 시설 이미지를 확보하려는 노력이 돋보인다.</td></tr>
<tr><td colspan="3">해설 : 거실이나 화장실, 목욕실, 식당에 거주자들의 안전을 고려한 안전시설이나 장비 등을 설치함에 있어, 거주자들의 안전을 확보한다는 이유만으로 지나치게 미적 이미지를 훼손하는 자극적인 색상 또는 자극적인 시설과 장비 등을 설치하는 경우는 과보호 요소로 본다(예 : 철창의 설치, 자극적 소재나 색상, TV의 플라스틱 보호막 등).</td></tr>
</table>

(계속)

<table>
<tr><th>평가항목</th><th>평가지표</th><th>평가내용</th></tr>
<tr><td>위험상황에 대비한 직원의 정기적 훈련 실시 여부</td><td>시설의 급변, 사고 등 위험상황에 대비하여 거주자나 직원에게 예방교육 및 훈련을 실시하며, 위급상황에 대처, 대응할 수 있는 체계를 갖추고 있는가?</td><td>• 위급 및 비상사태에 대비할 수 있는 자체 비상조직이 구성되어 있다.
• 위험상황에 대한 예방교육 자료나 비상사태에 대처할 수 있는 내용이 담긴 방침이나 절차에 대한 문서나 자료가 비치되어 있다.
• 지난 1년 동안 1회 이상의 위험상황에 대처할 수 있는 실제의 훈련을 실시한 경험이 있다.
• 지역사회의 응급구조대, 소방서, 경찰서, 병원, 행정기관 등과의 연계체계를 확보하고 있다.</td></tr>
<tr><td colspan="3">해설 : 훈련을 실시한 경험을 나타내는 서류로는 소방서의 훈련실시 공문, 사진 등을 들 수 있다. 지역사회 연계 체계의 확보는 협조공문 등을 통해서 확인할 수 있다.</td></tr>
<tr><td>기본시설의 개별성 (같은 침실의 사용인원수)</td><td>몇 명이 같은 침실을 사용하고 있는가?</td><td>평균 3명 이하</td></tr>
<tr><td colspan="3">해설 : 현원을 기준으로 한다(현원÷거주자가 사용하고 있는 침실의 수 = 평균인원). 1실의 법적 정원은 6세 미만의 경우에 10인 이하, 6세 이상의 경우에는 8인 이하이다. 방의 크기는 A1에서 이미 고려하였으므로 여기에서는 사용인원 수를 검토하여, 거주자의 사생활을 보호하는 정도를 고려한다.</td></tr>
<tr><td>기본시설의 개별성 (개인소지품의 허용장치)</td><td>개인소지품을 개별적으로 보관, 관리하는가?</td><td>70% 이상</td></tr>
<tr><td colspan="3">해설 : 이 항목은 학용품, 녹음기, 휴대폰 등 거주자의 개인소지품을 보관하기 위한 기본시설의 개별성을 높이려는 의도를 내포하는 것이다. 개별적으로 보관, 관리된다는 것은 다른 사람의 접근을 방지하는 장치가 있는 상태, 또는 개별적인 사물함이나 개별적 가구가 확보되어 있는 상태를 말한다. 개별적 사물함이나 개별적 가구가 확보되어 있다 하더라도 그 용도로 사용되고 있지 않으면 갖추고 있지 않은 것으로 판단한다. 거주자가 정신지체인이나 중증장애인이라고 하더라도 생활지도교사의 도움이 있으면 개인소지품을 개별 소지할 수 있는 것으로 판단된다. 현원을 기준으로 70% 이상이 개별성을 인정받고 있으면 '탁월' 하다.</td></tr>
<tr><td colspan="3">나. 지원시설분야(사무실, 프로그램실)</td></tr>
<tr><td>지원시설의 충분성/이용성</td><td>프로그램공간과 설비는 충분히 확보되어 있는가?</td><td>법정 기준을 충족하고 있으며, 시설 자체적으로 운영하는 프로그램의 운영공간과 설비도 마련되어 있다.</td></tr>
<tr><td colspan="3">해설 : 장애인 복지법 시행규칙에 제시된 시설별 법정 기준(별표 4)를 기초로 한다. 현재의 시행규칙상의 기준은 다음과 같다. '지체장애인 또는 뇌병변장애인을 위한 시설의 재활시설은 물리치료실, 작업치료실, 직업훈련실, 보장구 제작실과 각각에 필요한 설비' 이다. 법적 기준 외에 갖추고 있는 운영공간은 그 명칭을 구체적으로 적도록 한다.</td></tr>
</table>

(계속)

평가항목	평가지표	평가내용
지원시설의 접근성/편의성	프로그램실의 공간과 설비는 이용자들의 접근성과 편의성을 보장하고 있는가?	프로그램실은 물리적인 편의시설을 통해 접근성을 갖추고 있으며, 이용자가 자유롭게 이용할 수 있도록 노력하고 있다.

해설 : 이 항목은 이용자의 출입과 이용이 자유로운 정도를 평가하고, 기본시설의 편의시설과 비슷한 관점에서 평가한다. 다만, '이용자들의 출입과 이용을 권장하기 위한 장치' 란 거주자의 입장에서 자유롭게 이용할 수 있도록 알리는 표시 등을 포함하여 거주자의 이용동기를 유발하는 요소를 포함한다.

평가항목	평가지표	평가내용
지원시설(사무실, 프로그램실)의 안전요소와 과보호 요소의 균형성	사무실, 프로그램실 등의 지원시설에 안전장치가 적절히 갖추어져 있으며, 거주자에 대한 과보호요소는 없는가?	안전을 위해하는 요소나 과보호요소가 없다(거주자의 안전과 시설의 미적 이미지와의 균형을 함께 고려하고 있음).

해설 : 예를 들어, 사무실이나 프로그램실 등에 안전을 고려한 안전시설이나 장비 등을 설치함에 있어, 거주자들의 안전을 확보한다는 이유만으로 지나치게 미적 이미지를 훼손하는 자극적인 색상 또는 자극적인 시설과 장비 등의 설치는 과보호적인 요소로 본다(예 : 철창의 설치, 자극적 소재나 색상 등). 또는 작업장에서 작업도구의 전원장치를 아무나 조작할 수 있게 되어 있는 경우 등은 안전이 미흡한 것으로 본다.

다. 기본환경분야(건물 외부의 운동장, 정원 등)

평가항목	평가지표	평가내용
기본환경의 충분성	이용자가 활용할 수 있는 건물 외부의 공간은 충분히 확보되어 있는가?	기본적으로 필요한 공간을 확보하고 있으며, 다양한 활동을 권장하는 설비가 갖추어져 있다.

해설 : '이용에 제한을 가하는 요소가 있다' 함은 절대적으로 공간이 부족하거나, 하나의 운동장을 3개 이상의 시설이 공용으로 사용하고 있는 경우, 이용자의 자유로운 이용을 저해하는 요소가 있는 경우 등이다. 단, 3개 이상의 시설이 하나의 공간을 공용으로 사용하고 있는 경우, 전체 거주자의 수를 고려하여 판단할 수 있다. 다양한 활동을 권장하는 설비란 농구대, 축구대, 탁구대 등의 운동설비, 미끄럼틀, 그네, 볼풀장 등 놀이기구를 말한다.

평가항목	평가지표	평가내용
기본환경의 안전 요소와 과보호 요소의 균형	건물 외부의 활동공간에 대하여 안전장치가 적절히 갖추어져 있으며, 거주자에 대한 과보호 요소는 없는가?	안전을 위해하는 요소나 과보호 요소가 없다(거주자의 안전과 시설의 미적 이미지와의 균형을 고려하고 있음).

해설 : 예를 들어, 운동장, 담장, 정원 등에 거주자들의 안전을 고려한 안전시설이나 장비 등을 설치함에 있어, 거주자들의 안전을 확보한다는 이유만으로 지나치게 미적 이미지를 훼손하는 자극적인 색상 또는 자극적인 시설과 장비 등의 설치는 과보호적인 요소로 본다(예 : 철조망의 설치, 자극적 소재나 색상 등). 공사기자재의 불안전한 보관 등은 안전에 미흡한 부분으로 본다.

(계속)

<table>
<tr><th>평가항목</th><th>평가지표</th><th>평가내용</th></tr>
<tr><td>기본환경의 청결 및 조화성</td><td>건물의 외부와 인접공간은 청결하게 유지되고 있으며, 외부환경과 적절한 조화를 이루고 있는가?</td><td>청결하게 유지되고 있으며, 매력적인 환경으로 평가될 만하다.</td></tr>
<tr><td colspan="3">해설 : 매력적인 환경이라 함은 미적인 건축외관이나 구조, 색상, 아름다운 정원이나 조경 등을 말할 수 있으며, 미적 조화가 이루어져 있지 못하다 함은, 예를 들어 가시권에 환경을 저해하는 컨테이너 창고, 쓰레기 하치장 등이 설치되어 있는 경우를 말한다. 단순한 조망권이 있는 것만으로 매력적인 환경이라고 볼 수 없으며, 매력적인 환경이 되기 위해서는 직원들의 적극적인 노력이 있었음을 보여야 한다.</td></tr>
<tr><td colspan="3">라. 입지환경분야(입지장소의 외부환경)</td></tr>
<tr><td>입지환경의 접근성</td><td>생활인들이 인근 지역사회의 시설이나 프로그램에 접근하기 쉬운가?</td><td>필요한 경우에 인근 지역사회의 시설이나 프로그램에 쉽게 접근할 수 있으며, 이를 촉진시키기 위한 프로그램이 활발하게 운영되고 있다.</td></tr>
<tr><td colspan="3">해설 : '탁월' 은 시설에서 일반주민이 사용할 수 있으며, 사용하고 있는 체육시설, 컴퓨터시설 등이 있거나, 일반주민을 대상으로 하는 교양강의, 운동회 등의 프로그램이 있는 경우에 해당한다. 프로그램이 있는 경우 그 명칭을 적는다. '접근을 방해하는 물리적 장애' 란 시설에 출입문이 닫혀 있는 경우 등과 같이 접근을 하려면 일정한 절차가 필요한 경우이다.</td></tr>
<tr><td>입지환경의 보편성</td><td>시설의 위치가 일반주거지역으로 선호되는가?</td><td>소음, 오염 등과 같은 부정적 이미지에 관련된 요소가 발견되지 않으며, 일반적으로 지역사회에서 주거지역으로 선호되는 지역에 위치해 있다.</td></tr>
<tr><td colspan="3">해설 : '부정적 이미지를 연상시키는 환경적 요소' 란, 예를 들어 유흥가, 공동묘지 등을 말한다. 소음과 오염이 심각하면 부정적 이미지를 연상시키는 환경적 요소가 없다 하더라도 '미흡' 에 해당한다.</td></tr>
<tr><td colspan="3">* 각 항목은 탁월(4), 우수(3), 보통(2), 미흡(1)으로 평가하고 있다.</td></tr>
</table>

출처 : 한국보건사회연구원(2002), pp. 564-569.

참 고 문 헌

강영실(2008). 장애인 복지의 이해. 신정.

곽창호(1999). 노인요양시설의 공간구성에 관한 연구. 홍익대학교 대학원 석사학위논문.

권순정(2002). 노인요양시설의 위계적 공간구성에 관한 연구. 한국실내디자인학회논문집, 34, 96-105.

김상범(1999). 노인서비스주택의 공간구성에 관한 연구. 건국대학교 대학원 석사학위논문.

김은미(2003). 도심 노인전용주거를 위한 공동주택 리모델링 방안연구. 이화여자대학교 대학원 석사학위논문.

김인하·최미희·박영기(2007). 치매노인 요양시설의 치유정원 계획요소에 관한 연구. 대한건축학회 학술발표대회 논문집, 27(1), 26-27.

김지현(1999). 도심거주 독신노인을 위한 단위거주 실내디자인계획. 국민대학교 대학원 석사학위논문.

민대홍(2005). 노인전문요양시설의 친교공간에 관한 연구. 서울시립대학교 대학원 석사학위논문.

박지윤(2001). 중소도시 전원형 노인주거시설 건축계획과 설계에 관한 연구. 홍익대학교 대학원 석사학위논문.

보건복지부 http://www.mw.go.kr

이민아(2004). 전라북도 무료양로시설의 건물배치에 따른 공간구성 특성. 한국생활과학회지, 13(2), 225-235.

이재모(2004). 일본 노인복지시설의 유니트케어 특성에 관한 연구. 한국의료복지시설학회지, 10(2), 83-89.

이현정·민병호·권순정(2007). 일본 유니트케어의 도입배경과 건축적 특징에 관한 연구. 한국의료복지시설학회지, 16(3), 93-101.

임승구(2000). 농촌지역 노인주거시설의 계획에 관한 연구. 청주대학교 대학원 박사학위논문.

정지영·장승재(2002). 노인복지시설의 서비스에 따른 배치구성에 관한 연구. 신라대논문집, 51, 235-270.

정지영 외(2004). 실버라이프에 대한 이해. 학문사.

정지영(2000). 한국형 노인시설의 건축공간 구성계획에 관한 연구. 신라대논문집, 49, 127-165.

조광석(2000). 시설노인의 신체적 심리적 장애유형에 따른 레크리에이션 프로그램 적용에 관한 연구. 광주대학교 대학원 석사학위논문.

조소영·이창석·김경호(1997). 노인시설관리론. 학문사.

한국보건사회연구원(2002). 사회복지시설 평가지침 지침서. 보건복지부 보고서.

허병이(1997). 노인을 위한 주거공간. 대건사.

황원일(1999). 노후화된 노인복지시설의 리노베이션 계획에 관한 연구. 국민대학교 대학원 석사학위논문.

C H A P T E R

10 생활디자인

1. 가구디자인

1) 가구의 분류

가구는 실내공간을 완성시키고 작업의 능률, 안락한 휴식, 물건의 보관 및 진열, 인간생활의 품위 등을 높여 주는 기능을 한다. 가구의 종류는 여러 가지 관점에서 분류해 볼 수 있는데 일반적으로 기능, 공간, 목적에 따라 분류한다.

(1) 기능에 따른 분류

① 인체계 가구

인간의 신체와 밀접한 관계가 있는 가구류로 인체지지용 가구라고도 하며, 의자, 소파, 침대 등이 이에 속한다. 신체를 지지한다는 것은 적어도 신체의 움직임이 자유로워야 하며 체중을 될 수 있으면 균등하게 지지하고 불편하게 압력이 가해지는 곳이 없어야 한다.

② 준인체계 가구

간접적으로 인간에 관계하는 가구류로 작업의 능률을 높이기 위한 작업용 가구라고도 한다. 작업대, 책상, 테이블, 싱크대 등이 이에 속한다. 작업의 내용과 인체계 가구와의 밀접한 관계하에 그 치수가 정해진다.

③ 건축계 가구

옷이나 물건을 수납하거나 진열하는 용도의 가구류로 수납용 가구라고도 한다. 서랍장, 장식장, 책장 등이 이에 속한다. 쉽게 물건을 넣고 꺼낼 수 있도록 크기와 너비, 높이 등을 인체치수에 맞도록 계획해야 하며 수납할 물건의 크기, 종류 등도 고려해야 한다.

(2) 공간에 따른 분류

① 주거공간용 가구

주거환경 내에서 사용하는 가구로 일상생활을 하는 데 필요하다. 각 공간, 즉 거실, 침실, 부엌, 공부방 등에 따라 다양한 종류가 용도에 맞게 사용되고 있다. 예를 들어, 거실에는 주로 소파, 티테이블, 장식장, TV장 등이 주로 사용된다. 침대, 장롱, 소파, 화장대, 장식장, 탁자류, 싱크대와 붙박이 장 등이 있으며 다른 공간의 가구와 달리 기능성 외에 거주자의 취향이 중요한 선택요건이 된다(그림 10-1).

그림 10-1 주거공간용 가구(거실)

출처 : http://www.thenorthrose.com

② 사무공간용 가구

산업화로 인해 직장인들은 가정에서 보내는 시간보다 더 많은 시간을 사무실에서 보내기 때문에 업무의 효율성과 오랜 시간 업무로 인한 피로를 줄이기 위해 사무용 가구는 인체공학을 기초하여 시스템화되고 있다. 책상, 의자, 옷장, 칸막이, 서랍장 등이 주로 사용되고 있다. 최근에는 사무공간의 이용을 극대화하고 업무의 효율성을 향상시키기 위해 시스템 가구(system furniture)에 대한 관심이 고조되고 있다. 시스템 가구란 몇 개의 규격화된 개별 가구들을 원하는 모습으로 조합시킬 수 있는 것을 말한다(그림 10-2, 10-3).

그림 10-2 사무용 의자 : 허만 밀러사(Herman Miller)의 에어론 의자(Aeron chair)

그림 10-3 시스템 가구

출처 : http://www.bevlan.com

그림 10-4 상업공간용 가구 : 일본 백화점 내 구두점

③ **상업공간용 가구**

영업을 목적으로 하는 장소에 사용되는 가구로 판매를 위한 카운터, 진열대, 수납장, 식음료 판매공간의 소파와 테이블 등이 속한다. 상업공간용 가구는 기능성과 더불어 매출향상을 위해 개성과 장식성 등이 고려되어야 한다(그림 10-4).

④ **공용공간용 가구**

여러 사람이 공용공간에서 사용하는 가구로 공용벤치, 지하철, 버스정류장에 놓여 있는 벤치 등 스트리트 가구(street furniture)라고도 한다. 이에 해당하는 가구의 범위는 무한하며 지속적인 관심으로 다양화되고 있다(그림 10-5, 10-6).

그림 10-5 공용공간용 가구 : 공항대합실

그림 10-6 일본 지하철 역내 벤치

그림 10-7 조립식 가구 : 조 콜롬보(Joe Colombo)의 튜브의자(Tube chair)

출처 : http://designmuseum.org/design/joe-colombo

(3) 구조에 따른 분류

① 이동식 가구

가장 일반적인 형태로 필요에 따라 장소를 자유로이 이동할 수 있는 가구이다. 가구의 부피가 큰 경우, 이동하기에 어려움이 있어 바퀴를 달기도 한다.

② 붙박이식 가구

건물에 고정시킨 가구로 빌트인 가구(built-in furniture)라고도 한다. 건축물을 지을 때부터 미리 계획하여 함께 설치하는 것이 좋으며, 바닥부터 천장까지 공간을 최대한 활용할 수 있으므로 수납공간으로 많이 사용된다.

③ 조립식 가구

일정한 모듈을 이용하여 크기의 증감을 자유로이 할 수 있는 융통성을 강조한 가구로 필요에 따라 조립하여 만들기도 하고 이동 시 해체하여 부피를 줄일 수 있다. 공간의 활용도와 가변성을 지니는 접이식 가구도 포함된다(그림 10-7).

2) 가구의 선택과 배치

실내공간이 완성된 후 가구 선택이 시작된다. 이때 고려해야 할 것은 기능성, 구조와 재료, 심미성, 가격(경제성)으로, 각 공간에 따라 중요성이 다를 수 있으나 기본적인 선택기준은 기억할 필요가 있다. 가구의 배치는 가구가 놓일 공간의 크기, 용도, 동선, 생활태도 등을 고려하여 결정해야 한다. 이는 가구의 배치에 의해 인간의 행태가 다르게 나타날 수 있기 때문이다.

(1) 가구의 선택

① 기능(function)

기능은 가구의 목적과 관련이 있다. 즉, 좋은 가구란 목적에 맞게 효율적으로 사용되는 가구를 말한다. 목적에 맞는 가구는 인간과의 관계를 원할히 하는 인간공학적 배려가 필요하며 경우에 따라서는 본래의 목적과 달리 사용될 시에도 안전해야 한다. 즉, 의자의 팔걸이에 걸터앉기도 하고 테이블에 올라가기도 하고 서랍장을 한꺼번에 열어놓는 경우에도 흔들림 없이 안전을 유지해야 한다. 이는 가구 선택 시 가장 우선적으로 고려되어야 할 사항이다.

- 테이블/책상 : 평평한 판을 수평으로 하여 일정한 높이와 크기를 갖게 한 것이 테이블인데, 일반적으로 4개의 다리로 상판을 유지시킨 것으로 용도와 형상에 따라 식탁(dining table), 티 테이블(tea table), 책상(desk) 등으로 분류할 수 있다. 식탁의 경우는 상판의 높이가 의자에 앉았을 때 편안한 관계가 되는지를 살펴보아야 하며 너비는 한 사람당 600 mm 정도의 공간이 필요하며 상판 밑으로 다리를 넣을 수 있는 충분한 공간이 있어야 한다. 책상이나 작업테이블은 발바닥이 바닥에 편히 닿는 높이의 의자에 앉았을 때 팔꿈치 정도의 높이가 적당하다. 너무 높거나 낮은 책상은 어깨를 올리거나 구부리게 되어 피로감을 느끼기 쉬우며 일의 효율성도 떨어뜨린다.
- 의자 : 인체지지용 가구인 의자는 가장 간단한 형태의 스툴과 등받이가 있는 일반 의자, 소파 등 종류가 다양하다. 작업의자의 경우 장시간 인체를 바른 자세로 유지시켜야 하므로 등받이의 경사가 95° 이상이어야 하며 좌판의 높이는 앉은 사람의 뒷무릎 높이보다 낮은 390~420 mm 정도가 좋고, 좌판의 깊이는 앉을 사람의 엉덩이 끝에서 뒷무릎까지의 길이보다 짧아야 편안히 앉을 수 있다. 좌판의 폭은 골반 끝에 하중이 걸리지 않는 적당한 폭이어야 한다. 좌판의 높이와 등받이의 높이를 조절할 수 있는 것이 쓰기에 편하다(그림 10-8). 소파는 2인 이상이 앉을 수 있는 의자를 말하는 것으로 일반적으로 낮고 깊은 것이 좋으나 너무 깊은 것은 쉽게 일어서기에 불편하다. 또한 팔걸이(armrest)는 기본적으로 있는 것이 편하다.
- 침대 : 인간은 전 생애의 1/3에 해당하는 시간을 수면을 취하는 데 보낸다. 그만큼 침대는 올바른 기능을 해야 한다. 침대는 일반적으로 헤드보드(headboard)와 풋보드(footboard), 그리고 매트리스를 올리는 바디(body)로 구성되어 있다. 크기에 따라 싱글베드, 더블베드 등으로 분류할 수 있는데 몸체는 각각 990×2,130 mm, 1,520×2,130 mm이 적당하며 높이는 400 mm가 적당하다. 매트리스는 쿠션이 너무 적거나 많아도 좋지 않고 몸의 움직임이 자유로운 것이 좋다.

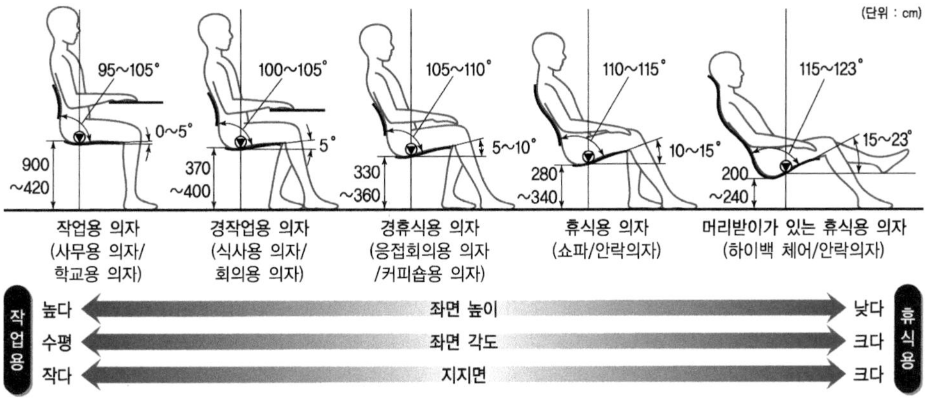

그림 10-8 의자의 이용목적에 따른 기능분류

출처 : 신태양(2001). p. 200.

■ 수납장 : 수납가구는 접근성과 가시성이 중요한 기준이 된다. 즉, 수납한 물건을 쉽게 넣고 꺼낼 수 있도록 디자인되어야 하고, 장 안의 수납물을 쉽게 볼 수 있도록 깊이가 조절되어야 한다. 사람의 수직동작에 기초한 인간공학적 자료에 의해 규격과 수납 형태가 정해지는데, 사용빈도가 높은 물건일수록 몸을 구부리지 않아도 되는 1영역(943~1,244 mm)이 가장 사용하기 편한 공간이다.

> **기능과 관련한 체크리스트**
> • 가구의 기본적인 목적이 무엇인가?
> • 가구의 특별한 기능은 무엇인가? (예) 의자의 용도가 식탁용인가, 책상용인가?
> • 가구의 크기는 어느 정도가 적당한가? (예) 공간의 크기, 기능, 이동 시 필요한 통로공간을 고려했는가?

② **구조와 재료**(structure and materials)

가구는 공간 안에서 인간의 활동을 보조해 주는 도구로 한곳에 놓고 감상하기보다는 인간과 접촉하면서 지속적으로 사용되며 경우에 따라서는 본연의 목적과 달리 사용되기도 하므로 여러 가지 외부의 힘, 충격 등에 대응할 수 있어야 한다. 따라서 디자이너는 가구의 구조에 대한 이해가 필요하며 또한 적절한 재료의 사용은 가구의 성능과 밀접한 관계가 있으므로 꼼꼼하게 살펴볼 필요가 있다.

■ 가구의 구조

• 안정성 : 가구에 있어서 안정성은 첫 번째 조건으로, 가구 자체 중력의 중심과 수직으로 누르는 무게의 힘이 지지하는 하부 구조물의 영역 안에 들어와 있을 때 항상적인 안정

성을 가진다. 일반적으로 바닥에 접하는 하부 구조물이 넓거나 무거울수록 중력의 중심은 낮아지며 가구는 좀 더 안정적으로 서 있게 된다. 가구에 가해지는 힘은 위치뿐 만 아니라 강도도 변화할 수 있으므로 가구디자인에 있어 중력의 중심 위치가 항상 이동할 수 있다는 사실을 고려해야 한다. 예를 들어, 수납장의 경우 서랍을 열거나 문을 열면 중력의 중심 위치가 이동하며, 그것이 바닥과 접하는 면적 밖으로 이동하면 평형을 잃고 쓰러지거나 이음새가 갈라지는 등 구조적 결함이 나타나게 된다. 따라서 가구의 안정성을 위해서는 이러한 중력의 중심 위치가 항상 이동할 수 있다는 사실이 고려되어야 한다.

- 견고성 : 하중이나 파괴, 분리, 휨 등의 외부 힘에 대한 저항력을 의미하는 것으로, 재료를 적절히 선택하고 각 부분들의 크기 및 결합을 균형 있게 하여 사용 시에 예상되는 외부적 압력에 미리 대응함으로써 이루어진다.
- 전단응력 : 재료의 구성 요소들이 각기 다른 방향으로 힘을 받을 때 형성되는 압력으로, 모서리의 이음새 부분은 구조물의 지지점 역할을 해야 하기 때문에 튼튼하게 하려면 단순히 접착제만으로 조립하는 것보다는 나사못이나 나무못을 사용하여 그러한 압력에 견딜 수 있게 하거나, 이음새의 접합면적을 넓게 하는 이음방법을 이용하여 압력이 분산되도록 해야 한다.
- 휨 : 양쪽 두 개의 지지대에 의해 받쳐진 목재의 보에 장력, 압축력, 전단응력 등이 작용하여 휨현상을 나타내게 된다. 보의 하부는 장력에 의해 늘어나고, 상부는 압축력에 의해 줄어들며, 지지대가 있는 지점에는 전단응력이 작용하여 휘는 현상을 가중시키게 된다(그림 10-9). 이를 방지하기 위해서는 먼저 지지대 사이의 적절한 간격을 유지해야 하며 다음으로는 보를 놓는 방향을 회전시켜 옆면으로 힘이 가해지도록 해야 한다.

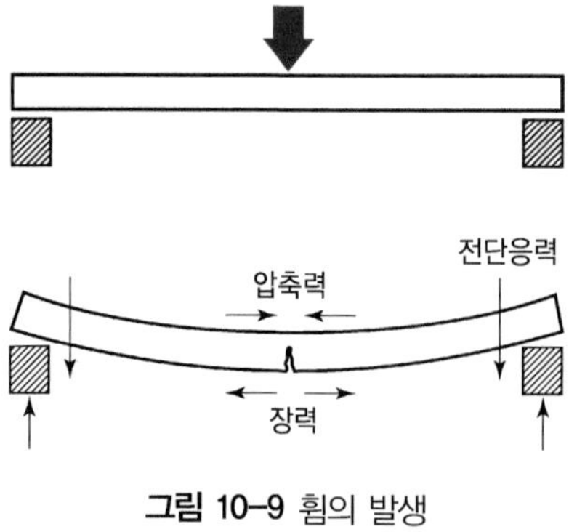

그림 10-9 휨의 발생

출처 : 박영순 · 천진희(1998). p. 22.

• 보강 : 힘이 옆면에 더해지면 기울어지거나 방향이 다른 두 개의 힘에 의해 뒤틀리는데, 이것을 막기 위한 처리가 보강이다. 가구디자인에 있어 가장 유용하게 사용되고 있는 상자 형태를 견고하게 잡아주기 위해 여러 방법이 이용되고 있다. 첫째, 상자의 한쪽 면을 완전히 평평한 면에 고정시키는 방법, 둘째, 연결된 두 개의 모서리에 보강재를 대어 직각을 유지시키는 방법, 마지막으로 옆면 판재에 홈을 파서 뒤판이나 중간에 선반 등을 끼워 넣어 변형을 방지하는 방법이 있다.

■ 가구의 재료

• 주재료 : 가구의 주재료로는 목재가 가장 널리 사용되는데, 이는 목재의 따뜻함과 부드러운 질감, 우수한 가공성, 다양한 종류의 색상과 무늬 때문이다. 목재는 침엽수와 활엽수로 나눌 수 있는데 침엽수는 연목으로 구조재로 쓰이며, 대표적으로 삼나무, 전나무, 잣나무, 낙엽송 등이 있다. 활엽수는 외관이 아름답고 광택이 좋아 장식재로 쓰이며, 대표적인 수종은 참나무, 자작나무, 티크, 호두나무, 오리나무, 물푸레나무, 마호가니 등이 있다. 목재는 우수한 재료적 특성을 갖고 있지만 습기에 약하고 병충해나 풍화에 의해 내구성이 약하여 표면처리 등으로 마감을 해주어야 한다.

  목재 외에도 금속재, 석재, 유리, 플라스틱, 가죽 등이 널리 사용되고 있다. 석재는 테이블 상판이나 카운터 등에 사용되며 금속재는 구부리고 휘고 말기에 뛰어난 재료로 목재나 유리, 석재 등을 연결시켜 줄 때 사용된다. 최근에는 플라스틱이 다양한 색과 형태, 질감 등 표현이 자유로워 대량생산하는 데 널리 사용되고 있다.

• 부자재 : 가구 재료 중 원자재를 제외한 보조적으로 소비되는 자재로 몸통 부분의 장식재와 연결 철물류 등의 하드웨어를 말한다. 가구제작의 합리성과 편리성을 더해주며 구조적인 보강을 해주는 재료로서 가구의 개성적인 표현에 주요한 역할을 한다. 손잡이, 경첩, 서랍러너, 연결철물(나사못, 꽂은촉, 미니픽스, 연결볼트, 라픽스 등), 래치, 마그네틱 케치, 이동에 필요한 볼 캐스터 등이 해당된다.

구조와 재료 관련 체크리스트

• 의도된 목적에 맞게 사용하려면 어느 정도의 견디는 힘이 필요한가?
• 재료의 질은 좋은가?
• 마감상태는 어떠한가?
• 내구성이 있는가?

③ **심미성(aesthetics)**

가구는 실용적인 도구인 동시에 예술적 아름다움을 실내에 조성하는 미적 도구이므로 형태나 색채 등에서 보다 나은 표현이 요구된다. 기능성을 위해 창조된 형태가 미적 질서에 부합될 때에야 완전한 만족감을 줄 수 있다. 가구를 이루는 구조, 색채, 질감, 크기, 비례, 모양 등의 여러 가지 요소가 다양성 속에서도 전체적인 하나로 조화를 이룰 때 가구는 미적 특성을 지니게 된다. 심미성은 시간이 지나도 그것이 전해주는 미감이 변하지 않는 절대적인 가치이므로 개인취향이나 유행성과는 구분되는 개념이다.

심미성과 관련된 체크리스트

- 가구가 공간의 전반적인 디자인 콘셉트와 의도된 목적에 적합한 스타일과 특성을 보이고 있는가?
- 가구가 심미적 뛰어남이 있는가?

④ **가격(cost)**

가구는 다품종 소량 생산공정에 의해 고품질, 저가격으로 되는 것이 중요하다. 또한 가구를 사용하는 중에 유지관리의 어려움이나 별도의 경비가 발생하지 않도록 하는 것이 중요하다.

가격과 관련된 체크리스트

- 가능한 예산과 관련하여 가구의 가격은 적당한가?
- 가구의 유지관리 비용은 적당한가?

(2) 가구의 배치

가구의 배치는 그 가구가 놓일 공간의 용도, 거주자의 생활습관과 취향에 따라 달라지며 그 공간의 기능을 최대한 살릴 수 있도록 고려되어야 한다. 가구의 배치를 위해서는 가구와 공간, 가구와 인간, 가구와 가구의 상호관계를 이해해야 한다.

그룹 내에서 가장 만족스러운 대화가 이루어지려면 가구는 둥근 형태로 배치하고 마주하는 거리는 2,400~3,000 mm 이내가 되도록 한다. 또한 가구는 코너나 전창, 벽난로 가까이에 안정되게 놓여야 한다. 가구의 위치에 따라 실내에서 통행로가 결정되고 공간의 분위기가 크게 달라지므로 신중하게 여러 다른 배치방법을 비교 검토하여 결정한다.

가구의 배치방법은 크게 집중적 배치와 분산적 배치로 나눌 수 있다.

① **집중적 배치**

비교적 장소를 적게 차지하고 정돈된 느낌과 형식적인 느낌을 주는 배치방식으로 구심적이다. 따라서 행동이나 목적이 분명하고 집중적인 작업을 하는 공간, 즉 서재, 식당, 침실 등의 가구배치에 적당하다.

② **분산적 배치**

흩어진 듯한 느낌을 주어 장소를 보다 많이 차지하고 덜 정돈된 듯한 느낌을 줄 수 있으나 색다른 실내구성이 될 수 있으며, 원심적인 배치로 자유분방하고 비형식적인 것을 좋아하는 현대인들의 생활방식에 잘 어울린다. 휴식공간, 즉 거실, 오락실 등에 분산배치방법을 사용하는 예가 많다.

3) 가구디자인

가구의 디자인은 일반적으로 디자인 문제에서부터 시작해서 디자인 전개에 대한 계획, 정보수집을 하여 디자인의 개념을 구축하는 단계와 디자인의 기능적·미적 본질을 고려하여 형태를 구체화시키는 단계로 이루어진다. 다음으로는 실제 가구를 만들고 완성된 제품에 대한 평가의 단계 등으로 진행된다. 가구가 실제적으로 만들어지기 위해서는 기본적인 도면이 필요하며 이를 정확하게 표현하고 이해하는 것이 중요하다.

(1) 가구디자인의 전개

① **개념화**

개념화는 가구디자인을 시작하는 단계에서 일어나는 모든 생각의 종합으로, 디자인의 전 과정에서 이루어지는 모든 의사결정의 기준이 된다. 개념의 형성은 디자이너의 철학과 가치관, 디자인의 본질과 가변성에 대한 탐구, 은유와 유추를 통한 검토, 건물과 연관이 있는 형태의 분석, 무형의 이론이나 현상에 내재되어 있는 요소 분석, 과거에 사용된 개념이나 형태의 응용, 동료 디자이너가 함께 참여하는 브레인스토밍, 음악이나 미술과 같은 타 예술분야로부터의 영감 등 다양하고 종합적인 배경에 의해 형성된다.

이 단계에서 가구의 사용처, 목적 등을 명확히 해야 한다. 이러한 전제조건이 없는 가구는 하나의 예술품은 될 수 있지만 공간 안에서 기능을 하는 가구는 될 수 없을 것이다. 디자인을 개념화하는 것은 창의적인 작업으로, 디자인 아이디어는 언제 어디서든 생겨날 수 있으므로 디자이너는 다양한 경험과 정보수집, 열린 사고방식을 가져야 한다.

② 구체화

개념화는 설정한 디자인 방향을 만족시킬 수 있도록 가구의 구조적·기능적·미적 문제를 해결하여 형태를 창작하는 단계로 많은 스케치와 도면 그리기, 모형 만들기 등을 통해 재료를 선택하고 구조에 대한 검토를 하게 된다.

가구디자인의 구체화는 형태를 만들고 발전시켜 정리하는 단계를 포함하는 것으로, 이렇게 결정된 형태는 보다 집중적으로 검토되고 구체화되는 과정을 거치게 되는데 재료사용의 변화를 검토해 보기도 한다. 결국 간단한 모형제작을 통해 하나의 디자인으로 결정하게 된다. 마지막은 형태정리 단계로 도면화 과정이 이루어진다. 제작을 위한 도면화 단계를 통해 구조적 연결 상태, 내구성, 기능성, 시장성, 생산성, 실용성 등이 검토되고 재료도 확정하게 된다.

(2) 가구도면

도면은 실물에 대해 여러 가지 척도로 그려지는데, 일반적으로 가구설계는 1/10축척을 기본으로 한다. 의자의 도면은 1/10로 표현하면 너무 작기 때문에 1/5축척으로 도면을 그리고, 비교적 크기가 큰 주방가구는 좀 더 작게 1/20축척으로 그린다.

치수의 표기방법이나 기입은 도면 형태를 명확하게 나타내는 데 필요한 것을 충분히 기입하며, 중복은 피하도록 한다. 또한 치수를 누락시켜 다시 계산해서 구하는 일이 없도록 해야 한다. 치수의 단위는 밀리미터(mm)를 원칙으로 한다.

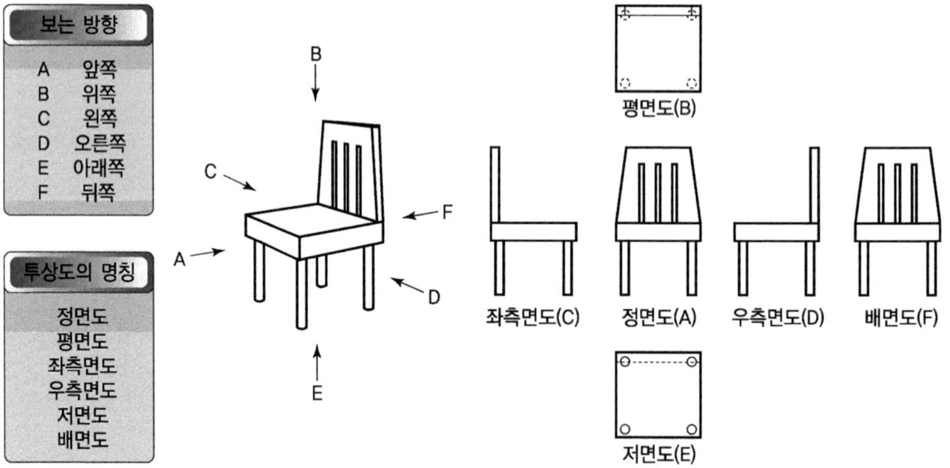

그림 10-10 정투상도 명칭

출처 : 박영순 · 천진희(1998). p. 33.

가구의 도면을 그리는 데 가장 기본적으로 사용되는 방법인 정투상도는 눈과 그리려는 물체 사이에 세운 투상면에 수직으로 평행하게 연결된 투사선에 의해 얻어진 것으로, 평면도(top view), 정면도(front view), 측면도(side view), 저면도(bottom view), 배면도(rear view)로 구분된다. 이 외에 부분 상세도(detail)와 단면도(section)가 내용의 정확한 전달을 위해 일반적으로 그려진다(그림 10-10).

2. 부엌가구디자인

1) 부엌의 개요

부엌은 모든 주택에서 필수적이며 기본적인 공간으로, 일의 능률성과 칼이나 불을 사용함으로 인한 안전성, 사용자의 취향과 스타일, 트렌드를 반영한 심미성 모두가 중요한 공간이다. 일의 능률성을 위해 부엌은 적당한 공간의 크기와 주택 안에서의 위치, 작업대의 배열순서가 중요하다. 작업동선은 일의 효율성을 평가하는 빠른 방법 중의 하나로 싱크대와 준비대, 냉장고 사이를 오가는 동선의 길이가 어느 정도 되는가를 알아보는 것이다.

(1) 부엌의 위치와 크기

① 부엌의 위치

부엌은 음식을 준비하고 저장하는 중추로서 모든 주택에서 필수적이며 기본적인 공간이다. 현대에 와서는 작업공간이라는 기본적인 목적 외에 비격식적이며 자연스러운 가족의 공적 공간으로 역할을 하고 있다. 따라서 적당한 위치는 가족 단란행위와 자녀 돌보기, 손님접대 등이 가능한 거실이나 자녀실과 연결되는 것이 좋으며 무엇보다 부엌과 연관된 서비스공간 즉, 식사실, 세탁실, 창고, 다용도실 등과도 편리하게 연결되는 것이 바람직하다. 향은 빛이 잘들어 오고 가사작업 시 밖을 내다보며 일을 할 수 있으려면 남향이나 동남형이 이상적이라 할 수 있으나 대개 이러한 향은 거실과 침실을 우선적으로 배치하는 경우가 많으므로 햇빛이 길게 들어와 음식을 부패시키는 서향을 제외한 모든 향이 가능하다고 할 수 있다.

② 부엌의 크기

부엌의 크기는 일반적으로는 주택면적의 8~10%가 적당하지만, 단순히 면적을 기준으로 크기를 정하는 것보다는 가족의 식생활 양식 및 방문객의 빈도, 부엌 내에서의 가사 작업내용,

작업대가 차지하는 면적, 가족수 및 작업인 수, 주택의 면적, 식품, 식기, 조리 용기 등의 수납공간, 조리의 양과 질, 작업대의 배열방법과 설비정도 등에 따라 크기가 결정되어야 한다. 부엌면적의 경우, 우리나라에서는 33 m^2(10평) 내외의 소규모 주택에서는 주택 전체면적의 12%, 66 m^2(20평) 내외의 주택에서는 10%, 66 m^2(20평) 이상의 주택에서는 8% 정도를 확보하는 것이 좋다.

(2) 작업동선

작업동선이란 작업 중 걸어 다닌 총 길이를 의미하는 것으로 주부가 부엌 내에서 덜 피곤하고 합리적으로 작업을 하려면 작업동선이 짧아야 한다. 이를 위해 작업대의 배치는 준비대-개수대-조리대-가열대-배선대 순서로 배열하는 것이 효율적이다.

작업 삼각형(work triangle)은 부엌 내의 수납공간과 작업면의 적절성, 평면계획의 효율성을 평가하는 도구로 사용되는 것으로 요리의 핵심이 되는 개수대, 가열대, 냉장고의 중심을 정점으로 연결하여 만들어진 삼각형을 작업 삼각형이라 한다(그림 10-11). 이때 각 변의 적당한 거리는 개수대 중심에서 가열대 중심까지는 1,200~1,800 mm, 개수대 중심에서 냉장고 중심까지는 1,200~2,100 mm, 가열대의 중심에서 냉장고의 중심까지는 1,200~2,700 mm 정도 되어야 한다. 작업 삼각형의 세 변의 합이 3,600~6,600 mm 사이여야 하며 각 변 중 가장 긴 거리는 가열대와 냉장고 사이이며 가장 짧은 거리는 개수대에서 가열대까지의 거리이다. 만일 작업 삼각형의 세 변의 합이 3,600 mm 미만이라면 동선은 짧지만 작업면 및 수납공간이 부족할 수 있으며, 6,600 mm 이상일 경우에는 동선이 너무 길어져 작업 시 피곤할 수 있다.

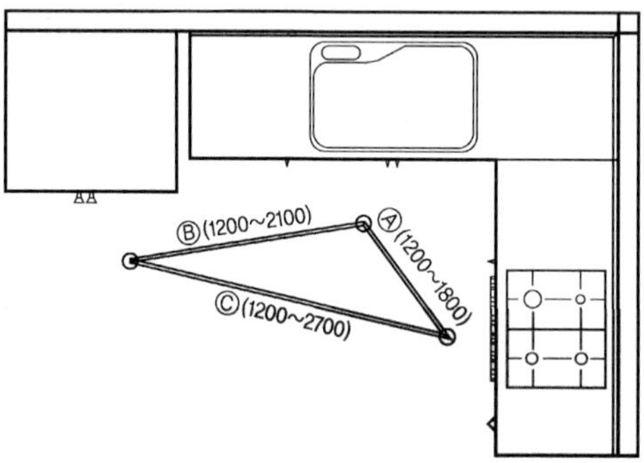

그림 10-11 작업 삼각형

출처 : 에넥스(1997). p. 58.

2) 부엌디자인의 변화요인

(1) 생활양식의 변화

사회적·경제적 변화로 인해 여성들의 취업률이 급격히 증가하면서 취사행위에 대한 가족들의 태도가 바뀌고 있다. 요리의 주체가 주부여야 한다는 생각의 변화와 하루 세 끼라는 전통적인 식사방법보다는 구성원 각자의 독특하고 다양한 일정대로 식사가 이루어지고 있다.

이처럼 가사참여에 대한 인식과 생활 양식의 변화들로 인해 이제 부엌공간 한 사람이 요리하기에 효율적인 작업공간을 제공하기보다는 가족이 함께, 즉 두 사람 이상이 함께 요리하며 일하기에 적합한 공간이 되도록 계획해야 한다. 또한 부엌이 전통적인 식사준비 및 저장 외에 육아, 세탁, 담소, 여가 등 다양한 부가적 기능이 행해지고 있어 이에 대한 배려도 필요하다.

(2) 기술적 발전

과학기술의 발전과 소형가전기구의 사용, 전자레인지, 전기오븐, 김치냉장고, 식기세척기, 홈오토메이션 등을 사용하게 된 것도 부엌디자인의 변화에 영향을 끼쳤다. 특히, 전자레인지의 사용은 생활 양식의 변화와 연결되어 음식준비에 중요한 변화를 가져왔다. 전자레인지는 다양하고 편리한 가공식품을 각자 혼자서 쉽게 준비할 수 있게 해주었으며 식사 준비시간을 단축시켰다.

또한 다가오는 미래에는 홈 오토메이션의 기술이 더 향상되어 주부가 원격으로 가전제품들을 조정할 수 있으며 식단이나 냉장고 안에 식품재고를 체크해 주는 등 주부들의 가사시간 절약에 일조할 것이다.

(3) 유니버설디자인

현재보다는 다가올 미래에 영향을 미칠 잠재적인 요소인 유니버설디자인은 연령과 성별, 신장, 신체능력이 다양한 사람들이 누구나 사용할 수 있는 기능적인 공간을 만드는 디자인으로, 부엌사용자의 다양화로 인해 노인이나 장애인, 자녀 등이 가사작업에 참여할 경우 그들이 쉽게 접근가능하며 안전하게 작업을 할 수 있도록 장애물을 없애고 작업대 높이 등을 조절하는 것이다.

유니버설디자인은 부가적인 공간을 요구하거나 많은 비용이 드는 것이 아님을 인지하여야 하며 공간을 계획 단계부터 세심하게 고려해야 한다.

3) 부엌설계의 기본

(1) 사용자의 특성조사

부엌은 요리와 그 밖의 작업을 하는 데 있어서 기능적이어야 하고 요리를 할 때 덜 힘들도록 계획되어야 한다. 잘 계획된 부엌은 작업시간을 즐겁게 만들 것이다. 부엌이 인간공학적으로 디자인되기 위해서는 우선 가족, 즉 사용자의 생활 양식과 일반적인 사항을 고려해야 한다. 구체적으로 가족의 수와 나이, 직업, 취미, 식사방식, 식사시간, 요리종류, 과학기술에 대한 경험(technical experience), 부엌에서의 부가되는 행위들, 손님초대 빈도 등으로 이에 따라 부엌가구의 기능과 치수, 작업대 배치 형태, 통로의 넓이, 부엌에 들어갈 설비종류 등이 달라지게 된다. 예를 들어, 가족이 모두 어른이거나 손님이 많이 오는 집이라면 거실과 부엌이 분리되어 있는 독립형 부엌이 적당할 것이며, 아직 어린이가 있다면 주부가 부엌일을 하면서 자연스럽게 아이들도 돌볼 수 있는 개방형 부엌이 적합할 것이다. 또한 요리를 자주하고 정식적인 식사를 하는 가족이라면 부엌의 작업대와 수납공간은 좀 더 크고 능률적으로 배열되어야 할 것이다.

다음은 윤복자(2002)가 제시한 부엌설계를 위한 사용자의 요구사항에 대한 구체적인 항목들로 계획 시 세밀하게 조사되어야 할 것이다.

- 집안에서 주로 요리하는 사람은 몇 명인가?
- 요리는 얼마나 자주 하는가?
- 손님접대는 얼마나 자주 하는가?
- 어떤 종류의 요리를 주로 하는가?
- 어떤 설비가 갖추어져야 하는가?
- 작업 습관이 늘 일정한가, 혹은 일정치 않은가?
- 어떤 부가적인 행위들(다림질, 재봉, 세탁, 가계부 정리, 컴퓨터 사용, 숙제하기, 놀이 등)이 부엌에서 일어나는가?
- 주로 요리하는 사람의 키가 얼마인가?
- 주로 요리하는 사람은 왼손잡이인가, 오른손잡이인가?

(2) 인간공학적인 요소

작업을 하기에는 적절한 넓이의 공간, 즉 작업영역이 확보되어 있지 않으면 신체의 움직임이 제한되어 작업효율이 떨어지게 된다. 작업영역은 신체 각 부위의 형태, 각 관절의 가동영역, 작업에 이용하는 관절에 따라 결정된다.

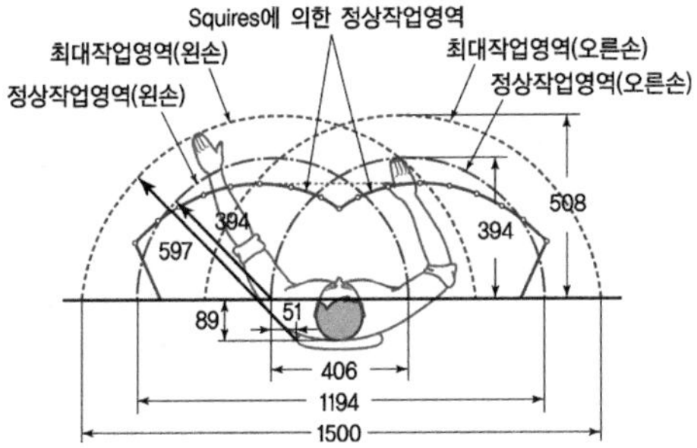

그림 10-12 수평작업영역

출처 : 신태양(2001). p. 176.

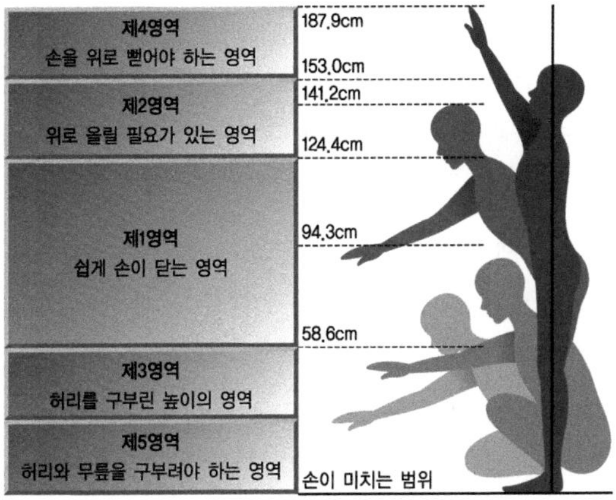

그림 10-13 수직작업영역

① 수평작업영역과 수직작업영역

두 팔의 수평작업영역은 작업대의 넓이와 그 위에 설치되는 조작기구의 배열 등을 결정할 때 근거가 되는 영역이며 수직작업영역은 팔을 펴서 위아래로 움직였을 때의 범위로 부엌의 상하부 수납장의 높이와 관계되는 것으로, 특히 시선이 가장 편하게 머물고 손으로 만지기 쉬운 높이는 850~1,250 mm 높이로, 이 높이를 골든 스페이스(golden space)라고 한다. 이 공간에 가장 자주 사용하는 물품들을 정리해 두면 편리하다(그림 10-12, 10-13).

② 동작공간

동작공간은 일상생활 행위에 있어서 인체의 동적 치수와 행위에 필요한 사물의 치수에 여유 치수를 더한 것으로, 이것은 어떤 행위에 필요한 대략적인 치수를 파악하는 데 이용된다. 부엌을 계획할 때 필요한 기본적인 동작공간은 개수대 앞에 서서 조리하기, 서랍 열기, 냉장고 문 열기, 상하부 수납장 열기 등이 있다.

(3) 실내디자인적인 요소

① 조 명

부엌은 주택공간 중 가장 능률적인 공간이어야 하며 가장 안전이 요구되는 공간이기도 하다. 부엌에서는 위험한 불과 칼을 사용하기 때문에 충분한 밝기의 질 좋은 빛이 필요하다. 최근에는 다양한 행위들이 행해지고 있어 한 가지 방법의 조명방식보다는 다양한 방법을 같이 사용하는 것이 효율적이며 아름답다.

부엌의 조명은 세 가지로 분류할 수 있다. 공간을 전체적으로 비춰주는 전반조명과 작업면과 수납공간을 비춰주는 국부조명 또는 작업조명, 마지막으로 공간을 더욱 아름답게 하고 건축적인 특색이나 예술품을 강조하는 장식조명이다. 전반조명은 주로 천장에 부착하여 부엌 내에서 밝기가 골고루 비추어 어두운 곳이 생기지 않도록 하는데 특히 개수대 앞에서 사용자가 작업할 때 뒤에서 비춰 그림자가 생기지 않도록 설치 위치를 고려해야 한다. 작업조명으로 가장 좋은 장소는 상부장 바로 아랫부분에 형광등이나 할로겐등을 라인조명으로 설치하여 작업면 위로 충분히 빛을 비추게 한다(그림 10-14).

그림 10-14 상부장 밑 국부조명

② **실내마감재**

부엌은 물과 불을 사용하는 곳이므로 내부마감재 선정에 유의해야 하며 잘 썩지 않고, 물과 불에 강하며, 잘 더럽혀지지 않고 청소가 용이한 재료로 마감한다. 바닥에는 주로 내구성이 있고 다소 탄성이 있는 온돌마루, 아스팔트타일, 비닐타일, 리놀륨 등이 주로 쓰이며, 벽은 내화·내수성이 있는 재료로 타일, 벽지, 금속판 등이 사용된다. 작업대 상판은 열에 강하고 물이 스며들지 않으며 내구성이 있는 스테인리스 스틸, 인조대리석, 라미네이트 등으로 마감한다.

4) 부엌작업대 디자인

효율적인 부엌을 계획하려면 행해지는 활동과 음식의 조리과정에 따른 동선의 흐름을 고려한 작업대가 중심이 되어야 한다. 일반적으로 부엌의 작업대는 다섯 가지, 즉 준비대, 개수대, 조리대, 가열대, 배선대로 이루어진다. 이때 각각의 작업대는 적당한 작업면과 수납공간이 제공되어야 하므로 인체공학적인 치수와 작업이 종류와 양에 따른 작업면의 크기 등을 구체적으로 살펴볼 필요가 있다.

(1) 작업대

① **하부장**(base cabinets)

하부장은 작업면이 지지되는 아랫장으로 높이는 일반적으로 850 mm가 보편화되어 있으나, 주로 사용하는 사람의 신장에 맞추는 것이 좋다. 작업대 높이를 결정할 때, (신장×1/2+5 cm)

정도를 표준 높이로 보지만, 인체공학적으로 기준이 되는 높이는 '팔꿈치 높이'로 등을 펴고 똑바로 서서 팔꿈치를 구부렸을 때 바닥에서부터 팔꿈치까지의 높이를 말한다. 안길이는 550~600 mm 정도가 적당하며 작업대의 하부에는 발이 들어갈 수 있는 공간(80×80 mm)이 필요하다(그림 10-15).

하부장 중 적어도 한 부분은 다양한 높이의 서랍장이 구비되어 있어야 하고, 수납장의 내부에 가시성을 위해 인출식 선반을 설치하는 것도 좋다. 코너공간의 효율적인 이용을 위해 회전식 선반(lazy susan)을 설치한다.

작업대 상판의 소재는 스테인리스 스틸이나 라미네이트 상판, 인조대리석 등이 널리 사용되는데, 기본적으로 오염에 강해야 하며, 내열성, 내화성, 내마모성 등이 좋아야 한다.

② **상부장(wall cabinets)**

벽체에 부착되는 윗장으로 자주 사용하는 그릇들과 소품을 수납하기에 편리하다. 가로로 긴 창을 낼 수 있고 구부리며 작업을 해도 머리를 부딪칠 위험이 없고 비교적 수납이 용이한 상부장의 높이는 바닥에서 약 1,450 mm 정도이다. 상부장의 안길이는 320~350 mm로 하부장보다 작아야 하는데 이는 작업 시 사용자가 약간 앞으로 구부러지는 자세를 배려한 것이다. 또한 상부장의 문의 폭은 410 mm를 넘지 않아야 문을 열 때 부상을 막을 수 있다.

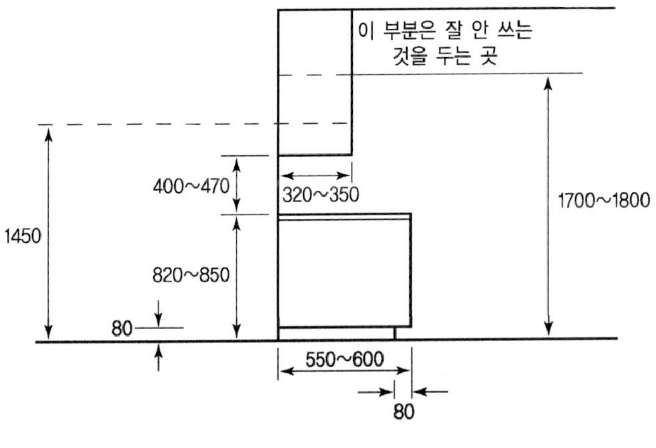

그림 10-15 작업대 치수

출처 : 김영수 · 이영직(2005). p. 376.

그림 10-16 키큰장(한샘)

상부장 내부의 선반은 접근성을 고려해 1,700~1,800 mm 이상 높아서는 안 되며, 안에 있 는 물품이 잘 보일 수 있도록 유리문을 부착하면 장식장의 기능을 할 수 있다. 최근에는 원하는 문의 개폐가 쉽고 원하는 만큼만 문을 들어 올리면 그 위치에서 문이 멈추는 플랩 도어도 자주 사용되고 있다.

③ **키큰장**(tall cabinets)

키큰장은 부엌가구와 높이가 같은 장으로 많은 물품을 수납할 수 있어 공간의 활용에 유용하다. 일반적으로 키큰장은 주방가구 배치 끝부분이나 주 작업대로부터 떨어져 위치시키는 것이 가장 적합하다. 키큰장이 끝부분에 놓일 경우 작은 공간을 활용해 인출식 망장 및 서랍형 선반을 이용해 수납물을 한번에 확인할 수 있어 실용적이다(그림 10-16).

(2) 작업대의 종류

① **준비대**(refrigerator center/food storage center)

준비대는 식품 보관 및 조리 전의 모든 준비작업이 이루어지는 곳으로, 구체적으로는 음식과 음료수 보관, 냉장고에서 식탁까지 직접 배선되는 음식 보관 행위 등이 여기에서 이루어진다. 우리나라에서 추천되는 준비대 작업면 치수는 400~500 mm로 이곳은 냉장고에서 물건을 꺼내거나 넣을 때 필요한 공간으로 사용되는데 위치는 냉장고 손잡이 옆이 적당하다. 준비대용 수납장은 냉장고 위의 공간과 냉장고 옆면의 상하부 수납장을 모두 말하는 것으로 특히 냉장고 위의 공간은 자주 쓰지 않는 물건들을 보관하기에 좋은 장소로 일반적인 상부장 깊이가 아닌 냉장고 깊이만큼 튀어나와야 접근이 용이하다. 냉장고의 위치는 구매한 식료품을 냉장공간까지 운반하기 쉽게 하기 위해 부엌 출입구 가까이에 두는 것이 좋다.

② **개수대**(sink/cleanup center)

개수대는 음식을 만들 재료와 그릇을 씻고 식수를 얻으며 설거지를 하는 곳으로, 사용빈도가 가장 높아(43~48%) 작업순서상 가운데 존재하는 중요한 곳이다. 개수대 폭은 최소 750 mm 정도 확보되어야 큰 냄비와 볼을 함께 넣을 수 있어 일이 손쉽다. 위치는 냉장고와 가열대 사이가 바람직하며 개수대를 중심으로 오른쪽에는 900 mm 정도의 작업대가 필요하며 다른 한 쪽에는 600~760 mm 정도의 작업대가 필요하다. 오른쪽이 더 큰 이유는 더러운 그릇을 두는 공간이기 때문이며 이는 작업자가 오른손잡이로 일의 순서가 오른쪽에서 왼쪽으로 진행된다는 것에 근거를 둔 것이다. 또한 가능하면 창문 밑에 개수대를 두어 작업 시 밖을 보며 지루함을 달랠 수 있게 한다.

③ **조리대**(food preparation/mixing center)

조리대는 씻고 다듬어진 여러 재료들을 혼합하고 요리하는 곳으로 대부분의 음식준비 행위가 이루어진다. 조리대에는 작업 시 필요한 물품인 양념류, 조리용 도구(계량컵, 계량스푼, 프라이팬, 냄비 등)를 보관할 수 있는 수납공간이 함께 제공되어야 한다. 위치는 개수대와 가열대 사이에 두되 냉장고와 너무 멀리 떨어진 곳에 위치하지 않도록 한다. 조리대 작업면 치수는 600~900 mm가 적당하며 두 명 이상이 하나의 조리대에서 작업하는 경우에는 그에 맞도록 커져야 한다. 음식을 반죽하거나 칼로 다지고 써는 등 힘이 많이 가해지므로 조리대의 높이는 일반적인 작업대 높이보다 낮은 것이 좋다. 하부 수납장은 서랍과 선반을 모두 갖추어야 한다.

④ **가열대**(range/cooking center)

가열대는 각종 가열기구로 음식을 익히는 곳으로 조리용 가전기구가 설치되며 요리재료, 조리용구, 음식물을 담는 그릇류, 기타 냄비류 등을 보관할 수 있는 수납공간이 필요하다. 열과 습기, 냄새 등을 제거하기 위한 설비인 환풍기가 필요하다. 위치는 조리대 옆과 식사공간 근처가 적당하며 냉장고는 인접해서 놓지 않는다. 창문 아래쪽에 두지 않아야 하는데, 만일 배치해야 한다면 가열대 위로 최소한 700 mm 정도 떨어져야 하며 가열대 뒤쪽으로 76 mm 정도 여유를 두는 것이 좋다. 가열대 작업면 치수는 380~610 mm 정도가 적당하다. 벽에 붙여 가열대를 설치한 경우, 아무리 작아도 벽으로부터 150 mm 정도의 여유는 떼어 놓아야 한다. 이것은 냄비나 프라이팬을 가열대 위에 올려놓고 요리를 할 때 팔꿈치가 벽에 부딪히지 않는 최소의 치수이다.

⑤ **배선대**(serving center)

배선대는 조리 및 가열이 끝난 음식물을 그릇에 담아 상을 차리는 곳으로 식기류, 수저, 물컵, 쟁반, 가전기구, 인스턴트 식품 등을 보관한다. 적당한 위치는 가열대와 식당공간 근처로 배선대 작업면의 길이는 600~900 mm 정도가 적당하다.

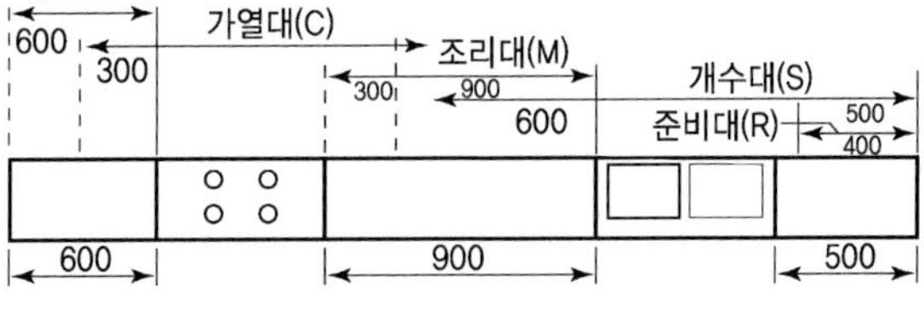

그림 10-17 작업대 종류 및 치수

출처 : 김영수 · 이영직(2005). p. 376.

(3) 작업대의 배치유형

① 일자형

작업대가 일렬로 배치된 가장 기본적인 형태로 소규모 부엌에 이용된다. 전체 길이가 너무 길면 옆으로 걷는 작업이 연속되어 빨리 피로하여 작업의 능률이 떨어지기 쉽기 때문에 약 3,600 mm 정도 이내로 하는 것이 좋다. 개수대와 가열대 사이의 작업대는 빈번히 사용하게 되므로 600 mm 이상의 작업면 확보가 중요하다. 배관과 배선을 집중시킬 수 있어 경제적이나 작업상 여러 가지 불편함을 초래하므로 가능하면 피하는 것이 좋다(그림 10-18).

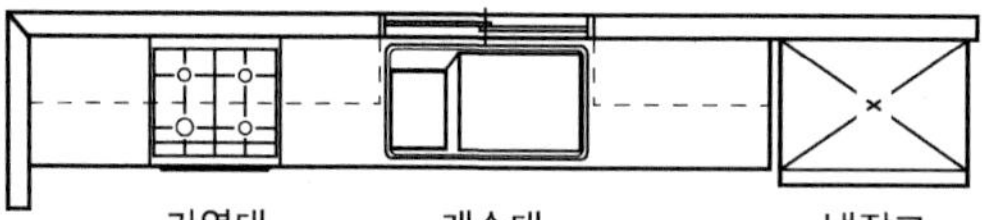

그림 10-18 일자형

② ㄱ자형

두 개의 벽면에 작업대를 배치하는 형태로 작업대 사이의 거리가 짧아져 동선이 짧아져 작업효율이 증대된다. 작은 규모의 부엌에 효과적인 배치방법이며 작업대가 배치되지 않은 나머지 두 벽면이 부가적인 용도, 즉 식사공간으로 쓰일 수 있다. 두 면의 어느 쪽도 너무 길어지지 않도록 해야 한다. 꺾어지는 코너 부분에 중요한 작업대인 가열대, 개수대, 냉장고가 놓이지 않도록 해야 한다(그림 10-19).

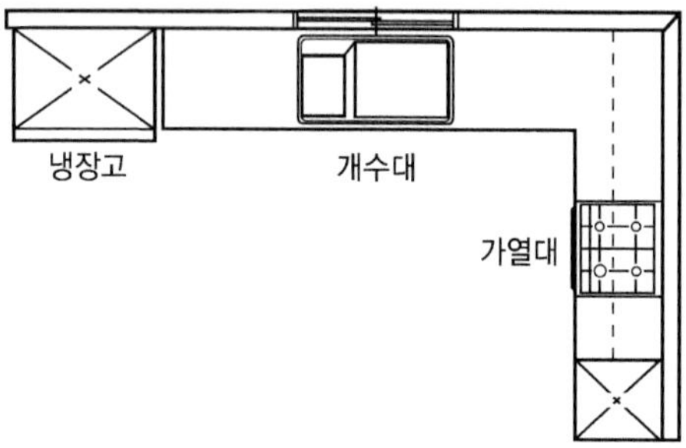

그림 10-19 ㄱ자형

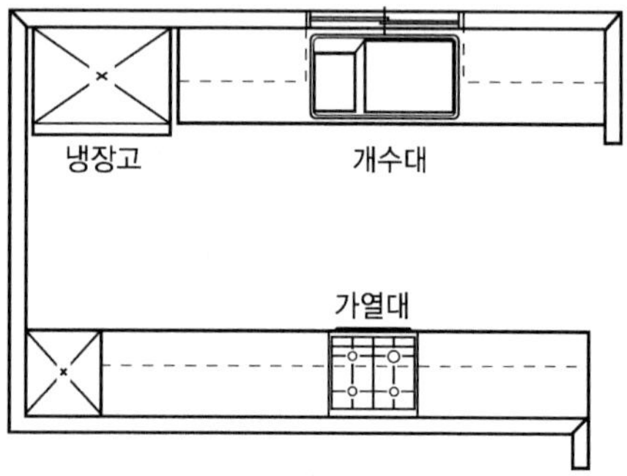

그림 10-20 병렬형

③ **병렬형**

두 벽면을 이용하여 서로 마주보도록 작업대를 배치하는 방법으로, 부엌 중앙에 통로를 만들고 좌우에 개수대와 가열대를 배치한다. 이때 마주보는 작업대의 거리는 약 1,200 mm 정도 되는 것이 좋다. 부엌공간 양 끝에 출입문을 설치하는 경우, 작업동선이 다른 동선의 통로가 되지 않도록 주의해야 한다(그림 10-20).

④ **ㄷ자형**

부엌 내 세 벽면을 이용하여 작업대를 배치한 것으로 가장 효율적인 배치 형태이다. 냉장고-개수대-가열대 순서로 구성되어 작업의 효율을 높이고 작업면이 많이 생기게 되며 이에 따라 수납장도 충분히 확보할 수 있다. 배치 시 마주보는 작업대 간의 거리는 1,200~1,500 mm 정도가 좋다. 작업대 배치상 코너가 2개가 생겨 공간의 낭비가 생긴다. 2개의 벽면에 작업대를 배치하고 다른 면에 아일랜드를 설치하는 것은 ㄷ자형의 변형으로 볼 수 있다(그림 10-21).

⑤ **섬형(아일랜드형)**

일렬형, ㄱ자형, ㄷ자형 부엌에 독립적인 작업대를 별도로 설치한 형태로, 섬 부분에 개수대 또는 가열대 혹은 두 가지 모두를 설치하는 경우가 대부분이며, 많은 사람이 동시에 작업할 수 있기 때문에 손님 접대가 많은 라이프스타일 가족에 적합하다. 섬 부분에 가열대가 설치될 경우에는 배기에 대한 대책이 있어야 한다. 또한 작업자가 작업 삼각형 사이를 직접 통과함으로써 작업동선을 방해하고 안전상의 문제가 될 수 있다(그림 10-22).

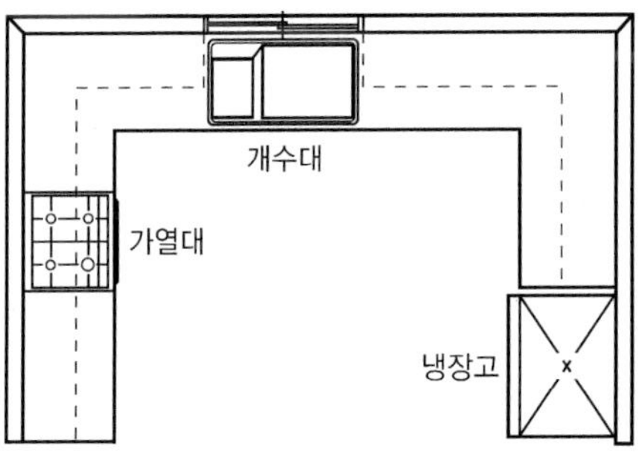

그림 10-21 ㄷ자형

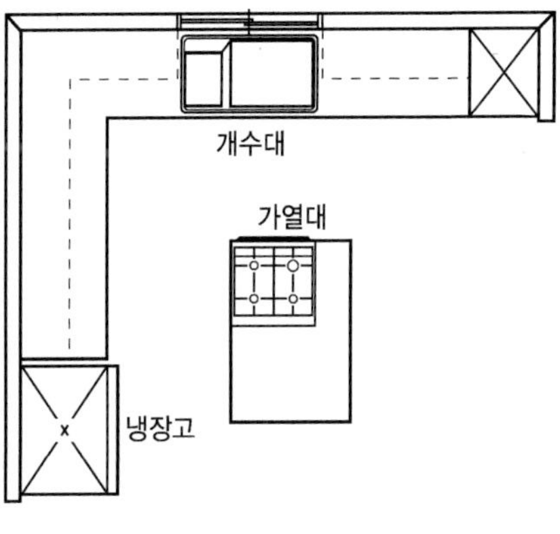

그림 10-22 섬형

⑥ **반도형**

ㄱ자형, 병렬형, ㄷ자형 배치에 식탁을 설치한 형태로서 식탁을 반도(penninsula)라고 한다. 반도 부분은 조리대를 넓게 해서 배선대로 사용하거나 개수대나 가열기를 설치하기도 한다(그림 10-23).

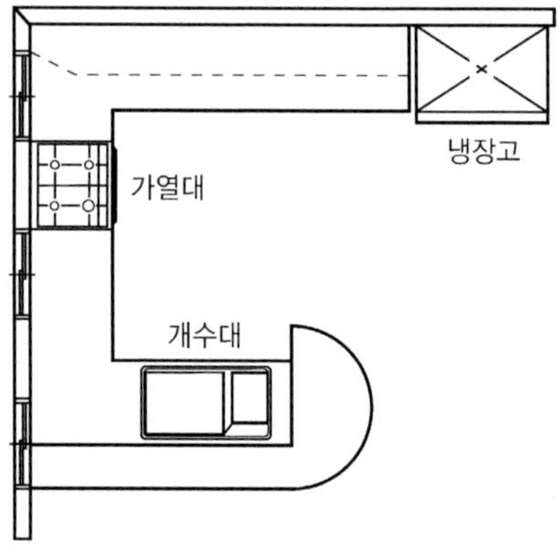

그림 10-23 반도형

3. 조명디자인

1) 빛

빛이란 인간의 삶에 있어 기본이 되는 요소로 만일 빛이 없다면 보여지는 것이 없으므로 인간의 활동에 제약을 줄 것이다. 1차 광원인 태양은 가시광선을 포함하고 있어 인간이 눈을 통해 사물을 볼 수 있게 해준다. 빛은 자연적인 빛과 인공적인 빛으로 나눌 수 있는데 자연광은 시각적으로 평가할 수 있는 방사에너지로 정의된다.

(1) 빛의 개념

일반적으로 빛이란 수많은 전자파 중에서 눈으로 지각할 수 있는 약 380~780 nm 범위의 전자파인 가시광선을 말하는 것으로 이는 자외선과 적외선 사이에 좁은 대(band)로 위치하며 파장이 짧은 쪽에서부터 보라, 파랑, 초록색, 노랑, 오렌지, 빨강 순으로 형성되며 이를 거의 같은 비율로 혼합하게 되면 가장 익숙한 백색광(white light)이 된다.

380 nm보다 짧은 파장의 영역에는 자외선(UV : Ultraviolet), χ선, γ선 등이 있고, 780 nm보다 긴 파장의 영역에는 적외선(IR : Infrared), 전파 등이 있다(그림 10-24).

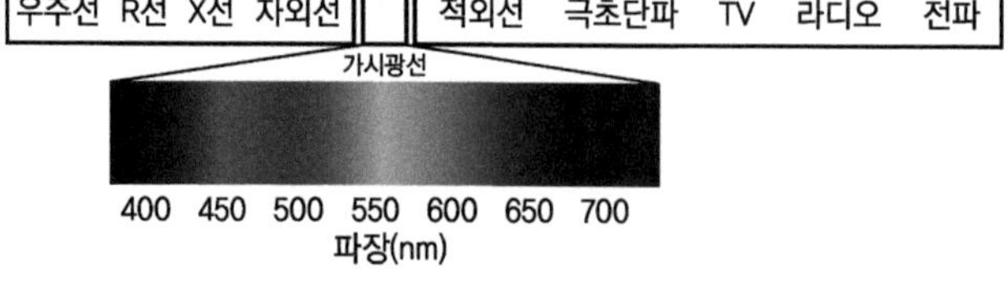

그림 10-24 빛의 파장

출처 : 황세옥(2002). p. 12.

(2) 빛의 성질

빛은 물질을 향해 직진하며 물체의 표면에 닿으면 반사, 굴절, 흡수, 투과 등의 성질을 가진다.

① **투과**(transmission)

투과는 빛이 물체를 통과하거나 이런 현상 자체를 말하는 것으로, 투사될 때 어느 정도의 빛을 투과하는 물질을 투명체(tranparent)라 하고, 투과하지 못하는 물질을 불투명체(opaque)라고 한다. 빛을 투과시킬 때 빛의 직진 방향을 교란시켜 모든 방향으로 빛을 분산시키는 물체를 반투명체(translucent)라 한다.

② **반사**(reflection)

빛이 물체에 도달하면 일부는 흡수되고 나머지는 산란된다. 반사는 산란의 특수한 형태로 진행 중인 빛이 물체의 표면에 도달하면 벽에 부딪히고 튕겨나는 공처럼 이동 방향을 바꾸어 되돌아가는 것을 말한다. 빛이 금속면이나 거울면과 같이 매끄러운 면에 닿으면 입사각과 반사각이 같은 정반사(specular reflection)가 발생하고 콘크리트나 거친 질감을 갖는 울퉁불퉁한 물체의 표면에 닿으면 난반사가 발생한다. 특히, 확산성이 있는 물체의 반사면에 입사한 빛은 모든 방향으로 확산, 반사하게 되는데 이를 확산반사(diffuse reflection)라고 한다(그림 10-25).

③ **굴절**(refraction)

빛이 밀도가 다른 물체를 통과할 때 방향이 바뀌는 것을 말하는 것이다. 가장 쉽게 접하는 굴절의 현상은 막대를 물속에 넣었을 때 휘어져 보이는 것이다. 빛이 굴절되는 정도는 매질의 특성과 파장에 따라 다르다. 파장이 짧을수록 꺾이는 정도가 커지게 되는데, 이를 이용한 것이 프리즘이다. 태양광을 프리즘에 통과시키면 빛이 파장별로 분산된다(그림 10-26).

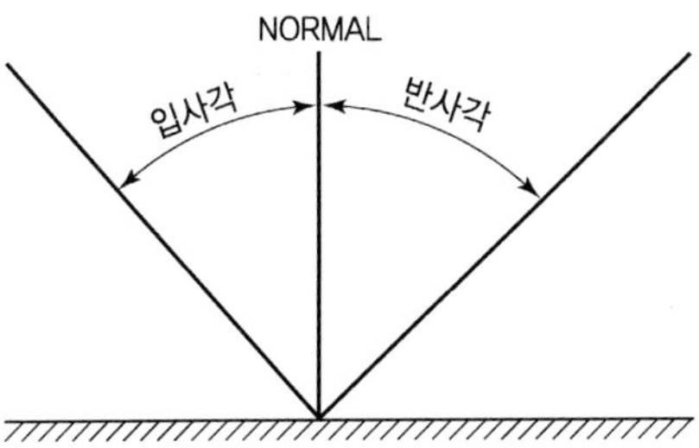

그림 10-25 정반사

출처 : IESNA(1993). pp. 4-5.

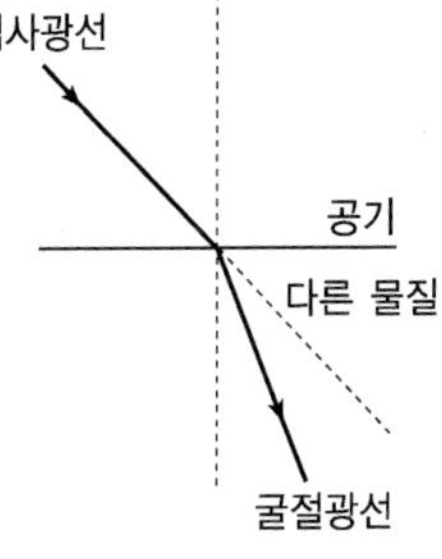

그림 10-26 굴절

(3) 빛의 측정

어떠한 광원으로부터 발생되는 빛의 양을 측정하기 위해 사용되는 기본 측정단위는 다음과 같다(그림 10-27).

① **광속**(luminous flux) (lumen, lm, F)

광속은 빛의 양으로 램프에서 발하는 빛의 총량으로 기본단위 lm(루멘)으로 표시한다.

② **조도**(illuminance) (lux, lx, E)

물체 표면에 도달하는 광속의 양, 즉 단위면적당 입사하는 광속의 양을 나타내는 것으로 기본단위는 lx(럭스)로 표시한다. 1 lx는 1 m^2에 1 lm의 광속이 평균적으로 조사되고 있을 때의 밝기를 의미한다.

③ **광도**(luminous intensity) (candela, cd, I)

램프로부터 어떤 방향으로 얼마만큼의 광량이 나가고 있는가를 나타내는 것으로 기본단위는 cd(칸델라)로 표시한다. 발산 광속을 입체각으로 나눈 값을 의미하며 배광곡선, 즉 조명기구에 의해 형성되는 빛의 형태를 설명하는 단위로 이용된다.

④ **휘도**(luminance) (nit, nt, L)

휘도는 조명을 받는 면의 반사된 빛의 강도로 어떤 방향으로부터 본 물체의 밝기를 나타낸다. 조도가 단위면적당 얼마만큼의 빛이 도달하는가를 표시하는 단위라면 휘도는 그 결과 어떤 방향으로부터 보았을 때 얼마만큼 밝게 보이는가를 말한다. 기본단위는 nt(니트, cd/m^2)로 표시한다.

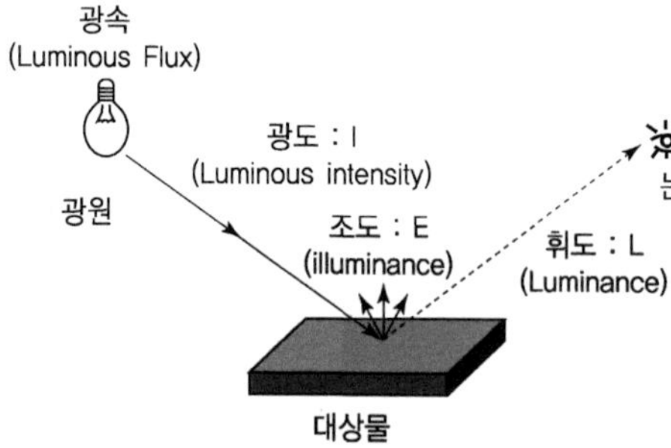

그림 10-27 빛의 측정

출처 : 조성오 · 손장복(2004). p. 11.

2) 광 원

조명을 디자인함에 있어 다양한 광원을 이해하지 못하는 것은 마치 화가가 단 몇 개의 물감색을 가지고 그림을 그리는 것과 같다고 한다. 이는 조명디자인에 있어 광원의 중요성을 설명하는 것으로 디자이너에 있어 광원의 이해는 필수적이다. 과학의 발달로 수많은 광원들이 개발되어 있으나 이 중 백열등, 형광등, 고휘도 방전등이 가장 기본적이며, 최근에는 LED 등 특수광원이 개발되어 널리 사용되고 있다.

(1) 백열등(incandescent lamps)

① 원리 및 구조

텅스텐 필라멘트의 저항에 의해 열이 발생되면서 빛을 방출하는 광원으로 소비전력 중 빛이 되는 것은 약 10%이고 나머지는 열이 된다. 그 결과 표면온도는 300℃를 넘는 경우도 있다. 전구의 구조는 필라멘트, 유리구, 봉입가스, 베이스로 나누어져 있다. 필라멘트는 용융점이 높고 기화 정도가 낮은 텅스텐으로 제작하며 효율을 높이기 위해 나선형으로 되어 있다. 유리구는 필라멘트를 둘러싸는 밀폐된 유리로, 외부의 공기와 접촉을 차단하는 역할을 한다. 유리구의 형태에 따라 구분하며 다양한 종류가 있다. 봉입가스는 유리구를 채우는 가스로 필라멘트의 기화를 줄여주며, 주로 아르곤이나 질소를 사용한다. 베이스는 전구를 전원에 접속하기 위하여 유리구에 부착시키는 부분을 말한다(그림 10-28).

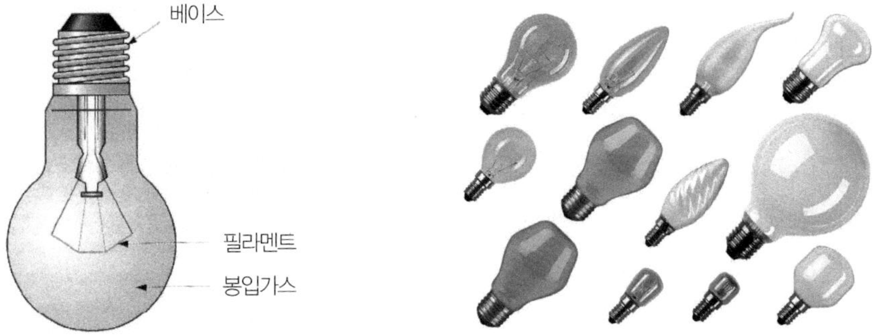

그림 10-28 백열램프

출처 : OSRAM 카탈로그

② 특 징

일반적으로 작고 가벼우며 거의 점광원에 가깝기 때문에 빛의 연출이 용이하며 전구는 모든 분야 또는 장소에 보편적으로 사용되며 특히 국부조명으로 널리 이용된다. 백열전구는 연색성이 좋고 휘도가 높으며 별도의 보조 장치 없이 바로 연결하여 사용 가능하다. 단점으로는 열손실이 많아 효율이 약 7~22 lm/W로 낮은 편이며 수명이 약 1,000~1,500시간으로 짧아서 다른 전구에 비해 에너지 절약 면에서는 불리하다.

(2) 형광등(fluorescent lamps)

① 원리 및 구조

형광램프는 저압 수은 방전램프로, 자외선 에너지에 의해 활성화된 형광물질을 통해 빛을 내는 것으로 전극에서 나온 전자가 수은가스의 전자를 활성화시키고 활성화된 수은전자에 의해 발생하는 자외선 방사에 의해 형광물질이 다시 활성화되어 가시광선을 발생시키는 것이다(그림 10-29). 전구의 구조는 형광물질과 전극이 중요한 역할을 하는데 형광물질은 램프 안쪽면에 도포되는 물질로 색온도, 연색성, 효율 등을 결정하며 전극은 방전을 유지하는 데 필요한 전자를 공급하는 역할을 한다. 형광램프는 관의 모양에 따라 직관형, 환형, 전구형으로 구분된다(그림 10-30). 형광등의 점등을 위해서는 안정기가 필요한데 이는 긴 형광램프의 양 끝단에 있는 필라멘트에 순간적인 높은 전압을 입력시켜 진공상태에서 형광물질에 빛을 발하게 하고, 다시 일정한 전류를 안정되게 흐르게 하는 역할을 한다.

② 특 징

형광등은 발열하지 않고 조명의 효율이 좋아 실내조명에 많이 사용된다. 램프의 수명이 일반적으로 8,000시간으로 매우 길며 백열등에 비해 소비전력은 1/3 정도이다. 빛이 부드러우며 열을 거의 내지 않는다. 형광등은 점멸로 인해 수명이 줄어들게 되므로 점멸 횟수가 적은 곳에 사용하면 좋다. 주위의 온도에 의해 영향을 받는데 0~40℃ 범위 외에서는 점등하기

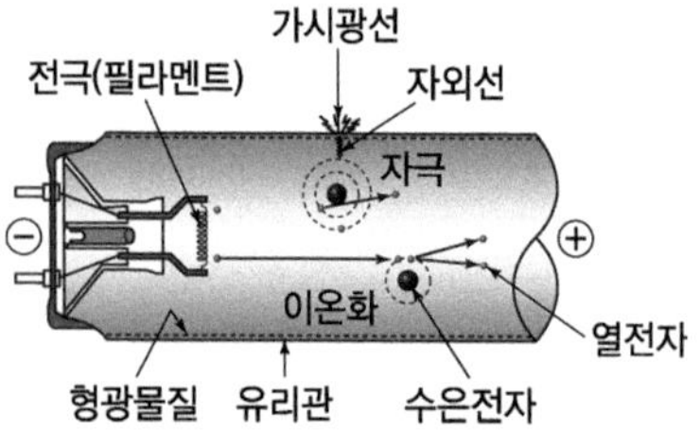

그림 10-29 형광등 원리 및 구조

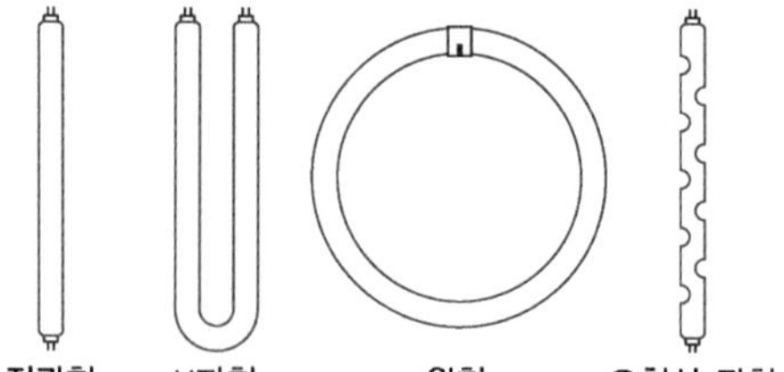

그림 10-30 형광등의 종류

어렵고 밝기가 저하된다. 램프의 관이 크기 때문에 광학조절에 한계가 있으며 단독으로 사용될 경우 단조롭고 지루할 수 있다. 또한 값비싼 고주파 안정기를 사용하지 않으면 눈에 띄게 깜빡임(flicker)이 생긴다. 수은이라는 유독한 물질로 인해 처리상의 어려움이 있다.

(3) 고압방전램프(high pressure discharge lamp)

① 원리 및 구조

이온화된 가스나 금속증기(metal vapor)를 이용하여 빛을 발생시키는 램프로 전류가 흐르면 양쪽 전극으로부터 전자가 방출되어 램프 내부의 금속 원자와 충돌하고 이런 과정에서 자외선이 방출되며 자외선이 램프 벽에 도포된 형광물질에 부딪히면서 빛이 생성된다. 방전램프는 형태가 여러 가지이며 램프의 모양, 사용된 가스의 유형, 방전 아크(arc)의 규모 등에 따라 특성이 다양하다. 대표적인 방전램프는 고압수은등(high pressure mercury lamp), 메탈할라이드 램프(metal halide lamp), 고압나트륨등(high pressure sodium lamp) 등이 있다.

모든 방전램프는 세 가지 주요 요소로 구성된다. 즉, 전류가 흐를 때 필요한 파장으로 빛을 발하는 가스와 방전을 하는 기관과 에너지의 흐름을 제한하는 일종의 조절장치가 있다. 대부분의 고압방전램프는 가스 보호막 바깥에 제2의 유리 보호막이 있어 온도변화, 습기 그리고 기계적 손상으로부터 가스 보호막을 보호한다. 따라서 방전램프는 백열전구보다 부피가 더 크고 더 복잡하고 더 비싸다. 그러나 부러지기 쉬운 필라멘트가 없기 때문에 방전램프는 더 견고한 경향이 있다.

② 특 성

고압방전램프의 장점은 효율성이 높은 것인데 일반적으로 백열등보다 방전과정에서 와트당 더 많은 루멘이 방출되며 타서 없어질 가느다란 금속 필라멘트가 없으며 램프 자체의 수명이 길다. 이렇게 수명이 긴 것이 오히려 단점이 될 수도 있는데 오래된 램프는 유효한 수명이 지난 후에도 계속해서 빛을 낼 수는 있지만 에너지 효율과 연색성은 떨어진다. 그러므로 최대의 효율을 얻기 위해서는 램프가 실제로 못 쓰게 됐든 그렇지 않든 간에 방전램프의 교체주기를 엄격히 준수해야 한다. 와트 수가 다양하며 유형에 따라 효율성과 색깔이 다르고 연색성은 나쁜 것부터 뛰어난 것까지 다양하다.

방전램프의 중요한 한계점은 발화점으로 광원이 특정한 평면이나 위치에 놓였을 때만 적정의 효과를 낼 수 있으며, 안전과 폐기 문제도 반드시 고려해야 한다. 특히, 유리보호막 안에 있는 고압가스는 본질적으로 위험한 상태이므로 조명기구 안에 안전유리 보호막을 끼워넣는 것과 같이 사용자 보호를 위한 특별한 조치가 필요하다.

③ **램프의 종류**

- 고압수은 램프(high pressure mercury lamp) : 수은 증기압은 상온에서 낮지만 정상 상태에서 온도의 상승으로 증발하여 일정 압력에 도달하게 되어 빛을 발생시키는 원리이다. 스펙트럼의 자주색, 초록색, 노란색 그리고 적외선 부분에서 빛을 내게 하는 아크방전에 의해 작동된다. 발광관은 고온에 견딜 수 있는 석영유리로 만들며 수은과 반응하고 전극을 보호하기 위하여 아르곤이 함께 주입된다.

  수은램프의 시동, 재시동에 시간이 걸리며 조명색은 청백색으로 광장, 공장의 조명으로 사용된다. 수명이 길고(24,000시간) 효율이 고압나트륨 램프 및 메탈할라이드 램프에 비해 낮은 편이다(그림 10-31).
- 메탈할라이드 램프(metal halide lamp) : 고압수은 램프의 발광관에 금속 또는 금속할로겐 화합물을 봉입함으로써 효율과 연색성을 개선한 것으로 자연 주광색에 매우 가까운 연색성을 가지고 있다. 광범위한 조명에 적합하며 효율성이 높고 수명이 길며(6,000시간) 수은 광원보다 크기가 작고 광학적으로 조절이 더 용이하다. 램프를 세로로 설치하여 사용하지 않을 경우 시간이 지남에 따라 빛의 밝기와 효율이 차츰 떨어지므로 이를 유의해야 한다(그림 10-32).
- 고압나트륨 램프(high pressure sodium) : 고압나트륨 램프는 나트륨 증기의 방전을 이용한 방전램프로 발광효율이 높으며 색온도는 2,200°K의 황갈색으로 연색성이 불량하여 실내 조명에는 부적합하나 연기와 안개 등에 대한 투과력이 강하고 시감도가 좋은 편이다. 따라서 이 광원은 공장, 항만, 채석장 등의 작업장의 조명과 도로와 터널 조명에 주로 사용되고 있다. 발광관은 투광성 알루미나 세라믹스관을 사용하며 안에는 나트륨 금속과 완충가스 역할을 하는 수은이 나트륨아말감 상태로 봉입되고 시동 보조용으로 크세논 가스

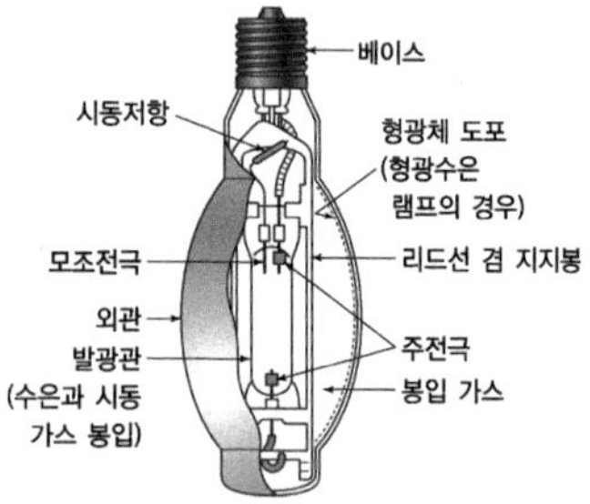

그림 10-31 고압수은 램프

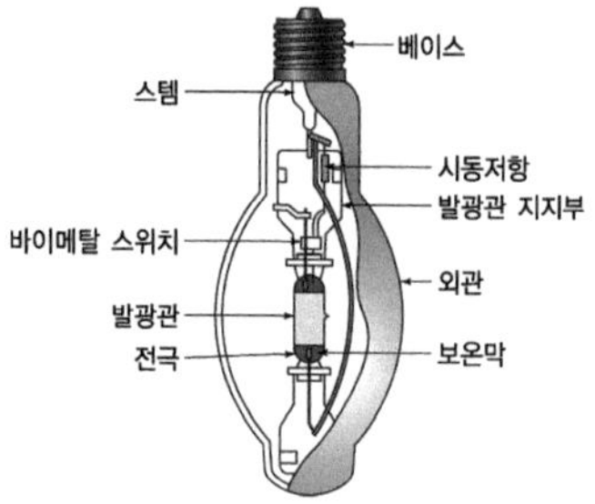

그림 10-32 메탈할라이드 램프

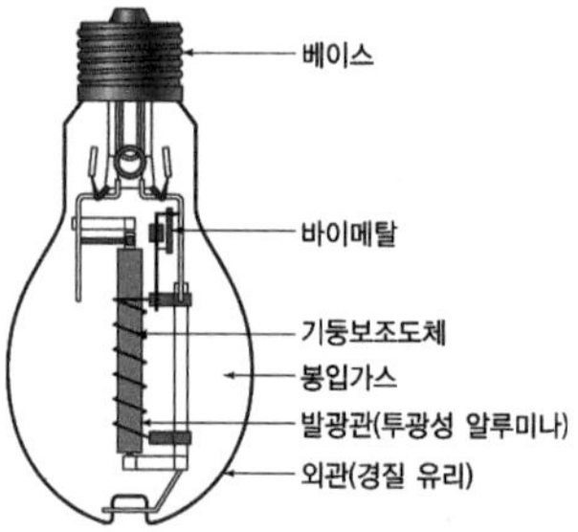

그림 10-33 고압나트륨 램프

가 봉입되어 있다. 효율이 높으며 수명이 길고(12,000시간) 광속유지율이 우수하다(그림 10-33).

(4) 기 타

① 할로겐 램프(halogen lamp)

고휘도이고 광색은 적색 부분이 비교적 많은 편으로 배광제어가 용이하고 흑화가 거의 일어나지 않는다. 할로겐 전구는 유리구 안에 불활성 기체 이외에 요오드, 브롬, 염소 등의 할로겐 화합물을 미량 봉입하여 낮은 온도에서 텅스텐과 결합하여 높은 온도에서 분해되는 성질을 이용하며 필라멘트의 표면으로부터 텅스텐 원자가 증발되는 것을 되돌리는 할로겐 사이클 작용을 일으키게 하여 전구의 수명이 연장된다. 백열전구의 1/10 정도의 소형으로 자연광에 가까운 빛을 낸다. 연색성이 좋아 대상을 강조를 위한 등이나 고천장에 많이 사용한다.

② 발광다이오드(LED : light-emitting diode)

전기 에너지를 가하면 빛을 내는 반도체로 전자가 높은 에너지 상태에서 낮은 에너지 상태로 바뀌면서 그만큼의 에너지가 빛으로 나오는 원리로 실제로 사용되기 시작된 것은 1960년대 말부터로 필라멘트가 가열되며 얻어지는 빛과 달리 전기가 반도체를 통해 직접 빛으로 전환되므로 효율이 높다. 경제적, 환경적, 심미적 측면에서 장점이 많으며 광량, 광색, 배광조절이 자유롭고 유지보수 비용이 적게 드나 습기 및 열에 취약한 약점이 있기도 하다. 최근 여러 장점으로 인해 다용도로 쓰이고 있으며 앞으로 미래 조명으로 더욱 각광받을 것이다(그림 10-34).

③ 광섬유(fiber optics)

가늘고 긴 유리나 플라스틱 섬유를 이용한 것으로 스스로 빛을 내는 것은 아니지만 한 줄기 빛이 섬유의 끝을 통과시키면 종합내반사(total internal reflection)라고 불리는 과정을 통하여 다른 한 끝으로 강한 빛을 통과시킨다. 광섬유의 끝부분만 램프처럼 빛나는 끝 발산형(end-emitting)과 광섬유 전체를 빛이 통과하며 발산하는 전체 발산형(side-emitting)의 두 조명 유형이 있다. 이 조명은 천장의 패턴, 계단 디딤판 혹은 벽의 3차원 그림자를 만드는 것에 사용한다. 단, 짧은 거리에만 빛이 도달하므로 기능적인 곳보다는 장식적인 목적에 주로 사용한다(그림 10-35).

그림 10-34 LED

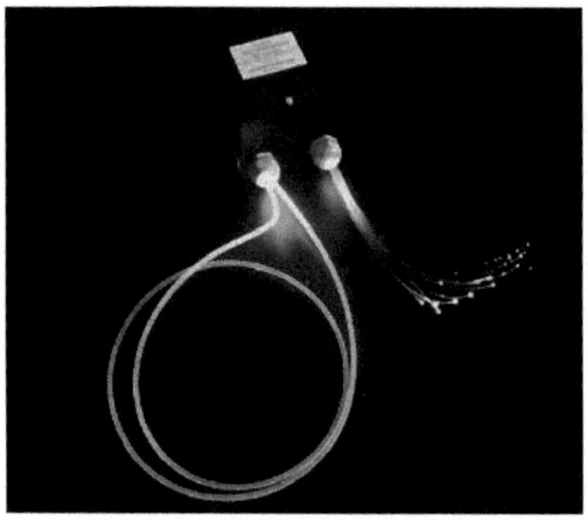

그림 10-35 광섬유

(5) 광원의 색

① **연색성**(CRI : Color Rendering Index)

연색성은 조명을 비추었을 때 관찰되는 물체의 색이 본래의 색으로 보이게 되는 광원의 성질을 말하는 것으로 연색지수(Ra)로 나타내며, 태양광에 의한 색과 비교하여 차이가 날수록 연색성은 떨어진다고 말한다.

측정방법은 정해진 8종류의 시험색을 측정하려는 광원에서 본 경우와 기준 광원에서 본 경우의 차이로 측정한다. 자연광과 같은 경우를 Ra 100으로 하고 100에 가까울수록 연색성이 좋은 것을 의미한다. 일반적으로 Ra 80 이상이면 연색성이 좋은 광원으로 분류한다.

② **색온도**(color temperature)

흑체의 어느 온도에서의 광색과 어떤 광원의 광색이 동일할 때는 그 흑체의 온도를 가지고 그 광원의 광색을 나타내는데, 이를 색온도라고 하고 절대온도로 표시하고 있다(표 10-1).

표 10-1 대표적인 광원의 색온도

광원	색온도(K)	광원	색온도(K)
태양	5,450	할로겐전구(500 W)	3,000
푸른 하늘(오전 9시)	12,000	백열전구(100 W)	2,850
구름 낀 하늘	6,500	촛불	2,000
주광색 형광등	6,500	형광수은등	4,600
백색 형광등	4,500	고압수은등	5,600

출처 : 국제조명위원회 한국위원회·호서대학교 LED조명융합기술 전문인력양성사업단(2009). p. 13.

색온도란 빛의 색상을 가리키는 것으로 단위는 K(kelvin)이며, 색온도가 높을수록 광원의 색은 푸른색을 띠며 낮을수록 붉은색을 띤다. 흑체를 고온으로 가열하면 발산하는 빛의 광색은 적색, 황색, 청록색을 거쳐 백열상태로 변한다. 형광등이나 한낮의 태양과 같이 색 온도가 높은 경우 공간을 활발한 분위기로 만들며, 백열등이나 저녁놀처럼 색온도가 낮아짐에 따라 편안한 분위기가 연출된다(표 10-1).

3) 공간의 조명디자인

조명디자인은 빛이라는 매개수단을 이용하여 주어진 공간을 기능적, 심리적, 심미적으로 디자인하는 것으로 조명은 실내공간과 조화를 이루고 그곳에서 생활하는 인간에 적합해야 한다. 이를 위해 체계적인 조명설계 순서에 따라 디자인되어야 하며 각 공간에 적합한 조명기구와 조명연출법이 실행되어야 한다.

(1) 조명기구(luminaiire, lighting fixture)

북미조명협회(IESNA)에서는 조명기구를 광원과 빛을 분산시키는 부분, 광원을 보호하고 고정시키는 부분, 광원에 전기를 공급할 수 있도록 전기적으로 접속하는 부분 모두를 통합한 완전한 조명 유닛으로 정의하고 있다. 조명기구는 기능적이며 유지관리가 가능해야 하며 건축적인 요소로서 미적인 부분도 고려해야 한다. 조명기구의 휘도는 전등갓과 유리나 플라스틱으로 된 확산면, 렌즈를 통과하면서 일어나는 굴절, 또는 이 모든 방법의 조합에 의해 조절된다.

조명기구는 광원으로부터의 빛을 조명환경에 적합하게 효과적으로 제어하여 사용자를 눈부심(glare)으로부터 보호하는 등의 시각적으로 편안한 조명환경을 만드는 데 중요한 역할을 하는 조명장치이다. 조명기구를 선택할 때는 다섯 가지 기본 사항을 고려하여야 하는데 이는 광선의 방향, 조명기구의 설치방법, 설치 및 운영비용, 전기적 안전성, 조명기구의 외형이다.

① 조명기구의 분류

■ 광선의 방향에 의한 분류

- 직접조명기구 : 발광광속의 대부분(90~100%)을 아랫방향으로 향하게 하여 작업면을 직접 조명하는 조명방식으로, 작업면에서는 좋은 조도를 얻을 수 있으나 주위와의 심한 휘도차, 짙은 그림자와 반사, 눈부심 등으로 작업자를 불편하게 할 수 있다. 따라서 직사광이 직접 눈에 들어오는 것을 막기 위해 수평방향에서 30° 정도의 차광각이 필요하다.
- 반직접조명기구 : 발광광속의 60~90%를 아랫방향으로 향하게 하여 작업면을 비추고

윗방향으로 10～40%의 빛이 천장이나 벽의 윗부분에서 반사된 반사광이 작업면으로 들어가 조도를 증가시키는 방식으로 그림자가 거의 없어져 부드러운 분위기를 만들 수 있으나 빛이 천장이나 벽의 윗부분에 흡수되어 효율이 떨어지며 직접조명기구보다 작업면에 조도가 낮아진다. 일반사무실이나 주택의 조명에 사용된다.

- 전반확산조명기구 : 발광광속의 40～60%가 위·아랫방향으로 거의 같은 비율로 향하도록 되어 있어 작업면의 조도는 기구로부터 직접 조사되는 직사광과 윗방향으로 향한 빛의 반사광이 더해지는 방식의 조명기구로 대부분 젖빛유리나 플라스틱 및 아크릴의 외구형이다. 고급 사무실, 상점, 주택, 공장 등의 전반조명용으로 사용된다.
- 반직접조명기구 : 발산광속의 60～90%가 윗방향으로 향해 천장과 윗벽 부분으로 발산되고, 나머지 부분은 아랫방향으로 향한다. 천장을 주 광원으로 이용하므로 천장의 색과 유지율에 대해 고려해야 하며 질이 우수한 빛을 발산하므로 세밀한 일을 오랫동안 하게 되는 작업에 적당하며 교실이나 사무실에 사용된다.
- 간접조명기구 : 발산광속의 90～100%를 윗방향으로 향하게 하는 방식으로 천장 및 윗벽 부분에서 반사되어 빛이 확산되는 방식의 조명기구로 천장과 윗벽 부분이 이 광원 역할을 하므로 이 부분을 밝은 색으로 확산이 잘되도록 마감해야 한다. 직접 눈부심과 반사 눈부심이 없고 균일한 조도를 제공하며 우수한 확산성과 낮은 휘도로 인해 대합실, 입원실, 회의실 등에 사용되고 있다.

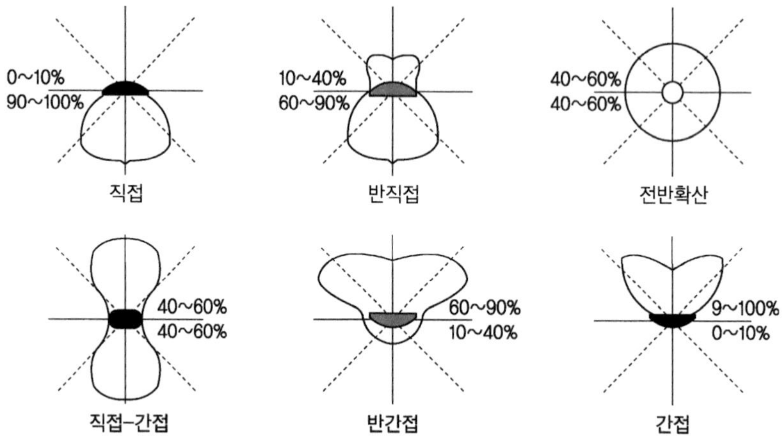

그림 10-36 조명기구의 배광분포에 따른 분류

출처 : 국제조명위원회 외(2009). p. 74.

■ 설치방법에 의한 분류

- 매입형(recessed) : 조명기구를 천장이나 벽면 속으로 집어넣어 매입·내장시키는 방식으로 겉으로 드러나지 않도록 설치하여 시야에 거슬리지 않으면서 부드러운 효과를 낼 수 있다.
- 직부형(surface mounted) : 조명기구를 천장면이나 벽면에 직접 부착시키는 가장 일반적인 방식으로 배광이 효과적이고 조명률이 좋으나 눈부심이 많으므로 유리나 아크릴, 창호지 등으로 빛을 차단 또는 확산시켜 부드럽고 온화한 분위기를 연출할 수 있다.
- 매다는 형(suspended) : 천장이나 보 등에 파이프나 와이어로 늘어뜨려 매다는 조명방식으로 보통 펜던트(pendant)라고 한다. 천장이 높은 경우에 적합하며 주로 식탁 조명으로 이용된다.
- 트랙 설치형(track mounted) : 한 전선에 여러 개의 조명을 한꺼번에 연결한 것으로 조명등의 위치나 방향을 사용자가 임의로 조절할 수 있다(그림 10-37).
- 이동형(portable) : 책상이나 바닥에 위치하여 필요에 의해 자유로이 이동할 수 있어 가동성이 좋은 국부조명기구로 장식조명 및 실내 전반조명에 대한 보조 조명기구 등으로 매우 다양하게 사용되고 있다.
- 건축화 조명(architectural lighting) : 조명이 건축과 일체가 되는 조명방식으로 특별한 조명기구를 사용하지 않고 천장, 벽, 기둥 등의 건축부분을 광원으로 만들기 위해 건축 구조물에 광원을 설치하거나 표면 반사광을 이용하여 실내를 조명하는 조명방식을 말한다. 건축화 조명의 대표적인 예는 코브(cove), 밸런스(valance), 코니스(cornice), 소핏(soffit), 광천장(luminous ceiling) 등이 있다. 광원이 직접 보이지 않아 눈부심이 없으며 실내 밝기를 조절할 수 있으나 설치 후 변경할 수 없으며 초기 비용이 많이 든다.

그림 10-37 트랙 설치형

출처 : http://www.lightingexperts.com

② 조도계산법

조명설계에서 중요한 사항은 필요로 하는 작업면 위에 충분하고 적절한 조도를 부여하는 것이다. 어떤 작업실내의 밝기 정도는 작업면 위의 평균조도로 이는 바닥면 위에서 작업높이(보통 앉았을 때 0.75 m, 섰을 때 0.85 m 기준)인 가상의 수평면을 뜻한다.

- 루멘방식(lumen method) : 루멘방식은 실내의 작업면 위의 모든 점들의 평균조도를 계산하는 방법으로 기본적으로 단위면적당 광속으로 정의되는 조도의 개념에 의한다. 그러나 전구의 전광속은 조명기구의 형태 및 실표면에서의 손실 등으로 그 전부가 작업면에 도달하는 것이 아니므로 조명기구의 형태, 실의 크기 및 천장, 벽, 바닥의 반사율을 고려하여 작업면에 도달하는 비율인 조명률(CU : coefficient utilization) 및 전구나 기구 자체에 의한 광손실률(LLF : Light Lost Factor)을 곱하여야 한다.

$$E=\frac{F(\mathrm{lm})}{A(\mathrm{m}^2)} \qquad E=\frac{\mathrm{lm}\times CU\times LLF}{\mathrm{m}^2}$$

E : 조도, F : 총광속, A : 실면적

이같이 루멘방식으로 계산된 조도는 조명기구가 이론적으로 일정하게 배치된 경우에 적용가능한 것이며, 조명률은 완전 반사를 하는 표면으로 텅빈 실내를 가정하기 때문에 루멘방식에 의한 평균값은 여러 점에서 구한 조도의 평균값과는 차이를 보일 수 있다.

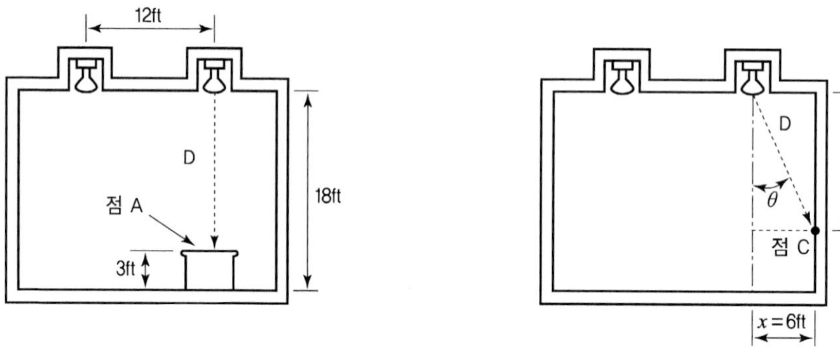

수평면을 비출 때

$E=(I/D^2)\times \mathrm{con}\theta\times(LLF)$

수직면을 비출 때

$E=(I/D^2)\times \sin\theta\times(LLF)$

I : 광원의 특정각도에 대한 광도

D : 광원에서 측정지점까지의 거리

θ : 빛의 각도와 면에 대한 수선이 이루는 각도

그림 10-38 포인트 방식

출처 : 박종호 역(1992). p. 152, 153.

■ 포인트 방식(point-by-point method) : 포인트 방식은 점광원으로부터 발생되는 조도를 임의의 점에서 구하는 방식으로, 조도는 광원으로부터의 거리제곱에 반비례한다는 원리에 의한다(거리 역자승의 법칙, Inverse square Law). 점광원 한 개가 수평면을 비출 때, 즉 조명기구와 평행일 때는 코사인(cosθ)을 이용하고, 수직면을 비출 때는 사인(sinθ)을 이용하여 계산한다(그림 10-38).

(2) 조명설계

건축물의 사용목적에 적합한 실내조명을 위한 광환경을 확보하기 위해서 시작업에 적합한 빛의 질, 양, 방향 등을 고려하여 조명기구의 종류와 크기 및 위치 등을 각각 결정하는 것을 조명설계라 한다. 조명설계 과정은 다음과 같이 진행된다(그림 10-39).

조명계획은 활동유형에 따라 달라져야 하며, 일반적으로 주택의 경우 각 공간마다의 요구사항이 다르므로 생활과 기능을 세밀히 분석한 후 그 요구에 맞는 계획을 세워야 한다.

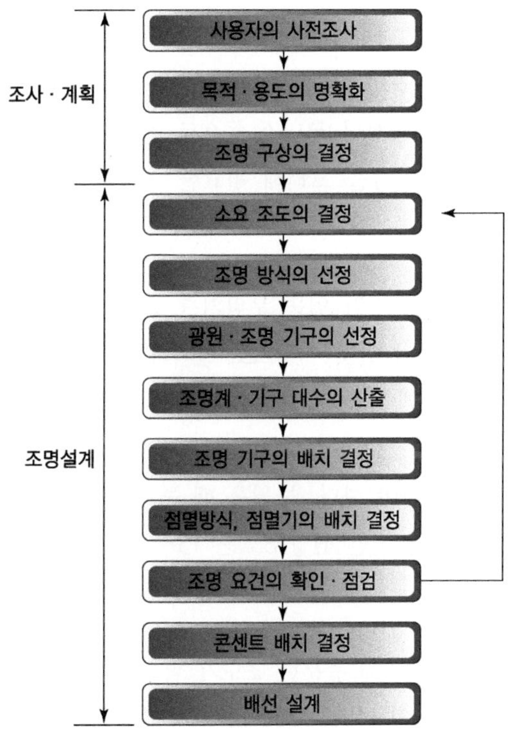

그림 10-39 조명설계 과정

출처 : 최산호 외(2005). p. 213.

① 현 관

주택에 있어서 현관은 공적인 공간과 사적인 공간의 접점에 해당하는 공간으로 그 집의 첫인상을 주고 손님을 맞이하는 곳으로 권장조도는 70~80 lx이다. 천장이나 벽에 직접조명방식으로 밝은 조도의 백열등을 부착해서 손님을 환영하는 듯한 느낌을 주도록 해야 하며, 또한 외부 사람들과의 최초의 커뮤니케이션, 만남의 장소이기도 하므로 기능적인 빛 외에 표정이 아름답고 인상이 강한 공간의 조명연출이 중요하다. 오래 머무르지 않고 지나치는 공간이기 때문에 사람이 있을 때는 켜지고, 지나가면 자연히 꺼지는 센서가 부착된 조명기구가 효율적이다.

② 거 실

거실은 음악감상, 차 마시기, TV시청, 손님접대, 가족 간의 대화, 취미생활이 이루어지는 생활공간으로 안락하고 아늑한 분위기로 주거공간의 중심 역할을 하는 곳이다. 대화를 위해서는 전체적으로 균질한 조도(100 lx)가 유지되어야 하며, 휴식을 위해서는 전체조명을 낮추고 국부조명(50 lx)을 이용하는 것이 좋은데, 테이블 스탠드나 플로어 스탠드 등 움직일 수 있는 형태가 어울린다. 조명기구는 가능한 한 눈에 띄지 않게 설치하며 이때 빛을 천장이나 벽면에 반사시켜 부드러운 간접조명인 코브나 코니스 등으로 처리하면 분위기가 더욱 고조된다. 거실의 면적과 기능, 경제적 여유 등을 고려해 필요한 조명을 조절하는 것이 중요하다.

③ 침 실

침실은 쾌적한 수면과 편안함, 안정감 있는 분위기를 연출할 수 있는 조명계획이 필요하다. 침실의 전체조명은 실내의 크기에 알맞은 것으로 설치하고, 부분적으로 천장내부에 매입등을 설치하는 것도 좋다. 주조명은 백열등이나 할로겐등으로 전반조명을 설치하고 부분적으로 사이드테이블 스탠드를 이용하는 것이 좋은데, 이때 스탠드는 부분조명 역할과 전체조명 역할을 동시에 할 수 있는 것을 골라야 한다. 누웠을 때 눈부심이 없도록 램프가 노출되지 않는 조명기구를 이용해야 한다. 전체적인 권장조도는 15~35 lx이다.

④ 부 엌

주부의 작업과 청결한 분위기를 위해 충분한 조도가 필요하다. 예를 들어, 작업대와 조리대는 700 lx 정도되어야 하며 전체적인 밝기는 300 lx가 적당하다. 작업 시 그림자가 생기지 않는 충분한 밝기의 전반조명 외에 부분조명이 보충되는 것이 좋다. 특히, 칼을 사용하는 곳이나 음식을 끓이는 곳, 가전제품을 사용하는 곳에는 스포트라이트를 이용하여 밝게 하거나 상부

수납장 아랫부분에 등을 달아 작업면을 밝게 하는 방법이 효과적이다. 부엌은 비교적 불을 켜는 시간이 길기 때문에 형광등을 이용하는 것이 좋으며 음식에서 나오는 연기와 기름기 때문에 쉽게 더러워지는 곳이므로 등기구의 갓은 먼지나 기름때가 잘 닦이는 것으로 선택해야 한다.

⑤ 식 당

식당은 온 가족이 모여서 식사를 하는 장소이면서 가족끼리 서로 사교의 중심적 장소 역할을 하는 곳이다. 요리가 돋보이고 먹음직스러운 분위기를 연출하기 위하여 난색계열의 연색성이 좋은 광원(백열전구, 할로겐전구, 촛불 등)을 사용하며, 조명기구는 천장에 직부등보다는 펜던트등을 주로 이용하는데, 이때 조명기구는 너무 낮게 설치되면 맞은편 사람이 보이지 않게 되고 부딪칠 수 있으므로 식탁 위로 700~900 mm 정도 높이로, 높이 조절이 가능하도록 한다. 직접조명에 의한 그림자를 없애기 위해서 촛불이나 브래킷을 이용하면 따뜻하고 부드러운 분위기를 연출할 수 있다.

⑥ 자녀방

자녀방은 취침, 학습, 휴식 등의 다목적인 공간의 성격에 맞는 조명계획이 필요하다. 전체적으로 밝은 분위기 연출을 위해 고연색성 형광등을 전반조명으로 하고 학습이나 취침을 위해서 단순하고 기능적인 국부조명용 등기구를 따로 설치한다. 책상 위와 주변의 밝기 차이가 심하면 눈이 피로해지므로 전체조명과 스탠드를 함께 사용하도록 한다. 어린이들은 잠들기 전 약간의 불빛이 있는 것을 좋아하므로 머리 위에 조광기가 달린 조명을 달아 주는 것이 좋다.

⑦ 화장실

화장실은 생리적 기능을 담당하는 위생공간인 동시에 샤워나 목욕을 할 수 있는 휴식공간으로 완벽한 독립성이 보장되어야 하는 공간이다. 조명은 천장의 전반조명과 거울 위에 국부조명이 필요하다. 이때 거울부위 조명은 욕실에서 가장 중요한 부분으로, 화장을 하거나 면도를 할 때 얼굴에 그림자가 생기지 않게 부드러우면서도 직접 비추는 것이 바람직하다. 너무 밝으면 지나치게 경직되어 보인다거나 창백해 보이고, 또 너무 어두우면 기능적이지 못하므로 적절한 밝기를 찾되 거울면에 부딪혀 눈이 부실 정도로 반사가 심하지 않도록 하는 것이 중요하다. 또한 화장실은 물을 사용하는 공간으로 이상적인 조명기구 형태는 전구를 완전히 덮을 수 있는 고정된 유리구의 천장등이나 매입된 다운라이트이다.

참 고 문 헌

강신우(2000). 현대가구디자인. 미진사.

국제조명위원회 한국위원회·호서대 LED조명융합기술 전문인력양성사업단(2009). 조명디자인 입문. (주)기다리.

김경수(2003). 가구디자인. 창지사.

김국선·이세환·공석만(2007). 가구디자인. 광문각.

김영수·이영직(2005). 인간공학 및 주거계획. 성안당.

김정수 외(2001). 건축조명계획론. 광문각.

박영순·오혜경(1992). 인테리어 디자인. 다섯수레.

박영순·천진희(1998). 가구디자인. 교문사.

박종호(1988). 실내조명설계 프로세스에 관한 연구. 홍익대학교 대학원 석사학위논문.

박필제 편저(1994). 조명과 실내장식. 조형사.

박혜숙 역(2001). 가구디자인. 학문사.

박홍(1990). 실내디자인론. 기문당.

신태양(2001). 공간의 이해와 인간공학. 도서출판 국제.

에넥스(1997). 부엌설계 Guide. (주)에넥스.

윤복자(2002). 부엌의 디자인과 리모델링. 신광출판사.

이강재·김석규(2001). 주택계획론. 보성각.

정복상·김상권(1992). 가구디자인. 미진사.

정타관(2004). 조명 : 원리와 응용. (주)북스힐.

조성오·손장복(2004). 조명디자인 이야기. 동서문화원.

지철근(1994). 조명원론. 문운당.

최산호 외(2005). 실내건축조명. 기문당.

최정신·김대년(1993). 인테리어 디자인. 문운당.

한영호(2009). 가구디자인. 기문당.

황세옥(2002). 조명디자인. 미진사.

(사)한국실내건축가협회 편저(2004a). 실내건축일반. 한국실내건축가협회(KOSID).

____________________(2004b). 인간과 환경. 한국실내건축가협회(KOSID).

29Media(2003). 평형별 맞춤 부엌 드디어 찾았어요! 기초 인테리어 시리즈 ⑤. 29Media Publishing Co.

Faulkner, R. & Faulkner, S. (1975). Inside Today's Home. New York: Holt, Rinehart and Winston.

Illuminating Engineering Society of North America (1993). IESNA Lighting Education. Fundamental Level. New York: IESNA.

Sunset Books (1994). Kitchens & Bathrooms. Planning & Remodeling. Menlo Park, CA: Sunset Publishing Corporation.

The Midwest Plan Service Committee (1988). House Planning Handbook. (2nd Ed.). The Midwest Plan Service.

http://designmuseum.org/design/joe-colombo

http://www.bevlan.com

http://www.thenorthrose.com

CHAPTER 11

색채학

색채는 주택의 실내디자인 이미지와 분위기를 좌우하는 매우 중요한 요소이다. 이는 색채가 매우 예민한 시지각적 요소이면서 동시에 심리적인 요소이기 때문이다. 즉, 색채는 실내공간의 첫인상과 분위기를 압도할 수 있으며, 거주자의 생활과 심리상태에 큰 영향을 미친다. 색채디자인은 색채의 생리적, 심리적, 인간공학적, 기능적 그리고 미학적 특성들에 대한 전문적인 분석을 필요로 한다. 따라서 색채디자인은 정확하고 신중하게 분석되고, 계획되어야 한다.

이를 위하여 색채학에서는 색채기본이론, 색채효과, 색채이미지, 색채디자인 방법론 등을 중심으로 주택의 색채디자인 시 필요한 기본적 지식을 학습하고자 한다.

1. 색채의 이해

1) 색과 색체계

(1) 색의 정의

색채를 보게 되는 첫 번째 과정은 빛으로, 색채를 보기 위해서는 물체의 크기, 운동, 형태를 지각하는 것보다 더욱 높은 밝기의 빛을 필요로 한다. 따라서 정확한 색채를 표현하기 위해서는 적절한 빛의 밝기와 종류가 필요하다. 빛은 여러 가지의 색파장으로 이루어져 있으며, 색은 빛이 눈에 들어와 시신경을 자극하여 뇌의 시각중추에 전달함으로써 생기는 감각이다. 에너지의 진동을 통해서 색의 지각이 일어나며 눈은 전체 에너지의 일부분을 받아들이고 그것을 뇌로 전달하여, 색을 스펙트럼상의 복사선 형태로 받아들인다. 일반적으로 우리가 빛이라고 하는 것은 가시광선이며 이는 방사되는 수많은 전자파 중에서 우리 눈으로 지각되는 380~780 nm의 범위를 의미한다.

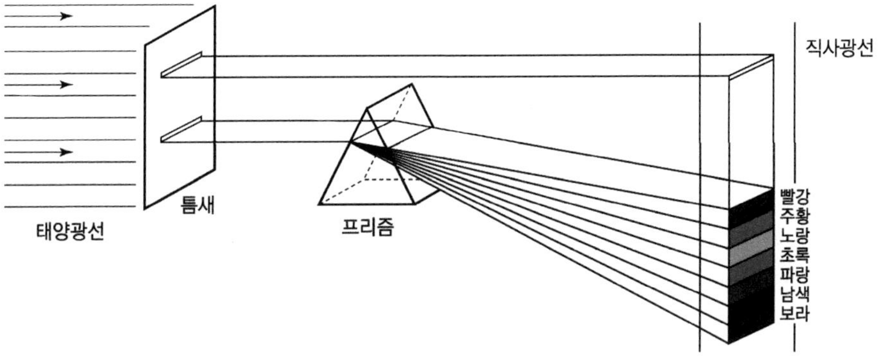

그림 11-1 가시광선과 스펙트럼

출처 : 한국실내디자인학회(2000). p. 9.

프리즘에 의해 굴절시킨 태양빛으로 관찰한 색채를 스펙트럼이라고 하며, 스펙트럼에서 장파장의 빨강, 주황에서 단파장의 파랑, 보라로 독립된 색을 색상이라고 부른다. 가시광선은 7개의 색파장들이 합성되어 있기 때문에 백색광으로 보이며, 빛의 직진, 반사, 굴절, 간섭, 산란 등의 성질에 의해 빛을 지각할 수 있다. 빛이 물체에 닿게 되면 파장들이 흡수 또는 반사되기 때문에 우리는 물체마다 다른 색상을 보게 되는 것이다. 빛의 분산에 의해 무지갯빛 색을 볼 수 있고, 빛의 산란에 의해 푸른 하늘을 관찰할 수 있으며, 스테인드글라스 창, 광고판을 통해서 빛의 반사, 투과, 흡수에 의한 표면의 색이나 광택 등을 볼 수 있다.

(2) 색의 삼속성

색은 빨강, 노랑, 파랑 등으로, 또는 어두운 색, 밝은 색으로, 또는 선명한 색과 탁한 색과 같이 여러 방법으로 표현된다. 같은 빨강이라 하더라도 밝기가 다르고 색의 순수한 정도에 따라 다른 색이 만들어진다. 이 같은 색의 성질은 색의 삼속성인 색상, 명도, 채도에 의해서 설명이 가능하다.

① 색상(hue)

빛의 스펙트럼에는 뚜렷하게 구분되는 빨강, 주황, 노랑, 초록, 파랑, 남색, 보라의 7색이 순차적으로 나열되어 있다. 이 기본색상 이외에도 인접한 두 색의 사이에는 수많은 색들이 존재하며, 이를 구별하는 명칭을 색상이라 한다. 유사한 순서대로 이 색들을 나열시키면 하나의 순환적 관계를 가지게 된다. 이러한 순환적 관계에 따라 색상을 원으로 배열한 것을 색상환(색환)이라 하는데, 이는 색상들 사이의 질서와 차이 등을 가장 확실하게 나타내는 형태이다.

일반적으로 색체계에서 통용되는 색상은 약 40가지로, 색들 간의 차이가 가장 큰 색상들은 보색이라 하며 이들은 서로 색상환의 반대편에 위치한다.

② **명도**(value)

명도는 흰색에서 검정까지의 단계를 균등하게 분할하여 표시하는 것으로, 빛이 반사하는 양에 따라 색의 밝고 어두움의 정도를 느끼는 것이다. 무채색과 유채색의 공통점은 모두 밝음과 어두움을 가지고 있다는 것이다. 이 명도 단계는 무채색을 모두 11단계로 구분하였으며 밝은 색은 고명도(10~7도), 어두운 색은 저명도(3~0도), 사이 단계를 중명도(6~4도)로 구분하여 표시한다. 같은 명도의 색이라도 주어진 광원의 밝고 어두운 정도에 따라 명도가 다르게 느껴지기도 하여, 반사의 정도를 말할 때에는 명도를 밝기(lightness)라고 표현한다. 색의 삼속성 중 명도만을 가진 회색은 무채색으로 색상이나 채도의 간섭 없이 밝기를 구별할 수 있으므로, 색상과 채도가 함께 있는 유채색들을 비교할 수 있는 이상적인 기준이 된다. 또한 우리의 눈은 삼속성 중에서 명도에 대해 가장 예민한 감각을 가지고 있다. 최고 채도의 순색은 각기 다른 명도를 가지며, 노랑이 가장 밝게 느껴지며 그 다음으로 주황, 빨강과 초록은 중간 정도, 파랑과 보라는 어둡게 느껴진다.

③ **채도**(chroma)

채도는 색의 강하고 약한 정도, 맑고 탁한 정도인 선명도를 나타내는 속성으로, 순도 혹은 포화도라고도 한다. 순색은 어떤 색에 무채색의 함량이 가장 적을 때를 말하며, 최대 채도를 가진다. 따라서 무채색을 많이 포함할수록 채도가 낮아지고 적게 포함될수록 높아지게 된다. 가장 낮은 단계의 채도를 1로 하고 가장 높은 단계의 채도를 14로 하여 14단계로 분류한다. 무채색은 색의 삼속성 중 색상과 채도가 없이 명도만을 가지며, 유채색은 색상, 명도, 채도의 삼속성을 모두 가진다.

(3) 색채의 체계

색을 전달하는 데 말로 표현하는 방식은 부족함이 있기 때문에 색 표현의 정확한 지칭과 전달을 위한 표기방식으로, 색을 기호화하는 것을 색체계라 한다. 대표적인 색체계로는 한국, 일본, 미국 등의 표준체계인 먼셀(Munsell), 유럽의 표준체계의 기본인 오스트발트(Ostwald), 스웨덴을 중심으로 세계적으로 보급되고 있는 NCS(Natural Color System), 빛의 색을 판별하고 체계화한 CIE 표준 표색계가 있다.

① **먼셀 표색계**(Munsell System)

독일의 물리학자 헬름홀츠(Hermann von Helmholtz)의 지각이론에 근거하여 1924년 처음 발간되었다. 현재 사용하고 있는 것은 1943년 미국광학회에 의해 보완된 수정 먼셀 표색계이다. 먼셀은 모든 색체를 색의 삼속성인 색상, 명도, 채도의 총합이라고 정의하였다. 그리하여 이 세 가지 요소를 도식화하여 일그러진 구 형태의 색입체를 고안하였다. 먼셀 표색계는 모든 색채를 이 색입체 안에 포함되도록 구성하였으며, 모든 색을 시지각적인 면에서 균등한 등간격을 이루도록 배치하였다.

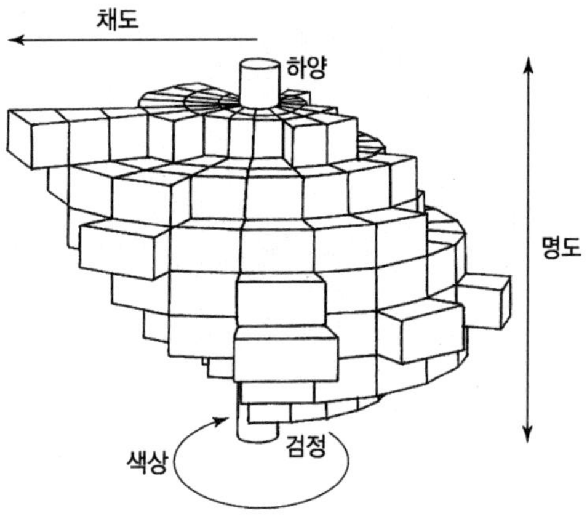

그림 11-2 먼셀 색입체

색상환은 빨강(R), 노랑(Y), 초록(G), 파랑(B), 보라(P)의 5가지 기본색과 주황(YR), 연두(GY), 청록(BG), 남색(PB), 자주(RP)의 5가지 중간색을 포함하여 10색으로 구성되어 있다. 각각의 색들은 다시 10단계로 구분하고, 그 각각의 구분색들은 1부터 10의 기호를 붙여 총 100색상이 되게 하였다. 이때 각 5번 기호를 가지는 색(예 : 5R, 5Y 등)이 중심색이 된다. 그러나 현재는 기본 10색을 4단계로 분류하여 40색상을 쓰고 있다.

명도는 순수한 검정을 0, 순수한 흰색을 10으로 그 사이를 9단계로 구분하여 11단계이나, 실제로 화학적 안료로 순수한 흰색과 검정을 만드는 것이 불가능하므로 1부터 9.5까지의 기호로 한정된다. 수정 먼셀 표색계에서 명도 단위 앞에 중성(neutral)의 첫 글자인 N을 붙여 N1, N2…N9.5 등으로 무채색의 명도를 나타낸다.

채도는 회색계열을 시작점 0으로 놓고 색의 순도가 증가함에 따라 1에서 14까지의 숫자로 표기한다. 각 색상의 채도 단계는 색상에 따라 다르며, 5R은 채도가 14단계로 순색의 채도가 매우 높은 반면, 5BG는 채도 단계가 8로 순색의 채도가 가장 낮다. 표색기호는 색상, 명도, 채도 순으로 HV/C(색상 명도/채도)로 나타낸다. 예를 들어, 5R 5/13인 색은 색상은 빨강이고 명도가 5이며, 채도가 13인 색임을 알 수 있다.

먼셀 표색계는 색의 삼속성인 색상, 명도, 채도에 의해 색을 체계적으로 연결하여 색채의 표준화를 이루었다는 평가를 받는다. 모든 색이 색입체 안에 존재하기 때문에 물체색 관리에 유용하나, 파랑과 보라 부분에서는 시각적 등간격을 이루지 못하고 색상별로 순색과 채도 위치가 달라 배색이 어렵다.

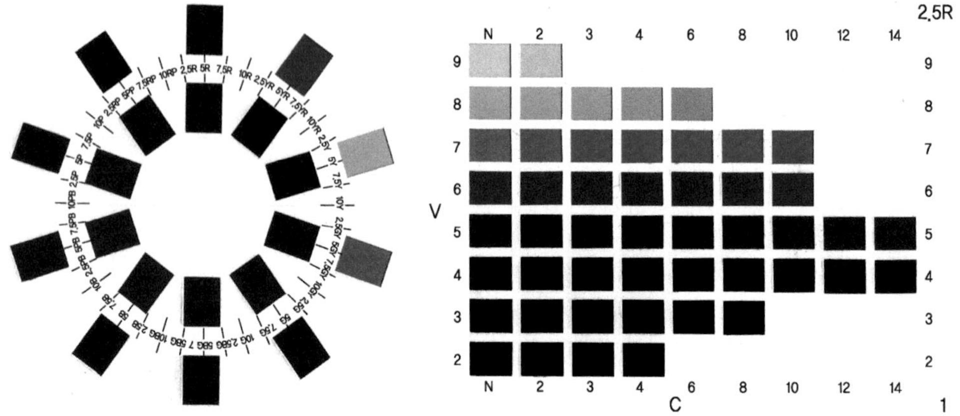

그림 11-3 먼셀 색상환(좌)과 먼셀 등색상단면(우)

② **오스트발트 표색계**(Ostwald System)

헤링(Edward Hering)의 반대색설을 기초로 하는 것으로 수직, 수평배치를 가진 먼셀의 색입체와는 달리 정삼각 구도의 사선배치로 이루어진 쌍원추체의 형태로 구성되어 있다.

색의 체계화는 아래쪽에는 흰색, 위쪽에는 검정, 수평방향에는 순색을 꼭짓점으로 하는 정삼각형 형태의 색 삼각형을 바탕으로 한다. 색입체는 보색을 중심으로 배치하였기 때문에 색상이 등간격으로 분포하지는 않는다. 모든 색상의 순색이 삼각형의 꼭짓점에 위치하고 있어 색입체 상에서 동일한 높이에 위치하며, 백색에서 순색까지, 순색에서 흑색까지 8단계로 구분하였다.

오스트발트 색상환은 빨강-청록, 노랑-남색을 서로 마주보도록 배치하고 주황, 파랑, 자주, 황록을 그 사이에 배치하여 8색을 기본으로 구성하였다. 이 기본색을 다시 3단계로 구분하여 두 번째 색을 중심색이 되도록 하였다. 1940년에 반대색이 보색이 되도록 배치한 24색상환을 기본으로 하여 첫 색채도감이 발표되었다.

색체계에서는 명도와 채도를 따로 분리하여 표시하지 않고, 흰색과 검정 사이를 8단계(a, c, e, g, i, l, n, p)의 밝기로 구분하였다. 모든 색은 흰색량(W), 검정량(B), 순색량(C)의 합을 100으로 하여 배합하여 모든 색의 혼합량은 항상 100으로 일정하다.

색의 표기방법은 색상을 기입하고 그 뒤에 흰색량을 나타내는 기호, 검정량을 나타내는 기호 순으로 나타낸다. 색의 위치에 따라 1부터 24까지 숫자가 사용되는데, 2R pa는 색상이 빨강이며 흰색량이 3.5%(p), 검정량이 11%(a), 순색량이 85.5%로 순색에 가까운 빨강을 나타낸다.

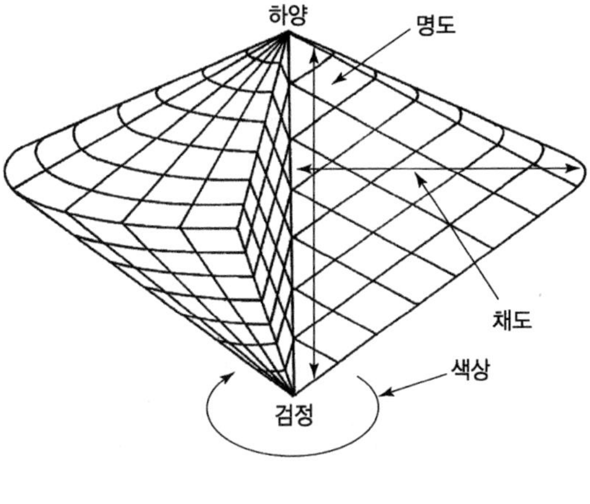

그림 11-4 오스트발트 색입체

오스트발트 표색계는 색체의 체계적 발전에 기초적인 토대 역할을 하였으며, 각 색상들이 규칙적인 틀을 가지고 있어 색의 조화에 대한 계획이 용이하다. 그러나 표기에서 사용된 색명을 이해하기 어렵고, 색상들 사이의 관계성에 대한 명료한 인식이 어려워 실용성이 부족하다는 단점이 있다.

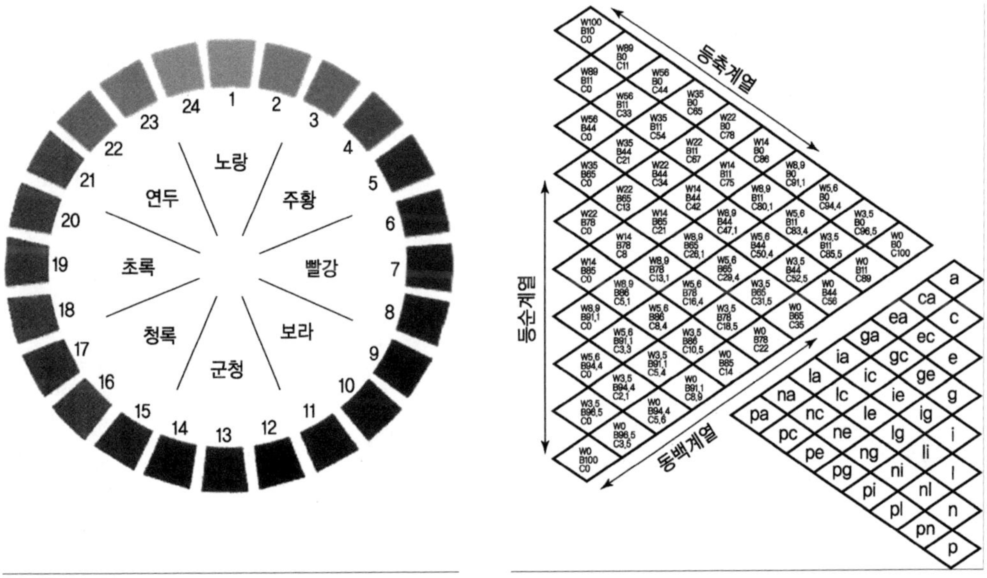

그림 11-5 오스트발트 색상환(좌)과 오스트발트 표색기호 단면(우)

③ **NCS 표색계**(Natural Color System)

오스트발트 표색계와 같이 헤링의 반대색설을 기초로 하며, 1979년 스웨덴 색채연구소가 발표하였고 이는 곧 스웨덴 표준으로 공인받았다. 기존의 물리적 기초로 빛의 파장을 본다고 생각했던 것과는 달리 현상학적 접근에 의한 것으로 인간이 색을 보는 방법에 따라 지각되는 색채요인만을 표시한 색체계이다. NCS 표색계는 노랑, 빨강, 파랑, 초록의 유채색과 흰색, 검정의 무채색을 합하여 총 6가지 색을 기본색으로 가진다. 이 기본색으로부터 오스트발트의 색체계와 같은 원리로 3차원의 원추형 색입체로 표현된다.

색상환에는 빨강, 노랑, 초록, 파랑의 기본색을 10단계로 나누어 40색상으로 구성되어 있다. 실제로는 색상의 표기법을 근거로 각 색상 사이가 100단계로 나누어져 있다. 예를 들어, 빨강으로부터 노랑 사이에는 100개의 색이 존재하여, 순수한 빨강이 R이라면 빨강에 노랑이 10정도 혼합된 색을 Y90R로 표기한다.

오스트발트와 같이 NCS 표색계에서는 명도와 채도를 구분하지 않고 톤의 개념을 사용한다. 색삼각형 내에서 무채색축을 10단계로, 흰색에서 순색까지 10단계로 나누어 색을 나타낸다. 무채색축과 평행한 선은 포함된 순색량(채색도)을 표현하는 것이며, 흰색과 순색을 연결한 선과 평행한 선들은 포함된 검정량(흑색도)을 표현하는 것이다. 따라서 무채색축과 평행한 선들은 각기 포함된 순색량이 같으며, 흰색과 순색을 연결한 선과 평행한 선들은 각기 포함된 검정량이 같다.

NCS에서의 표색기호는 앞쪽에 색삼각형 내에서의 위치를 적고, 뒤에는 색상의 위치를 나타낸다. 색삼각형 내의 위치는 검정량을 먼저 적고 나중에 순색의 양을 적는다. 예를 들어, S7020-R20B는, S는 2번째 판(second edition)을, 70은 검정량, 20은 순색량을 나타내며 R20B

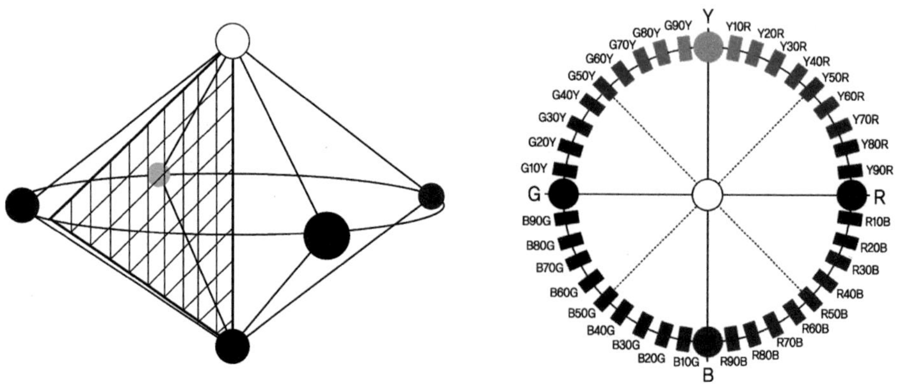

그림 11-6 NCS 색입체(좌)와 NCS 색상환(우)

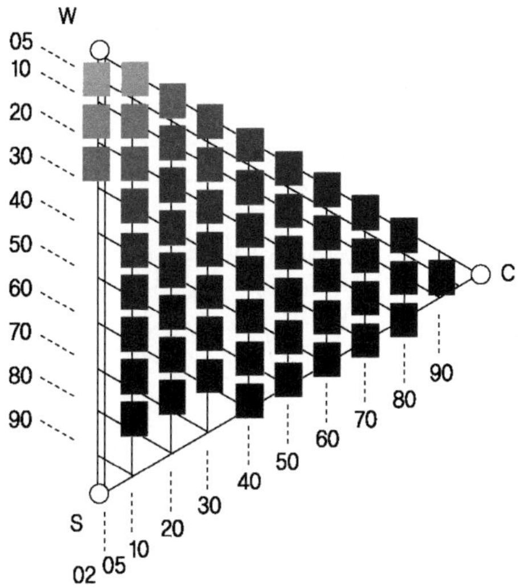

그림 11-7 NCS 등색상단면

는 빨강에서 파랑쪽으로 20%만큼 떨어진 위치의 색상을 나타낸다. 이러한 표기로 모든 색은 흑색도, 채색도, 백색도의 합으로 나타낼 수 있으며, NCS는 지각경험을 통하여 색을 표현하기 때문에 총체적으로 색을 인식하는 데 도움을 준다.

④ CIE 표준표색계(CIE Standard Colorimetric System)

CIE 표준표색계는 XYZ표색계라고도 하며, 국제조명위원회(CIE)에서 1931년에 가법혼색의 원리에 의해 3원색을 정하고 그 혼합비율을 사용하여 모든 색을 색공간 안에 표시하도록 하였다. 물체의 색뿐 아니라 빛의 색까지 기술할 수 있다는 장점을 가진다. 1976년 국제조명위원회가 평면방식으로는 균등공간을 구현하기 어려운 점을 개선하여 지각적으로 동일한 간격을 가진 색공간 L*a*b*를 발표하였다. 이 색공간은 엘스타, 에이스타, 비스타로 읽는데, 밝기를 나타내는 L*축과, 빨강-초록을 뜻하는 a*, 노랑-파랑의 b*로 표시한다. 중심 L축에 가까울수록 채도가 낮아진다. a*값이 플러스 값을 가지면 붉은빛이 강해지고, 마이너스가 되면 초록빛이 강해지며, b*값이 플러스 값을 가지면 노란빛이 강해지고 마이너스가 되면 파란빛이 강해진다. CIE 표준표색계는 CIE XYZ가 가지는 색 간의 지각적 불균등을 보완하였으며, 독립된 색채공간으로 기후, 환경에 영향을 받지 않고 항상 같은 색을 유지하며, 직선거리 계산을 통해 색 간의 차이를 얻을 수 있다.

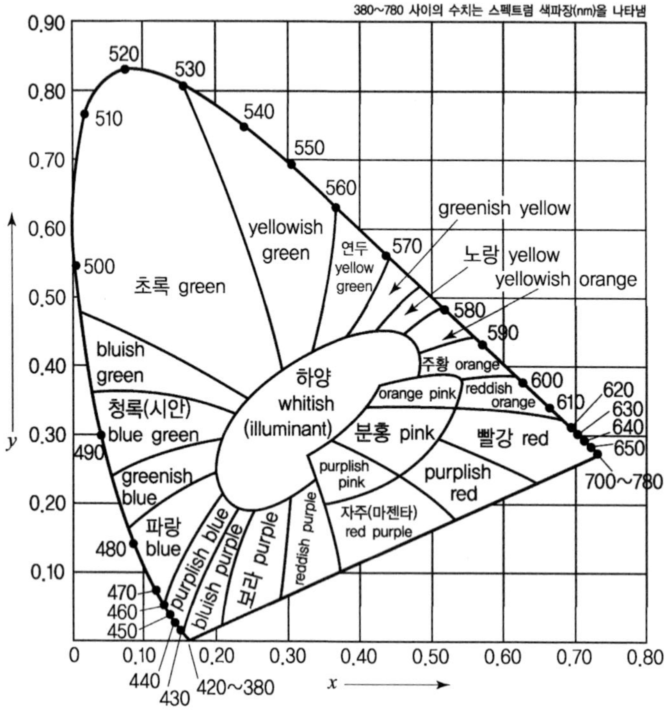

그림 11-8 CIE의 x, y 색도도 위에 나타난 빛자극에 의한 색이름

출처 : 박은주(1989). p. 175.

(4) 색 명

색을 언어로 표시한 것을 색명이라고 하며, 색의 전달방법으로 사용된다. 색명은 색을 분류하고 지시하는 기능과 색의 이미지 내용을 전달하는 기능을 함께 가진다. 색명에는 관용색명과 일반색명이 있다.

① 관용색명

관습적으로 사용하고 있는 색의 이름으로 고유색명을 비롯하여, 동물, 식물, 광물, 지명, 인명, 자연현상 등에서 유래한 색명이다.

- 고유색명 : 빨강, 노랑, 파랑, 흰색, 검정 등이 있고 흑(黑), 백(白), 적(赤), 황(黃), 녹(綠), 청(靑), 자(紫) 등과 같은 한자어로 된 고유색명이 있다.
- 동물에서 유래한 색명 : 쥐색, 들소색, 연어색, 공작색 등
- 식물에서 유래한 색명 : 귤색, 살구색, 풀색, 복숭아색, 팥색, 가지색, 오렌지색, 레몬색, 장미색 등

- 광물, 원료에서 유래한 색명 : 금색, 은색, 호박색, 에메랄드색, 크롬색, 코발트 블루 등
- 인명, 지명에서 유래한 색명 : 프러시안 블루, 하바나 블루, 반다이크 브라운 등
- 자연현상에서 유래한 색명 : 하늘색, 물색, 무지개색, 황토색 등

② 일반색명

색상, 명도, 채도에 따라 수식어를 정하여 색명을 표시하는 방식으로 계통색명이라고도 한다. 색의 감정적인 느낌을 나타내면서 색의 삼속성에 따른 상대적인 위치를 통해 쉽게 이해가 가능한 장점이 있다. 미국색채협의회와 미국의 국립표준국이 공동으로 제정한 미국의 ISCC-NBS 색명법은 명도와 채도를 함께 표현하는 톤 개념을 사용하고 있다. 중간 톤을 중심으로 같은 색상면에서 명도는 '밝은, 매우 밝은, 어두운, 매우 어두운' 의 5단계로 분류하며, 채도는 강렬함과 회색기미(grayish) 등의 3단계로 나뉜다. 이와 유사하게 일본의 P.C.C.S에서는 유채색을 11톤, 무채색을 5톤으로 분류하고 있다. 한국 공업규격(KS A 0011)에서도 색명의 기능성을 고려하여 톤의 형용사와 색상을 결합하여 색명을 표시하였다. 기본 색이름 앞에 색상에 관한 수식어를 쓰고, 그 사이에 명도와 채도에 관한 수식어를 붙인다.

(5) 색채효과

색채의 대비란 하나의 색이 다른 색의 영향을 받아 본래의 색과는 다른 색으로 보이는 현상을 말하며, 이는 생리적인 측면과 신경과정에서 기인한다. 감각은 매우 상대적이기 때문에 색채의 차이가 항상 일정하게 지각되지 않는다. 또한 색채는 항상 다른 색과 인접하여 사용되기 때문에 각각의 색채가 단독으로 미치는 영향보다 인접한 색채와의 관계 속에서 색채 간의 대비를 이해하는 것은 매우 중요하다. 대비에는 색상대비, 명도대비, 채도대비, 보색대비, 동시대비, 한난대비, 면적대비가 있다.

① 색상대비

색채대비 중 가장 단순하며, 색채 간의 차이를 느끼는 주요 요인이 색상인 경우를 말한다. 색상대비는 항상 힘차고 활발하며, 시각적 자극이 강하므로 시선집중의 효과가 크다. 색상대비를 명확히 보기 위해서는 색상환의 순색을 사용하는 것이 효과적이다. 색상 사이에 색상대비가 가장 강하게 느껴지는 색은 삼원색으로, 이 삼원색은 다른 색을 혼합해서 만들 수 없기 때문에 차이가 가장 명확히 구별된다. '노랑, 빨강, 파랑' , '빨강, 파랑, 초록' , '노랑, 초록, 보라, 빨강' , '초록, 파랑, 주황, 검정' 등의 배열이 색상대비의 가장 대표적인 조합이다. 색상대비는 그 사용색이 2차색, 3차색이 될수록 1차색에 비해 그 강도가 감소된다. 또 색상대비 시 그 단색들 사이를 검은색 또는 흰색의 띠로 구분하면 대비의 효과가 감소된다.

② 명도대비

색채 간 차이를 느끼는 주된 요인이 명도일 경우를 명도대비라 한다. 즉, 명도가 다른 두 색을 대비시켰을 때 밝은 색이 더 밝게 느껴지고 어두운 색이 더 어둡게 느껴지는 현상이다. 밝고 어두운 정도 차가 클수록 명도대비가 강하게 일어나며, 우리의 감각은 색상, 명도, 채도 대비 중 명도대비에 가장 민감하다. 흰색에서 검정까지 여러 단계의 회색을 만들 수 있으며, 전통적인 회화기법인 수묵화에서는 농담의 미세한 변화를 조절함으로써 명도대비가 가장 효과적으로 사용된다. 명도대비는 무채색과 유채색 모두에서 나타나며, 색상과 채도가 같은 조건에서 명도의 차를 식별한다는 것은 대단히 어렵다. 명도대비는 어떻게 사용하느냐에 따라 다른 느낌을 가져다 준다. 명도대비가 강하면 선명하고 따뜻하며, 명도대비가 약하면 차분한 느낌을 얻게 된다.

③ 채도대비

색의 순수한 정도와 관련된 대비로, 채도가 다른 두 색을 대비시켰을 때 채도가 낮은 색은 더 낮아 보이고, 채도가 높은 색은 더 높게 느껴지는 현상이다. 유채색끼리의 채도대비보다 무채색과 유채색 사이가 더욱 채도가 높아 보인다. 이와는 반대로 어떤 중간색은 같은 색상의 밝은 색과 대비시켰을 때 원래의 색보다 훨씬 탁하게 보이기도 한다. 무채색끼리는 채도대비가 일어나지 않는데 이는 색상이 없기 때문이다. 즉, 채도대비는 색상대비와 질적인 관계가 있다. 순수한 채도대비를 이해하기 위해서 명도는 동일하게 유지되어야 한다.

④ 보색대비

두 색이 인접할 때 서로 자극하여 최고의 선명도를 발휘하나, 혼합하면 회색이나 검은색과 같은 무채색이 되는 색을 보색이라 한다. 이 두 색은 한 쌍을 이루어 대립하면서도 서로를 보조해 주므로 보색이라 한다. 눈으로 하나의 색을 볼 때 평형을 유지하기 위하여 그 색의 보색을 요구하는데, 보색이 존재하지 않을 경우 자발적으로 그 보색을 발생시킨다.

보색대비는 서로의 색에 영향을 주지 않고 채도를 높여 주기 때문에 순수하고 생기 있는 듯한 효과를 가져다 준다. 무채색 옆에 유채색을 놓으면 무채색은 유채색의 보색기미가 있는 듯이 보이는데 이 또한 보색대비로 볼 수 있다. 1차색의 보색은 안정적이고 조화롭게 느껴지며 채도가 낮은 중성색에서도 그 효과가 잘 나타난다.

⑤ 동시대비

주어진 색에 대하여 눈이 동시적으로 보색을 요구하는 것에서 기인하여 색면으로부터 지각되는 자극의 균형을 위해 시각기관이 작용한 결과로서 나타난다. 어떤 색면을 볼 때 색면 내에 있는 색들이 실제와는 다른 색으로 지각되는 현상을 동시대비라 하며, 실제의 색과 보이는 색과의 차이를 의미한다. 중성색이나 회색은 색채의 강도가 낮으므로 주변색의 영향을 많이 받아 동시대비가 크다. 동시대비는 상대색을 각자의 보색의 방향으로 옮겨놓으려는 경향 때문에 회색과 유채색 간에만 일어나는 것이 아니며, 뚜렷한 보색관계가 아닌 다른 두 색 사이에서도 일어난다. 주제가 되는 색을 더욱 강조하거나 색상의 분위기를 바꾸기 위해 쓰인다.

⑥ 한난대비

색상 중 따뜻하거나 차가움을 지닌 색들을 이용한 대비로, 따뜻한 색채는 차가운 색채와 함께 있을 때 더욱 따뜻해 보이고 차가운 색은 더욱 차갑게 느껴지는 현상을 말한다. 한난대비는 순색의 경우 그 효과가 가장 크게 나타나며, 명도에 의해서도 느껴진다. 한난대비는 회화에서 하나의 기법으로 사용되어, 멀리 있는 물체를 한색으로 표현하고 가까운 것은 난색으로 처리하여 거리감을 조성하여 원근감을 형성한다.

⑦ 면적대비

색채 간의 양적 대비로, 색이 차지하는 면적에 따라 다르게 느껴지는 차이를 말한다. 같은 색이라도 면적이 커지면 더욱 밝고 선명하게 느껴지고, 면적이 작으면 더욱 어둡고 칙칙해 보인다. 색면적이 작을 경우에는 색상보다 명도가 더 중요하며 색면적이 클 경우에는 색상의 중요성이 더욱 크다. 따라서 명도가 높은 색의 면적을 낮추고 명도가 낮은 색의 면적을 크게 하며, 채도가 높은 색상은 면적을 작게 하고 채도가 낮은 색상은 면적을 크게 하여 균형 있는 색면을 구성할 수 있다.

(6) 색채와 형태

색채와 형태는 모두 시각적인 정보를 전달하는 중요한 요소이지만, 형태는 색채만으로는 불가능한 구체적인 정보를 전달한다. 따라서 색채가 갖는 감성적인 특성과 형태의 시각적인 특성이 조화를 이루면 표현하고자 하는 이미지나 내용이 효과적으로 전달될 수 있으며, 시각적 가치가 상승할 수 있다. 이에 대한 가장 대표적인 연구는 요하네스 이텐의 것으로 그는 기본 색채와 삼각형이나 사각형, 원형과 같은 기하학적 도형 간에 일정한 상관관계를 제안하였다. 따라서 함께 사용된 색채와 형태가 같은 이미지를 나타낸다면 그 효과는 더욱 극대화되며, 그 반대의 경우는 감소할 것이라고 주장하였다. 그의 연구는 수직선과 수평선이 지니는 중력과 질량 때문에 정사각형은 빨강에 대응되고, 각도와 가벼움 때문에 삼각형은 노랑과 대응되며, 휴식과 운동감을 지니므로 원형은 파랑에 대응된다고 보고하였다. 일차색들을 혼합한 이차색은 형태도 각 형태의 중간을 취하여서, 주황은 사다리꼴에 대응되며 초록은 볼록한 삼각형, 보라는 타원형에 상응한다고 보았다. 이텐의 이러한 시도는 형태가 지닌 내부의 속성을 색채로 표현하고자 한 칸딘스키의 연구와도 동일하다. 칼 게르슈트너는 노란 삼각형, 빨간 사각형, 파란 원을 기본 형태로 설정하고 기본형이 서로 조합하는 과정에서 새로운 형태의 창조를 시도하였다. 이러한 연구들은 확고한 이론적 틀을 구축하지 못했지만, 다소 공상적이고 의구심을 갖게 하는 이러한 시도들은 새로운 관점의 사고를 발전시키는 시발점이 되었다.

이러한 연구들을 바탕으로 형태의 이미지에 따라 다음과 같은 색채의 이미지를 조합시켜 볼 수 있다. 날카롭고 불규칙적인 형태는 동적인 이미지를 가지며, 화려한 톤의 순색이나 난색계열과 조합되었을 때 동적인 느낌이 더욱 강조된다. 좌우대칭적인 수평의 형태는 정적인 이미지로, 중성적인 초록이나 차분한 톤이 정적인 이미지를 강화한다. 완만한 곡선은 부드러운 이미지를 나타내며, 노랑이나 밝은 톤의 색채로 부드러운 형태를 더욱 상승시킨다. 반면, 사각형이나 다각형, 절제된 원형 등은 딱딱하고 경직된 이미지를 가지며, 차가운 파랑이나 어두운 톤이 사용되면 형태가 더욱 강조된다.

(7) 색채와 질감

질감은 물체의 표면을 구성하는 재료의 독특한 표면특성을 말한다. 거친 것에서부터 매끄러운 것까지 범위가 넓고 다양하며 같은 색채라 하더라도 질감에 의해 다른 이미지로 표현될 수 있다. 질감은 촉각적 질감과 시각적 질감으로 나누어 볼 수 있는데, 직접 만져서 지각하는 것을 촉각적 질감이라 하고, 과거의 시각적인 경험을 통해 느끼는 것을 시각적인 질감이라 한다. 질감의 근원은 매끄러운 돌, 새의 깃털 등의 자연적 질감에 근거하며, 부드럽고 딱딱한, 매끄럽고 거친, 마르고 거친 등처럼 그 종류가 다양하다. 시각적 질감은 촉감으로는 차이가 없는 벽지와 직물의 패턴 등에서 나타날 수 있다. 광택이 있거나 매끄러운 표면은 빛을 많이 반사하고, 거친 표면일수록 많은 빛을 흡수한다.

이와 같은 재료의 표면이 어느 정도 빛을 반사하거나 흡수하느냐 하는 정도의 차이에 따라 시각적 질감이 다르게 느껴진다. 따라서 색채가 지닌 빛의 반사 정도와 질감이 조합될 때 더욱 풍부하게 물체를 지각할 수 있는 것이다. 패턴은 시각적 질감 중 하나로 물체의 표면에 규칙적이고 반복적으로 나타나는 연속적인 무늬를 말한다. 나뭇결이나 불규칙적인 대리석 무늬 등이 패턴의 한 종류이며, 패턴이 사용되면 단조로움을 탈피하고 입체감을 줄 수 있다. 작은 무늬가 바탕색과 다른 색으로 반복되면 시각적 혼색이 일어나는 병치혼색이 발생한다. 또한 패턴이 큰 경우 배경색과 무늬색이 진출과 후퇴하는 효과를 가지게 되고, 무늬의 방향성에 따라 역동적인 효과를 나타내기도 한다. 이러한 패턴은 물체에 왜곡성을 부여하기도 하고 동시에 공간과 물체를 풍요롭게 나타내기도 한다.

(8) 색채와 공간

색채는 한정된 공간에서 큰 영향을 미치며, 공간에서는 얼마만큼의 넓이에 색채가 얼마만큼 사용되는지에 따라 다양한 느낌이 나타난다. 때문에 공간에서의 색비례를 통한 공간계획의 색채계획이 중요하다. 색채구성에서는 주조색, 보조색, 강조색이 이용되는데, 주조색은 공간의 기본적인 분위기를 정하게 되므로, 유채색의 사용은 피하는 것이 좋다. 주조색과 조화되는 보조색을 선택하여 차별화를 두고, 강조색을 이용하여 자극을 주고 주의를 끌며 활기를 준다. 이때 강조색은 짙고 작은 비율로 사용하여야 하며, 공간의 악센트 역할로 사용하는 것이 좋다. 일반적으로 흰색과 연한색은 팽창 혹은 후퇴되어 보이며, 어둡고 무거운 색은 수축되거나 진출되어 보인다. 따뜻한 색은 팽창되거나 진출되어 보이며, 차가운 색은 수축 혹은 후퇴되어 보인다. 중성적인 회색의 바탕에 다양한 색을 놓게 되면 파랑의 경우 후퇴되어 보이며, 주황의 경우 진출효과를 보인다.

3) 색채이미지

색채를 지각하는 마지막 과정은 대뇌를 통해서다. 대뇌에서는 색채의 단순한 지각보다는 이전의 정보와 경험을 바탕으로 한 지각이 이루어진다. 따라서 색채는 이러한 과정을 통해 이미지를 갖게 되며 색채가 지닌 색상, 명도, 채도에 따라 각기 다른 이미지가 나타난다. 색채이미지에는 단색이미지, 색조이미지가 있다.

(1) 단색이미지

단색이미지는 색에 대해서 한 문화권 내에서 일반적으로 받아들여지고 통용되는 결과를 나타낸 것으로, 독특한 심리적 의미를 가지며 이는 인간의 물리적인 행동에도 영향을 미친다. 색의 이미지에 대하여 색상환의 일차색인 빨강, 노랑, 파랑과 이차색인 주황, 초록, 보라, 무채색인 흰색과 검정, 그리고 갈색에 대하여 설명하고자 한다.

① 빨 강

홍분, 열정, 강렬함, 힘 등의 의미를 내포하고 있으며, 자극적이고 감정을 고조시킨다. 불과 피를 연상시키는 색으로 잘 알려져 있으며, 위험이나 경고의 의미도 가진다. 또한 공격적인 색으로, 높은 채도의 빨강이 넓은 면적에 사용되면 자극적이지만 작은 면적에 사용되면 강조의 효과를 가진다. 빨강의 명도를 높이고 채도를 낮추면 분홍계열의 색이 되는데, 분홍색을 사용할 경우 강렬한 이미지 대신 여성스럽고 부드러운 이미지를 나타낸다.

② 노랑

햇살을 나타내는 색으로 따뜻하고 명랑하며 생동감 있는 활동적인 이미지를 가진다. 같은 난색인 빨강과는 달리 공격적이지 않으며 행복을 상징한다. 넓은 면적에 사용하기에 유용하지만 지나치면 지루함과 진부한 이미지를 나타낸다. 노랑이 밝아질 때는 순색의 이미지를 유지하지만 어두워지면 갈색 계열이 되어 순색의 특성을 보조색으로 쓰일 수 있다. 연두계열의 연노랑은 창백하고 연약한 느낌이지만 노랑을 옅게 사용한 크림색이나 베이지색은 배경색으로 적합하다.

③ 파랑

하늘과 바다를 상징하는 한색으로 개방감과 공간감을 가지며, 단순함, 순수함, 진실 등의 이미지를 나타낸다. 파랑은 맥박을 느리게 하고 체온과 혈압을 낮추는 등 빨강과 반대의 효과를 나타낸다. 파랑을 밝게 사용하면 생생함을 나타내어 진출효과가 있지만, 어두워지면 무겁고 엄숙하며 침체적인 느낌을 준다. 평온한 느낌을 주기 때문에 명상을 도와주는 색이지만, 때에 따라서는 관료적이고 권위적인 이미지를 나타내기도 한다.

④ 주황

빨강과 노랑의 이차색으로, 빨강의 강렬함과 노랑의 명랑한 이미지를 공유하면서, 빨강보다는 강렬함이 다소 감소되지만 따뜻하고 활기찬 이미지를 가진다. 주황을 옅게 사용한 살구색은 부드러운 느낌의 배경색으로 자주 사용되고, 어두워지면 갈색이 되어 따뜻하고 자연적인 이미지를 가진다. 예로부터 우리나라는 갈색계열의 사용이 많았으며, 경사스러운 색으로 주황을 자주 사용하였다. 피부색이나 마른 풀, 나무색 등과도 잘 어울리며 편안한 느낌을 주기도 한다.

⑤ 초록

자연에서 가장 많이 찾아볼 수 있는 색으로 건강과 복지의 이미지를 가진다. 노랑과 파랑의 이차색으로, 노랑의 명랑한 느낌과 파랑의 차분함을 동시에 담아 중성적인 색으로 잘 알려져 있다. 초록을 노랑과 함께 사용하면 안정감을 제공하지만, 지나치게 사용하면 지루하고 단조로워지기 쉽다. 위험을 전하는 빨강과는 반대로 안전을 상징하며, 채도를 낮추고 어둡게 사용하면 엄숙함과 신뢰감을 증가시켜 준다.

⑥ 보라

빨강과 파랑의 중간에 위치하는 이차색으로, 우아함, 화려함, 풍부함 등을 이미지를 가진다. 따뜻함과 차가움, 활동성과 차분함, 고상함과 슬픔 등의 반대되는 이미지를 함께 지니는 색으로, 이러한 모호함과 긴장감 때문에 섬세하고 감각적인 예술적 표현에 자주 사용된다. 옅은 보라는 가볍고 신비스러운 느낌을 주며, 어두워지면 위엄과 장엄함을 연상시킨다. 다른 색과 조화롭게 어울리기 힘든 색으로 예민함을 나타낸다.

⑦ 흰색

무색으로 표현되기도 하지만 실제로는 모든 색의 혼합이라고 볼 수 있다. 채도가 없어 색을 느낄 수 없기 때문에 순수하고 깨끗함을 나타내어 위생을 상징하기도 하지만, 지나치게 사용되면 비어 있는 느낌으로 공허함과 지루함을 주기도 한다. 유채색과 함께 사용될 경우에는 유채색을 강조하는 역할을 한다. 약간의 유채색이 혼합된 흰색을 오프화이트(off-white)라 하며, 이는 다양한 색으로 변형이 가능하며 따뜻한 흰색과 차가운 흰색 표현이 가능하다.

⑧ 검정

흰색과 반대로 어떤 색파장도 반사하지 않으며, 심각함, 엄숙함 등을 의미하는 강한 색이다. 흰색과 마찬가지로 비어 있는 느낌이지만 흰색보다 무겁고 어두우며, 좌절이나 두려움, 죽음과 같은 부정적인 이미지를 연상시킨다. 검정과 흰색을 대비시킬 경우 날카롭고 강렬한 인상을 준다. 약간의 유채색을 혼합하여 따뜻한 느낌이나 차가운 느낌을 줄 수가 있으며, 검정이 유채색들 사이에 사용되면 다른 색을 선명하게 만들어 준다. 흰색과 함께 모더니즘을 대표하는 색이기도 하다.

⑨ 갈색

빨강, 주황, 노랑을 짙고 어둡게 사용하면 갈색이 된다. 갈색은 자연적인 색으로 흙과 낙엽, 목재 등에서 자주 발견되기 때문에 천연재료의 편안한 이미지를 가진다. 빨강, 주황, 노랑과 같은 순색이 지니는 힘차고 강한 느낌 대신에 따뜻함을 나타내며, 위엄 있고 차분한 실내공간 계획에 자주 쓰인다. 하지만 갈색의 사용이 지나치면 침체되고 단조로운 느낌을 줄 수 있다.

(2) 색조이미지

색조이미지는 명도와 채도의 복합적인 색조로 색상의 범위 파악과 색명의 기억, 색의 이미지 조화에 도움을 주는 것이다. 색상과는 별도로 색명을 구분한다. 한 가지 색상에서도 다양한 톤의 변화가 생기며, 톤에 따라 이미지는 다르지만 대표적인 다섯 가지 영역으로 묶어볼 수 있다.

① 순수하고 강렬한 톤

순색이나 순색에 가까운 채도가 높은 색으로, 화려하고 강한 이미지를 나타내기 때문에 스포츠용품이나 오락시설 등에 자주 사용된다. 다양한 색채에 익숙하지 않은 어린이들이 원색에 가까운 색들을 선호하므로 아동용품에 많이 사용된다. 또한 가시성이 뛰어나서 옥외 간판, 사인 등에 사용하면 효과적이다. 색의 이미지가 강하기 때문에 지나친 사용은 물체의 형태와 질감이 정확히 전달되지 못하므로 상황에 따른 톤의 사용이 중요하다.

② 밝고 화사한 톤

순색에 흰색이 많이 첨가된 색으로, 흔히 파스텔 톤이라고 불린다. 밝은 톤은 부드럽고 여성스러운 느낌을 주며 섬세한 이미지를 가지므로 화장품이나 유아용품, 속옷 등에 많이 사용된다. 또한 달콤하고 감미로운 분위기로 아이스크림과 과자 같은 기호품에 사용한다. 채도가 다소 강해지면 경쾌하고 즐거운 느낌을 가지므로 장난감 등 놀이기구의 색으로 사용되기도 한다. 가벼운 이미지를 가지기 때문에 작고 가벼운 물체에 사용될 때 효과가 크다.

③ 온화하고 차분한 톤

순색에 밝은 회색이나 중간 회색이 혼합된 색으로 탁하고 차분한 이미지를 나타낸다. 온화하고 차분한 톤의 색들은 편안하고 안정감을 갖는 중성색으로 건축물의 색채로 많이 사용된다. 또한 볏짚이나 목재 등과 같이 자연에서 많이 보이는 색으로 친근함을 나타낸다. 세련된 색이기도 하지만 명시성이 낮기 때문에 용도에 따라 사용되어야 한다.

④ 어두운 톤

순색에 짙은 회색이나 검정이 많이 첨가된 색으로 무겁고 엄숙한 이미지를 가진다. 또한 중후하고 성숙한 이미지를 나타내므로 고전적인 물품이나 공간에 적합하고 안정감과 치밀함을 느끼게 하므로 신사용품에 자주 사용되기도 한다. 어두운 톤은 세련되고 격조 높은 느낌을 주므로 잘 활용하면 고상함을 표현할 수 있다. 색감이 어두우므로 명도대비를 사용하는 것이 바람직하다.

⑤ 무채색 톤

무채색 톤은 밝은 회색, 중간 회색, 어두운 회색의 3단계로 나눌 수 있다. 차가운 느낌을 가지며 도시적이고 미래적인 이미지를 나타낸다. 색상이 없기 때문에 명암의 판단이 용이하며, 명암의 대비가 커지면 강렬하고 선명한 이미지를 나타낸다. 밝은 회색은 깨끗하고 순수함을 나타내며, 어두운 회색은 무겁고 딱딱한 느낌을 주지만 풍부하고 깊이 있는 색이다. 또한 순수한 흰색과 순수한 검정은 화려하고 고급스러운 이미지를 나타내기도 한다.

(3) 색채이미지 스케일

색의 지각은 주관적이며 상대적이지만 어느 정도 객관적이며 보편적인 이미지를 가진다. 색채이미지 스케일은 일본의 고바야시가 색이 가지는 일반적인 이미지에 대해 정리한 것으로, XY좌표를 사용하여 다섯 가지 영역으로 이미지를 분류한다.

X축은 따뜻함과 차가운 이미지로, Y축은 부드러움과 딱딱한 이미지로 설정하여, 기본 10색상 12톤의 유채색과 10단계의 무채색에 대해 이미지 측정을 통하여 분석하였다. 색채이미지 스케일에서는 색채의 위치에 해당하는 이미지의 형용사를 통해 대략적인 색채이미지를 파악할 수 있다.

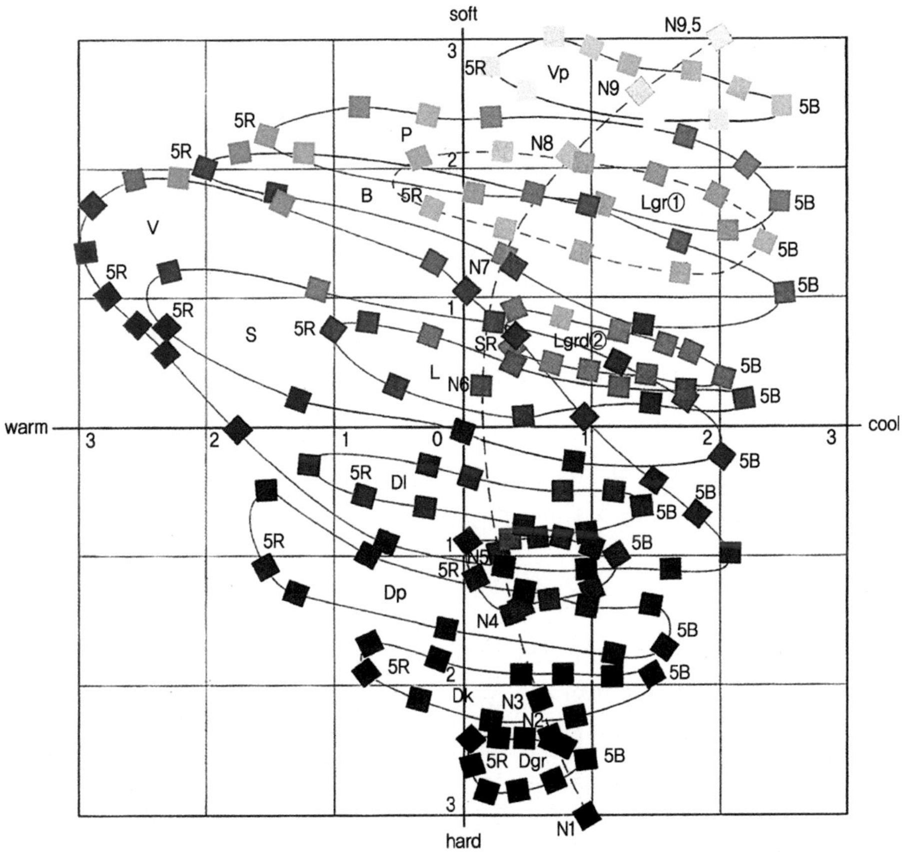

그림 11-9 색채이미지 스케일

출처 : 한국실내디자인학회(2000). p. 43.

① 따뜻하고 부드러운 이미지

난색계열의 빨강을 주황이나 노랑과 같이 배색하면 온화하고 부드러운 이미지를 가지며, 활기 있고 생동감 있는 분위기를 조성한다. 따뜻하고 부드러운 색상은 사람의 기분을 즐겁고 편안하게 해주며, 밝은 베이지색이나 은은한 갈색의 배색도 이러한 이미지를 나타낸다.

② 따뜻하고 딱딱한 이미지

색채가 짙고 풍부하게 사용된 난색계열이 강한 대비를 이루게 되면 따뜻하고 딱딱한 이미지를 가진다. 다양한 색상으로 배색한 화려한 이미지의 배색도 이러한 이미지를 나타내며, 이러한 색채들은 짙고 풍부한 이미지를 가지며 강렬하고 다채로운 느낌을 준다.

③ 차갑고 부드러운 이미지

한색계열의 파랑이나 청록이 순색보다 옅게 사용되거나 흰색과 조화를 이루어 배색되면 차갑고 부드러운 이미지로 깨끗하고 고상하며 간결한 느낌을 나타낸다. 녹색과 흰색, 청록과 흰색의 조화는 동화와 같은 분위기를 조성하고, 밝은 베이지색과 같이 사용되면 차갑고 캐주얼한 이미지를 가진다. 건축물이나 실내색채에 밝은 회색, 파랑 등이 자주 사용되며 이지적이고 도시적인 이미지를 가진다.

④ 차갑고 딱딱한 이미지

차가운 느낌을 가지는 한색계열의 색상이 어둡게 사용되면 차갑고 딱딱한 이미지를 가진다. 색채이미지 스케일에서 부드러운 이미지 영역은 넓은 분포를 가지는 반면, 딱딱한 이미지 영역은 상대적으로 분포 범위가 좁기 때문에 딱딱한 이미지가 강해지면 차갑거나 따뜻하다는 온도감은 감소하는 경향을 보여 준다. 한색계열의 색은 고상하고 세련된 느낌을 주지만 어둡기 때문에 적절한 배색으로 긍정적인 이미지를 전달할 수 있다.

⑤ 중앙부 영역 이미지

목재나 벽돌 등과 같은 자연물에서 많이 볼 수 있는 편안하고 안정감 있는 색상으로 중앙부 영역에 해당하며, 눈에 쉽게 띄지 않지만 볼수록 친근한 이미지를 주는 색채들이다. 생활환경에 적절히 사용하면 온화함과 평온함을 느낄 수 있다.

2. 색채의 활용

1) 실내 색채디자인의 정의

(1) 색채디자인의 의미

공간을 구성하고 있는 요소들의 색채구성은 중요한 의미를 갖는다. 색채구성에 따라 건축적, 공간적 환경의 분위기가 달라지며, 이는 공간의 사용자에게 커다란 영향을 미치기 때문이다. 공간에서의 색채구성은 생리적, 심리적, 기능적 그리고 미학적 요구들을 반영하기 위해서 공간에서 색채가 미치는 영향에 대한 전문적인 분석이 기초되어야 한다. 공간의 색채구성 시 인간이 지각하고 경험할 모든 것들이 고려되어야만 인간에게 적합한 색채구성이 계획될 수 있다. 색채구성 환경은 인간의 안락함과 행동에 도움이 되는 경험의 질을 높이는 데 기여한다. 주거뿐 아니라 상업, 교육, 업무, 의료, 문화공간 등과 같은 모든 분야에서 공간의 질은 매우 중요하다. 이러한 상이한 공간들은 그들 고유의 기능, 공간사용자를 가지며, 공간의 내·외적인 조건들 때문에 색채구성에 각기 다른 모습을 가지게 된다. 이는 단순한 규칙을 가지는 표준화된 색채구성의 원리를 가질 수 없음을 뜻한다. 그러나 공간의 종류와 특성을 막론하고 성공적인 색채디자인의 방향은 분명하게 제시될 수 있다. 실내공간에서 색채는 마지막에 입혀지는 것이 아니라, 형태, 공간, 재료, 구조와 같은 건축디자인 구성요소의 하나로서 디자인 과정에서 다른 요소들과 연계하는 것이 중요하다. 인간이 머무르고 활동하는 실내의 색채디자인은 공간이 가지는 다양한 고유기능, 공간의 사용자, 내·외적 조건들을 고려하여 다양한 방식이 적용되게 된다.

(2) 실내 색채디자인의 특성

실내공간은 면으로 둘러싸인 입체적인 공간으로, 실내공간에 있어서 색채의 효과는 이차원적인 물체의 색채와는 다른 특성을 보인다. 실내공간은 색면들이 크기 때문에 아주 작은 양의 색상이라 할지라도 전체적인 색의 자극은 커지므로, 채도의 적절한 조절이 필수적이다. 또한 실내공간은 사용자가 장시간 접할 수밖에 없으므로, 실내공간에서는 색상의 조절보다 명도와 채도를 포함한 톤의 조절이 더 중요하다. 실내공간은 벽과 바닥을 포함하여 다양한 재료와 형태의 물건들로 구성되어 있고, 공간의 사용에 따라 시선의 위치가 계속 변화하기에 색채의 중첩과 인접성의 특징을 가진다. 실내공간의 색채는 실내의 폐쇄감이나 개방감의 효과를 조절할 수 있으며, 진출후퇴의 효과를 이용하여 다양한 착시현상을 일으킨다. 벽은 중명도 및 중채도로 조절하여 넓은 실내공간을 안락하고 친밀감 있는 공간으로 만들 수도 있으며, 이와는 반대로 고명도의 한색을 사용하여 답답하고 좁은 공간에 개방감을 주기도 한다. 일반적으로 고명도의 중성색은 색상에 관계없이 부드러운 후퇴색이므로 배경색으로 좋은 효과를 나타낸다. 벽의 색은 공간의 폐쇄 정도에 큰 영향을 미치므로, 진출색과 후퇴색을 적절히 사용하여 실내공간이 네모난 상자라는 느낌을 갖지 않도록 벽의 폐쇄성에 변화를 줄 수도 있다. 농담원근법을 이용해서 먼 곳은 흐리게 보이고 가까운 곳은 선명하게 보이도록 배색함으로써 공간감을 조절할 수도 있다.

2) 색채디자인 방법론

(1) 색채디자인 프로세스

색채디자인은 대상과 그 주변환경에 대한 분석으로 시작되며, 색채의 경험적인 이론을 바탕으로 색채를 체계적으로 계획하고 다양한 시각적 방법을 통해 표현한다. 미리 분석된 시각적 이미지와 시공과정의 실제 제반요소를 절충하여 마무리하는 과정을 통해 진행된다. 색이 가지는 심리적, 생리적, 물리적 성질을 이용하여 인간의 생활과 환경을 보다 쾌적하고 능률적이며 안전하게 만들기 위해 색이 가진 기능을 발휘하도록 하는 색채조절은 색채디자인의 목적이 될 수 있다.

즉, 색채디자인은 색채이미지, 색채기능, 주위환경, 개인의 기호, 재료의 특성, 사용광원 등을 포함한 제반 조건들을 적용시켜 만족한 결과를 얻으려는 것이다. 따라서 색채디자인 프로세스는 색채환경 분석, 색채심리 분석, 색채전달 계획, 디자인 적용 그리고 색채관리의 과정으로 정리될 수 있다.

(2) 색채디자인 방법

① 색채조화

색채조화를 이루기 위한 가장 기본적인 요건은 색채가 가지는 속성에 근거하여 사용 색채들이 속성을 같이 공유하게끔 만드는 것이다. 색의 삼속성에 근거하여 공통의 속성에 따른 유사성은 사용 색채를 조화롭게 하며, 이는 색채조화가 이루어지는 색채구성을 위한 중요한 원칙이다.

- 채도에 따른 색채조화(유사 색상과 유사 명도) : 특정한 밝기를 가지는 단일 색상이 채도변화를 통해 얻을 수 있는 색채구성으로 색채조화를 얻을 수 있는 매우 용이한 색채디자인 방법 중 하나이다. 이 색채조화에서 사용되는 색채들은 상대적으로 높은 채도를 가진 바탕을 형성하는 색채들과 상대적으로 낮은 채도를 가진 회색기미의 색채들로 구성된다.

- 명도에 따른 색채조화(유사 색상과 유사 채도) : 특정한 채도를 가지는 단일 색상이 색채의 상대적 밝기의 변화를 통해 얻을 수 있는 색채구성이다.
- 색상에 따른 색채조화(유사 명도와 유사 채도) : 여러 가지 색상을 명도와 채도를 일정하게 유지시키면서 얻을 수 있는 색채구성으로 흔히 사용되고 있다. 특히, 고정된 명도와 채도를 가진 중채도의 색상들을 사용하면 성공적인 색채조화를 얻게 되며, 고요하고 조화로운 느낌을 나타낼 수 있다.

② **색채구성**

색채사용을 용이하게 해주는 지침으로 효과적인 색채구성을 위해서 색상환의 구성에 근거하였으며, 단색조 구성, 단일색 구성, 유사색 구성, 보색 구성, 3분색 구성, 4분색 구성의 방법이 있다.

- 단색조(monotone) 구성 : 회색, 베이지색, 크림색 등은 대표적인 중성색으로, 단색조 구성은 한 가지 중성색(neutral color)의 다양한 암색조(shades)와 명색조(tints)를 사용하는 색채구성이다. 시각적인 갈등이나 거슬림이 매우 낮으면서도 보수적인 색채구성 방법이다. 특히, 질감의 다양함과 자연적인 재료들이 조합될 때 매우 효과적이다. 주조색의 선정에 따라 온도감의 동반이 부가될 수 있어 중성적 단색조, 한색계 단색조, 난색계 단색조 구성으로 구분될 수 있다.
- 단일색 구성 : 한 가지 색상의 넓은 범위의 채도와 명도의 변화를 통하여 나타내는 구성으로, 매우 극적인 표현의 가능성을 가지고 있기 때문에 신중하게 구성되어야 한다. 특히, 중 · 고채도의 강하거나 짙은 색조를 사용할 때는 전체 분위기가 자칫 과도해지지 않도록 주의하여야 한다. 사용색채의 범위를 중채도 정도이면서 중 · 고명도가 되도록 하는 것이 가장 편리한 단일색 구성방법이다.
- 유사색 구성 : 색상환에서 인접한 위치의 색상들로 구성됨으로써 시각적 조화를 이룬다. 다양한 범위의 명도와 채도를 가지는 색채로 표현될 수 있으며, 특히 암색조의 색채를 많이 사용하여 구성한다. 일반적으로 선정된 색채 중 한 개는 주조색의 역할을 하여 다른 색들에 비해 많은 양을 사용하도록 권장되고 있다.
- 보색 구성 : 색상환에서 서로 반대에 위치한 색의 구성으로, 강하고 생기 있는 인상을 줄 수 있으나 용이하지는 않다. 넓은 면적을 가지는 저채도의 색채와 좁은 면적을 가지는 고채도를 같이 사용하는 것이 보통이다. 보색구성에서 한쪽 보색을 그 색채와 인접한 두 색으로 분리하여 3색상에 근거하는 구성방법으로 생기 있는 느낌을 주는 데 매우 효과적이다.

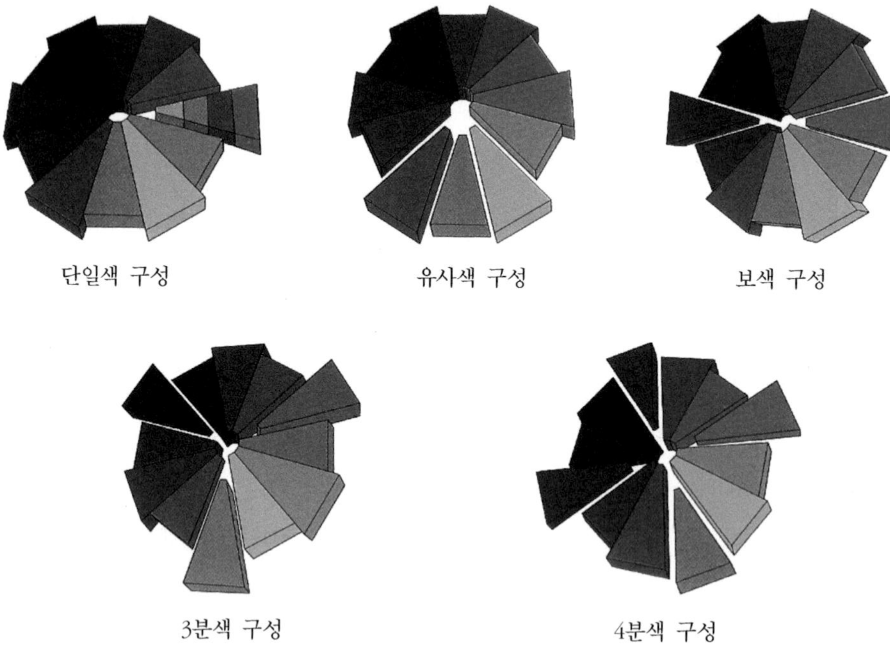

그림 11-10 색채구성

출처 : 한국실내디자인학회(2000). pp. 64-65.

- 3분색 구성 : 색상환의 임의의 3등분 점에서 얻은 3개의 색채의 구성으로 광범위한 색상, 암색조, 명색조를 이용해 구성할 수 있다. 주제색으로 한 색채를 제한된 영역에 사용하고, 완화시킨 명색조, 암색조를 나머지 두 색채를 선정하여 넓은 면적에 전체 균형을 잡아 사용하면 효과적이다. 색상 간의 특성 차이 때문에 가장 어려운 색채구성이나, 풍부한 색감을 통해 만족스러운 결과를 가져올 수 있다.
- 4분색 구성 : 색상환의 4등분점에서 얻는 색으로 4분색 구성 안에 2쌍의 보색구성을 가진다. 즉, 한 쌍의 보색이 일차색과 이차색이라면 나머지는 삼차색들로 구성된다. 이는 이중 보색구성과 유사하나 색상의 간격이 그보다 넓어 색구성에서 조심스러우나, 다양성과 활동적인 느낌을 나타낼 수 있다. 3분색 구성에서와 마찬가지로 주조색으로 제한된 영역에 고채도를 사용하고, 나머지 색은 저채도의 명색조, 암색조의 색으로 넓은 면적에 전체 균형을 잡아 사용한다.

(3) 색채디자인 적용

주거환경은 인간의 생활을 담는 공간이므로 이를 위한 색채계획은 개인의 특성과 요구를 고려하여 이루어진다. 공간의 여건 분석, 거주자의 특성 파악, 실내소품에 대한 고려가 함께 이루어져야 하며, 이러한 특성을 토대로 색채계획의 개념을 설정하여야 한다.

① **색채 선택을 위한 계획**

색채계획 시에는 색채를 선택하기에 앞서 공간의 여건 분석, 거주자의 특성 파악, 공간 내에 배치될 실내용품 등에 대한 고려가 먼저 이루어져야 한다. 이러한 사전조사작업을 통하여 전체적인 특성을 바탕으로 색채계획의 개념이 설정되어야 한다.

- 개념 설정 : 개인의 취향과 선호에 따른 공간의 전체적인 분위기나 스타일을 선정하는 작업이다. 개인의 선호가 다양하듯 무수히 많은 개념이 존재하는데, 따뜻하거나 차가운 느낌, 밝고 시원한 느낌, 어둡고 안정된 느낌에서부터 단순하고 모던한 스타일, 고전적인 중후한 스타일, 화려한 보색의 활기, 파스텔의 부드러움, 그리고 자연스럽고 토속적인 이미지 등 그 범위가 매우 넓다. 개념설정 단계에서는 어떤 개념을 가지고 진행할 것인가를 명확히 정하고, 색채가 지니고 있는 기능적 특성과 이미지를 토대로 방향이 설정되어야 한다.
- 주조색의 선택 : 개념 설정을 통해 공간의 분위기와 스타일에 대한 개념이 설정되면, 이를 바탕으로 하여 각 계열의 유채색과 무채색 중에서 개념에 맞는 이미지를 나타내는 주조색을 결정하여야 한다.

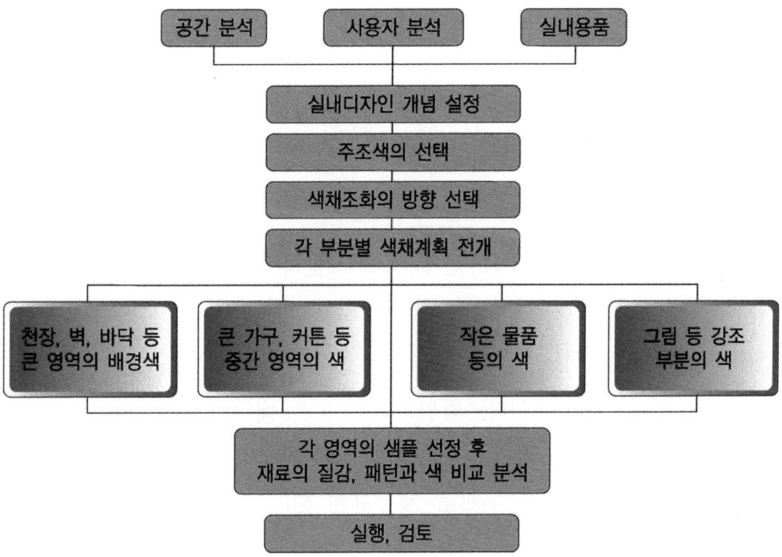

그림 11-11 색채계획 프로세스

출처 : 한국실내디자인학회(2000). p. 68.

- 색채조화의 방향 선택 : 주조색을 중심으로 하여 단색조화의 간결하고 단순함으로 할 것인가, 부드러운 유사색 조화의 개념으로 전개할 것인가, 또는 보색대비의 화려하고 활기찬 이미지로 나갈 것인가에 대해 뚜렷한 방향을 결정하고 이를 바탕으로 추가적으로 2~4가지의 색상 선정이 이루어진다.
- 공간의 각 부분별 색채계획 전개 : 앞서 선택한 색채들을 이용하여 공간요소인 벽, 바닥, 천장에서부터 가구, 소품, 그림, 액세서리 등에 이르기까지 각 색채의 명도, 채도 단계를 적절히 고려하여 전체적인 색채계획을 세운다.
- 각 영역의 샘플 선택 : 각 영역별로 선택된 색상에 적합한 재료들의 샘플을 수집하고 재료에서 표현되는 색상과 질감과 함께 비교·검토하여 실행할 수 있는 결과를 얻어낸다.

② 색채배분

색채배분을 할 때는 공간의 요소로 분류하여 진행하는데, 다음과 같이 세 영역으로 구분할 수 있다. 주조색 영역은 벽, 바닥, 천장이고 보조색 영역은 커튼, 커버가 있는 큰 가구, 침대커버이다. 강조색 영역은 커버가 있는 작은 가구, 의자의 시트, 쿠션, 베개 등이다.

- 주조색 영역 : 공간 내에서 벽, 바닥, 천장과 같은 넓은 면적에 대한 계획을 세울 때 바닥은 어두운 톤으로, 벽은 중간명도, 천장은 가장 밝은 색을 사용하는 것이 일반적이다. 이는 고대에서부터 현대에 이르기까지 모든 시대의 주거공간에 적절하게 쓰여 온 가장 안전한 원칙이다. 그러나 새로움을 창조하는 노력에서 모더니스트들이 원칙과는 반대로 바닥은 밝은 색으로 처리하고 천장은 어두운 톤을 사용하기도 한다. 때로는 이 같은 방법이 진취적이고 독특한 결과를 가져올 수 있으나, 다른 한편으로는 공감을 이끌어 내지 못할 수도 있다.
- 보조색 영역 : 면적이 큰 영역 다음으로 중간면적의 색상계획은 주조색의 기본계획에 따라 결정되어진다. 같은 색이라 할지라도 배경의 색보다 채도와 명도를 변화시켜 더 높이거나 낮추어서 계획하게 되면 흥미로운 대비효과를 나타낼 수 있다. 색상, 명도, 질감, 패턴에서 배경과 대비가 되어도 좋다.
- 강조색 영역 : 악센트가 되거나 작은 범위의 색상들은 배경과 가장 강한 대비가 되는 높은 채도의 색을 사용하면 더욱 강조되고, 주변의 색 중에서 높은 채도를 강조색으로 선택하게 되면 실 전체에 가장 좋은 조화를 제공하게 된다. 이와 같은 기본적인 색상 선택이 끝나면 색상계획은 다른 몇 개의 대안들과 비교하여 색상의 개수가 변화되거나 수정되기도 하면서 계획을 발전시켜 나간다. 이때 실내에서 쓰이게 되는 인공조명의 광원 종류와 조염기구의 종류, 밝기의 양과 그 위치 등에 따라서도 실내 색상의 느낌이 달라지게 된다.

예를 들어, 조명이 백열등일 경우 빨강 색조는 빨강기미의 주황(reddish orange)을 나타내고, 노랑 색조는 회색기미(grayish)를 띠게 되며, 파랑 색조는 녹색기미(greenish)를, 초록 색조는 파랑기미의 녹색(bluish green)으로 나타나게 된다.

③ 색채계획의 작업 단계

거주자의 선호와 특성을 검토하여 연출하고자 하는 공간의 이미지를 정하고 이에 맞는 색상 선택을 위해 색상환을 활용하는 것이 좋다. 색의 선택과 동시에 사용할 재료의 샘플을 수집한다. 정해진 색상과 재료의 샘플을 비교하여 공간의 큰 영역을 차지하는 벽, 바닥, 천장의 주조색을 결정하는데, 주가 되는 색상을 두 가지 또는 세 가지로 제한한다. 다음으로는 보조색 영역인 몰딩, 창, 문 그룹과 커튼, 소파, 키 큰 수납장, 큰 테이블 등 큰 가구의 색상을 정하는데, 주조색의 채도와 명도의 변화를 통해 배색계획을 구상한다. 악센트가 되는 소품은 공간에 쓰인 색상들 중에서 가장 채도가 높은 색상을 선택하여 사용하는 것이 효과적이며, 이를 통해 방의 색상에 균형을 맞추고 공간의 포인트를 줄 수 있다. 이때 작업대상 공간뿐 아니라 이웃해 있는 방과의 색상관계 또한 고려하여야 한다. 인접한 방들을 같은 계열이나 유사계열의 색으로 통일하거나, 전혀 대조되는 색을 사용함으로써 방들 간에 하나의 연결고리를 만들어 주는 것이 좋다. 이러한 색상배색은 집이 지니는 이미지를 하나의 개념으로 나타낼 수 있게 해주면서 시각적으로 집을 넓어 보이게 한다. 또한 색채에 구애받지 않고 이 방에서 다른 방으로 가구를 옮기거나 재배치하는 것이 가능하다. 그러나 사용자에 따라 자칫 단조로운 느낌을 받을 수도 있기 때문에 서로 독립된 색상의 배색계획을 통하여 각 방을 작업하는 것도 효과적인 전체적 대비를 가져다 줄 수 있다.

참 고 문 헌

김기환 역(1991). 랑크로의 색채디자인. 도서출판 국제.

박영순·이현주(1998). 색채와 디자인. 기문당.

박은주(1989). 색채조형의 기초. 미진사.

한국실내디자인학회(2000). 실내건축을 위한 색채디자인. 기문당.

Part 03

주택정책·기술

CHAPTER 12

주거관리·복지

1. 주거관리

1) 주거관리의 개념 및 필요성

주거는 물리적 객체로서의 하드웨어인 주택과는 의미를 달리한다. 주거는 인간이 주체가 되어 생활을 수용하고 영위하는 장소로서 인간의 정서적 내면과 공간 사이에서 맺어진 심리적, 문화적인 측면도 같이 포함되는 포괄적 개념이다. 따라서 주거관리는 시대적 흐름에 따른 생활의 변화 속에 주거의 변화 양상을 이해하면서 삶과 문화가 만들어지는 장소인 주거환경을 안전하고 쾌적하게 살 수 있도록 관리하는 제반 행위라 할 수 있다.

(1) 주거관리의 개념

주거관리의 개념을 이해하기 위해서는 주택관리와의 개념 차이를 살펴볼 필요가 있다. 주택관리는 기본적으로 집이 준공되면서 주택이라는 재산을 유지관리하는 데 필요한 행위로서 건물과 시설설비의 청소, 점검, 정비, 정돈, 수선, 개량, 개조, 증축 등의 내용을 포함한다. 즉, 주택관리는 물리적인 건물의 상태를 유지 보전하는 관리 행위를 의미한다. 반면에 주거관리는 물리적 객체로서의 주택만이 아니라 시간의 흐름에 따른 경험적 주거생활을 포함하는 개념으로 접근한다. 즉, 결혼이나 분가 등의 이유로 주택수요가 발생하는 단계에서부터 주택시장 참가, 주거선택, 구입 또는 주거이동을 거쳐 주택을 입수하여 사용하면서 엮어지는 개인과 가족, 이웃들과의 협동 및 교류 등의 전반적인 주거생활의 범주 영역까지도 관리하는 일련의 행위이다. 따라서 주거관리의 대상은 단독주택과 공동주택 등의 단위세대는 물론, 주거단지 및 주거지 등의 마을 또는 지역사회까지 포함되므로 물리적 유지관리뿐만 아니라 인적, 심리적, 사회문화적, 경제적 범주까지 포함되는 관리의 제반 행위이다.

(2) 주거관리의 필요성

주거관리가 필요한 이유는 다음의 네 가지 측면에서 생각해 볼 수 있다.

① 자원낭비로부터의 환경보호

우리나라는 1962년의 마포아파트 단지를 시작으로 본격적인 공동주택의 건립이 시작되었다. 짧은 기간 내에 주택난 해결을 위해 건설된 대량의 공동주택은 관리 미흡과 입주자들의 정주의식 부족, 여기에 재건축 조장 풍토까지 가미되어 우리나라의 많은 공동주택이 15년 정도 경과되면 상당수가 내구성, 안전성, 기능성 등의 성능이 저하되어 30년이 안 되는 시점에 재건축되는 상황이 벌어지고 있다.

이와 같이 우리나라의 주택 스톡(stock)은 관념적으로는 개인의 재산이자 사회적 자산으로 생각하고 있지만 현실은 경제적 효율을 우선으로 하는 내구 소비재로서의 성격이 강함을 알 수 있다. 재건축의 높은 비율은 자원낭비라는 환경적 문제뿐만 아니라 문화적 재산으로서의 단지 분위기, 주생활문화의 단절이라는 측면에서도 결코 바람직하다고 볼 수 없다. 앞으로 우리나라도 환경보존형의 지속가능한 주거환경을 정착시키기 위해서는 오히려 이러한 재건축으로 인한 단절보다는 주택의 수명을 연장시키고 오랫동안 이용하고 거주할 수 있는 관리 모색이 무엇보다도 요구된다. 특히, 공동주택은 건설 시에 대량의 자원과 에너지를 소비하게 되고 제거 시에도 대량의 폐기물이 발생되어 환경부하를 주기 때문에 주택의 수명연장은 필수적이다. 따라서 건설 초기부터 유지관리의 경제성을 고려한 환경친화적인 질 높은 공동주택의 건설과 함께 적절한 유지관리 행위가 무엇보다도 필요하다.

② 양질의 사회적 자산 형성

주택난 해결을 위해 양적으로만 공급했던 고도 경제 성장기의 사회로부터 삶의 질을 추구하는 안정된 주거생활을 영위하는 저성장 경제사회가 도래하면서 주택은 양적이나 질적으로나 사회적 재산으로서의 풍요로움이 더해 갈 것으로 예상된다. 따라서 성숙된 사회로의 이양을 위해서는 생활변화에 대응하면서 쾌적하게 오랫동안 살 수 있는 주택 스톡 대책으로 주택의 적절한 유지관리는 필수적이다.

③ 자연재해로부터의 안전성

주택은 시간이 흐름에 따라 노후화되지만 이를 적절한 시기에 점검과 수선, 보수를 반복해 줌으로 인해 주택의 안전성을 확보할 수 있다. 지진이나 태풍, 홍수 등으로 손쉽게 파괴되고 인명피해까지 주는 일이 없도록 미리 예방해야 할 것이다.

④ 지속적인 주거문화 계승

주거가 존재한다는 것은 주거문화가 만들어지는 것을 의미한다. 주거문화를 유형과 무형으로 나누어 볼 때 유형의 대상은 물리적 공간인 주택이며, 무형의 대상은 물리적 공간 내외부에서 일어나는 인간들의 삶의 이야기와 지속적인 커뮤니티라 할 수 있다. 그러므로 이러한 주거문화의 계승은 주거관리 행위가 바람직하게 지속적으로 이루어질 때 형성된다.

⑤ 삶의 질 향상을 통한 관리서비스 요구 충족

최근 거주자들은 생활수준이 향상되면서 새롭고 질 높은 관리서비스를 요구하게 되어 이젠 과거의 관행적인 관리방법을 개선하여 차별화된 고품격 관리서비스 제공이 필요해졌다. 특히, 공동주택관리에서는 건축물의 유지관리 측면 외에도 공동체 활성화를 위한 소프트관리의 측면이 더욱 중요해지고 있어 이제는 관리서비스도 전문 관리회사의 브랜드를 보고 선택하는 시기가 도래되고 있다. 삶의 공간을 쾌적하게 관리하여 만족스러운 주거생활을 영위하기 위하여 홈 네트워크 등 첨단 정보기술과 융합된 공동주택의 관리가 필요하게 되었다. 또한 정보네트워크를 형성하고, 특히 공동체의 갈등과 분쟁해결을 위한 전략, 관리와 의사소통 등을 위하여 주민의 의견을 수렴하고 공동체 활성화를 위한 다양한 공동체 프로그램 운영 노하우, 공동주거 자산관리 활동 등 보다 전문적이고 폭 넓은 종합적인 서비스 차원의 관리를 필요로 하게 되었다.

2) 공동주거의 관리의의와 내용

우리나라는 경제성장기 이후 주택의 양적 문제 해결을 위해 주택의 대량 공급 정책을 기본 축으로 공공은 물론 민간에서도 빠른 시일 내에 많은 양의 공동주택을 효율적으로 공급하기 위한 건설 공급에만 힘을 기울여 왔다. 그러나 이제는 주거 환경 정비를 목표로 하여 양질의 공동주택 스톡 형성을 위한 여러 측면에서의 방안과 대책이 강구되어야 할 시점에 와 있다. 여기서는 우리나라의 대표 주택유형인 공동주거의 관리개념과 내용 등을 이해하고 앞으로의 관리방향에 대하여 모색하고자 한다.

(1) 공동주거의 관리의의

예전의 공동주택관리라 하면 건물의 유지관리 중심과 그에 따른 운영관리업무, 주민들의 공동생활에서의 민원처리를 위주로 사안에 대한 책임소재를 규명하고 해결하는 것이 중심과제였다. 그러나 오늘날의 공동주택관리는 건물의 유지관리는 물론 거주자들의 다양한 생활 변화와 니즈에 대응하여 공간을 개선하거나 주민의 삶의 질을 높이기 위한 적극적인 관리가 요구되고 있다. 즉, 기존의 공동주택관리가 주택관리에 머물렀다면 이제는 주거관리 개념으로서의 전환이 필요하다. 기존의 공동주택관리의 범위는 통상적으로 건물의 운영관리, 유지관리, 생활관리(입주자관리)로 구분하여 그 업무를 다루고 있는데, 이는 현재 관리업무 내용 현황으로 볼 때 극히 수동적이고 통제적이라고 할 수 있다. 따라서 여기서는 거주자 중심의 공동체 의식 증진을 목적으로 하는 자발적이고 능동적이며 단지와 지역에 애착을 가질 수 있는 적극적 관리의 방향으로 공동주거관리 개념을 정립할 필요가 있다.

공동주거관리란 주민들의 다양한 삶을 담고 있는 공동체를 위하여 거주자는 물론, 관리주체 및 지역사회, 지자체와의 상호 협조 등의 휴먼웨어 관리, 공동주택에서의 물리적 공간(전유 및 공유공간) 및 시설의 유지관리, 개선 등의 하드웨어 관리와 주민들의 편리하고 윤택한 삶을 위하고 주거문화를 공유하고자 하는 공동체 규범과 함께 생활서비스, 커뮤니티 프로그램 개발과 운영 등의 소프트웨어 관리라는 메커니즘 안에서, 거주자가 중심이 되어 관리주체 및 관련기관과의 상호 신뢰와 협조를 바탕으로 관리해 나가는 능동적 관리이다(그림 12-1).

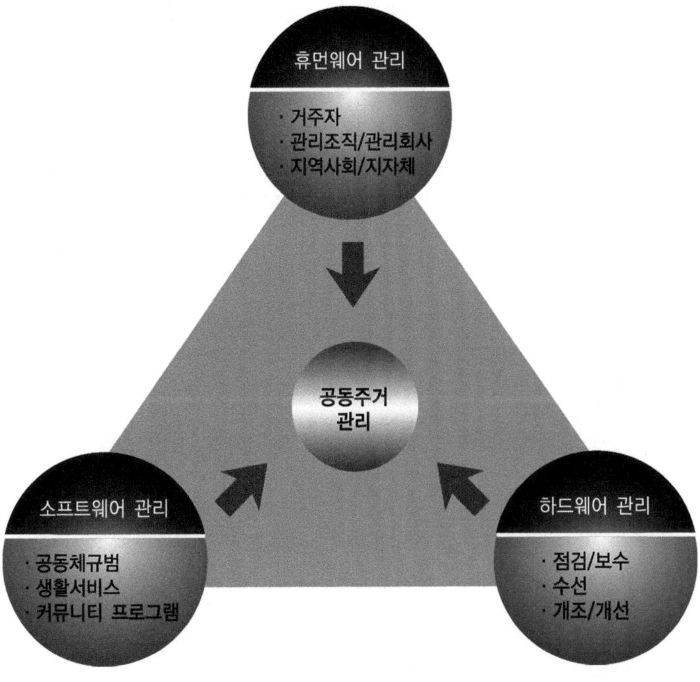

그림 12-1 공동주거관리의 범위

출처 : 강순주(2006). p. 5.

(2) 공동주거의 관리내용

앞에서 서술한 바와 같이 공동주거관리는 거주자 중심의 공동체 의식 증진을 목적으로 자발적이고 능동적이며 보다 적극적인 관리의 방향이라는 측면에서 휴먼웨어 관리, 소프트웨어 관리, 하드웨어 관리의 메커니즘 안에서 접근되는 것이 바람직하다. 그러나 지금까지는 공동주거관리가 주택의 물적 관리 중심의 지극히 피상적인 내용으로 인식되어 왔다. 그러므로 앞으로는 물적 관리의 공동주택관리로서가 아닌 좀 더 적극적인 관점과 접근체계로서 공동주거관리로서의 포괄적인 내용을 중심으로 발전될 필요가 있다.

① 기존의 관리 내용

기존의 공동주거관리는 건물의 유지관리, 운영관리, 생활관리 중심으로 이루어져 왔다. 유지관리는 공동주택의 물리적 조건을 정비하고 보전하는 정기적인 점검 및 일반·특별수선행위, 시간이 경과됨에 따라 사회적 요구에 부응하도록 새롭게 개선하는 단지 리모델링 등을 계획하고 집행하는 하드웨어 관리이다. 즉, 공동주택의 청결, 위생, 사고예방을 위한 환경관리로 청소관리, 위생관리, 수질관리, 오물수거, 조경관리 등이 속하며 건물의 자산가치의 하락을 방지하기 위한 단기 및 장기수선계획을 세워 관리하는 업무이다. 수선방법을 결정하고 업자를 감독함은 물론 세대 전유 부분의 리모델링을 하는 데 있어서도 지켜야 할 기본 규정이라든가 이를 승인하고 조정하는 일도 유지관리의 내용에 포함된다. 또한 소방, 피난훈련 등의 안전을 위하여 긴급 시의 대응이나 업자와의 연락 등의 체계적인 시스템까지 포함한다. 운영관리란 건물의 유지관리를 수행하기 위해서 또는 공동생활을 위한 규범을 정하기 위해서 주민 간에 원만한 의사소통을 하는 일, 단기 및 장기수선계획에 의한 관리비 예산책정과 집행 및 장기수선 충당금을 책정하는 등의 합리적이고 효율적인 조직의 인적 자원, 물적 자원을 운영하는 경영적 측면의 관리내용을 말한다. 즉, 물품관리, 세무관리 등의 모든 회계업무를 총괄하고 직원을 채용하고 훈련·통솔하는 인사관리, 문서작성과 보관 등의 사무관리업무를 말한다. 생활관리는 공동생활의 질서화와 규약작성 및 실행, 주민참여 등의 커뮤니티 활성화, 지역문화 계승, 복지활동 등 인적·사회적·생활문화적 정비 및 교육 등의 공동생활의 제반 문제에 대한 계발활동 및 서비스를 말한다. 또한 주민들의 다양한 삶을 담고 있는 공동체를 위하여 거주자, 관리주체, 지역사회, 지자체와의 상호 협조관계를 유지하기 위한 대외업무, 방재 및 방범활동, 홍보 및 연락업무 등의 네트워크 관리를 통한 커뮤니티 생활 측면에서의 제반업무를 내용으로 한다.

② **향후의 관리 방안**

기존의 공동주거관리가 사회제도, 관리자, 주민 간의 유기적 관계에 대한 깊은 이해 없이 피상적으로 건물을 유지, 운영, 생활관리하는 시스템이었다고 한다면, 앞으로의 공동주거관리는 기존의 운영, 유지, 생활관리 내용에 덧붙여 공동체 주거문화 발전을 위해 사회시스템에 대한 이해를 기반으로 보다 적극적 관리주체로서의 관리자의 능력 제고에 초점을 맞추고 주민과 적극 협력하는 체제로 나아가야 한다. 그러기 위해서는 다음의 방안들이 이루어져야 한다. 첫째, 공동체 주거문화 향상을 위하여 거주자는 주거관리에 대한 관심과 인식을 제고하고, 관리자는 자질과 능력을 향상시켜 리더십을 발휘함으로써 주민은 물론 관리회사, 지자체와의 상호협력 체제가 원만하게 이루어지도록 하는 휴먼웨어의 네트워크 관리가 필요하다. 이를 위해서는 연구, 조사 분석능력의 제고가 필수적이다. 둘째, 공동주택의 물리적 성능 노후화를 지연시키고 계획적인 수선계획을 통해 건물의 자산가치를 유지시키는 하드웨어 관리에는 자산관리라는 적극적인 개념 도입이 요구된다.

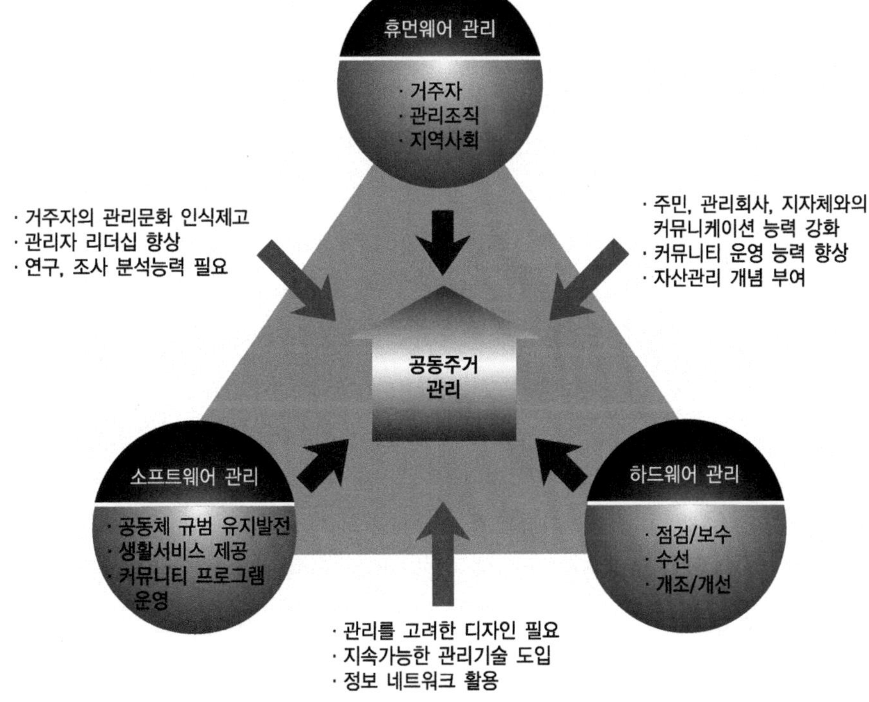

그림 12-2 향후 공동주거관리의 방향

출처 : 공동주거관리연구회(2008). p. 19.

또한 공동주택의 관리를 배려한 디자인계획이 필수적이며 지속가능한 유지관리기술 도입과 정보 네트워크를 적극적으로 활용한 관리가 요구된다. 셋째, 주민들이 참여하고 협조하는 공동체 규범을 효율적으로 관리하고 공동체 의식 고취를 위해서 커뮤니케이션 능력이 강화되어야 하며, 커뮤니티 활성화 프로그램 개발과 운영 등의 소프트웨어 관리가 적극적으로 이루어져야 한다(그림 12-2).

3) 공동주거의 관리제도와 조직

공동주택은 소유권의 형태에 따라 분양공동주택과 임대공동주택으로 구분된다. 현재 우리나라 공동주택관리제도는 분양공동주택과 임대공동주택이 서로 다른 법의 적용을 받는다. 즉, 분양공동주택은 주택법 등의 적용을 받으며, 임대공동주택의 경우는 임대주택법의 적용을 받는다. 관련 규정의 조항 수에 있어서도 분양공동주택과 임대공동주택의 관리는 차이를 보이고 있으며, 특히 분양과 임대가 혼재되어 있는 공동주택단지의 경우 통합적인 관리가 제대로 이루어지기 힘들고 주민 간의 갈등도 초래될 수 있으므로 관리의 제도적 보완이 많이 요구된다.

(1) 적용법규 및 관리 대상

공동주거의 관리와 관련된 여러 내용들은 주택법, 임대주택법, 민법, 집합건물 소유 및 관리에 관한 법률 등에 나와 있으며, 각 시설관리에 적용되는 시설물안전관리에 관한 특별법, 전기사업법, 수도법, 소방법, 가스사업법, 승강기제조 및 관리에 관한 법률 등에도 적용된다. 또한 관리사무소 직원관리를 위한 노동법, 연금법 등의 적용을 받으며, 관리비 등의 운영은 기업회계기준을 적용받고 있다. 또한 표준관리규약에 근거하여 각 단지별 상황에 따라 입주민의 합의에 의한 관리규약이 관리현장에 적용되고 있다. 주택법은 주택건설사업승인을 받아 건축된 20세대 이상의 공동주택을 대상으로 하나, 주택법시행령 제48조의 의무관리대상 공동주택의 범위는 300세대 이상의 공동주택, 150세대 이상으로서 승강기가 설치된 공동주택, 150세대 이상으로서 중앙집중식 난방방식(지역난방방식을 포함)의 공동주택이 관리대상이 되고 있으며 주택관리사 등을 관리사무소장으로 배치하여야 한다. 주택관리사는 500세대 이상의 공동주택에 배치하며 500세대 미만의 공동주택은 주택관리사 또는 주택관리사보를 배치한다(주택법시행령 72조). 2005년 12월 23일 개정된 주택법에 의하면 임대공동주택도 주택관리사 등을 관리사무소장으로 배치해야 한다. 반면에 20세대 이상과 300세대 미만 공동주택은 주택법에 규정된 관리규정의 일부가 적용되는 임의적 관리대상이 된다. 집합건물법은 20세대 미만의 공동주택과 주택법의 규정을 받지 않는 주상복합아파트 등 집합건물에 적용되므로 이러한 세대수를 기준으로 한 주택법의 적용은 20세대 이상 300세대 미만의 임의관리대상 공동주택 중 특히 100세대 미만의 소규모 공동주택에 대한 법령적용 시 많은 문제가 발생할 수 있다.

(2) 관리 조직

공동주거관리와 관련된 조직은 크게 네 가지 축이다. 첫째는 입주자 등[1]의 과반수 찬성으로 선출된 각 동의 대표자인 동별 대표자로 구성된 최고의결기관인 입주자대표회의다. 입주자대표회의는 공동주택관리에 관한 입주자의 의견을 수렴 조정하고, 입주자를 대표하여 관리주체를 감독 또는 감시하는 공법상 필수적으로 요구되는 상설기구이다. 둘째는 공동주택을 실질적으로 관리하는 관리주체이다. 관리주체는 자치관리 기구의 관리사무소장, 위탁관리를 하는 주택관리업자, 관리업무를 인계하기 전의 사업주체, 임대주택법에 의해 임대주택관리를 하는 임대사업자가 이에 해당된다. 셋째는 사업주체이다. 사업주체는 국가, 지방자치단체, 한국토지주택공사, 주택법에 의하여 등록한 주택건설사업자 또는 대지조성사업자 및 이를 시행하는 자이다. 넷째는 공동주택 분쟁조정위원회이다. 이는 공동주택의 입주자, 사용자, 관리주체, 입주자대표회의 또는 리모델링조합 사이의 분쟁을 조정하기 위하여 시, 군, 구에 두는 상설기구로서 위원장을 포함하여 10인 이내로 구성된다. 이상의 조직을 간략하게 소개하면 다음과 같다.

① 입주자대표회의

- 법적 성격 : 입주자대표회의는 공동주택 관리에 관한 입주자의 의견을 수렴 조정하고, 입주자를 대표하여 관리주체를 감독 또는 감시하기 위하여 입주자에 의하여 구성되는 최고의결조직으로서 공법상 필수적으로 요구되는 상설기구이다. 즉, 입주자대표회의는 공동주택관리 관련 대표권과 의결권, 관리사무소 감독 등의 실질적으로 공동주택의 관리를 책임지는 주체로서 법적으로 그 활동이 보장되어 있다.
- 구성 및 임원 : 입주자대표회의에 두는 임원은 동별 대표자에서 선출하되, 회장 1인을 포함한 3인 이상의 이사와 1인 이상의 감사로 구성한다. 입주자대표회의의 임원은 관리규약이 정하는 바에 따라 구성원 과반수의 찬성으로 선출한다.
- 업무 내용 : 입주자대표회의는 사업주체로부터 자치관리 또는 위탁관리를 요구받은 날부터 3개월 이내에 구성되어 입주자 등의 대의 기관으로서 구성원 과반수의 찬성으로 다음의 업무를 의결한다.

1) 입주자(당해 공동주택의 소유자, 소유자를 대리하는 소유자의 배우자, 소유자의 직계존비속)와 사용자(임차인) 모두를 의미한다.

- 공동주택관리규약 개정안의 제안 및 공동주택의 관리에 필요한 제규정의 제정 및 개정
- 관리비 예산의 확정, 사용료 기준의 결정, 감사의 요구와 결산의 처리
- 단지 안의 전기, 도로, 상하수도, 주차장, 가스설비, 냉난방설비 및 승강기 등의 유지 및 운영 기준
- 자치관리를 하는 경우 자치관리기구의 직원 임면에 관한 사항
- 공동주택의 공용 부분의 보수 교체 및 개량
- 공동주택에 대한 리모델링의 제안 및 리모델링의 시행
- 장시수선계획 및 안전관리계획의 수립 및 조정
- 입주자 등 상호 간에 이해가 상반되는 사항의 조정
- 그 밖에 관리규약에서 정하는 사항

② **관리주체**

■ 법적 성격 : 관리주체는 입주자 및 입주자대표회의에 의하여 제정된 관리규약 및 관리업무에 관한 의결사항을 수행하는 집행기관이다.

자치관리방식에 있어서는 입주자 대표회의에 의하여 구성되며, 그 감독을 받아 관리업무를 집행하여야 하며, 위탁관리방식의 경우에는 관리규약의 범위 내에서 관리업무를 이행하는 독립적 집행기관으로서의 성격을 갖는다. 이는 전문성이 요구되며 일정규모 이상의 공동주택을 관리하는 경우는 주택관리사(보) 등을 채용토록 의무화되고 있으며 기술인력 및 장비를 갖추도록 요구되고 있다.

■ 업무 내용 : 주택법 제43조 7항 규정에 의하여 관리주체는 다음의 업무를 행한다(주택법시행령 제55조1항, 시행규칙 제25조).

- 공동주택의 공용 부분, 입주자 공동소유인 부대시설 및 복리시설의 유지·보수와 안전관리
- 공동주택단지 안의 경비·청소·소독 및 쓰레기 수거
- 관리비 및 사용료의 징수와 공과금의 납부대행
- 장기수선충당금의 징수 및 적립
- 공동주택관리규약으로 정한 사항 및 입주자대표회의에서 결정한 사항의 집행
- 공동주택관리업무의 홍보 및 공동시설물의 사용방법에 관한 지도·계몽
- 주민의 공동사용에 제공되고 있는 공동주택단지 안의 토지에 대한 무단 점유행위의 방지
- 공동주택단지 안의 질서문란 행위 등을 방지하기 위한 조치의 강구
- 공동주택단지 안에서 발생한 안전사고 및 도난사고 등에 대한 적절한 대응조치의 강구

또한 관리주체 의무는 다음과 같다.

- 관리규약의 보관, 비치 의무
- 입주자대표회의 회의록의 보관, 비치 의무
- 회계장부의 작성 및 보관, 비치 의무
- 용도변경 등의 금지의무
- 안전관리계획 수립 및 책임점검 실시 의무
- 안전관리진단 및 안전점검 실시 의무
- 장기수선계획 조정 의무
- 장기수성충당금 적립 의무

③ 사업주체

■ 법적 성격 : 사업주체는 입주예정자의 과반수가 입주할 때까지 관리하여야 하며, 입주예정자의 과반수가 입주한 때에는 입주자에게 그 사실을 통지하고 당해 공동주택을 자치관리 또는 위탁관리할 것을 요구하여야 한다. 따라서 사업주체관리 기간은 입주자들에 의해 주택관리방식을 정하기 전까지의 과도기적 관리기구라 할 수 있다.

■ 업무 내용

- 공동주택 입주 예정자와 관리계약을 체결하여야 한다.
- 공동주택 분양 후 최초로 제정하는 관리규약을 제안하여 입주예정자의 과반수 서면 동의로 결정한다.
- 일정규모의 기술인력 및 장비기준에서 규정하는 기술 인력 및 관리기구를 구성하여 단지 안에 두어야 한다.
- 분양되지 아니한 공동주택에 대한 장기수선충당금은 사업주체가 부담하여야 한다.
- 일정한 절차에 따라 공동주택을 관리할 책임이 있으며, 하자보수보증금을 예치하여야 한다.
- 사업주체도 관리주체이므로 전술한 관리주체의 관리업무를 수행한다.

④ 공동주택분쟁조정위원회

■ 위원회 구성 : 공동주택관리분쟁조정위원회는 위원장 1인을 포함하여 10인 이내의 위원으로 구성하되, 위원은 다음의 1에 해당하는 자로서 당해 지방자치단체의 장이 위촉 또는 임명하는 자가 된다. 이 경우 다음 1, 2의 위원은 각각 2인으로 한다.

1. 분쟁이 발생한 공동주택의 입주자대표회의가 추천하는 자
2. 분쟁이 발생한 공동주택의 관리주체가 추천하는 자
3. 시민단체(「비영리민간단체 지원법」 제2조의 규정에 의한 비영리민간단체를 말한다)에서 추천한 자
4. 주택관리관련 분야에 관한 학식과 경험이 있고 덕망을 갖춘 자
5. 당해 지방자치단체 소속 공무원

- 위원회업무 : 분쟁조정위원회에서 심의·조정할 사항은 다음과 같다.

1. 입주자대표회의의 구성 운영 및 동별 대표자의 자격, 선임, 해임, 임기에 관한 사항
2. 자치관리기구의 구성, 운영 등에 관한 사항
3. 관리비, 사용료 및 장기수선충당금의 징수, 사용 등에 관한 사항
4. 공동주택(공용 부분에 한한다)의 유지, 보수, 개량 등에 관한 사항
5. 공동주택의 리모델링에 관한 사항
6. 그 밖에 공동주택의 관리와 관련하여 분쟁조정이 필요하다고 지방자치단체의 조례로 정한 사항

4) 공동주거의 관리방법

공동주거의 관리방법에는 입주예정자가 과반수 이상 입주되어 관리방식을 정하는 다음의 두 가지 방법이 일반적이다.

(1) 자치관리

자치관리기구의 구성과 절차는 다음과 같다.

- 자치관리는 입주자대표회의가 공동주택을 직접 관리하고자 할 때 구성되며 관리주체로서 일정한 기술인력 및 장비를 갖춘 자치관리기구를 구성해야 한다.
- 자치관리기구 구성절차는 자치관리기구의 대표자인 관리사무소장을 임명하되 입주자대표회의 구성원은 자치관리기구의 직원을 겸할 수 없다.
- 직원의 임명은 입주자대표회의가 결정하며, 인사·보수 및 책임과 의무 등은 관리규약에서 정한 바에 따른다. 그러나 실질적으로 입주자대표회의와의 임용계약에 따라 그 신분과 지위가 결정된다.
- 자치관리기구는 관리주체로서 권한과 책무를 가지며 관리규약에서 정하는 바에 따라 입주자대표회의의 감독을 받아야 한다.

표 12-1 자치관리의 장·단점

구분	내용
장점	• 소유자 자신이 관리하므로 불필요한 경비 절감으로 관리비 절감이 가능 • 입주자 상호 간의 친목 증대로 인해 민원 등을 사전에 예방 • 관리지식과 경험이 풍부할 경우 효율적 관리 가능 • 입주자의 참여 가능성이 큼 • 기밀유지 및 보안안전에 유리 • 입주자 요구에 최대한 서비스가 가능 • 지역사회 형성 및 공동체 의식 고취
단점	• 자치관리기구의 전문지식 미흡으로 관리자의 전문성 결여 • 관리비 절감으로 장기적인 안목에서의 관리가 소홀해져 시설 노후화를 촉진 • 관리사무소 경리사고 시 책임 모호 • 전문기술자 미배치 시 대형사고의 위험 내재 • 관리권을 둘러싼 주도권 다툼

(2) 위탁관리

위탁관리기구의 구성과 절차는 다음과 같다.

- 의무관리대상 공동주택의 입주자가 자치관리하지 않을 경우 주택관리업자로 하여금 관리하는 방식으로 주택관리업자의 선정 등은 입주자대표회의의 제안으로 입주자 등의 과반수의 서면 동의로 결정한다.
- 입주자대표회의로부터 관리방법의 결정에 대한 통지가 없거나 자치관리기구의 구성이 없을 때에는 사업주체는 주택관리업자를 선정하여 입주자에게 통지하여야 한다.

주택관리업의 등록기준은 표 12-2와 같으며 공동주택의 관리를 업으로 하고자 하는 자는 일정한 요건 및 절차에 의해 특별시장·광역시장·도지사에게 등록을 신청해야 한다.

표 12-2 주택관리업 등록의 기준(관리령 별표 4)

구분		등록기준
자본금		2억 원 이상
기술능력	전기분야 기술자	전기기사(2급 이상) 1인 이상
	연료사용기기 취급 관련 기술자	열관리기사(2급 이상) 또는 보일러시공(취급)기능사(2급 이상) 1인 이상
	고압가스 관련 기술자	가스기능사의 자격을 가진 자 1인 이상
	위험물취급 관련 기술자	위험물취급기능사(2급 이상) 1인 이상
주택관리사 등		주택관리사 또는 주택관리사보 1인 이상
장비		운반차량 1대 이상

표 12-3 위탁관리의 장·단점

구분	내용
장점	• 체계적 관리 및 전문기술자 보유로 안전사고 사전 예방 • 관리비용 부담이 절감(관리호수 증가 시 경영 합리화를 통한 관리비 절감 가능) • 전문적인 계획관리 가능 • 경리사고 발생 시 관리회사 책임 부담
단점	• 관리회사가 공익보다 영리를 추구할 경우 부정소지가 커서 입주자에게 피해 우려 • 위탁관리수수료 등 관리비 부담 증가 • 입주자와 이해관계 마찰 시 조정 어려움 • 불성실한 관리, 또는 관리운영의 미숙, 전문 관리인이 부족한 경우는 회사의 공신력 저하 및 공동주택 거주자의 피해 우려

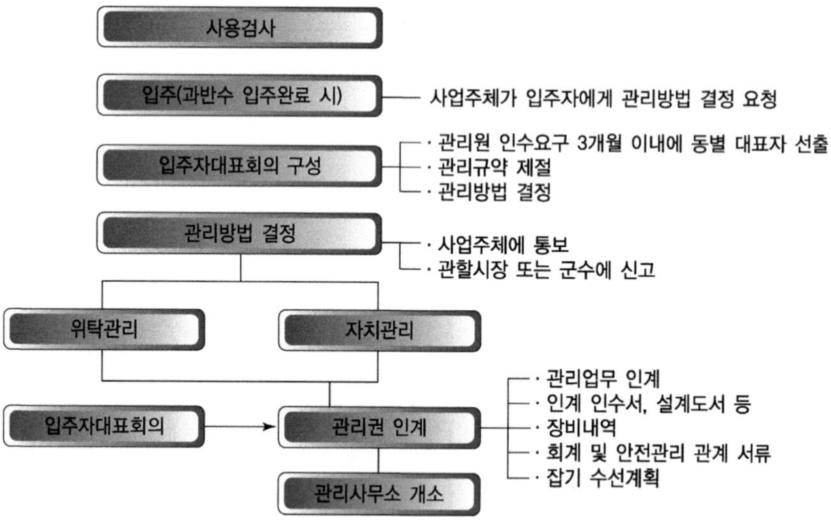

그림 12-3 관리 조직의 구성절차

5) 공동주거관리의 시스템 구축

향후 바람직한 주거관리 문화가 형성되기 위해서는 다음 세 가지 측면의 공동주거관리 시스템이 전개되어야 한다.

(1) 물리적 지원 시스템 구축

건설업체는 공동주택 설계와 기획 단계는 물론 건설과 시공 단계의 초입에서부터 관리에 대한 배려와 건물의 장수명화를 목적으로 조건 정비가 우선시되어야 하며, 정부는 관리대책으로 각종 제도체계를 정비하여야 한다. 지금까지는 건설업체가 건물을 건설하고 공급한 후 애

프터서비스 차원에서의 하자 문제만을 해결하고 그 이후의 관리는 사용자에게 떠넘기는 형태였다. 그러나 입주자나 사용자들에게 주택과 단지에 대해 애착을 갖고 참여하며 관리하라고 요구하기 이전에 건설업체는 물론 정부나 지자체에서 먼저 주거환경으로서의 물리적 지원시스템을 확립해야 한다. 물리적 지원시스템이란 친환경건축물인증제도, 주택성능보증제도 등 안전하고 쾌적한 주거환경 공급을 위한 조건에 부합되어야 하며, 공동체 활성화와 관리참여를 유도하는 다양한 시설과 프로그램 개발 및 운영에 적극적인 지원체계 정비, 중고 건물에 대한 주택성능평가제도, 보험, 융자의 경제적 지원 체계를 갖추는 것 등이다. 특히, 건축법시행령 개정에 따라 공동주택 단지 내의 주민공동시설은 용적률 산정 시 제외되어 향후 단지 내에 커뮤니티 시설이 다양하게 계획될 것이 예상되므로 이를 활발하게 운영할 시스템 모색이 요구된다.

(2) 주민의 자율적 참여유도를 위한 인프라 구축

공동주택에 거주하는 주민들에 의한 자율적인 주거관리 풍토를 지원하는 시스템을 만들어 관리의식을 증진시키고 참여를 유도하는 방안이 모색되어야 한다. '친환경인증 공동주택의 거주 후 평가 연구(강순주, 2006)' 에 의하면 친환경인증 아파트 거주자들은 친환경적 행동에도 대체로 동참하고 있었으며 친환경인증 아파트에 거주함으로써 생각이나 행동도 친환경적으로 변화하는 데 영향을 준다고 하였다. 이는 향후 친환경인증 아파트 공급이 증가할수록 주민의 친환경 의식과 행동도 같이 향상되는 긍정적인 효과를 얻을 수 있음을 시사한다.

즉, 외부의 물리적 지원시스템이 우선될 때 주민들의 관리의식 또한 같이 향상될 수 있음을 뒷받침하고 있다. 주민들에게 살고 있는 주거와 단지에 관심과 애착을 갖게 하면 이는 정주의식에도 영향을 주게 된다. 결국 관리의식이 높아져 주거관리 행위를 촉진시키게 되고, 이는 주거단지 및 지역활동에까지도 적극적으로 참여하고 관심을 갖게 하는 순환시스템이 형성되는 것이다.

지금까지 우리나라는 재건축이라는 풍조가 만연되어 거주자에게 관리의식을 퇴색시키기에 충분하였다. 거주자들의 관리의식 제고를 위해서는 우선 주거관리 필요성과 방법에 대한 정보를 충분히 제공하는 일이 중요하다. 정보제공을 위해서 지원되어야 할 내용으로는 공동체 생활을 위한 공동체 규범, 살맛나는 건강한 공동주거 이미지를 친숙하고 알기 쉽게 만든 핸드북이나 옥외광고, CD 등의 매체를 통해 전달하고, 주거계획과정, 설비, 성능, 유지관리에 관한 기초지식 내용은 물론 홈 오토메이션 등의 각종 디지털 설비들에 대해서도 이해하기 쉬운 조작방법 등을 매뉴얼 형식으로 제공하여 실천할 필요가 있다. 또한 실제로 보고 체험할 수 있는 전시장이나 환경학습장 등의 정비 등도 좋은 효과를 기대할 수 있다. 이러한 다양한 정보들을 통해 주민들의 자발적인 참여의식을 높일 수 있으며 더 나아가 자원봉사 차원의 관리참여도 유도할 수 있고, 공용공간과 시설의 환경관리 유지 및 공동체 프로그램 운영을 위해 지불되는 공동관리비도 기꺼이 부담할 수 있는 풍토의 조성을 기대할 수 있다.

(3) 관리주체의 전문성 체계 구축

거주자와 전문적인 관리주체의 역할분담을 명확히 하고 관리기술 측면에서 전문성을 향상시켜야 한다. 여기에는 정부의 주거환경정책으로서의 확고한 기조가 바탕이 되어야 한다. 현재 공동주택 단지에 근무하는 주택관리사(보)의 경우 그들의 권익을 보장해 주는 별도의 제도적 장치가 없어 관리업무에 대하여 소극적으로 대처하고 거주자를 대표하는 입주자대표회의와의 관계 형성에만 급급하고 있는 것이 현실이다. 주택산업연구원(2005)의 연구에서는 정부가 제도적으로 관리평가 지표 등을 통해 우수한 관리자나 단지에 대해서 표창하는 제도를 만들어 관리에 임하는 동기유발 정책을 펴나갈 것을 제안한 바 있다.

이러한 정책이 뒷받침될 때 관리주체로서의 주택관리사(보)는 전문가로서의 충분한 자질 향상에 노력할 것이며, 주민조직인 입주자대표회의로부터 자율적일 수 있고, 주민 또한 관리주체와의 관계를 유지하면서 고용자로서의 수직적 관계가 아닌 전문성을 인정받으면서 신뢰를 바탕으로 한 수평적 관계로서 의결권을 행사하게 될 것이다. 공동주거관리로의 개념 전환에 가장 중요한 역할을 담당하게 될 사람은 주택관리사(보)의 자격증을 가진 관리자라 할 수 있다. 관리자는 거주자가 주체가 되는 공동주택의 성공적인 관리를 위하여 계획을 세우고 계획된 사안에 대하여 자원을 구축하여 기획한 후, 계획안이 원활한 커뮤니케이션을 기반으로 기본 논리에 입각한 지침에 의해 잘 수행될 수 있도록 리더십을 갖고 지휘하여야 한다. 탁월한 리더십에 요구되는 관리자의 자질은 사안과 문제에 대하여 예리하게 통찰할 수 있는 연구분석능력과 지식, 열린 마음과 적극적인 자세, 책임의식, 커뮤니케이션 기술이 바탕이 되어야 할 것이다.

그러나 리더십만으로 목적이 달성되는 것은 아니고 때와 경우에 따라서는 그 계획안에 문제가 발생하더라도 그 일을 잘 조정하고 컨트롤할 수 있는 자질 또한 요구되며 궁극적으로는 전반적인 관리의 코디네이터로서의 자질을 갖춘 전문인이 되어야 할 것이다. 이를 위해 최근 건설교통부에서 주택관리사(보)의 자질향상 및 위상제고를 위한 자격시험 과목 추가와 평가방법 등의 개선 움직임은 매우 고무적이라 할 수 있다. 사회적 자산으로서 후손에게 물려줄 삶과 문화의 공동체 공간인 공동주택은 이제 주민들 스스로가 만들어 가고 관리해야 하는데 이는 더불어 사는 의식과 책임의식에서부터 시작할 수 있다. 이제는 '삶'을 개인과 가족중심에서 이웃과 지역이라는 넓은 범주에서, 나 이외의 타인과 함께 협력하고 양보하고 배려

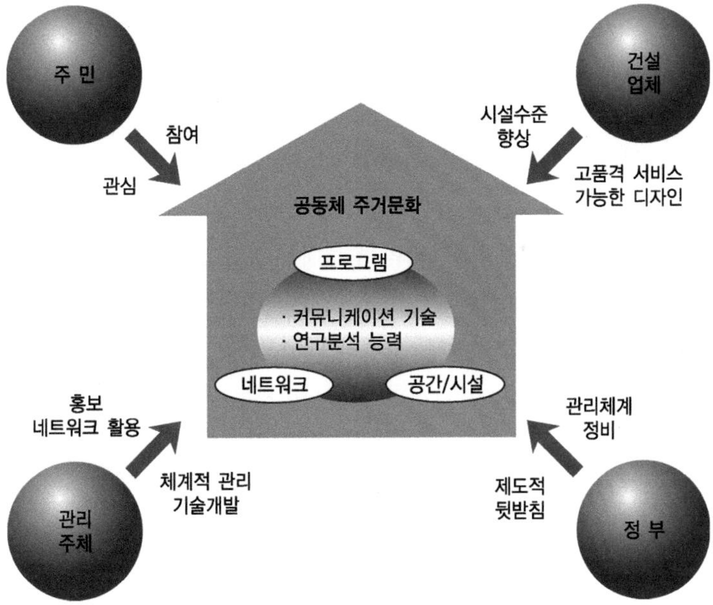

그림 12-4 공동주거관리 시스템

출처 : 공동주거관리연구회(2008). p. 26.

하고 나누는 삶으로의 전환이 요구된다.

공동주거관리란 이러한 주민들의 삶에 대한 사고의 전환을 기반으로 관리 주체, 민간기업, 지자체, 정부와의 네트워크를 체계적으로 활용하는 관리 개념이다. 이를 위해서 먼저 정비되어야 할 각각의 인프라가 조속히 구축되어 공동주거관리를 통해서 우리나라의 올바른 주거문화가 계승·발전되어야 할 것이다(그림 12−4).

2. 주거복지

1) 주거복지의 개념과 필요성

(1) 주거복지의 개념

주거복지의 개념을 이해하기 위해서는 복지에 관련된 주요 개념들, 즉 복지, 사회복지, 복지국가 등에 대한 이해가 선행되어야 한다. 복지(welfare) 또는 웰빙(well-being)의 의미는 만족할 만한 생활환경, 좋은 건강, 윤택한 생활, 안락한 환경들이 이루어져 행복을 누릴 수 있는 상태이다. 즉, 복지란 물리적 조건(번영, 풍요), 신체적 조건(건강), 정신적 조건(안정, 편안함)이 모두 다 갖추어진 상태를 뜻한다.

사회복지(social welfare)란 국민의 생활안정과 복리향상을 추구하는 광범위한 사회적 시책의 총체라 할 수 있다. 필립 클레인(Philip Klein)은 "사회복지란 스스로의 노력으로는 도저히 물질적 자립이나 건강유지가 곤란한 개인 또는 가족들에게 일정한 서비스를 실시·제공하는 일"이라 하였다. 이 정의는 사회복지의 수혜대상자를 국민의 일부로 제한하면서 국민의 빈곤과 고통의 완화 혹은 조건을 개선시키고자 하는 비영리적 사회적 기능을 강조하는 협의의 사회복지를 설명하고 있다. 그러나 존 로매니신(John Romanyshyn)은 협의의 사회복지가 취약계층에 대한 금전적 지원 및 기타 서비스를 의미하는 반면, 광의의 사회복지는 전체 국민의 보편적인 욕구를 충족시키기 위한 집합적 책임이라고 정의하였다. 즉, 사회복지는 인간 스스로가 욕구를 충족할 수 없을 때 사회에서 제도적으로 욕구충족을 도와주는 것이라 할 수 있다. 사회복지라는 용어를 사용할 때 그것을 협의적 또는 광의적으로 해석하느냐에 따라 서비스 공급의 대상과 주체, 내용이 달라질 수 있다.

복지국가(welfare state)란 그동안 학자들에 의해 여러 가지 의미로 사용되어 왔다. 바(Barr, 1987)는 '교육, 보건, 주택, 빈곤구제, 사회보험 및 기타 사회복지 서비스를 제공하는 데 있어서의 국가의 역할'을 복지국가로 정의하였다. 즉, 복지국가란 '정부가 국민의 최저생활을 보장하고 보다 인간답게 살 수 있는 생활여건을 제공하기 위하여 국민생활에 없어서는 안 되는 필수재이면서도 순수한 경제원리와 경제정책만으로는 만족스럽게 해결하기 어려운 기본적 경제재를 공급하는 여러 차원의 정부활동'을 의미한다고 하였다.

국가경제가 발전함에 따라 주택문제의 중요성은 점차 더 커지게 되는데, 경제발전의 초기단계에는 다른 산업 부분에 비해 주택산업의 비중이 낮다가 산업화와 도시화가 진전되면 도시를 중심으로 주택난이 심각해지면서 정부가 적극적으로 주택정책을 도입하게 된다. 더 나아가 국가의 경제발전이 성숙기에 들어서면 복지증진의 수단으로서 주택에 대한 관심이 한층 더 높아지게 되어 주택정책은 국민의 주거복지를 책임지는 방향으로 점점 더 발전하게 된다.

주거복지(housing welfare)의 개념을 한마디로 정의하기는 어렵다. 주거복지는 협의적 개념으로는 정부의 적극적인 개입으로 사회의 주택불평등을 해소하고 주거 빈곤에서 벗어나게 하고 주거 불안전 요소를 제거하고 최저주거기준을 충족시키는 주거수준을 유지시키도록 하여 저소득층의 주거안정을 도모함으로써 주거를 통한 국민의 복지를 증진시키는 것을 의미한다. 즉, 시장경제원리에서는 주택문제를 해결할 능력이 없는 국민들을 대상으로 국가가 적극 개입하여 주거여건개선을 도모하고자 하는 것이다. 광의적 개념으로는 저소득층 등 취약계층뿐만 아니라 중산층 이상을 포함한 국민 전체의 주거수준 향상으로 사회의 안정을 도모하고 복지를 증진하고자 시행되는 제반 정책과 노력을 의미한다.

즉, 주거복지는 복지국가에서 사회복지의 일환으로 사회 질서유지와 사회 안정을 도모하는 수단이 될 수 있다. 주거복지는 주택의 공급과 배분의 과정에서 실현되며 주택의 관리과정에서는 사회복지적 차원에서 접근하여 주거복지와 사회복지의 유기적인 연계가 이루어져야 한다.

(2) 저소득층의 주거실태

그동안 주택공급의 확대로 양적인 주택문제는 많이 해소되었으나 저소득층의 주거수준은 여전히 열악한 상태로 대도심에서는 상당수의 빈곤층이 열악한 주거여건에서 거주하고 있다. 이들을 위한 저렴한 공공임대주택도 부족할 뿐만 아니라 대규모 국민임대주택은 도시외곽에 위치하고 있어 도심을 근거로 일을 하고 있는 저소득층에게는 이동능력의 제한을 가져와 현실적인 지원대책이 되지 못하는 경우가 발생하고 있다. 이에 정부에서는 저소득층의 적절한 주거를 누릴 수 있는 권리를 보장하여 주거복지 향상을 꾀하고자 다각적인 지원시책을 추진하고 있다. 여기서는 먼저 저소득층이 어떠한 주거 여건에서 생활하고 있는지를 주거비부담가구, 최저주거기준 미달가구, 주거빈곤가구의 거주실태 등의 측면에서 정리한다.

① 주거비 부담가구

주거비란 연소득대비 주택가격의 비율(PIR : price to income ratio)과 연소득대비 임대료비율(RIR : rent to income ratio)을 모두 반영한 수치이다.

우리나라의 '주거빈곤' 가구의 증가는 주거복지 대책이 시급하다는 것을 설명해 주는 중요한 사항이다. 주택공급이 늘고 임대주택 공급이 해마다 크게 늘고 있다 해도 현실적으로 이들이 안정적으로 거주할 수 있는 저렴한 주택은 크게 늘어나고 있지 않고 있다. 월 소득대비 임대료의 비율이 30%를 초과하는 가구를 주거비부담이 과도한 주거 빈곤가구라고 간주할 때, 2001년을 기준으로 서울의 경우 18.3%, 수도권과 중소도시의 경우 12.4%에 해당하는 가구가 월평균소득의 30% 이상을 주거비로 지출하고 있는 것으로 나타났다.

통계청의 '도시가계연보'를 토대로 2002년의 소득계층별 소득대비 주거비 비율을 살펴보면 전체 평균은 10.0%이지만, 소득 상위 20%에 해당하는 고소득층은 소득대비 주거비의 비율이 5.3%에 불과하다. 또한 중산층(중위 60%)은 소득의 11.5%, 소득 1·2분위에 해당하는 저소득층의 소득대비 주거비 비율은 22.7%를 차지하고 있다. 이를 통해 소득 하위 20%의 가구들은 평균적으로 소득의 20% 이상을 주거비로 지출하고 있어 상당수가 주거빈곤 상태에 처해 있음을 알 수 있다. 또한 연소득대비 임대료의 수준은 2001년 이후 집값 상승으로 인해 20.7%(2000년), 18.3%(2001년), 21.3%(2002년)로 상승하여 저소득층의 주거비 부담이 가중되고 있어, 상당수가 주거빈곤 상태에 처해 있음을 알 수 있다. 이것은 선진국 평균인 16.0%보다 높은 수준이어서 정부에서는 2012년까지 RIR을 17.5%로 낮추려는 목표를 세우고 있다.

② 최저주거기준 미달가구

최저주거기준이란 일정수준 이상의 주거를 보장받게 하여 주거복지를 강화하려는 의도에서 적용시키는 최저기준을 말한다. 최저주거기준에 미달하는 가구를 알아보기 위해서는 우리나라의 주거실태가 어떻게 변화되어 왔는지를 먼저 파악해야 한다. 주택공급은 꾸준히 증가하여 1985년에 69.2%이었던 주택보급률이 2000년에는 96.2%에 이르렀고 2002년에는 100%를 넘어섰다. 주거환경 면에서는 자가거주율에는 큰 변화가 없으나 가구당 가구원수나 방당 인원수는 크게 감소하였고 가구당 주거면적, 가구당 방수, 1인당 주거면적은 지속적으로 증가해왔다. 주거시설 면에서도 부엌이 입식으로, 화장실은 수세식으로, 목욕시설은 온수공급으로 대폭 개선되었다. 그러나 여전히 입식부엌(6.1%), 수세식 화장실(13.1%), 목욕시설에 온수(12.6%)를 갖추지 못하고 사는 가구도 적지 않으며, 이러한 가구들이 주로 최저주거기준에 미달되는 가구에 해당된다고 볼 수 있다.

주택의 물리적 차원에 대한 기준으로 2000년 10월에 정부가 고시한 최저주거기준은 가구구성별 최소주거면적 및 용도별 방의 개수, 전용 입식부엌, 수세식 화장실 등 필수적인 설비기준, 주택의 구조·성능·환경기준 등을 정하였다.

최저주거기준에 미달하는 주거빈곤가구의 실태를 파악하기 위해, 2000년 인구주택총조사 결과를 활용하여 최저주거기준 미달가구(침실수 및 전용부엌·화장실 기준)의 규모를 파악한 결과, 전체 가구의 약 1/4(23.1%)에 해당하는 330만 가구가 최저주거기준에 미달하는 주거빈곤가구로 나타났다. 지역별로는 수도권 152만 가구로 전체의 45.4%를 차지하고 있으며, 그중 서울이 73만 가구(23.5%)인 것으로 나타나 서울과 수도권 지역에 최저주거기준 미달가구가 편중되어 있다. 최저주거기준 미달가구가 거주하는 주택의 평균 건축년수는 22.2년으로 일반가구 주택의 13.3년에 비해 노후화된 주택에 거주하고 있다.

③ 주거빈곤가구

주거빈곤가구는 소득에서 주거비가 차지하는 비율이 20~30%를 넘어서는 경우, 또는 정부에서 정한 최저주거기준에 미달하는 주택에 거주하는 경우 등으로 정의한다. 또한 주거의 수준에서 볼 때 주택공급이 꾸준히 증가하여 1985년에 69.2%였던 주택보급률이 2002년에는 100%를 넘어섰다. 그러나 소득 1~2분위 계층은 70% 정도가 자기 집이 없으며, 주거면적은 56.1 m^2에도 미치지 못하고 있다. 특히, 소득 1분위 계층은 평균 건축연수가 16년 이상인 노후주택에 거주하며 주거시설 역시 매우 낙후되어 있다. 1인당 주거면적이 26.2 m^2로 여전히 작고, 최저주거기준 미달가구 비율도 13%에 이른다.

과도하게 주거비를 지출하고 있거나 최저주거기준에 미달하는 열악한 환경에서 거주하는 주거빈곤가구 중에는 거주자의 안전, 위생, 건강과 같은 인간의 기본적인 욕구조차 충족되지 않는 상황에서 살고 있는 저소득층에 대한 대책이 시급하다. 이들은 화장실이나 부엌이 없다든지, 전기가 제대로 들어오지 못하고 습하고, 냄새나는 곳에서 산다든지, 협소한 공간에서 과다한 인원이 거주하는 등 생리적·정신적으로 심각한 상황에 처해 있다(남원석, 2004). 그러나 이들은 최악의 주거상황에도 불구하고 경제적 능력의 부족으로 외부의 지원 없이는 주거이동이 불가능한 것이 현실이다. 대표적인 불량주거라 할 수 있는 비닐하우스, 지하주거, 쪽방과 일정기간이 지나면 퇴거해야 하는 노숙자를 위한 임시거처인 자활의 집 등이 주거빈곤가구의 대표적인 모습이다.

- 비닐하우스: 비닐하우스촌은 무허가 불량주거지를 통칭하고 있으며 행정용어로는 '신발생무허가주택'의 밀집지역을 의미한다. 전국적인 현황에 대한 자료는 없으나 서울시의 경우 30여 지역에 약 4,000여 가구가 거주하고 있는 것으로 추정되고 있으며, 주로 강남구, 서초구, 송파구에 집중되어 있다. 가구특성 측면에서는 단독가구나 한부모가구, 조손가구, 부부가구가 절반을 차지하고 있으며, 소득 및 의료비 지원에 대한 욕구가 크며, 주민의 15%는 환자가 집에 있으면서도 돌봐줄 사람이 없는 상황이고, 가구의 약 53.5%가 최저생계비 이하로 생활하고 있는 것으로 나타났다(한국도시연구소·서울시정개발연구원, 2002). 비닐하우스촌의 주거환경은 주택재료가 화재에 취약함에도 불구하고 소방도로가 제대로 확보되어 있지 못하며, 상수도나 전기공급이 제대로 이루어지지 못하고 있다. 또한 최저주거기준을 적용해 보면, 침실기준에 미달하는 가구가 39.0%, 면적기준에 미달하는 가구가 3.07%, 전용화장실이 없는 가구가 68.0%에 달한다.
- 지하주거: 산동네 해체 이후 저소득층의 가장 중요한 거처로 이용되는 곳이 바로 지하주거로 주로 지하셋방을 말하며 전국적으로 분포되어 있다. 재개발사업으로 인해 일반주거지역으로 이주한 주민들의 상당수가 지하주거에 살고 있다. 지하주거의 가장 큰 문제는 환경문제로 채광이 부족하고 습기가 차고 환기가 잘 되지 않아 곰팡이 등의 각종 세균과 재해의 위험에 노출되어 상당히 열악한 상황에 처해 있다는 점이다. 이러한 환경적 요인은 주민들의 정신적·육체적 건강에 부정적인 영향을 미칠 수 있다. 한국도시연구소(2003)는 서울의 경우 대략 25만 가구가 지하주거공간에 거주하고 있는 것으로 추산하고 있다.

  지하주거에 최저주거기준을 적용해 보면, 침실기준에 미달하는 가구가 2.03%, 전용화장실을 갖추고 있는 않은 가구가 21.0%에 달하고 있다. 가구구성에 있어서도 단독가구와 한부모가구의 비율이 전국 평균의 두 배 가까이 되며, 거주자의 47%가 국민기초생활수급자이었다. 현재 주택에서 거주한 기간은 평균 42개월이지만, 10년 이상 거주한 가구가 12.6%에 달하고 있으며, 생애 전반을 놓고 볼 때 총 지하거주기간은 6.5년인 것으로 나타났다(한국도시연구소, 2003).

- 쪽방 : 쪽방이란 주로 비공식적이고 가족보다는 단신으로 살아가는 사람이 많으며, 단기간 방을 임대하고 방 이외의 시설은 공용이거나 없으며, 방의 크기는 한 사람이 누울 수 있을 정도로 좁은 방을 의미한다. 쪽방은 이미 오래전부터 단신 상경자나 일용노동자, 하층서비스업 종사자 등의 거처로 이용되어 왔다. 이러한 쪽방이 우리 사회에서 주거빈곤의 유형으로 주목받기 시작한 것은 IMF 구제금융 시기를 지나며 노숙에 이르기 직전의 주거지로 쪽방이 이용된다는 사실이 밝혀지면서부터이다. 전국적으로 약 8,000여 개의 쪽방이 존재하는 것으로 추정되고 서울, 대전, 대구는 쪽방밀집지역으로 어느 정도의 실태 파악이 가능하나 다른 지역들은 넓은 지역에 분산 분포되어 있어 실태 파악이 어려운 실정이다.

 쪽방은 성인 한 사람이 잠만 잘 수 있을 정도인 0.5~1평의 면적으로, 5~10개의 쪽방이 한 건물을 구성하고 있고, 욕실이나 화장실 등은 층별 혹은 건물당 하나 정도가 설치되어 있다. 창문이 없거나 크기가 작아서 환기가 어려우며 일부 쪽방은 판자로 지어져 있기 때문에 화재위험에 노출되어 있다. 또한 기존 단층건물을 중이층(中二層)으로 개조한 경우도 있는데, 2층 방의 높이가 1~1.2 m 정도로 허리를 제대로 펴기도 힘들다. 이러한 쪽방의 열악한 거주환경 때문에 주민들은 방, 주거설비, 유지보수상태, 사생활보장, 안전 등의 측면에서 쪽방 거주에 불만족하고 있었다.

 보건복지부·서울특별시(2000)에 따르면, 쪽방 주민의 86.7%가 단독가구이고 근육관절질환 및 요통(28.3%), 신체장애(24.8%), 위장 및 간질환(16.8%) 등 병이 있는 주민이 60%에 이르고 있고 쪽방 주민의 56.6%가 월평균 소득의 30% 이상을 주거비로 지출하고 있다. 또한 쪽방에서 6개월 이상 장기 거주하는 가구가 전체의 64.6%에 달하는 것으로 보아, 이제 쪽방은 단순히 이동성이 높은 일용노동자들의 임시숙소 이상의 의미를 가지고 있음을 알 수 있다.

- 노숙자를 위한 자활의 집 : 노숙자에 대한 주거지원정책은 '자활의 집' 제공이 가장 대표적이다. 자활의 집은 정기적인 소득이 있는 노숙자를 대상으로 전세금을 마련할 수 있는 일정기간 동안 주거공간을 지원해 주는 프로그램으로 최장 4년까지 거주가 가능하다. 그러나 4년으로 제한된 기간 내에 전세금을 마련하여 독립하는 경우는 극히 드물고 독립을

하더라도 각종 공과금이나 생계비를 부담해야 하는 문제가 여전히 존재하고 있다. 그러나 현실적으로 자활의 의지가 있는 노숙자의 주거수요를 반영하기에는 충분치 못한 숫자이다.

(3) 주거복지의 중요성

주거는 보건, 교육, 고용 등과 같은 사회복지서비스의 하나로 인식되고 있으며 주요한 사회정책의 대상이 되고 있다. 주거의 복지적 측면의 연구는 1990년대 후반부터 시작되었지만 본격적인 논의가 시작된 것은 2000년대에 들어서이다. 주택보급률이 100%를 넘어서면서 주택정책은 주택공급외에 질적인 측면인 주거수준의 향상에 초점을 맞추게 되었으며, 취약계층에 대한 복지서비스를 연계하는 주거복지 문제에 관심을 두게 되었다. 이러한 맥락에서 2003년 건설교통부에 주거복지과가 신설되었고, 이를 통해 주택공급이라는 양적 측면의 접근방식에서 탈피하여 입주자에 대한 복지서비스 제공을 연계시키는 가능성을 보여 주었다. 중앙정부에서는 2006년 7월부터 복지·고용·보육·주거 등 주민생활지원서비스를 일부 지자체의 읍·면·동사무소에서 종합적으로 제공하기 시작했으며 앞으로 주택정책의 복지적 성격은 더욱 강화될 추세이다.

이처럼 주거복지의 중요성에 대한 사회적 관심은 고조되고 있으나, 주거복지에 대한 정의와 대상영역을 포함한 개념정립이 불분명하고, 주거복지에 대한 논의도 제대로 이루어지지 않고 있는 실정이다. 실제로 주거복지는 사회복지부문에서 여전히 생소한 주제이자 영역으로 인식되며, 주택부문에서도 주거복지는 기존의 주택문제와는 차원이 다른 주택문제의 한 영역으로 인식되는 정도였는데, 최근 들어 복지 분야에서 주거문제에 관심을 갖기 시작하였으며, 주거복지가 복지 부문의 새로운 영역으로 부가되고 있다. 이제 국민의 주거수준향상은 주택정책의 목표이자 복지정책의 주요과제로 부상하고 있다.

(4) 주거복지 관련 개념

주거에 대하여 복지차원에서 접근한 관련 개념으로는 주거권(housing rights), 주거불평등(inequality of housing), 주거서비스 등이 있다. 주거권은 주거복지를 실현하기 위해서는 무엇보다도 확보되어야 하는 것이고 이를 위해서는 최저주거기준을 설정하여 법적으로 보장하는 것에서 출발해야 한다. 또한 주거복지란 개별 가구가 소비자로서 주거비를 지불하면서 주택이라는 매개체를 통하여 제공받을 수 있는 주거서비스를 소비하는 것으로 볼 수 있으며 이는 주거를 통한 복지이기 때문에 독립적인 개념이 아니라 주거서비스 이용 결과의 개념으로 보아야 한다.

■ 주거권 : 외국의 경우에는 오래전부터 주거권에 대한 다양한 논의가 있었다. 대체로 강행 규정이라기보다는 권고의 형식을 갖추고 있으며, 선언적 성격이 강하다. UN(1986)에서는 '모든 인간이 적정한 수준의 주택에 거주하는 것을 포함하여 자신과 자신의 가족이 적정한 생활수준을 유지할 권리를 가지고 있음' 을 강조한다. 그러나 우리나라의 현행 법령에는 '주거권' 이란 용어는 존재하지 않으며 명시적 표현은 찾아볼 수 없으나, 주거권의 존재를 증명해주는 규정들이 있다. '헌법' 에서 보장하는 행복을 추구할 권리(10조), 인간다운 생활을 할 권리(34조), 쾌적한 환경에서 생활할 권리와 국가는 주택개발정책을 통해 모든 국민이 쾌적한 주거생활을 할 수 있도록 노력하여야 한다(35조)는 내용이 명시되어 있다. 또한 '주택법' 에 규정되어 있는 관련사항들을 종합하면 '주거권이란 인간다운 생활을 영위하기 위해 필요한 최소한의 기준을 충족시키는 주택에 거주할 수 있는 권리' 로 정의할 수도 있을 것이다. 주거권이란 인간의 존엄성에 적합한 주택 조건과 주거환경을 향유할 권리를 뜻하는 것이다. 인간정주에 관한 이스탄불 선언(Habitat II, 1996)의 주거권의 구성요소를 보면 점유의 안정성, 적절한 주거기반시설 및 서비스, 지불능력, 최저기준 확보, 접근가능성, 적절한 위치, 문화적 적절성 등이다. 이러한 주거권의 구체적 실현은 국가가 최저주거기준을 설정하여 법적으로 보장하는 것에서 출발한다.

■ 주거불평등 : 주거는 물리적 거주 수단일 뿐만 아니라 사회경제적 요소가 복합적으로 결합되어 있는 재화이기 때문에 많은 국가에서는 주택문제를 사회경제적 측면을 고려하여 접근하고 있다. 복지국가에서는 주거불평등도 소득과 부 및 소비의 불평등 못지않게 중요하게 다루어지고 있다. 주거불평등은 소득수준과 경제력이 상이한 계층 간에 발생하는 주택의 구입 및 소비의 불평등을 말한다. 주택의 구입과 소비는 소비자들의 소득수준과 경제력에 의해 좌우된다. 따라서 일반 소비재보다 주택의 경우는 고소득층과 저소득층의 불평등이 크다. 많은 복지국가에서 공공주택(사회주택)을 공급하고, 주택수당을 지급하며, 임대료를 규제하는 등의 주택정책을 펴는 것은 이와 같은 주거불평등을 완화하기 위한 것이다.

또한 주거불평등을 나타내는 척도로서 주거격차(housing gap)와 주거불이익(housing disadvantage)의 개념도 함께 다루어져야 한다. 주거격차란 차입한 주택자금의 상환액이나 임대료 등을 측정하기 위해 표준적인 주택소비비용과 중·저소득층 가구가 합리적으로 부담할 수 있는 능력과의 차이로 정의된 개념이며, 이 개념은 선진국에서 주택수당을 계산하는 데 사용되고 있다.

주거불이익이란 시장모형의 경우 주거불이익을 절대적 척도로 측정할 수 있는데, 주거불이익이 생존과 건강을 위한 최저조건과는 상관이 없는 경제수준에서의 탈락에 기인하기 때문에 그 해결책은 극빈층의 생활수준을 일정수준 이상으로 끌어올리고 경제에 참여할 유인책을 제공하는 것이라고 본다. 사회민주주의 모형에서는 주거불이익을 어떤 개인이나 집단의 사회인구학적 특성 때문이 아니라 정치경제적 과정에서 발생하는 것으로 보고 특정 사회의 경험이나 기대에 의해 정의되는 조건으로 본다. 주거복지를 실현하기 위해 공공주택을 공급하고, 주택수당을 지급하고 임대료를 규제하는 등 주택정책을 펴는 과정에서 주거불평등을 나타내는 척도로서 주거격차와 주거불이익은 객관적인 지표로서 활용될 수 있다.

- 주거서비스: 주거서비스는 가구가 주택이라는 물리적인 매개체를 선택함으로써 제공받을 수 있는 모든 서비스로 정의할 수 있다. 가구는 주택을 필요로 하는 서비스의 주체, 거처 및 주택은 가구원에게 거주공간을 제공하는 물리적 형태의 객체, 주거는 개별가구가 주택에서 거주하는 행위를 말하며, 개별 가구는 주거서비스를 제공받는 대가로 주거비를 지불해야 하며, 주거서비스 소비를 통하여 개인의 주거복지를 창출한다.

  주거서비스는 1차적으로는 주택이라는 물리적 건물이 제공하는 서비스, 2차적으로는 주택의 집합성에 의해 주거단지가 제공하는 서비스, 3차적으로 주택의 위치 고정성에 의한 근린지역이 제공하는 서비스 등으로 구성된다. 가구는 주거행위를 통해 주택이 제공하는 주거서비스를 소비하고 그 대가로 주거비를 지불하며 주거서비스를 소비한 결과로 나타나는 것이 주거복지다. 주거서비스를 측정하기 위해 양적 지표, 질적 지표, 주거비 부담 지표, 주거안정성 지표, 주거형평성 지표로 설정하며, 주거서비스의 정의에 맞추어 건물, 단지, 환경 요소를 모두 포함하며 개인의 측면과 사회적 측면을 함께 반영한다.

(5) 주거복지의 대상과 적용범위

넓은 의미에서 주거복지의 기본적인 수혜대상은 전 국민이며 주택정책의 기본 목표는 주거복지의 극대화인데 이것은 전 국민의 주거복지 수준을 최대한 향상시키는 것이나 현실적으로 정책의 우선순위가 경제적인 약자인 저소득층과 빈곤가구, 사회적으로 소외된 특수계층이 우선 대상이 될 수 있다.

주거복지는 사회복지적 차원에서 모든 개별 가구가 누릴 최소한의 주거기준이 권리로서 보장되는 상태를 의미하며, 주거복지의 대상은 표면적으로는 전 국민의 주거수준을 전반적으로 향상시키는 데 목적이 있지만 실제로는 적절한 주거수준을 양유하지 못하는 사회적 약자인 장애인, 아동, 여성, 노인과 저소득계층을 목표 집단으로 삼아 이들에게 적절한 주거공간을 제공하고 주거의 안정성을 보장해주는 데 그 목적이 있다. 따라서 우선적으로 주거복지의 대상은 최저주거기준 미달가구, 물리적 수준이 주거요구에 미치지 못하는 소유자 가구, 주거

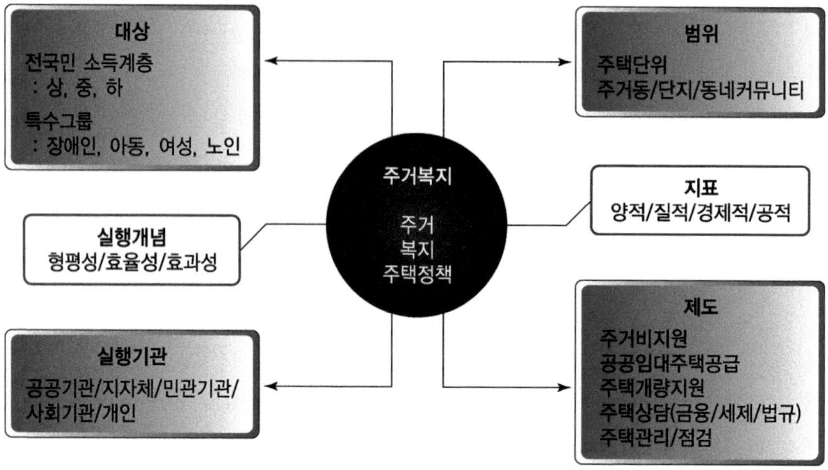

그림 12-5 주거복지의 개념도

출처 : 한국주거학회(2007). p. 6.

비 지불능력이 현저하게 낮은 가구 등이 해당된다.

주거복지서비스의 적용범위는 서비스가 제공되는 물리적 건물의 공간특성과 정책의 구성 요소를 근거로 하여 작게는 단위주택에서 크게는 주거동/단지/동네가 될 수 있고 더 나아가 커뮤니티에 이르기까지 그 범위를 넓혀나갈 수 있다. 이는 주택이 사회재 및 공공재인 특성을 감안한 것으로 주택에서 지역사회 범위에 이르기까지 주택이 속한 모든 영역을 포함해야 한다.

현재 우리나라에서 시행되고 있는 주거서비스의 내용은 주택정책적인 측면에서 구체적으로 찾아볼 수 있다. 즉, 저소득층에 대한 공공임대주택공급, 주거급여를 통한 국민기초생활수급자의 지원, 저소득층을 위한 대단위 주택단지 공급, 주거환경개선, 지역사회보호 등을 통한 주거복지의 실현이다(한국주거학회, 2007).

2) 주거복지제도

(1) 주택정책의 변천과 주거복지

2000년 이전의 우리나라의 주택정책은 양적 측면에서의 공급위주의 정책이 주로 이루어졌으나, 2002년 주택보급률이 100%를 넘어서면서 이후의 주택정책은 질적인 측면에 대해 관심을 가지게 됨으로써 주택건설촉진법이 주택법으로 개정되었고, 주택법에서는 저소득층이나 노인을 위한 주택공급뿐만 아니라 기존에 공급되었던 공공임대주택의 관리와 재건축, 주거환경의 질적 측면으로 정책이 전환되었다.

국가에서는 취약계층의 주거문제를 해소하는 데 주택정책의 목표를 두고 다각적인 지원정책을 통해 열악한 저소득층의 주거복지수준 개선을 추진하고 있다. 실제로 2003년 7월에 건설교통부 주택국에 주거복지과를 신설하면서 취약계층의 주거문제를 해소하는 데 주택정책의 목표를 두고 다각적인 지원정책을 통해 열악한 저소득층의 주거복지 수준을 개선하고 서민의 주거복지 실현과 확대를 위한 적극적인 의지를 보이고 있다.

이 장에서 다루는 주거복지정책의 개념은 저소득층과 노인계층을 정책의 대상으로 하여 사회적 약자의 주거지원을 강화하고 복지수준을 향상하기 위해 시행하는 주택정책을 말한다. 주거복지정책은 크게 대물보조와 대인보조로 분류할 수 있다. 대물보조는 주택공급 증대를 목적으로 주택이나 택지를 직접 공급하는 방식이고 대인보조는 주거비 경감을 목적으로 하는 주택수당이나 임대료 규제, 임대료 보조, 전세자금 지원과 같은 형태이다.

(2) 우리나라의 주거복지

현재 우리나라의 주거복지정책은 사회의 취약계층인 근로자 서민을 위한 주택구입 및 전세자금의 지원제도, 영세민 전세자금 지원제도, 노인공공생활주택의 공급, 매입임대주택, 저소득층을 위한 소형분양주택의 건설, 공공 및 민간임대주택의 공급 정책을 시행하고 있으며, 최저주거기준을 설정하여 주거수준의 질적 향상을 도모하고 있다. 최저주거기준은 가구구성별 최소주거면적을 설정하고, 용도별 방의 개수에 대한 기준, 필수적인 설비의 기준으로 전용부엌과 화장실, 상하수도설비, 가족의 안전성과 쾌적성을 고려한 주택의 구조와 성능 및 환경기준을 마련한 것이다.

① 임대주택

- 민간임대주택 : 민간임대주택의 경우, 전세가격은 1998년 외환위기 직후를 제외하고는 지속적인 상승세를 나타내고 있는데, 특히 1999년 이후에는 전국 평균 10.0% 이상의 급등세가 지속되고 있으며, 전세에서 월세로의 전환이 늘어나는 추세에 18평 미만의 소형주택 건설이 감소하는 등 몇 가지 지표만 살펴보더라도 민간주택시장에서 저소득층이 주거비를 저렴하게 부담할 수 있는 주택이 양적으로 줄어들어 이는 공공임대주택과 마찬가지로 주거욕구가 큰 주거빈곤가구들을 사회적으로 배제시키는 논리로 작용함으로써 주거수준의 하향이동과 같은 주거빈곤을 더욱 촉진하는 기능을 하게 된다.
- 공공임대주택 : 주거빈곤가구에게는 경제적으로 감당이 가능하고 최저주거기준 이상의 조건을 갖춘 저렴한 가격의 주택이 필요하다. 이러한 저렴주택의 대표적 유형이 공공임대주택이다. 공공임대주택의 건설은 1982년 임대주택육성방안이 마련되어 국민주택기금이

지원되면서 활성화되었고, 1984년 임대주택건설보호법이 제정됨으로써 제도적 장치의 마련과 함께 본격적인 건설이 시작되었다. 영구임대주택의 경우, 1987년 제6차 경제개발 5개년계획을 수정하여 사회 소외계층과 낙후부문에 대한 지원의 일환으로 당시 6대 도시 생활보호대상자 23만 가구를 감안하여 25만 호를 영구임대주택으로 건설할 계획을 확정하였다. 그러나 제7차 경제개발 5개년계획 수립과정에서 19만 호로 축소 조정된 후 1992년 2만 호 계획을 끝으로 영구임대 건설계획은 막을 내리게 되었다. 정부가 호당 85%의 사업비를 제공하고 나머지는 임대보증금 형식으로 입주자가 부담한다. 입주대상자는 생활보호대상자 중 거택보호자와 자활보호자, 의료부조자, 저소득보훈대상자, 저소득모자가정 등이다.

2003년 현재 임대주택은 150여만 호가 건설되었고 그중 약 70%인 108만 호 정도가 공공임대주택이다. 특히, 1990년대 중반에 들어서면서 민간 부분의 공공임대 주택건설이 급속하게 증가함에 따라 임대주택 건설 비중도 점차 높아졌으나 1998년 IMF 이후 건설경기의 침체로 인해 다소 저조한 상황을 보였다.

2004년 현재 공공임대주택 건설현황을 살펴보면, 중산·서민층의 전월세 부담을 완화하기 위한 임대료가 시중보다 저렴하고 장기간 거주할 수 있는 국민임대주택 10만 호, 임대기간이 10년 이상인 장기임대주택 3만 호, 5년 임대 후 분양전환이 가능한 5년 임대주택 2만 호 등 총 15만 호 이상의 공공임대주택이 건설되었다.

그러나 공공임대주택 중 현재 분양하지 않고 계속 장기적으로 임대할 수 있는 공공임대주택은 약 30만 호 미만이다. 330만에 달하는 최저주거기준 미달가구 중 공공임대주택 수요가구가 165만여 가구일 것이라고 추정되는 상황을 고려해 볼 때, 현재의 공공임대주택 재고량은 매우 부족한 편이다. 이처럼 공공임대주택 재고량이 충분하지 않기 때문에 주거빈곤가구들은 주거환경이 열악하여 최저주거기준에 미달하는 지하주거, 비닐하우스, 쪽방, 옥탑방과 같은 불량주거에서 불편을 감내하며 살아가거나 민간임대주택에서 소득에 비해 과도한 주거비를 부담하면서 생활한다.

기존 공공임대주택은 다음과 같은 세 가지의 한계점을 갖고 있다.

첫째, 지역별 수급 불균형 문제로 저소득층을 위한 임대주택은 도심 내에 건설하는 것이 바람직하나 가용택지가 부족하고 땅값이 비싸 주로 도시외곽 지역에 대규모 단지 위주로 공급해 왔다. 그러나 이와 같은 대단지형 공급방식은 저소득층의 주거소요에 민감하게 반응하기 어렵다는 단점이 있다. 즉, 공공임대의 수요자가 많은 수도권과 대도시에는 공급이 부족하고, 임대수요자가 적은 지방에서는 과잉공급으로 수급상의 지역별 불균형이 나타나고 있다. 대개 도시 저소득층은 통근수단의 한계와 장시간 노동으로 인해 생업근거지와 가깝게 위치한 임대주택을 선호한다. 더구나 지역사회의 다양한 사회적 관계에 대한 의존도가 높기 때문에 그동안 거주했던 지역을 쉽게 떠나려 하지 않는 특성을 감안한다면 이러한 특성에 대응할 수 있는 도심 내 공공임대주택의 공급은 극히 미비한 상황이다.

둘째, 대규모 단지 위주의 공급문제로 저소득층이 한 곳에 집중 거주하면 주택관리의 소홀, 시설물 파손 행위의 발생으로 인해 단지 전체의 슬럼화가 가속되거나 대규모 저소득층 임대주택단지가 지역 내 주거지 분리현상을 야기하여 지역주민 간의 계층분리 및 위화감이 조성된다. 이러한 분양주택과 임대주택 주민들 사이의 갈등과 대립은 어느 단지에나 항상 존재하는 문제이다. 저소득층이 집단화됨으로써 사회적 낙인을 유발하는 요인도 될 수 있다. 흔히 '도시의 섬'으로 표현되는 영구임대주택이 그 대표적인 사례이다. 영구임대주택 주민들의 자녀가 학교에서 경험하는 차별은 사회문제로 잘 알려져 있다.

셋째, 외곽 택지 개발지구 내 공급문제로 현재 수도권이나 광역시 등 대도시 내에서 대규모 택지 확보가 불가능하기 때문에, 도시 외곽의 택지개발지구를 공공임대주택 건설지역으로 활용하고 있다. 이러한 지역은 저소득층의 생업 근거지인 도시내부 지역에서 통근이 불가능하거나 장거리 통근이 불가피한 지역으로서 저소득층 입주대상자들이 입주를 꺼리는 경향이 나타나고 있다.

따라서 임대주택 공급의 정책으로 저소득층의 주거안정을 달성하기 위해 향후 10년간(2003~2012) 국민임대주택을 100만 호 건설하기로 하였다. 이 기간 동안에 장기임대주택 150만 호를 확보하기로 계획하고, 국민임대주택은 100만 호, 10년 장기공공임대 50만 호를 확보할 계획을 세우고 있다(김태섭·박미선, 2004).

■ 매입임대주택 : 현 정부는 서민을 위한 주택정책의 방향을 단순히 주택의 양적 공급을 넘어서서 서민주거복지 차원에서의 주택공급을 위한 정책으로 전환하고 있고 이러한 정책을 대표하는 새로운 임대주택 공급방식이 도시빈곤층의 주거복지 증진을 위한 매입임대정책이다. 도심의 주거빈곤층은 증가하고 있는 상황에서 새로이 공급되는 공공임대주택이 저소득층의 생활터전에서 멀리 떨어진 곳에 위치하여 이들에게는 접근이 곤란한 문제를 안고 있다. 따라서 도시빈곤층의 열악한 주거여건을 개선하면서도 접근성이 양호하고 생계활동이 편리한 현 생활권에서 거주지를 마련할 수 있도록 하는 새로운 방식이 요구된다. 매입임대제도는 수도권과 대도시에서 임대주택을 효과적으로 공급할 수 있는 새로운 방식으로서 기존의 소규모 민간주택(단독주택, 다세대·다가구 주택 등)을 공공이 매입하여 공공임대주택으로 활용하는 것을 말한다. 즉, 매입임대제도는 택지가 부족한 대도시 내에서 임대주택을 확보하기 위한 새로운 방법으로서 기존의 공공임대주택의 공급

방식을 다양화할 수 있다는 점과 도심의 저소득층의 선호에 부응하여 대도시 내부에 영구임대주택 임대료 수준의 저렴한 임대료로 입주할 수 있는 임대주택을 확보한다는 특징이 있다.

정부에서는 2004년 처음으로 시범사업을 실시하여 서울시 5개구 소재의 다가구주택 500가구를 매입하여 저소득층 대상자를 입주시켰고, 2005년부터는 전국을 대상으로 본사업의 실시를 추진하고 있다.

정부는 2004년도에 처음으로 실시된 다가구 매입임대사업을 추진하기 위해 2012년까지 전국 대도시 내의 다가구주택 10만 가구를 매입하여 영세서민용 임대주택으로 활용하는 방안을 추진하고 있다.

② 소형분양주택

소형분양주택은 주택규모가 작더라도 주택구입능력이 있는 사람을 대상으로 한 것이므로 시장 참여가 가능한 계층을 위한 주택이다. 그러나 45~60 m^2 같은 소형분양주택은 2000년 200만 호 계획 당시에 하위 2~5분위를 대상으로 계획되었고 이를 감안한다면 저소득층과 중산화가능계층을 대상으로 하는 주택으로 볼 수 있으므로 주거복지정책의 한 형태로 볼 수 있다.

③ 주택구입 및 전세자금 지원

- 근로자 서민주택 구입자금 : 연소득 3,000만 원 이하의 무주택자가 주택구입 시 집값의 1/3 범위에서 최고 6,000만 원까지 지원하는 국민주택기금 운용대상을 2003년 3월부터 근로자에서 서민까지 확대시행하고 있으며 금리는 7~7.5%이다.
- 근로자서민 전세자금 : 국민주택기금에서 지원되고 있고 한도는 보증금의 70%인 내에서 6,000만 원까지이다. 대상자는 연소득 3,000만 원 미만인 무주택세대주인 근로자 또는 서민이며 지원조건은 연리 7~7.5%이다. 2년 이내 일시 상환이며 재계약 시 2회에 한해 연장 가능하며 최대 6년간 가능하다. 만 65세 이상 노부모를 부양하는 가구는 5~5.5%로 2% 포인트 금리인하 혜택이 있다.
- 영세민 전세자금 지원 : '영세민 전세자금 융자지침'에 의거하여 영세민의 주생활 안정을 위해 1990년부터 도시 영세세입자에 대해 국민주택기금에서 전세자금을 저리로 융자지원하고 있다. 영세민 전세자금의 지원한도를 종전보다 다소 확대하여 2002년 3월부터 서울은 보증금 3,500만 원에서 5,000만 원 이하까지, 광역시는 2,800만 원에서 4,000만 원 이하까지, 기타 지역은 2,100만 원에서 3,000만 원 이하까지 지원한다. 융자 대상자

선정기준은 지방자치단체의 장이 정한다. 지원조건은 연 3%, 2년 이내 일시상환, 재계약 시 2회에 한해 연장 가능하며 최대 6년간 지원가능하다.

④ **노인주택**

통계청에 의하면 우리나라 65세 이상 노인인구는 2000년 현재 337만 2,000명으로 전체 인구의 7.2%가 되어 고령화 사회(aging society)가 되었으며, 2022년에는 고령인구의 비율이 14%가 넘는 고령사회(aged society)로 진입할 예정이다. 그동안 우리나라에서 노인의 주거복지와 관련되어 개인에게 지급되는 주택지원금이나 주택보조금은 없었고 다만 65세 이상의 생활보호대상자 및 저소득층 노인에게 1인당 3만 원 정도의 경로연금과 위생비가 지급되었는데 이것을 주거복지 지원이라고 보기는 어렵다. 보건복지부에서는 입소대상자를 65세 이상이며 생활보호법 제3조 제1항 1호에서 규정하고 있는 보호대상자로 제한하고 있는 무료 노인복지시설과 입소대상자를 4인 가족 기준 도시근로자 가구당 월평균소득 이하인 가구의 65세 이상 노인을 원칙으로 하되 부부가 함께 입소하는 경우에는 한 배우자 연령이 65세 이하이어도 가능하도록 한 실비노인복지시설을 제공하고 있다. 그러나 이러한 형태의 노인주거복지 지원은 시설 중심이고 최저 소득층을 대상으로 한정하고 있어 좀 더 광범위한 대상을 위한 다양한 지원대책이 필요하다.

노인계층을 위한 주거지원의 기본방향과 궁극적인 목표는 노인계층의 사회통합 증진에 두어야 한다. 즉, 노인계층이 정부로부터 제공받는 주택으로 인해 사회적 분리를 경험하게 된다면 이는 새로운 사회적 문제를 야기할 수 있음을 인지하고 정책을 수립하여야 한다.

주거복지정책 차원에서 건설교통부는 먼저 주택종합계획(2003~2012)상 고령사회에 대응한 노인의 주택공급의 정책방향을 설정하였다. 노인가구의 증가 전망에 따라 주택관리인, 건강보호인이 상주하고 복지의료시설과 연계하여 노인가구가 자립적으로 생활할 수 있는 노인공동생활주택을 공급할 계획이다. 또한 2004년 7월부터 사업승인을 받는 국민 임대주택 건설 시 노인·장애인 등을 위한 무장애주택을 대한주택공사가 주관이 되어 공급 중이며 입주자 모집 시 노인·장애인 등을 위한 편의시설 설치를 위한 안내를 하고 입주자의 희망에 따라 신청을 받아 설치하도록 하는 맞춤형 주택을 제공하고 있다.

이 밖에 65세 이상 노인을 부양하는 가구에 대한 주택 관련 지원제도라는 노부모 부양 무주택세대주에게 주택공사 등 공공기관이 건설하는 국민주택규모 이하 주택 건설량의 10%를 우선 공급하고, 영구임대주택 입주자격 부여, 국민임대주택 입주 시 가산점을 부여하며 국민임대주택기금에서 전세자금을 융자할 때 우대금리(연 5%)를 적용하도록 하고 있다.

향후 노인주거복지를 위해 추진할 수 있는 정책으로는 개발제한 구역 내 국민임대주택용

택지개발 시 노인복지시설용지를 공급하는 방안, 노인주택 설계지침 및 매뉴얼을 마련하여 보급하는 방안, 노인이 살고 있는 주택의 편의를 증진하기 위한 기존주택 개보수 비용지원 방안 등을 마련할 계획이다. 주택을 소유하고 있는 노인의 주택개량자금을 국민주택기금에서 저리로 융자하는 방안도 고려하고 있다. 이러한 기존 주택 거주 노인을 위한 주택 개보수 지원은 노인이 지역사회보호(community care) 하에서 질적인 삶을 살아갈 수 있도록 하는 데 핵심적인 역할을 할 수 있다.

(3) 외국의 주거복지

복지선진국에서는 인간 스스로가 욕구를 충족할 수 없을 때 사회에서 제도적으로 욕구충족을 도와주는 것으로 사회복지를 해석하고 있다. 복지국가란 정부가 국민의 최저생활을 보장하고 보다 인간답게 살 수 있는 생활여건을 제공하기 위하여 국민생활에 없어서는 안 되는 필수재이면서도 순수한 경제원리와 경제정책만으로는 만족스럽게 해결하기 어려운 기본적 경제재를 공급하는 여러 차원의 정부활동을 의미한다고 본다. 외국의 경우도 국가경제가 발전함에 따라 산업화와 도시화가 진전되면 도시를 중심으로 주택난이 심각해지면서 정부가 적극적으로 주택정책을 도입하게 되었으며, 국가의 경제발전이 성숙해지면서 복지증진의 수단으로서 주택에 대한 관심이 한층 더 높아지게 되어 주택정책은 국민의 주거복지를 책임지는 방향으로 점점 더 발전하였다. 따라서 주거복지의 시행도 개인의 상황에 따라 필요한 서비스를 차등 지원하여 인간답게 살 수 있는 기반을 마련해 주고 있다.

영국에서는 주택을 인권의 기본이라고 인식하고 있으며 주거복지 실현의 근간이 되는 주택제도는 모든 사람에게 쾌적한 주거기회를 제공하고 이를 통해 사회통합, 안녕 및 자기 의존감을 제고한다는 것을 그 목표로 한다. 복지정책의 효시로 볼 수 있는 '구빈법'을 시작으로 제1차 세계대전 이후 주택을 국민의 기초수요일 뿐 아니라 정부가 가난한 자에게 제공할 서비스로 인식하면서 국가의 주거복지 역할이 대두되었다. 1918년 처음으로 주택의 규모, 실의 종류, 설비수준 등에 대한 주거기준이 정식으로 제시되었고, 1919년 공영주택의 질적 수준을 규정하는 주택건설기준을 제정하였다. 1957년 퀄른기준을 만들어 기존주택에 사는 거주자들에게도 주거공간 수준을 나타내는 기준을 설정하였다. 영국은 오래전부터 주거기준을 설정해 왔으며, 지금은 '주택법'을 통하여 주거기준을 제시하고 있다. 최근에는 주거빈곤을 반영한 도시빈곤지표를 사용하고 있다. 현재 정부의 주요 주거복지정책은 살고 싶은 지속가능한 커뮤니티 내에서 지불부담가능하며 쾌적한 주거 기회를 제공하는 것에 초점을 맞추고 있다.

일본은 일찍부터 주거기준에 대한 관심을 기울여 1976년 정부가 최저거주수준과 평균거주수준을 공식적으로 채택했다. 1970년대 중반 이후 주택정책의 기조를 '양적 공급'에서 '질적 공급'으로 전환하였고, 1986년 이후 유도거주수준을 새로 설정하였으며, 1991년 이후 최저거주수준과 유도거주수준의 달성을 주택정책의 근간으로 삼았다. 1997년 이후부터는 가구원수별 실 구성별 실 면적과 주호면적 기준을 설정하는 등 일본의 주거기준은 실제 주택정책 수립에 있어서 주요한 정책지표로 활용되고 있다.

미국은 영국이나 유럽과 달리 공영주택보다는 민간주택을 대상으로 한 건축규제, 금융지원 등에 주택정책의 초점을 맞추었다. 1941년 최초로 주택규정을 정하였고, 1949년 주택법이 제정되었다. 특히, 주택의 물리적 수준에 따라 융자 여부를 결정하여 왔는데 이때 적용되는 기준이 주택규정이다. 현재 미국의 주정부가 채택하고 있는 대부분의 주택규정은 1952년 미국 공중보건협회가 제정한 주택규정을 모델로 삼은 것이다. 미국의 주택규정은 주마다 차이가 있어 표준주택규정을 제시하기 어렵다. 1970년대 이후 미국 주거복지정책의 핵심은 임차인의 지불능력에 기초하여 쾌적하고 지불 가능한 주거의 확대, 취약가구의 내집 마련 기회 확대, 커뮤니티 강화 등에 주거복지정책의 중점을 두고 있다.

3. 주거복지의 지표와 평가

주거복지의 수준을 측정할 수 있는 지표들 중 양적 지표로는 주택보급률, 자가점유율, 인구 1,000명당 주택호수 등이 있으며, 질적 지표로는 주거밀도를 측정하는 방당 거주가구원수, 1인당 주거면적, 3인 이상 단칸방 거주가구비율 등이 있으며, 주택의 성능과 환경 및 편익시설지표로 건축경과년수와 소음, 진동, 시설설비와 관련된 환경기준이 포함된다. 이 외에 시정과 정책적 지표로는 지불능력과 관련된 소득대비주택가격 비율, 소득대비 임대료 비율이 포함될 수 있으며, 주택대출비율, 총부채상환비율, 주택의 불평등 정도를 파악할 수 있는 지니계수 등이 주거복지 수준을 측정할 수 있는 도구가 된다.

최저주거기준이란 일정수준 이상의 주거를 보장받게 하여 주거복지를 강화하려는 의도에서 적용시키는 최저기준을 말한다. 주택의 물리적 차원에 대한 기준으로 2000년 10월에 정부가 고시한 최저주거기준은 가구구성별 최소주거면적 및 용도별 방의 개수, 전용 입식부엌, 수세식 화장실 등 필수적인 설비기준, 주택의 구조·성능·환경기준 등을 정하였다(표 12-4).

주거환경 면에서는 자가거주율에는 큰 변화가 없으나 가구당 가구원수나 방당 인원수는 크게 감소하였고 가구당 주거면적, 가구당 방수, 1인당 주거면적은 지속적으로 증가해 왔다.

주거시설 면에서도 부엌이 입식으로, 화장실은 수세식으로, 목욕시설은 온수공급으로 대폭 개선되었다. 그러나 여전히 입식부엌(6.1%), 수세식 화장실(13.1%), 목욕시설에 온수(12.6%)를 갖추지 못하고 사는 가구도 적지 않음을 알 수 있고, 이러한 가구들이 주로 최저주거기준에 미달되는 가구에 해당된다고 볼 수 있다. 그러나 2000년에 고시된 최저주거기준은 법적 근거가 없는 임의기준으로 그동안 정책지표로 적극적으로 활용되지 못했던 점을 보완하기 위해 2003년 11월에 개정시행된 것이다. 2000년에 고시된 최저주거기준은 법적 근거가 없는 임의기준으로 그동안 정책지표로 적극적으로 활용되지 못했던 점을 보완하기 위해 2003년 11월에 개정 시행된 것이다.

최저주거기준이 법제화됨에 따라 정부는 그동안 시민단체, 연구기관, 관계부처 등의 충분한 의견수렴을 거쳐 2004년에 새로운 기준을 공고하였고, 향후 주거복지향상을 위한 정책지표로 적극 활용될 전망이다. 새로운 최저주거기준에 기본 방향을 설명하면 다음과 같다.

가구구성별 최소주거면적의 산정을 위해 가구구성별(부부, 자녀 성별 및 나이 등) 특성을 반영하여 주거면적을 산출하고, 면적산정의 기준을 명확히 하기 위해 가구원 수별로 표준가구유형을 표시하고 7인 가구 이상은 구성 비율이 미약(0.9%)하여 삭제하였다.

필수적인 설비의 기준은 부엌 및 화장실의 개념을 명확히 하고 목욕시설을 추가하였다. 주택의 구조성능 및 환경 기준은 기존의 기준에서 냉방설비를 빼고 추가로 주택이 해일, 홍수, 산사태, 절벽 등 자연재해로 인한 위험이 현저한 지역에 위치해서는 안 된다는 항목을 추가하였다.

표 12-4 최저주거기준

<table>
<tr><th rowspan="2">구분</th><th colspan="3">내용</th></tr>
<tr><th>가구원수</th><th>방 구성</th><th>총주거면적(m^2)</th></tr>
<tr><td rowspan="4">면적기준</td><td>1인</td><td>1 K</td><td>12(3.6평)</td></tr>
<tr><td>2인</td><td>2 DK</td><td>20(6.1평)</td></tr>
<tr><td>4인</td><td>3 DK</td><td>37(11.2평)</td></tr>
<tr><td>7인 이상</td><td>4 DK</td><td>51(15.8평)</td></tr>
<tr><td rowspan="2">시설기준</td><td colspan="3">침실 : 부부침실, 5세 초과 자녀는 침실 분리</td></tr>
<tr><td colspan="3">상수도 또는 수질이 양호한 지하수 이용시설이 완비된 전용 부엌 및 전용 화장실 확보</td></tr>
<tr><td rowspan="3">주택의 구조, 성능, 환경 기준</td><td colspan="3">영구 건물로서 구조 강도가 확보되고, 주요 구조부의 재질은 내열, 내화, 방열, 방습에 양호한 재질일 것</td></tr>
<tr><td colspan="3">적절한 방음, 환기, 냉방, 난방 설비를 갖출 것</td></tr>
<tr><td colspan="3">소음, 진동, 악취, 대기오염 등 환경요소가 법정기준에 적합</td></tr>
</table>

출처 : 한국주거학회(2007). p. 15.

4. 지역사회보호와 주거복지

1) 지역사회보호의 개념

지역사회(community)는 대체로 지리적 경계를 기준으로 언급하는데 이는 생물학적 용어에서 유래된 것으로 지역공동체(human community)라고도 풀이한다. 이는 학문 분야나 연구자에 따라 다양하게 정의되고 있다.

마키버는 지역사회란 공동생활권이며 지역성과 지역사회의식에 기초한다고 하였다. 지역사회의 특징을 지역의 특정범위, 공통된 사회적 특징, 공동감정 등을 들고 있다. 로스(Ross, 1967)는 지역사회를 지리적 지역사회와 기능적 지역사회로 구분하였다. 지리적 지역사회는 일정한 지리적 영역 내에 살고 있는 모든 주민을 포함하고, 기능적 지역사회는 동일한 관심을 가진 주민들로 구성된 공동체로서 특정주제에 관한 관심이 지역사회를 형성하게 하고 유지하게 한다. 던함(Dunham, 1970)은 사람과 지역, 또는 지리적 집합체를 의미한다고 했다.

이들 정의를 종합하면 지역사회란 다른 지역과 구별될 수 있는 독립적인 일정한 지역에 모여 살면서(지리적 공동), 상호작용을 통해 서로의 생활에 도움을 주며(생활의 공동), 같은 전통, 관습, 규범, 가치 등을 공유하는 공동체(문화의 공유)라고 요약할 수 있다. 복지와 관련된 지역사회란 사회복지의 전달체계인 정부의 행정구역에 따른 구분으로 특별시, 광역시, 도, 시, 군·구, 읍·면·동 등으로 구획한다.

지역사회의 주민을 위한 복지서비스의 중심을 지역복지라고 볼 때, 지역복지는 시설복지에 대치되는 지역사회보호(community care) 개념으로 받아들이기도 한다. 지역사회보호는 사회적 보호를 필요로 하는 사람의 가정이나 가정과 유사한 지역사회 내의 일정한 환경에서 서비스를 제공하는 사회적 보호의 형태이다. 지역사회보호는 수용시설보호와 함께 지역사회복지의 하위 개념으로, 1950년대 이후 수용시설보호에 대한 부정적인 평가와 함께 지역사회보호가 지역사회복지의 핵심으로 등장하게 되었다. 김범수(2000)는 미기타와 이오카의 정의를 인용하면서 지역사회보호를 재가복지로 번역하여 사용하고 있다.

결국 지역사회보호는 탈시설화 맥락에서, 특히 노인과 장애인 등 특정 클라이언트 집단에 초점을 두고 강조되었으며, 지역사회복지의 한 방법으로 이해되고 있다.

지역사회보호는 지역사회 내에 살고 있는 노인이나 장애인과 부양자에게 필요한 서비스를 직접 가정에 제공하거나 지역사회의 의료·복지시설을 이용하면서 노인이나 장애인이 가정에 계속 머무는 동안 정상적인 일상생활을 영위할 수 있도록 도와주는 것을 의미한다.

지역사회보호는 서비스제공 대상의 범주에 따라 구분할 수 있다. 광의적 개념의 지역사회보호는 가정방문서비스를 비롯하여 지역사회 내 이용시설이나 주거보호 시설에서 제공하는 제반 서비스를 포함한다. 시설보호일지라도 사회로부터 완전 분리된 격리수용시설이 아니라 요양원과 같은 수용시설과 가정의 중간적인 형태인 지역사회 내 시설보호(residential care)까지 포함하는 것이다.

협의적 개념의 지역사회보호는 모든 형태의 시설보호에 대비되어 지역사회 내 일반가정 거주자를 대상으로 제공되는 다양한 서비스, 즉 재가복지서비스를 지칭한다. 재가복지서비스 분야는 대상자 가정에서 제공되는 가정방문서비스(in-home service)와 대상자가 지역사회 내 이용시설 또는 통원시설로부터 서비스를 제공받는 시설이용서비스를 포함한다(그림 12-6).

그림 12-6 광의·협의의 지역사회보호 체계에 대한 개념도

2) 지역사회보호의 내용과 주거복지

지역사회보호는 탈시설화와 지역사회로의 통합이라는 기본적인 이념에 기초하여 노인의 존엄성과 자치성 및 사생활 보장을 최대화하고자 하는 것이다. 이를 통해 노인은 지역사회 구성원으로서 정체성을 확고하게 하고 자신의 잔존능력을 최대한 발휘하여 가능한 오랫동안 독립된 생활을 유지하게 된다. 오늘날 세계 대부분의 나라는 정부의 제한된 노인 재정과 노인의 삶의 질 측면에서 볼 때 시설중심의 보호보다는 지역사회의 노인 보호가 사회복지 정책 수립에 긍정적이며 효과적인 대안이라 여기고 있다.

'지역사회보호'는 영국을 포함한 유럽에서 사용하는 용어이며, 일본에서는 '재택복지' 혹은 '지역사회보호'를 함께 사용하고 있다. 우리나라에서는 '재가복지'가 집에서 생활하고 있는 요보호 대상자에게 사회적 서비스를 제공하는 의미로 사용되고 있다. 한국의 복지정책은 1980년대 후반부터 본격적으로 지역사회 중심의 사회복지로 전환되었다. 특히, 1990년대 중반 이후에는 요보호 대상의 개별적인 욕구를 충족시키기 위한 지역사회중심의 사회복지서비스로서 재가복지서비스[2]가 제공되기 시작하였다.

재가복지의 3대 핵심사업은 주간보호사업, 단기보호사업, 가정봉사원파견사업이 있다. 주

2) 1992년 보건사회부의 '재가복지센터 운영지침'에서 '재가'라는 용어를 사용하기 시작하였으며, 재가복지의 개념을 "지역사회 내에서 일정한 시설과 전문인력을 갖추고 필요한 재가복지 서비스를 제공하는 것"이라고 정의하고 있다.

간보호사업은 자기 가정에서 통원하면서 서비스를 제공받을 수 있는 사업을 말하며 유아원(어린이집), 탁노소(주간보호센터) 등이 이에 속한다. 주간보호사업의 역할은 요보호 대상자의 수용시설 입소시기를 늦추든가 입소를 하지 않고 그 지역에서 생활할 수 있게 해준다. 주간보호사업에서 제공하는 서비스 내용은 요보호 대상자의 교통서비스, 생활지도 및 일상생활 동작능력 훈련, 심신의 기능회복을 위한 서비스, 급식, 목욕서비스, 취미, 오락, 운동 등 여가생활서비스, 대상자 가족을 위한 교육 및 상담서비스 등이 있다.

단기보호사업은 요보호 대상자들을 단기간 수용·보호하는 프로그램으로서 부양의무자가 질병이나 여행 또는 개인적 일로 보호할 수 없을 때 서비스를 제공하는 것을 말한다. 서비스의 주요내용은 안정과 휴양의 장소 제공, 보호·감독, 사회적 고립 예방, 상담, 의료재활서비스 등이 포함된다.

가정봉사원파견사업은 여러 가지 도움이 필요한 노인, 장애인, 아동 등 요보호 대상자의 가정에 가정봉사원을 파견하여 다양한 재가서비스를 제공하는 사업으로 가사지원서비스, 대인활동지원서비스 등을 제공하고 있다.

재가복지서비스의 구성은 그림 12-7과 같이 전문적 재가서비스, 재가보호서비스, 예방적 재가서비스, 복지 증진 재가서비스로 구분할 수 있다. 전문적 재가복지서비스는 가족이 대처할 수 없는 일정수준 이상의 의료, 간호, 재활, 상담 등의 사회적 서비스를 제공하는 것으로 방문의료, 방문간호, 방문상담 등의 전문적 방문서비스가 이에 속한다. 재가보호서비스는 가족의 힘만으로 부양을 충족하게 하지 못할 때, 가족 대신 사회적 원조에 의해 보완이 가능한 것으로 가사서비스, 신변의 원조, 정신적 안정을 위한 서비스가 있다. 예방적 재가서비스는 요보호 대상이 되지 않도록 사전에 예방활동을 하는 것으로 건강교육, 조기검진 등 보건활동, 식생활·주생활의 개선, 장애인의 발생 예방, 주민교육 등이 있다. 복지증진 재가서비스는 일

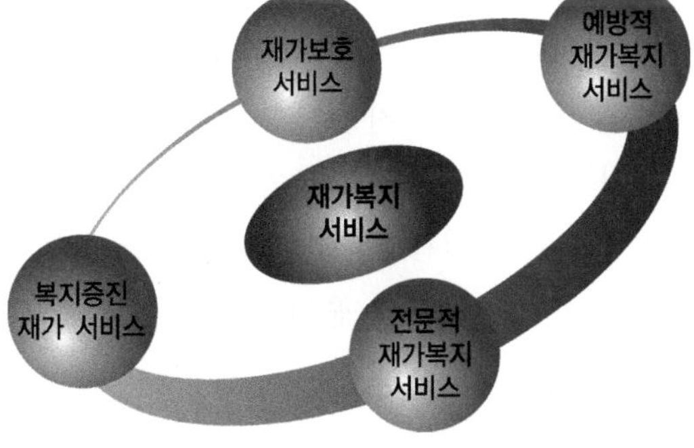

그림 12-7 재가복지서비스의 구성

반 주민의 복지증진을 목적으로 하고 있으며 일반 노인, 어린이, 장애인 등의 사회참가활동을 촉진시키거나 교양수준을 높이는 활동 기회를 제공하는 것이다.

2006년 7월 1일부터 실시되는 '주민생활지원서비스' 에 속한 주거복지서비스의 내용으로는 영구임대, 매입임대, 전세자금 및 생활안정자금 융자, 취약계층 주거지원방안, 정보제공, 불량주거지역 생활환경 개선사업, 노숙자·부랑인업무 및 관련 시설 관리, 주거관련 민간단체 연계 등이 포함되어 있다. 이는 지역사회에서 제공하는 협의의 주거복지서비스업무라고 할 수 있다.

지역사회에서 제공하고 있는 주거복지서비스의 구체적인 내용을 살펴보면 다음과 같다.

(1) 집수리사업

2002년 보건복지부에서 국민기초생활보장의 일환으로 저소득층 주거환경개선을 위하여 '집수리사업' 을 실시하였다. 국민기초생활보장법 제11조(주거급여)의 규정에 의거하여 주거현물급여에 따른 수급자 가구의 주거환경을 개선하는 동시에 저소득층이 참여하는 집수리사업을 활성화하여 안정된 일자리를 제공하고자 하였다. '집수리서비스' 의 대상은 국민기초생활보장 수급자로 주택을 소유하고 있거나 주택 전체를 무료로 임차하고 있는 가구로 가구당 수리비용은 가족 수에 비례하여 3~4인 가구 기준으로 100만 원까지 지급한다. 집수리사업의 내용은 건축허가가 필요한 대수선공사를 제외한 건축물 보강공사(지붕, 벽, 천장, 담장, 도배 등)와 난방(보일러, 아궁이), 급배수 시설, 화장실 개조, 전기작업, 칠, 화단 미장, 기타 장애인 편의시설 설치 등이 있다. 기초생활보장 수혜자와 독거노인 가정을 대상으로 전기안전 점검을 무료로 실시하고 있는 기초자치단체도 있다. 특히, 전기누전으로 인한 화재위험을 예방하고 어려운 가정의 안전 및 편의를 위해 실시하고 있다.

이 외에도 주택개조·수리서비스를 제공하는 곳으로는 생활이 어려운 장애인을 대상으로 1995년부터 장애인 주택개조 지원사업을 펼쳐온 파라다이스 복지재단과 재가대상으로 집수리 및 도배서비스를 실시하는 (종합)사회복지관이 있다. (종합)사회복지관은 재가대상으로 열악한 가정의 집수리(보일러 교체, 방수, 지붕수리 등)와 도배서비스를 실시하고 있는데 월 1~2회에 걸쳐 유료자원봉사자를 활용하고 있어 개조의 범위가 한정적일 수밖에 없다.

2006년부터 시·군·구의 노인관리 기관·단체에서 노인일자리사업의 일환으로 노인인력을 활용할 수 있는 노인주거개선사업단을 설치 운영한다.

(2) 주거급여서비스

'주거급여서비스'는 2000년부터 기존의 공공부조제도인 생활보호제도가 국민기초생활보장제도로 대체되면서 신설된 급여서비스이다. 주거급여 대상은 국민기초생활보장 수급자이며, 제외되는 대상은 주거급여가 불필요하거나 타법령 등에 의하여 주거를 제공받고 있는 자이다. 현금급여 기준은 2006년 기준으로 가구원수에 따라 증가되어 1~2인 가구 월 3만 3,000원, 3~4인 가구 4만 4,000원, 5~6인 가구에는 5만 5,000원이다. 자가가구 등의 경우 현금급여액을 70%지급하고 30%는 현물급여를 실시한다. 현물주거급여는 자가가구 등의 주거비 미지급액 30%를 수선 등 현물급여비로 활용하고, 주거현물급여 예산집행 후 잔액은 생계급여 예산으로 집행한다. 2002년부터 현물주거급여 30%를 재원으로 하여 '집수리사업'을 실시하고 있다.

극빈층에게만 지급되는 '주거급여'가 '차상위계층'으로까지 확대될 것으로 보인다. 사회양극화 해소와 빈곤층 지원을 위해 보건복지부에서는 4인가구를 기준으로 11.2평 미만의 주택에 거주하는 등 최저주거기준에 미치지 못하는 '차상위계층'에 대한 주거급여를 지급한 뒤 이를 단계적으로 확대해 나가는 방안을 현재 추진 중이다.

재가노인을 위해 노인동거가족에 대한 세제감면혜택과 주택자금할증지원이 있다. 그러나 이러한 제도는 엄격한 의미에서 노인을 부양하는 자녀들을 위한 것으로 노인을 위한 주거보장이라고 하기에는 제한이 있다.

(3) 주택상담 · 정보제공 서비스

동사무소의 사회복지 담당공무원이 국민기초생활보장 수급자의 주거급여에 관한 업무와 영구임대주택 입주, 전월세 문제 등을 상담하고 있다. 국민기초생활보장 수급자의 주택개조(도배, 장판, 칠, 배관, 지붕수리 등)에 관한 문제는 동사무소에서 직접 처리하는 것이 아니라 자활후견기관에 연결한다. (종합)사회복지관과 노인(종합)복지관에서는 노인과 지역사회주민을 위하여 무료로 한 달에 한 번 정도 전문가를 초빙하여 법률 · 세무상담을 실시하기도 한다. 주택문제를 전문적으로 상담하는 사업은 아니지만 노인 복지를 위한 상담 및 지도업무를 담당하는 노인복지상담사업도 실시하고 있는데 이는 65세 이상의 노인 및 그 가족 또는 관계인에 대한 상담 및 지도, 생활실태조사, 취업상담 등을 수행한다.

(4) 지역경보장치서비스

지역사회의 자기 집에 계속 머무르기 위해 노인이 우선 필요로 하는 서비스로는 '지역경보장치'를 들 수 있다. 이는 노인이 불의의 사태에 잘 대처할 수 있도록 안심하고 일상생활을 해나갈 수 있게 하는 유용한 서비스이다. 미국의 ERS(emergency response systems), 영국의 지역경보장치(community alarm), 일본의 '긴급통보시스템' 등에서 다양한 종류의 서비스가 무료로 제공되고 있다. 이러한 시스템은 지역사회보호에서 안전감을 증진시키는 데 큰 역할을 한다.

우리나라도 최근 생활보호대상노인에게 무료로 전화를 가설해 주고 정기적으로 안부전화를 거는 '복지전화사업'을 실시 중이다. 소방방재본부에서는 보호자 없이 홀로 사는 노인들이 위급한 상황에 처했을 때 휴대용 리모컨인 '119자동신고기'를 누르면 자동신고되어 119 구급대가 출동하여 노인의 생명과 건강을 보호하는 서비스를 실시하고 있다(www.fire.seoul.co.kr, 2003). 서울시는 건강이 좋지 않은 홀로 사는 65세 이상 노인으로 그 대상을 확대하였으며, 노인들만 사는 가구나 기초생활수급대상 노인, 장애인 등 거동이 불편한 환자에게 '119자동신고기'를 보급할 계획이다. '119자동신고기'는 대형 숫자버튼과 '119' 버튼이 부착된 전화기와 거동할 수 없는 노인들이 목에 휴대할 수 있는 무선휴대용전화기 2종으로 되어 있다. 서울시에서는 지난 1998년부터 2004년까지 모두 1만 2,000여 대를 보급했으며, 3만 2,000여 건을 신고받아 1만 6,000명을 병원으로 긴급이송하는 실적을 올렸다(YTN, 2005)

2006년부터 보건복지부에서는 독거노인안전지킴이 사업으로 독거노인의 안전확인을 위한 다양한 사업을 추진하고 있다. 예를 들면, one-stop 지원센터 등에 의한 안부전화, 요구르트 등 건강음료 배달, 안심폰 및 무선 페이징 보급, 이웃주민의 안전확인 시스템 구축 등이 그 예이다. one-stop 지원센터에서는 소방서로부터 통지 받은 사항에 대하여 '독거노인 복지서비스 카드'에 관련 내용을 기록하여 해당 독거노인에 대한 향후 서비스 제공 및 안전 확인시에 참고하도록 하며, 필요할 경우 시·군·구에 통보하여 '긴급복지지원법'에 의거하여 제도적인 지원이 이루어질 수 있도록 조치하고 있다.

참 고 문 헌

• 주거관리

강순주(2006). 공동체의식 증진을 위한 공동주택의 관리개념 전환-공동주택관리에서 공동주거관리로의 접근. 주거. 001, 5-7.

______(2006). 친환경인증공동주택의 거주후 평가. 대한건축학회 논문집(계획계). 22(9), 91-99.

______(2007). 공동주거 개념과 의의, 미래 주거 관리방향을 위한 전문가 세미나, 대한주택공사 주택도시연구원.

강순주(2007). 미래 주거를 위한 소비자교육의 필요성-공간형성에서 주체형성으로의 전환을 위하여. 건축. 51(1), 47-50.

강순주 · 김상희(2002). 현대주거학. 교문사.

공동주거관리연구회(2008). 공동주거관리이론. 교문사.

대한주택공사(1994). 공동주택관리 서비스 제고방안 연구. 대한주택공사.

주택산업연구원(2005). 주택관리사제도 발전방향에 관한 연구. 자문회의자료.

홍형옥 · 유병선(2003). 주거관리론. 교문사.

Kelly, E. N. (2000). Practical Apartment Management. Fourth Edition. Chicago: Institute of Real Estate Management.

山崎古都子編著(1998). 住居の社會的管理に向けて.

• 주거복지

김태섭 · 박미선(2004). 임대주택공급을 위한 정부와 지자체, 주민의 사회적 합의 증대를 위한 제언, 임대주택 공급의 사회적 합의증대를 위한 정책토론회자료집, 3-52, 주거복지연대.

남원석(2004). 소외계층을 위한 사회복지와 주거복지, 소외계층 주거복지를 위한 다가구주택의 활용방안 정책토론회자료집. 한국주택학회, 1-31.

한국도시연구소(2003). 지하주거공간과 거주민의 주거실태에 관한 연구.

한국도시연구소 · 서울시정개발연구원(2002). 서울시 비닐하우스 주민의 삶과 사회정책.

한국주거학회(2007). 주거복지론. 교문사.

YTN 2005년 4월 7일자

http://www.fire.seoul.co.kr

C H A P T E R

13 주택정책

1. 주택정책의 개요

1) 주택정책의 개념

(1) 주택정책의 의미

주택정책이란 주택과 관련된 부문에 대하여 정부가 목적을 가지고 직·간접적으로 개입하여, 관련당사자들에게 영향력을 행사하는 것이다. 각종 법률과 제도를 통하여 주로 주택 관련 세제나 금융, 택지 관련 규제, 주택가격 등에 대하여 개입한다(하성규, 2006).

이와 같이 정부가 주택에 관한 정책을 펼치는 이유는, 기본적으로 정치 사회적인 구조에서 비롯된[1] 다양한 주택문제에 대응하기 위한 것이다. 그리하여 국가의 자원인 주택이 형평성 있게 배분되고, 관련 산업 및 국가경제의 안정과 성장을 이루어 내며, 인간의 존엄성이 유지되면서, 일정 수준 이상의 주거가 보장될 수 있도록 하기 위한 것이다.

우리 사회에 주택문제가 중요한 국가정책으로 대두된 것은 6·25 전쟁으로 인하여, 대부분의 주택이 파괴되면서부터이다. 전쟁 이후 피난민이 대거 유입하였고, 이로 인하여 주택의 수가 매우 부족하게 되었다. 전쟁으로 폐허가 된 도시를 복구하고, 국가를 재건하기 위하여 산업활동이 다방면에서 활발하게 전개되었다. 산업화와 도시화가 진전되면서 이농현상, 핵가족화의 심화, 출산율 증가 등으로 가구 및 인구 수가 급증하였다. 그리하여 도시에서의 주택 수요는 급격하게 높아졌고, 단기간에 이러한 주택수요를 충족시킬 수 있는 주택정책이 필요하게 되었다.

---

1) 1990년 봄에 전세파동이 일어나고 노동조합의 활동이 격렬해질 조짐을 보이자 정부가 근로자 복지주택과 사원임대주택을 25만 호 공급하겠다고 발표한 바 있다. 이 정책의 목적은 주택에 대한 지원을 통해 노사관계를 안정시키고, 경제성장을 촉진시킴으로써 주택문제 자체보다는 노사문제에 대한 대책이었다고 볼 수 있다(주거학연구회, 2005).

주택은 매우 내구성이 큰 재화(財貨)로서 다른 어떤 재화보다도 수명이 길어서, 약 100년 가까이 사용되기도 한다. 일반적으로 주택은 거주자에게 주변으로부터 안전하고 편안한 물리적 공간을 제공하면서, 경제적인 재화로서의 기능을 하며, 사회적 신분을 상징하기도 한다. 주택은 다른 재화와 달리 대개의 경우 고정되어 있기 때문에 교역이 불가능하다. 주택의 가치는 주택 자체가 갖고 있는 가격 외에 주택을 둘러싸고 있는 환경조건에 따라 달라진다. 그래서 동일한 주택이라고 해도 그 주택의 환경에 따라 매우 차이가 난다. 주택은 개개인에게 자산으로서의 기능을 하면서 동시에 반드시 확보되어야 하는 재화이다. 국가의 입장에서 주택은 중요한 자본이면서, 국가경제운영에 중요한 수단이 될 수 있기 때문에 집권층의 통치이념을 펼치는 수단이 될 수 있다. 이러한 특성을 갖고 있는 주택은 주택거래행위나 가격 등에 대한 규제, 주택 금융 및 세제상의 지원이나 조정, 각종 주택관련기관에 대한 행정규제 및 주택공급 등의 주택관련 정책 수단에 의하여 많은 영향을 받는다.

주택정책의 대상이 되는 주택에 대하여 우리나라 통계청의 인구 및 주택센서스(인구 총조사, 2000)는 다음과 같이 정의하였다. 주택이란 한 가구(家口)[2]가 살 수 있도록 지어진 집으로서 다음의 요건을 갖춘 단독주택, 아파트, 연립주택, 다세대주택, 영업용(비거주용) 건물 내 주택을 뜻한다. 첫째, 주택은 영구건물이어야 하고, 둘째, 한 개 이상의 방과 부엌이 있어야 하며, 셋째, 독립된 출입구가 있고, 넷째, 관습상 소유 또는 매매의 한 단위가 되어야 한다. 이때 단독주택이란 한 가구가 생활할 수 있도록 건축된 일반 단독주택과 여러 가구가 살 수 있도록 설계된 다가구 단독주택을 말한다. 아파트는 한 건물 내에 여러 가구가 거주할 수 있도록 건축되어진 5층 이상의 영구건물로서 구조적으로 한 가구씩 독립하여 살 수 있도록 건축된 주택을 말한다. 연립주택은 한 건물 내에 여러 가구가 살 수 있도록 건축된 4층 이하의 영구건물로서 건축 당시 연립주택으로 허가받은 주택을 말한다. 다세대주택은 한 건물 내에 여러 가구가 살 수 있도록 건축된 4층 이하의 영구건물로서 건물의 연면적이 200평 이하이면서 건축 당시 다세대주택으로 허가받은 주택을 말한다. 다세대주택은 세대(가구)별로 분리하여 각각 등기가 가능하며, 매매 또는 소유의 한 단위를 이루고 있다. 영업용(비거주용) 건물 내 주택은 영업용 목적으로 건축된 건물 내에 사람이 거주할 수 있도록 구획된 부분으로서 주택의 요건을 갖추고 있는 것을 말한다.

2) 주택에 거주하는 단위인 가구는 1인 또는 2인 이상이 모여서 취사나 취침 등 생계를 같이 하는 생활단위를 말하며 일반가구와 집단가구로 구분된다. 일반가구는 '통상 가족단위로 이루어져서 생활을 같이 하고 있는 가구(혈연가구)' 와 '친구 또는 혈연관계가 없는 사람들끼리 모여 생활을 같이 하고 있는 가구(비혈연 5인 이하 가구)' 및 '혼자서 살림하는 가구(1인 가구)' 로 구분할 수 있다. 집단가구는 '기숙사, 고아원, 양로원, 모자원, 특수병원 등의 사회시설 내에서 생활하는 가구(집단시설가구)' 와 '혈연관계가 없는 6인 이상의 사람들이 모여 동일한 거처 내에서 생활을 같이 하고 있는 가구(비혈연 6인 이상 가구)' 로 구분할 수 있다(사회조사 1999년).

단, 사람이 살고 있으나 주택의 요건을 갖추지 못한 거처는 주택 이외의 거처로서 주택에서 제외하였다.

(2) 우리나라의 주택문제

주택시장에서 발생되는 문제는 국가가 처한 사회 경제적 상황, 정치적 상황에 따라서 다양하기 때문에 일률적으로 언급하기는 곤란하다. 일반적으로 자본주의 체제에서 발생되는 주택문제는 주택자원의 배분문제에서 비롯된다고 할 수 있다. 자본주의 체제 하에서 주택의 배분을 시장 메커니즘에만 맡기면, 고가(高價)의 희소자원인 주택이 불균등하게 분배될 가능성이 높으며, 이것은 사회 구성원들의 계층 간, 지역 간 갈등을 유발하여 사회문제가 될 소지가 크다. 따라서 장·단기적으로 주택의 생산과 배분이 안정될 수 있고, 최소한의 주거수준이 확보되어 보다 나은 인간다운 삶을 영위할 수 있도록 하고, 국민과 국가경제의 안정과 성장을 유지하기 위하여 정부의 개입이 필요하다.

6·25 전쟁으로 주택이 대부분 멸실되고, 급속하게 도시화와 산업화가 진행되면서 우리나라는 주택의 상대적인 부족과 불균형적인 배분, 안정되고 쾌적한 질적 수준이 보장되지 않는 주택 등의 문제를 겪고 있다. 현재 우리 사회가 겪고 있는 주택문제를 살펴보면, 다음과 같이 정의할 수 있다.

첫째, 무허가주택, 최소주거기준에 미달하는 불량주택, 노후되거나 관리 소홀 등으로 발생되는 불량주택 등 주택의 질적 문제가 있다.

둘째, 주택배분에 있어서, 지역에 따라 상대적으로 주택수요에 비하여 주택공급이 부족하기 때문에, 불균형 현상이 나타나고 있다. 대도시나 수도권 지역은 소득대비 주택가격이 매우 높아서 주택 구입비나 임차비가 가계에 매우 큰 부담을 주고 있다. 또 높은 주택가격은 중간소득층이나 저소득층의 주택구매능력을 떨어뜨리고, 이러한 구매능력의 저하는 주택의 배분상에 문제를 일으키고 있다.

셋째, 경제적 소외계층이나 사회적 약자 등의 주거권을 보장하기 위하여 주거복지적 차원에서 금융 및 세제정책 등 지원정책이 필요하다.

넷째, 저소득층이나 장애인, 노인 등 사회적 약자, 집단시설 등의 주거지가 물리적으로 분리되고, 사회적으로 차별현상이 나타나고 있다. 공동체로서 삶을 형성하는 기반이 흔들리고 있어서 지역사회의 커뮤니티 형성에 어려움을 겪고 있다.

2) 주택정책의 변천

(1) 주택정책의 유형

정부가 주택시장에 개입하는 방법이나 수준은 시대적 여건에 따라 다르고, 각 국가가 처해 있는 사회경제적 상황과 정치적 상황에 따라서 매우 차이가 난다. 이것은 주택정책이 주택의 경제적 가치와 주택에 대한 사회적 인식, 관련 산업, 정권의 정치이념 등과 밀접한 관계 안에서 생성되고 조정, 변화하기 때문이다.

국가가 주택정책에 개입하는 정도는 일반적으로 세 가지 유형으로 크게 구분할 수 있을 것이다. 첫 번째 유형은 사회주의 국가 체제에서 흔히 볼 수 있는 것으로, 정부가 주택정책에 관한 모든 부문에 개입하여 권한을 행사하는 것이다. 두 번째는 자유롭게 시장경제 시스템에 따라 주택시장이 운영되도록 함으로써 국가개입을 최소화하는 유형이다. 세 번째 유형은 첫 번째와 두 번째 유형의 중간적 성격이라고 할 수 있다. 국가 자원으로서 주택 배분의 형평성과 복지적 측면에서 정부의 개입을 인정하고 중시하는 유형이다.

주택정책을 시장경제 시스템에 의존하여 전개하고 있는 대표적인 국가로 미국이 있고, 공공주택을 통하여 시장을 보완하는 주택정책을 펼치는 국가의 예로 영국을 들 수 있다. 우리나라와 가장 근사한 주택정책을 추진하는 중립적 입장의 국가의 예로 일본을 들 수 있다. 주택공급에 있어서 공공부문이 절대적인 역할을 하는 국가로 싱가포르를 들 수 있다. 그러나 대부분의 선진국들은 시기별로 차이가 있지만, 일반적으로 양적인 주택공급의 단계를 거치고 나면, 주택의 질적 개선을 위한 단계로 넘어가고, 그 후 복지적 성향이 강한 주택정책 단계를 거친다(이건영 외, 2005).

(2) 우리나라 주택정책의 변천

우리나라 정부가 국민들의 주택문제를 인식하여 주택정책을 펼치기 시작한 것은 경제개발계획을 시작하던 때부터이다.

우리나라의 주택관련정책은 경제개발 5개년계획(1962~1991)과 신경제 5개년계획(1992~1997), 사회경제정책(1998~2002) 등의 경제개발정책계획과 관련이 깊다. 그리고 주택에 관한 정책계획은 국토종합개발 10개년계획, 경제사회개발 5개년계획과 같은 장기, 중기 계획이 있고, 매년 수립하는 단기계획인 주택건설종합계획이 있다. 그 외에는 특정 집행계획으로서 주택 250만 호 건설계획(1972~1981)과 공공주택건설 및 택지개발기본계획인 주택 500만 호 건설계획(1981~1995), 주택 200만 호 건설계획(1988~1992)이 있었다. 일반적으로 장기와 중기계획은 상위 정책목표로서의 성격이 있으며, 실제 실행은 단기계획이나 특정계획에 의하여 이루어진다고 볼 수 있다. 그러나 우리나라는 1980년 이전에는 실행계획에 의하여 추진되기보다는 상위계획에 따라서 이루어졌으며, 1980년대 이후부터 상위계획을 토대로 한 실행계획을 수립하여 추진하였다. 특정집행계획은 여러 번 수립되었으나 주택 200만 호 건설계획만이 당초 목표대로 추진되었다(건설교통부, 2002).

우리나라는 전쟁으로 많은 주택이 파손되었고, 피난민과 해외동포의 귀국 등으로 주택건설이 시급하였기 때문에 1960년까지 따로 장기적 안목에서 주택정책을 전개하지 못하였다. 제1, 2차 경제개발 계획기간은 주택부문과 관련하여 부족한 제도와 행정체계를 구성한 정책기반 조성기라고 할 수 있다. 제3차~제5차 경제개발 5개년계획기간에는 주택문제를 해결하기 위하여 각종 제도가 마련되었으며, 이들 제도적 장치를 통해 정부가 간접적으로 주택시장을 조정하였다.

우리나라의 정부는 제1차 경제개발계획시기부터 주택정책에 개입하였으나, 주택시장이 원활하게 돌아가도록 조정하는 정도의 최소한의 개입이었다. 1970년대 후반에 들어와 주택수요가 증가하고 주택투기수요가 급증하면서 주택시장이 과열되자, '8.8 부동산 투기억제대책'을 발표하고 청약 예금제, 전매규제 등 주택시장구조에 통제를 가하였다. 그리고 1980년대에 들어서서 주거 복지적 차원의 성격을 띠는 공공임대주택을 공급하기 시작하였고, 1980년대 후반에 주택공급을 소득계층별로 차등화하는 정책을 전개하였다.

경제개발계획과 더불어 변화되어 온 주택정책의 주요 내용을 살펴보면 다음과 같다.

① **경제개발 5개년계획**(1962~1991)

- 제1차 경제개발계획(1962~1967) : 정부는 주택공사를 설립하고, 전국 인구 및 국세조사(1960.12. 실시)를 근거로, 본격적인 주택정책을 실시하였다. 주택건설과를 설치(1963)하고, 저소득층 공영주택의 건설을 위한 공영주택법을 제정(1963.11)하였다. 이후 건축법, 도시계획법, 국토건설종합계획법, 토지구획 정리 사업법 등을 제정하여 주택에 관한 행정체계를 갖추었다. 정부는 이 시기에 주택관련 법제와 행정기구를 제정하고 정비하였으며 저소득층을 위한 공영주택건설에 관심을 갖고 있었다. 1차 경제개발계획기의 주택건설은 주로 민간부문의 주도하에 추진되었다(건설교통부, 2002).
- 제2차 경제개발계획(1967~1971) : 국가 재건을 위한 산업활동이 활발해지면서 도시가 발달하고 도시인구가 증가하였다. 주택공급에 비하여 도시 내 주택수요가 너무 높아지자 주택부족 현상이 심각해졌다. 또 도시 내에 주택을 지을 땅이 부족해지고 무허가 불량주택이 급증하였다. 산업활동이 활발해지면서 국가경제뿐 아니라 개개인의 경제적 수준이

향상되었고 주거의 질적 수준에도 변화가 나타났다. 이러한 주택문제를 해결하고자 정부는 아파트를 건설하여 주택을 공급하고 주거용 택지를 공급하며 불량주택을 정비하였다. 주택자금 및 주택건설 전담부서를 설치하여 주택정책을 펼치기 위한 행정적 기반을 설립하였다. 주택금고(1967. 7)가 설립되었고 부동산 투기억제세법(1968. 1)이 제정되었다.

- 제3차 경제개발 5개년계획(1972~1976) : 인구와 가구수가 증가하여 주택수요가 급증하였다. 이에 기존 주택을 보전하고 주택건설을 양산체제로 유도하는 정책을 전개하였다. 공영주택법을 폐지하고 주택건설촉진법(1972. 12)을 제정하였고 주택건설량을 증대하기 위하여 주택건설 10개년 계획을 수립(1976)하였으며, 신도시 개발을 추진하였다.
- 제4차 경제개발 5개년계획(1977~1981) : 심화된 주택난을 해결하기 위하여 아파트건설을 확대하고 민간업체의 주택건설을 활성화하였으며 위성도시 및 신도시를 건설하는 등 성장형 주택건설정책을 시도하였다. 따라서 전체 국민경제에서 주택부문이 차지하는 비중이 컸다. 주택건설촉진법을 전면 개정(1977. 12)하고 주택공급에 관한 규칙을 제정(1978. 5)하였으며 국민주택기금을 설치(1981. 4)하는 등 정부는 적극적으로 개입하여 주택정책을 정비하였다.
- 제5차 경제개발 5개년계획(1982~1986) : 주택 재고량이 매우 부족해지자 주택가격이 상승하였고 자기 집을 소유하기 어려워지자 주택의 임차비용도 상승하였다. 이에 주택시장의 안정을 찾기 위하여 정부는 소형주택의 공급을 늘리고 국민주택기금을 확대하고 효율적으로 운용하여 투기수요를 억제할 수 있는 정책을 강구하였다. 분양가 상한제를 시행(1982. 12)하고 임대주택건설촉진법을 제정(1984)하였다.
- 제6차 경제개발 5개년계획(1987~1991) : 그동안 심각해진 주택문제가 사회 문제화되자 정부는 주택시장 안정화를 위한 대안을 마련하였다. 1988년 말 주택 200만 호 건설계획을 발표하여 저렴한 가격에 택지를 공급하고 소형주택의 공급을 확대하고자 하였다. 주택 200만 호 건설(1988~1992)로 대량의 주택이 단기간에 공급되었다. 1989년 분당 신도시와 일산 신도시개발계획을 발표하였고, 임대 및 국민주택을 건설하고 주택에 관련된 민간 산업체를 육성하고자 하였다. 이에 각종 제도를 개선하고 소득구분에 따라 구체화된 정책을 도입하는 등 체계적인 주택정책을 시도하였다.

② **신경제 5개년 계획시기**(1993~1997)

앞서 주택이 대량 공급되고 나자 미분양 주택이 발생(1995년)하였고 국제통화기금(IMF, 1997년)의 지원을 받으면서 국가 전체적으로 소비가 위축되었다. 이에 부동산 가격은 하락하고, 금융 경색 등으로 주택건설업체들이 많이 도산하였다. 그래서 정부는 주택분야에 대하여 공공주택부문에 직접적으로 개입하기보다는 민간 주택부문 지원을 통하여 주택건설경기를 회복시키려는 정책을 시도하였다. 또한 이때는 200만 호 주택건설로 대량의 주택이 공급되자 주택시장에 안정이 지속되었으며, 주택에 대하여 질적 측면에 대한 관심이 향상된 시기라고 할 수 있다.

③ 국민의 정부(1998~2002)

IMF 구제기금으로 주택시장이 침체되자 경기 활성화를 위하여 정부는 시장 자율화에 따른 규제완화 정책을 펼쳤다. 경기가 다시 회복되고 나서 주택수요가 증가하였으나 외환위기 시기에 주택건설량이 축소되었기 때문에 주택수급에 불균형 현상이 나타났다. 이에 주택가격이 상승하고 낮은 은행금리로 인하여 전세가 월세로 바뀌면서 전세가격이 상승하였다. 이렇게 주택시장의 안정기조가 흔들리기 시작하자 정부는 IMF 이후 주택보급률[3] 향상을 위하여 주택 285만 호의 건설을 추진하는(1998년) 등 저소득층에게 안정적인 주택을 공급하기 위하여 국민임대주택과 택지공급을 추진하게 되었다.

④ 주택종합계획(2003~2012)

주택종합계획은 주택정책의 기본목표 및 기본방향을 수립하여 주택건설, 택지공급, 주택자금에 대한 장기적인 계획과 사회적 약자를 배려한 주거복지에 대한 계획의 필요를 느껴서 이를 주택정책에 반영하여 주택정책의 일관성을 확보하고 장기적인 정책 비전을 제시하기 위한 것이다. 주택에 관한 10년 장기계획을 수립하고 이에 따라 각 연도의 연차별 주택종합계획을 수립한다.

주택종합계획은 적기에 주택을 공급하여 수급 불균형에 따른 불안요인을 해소하고 이로써 투기 가수요를 억제하고 서민주거의 안정을 도모하여 주택시장의 안정을 꾀하고자 하는 것이다. 이를 위하여 저소득층을 위한 공공주택정책과 투기억제책을 강화하고, 다양해진 주택수요와 지역 주택시장에 대응한 주택공급 및 주택재고의 활용을 추진한다. 주택종합계획의 주요내용은 주택정책의 기본목표 및 방향 확립, 중장기 주택공급 및 택지개발계획, 국민임대주택 등 장기공공임대주택의 건설·공급 확대, 주택자금의 조달 및 운용계획, 최저주거기준 미달가구의 주거수준 향상, 노인계층 등 사회적 약자에 대한 주거지원, 건전하고 지속가능한

3) 주택 보급률이란 특정국가 또는 특정지역의 주택재고의 과부족을 총체적으로 나타내주는 지표, 일반적으로 주택수를 가구수로 나누어 산정(총 주택수/보통가구수)하고 있으며, 총 주택수는 사용주택수에 빈집수를 더한 수이고, 보통가구수는 가족을 구성하여 거주하는 혈연가구수임.

주거환경의 조성과 정비에 관한 내용이다. 주택종합계획은 주택법 제7조 및 동법 시행령 제8조에 근거하여 중앙행정기관 및 시·도지사가 주택종합계획에 반영되어야 할 정책 및 사업계획서를 제출하면 국토해양부장관이 이를 토대로 수립하여 통보한다.

한편, 최저주거기준(주택법 제5조의2 및 동법시행령 제7조의 규정, 2004. 6. 15)이란 최소주거면적, 필수 설비, 구조, 성능 및 환경에 관하여 최저기준을 정함으로써 인간이 삶을 영위하는 데 필요한 하한선을 제시한 것이다. 상수도나 양호한 수질의 지하수 이용시설이 완비된 전용 입식부엌, 전용 수세식 화장실 및 목욕시설(전용 수세식 화장실에 목욕시설을 갖춘 경우도 포함)이 있어야 한다. 또 안전성, 쾌적성 등을 확보하기 위하여 영구 건물로서 구조 강도가 확보되어야 한다. 주요 구조부는 내열, 내화, 방열 및 방습에 양호한 재질이어야 하며, 적절한 방음, 환기, 채광 및 난방설비를 갖추어야 한다. 소음, 진동, 악취 및 대기오염 등 환경요소가 법정기준에 적합하여야 하며, 자연재해로 인한 위험이 현저한 지역에 주택이 소재하지 않아야 한다.

이와 같이 우리나라는 해방과 한국전쟁을 겪으면서 많은 주택이 파괴되었고 산업화와 도시화로 주택부족을 겪어왔으며 주택부족과 택지부족 등의 이유로 도시 내(內) 무허가주택이 양산되는 결과를 낳았다. 이에 우리나라가 본격적으로 주택정책을 펼친 것은 1962년 제1차 경제개발 5개년계획부터라고 할 수 있다.

1960년대에 우리나라는 주택부족문제가 심각하였고 그래서 정부는 1970년대와 1980년대에 주택의 양산정책을 추진하였으나 증가하는 인구와 가구수를 극복하지 못하여 여전히 주택부족을 경험하였다. 1980년도 후반까지 소위 공공주택개념을 적용시킬 수 있을 만한 주택을 정부가 공급한 적이 없다고 볼 수 있는데, 정부가 주택을 건설하여 일반인에게 분양하는 본질적으로 시장메커니즘에 입각한 정책이었기 때문이다. 따라서 적극적인 개입이라기보다 최소한의 개입을 한 것으로 생각된다(하성규, 2006). 1990년대에 들어서 주택보급률이 높아지기 시작하였으나 우리나라의 주택정책은 신규주택 공급위주의 주택정책이어서 주택재고의 질적 저하에 관심을 기울이지 못하였으며 이로 인하여 기존주택의 질적 수준이 낮아졌다. 또 주택문제를 해결하기 위하여 정부가 자주 개입함으로써 주택시장이 자생력을 키우지 못하였다. 주택부족은 주택가격의 상승을 불러왔고 주택투기를 조장하는 결과를 낳았다. 부동산 투기를 억제하려는 발상에서 토지공개념제(1990), 부동산실명제(1995)가 출발하였으나 땅과 주택에 대한 소유의식이 강한 우리 사회에서 뿌리 내리지 못하였다. 그 외에도 부동산 시장의 안정을 위하여 토지거래허가제, 투기과열지구 지정, 양도소득세 강화, 분양권 거래 제한, 종합부동산세 등 수많은 대책들이 나왔고 그럴 때마다 주택가격이 덩달아 요동쳤다.

주택이 자산으로서 가치가 커지면서 주택소유 유무로 인한 자산의 격차가 심화되었고, 이것은 소득 계층 간 양극화를 가중시켜 사회적 불안정을 야기시키는 결과를 낳고 있다.

표 13-1 경제개발계획 기간의 주택정책 목표 및 수단

(단위 : 천 호)

계획기간	주택정책 목표	주택정책 방안 및 수단	주택건설규모
제1차 계획 (1962~1966년)	• 센서스를 근거로 한 주택건설 • 저소득층용 공영주택의 건설 • 서울의 주택건설에 중점	• 대한주택공사의 설립 • 공영주택법(1966) 제정 • 택지조성 공급의 원활화 • 각종 개발법제 제정	326
제2차 계획 (1967~1971년)	• 민간자력 건설에 중점 • 택지공급의 원활화 • 도시주택의 아파트화 • 불량무허가 주택의 정비	• 주택자금 전담기구 설치(주택은행) • 주택업무 총괄기구 설치 • 표준주택의 근거 및 자재의 표준화, 규격화 유도	540
제3차 계획 (1972~1976년)	• 주택공급의 확대 • 소득계층별 유효수요 파악 • 기존주택의 최대한 보전 • 주택의 질 및 편익시설 개선	• 외자도입 촉진 • 집단주거지, 신도시 개발 • 주택건설촉진법(1972) 제정 • 주택건설10개년계획(1971~1981) • 특정지구 개발을 위한 임시조치법(1973) • 아파트 지구(1976) 지정	761
제4차 계획 (1977~1981년)	• 주택건설을 양산체제로 유도 • 공공부문의 소규모 주택건설 • 주택건설의 지역배분 합리화	• 대도시 주변의 위성도시 개발 • 주택산업 육성을 위한 등록·지정업자제도 • 주택건설촉진법전면개정(1977) 주택공급규정(1978)	1,116
제5차 계획 (1982~1986년)	• 주택공급의 확대 • 내 집 마련 기회의 확대 • 주택가격의 안정 • 임대주택제도의 발전 • 주택환경의 개선	• 분양가 상한제(1982) • 임대주택건설촉진법(1984) • 소형주택의 공급확대 및 주택공급제도 개선 • 주택구매력 제고 • 국민주택기금 확대와 운용효율화 • 주택건설 원가절감 및 투기적 수요억제 • 단독주택의 다주거 단위화	1,155

(계속)

계획기간	주택정책 목표	주택정책 방안 및 수단	주택건설규모
제6차 계획 (1987~1991년)	• 소형주택 중심의 건설물량 확대 • 임대주택 건설 역점 추진 • 저렴한 택지공급의 확대 • 택지가격의 지속적 안정 • 내실있는 주택금융제도 발전	• 임대주택 등 주택건설 확대 • 주택건설촉진법 • 주택 200만 호 건설계획(1988) • 분양가 원가 연동제(1989) • 5개 신도시 건설(1989) • 국민주택 건설지원 및 주택금융제도의 발전 • 택지공급의 원활화 • 주택규모 소형화, 공급체계 정비	2,717 (1988~1992년 기준)
신경제 5개념 계획 (1992~1997년)	• 매년 50~60만 호를 안정적으로 공급 • 공공주택자금의 지원수준 및 조건 개선 • 주택건설과 택지개발을 민간주도로 전환 • 관리강화로 재고주택의 질적수준 향상	• 택지공급방법의 다양화 및 공공 부문이 전용 18평 이하, 25~30만 호를 건설 • 건전한 임대문화 정착, 공동 주택의 질 향상 • 주택행정 체제의 효율화 • 주택건설촉진법 • 임대주택법(1993)	3,125 (공공 1,164/ 민간 1,961)
국민의 정부 (1998~2002년)	• 저소득층의 주거안정 • 주택보급률 향상 • 저금리에 따라 전세가 월세로 전환되면서 전세가격이 상승하여 근 10여 년간 지속되어 온 주택시장안정 기조를 흔들기 시작	• 국민임대주택 공급 • 택지 공급의 확대 • 주택 285만 호 건설 추진(1998) • 분양가 규제완화(1998) • 각종 주택경기부양책(1998) • 전월세 전환이율 규정(2002) • 투기억제책 부활(2002) • 최저주거기준제도 도입(2000.9) • 주거환경 우수주택 시범인증제도 실시(2000.10) • 2001년 건설산업 투자적정화 방안, 임대주택 활성화 대책, 서민주거생활안정대책 등의 시책 발표 • 2002년에는 서민주거와 주택시장, 부동산 시장 등의 안정대책 발표	2003년 5월 주택건설 촉진법을 주택법으로 개정
주택종합계획 (2003~2012년)	국민 주거복지 향상 및 계층 간·지역 간 주거불평등 해소를 통한 국민통합을 하고자 함 • 주택부족문제의 해소 • 저소득층 주거수준 향상 및 주거격차의 완화 • 주택시장의 안정 기반 구축	• 지역 주택시장의 상황 및 다양한 수요에 대응하는 지속적인 주택공급 • 투기적 수요 및 주택과소비 억제대책을 통한 주택시장 안정 유지 • 한정된 주택자원의 효율적 활용 • 저소득층 주거안정을 위한 공공주택정책의 강화	

출처 : 국토개발연구원(1996), '국토 50년' ; 건설 교통부(2002), '주택백서' , 건교부 주택종합계획(2003~2012)

2. 주택공급정책

1) 공공주택

세계 각 국가들은 처해 있는 정치적, 경제적 상황에 따라 각자의 주택공급체제를 갖고 있다. 각국의 주택정책은 정책을 펼치는 수단에 차이가 있어도 크게 두 가지 유형으로 대별할 수 있다. 하나는 시장경제원리에 준하여 개별 가구의 경제력과 시장에서의 경쟁에 의하여 주택을 공급, 배분하는 것이다. 다른 하나는 공공의 역할을 강조하여 사회적 필요 혹은 개별 가구의 요구에 따라서 주택을 공급, 배분하는 것이다. 공공의 역할을 강조한 공공부문에 의한 공급과 배분은 주로 중앙정부에 의한 계획경제 체제에서 볼 수 있는 것이지만, 현재 엄격한 의미에서 전적으로 시장경제원리를 배제하고 주택을 공급하고 배분하는 국가는 많지 않다. 많은 서방국가들은 시장 메커니즘 안에서 공공부문이 개입하여 주택에 대한 사회적 필요를 담당하는 정책을 펼치고 있다.

공공주택이란 주택을 공급하는 주체가 민간이 아니라 정부나 공공기관과 같은 공공부문이 공급 혹은 관리하는 주택을 의미한다. 민간부문의 주택공급은 주택수요와 경쟁원리에 준하여 중간 소득층 이상의 수요자를 대상으로 이윤을 창출하고자 하는 목표를 갖는다. 공공부문은 사회적 복지의 실현을 위하여 형평성 있는 주택의 배분에 초점을 맞추고 계층 간 지역 간 격차를 최소화하여 사회적 불안이 초래되는 것을 최소화하고자 한다. 또 민간부문의 주택공급은 시장원리에 의하여 주택수요에 따라 주택공급을 하는 것으로 임대와 분양주택을 공급하고 공공부문은 우선적으로 주거 빈곤층을 위한 주택공급을 하며 대개 임대주택이 주류를 이루고 있다. 그러나 싱가포르와 홍콩과 같은 나라는 공공부문에서 분양주택을 공급하여 중간 소득층이나 저소득층의 주거안정화에도 기여하고 있다. 우리나라의 주택공급에 있어서 공공부문에 해당하는 곳은 중앙정부, 지방자치단체, 한국토지주택공사, 주택금융기관, 특수목적의 기관 등이 될 수 있다. 주택공급의 민간부문에 주택사업자, 건축업자, 개별가구 등의 주택건설이 해당된다. 한편, 싱가포르의 주택시장에는 주택공급 주체에 따라서 공공주택시장과 민간주택시장으로 구성되어 있고 공공주택시장은 분양과 임대시장이 있다. 싱가포르는 공공주택의 보급률이 매우 높은 국가이다. 1960년에 주택개발청(HDB : housing development board)을 설립하고 이를 통하여 지속적으로 공공주택을 보급하였고 자가소유정책을 추진하여 자가 소유율을 높인 국가이다. 싱가포르의 인구 중 HDB 공공주택에 거주하는 인구비율은 1990년 87%까지 상승했었고 2006년에 82%로 나타났다.

많은 국가에서 주택을 공급할 때 공급대상 계층은 시장경제원리에 따라 주택의 공급과 배분이 가능한 중상위 소득계층과 저소득층으로 구별할 수 있다. 저소득층을 위한 주택, 특히 극빈자를 위한 주택은 각 국가가 처한 상황에 따라 다르지만 주로 공공부문에서 담당을 하고 있다.

자본주의 사회에서 주거복지의 수단 중 적극적인 것은 공공임대주택의 공급이라고 할 수 있다. 공공주택은 저소득층, 주거빈곤[4]층의 주거문제를 해결하기 위한 방안이며 일반적으로 공영주택, 공공임대주택, 퍼블릭 하우징(public housing), 소셜 하우징(social housing) 등으로 불린다. 정부가 직접 나서서 주거빈곤층, 저소득층에게 최저수준 이상의 공공주택을 주택시장보다 저렴한 가격으로 임대 공급하는 것은 개별 가구의 주거안정을 도모하고 나아가 사회불안을 해소하고자 하는 주거 복지적, 정치적인 목적이 있다.

우리나라는 1차, 2차 경제개발계획기간에 주택건설실적에서 민간부문이 대부분을 차지하였고, 3차 경제개발계획시기에 주택건설실적에서 공공부문의 기여가 확대되기 시작하였다. 4차 경제개발계획 중 1980년 처음으로 공공기관의 주택공급이 총 건설호수의 약 50%를 차지하였다. 5차 경제개발계획 기간에 서민주택을 많이 건설하여 서민의 주거안정을 도모하는 주택정책목표를 갖고 공공부문의 주택공급실적이 47.6%까지 증대되었으나, 6차 경제개발계획부터 상대적으로 감소하는 추세를 보였다(하성규, 2006). 1988년에서 1992년까지 주택 200만 호 건설목표를 조기달성하고 그중 19만 호는 영구임대주택을 공급하였는데, 이것은 우리나라의 주택정책 역사상 최초로 본격적인 공공주택을 공급하는 계기가 되었다.

공공부문이 공급 배분하는 공공주택은 그 대상이 저소득층, 주거 빈곤층이 되어야 하기 때문에 우리나라 공공부문의 주택문제 개입은 다음과 같은 사항이 고려되어야 할 것이다. 공공부문의 주택공급 수혜자는 실질적으로 저소득층이나 주거빈곤층이 될 수 있도록 공급대상자에 대한 규정이 현실적이고 구체적이어야 할 것이다. 1986년에 주택공급에 관한 규칙을 개정하여 무주택 세대주이면서 월평균 소득에 대한 제한을 둠으로써 국민주택공급대상에 다소 제한을 두었다. 주택이 소요되는 계층에게 실제적으로 혜택이 돌아갈 수 있고 지역별, 계층별 주거배분 및 공급에 형평성이 성립될 수 있도록 수혜대상에 대한 범위를 차등화하고 명확하게 규정해야 한다. 이를 위하여 가구원수, 가구소득의 범주, 신체상의 변화 등으로 주거디자인에 대한 요구가 변하는 것을 고려하고 지역의 주택상황 등을 고려해야 한다.

국토연구원이 표본주택 1만 가구를 대상으로 '2005년 주택수요조사' 를 실시한 결과, 최저주거기준에 미달하는 가구가 255만 7,000가구로 전체가구(1,560만 가구)의 약 16%로 나타났

4) 주거빈곤이란 기본적으로 인간이 누려야 하는 최저 수준의 주거가 충족되지 못한 상태라고 할 수 있다.

다. 최저주거기준 미달가구에 대한 우선지원을 주택법 제5조의 3에서 규정하고 있으나 강제성이 떨어지므로 실질적인 지원이 이루어질 수 있도록 강화할 필요가 있다. 우리나라와 유사한 주택정책을 펼치고 있는 일본은 국민주거수준에 대하여 최저주거기준이 있을 뿐만 아니라 평균주거수준과 유도주거수준까지 마련되어 있다.

일반적으로 어느 사회가 발전해 갈 때 경제적 발전과 더불어 사회인식이 발전하면서 삶에서의 평등한 기회에 대하여 관심을 갖게 된다. 우리 사회도 경제적으로 급속히 발전하고 사회인식이 높아지면서 상대적 빈곤문제가 심각한 사회문제로 대두되었다. 주택관련정책은 과거 정권이 바뀔 때마다 변화하였는데 초기에는 주택의 양적 공급에 치중하였으나 점차 저소득층이나 주거 빈곤층에게 형평성 있는 주거공급 및 배분에 대하여 관심을 갖고 이에 대한 대안을 마련하기 시작하였다. 주택시장에서 저소득층이나 극빈자 등과 같은 약자를 보호하기 위하여 정부는 공공영구임대주택 19만 호 공급정책을 추진하였고, 이후 임대기간이 다양한 공공임대주택과 소년소녀가정 혹은 신혼부부 등 다양한 대상계층을 위한 임대주택 공급이 추진되고 있다.

2) 재개발, 재건축

(1) 재개발

① 목 적

재개발 사업은 재개발 지역으로 지정된 지역의 공공시설을 정비하고, 낡고 불량한 주택을 헐고 새 주택공급을 확대하여 주거환경을 개선하고 전반적으로 도시기능을 회복하는 사업이다. 이를 통하여 해당지역 및 도시의 거주환경 악화를 예방하거나 개선하는 효과를 얻을 수 있으며 토지이용의 효율성을 높일 수 있다. 또 해당지구의 공공서비스 및 시설을 개선함으로써 쾌적하고 편리한 주거지역을 확보하고 해당지구 주민의 접근성을 높이고 재개발 지역 주민의 기존 지역사회의 커뮤니티를 유지·활성화하는 효과를 볼 수 있다.

재개발 지역으로 지정되는 곳은 도시 내의 낡고 오래된 불량주택이 밀집되어 있어서 주거생활이 불편하고 도로나 상하수도와 같은 공공시설이 불량한 지역이다. 노후불량주거지란 영세민이 밀집해 살고 있는 지역으로 주택이나 도시기반시설이 열악하여 주거환경개선사업 등이 필요한 곳이다. 도시·주거환경정비 기본계획 수립지침에서 노후 불량 주거지를 판단하는 기준은 무허가 주택비율이 20% 이상인 지역, 노후불량건축물이 50% 이상인 지역, 주택밀도가 70호/ha 이상인 곳, 4 m 미만 도로점유율이 40% 이상인 곳 등이다.

재개발 사업을 시행하는 방식에는 주민이 조합을 구성하여 시공업체와 함께 사업을 시행하는 '합동 재개발' 방식과 시장이나 군수가 공공시설을 정비하고 주민은 스스로 주택을 개량하거나 건설하는 '자력 재개발' 방식이 있다. 우리나라에서 1980년대 이후 재개발방식으로 주로 합동재개발방식을 채택하고 있다. 관련규정으로 도시 및 주거환경정비법(2003. 7. 1부터 시행)이 있다.

② 구역지정 및 시행절차

건축물이 오래되고 낡고 상태가 불량해서 기능을 다할 수 없거나 지나치게 건물들이 밀집되어 있어서 그 지역의 토지를 효율적으로 활용하지 못하고 있을 때, 해당지역의 도시기능이 저하되고 가치를 더 높이기 어려운 구역 등을 재개발 구역으로 지정하게 된다.

재개발 사업은 우선, 특별시, 광역시, 시나 군의 장이 기본계획을 수립하면, 정비구역을 지정하고, 조합설립추진위원회에서 (공동주택재건축은 안전진단을 거친 후) 조합설립인가를 받는다. 그 후 사업시행인가를 받고 분양신청, 관리처분계획의 수립 및 인가를 거쳐서 착공, 준공, 입주를 거쳐 이전고시/청산 단계를 거치게 된다(그림 13-1).

사업시행자가 될 수 있는 것은 토지 등의 소유자나 조합이 1순위이고, 지방자치단체나 대한주택공사나 지방공사가 2순위이며, 대지주, 부동산 신탁회사 등의 제3개발자가 3순위가 된다. 관리처분계획은 사업 착수 전에 평가된 권리가액에 따라 건립 예정인 주택평형을 배정하고, 일반분양분을 결정하는 권리변환 계획이다. 주택 분양 시 종전 권리가액을 참조하여 1세대 1주택 분양을 원칙으로 한다. 임대주택 및 주택규모별 건설비율(건설교통부 고시2006-273호)에 따라서, 전용면적 85 m^2 이하의 평형을 건설하는 주택의 80% 이상 지어야 하고, 임대주택을 건설주택의 17% 이상 건설하되 건설하는 임대주택의 30% 이상을 전용면적 40 m^2 이하로 건설(비수도권 50% 감면)해야 한다. 또한 시행자는 주택이 철거되는 집 소유주에게 임시 수용대책을 마련토록 하고 있으나, 자가 소유자는 지급한 가(假)이주비로 다른 지역에 이주하고, 세입자에게는 주거 이전비로 보상하거나 임대주택을 공급한다(국토해양부 주택토지실, 2009).

재개발 사업은 공공에게 보다 나은 이익을 창출하기 위하여 행하는 사업이지만, 재개발지역의 세입자를 대상으로 한 주거대책은 그 보상금의 실효성 때문에 재개발 지역마다 갈등이 끊이지 않고 심각한 사회문제가 되는 경우가 많다.

정부는 2009년 11월 재개발지역 세입자들에게 '순환형 임대주택'에 입주할 권리를 규정한 도시 및 주거환경정비법 시행령을 마련하였다. 재개발 지구 내 세입자들을 위한 주거대책으로 순환형 임대주택제도가 마련되었다. 시행령에 의하면 신청일 기준 해당정비구역에 2년 이상 거주한 세대주 중 월평균 소득이 전년도 도시근로자 평균의 70% 이하인 거주자는 순환용 주택을 우선 공급받을 수 있도록 하였다. 서울의 왕십리 1구역 16가구가 서울시 SH공사가 관리하는 성북구 종암동의 임대아파트로 이주하게 된 것이며, 세입자가 공공임대주택을 제공받을 수 있도록 하는 순환형 임대주택제도가 적용된 첫 사례이다(오마이뉴스, 2010).

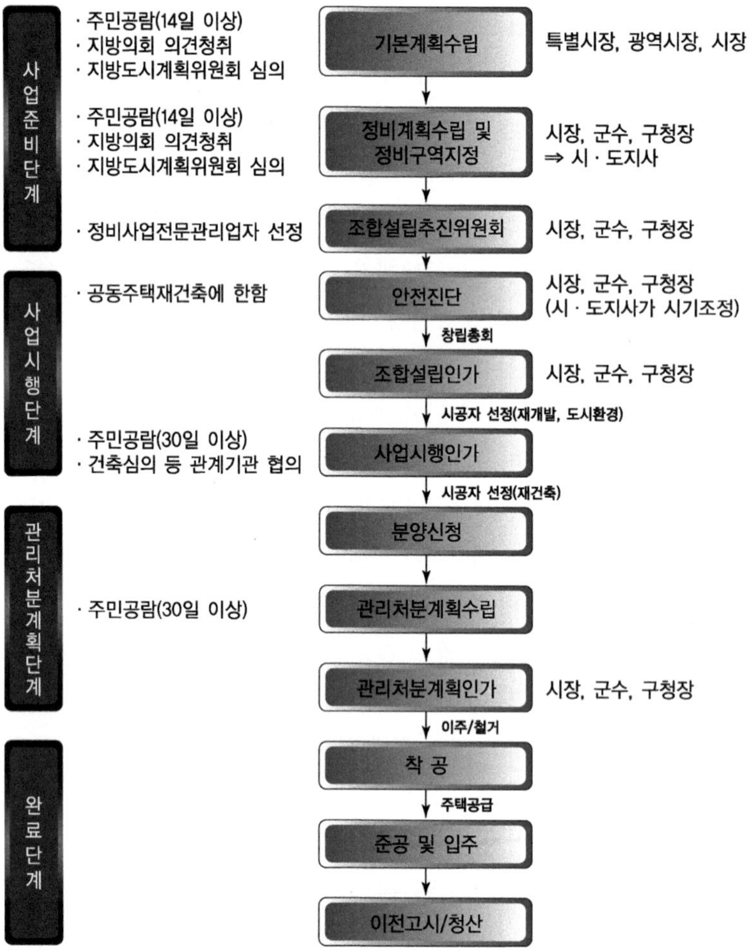

그림 13-1 정비사업 절차 개요

출처 : 국토해양부 주택토지실

(2) 재건축

① 목 적

우리나라에 1960년대에 보급되기 시작한 아파트들이 노후되면서, 1980년대 이후 아파트 거주자들의 재건축에 대한 욕구가 높아졌다. 정부는 1988년 주택건설 촉진법시행령을 개정하면서 재건축에 관련된 규정을 마련하여 본격적인 재건축 시장을 열게 되었다. 그러나 아파트의 재건축 사업은 결과적으로 부동산 투기를 일으키는 원인의 하나로 지목되면서 사회문제가 되었다.

재건축은 기존의 주택 소유자가 자율적으로 조합을 결성하여 새로이 주택을 건설함으로써 주택을 공급하고 주거환경을 개선하는 효과가 있다. 재건축의 대상이 되는 주택은 원칙적으로 공동주택을 대상으로 하지만, 예외적으로 단독주택도 대상이 된다.

재건축 사업은 건물을 소유한 자들이 조합을 구성해서 낡고 오래되고 상태가 불량한 주택을 허물고 새로 건물을 짓는 것이다. 재건축과 재개발의 성격은 약간 다른데 재건축은 민간사업의 성격을 띠고 있으며, 재개발은 공공사업적인 성격을 갖고 있다.

② 구역지정 및 시행절차

재건축 구역으로 지정되는 것은 훼손·멸실되어 도괴 기타 안전사고 우려가 있는 경우이거나, 20년(시·도 조례로 20년 이상으로 정할 경우 그 연수)이 경과하고 과다한 수선유지비나 관리비용이 들거나 주거환경이 불량하여 재건축 시 현저한 효율증가가 예상되는 경우, 도시미관·토지이용도·난방방식·구조적 결함 등으로 재건축이 불가피하다고 시장·군수·구청장이 인정하는 경우이며, 단독·다세대주택은 재해위험이 있다고 시장 등이 인정하는 경우가 된다.

재건축 사업이 시행되는 절차를 보면, 재건축에 대한 기본계획을 설립하고, 재건축 구역을 지정하며, 추진위원회 승인과 안전진단을 거친다. 재건축조합인가, 사업시행인가, 관리처분계획인가 및 주택건설과 준공, 입주를 거치고 최종적으로 조합의 청산·해산하는 절차를 밟는다. 공동주택은 재건축조합 설립인가를 신청하기 위하여 각 건물별 구분소유자 및 의결권의 각 2/3 이상, 전체 구분소유자 및 의결권의 각 4/5 이상이 재건축을 하겠다는 동의가 있어야 한다. 안전진단은 시설물의 안전관리에 관한 특별법의 규정에 의하여 안전진단 전문기관 및 시설안전기술공단이 한다.

표 13-2 유사사업의 비교

구분	주택재개발사업 (대상 : 단독밀집)	주거환경개선사업 (대상 : 단독밀집)	재건축사업 (대상 : 공동주택)
근거	도시 및 주거환경정비법(법률 제6852호, '02.12.30)		
목적	불량주택 및 공동시설 정비	불량주택 및 공동시설 정비	노후·불량주택 재건축
특성	도시계획차원	재개발사업 완화(달동네)	주택공급
지정요건	• 노후·불량주택 밀집된 지역 • 순환 재개발 시행을 위한 순환용 주택건설이 필요한 지역 • 공공시설 정비로 과소 토지가 되어 있어 건축대지로서 효용을 다할 수 없게 되는 지역	• 재개발 구역으로서 재개발사업 시행이 불가능한 지역 • 노후·불량건축물이 밀집되어 주거지로서 기능을 못하는 지역	• 준공 후 20년(시·도의 조례가 20년 이상으로 정하는)이 경과되어 재건축 효용증가가 예상되는 지역 • 건물이 훼손·일부 멸실되어 안전사고의 우려가 있는 주택 • 재건축이 불가피하다고 시장 등이 인정하는 주택
시행주체	• 1순위 : 토지 등의 소유자, 조합 • 2순위 : 지자체·주공·토공·지방공사 • 3순위 : 민관합동법인, 부동산 신탁회사, 50% 이상 토지소유자로서 주민의 추천을 받은 자	• 시장·군수 : 기반시설, 공동주택 건설 • 토지·건물소유자 : 현지개량 사업 • 주택공사 : 공동주택 건설 및 긴급사업 시행 시	재건축조합
개발방식	철거, 수복, 보전	현지개량·공동주택 건설	철거
시행절차	기본계획 수립 → 구역지정(정비계획수립) → 추진위원회(안전진단) → 조합설립 → 사업시행인가 → 착공·공사 → 관리처분계획 → 분양·처분	재개발 시행 절차에서 조합설립, 관리 처분계획 절차가 없음	재개발 시행절차와 동일
사업규모	제한 없음	2,000 m^2	제한 없음
주택규모	건교부 고시 • 85 m^2 이하 : 80% 이상 • 임대주택 : 17% 이상 ※수도권 제외지역 : 50% 범위 내 완화	건교부 고시 수도권 과밀억제권역 내 • 85 m^2 이하 : 90% 이상 • 임대주택 : 20% 이상	건교부 고시 • 60 m^2 이하 : 20% 이상 • 85 m^2 이하 : 40% 이상 • 임대주택 : 증가되는 용적률의 25% 이상

(계속)

공급대상	• 토지·건물 소유자 • 세입자 : 임대주택 • 잔여분 : 일반분양	• 토지·건물 소유자 • 세입자 : 임대주택	• 조합원 • 잔여분 : 일반분양
세입자 대책	• 세입자용 임대주택 건설·공급 • 주거대책비 지급	• 세입자용 임대주택 건설·공급 • 주거대책비 지급	없음
공공지원	국가·지자체 보조	국가·지자체 보조	없음
주민동의	• 조합설립 : 토지·건물 소유자의 각 4/5 이상 • 시행인가 : 정관이 정하는 바에 따라 토지·건물 소유자의 동의	• 지구 지정 : 세입자 세대수의 1/2 이상 • 시행자 지정 : 토지 등 소유자의 2/3 이상	*재개발 사업과 동일
세제지원	토지·주택 취득시 취득세·등록세 비과세	대체 부동산 취득시 취득세·등록세 면제	없음
토지수용	가능	가능	매도 청구가능

출처 : 국토해양부 주택토지실

표 13-2에서 재개발과 재건축, 유사사업인 주거환경개선사업 간의 주요특성을 살펴보았다. 재건축 사업과 주택재개발 사업과 달리, 주거환경개선사업은 낡고 오래되고 불량한 주택들이 밀집되어 있는 도시 내 저소득층 거주 지역의 주택과 공공시설을 정비하고 건설하는 도시계획사업이다. 주거환경개선사업은 도시 내 저소득층의 거주환경을 개선함으로써 저소득층의 주거복지를 증진하고, 기존에 거주하던 지역에서 지속적으로 거주할 수 있도록 하는 사업이다. 노후·불량 건축물이 밀집되어 있는 지역이거나, 재개발 구역이지만 1/2 이상의 주민이 재개발을 원치 않는 곳, 철거민 수용지역이거나 기타 공공시설 정비가 불량한 지역, 정비기반시설 부족으로 재해발생 시 피난 및 구조 활동이 곤란한 지역이 주거환경개선사업 구역으로 지정될 수 있는 요건이다. 주거환경개선사업의 시행방식에는 국가의 금융지원을 받으면서 자가 소유자가 직접 주택을 개량하고, 공공시설은 시나 군의 장, 구청장 등이 정비하는 현지개량방식과, 인구밀집이나 열악한 도로망으로 현지개량이 곤란할 때 공동주택을 건설하는 방식이 있다.

3) 주택공급과 정부의 역할

정부나 공공기관이 주택시장에 개입하여 주택의 공급과 배분에 관여하는 것은 주택 수요자에게 공급되어야 할 주택이 부족하고 형평성이 이뤄지지 않았기 때문이다. 갑작스럽게 인구가 늘어나거나 가구수가 증가한 지역, 산업화나 도시화를 겪고 있는 곳, 전쟁이나 천재지변 등이 일어난 곳에서는 전체 가구수에 비하여 최저수준 이상의 주택재고가 부족하게 된다. 또 주택은 생산하는 데 소요되는 시간이 길어서 공급이 비탄력적이다. 주택을 건설하기 위해서 주변에 공공서비스가 확보되어야 하고, 택지가 조성되어야 하는 등 관련 산업과의 연계가 필수적이기 때문에 정부가 개입하게 되는 것이다. 특히, 저소득 가구나 극빈층은 주택재고 중에서 노후하고 불량한 주택을 개선하고 관리할 수 있는 경제적 능력이 부족하며, 주택시장에서 경쟁적으로 주택을 구입, 임차할 수 없기 때문에 이들의 주거문제를 해결하기 위하여 정부가 개입해야 된다. 그래서 정부는 저소득 계층을 위하여 주거복지의 차원에서 공공임대주택과 같은 공공주택을 증대하거나, 저소득층이 구입할 수 있고 일정수준 이상의 서비스를 제공하는 주택을 확대 공급하는 방안을 사용한다.

전 세계의 국가들은 주거문제에 대하여 인간으로서 최저수준 이상의 주거수준을 확보하는 것에 관심이 있다. 유엔인권위원회는 1993년 제네바 회의에서 인간의 주거권 실현이라는 관점에서 강제철거는 명백히 인권을 침해하는 것으로 규정하고, 모든 정부는 강제철거가 행해지지 않도록 신속한 조처를 강구하도록 권고하고 있다. 주거권이란 인간다운 주거생활에 대한 권리로서 특히 인간으로서 주거생활에 대한 최소한의 권리를 의미한다. 주거권을 확보하려는 것이 세계적인 흐름이지만, 우리나라는 여전히 강제철거가 이루어지고 있고 철거과정에서 문제가 발생되고 있다. 주거권이 인간 본연의 권리라는 가치관이 공유되고 있는 이때에 주택정책이나 재개발 정책에서 주거권이 침해되지 않도록 해야 할 것이다.

주택이 주택 수요자에게 복지차원에서 형평성 있게 배분되도록 하기 위하여, 정부가 주택시장에 개입하는 방법은 주로 주택 수요자 측면의 지원과 공급자 측면의 지원으로 나눌 수 있다. 수요자 측면의 지원은 가구의 주택 구매력을 증진시키는 것이고, 공급자 측면의 지원은 신규주택을 건설·공급하는 주택업자 및 주택산업체를 지원하는 방식이다. 이 두 가지 방식 모두 문제점을 안고 있다. 수요자 측면의 지원은 주택공급이 증대되지 않고 탄력적이지 않은 상황이라면, 주택가격이나 임대료의 상승을 초래할 수 있어서 결과적으로 자가 소유자나 주택 건설업자에게만 경제적 혜택이 돌아갈 수 있다. 공급자 측면의 지원은 공공의 기금으로 공급되는 주택가격을 낮추고 제도적 지원으로 주택공급물량을 증가시켜서 주택가격의 안정과 투기 가수요를 예방하고 선택할 수 있는 주택의 폭을 넓히고자 하는 것인데, 이것 역시 주택공급이 탄력적이지 않다면 결국 건설업자나 자가 소유자에게만 이득이 될 수 있다. 우리나라 정부는 공공부문이나 민간부문의 주택공급에 직접적으로 개입하여 금융이나 조세 등을 통하여 지원 혹은 보조한다.

1960년대 이후 약 40여 년 만에 이루어진 주택보급률 100% 달성으로 국민들의 주택에 대한 수요와 욕구를 모두 충족시켜 준 것으로 보기는 어렵다. 주택정책은 그동안 주택의 양적 부족문제를 해결하는 데 중점을 두어왔기 때문에 주택에 대한 질적 욕구를 충족시키기에는 아직 부족한 점이 많다. 주택에 대한 질적인 욕구를 충족시키기 위한 노력은 공공부문보다는 민간차원에서 보다 적극적으로 진행되어 왔다고 볼 수 있는데, 이는 주택가격의 상승으로 이어져 수요자들의 부담을 가중시키는 가장 큰 원인의 하나가 되고 있다. 따라서 공공부문도 국민적 욕구수준에 부합하는 질 높은 주택을 공급하는 방향으로 주택정책의 목표를 전환할 필요가 있다(이건영, 2005). 또 신규주택 위주의 주택공급방식에서 벗어나 기존주택을 잘 관리하여 질적으로 향상시키는 것에 보다 관심을 기울일 필요가 있다. 주택재고의 활용은 자원의 효율성을 극대화하고 환경 친화적인 측면에서 바람직한 방안이 될 수 있을 것이다.

Note 13-1

주택불법 전매행위 신고

주택법 제41조의2의 규정을 위반하여 전매가 제한되는 입주자로 선정된 지위이거나 주택을 전매 혹은 전매를 알선한 자가 신고대상이 되며, 부정행위를 입증할 수 있는 자료를 첨부하여 해당기관에 서면으로 신고하여, 수사결과에 따라 신고포상금을 최고 1,000만 원 이내에서 세부 기준에 따라 지급한다.

주택거래 신고제

주택투기를 억제하고, 투명한 주택거래 관행을 정착시키려는 취지로 주택시장 안정종합대책의 일환으로 도입되었다. 주택 매매 당사자가 거래내역을 해당지역의 시·군·구에 신고하고 그 자료를 근거로 해당기관에서 관련세금의 과세기준으로 활용하는 제도이다.

주택거래 신고지역의 지정조건은 지난 일정기간의 아파트 매매가격상승률이 일정수준 이상인 지역이거나 주택투기가 성행할 것으로 판단되어 지정을 요청하는 지역이다. 투기지역[5]으로 지정된 지역 중에서 주택에 대한 투기가 성행하거나 성행할 우려가 있는 지역으로 주택거래 신고지역으로 지정한 것에 한한다.

주택거래 신고제의 신고대상은 신고지역 내 모든 아파트가 신고 대상이 된다. 신고 의무자는 거래당사자인 매도인 및 매수인이 되고, 중개업자가 중개한 경우, '공인중개사의 업무 및 부동산거래신고에 관한 법률' 제27조 제6항에 의하여 중개업자가 거래 신고해야 하며, 거래당사자 중 한쪽이 신고를 거부하면, 다른 쪽이 단독 신고할 수 있다.

주택거래계약은 계약체결일로부터 15일 이내에 관할 시장·군수·구청장에게 인터넷이나 방문신고를 하여야 한다. 만약, 주택거래 신고 기간 안에 신고하지 않거나 늦게 신고하였거나 허위신고자에 대하여 과태료가 부과된다.

5) 투기지역이란 전국 부동산가격상승률과 물가상승률 등을 토대로, 부동산 가격이 급등하거나 급등할 우려가 있다고 판단되어 지정하는 지역이다.

앞으로의 주택정책은 주택시장을 불안하게 만드는 투기 가수요를 억제하여 주택가격이 심하게 요동치는 것을 방지하고 주택불법 전매행위 신고나 주택거래 신고제와 같이 주택거래의 투명성을 확보하는 방향이 되어야 할 것이다. 민간부문의 주택뿐 아니라 공공부문에서 일정수준 이상의 질 높은 주택공급에 관심을 기울이고, 주택재고의 질을 개선하는 쪽에 관심을 가져야 할 것이다. 특히, 저소득층이나 주거 빈곤층에게는 다양한 공공주택 대안을 마련하여 그들이 일정수준 이상의 주거에서 거주할 수 있고 주거 불안정에서 벗어날 수 있게 해야 할 것이다.

그동안 우리나라 주택정책의 주류는 주택공급의 양적인 확대에 치중되어 있었는데, 물론 양적인 주택공급도 중요하지만 공급되는 주택이 형평성 있게 배분될 수 있도록 주거 복지적 차원에서 주거 빈곤층이나 최저수준 이하의 주거 사용자들의 주거권 확보에 노력하여, 공동체로서 사회 통합의 기반을 형성하도록 해야 한다. 저소득층이나 집단시설 등의 주거시설이 분리되고 차별되어 사회적으로 배제되는 것을 최소화하는 방향으로 시도되어야 할 것이다.

3. 저소득층 주택지원정책

우리나라는 지난 40여 년간 다양한 주택정책을 펼쳐 왔다. 그러나 서민들의 주거수준은 여전히 열악하고 임대주택시장의 불안정으로 인하여 주거불안이 여전하며 계층 간 주거수준의 차이가 커져가고 있다. 우리나라는 가구의 평균소득 대비 주택가격이 차지하는 비율이 매우 높다. 가계의 연가소득 대비 주택가격의 비중, 즉 소득대비 주택가격비율(PIR : price to income ratio)이 2009년 전국의 PIR은 4.3배인데, 서울 9.7, 뉴욕 9.3, 샌프란시스코 9.5, 도쿄 9.1배로 서울이 선진국 대도시를 웃도는 수준이다. 이런 높은 주택가격은 저소득의 임차가구의 자가 소유를 매우 어렵게 한다.

이에 정부는 주거에 대한 기본적인 욕구를 자력(自力)으로 충족시킬 수 없는 계층에게 주거복지 차원에서 국가나 공공기관 등에서 향상된 주택서비스를 제공하고, 주거안정을 위하여 다양한 주거복지사업을 실시하고 있다. 다음은 우리나라의 정부가 펼치고 있는 임대주택 중심의 저소득층 임차가구를 위한 정책을 살펴보자.

1) 임대주택

우리나라의 주택정책 중 저소득층을 위한 지원은 공공임대주택의 공급이 대표적이라고 할 수 있다. 선진국들은 주택보급률이 높아도 여전히 임차가구의 비중이 높게 나타나고 있는데, 우리나라는 주택재고 중 임대주택의 비율이 임차를 원하는 가구에 비하여 탄력적으로 증가하지 않았다. 선진국의 주택시장에서 임차가구의 비중이 높은 것은 주택시장에서 안정적인 임대주택시장이 존재하기 때문이다. 우리나라에서도 임대주택의 공급을 확대하고 임대주택에 대한 긍정적 사회인식의 확산이 되면, 임대주택시장의 안정이 이뤄지면서 서민들의 주거안정에 기여할 수 있을 것이다.

우리나라에서 공공임대주택의 역사를 살펴보면, 다음과 같다.

1962년 대한주택공사에서 공공임대주택을 건설하였으나 이것은 1~5년 후 분양으로 전환되는 임대주택유형이었다. 임대주택의 공급을 확대하기 위하여 1984년 임대주택건설촉진법이 제정되었다. 공공 혹은 민간의 공급주체에 대한 구별 없이 임대주택의 공급 확대에 관심이 컸던 시기이었다. 이 법은 1993년 임대주택법으로 전면 개정되었다. 이후 수차의 개정을 통하여 임차인의 권익을 보호하고 부도임대주택에 대한 관리와 장기전세주택제도 등에 대한 내용을 신설하고 보완하였다. 정부는 저소득층의 주거안정을 확보하고자 주택 임대차 보호법[6], 영구임대주택의 표준임대보증금 및 표준임대료, 부도임대주택에 대한 특별법 등을 제정하였다. 민간업자가 건설한 임대주택이 부도가 나고 임차인들이 임대보증금을 받지 못하는 일이 심각한 상태에 이르자, 저소득 계층의 임대보증금을 보호하고 주거불안을 해소하기 위하여 2007년 1월 19일에 '특별법'을 제정하고 2007년 4월20일에 시행하였다. 전국적으로 부도나 연체 등의 임대주택현황을 보면 부도가 난 사업장이 총 219개이고 48,748호이다.

6개월 이상 연체된 사업장과 부도 사업장을 모두 합하면 316사업장, 65,558호였다(2006. 12.31. 국민은행 자료 참조). 임차인을 보호하는 구체적인 내용은 주공 등이 전국의 약 6만호[7]에 대하여 매년 1만 호 내외 매입부도임대주택을 단계적으로 매입하고, 임차인의 임대보증금은 원칙적으로 전액 보호하고 매입한 주택은 국민 임대 등으로 공급하여 임차인이 계속 거주를 원할 경우 종전 임대조건에 따라 2년간 임차가능하다(임차인 주거보장).

---

6) 주택임대차 보호법(법률 제9653호 일부개정 2009.5.8)은 주로 임대보증금 회수, 임차권 등기, 임대차기간, 임차권 소멸 등 주거용 건물의 임대차(賃貸借)에 관하여 '민법'에 대한 특례를 규정함으로써 국민 주거생활의 안정을 보장함을 목적으로 한다.

7) '05.12.13 당시 임대중인 공공건설임대주택으로 '특별법' 시행 ('07.4.20) 전에 부도 등이 발생한 임대주택

> 울주군 소재 J 임대아파트는 12년째 공사가 중단된 채 방치되고 있다. 시행사가 15~18층 16개동 1,540가구의 임대주택 건설사업 승인을 받아 공사를 시작했으나 1998년 9월 3년 만에 60% 공정상태에서 부도가 났기 때문이다. 시행사는 부도를 전후하여 토지와 건물 소유권을 제3자에게 넘겨버려서 국민주택기금을 대출해 준 K은행이 소송을 제기했고, 사업이 정상화되기까지는 많은 시간이 필요할 전망이다. 민간업체가 공공임대주택사업에 참여한 1980년대부터 부도 아파트 문제가 시작되었다. 부실한 건설업체들이 국민주택기금을 무리하게 대출받아 아파트를 짓다가 부도를 냈기 때문이다. 전국의 부도 임대아파트 주민들은 대책없이 거리로 내몰리고 있다.

실제적으로 저소득층을 위한 공공임대주택이 공급된 것은 도시 내 저소득층이나 영세민을 위하여 정부·지자체의 재정으로 영구임대주택 19만 호를 1989년부터 1993년까지 건설한 것이다. 이것은 당시 정부가 세운 주택건설 200만 호 목표 중 19만 호를 영구임대주택으로 짓는 것이었다. 공공영구임대주택 19만 호가 시도된 것은 당시 주택 및 부동산 가격이 폭등하여 계층 간의 갈등이 고조되면서 도시빈민과 철거민들의 각종 시위가 발생하여 사회적으로 위기를 느꼈기 때문이다(하성규, 2006). 처음 시도되었다는 면에서 의의가 있지만 주택을 필요로 하는 가구수에 비하여 턱없이 부족한 주택량이었다.

그 이후 정권이 바뀌면서 주택정책이 영구임대주택의 공급에서 각각 5년과 50년 임대기간을 갖는 공공임대주택의 공급을 추진하였다. 그러나 공급량이 적었고 재정적 지원도 감소하여 실질적으로 저소득층에게 도움이 되지 못하였다. 임대기간 5년이 지난 후 분양하는 임대주택유형은 대부분 민간업자가 택지 공급상의 혜택, 금융, 세제상의 지원 등을 받고 주택을 공급하였으나, 주거지원이 절대적으로 필요한 저소득층에게 직접적인 도움이 되었다고 보기 어렵다. 그 다음 정권에서는 IMF 시기를 맞이하여 국민임대주택을 공급하기로 계획하고, 국민임대주택 건설계획을 100만 호로 확대 수립하였다. 이와 같이 공공임대주택정책은 각 시대의 정치적 상황에서 비중있는 역할을 하면서 경제적, 사회적 상황과 밀접한 관계를 갖고 전개되어 왔다.

(1) 공공임대주택, 영구임대주택, 국민임대주택

공공임대주택은 임대기간에 따라 5년 공공임대주택과 50년 공공임대주택이 있다. 5년 공공임대주택은 임대기간 5년이 지나면 분양으로 전환 가능하여 소유권을 이전받을 수 있는 주택으로 전용면적 25평 이하의 주택이 대상이 된다. 50년 공공임대주택은 일정기간이 지난 후 임대에서 분양으로 전환되는 것이 아니라 계속 임대하는 주택으로 전용 18평 이하의 주택을 대상으로 한다. 공공임대주택의 입주자격은 당해 주택건설지역에 거주하고 있는 무주택 세대

그림 13-2 영구임대아파트 실내 및 외부사진

주로 청약가입기간에 따라 순위가 달라진다. 65세 이상 직계존속(배우자의 직계존속 포함)을 부양하는 무주택세대주는 우선공급대상자에 속한다.

영구임대주택의 입주자격(주택공급에 관한 규칙 제31조)은 국민기초생활보장법에 의한 수급자, 국가유공자나 유족 혹은 65세 이상의 직계존속 부양자로 국민기초생활보장법의 수급자의 소득수준 이하인 자, 일군위안부, 보호대상 모자가정, 북한이탈주민, 장애인등록증이 교부된 자, 시·도지사 및 국토해양부장관이 인정하는 자, 청약저축가입자인 무주택 세대주이다. 입주희망자는 지방자치단체(동사무소 또는 구청)에 신청을 하고, 입주자 중 퇴거세대가 있을 경우 신청순서에 따라 입주할 수 있다. 영구임대주택의 규모는 전용면적기준으로 26.34 m^2에서 42.68 m^2까지 있다.

국민임대주택 건설계획은 2002년 서민주거안정대책으로 국민임대주택을 100만 호 건설하겠다고 발표하였고, 2004년 저소득 서민 주거복지 확대방안을 발표하였다. 국민임대주택의 입주자격은 본인과 세대원 전원이 무주택인 세대주이고, 소득 및 자산보유 기준에 해당되는 자이어야 한다. 단독세대주는 전용면적 40 m^2 이하 국민임대주택만 신청할 수 있다(주택공급에 관한 규칙 제32조 제1항).

국민임대주택의 규모(50 m^2 미만, 50 m^2 이상 60 m^2 이하, 60 m^2 초과)에 따라 월평균소득, 청약저축 가입기간 등에 의하여 입주자 선정순위가 달라진다.

(2) 기존 주택 매입임대

저소득층, 주거빈곤층을 위하여 주거복지 차원에서 최근 정부가 펼치고 있는 주택정책 프로그램 중 하나이다. 현재 도시 내에서 거주하고 있는 최저 소득계층에게 현 생활권 내에서 생활할 수 있도록 하기 위하여, 기존의 다가구 주택 등을 매입한 후 저렴하게 임대하여 현

표 13-3 기존 주택 매입임대주택의 입주대상 및 임대조건

항목		세부조건
입주대상	영세민	• 사업대상지역에 거주하는 2인 이상 가구의 무주택세대주(영구임대주택 거주자 제외) -1순위 : 기초생활수급자, 보호대상 한부모가족 -2순위 : 당해세대의 월평균소득이 전년도 도시근로자 가구당 월평균 소득의 50% 이하인 자, 장애인등록증 교부자 중 당해 세대의 월평균소득이 전년도 도시근로자 가구당 월평균 소득 이하인 자 • 2인 이상 가구를 원칙으로 하되, 자력생활이 가능한 1인 가구 및 장애인, 65세 이상 독거노인, 소년소녀가정 중 자력생활 곤란한 1인가구도 입주가능함 • 동일순위 경쟁 시 자활사업프로그램 참여기간, 당해 사업대상지역 연속 거주기간 부양가족의 수, 청약저축 가입여부 등에 따른 배점을 합산한 수위에 따라 입주자 선정
	공동생활가정[8)] (그룹 홈)	• 저소득 장애인, 보호아동, 노인(중증 노인성질환자 제외), 미혼모, 성폭력피해자, 가정폭력피해자, 탈 성매매 여성, 가출청소년, 갱생보호자, 아동복지시설 퇴소자, 북한 이탈주민이거나, 관계 중앙행정기관의 장이 필요하다고 인정하는 입주자 선정을 요청하는 자 • 입주자는 도지사 등이 운영기관선정위원회 심의를 거쳐 선정한 운영기관이 행정기관 등이 정한 규정에 따라 선정 및 퇴거조치한다.
	기타	• 긴급주거지원이 필요한 부도 공공임대아파트 임차인으로서 경락을 희망하지 않거나 경락을 받을 수 없어 퇴거하였거나 퇴거하는 무주택세대주 • 쪽방 · 비닐하우스 거주자 중 전년도 도시근로자 가구당 월평균소득의 50% 이하인 무주택세대주 • 기존주택 매입 시 당해주택 거주 중인 가구 중 영세민 입주자격 1순위 또는 2순위 중 장애인 입주자격을 갖춘 가구 • '긴급복지지원법' 에 따라 긴급지원대상자로 선정된 자 중 시장 등이 주거지원이 필요하다고 인정하여 LH에 통보한 자
임대조건		• 시세의 30% 수준으로, 임대보증금은 사업비의 5%, 월임대료는 시세의 30% 수준에서 보증금을 제외한 나머지 금액의 월세 환산액
임대기간		• 최초 임대기간은 2년이고, 4회까지 재계약(2년 단위)이 가능 • 공동생활가정의 경우 해당 시장, 도지사의 제청에 의해 2년 단위로 체결하되 횟수 제한 없음 • 긴급지원대상자의 경우, 재계약은 1회에 한정

출처 : 주거복지, 한국토지주택공사(http://www.lh.or.kr)

8) 공동생활가정(group home)이란 지역사회 내에서 장애인 등 사회취약계층이 가정과 같은 주거환경에서 지도교사와 함께 생활하면서 자활교육프로그램을 통하여 사회에 적응하고 자립할 수 있도록 지도관리를 해주는 주거복지프로그램, LH에서는 매입임대주택 중 일부를 장애인 등의 재활 및 사회복지지원을 위해 관련 사회복지단체 등에 공급하여 그룹 홈으로 운영하고 있다.

수입한도에서 주거안정을 취할 수 있도록 하는 것이다. 2004년에 시범사업으로 503가구, 2005년에 4,411가구, 2006년에 6,059가구, 2007년에 6,100가구, 2008년에 6,545가구 등 2004년에서 2008년까지 총 2만 5,037가구의 주택을 매입하고, 2009년부터 2012년까지 매년 7,000가구씩 총 5만 3,000여 가구를 매입하여 임대할 계획을 갖고 있다.

매입대상주택은 건축법 제18조의 규정에 의한 사용승인을 받은 주택으로서 건축법 시행령 제3조의 4 〈별표 1〉의 규정에 의한 다가구주택, 다중주택[9], 다세대주택, 연립주택이다. 단, 다세대주택, 연립주택은 동별로 일괄매입이 가능하고 전용면적은 60 m^2 이하이다. 매입공고나 공인중개사 등을 통하여 주택을 매입하며, 현지 실태조사 후 LH 매입기준에 의거하여 선정한다. 공인감정평가기관에서 시세를 감안하여 감정 평가한 금액으로, 주택의 상태, 주택입지여건, 임대가능호수, 채권채무관계, 생활편의성 등을 고려한다.

(3) 기존 주택의 전세임대

도시 내 거주하는 저소득 계층이 현재 생활하고 있는 권역에서 현 수입으로 지속적으로 생활할 수 있도록 기존 주택에 대하여 전세계약을 맺은 후 저소득층에게 저렴하게 재임대하는 프로그램이다. 2005년에서 2008년까지 총 1만 9,907가구를 지원하였으며, 2009년에서 2012년까지 매년 7,000가구씩 총 4만 8,000여 가구를 전세 임대할 계획이다.

입주대상자는 영세민, 부도 공공임대아파트 퇴거자, 보증 거절자, 쪽방, 비닐하우스 거주자, 긴급지원 대상자, 공동생활가정(그룹 홈)이다.

다가구·단독·다세대·연립주택, 아파트 중 국민주택규모(85 m^2) 이하 주택(1인 가구의 경우 50 m^2 이하 주택으로 제한)을 대상으로 한다.

전세금 지원 한도액은 수도권 지역은 7,000만 원, 광역시 지역은 5,000만 원, 그 밖의 지역은 4,000만 원이다. 지원한도액을 초과하는 전세주택은 초과하는 전세금액에 대하여 입주자가 부담하면 지원할 수 있다. 단, 전세금은 호당 대출한도액의 150% 이내로 제한하되 가구원의 수가 5인 이상 시 예외를 인정할 수 있다.

---

9) 다중주택이란 학생 또는 직장인 등 다수인이 장기간 거주할 수 있는 구조로 되어 있고, 독립된 주거의 형태가 아니며, 연면적이 330제곱미터 이하이고 층수가 3층 이하인 주택이다.

표 13-4 기존 주택의 전세임대주택의 입주대상 및 임대조건

<table>
<tr><th colspan="2">항목</th><th>세부조건</th></tr>
<tr><td rowspan="7">입주 대상</td><td>영세민</td><td>• 사업대상지역에 거주하는 2인 이상 가구의 무주택세대주(영구임대주택 거주자 제외)
–1순위 : 기초생활수급자, 보호대상 한부모가족
–2순위 : 당해세대의 월평균소득이 전년도 도시근로자 가구당 월평균 소득의 50% 이하인 자, 장애인등록증 교부자 중 당해세대의 월평균소득이 전년도 도시근로자 가구당 월평균소득 이하인 자
• 2인 이상 가구를 원칙으로 하되, 장애인, 65세 이상 독거노인은 1인가구도 신청가능
• 동일순위 경쟁 시 자활사업프로그램 참여기간, 당해 사업대상지역 연속 거주기간 부양가족의 수, 청약저축 가입 여부 등에 따른 배점을 합산한 순위에 따라 입주자 선정</td></tr>
<tr><td>부도 공공임대아파트 퇴거자</td><td>시장 등이 긴급주거지원이 필요한 부도 공공임대아파트의 임차인으로서 경락을 희망하지 않거나 경락을 받을 수 없어 퇴거했거나 퇴거하는 무주택세대주</td></tr>
<tr><td>보증 거절자</td><td>LH가 임대하는 공공건설임대주택(영구임대주택과 국민임대주택은 제외) 입주자로서 시장 등의 추천을 받아 영세민 전세자금 융자를 신청하였으나, 주택신용보증기금에서 보증서 발급이 거절된 무주택 세대주(단독 세대주 제외) 중 전년도 도시근로자 가구당 월평균 소득의 50% 이하이며, 임대차계약서상 입주일과 주민등록 전입일 중 빠른 날로부터 3개월 이내에 융자를 신청한 자</td></tr>
<tr><td>쪽방·비닐하우스 거주자</td><td>쪽방·비닐하우스 거주자 중 보건복지가족부 장관 또는 행정안전부장관이 주거지원이 필요하다고 인정하여, 국토해양부장관에게 통보한 전년도 도시근로자 가구당 월평균소득의 50% 이하인 무주택 세대주</td></tr>
<tr><td>긴급지원 대상자</td><td>'긴급복지지원법'에 따라 긴급지원대상자로 선정된 자 중 시장 등이 주거지원이 필요하다고 인정하여 LH에 통보한 자</td></tr>
<tr><td>공동생활가정 (그룹 홈)</td><td>저소득 장애인, 보호아동, 노인(중증 노인성질환자 제외), 미혼모, 성폭력피해자, 가정폭력피해자, 탈성매매여성, 가출청소년, 갱생보호자, 아동복지시설퇴소자, 북한이탈주민이거나, 관계 중앙행정기관의 장이 필요하다고 인정하여 입주자 선정을 요청하는 자이다. 입주자는 도지사 등이 운영기관선정위원회 심의를 거쳐 선정한 운영기관이 행정기관 등이 정한 규정에 따라 선정 및 퇴거조치한다.</td></tr>
<tr><td colspan="2">임대조건</td><td>임대보증금은 한도액 범위 내에서 전세금의 5%(상향조정가능)이고, 월임대료는 전세금 중 임대보증금을 제외한 금액에 대한 연 2% 이자에 해당하는 금액이다. 단, 보증 거절자의 경우, 기존 공공건설임대주택의 임대조건을 적용하되, 지원금액에 대한 이자(연 2%)를 월임대료에 가산한다.</td></tr>
<tr><td colspan="2">임대기간</td><td>최초 임대기간은 2년이며, 4회까지 재계약(2년 단위)이 가능하다. 공동생활가정의 경우 해당 시장, 도지사의 제청에 의해 2년 단위로 체결하되 횟수는 제한이 없다. 긴급지원대상자의 경우, 재계약은 1회에 한정한다.</td></tr>
</table>

출처 : 주거복지, 한국토지주택공사(http://www.lh.or.kr)

(4) 신혼부부 전세임대

도심 내 저소득계층 신혼부부가 현 생활권에서 안정적으로 거주할 수 있도록 하기 위하여 기존 주택에 대하여 전세계약을 체결하고 이것을 저렴한 가격에 재임대하는 사업이다. 2008년에 총 185가구를 지원하였으며, 2009~2012년까지 매년 5,000가구씩 총 2만여 가구를 지원할 계획으로, 다가구·단독·다세대·연립주택, 아파트 중 국민주택규모(85 m^2) 이하 주택을 대상으로 한다.

지원대상자는 주소지 관할 주민센터(동사무소)에 신청하고, 시장·군수·구청장은 지원 대상 가정의 자격, 주거실태 등을 조사하여 지원대상자를 선정하고 이를 LH지역본부에 통보한다. 그러면 LH는 대상자가 계약 요청한 주택 소유주와 전세계약을 체결한 후 지원대상자에게 재임대한다.

표 13-5 신혼부부 전세임대의 지원조건

항목	세부조건
지원대상	• 무주택세대주인 혼인 5년 이내의 신혼부부로서 기초생활수급자 또는 당해 세대의 월평균 소득이 전년도 도시근로자 가구당 월평균소득의 50%(1,947,350원, 2008년 기준) 이하인 자 단, 개별공시지가의 합산금액이 5,000만 원을 초과하는 토지 또는 과세표준액(취득가액을 기준으로 매년 10%씩 감가상각하여 산출한 금액)이 2,200만 원을 초과하는 비영업용자동차(장애인용 자동차를 제외)를 소유한 경우에는 입주대상자에서 제외한다. 그러나 공급계획물량, 사업진행 상황 등을 고려하여 월평균소득 70%이하인 자를 입주대상자로 선정가능하다. –1순위 : 혼인 3년 이내이고, 그 기간 내 출산(입양을 포함)한 자녀가 있는 세대주(주민등록표상 출생일과 입양신고일 기준) –2순위 : 혼인 3년 초과 5년 이내이고, 그 기간 내에 출산(입양 포함)하여 자녀가 있는 세대주 –3순위 : 혼인 5년 이내인 세대주
전세금지원 한도액	• 수도권 7,000만 원, 광역시 5,000만 원, 그 밖의 지역은 4,000만 원 • 지원한도액을 초과하는 전세금액을 입주자가 부담할 경우 지원 가능 • 단, 전세금은 호당 대출한도액의 200% 이내로 제한하되 가구원의 수가 5인 이상일 때는 예외를 인정할 수 있다.
임대조건	• 임대 보증금은 한도액 범위 내에서 전세금의 5%(상향조정가능)이고, 월임대료는 전세금 중 임대보증금을 제외한 금액에 대한 연 2% 이자에 해당하는 금액이다. 최초 임대기간은 2년으로 하되, 4회까지 재계약(2년 단위)이 가능하다

출처 : 주거복지, 한국토지주택공사(http://www.lh.or.kr)

(5) 소년소녀가정 등 전세주택지원

소년소녀가정, 교통사고 유자녀가정 등에 대해 국민주택기금의 지원으로 전세주택을 마련하여 지원함으로써 사회취약계층 아동·청소년의 주거생활 안정 및 주거수준 향상을 도모하는 사업이다. 2005~2008년까지 총 4,597가구를 지원하였으며, 2009~2012년까지 매년 1,000가구씩 총 8,000가구를 지원할 계획이다.

지원대상이 되는 주택은 다가구, 단독, 다세대, 연립주택, 아파트, 공공임대주택(영구임대, 국민임대, 매입임대) 중 국민주택규모(85 m^2) 이하 주택(1인 가구의 경우 50 m^2 이하 주택으로 제한)이다. 전세금을 지원하는 한도액은 수도권 지역에 대하여 7,000만 원, 광역시는 5,000만 원, 그 밖의 지역은 4,000만 원이다. 지원한도액을 초과하는 전세주택은 초과하는 전세금액을 입주자가 부담할 경우 지원가능하다. 단, 전세금은 호당 대출한도액의 150% 이내로 제한하되 가구원의 수가 5인 이상 시 예외를 인정할 수 있다.

표 13-6 소년소녀가정 등 전세주택지원 대상주택 및 지원조건

항목	내용		
지원대상	소년소녀가정		국민기초생활보장법에 의한 기초생활수급자 중 18세 미만의 아동으로만 구성된 세대 또는 18세 미만의 아동이 부양능력이 없는 부모와 동거하는 세대로서 아동이 실질적으로 가정을 이끌어가는 세대
	교통사고 유자녀		자동차사고로 인하여 사망 또는 중증후유장애를 입은 피해자의 18세 미만의 자녀(고등학교 재학 중인 자녀는 20세 이하인 자를 포함)
	가정 위탁 아동	대리양육가정	대리양육가정[18세 미만의 아동이 국민기초생활보장법상 부양의무자(친조부모, 외조부모)와 동거하는 경우]
		친·인척위탁가정	친인척위탁가정(18세 미만의 아동이 국민기초생활보장법상 부양의무자가 아닌 친·인척과 동거하는 경우)
	아동복지시설 퇴소자		• 아동복지시설 보호대상아동 중 18세에 달하여 시설에서 퇴소하는 자 및 퇴소한 자로서 만 23세 이하인 자 • (해당 지자체에 신고된)복지시설의 장 및 중앙아동자립지원센터의 장이 추천한 자
지원조건	• 만 20세까지 무이자 지원하고, 만 20세 이후 이자(연 2%)를 부담하되 1년 단위로 최대 5회까지 연장 가능하다. • 자격상실 또는 이사 등 주거지원이 필요없는 사유 발생 시 지원을 종료한다. 지원기한 만료 시(만 20세 이후) 저소득 영세민 전세자금 등 대출 추천 및 알선한다.		

지원대상은 소년소녀가정/교통사고 유자녀가정/[가정위탁아동]을 수탁한 대리양육가정/친인척위탁가정/아동복지시설 퇴소아동으로서 모두 무주택이고 가구당 월평균 소득이 전년도 도시근로자 가구당 월평균소득 이하인 가정(2008년도 도시근로자 가구당 월평균소득 : 3,894,709원)을 지원대상으로 한다. 단, 지원신청 시 6개월 이내에 지원대상가정의 자격을 상실하게 되는 경우에는 지원대상에서 제외한다. 지원대상자(친권자 또는 후견인 포함)는 주소지 관할 주민센터(읍·면·동사무소) 또는 시·군·구청 담당 사회복지사나 공무원에게 신청하고, 시장·군수·구청장은 지원대상 가정의 자격, 주거실태 등을 조사하여 대상자를 확정하고 이를 LH지역본부에 추천하고, LH는 대상자가 물색하여 계약 요청한 주택의 소유자와 전세계약을 체결 후 대상자에게 제공한다. 단, 교통사고 유자녀가정과 아동복지시설 퇴소자는 각각 교통안전공단과 복지시설의 장 및 중앙아동자립지원센터의 장에게 신청한다.

(6) 보금자리주택

보금자리주택은 재정이나 기금의 지원을 받아서 공공부문이 주택을 건설하거나 매입한 후 그것을 다시 분양하거나 임대하고자 공급하는 주택으로, 분양주택과 임대주택을 포괄하는 신개념의 주택이다. 보금자리주택은 2018년까지 150만 호를 공급할 계획이다.

과거 공급자 위주의 일방적인 공급에서 벗어나 소득계층별 수요에 부응하는 다양한 주택을 공공부문이 신속하게 공급하는 수요자 맞춤형 주택이다. 기존의 공공주택정책이 임대주택 위주의 공급이었으나, 보금자리주택은 자가 보유를 촉진하기 위하여 자가 보유와 임대주택공급을 병행하고 있다. 또 기존 정책이 공급자 중심에서 주택 공급을 주도하는 체계이었으나,

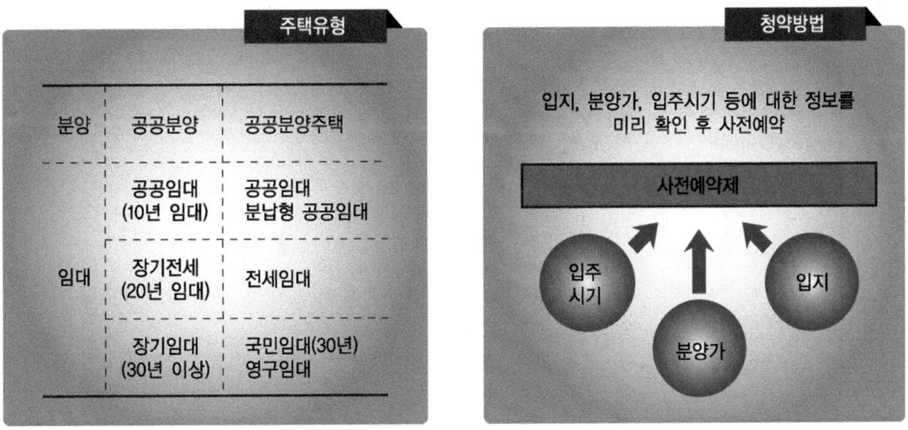

그림 13-3 보금자리주택의 유형과 청약방법

출처 : http://www.newplus.go.kr

보금자리주택은 사전예약제를 통하여 수요자 맞춤형 공급을 한다. 기존의 정책이 도시외곽을 확장하여 개발하는 것이라면, 보금자리주택은 도시 내부의 개발에 주력한다. 이러한 점들이 보금자리주택정책과 기존의 공공주택정책과의 차이라고 할 수 있다. 또 보금자리주택은 입주자의 부담을 완화하기 위하여 소득의 30~40% 부담을 위한 금융지원을 확대하고 있다. 보금자리 주택은 주택유형별로 중소형 저가의 분양주택 70만 호, 임대주택 80만 호, 총 150만호를 계획하고 있으며, 지역별로 수도권에 100만 호, 지방에 50만 호를 건설할 계획이다. 임대주택 80만 호 중 공공임대주택(10년간 임대 후 분양으로 전환)을 20만 호, 장기전세(20년 장기 전세, 도심 위주) 10만 호, 장기임대 50만 호(소득에 따라 차등 임대료를 부과하는 국민임대 40만 호, 최저소득층을 위한 영구임대 10만 호)가 계획되어 있다. 임대료는 소득에 따라 차등 부과하는데 시중가의 60~70%이고, 최저 소득층의 임대료는 시중가의 30%로 계획하고 있다.

국토해양부의 보도자료(2010.1.15)에 의하면 2009년도에 사업승인(건축허가) 기준으로 보금자리주택 14만 5,974호를 공급하여 계획물량 14만 호를 초과(104.3%) 달성하였다.

수도권에서 전체 공급량의 70.8%인 10만 3,328호가 공급되었고, 수도권 이외의 지역에서 29.2%인 4만 2,646호가 공급되었다. 공급물량 14.6만 호에는 다가구·부도주택 등 매입 9,900호(6.8%)가 포함되었다. 2009년에 승인된 보금자리 주택은 2012년부터 입주가 시작된다. 한편, 보금자리주택 이외에도 도심 내 최저소득층을 위하여 시세의 30% 수준으로 임대료

표 13-7 보금자리주택의 유형과 프로그램 계획

유형		호수	프로그램 내용
분양주택		70만	중소형 저가주택 공급
임대주택	공공 임대 (10년 임대)	20만	10년간 임대 후 분양 전환 '지분형 임대주택' 위주로 공급하여 서민들의 점진적 자가소유를 촉진(능동적 복지 구현)
	장기 전세 (10~20년 임대)	10만	월임대료 부담이 없는 '장기 전세형'으로 공급하여 수요자들에게 다양한 선택기회 부여 (도심위주로 공급)
	장기 임대 (30년 이상)	50만	국민임대 40만 : 시중가의 60~70%로 공급(소득에 따른 차등 임대료제, 전세·월세 선택제) 영구임대 10만 : 최저소득층을 위해 공급재개(재정지원으로 시중가의 30%로 공급)

출처 : 국토해양부(2008). p. 13.

를 지불하고 거주할 수 있는 기존주택·소년소녀가정·신혼부부 전세임대주택도 1만 4,145호를 공급하여 당초 목표량 13천 호를 초과 달성하였다. 유형별로는 기존주택 전세임대 7,820호, 소년소녀가정 전세임대 1,065호, 신혼부부 전세임대 5,260호를 공급하였다.

2010년에는 수도권 14만 호(보금자리주택지구 8만 호, 신도시·도심 등 6만 호), 수도권 이외의 지역에 4만 호로 총 18만 호의 보금자리주택이 공급될 계획이다. 또 보금자리주택 공급계획 18만 호에 추가하여 도심 내 최저소득층을 위한 맞춤형 임대주택인 다가구매입 주택 7천 호, 전세임대주택 13천 호를 공급할 계획이다.

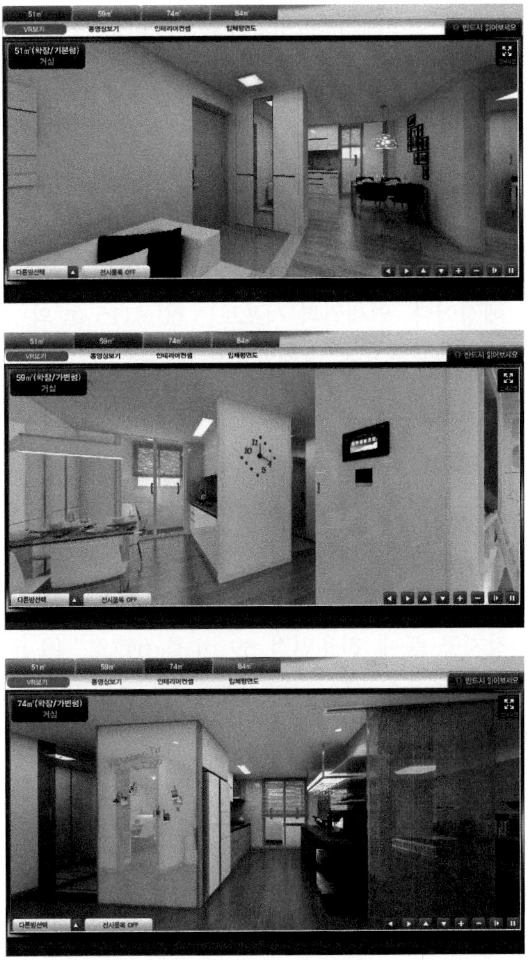

그림 13-4 보금자리 주택의 평형별 실내 투시도

출처 : http://cyber.newplus.go.kr

(7) 시프트(SHift)

서울특별시와 에스에이치(SH) 공사가 중산층과 실수요자를 위하여 장기전세주택 시프트(SHift)와 국민임대주택 SH VILLE를 공급하고 있다.

시프트는 주변 전세시세의 80% 이하로 최장 20년까지 거주할 수 있는 장기전세주택이고, 중산층과 실수요자를 위하여 중대형 주택이 공급된다. 자가 소유로 인하여 소득대비 과중한 주거비의 경제적 부담을 덜고, 가구원수의 증가나 넓은 공간에 대한 욕구를 충족시키면서 안정적으로 오래 거주할 수 있는 주택에 대한 수요계층을 흡수하고자 실시하는 서울시 주택정책이다.

자가소유에 대한 뿌리 깊은 의식에서 벗어나 주택은 거주하는 곳, 생활을 영위하는 곳이라는 개념을 확산하고, 집을 소유하기 위하여 경제적으로 오랫동안 부담을 안고 살아야 하는 것에서 벗어날 수 있는 주택대안이 될 수 있을 것이다. 또한 장기임대가 가능한 중규모 이상의 임대주택시장이 형성됨으로써 주택투기로 인한 주택시장의 불안정을 해소하는 데 도움이 될 것이다.

계획에 의하면, 역세권을 선호하는 직장인 실수요자와 신혼부부를 위한 주택, 고령자 가구를 위한 주택을 공급할 예정이다. 역세권의 시프트는 60~115 m^2의 소형에서 중대형 규모의 주택이 공급될 예정이고, 신혼부부용과 고령자용은 60 m^2 이하의 주택을 공급할 예정이다. 청약이 완료된 단지는 서울의 강서구, 강동구, 성동구, 관악구, 서초구, 강남구 등이다.

주택임대차 보호법 및 동법 시행령에 따라 전세금 인상을 엄격히 5% 이내로 제한한다. 입주요건으로 청약저축통장을 요구하는 것은 입주자격을 확인하기 위한 것이며, 입주 후에도 분양주택에 자유롭게 청약할 수 있다. 입주자격은 다음과 같다.

SH VILLE는 SH공사에서 제공하는 국민임대주택이고, 2010년에 상암지구, 은평지구, 세곡, 강일지구, 마천, 신정지구 등에 전용면적 39 m^2를 647호, 49 m^2를 3,114호, 60 m^2를 106호, 85 m^2를 23호로 총 3,890호를 공급할 계획이다. 이 중에서 전용면적 60 m^2 이하, 85 m^2 이하는 전량 해당지구 철거민 등에게 공급된다.

표 13-8 시프트(SHift) 규모별 입주자격

규모	입주자격	
전용 60 m^2 미만	• 서울특별시에 거주하며, 본인과 세대원(동일한 주민등록등본상에 등재되어 있지 아니한 배우자 및 그 세대원 포함) 전원이 무주택인 세대주로서 아래의 소득 및 자산보유 기준에 해당되는 자 • 단독 세대주(본인의 주민등록등본상 배우자 또는 직계 존비속인 세대원이 없는 자)는 신청할 수 없음 단, 단독세대주 중 주민등록표등본 구성이 ① 사위와 장인이나 장모, ② 며느리와 시아버지나 시어머니, ③ 미혼인 형제, 자매(단, 부모의 사망사실이 확인된 경우)로 되어 있는 경우 예외. -소득 : 전년도 도시근로자 가구당 월평균소득의 70% 이하인 자 -토지 : 개별공시지가 기준 5,000만 원 이하 -자동차 : 현재가치 기준 2,200만 원 이하(취득가액을 기준으로 매년 10%씩 감가상각)	• 일반공급(일반) : 청약저축에 가입했거나 서울시 거주자 • 일반공급(고령자) : 입주자모집 공고일 현재 -1순위 : 만 65세 이상인 자 -2순위 : 만 60세 이상인 자 -3순위 : 만 60세 미만인 자 • 우선공급 : 노부모 부양자, 장애인, 장기복무제대군인, 북한이탈주민, 중소기업근로자, 3자녀 이상 가구, 한부모 가족, 소년소녀가정 아동보호· 양육 조부모 또는 친인척, 65세 이상, 국가유공자 등, 영구임대주택 입주자 중 자격 상실자, 비닐간이공작물 거주자 등 • 우선공급(신혼부부) : 혼인기간이 ① 5년 이내이고 ② 청약저축에 가입하여 6개월이 경과되고 매월 약정 납입일에 월납입금을 6회 이상 납부한 자만 신청 가능함
전용 60 m^2 이상 ~ 85 m^2 이하	• 서울특별시에 거주하며, 본인과 세대원(동일한 주민등록등본 상에 등재되어 있지 아니한 배우자 및 그 세대원 포함) 전원이 무주택인 세대주로서 아래의 소득 및 자산보유 기준에 해당되는 자. 중산층을 위한 것으로 소득에 관계없이 청약할 수 있다. • 단독 세대주(본인의 주민등록등본 상 배우자 또는 직계 존비속인 세대원이 없는 자)는 신청할 수 없음 단, 단독세대주 중 주민등록표등본 구성이 ① 사위와 장인이나 장모, ② 며느리와 시아버지나 시어머니, ③ 미혼인 형제, 자매(단, 부모의 사망사실이 확인된 경우) 로 되어 있는 경우 예외	우선공급청약저축 1순위인 자로서 입주자 모집 공고일 현재 • 일반공급 : 청약저축 가입자이거나 서울시 거주자 • 우선공급 : 만 65세 이상의 직계존속(배우자의 직계존속 포함)을 3년 이상 계속하여 부양하고 있는 자. 직계존속(배우자의 직계존속 포함)이 무주택이어야 함 • 특별공급 : 만 20세 미만인 3명 이상의 자녀를 둔 무주택세대주 단, 주택공급에 관한 규칙 제19조의 자격으로 1회 이상 특별공급을 받은 자는 제외
전용 85 m^2 초과	• 다양한 수요계층을 위한 주택	• 일반공급 : 서울특별시에 거주하는 만 20세 이상인 자(세대주인 경우 만 20세 미만 포함)로서 해당 공급주택의 규모 및 지역별 청약예금 가입자 • 특별공급 : 만 20세 미만인 3명 이상의 자녀를 둔 무주택세대주 단, 주택공급에 관한 규칙 제19조의 자격으로 1회 이상 특별공급을 받은 자는 제외

(계속)

규모	입주자격	
재건축	• 서울특별시에 거주하며, 본인과 세대원(동일한 주민등록등본 상에 등재되어 있지 아니한 배우자 및 그 세대원 포함) 전원이 무주택인 세대주 • 단독 세대주(본인의 주민등록등본 상 배우자 또는 직계 존비속인 세대원이 없는 자)는 신청할 수 없음 단, 단독세대주 중 주민등록표등본 구성이 ① 사위와 장인이나 장모, ② 며느리와 시아버지나 시어머니, ③ 미혼인 형제, 자매(단, 부모의 사망사실이 확인된 경우)로 되어 있는 경우 예외	• 일반공급 –1순위 : 무주택세대주로서 무주택기간과 서울특별시 거주기간이 각각 1년 이상인 자 –2순위 : 무주택세대주로서 서울특별시에 거주하는 자 • 우선공급 : 서울특별시에 거주하는 무주택세대주로서 무주택기간과 서울특별시 거주기간이 각각 1년 이상인 자 중 –현재 만 65세 이상의 직계존속(배우자의 직계존속 포함)을 3년 이상 부양하고 있는 자 –민법상 미성년(만 20세 미만)자인 3명 이상의 자녀를 둔 세대주 –전년도 도시근로자 가구당 월평균소득의 70% 이하인 자 • 특별공급 : 서울특별시에 거주하는 무주택세대주로서 –혼인기간이 5년 이내이고, –소득이 일정기준이하이며 –청약저축(청약예금, 청약부금)에 가입하여 6개월이 경과되고 매월 약정납입일에 월납입금을 6회 이상 납부한 자만 신청이 가능함

표 13–9 SH Ville의 단지 사례

단지명	발산지구5단지(임대)	장지지구9단지(임대)
조감도	강서구 내외발산동 발산택지개발지구 내	송파구 장지동 장지택지개발지구 내
유형	국민임대	국민임대
공급면적	49 m^2	39 m^2
조감도		

출처 : http://shville.i-sh.co.kr

(8) 도시형 생활주택

도심 내 소형 및 임대주택을 공급하여 서민의 실수요에 부응하고 주거안정에 기여하고 사업자의 부담을 경감하여서 전반적으로 경제에 활력을 불어넣고자 하는 취지에서 비롯된 사업이다. 도시형 생활주택은 단지형 다세대, 원룸형, 기숙사형 주택으로 유형화하며(주택법 시행령 제2조의2 신설), 단지형 다세대란 다세대주택으로 규정하되 지자체 조례로 건축위원회의 심의를 거쳐 1개 층수를 추가할 수 있도록 허용한다.

원룸형은 세대별 독립된 주거가 가능하도록 욕실, 부엌 등을 설치하고 세대별 최소 전용면적은 12 m^2 이상 최대 60 m^2 미만이다. 기숙사형은 세대별 독립된 주거형태를 갖추지 아니하고 세대별 최소 전용면적은 8 m^2 이상 최대 40 m^2 미만이다.

2009년 2월 3일 주택법 개정안이 공포(법률 제9405호)되었고, 주택법의 주요 개정내용으로 도시형 생활주택에 대하여 정의를 내렸다. 도시형 생활주택이란 150세대 미만의 국민주택 규모에 해당하는 주택으로서 대통령령으로 정하는 주택이다(주택법 제2조4호, 신설). 임대주택을 포함한 주상복합건물의 건설 시 완화시켜서 적용받은 용적률의 100분의 60 이하의 범위에서 대통령령으로 정하는 비율 이상으로 임대주택을 공급한다(제38조 6, 신설). 공동주택의 관리주체는 관리비 내용 등을 대통령령으로 정하는 바에 따라 공개한다(제45조 제3항, 신설).

Note 13-2

도시형 생활주택 시범사업(국토해양부, 2009)

이것은 서민과 1~2인 가구의 주거수요에 대응하고자 하는 취지에서 시도되었다. 이번 시범사업은 2009년 5월에 도입한 도시형 생활주택을 공공부문에서 직접 건설함으로써, 향후 민간부문에서 건설될 도시형 생활주택의 예시 모델을 제시하고, 추진과정을 모니터링하면서 정책자료로 활용하기 위함이다. 시범사업은 서울 송파 삼전동에 원룸형 주택(60호)을, 서울 강남 보금자리주택지구에 단지형 다세대주택(96호)을 건설할 계획이고, 서울 서초 보금자리주택지구 원룸형 주택(100호) 택지를 민간공급예정이다.

■ **원룸형 주택(서울 송파 삼전동)**

- 서울시 송파구 삼전동의 노후화된 매입임대주택을 신축해서 원룸형 주택을 건설하며, 대한주택공사에서 현상설계 공모를 통해 설계를 확정했다. 직주근접 거주를 위한 싱글족과 신혼부부, 노인가구 등 1~2인 가구를 입주자 테마로 하여, 대지효율이 높도록 배치한 것이 특징이다. 지상 7층 규모로, 19 m^2 18세대, 21 m^2 16세대, 25 m^2 26세대 등 총 60세대로 구성되며, 2009년 12월 사업승인을 거쳐 2011년 10월 입주가 가능할 전망이며, 매입임대주택으로 공급될 예정이다.

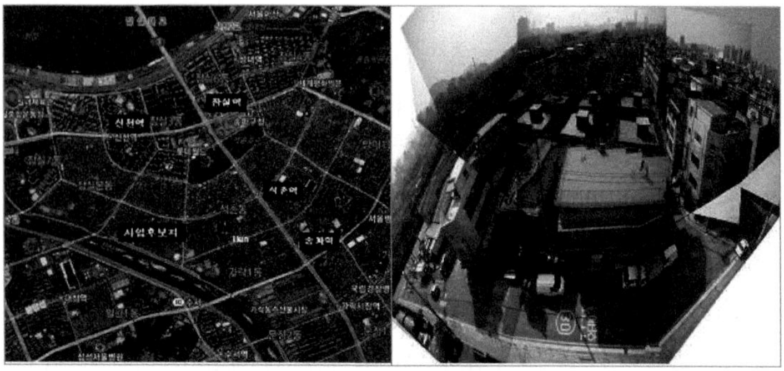

▲송파구 삼전동 원룸형 주택 위치도 및 지구전경

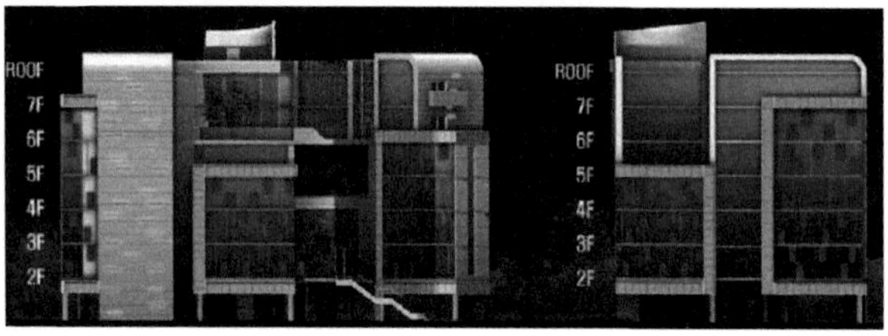

▲송파구 삼전동 원룸형 주택 입면도

▲송파구 삼전동 원룸형 주택 조감도

■ **단지형 다세대주택(서울 강남 보금자리주택지구)**

- 단지형 다세대주택은 서울 강남 보금자리주택지구에 건설될 예정이다. 주택규모는 도시 봉급생활자계층, 내집 마련을 준비하는 서민층 등을 고려하여 소형규모인 59 ㎡로 96호가 10년 임대주택으로 공급될 예정이다.
- 일정 : 구체적인 설계안은 금년 10월 설계용역을 통해 결정할 계획이며, 12월 사업승인을 거쳐 2012년 9월 입주할 전망이다.

▲강남 세곡 보금자리주택지구 단지형 다세대주택 조감도

2) 사회적 배제와 사회적 통합

우리나라의 주택정책에서 저소득층을 위한 주택정책의 주류는 주택공급측면에서 볼 때, 공공임대주택의 공급이다. 우리나라에서 본격적으로 공공주택의 공급이 시작된 시기는 1989년 공공영구임대주택의 공급이고, 공공주택은 2005년 전체주택 재고의 약 9.3%를 차지하고 있다. 장기임대주택은 전체 주택재고의 3% 미만으로 매우 비중이 낮다. 그렇기 때문에 소득에 비하여 높은 주택가격으로 인하여, 경쟁적인 주거시장에서 저소득층이 자력으로 일정수준 이상의 주택에 거주한다는 것은 힘든 일이다. 여전히 많은 저소득 가구, 주거 빈곤층이 최저주거기준 이하의 주택에서 살고 있기 때문에 이를 해결하기 위하여 공공임대주택의 공급이 확대되어야 한다.

2000년 인구 및 주택 센서스를 기준으로 보면, 2000년 현재 최저주거기준 미달가구는(표 13-10) 334만 4,000가구로 전체 가구의 23.4%이다. 최저주거기준 미달가구 중 현대식 부엌 및 수세식 화장실을 갖추지 못한 시설기준 미달가구(71.3%)가 가장 많았고, 그 다음으로 면적기준 미달가구(39.1%), 침실기준 미달가구(14.8%)로 나타났다. 특히, 최저주거기준 미달가구의 5.3%는 시설기준과 면적기준, 침실기준을 모두 충족시키지 못하는 심각한 상태였다.

가구유형별로 보면 1인가구의 40.0%, 소년소녀가장가구의 50.8%, 편부가구의 31.4%, 편모가구의 26.3%, 노인가구의 36.3%가 최저주거기준에 미달하며, 1인가구, 노인가구, 소년소녀가장가구는 시설기준미달 비중이 각각 95.8%, 94.1%, 86.0%로 일반가구에 비해 월등히 높게 나타났다.

표 13-10 가구유형별 최저주거기준 미달가구의 규모

구분		일반가구	혈연가구	1인가구	소년소녀 가장가구	편부가구	편모가구	노인가구
가구수(천가구)		14311.8	11928.1	2224.4	18.7	220.0	903.7	523.3
주거기준 미달가구수(천가구)		3344.0	2393.4	890.2	9.5	69.0	237.4	189.8
주거기준 미달가구수/가구수(%)		23.4	20.1	40.0	50.8	31.4	26.3	36.3
기준 미달 유형 (%)	면적기준 미달가구	39.1	48.4	12.3	41.7	46.8	42.9	10.8
	시설기준 미달가구	74.3	66.5	95.8	86.0	76.7	73.8	94.1
	침실기준 미달가구	14.8	21.3	1.6	19.9	17.2	18.8	2.7
	면적·시설·침실 모두 미달가구	5.3	7.1	3.2	11.5	10.4	9.4	1.1

이와 같이 우리 사회에는 최저수준 이하의 주거에서 살고 있는 저소득층, 주거 빈곤층이 많이 있다. 이들은 물리적으로 열악한 수준의 주거에서 불편하게 생활하고 있을 뿐만 아니라 사회적 배제현상에 의하여 고통받고 있다. 최근 공공임대주택단지를 중심으로 사회적 배제(social exclusion)현상이 표면화되고 있다. 즉, 공공임대주택단지와 그 주변에 거주하는 저소득층이 주변의 분양주택 거주자나 중소득층 이상의 사람들로부터 차별을 받거나 터부되고 배제되는 현상이다. 어느 지역에 공공임대주택단지가 건설되면 그 지역을 중심으로 저소득층 가구가 밀집하여 거주하는 새로운 지역사회가 형성되고, 이들 단지를 중심으로 저소득층의 지역 커뮤니티가 형성된다. 그러면 주변의 분양아파트 주민이나 중소득층 이상의 주민들은 그들과 가능한 한 물리적으로 분리하고 싶어 하고 커뮤니티를 따로 형성하고 싶어 하며 비록 거리상으로 이웃해 있다고 하여도 따로 분리된 지역사회로 인식되고 싶어 한다. 이러한 현상은 우리사회 곳곳에서 벌어지고 있으며 지역사회의 갈등으로 나타나고 있다.

사회적 배제를 축소시키고 사회적 통합을 이루기 위하여 시도하는 물리적 방안 중에는 한 단지 내에 일반 분양아파트와 임대아파트를 같이 계획하는 것이 있다. 그러나 일반 분양아파트의 주민들은 동일 단지 안에 분양주택가구와 임대주택가구가 섞여서 계획되어 있는 소위 사회적 혼합(social mix)에 대하여 매우 부정적인 견해를 지니는 것으로 나타나고 있다. 공공임대아파트 주민 역시 사회적으로 차별받고 배제당하고 있다고 생각하기 때문에 이와 같은 사회적 혼합을 원하지 않는 것으로 보인다(중부매일, 2008).

> “ D시 B동에는 'B마을' 민영단지와 'Y마을' 임대단지가 있다. 원래는 모두 'Y마을' 이라는 이름이었으나, 'Y마을' 에 산다는 것은 임대아파트에 산다는 표시가 되고, 임대아파트 주민에 대한 차별적인 사회분위기가 형성되어 있어서 민영단지는 단지이름을 바꾸었다. 특히, 아이들 사이에서도 이러한 차별적인 분위기가 나타나고 있다고 한다. 그래서 임대단지에 사는 주민들은 모두 'B 마을' 로 바꾸기를 원하지만, 그렇게 되면 원래 'B 마을' 인 민영아파트 단지가 이름을 또 바꾸겠노라고 한다(조선일보, 2007).
>
> K시의 한 택지개발지구 내 국민임대아파트와 분양아파트 주민들은 경계 울타리 통행로 문제를 놓고 수개월 간 마찰을 거듭하는 등 갈등을 빚고 있다. 설계 당시 K시 북구 모 택지지구 내 국민임대 A아파트와 분양 B아파트 경계 울타리가 없었지만, '사고위험' 등을 이유로 울타리를 설치하고, 출퇴근로, 학생들 통학로 등을 위하여 울타리 중간에 통행로를 만들었다. 그러자 B분양 아파트 측에서 중간 통행로를 폐쇄하였다. 이에 국민임대 A아파트 주민들이 통행로 복구에 대한 민원을 제기하는 등 통행로 개방에 대한 요구를 강력하게 주장하자 최근 다시 개방하였다(조선일보, 2008). ”

우리나라는 예로부터 상호부조(相互扶助)의 미덕이 빛나는 사회였으며, 이러한 분위기는 여전히 사회적으로 선호되는 미풍양속이다. 그러나 현재 우리 사회에는 공공임대주택단지 주변의 저소득층과 이웃한 분양아파트 중소득층 주민들에게서 사회적 배제 현상이 나타나고 있다. 또 재개발 사업과 같은 주거환경정비사업 이후 원래 그 곳에 살았던 주민들은 다시 재입주하지 못하거나 입주하였다 해도 원주민과 새입주민과의 갈등이 발생되어 기존의 커뮤니티가 붕괴되는 현상이 나타나고 있다. 도시재생[10]사업에서 저소득층의 주거지가 분리되는 것과 같이 도시가 파편화되는 것을 해소하기 위하여 사회통합적 도시재생은 비중있게 다뤄져야 할 것이다. 이러한 사회적 배제는 한 시민으로서 삶의 다양한 기회를 박탈당하거나 거부당하느냐의 여부와 연관된다. 사회적 배제를 당한 사람들은 해당 사회 혹은 해당 커뮤니티의 주류적 흐름에 동참하지 못하도록 외부로부터의 영향, 압력, 차별을 받고 있는 것이다(하성규, 2007). 우리나라에서 본격적으로 사회적 배제 현상이 나타난 것은 1980년대 이후 아파트 공급이 확대되고 경제적으로 여유가 생긴 이후이다.

사회적 배제현상은 비단 우리나라에만 국한되어 나타나는 것은 아니다. 선진 서구국가에서도 나타나는 현상이며 이를 해결하기 위하여 많은 정책 대안들이 시도되었다. 사회적인 배제현상을 최소화하기 위하여 물리적인 혼합뿐 아니라 일정수준 이상의 주택과 공공시설 등이 확보되어야 한다. 또 지역 주민들 간의 신뢰를 바탕으로 한 풍부한 사회적 자본[11]을 보유한 커뮤니티가 대안이 될 수 있을 것이다. 재개발이나 주거환경 개선사업 시 기존의 커뮤니티가 붕괴되지 않도록 기획단계에서부터 고려하여야 하고, 중앙정부 및 지자체의 지원과 주민들의 자발적인 참여가 절대적으로 필요하다.

4. 주택시장의 특성

1) 재화로서의 주택특성

주택시장은 다른 모든 시장과 마찬가지로 수요와 공급에 의해 영향을 받지만 재화로서의 주택은 다른 재화와 구별되는 상이한 특성을 지니기 때문에 주택시장도 다른 시장과 구별되는

10) 도시재생이란, 산업구조의 변화(기계적 대량생산 위주 산업 → 전자공학·하이테크·IT 등 신산업) 및 신도시·신시가지 위주의 도시확장으로 상대적으로 낙후되고 있는 기존 도시를, 새로운 기능을 도입·창출함으로써 경제적·사회적·물리적으로 부흥시키는 것을 뜻함. 도시재생은 도시 커뮤니티 유지 및 활성화 과정적 활동으로서 이해 관계자간의 합의 형성 등 의사결정시스템을 중시하며, 기존 거주자의 지속적 생활여건 확보의 물리적인 측면, 사회·문화적 기능회복의 사회적 측면, 도시경제 회복의 경제적 측면을 동시에 고려하는 통합적 접근방식의 정비개념이다. 선진국에서는 도시재생이 실천적인 사업과 연계되어 다양한 방식으로 추진되고 있다. 미국에서는 커뮤니티 운동과 중심시가지 활성화 사업이 연계되어 있고, 일본에서는 마을 만들기 운동차원의 사업이 연계되어 있으며, 영국에서는 근린지역 재생운동(New Deal for Community)과 연계되고 있다(도시재생사업단).

11) 사회적 자본(social capital)이란 사람들 사이의 협력을 가능하게 하는 구성원들의 공유된 제도, 네트워크, 신뢰 등 일체의 사회적 자산을 포괄하여 지칭하는 것으로 특히 사회적 신뢰가 사회적 자본의 핵심이라고 할 수 있다. 이것은 물리적 자본, 인적 자본에 이어 경제성장의 중요한 요소로 간주되고 있다.

특성을 지닌다.

재화로서의 주택은 내구성이 크고 고가이며 지역과 별도로 취급할 수 없으며 주택의 특성이 상이한 이질적인 특성을 들 수 있다. 이러한 재화가 지닌 특성으로 인하여 주택시장의 주요한 특성으로는 수요와 공급변화에 신속히 이루어지지 않는 비신축성, 경제사회적 환경변화에 따라 변화되는 불안정성, 지역 및 주택이 처한 조건에 따라 달라지는 지역성, 주택특성에 따라 하위시장으로 분화되는 분단성(segmentation), 다른 재화에 비하여 매우 고가이며 따라서 주택금융에 의해 영향을 크게 받는 특성, 주택관련 정책 등 공공정책에 영향을 받는 특성을 들 수 있다(이중희, 1997).

2) 주택시장의 기능과 변화요인

주택시장의 본질적인 기능은 주택가격결정과 주택의 효율적 배분을 들 수 있다. 그러나 앞서 언급한 주택시장의 특성으로 인하여 수요와 공급에 의해서만 결정되기 어려운 중요한 기능이라 할 수 있다.

주택시장이 완전하다면 주택가격의 결정은 생산자와 소비자가 동시에 만족하는 수준에서 결정될 것이다. 또한 주택 배분의 문제가 가격에 이해서만 이루어질 경우 높은 가격을 지불하는 사람들에게 좋은 주택이 먼저 배분될 것이다. 경제적 관점에서 효율적인 배분은 주택의 공평한 배분을 보장하지 않는다.

주택시장의 변화요인은 수요와 공급의 변화, 외부효과, 공공정책의 변화, 경제여건의 변화 등이며 이에 따라 시장의 역할과 기능에 역할을 미치며 주택시장이 불완전하거나 시장실패(가격결정과 배분차원의 실패) 등이 발생할 수 있게 된다.

3) 주택의 수요와 공급

주택수요는 소비자(가계)가 주택을 구매하려는 욕구로 정의되며 주택수요는 가계의 선호 및 지불능력과 밀접한 관련이 있다. 주택수요의 결정요인으로는 크게 구입의사(주택구입동기, 자산 및 투자 동기), 주택구입능력에 따라 달라진다.

주택공급은 주택을 판매하려는 욕구로 정의할 수 있으며 주택공급은 단기와 장기적 차원에서 볼 수 있으며 신축, 증·개축, 단순매매 등의 차원에서 볼 수 있고 신축공급의 경우, 예상주택가격, 주택생산비용, 이용가능 택지에 따라 달라질 수 있다.

5. 주택지불능력

1) 주택지불능력 개념

주택지불능력(housing affordability)은 개별가구가 제한된 소득 내에서 소비지출과 실제 주택의 비용이나 가능한 주택비용을 지불할 수 있는 능력으로 볼 수 있다. 일반적으로 주택지불능력 또는 주택부담능력은 일반적으로 가구의 소득과 주택 지출비용간의 관계로 해석되는데, 소득에 비해 주택구입이나 마련을 위한 지출이 합리적이거나 적당할 때 그 주택은 지불 가능한 것으로 본다.

주택지불능력은 또한 개인이 처한 주택의 상황과 관련하여 가구에 의해 형성되는 사회적, 물질적 경험으로 볼 수 있다. 이는 잠재적인 주택비용 또는 실제 주택 비용과 기타 비용 및 제한된 소득과의 균형을 이루는 과정에서 직면하게 되는 상황을 말하며 개인의 지불능력은 지불 가능한 주택과는 별개의 개념으로 이는 주택의 어떤 한 특성을 의미하는 것이 아니라 주택과 거주자(수요자)의 관계를 내포하는 개념으로 보아야 한다(Stone. M., 2006).

사람들은 상황에 따라 주택의 질이 나쁜 환경, 예를 들면 과밀하거나 안전하지 못하거나 접근성이 나쁘거나 주변지역 환경이 안 좋은 곳에서 살 수 있다. 그들이 이상적으로 희망하는 주거를 지불할 수 없기 때문에 대부분 많은 가구들은 희망하는 이상적인 주거와는 다른 한두 가지 결점이 있는 주거에서 거주하게 된다. 따라서 주택지불능력이란 주택규범이나 기준과 매우 밀접한 관계에 있다. 주택지불능력의 문제는 단순히 소득대비 실제 주택비용에만 국한된 것이 아니고 주어진 주택시장 내에서 기본적으로 사람들이 원하는 주거의 기준을 충족하는 주택을 획득하는 데 소요되는 비용과 밀접한 관련이 있다 하겠다.

일반적으로 주택지불능력의 지표는 자가주택에 대한 소득대비 주택가격 비율(PIR : Price-to-Income Ratio)이나 자가주택에 대한 소득대비 임대료 비율(RIR : Rent to Income ratio)을 들 수 있다.

또한 주택지불능력을 결정하는 데 있어 주관적이며 상대적인 여러 가지 요인이 작용하는데 개별가구가 주택에 어느 정도 비용을 지불할 의사가 있는 것인지, 소득대비 주택비용에 대한 지불비율을 어느 정도로 정할 것인지, 총 주택비용에 드는 금액은 어느 정도로 책정하는지 등에 따라 달라진다. 주택지불능력은 화폐적인 가치로 언급하는 것은 거의 비현실적인 접근으로 물리적 주택의 조건이 매우 다양하며 비슷한 규모와 형태를 띠더라도 주택이 위치한 장소가 다르며 실제 거래되는 주택 금액은 매우 상이하여 이를 화폐적인 가치로 표현하는 데 어려움이 있다.

2009년 국토연구원의 '2008년도 주거실태조사' 결과에 따르면 우리나라 국민이 가구주가 된 이후 처음으로 주택을 마련하는 데 걸리는 기간은 평균 8.31년으로 2년 전인 2006년(8.07년) 조사 때보다 0.24년이 더 길어졌다. 주택마련기간의 증가는 소득대비 과도한 주택가격 상승률과 금리 하락 등에 따른 것이다. 즉, 동일한 주택기준을 가지고 있는 경우 소득대비 과도한 주택가격의 상승은 개별가구의 주택지불능력이 저하된 것을 뜻한다.

주택지불능력은 주택구입능력이나 주택유지비용을 감당할 수 있는 능력에 관한 정보를 파악하기 위한 것이며, 저소득층의 적정 임대수준을 파악하기 위하여 주택보조의 수준이나 양을 설정하기 위한 것이다. 또한 근래에서 지불가능한 주택(affodable housing)이란 개념이 등장하고 있는데 중산층 이하의 가구가 비용대비 지불가능한 주거의 적정수준을 보장하는 것이다. 그러나 주택지불능력과는 별도의 개념이며 현재까지는 저소득층을 위한 주거복지 차원의 적정수준의 주택을 의미한다.

2) 주택지불능력 결정요인

주택지불능력을 결정하는 대표적 요인으로는 개인 소득을 들 수 있다. 그러나 소득이 같더라도 가구의 크기, 가구의 구성방식, 세금부과 정도에 따라 가구가 주택을 위해 지출할 수 있는 금액의 범위는 상당히 달라지므로 주택의 지불능력은 이러한 요인을 고려한 소득의 일부분으로 고려되어져야 한다는 것이다. 주택지불능력이 소득의 적정성(income adequacy) 외에 생활기준(living standards)에 의해 영향을 받는다.

3) 주택지불능력과 주거안정

주택지불능력은 단순히 주택구입에만 한정된 것이 아니라 주거비용지불과 주택대출비용을 지불할 수 있는 것과 관련이 깊다.

가구의 유형과 선호도, 소득수준에 비하여 주택가격이 너무 높을 경우 주택지불능력은 매우 떨어지며 이는 주거안정을 저해할 수밖에 없다. 따라서 수요자 측면에서 볼 때 주택지불능력은 주거안정과 밀접한 관련이 있는 요인이다. 주택가격이 높고 주택대출금리가 인상될 경우, 대출금액이 주택구입 시 영향을 미치는 경우에는 대출금 상환능력에도 문제가 있을 수 있기 때문에 가계의 주택지불능력은 주택구입 소요기간 등에 영향을 미치며 주거안정과 밀접한 관련이 있다. 정부는 주택가격안정과 과도한 주택자금 대출을 억제하기 위해 주택담보대출비율 규제(LTV ; Loan-to-Value[12]), 총부채 상환비율(DTI ; Debt-to Income[13]) 도입 등을 내놓고 있다. 그러나 이러한 금융 규제는 규제의 범위와 소득계층, 지역, 주택규모에 따라 상이하게 주택구입자의 부담능력에 영향을 미침으로써 효과가 상이하게 나타날 수 있다(신상영·이성원, 2007).

6. 주택금융제도

1) 주택금융 개념

일정한 자금을 확보하여 무주택 서민과 주택건설업자에게 장기 저리로 대출해 줌으로써 주택건설을 촉진하기 위한 공급자 금융과, 주택구입을 용이하게 하도록 주택구입, 전세 등 가계에 대한 소비자 금융으로 나눌 수 있다.

공급자 금융은 시공이전 단계와 시공이후 단계의 금융으로 나눌 수 있다. 시공이전 단계 금융은 주로 택지비와 분양 전까지 소요된 사업비에 대한 금융이며 시공이후 단계 금융은 완공주택을 입주예정자 소유로 하기까지 소요되는 자금에 대한 금융이다.

수요자 금융은 주택수요자가 주택의 상환부담을 장기에 걸쳐 분산하기 위해서 장기로 자금을 조달하는 금융이다. 주택금융의 특징은 개인을 대상으로 하며 융자기간이 길고 저금리이며 대출 취급 및 상환방식이 다양하여 주거안정에 미치는 역할이 크기 때문에 정부의 역할이 중요하다. 부동산을 담보로 취득하기 때문에 위험성이 낮고 수익성이 비교적 높다.

2) 주택금융시장의 기능

주택금융시장은 주택의 생산, 소비와 관련된 자금을 중개함으로써 주거복지를 증대시키는 기능을 수행한다. 주택금융은 주택이 고가이기 때문에 단기저축을 장기대출로 연결시켜주는 기간중개를 하며, 소매저축시장을 주택자금으로 조달하는 대출 재원을 마련하고, 주택자금차입자의 채무 불이행에 따른 투자자의 위험부담을 분산시켜 주며, 지역 간에 발생할 수 있는 지역 간 주택자금 수급 불균형을 해소해 준다.

---

12) (대출금액+선순위채권+임차보증금+최우선변제소액임차보증금) / 주택의 담보가치

13) (주택담보대출 원리금 상환액+기타부채 이자상환액) / 총소득

주택금융의 기능은 주택과 직·간접적으로 관련된 각종 저축을 유도하여 주택부문 투자와 소비자 융자를 위한 주택자금을 조성하여 주택건설에 필요한 자금을 공급함으로써 부동산 공급 확대에 기여하며 주택의 자가소유를 촉진한다. 또한 주택구입에 필요한 자금을 지원함으로써 주택에 대한 요구를 실질적인 유효수요로 전환한다. 부동산 개발과 건설촉진으로 부동산 산업을 육성하여 주택거래를 활성화하고 건축경기 부양을 통하여 경기조절 기능을 한다. 주택금융은 자금을 효과적으로 운용함으로써 주택시장에서의 주택수급을 원할히 하고 주택가격을 안정시켜 주거안정에 기여하는 역할을 한다.

주택시장에서의 주요 기능을 살펴보면 첫째 주택의 수급을 매개 조절하는 기능이며, 둘째 주택산업을 육성하고, 셋째 주택가격을 조절하는 기능을 수행한다(김정호 외, 1992).

주택금융체제는 한 나라의 주택자금이 조달되고 공급되는 방식이나 구조 또는 법제라고 볼 수 있다. 주택금융체제는 경제 상황, 주택수급 상황, 주택 금융정책 및 국민 저축 형태에 의해 영향을 받으며 주택구입자가 필요자금을 직접 조달하는 방식, 일반은행이나 주택금융기관에 일정 금액을 저축한 후 대출받는 방식, 주택구입자뿐만 아니라 일반 투자자의 저축자금을 이용하여 주택취득자에게 주택자금을 대출해 주는 방식, 저당채권을 발행하여 주택구입자에게 자금을 조달하는 방식 등이 있다.

주택금융제도는 하나의 유형만이 존재하는 것이 아니고 경제 및 금융 발전 단계에 따라 복잡한 유형으로 진화하며 주택 금융체제는 주택 대출금리를 시장금리 이하로 규제하여 주택건설업자 또는 주택구입자에게 직·간접적인 보조금을 지급하기 위한 주택정책에 의해 좌우되기도 한다. 주택금융시장의 평가는 주택자금을 얼마나 효율적으로 배분하고 있는지, 주택자금의 조달과 운영에 있어서 얼마나 공평성이 확보되고 있는지, 주택시장의 안정에 얼마나 기여하고 있는가에 따라 달라질 수 있다.

3) 주택금리와 금융상품, 주택정책 간의 관계

주택금융시장은 주택자금 수요와 주택자금 공급에 의해 결정되지만 주택정책에 의해 주택시장의 안정 측면에 영향을 받는다.

주택금융시장 안정을 위한 정부의 대책은 투기지역 등에 대한 주택금융의 유입을 제한하기 위한 주택담보대출 비율(LTV) 축소와 적용대상 확대, 주택담보대출 실태 종합점검을 통한 위반 행위 제재, 개인신용평가 활용, 주택담보대출 취급건수 제한, 총부채상환비율(DTI) 규제 등이었다(김병우, 2006).

주택자금 수요는 주택이 고가이기 때문에 상환부담을 고려하여 장기적인 특성이 있으며 공급자 측면에서도 자급수급의 문제가 있기 때문에 금융제도를 통하여 재원조달 및 지원, 보호정책을 통해 일반 시장과 별도로 운영하는 체재를 갖추고 있다. 주택대출의 결정요인은 재원, 대출금리, 대출규제 등에 영향을 받는다. 국내의 총부채상환비율, 주택담보비율 등과 같은 조치는 주택금융정책을 통하여 안정적으로 자금을 배분하고 주택시장의 가격을 조정하는 일련의 조치로 볼 수 있다.

(1) 주택금리와 주택가격

이자율이 변함이 따라 주택가격에 미치는 영향을 두 가지 차원에서 볼 수 있는데, 우선 주택을 생산하는 데 소요되는 비용에 영향을 미침으로써 주택공급가격의 변동을 초래한다. 다른 한편으로는 주택의 자산가치에 영향을 미침으로써 주택수요가격의 변화를 가져올 수 있다. 금리가 하락할 경우 주택 생산비용이 하락함으로써 주택공급가격은 하락할 것이며, 주택의 자산가치는 상승하여 주택수요가격은 상승할 것이다. 전세가격 또한 마찬가지로 주택시장에서의 수급변화(가구증가율, 소득증가율, 주택수요패턴의 변화, 주택재고증가율, 주택의 유형별·지역별 공급변화, 그린벨트의 해제가능성, 주택관련 세제변화, 교통시설 및 교육시설)와 금융시장의 변화(금리, 금융성숙도, 주택금융의 비중)에 의해서 영향을 받는다.

우리나라의 경우, 제도권 주택금융이 미성숙하고, 부동산취득 및 부동산관련 대출에 대한 규제가 엄격하던 시기에는 금리의 변화로 인한 주택가격의 급등이 거의 없었지만 1997년에 금융자유화에 따라 주택 관련 전문여신기관인 주택할부금융사가 생겨났고, 이에 따른 단기의 시장성 자금이 조달될 수 있었다. 이는 장기의 주택대출을 행하는 공격적인 조달·운용패턴을 보였으며 개별 가구도 자신의 상환능력을 고려하지 않고 할부금융사로부터 고금리로 중도금을 조달하는 투기성을 보였으며 이는 여타 금융기관들의 주택대출을 확대하려는 경향으로 이어졌다. 1997년 말 금융위기가 발생하고 금리가 급등함에 따라 무리한 중도금대출을 행하였던 가계는 상환불능의 상태에 빠지게 되었던 것이다. 일본의 경우 지속적인 금리 하락은 부동산(토지·주택)분야로의 신용확장과 지속적인 가격상승이 이어졌고 이후 경기과열을 우려한 일본은행의 금리인상(1989년 5월 3.25% → 10월 3.75% → 12월 4.25%)으로 형성된 부동산버블경제는 무너지기 시작하였다(이종권·김용순, 1998).

시장의 이자율, 주택금리와 주택가격은 주택시장에서의 주택공급과 수요에 미치는 영향을 가늠하여 볼 수 있다. 그러나 주택시장에 영향을 미치는 요인으로는 금리 이외에도 가계의 실질소득수준, 신규주택착공호수, 주택보급률, 주택금융의 성숙도 등이 있으며, 그 외에도 거시경제변수들로서 경제성장률, 통화량, 환율, 주가, 실업률, 물가수준 등이 있다. 또한 주택가격안정만을 위한 금리인상은 바람직하지 않으며 경제적 환경변화에 따른 기업경쟁력, 실물경제에 미치는 영향, 주택담보대출 원리금 상환에 따른 가계부채의 이자부담능력 등을 종합적으로 고려하여 결정할 필요가 있다(임대봉, 2008). 미국의 서브프라임 모기지 사태와 마찬가지로 국내의 경우도 물가 상승과 주택경기가 위축되는 상황에서는 주택담보대출의 급격한 증가는 금리상승이 이루어질 경우, 가계의 원리금 상환 부담 증가와 은행권의 자산 건전성악화를 유발할 수 있음을 주시할 필요가 있다.

(2) 국내 주택금융 현황과 발전방안

주택금융을 통한 주택정책은 주거안정과 주택시장의 안정에 지대한 영향을 미칠 수 있다.

국내 주택금융의 문제점으로는 변동금리대출 비중이 지나치게 높아 금리상승 시 가계부담이 가중되고 이로 인한 부실채권 증가가 금융기관의 건전성을 저해할 가능성이 크다. 일시상환방식 위주의 주택대출이 주를 이루고 있으며 만기연장 관행으로 인해 현재까지 큰 문제가 없어 보이지만 향후 금융기관의 자금 사정으로 만기연장이 어려울 경우에는 대출시장 불안요인으로 작용할 소지가 크다. 은행의 원화예금이 전체 자금조달에서 차지하는 비중은 하락하고 CD 등 단기자금 조달 비중이 대폭 증가하고 있으며 이에 반하여 장기 운용 증가폭은 확대되고 있다. 또한 신용평가 기능이 낙후되어 담보 주택가치와 소득위주의 현 주택담보대출 한도 승인시스템은 주택가격 하락이나 소득변동, 금리상승 등 시장여건 변화에 취약하며 차입자의 신용도, 미래 상환능력 등을 평가할 수 있는 관련 통계가 미비하고 활용도 또한 미비한 문제점이 있다. LTV, DTI 등 대출규제강화로 소득수준이 낮은 서민층이 이용할 수 있는 장기·저리 주택금융기회가 매우 제한적이다(그림 13-5).

김병우(2006)는 주택금융시장의 안정화 방안으로 금리조정, 주택시장의 자율적 운용, 모기지 보험의 도입, 지역경제요인을 감안한 주택정책시행, 주택금융상환방식의 개선, 철저한 여신심사를 제안하였다. 이를 좀 더 자세히 살펴보면, 금융시장의 과다한 경쟁을 제한하기 위하여 금리조정을 통한 주택가격의 안정화가 필요하다. 풍부한 시중의 부동자금과 저금리는 부동산 가격 급등의 주요원인이 될 수 있다. 주택담보대출 금리 이외에 주택금융제도는 시장의 수요와 공급의 원리에 따라 자율적으로 이루어지도록 할 필요가 있다. 모기지 보험을 통하여 서민을 대상으로 일반적인 주택담보대출 비율을 상회하는 대출을 실행하는 대신 제3의 보험기관이 보증기능을 수행하는 것으로 실수요자들에게 자가주택 마련을 지원하여 금융기관의 경우 자산 건전성을 향상시킬 수 있다. 지역별 경제요인을 감안하여 주택정책 시행을 지역별

주택금융의 문제점

- 단기·변동금리, 일시 상환방식 위주의 주택대출
- 금융기관 자금 조달·운용 만기 불일치
- 담보 주택 가치와 소득위주의 대출한도 승인시스템
- 주택저장 채권 유동화 부진

  → 금리상승 등에 따른 주택시장 변동성 확대, 가계 및 금융기관 리스트 증대, 서민층의 장기·저리 주택금융 이용기회 축소

↓

기본방향

- 자금중개 효율성 제고(조달비용 인하)
- 주택금융 공급기능 강화(시장 접근성 개선, 상품 다양화)
- 금융시스템 및 주택가격 안정성 제고(리스크 최소화)

  → 주택금융 선진화와 주거안정 도모

↓ ↓

주택 대출시장 발전과제

- 대출방식의 개선
  - –장기 고정금리 대출 확대
  - –대출 심사기준 선진화
- 서민층 주택금융 가용성 확대
  - –대출 보험 활성화

기본방향

- MBS[14]활성화 및 MCB[15]도입
  - –담보대출 유동화 환경 조성
  - –제도정비 및 정책지원 강화
  - –장기채 발전 유도

그림 13–5 주택금융의 문제점과 발전방안

출처 : 김인규·권태율(2007). p. 11.

로 탄력적으로 운용할 수 있도록 한다. 주택금융상환방식에 있어 금리변동 위험에 차입자가 그대로 노출되는 변동금리형 대출보다는 고정금리형 대출, 원리금 균등 상환형 대출 등으로 전환되도록 유도할 필요가 있다. 개인별 대출한도는 시장의 자율에 맡기되 이에 대응하는 철저한 대출심사가 필요하다. 개인의 대출상환능력을 파악하기 위하여 고용지속성, 급여수준, 현 재산상태에 대한 파악이 중요하다.

최근 국내주택시장의 변화를 살펴보면 수도권 주택공급규모 감소, 부동산 시장의 차별화, 수급불균형으로 인한 시장불안을 들 수 있다(김병우, 2006).

주택시장에서 공공의 정책(국가의 개입)이 정당화될 수 있는 주요근거로는 주택시장의 불

14) 주택저당증권(MBS : Mortgage Backed Securities)

15) 주택저당채권 담보부채권(MCB : Mortgage Covered Bond) : 다양한 주택저당채권의 풀을 담보로 대출기관(주로 상업은행)이 자기 신용으로 직접 발행하는 채권

완전성, 주택에 따른 소득 재분배 문제, 가치재로서의 주택을 들 수 있다(장성수, 2008).

주택시장의 불완전성을 살펴보면 주택시장에서 주택 거래 당사자들 간에 정보 차이가 존재하며 이는 주택공급자와 수요자간에도 존재한다. 또한 주택은 주택이 지어지는 외부적 조건에 따라 영향을 받기 때문에 자신만의 이윤추구는 인근주택이나 지역에 불편함을 줄 수도 있으며 이는 일조권 침해, 사생활 침해, 교통 혼잡 유발 등과 같은 문제를 낳게 된다. 주택은 수요에 따라 공급이 탄력적으로 이루어지지 않기 때문에 수요가 증가하여도 주택건설에 긴 시간이 요하며 주택자본시장이 원활치 않은 경우 주택 가격이나 임대료 상승의 문제가 발생한다. 또한 완전 경쟁시장의 조건을 충족할 수 없다.

또한 소비수준 변화에 따라 높은 비용을 지불하여야 한다. 주택거래를 통하여 소득계층의 격차가 확대되어 불균등한 소득분배가 심화될 수 있다. 소외계층에 있어서 주택문제는 국가가 개입하여 최소한의 주거를 생산 공급하는 역할을 담당하여야 하는 가치재의 특성이 존재한다.

주택시장은 그 특수성으로 인하여 불완전하며 공공의 주거복지와 주거안정에 미치는 영향이 크기 때문에 주택정책은 일반적인 공공정책이 지닌 특성, 즉 정책대상의 범위, 정책집행으로 이루어지는 최종결과는 원상복구가 불가능하다는 점, 정책의 편익이 발생하는 소요기간, 특정개인이나 그룹이 아닌 사회 전체의 혜택 측면에서 검토되어야 할 뿐만 아니라 금리, 금융상품, 제제 조치에 따라 경제 전체에 미치는 영향이 크므로 이에 대한 보조와 규제를 적절히 수행할 수 있도록 주택시장과 정부의 역할의 적정한 공조가 필요하다.

참 고 문 헌

건설교통부 주택산업연구원(2002.6). 주택백서 2장 1절.

건설교통부 주택종합계획(2003~2012).

국토계발연구원(1996). 국토 50년

국토해양부(2008). 국민 주거안정을 위한 도심공급 활성화 및 보금자리 주택 건설방안.

국토해양부 보도자료(2010.1.5). 2009년 보금자리주택 14.6만 호 공급-계획물량 14만 호를 초과(104%) 달성.

국토해양부 주택건설공급과 보도자료(2009.9.25). 도시형 생활주택 시범사업 세부내용.

국토해양부 주택토지실. http://housing.mltm.go.kr
김병우(2006). 주택금융시장의 안정화 방안에 관한 연구. 경영교육저널 10, 37-50.
김인규·권태율(2007). 주택금융의 현황과 발전 방안. 한국은행 조사국 금융산업팀 연구보고서. 11.
김정호 외(1992). 주택금융제도 개선에 관한 연구. 건설교통부.
도시재생사업단. http://www.kourc.or.kr
보금자리 주택 사이버 홍보관. http://cyber.newplus.go.kr
보금자리 주택 홈페이지. http://www.newplus.go.kr
서울특별시 SH공사 홈페이지. http://shville.i-sh.co.kr
신상영·이성원(2007). 주택자금 대출규제가 주택구입능력에 미치는 영향 : 서울시 아파트를 중심으로. 국토연구 54, 139-155.
오마이뉴스(2010.1.22). 임대아파트 갈 생각에 잠이 안 와요. http://www.ohmynews.com
이건영 외(2005). 주택문제의 해법. 삼성경제연구소.
이종권·김용순(1998). 금리변동이 주택시장에 미치는 영향에 관한 연구. 금융위기 하에서의 현상분석과 전망을 중심으로.
이중희(1997). 주택경제론. 박영사.
임대봉(2008). 금리변동의 경제적 효과 분석. 산업경제연구 21(2), 587-603.
장성수(2008). 재화로서의 주택이란 무엇인가. 건축 52(1), 58-60.
전월세지원센터. http://jeonse.lh.or.kr
조선일보(2007.1.31). 임대 아파트의 설움같은 마을 이름 싫다며 민영 아파트 이름바꿔. http://news.chosun.com
________(2008.7.23). 임대 분양 아파트 이웃간 커가는 갈등.
주거복지, 한국토지주택공사. http://www.lh.or.kr
주거학연구회(2005). 넓게 보는 주거학. 교문사
중부매일(2008.10.7). 영구임대아파트 주민들은 자녀들이 차별받는 것에 대하여 토론함. http://www.jbnews.com
하성규(2006). 주택정책론. 박영사.
______(2007). 한국인의 주거빈곤과 공공주택. 집문당.
Stone, M. (2006). What is housing affordability? The case for the residual income approach. Housing Policy Debate, 17(1), 151-184.

C H A P T E R 14

주택법규

1. 주택법

1-1. 총 칙

1) 법의 목적

주택법은 쾌적한 주거생활에 필요한 주택의 건설·공급·관리와 이를 위한 자금의 조달·운용 등에 관한 사항을 정함으로써 국민의 주거안정과 주거수준의 향상에 이바지함을 목적으로 한다.

2) 주요 용어

① 주택이란 세대의 구성원이 장기간 독립된 주거생활을 할 수 있는 구조로 된 건축물의 전부 또는 일부 및 그 부속토지를 말하며, 이를 단독주택과 공동주택으로 구분한다.

② 공동주택이란 건축물의 벽·복도·계단이나 그 밖의 설비 등의 전부 또는 일부를 공동으로 사용하는 각 세대가 하나의 건축물 안에서 각각 독립된 주거생활을 할 수 있는 구조로 된 주택을 말한다.

③ 국민주택이란 국민주택기금으로부터 자금을 지원받아 건설되거나 개량되는 주택으로서 주거의 용도로만 쓰이는 면적(주거전용면적)이 1호 또는 1세대당 85제곱미터 이하인 주택(「수도권정비계획법」에 따른 수도권을 제외한 도시지역이 아닌 읍 또는 면 지역은 1호 또는 1세대당 주거전용면적이 100제곱미터 이하인 주택)을 말한다.

④ 도시형 생활주택이란 150세대 미만의 국민주택규모에 해당하는 주택으로서 대통령령으로 정하는 주택을 말한다.

시행령

제3조(도시형 생활주택)

① 법 제2조 제4호에서 "대통령령으로 정하는 주택"이란 법 제16조에 따른 사업계획승인을 받아 「국토의 계획 및 이용에 관한 법률」에 따른 도시지역에 건설하는 다음 각 호의 주택을 말한다.

㉠ 단지형 연립주택 : 「건축법 시행령」 별표 1 제2호나목에 해당하는 주택 중 제2호의 원룸형 주택 및 제3호의 기숙사형 주택을 제외한 주택. 다만, 「건축법」 제5조 제2항에 따라 같은 법 제4조에 따른 건축위원회의 심의를 받은 경우에는 주택으로 쓰는 층수를 5층까지 건축할 수 있다.

㉠의2 단지형 다세대주택 : 「건축법 시행령」 별표 1 제2호다목에 해당하는 주택 중 제2호의 원룸형주택 및 제3호의 기숙사형 주택을 제외한 주택. 다만, 「건축법」 제5조 제2항에 따라 같은 법 제4조에 따른 건축위원회의 심의를 받은 경우에는 주택으로 쓰는 층수를 5층까지 건축할 수 있다.

㉡ 원룸형 주택 : 「건축법 시행령」 별표 1 제2호가목부터 다목까지의 어느 하나에 해당하는 주택으로서 다음 각 목의 요건을 모두 갖춘 주택

ⓐ 세대별로 독립된 주거가 가능하도록 욕실, 부엌을 설치할 것

ⓑ 욕실을 제외한 부분을 하나의 공간으로 구성할 것

ⓒ 세대별 주거전용면적은 12제곱미터 이상 50제곱미터 이하일 것

ⓓ 각 세대는 지하층에 설치하지 아니할 것

㉢ 기숙사형 주택 : 「건축법 시행령」 별표 1 제2호가목부터 다목까지의 어느 하나에 해당하는 주택으로서 다음 각 목의 요건을 모두 갖춘 주택

ⓐ 취사장, 세탁실, 휴게실을 공동으로 사용할 수 있는 구조를 갖출 것

ⓑ 세대별 주거전용면적은 7제곱미터 이상 30제곱미터 이하로 할 것

ⓒ 각 세대는 지하층에 설치하지 아니할 것

② 하나의 건축물에는 도시형 생활주택과 그 밖의 주택을 함께 건축할 수 없으며, 제1항 제1호의 단지형 연립주택 또는 제1호의2의 단지형 다세대주택과 그 밖의 도시형 생활주택을 함께 건축할 수 없다. 다만, 「국토의 계획 및 이용에 관한 법률 시행령」 제30조에 따른 준주거지역 또는 상업지역에서는 제1항 제2호 또는 제3호의 주택과 그 밖의 주택(제1항 제1호 및 제1호의2의 주택은 제외한다)을 함께 건축할 수 있다.

⑤ 공공택지란 다음 각 목의 어느 하나에 해당하는 공공사업에 의하여 개발·조성되는 공동주택이 건설되는 용지를 말한다.

㉠ 국민주택건설사업 또는 대지조성사업

㉡ 「택지개발촉진법」에 따른 택지개발사업. 다만, 주택건설등 사업자가 활용하는 택지는 제외

㉢ 「산업입지 및 개발에 관한 법률」에 따른 산업단지개발사업

㉣ 「보금자리주택건설 등에 관한 특별법」에 따른 보금자리주택지구조성사업

㉤ 「도시개발법」에 따른 도시개발사업

ⓗ 「경제자유구역의 지정 및 운영에 관한 법률」에 따른 경제자유구역개발사업(수용 또는 사용의 방식으로 시행하는 사업과 혼용방식 중 수용 또는 사용의 방식이 적용되는 구역에서 시행하는 사업만 해당)

ⓢ 「공공기관 지방이전에 따른 혁신도시 건설 및 지원에 관한 특별법」에 따른 혁신도시개발사업

ⓞ 「신행정수도 후속대책을 위한 연기·공주지역 행정중심복합도시 건설을 위한 특별법」에 따른 행정중심복합도시건설사업

ⓙ 「공익사업을 위한 토지 등의 취득 및 보상에 관한 법률」 에 따른 공익사업으로서 대통령령으로 정하는 사업

⑥ 주택단지란 주택건설사업계획 또는 대지조성사업계획의 승인을 받아 주택과 그 부대시설 및 복리시설을 건설하거나 대지를 조성하는 데 사용되는 일단의 토지를 말한다. 다만, 다음 각 목의 시설로 분리된 토지는 각각 별개의 주택단지로 본다.

㉠ 철도·고속도로·자동차전용도로

㉡ 폭 20미터 이상인 일반도로

㉢ 폭 8미터 이상인 도시계획예정도로

㉣ ㉠부터 ㉢까지의 시설에 준하는 것으로 대통령령으로 정하는 시설

시행령

제4조(주택단지의 구분기준이 되는 도로) 법 제2조 제6호 라목에서 "대통령령으로 정하는 시설"이란 보행자 및 자동차의 통행이 가능한 도로로서 다음 각 호의 어느 하나에 해당하는 도로를 말한다.

① 「국토의 계획 및 이용에 관한 법률」에 의한 도시계획시설인 도로로서 국토해양부령이 정하는 도로

② 「도로법」에 의한 일반국도·특별시도·광역시도 또는 지방도

③ 그 밖에 관계 법령에 의하여 설치된 도로로서 제1호 및 제2호에 준하는 도로

⑦ 사업주체란 주택건설사업계획 또는 대지조성사업계획의 승인을 받아 그 사업을 시행하는 다음 각 목의 자를 말한다.

㉠ 국가·지방자치단체

㉡ 대한주택공사 및 한국토지공사

㉢ 등록한 주택건설사업자 또는 대지조성사업자

㉣ 그 밖에 이 법에 따라 주택건설사업 또는 대지조성사업을 시행하는 자

⑧ 부대시설이란 주택에 딸린 다음 각 목의 시설 또는 설비를 말한다.

㉠ 주차장, 관리사무소, 담장 및 주택단지 안의 도로

㉡ 건축설비

⑨ 복리시설이란 주택단지의 입주자 등의 생활복리를 위한 다음 각 목의 공동시설을 말한다.

㉠ 어린이놀이터, 근린생활시설, 유치원, 주민운동시설 및 경로당

㉡ 그 밖에 입주자 등의 생활복리를 위하여 대통령령으로 정하는 공동시설

⑩ 간선시설이란 도로·상하수도·전기시설·가스시설·통신시설 및 지역난방시설 등 주택단지 안의 기간시설을 그 주택단지 밖에 있는 같은 종류의 기간시설에 연결시키는 시설을 말한다. 다만, 가스시설·통신시설 및 지역난방시설의 경우에는 주택단지 안의 기간시설을 포함한다.

⑪ 주택조합이란 많은 수의 구성원이 주택을 마련하거나 리모델링하기 위하여 결성하는 다음 각 목의 조합을 말한다.

㉠ 지역주택조합 : 같은 특별시·광역시·특별자치도·시 또는 군(광역시의 관할 구역에 있는 군 제외)에 거주하는 주민이 주택을 마련하기 위하여 설립한 조합

㉡ 직장주택조합 : 같은 직장의 근로자가 주택을 마련하기 위하여 설립한 조합

㉢ 리모델링주택조합 : 공동주택의 소유자가 그 주택을 리모델링하기 위하여 설립한 조합

⑫ 입주자란 다음 각 목의 구분에 따른 자를 말한다.

㉠ 주택을 공급받는 자

㉡ 주택의 소유자

㉢ 주택의 소유자 또는 그 소유자를 대리하는 배우자 및 직계존비속(직계존비속)

⑬ 사용자란 주택을 임차하여 사용하는 자 등을 말한다.

⑭ 관리주체란 공동주택을 관리하는 다음 각 목의 자를 말한다.

㉠ 자치관리기구의 대표자인 공동주택의 관리사무소장

㉡ 관리업무를 인계하기 전의 사업주체

㉢ 주택관리업자

㉣ 임대사업자

⑮ 리모델링이란 건축물의 노후화 억제 또는 기능 향상 등을 위하여 대수선을 하거나 대통령령으로 정하는 범위에서 증축을 하는 행위를 말한다.

시행령

제4조의2(증축범위) 법 제2조 제15호에서 "대통령령으로 정하는 범위에서 증축을 하는 행위"란 법 제29조에 따른 사용검사일(주택단지 안의 공동주택 전부에 대하여 임시사용승인을 받은 경우에는 그 임시사용승인일을 말한다) 또는 「건축법」 제22조에 따른 사용승인일부터 15년(15년 이상 20년 미만의 연수중 특별시·광역시·도 또는 특별자치도(이하 "시·도"라 한다)의 조례로 정하는 경우 그 연수)이 경과된 공동주택을 각 세대의 주거전용면적(「건축법」 제38조에 따른 건축물대장 중 집합건축물대장의 전유부분의 면적을 말한다)의 10분의 3 이내에서 전유부분을 증축하는 행위를 말한다. 이 경우 공동주택의 기능향상 등을 위하여 공용부분에 대해서도 별도로 증축할 수 있다.

1-2. 주택종합계획의 수립 등

1) 주택종합계획의 수립

① 국토해양부장관은 국민의 주거안정과 주거수준의 향상을 도모하기 위하여 다음 각 호의 사항이 포함된 주택종합계획을 수립·시행하여야 한다.

㉠ 주택정책의 기본목표 및 기본방향에 관한 사항

㉡ 국민주택·임대주택의 건설 및 공급에 관한 사항

㉢ 주택·택지의 수요·공급 및 관리에 관한 사항

㉣ 주택자금의 조달 및 운용에 관한 사항

㉤ 저소득자·무주택자 등 주거복지 차원에서 지원이 필요한 계층에 대한 주택 지원에 관한 사항

㉥ 건전하고 지속가능한 주거환경의 조성 및 정비에 관한 사항

㉦ 주택의 리모델링에 관한 사항

② 주택종합계획은 연도별 계획과 10년 단위의 계획으로 구분하며, 연도별 계획은 10년 단위의 계획을 토대로 해당 연도 2월 말까지 수립하여야 한다.

③ 주택종합계획은 국토종합계획에 적합하여야 하며, 국가·지방자치단체·한국토지주택공사 및 주택건설사업을 목적으로 설립된 지방공사인 사업주체는 주택종합계획으로 정하는 바에 따라 주택건설사업 또는 대지조성사업을 시행하여야 한다.

④ 국토해양부장관은 주택종합계획을 수립하려는 경우에는 미리 관계 중앙행정기관의 장 및 시·도지사에게 주택종합계획에 반영되어야 할 정책 및 사업에 관한 소관별 계획서의 제출을 요청할 수 있다. 이 경우 관계 중앙행정기관의 장 및 시·도지사는 특별한 사유가 없으면 요청에 따라야 한다.

⑤ 국토해양부장관은 소관별 계획서를 기초로 주택종합계획안을 마련하여 관계 중앙행정기관의 장과 협의한 후 주택정책심의위원회의 심의를 거쳐 확정한다. 이 경우 국토해양부장관은 확정된 주택종합계획을 지체 없이 관계 중앙행정기관의 장 및 시·도지사에게 통보하여야 한다.

2) 시·도 주택종합계획의 수립

① 시·도지사는 주택종합계획과 대통령령으로 정하는 범위에서 그 특별시·광역시·도 또는 특별자치도의 조례로 정하는 바에 따라 연도별 시·도 주택종합계획 및 10년 단위의 시·도 주택종합계획을 수립하여야 한다. 이 경우 시·도 주택종합계획은 주택종합계획에 적합하여야 하며, 연도별 시·도 주택종합계획은 10년 단위의 시·도 주택종합계획에 적합하여야 한다.

② 시·도지사는 연도별 시·도 주택종합계획 또는 10년 단위의 시·도 주택종합계획을 수립하였을 때에는 지체 없이 이를 국토해양부장관에게 제출하여야 한다.

③ 시·도 주택종합계획의 수립기준에 대하여는 국토해양부장관이 정할 수 있다.

1-3. 주택의 건설 및 공급

1) 주택건설사업자 등

(1) 주택건설사업 등의 등록

① 연간 대통령령으로 정하는 호수 이상의 주택건설사업을 시행하려는 자 또는 연간 대통령령으로 정하는 면적 이상의 대지조성사업을 시행하려는 자는 국토해양부장관에게 등록하여야 한다. 다만, 다음 각 호의 사업주체의 경우에는 그러하지 아니하다.

㉠ 국가·지방자치단체

㉡ 한국토지주택공사

㉢ 지방공사

㉣ 공익법인의 설립·운영에 관한 법률에 따라 주택건설사업을 목적으로 설립된 공익법인

㉤ 주택조합(등록사업자와 공동으로 주택건설사업을 하는 주택조합만 해당)

㉥ 근로자를 고용하는 자(등록사업자와 공동으로 주택건설사업을 시행하는 고용자만 해당)

② 대통령령이 정하는 호수라 함은 단독주택의 경우에는 20호, 공동주택의 경우에는 20세대를 말하며, 대통령령이 정하는 면적이라 함은 1만제곱미터를 말한다.

③ 주택건설사업 또는 대지조성사업의 등록을 하려는 자는 다음 각 호의 요건을 갖추어야

한다. 이 경우 건설업자(건축공사업 또는 토목건축공사업으로 등록한 자만 해당)가 주택건설사업 또는 대지조성사업의 등록을 하려는 경우에는 이미 보유하고 있는 자본금·기술인력 및 사무실면적을 다음 각 호의 기준에 포함하여 산정한다.

㉠ 자본금 3억 원(개인 : 자산평가액 6억 원) 이상

㉡ 주택건설사업의 경우에는 건축분야기술자 1인 이상, 대지조성사업의 경우에는 토목분야기술자 1인 이상

(2) 공동사업주체

① 토지소유자가 주택을 건설하는 경우에는 대통령령으로 정하는 바에 따라 등록을 한 자(등록사업자)와 공동으로 사업을 시행할 수 있다. 이 경우 토지소유자와 등록사업자를 공동사업주체로 본다.

② 주택조합(리모델링주택조합 제외)이 그 구성원의 주택을 건설하는 경우에는 대통령령으로 정하는 바에 따라 등록사업자(지방자치단체, 한국토지주택공사 및 지방공사를 포함)와 공동으로 사업을 시행할 수 있다. 이 경우 주택조합과 등록사업자를 공동사업주체로 본다.

③ 고용자가 그 근로자의 주택을 건설하는 경우에는 대통령령으로 정하는 바에 따라 등록사업자와 공동으로 사업을 시행하여야 한다. 이 경우 고용자와 등록사업자를 공동사업주체로 본다.

(3) 등록사업자의 결격사유

① 다음 각 호의 어느 하나에 해당하는 자는 주택건설사업 등의 등록을 할 수 없다.

㉠ 미성년자·금치산자 또는 한정치산자

㉡ 파산선고를 받은 자로서 복권되지 아니한 자

㉢ 부정수표단속법 또는 이 법을 위반하여 금고 이상의 실형을 선고받고 그 집행이 끝나거나(집행이 끝난 것으로 보는 경우 포함) 집행이 면제된 날부터 2년이 지나지 아니한 자

㉣ 부정수표단속법 또는 이 법을 위반하여 금고 이상의 형의 집행유예를 선고받고 그 유예기간 중에 있는 자

㉤ 등록이 말소된 후 2년이 지나지 아니한 자

㉥ 임원 중에 위의 규정 중 어느 하나에 해당하는 자가 있는 법인

(4) 등록사업자의 시공

① 등록사업자가 사업계획승인을 받아 분양 또는 임대를 목적으로 주택을 건설하는 경우로서

그 기술능력, 주택건설 실적 및 주택규모 등이 다음 각 호에 해당하는 경우에는 그 등록사업자를 건설업자로 보며 주택건설공사를 시공할 수 있다.

㉠ 자본금 5억 원(개인 : 자산평가액 10억 원) 이상

㉡ 건축분야 및 토목분야기술자 3인 이상. 이 경우 건축기사 및 토목분야기술자 각 1인이 포함되어야 한다.

㉢ 최근 5년간의 주택건설실적 100호 또는 100세대 이상

② 등록사업자가 건설할 수 있는 주택의 규모는 5층(각층 거실의 바닥면적 300제곱미터 이내마다 1개소 이상의 직통계단을 설치한 경우에는 6층) 이하로 한다. 다만, 6층 이상의 아파트를 건설한 실적이 있거나 최근 3년간 300세대 이상의 공동주택을 건설한 실적이 있는 등록사업자는 6층 이상의 주택을 건설할 수 있다.

③ 등록사업자가 주택건설공사를 시공함에 있어서는 당해 건설공사비(총공사비에서 대지구입비를 제외한 금액)가 자본금과 자본준비금 · 이익준비금을 합한 금액의 10배(개인 : 자산평가액의 5배)를 초과할 수 없다.

(5) 주택건설사업의 등록말소 등

① 국토해양부장관은 등록사업자가 다음 각 호의 어느 하나에 해당하면 그 등록을 말소하거나 1년 이내의 기간을 정하여 영업의 정지를 명할 수 있다.

㉠ 거짓이나 그 밖의 부정한 방법으로 등록한 경우

㉡ 등록기준에 미달하게 된 경우

㉢ 고의 또는 과실로 공사를 잘못 시공하여 공중에게 위해를 끼치거나 입주자에게 재산상 손해를 입힌 경우

㉣ 제11조 제1호부터 제4호까지 또는 제6호 중 어느 하나에 해당하게 된 경우. 다만, 법인의 임원 중 제11조 제6호에 해당하는 사람이 있는 경우 6개월 이내에 그 임원을 다른 사람으로 임명한 경우에는 그러하지 아니하다.

㉤ 등록증의 대여 등을 한 경우

㉥ 다음 각 목의 어느 하나에 해당하는 경우

ⓐ 시정명령을 이행하지 아니한 경우

ⓑ 시공상세도면의 작성 의무를 위반하거나 감리원 또는 공사감독자의 검토·확인을 받지 아니하고 시공한 경우

ⓒ 품질시험 및 검사를 하지 아니한 경우

ⓓ 안전점검을 하지 아니한 경우

ⓢ 택지를 전매한 경우

ⓞ 그 밖에 이 법 또는 이 법에 따른 명령이나 처분을 위반한 경우

② 등록말소 또는 영업정지 처분을 받은 등록사업자는 그 처분 전에 사업계획승인을 받은 사업은 계속 수행할 수 있다. 다만, 등록말소 처분을 받은 등록사업자가 그 사업을 계속 수행할 수 없는 중대하고 명백한 사유가 있을 경우에는 그러하지 아니하다.

2) 주택건설사업의 시행

(1) 사업계획의 승인

① 대통령령으로 정하는 호수 이상의 주택건설사업을 시행하려는 자 또는 대통령령으로 정하는 면적 이상의 대지조성사업을 시행하려는 자는 사업계획승인신청서에 주택과 그 부대시설 및 복리시설의 배치도, 대지조성공사 설계도서 등 대통령령으로 정하는 서류를 첨부하여 다음 각 호의 사업계획승인권자에게 제출하고 사업계획승인을 받아야 한다. 다만, 주택 외의 시설과 주택을 동일 건축물로 건축하는 경우 등 대통령령으로 정하는 경우에는 그러하지 아니하다.

ⓐ 주택건설사업 또는 대지조성사업으로서 해당 대지면적이 10만 제곱미터 이상인 경우 : 시·도지사 또는 서울특별시와 광역시를 제외한 인구 50만 이상의 대도시의 시장

ⓑ 주택건설사업 또는 대지조성사업으로서 해당 대지면적이 10만 제곱미터 미만인 경우 : 특별시장·광역시장·특별자치도지사 또는 시장·군수

② 주택건설사업계획의 승인을 받으려는 자는 해당 주택건설대지의 소유권을 확보하여야 한다. 다만, 다음 각 호의 어느 하나에 해당하는 경우에는 그러하지 아니하다.

ⓐ 국토의 계획 및 이용에 관한 법률에 따른 지구단위계획의 결정이 필요한 주택건설사업의 해당 대지면적의 100분의 80 이상을 사용할 수 있는 권원(등록사업자와 공동으로 사업을 시행하는 주택조합의 경우는 100분의 95 이상의 소유권)을 확보하고, 확보하지 못한 대지가 매도청구 대상이 되는 대지에 해당하는 경우

ⓑ 사업주체가 주택건설대지의 소유권을 확보하지 못하였으나 그 대지를 사용할 수 있는 권원을 확보한 경우

ⓒ 국가·지방자치단체·한국토지주택공사 또는 지방공사가 주택건설사업을 하는 경우

③ 승인받은 사업계획을 변경하려면 변경승인을 받아야 한다. 다만, 국토해양부령으로 정하는 경미한 사항을 변경하는 경우에는 그러하지 아니하다.

④ 사업계획은 쾌적하고 문화적인 주거생활을 하는 데에 적합하도록 수립되어야 하며, 그 사

업계획에는 부대시설 및 복리시설의 설치에 관한 계획 등이 포함되어야 한다.

⑤ 사업계획승인권자는 사업계획을 승인할 때 사업주체가 제출하는 사업계획에 해당 주택건설사업 또는 대지조성사업과 직접적으로 관련이 없는 공공청사 등의 용지의 기부채납이나 간선시설 등의 설치에 관한 계획을 포함하도록 요구하여서는 아니 된다.

⑥ 사업계획승인권자는 사업계획을 승인하였을 때에는 이에 관한 사항을 고시하여야 한다. 이 경우 국토해양부장관 또는 시·도지사는 사업계획승인서 및 관계 서류의 사본을 지체 없이 관할 시장·군수·구청장에게 송부하여야 한다.

⑦ 사업계획승인을 받은 사업주체는 승인받은 사업계획대로 사업을 시행하여야 하며 승인받은 날부터 2년 이내에 공사를 시작하여야 한다. 다만, 사업계획승인권자는 대통령령으로 정하는 정당한 사유가 있다고 인정하는 경우에는 사업주체의 신청을 받아 그 사유가 없어진 날부터 1년의 범위에서 그 공사의 착수기간을 연장할 수 있다.

⑧ 사업계획승인을 받은 사업주체가 공사를 시작하려는 경우에는 국토해양부령으로 정하는 바에 따라 사업계획승인권자에게 신고하여야 한다.

⑨ 사업계획승인권자는 사업주체가 공사를 시작하지 아니하는 경우에는 그 사업계획의 승인을 취소할 수 있다.

(2) 다른 법률에 따른 인가·허가 등의 의제 등

① 사업계획승인권자가 사업계획을 승인할 때 다음 각 호의 허가·인가·결정·승인 또는 신고 등에 관하여 관계 행정기관의 장과 협의한 사항에 대하여는 해당 인·허가등을 받은 것으로 보며, 사업계획의 승인고시가 있은 때에는 다음 각 호의 관계 법률에 따른 고시가 있은 것으로 본다.

㉠ 「건축법」에 따른 건축허가, 건축신고 및 가설건축물의 건축허가 또는 신고

㉡ 「공유수면관리법」에 따른 점용·사용 허가, 협의 또는 승인 및 실시계획의 승인 또는 신고

㉢ 「공유수면매립법」에 따른 공유수면 매립의 면허, 실시계획의 승인 및 협의 또는 승인

㉣ 「광업법」에 따른 채광계획의 인가

㉤ 「국토의 계획 및 이용에 관한 법률」에 따른 도시관리계획의 결정, 개발행위의 허가, 도시계획시설사업 시행자의 지정, 실시계획의 인가, 토지거래계약의 허가 및 타인의 토지에의 출입허가

㉥ 「농어촌정비법」에 따른 농업기반시설의 목적 외 사용의 승인

㉦ 「농지법」에 따른 농지전용의 허가 또는 협의

ⓞ 「도로법」에 따른 도로공사 시행의 허가, 도로점용의 허가

ⓩ 「도시개발법」에 따른 도시개발구역의 지정, 시행자의 지정, 실시계획의 인가 및 타인의 토지에의 출입허가

ⓒ 「사도법」에 따른 사도의 개설허가

ⓚ 「사방사업법」에 따른 토지의 형질변경 등의 허가, 사방지지정의 해제

ⓣ 「산지관리법」에 따른 산지전용허가 및 산지전용신고, 「산림자원의 조성 및 관리에 관한 법률」에 따른 입목벌채등의 허가·신고 및 「산림보호법」에 따른 산림보호구역에서의 행위의 허가·신고. 다만, 「산림자원의 조성 및 관리에 관한 법률」에 따른 산림유전자원보호림·채종림 및 시험림과 「산림보호법」에 따른 산림유전자원보호구역의 경우는 제외한다.

ⓟ 「소하천정비법」에 따른 소하천공사 시행의 허가, 소하천 점용 등의 허가 또는 신고

ⓗ 「수도법」에 따른 수도사업의 인가, 전용상수도 설치의 인가

㉮ 「연안관리법」에 따른 연안정비사업실시계획의 승인

㉯ 「하수도법」에 따른 개인하수처리시설의 설치신고

㉰ 「유통산업발전법」에 따른 대규모점포의 등록

㉱ 「장사 등에 관한 법률」에 따른 무연분묘의 개장허가

㉲ 「지하수법」에 따른 지하수 개발·이용의 허가 또는 신고

㉳ 「초지법」에 따른 초지전용의 허가

㉴ 「측량·수로조사 및 지적에 관한 법률」에 따른 지도 등의 간행 심사

㉵ 「택지개발촉진법」에 따른 행위의 허가

㉶ 「하수도법」에 따른 공공하수도에 관한 공사 시행의 허가

㉷ 「하천법」에 따른 하천공사 시행의 허가 및 하천공사실시계획의 인가, 하천의 점용허가 및 하천수의 사용허가

② 인·허가등의 의제를 받으려는 자는 사업계획승인을 신청할 때에 해당 법률에서 정하는 관계 서류를 함께 제출하여야 한다.

③ 사업계획승인권자는 사업계획을 승인하려는 경우 그 사업계획에 위 각 호의 어느 하나에 해당하는 사항이 포함되어 있는 경우에는 해당 법률에서 정하는 관계 서류를 미리 관계 행정기관의 장에게 제출한 후 협의하여야 한다. 이 경우 관계 행정기관의 장은 사업계획승인권자의 협의 요청을 받은 날부터 30일 이내에 의견을 제출하여야 하며, 해당 법률에서 규정한 인·허가등의 기준을 위반하여 협의에 응하여서는 아니 된다.

(3) 토지에의 출입 등

① 국가·지방자치단체·한국토지주택공사 및 지방공사인 사업주체가 사업계획의 수립을 위한 조사 또는 측량을 하려는 경우와 국민주택사업을 시행하기 위하여 필요한 경우에는 다음 각 호의 행위를 할 수 있다.

㉠ 타인의 토지에 출입하는 행위

㉡ 특별한 용도로 이용되지 아니하고 있는 타인의 토지를 재료적치장 또는 임시도로로 일시 사용하는 행위

㉢ 특히 필요한 경우 죽목·토석이나 그 밖의 장애물을 변경하거나 제거하는 행위

② 사업주체가 국민주택을 건설하거나 국민주택을 건설하기 위한 대지를 조성하는 경우에는 토지나 토지에 정착한 물건 및 그 토지나 물건에 관한 소유권 외의 권리를 수용하거나 사용할 수 있다.

③ ①의 경우에는 「국토의 계획 및 이용에 관한 법률」 제130조 제2항부터 제9항까지 및 같은 법 제144조 제1항 제2호·제3호를 준용한다. 이 경우 "도시계획시설사업의 시행자"는 "사업주체"로, "제130조 제1항"은 "이 법 제18조 제1항"으로 본다.

(4) 매도청구 등

① 사업계획승인을 받은 사업주체는 다음 각 호에 따라 해당 주택건설대지 중 사용할 수 있는 권원을 확보하지 못한 대지(건축물 포함)의 소유자에게 그 대지를 시가로 매도할 것을 청구할 수 있다. 이 경우 매도청구 대상이 되는 대지의 소유자와 매도청구를 하기 전에 3개월 이상 협의를 하여야 한다.

㉠ 주택건설대지면적 중 100분의 95 이상에 대하여 사용권원을 확보한 경우 : 사용권원을 확보하지 못한 대지의 모든 소유자에게 매도청구 가능

㉡ 위 외의 경우 : 사용권원을 확보하지 못한 대지의 소유자 중 지구단위계획구역 결정고시일 10년 이전에 해당 대지의 소유권을 취득하여 계속 보유하고 있는 자(대지의 소유기간을 산정할 때 대지소유자가 직계존속·직계비속 및 배우자로부터 상속받아 소유권을 취득한 경우에는 피상속인의 소유기간 합산)를 제외한 소유자에게 매도청구 가능

② 인가를 받아 설립된 리모델링주택조합은 그 리모델링 결의에 찬성하지 아니하는 자의 주택 및 토지에 대하여 매도청구를 할 수 있다.

③ ① 및 ②에 따른 매도청구에 관하여는 「집합건물의 소유 및 관리에 관한 법률」 제48조를 준용한다. 이 경우 구분소유권 및 대지사용권은 주택건설사업 또는 리모델링사업의 매도

청구의 대상이 되는 건축물 또는 토지의 소유권과 그 밖의 권리로 본다.

(5) 소유자를 확인하기 곤란한 대지 등에 대한 처분

① 사업계획승인을 받은 사업주체는 해당 주택건설대지 중 사용할 수 있는 권원을 확보하지 못한 대지의 소유자가 있는 곳을 확인하기가 현저히 곤란한 경우에는 전국적으로 배포되는 둘 이상의 일간신문에 두 차례 이상 공고하고, 공고한 날부터 30일 이상이 지났을 때에는 매도청구 대상의 대지로 본다.

② 사업주체는 매도청구 대상 대지의 감정평가액에 해당하는 금액을 법원에 공탁하고 주택건설사업을 시행할 수 있다.

③ 대지의 감정평가액은 사업계획승인권자가 추천하는 「부동산 가격공시 및 감정평가에 관한 법률」에 따른 감정평가업자 2명 이상이 평가한 금액을 산술평균하여 산정한다.

(6) 토지에의 출입 등에 따른 손실보상

① 손실을 입은 자가 있는 경우에는 그 행위를 한 사업주체가 그 손실을 보상하여야 한다.

② 손실보상에 관하여는 그 손실을 보상할 자와 손실을 입은 자가 협의하여야 한다.

③ 손실을 보상할 자 또는 손실을 입은 자는 협의가 성립되지 아니하거나 협의를 할 수 없는 경우에는 「공익사업을 위한 토지 등의 취득 및 보상에 관한 법률」에 따른 관할 토지수용위원회에 재결을 신청할 수 있다.

④ ③에 따른 관할 토지수용위원회의 재결에 관하여는 「공익사업을 위한 토지 등의 취득 및 보상에 관한 법률」 제83조부터 제87조까지의 규정을 준용한다.

(7) 주택건설공사의 시공 제한 등

① 사업계획승인을 받은 주택의 건설공사는 건설업자로서 대통령령으로 정하는 자 또는 건설업자로 간주하는 등록사업자가 아니면 이를 시공할 수 없다.

② 공동주택의 방수·위생 및 냉난방 설비공사는 건설업자로서 대통령령으로 정하는 자(특정열사용기자재를 설치·시공하는 경우는 「에너지이용 합리화법」에 따른 시공업자)가 아니면 이를 시공할 수 없다.

③ 국가 또는 지방자치단체인 사업주체는 사업계획승인을 받은 주택건설공사의 설계와 시공을 분리하여 발주하여야 한다. 다만, 주택건설공사 중 대통령령으로 정하는 대형공사로서 기술관리상 설계와 시공을 분리하여 발주할 수 없는 공사의 경우에는 대통령령으로 정하는 입찰방법으로 시행할 수 있다.

(8) 주택건설기준 등

① 사업주체가 건설·공급하는 주택의 건설 등에 관한 다음 각 호의 기준은 대통령령으로 정한다.

㉠ 주택의 배치, 세대 간의 경계벽, 구조내력 등에 관한 주택건설기준

㉡ 부대시설의 설치기준

㉢ 복리시설의 설치기준

㉣ 주택의 규모 및 규모별 건설 비율

㉤ 대지조성기준

② 지방자치단체는 그 지역의 특성, 주택의 규모 등을 고려하여 주택건설기준등의 범위에서 조례로 구체적인 기준을 정할 수 있다.

③ 사업주체는 주택건설기준 및 위 기준에 따라 주택건설사업 또는 대지조성사업을 시행하여야 한다.

(9) 주택성능등급의 표시 등

① 사업주체가 대통령령으로 정하는 호수 이상의 주택을 공급할 때에는 국토해양부장관이 지정하는 주택성능등급 인정기관으로부터 다음 각 호의 어느 하나에 해당하는 주택의 성능에 대한 등급을 인정받아 이를 입주자 모집공고에 표시하여야 한다.

㉠ 경량충격음·중량충격음·화장실소음·경계소음 등 소음 관련 등급

㉡ 리모델링 등을 대비한 가변성 및 수리 용이성 등 구조 관련 등급

㉢ 조경·조망권·일조시간·외부소음·실내공기질 등 환경 관련 등급

㉣ 사회복지시설·놀이터·휴게실 등 주민공동시설에 대한 생활환경 등급

㉤ 화재·소방 성능, 홈네트워크 성능 등 대통령령으로 정하는 성능 등급

② 주택성능등급의 인정기준 및 평가방법, 주택성능등급 인정기관의 지정에 필요한 인력 및 절차, 그 밖에 필요한 사항은 대통령령으로 정한다.

③ 국토해양부장관은 심사·평가한 결과 성능등급이 우수한 주택을 건설한 사업주체 등에 대하여는 포상할 수 있다.

④ 국토해양부장관은 지정된 주택성능등급 인정기관이 다음 각 호의 어느 하나에 해당하면 그 지정을 취소할 수 있다.

㉠ 거짓이나 그 밖의 부정한 방법으로 인정기관으로 지정을 받은 경우

㉡ 성능등급 인정기준을 위반하여 업무를 수행한 경우

㉢ 인정기관의 지정기준에 맞지 아니한 경우

㉣ 정당한 사유 없이 2년 이상 계속하여 인정업무를 수행하지 아니한 경우

⑤ 국토해양부장관은 지정된 주택성능등급 인정기관에 대하여 인정 현황 등 해당 업무에 관한 사항을 제출하게 하거나 소속 공무원으로 하여금 관련 서류 등을 검사하게 할 수 있다.

⑥ 검사를 하는 공무원은 그 권한을 나타내는 증표를 지니고 이를 관계인에게 내보여야 한다.

(10) 주택의 설계 및 시공

① 사업계획승인을 받아 건설되는 주택(부대시설, 복리시설 포함)을 설계하는 자는 다음 각 호의 설계도서 작성기준에 맞게 설계하여야 한다.

㉠ 설계도서는 설계도 · 시방서 · 구조계산서 · 수량산출서 · 품질관리계획서 등으로 구분하여 작성할 것

㉡ 설계도 및 시방서에는 건축물의 규모와 설비 · 재료 · 공사방법 등을 기재할 것

㉢ 설계도 · 시방서 · 구조계산서는 상호 보완관계를 유지할 수 있도록 작성할 것

㉣ 품질관리계획서에는 설계도 및 시방서에 의한 품질확보를 위하여 필요한 사항을 정할 것

② 주택을 시공하는 자(시공자)와 사업주체는 설계도서에 맞게 시공하여야 한다.

(11) 간선시설의 설치 및 비용의 상환

① 사업주체가 대통령령으로 정하는 호수 이상의 주택건설사업을 시행하는 경우 또는 대통령령으로 정하는 면적 이상의 대지조성사업을 시행하는 경우 다음 각 호에 해당하는 자는 각각 해당 간선시설을 설치하여야 한다. 다만, ㉠에 해당하는 시설로서 주택건설사업계획 또는 대지조성사업계획에 포함하여 설치하려는 경우에는 그러하지 아니하다.

㉠ 지방자치단체 : 도로 및 상하수도시설

㉡ 해당 지역에 전기·통신·가스 또는 난방을 공급하는 자 : 전기시설·통신시설·가스시설 또는 지역난방시설

㉢ 국가 : 우체통

② 간선시설은 특별한 사유가 없으면 사용검사일까지 설치를 완료하여야 한다.

③ 간선시설의 설치비용은 설치의무자가 부담한다. 이 경우 간선시설의 설치비용은 그 비용의 2분의 1의 범위에서 국가가 보조할 수 있다.

④ 전기간선시설을 지중선로로 설치하는 경우에는 전기를 공급하는 자와 지중에 설치할 것을 요청하는 자가 각각 100분의 50의 비율로 그 설치 비용을 부담한다. 다만, 사업지구 밖의

기간시설로부터 그 사업지구 안의 가장 가까운 주택단지(사업지구 안에 1개의 주택단지가 있는 경우는 그 주택단지를 말함)의 경계선까지 전기간선시설을 설치하는 경우에는 전기를 공급하는 자가 부담한다.

⑤ 지방자치단체는 사업주체가 자신의 부담으로 도로 또는 상하수도시설(해당 주택건설사업 또는 대지조성사업과 직접적으로 관련이 있는 경우로 한정)의 설치를 요청할 경우에는 이에 따를 수 있다.

⑥ 간선시설의 종류별 설치 범위는 대통령령으로 정한다.

⑦ 간선시설 설치의무자가 사용검사일까지 간선시설의 설치를 완료하지 못할 특별한 사유가 있는 경우에는 사업주체가 그 간선시설을 자기부담으로 설치하고 간선시설 설치의무자에게 그 비용의 상환을 요구할 수 있다.

⑧ ⑦에 따른 간선시설 설치 비용의 상환 방법 및 절차 등에 필요한 사항은 대통령령으로 정한다.

(12) 주택의 감리 등

① 사업계획승인권자는 주택건설사업계획을 승인하였을 때와 시장(특별자치도의 경우에는 특별자치도지사를 말함)·군수·구청장이 리모델링의 허가를 하였을 때에는 감리자격이 있는 자를 대통령령으로 정하는 바에 따라 해당 주택건설공사를 감리할 자로 지정하여야 한다. 다만, 사업주체가 국가·지방자치단체·한국토지주택공사·지방공사 또는 대통령령으로 정하는 자인 경우와 공사감리를 하는 도시형 생활주택의 경우에는 그러하지 아니하다.

② 감리할 자로 지정받은 자(감리자)는 자기에게 소속된 자를 대통령령으로 정하는 바에 따라 감리원으로 배치하고, 다음 각 호의 업무를 수행하여야 한다.

㉠ 시공자가 설계도서에 맞게 시공하는지 여부의 확인

㉡ 시공자가 사용하는 건축자재가 관계 법령에 따른 기준에 맞는 건축자재인지 여부의 확인

㉢ 주택건설공사에 대하여 「건설기술관리법」에 따른 품질시험을 하였는지 여부의 확인

㉣ 시공자가 사용하는 마감자재 및 제품이 사업주체가 시장·군수·구청장에게 제출한 마감자재 목록표 및 영상물 등과 동일한지 여부의 확인

㉤ 그 밖에 주택건설공사의 시공감리에 관한 사항으로서 대통령령으로 정하는 사항

③ 감리자는 업무의 수행 상황을 국토해양부령으로 정하는 바에 따라 사업계획승인권자 및 사업주체에게 보고하여야 한다.

④ 감리자는 업무를 수행하면서 위반 사항을 발견하였을 때에는 지체 없이 시공자 및 사업주체에게 위반 사항을 시정할 것을 통지하고, 7일 이내에 사업계획승인권자에게 그 내용을 보고하여야 한다.

⑤ 시공자 및 사업주체는 시정 통지를 받은 경우에는 즉시 해당 공사를 중지하고 위반 사항을 시정한 후 감리자의 확인을 받아야 한다. 이 경우 감리자의 시정 통지에 이의가 있을 때에는 즉시 그 공사를 중지하고 사업계획승인권자에게 서면으로 이의신청을 할 수 있다.

⑥ 사업주체는 감리자에게 국토해양부령으로 정하는 절차 등에 따라 공사감리비를 지급하여야 한다.

⑦ 사업계획승인권자는 감리자가 감리자의 지정에 관한 서류를 부정 또는 거짓으로 제출하거나, 업무 수행 중 위반 사항이 있음을 알고도 묵인하는 등 대통령령으로 정하는 사유에 해당하는 경우에는 감리자를 교체하고, 그 감리자에 대하여는 1년의 범위에서 감리업무의 지정을 제한할 수 있다.

⑧ 사업주체와 감리자 간의 책임 내용 및 범위는 이 법에서 규정한 것 외에는 당사자 간의 계약으로 정한다.

⑨ 국토해양부장관은 ⑧에 따른 계약을 체결할 때 사업주체와 감리자 간에 공정하게 계약이 체결되도록 하기 위하여 감리용역표준계약서를 정하여 보급할 수 있다.

⑩ ①에 따른 감리자의 감리 방법 및 절차와 제5항에 따른 이의신청의 처리 등에 필요한 사항은 대통령령으로 정한다.

⑪ 사업계획승인권자는 지정·배치된 감리자 또는 감리원(다른 법률에 따른 감리자 또는 그에게 소속된 감리원 포함)이 그 업무를 수행할 때 고의 또는 중대한 과실로 감리를 부실하게 하거나 관계 법령을 위반하여 감리를 함으로써 해당 사업주체 또는 입주자 등에게 피해를 입히는 등 주택건설공사가 부실하게 된 경우에는 그 감리자의 등록 또는 감리원의 면허나 그 밖의 자격인정 등을 한 행정기관의 장에게 등록말소·면허취소·자격정지·영업정지나 그 밖에 필요한 조치를 하도록 요청할 수 있다.

(13) 국공유지 등의 우선 매각 및 임대

① 국가 또는 지방자치단체는 그가 소유하는 토지를 매각하거나 임대할 때 다음 각 호의 어느 하나의 목적으로 그 토지의 매수 또는 임차를 원하는 자가 있으면 그에게 우선적으로 그 토지를 매각하거나 임대할 수 있다.

㉠ 국민주택규모의 주택을 대통령령으로 정하는 비율 이상으로 건설하는 주택의 건설

㉡ 주택조합이 건설하는 주택의 건설

㉢ ㉠ 또는 ㉡의 주택을 건설하기 위한 대지의 조성

② 국가 또는 지방자치단체는 국가 또는 지방자치단체로부터 토지를 매수하거나 임차한 자가 그 매수일 또는 임차일부터 2년 이내에 국민주택규모의 주택 또는 조합주택을 건설하지 아니하거나 그 주택을 건설하기 위한 대지조성사업을 시행하지 아니한 경우에는 환매하거나 임대계약을 취소할 수 있다.

(14) 사용검사 등

① 사업주체는 사업계획승인을 받아 시행하는 주택건설사업 또는 대지조성사업을 완료한 경우에는 주택 또는 대지에 대하여 국토해양부령으로 정하는 바에 따라 시장·군수·구청장(국가 또는 한국토지주택공사가 사업주체인 경우와 대통령령으로 정하는 경우에는 국토해양부장관을 말함)의 사용검사를 받아야 한다. 다만, 사업계획승인 조건의 미이행 등 특별한 사유가 있어 사업을 완료하지 못하고 있는 경우에는 완공된 주택에 대하여 동별로 사용검사를 받을 수 있다.

② 사업주체가 사용검사를 받았을 때에는 인·허가등에 따른 해당 사업의 사용승인·준공검사 또는 준공인가 등을 받은 것으로 본다. 이 경우 사용검사를 하는 시장·군수·구청장(사용검사권자)은 미리 관계 행정기관의 장과 협의하여야 한다.

③ 사업주체가 파산 등으로 사용검사를 받을 수 없는 경우에는 해당 주택의 시공을 보증한 자 또는 입주예정자 등이 대통령령으로 정하는 바에 따라 사용검사를 받을 수 있다.

④ 사업주체 또는 입주예정자는 사용검사를 받은 후가 아니면 주택 또는 대지를 사용하게 하거나 이를 사용할 수 없다. 다만, 대통령령으로 정하는 경우로서 사용검사권자의 임시사용승인을 받은 경우에는 그러하지 아니하다.

3) 주택조합

(1) 주택조합의 설립 등

① 많은 수의 구성원이 주택을 마련하거나 리모델링하기 위하여 주택조합을 설립하려는 경우(직장주택조합 제외)에는 관할 시장·군수·구청장의 인가를 받아야 한다. 인가받은 내용을 변경하거나 주택조합을 해산하려는 경우에도 또한 같다.

② 주택조합과 등록사업자가 공동으로 사업을 시행하면서 시공할 경우 등록사업자는 시공자로서의 책임뿐만 아니라 자신의 귀책사유로 사업 추진이 불가능하게 되거나 지연됨으로 인하여 조합원에게 입힌 손해를 배상할 책임이 있다.

③ 국민주택을 공급받기 위하여 직장주택조합을 설립하려는 자는 관할 시장·군수·구청장에게 신고하여야 한다. 신고한 내용을 변경하거나 직장주택조합을 해산하려는 경우에도 또한 같다.

④ 주택조합(리모델링주택조합 제외)은 그 구성원을 위하여 건설하는 주택을 그 조합원에게 우선 공급할 수 있으며, 제3항에 따른 직장주택조합에 대하여는 사업주체가 국민주택을 그 직장주택조합원에게 우선 공급할 수 있다.

⑤ 인가를 받는 주택조합의 설립방법·설립절차, 주택조합 구성원의 자격기준 및 주택조합의 운영·관리 등에 필요한 사항과 직장주택조합의 설립요건 및 신고절차 등에 필요한 사항은 대통령령으로 정한다. 다만, 투기과열지구에서 설립인가를 받은 지역주택조합이 구성원을 선정하는 경우에는 신청서의 접수 순서에 따라 조합원의 지위를 인정하여서는 아니된다.

(2) 조합원의 자격

① 주택조합의 조합원이 될 수 있는 자는 다음 각 호의 자로 한다.

㉠ 지역주택조합 조합원의 경우 다음 각 목의 요건에 적합한 자

ⓐ 주택조합설립인가신청일(해당 주택건설대지가 투기과열지구 안에 있는 경우에는 주택조합설립인가신청일 1년 전의 날)부터 해당 조합주택의 입주가능일까지 주택을 소유(주택의 유형, 입주자 선정방법 등을 고려하여 국토해양부령이 정하는 지위에 있는 경우 포함)하지 아니하거나 주거전용면적 60제곱미터 이하의 주택 1채를 소유한 세대주인 자(세대주를 포함한 세대원 전원이 주택을 소유하고 있지 아니하거나 세대원중 1인에 한하여 주거전용면적 60제곱미터 이하의 주택 1채를 소유한 세대의 세대주를 말하며, 이에 해당하는지 여부에 관한 구체적인 기준은 국토해양부령으로 정한다)일 것

ⓑ 조합설립인가신청일 현재 지역에 6개월 이상 거주하여 온 자일 것

㉡ 직장주택조합 조합원의 경우 다음 각 목의 요건에 적합한 자

ⓐ 위 ⓐ에 해당하는 자일 것. 다만, 설립신고의 경우에는 무주택자에 한한다.

ⓑ 조합설립인가신청일 현재 동일한 특별시·광역시·시 또는 군(광역시의 관할구역에 있는 군 제외)안에 소재하는 동일한 국가기관·지방자치단체·법인에 근무하는 자일 것

㉢ 리모델링주택조합 조합원의 경우에는 다음 각 목의 어느 하나에 해당하는 자. 이 경우 당해 공동주택 또는 복리시설의 소유권이 수인의 공유에 속하는 경우에는 그 수인을 대표하는 1인을 조합원으로 본다.

ⓐ 사업계획승인을 얻어 건설한 공동주택의 소유자

ⓑ 복리시설을 함께 리모델링하는 경우에는 당해 복리시설의 소유자

ⓒ 건축허가를 받아 분양을 목적으로 건설한 공동주택의 소유자와 그 건축물중 공동주택 외의 시설의 소유자

② 주택조합의 조합원이 근무·질병치료·유학·결혼 등 부득이한 사유로 인하여 세대주자격을 일시적으로 상실한 경우로서 시장·군수 또는 구청장이 인정하는 경우에는 조합원 자격이 있는 것으로 본다.

③ ①의 규정에 의한 조합원 자격의 확인절차는 국토해양부령으로 정한다.

(3) 지역·직장주택조합 조합원의 교체·신규가입

① 지역주택조합 또는 직장주택조합은 그 설립인가를 받은 후에는 해당 조합원을 교체하거나 신규로 가입하게 할 수 없다. 다만, 조합원수가 주택건설예정세대수를 초과하지 아니하는 범위에서 시장·군수 또는 구청장으로부터 국토해양부령으로 정하는 바에 따라 조합원 추가모집의 승인을 받은 경우와 다음 각 호의 어느 하나에 해당하는 사유로 결원이 발생한 범위에서 충원하는 경우에는 그러하지 아니하다.

㉠ 조합원의 사망

㉡ 사업계획승인 이후(지역주택조합 또는 직장주택조합이 해당 주택건설대지 전부의 소유권을 확보하지 아니하고 사업계획승인을 받은 경우에는 해당 주택건설대지 전부의 소유권을 확보한 이후를 말함)에 입주자로 선정된 지위(해당 주택에 입주할 수 있는 권리·자격 또는 지위 등)가 양도·증여 또는 판결 등으로 변경된 경우. 다만, 전매가 금지되는 경우는 제외한다.

㉢ 조합원의 탈퇴 등으로 조합원수가 주택건설예정세대수의 2분의 1 미만이 되는 경우

㉣ 조합원이 무자격자로 판명되어 자격을 상실하는 경우

㉤ 사업계획승인 과정 등에서 주택건설예정세대수가 변경되어 조합원수가 변경된 세대수의 2분의 1 미만이 되는 경우

② ① 단서의 규정에 의하여 조합원으로 추가 모집되는 자와 동항 각 호의 사유로 충원되는 자에 대한 제38조 제1항 제1호 및 제2호에 규정된 조합원 자격요건 충족여부의 판단은 당해 주택조합의 설립인가신청일을 기준으로 한다. 다만, 제1항 제1호의 사유로 인하여 조합원의 지위를 상속받는 자는 제38조 제1항 제1호 및 제2호에 규정된 조합원 자격요건을 필요로 하지 아니한다.

③ ① 단서에 따른 조합원 추가모집의 승인과 조합원 추가모집에 따른 주택조합의 변경인가 신청은 사업계획승인신청일까지 하여야 한다.

(4) 직장주택조합의 설립신고

① 국민주택을 공급받기 위한 직장주택조합을 설립하고자 하는 자는 직장주택조합설립신고서에 다음 각 호의 서류를 첨부하여 관할 시장 · 군수 또는 구청장에게 제출하여야 한다. 이 경우 담당 공무원은 「전자정부 구현을 위한 행정업무 등의 전자화촉진에 관한 법률」에 따른 행정정보의 공동이용을 통하여 주민등록표 등본을 확인하여야 하며, 신고인이 확인에 동의하지 아니하는 경우에는 이를 첨부하도록 하여야 한다.

㉠ 조합원의 명부

㉡ 조합원이 될 자가 당해 직장에 근무하는 자임을 증명할 수 있는 서류(그 직장의 장이 확인한 서류)

㉢ 무주택자임을 증명하는 서류

② ①서 정한 사항외에 국민주택을 공급받기 위한 직장주택조합의 신고절차, 주택의 공급방법 등은 국토해양부령으로 정한다.

(5) 주택조합에 대한 감독

① 국토해양부장관 또는 시장·군수·구청장은 주택공급에 관한 질서를 유지하기 위하여 특히 필요하다고 인정되는 경우에는 국가가 관리하고 있는 행정전산망 등을 이용하여 주택조합 구성원의 자격 등에 관하여 필요한 사항을 확인할 수 있다.

② 시장·군수·구청장은 주택조합 또는 그 조합의 구성원이 이 법 또는 이 법에 따른 명령이나 처분을 위반한 경우에는 주택조합의 설립인가를 취소할 수 있다.

③ 주택조합은 대통령령으로 정하는 바에 따라 회계감사를 받아야 하며, 그 감사결과를 관할 시장·군수·구청장에게 보고하고, 인터넷에 게재하는 등 해당 조합원이 열람할 수 있도록 하여야 한다.

4) 주택의 공급

(1) 주택의 공급

① 사업주체(건축허가를 받아 주택 외의 시설과 주택을 동일 건축물로 하여 호수 이상으로 건설·공급하는 건축주 포함)는 다음 각 호에서 정하는 바에 따라 주택을 건설·공급하여야 한다. 이 경우 국가유공자, 장애인, 철거주택의 소유자, 그 밖에 국토해양부령으로 정

하는 대상자에 대하여는 국토해양부령으로 정하는 바에 따라 입주자 모집조건 등을 달리 정하여 별도로 공급할 수 있다.

㉠ 사업주체(국가·지방자치단체·한국토지주택공사 및 지방공사 제외)가 입주자를 모집하려는 경우 : 국토해양부령으로 정하는 바에 따라 시장·군수·구청장의 승인을 받을 것

㉡ 사업주체가 건설하는 주택을 공급하려는 경우 : 국토해양부령으로 정하는 입주자모집의 조건·방법·절차, 입주금(입주예정자가 사업주체에게 납입하는 주택가격)의 납부 방법·시기·절차, 주택공급계약의 방법·절차 등에 적합할 것

㉢ 사업주체가 주택을 공급하려는 경우 : 국토해양부령으로 정하는 바에 따라 벽지·바닥재·주방용구·조명기구 등을 제외한 부분의 가격을 따로 제시하고, 이를 입주자가 선택할 수 있도록 할 것

② 주택을 공급받으려는 자는 국토해양부령으로 정하는 입주자자격, 재당첨 제한 및 공급 순위 등에 맞게 주택을 공급받아야 한다.

③ 사업주체가 시장·군수·구청장의 승인을 받으려는 경우(사업주체가 국가·지방자치단체·한국토지주택공사 및 지방공사인 경우에는 견본주택을 건설하는 경우)에는 건설하는 견본주택에 사용되는 마감자재의 규격·성능 및 재질을 적은 목록표(마감자재 목록표)와 견본주택의 각 실의 내부를 촬영한 영상물 등을 제작하여 승인권자에게 제출하여야 한다.

④ 사업주체는 주택공급계약을 체결할 때 입주예정자에게 견본주택에 사용된 마감자재 목록표를 제공하여야 한다. 다만, 입주자 모집공고에 이를 표시(인터넷에 게재하는 경우 포함)한 경우에는 그러하지 아니하다.

⑤ 시장·군수·구청장은 받은 마감자재 목록표와 영상물 등을 사용검사가 있은 날부터 2년 이상 보관하여야 하며, 입주자가 열람을 요구하는 경우에는 이를 공개하여야 한다.

⑥ 사업주체가 마감자재 생산업체의 부도 등으로 인한 제품의 품귀 등 부득이한 사유로 인하여 사업계획승인 또는 마감자재 목록표의 마감자재와 다르게 마감자재를 시공·설치하려는 경우에는 당초의 마감자재와 같은 질 이상으로 설치하여야 한다.

⑦ 사업주체가 마감자재 목록표의 자재와 다른 마감자재를 시공·설치하려는 경우에는 그 사실을 입주예정자에게 알려야 한다.

(2) 주택의 분양가격 제한 등

① 사업주체가 일반인에게 공급하는 공동주택(도시형 생활주택 제외)은 이 조에서 정하는 기준에 따라 산정되는 분양가격 이하로 공급(분양가상한제 적용주택)하여야 한다. 다만, 다음 각 호의 어느 하나에 해당하는 경우에는 그러하지 아니하다.

㉠ 도시형 생활주택

㉡ 「경제자유구역의 지정 및 운영에 관한 특별법」 제4조에 따라 지정·고시된 경제자유구역에서 건설·공급하는 공동주택으로서 같은 법 제25조에 따른 경제자유구역위원회에서 외자유치 촉진과 관련이 있다고 인정하여 이 조에 따른 분양가격 제한을 적용하지 아니하기로 심의·의결한 경우

㉢ 「관광진흥법」 제70조 제1항에 따라 지정된 관광특구에서 건설·공급하는 공동주택으로서 해당 건축물의 층수가 50층 이상이거나 높이가 150미터 이상인 경우

② ①의 분양가격은 택지비와 건축비로 구성되며, 구체적인 명세, 산정방식, 감정평가기관 선정방법 등은 국토해양부령으로 정한다. 이 경우 택지비는 다음 각 호에 따라 산정한 금액으로 한다.

㉠ 공공택지에서 주택을 공급하는 경우에는 해당 택지의 공급가격에 국토해양부령으로 정하는 택지와 관련된 비용을 가산한 금액

㉡ 공공택지 외의 택지에서 주택을 공급하는 경우에는 「부동산 가격공시 및 감정평가에 관한 법률」에 따라 감정평가한 가액에 국토해양부령으로 정하는 택지와 관련된 비용을 가산한 금액. 다만, 택지 매입가격이 다음 각 목의 어느 하나에 해당하는 경우에는 해당 매입가격에 국토해양부령으로 정하는 택지와 관련된 비용을 가산한 금액을 택지비로 볼 수 있다. 이 경우 택지비는 주택단지 전체에 동일하게 적용하여야 한다.

ⓐ 「민사집행법」, 「국세징수법」 또는 「지방세법」에 따른 경·공매 낙찰가격

ⓑ 국가·지방자치단체 등 공공기관으로부터 매입한 가격

ⓒ 그 밖에 실제 매매가격을 확인할 수 있는 경우로서 대통령령으로 정하는 경우

③ 분양가격 구성항목 중 건축비는 국토해양부장관이 정하여 고시하는 건축비(기본형건축비)에 국토해양부령으로 정하는 금액을 더한 금액으로 한다. 이 경우 기본형건축비는 시장·군수·구청장이 해당 지역의 특성을 고려하여 국토해양부령으로 정하는 범위에서 따로 정하여 고시할 수 있다.

④ 사업주체는 분양가상한제 적용주택으로서 공공택지에서 공급하는 주택에 대하여 입주자 모집 승인을 받았을 때에는 입주자 모집공고에 다음 각 호[국토해양부령으로 정하는 세분류를 포함한다]에 대하여 분양가격을 공시하여야 한다.

㉠ 택지비

㉡ 공사비

㉢ 간접비

㉣ 그 밖에 국토해양부령으로 정하는 비용

⑤ 시장·군수·구청장이 공공택지 외의 택지에서 공급되는 분양가상한제 적용주택(「수도권 정비계획법」에 따른 수도권 등 분양가 상승 우려가 큰 지역으로서 대통령령으로 정하는 기준에 해당되는 지역에서 공급되는 주택만 해당한다)에 대하여 입주자모집 승인을 하는 경우에는 다음 각 호의 구분에 따라 분양가격을 공시하여야 한다. 이 경우 ㉡부터 ㉥까지의 금액은 기본형건축비(시·군·구별 기본형건축비가 따로 있는 경우에는 시·군·구별 기본형건축비)의 항목별 가액으로 한다.

㉠ 택지비

㉡ 직접공사비

㉢ 간접공사비

㉣ 설계비

㉤ 감리비

㉥ 부대비

㉦ 그 밖에 국토해양부령으로 정하는 비용

⑥ 공시를 할 때 국토해양부령으로 정하는 택지비 및 건축비에 가산되는 비용의 공시에는 분양가심사위원회 심사를 받은 내용과 산출근거를 포함하여야 한다.

(3) 주택건설사업 등에 의한 임대주택의 건설 등

① 사업주체가 다음 각 호의 사항을 포함한 사업계획승인신청서(「건축법」 제11조 제3항의 허가신청서를 포함한다. 이하 이 조에서 같다)를 제출하는 경우 사업계획승인권자(건축허가권자를 포함한다)는 「국토의 계획 및 이용에 관한 법률」 제78조의 용도지역별 용적률 범위 안에서 특별시·광역시·특별자치도·시 또는 군의 조례로 정하는 기준에 따라 용적률을 완화하여 적용할 수 있다.

㉠ 제16조 제1항에 따른 호수 이상의 주택과 주택 외의 시설을 동일 건축물로 건축하는 계획

㉡ 임대주택의 건설·공급에 관한 사항

② 제1항에 따라 용적률을 완화하여 적용하는 경우 사업주체는 완화된 용적률의 100분의 60 이하의 범위에서 대통령령으로 정하는 비율 이상에 해당하는 면적을 임대주택으로 공급하여야 한다. 이 경우 사업주체는 임대주택을 국토해양부장관, 시·도지사, 한국토지주택공사 또는 지방공사(이하 "인수자"라 한다)에 공급하여야 하며 시·도지사가 우선 인수할

수 있다. 다만, 시·도지사가 임대주택을 인수하지 아니하는 경우 시장·군수·구청장이 제1항의 사업계획승인(「건축법」 제11조의 건축허가를 포함한다. 이하 이 조에서 같다)신청 사실을 시·도지사에게 통보한 후 국토해양부장관에게 인수자 지정을 요청하여야 한다.

③ 제2항에 따라 공급되는 임대주택의 공급가격은 「임대주택법」 제16조 제3항에 따라 임대주택의 매각 시 적용하는 공공건설임대주택의 분양전환가격에 산정기준에서 정하는 건축비로 하고, 그 부속토지는 인수자에게 기부채납한 것으로 본다.

④ 사업주체는 제16조에 따른 사업계획승인을 신청하기 전에 미리 용적률의 완화로 건설되는 임대주택의 규모 등에 관하여 인수자와 협의하여 사업계획승인신청서에 반영하여야 한다.

⑤ 사업주체는 공급되는 주택의 전부(제32조의 주택조합이 설립된 경우에는 조합원에게 공급하고 남은 주택을 말한다)를 대상으로 공개추첨의 방법에 의하여 인수자에게 공급하는 임대주택을 선정하여야 하며, 그 선정 결과를 지체 없이 인수자에게 통보하여야 한다.

⑥ 사업주체는 임대주택의 준공인가(「건축법」 제22조의 사용승인을 포함한다)를 받은 후 지체 없이 인수자에게 등기를 촉탁 또는 신청하여야 한다. 이 경우 사업주체가 거부 또는 지체하는 경우에는 인수자가 등기를 촉탁 또는 신청할 수 있다.

(4) 공급질서 교란 금지

① 누구든지 이 법에 따라 건설·공급되는 주택을 공급받거나 공급받게 하기 위하여 다음 각 호의 어느 하나에 해당하는 증서 또는 지위를 양도·양수(매매·증여나 그 밖에 권리 변동을 수반하는 모든 행위를 포함하되, 상속·저당의 경우 제외)하거나 이를 알선하여서는 아니 되며, 누구든지 거짓이나 그 밖의 부정한 방법으로 이 법에 따라 건설·공급되는 증서나 지위 또는 주택을 공급받거나 공급받게 하여서는 아니 된다.

㉠ 주택을 공급받을 수 있는 지위

㉡ 주택상환사채

㉢ 입주자저축 증서

㉣ 그 밖에 주택을 공급받을 수 있는 증서 또는 지위로서 대통령령으로 정하는 것

② 국토해양부장관 또는 사업주체는 다음 각 호의 어느 하나에 해당하는 자에 대하여는 그 주택 공급을 신청할 수 있는 지위를 무효로 하거나 이미 체결된 주택의 공급계약을 취소할 수 있다.

㉠ 증서 또는 지위를 양도하거나 양수한 자

㉡ 거짓이나 그 밖의 부정한 방법으로 증서나 지위 또는 주택을 공급받은 자

③ 사업주체가 ①을 위반한 자에게 대통령령으로 정하는 바에 따라 산정한 주택가격에 해당하는 금액을 지급한 경우에는 그 지급한 날에 그 주택을 취득한 것으로 본다.

④ 사업주체가 매수인에게 주택가격을 지급하거나, 매수인을 알 수 없어 주택가격의 수령 통지를 할 수 없는 경우 등 대통령령으로 정하는 사유에 해당하는 경우로서 주택가격을 그 주택이 있는 지역을 관할하는 법원에 공탁한 경우에는 그 주택에 입주한 자에 대하여 기간을 정하여 퇴거를 명할 수 있다.

(5) 저당권설정 등의 제한

① 사업주체는 사업계획승인을 받아 시행하는 주택건설사업에 의하여 건설된 주택 및 대지에 대하여는 입주자 모집공고 승인 신청일(주택조합 : 사업계획승인 신청일) 이후부터 입주예정자가 그 주택 및 대지의 소유권이전등기를 신청할 수 있는 날 이후 60일까지의 기간 동안 입주예정자의 동의 없이 다음 각 호의 어느 하나에 해당하는 행위를 하여서는 아니 된다. 다만, 그 주택의 건설을 촉진하기 위하여 대통령령으로 정하는 경우에는 그러하지 아니하다.

㉠ 해당 주택 및 대지에 저당권 또는 가등기담보권 등 담보물권을 설정하는 행위
㉡ 해당 주택 및 대지에 전세권·지상권 또는 등기되는 부동산임차권을 설정하는 행위
㉢ 해당 주택 및 대지를 매매 또는 증여 등의 방법으로 처분하는 행위

② ①에서 "소유권이전등기를 신청할 수 있는 날"이란 사업주체가 입주예정자에게 통보한 입주가능일을 말한다.

③ 저당권설정 등의 제한을 할 때 사업주체는 해당 주택 또는 대지가 입주예정자의 동의 없이는 양도하거나 제한물권을 설정하거나 압류·가압류·가처분 등의 목적물이 될 수 없는 재산임을 소유권등기에 부기등기하여야 한다. 다만, 사업주체가 국가·지방자치단체 및 한국토지주택공사 등 공공기관이거나 해당 대지가 사업주체의 소유가 아닌 경우 등 대통령령으로 정하는 경우에는 그러하지 아니하다.

④ 부기등기는 주택건설대지에 대하여는 입주자 모집공고 승인 신청(주택건설대지 중 주택조합이 사업계획승인 신청일까지 소유권을 확보하지 못한 부분이 있는 경우 : 그 부분에 대한 소유권 이전등기)과 동시에 하여야 하고, 건설된 주택에 대하여는 소유권보존등기와 동시에 하여야 한다. 이 경우 부기등기의 내용 및 말소에 관한 사항은 대통령령으로 정한다.

⑤ 부기등기일 이후에 해당 대지 또는 주택을 양수하거나 제한물권을 설정받은 경우 또는 압류·가압류·가처분 등의 목적물로 한 경우에는 그 효력을 무효로 한다. 다만, 사업주체

의 경영부실로 입주예정자가 그 대지를 양수받는 경우 등 대통령령으로 정하는 경우에는 그러하지 아니하다.

⑥ 사업주체의 재무 상황 및 금융거래 상황이 극히 불량한 경우 등 대통령령으로 정하는 사유에 해당되어 설립된 대한주택보증주식회사가 분양보증을 하면서 주택건설대지를 대한주택보증주식회사에 신탁하게 할 경우에는 사업주체는 그 주택건설대지를 신탁할 수 있다.

⑦ 대한주택보증주식회사의 신탁의 인수에 관하여는 「자본시장과 금융투자업에 관한 법률」을 적용하지 아니한다.

(6) 투기과열지구의 지정 및 해제

① 국토해양부장관 또는 시·도지사는 주택가격의 안정을 위하여 필요한 경우에는 주택정책심의위원회(시·도지사의 경우 : 시·도 주택정책심의위원회)의 심의를 거쳐 일정한 지역을 투기과열지구로 지정하거나 이를 해제할 수 있다. 이 경우 투기과열지구의 지정은 그 지정 목적을 달성할 수 있는 최소한의 범위로 한다.

② 투기과열지구는 해당 지역의 주택가격상승률이 물가상승률보다 현저히 높은 지역으로서 그 지역의 청약경쟁률·주택가격·주택보급률 및 주택공급계획 등과 지역 주택시장 여건 등을 고려하였을 때 주택에 대한 투기가 성행하고 있거나 성행할 우려가 있는 지역 중 국토해양부령으로 정하는 기준을 충족하는 곳이어야 한다.

③ 국토해양부장관 또는 시·도지사는 제1항에 따라 투기과열지구를 지정하였을 때에는 지체 없이 이를 공고하고, 그 투기과열지구를 관할하는 시장·군수·구청장에게 공고 내용을 통보하여야 한다. 이 경우 시장·군수·구청장은 사업주체로 하여금 입주자 모집공고 시 해당 주택건설 지역이 투기과열지구에 포함된 사실을 공고하게 하여야 한다. 투기과열지구 지정을 해제하는 경우에도 또한 같다.

④ 국토해양부장관 또는 시·도지사는 투기과열지구에서 제2항에 따른 지정 사유가 없어졌다고 인정하는 경우에는 지체 없이 투기과열지구 지정을 해제하여야 한다.

⑤ 국토해양부장관이 투기과열지구를 지정하거나 해제할 경우에는 시·도지사의 의견을 들어야 하며, 시·도지사가 투기과열지구를 지정하거나 해제할 경우에는 국토해양부장관과 협의하여야 한다.

⑥ 국토해양부장관은 1년마다 주택정책심의위원회의 회의를 소집하여 투기과열지구로 지정된 지역별로 해당 지역의 주택가격 안정 여건의 변화 등을 고려하여 투기과열지구 지정의 유지 여부를 재검토하여야 한다. 재검토 결과 투기과열지구 지정의 해제가 필요하다고 인

정되는 경우에는 지체 없이 투기과열지구 지정을 해제하고 이를 공고하여야 한다.

⑦ 투기과열지구로 지정된 지역의 시·도지사 또는 시장·군수·구청장은 투기과열지구 지정 후 해당 지역의 주택가격이 안정되는 등 지정 사유가 없어졌다고 인정되는 경우에는 국토해양부장관 또는 시·도지사에게 투기과열지구 지정의 해제를 요청할 수 있다.

⑧ 투기과열지구 지정의 해제를 요청받은 국토해양부장관 또는 시·도지사는 요청받은 날부터 40일 이내에 주택정책심의위원회의 심의를 거쳐 투기과열지구 지정의 해제 여부를 결정하여 그 투기과열지구를 관할하는 지방자치단체의 장에게 심의결과를 통보하여야 한다.

⑨ 국토해양부장관 또는 시·도지사는 제8항에 따른 심의결과 투기과열지구에서 그 지정 사유가 없어졌다고 인정될 때에는 지체 없이 투기과열지구 지정을 해제하고 이를 공고하여야 한다.

(7) 주택의 전매행위 제한 등

① 사업주체가 건설·공급하는 주택 또는 주택의 입주자로 선정된 지위(입주자로 선정되어 그 주택에 입주할 수 있는 권리·자격·지위 등)로서 다음 각 호의 어느 하나에 해당하는 경우에는 10년 이내의 범위에서 대통령령으로 정하는 기간이 지나기 전에는 그 주택 또는 지위를 전매(매매·증여나 그 밖에 권리의 변동을 수반하는 모든 행위를 포함하되, 상속 제외)하거나 이의 전매를 알선할 수 없다. 이 경우 전매제한기간은 주택의 수급 상황 및 투기 우려 등을 고려하여 대통령령으로 지역별로 달리 정할 수 있다.

㉠ 투기과열지구에서 건설·공급되는 주택의 입주자로 선정된 지위

㉡ 분양가상한제 적용주택 및 그 주택의 입주자로 선정된 지위. 다만, 수도권 외의 지역으로서 투기과열지구가 지정되지 아니하거나 지정 해제된 지역 중 공공택지 외의 택지에서 건설·공급되는 분양가상한제 적용주택 및 그 주택의 입주자로 선정된 지위에 대하여는 그러하지 아니하다.

㉢ 주택공영개발지구에서 분양가격의 제한을 받지 아니하고 공공기관이 건설·공급하는 공동주택 및 그 주택의 입주자로 선정된 지위

② 입주자로 선정된 자 또는 주택을 공급받은 자의 생업상의 사정 등으로 전매가 불가피하다고 인정되는 경우로서 대통령령으로 정하는 경우에는 ①을 적용하지 아니한다. 다만, 주택을 공급받은 자가 전매하는 경우에는 한국토지주택공사(사업주체가 지방공사인 경우 : 지방공사)가 그 주택을 우선 매입할 수 있다.

③ ①을 위반하여 주택의 입주자로 선정된 지위의 전매가 이루어진 경우, 사업주체가 이미 납부된 입주금에 대하여 「은행법」에 따른 금융기관의 1년 만기 정기예금 평균이자율을

합산한 금액(매입비용)을 그 매수인에게 지급한 경우에는 그 지급한 날에 사업주체가 해당 입주자로 선정된 지위를 취득한 것으로 보며, 한국토지주택공사가 분양가상한제 적용주택을 우선 매입하는 경우의 매입비용에 관하여도 이를 준용한다.

④ 사업주체가 주택을 공급하는 경우에는 그 주택의 소유권을 제3자에게 이전할 수 없음을 소유권에 관한 등기에 부기등기하여야 한다.

⑤ 부기등기는 주택의 소유권보존등기와 동시에 하여야 하며, 부기등기에는 "이 주택은 최초로 소유권이전등기가 된 후에는 ①에서 정한 기간이 지나기 전에 한국토지주택공사 외의 자에게 소유권을 이전하는 어떠한 행위도 할 수 없음"을 명시하여야 한다.

⑥ 한국토지주택공사가 우선 매입한 주택을 공급하는 경우에는 ④을 준용한다.

1-4. 주택자금 및 거래

1) 국민주택기금

(1) 국민주택기금의 설치 등

① 정부는 주택종합계획을 효율적으로 실시하기 위하여 필요한 자금을 확보하고, 이를 원활히 공급하기 위하여 국민주택기금을 설치한다.

② 국민주택기금은 다음 각 호의 재원으로 조성한다.

㉠ 정부의 출연금 또는 예탁금

㉡「공공자금관리기금법」에 따른 공공자금관리기금으로부터의 예수금

㉢「재건축초과이익 환수에 관한 법률」에 따른 재건축부담금 중 국가 귀속분

㉣ 예탁금

㉤ 국민주택채권 발행으로 조성된 자금

㉥「복권 및 복권기금법」에 따라 배분된 복권수익금

㉦ 입주자저축자금 중 청약저축 및 주택청약종합저축으로 조성된 자금

㉧ 출자기관의 배당수익 및 대출자산의 매각자금

㉨ 주택건설사업 또는 대지조성사업을 위하여 외국으로부터 차입하는 자금

㉩ 국민주택기금의 회수금·이자수입금과 국민주택기금의 운용으로 생기는 수익

㉪ 국민주택사업의 시행에 따른 부대수익

③ 국토해양부장관은 국민주택기금을 운용하기 위하여 필요한 경우에는 국민주택기금의 부담으로 한국은행 또는 금융기관 등으로부터 자금을 차입할 수 있다.

④ 대출자산의 매각 방법·절차 등에 필요한 사항은 대통령령으로 정한다.

(2) 국민주택기금에의 자금의 예탁

① 다음 각 호의 기금 또는 자금의 관리자나 저축자는 그 자금의 전부 또는 일부를 국민주택기금에 예탁할 수 있다.

㉠ 「국민연금법」에 따라 조성된 기금

㉡ 그 밖에 대통령령으로 정하는 기금 또는 자금

② 한국토지주택공사는 국민주택사업의 시행을 촉진하기 위하여 필요하다고 인정할 때에는 국민주택기금에 자금을 예탁할 수 있다.

③ 국민주택기금에의 자금의 예탁 범위·방법·조건 등에 필요한 사항은 대통령령으로 정한다.

(3) 국민주택기금의 운용·관리 및 기금수탁자의 책임 등

① 국민주택기금은 국토해양부장관이 운용·관리한다.

② 국토해양부장관은 국민주택기금의 운용·관리에 관한 사무의 전부 또는 일부를 금융기관 등 국토해양부장관이 지정하는 자(기금수탁자)에게 위탁할 수 있다.

③ 국민주택기금의 운용·관리에 관한 사무를 위탁받은 기금수탁자는 대통령령으로 정하는 바에 따라 국민주택기금의 조성 및 운용 상황을 국토해양부장관에게 보고하여야 한다.

④ 기금수탁자는 선량한 관리자의 주의로 위탁받은 사무를 처리하여야 한다.

⑤ 기금수탁자가 ④의 주의를 위반하여 국민주택기금에 손해를 입힌 경우에는 이를 배상하여야 한다.

⑥ 국토해양부장관은 국민주택기금의 운용에 관한 계획을 수립하려는 경우에는 미리 기획재정부장관과 협의하여야 한다.

⑦ 국민주택기금의 회계연도·운용계획 및 결산 등에 관하여 이 법에 특별한 규정이 있는 경우 외에는 「국가재정법」을 적용한다.

(4) 국민주택기금의 운용 제한

① 국민주택기금은 다음 각 호의 용도가 아닌 용도로는 운용할 수 없다.

㉠ 국민주택의 건설

㉡ 국민주택을 건설하기 위한 대지조성사업

㉢ ㉠과 ㉡의 사업을 위한 기자재의 구입 및 비축

㉣ 공업화주택(대통령령으로 정하는 규모 이하의 주택으로 한정한다)의 건설

ⓜ 예탁금 및 차입금의 원리금 상환
ⓑ 국민주택채권의 원리금 상환
ⓢ 「공공자금관리기금법」에 따른 공공자금관리기금으로부터의 예수금의 원리금 상환
ⓞ 국민주택규모 이하의 주택을 개량하거나 구입 또는 임차하는 자에 대한 융자
ⓙ 정부시책으로 추진하는 주택사업
ⓒ 「도시 및 주거환경정비법」에 따른 도시·주거환경정비기금, 「도시재정비 촉진을 위한 특별법」에 따른 재정비촉진특별회계 또는 국민주택사업특별회계의 지원
ⓚ 국민주택기금의 조성·운용 및 관리를 위한 경비
ⓣ 대한주택보증주식회사에의 출자 및 융자
ⓟ 「한국주택금융공사법」에 따른 주택금융신용보증기금에의 출연
ⓗ 「주택저당채권유동화회사법」에 따른 주택저당채권유동화회사 및 「한국주택금융공사법」에 따른 한국주택금융공사에의 출자
㉮ 대한주택공사 또는 한국토지공사에의 출자
㉯ 국민주택을 건설하기 위한 자재 및 기술의 연구·개발
㉰ 국민주택의 리모델링
㉱ 「도시 및 주거환경정비법」에 따른 주거환경 정비사업
㉲ 대한주택공사가 분양가상한제 적용주택을 우선 매입한 비용
㉳ 「도시재정비 촉진을 위한 특별법」에 따른 기반시설의 설치에 드는 비용
㉴ 「경제자유구역의 지정 및 운영에 관한 법률」에 따라 지정된 경제자유구역의 활성화를 위한 임대주택의 건설 및 이와 관련된 기반시설 등의 설치에 필요한 자금의 융자
㉵ 그 밖에 국민주택의 건설을 촉진하기 위하여 대통령령으로 정하는 사업

② 국토해양부장관은 국민주택기금에 여유자금이 있을 때에는 대통령령으로 정하는 방법으로 이를 운용할 수 있다.

(5) 국민주택기금 대출채권의 상각

① 기금수탁자는 채무자의 무자력 등으로 인하여 국민주택기금의 대출금을 회수할 수 없는 경우에는 국토해양부령으로 정하는 바에 따라 대출채권을 상각할 수 있다.

② 기금수탁자는 상각처리된 채권의 보전이나 추심을 위한 관리업무를 수행하다가 국토해양부령으로 정하는 기간이 끝났을 때에는 그 관리업무를 정지하고 그 내용을 국토해양부장관에게 보고하여야 한다.

(6) **이익금과 손실금의 처리**

① 국토해양부장관은 매 사업연도에 국민주택기금의 결산에서 이익이 생긴 경우에는 이익금 전액을 국민주택기금에 적립하여야 한다.

② 국토해양부장관은 매 사업연도에 국민주택기금의 결산에서 손실금이 생긴 경우에는 적립금으로 보전하되, 보전한 후에도 남는 손실액이 있는 경우에는 정부가 일반회계에서 이를 보전할 수 있다.

2) 국민주택채권

(1) **국민주택채권의 발행 등**

① 정부는 국민주택사업에 필요한 자금을 조달하기 위하여 국민주택기금의 부담으로 국민주택채권을 발행할 수 있다.

② 국민주택채권은 국토해양부장관의 요청에 따라 기획재정부장관이 발행한다.

③ 국민주택채권에 관하여 이 법에 특별한 규정이 있는 경우 외에는 「국채법」을 적용한다.

④ 국민주택채권의 종류·이율, 발행의 방법·절차 및 상환과 발행사무 취급에 필요한 사항은 대통령령으로 정한다.

(2) **국민주택채권의 매입**

① 다음 각 호의 어느 하나에 해당하는 자 중 대통령령으로 정하는 자는 국민주택채권을 매입하여야 한다.

㉠ 국가 또는 지방자치단체로부터 면허·허가·인가를 받는 자

㉡ 국가 또는 지방자치단체에 등기·등록을 신청하는 자

㉢ 국가·지방자치단체 또는 「공공기관의 운영에 관한 법률」에 따른 공공기관 중 대통령령으로 정하는 공공기관과 건설공사의 도급계약을 체결하는 자

㉣ 이 법에 따라 건설·공급하는 주택을 공급받는 자

② ①에 따라 국민주택채권을 매입하는 자의 매입 금액 및 절차 등에 필요한 사항은 대통령령으로 정한다.

3) 주택상환사채

(1) **주택상환사채의 발행**

① 한국토지주택공사와 등록사업자는 대통령령으로 정하는 바에 따라 주택으로 상환하는 사채(주택상환사채)를 발행할 수 있다. 이 경우 등록사업자는 자본금·자산평가액 및 기술인

력 등이 대통령령으로 정하는 기준에 맞고 금융기관 또는 대한주택보증주식회사의 보증을 받은 경우에만 주택상환사채를 발행할 수 있다.

② 주택상환사채를 발행하려는 자는 대통령령으로 정하는 바에 따라 주택상환사채발행계획을 수립하여 국토해양부장관의 승인을 받아야 한다.

③ 주택상환사채의 발행요건 및 상환기간 등은 대통령령으로 정한다.

(2) 발행책임과 조건 등

① 주택상환사채를 발행한 자는 발행조건에 따라 주택을 건설하여 사채권자에게 상환하여야 한다.

② 주택상환사채는 기명증권으로 하고, 사채권자의 명의변경은 취득자의 성명과 주소를 사채원부에 기록하는 방법으로 하며, 취득자의 성명을 채권에 기록하지 아니하면 사채발행자 및 제3자에게 대항할 수 없다.

③ 국토해양부장관은 사채의 납입금이 택지의 구입 등 사채발행 목적에 맞게 사용될 수 있도록 그 사용 방법·절차 등에 관하여 대통령령으로 정하는 바에 따라 필요한 조치를 하여야 한다.

4) 국민주택사업특별회계 등

(1) 국민주택사업특별회계의 설치 등

① 지방자치단체는 국민주택사업을 시행하기 위하여 국민주택사업특별회계를 설치·운용하여야 한다.

② 국민주택사업특별회계의 자금은 다음 각 호의 재원으로 조성한다.

㉠ 자체 부담금

㉡ 국민주택기금으로부터의 차입금

㉢ 정부로부터의 보조금

㉣ 농업협동조합중앙회로부터의 차입금

㉤ 외국으로부터의 차입금

㉥ 국민주택사업특별회계에 속하는 재산의 매각 대금

㉦ 국민주택사업특별회계자금의 회수금·이자수입금 및 그 밖의 수익

㉧ 「재건축초과이익 환수에 관한 법률」에 따른 재건축부담금 중 지방자치단체 귀속분

③ 지방자치단체는 대통령령으로 정하는 바에 따라 국민주택사업특별회계의 운용 상황을 국토해양부장관에게 보고하여야 한다.

5) 주택거래

(1) 주택거래의 신고

① 「소득세법」에 따른 지역 중 주택에 대한 투기가 성행하거나 성행할 우려가 있다고 판단되는 지역으로서 주택정책심의위원회의 심의를 거쳐 국토해양부장관이 지정하는 지역(주택거래신고지역)에 있는 주택(대통령령으로 정하는 공동주택)에 관한 소유권을 이전하는 계약(대가가 있는 경우만 해당, 신규로 건설·공급하는 주택을 신규로 취득하는 경우 제외)을 체결한 당사자는 공동으로, 주택거래가액 등 대통령령으로 정하는 사항을 주택거래계약의 체결일부터 15일 이내에 해당 주택 소재지의 관할 시장·군수·구청장에게 신고하여야 한다. 신고한 사항을 변경하는 경우에도 또한 같다.

② 주택거래신고지역으로 지정되기 전에 체결한 계약 중 「부동산등기 특별조치법」에 따른 검인을 받지 아니한 계약에 대하여는 ①을 적용한다. 이 경우 주택거래신고지역으로 지정된 날부터 15일 이내에 신고하여야 한다.

③ ①이나 ②에 따라 신고를 받은 시장·군수·구청장은 그 신고 내용을 확인한 후 신고증명서를 신고인에게 즉시 발급하여야 한다.

④ 신고인이 신고증명서를 발급받은 경우에는 「부동산등기 특별조치법」에 따른 검인을 받은 것으로 본다.

⑤ 신고의 절차와 그 밖에 필요한 사항은 국토해양부령으로 정한다.

⑥ 국토해양부장관은 주택거래신고지역의 지정 후 관할 지방자치단체의 장이 해제를 요청하거나 주택가격이 안정되는 등 지정 사유가 없어졌다고 인정되는 경우에는 주택정책심의위원회의 심의를 거쳐 주택거래신고지역의 지정을 해제하여야 한다.

(2) 주택거래신고지역의 지정 등

① 국토해양부장관은 다음 각 호의 어느 하나에 해당하는 지역을 주택거래신고지역으로 지정할 수 있다.

㉠ 지정하는 날이 속하는 달의 직전월의 아파트의 매매가격상승률이 1.5퍼센트 이상인 지역

㉡ 직전월로부터 소급하여 3월간의 아파트의 매매가격상승률이 3퍼센트 이상인 지역

㉢ 직전월로부터 소급하여 1년간의 아파트의 매매가격상승률이 전국의 아파트매매가격상승률의 2배 이상인 지역

㉣ 관할시장·군수 또는 구청장이 주택에 대한 투기가 성행할 우려가 있다고 판단하여 지정을 요청하는 지역

② 주택거래계약을 신고하여야 하는 공동주택은 아파트를 말한다.

③ 국토해양부장관은 주택거래신고지역을 지정한 경우에는 다음 각 호의 사항을 관보에 고시하고, 지체없이 관할시장 · 군수 또는 구청장에게 통보하여야 한다.

㉠ 주택거래신고지역의 지역적 범위

㉡ 신고대상 공동주택

④ 시장 · 군수 또는 구청장은 제3항의 규정에 의하여 통보받은 내용을 지체없이 관할등기소의 장에게 통지하고, 일반인이 15일 이상 열람할 수 있도록 하여야 한다.

⑤ ③ 및 ④의 규정은 주택거래신고지역의 해제에 관하여 이를 준용한다.

2. 도시 및 주거환경정비법

2-1. 총 칙

1) 법의 목적

도시및주거환경정비법은 도시기능의 회복이 필요하거나 주거환경이 불량한 지역을 계획적으로 정비하고 노후·불량건축물을 효율적으로 개량하기 위하여 필요한 사항을 규정함으로써 도시환경을 개선하고 주거생활의 질을 높이는데 이바지한다.

2) 주요 용어

① 정비구역이라 함은 정비사업을 계획적으로 시행하기 위하여 지정·고시된 구역을 말한다.

② 정비사업이라 함은 이 법에서 정한 절차에 따라 도시기능을 회복하기 위하여 정비구역안에서 정비기반시설을 정비하고 주택 등 건축물을 개량하거나 건설하는 다음 각 목의 사업을 말한다. 다만, ㉢의 경우에는 정비구역이 아닌 구역에서 시행하는 주택재건축 사업을 포함한다.

㉠ 주거환경개선사업 : 도시저소득주민이 집단으로 거주하는 지역으로서 정비기반시설이 극히 열악하고 노후·불량건축물이 과도하게 밀집한 지역에서 주거환경을 개선하기 위하여 시행하는 사업

㉡ 주택재개발사업 : 정비기반시설이 열악하고 노후·불량건축물이 밀집한 지역에서 주거환경을 개선하기 위하여 시행하는 사업

㉢ 주택재건축사업 : 정비기반시설은 양호하나 노후·불량건축물이 밀집한 지역에서 주거환경을 개선하기 위하여 시행하는 사업

㉣ 도시환경정비사업 : 상업지역·공업지역 등으로서 토지의 효율적 이용과 도심 또는 부도심 등 도시기능의 회복이나 상권활성화 등이 필요한 지역에서 도시환경을 개선하기 위하여 시행하는 사업

③ 노후·불량건축물이라 함은 다음 각 목에 해당하는 건축물을 말한다.

㉠ 건축물이 훼손되거나 일부가 멸실되어 붕괴 그 밖의 안전사고의 우려가 있는 건축물

㉡ 다음의 요건에 해당하는 건축물로서 대통령령으로 정하는 바에 따라 시·도 조례로 정하는 건축물

ⓐ 주변 토지의 이용상황 등에 비추어 주거환경이 불량한 곳에 소재할 것

ⓑ 건축물을 철거하고 새로운 건축물을 건설하는 경우 그에 소요되는 비용에 비하여 효용의 현저한 증가가 예상될 것

㉢ 도시미관의 저해, 건축물의 기능적 결함, 부실시공 또는 노후화로 인한 구조적 결함 등으로 인하여 철거가 불가피한 건축물로서 대통령령으로 정하는 바에 따라 시·도 조례로 정하는 건축물

시행령

제2조(노후·불량건축물의 범위)

① 「도시 및 주거환경정비법」(이하 "법"이라 한다) 제2조 제3호나목에 따라 특별시·광역시 또는 도의 조례(이하 "시·도 조례"라 한다)로 정할 수 있는 건축물은 다음 각 호의 어느 하나에 해당하는 건축물을 말한다.

㉠ 「건축법」 제57조 제1항에 따라 당해 지방자치단체의 조례가 정하는 면적에 미달되거나 「국토의 계획 및 이용에 관한 법률」 제2조 제7호의 규정에 의한 도시계획시설(이하 "도시계획시설"이라 한다) 등의 설치로 인하여 효용을 다할 수 없게 된 대지에 있는 건축물

㉡ 공장의 매연·소음 등으로 인하여 위해를 초래할 우려가 있는 지역안에 있는 건축물

㉢ 당해 건축물을 준공일 기준으로 40년까지 사용하기 위하여 보수·보강하는데 드는 비용이 철거후 새로운 건축물을 건설하는 데 드는 비용보다 클 것으로 예상되는 건축물

② 법 제2조 제3호다목에 따라 시·도 조례로 정할 수 있는 건축물은 다음 각 호의 어느 하나에 해당하는 건축물을 말한다.

㉠ 준공된 후 20년 이상의 범위에서 조례로 정하는 기간이 지난 건축물

㉡ 「국토의 계획 및 이용에 관한 법률」 제19조 제1항 제8호의 규정에 의한 도시기본계획상의 경관에 관한 사항에 저촉되는 건축물

㉢ 건축물의 급수·배수·오수설비 등이 노후화되어 수선만으로는 그 기능을 회복할 수 없게 된 건축물

④ 정비기반시설이라 함은 도로·상하수도·공원·공용주차장·공동구(국토의계획및이용에관한법률 제2조 9호의 규정에 의한 공동구) 그 밖에 주민의 생활에 필요한 가스 등의 공급시설로서 대통령령이 정하는 시설을 말한다.

시행령

제3조(정비기반시설) 법 제2조 제4호에서 "대통령령이 정하는 시설"이라 함은 다음 각 호의 시설을 말한다.
① 녹지
② 하천
③ 공공공지
④ 광장
⑤ 소방용수시설
⑥ 비상대피시설
⑦ 가스공급시설
⑧ 주거환경개선사업을 위하여 지정·고시된 법 제2조 제1호의 규정에 의한 정비구역(이하 "정비구역"이라 한다) 안에 설치하는 법 제2조 제5호의 규정에 의한 공동 이용시설(이하 "공동이용시설"이라 한다)로서 법 제30조의 규정에 의한 사업시행 계획서(이하 "사업시행계획서"라 한다)에 당해 시장·군수 또는 자치구의 구청장(이하 "시장·군수"라 한다)이 관리하는 것으로 포함된 것

⑤ 공동이용시설이라 함은 주민이 공동으로 사용하는 놀이터·마을회관·공동작업장 그 밖에 대통령령이 정하는 시설을 말한다.

시행령

제4조(공동이용시설) 법 제2조 제5호에서 "대통령령이 정하는 시설"이라 함은 다음 각 호의 시설을 말한다.
① 공동으로 사용하는 구판장·세탁장·화장실 및 수도
② 탁아소·어린이집·경로당 등 노유자시설
③ 그 밖에 주민이 공동으로 사용하는 시설로서 제1호 및 제2호의 시설과 유사한 용도의 시설

⑥ 대지라 함은 정비사업에 의하여 조성된 토지를 말한다.

⑦ 주택단지라 함은 주택 및 부대·복리시설을 건설하거나 대지로 조성되는 일단의 토지로서 다음 각 목의 어느 하나에 해당하는 일단의 토지를 말한다.

㉠ 사업계획승인을 받아 주택과 부대·복리시설을 건설한 일단의 토지

㉡ 일단의 토지 중 도시계획시설인 도로나 그 밖에 이와 유사한 시설로 분리되어 각각 관리되고 있는 각각의 토지

㉢ 일단의 토지 2 이상이 공동으로 관리되고 있는 경우 그 전체 토지

㉣ 분할된 토지 또는 분할되어 나가는 토지

㉤ 건축허가를 얻어 아파트 또는 연립주택을 건설한 일단의 토지

⑧ 사업시행자라 함은 정비사업을 시행하는 자를 말한다.

⑨ 토지등소유자라 함은 다음 각 목의 자를 말한다.

㉠ 주거환경개선사업·주택재개발사업 또는 도시환경정비사업의 경우에는 정비구역안에 소재한 토지 또는 건축물의 소유자 또는 그 지상권자

㉡ 주택재건축사업의 경우에는 다음에 해당하는 자

ⓐ 정비구역안에 소재한 건축물 및 그 부속토지의 소유자

ⓑ 정비구역이 아닌 구역안에 소재한 대통령령이 정하는 주택 및 그 부속토지의 소유자와 부대·복리시설 및 그 부속토지의 소유자

시행령

제6조(정비구역이 아닌 구역에서의 주택재건축사업의 대상) 법 제2조 제9호 나목(2)에서 "대통령령이 정하는 주택"이란 「주택법」 제16조에 따른 사업계획승인 또는 「건축법」 제11조에 따른 건축허가(이하 이 조에서 "사업계획승인등"이라 한다)를 받아 건설한 아파트 또는 연립주택(「건축법 시행령」 별표 1 제2호가목에 따른 아파트 또는 같은 호 나목에 따른 연립주택을 말한다. 이하 이 조에서 같다)중 노후·불량건축물에 해당하는 것으로서 다음 각 호의 어느 하나에 해당하는 것을 말한다. 다만, 「건축법」 제11조에 따른 건축허가를 받아 주택외의 시설과 주택을 동일 건축물로 건축한 것은 제외한다.

① 기존 세대수가 20세대 이상인 것. 다만, 지형여건 및 주변 환경으로 보아 사업시행상 불가피하다고 시장·군수가 인정하는 경우에는 아파트 및 연립주택이 아닌 주택을 일부 포함할 수 있다.

② 기존 세대수가 20세대 미만으로서 20세대 이상으로 재건축하고자 하는 것. 이 경우 사업계획승인등에 포함되어 있지 아니하는 인접대지의 세대수를 포함하지 아니한다.

⑩ 주택공사등이라 함은 대한주택공사법에 의하여 설립된 대한주택공사 또는 지방공기업법에 의하여 주택사업을 수행하기 위하여 설립된 지방공사를 말한다.

⑪ 정관등이라 함은 다음 각목의 것을 말한다.

㉠ 정관

㉡ 토지등소유자가 자치적으로 정하여 운영하는 규약

㉢ 시장·군수 또는 자치구의 구청장 또는 주택공사등이 작성한 시행규정

2-2. 기본계획의 수립 및 정비구역의 지정

1) 도시·주거환경정비기본계획의 수립

① 특별시장·광역시장 또는 시장은 다음 각 호의 사항이 포함된 도시·주거환경정비기본계획을 10년 단위로 수립하여야 한다. 다만, 서울특별시와 광역시를 제외한 인구 50만 이상 대도시가 아닌 경우 도지사가 기본계획의 수립이 필요하다고 인정하는 시를 제외하고 기본계획을 수립하지 아니할 수 있다.

㉠ 정비사업의 기본방향
㉡ 정비사업의 계획기간
㉢ 인구·건축물·토지이용·정비기반시설·지형 및 환경 등의 현황
㉣ 주거지 관리계획
㉤ 토지이용계획·정비기반시설계획·공동이용시설설치계획 및 교통계획
㉥ 녹지·조경·에너지공급·폐기물처리 등에 관한 환경계획
㉦ 사회복지시설 및 주민문화시설 등의 설치계획
㉧ 도시의 광역적 재정비를 위한 기본방향
㉨ 정비구역으로 지정할 예정인 구역(정비예정구역)의 개략적 범위
㉩ 단계별 정비사업추진계획(정비예정구역별 정비계획의 수립시기를 포함)
㉪ 건폐율·용적률 등에 관한 건축물의 밀도계획
㉫ 세입자에 대한 주거안정대책

② 특별시장·광역시장 또는 시장은 기본계획에 대하여 5년마다 그 타당성 여부를 검토하여 그 결과를 기본계획에 반영하여야 한다.

③ 특별시장·광역시장 또는 시장은 기본계획을 수립 또는 변경하고자 하는 때에는 14일 이상 주민에게 공람하고 지방의회의 의견을 들은 후 지방도시계획위원회의 심의(대도시의 시장이 아닌 시장이 기본계획을 수립 또는 변경하는 경우 제외)를 거쳐야 한다. 다만, 대통령령이 정하는 경미한 사항을 변경하는 경우에는 그러하지 아니하다.

④ 대도시의 시장이 아닌 시장은 기본계획을 수립 또는 변경한 때에는 도지사의 승인을 얻어야 하며, 도지사가 이를 승인함에 있어서는 지방도시계획위원회의 심의를 거쳐야 한다. 다만, ③의 단서의 규정에 해당하는 변경의 경우에는 그러하지 아니하다.

⑤ 특별시장·광역시장·도지사 또는 대도시의 시장은 지방도시계획위원회의 심의를 거치기 전에 관계 행정기관의 장과 협의하여야 한다.

⑥ 특별시장·광역시장 또는 시장은 기본계획이 수립 또는 변경된 때에는 이를 지체없이 당해 지방자치단체의 공보에 고시하여야 한다.

⑦ 특별시장·광역시장 또는 시장은 기본계획을 수립하거나 변경한 때에는 국토해양부령이 정하는 방법 및 절차에 따라 국토해양부장관에게 보고하여야 한다.

⑧ 기본계획의 작성기준 및 작성방법은 국토해양부장관이 이를 정한다.

2) 정비계획의 수립 및 정비구역의 지정

① 시장 · 군수는 기본계획에 적합한 범위안에서 노후 · 불량건축물이 밀집하는 등 대통령령이 정하는 요건에 해당하는 구역에 대하여 다음 각 호의 사항이 포함된 정비계획을 수립하여 이를 주민에게 서면으로 통보한 후 주민설명회를 하고 30일 이상 주민에게 공람하며 지방의회의 의견을 들은 후(이 경우 지방의회는 시장 · 군수가 정비계획을 통지한 날부터 60일 이내에 의견을 제시하여야 하며, 의견제시 없이 60일이 도과한 경우 이의가 없는 것으로 본다) 이를 첨부하여 시 · 도지사에게 정비구역지정을 신청하여야 하고, 정비계획의 내용을 변경할 필요가 있을 때에는 같은 절차를 거쳐 변경지정을 신청하여야 한다. 다만, 대통령령이 정하는 경미한 사항을 변경하는 경우에는 주민에 대한 서면통보, 주민설명회, 주민공람 및 지방의회의 의견청취절차를 거치지 아니할 수 있다.

㉠ 정비사업의 명칭

㉡ 정비구역 및 그 면적

㉢ 도시계획시설의 설치에 관한 계획

㉣ 공동이용시설 설치계획

㉤ 건축물의 주용도 · 건폐율 · 용적률 · 높이 · 층수 및 연면적에 관한 계획

㉥ 환경보전 및 재난방지에 관한 계획

㉦ 정비구역 주변의 교육환경 보호에 관한 계획

㉧ 정비사업시행 예정시기

㉨ 「국토의 계획 및 이용에 관한 법률」 제52조 제1항 각 호의 사항에 관한 계획(필요한 경우에 한한다)

㉩ 그 밖에 정비사업의 시행을 위하여 필요한 사항으로서 대통령령이 정하는 사항

② ①에도 불구하고 대도시의 시장은 시 · 도지사에게 정비구역지정을 신청하지 아니하고 직접 정비구역을 지정한다.

③ 토지등소유자는 다음 각 호의 어느 하나에 해당하는 경우에 시장 · 군수에게 제1항에 따른 정비계획의 입안을 제안할 수 있으며, 이 경우 정비계획의 제안을 위한 토지등소유자의

동의, 제안서의 처리 등에 관하여 필요한 사항은 대통령령으로 정한다.

㉠ 제3조 제1항 제9호에 따른 단계별 정비사업추진계획상 정비계획의 수립시기가 1년(시·도 조례가 그 이상의 연수로 정하는 경우에는 그 연수로 한다) 이상 경과하였음에도 불구하고 정비계획이 수립되지 아니한 경우

㉡ 토지등소유자가 제8조 제4항에 따라 주택공사등을 사업시행자로 요청하고자 하는 경우

㉢ 대도시가 아닌 시 또는 군으로서 시·도 조례로 정하는 경우

④ 시·도지사 또는 대도시의 시장은 정비구역을 지정 또는 변경지정하고자 하는 경우에는 대통령령이 정하는 바에 따라 지방도시계획위원회와 특별시·광역시·도 또는 대도시에 두는 건축위원회가 공동으로 하는 심의를 거쳐 지정 또는 변경지정하여야 한다. 다만, ① 단서에 따른 경미한 사항을 변경하고자 하는 경우에는 지방도시계획위원회의 심의를 거치지 아니할 수 있다.

⑤ 시·도지사 또는 대도시의 시장은 정비구역을 지정 또는 변경지정한 경우에는 당해 정비계획을 포함한 지정 또는 변경지정 내용을 당해 지방자치단체의 공보에 고시하고 국토해양부령이 정하는 방법 및 절차에 따라 국토해양부장관에게 그 지정내용 또는 변경지정내용을 보고하여야 하며, 관계 서류를 일반인이 열람할 수 있도록 하여야 한다.

⑥ ⑤에 따라 정비구역의 지정 또는 변경지정에 대한 고시가 있는 경우 당해 정비구역 및 정비계획중「국토의 계획 및 이용에 관한 법률」제52조 제1항 각 호의 1에 해당하는 사항은 동법 제49조 및 제51조의 규정에 의한 제1종지구단위계획 및 제1종지구단위계획구역으로 결정·고시된 것으로 본다.

⑦「국토의 계획 및 이용에 관한 법률」에 의한 지구단위계획구역에 대하여 제1항 각 호의 사항을 모두 포함한 지구단위계획을 결정·고시(변경 결정·고시하는 경우를 포함한다) 하는 경우 당해 지구단위계획구역은 정비구역으로 지정·고시된 것으로 본다.

⑧ 정비계획을 통한 토지의 효율적인 활용을 도모하기 위하여「국토의 계획 및 이용에 관한 법률」제52조 제3항의 규정에 의한 건폐율 등의 완화규정은 제1항의 규정에 의한 정비계획에 관하여 이를 준용한다. 이 경우 "지구단위계획구역"은 "정비구역"으로, "지구단위계획"은 "정비계획"으로 본다.

⑨ 시장·군수는 제65조, 제66조, 제68조 등에 따라 정비기반시설 및 국·공유재산의 귀속 및 처분에 관한 사항이 포함된 정비계획을 수립하고자 하는 때에는 미리 해당 정비기반시설 및 국·공유재산의 관리청의 의견을 들어야 한다.

⑩ 정비계획의 작성기준 및 작성방법은 국토해양부장관이 이를 정한다.

3) 행위제한 등

① 정비구역 안에서 건축물의 건축, 공작물의 설치, 토지의 형질변경, 토석의 채취, 토지분할, 물건을 쌓아놓는 행위 등 행위를 하고자 하는 자는 시장 · 군수의 허가를 받아야 한다. 허가받은 사항을 변경하고자 하는 때에도 또한 같다.

② 다음 각 호의 어느 하나에 해당하는 행위는 허가를 받지 아니하고 이를 할 수 있다.

㉠ 재해복구 또는 재난수습에 필요한 응급조치를 위하여 하는 행위

㉡ 그 밖에 대통령령이 정하는 행위

③ 허가를 받아야 하는 행위로서 정비구역의 지정 및 고시 당시 이미 관계 법령에 따라 행위허가를 받았거나 허가를 받을 필요가 없는 행위에 관하여 그 공사 또는 사업에 착수한 자는 대통령령이 정하는 바에 따라 시장 · 군수에게 신고한 후 이를 계속 시행할 수 있다.

④ 시장 · 군수는 ①의 규정을 위반한 자에 대하여 원상회복을 명할 수 있다. 이 경우 명령을 받은 자가 그 의무를 이행하지 아니하는 때에는 시장 · 군수는 「행정대집행법」에 따라 이를 대집행할 수 있다.

⑤ ①의 규정에 따른 허가에 관하여 이 법에 규정한 것을 제외하고는 「국토의 계획 및 이용에 관한 법률」 제57조 내지 제60조 및 제62조의 규정을 준용한다.

⑥ ①의 규정에 따라 허가를 받은 경우에는 「국토의 계획 및 이용에 관한 법률」 제56조의 규정에 따라 허가를 받은 것으로 본다.

⑦ 국토해양부장관, 시·도지사 또는 시장·군수는 비경제적인 건축행위 및 투기 수요의 유입 방지를 위하여 기본계획을 공람 중인 정비예정구역 또는 정비계획을 수립 중인 지역에 대하여 3년 이내의 기간(1회에 한하여 1년의 범위 안에서 연장할 수 있다)을 정하여 대통령령으로 정하는 방법과 절차에 따라 다음 각 호의 행위를 제한할 수 있다.

㉠ 건축물의 건축

㉡ 토지의 분할

2-3. 정비사업의 시행

1) 정비사업의 시행

(1) 시행방법

① 주거환경개선사업 : 자력, 수용 또는 환지

㉠ 주거환경 개선사업의 시행자가 정비구역안에서 정비기반시설을 새로이 설치하거나 확

대하고 토지등소유자가 스스로 주택을 개량하는 방법

㉡ 주거환경개선사업의 시행자가 정비구역의 전부 또는 일부를 수용하여 주택을 건설한 후 토지등소유자에게 우선 공급하는 방법

㉢ 주거환경개선사업의 시행자가 환지로 공급하는 방법

② 주택재개발사업 : 환권 또는 환지

㉠ 주택재개발사업은 정비구역 안에서 인가받은 관리처분계획에 따라 주택 및 부대·복리시설을 건설하여 공급하거나, 환지로 공급하는 방법에 의한다.

③ 주택재건축사업 : 환권

㉠ 주택재건축사업은 정비구역 안 또는 정비구역이 아닌 구역에서 인가받은 관리처분계획에 따라 주택 및 부대·복리시설을 건설하여 공급하는 방법에 의한다. 다만, 주택단지안에 있지 아니하는 건축물의 경우에는 지형여건·주변의 환경으로 보아 사업시행상 불가피한 경우와 정비구역안에서 시행하는 사업에 한한다.

④ 도시환경정비사업 : 환권 또는 환지

㉠ 도시환경정비사업은 정비구역안에서 인가받은 관리처분계획에 따라 건축물을 건설하여 공급하는 방법 또는 환지로 공급하는 방법에 의한다.

(2) 주거환경개선사업의 시행자

① 주거환경개선사업은 공람공고일 현재 해당 정비예정구역안의 토지 또는 건축물의 소유자 또는 지상권자의 3분의 2 이상의 동의와 세입자 세대수 과반수의 동의를 각각 얻어 시장·군수가 직접 시행하거나 주택공사등을 사업시행자로 지정하여 이를 시행하게 할 수 있다. 다만, 세입자의 세대수가 토지등소유자의 2분의 1 이하인 경우에는 세입자의 동의절차를 거치지 아니할 수 있다.

② 시장·군수는 천재·지변 그 밖의 불가피한 사유로 인하여 건축물의 붕괴우려가 있어 긴급히 정비사업을 시행할 필요가 있다고 인정하는 경우에는 토지등소유자 및 세입자의 동의 없이 자신이 직접 시행하거나 주택공사등을 사업시행자로 지정하여 시행하게 할 수 있다. 이 경우 시장·군수는 지체없이 토지등소유자에게 긴급한 정비사업의 시행사유·시행방법 및 시행시기 등을 통보하여야 한다.

(3) 주택재개발사업 등의 시행자

① 주택재개발사업은 조합이 이를 시행하거나 조합원 과반수의 동의를 얻어 시장·군수, 주택공사 등 건설업자, 건설업자로 보는 등록사업자 또는 대통령령이 정하는 요건을 갖춘

자와 공동으로 이를 시행할 수 있다.

② 주택재건축사업은 조합이 이를 시행하거나 조합이 조합원 과반수의 동의를 얻어 시장 · 군수 또는 주택공사 등과 공동으로 이를 시행할 수 있다.

③ 도시환경정비사업은 조합 또는 토지등소유자가 시행하거나, 조합 또는 토지등소유자가 조합원 또는 토지등소유자의 과반수의 동의를 얻어 시장 · 군수, 주택공사 등, 「한국토지공사법」에 의한 한국토지공사(공장이 포함된 구역에서의 도시환경정비사업의 경우 제외), 건설업자, 등록사업자 또는 대통령령이 정하는 요건을 갖춘 자와 공동으로 이를 시행할 수 있다.

④ 시장 · 군수는 정비사업이 다음 각 호에 해당하는 때에는 직접 정비사업(주거환경개선사업 제외)을 시행하거나, 시장 · 군수가 토지등소유자 · 「사회기반시설에 대한 민간투자법」 제2조 제12호에 따른 민관합동법인 또는 「자본시장과 금융투자업에 관한 법률」 제8조 제7항에 따른 신탁업자로서 대통령령이 정하는 요건을 갖춘 자(지정개발자) 또는 주택공사등을 사업시행자로 지정하여 정비사업을 시행하게 할 수 있다.

㉠ 천재 · 지변 그 밖의 불가피한 사유로 인하여 긴급히 정비사업을 시행할 필요가 있다고 인정되는 때

㉡ 정비계획에서 정한 정비사업시행 예정일부터 2년 이내에 사업시행인가를 신청하지 아니하거나 사업시행인가를 신청한 내용이 위법 또는 부당하다고 인정되는 때(주택재건축사업 제외)

㉡의2 제13조에 따른 조합설립추진위원회(이하 "추진위원회"라 한다)가 시장 · 군수의 구성 승인을 얻은 날부터 3년 이내에 제16조에 따른 조합의 설립인가를 신청하지 아니하거나, 조합이 제16조에 따른 조합의 설립인가를 얻은 날부터 3년 이내에 제28조에 따른 사업시행인가를 신청하지 아니하는 경우(이 경우 시장 · 군수는 제5항에 따른 사업시행자 지정 고시일 다음날에 추진위원회의 구성 승인 또는 조합의 설립인가는 취소된 것으로 본다)

㉢ 지방자치단체의 장이 시행하는 도시계획사업과 병행하여 정비사업을 시행할 필요가 있다고 인정되는 때

㉣ 순환정비방식에 의하여 정비사업을 시행할 필요가 있다고 인정되는 때

㉤ 사업시행인가가 취소된 때

㉥ 당해 정비구역안의 국 · 공유지면적 또는 국 · 공유지와 주택공사등이 소유한 토지를 합한 면적이 전체 토지면적의 2분의 1 이상으로서 토지등소유자의 과반수가 시장 · 군수

또는 주택공사등을 사업시행자로 지정하는 것에 동의하는 때

ⓢ 당해 정비구역안의 토지면적 2분의 1 이상의 토지소유자와 토지등소유자의 3분의 2 이상에 해당하는 자가 시장 · 군수 또는 주택공사등을 사업시행자로 지정할 것을 요청하는 때. 이 경우 제4조 제3항 제2호에 따라 토지등소유자가 정비계획의 수립에 대한 입안을 제안한 경우 입안제안에 동의한 토지등소유자는 주택공사등의 사업시행자 지정에 동의한 것으로 본다. 다만, 사업시행자의 지정 요청 전에 시장 · 군수 및 제26조에 따른 주민대표회의에 사업시행자의 지정에 대한 반대의 의사표시를 한 토지등소유자의 경우에는 그러하지 아니하다.

⑤ 시장 · 군수는 직접 정비사업을 시행하거나 지정개발자 또는 주택공사등을 사업시행자로 지정하는 때에는 정비사업 시행구역 등 토지등소유자에게 알릴 필요가 있는 사항으로서 대통령령이 정하는 사항을 당해 지방자치단체의 공보에 고시하여야 한다.

(4) 사업대행자의 지정 등

① 시장·군수는 장기간 정비사업이 지연되거나 권리관계에 대한 분쟁 등으로 인하여 해당 조합 또는 토지등소유자가 시행하는 정비사업을 계속 추진하기 어렵다고 인정하는 때에는 해당 조합 또는 토지등소유자를 대신하여 직접 정비사업을 시행하거나 지정개발자 또는 주택공사등으로 하여금 당해 조합 또는 토지등소유자를 대신하여 정비사업을 시행하게 할 수 있다.

② 정비사업을 대행하는 시장·군수, 지정개발자 또는 주택공사등(사업대행자)은 사업시행자에게 청구할 수 있는 보수 또는 비용의 상환에 대한 권리로써 사업시행자에게 귀속될 대지 또는 건축물을 압류할 수 있다.

③ 사업의 대행에 있어서 개시결정 및 고시와 개시결정의 효과, 사업대행자의 업무집행, 사업대행의 완료와 그 고시 등에 관하여 필요한 사항은 대통령령으로 정한다.

(5) 주택재건축사업의 안전진단 및 시행여부 결정

① 시장·군수는 정비계획의 수립 또는 주택재건축사업의 시행여부를 결정하기 위하여 다음 각 호의 어느 하나에 해당하는 경우 안전진단을 실시하여야 한다. 다만, ⓛ 및 ⓒ의 경우 시장 · 군수는 안전진단에 소요되는 비용을 해당 안전진단 실시를 요청하는 자에게 부담하게 할 수 있다.

㉠ 주택재건축사업의 정비예정구역별 정비계획의 수립시기가 도래한 때

ⓛ 정비계획의 입안을 제안하고자 하는 자가 입안을 제안하기 전에 해당 정비예정구역안

에 소재한 건축물 및 그 부속토지의 소유자 10분의 1 이상의 동의를 얻어 안전진단 실시를 요청하는 때

㉢ 정비구역이 아닌 구역에서의 주택재건축사업을 시행하고자 하는 자가 추진위원회의 구성 승인을 신청하기 전에 해당 사업예정구역 안에 소재한 건축물 및 그 부속토지의 소유자 10분의 1 이상의 동의를 얻어 안전진단 실시를 요청하는 때

② 주택재건축사업의 안전진단은 주택단지내의 건축물을 대상으로 한다. 다만, 대통령령으로 정하는 주택단지내 건축물의 경우에는 안전진단 대상에서 제외할 수 있다.

③ 시장·군수는 현지조사 등을 통하여 해당 건축물의 구조안전성, 건축마감, 설비노후도 및 주거환경 적합성 등을 심사하여 안전진단 실시여부를 결정하여야 하며, 안전진단의 실시가 필요하다고 결정한 경우에는 대통령령으로 정하는 안전진단기관에 안전진단을 의뢰하여야 한다.

④ 시장·군수로부터 의뢰 받은 안전진단기관은 국토해양부장관이 정하여 관보에 고시하는 기준에 따라 안전진단을 실시하여야 하며, 국토해양부령이 정하는 방법 및 절차에 따라 안전진단결과보고서를 작성하여 시장·군수 및 안전진단 실시를 요청한 자에게 제출하여야 한다.

⑤ 시장·군수는 안전진단의 결과와 도시계획 및 지역여건 등을 종합적으로 검토하여 정비계획의 수립 또는 주택재건축사업의 시행여부를 결정하여야 한다.

⑥ 시장·군수는 정비계획의 수립 또는 주택재건축사업의 시행을 결정한 경우에는 지체 없이 시·도지사에게 결정내용과 해당안전진단결과보고서를 제출하여야 한다.

⑦ 안전진단결과보고서를 제출 받은 시·도지사는 필요한 경우 한국시설안전공단 또는 한국건설기술연구원에 안전진단결과의 적정성 여부에 대한 검토를 의뢰할 수 있다.

⑧ 국토해양부장관은 시·도지사에게 제출받은 자료의 제출을 요청할 수 있으며, 필요한 경우 시·도지사로 하여금 안전진단결과의 적정성 여부에 대한 검토를 하도록 요청할 수 있다.

⑨ 시·도지사는 검토결과에 따라 시장·군수에게 정비계획 수립결정 또는 주택재건축사업 시행결정의 취소 등 필요한 조치를 요청할 수 있으며, 시장·군수는 특별한 사유가 없는 한 이에 응하여야 한다.

⑩ ①부터 ⑨까지의 규정에 따른 안전진단의 대상 · 기준 · 실시기관 · 지정절차 · 수수료 · 안전진단결과의 평가 및 주택재건축사업의 시행여부의 결정 등에 관하여 필요한 세부사항은 대통령령으로 정한다.

2) 조합설립추진위원회 및 조합의 설립 등

(1) 조합의 설립 및 추진위원회의 구성

① 시장·군수 또는 주택공사등이 아닌 자가 정비사업을 시행하고자 하는 경우에는 토지등소유자로 구성된 조합을 설립하여야 한다. 다만, 도시환경정비사업을 토지등소유자가 시행하고자 하는 경우에는 그러하지 아니하다.

② 조합을 설립하고자 하는 경우에는 정비구역지정 고시(정비구역이 아닌 구역에서의 주택재건축사업의 경우에는 주택재건축사업의 시행결정을 말한다) 후 위원장을 포함한 5인 이상의 위원 및 운영규정에 대한 토지등소유자 과반수의 동의를 얻어 조합설립을 위한 추진위원회를 구성하여 국토해양부령으로 정하는 방법과 절차에 따라 시장·군수의 승인을 얻어야 한다.

③ 추진위원회의 구성에 동의한 토지등소유자(추진위원회 동의자)는 조합의 설립에 동의한 것으로 본다. 다만, 조합설립인가 신청 전에 시장·군수 및 추진위원회에 조합설립에 대한 반대의 의사표시를 한 추진위원회 동의자의 경우에는 그러하지 아니하다.

④ ②에 따른 토지등소유자의 동의를 받고자 하는 자는 그 동의를 받기 전에 대통령령으로 정하는 방법 및 절차에 따라 ③의 내용을 설명·고지하여야 한다.

⑤ 제23조는 ②에 따른 추진위원회 위원에 관하여 준용한다. 이 경우 "조합"은 "추진위원회"로, "임원"은 "위원"으로, "조합원"은 "토지등소유자"로, "조합장"은 "추진위원회 위원장"으로 본다.

(2) 추진위원회의 기능

① 추진위원회는 다음 각 호의 업무를 수행할 수 있다.
  ㉠ 정비사업전문관리업자의 선정
  ㉡ 개략적인 정비사업 시행계획서의 작성
  ㉢ 조합의 설립인가를 받기 위한 준비업무
  ㉣ 그 밖에 조합설립의 추진을 위하여 필요한 업무로서 대통령령이 정하는 업무

② 추진위원회가 정비사업전문관리업자를 선정하고자 하는 경우에는 시장·군수의 추진위원회 승인을 얻은 후 경쟁입찰의 방법으로 선정하여야 한다.

③ 추진위원회는 조합설립인가를 신청하기 전에 대통령령으로 정하는 방법 및 절차에 따라 조합설립을 위한 창립총회를 개최하여야 한다.

④ 추진위원회가 ①에 따라 수행하는 업무의 내용이 토지등소유자의 비용부담을 수반하는

것이거나 권리와 의무에 변동을 발생시키는 경우로서 대통령령으로 정하는 사항에 대하여는 그 업무를 수행하기 전에 대통령령이 정하는 비율 이상의 토지등소유자의 동의를 얻어야 한다.

(3) 추진위원회의 조직 및 운영

① 추진위원회는 추진위원회를 대표하는 위원장 1인과 감사를 두어야 하며, 그 운영에 필요한 사항은 대통령령으로 정한다.

② 국토해양부장관은 추진위원회의 공정한 운영을 위하여 다음 각 호의 내용을 포함한 추진위원회의 운영규정을 정하여 관보에 고시하여야 한다.

㉠ 추진위원회 위원의 선임방법 및 변경에 관한 사항
㉡ 추진위원회 위원의 권리·의무에 관한 사항
㉢ 추진위원회의 업무범위에 관한 사항
㉣ 추진위원회의 운영방법에 관한 사항
㉤ 토지등소유자의 운영경비 납부에 관한 사항
㉥ 추진위원회 운영자금의 차입에 관한 사항
㉦ 그 밖에 추진위원회의 운영에 필요한 사항으로서 대통령령이 정하는 사항

③ 추진위원회는 운영규정에 따라 운영하여야 하며, 토지등소유자는 운영에 필요한 경비를 운영규정이 정하는 바에 따라 납부하여야 한다.

④ 추진위원회는 추진위원회가 행한 업무를 총회에 보고하여야 하며, 추진위원회가 행한 업무와 관련된 권리와 의무는 조합이 포괄승계 한다.

⑤ 추진위원회는 사용경비를 기재한 회계장부 및 관련서류를 조합 설립의 인가일부터 30일 이내에 조합에 인계하여야 한다.

⑥ 토지등소유자는 추진위원회의 운영규정이 정하는 바에 따라 추진위원회에 추진위원회 위원의 교체 및 해임을 요구할 수 있다.

⑦ ⑥의 규정에 의한 추진위원회 위원의 교체 · 해임절차 등에 관한 구체적인 사항은 운영규정이 정하는 바에 의한다.

(4) 조합의 설립인가 등

① 주택재개발사업 및 도시환경정비사업의 추진위원회가 조합을 설립하고자 하는 때에는 토지등소유자의 4분의 3 이상 및 토지면적의 2분의 1 이상의 토지소유자의 동의를 얻어 정관 및 국토해양부령이 정하는 서류를 첨부하여 시장·군수의 인가를 받아야 한다. 인가받

은 사항을 변경하고자 하는 때에도 또한 같다. 다만, 경미한 사항을 변경하고자 하는 때에는 조합원의 동의없이 시장·군수에게 신고하고 변경할 수 있다.

② 주택재건축사업의 추진위원회가 조합을 설립하고자 하는 때에는 주택단지안의 공동주택의 각 동별 구분소유자의 3분의 2 이상 및 토지면적의 2분의 1 이상의 토지소유자의 동의(공동주택의 각 동별 구분소유자가 5 이하인 경우 제외)와 주택단지안의 전체 구분소유자의 4분의 3 이상 및 토지면적의 4분의 3 이상의 토지소유자의 동의를 얻어 정관 및 국토해양부령이 정하는 서류를 첨부하여 시장·군수의 인가를 받아야 한다. 인가받은 사항을 변경하고자 하는 때에도 또한 같다. 다만, 경미한 사항을 변경하고자 하는 때에는 조합원의 동의없이 시장·군수에게 신고하고 변경할 수 있다.

③ 주택단지가 아닌 지역이 정비구역에 포함된 때에는 주택단지가 아닌 지역안의 토지 또는 건축물 소유자의 4분의 3 이상 및 토지면적의 3분의 2 이상의 토지소유자의 동의를 얻어야 한다.

④ 조합이 이 법에 의한 정비사업을 시행하는 경우 주택법 제38조의 규정을 적용함에 있어서는 조합을 동법 제2조 제5호의 규정에 의한 사업주체로 보며, 조합설립인가일부터 동법 제9조의 규정에 의한 주택건설사업 등의 등록을 한 것으로 본다.

⑤ ①부터 ③까지에 따른 토지등소유자에 대한 동의의 대상 및 절차, 조합 설립신청 및 인가절차 등에 관하여 필요한 사항은 대통령령으로 정한다.

(5) 조합원의 자격 등

① 정비사업(시장·군수 또는 주택공사등이 시행하는 정비사업 제외)의 조합원은 토지등소유자(주택재건축사업의 경우에는 주택재건축사업에 동의한 자에 한한다)로 하되, 다음 각호의 어느 하나에 해당하는 때에는 그 수인을 대표하는 1인을 조합원으로 본다.

㉠ 토지 또는 건축물의 소유권과 지상권이 수인의 공유에 속하는 때

㉡ 수인의 토지등소유자가 1세대에 속하는 때(이 경우 동일한 세대별 주민등록표 상에 등재되어 있지 아니한 배우자 및 미혼인 20세 미만의 직계비속은 1세대로 보며, 1세대로 구성된 수인의 토지등소유자가 조합설립인가 후 세대를 분리하여 동일한 세대에 속하지 아니하는 때에도 이혼 및 20세 이상 자녀의 분가를 제외하고는 1세대로 본다)

㉢ 조합설립인가 후 1인의 토지등소유자로부터 토지 또는 건축물의 소유권이나 지상권을 양수하여 수인이 소유하게 된 때

② 투기과열지구로 지정된 지역 안에서의 주택재건축사업의 경우 조합설립인가후 당해 정비사업의 건축물 또는 토지를 양수(매매·증여 그 밖의 권리의 변동을 수반하는 일체의 행위

를 포함하되, 상속·이혼으로 인한 양도·양수의 경우를 제외한다)한 자는 조합원이 될 수 없다. 다만, 양도자가 다음 각 호에 해당하는 경우 그 양도자로부터 그 건축물 또는 토지를 양수한 자는 그러하지 아니하다.

㉠ 세대원의 근무 또는 생업상의 사정이나 질병치료·취학·결혼으로 인하여 세대원 전원이 당해 사업구역이 위치하지 아니한 특별시·광역시·시 또는 군으로 이전하는 경우

㉡ 상속에 의하여 취득한 주택으로 세대원 전원이 이전하는 경우

㉢ 세대원 전원이 해외로 이주하거나 세대원 전원이 2년 이상의 기간동안 해외에 체류하고자 하는 경우

㉣ 그 밖에 불가피한 사정으로 양도하는 경우

③ 사업시행자는 조합설립인가후 당해 정비사업의 건축물 또는 토지를 양수한 자로서 조합원의 자격을 취득할 수 없는 자에 대하여는 현금으로 청산하여야 한다.

(6) 정관의 작성 및 변경

① 조합은 다음 각 호의 사항이 포함된 정관을 작성하여야 한다.

㉠ 조합의 명칭 및 주소

㉡ 조합원의 자격에 관한 사항

㉢ 조합원의 제명·탈퇴 및 교체에 관한 사항

㉣ 정비사업 예정구역의 위치 및 면적

㉤ 조합의 임원의 수 및 업무의 범위

㉥ 조합임원의 권리·의무·보수·선임방법·변경 및 해임에 관한 사항

㉦ 대의원의 수, 의결방법, 선임방법 및 선임절차

㉧ 조합의 비용부담 및 조합의 회계

㉨ 정비사업의 시행연도 및 시행방법

㉩ 총회의 소집절차·시기 및 의결방법

㉪ 총회의 개최 및 조합원의 총회소집요구에 관한 사항

㉫ 공사비 등 정비사업에 소요되는 비용(정비사업비)의 부담시기 및 절차

㉬ 정비사업이 종결된 때의 청산절차

㉭ 청산금의 징수·지급의 방법 및 절차

㉮ 시공자·설계자의 선정 및 계약서에 포함될 내용

㉯ 정관의 변경절차

② 국토해양부장관은 표준정관을 작성하여 보급할 수 있다.

③ 조합이 정관을 변경하고자 하는 경우에는 총회를 개최하여 조합원 과반수의 동의를 얻어 시장·군수의 인가를 받아야 한다. 다만, 대통령령이 정하는 경미한 사항을 변경하고자 하는 때에는 이 법 또는 정관으로 정하는 방법에 따라 변경하고 시장·군수에게 신고하여야 한다.

(7) 조합의 임원

① 조합은 다음 각 호의 임원을 둔다.

㉠ 조합장 1인

㉡ 이사

㉢ 감사

② 다음 각 호에 해당하는 자는 조합의 임원이 될 수 없다.

㉠ 미성년자·금치산자 또는 한정치산자

㉡ 파산선고를 받은 자로서 복권되지 아니한 자

㉢ 금고 이상의 실형의 선고를 받고 그 집행이 종료되거나 집행이 면제된 날부터 2년이 경과되지 아니한 자

㉣ 금고 이상의 형의 집행유예를 받고 그 유예기간중에 있는 자

㉤ 이 법을 위반하여 벌금 100만원 이상의 형을 선고받고 5년이 지나지 아니한 자

③ 조합임원이 위 각 호에 해당하게 되거나 선임 당시 그에 해당하는 자이었음이 판명된 때에는 당연 퇴임한다.

④ 퇴임된 임원이 퇴임전에 관여한 행위는 그 효력을 잃지 아니한다.

⑤ 조합임원의 해임은 조합원 10분의 1 이상의 발의로 소집된 총회에서 조합원 과반수의 출석과 출석 조합원 과반수의 동의를 얻어 할 수 있다. 이 경우 발의자 대표로 선출된 자가 해임 총회의 소집 및 진행에 있어 조합장의 권한을 대행한다.

3) 사업시행계획

(1) 사업시행인가

① 사업시행자(공동시행의 경우를 포함하되, 사업시행자가 시장·군수인 경우 제외)는 정비사업을 시행하고자 하는 경우에는 사업시행계획서에 정관등과 그 밖에 국토해양부령이 정하는 서류를 첨부하여 시장·군수에게 제출하고 사업시행인가를 받아야 한다. 인가받은 내용을 변경하거나 정비사업을 중지 또는 폐지하고자 하는 경우에도 또한 같다. 다만, 경미

한 사항을 변경하고자 하는 때에는 시장·군수에게 이를 신고하여야 한다.

② 시장·군수는 정비구역이 아닌 구역에서 시행하는 주택재건축사업의 사업시행인가를 하고자 하는 경우에는 건축물의 높이·층수·용적률 등에 대하여시·군·구에 설치하는 건축위원회의 심의를 거쳐야 한다.

③ 시장·군수는 사업시행인가를 하고자 하는 경우(인가받은 내용을 변경하는 경우 포함) 정비구역으로부터 200미터 이내에 교육시설이 설치되어 있는 때에는 해당 지방자치단체의 교육감 또는 교육장과 협의하여야 한다.

④ 시장·군수는 사업시행인가(시장·군수가 사업시행계획서를 작성한 경우 포함)를 하거나 그 정비사업을 변경·중지 또는 폐지하는 경우에는 국토해양부령이 정하는 방법 및 절차에 의하여 그 내용을 당해 지방자치단체의 공보에 고시하여야 한다.

⑤ 사업시행자(시장·군수 또는 주택공사등 제외)는 사업시행인가를 신청(인가받은 내용을 변경하거나 정비사업을 중지 또는 폐지하고자 하는 경우 포함)하기 전에 미리 총회를 개최하여 조합원 과반수의 동의를 얻어야 한다. 다만, 사업시행자가 지정개발자인 경우에는 정비구역 안의 토지면적 50퍼센트 이상 토지소유자의 동의와 토지등소유자 과반수의 동의를 각각 얻어야 하며, 경미한 변경인 경우에는 총회 의결을 필요로 하지 아니한다.

⑥ 도시환경정비사업을 토지등소유자가 시행하고자 하는 경우에는 사업시행인가를 신청하기 전에 사업시행계획서에 대하여 토지등소유자의 4분의 3 이상의 동의를 얻어야 한다. 다만, 인가받은 사항을 변경하고자 하는 경우에는 규약이 정하는 바에 따라 토지등소유자의 과반수의 동의를 얻어야 하며, 경미한 변경인 경우에는 토지등소유자의 동의를 필요로 하지 아니한다.

(2) 사업시행계획서의 작성

① 사업시행자는 고시된 정비계획에 따라 다음 각 호의 사항을 포함하여 사업시행계획서를 작성하여야 한다.

㉠ 토지이용계획(건축물배치계획 포함)

㉡ 정비기반시설 및 공동이용시설의 설치계획

㉢ 임시수용시설을 포함한 주민이주대책

㉣ 세입자의 주거 및 이주대책

㉤ 임대주택의 건설계획(주택재건축사업의 경우 재건축소형주택의 건설계획을 말함)

㉥ 건축물의 높이 및 용적률 등에 관한 건축계획

ⓢ 정비사업의 시행과정에서 발생하는 폐기물의 처리계획

ⓞ 교육시설의 교육환경 보호에 관한 계획(정비구역으로부터 200미터 이내에 교육시설이 설치되어 있는 경우)

ⓩ 시행규정(시장·군수 또는 주택공사등이 단독으로 시행하는 정비사업에 한함)

ⓒ 그 밖에 사업시행을 위하여 필요한 사항으로서 대통령령으로 정하는 바에 따라 시·도 조례가 정하는 사항

(3) 다른 법률의 인·허가등의 의제

① 사업시행자가 사업시행인가를 받은 때(시장·군수가 직접 정비사업을 시행하는 경우에는 사업시행계획서를 작성한 때)에는 다음 각 호의 인가·허가·승인·신고·등록·협의·동의·심사 또는 해제가 있은 것으로 보며, 사업시행인가의 고시가 있은 때에는 다음 각 호의 관계 법률에 의한 인·허가등의 고시·공고 등이 있은 것으로 본다.

㉠「주택법」에 의한 사업계획의 승인

㉡「건축법」에 의한 건축허가, 가설건축물의 건축허가 또는 축조신고 및 건축협의

㉢「도로법」에 의한 도로공사시행의 허가 및 도로점용의 허가

㉣「사방사업법」에 의한 사방지 지정의 해제

㉤「농지법」에 의한 농지전용의 허가·협의 및 농지전용신고

㉥「산지관리법」에 의한 산지전용허가 및 산지전용신고와「산림자원의 조성 및 관리에 관한 법률」에 따른 입목벌채등의 허가 및「산림보호법」에 따른 산림보호구역에서의 행위의 허가. 다만,「산림자원의 조성 및 관리에 관한 법률」에 따른 채종림·시험림과「산림보호법」에 따른 산림유전자원보호구역의 경우는 제외한다.

㉦「하천법」에 따른 하천공사 시행의 허가 및 하천공사실시계획의 인가, 하천의 점용허가 및 하천수의 사용허가

㉧「수도법」에 따른 일반수도사업의 인가 및 전용상수도 또는 전용공업용수도 설치의 인가

㉨「하수도법」에 의한 공공하수도 사업의 허가 및 개인하수처리시설의 설치신고

㉩「측량·수로조사 및 지적에 관한 법률」에 따른 지도등의 간행 심사

㉪「유통산업발전법」에 의한 대규모점포의 등록

㉫「국유재산법」에 따른 사용허가(주택재개발사업 및 도시환경정비사업에 한한다)

㉬「지방재정법」에 의한 사용·수익허가(주택재개발사업 및 도시환경정비사업에 한한다)

ⓗ 「측량·수로조사 및 지적에 관한 법률」에 따른 사업의 착수·변경의 신고

㉮ 「국토의 계획 및 이용에 관한 법률」에 의한 개발행위의 허가, 도시계획시설사업시행자의 지정 및 실시계획의 인가

㉯ 「전기사업법」에 따른 자가용 전기설비공사계획의 인가 및 신고

㉰ 「소방시설설치 및 안전관리에 관한 법률」에 따른 건축허가등의 동의, 「위험물안전관리법」에 따른 제조소등의 설치의 허가(제조소등은 공장건축물 또는 그 부속시설에 관계된 것에 한한다)

② 사업시행자가 공장이 포함된 구역에 대한 도시환경정비사업에 대하여 사업시행인가를 받은 때에는 인·허가등이 있은 것으로 보는 것 외에 다음 각 호의 인·허가등이 있은 것으로 보며, 사업시행인가의 고시가 있은 때에는 다음 각 호의 관계 법률에 의한 인·허가등의 고시·공고 등이 있은 것으로 본다.

㉠ 「산업집적활성화및공장설립에관한법률」 제13조의 규정에 의한 공장설립등의 승인 및 동법 제15조의 규정에 의한 공장설립등의 완료신고

㉡ 「폐기물관리법」에 의한 폐기물처리시설의 설치승인 또는 설치신고(변경승인 또는 변경신고를 포함한다)

㉢ 「대기환경보전법」, 「수질 및 수생태계 보전에 관한 법률」 및 소음·진동규제법에 의한 배출시설설치의 허가 및 신고

㉣ 「총포·도검·화약류등단속법」에 의한 화약류저장소 설치의 허가

③ 사업시행자는 정비사업에 대하여 ① 및 ②의 규정에 의한 인·허가등의 의제를 받고자 하는 경우에는 제28조 제1항의 규정에 의한 사업시행인가를 신청하는 때에 해당 법률이 정하는 관계서류를 함께 제출하여야 한다. 다만, 사업시행인가를 신청한 때에 시공자가 선정되어 있지 아니하여 관계서류를 제출할 수 없는 경우이거나 제5항에 따라 사업시행인가를 하는 때에는 시장·군수가 정하는 기한까지 이를 제출할 수 있다.

④ 시장·군수는 제28조 제1항의 규정에 의한 사업시행인가를 하거나 사업시행계획서를 작성하고자 함에 있어서 ① 각 호 및 ② 각 호의 규정에 의하여 의제되는 인·허가등에 해당하는 사항이 있는 경우에는 미리 관계 행정기관의 장과 협의하여야 하며, 협의를 요청받은 관계행정기관의 장은 요청받은 날(③ 단서의 경우에는 서류가 관계행정기관의 장에게 도달된 날을 말한다)부터 20일 이내에 의견을 제출하여야 한다. 이 경우 관계행정기관의 장은 당해 법률에서 규정한 인·허가등의 기준을 위반하여 협의에 응하여서는 아니된다.

⑤ ④에도 불구하고 천재지변이나 그 밖의 불가피한 사유로 인하여 긴급히 정비사업을 시행

할 필요가 있다고 시장·군수가 인정하는 때에는 관계 행정기관의 장과 협의를 마치기 전에 제28조 제1항에 따른 사업시행인가를 할 수 있다. 이 경우 협의를 마칠 때까지는 ① 및 ②에 따른 인·허가등을 받은 것으로 보지 아니한다.

⑥ 정비사업에 대하여 ① 및 ②의 규정에 의하여 다른 법률에 의한 인·허가등이 있은 것으로 보는 경우에는 관계 법률 또는 시·도조례에 의하여 당해 인·허가등의 대가로 부과되는 수수료 등은 이를 면제한다.

(4) 순환정비방식의 정비사업

① 사업시행자는 정비사업을 원활히 시행하기 위하여 정비구역의 내·외에 새로 건설한 주택 또는 이미 건설되어 있는 주택에 그 정비사업의 시행으로 철거되는 주택의 소유자 또는 세입자(정비구역안에서 실제 거주하는 자에 한한다)가 임시로 거주하게 하는 등의 방식으로 그 정비구역을 순차적으로 정비할 수 있다.

② 사업시행자는 위의 방식으로 정비사업을 시행하는 경우에는 그 임시로 거주하는 주택(순환용주택)을 임시수용시설로 사용하거나 임대할 수 있으며, 대통령령으로 정하는 방법과 절차에 따라 주택공사등이 보유한 공공임대주택을 순환용주택으로 우선 공급할 것을 요청할 수 있다.

③ 순환용주택에 거주하는 자가 정비사업이 완료된 후에도 순환용주택에 계속 거주하기를 희망하는 때에는 이를 분양하거나 계속 임대할 수 있다. 이 경우 순환용주택은 인가받은 관리처분계획에 의하여 토지등소유자에게 처분된 것으로 본다.

4) 정비사업시행을 위한 조치 등

(1) 임시수용시설의 설치 등

① 사업시행자는 주거환경개선사업 및 주택재개발사업의 시행으로 철거되는 주택의 소유자 또는 세입자에 대하여 당해 정비구역 내·외에 소재한 임대주택 등의 시설에 임시로 거주하게 하거나 주택자금의 융자알선 등 임시수용에 상응하는 조치를 하여야 한다. 이 경우 사업시행자는 그 임시수용을 위하여 필요한 때에는 국가·지방자치단체 그 밖의 공공단체 또는 개인의 시설이나 토지를 일시 사용할 수 있다.

② 국가 또는 지방자치단체는 사업시행자로부터 임시수용시설에 필요한 건축물이나 토지의 사용신청을 받은 때에는 대통령령이 정하는 사유가 없는 한 이를 거절하지 못한다. 이 경우 그 사용료 또는 대부료는 이를 면제한다.

③ 사업시행자는 정비사업의 공사를 완료한 때에는 그 완료한 날부터 30일 이내에 임시수용시설을 철거하고, 그 건축물이나 토지를 원상회복하여야 한다.

(2) 손실보상

① 공공단체(지방자치단체 제외) 또는 개인의 시설이나 토지를 일시 사용함으로써 손실을 받은 자가 있는 경우에는 사업시행자는 그 손실을 보상하여야 하며, 손실을 보상함에 있어서는 손실을 받은 자와 협의하여야 한다.

② 사업시행자 또는 손실을 받은 자는 손실보상의 협의가 성립되지 아니하거나 협의할 수 없는 경우에는 「공익사업을위한토지등의취득및보상에관한법률」에 의하여 설치되는 관할 토지수용위원회에 재결을 신청할 수 있다.

③ 손실보상에 관하여는 이 법에 규정된 것을 제외하고는 공익사업을위한토지등의취득및보상에관한법률을 준용한다.

(3) 토지 등의 수용 또는 사용

사업시행자는 정비구역안에서 정비사업을 시행하기 위하여 필요한 경우에는 공익사업을위한토지등의취득및보상에관한법률에 의한 토지·물건 또는 그 밖의 권리를 수용 또는 사용할 수 있다.

(4) 매도청구

① 사업시행자는 주택재건축사업을 시행함에 있어 다음 각 호의 어느 하나에 해당하는 자의 토지 또는 건축물에 대하여는 집합건물의소유및관리에관한법률의 규정을 준용하여 매도청구를 할 수 있다. 이 경우 재건축결의는 조합 설립의 동의로 보며, 구분소유권 및 대지사용권은 사업시행구역안의 매도청구의 대상이 되는 토지 또는 건축물의 소유권과 그 밖의 권리로 본다.

㉠ 조합 설립의 동의를 하지 아니한 자

㉡ 건축물 또는 토지만 소유한 자

㉢ 시장·군수 또는 주택공사등의 사업시행자 지정에 동의를 하지 아니한 자

(5) 소유자의 확인이 곤란한 건축물 등에 대한 처분

① 사업시행자는 정비사업을 시행함에 있어 조합 설립의 인가일 현재 건축물 또는 토지의 소유자의 소재확인이 현저히 곤란한 경우에는 전국적으로 배포되는 2 이상의 일간신문에

2회 이상 공고하고, 그 공고한 날부터 30일 이상이 지난 때에는 그 소유자의 소재확인이 현저히 곤란한 건축물 또는 토지의 감정평가액에 해당하는 금액을 법원에 공탁하고 정비사업을 시행할 수 있다.

② 주택재건축사업을 시행함에 있어 조합 설립의 인가일 현재 조합원 전체의 공동소유인 토지 또는 건축물에 대하여는 조합 소유의 토지 또는 건축물로 본다.

③ 조합 소유로 보는 토지 또는 건축물의 처분에 관한 사항은 관리처분계획에 이를 명시하여야 한다.

④ ①의 규정에 의한 토지 또는 건축물의 감정평가에 관하여는 제48조 제5항 제1호를 준용한다.

5) 관리처분계획 등

(1) 분양공고 및 분양신청

① 사업시행자는 사업시행인가의 고시가 있은 날(사업시행인가 이후 시공자를 선정한 경우에는 시공자와 계약을 체결한 날)부터 60일 이내에 개략적인 부담금내역 및 분양신청기간 그 밖에 대통령령이 정하는 사항을 토지등소유자에게 통지하고 분양의 대상이 되는 대지 또는 건축물의 내역 등 대통령령이 정하는 사항을 해당 지역에서 발간되는 일간신문에 공고하여야 한다. 이 경우 분양신청기간은 그 통지한 날부터 30일 이상 60일 이내로 하여야 한다. 다만, 사업시행자는 관리처분계획의 수립에 지장이 없다고 판단하는 경우에는 분양신청기간을 20일의 범위 이내에서 연장할 수 있다.

② 대지 또는 건축물에 대한 분양을 받고자 하는 토지등소유자는 분양신청기간 이내에 대통령령이 정하는 방법 및 절차에 의하여 사업시행자에게 대지 또는 건축물에 대한 분양신청을 하여야 한다.

(2) 분양신청을 하지 아니한 자 등에 대한 조치

① 사업시행자는 토지등소유자가 다음 각 호에 해당하는 경우에는 그 해당하게 된 날부터 150일 이내에 대통령령이 정하는 절차에 따라 토지·건축물 또는 그 밖의 권리에 대하여 현금으로 청산하여야 한다.

㉠ 분양신청을 하지 아니한 자

㉡ 분양신청을 철회한 자

㉢ 인가된 관리처분계획에 의하여 분양대상에서 제외된 자

(3) 관리처분계획의 인가

① 사업시행자(주거환경개선사업 제외)는 분양신청기간이 종료된 때에는 분양신청의 현황을 기초로 다음 각 호의 사항이 포함된 관리처분계획을 수립하여 시장·군수의 인가를 받아야 하며, 관리처분계획을 변경·중지 또는 폐지하고자 하는 경우에도 같으며, 이 경우 조합은 제24조 제3항 제10호의 사항을 의결하기 위한 총회의 개최일부터 1개월 전에 ㉢부터 ㉤까지에 해당하는 사항을 각 조합원에게 문서로 통지하여야 한다. 다만, 대통령령이 정하는 경미한 사항을 변경하고자 하는 때에는 시장·군수에게 신고하여야 한다.

㉠ 분양설계

㉡ 분양대상자의 주소 및 성명

㉢ 분양대상자별 분양예정인 대지 또는 건축물의 추산액

㉣ 분양대상자별 종전의 토지 또는 건축물의 명세 및 사업시행인가의 고시가 있은 날을 기준으로 한 가격(사업시행인가 전에 철거된 건축물의 경우에는 시장·군수에게 허가받은 날을 기준으로 한 가격)

㉤ 정비사업비의 추산액(주택재건축사업의 경우에는「재건축 초과이익 환수에 관한 법률」에 따른 재건축부담금에 관한 사항을 포함) 및 그에 따른 조합원 부담규모 및 부담시기

㉥ 분양대상자의 종전의 토지 또는 건축물에 관한 소유권 외의 권리명세

㉦ 세입자별 손실보상을 위한 권리명세 및 그 평가액

㉧ 그 밖에 정비사업과 관련한 권리 등에 대하여 대통령령이 정하는 사항

② ①의 규정에 의한 관리처분계획의 내용은 다음 각 호의 기준에 의한다.

㉠ 종전의 토지 또는 건축물의 면적·이용상황·환경 그 밖의 사항을 종합적으로 고려하여 대지 또는 건축물이 균형있게 분양신청자에게 배분되고 합리적으로 이용되도록 한다.

㉡ 지나치게 좁거나 넓은 토지 또는 건축물에 대하여 필요한 경우에는 이를 증가하거나 감소시켜 대지 또는 건축물이 적정 규모가 되도록 한다.

㉢ 너무 좁은 토지 또는 건축물이나 정비구역 지정후 분할된 토지를 취득한 자에 대하여는 현금으로 청산할 수 있다.

㉣ 재해 또는 위생상의 위해를 방지하기 위하여 토지의 규모를 조정할 특별한 필요가 있는 때에는 너무 좁은 토지를 증가시키거나 토지에 갈음하여 보상을 하거나 건축물의 일부와 그 건축물이 있는 대지의 공유지분을 교부할 수 있다.

㉤ 분양설계에 관한 계획은 제46조의 규정에 의한 분양신청기간이 만료되는 날을 기준으로 하여 수립한다.

ⓗ 1세대 또는 1인이 1 이상의 주택 또는 토지를 소유한 경우 1주택을 공급하고, 같은 세대에 속하지 아니하는 2인 이상이 1주택 또는 1토지를 공유한 경우에는 1주택만 공급한다. 다만, 2인 이상이 1토지를 공유한 경우로서 시·도 조례로 주택공급에 관하여 따로 정하고 있는 경우에는 시·도 조례로 정하는 바에 따라 주택을 공급할 수 있고, 다음 각 목의 어느 하나에 해당하는 토지등소유자에 대하여는 소유한 주택수만큼 공급할 수 있다.

ⓐ 「수도권정비계획법」 제6조 제1항 제1호에 따른 수도권 과밀억제권역에 위치하지 아니하는 주택재건축사업의 토지등소유자

ⓑ 근로자(공무원인 근로자를 포함한다)숙소·기숙사 용도로 주택을 소유하고 있는 토지등소유자

ⓒ 국가, 지방자치단체 및 주택공사등

③ 사업시행자는 제46조의 규정에 의하여 분양신청을 받은 후 잔여분이 있는 경우에는 정관등 또는 사업시행계획이 정하는 목적을 위하여 보류지(건축물을 포함한다)로 정하거나 조합원 외의 자에게 분양할 수 있다. 이 경우 분양공고와 분양신청절차 등 필요한 사항은 대통령령으로 정한다.

④ 정비사업의 시행으로 조성된 대지 및 건축물은 관리처분계획에 의하여 이를 처분 또는 관리하여야 한다.

⑤ 주택재개발사업 또는 도시환경정비사업에서 제1항 제3호·제4호 및 제7호에 따라 재산 또는 권리를 평가할 때에는 다음 각 호의 방법에 의한다.

㉠ 「부동산가격 공시 및 감정평가에 관한 법률」에 따른 감정평가업자 중 시장·군수가 선정·계약한 감정평가업자 2인 이상이 평가한 금액을 산술평균하여 산정한다. 다만, 관리처분계획을 변경·중지 또는 폐지하고자 하는 경우에는 분양예정 대상인 대지 또는 건축물의 추산액과 종전의 토지 또는 건축물의 가격은 사업시행자 및 토지등소유자 전원이 합의하여 이를 산정할 수 있다.

㉡ 제1항 제4호에 따라 조합원의 종전의 토지 또는 건축물의 가격산정 시 조합원이 둔 세입자로 인하여 손실보상이 필요한 경우 조합의 정관으로 정하는 바에 따라 해당 조합원이 둔 세입자에 대한 손실보상액을 뺀 나머지 가격을 종전의 토지 또는 건축물의 가격으로 산정할 수 있다

㉢ 사업시행자는 제1호에 따라 감정평가를 하고자 하는 경우 시장·군수에게 감정평가업자의 선정·계약을 요청하고 감정평가에 필요한 비용을 미리 예치하여야 한다. 시장·

군수는 감정평가가 끝난 경우 예치된 금액에서 감정평가 비용을 직접 지불한 후 나머지 비용은 사업시행자와 정산하여야 한다.

⑥ 주택재건축사업에서 사업시행자가 제1항 제3호 및 제4호의 규정에 의한 재산에 대하여 부동산가격공시및감정평가에관한법률에 의한 감정평가업자의 평가를 받고자 하는 경우에는 제5항 각 호의 규정을 준용하여 할 수 있다.

⑦ ①의 규정에 의한 관리처분계획의 내용, 관리처분의 방법 · 기준 등에 관하여 필요한 사항은 대통령령으로 정한다.

⑧ ① 각 호의 관리처분계획의 내용과 ② 내지 ⑦의 규정은 시장 · 군수가 직접 수립하는 관리처분계획에 관하여 이를 준용한다.

(4) 관리처분계획의 공람 및 인가절차 등

① 사업시행자는 관리처분계획의 인가를 신청하기 전에 관계서류의 사본을 30일 이상 토지등소유자에게 공람하게 하고 의견을 들어야 한다. 다만, 경미한 사항을 변경하고자 하는 경우에는 토지등소유자의 공람 및 의견청취절차를 거치지 아니할 수 있다.

② 시장·군수는 사업시행자의 관리처분계획의 인가신청이 있은 날부터 30일 이내에 인가여부를 결정하여 사업시행자에게 통보하여야 한다.

③ 시장·군수는 관리처분계획을 인가하는 때에는 그 내용을 당해 지방자치단체의 공보에 고시하여야 한다.

④ 사업시행자는 공람을 실시하고자 하거나 시장·군수의 고시가 있은 때에는 대통령령으로 정하는 방법과 절차에 따라 토지등소유자 또는 분양신청을 한 자에게 공람계획 또는 관리처분계획의 인가 내용 등을 통지하여야 한다.

⑤ ①, ③ 및 ④의 규정은 시장 · 군수가 직접 관리처분계획을 수립하는 경우에 이를 준용한다.

⑥ ③의 규정에 의한 고시가 있은 때에는 종전의 토지 또는 건축물의 소유자 · 지상권자 · 전세권자 · 임차권자 등 권리자는 제54조의 규정에 의한 이전의 고시가 있은 날까지 종전의 토지 또는 건축물에 대하여 이를 사용하거나 수익할 수 없다. 다만, 사업시행자의 동의를 받거나 제40조 및 「공익사업을 위한 토지 등의 취득 및 보상에 관한 법률」에 따른 손실보상이 완료되지 아니한 권리자의 경우에는 그러하지 아니하다.

(5) 주택의 공급 등

① 사업시행자는 정비사업(주거환경개선사업 제외)의 시행으로 건설된 건축물을 인가된 관리처분계획에 따라 토지등 소유자에게 공급하여야 한다.

② 사업시행자가 정비구역안에 주택을 건설하는 경우에는 입주자 모집조건·방법·절차, 입주금(계약금·중도금 및 잔금)의 납부방법·시기·절차, 주택공급방법·절차 등에 관하여는 대통령령이 정하는 범위안에서 시장·군수의 승인을 얻어 사업시행자가 이를 따로 정할 수 있다.

③ 국토해양부장관, 시·도지사, 시장·군수 또는 주택공사등은 조합이 요청하는 경우 주택재개발사업의 시행으로 건설된 임대주택을 인수하여야 한다. 이 경우 재개발임대주택의 인수 절차 및 방법, 인수 가격 등에 대하여는 대통령령으로 정한다.

④ 정비사업의 시행으로 임대주택을 건설하는 경우에 임차인의 자격·선정방법·임대보증금·임대료 등 임대조건에 관한 기준 및 무주택세대주에게 우선 매각하도록 하는 기준 등에 관하여는 대통령령이 정하는 범위안에서 시장·군수의 승인을 얻어 사업시행자가 이를 따로 정할 수 있다. 다만, 재개발임대주택으로서 최초의 임차인 선정이 아닌 경우에는 대통령령이 정하는 범위 안에서 인수자가 이를 따로 정한다.

⑤ 사업시행자는 공급대상자에게 주택을 공급하고 남은 주택에 대하여는 공급대상자외의 자에게 공급할 수 있다. 다만, 사업시행자가 매도청구소송을 통해 법원의 승소판결을 받은 후 입주예정자에게 피해가 없도록 청산금액을 공탁하고 분양예정인 건축물을 담보한 경우에는 법원의 승소판결이 확정되기 전이라도 입주자를 모집할 수 있으나, 준공인가 신청전까지 해당 주택건설대지의 소유권을 확보하여야 한다.

⑥ 사업시행자는 ②의 규정에 의하여 주택을 공급하는 때에 제48조 제2항 제6호의 규정에 의한다.

⑦ 국토해양부장관, 시·도지사, 시장·군수 또는 주택공사등은 정비구역에 세입자와 대통령령으로 정하는 면적 이하의 토지 또는 주택을 소유한 자의 요청이 있는 경우에는 제3항에 따라 인수한 임대주택의 일부를 「토지임대부 분양주택 공급촉진을 위한 특별조치법」에 따른 토지임대부 분양주택으로 전환하여 공급하여야 한다.

6) 공사완료에 따른 조치 등

(1) 정비사업의 준공인가

① 시장·군수가 아닌 사업시행자는 정비사업에 관한 공사를 완료한 때에는 대통령령이 정하는 방법 및 절차에 의하여 시장·군수의 준공인가를 받아야 한다.

② 준공인가신청을 받은 시장·군수는 지체없이 준공검사를 실시하여야 한다. 이 경우 시장·군수는 효율적인 준공검사를 위하여 필요한 때에는 관계행정기관·정부투자기관·연구

기관 그 밖의 전문기관 또는 단체에 준공검사의 실시를 의뢰할 수 있다.

③ 시장·군수는 준공검사의 실시결과 정비사업이 인가받은 사업시행계획대로 완료되었다고 인정하는 때에는 준공인가를 하고 공사의 완료를 당해 지방자치단체의 공보에 고시하여야 한다.

④ 시장·군수는 직접 시행하는 정비사업에 관한 공사가 완료된 때에는 그 공사의 완료를 당해 지방자치단체의 공보에 고시하여야 한다.

⑤ 시장·군수는 준공인가를 하기 전이라도 완공된 건축물이 사용에 지장이 없는 등 대통령령이 정하는 기준에 적합한 경우에는 입주예정자가 완공된 건축물을 사용할 것을 사업시행자에 대하여 허가할 수 있다. 다만, 자신이 사업시행자인 경우에는 허가를 받지 아니하고 입주예정자가 완공된 건축물을 사용하게 할 수 있다.

⑥ ③ 및 ④의 규정에 의한 공사완료의 고시절차 및 방법 그 밖에 필요한 사항은 대통령령으로 정한다.

(2) 이전고시 등

① 사업시행자는 고시가 있은 때에는 지체없이 대지확정측량을 하고 토지의 분할절차를 거쳐 관리처분계획에 정한 사항을 분양을 받을 자에게 통지하고 대지 또는 건축물의 소유권을 이전하여야 한다. 다만, 정비사업의 효율적인 추진을 위하여 필요한 경우에는 당해 정비사업에 관한 공사가 전부 완료되기 전에 완공된 부분에 대하여 준공인가를 받아 대지 또는 건축물별로 이를 분양받을 자에게 그 소유권을 이전할 수 있다.

② 사업시행자는 대지 및 건축물의 소유권을 이전하고자 하는 때에는 그 내용을 당해 지방자치단체의 공보에 고시한 후 이를 시장·군수에게 보고하여야 한다. 이 경우 대지 또는 건축물을 분양받을 자는 고시가 있은 날의 다음 날에 그 대지 또는 건축물에 대한 소유권을 취득한다.

(3) 청산금 등

① 대지 또는 건축물을 분양받은 자가 종전에 소유하고 있던 토지 또는 건축물의 가격과 분양받은 대지 또는 건축물의 가격사이에 차이가 있는 경우에는 사업시행자는 이전의 고시가 있은 후에 그 차액에 상당하는 금액(청산금)을 분양받은 자로부터 징수하거나 분양받은 자에게 지급하여야 한다. 다만, 정관등에서 분할징수 및 분할지급에 대하여 정하고 있거나 총회의 의결을 거쳐 따로 정한 경우에는 관리처분계획인가후부터 이전의 고시일까지 일정기간별로 분할징수하거나 분할지급 할 수 있다.

② 종전에 소유하고 있던 토지 또는 건축물의 가격과 분양받은 대지 또는 건축물의 가격은 그 토지 또는 건축물의 규모·위치·용도·이용상황·정비사업비 등을 참작하여 평가하여야 한다.

③ ②의 규정에 의한 가격평가의 방법 및 절차 등에 관하여 필요한 사항은 대통령령으로 정한다.

2-4. 비용의 부담 등

1) 비용부담의 원칙

① 정비사업비는 이 법 또는 다른 법령에 특별한 규정이 있는 경우를 제외하고는 사업시행자가 부담한다.

② 시장·군수는 시장·군수가 아닌 사업시행자가 시행하는 정비사업의 정비계획에 따라 설치되는 도시계획시설중 대통령령이 정하는 주요 정비기반시설 및 임시수용시설에 대하여는 그 건설에 소요되는 비용의 전부 또는 일부를 부담할 수 있다.

2) 정비기반시설 관리자의 비용부담

① 시장·군수는 그가 시행하는 정비사업으로 인하여 현저한 이익을 받는 정비기반시설의 관리자가 있는 경우에는 대통령령이 정하는 방법 및 절차에 따라 당해 정비사업비의 일부를 그 정비기반시설의 관리자와 협의하여 그 관리자에게 이를 부담시킬 수 있다.

② 사업시행자는 정비사업을 시행하는 지역에 전기·가스 등의 공급시설을 설치하기 위하여 공동구를 설치하는 경우에는 다른 법령에 의하여 그 공동구에 수용될 시설을 설치할 의무가 있는 자에게 공동구의 설치에 소요되는 비용을 부담시킬 수 있다.

③ 제2항의 비용부담의 비율 및 부담방법과 공동구의 관리에 관하여 필요한 사항은 국토해양부령으로 정한다.

3) 보조 및 융자

① 국가 또는 시·도는 시장·군수 또는 주택공사등이 시행하는 정비사업에 관한 기초조사 및 정비사업의 시행에 필요한 시설로서 정비기반시설 및 임시수용시설의 건설에 소요되는 비용의 일부를 보조하거나 융자할 수 있다.

② 시장·군수는 사업시행자가 주택공사등인 주거환경개선사업과 관련하여 정비기반시설 및 임시수용시설을 건설하는 경우 건설에 소요되는 비용의 전부 또는 일부를 주택공사등에게

보조하여야 한다.

③ 국가 또는 지방자치단체는 시장·군수가 아닌 사업시행자가 시행하는 정비사업에 소요되는 비용의 일부를 보조 또는 융자하거나 융자를 알선할 수 있다.

④ 국가 또는 지방자치단체는 제1항 및 제2항의 규정에 따라 정비사업에 필요한 비용을 보조 또는 융자하는 경우 제35조 제1항의 규정에 따른 순환정비방식의 정비사업에 우선적으로 지원할 수 있다. 이 경우 순환정비방식의 정비사업의 원활한 시행을 위하여 국가 또는 지방자치단체는 제35조 제2항의 규정에 따른 순환용주택의 건설비, 공가관리비의 일부를 보조 또는 융자할 수 있다.

⑤ 국가는 다음 각 호의 어느 하나에 해당하는 비용의 전부 또는 일부를 지방자치단체 또는 주택공사등에 보조 또는 융자할 수 있다.

㉠ 제35조 제2항에 따라 주택공사등이 보유한 공공임대주택을 순환용주택으로 조합에게 제공하는 경우 그 건설비 및 공가(空家)관리비 등의 비용

㉡ 제50조 제3항에 따라 시·도지사, 시장·군수 또는 주택공사등이 재개발임대주택을 인수하는 경우 그 인수 비용

⑥ 국가 또는 지방자치단체는 제50조 제7항에 따라 토지임대부 분양주택을 공급받는 자에게 해당 공급비용의 전부 또는 일부를 보조 또는 융자할 수 있다.

4) 정비기반시설의 설치 등

① 사업시행자는 관할지방자치단체장과의 협의를 거쳐 정비구역안에 정비기반시설을 설치하여야 한다.

② 정비기반시설의 설치를 위하여 토지 또는 건축물이 수용된 자는 당해 정비구역안에 소재하는 대지 또는 건축물로서 매각대상이 되는 대지 또는 건축물에 대하여 다른 사람에 우선하여 매수청구할 수 있다. 이 경우 당해 대지 또는 건축물이 국가 또는 지방자치단체의 소유인 때에는 국유재산법 또는 지방재정법 규정에 의한 국유재산관리계획 또는 공유재산관리계획과 국유재산법 또는 지방재정법 규정에 의한 계약의 방법에 불구하고 수의계약에 의하여 매각할 수 있다.

③ 시·도지사 또는 대도시의 시장은 정비구역을 지정함에 있어서 정비구역의 진입로 설치를 위하여 필요한 경우에는 진입로 지역과 그 인접지역을 포함하여 정비구역을 지정할 수 있다.

④ ②의 규정에 의한 매각대금의 결정방법·납부기간 및 납부방법 등에 관하여 필요한 사항은 대통령령으로 정한다.

5) 정비기반시설 및 토지 등의 귀속

① 시장·군수 또는 주택공사등이 정비사업의 시행으로 새로이 정비기반시설을 설치하거나 기존의 정비기반시설에 대체되는 정비기반시설을 설치한 경우에는 국유재산법 또는 지방재정법의 규정에 불구하고 종래의 정비기반시설은 사업시행자에게 무상으로 귀속되고, 새로이 설치된 정비기반시설은 그 시설을 관리할 국가 또는 지방자치단체에 무상으로 귀속된다.

② 시장·군수 또는 주택공사등이 아닌 사업시행자가 정비사업의 시행으로 새로이 설치한 정비기반시설은 그 시설을 관리할 국가 또는 지방자치단체에 무상으로 귀속되고, 정비사업의 시행으로 인하여 용도가 폐지되는 국가 또는 지방자치단체 소유의 정비기반시설은 그가 새로이 설치한 정비기반시설의 설치비용에 상당하는 범위안에서 사업시행자에게 무상으로 양도된다.

③ 시장·군수는 정비기반시설의 귀속 및 양도에 관한 사항이 포함된 정비사업을 시행하고자 하거나 그 시행을 인가하고자 하는 경우에는 미리 그 관리청의 의견을 들어야 한다. 인가받은 사항을 변경하고자 하는 경우에도 또한 같다.

④ 사업시행자는 관리청에 귀속될 정비기반시설과 사업시행자에게 귀속 또는 양도될 재산의 종류와 세목을 정비사업의 준공전에 관리청에 통지하여야 하며, 당해 정비기반시설은 그 정비사업이 준공인가되어 관리청에 준공인가통지를 한 때에 국가 또는 지방자치단체에 귀속되거나 사업시행자에게 귀속 또는 양도된 것으로 본다.

⑤ ④의 규정에 의한 정비기반시설의 등기에 있어서는 정비사업의 시행인가서와 준공인가서(시장·군수가 직접 정비사업을 시행하는 경우에는 제28조 제4항의 규정에 의한 사업시행인가의 고시와 제52조 제4항의 규정에 의한 공사완료의 고시를 말한다)는 부동산등기법에 의한 등기원인을 증명하는 서류에 갈음한다.

6) 국·공유재산의 처분 등

① 시장·군수는 인가하고자 하는 사업시행계획 또는 직접 작성하는 사업시행계획서에 국·공유재산의 처분에 관한 내용이 포함되어 있는 때에는 미리 관리청과 협의하여야 한다. 이 경우 관리청이 불분명한 재산중 도로·하천·구거 등에 대하여는 국토해양부장관을, 그 외의 재산에 대하여는 기획재정부장관을 관리청으로 본다.

② 협의를 받은 관리청은 20일 이내에 의견을 제시하여야 한다.

③ 정비구역안의 국·공유재산은 정비사업외의 목적으로 매각하거나 양도할 수 없다.

④ 정비구역안의 국·공유재산은 「국유재산법」또는 지방재정법 규정에 의한 국유재산관리계획 또는 공유재산관리계획과 「국유재산법」 및 지방재정법 규정에 의한 계약의 방법에 불구하고 사업시행자 또는 점유자 및 사용자에게 다른 사람에 우선하여 수의계약으로 매각 또는 임대할 수 있다.

⑤ 다른 사람에 우선하여 매각 또는 임대할 수 있는 국·공유재산은 국유재산법·지방재정법 그 밖에 국·공유지의 관리와 처분에 관하여 규정한 관계 법령의 규정에 불구하고 사업시행인가의 고시가 있은 날부터 종전의 용도가 폐지된 것으로 본다.

⑥ 정비사업을 목적으로 우선 매각하는 국·공유지의 평가는 사업시행인가의 고시가 있은 날을 기준으로 하여 행하며, 주거환경개선사업의 경우 매각가격은 이 평가금액의 100분의 80으로 한다. 다만, 사업시행인가의 고시가 있은 날부터 3년 이내에 매매계약을 체결하지 아니한 국·공유지는 국유재산법 또는 지방재정법이 정하는 바에 의한다.

7) 국·공유재산의 임대

① 지방자치단체 또는 주택공사등은 주거환경개선구역 및 주택재개발구역에서 임대주택을 건설하는 경우에는 국·공유지 관리청과 협의하여 정한 기간 동안 국·공유지를 임대할 수 있다.

② 시장·군수는 임대하는 국·공유지는 그 토지위에 공동주택 그 밖의 영구건축물을 축조하게 할 수 있다. 이 경우 당해 시설물의 임대기간이 종료되는 때에는 임대한 국·공유지 관리청에 기부 또는 원상으로 회복시켜서 반환하거나 국·공유지 관리청으로부터 매입하여야 한다.

③ 임대하는 국·공유지의 임대료는 국유재산법 또는 지방재정법이 정하는 바에 의한다.

2-5. 정비사업전문관리업

1) 정비사업전문관리업의 등록

① 정비사업의 시행을 위하여 필요한 다음 각 호의 사항을 추진위원회 또는 사업시행자로부터 위탁받거나 이와 관련한 자문을 하고자 하는 자는 대통령령이 정하는 자본·기술인력 등의 기준을 갖춰 시·도지사에게 등록 또는 변경(대통령령이 정하는 경미한 사항의 변경을 제외한다)등록하여야 한다. 다만, 주택의 건설·감정평가 등 정비사업관련업무를 하는 정부투자기관 등으로 대통령령이 정하는 기관의 경우에는 그러하지 아니하다.

㉠ 조합 설립의 동의 및 정비사업의 동의에 관한 업무의 대행

㉡ 조합 설립인가의 신청에 관한 업무의 대행
㉢ 사업성 검토 및 정비사업의 시행계획서의 작성
㉣ 설계자 및 시공자 선정에 관한 업무의 지원
㉤ 사업시행인가의 신청에 관한 업무의 대행
㉥ 관리처분계획의 수립에 관한 업무의 대행

② ①의 규정에 의한 등록의 절차 및 방법, 등록수수료 등에 관하여 필요한 사항은 대통령령으로 정한다.

③ 시·도지사는 정비사업전문관리업의 등록 또는 변경등록한 현황 및 등록취소 또는 업무정지를 명한 현황을 국토해양부령이 정하는 방법 및 절차에 따라 국토해양부장관에게 보고하여야 한다.

2) 정비사업전문관리업자의 업무제한 등

① 정비사업전문관리업자는 동일한 정비사업에 대하여 다음 각 호의 업무를 병행하여 수행할 수 없다.
㉠ 건축물의 철거
㉡ 정비사업의 설계
㉢ 정비사업의 시공
㉣ 정비사업의 회계감사
㉤ 그 밖에 정비사업의 공정한 질서유지에 필요하다고 인정하여 대통령령이 정하는 업무

3) 정비사업전문관리업자의 결격사유

① 다음 각 호의 어느 하나에 해당하는 자는 정비사업전문관리업의 등록을 신청할 수 없으며, 정비사업전문관리업자의 업무를 대표 또는 보조하는 임직원이 될 수 없다.
㉠ 미성년자(대표 또는 임원이 되는 경우)·금치산자 또는 한정치산자
㉡ 파산선고를 받은 자로서 복권되지 아니한 자
㉢ 정비사업의 시행과 관련한 범죄행위로 인하여 금고 이상의 실형의 선고를 받고 그 집행이 종료되거나 집행이 면제된 날부터 2년이 경과되지 아니한 자
㉣ 정비사업의 시행과 관련한 범죄행위로 인하여 금고 이상의 형의 집행유예를 받고 그 유예기간중에 있는 자
㉤ 이 법을 위반하여 벌금형 이상의 선고를 받고 2년이 경과되지 아니한 자
㉥ 등록이 취소된 후 2년이 경과되지 아니한 자(법인인 경우 그 대표자를 말한다)

ⓢ 법인의 업무를 대표 또는 보조하는 임직원중 제1호 내지 제6호의 1에 해당하는 자가 있는 법인

② 정비사업전문관리업자의 업무를 대표 또는 보조하는 임직원이 제1항에 해당하게 되거나 선임 당시 그에 해당하는 자이었음이 판명된 때에는 당연 퇴직한다.

③ ②의 규정에 의하여 퇴직된 임직원이 퇴직전에 관여한 행위는 그 효력을 잃지 아니한다.

4) 정비사업전문관리업의 등록취소 등

① 시·도지사는 정비사업전문관리업자가 다음 각 호의 어느 하나에 해당하는 때에는 그 등록을 취소하거나 1년 이내의 기간을 정하여 업무의 전부 또는 일부의 정지를 명할 수 있다. 다만, ㉠·ⓑ 및 ⓢ에 해당하는 때에는 그 등록을 취소하여야 한다.

㉠ 사위 그 밖의 부정한 방법으로 등록을 한 때

㉡ 등록기준에 미달하게 된 때

㉢ 고의 또는 과실로 조합에게 계약금액(정비사업전문관리업자가 조합과 체결한 총계약금액)의 3분의 1 이상의 재산상 손실을 끼친 때

㉣ 보고·자료제출을 하지 아니하거나 허위로 한 때 또는 조사·검사를 거부·방해 또는 기피한 때

㉤ 보고·자료제출을 하지 아니하거나 허위로 한 때 또는 조사를 거부·방해 또는 기피한 때

ⓑ 최근 3년간 2회 이상의 업무정지처분을 받은 자로서 그 정지처분을 받은 기간이 합산하여 12월을 초과한 때

ⓢ 다른 사람에게 자기의 성명 또는 상호를 사용하여 이 법이 정한 업무를 수행하게 하거나 등록증을 대여한 때

ⓞ 이 법을 위반하여 벌금형 이상의 선고를 받은 경우(법인의 경우에는 그 소속 임직원 포함)

ⓙ 그 밖에 이 법 또는 이 법에 의한 명령이나 처분을 위반한 때

② ①의 규정에 의한 등록의 취소 및 업무의 정지처분에 관한 기준은 대통령령으로 정한다.

③ 정비사업전문관리업자는 등록취소처분 등을 받은 경우에는 당해 내용을 지체 없이 사업시행자에게 통지하여야 한다.

④ 정비사업전문관리업자는 등록취소처분 등을 받기 전에 계약을 체결한 업무는 이를 계속하여 수행할 수 있다. 이 경우 정비사업전문관리업자는 당해 업무를 완료할 때까지는 정비사업전문관리업자로 본다.

⑤ 정비사업전문관리업자는 ④ 전단의 규정에 불구하고 다음 각 호의 어느 하나에 해당하는 경우에는 업무를 계속하여 수행할 수 없다.

㉠ 사업시행자가 ③의 규정에 의한 통지를 받거나 처분사실을 안 날부터 3월 이내에 총회 또는 대의원회의 의결을 거쳐 당해 업무계약을 해지한 경우

㉡ 정비사업전문관리업자가 등록취소처분 등을 받은 날부터 3월 이내에 사업시행자로부터 업무의 계속수행에 대하여 동의를 받지 못한 경우. 이 경우 사업시행자가 동의를 하고자 하는 때에는 총회 또는 대의원회의 의결을 거쳐야 한다.

㉢ ① 단서의 규정에 의하여 등록이 취소된 경우

3. 건축법

3-1. 총 칙

1) 법의 목적

건축법은 건축물의 대지 · 구조 · 설비 기준 및 용도 등을 정하여 건축물의 안전 · 기능 · 환경 및 미관을 향상시킴으로써 공공복리의 증진에 이바지한다.

2) 주요 용어

(1) 정의

① 건축법에서 사용하는 용어의 뜻은 다음과 같다.

㉠ 대지란 「측량 · 수로조사 및 지적에 관한 법률」에 따라 각 필지로 나눈 토지를 말한다. 다만, 대통령령으로 정하는 토지는 둘 이상의 필지를 하나의 대지로 하거나 하나 이상의 필지의 일부를 하나의 대지로 할 수 있다.

㉡ 건축물이란 토지에 정착하는 공작물 중 지붕과 기둥 또는 벽이 있는 것과 이에 딸린 시설물, 지하나 고가의 공작물에 설치하는 사무소 · 공연장 · 점포 · 차고 · 창고, 그 밖에 대통령령으로 정하는 것을 말한다.

㉢ 건축물의 용도란 건축물의 종류를 유사한 구조, 이용 목적 및 형태별로 묶어 분류한 것을 말한다.

㉣ 건축설비란 건축물에 설치하는 전기 · 전화 설비, 초고속 정보통신 설비, 지능형 홈네트

워크 설비, 가스 · 급수 · 배수 · 환기 · 난방 · 소화 · 배연 및 오물처리의 설비, 굴뚝, 승강기, 피뢰침, 국기 게양대, 공동시청 안테나, 유선방송 수신시설, 우편함, 저수조, 그 밖에 국토해양부령으로 정하는 설비를 말한다.

ⓜ 지하층이란 건축물의 바닥이 지표면 아래에 있는 층으로서 바닥에서 지표면까지 평균 높이가 해당 층 높이의 2분의 1 이상인 것을 말한다.

ⓑ 거실이란 건축물 안에서 거주, 집무, 작업, 집회, 오락, 그 밖에 이와 유사한 목적을 위하여 사용되는 방을 말한다.

ⓢ 주요구조부란 내력벽, 기둥, 바닥, 보, 지붕틀 및 주계단을 말한다. 다만, 사이 기둥, 최하층 바닥, 작은 보, 차양, 옥외 계단, 그 밖에 이와 유사한 것으로 건축물의 구조상 중요하지 아니한 부분은 제외한다.

ⓞ 건축이란 건축물을 신축 · 증축 · 개축 · 재축하거나 건축물을 이전하는 것을 말한다.

ⓩ 대수선이란 건축물의 기둥, 보, 내력벽, 주계단 등의 구조나 외부 형태를 수선 · 변경하거나 증설하는 것을 말한다.

ⓒ 리모델링이란 건축물의 노후화를 억제하거나 기능 향상 등을 위하여 대수선하거나 일부 증축하는 행위를 말한다.

ⓚ 도로란 보행과 자동차 통행이 가능한 너비 4미터 이상의 도로로서 다음 각 목의 어느 하나에 해당하는 도로나 그 예정도로를 말한다.

ⓐ 신설 또는 변경에 관한 고시가 된 도로

ⓑ 건축허가 또는 신고 시에 특별시장 · 광역시장 · 도지사 · 특별자치도지사 또는 시장 · 군수 · 구청장이 위치를 지정하여 공고한 도로

ⓣ 건축주란 건축물의 건축 · 대수선 · 용도변경, 건축설비의 설치 또는 공작물의 축조에 관한 공사를 발주하거나 현장 관리인을 두어 스스로 그 공사를 하는 자를 말한다.

ⓟ 설계자란 자기의 책임(보조자의 도움을 받는 경우 포함)으로 설계도서를 작성하고 그 설계도서에서 의도하는 바를 해설하며, 지도하고 자문에 응하는 자를 말한다.

ⓗ 설계도서란 건축물의 건축등에 관한 공사용 도면, 구조 계산서, 시방서, 그 밖에 국토해양부령으로 정하는 공사에 필요한 서류를 말한다.

㉮ 공사감리자란 자기의 책임으로 건축물, 건축설비 또는 공작물이 설계도서의 내용대로 시공되는지를 확인하고, 품질관리 · 공사관리 · 안전관리 등에 대하여 지도 · 감독하는 자를 말한다.

㉯ 공사시공자란 건설공사를 하는 자를 말한다.

㉰ 관계전문기술자란 건축물의 구조·설비 등 건축물과 관련된 전문기술자격을 보유하고 설계와 공사감리에 참여하여 설계자 및 공사감리자와 협력하는 자를 말한다.

㉱ 특별건축구역이란 조화롭고 창의적인 건축물의 건축을 통하여 도시경관의 창출, 건설기술 수준향상 및 건축 관련 제도개선을 도모하기 위하여 이 법 또는 관계 법령에 따라 일부 규정을 적용하지 아니하거나 완화 또는 통합하여 적용할 수 있도록 특별히 지정하는 구역을 말한다.

② 건축물의 용도는 다음과 같이 구분하되, 각 용도에 속하는 건축물의 세부 용도는 대통령령으로 정한다.

㉠ 단독주택

㉡ 공동주택

㉢ 제1종 근린생활시설

㉣ 제2종 근린생활시설

㉤ 문화 및 집회시설

㉥ 종교시설

㉦ 판매시설

㉧ 운수시설

㉨ 의료시설

㉩ 교육연구시설

㉪ 노유자(노유자 : 노인 및 어린이)시설

㉫ 수련시설

㉬ 운동시설

㉭ 업무시설

㉮ 숙박시설

㉯ 위락(慰樂)시설

㉰ 공장

㉱ 창고시설

㉲ 위험물 저장 및 처리 시설

㉳ 자동차 관련 시설

㉴ 동물 및 식물 관련 시설

㉵ 분뇨 및 쓰레기 처리시설

㉶ 교정(矯正) 및 군사 시설

㉷ 방송통신시설

㉸ 발전시설

㉹ 묘지 관련 시설

㉺ 관광 휴게시설

㉻ 그 밖에 대통령령으로 정하는 시설

③ 시행령에서 사용하는 용어의 뜻은 다음과 같다.

㉠ 신축이란 건축물이 없는 대지(기존 건축물이 철거되거나 멸실된 대지를 포함한다)에 새로 건축물을 축조하는 것(부속건축물만 있는 대지에 새로 주된 건축물을 축조하는 것을 포함하되, 개축 또는 재축하는 것은 제외한다)을 말한다.

㉡ 증축이란 기존 건축물이 있는 대지에서 건축물의 건축면적, 연면적, 층수 또는 높이를 늘리는 것을 말한다.

㉢ 개축이란 기존 건축물의 전부 또는 일부(내력벽·기둥·보·지붕틀 중 셋 이상이 포함되는 경우를 말한다)를 철거하고 그 대지에 종전과 같은 규모의 범위에서 건축물을 다시 축조하는 것을 말한다.

㉣ 재축이란 건축물이 천재지변이나 그 밖의 재해로 멸실된 경우 그 대지에 종전과 같은 규모의 범위에서 다시 축조하는 것을 말한다.

㉤ 이전이란 건축물의 주요구조부를 해체하지 아니하고 같은 대지의 다른 위치로 옮기는 것을 말한다.

㉥ 내수재료란 인조석·콘크리트 등 내수성을 가진 재료로서 국토해양부령으로 정하는 재료를 말한다.

㉦ 내화구조란 화재에 견딜 수 있는 성능을 가진 구조로서 국토해양부령으로 정하는 기준에 적합한 구조를 말한다.

㉧ 방화구조란 화염의 확산을 막을 수 있는 성능을 가진 구조로서 국토해양부령으로 정하는 기준에 적합한 구조를 말한다.

㉨ 난연재료란 불에 잘 타지 아니하는 성능을 가진 재료로서 국토해양부령으로 정하는 기준에 적합한 재료를 말한다.

㉩ 불연재료란 불에 타지 아니하는 성질을 가진 재료로서 국토해양부령으로 정하는 기준에 적합한 재료를 말한다.

㉪ 준불연재료란 불연재료에 준하는 성질을 가진 재료로서 국토해양부령으로 정하는 기준

에 적합한 재료를 말한다.

ⓔ 부속건축물이란 같은 대지에서 주된 건축물과 분리된 부속용도의 건축물로서 주된 건축물을 이용 또는 관리하는 데에 필요한 건축물을 말한다.

ⓕ 부속용도란 건축물의 주된 용도의 기능에 필수적인 용도로서 다음 각 목의 어느 하나에 해당하는 용도를 말한다.

ⓐ 건축물의 설비, 대피, 위생, 그 밖에 이와 비슷한 시설의 용도

ⓑ 사무, 작업, 집회, 물품저장, 주차, 그 밖에 이와 비슷한 시설의 용도

ⓒ 구내식당·직장보육시설·구내운동시설 등 종업원 후생복리시설, 구내소각시설, 그 밖에 이와 비슷한 시설의 용도

ⓓ 관계 법령에서 주된 용도의 부수시설로 설치할 수 있게 규정하고 있는 시설의 용도

ⓗ 발코니란 건축물의 내부와 외부를 연결하는 완충공간으로서 전망이나 휴식 등의 목적으로 건축물 외벽에 접하여 부가적으로 설치되는 공간을 말한다. 이 경우 주택에 설치되는 발코니로서 국토해양부장관이 정하는 기준에 적합한 발코니는 필요에 따라 거실·침실·창고 등의 용도로 사용할 수 있다.

㉮ 초고층 건축물이란 층수가 50층 이상이거나 높이가 200미터 이상인 건축물을 말한다.

㉯ 한옥이란 기둥 및 보가 목구조방식이고 한식지붕틀로 된 구조로서 한식기와, 볏짚, 목재, 흙 등 자연재료로 마감된 우리나라 전통양식이 반영된 건축물 및 그 부속건축물을 말한다.

(2) 대지의 범위

① 둘 이상의 필지를 하나의 대지로 할 수 있는 토지는 다음 각 호와 같다.

㉠ 하나의 건축물을 두 필지 이상에 걸쳐 건축하는 경우

㉡ 합병이 불가능한 경우 중 다음 각 목의 어느 하나에 해당하는 경우(다만, 토지의 소유자가 서로 다르거나 소유권 외의 권리관계가 서로 다른 경우는 제외한다)

ⓐ 각 필지의 지번부여지역이 서로 다른 경우

ⓑ 각 필지의 도면의 축척이 다른 경우

ⓒ 서로 인접하고 있는 필지로서 각 필지의 지반이 연속되지 아니한 경우

㉢ 도시계획시설에 해당하는 건축물을 건축하는 경우

㉣ 사업계획승인을 받아 주택과 그 부대시설 및 복리시설을 건축하는 경우

㉤ 도로의 지표 아래에 건축하는 건축물의 경우

ⓗ 사용승인을 신청할 때 둘 이상의 필지를 하나의 필지로 합칠 것을 조건으로 건축허가를 하는 경우

② 하나 이상의 필지의 일부를 하나의 대지로 할 수 있는 토지는 다음 각 호와 같다.

㉠ 하나 이상의 필지의 일부에 대하여 도시계획시설이 결정·고시된 경우

㉡ 하나 이상의 필지의 일부에 대하여 농지전용허가를 받은 경우

㉢ 하나 이상의 필지의 일부에 대하여 산지전용허가를 받은 경우

㉣ 하나 이상의 필지의 일부에 대하여 개발행위허가를 받은 경우

㉤ 사용승인을 신청할 때 필지를 나눌 것을 조건으로 건축허가를 하는 경우

(3) 대수선의 범위

① 다음 각 호의 어느 하나에 해당하는 것으로서 증축·개축 또는 재축에 해당하지 아니하는 것을 말한다.

㉠ 내력벽을 증설 또는 해체하거나 그 벽면적을 30제곱미터 이상 수선 또는 변경하는 것

㉡ 기둥을 증설 또는 해체하거나 세 개 이상 수선 또는 변경하는 것

㉢ 보를 증설 또는 해체하거나 세 개 이상 수선 또는 변경하는 것

㉣ 지붕틀을 증설 또는 해체하거나 세 개 이상 수선 또는 변경하는 것

㉤ 방화벽 또는 방화구획을 위한 바닥 또는 벽을 증설 또는 해체하거나 수선 또는 변경하는 것

㉥ 주계단·피난계단 또는 특별피난계단을 증설 또는 해체하거나 수선 또는 변경하는 것

㉦ 미관지구에서 건축물의 외부형태(담장 포함)를 변경하는 것

㉧ 다가구주택의 가구 간 경계벽 또는 다세대주택의 세대 간 경계벽을 증설 또는 해체하거나 수선 또는 변경하는 것

(4) 적용제외

① 다음 각 호의 어느 하나에 해당하는 건축물에는 이 법을 적용하지 아니한다.

㉠ 「문화재보호법」에 따른 지정문화재나 가지정문화재

㉡ 철도나 궤도의 선로 부지에 있는 다음 각 목의 시설

ⓐ 운전보안시설

ⓑ 철도 선로의 위나 아래를 가로지르는 보행시설

ⓒ 플랫폼

ⓓ 해당 철도 또는 궤도사업용 급수·급탄 및 급유 시설

㉢ 고속도로 통행료 징수시설

㉣ 컨테이너를 이용한 간이창고(「산업집적활성화 및 공장설립에 관한 법률」에 따른 공장의 용도로만 사용되는 건축물의 대지에 설치하는 것으로서 이동이 쉬운 것만 해당)

② 「국토의 계획 및 이용에 관한 법률」에 따른 도시지역 및 제2종 지구단위계획구역 외의 지역으로서 동이나 읍(동이나 읍에 속하는 섬의 경우에는 인구가 500명 이상인 경우만 해당된다)이 아닌 지역은 제44조부터 제47조까지, 제51조 및 제57조를 적용하지 아니한다.

③ 「국토의 계획 및 이용에 관한 법률」 제47조 제7항에 따른 건축물이나 공작물을 도시계획시설로 결정된 도로의 예정지에 건축하는 경우에는 제45조부터 제47조까지의 규정을 적용하지 아니한다.

3-2. 건축위원회 및 건축물의 적용특례

1) 건축위원회

① 국토해양부장관, 시・도지사 및 시장・군수・구청장은 다음 각 호의 사항을 조사・심의하기 위하여 각각 건축위원회를 두어야 한다.

㉠ 이 법과 조례의 시행에 관한 중요 사항

㉡ 다른 법령에서 건축위원회의 심의를 받도록 규정한 사항

㉢ 다른 법령에서 그 법령에 따른 심의를 갈음하여 건축위원회의 심의를 받을 수 있도록 규정한 경우 그 법령에 따라 건축위원회의 심의를 요청한 사항

② 국토해양부장관은 자신이 설치하는 건축위원회(중앙건축위원회)의 심의를 효율적으로 수행하기 위하여 필요하면 분야별로 전문위원회를 구성・운영할 수 있다.

③ 전문위원회는 중앙건축위원회가 정하는 사항을 심의한다.

④ 전문위원회의 심의를 거친 사항은 중앙건축위원회의 심의를 거친 것으로 본다.

⑤ 각 건축위원회의 조직・운영, 그 밖에 필요한 사항은 대통령령으로 정하는 바에 따라 국토해양부령이나 해당 지방자치단체의 조례(자치구의 경우에는 특별시나 광역시의 조례를 말한다)로 정한다.

2) 건축법의 적용특례

(1) 적용의 완화

① 건축주, 설계자, 공사시공자 또는 공사감리자(건축관계자)는 업무를 수행할 때 이 법을 적용하는 것이 매우 불합리하다고 인정되는 대지나 건축물로서 다음 각 호에 대하여는

이 법의 기준을 완화하여 적용할 것을 특별시장 · 광역시장 · 특별자치도지사 또는 시장 · 군수 · 구청장(허가권자)에게 요청할 수 있다.

㉠ 수면 위에 건축하는 건축물 등 대지의 범위를 설정하기 곤란한 경우

㉡ 거실이 없는 통신시설 및 기계·설비시설인 경우

㉢ 31층 이상인 건축물(건축물 전부가 공동주택의 용도로 쓰는 경우 제외)과 발전소, 제철소, 첨단업종의 제조시설, 운동시설 등 특수 용도의 건축물

㉣ 전통사찰, 전통한옥 등 전통문화의 보존을 위하여 시·도의 건축조례로 정하는 지역의 건축물

㉤ 경사진 대지에 계단식으로 건축하는 공동주택으로서 지면에서 직접 각 세대가 있는 층으로의 출입이 가능하고, 위층 세대가 아래층 세대의 지붕을 정원 등으로 활용하는 것이 가능한 형태의 건축물과 초고층 건축물

㉥ 사용승인을 받은 후 15년 이상이 되어 리모델링이 필요한 건축물

㉦ 기존 건축물에 「장애인·노인·임산부 등의 편의증진 보장에 관한 법률」 제8조에 따른 편의시설을 설치하면 법 제55조 또는 법 제56조에 따른 기준에 적합하지 아니하게 되는 경우 : 법 제55조 및 법 제56조에 따른 기준

㉦2 「국토의 계획 및 이용에 관한 법률」에 따른 도시지역 및 제2종 지구단위계획구역 외의 지역 중 동이나 읍에 해당하는 지역에 건축하는 건축물로서 건축조례로 정하는 건축물인 경우 : 법 제2조 제1항 제11호 및 제44조에 따른 기준

㉧ 「국토의 계획 및 이용에 관한 법률」에 따른 도시지역 및 제2종 지구단위계획구역 외의 지역 중 동이나 읍에 해당하는 지역에 건축하는 건축물

㉨ 방재지구의 대지에 건축하는 건축물로서 재해예방을 위한 조치가 필요한 경우

㉩ 조화롭고 창의적인 건축을 통하여 아름다운 도시경관을 창출한다고 허가권자가 인정하는 건축물 및 도시형 생활주택(아파트 및 연립주택은 제외한다)

② 요청을 받은 허가권자는 건축위원회의 심의를 거쳐 완화 여부와 적용 범위를 결정하고 그 결과를 신청인에게 알려야 한다.

③ ①과 ②에 따른 요청 및 결정의 절차와 그 밖에 필요한 사항은 해당 지방자치단체의 조례로 정한다.

(2) 기존의 건축물 등에 관한 특례

① 허가권자는 법령의 제정 · 개정이나 다음 각 호의 어느 하나에 해당하여 대지나 건축물이 이 법에 맞지 아니하게 된 경우에는 대통령령으로 정하는 범위에서 해당 지방자치단체의

조례로 정하는 바에 따라 건축을 허가할 수 있다.

㉠ 도시관리계획의 결정·변경 또는 행정구역의 변경이 있는 경우

㉡ 도시계획시설의 설치, 도시개발사업의 시행 또는 도로의 설치가 있는 경우

㉢ 그 밖에 국토해양부령으로 정하는 경우

② 허가권자는 기존 건축물 및 대지가 법령의 제정·개정이나 위 각 호의 사유로 법령등에 부적합하더라도 다음 각 호의 어느 하나에 해당하는 경우에는 건축을 허가할 수 있다.

㉠ 기존 건축물을 재축하는 경우

㉡ 증축하거나 개축하려는 부분이 법령등에 적합한 경우

㉢ 기존 건축물의 대지가 도시계획시설의 설치 또는 도로의 설치로 해당 지방자치단체가 정하는 면적에 미달되는 경우로서 그 기존 건축물을 연면적 합계의 범위에서 증축하거나 개축하는 경우

㉣ 기존 건축물이 화장실·계단·승강기의 설치 등 그 건축물의 기능을 유지하기 위하여 그 기존 건축물의 연면적 합계의 범위에서 증축하는 경우

㉤ 법률 제7696호 건축법 일부개정법률 제50조의 개정규정에 따라 최초로 개정한 해당 지방자치단체의 조례 시행일 이전에 건축된 기존 건축물의 건축선 및 인접 대지경계선으로부터의 거리가 그 조례로 정하는 거리에 미달되는 경우로서 그 기존 건축물을 건축 당시의 법령에 위반하지 아니하는 범위에서 증축하는 경우

㉥ 기존 한옥을 개축 또는 대수선하는 경우

(3) 리모델링에 대비한 특례

① 리모델링이 쉬운 구조의 공동주택의 건축을 촉진하기 위하여 공동주택을 다음 각 호 구조로 하여 건축허가를 신청하면 100분의 120의 범위에서 완화하여 적용할 수 있다.

㉠ 각 세대는 인접한 세대와 수직 또는 수평 방향으로 통합하거나 분할할 수 있을 것

㉡ 구조체에서 건축설비, 내부 마감재료 및 외부 마감재료를 분리할 수 있을 것

㉢ 개별 세대 안에서 구획된 실의 크기, 개수 또는 위치 등을 변경할 수 있을 것

3-3. 건축물의 건축

1) 건축관련 입지와 규모의 사전결정

① 건축허가 대상 건축물을 건축하려는 자는 건축허가를 신청하기 전에 허가권자에게 그 건축물을 해당 대지에 건축하는 것이 이 법이나 다른 법령에서 허용되는지에 대한 사전결정

을 신청할 수 있다.

② 사전결정신청자는 건축위원회 심의와 「도시교통정비 촉진법」에 따른 교통영향분석·개선대책의 검토를 동시에 신청할 수 있다.

③ 허가권자는 사전결정이 신청된 건축물의 대지면적이 「환경정책기본법」 제25조의2에 따른 사전환경성검토대상인 경우 환경부장관이나 지방환경관서의 장과 사전환경성검토에 관한 협의를 하여야 한다.

④ 허가권자는 신청을 받으면 입지, 건축물의 규모, 용도 등을 사전결정한 후 사전결정 신청자에게 알려야 한다.

⑤ ①과 ②에 따른 신청 절차, 신청 서류, 통지 등에 필요한 사항은 국토해양부령으로 정한다.

⑥ 위 규정에 따른 사전결정 통지를 받은 경우에는 다음 각 호의 허가를 받거나 신고 또는 협의를 한 것으로 본다.

  ㉠ 개발행위허가(국토의 계획 및 이용에 관한 법률 제56조)

  ㉡ 산지전용허가와 산지전용신고. 다만, 보전산지인 경우에는 도시지역만 해당된다.(산지관리법 제14조 및 제15조)

  ㉢ 농지전용허가·신고 및 협의(농지법 제34조, 제35조 및 제43조)

  ㉣ 하천점용허가(하천법 제33조)

⑦ 허가권자는 위 각 호의 어느 하나에 해당되는 내용이 포함된 사전결정을 하려면 미리 관계 행정기관의 장과 협의하여야 하며, 협의를 요청받은 관계 행정기관의 장은 요청받은 날부터 15일 이내에 의견을 제출하여야 한다.

⑧ 사전결정신청자는 사전결정을 통지받은 날부터 2년 이내에 건축허가를 신청하여야 하며, 이 기간에 건축허가를 신청하지 아니하면 사전결정의 효력이 상실된다.

2) 건축허가

(1) 건축허가

① 건축물을 건축하거나 대수선하려는 자는 특별자치도지사 또는 시장·군수·구청장의 허가를 받아야 한다. 다만, 21층 이상의 건축물 등 대통령령으로 정하는 용도 및 규모의 건축물을 특별시나 광역시에 건축하려면 특별시장이나 광역시장의 허가를 받아야 한다.

② 시장·군수는 다음 각 호의 어느 하나에 해당하는 건축물의 건축을 허가하려면 미리 건축계획서와 국토해양부령으로 정하는 건축물의 용도, 규모 및 형태가 표시된 기본설계도서를 첨부하여 도지사의 승인을 받아야 한다.

㉠ 21층 이상의 건축물

㉡ 자연환경이나 수질을 보호하기 위하여 도지사가 지정·공고한 구역에 건축하는 3층 이상 또는 연면적의 합계가 1천제곱미터 이상인 건축물로서 위락시설과 숙박시설 등 대통령령으로 정하는 용도에 해당하는 건축물

㉢ 주거환경이나 교육환경 등 주변 환경을 보호하기 위하여 필요하다고 인정하여 도지사가 지정·공고한 구역에 건축하는 위락시설 및 숙박시설에 해당하는 건축물

③ 허가를 받으려는 자는 허가신청서에 국토해양부령으로 정하는 설계도서를 첨부하여 허가권자에게 제출하여야 한다.

④ 허가권자는 위락시설이나 숙박시설에 해당하는 건축물의 건축을 허가하는 경우 해당 대지에 건축하려는 건축물의 용도·규모 또는 형태가 주거환경이나 교육환경 등 주변 환경을 고려할 때 부적합하다고 인정하면 이 법이나 다른 법률에도 불구하고 건축위원회의 심의를 거쳐 건축허가를 하지 아니할 수 있다.

⑤ 건축허가를 받으면 다음 각 호의 허가 등을 받거나 신고를 한 것으로 보며, 공장건축물의 경우에는 「산업집적활성화 및 공장설립에 관한 법률」에 따라 관련 법률의 인·허가등이나 허가등을 받은 것으로 본다.

㉠ 공사용 가설건축물의 축조신고

㉡ 공작물의 축조신고

㉢ 개발행위허가(국토의 계획 및 이용에 관한 법률 제56조)

㉣ 시행자지정 및 실시계획인가(국토의 계획 및 이용에 관한 법률 제86조 제5항 및 제88조 제2항)

㉤ 산지전용허가와 산지전용신고. 다만, 보전산지인 경우에는 도시지역만 해당된다.(산지관리법 제14조 및 제15조)

㉥ 사도개설허가(사도법 제4조)

㉦ 농지전용허가·신고 및 협의(농지법 제34조, 제35조 및 제43조)

㉧ 도로의 점용허가(도로법 제38조)

㉨ 비관리청 공사시행 허가와 도로의 연결허가(도로법 제34조 및 제64조 제2항)

㉩ 하천점용 등의 허가(하천법 제33조)

㉪ 배수설비의 설치신고(하수도법 제27조)

㉫ 개인하수처리시설의 설치신고(하수도법 제34조 제2항)

㉬ 상수도 공급신청(수도법 제38조)

㉭ 자가용전기설비 공사계획의 인가 또는 신고(전기사업법 제62조)

㉮ 수질오염물질 배출시설 설치의 허가나 신고(수질 및 수생태계 보전에 관한 법률 제33조)

㉯ 대기오염물질 배출시설설치의 허가나 신고(대기환경보전법 제23조)

㉰ 소음 · 진동 배출시설 설치의 허가나 신고(소음 · 진동규제법 제8조)

⑥ 허가권자는 위 각 호의 어느 하나에 해당하는 사항이 다른 행정기관의 권한에 속하면 그 행정기관의 장과 미리 협의하여야 하며, 협의 요청을 받은 관계 행정기관의 장은 요청을 받은 날부터 15일 이내에 의견을 제출하여야 한다.

⑦ 허가권자는 허가를 받은 자가 다음 각 호의 어느 하나에 해당하면 허가를 취소하여야 한다. 다만, 다음 ㉠에 해당하는 경우로서 정당한 사유가 있다고 인정되면 1년의 범위에서 공사의 착수기간을 연장할 수 있다.

㉠ 허가를 받은 날부터 1년 이내에 공사에 착수하지 아니한 경우

㉡ 허가를 받은 날부터 1년 이내에 공사에 착수하였으나 공사의 완료가 불가능하다고 인정되는 경우

⑧ ⑤ 각 호의 어느 하나에 해당하는 사항과 제12조 제1항의 관계 법령을 관장하는 중앙행정기관의 장은 그 처리기준을 국토해양부장관에게 통보하여야 한다. 처리기준을 변경한 경우에도 또한 같다.

⑨ 국토해양부장관은 ⑧에 따라 처리기준을 통보받은 때에는 이를 통합하여 고시하여야 한다.

(2) 건축 공사현장 안전관리 예치금 등

① 건축허가를 받은 자는 건축물의 건축공사를 중단하고 장기간 공사현장을 방치할 경우 공사현장의 미관 개선과 안전관리 등 필요한 조치를 하여야 한다.

② 허가권자는 연면적이 5천제곱미터 이상으로서 지방자치단체의 조례로 정하는 건축물(대한주택보증주식회사가 분양보증을 한 건축물 및 분양보증이나 신탁계약을 체결한 건축물은 제외)에 대하여는 착공신고를 하는 건축주(대한주택공사, 한국토지공사 또는 건축사업을 수행하기 위하여 설립된 지방공사 제외)에게 장기간 건축물의 공사현장이 방치되는 것에 대비하여 미리 미관 개선과 안전관리에 필요한 비용(예치금)을 건축공사비의 1퍼센트의 범위에서 예치하게 할 수 있다.

③ 허가권자가 예치금을 반환할 때에는 대통령령으로 정하는 이율로 산정한 이자를 포함하여 반환하여야 한다. 다만, 보증서를 예치한 경우에는 그러하지 아니하다.

④ 예치금의 산정 · 예치 방법, 반환 등에 관하여 필요한 사항은 해당 지방자치단체의 조례로 정한다.

⑤ 허가권자는 공사현장이 방치되어 도시미관을 저해하고 안전을 위해한다고 판단되면 건축허가를 받은 자에게 건축물 공사현장의 미관과 안전관리를 위한 개선을 명할 수 있다.

⑥ 허가권자는 개선명령을 받은 자가 개선을 하지 아니하면 「행정대집행법」으로 정하는 바에 따라 대집행을 할 수 있다. 이 경우 건축주가 예치한 예치금을 행정대집행에 필요한 비용에 사용할 수 있으며, 행정대집행에 필요한 비용이 이미 납부한 예치금보다 많을 때에는 「행정대집행법」 제6조에 따라 그 차액을 추가로 징수할 수 있다.

(3) 건축신고

① 허가 대상 건축물이라 하더라도 다음 각 호의 어느 하나에 해당하는 경우에는 미리 특별자치도지사 또는 시장 · 군수 · 구청장에게 국토해양부령으로 정하는 바에 따라 신고를 하면 건축허가를 받은 것으로 본다.

㉠ 바닥면적의 합계가 85제곱미터 이내의 증축 · 개축 또는 재축

㉡ 관리지역, 농림지역 또는 자연환경보전지역에서 연면적이 200제곱미터 미만이고 3층 미만인 건축물의 건축. 다만, 제2종 지구단위계획구역에서의 건축은 제외한다.

㉢ 대수선(연면적이 200제곱미터 미만이고 3층 미만인 건축물)

㉣ 주요구조부의 해체가 없는 등 대통령령으로 정하는 대수선

㉤ 그 밖에 소규모 건축물로서 대통령령으로 정하는 건축물의 건축

② ①에 따른 건축신고에 관하여는 제11조 제5항을 준용한다.

③ 신고를 한 자가 신고일부터 1년 이내에 공사에 착수하지 아니하면 그 신고의 효력은 없어진다.

(4) 허가와 신고사항의 변경

① 건축주가 허가를 받았거나 신고한 사항을 변경하려면 변경하기 전에 대통령령으로 정하는 바에 따라 허가권자의 허가를 받거나 특별자치도지사 또는 시장 · 군수 · 구청장에게 신고하여야 한다. 다만, 대통령령으로 정하는 경미한 사항의 변경은 그러하지 아니하다.

② 허가나 신고사항 중 대통령령으로 정하는 사항의 변경은 사용승인을 신청할 때 허가권자에게 일괄하여 신고할 수 있다.

(5) 건축허가 제한 등

① 국토해양부장관은 국토관리를 위하여 특히 필요하다고 인정하거나 주무부장관이 국방, 문화재보존, 환경보전 또는 국민경제를 위하여 특히 필요하다고 인정하여 요청하면 허가권자의 건축허가나 허가를 받은 건축물의 착공을 제한할 수 있다.

② 시 · 도지사는 지역계획이나 도시계획에 특히 필요하다고 인정하면 시장 · 군수 · 구청장의 건축허가나 허가를 받은 건축물의 착공을 제한할 수 있다.

③ 건축허가나 건축물의 착공을 제한하는 경우 제한기간은 2년 이내로 한다. 다만, 1회에 한하여 1년 이내의 범위에서 제한기간을 연장할 수 있다.

④ 국토해양부장관이나 시 · 도지사는 건축허가나 건축물의 착공을 제한하는 경우 제한 목적 · 기간, 대상 건축물의 용도와 대상 구역의 위치 · 면적 · 경계 등을 상세하게 정하여 허가권자에게 통보하여야 하며, 통보를 받은 허가권자는 지체 없이 이를 공고하여야 한다.

⑤ 시 · 도지사는 시장 · 군수 · 구청장의 건축허가나 건축물의 착공을 제한한 경우 즉시 국토해양부장관에게 보고하여야 하며, 보고를 받은 국토해양부장관은 제한 내용이 지나치다고 인정하면 해제를 명할 수 있다.

(6) 용도변경

① 건축물의 용도변경은 변경하려는 용도의 건축기준에 맞게 하여야 한다.

② 사용승인을 받은 건축물의 용도를 변경하려는 자는 다음 각 호의 구분에 따라 국토해양부령으로 정하는 바에 따라 특별자치도지사 또는 시장 · 군수 · 구청장의 허가를 받거나 신고를 하여야 한다.

㉠ 허가 대상 : 각 시설군에 속하는 건축물의 용도를 상위군에 해당하는 용도로 변경하는 경우

㉡ 신고 대상 : 각 시설군에 속하는 건축물의 용도를 하위군에 해당하는 용도로 변경하는 경우

③ 시설군 중 같은 시설군 안에서 용도를 변경하려는 자는 국토해양부령으로 정하는 바에 따라 특별자치도지사 또는 시장 · 군수 · 구청장에게 건축물대장 기재내용의 변경을 신청하여야 한다. 다만, 대통령령으로 정하는 변경의 경우에는 그러하지 아니하다.

④ 시설군은 다음 각 호와 같고 각 시설군에 속하는 건축물의 세부 용도는 대통령령으로 정한다.

㉠ 자동차 관련 시설군

㉡ 산업 등의 시설군
㉢ 전기통신시설군
㉣ 문화 및 집회시설군
㉤ 영업시설군
㉥ 교육 및 복지시설군
㉦ 근린생활시설군
㉧ 주거업무시설군
㉨ 그 밖의 시설군

⑤ ②에 따른 허가나 신고 대상인 경우로서 용도변경하려는 부분의 바닥면적의 합계가 100제곱미터 이상인 경우의 사용승인에 관하여는 제22조를 준용한다.

⑥ ②에 따른 허가 대상인 경우로서 용도변경하려는 부분의 바닥면적의 합계가 500제곱미터 이상인 용도변경(대통령령으로 정하는 경우는 제외한다)의 설계에 관하여는 제23조를 준용한다.

⑦ ①과 ②에 따른 건축물의 용도변경에 관하여는 제3조, 제5조, 제6조, 제7조, 제11조 제2항부터 제9항까지, 제12조, 제14조부터 제16조까지, 제18조, 제20조, 제27조, 제29조, 제35조, 제38조, 제42조부터 제44조까지, 제48조부터 제56조까지, 제60조부터 제64조까지, 제66조부터 제68조까지, 제78조부터 제87조까지의 규정과 「국토의 계획 및 이용에 관한 법률」 제54조를 준용한다.

(7) 가설건축물

① 도시계획시설 또는 도시계획시설예정지에서 가설건축물을 건축하는 경우에는 3층 이하로서 다음 각 호 기준의 범위에서 조례로 정하는 바에 따라 특별자치도지사 또는 시장 · 군수 · 구청장의 허가를 받아야 한다.
㉠ 철근콘크리트조 또는 철골철근콘크리트조가 아닐 것
㉡ 존치기간은 3년 이내일 것. 다만, 도시계획사업이 시행될 때까지 그 기간을 연장할 수 있다.
㉢ 전기·수도·가스 등 새로운 간선 공급설비의 설치를 필요로 하지 아니할 것
㉣ 공동주택·판매시설·운수시설 등으로서 분양을 목적으로 건축하는 건축물이 아닐 것

② 가설건축물 외에 재해복구, 흥행, 전람회, 공사용 가설건축물 등 대통령령으로 정하는 용도의 가설건축물을 축조하려는 자는 대통령령으로 정하는 존치 기간, 설치 기준 및 절차에 따라 특별자치도지사 또는 시장 · 군수 · 구청장에게 신고한 후 착공하여야 한다.

③ 특별자치도지사 또는 시장 · 군수 · 구청장은 가설건축물의 건축을 허가하거나 축조신고를 받은 경우 국토해양부령으로 정하는 바에 따라 가설건축물대장에 이를 기재하여 관리하여야 한다.

④ 특별자치도지사 또는 시장·군수·구청장은 ①이나 ②에 따라 가설건축물의 건축을 허가하거나 축조신고를 받은 경우 국토해양부령으로 정하는 바에 따라 가설건축물대장에 이를 기재하여 관리하여야 한다.

3) 시공

(1) 착공신고 등

① 허가를 받거나 신고를 한 건축물의 공사를 착수하려는 건축주는 국토해양부령으로 정하는 바에 따라 허가권자에게 공사계획을 신고하여야 한다. 다만, 건축물의 철거를 신고할 때 착공 예정일을 기재한 경우에는 그러하지 아니하다.

② 공사계획을 신고하거나 변경신고를 하는 경우 해당 공사감리자와 공사시공자가 신고서에 함께 서명하여야 한다.

③ 건축주는 「건설산업기본법」 제41조를 위반하여 건축물의 공사를 하거나 하게 할 수 없다.

④ 허가를 받은 건축물의 건축주는 신고를 할 때에는 각 계약서의 사본을 첨부하여야 한다.

(2) 건축물의 사용승인

① 건축주가 허가를 받았거나 신고를 한 건축물의 건축공사를 완료(하나의 대지에 둘 이상의 건축물을 건축하는 경우 동별 공사를 완료한 경우를 포함한다)한 후 그 건축물을 사용하려면 공사감리자가 작성한 감리완료보고서와 국토해양부령으로 정하는 공사완료도서를 첨부하여 허가권자에게 사용승인을 신청하여야 한다.

② 허가권자는 사용승인신청을 받은 경우 국토해양부령으로 정하는 기간에 다음 각 호의 사항에 대한 검사를 실시하고, 검사에 합격된 건축물에 대하여는 사용승인서를 내주어야 한다. 다만, 해당 지방자치단체의 조례로 정하는 건축물은 사용승인을 위한 검사를 실시하지 아니하고 사용승인서를 내줄 수 있다.

㉠ 사용승인을 신청한 건축물이 이 법에 따라 허가 또는 신고한 설계도서대로 시공되었는지의 여부

㉡ 감리완료보고서, 공사완료도서 등의 서류 및 도서가 적합하게 작성되었는지의 여부

③ 건축주는 사용승인을 받은 후가 아니면 건축물을 사용하거나 사용하게 할 수 없다. 다만, 다음 각 호의 어느 하나에 해당하는 경우에는 그러하지 아니하다.

㉠ 허가권자가 기간 내에 사용승인서를 교부하지 아니한 경우

㉡ 사용승인서를 교부받기 전에 공사가 완료된 부분이 건폐율, 용적률, 설비, 피난·방화 등 국토해양부령으로 정하는 기준에 적합한 경우로서 기간을 정하여 대통령령으로 정하는 바에 따라 임시로 사용의 승인을 한 경우

④ 건축주가 사용승인을 받은 경우에는 다음 각 호에 따른 사용승인·준공검사 또는 등록신청 등을 받거나 한 것으로 보며, 공장건축물의 경우에는 관련 법률의 검사 등을 받은 것으로 본다.

㉠ 배수설비의 준공검사 및 개인하수처리시설의 준공검사(하수도법 제27조, 제37조)

㉡ 지적공부의 변동사항 등록신청(측량·수로조사 및 지적에 관한 법률 제64조)

㉢ 승강기 완성검사(승강기시설 안전관리법 제13조)

㉣ 보일러 설치검사(에너지이용 합리화법 제39조)

㉤ 전기설비의 사용전검사(전기사업법 제63조)

㉥ 정보통신공사의 사용전검사(정보통신공사업법 제36조)

㉦ 도로점용공사 완료확인(도로법 제38조 제3항)

㉧ 개발 행위의 준공검사(국토의 계획 및 이용에 관한 법률 제62조)

㉨ 도시계획시설사업의 준공검사(국토의 계획 및 이용에 관한 법률 제98조)

㉩ 수질오염물질 배출시설의 가동개시의 신고(수질 및 수생태계 보전에 관한 법률 제37조)

㉪ 대기오염물질 배출시설의 가동개시의 신고(대기환경보전법 제30조)

⑤ 허가권자는 사용승인을 하는 경우 위 각 호의 어느 하나에 해당하는 내용이 포함되어 있으면 관계 행정기관의 장과 미리 협의하여야 한다.

⑥ 특별시장 또는 광역시장은 사용승인을 한 경우 지체 없이 그 사실을 군수 또는 구청장에게 알려서 건축물대장에 적게 하여야 한다. 이 경우 건축물대장에는 설계자, 대통령령으로 정하는 주요 공사의 시공자, 공사감리자를 적어야 한다.

(3) 건축물의 설계

① 건축허가를 받아야 하거나 건축신고를 하여야 하는 건축물 또는 사용승인을 받은 후 20년 이상이 지난 건축물로서 리모델링을 하는 건축물의 건축등을 위한 설계는 건축사가 아니면 할 수 없다. 다만, 다음 각 호의 어느 하나에 해당하는 경우에는 그러하지 아니하다.

㉠ 바닥면적의 합계가 85제곱미터 미만인 증축·개축 또는 재축

㉡ 연면적이 200제곱미터 미만이고 층수가 3층 미만인 건축물의 대수선

㉢ 그 밖에 건축물의 특수성과 용도 등을 고려하여 대통령령으로 정하는 건축물의 건축 등

② 설계자는 건축물이 이 법과 이 법에 따른 명령이나 처분, 그 밖의 관계 법령에 맞고 안전·기능 및 미관에 지장이 없도록 설계하여야 하며, 국토해양부장관이 정하여 고시하는 설계도서 작성기준에 따라 설계도서를 작성하여야 한다. 다만, 해당 건축물의 공법 등이 특수한 경우로서 국토해양부령으로 정하는 바에 따라 건축위원회의 심의를 거친 때에는 그러하지 아니하다.

③ 설계도서를 작성한 설계자는 설계가 이 법과 이 법에 따른 명령이나 처분, 그 밖의 관계 법령에 맞게 작성되었는지를 확인한 후 설계도서에 서명날인하여야 한다.

④ 국토해양부장관이 국토해양부령으로 정하는 바에 따라 작성하거나 인정하는 표준설계도서나 특수한 공법을 적용한 설계도서에 따라 건축물을 건축하는 경우에는 제1항을 적용하지 아니한다.

(4) 건축시공

① 공사시공자는 계약대로 성실하게 공사를 수행하여야 하며, 이 법과 이 법에 따른 명령이나 처분, 그 밖의 관계 법령에 맞게 건축물을 건축하여 건축주에게 인도하여야 한다.

② 공사시공자는 건축물(건축허가나 용도변경허가 대상)의 공사현장에 설계도서를 갖추어 두어야 한다.

③ 공사시공자는 설계도서가 이 법과 이 법에 따른 명령이나 처분, 그 밖의 관계 법령에 맞지 아니하거나 공사의 여건상 불합리하다고 인정되면 건축주와 공사감리자의 동의를 받아 서면으로 설계자에게 설계를 변경하도록 요청할 수 있다. 이 경우 설계자는 정당한 사유가 없으면 요청에 따라야 한다.

④ 공사시공자는 공사를 하는 데에 필요하다고 인정하거나 공사감리자로부터 상세시공도면을 작성하도록 요청을 받으면 상세시공도면을 작성하여 공사감리자의 확인을 받아야 하며, 이에 따라 공사를 하여야 한다.

⑤ 공사시공자는 건축허가나 용도변경허가가 필요한 건축물의 건축공사를 착수한 경우에는 해당 건축공사의 현장에 국토해양부령으로 정하는 바에 따라 건축허가 표지판을 설치하여야 한다.

(5) 건축물의 공사감리

① 건축주는 대통령령으로 정하는 용도·규모 및 구조의 건축물을 건축하는 경우 건축사나 대통령령으로 정하는 자를 공사감리자로 지정하여 공사감리를 하게 하여야 한다. 이 경우 시공에 관한 감리에 대하여 건축사를 공사감리자로 지정하는 때에는 공사시공자 본인 및

계열회사를 공사감리자로 지정하여서는 아니 된다.

② 공사감리자는 공사감리를 할 때 이 법과 이 법에 따른 명령이나 처분, 그 밖의 관계 법령에 위반된 사항을 발견하거나 공사시공자가 설계도서대로 공사를 하지 아니하면 이를 건축주에게 알린 후 공사시공자에게 시정하거나 재시공하도록 요청하여야 하며, 공사시공자가 시정이나 재시공 요청에 따르지 아니하면 서면으로 그 건축공사를 중지하도록 요청할 수 있다. 이 경우 공사중지를 요청받은 공사시공자는 정당한 사유가 없으면 즉시 공사를 중지하여야 한다.

③ 공사감리자는 공사시공자가 시정이나 재시공 요청을 받은 후 이에 따르지 아니하거나 공사중지 요청을 받고도 공사를 계속하면 국토해양부령으로 정하는 바에 따라 이를 허가권자에게 보고하여야 한다.

④ 대통령령으로 정하는 용도 또는 규모의 공사의 공사감리자는 필요하다고 인정하면 공사시공자에게 상세시공도면을 작성하도록 요청할 수 있다.

⑤ 공사감리자는 국토해양부령으로 정하는 바에 따라 감리일지를 기록 · 유지하여야 하고, 공사의 공정이 대통령령으로 정하는 진도에 다다른 경우에는 감리중간보고서를, 공사를 완료한 경우에는 감리완료보고서를 국토해양부령으로 정하는 바에 따라 각각 작성하여 건축주에게 제출하여야 하며, 건축주는 건축물의 사용승인을 신청할 때 중간감리보고서와 감리완료보고서를 첨부하여 허가권자에게 제출하여야 한다.

⑥ 건축주나 공사시공자는 위반사항에 대한 시정이나 재시공을 요청하거나 위반사항을 허가권자에게 보고한 공사감리자에게 이를 이유로 공사감리자의 지정을 취소하거나 보수의 지급을 거부하거나 지연시키는 등 불이익을 주어서는 아니 된다.

⑦ 공사감리의 방법 및 범위 등은 건축물의 용도 · 규모 등에 따라 대통령령으로 정하되, 이에 따른 세부기준이 필요한 경우에는 국토해양부장관이 정하거나 건축사협회로 하여금 국토해양부장관의 승인을 받아 정하도록 할 수 있다.

⑧ 국토해양부장관은 세부기준을 정하거나 승인을 한 경우 이를 고시하여야 한다.

⑨ 사업계획 승인 대상과 책임감리 대상 건축물의 공사감리는 위의 규정에도 불구하고 각각 해당 법령으로 정하는 바에 따른다.

3-4. 건축물의 유지와 관리

1) 건축물의 유지·관리

① 건축물의 소유자 또는 관리자는 1년에 한 번 이상 정기점검을 실시하여 건축물·대지 및 건축설비를 유지·관리하여야 한다.

② 특별자치도지사 또는 시장·군수·구청장은 유지·관리되는 건축물 중 「집합건물의 소유 및 관리에 관한 법률」의 적용을 받는 집합건축물로서 건축조례로 정하는 건축물에 대하여는 건축지도원으로 하여금 국토해양부령으로 정하는 점검표에 따라 유지·관리의 실태를 점검하게 할 수 있다. 이 경우 유지·관리의 실태를 점검받는 건축물의 소유자 또는 관리자는 그 건축물을 점검하는 건축지도원에게 협조하여야 한다.

③ ②에 따라 건축지도원이 점검할 수 있는 건축물의 유지·관리의 항목은 다음 각 호와 같다. 다만, 「시설물의 안전관리에 관한 특별법」에 따른 1종시설물 또는 2종시설물에 속하는 건축물은 제3호에 따른 구조안전 항목의 점검을 생략할 수 있다.

㉠ 대지 : 법 제40조, 법 제42조부터 제44조까지 및 법 제47조에 적합한지 여부

㉡ 높이 및 형태 : 법 제55조, 법 제56조, 법 제58조, 법 제60조 및 법 제61조에 적합한지 여부

㉢ 구조안전 : 법 제48조에 적합한지 여부

㉣ 화재안전 : 법 제49조부터 제53조까지의 규정에 적합한지 여부

㉤ 건축설비 : 법 제62조부터 제64조까지의 규정에 적합한지 여부

㉥ 에너지관리 등 : 법 제66조 제2항에 따른 유지·관리에 관한 기준에 적합한지 여부

④ 특별자치도지사 또는 시장·군수·구청장은 점검 결과 필요하다고 인정되는 경우에는 시정명령 등의 필요한 조치를 할 수 있다.

2) 건축물의 철거 등의 신고

① 건축물의 소유자나 관리자는 건축물을 철거하려면 철거를 하기 전에 특별자치도지사 또는 시장·군수·구청장에게 신고하여야 한다.

② 건축물의 소유자나 관리자는 건축물이 재해로 멸실된 경우 멸실 후 30일 이내에 신고하여야 한다.

③ 신고의 대상이 되는 건축물과 신고 절차 등에 관하여는 국토해양부령으로 정한다.

3) 건축지도원

① 특별자치도지사 또는 시장 · 군수 · 구청장은 이 법 또는 이 법에 따른 명령이나 처분에 위반되는 건축물의 발생을 예방하고 건축물을 적법하게 유지 · 관리하도록 지도하기 위하여 대통령령으로 정하는 바에 따라 건축지도원을 지정할 수 있다.

② 건축지도원의 업무 범위 등은 다음 각 호와 같다.

㉠ 건축신고를 하고 건축 중에 있는 건축물의 시공 지도와 위법 시공 여부의 확인·지도 및 단속

㉡ 건축물의 대지, 높이 및 형태, 구조 안전 및 화재 안전, 건축설비 등이 법령등에 적합하게 유지·관리되고 있는지의 확인·지도 및 단속

㉢ 허가를 받지 아니하거나 신고를 하지 아니하고 건축하거나 용도변경한 건축물의 단속

③ 건축지도원은 ②의 업무를 수행할 때에는 권한을 나타내는 증표를 지니고 관계인에게 내보여야 한다.

④ 건축지도원의 지정 절차, 보수 기준 등에 관하여 필요한 사항은 건축조례로 정한다.

3-5. 건축물의 대지와 도로

1) 건축물의 대지

(1) 대지의 안전 등

① 대지는 인접한 도로면보다 낮아서는 아니 된다. 다만, 대지의 배수에 지장이 없거나 건축물의 용도상 방습의 필요가 없는 경우에는 인접한 도로면보다 낮아도 된다.

② 습한 토지, 물이 나올 우려가 많은 토지, 쓰레기, 그 밖에 이와 유사한 것으로 매립된 토지에 건축물을 건축하는 경우에는 성토, 지반 개량 등 필요한 조치를 하여야 한다.

③ 대지에는 빗물과 오수를 배출하거나 처리하기 위하여 필요한 하수관, 하수구, 저수탱크, 그 밖에 이와 유사한 시설을 하여야 한다.

④ 손궤(손궤 : 무너져 내림)의 우려가 있는 토지에 대지를 조성하려면 다음 각 호에 따라 옹벽을 설치하거나 그 밖에 필요한 조치를 하여야 한다.

㉠ 성토 또는 절토하는 부분의 경사도가 1 : 1.5 이상으로서 높이가 1미터 이상인 부분

㉡ 옹벽의 높이가 3미터 이상인 경우에는 이를 콘크리트구조로 할 것

㉢ 옹벽의 외벽면에는 이의 지지 또는 배수를 위한 시설외의 구조물이 밖으로 튀어 나오지 아니하게 할 것

(2) 대지와 도로의 관계

① 건축물의 대지는 2미터 이상이 도로(자동차만의 통행에 사용되는 도로는 제외한다)에 접하여야 한다. 다만, 다음 각 호의 어느 하나에 해당하면 그러하지 아니하다.

㉠ 해당 건축물의 출입에 지장이 없다고 인정되는 경우

㉡ 건축물의 주변에 대통령령으로 정하는 공지가 있는 경우

② 연면적의 합계가 2천 제곱미터(공장인 경우에는 3천 제곱미터) 이상인 건축물(축사, 작물재배사, 그 밖에 이와 비슷한 건축물로서 건축조례로 정하는 규모의 건축물은 제외한다)의 대지는 너비 6미터 이상의 도로에 4미터 이상 접하여야 한다.

2) 건축물의 도로

(1) 도로의 지정 · 폐지 또는 변경

① 허가권자는 도로의 위치를 지정 · 공고하려면 국토해양부령으로 정하는 바에 따라 그 도로에 대한 이해관계인의 동의를 받아야 한다. 다만, 다음 각 호의 어느 하나에 해당하면 이해관계인의 동의를 받지 아니하고 건축위원회의 심의를 거쳐 도로를 지정할 수 있다.

㉠ 허가권자가 이해관계인이 해외에 거주하는 등의 사유로 이해관계인의 동의를 받기가 곤란하다고 인정하는 경우

㉡ 주민이 오랫동안 통행로로 이용하고 있는 사실상의 통로로서 해당 지방자치단체의 조례로 정하는 것인 경우

② 허가권자는 지정한 도로를 폐지하거나 변경하려면 그 도로에 대한 이해관계인의 동의를 받아야 한다. 그 도로에 편입된 토지의 소유자, 건축주 등이 허가권자에게 지정된 도로의 폐지나 변경을 신청하는 경우에도 또한 같다.

③ 허가권자는 도로를 지정하거나 변경하면 국토해양부령으로 정하는 바에 따라 도로관리대장에 이를 적어서 관하여야 한다.

(2) 건축선의 지정

① 도로와 접한 부분에 건축물을 건축할 수 있는 선(건축선)은 대지와 도로의 경계선으로 한다. 다만, 소요 너비에 못 미치는 너비의 도로인 경우에는 그 중심선으로부터 그 소요 너비의 2분의 1의 수평거리만큼 물러난 선을 건축선으로 하되, 그 도로의 반대쪽에 경사지, 하천, 철도, 선로부지, 그 밖에 이와 유사한 것이 있는 경우에는 그 경사지 등이 있는 쪽의 도로경계선에서 소요 너비에 해당하는 수평거리의 선을 건축선으로 하며, 도로의 모퉁이

에서는 그 대지에 접한 도로경계선의 교차점으로부터 도로경계선에 따라 다음의 표에 따른 거리를 각각 후퇴한 두 점을 연결한 선을 건축선으로 한다.

(단위 : 미터)

도로의 교차각	해당도로의 너비		교차되는 도로의 너비
	6 이상 8 미만	4 이상 6 미만	
90° 미만	4	3	6 이상 8 미만
	3	2	4 이상 6 미만
90° 이상 120° 미만	3	2	6 이상 8 미만
	2	2	4 이상 6 미만

② 특별자치도지사 또는 시장 · 군수 · 구청장은 시가지 안에서 건축물의 위치나 환경을 정비하기 위하여 필요하다고 인정하면 대통령령으로 정하는 범위에서 건축선을 따로 지정할 수 있다.

③ 특별자치도지사 또는 시장 · 군수 · 구청장은 건축선을 지정하면 지체 없이 이를 고시하여야 한다.

(3) 건축선에 따른 건축제한

① 건축물과 담장은 건축선의 수직면을 넘어서는 아니 된다. 다만, 지표 아래 부분은 그러하지 아니하다.

② 도로면으로부터 높이 4.5미터 이하에 있는 출입구, 창문, 그 밖에 이와 유사한 구조물은 열고 닫을 때 건축선의 수직면을 넘지 아니하는 구조로 하여야 한다.

3-6. 용도지역 및 지구 내의 건축물

1) 건축물의 대지가 지역 · 지구 또는 구역에 걸치는 경우의 조치

① 대지가 이 법이나 다른 법률에 따른 지역 · 지구(녹지지역과 방화지구는 제외한다) 또는 구역에 걸치는 경우에는 대통령령으로 정하는 바에 따라 그 건축물과 대지의 전부에 대하여 대지의 과반이 속하는 지역 · 지구 또는 구역 안의 건축물 및 대지 등에 관한 이 법의 규정을 적용한다. 다만, 건축물이 미관지구에 걸치는 경우에는 그 건축물과 대지의 전부에 대하여 미관지구 안의 건축물과 대지 등에 관한 이 법의 규정을 적용한다.

② 하나의 건축물이 방화지구와 그 밖의 구역에 걸치는 경우에는 그 전부에 대하여 방화지구 안의 건축물에 관한 이 법의 규정을 적용한다. 다만, 건축물의 방화지구에 속한 부분과 그 밖의 구역에 속한 부분의 경계가 방화벽으로 구획되는 경우 그 밖의 구역에 있는 부분에 대하여는 그러하지 아니하다.

③ 대지가 녹지지역과 그 밖의 지역·지구 또는 구역에 걸치는 경우에는 각 지역·지구 또는 구역 안의 건축물과 대지에 관한 이 법의 규정을 적용한다. 다만, 녹지지역 안의 건축물이 미관지구나 방화지구에 걸치는 경우에는 ① 단서나 ②에 따른다.

④ 해당 대지의 규모와 그 대지가 속한 용도지역·지구 또는 구역의 성격 등 그 대지에 관한 주변여건상 필요하다고 인정하여 해당 지방자치단체의 조례로 적용방법을 따로 정하는 경우에는 그에 따른다.

2) 건축물의 건폐율

대지면적에 대한 건축면적(대지에 건축물이 둘 이상 있는 경우에는 이들 건축면적의 합계로 한다)의 비율의 최대한도는 건폐율의 기준에 따른다. 다만, 이 법에서 기준을 완화하거나 강화하여 적용하도록 규정한 경우에는 그에 따른다.

3) 건축물의 용적률

대지면적에 대한 연면적(대지에 건축물이 둘 이상 있는 경우에는 이들 연면적의 합계로 한다)의 비율)의 최대한도는 용적률의 기준에 따른다. 다만, 이 법에서 기준을 완화하거나 강화하여 적용하도록 규정한 경우에는 그에 따른다.

4) 대지 안의 공지

① 건축물을 건축하거나 용도변경하는 경우에는 용도지역·용도지구, 건축물의 용도 및 규모 등에 따라 건축선 및 인접 대지경계선으로부터 6미터 이내의 범위에서 다음 표에서 정하는 바에 따라 해당 지방자치단체의 조례로 정하는 거리 이상을 띄워야 한다.

㉠ 건축선으로부터 건축물까지 띄어야 하는 거리

대상건축물	건축조례에서 정하는 건축기준
ⓐ 해당 용도로 쓰는 바닥면적의 합계가 500제곱미터 이상인 공장(전용공업지역, 일반공업지역 또는 「산업입지 및 개발에 관한 법률」에 따른 산업단지에 건축하는 공장은 제외한다)으로서 건축조례로 정하는 건축물	• 준공업지역 : 1.5미터 이상 6미터 이하 • 준공업지역 외의 지역 : 3미터 이상 6미터 이하

(계속)

대상건축물	건축조례에서 정하는 건축기준
ⓑ 해당 용도로 쓰는 바닥면적의 합계가 500제곱미터 이상인 창고(전용공업지역, 일반공업지역 또는 '산업입지 및 개발에 관한 법률' 에 따른 산업단지에 건축하는 창고는 제외한다)로서 건축조례로 정하는 건축물	• 준공업지역 : 1.5미터 이상 6미터 이하 • 준공업지역 외의 지역 : 3미터 이상 6미터 이하
ⓒ 해당 용도로 쓰는 바닥면적의 합계가 1,000제곱미터 이상인 판매시설, 숙박시설(여관 및 여인숙은 제외한다), 문화 및 집회시설(전시장 및 동·식물원은 제외한다) 및 종교시설	• 3미터 이상 6미터 이하
ⓓ 다중이 이용하는 건축물로서 건축조례로 정하는 건축물	• 3미터 이상 6미터 이하
ⓔ 공동주택	• 아파트 : 2미터 이상 6미터 이하 • 연립주택 : 2미터 이상 5미터 이하 • 다세대주택 : 1미터 이상 4미터 이하
ⓕ 그 밖에 건축조례로 정하는 건축물	• 1미터 이상 6미터 이하(한옥의 경우에는 처마선 0.5미터 이상 2미터 이하, 외벽선 1미터 이상 2미터 이하)

㉡ 인접 대지경계선으로부터 건축물까지 띄어야 하는 거리

대상건축물	건축조례에서 정하는 건축기준
ⓐ 전용주거지역에 건축하는 건축물(공동주택은 제외한다)	• 1미터 이상 6미터 이하(한옥의 경우에는 처마선 0.5미터 이상 2미터 이하, 외벽선 1미터 이상 2미터 이하)
ⓑ 해당 용도로 쓰는 바닥면적의 합계가 500제곱미터 이상인 공장(전용공업지역, 일반공업지역 또는 '산업입지 및 개발에 관한 법률' 에 따른 산업단지에 건축하는 공장은 제외한다)으로서 건축조례로 정하는 건축물	• 준공업지역 : 1미터 이상 6미터 이하 • 준공업지역 외의 지역 : 1.5미터 이상 6미터 이하
ⓒ 상업지역이 아닌 지역에 건축하는 건축물로서 해당 용도로 쓰는 바닥면적의 합계가 1,000제곱미터 이상인 판매시설, 숙박시설(여관 및 여인숙은 제외한다), 문화 및 집회시설(전시장 및 동·식물원은 제외한다) 및 종교시설	• 1.5미터 이상 6미터 이하
ⓓ 다중이 이용하는 건축물(상업지역에 건축하는 건축물은 제외한다)로서 건축조례로 정하는 건축물	• 1.5미터 이상 6미터 이하
ⓔ 공동주택(상업지역에 건축하는 공동주택은 제외한다)	• 아파트 : 2미터 이상 6미터 이하 • 연립주택 : 1.5미터 이상 5미터 이하 • 다세대주택 : 0.5미터 이상 4미터 이하
ⓕ 그 밖에 건축조례로 정하는 건축물	• 0.5미터 이상 6미터 이하(한옥의 경우에는 처마선 0.5미터 이상 2미터 이하, 외벽선 1미터 이상 2미터 이하)

5) 건축물의 높이 제한

① 허가권자는 가로구역(도로로 둘러싸인 일단의 지역을 말한다)을 단위로 하여 대통령령으로 정하는 기준과 절차에 따라 건축물의 최고 높이를 지정 · 공고할 수 있다. 다만, 특별자치도지사 또는 시장 · 군수 · 구청장은 가로구역의 최고 높이를 완화하여 적용할 필요가 있다고 판단되는 대지에 대하여는 대통령령으로 정하는 바에 따라 건축위원회의 심의를 거쳐 최고 높이를 완화하여 적용할 수 있다.

② 특별시장이나 광역시장은 도시의 관리를 위하여 필요하면 가로구역별 건축물의 최고 높이를 특별시나 광역시의 조례로 정할 수 있다.

③ 최고 높이가 정하여지지 아니한 가로구역의 경우 건축물의 각 부분의 높이는 그 부분으로부터 전면도로의 반대쪽 경계선까지의 수평거리의 1.5배를 넘을 수 없다. 다만, 대지가 둘 이상의 도로, 공원, 광장, 하천 등에 접하는 경우에는 건축물의 높이를 해당 지방자치단체의 조례로 따로 정할 수 있다.

6) 일조 등의 확보를 위한 건축물의 높이 제한

① 전용주거지역과 일반주거지역 안에서 건축하는 건축물의 높이는 일조 등의 확보를 위하여 정북방향의 인접 대지경계선으로부터의 거리에 따라 대통령령으로 정하는 높이 이하로 하여야 한다.

㉠ 높이 4미터 이하인 부분 : 인접 대지경계선으로부터 1미터 이상

㉡ 높이 8미터 이하인 부분 : 인접 대지경계선으로부터 2미터 이상

㉢ 높이 8미터를 초과하는 부분 : 인접 대지경계선으로부터 해당 건축물 각 부분 높이의 2분의 1 이상

② 공동주택(일반상업지역과 중심상업지역 제외)의 높이는 다음 각 호의 기준에 적합하여야 한다.

㉠ 건축물(기숙사는 제외)의 각 부분의 높이는 그 부분으로부터 채광을 위한 창문 등이 있는 벽면에서 직각 방향으로 인접 대지경계선까지의 수평거리의 2배(근린상업지역 또는 준주거지역의 건축물은 4배) 이하로 할 것

㉡ 같은 대지에서 두 동 이상의 건축물이 서로 마주보고 있는 경우에 건축물 각 부분 사이의 거리는 다음 각 목의 거리 이상을 띄어 건축할 것. 다만, 그 대지의 모든 세대가 동지를 기준으로 9시에서 15시 사이에 2시간 이상을 계속하여 일조를 확보할 수 있는 거리 이상으로 할 수 있다.

ⓐ 채광을 위한 창문 등이 있는 벽면으로부터 직각방향으로 건축물 각 부분 높이의 0.5배(도시형 생활주택의 경우에는 0.25배) 이상의 범위에서 건축조례로 정하는 거리 이상

ⓑ 서로 마주보는 건축물 중 남쪽 방향(마주보는 두 동의 축이 남동에서 남서 방향인 경우만 해당)의 건축물 높이가 낮고, 주된 개구부(거실과 주된 침실이 있는 부분의 개구부)의 방향이 남쪽을 향하는 경우에는 높은 건축물 각 부분의 높이의 0.4배(도시형 생활주택의 경우에는 0.2배) 이상의 범위에서 건축조례로 정하는 거리 이상이고 낮은 건축물 각 부분의 높이의 0.5배(도시형 생활주택의 경우에는 0.25배) 이상의 범위에서 건축조례로 정하는 거리 이상

ⓒ 건축물과 부대시설 또는 복리시설이 서로 마주보고 있는 경우에는 부대시설 또는 복리시설 각 부분 높이의 1배 이상

ⓓ 채광창(창넓이가 0.5제곱미터 이상인 창을 말한다)이 없는 벽면과 측벽이 마주 보는 경우에는 8미터 이상

ⓔ 측벽과 측벽이 마주보는 경우(마주보는 측벽 중 하나의 측벽에 채광을 위한 창문 등이 설치되어 있지 아니한 바닥면적 3제곱미터 이하의 발코니를 설치하는 경우를 포함)에는 4미터 이상

③ 다음 각 호의 어느 하나에 해당하면 건축물의 높이를 정남방향의 인접 대지경계선으로부터의 거리에 따라 대통령령으로 정하는 높이 이하로 할 수 있다.

㉠ 「택지개발촉진법」에 따른 택지개발예정지구인 경우

㉡ 「주택법」에 따른 대지조성사업지구인 경우

㉢ 「지역균형개발 및 지방중소기업 육성에 관한 법률」에 따른 광역개발권역 및 개발촉진지구인 경우

㉣ 「산업입지 및 개발에 관한 법률」에 따른 국가산업단지, 일반산업단지, 도시첨단산업단지 및 농공단지인 경우

㉤ 「도시개발법」에 따른 도시개발구역인 경우

㉥ 「도시 및 주거환경정비법」에 따른 정비구역인 경우

㉦ 정북방향으로 도로, 공원, 하천 등 건축이 금지된 공지에 접하는 대지인 경우

㉧ 정북방향으로 접하고 있는 대지의 소유자와 합의한 경우나 그 밖에 대통령령으로 정하는 경우

④ 2층 이하로서 높이가 8미터 이하인 건축물에는 해당 지방자치단체의 조례로 정하는 바에 따라 위의 규정을 적용하지 아니할 수 있다.

CHAPTER

15 주택기술일반

1. 주택구조

1) 가구식 구조

뼈대가 되는 골조를 먼저 세운 다음 지붕, 벽, 바닥 등을 구획하는 모든 요소들을 이 골조에 조합시켜 연결한 구조를 말한다. 구조재의 짜임새와 접합상태가 구조체의 강도를 좌우한다. 건물의 하중을 기둥이 받게 되므로 개구부를 자유롭게 만들 수 있고 해체가 용이하며 증·개축이 용이하다. 목구조가 대표적인 가구식 구조에 해당한다.

(1) 목구조

건축물의 주요부를 목재로 구성한 것으로 기둥, 보, 처마도리, 깔도리, 지붕, 벽체, 천장, 마루바닥, 토대 등의 골조를 나무로 짜고 맞춘 가구식 구조체를 말한다. 우리나라의 전통적인 건축물 구조방식이다. 공사기간이 짧고 외관이 아름답지만 수명이 짧고 내구성이 적으며 방한과 방서에 약하다.

목구조의 벽체는 하중을 지탱하는 수직재인 기둥을 세우고 수평재인 도리와 보를 설치하여 라멘을 구성하여 수직하중에 지탱하도록 하고, 수평하중에 저항하도록 경사재를 적당히 설치하여 구성한다.

마루 아래부분은 통풍이 잘 안 되고 습기가 차기 쉬우므로 상부 구조체보다 썩기 쉽다. 따라서 바닥높이를 보통 지반 위 45 cm 이상의 높이로 한다. 단, 지표면에 콘크리트 바닥을 설치하였거나 기타 방습을 위한 조치를 하였을 경우는 제외된다. 욕실과 주방의 바닥과 그 바닥으로부터 1 m 높이까지는 내벽마감을 내수재료로 하여야 한다. 또한 외벽의 마루바닥 아래부분에는 환기구멍을 둔다. 마루널재는 곧은결, 무절, 건조재가 좋다. 보통 너비는 6~10 cm로 하고 두께는 대패질을 하여 1.5~2.4 cm로 하는데 습기에 신축되므로 넓은 것보다는 좁은 것이 좋다.

목구조 주택의 지붕은 추녀마루가 용마루에 모여 합친 모임지붕, 또는 우진각지붕과, 모임지붕 일부에 박공지붕을 같이 한 합각지붕이 많이 사용된다.

① 나무의 종류

- 구조재 : 기둥, 보, 석가래같이 보이는 구조체에 사용되는 것으로 나뭇결, 무늬, 빛깔이 아름답고 강도가 크다. 지붕 속이나 마루 밑처럼 보이지 않는 구조체에 사용되는 구조재는 볼품은 없어도 강도가 큰 것이 사용된다.
- 수장재 : 강도와 상관없이 나뭇결, 무늬, 빛깔이 아름다운 것이 사용된다.
- 창호재 : 강도가 크고 옹이가 없으며 나뭇결, 무늬, 빛깔이 아름다운 것이 사용된다.
- 가구재 : 강도가 크고 옹이가 없으며 빛깔과 무늬가 아름다운 것이 사용된다.

② 목재의 접합

목재의 접합방법은 이음, 맞춤, 쪽매의 세 가지로 분류된다.

- 이음 : 목재를 재축의 길이방향으로 잇는 방법을 말한다. 맞댄이음, 겹친이음, 따낸이음이 있다.
- 맞춤 : 목재를 직각이나 경사진 방향으로 연결하는 방법을 말한다. 장부맞춤, 주먹장맞춤, 연귀맞춤, 사개맞춤 등이 있다.
- 쪽매 : 폭이 넓은 판재를 옆으로 붙여 넓게 하는 것을 말한다.

목재 접합 시에는 아래와 같은 사항을 염두에 두어야 한다.

- 여러 규격의 목재를 접합하여 사용하므로 목재 자체의 강도도 중요하지만 접합부가 외력에 견딜 수 있는 충분한 강도를 갖는 것이 더욱 중요하며, 중요 접합부는 못이나 볼트 또는 보강철물 등으로 보강하여야 한다.
- 재는 될 수 있는 한 적게 깎아내어 약해지지 않게 한다. 한 부재가 부분적으로 약한 것은 전체가 약한 것과 같기 때문이다.
- 이음과 맞춤은 그 응력이 적은 곳에서 만들어야 한다.
- 공작이 간단한 것을 사용하고 모양에 치중하지 말아야 한다. 이음과 맞춤이 복잡하게 되면 결함이 생기기 쉬우므로 가능한 간단하게 하고 큰 응력이 생기는 곳은 철물로 보강한다.
- 이음과 맞춤의 끝부분은 작용하는 응력이 균등하게 전달되도록 한다.
- 이음과 맞춤은 응력의 방향에 직각으로 한다.
- 맞춤면은 서로 밀착되어 빈틈이 없게 정확히 가공한다.

2) 조적조

내력벽면을 벽돌, 블록, 돌과 같은 단일부재를 쌓아 올려서 구조체를 만드는 방법을 말하며, 벽돌구조, 돌구조, 블록구조 등이 이에 속한다. 단위재의 강도와 모르타르의 접착력에 의해 구조체의 강도가 결정된다. 구조체의 두께가 비교적 두껍고 개구부 폭을 크게 할 수 없으며, 철근 등으로 보강하지 않으면 내진성이 부족하므로 주로 저층건물에 사용된다.

(1) 벽돌구조(brick construction)

주택에서 가장 많이 이용되는 구조방식의 하나로 조적식 구조의 기본이다. 기초 위에 모르타르로 벽돌을 쌓아 벽체를 만들고 지붕틀, 마루, 창문틀은 목조나 콘크리트조, 철골조로 보완한다. 고층화할수록 벽체를 두껍게 하여야 하므로 실내면적이 좁아지게 된다. 벽돌구조는 4~5층까지의 건물에 적합하다.

벽돌은 질감이 다양하여 주위환경과 잘 조화되며 외관이 아름답고 장중하며 방한, 방서적이다. 구조적으로는 압축력에 강하고 내화, 내구적이며 시공이 비교적 간단하다. 그러나 벽체가 두껍고 습기가 차기 쉬우며 지진 등 횡력에 약하여 고층건물에는 적합하지 않다.

벽돌은 진흙을 빚어 구워 만든 붉은 벽돌과 시멘트와 모래를 혼합하여 만든 시멘트벽돌이 있다. 토질, 온도, 시간에 따라 벽돌의 질이 달라진다. 붉은 벽돌은 가열상태에 따라 완전연소로 구운 붉은 벽돌과 불완전연소로 구운 변색(회색, 검은색)벽돌로 구분된다. 시멘트벽돌은 주로 벽면을 마무리할 때 사용된다.

좋은 벽돌은 강도가 크고 흡수율이 적으며 모양이 바르고 갈림 등의 결함이 없는 벽돌을 말한다.

■ 벽돌의 종류 : 내화벽돌은 보일러실의 굴뚝, 벽난로의 내부 같이 직접 불이 닿는 곳에 사용된다.

- 오지벽돌 : 오지물을 표면에 발라서 구운 벽돌을 말한다.
- 사기벽돌 : 사기를 입혀서 구운 벽돌이다.
- 이형벽돌 : 아치형을 만들 때 사용된다.
- 붉은 벽돌 : 일반적인 벽돌이다.
- 검정벽돌 : 오랜 시간 구운 벽돌이다.
- 변색벽돌 : 벽돌재료에 이질물질을 섞어서 색을 변하게 한 벽돌이다.
- 등외벽돌 : 구울 때 잘못 구워져서 흰 벽돌로 장막벽이나 내부재료에 사용된다.
- 특수벽돌 : 시멘트벽돌, 경량벽돌 등이 있다.

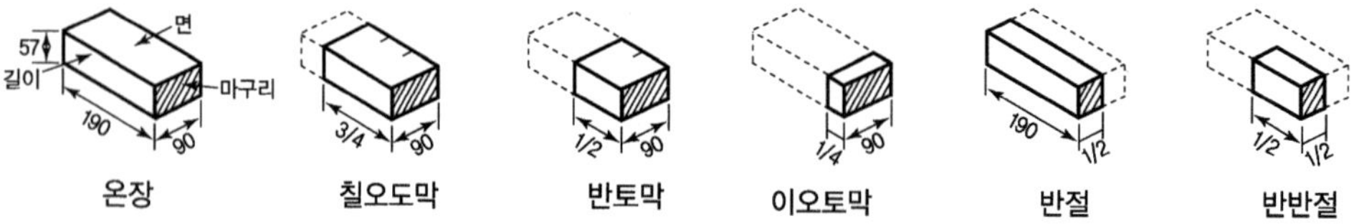

그림 15-1 토막벽돌의 종류

- 벽돌의 치수 : 보통 벽돌의 치수는 재래형은 210×100×60 mm이고 표준형은 190×90×57 mm이다. 벽돌을 쌓을 때는 주로 온장벽돌을 쓰지만 토막벽돌을 같이 쓴다. 토막벽돌의 종류는 온장벽돌의 길이를 토막낸 정도에 따라 반절과 반반절, 벽돌의 나비를 토막낸 정도에 따라 반토막과 칠오토막, 이오토막으로 구분한다. 일반적으로 벽체의 두께는 9 cm(벽돌 반장 두께, 0.5B), 19 cm(벽돌 한 장 두께, 1B), 29 cm(벽돌 한 장반 두께, 1.5B, 19+1+9 cm), 39 cm(벽돌 두 장 두께, 2B, 19+1+19 cm)이다. 벽돌은 강도가 크고 흡수율이 적으며 모양이 바르고 갈라짐 등의 결함이 없어야 한다.
- 모르타르 : 벽돌을 쌓을 때 접착제로 사용된다. 벽돌의 강도와 함께 모르타르의 강도는 벽돌벽체의 강성을 좌우한다. 모르타르는 시멘트와 모래를 배합하여 사용하는데 배합비는 용적비로 1 : 3~1 : 5 정도로 한다. 시멘트는 포틀랜드 시멘트, 모래는 강모래를 보통 사용한다. 모르타르는 건축물의 내외장적인 미적 요소로도 역할을 한다.

  벽돌과 벽돌을 접착시키는 모르타르를 줄눈이라고 하며, 줄눈 너비는 보통 가로, 세로 10 mm이다. 줄눈은 막힌줄눈, 통줄눈, 치장줄눈 등이 있다.
- 벽돌 쌓기 : 벽돌구조의 강도는 벽의 두께, 높이, 길이, 모르타르, 자체의 강도, 쌓기방법, 쌓는 기술의 부착도에 따라 달라진다. 길이 쌓기는 길이가 나타나게 쌓는 방법이고 마구리 쌓기는 마구리가 나타나게 쌓는 방법을 말한다.

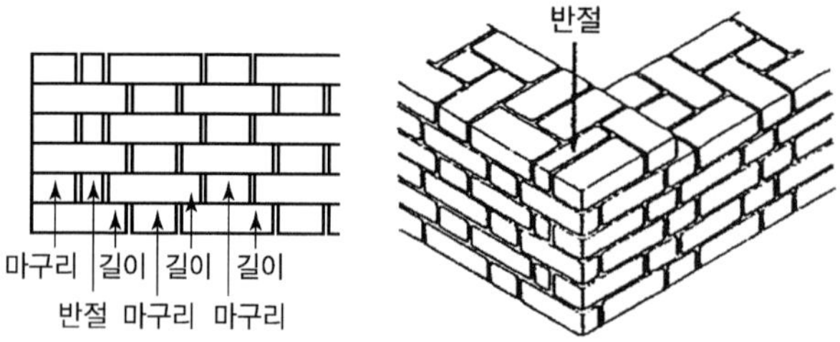

그림 15-2 불식 쌓기

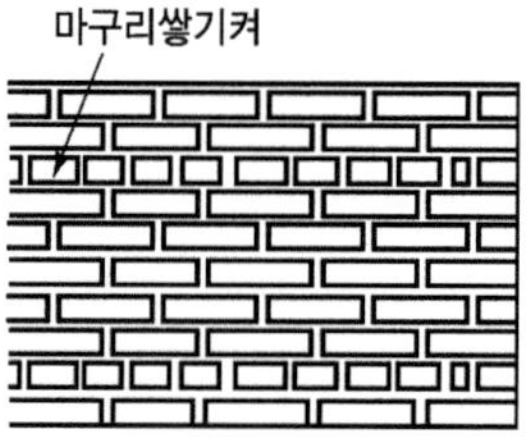

그림 15-3 미식 쌓기

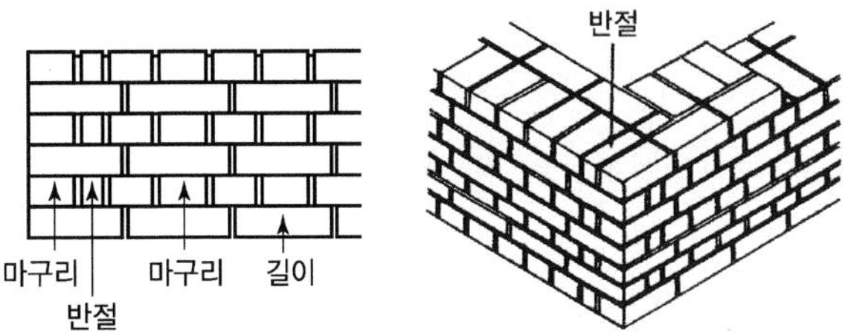

그림 15-4 영식 쌓기

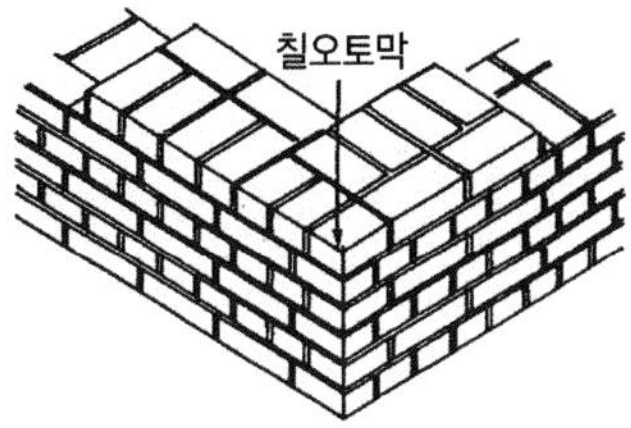

그림 15-5 화란식 쌓기

벽돌 쌓기에는 영식 쌓기, 화란식 쌓기, 불식 쌓기, 미식 쌓기, 기타 쌓기가 있다. 영식 쌓기는 길이와 마구리를 교대로 쌓는 방식으로 가장 강도가 크다. 화란식 쌓기는 코너부분에 이오토막을 사용하여 쌓는 방식으로 입면도는 영식 쌓기와 같다. 불식 쌓기는 길이와 마구리가 교대로 쌓는 방식으로 아름답다. 미식 쌓기는 5단 정도는 길이 쌓기를 하고 그 다음 한 줄은 마구리 쌓기로 쌓는 방식이다. 이 외에도 엽세워 쌓기, 엇모 쌓기, 영롱 쌓기, 붙임기둥 쌓기, 내 쌓기, 공간 쌓기 등이 있다.

■ 벽돌 시공 시 주의사항

- 크기와 무게 등을 검사하여 불합격된 벽돌은 사용하지 않는다.
- 운반하거나 짐을 부릴 때 모서리가 상하거나 깨지지 않게 한다. 벽돌 쌓기에는 잔토막이나 부스러기벽돌은 사용하지 않는다.
- 붉은 벽돌은 모두 쌓기 전에 충분히 물에 축여 놓아 모르타르가 잘 붙어 굳는데 지장이 없게 한다. 콘크리트벽돌은 미리 축여 놓으면 쌓는 손이 상하므로 쌓기 바로 전에 물을 뿌려 사용하거나 미리 충분히 물을 축여 놓았다가 마른 후에 사용한다.
- 모르타르는 정확한 배합으로 시멘트와 모래만을 섞고 사용할 때마다 물을 붓고 잘 배합하여 바로 사용한다. 모르타르는 벽돌강도와 같은 정도 이상이 되게 한다.
- 세로기준틀을 정확히 한다. 수직이 정확해야 수평도 바르게 되기 때문이다.
- 특별한 경우를 제외하고는 영식 쌓기와 화란식 쌓기를 한다.
- 하루에 벽돌 쌓는 높이는 1.5 m(20켜) 이하, 보통 1.2 m(17켜) 정도로 한다. 모르타르가 굳기 전에 큰 압력이 가해지지 않게 한다.
- 벽돌은 균일한 높이로 쌓아야 하며 치장줄눈은 되도록 짧은 시일 내에 처리한다.

(2) 돌구조

돌을 쌓아 올려서 벽체를 구성하는 방식이다. 외관이 장중하고 미려하며 내화적이고 마모, 풍화에 강하며 방한, 방서적이다. 반면 주택의 수직하중을 벽 전체가 받게 되므로 벽에 넓은 개구부를 내기 어렵고 횡력에 약하며 시공이 까다롭고 값이 비싸다. 근래에는 벽체를 석재만으로 쌓기보다 대개 뒷벽에 벽돌이나 콘크리트조의 벽체와 일체로 축조하거나 붙여 쌓는다. 순수석조로는 2층 이하의 건물만 지을 수 있다.

① 석재의 종류

석재는 구조용이나 장식용에 사용되는 화강암, 구조용으로 사용되는 안산암, 응회암, 사암, 그리고 지붕재료로 사용되는 점판암과, 장식용이나 조각용으로 사용되는 대리석 등으로 대별된다. 또한 석재는 형태에 따라 다음과 같이 분류된다.

- 잡석 : 직경 20 cm 정도의 막생긴 돌로 잡석다짐에 사용된다.
- 간사 : 각 변 20~30 cm 정도의 모진돌로 석축에 사용된다.
- 견치석 : 축섬돌, 간지석이라고도 하며 각변이 30 cm 정도의 네모뿔형의 돌로 석축에 사용된다.
- 각석 : 단면이 직사각형으로 길게 된 돌로 비교적 입방체에 가까운 것을 말한다. 단면이 각석과 같고 길이를 보다 길게 채석장에서 용재로 떼어낸 돌을 장대석이라고도 한다. 대개 크기가 30 cm 각이고 길이는 2 m 이하이다. 크고 길수록 고가이다.
- 사괴석 : 각 변이 15~20 cm 정도로 한식건물의 방화벽에 사용된다.
- 판석 : 두께에 비하여 면이 넓고 평평한 돌을 말한다. 화강암이나 안산암의 판돌로 구들장, 함실장이나 포장, 계단 등에 사용되고 점판암은 지붕 슬레이트에 사용된다. 너비 60 cm, 길이는 90 cm 정도이다.

② 석재의 가공

석재의 가공은 원석의 절단(돌쪼갬)과 표면가공(돌다듬)이 있다.

돌쪼갬은 두꺼운 돌을 돌눈결에 따라 20 cm 내외의 간격으로 쐐기구멍을 파고 여기에 쐐기를 끼우고 내리쳐서 쪼갠다.

돌다듬은 손다듬기와 기계다듬기가 있다.

③ 돌 쌓기

돌 쌓기 방식은 석재의 종류, 다듬기 마무리 정도나 줄눈모양에 따라 분류할 수 있다.

맞댐면이나 뒤고임에 모르타르나 콘크리트 등을 사춤쳐서 넣지 않고 잔돌을 끼우거나 돌로만 괴어 쌓는 것을 건성 쌓기, 또는 메 쌓기라고 하고, 모르타르 등을 사춤쳐서 넣어 쌓는 것을 사춤 쌓기 또는 찰 쌓기라고 한다.

돌의 상태에 따라 거친돌 쌓기와 다듬돌 쌓기로 나뉘고, 쌓는 방법에 따라 막 쌓기와 바른층 쌓기로 구별된다.

- 거친돌 쌓기 : 잡석, 간사 등을 적당한 크기로 쪼개어 사용하고 맞댐면은 돌을 깨뜨려낸 그대로 또는 거친다듬하여 불규칙하게 막 쌓는 것을 말한다.
- 다듬돌 쌓기 : 돌의 모서리 맞댐면을 일정하게 다듬어 쌓는 것으로 허튼층 쌓기와 바른층 쌓기가 있다. 튼튼하고 외관이 미려하여 많이 사용된다. 허튼층 쌓기는 줄눈의 모서리 맞댐면을 허튼줄눈으로 쌓는 것을 말하고, 바른층 쌓기는 모서리 맞댐면을 일정하게 쌓은 것을 말한다.

(3) 블록조

블록을 모르타르로 접착하며 쌓아 올려 벽체를 구성하고 바닥과 지붕은 목조나 철골조 또는 철근콘크리트조로 구성하는 방식이다. 건물의 대량생산에 적합하고 경량이며 불연구조이다. 시공이 간편하고 공사기간을 단축하여 비용을 절감할 수 있다. 평면계획과 개구부가 제한되며 철근콘크리트구조보다 내진적이지 못하다.

① 블록구조의 종류

블록구조에는 조적식 블록조와 장막벽 블록조, 보강블록조, 거푸집 블록조가 있다.

- 조적식 블록조는 블록을 조적재인 블록과 교착재인 모르타르로 접합시켜 벽체를 구성하는 방식으로 내력벽(bearing wall)이다. 높이 4 m 이하이고 연면적이 20 m^2 이하인 단독주택에 적당하다.
- 장막벽 블록조(curtain wall)는 구조체인 철골조, 철근콘크리트조 등의 골조가 완성되면 그 사이에 블록을 쌓아 만든 벽으로 비내력벽이다.
- 보강 블록조(reinforced block wall)는 블록의 빈 속에 보강철근을 넣고 여기에 콘크리트를 다져 넣어 사춤하여 저항력을 보강한 내력벽으로 수직하중, 수평하중에 저항할 수 있어 5층 정도의 건물에 사용가능하다.
- 거푸집 블록조는 철근콘크리트구조의 거푸집과 같은 역할을 하는 것으로 거푸집 시멘트 블록을 쌓고 그 안에 철근을 배근하여 콘크리트를 부어넣어 기둥 등과 같은 구조체의 골조를 형성시키는 내력벽 형태로 한 것이다.

② 블록

블록에는 시멘트에 모래와 자갈을 혼합하여 속이 비게 만든 속빈 콘크리트블록과 모래만 혼합하여 만든 속빈 시멘트블록이 있다.

블록은 골재, 배합, 중량, 강도, 보양 정도에 따라 분류한다. 비중에 따라서는 중량블록과 경량블록으로 분류하고, 강도에 따라서는 1~3급으로 분류한다. 부피비중이 1 : 8 이하의 속빈블록을 경량블록이라 하고 그 이상의 속빈블록을 중량블록이라 한다.

기본블록의 치수는 길이 390 mm, 높이 190 mm, 두께 210 mm, 190 mm, 150 mm, 100 mm이다. 블록의 품질은 치수, 무게, 흡수율, 흡수상태 등의 동질 정도에 의해 결정된다.

③ 블록 쌓기

모르타르는 1 : 3~1 : 5로 한다. 블록 강도가 높으면 모르타르의 강도도 높아야 하며 보통 블록 강도보다 1.3~1.5배 높은 모르타르를 사용하여야 한다. 물은 시멘트 중량의 60~70%를 사용한다. 모래는 지름이 적을수록 강도가 높으며 지름이 1.2 mm 정도가 좋다. 모르타르에 석회를 섞으면 수분유지가 잘 되고 끈기가 있어 강한 모르타르가 된다.

블록은 특수철망을 블록 위에 놓아가며 쌓으며 모서리와 교차부에는 2켜마다 철근을 보강해 준다. 블록의 빈 공간에 메워 넣는 콘크리트를 사춤콘크리트라 하고 블록을 3, 4켜 정도 쌓을 때마다 집어 넣는다. 시멘트 : 모래 : 자갈의 비율은 1 : 3 : 6으로 배합하며 자갈의 크기는 지름이 10 mm 이하인 것을 사용한다.

④ 블록조 시공 시 주의사항

- 치수와 강도 검사에서 불합격된 블록은 사용하지 않는다.
- 블록의 모르타르와의 접착부분에는 사전에 적당한 습도로 물로 축여 놓는다.
- 모르타르 콘크리트의 배합은 비례를 정확하게 지켜 잘 반죽하여 치밀하게 다져 넣는다.
- 철근의 위치는 정확히 설치하여 유지하고 도중에 구부리지 않아야 한다. 사춤콘크리트는 블록 중간에서 이어지고 1회에 3~4단의 높이마다 채워 다진다.
- 하루에 쌓는 높이는 6켜 정도, 즉 1.5 m 이상으로 하지 않는다. 국부적으로 높게 쌓는 것은 피하고 균등한 높이로 쌓아야 한다.
- 일단 설치된 블록은 이동시키지 않는다.
- 정착물, 설치물 등의 관련사항을 잊어버리지 말고 제때에 정확히 설치한다.
- 완전 시공이 될 때까지 위에는 널판 등으로 씌워서 빗물이나 빙설 등이 빈 공간 속으로 들어가지 않게 한다.

블록구조의 벽체에는 내력벽과 대린벽, 부축벽, 칸막이벽이 있다.

- 내력벽은 상층의 벽, 지붕, 바닥 등의 수직하중과 풍압력, 지진력 등의 수평하중을 받는 벽체를 말한다. 내력벽은 건물의 평면에 균형있게 배치하고 위층의 내력벽은 아래층의 내력벽 바로 위에 배치한다.
- 대린벽은 서로 직각으로 교차되는 내력벽을 말한다.
- 부축벽은 내력벽이나 기타벽을 받치고 있는 벽을 말한다. 부측벽의 길이는 층높이의 1/3 정도로 하고 단층에서는 1 m 이상, 이층의 아래층에서는 2 m 이상으로 하며, 모양은 평면상으로 전후, 좌우 대칭형으로 하는 것이 좋다.
- 칸막이벽은 실내의 사이벽으로 중요한 부분은 내력벽으로 하고 다른 칸막이 벽은 실의 용도에 따라 배치한다.

3) 철근콘크리트 구조(R.C조, Reinforced Concrete)

기둥, 보, 바닥, 벽 등의 주요 부분을 철근으로 보강한 콘크리트로 구성하는 일체식 구조로 형판을 가설하고 지정된 곳에 철근을 배근한 다음 형판 안에 콘크리트를 붓고 굳혀 구조를 형성한다. 철의 인장강도와 콘크리트의 압축강도를 서로 보완하여 만든 구조이다. 내화성과 내진성 및 내구성이 우수하며 구조물의 형상치수를 자유롭게 선택할 수 있고 유지보수비가 저렴하다. 그러나 자체 중량이 크고 균열이 발생하기 쉽고 습식이므로 시공이 복잡하며 공사기간이 길다. 철거와 변경이 곤란하며 공사비가 비싸고 증·개축이 어렵다. 지반이 약한 지대나 층수가 많고 개구부를 크게 계획할 때도 가능하여 평면계획을 자유롭게 할 수 있으므로 집합주택 등의 대규모 주택에 적합하다.

① 재 료

- 콘크리트: 시멘트(portland cement)와 물체를 교착시키는 물질로 대개 포틀랜드 시멘트를 사용한다.
- 골재: 콘크리트용 체규격 5 mm 망체를 중량비로 85% 이상 통과하는 골재인 잔골재와, 85% 이상 남는 골재인 굵은 골재로 구분된다.
- 철근: 철근은 원형강과 이형철근이 많이 사용된다.
- 물: 콘크리트에 사용되는 물은 유해 불순물인 기름, 알칼리, 산, 당분, 염분 등이 들어있으며 화학변화 작용인 시멘트의 경화를 방해하거나 지연시키기도 한다.

- 혼화재료(admixture) : 시멘트, 물, 골재 이외에 재료로서 필요에 따라 콘크리트에 혼합되는 재료로, 다량을 사용하여 양에 관계되는 것을 혼화재, 소량을 써서 질에 영향을 주는 것을 혼화제라고 한다. 혼화제는 콘크리트의 성질개선과 시공성을 높이기 위하여 사용한다.

② 콘크리트의 배합

콘크리트는 시멘트, 모래, 자갈의 혼합물에 물을 첨가하여 성형, 교착시킨 인조석이다. 콘크리트는 경화를 계속하여 4주(28일)가 지나면 거의 최종 압축강도에 도달하며 이때까지는 시멘트의 화학작용이 계속되도록 습윤과 온도를 유지해 주어야 하는데 이를 양생(curing) 또는 보양(curing and protecting)이라 한다. 콘크리트의 강도는 각 재료의 품질과 배합비와 물의 양 및 시공법에 따라 달라진다.

③ 거푸집

콘크리트를 부어넣기 위하여 콘크리트에 직접 접하는 거푸집널과 이것을 정확한 위치로 지지하는 틀을 말한다. 거푸집은 콘크리트 부어넣기의 작업과 응결, 경화하는 동안 정확한 치수와 형태를 잡아주는 동시에 경화에 필요한 수분의 누출을 방지하여 양생을 하고, 외기의 영향을 보호하기 위하여 사용하는 가설물이다.

거푸집널은 목재와 철판재가 많이 사용되고, 특수한 곳에는 함석과 플라스틱판재가 사용된다.

④ 철근콘크리트 구조계획

기능상 필요한 공간, 즉 층높이, 스팬, 벽, 설비계획상, 건축법규상 제약을 고려하여 구조물을 계획하여야 한다. 일반적으로 기둥간격은 큰 것이 기능상 좋으나 경제적인 스팬 이상이 되면 골조공사비가 증가하며 보춤의 증가는 층 높이를 증가시키고 공사비에 영향을 준다.

- 기둥배치 : 기둥의 배치는 스팬의 길이, 단변길이와 장변길이를 결정해 준다. 스팬은 보통 5~7 m이고 기능상, 구조상으로 합리적인 스팬은 7 m 전후이다. 건축물의 높이는 각 층의 용도와 기능에 따라 정하며 이에 따라 전체 높이가 결정되고 골조도 정해지게 된다. 층의 높이가 낮을수록 구조적, 경제적으로 유리하다.
- 각종 시설물의 배치 : 계단, 승강기, 배관, 덕트, 피트 등 각종 시설에 대한 공간을 골조와 조화시켜 배치한다.

- 수평력에 대한 계획 : 기둥과 보, 슬래브가 일체로 되어 있어 수평하중에 대해 저항성이 큰 편이다. 수조물에 강성을 크게 하려면 기둥과 보를 일체로 하는 벽체를 설치하면 유리하고, 건물중앙부에 계단실과 엘리베이터 피트가 있는 코어시스템인 경우 내력벽이 있어 수평하중에 유리하게 된다. 내력벽은 기둥역할을 하여 상층부 하중을 하부로 전달한다.
- 기초계획 : 기둥을 통해 전달되어 오는 상부하중을 받아 지반에 전달시킨다. 직접하중을 전달시키는 직접기초가 일반적이나 지반상태가 연약할 때는 말뚝을 박거나 우물기초, 잠함기초로 계획한다.

⑤ 각부계획

- 스팬(span) : 철근콘크리트 구조물에서 기둥간격은 6 m 내외로 할 경우가 많고 기둥이 부담하는 면적은 기둥을 중심으로 가로스팬×세로스팬이 된다. 전체 면적이 대략 30 m^2 정도로 하는 것이 좋고 고강도 철근과 콘크리트의 품질향상에 따라 부담면적을 증가시킬 수도 있다.
- 층높이 : 층높이는 1층에서 3.5~4 m, 기타 일반층에서는 3~3.5 m가 보통이며 공기조화설비나 급배수설비 등의 배관에 지장이 없으면 되도록 층높이를 낮게 하는 것이 좋다. 주택이나 아파트의 층높이는 보통 2.5 m로 하며 이 중 천장인 경우 천장내부가 최소 30 cm가 되어야 하며 지하실에 보일러 시설이 있을 경우 기계높이와 굴뚝설치에 충분한 층높이가 있어야 한다.
- 기둥 단면 : 기둥의 단면은 최상층에서 35~40 cm각 정도로 하고 아래층으로 내려오면서 2개층 단위로 5 cm 내외씩 증가시키는 것이 좋다.
- 보의 단면 : 하중 부담면적에 따라 춤(depth)을 가정하고 춤의 1/2 정도의 보폭(width)을 정한다. 보통 보의 춤은 스팬 l의 1/8~1/15로 하고 1/12·l로 하는 경우가 많다.
- 슬래브 : 바닥판에 작용하는 하중은 고정하중과 적재하중이다. 이 하중에 따른 휨모멘트에 따라 슬래브를 설계한다. 슬래브는 휨모멘트에 따라 두께와 배근을 정하나 처짐도 고려해야 하며 일방향 슬래브인지 이방향 슬래브인지에 따른 배근량의 경제성을 고려해야 한다.

⑥ 고층 건물구조의 종류

아파트와 같이 고정된 공간분할 형태를 갖는 건물에는 내력벽 구조가 적합하다. 내력벽 구조는 일반적으로 선형벽으로 구성되어 있다.

4) 철골구조

구조면에서 중요한 뼈대부분에 형강, 강판, 강관 등 강재를 써서 조립한 구조이다. 내진적이고 불연성이지만 고열에 약하고 다른 구조체에 비하여 비싸다. 가볍고 인성이 크며 조형성이나 규모에 제한받지 않고 설계를 자유롭게 할 수 있고 시공성이 좋아 공사기일을 단축할 수 있어 고층아파트에 사용된다.

(1) 강 재

구조용 강재는 강판, 형강, 강관 등의 압연강재가 주로 사용된다. 강재는 재질이 균등하고 인성이 커서 상당한 변위에도 견딜 수 있고 강도가 크므로 단면을 작게 할 수 있어 철근콘크리트구조보다 건물 중량을 가볍게 할 수 있다. 강재는 길이에 비해 두께가 얇아 좌굴을 일으킬 수 있으며 고열에는 강도가 저하되고 변형되기 쉽다. 또 진동과 음향을 전달하며 녹슬기 쉽다.

강재는 공장가공으로 부재를 짜서 현장에서의 접합작업으로 뼈대를 조립한다. 부재의 접합방법에는 리벳접합, 볼트접합, 용접접합, 핀접합 등이 있다.

(2) 철골구조의 형식

철골구조의 형식에는 평면구조와 입체구조가 있다.

평면구조는 보와 도리방향의 벽면과 바닥면, 지붕면 등 각 면의 뼈대를 짜서 평면체를 구성하고, 이들을 서로 결합하여 전체 뼈대를 구성하는 것으로 가장 보편적으로 이용하는 형식이며, 트러스구조와 라멘구조가 있다. 트러스구조는 부재를 서로 결합한 삼각형 요소로 구성된 가구로 부재는 모두 재축방향력만을 받아 균형을 이루게 한 것으로, 라멘구조보다 적은 강재로 큰 간사이를 지지할 수 있는 안전한 구조이다. 라멘구조는 기둥과 보를 강접합하여 접합부를 일체화한 구조로 하중과 외력을 기둥과 보의 압축, 휨, 전단 등의 저항력으로 지지한다.

입체구조는 적은 강재로 부재를 입체적으로 짜서 전체 구조물을 구성하는 것으로 하중의 흐름이 3차원으로 되어 2차원의 평면트러스에 비해 응력이 작다.

5) 조립구조

공장에서 대량생산된 규격화된 건축부재를 현장에서 조립하는 공법을 말한다. 단, 기초는 토질의 영향을 받으므로 공업화하기 어려워 현장시공을 해야 한다. 대량생산이 가능하며 작업능률과 시공성을 향상시킬 수 있고 계절의 영향을 받지 않아 공사기간을 단축할 수 있다. 건식접합을 하면 해체와 이전이 용이하며 가격이 저렴하고 공사기간이 단축되는 반면, 패널 생산이 다양하지 못하여 외관이 획일적이 될 수 있다. 이러한 공법으로 지어진 주택을 프리패브 주택이라고 한다. 목재, 철골재, 콘크리트재가 있다.

(1) 패널식 조립구조

벽, 바닥, 지붕용 패널을 공간의 크기에 맞게 분할하여 프리패브리화하여 현장에서 조립하는 것이다. 단위패널이 직사각형태이므로 조립할 때 수직과 수평의 접합부가 생기게 되며 이 접합부는 패널과 일체화시켜 하중이나 외력에 견딜 수 있도록 튼튼하게 접합해야 한다. 접합방법에는 습식접합과 건식접합이 있다. 습식접합은 철근을 이은 뒤 접합부를 거푸집으로 싸고 그 속에 콘크리트나 모르타르를 사춤하는 것이다. 건식접합법은 벽판 사이의 수평접합은 벽판 속의 힘의 흐름을 앵커철근에 딸린 강판에 집중시키기 위하여 접합철근을 미리 벽판 상, 하면의 요소에 설치하고 상하벽판의 접합철물을 용접으로 결합하고 공간에 모르타르를 사춤하는 것을 말한다.

입체패널식 조립구조는 부분 입체패널형식과 단위체 전체 입체형식이 있으며, 십자형 패널방식과 큐비클방식이 있다. 십자형 패널방식은 +자형, T형 , I형 등 벽패널을 모아 벽을 조립하고 위에 보를 얹은 다음 보의 턱에 바닥패널을 얹어 전체를 조립하고 포스트 텐션방법으로 결속한다. 수직방향의 PC강재를 커플러로 연결하고 아래층부터 무수축 모르타르를 쉬스(sheath) 속에 채운다.

큐비클방식은 수송 등의 어려움으로 주거 한 채가 아닌 한 실을 상자형으로 만들어 조립하는 것으로 설비유닛으로도 많이 사용한다. 실 전체를 현장에서 고도로 기계화된 거푸집에 의해 한 번의 작동으로 벽과 바닥 콘크리트를 부어넣을 수 있는 터널 거푸집방식이 아파트의 한 채를 시공하는 데 사용된다. 부어넣은 콘크리트를 신속하게 보양하기 위하여 가열장치를 쓴다. 이 공법은 거푸집의 재사용이 가능하고 공사기간을 단축하며 공사비를 절감할 수 있는 이점이 있다.

(2) 가구식 조립구조

각부 기성부재를 목재나 철골조와 같은 기법으로 조립하는 것을 말한다.

2. 주택설비

주택설비의 역할은 인간이 생활하는 데 불편함이 없이 만족스러운 생활이 유지되도록 쾌적한 공간의 창조, 거주자에게 편리한 생활 제공, 거주자의 인명과 재산을 보호, 기기 및 설비방식의 신뢰성을 향상시키는 것이다.

1) 급배수·위생설비

(1) 급수설비

급수설비는 인간생활에 필요한 물을 위생적으로 처리하여 건물 내의 필요로 하는 장소로 공급하기 위한 기기와 장치이다.

① 급수원

급수원은 지표수와 지하수로 나뉜다. 지표수는 많은 불순물이 함유되어 있어 수질에 따라 정화처리를 하여야 하며, 하천·호수·인공저수지의 물이다. 지하수는 과거에는 수질이 좋아 그대로 사용하였으나 최근에는 심각한 환경오염 및 토양오염 등으로 인하여 수질이 크게 악화되었으며 또한 지하수개발로 인한 지반침하 등의 문제도 야기되고 있다. 지하수는 얕은 우물(깊이 7 m 미만), 깊은 우물(깊이 7 m 이상), 복류수, 샘물 등이다.

- 수질 : 수질은 물의 소질(素質)이며, 화학적으로 H_2O로 표시되며, 자연계의 물은 이 순수(純水)에 여러 가지 물질들이 포함되어 있다. 일상생활에서 사용하는 수돗물은 음용수(飮用水)의 수질기준에 알맞고 규정된 잔류염소를 갖는 물로, 유리잔류염소 0.1 ppm 이상, 결합잔류염소 0.4 ppm 이상이어야 한다. 잔류염소란 염소처리 후 물 속에 잔존하는 유리잔류염소와 클로라민(chloramine)과 같은 결합잔류염소를 말한다. 먹는 물의 수질기준은 미생물에 관한 기준, 건강상 유해무기질에 관한 기준, 건강상 유해영향 유기물질에 관한 기준, 소독제 및 소독부산물질에 관한 기준(샘물·먹는 샘물 및 먹는물 공동시설의 물의 경우에는 적용제외), 심미적 영향물질에 관한 기준, 정수처리에 관한 기준이 있다.
- 물의 경도(hardness of water) : 경도란 물 속에 녹아 있는 마그네슘(Mg)의 양을 이것에 대응하는 탄산칼슘($CaCO_3$)의 양을 100만분율(ppm, parts per million)로 표시한 것이다. 즉, 경도 1도는 물 100 cc 중에 탄산칼슘 1 mg을 포함한 것이다.

- 연수(soft water) : 연수는 단물이라고도 하며 칼슘, 마그네슘 등의 광물질을 포함하지 않거나 90 ppm 이하를 포함하고 있는 물이다. 비누가 잘 풀리며 세탁, 염색, 관용에 적합하며 경수를 끓이면 연수가 된다. 수돗물, 빗물, 하천하류의 물이다.
- 경수(hard water) : 경수는 센물이라고도 하며 칼슘, 마그네슘, 탄산칼슘 등의 광물질이 많이 포함된 천연수로 보통 탄산칼슘 함량이 110 ppm 이상인 물이다. 경도 20도 이상은 음료용, 세탁, 표백, 염색에는 부적합하다. 음료용·잡용수계통의 급수설비에는 경수 및 극연수(증류수, 멸균수)에 대하여 특별히 주의하여야 한다. 경도가 높은 물은 보일러 용수로 사용하면 보일러 내면에 관석(scale)이 생겨 열효율이 저하될 뿐만 아니라 과열의 원인이 되어 보일러의 수명이 단축된다.

■ 수질평가지표 : 수질평가지표는 수질오염물질의 배출을 억제하기 위한 대책 수립과 물의 사용목적에 따른 수질의 적합성 여부 및 수질보전대책의 평가 등을 위하여 요구되는 평가지표로 우리나라에서는 물리적 지표, 화학적 지표, 생물학적 지표로 구분하고 있다. 물리적 지표는 온도·냄새·색도·탁도 및 경도이며, 화학적 지표는 수소이온지수(pH)·용존산소(DO)·유기물질(BOD 및 COD)·염소이온농도(Cl)·영양염류(N과 P)이며, 생물학적 지표는 일반세균 및 대장균이다.

- pH : pH는 수소이온지수라고도 하며 수소이온농도(H^+)의 대소를 나타낸다. H^+를 물 속의 몰수로 하면 pH는 다음과 같다.

$$pH = -\log[H^+]$$

순수한 물의 산성 및 알칼리성은 물 속에 전리하여 있는 수소이온(H^+)과 수산화이온(OH^-)의 수에 의하여 결정된다. 즉, 중성의 물은 단위체적의 물 속에 $[H^+]$와 $[OH^-]$를 곱하면 $1.0 \times 10^{-14}(mol/l)^2$로 되고 $[H^+]=[OH^-]=10^{-7}$이고 pH는 $7(=-\log 10^{-7})$이 된다. 다음은 산성과 알칼리성의 상태를 나타낸 것이다.

$[H^+] > 1 \times 10^{-7}(mol/l)$의 경우 pH < 7로 산성

$[H^+] < 1 \times 10^{-7}(mol/l)$의 경우 pH > 7로 알칼리

음료로 적합한 pH의 범위는 5.8~8.6이다.

- BOD(biochemical oxygen demand) : BOD는 생물·화학적 산소요구량으로 간단히 BOD라고도 한다. 하수의 수질 및 하천오염도의 판정에 사용되고, 수중에서 부패하기 쉬운 유기물 농도를 나타낸 것이다. 오수 중의 유기물은 여러 종류의 미생물에 의하여 산화·분해되어 보다 안정된 물질, 주로 유기성의 산소와 가스가 된다. 이 산화·분해를

위해 소비되는 산소량(mg/ l)을 BOD라고 하며, 오수 중의 유기물 함유량이 많으면 BOD가 높으며, 반대로 적을수록 낮다. 이는 물의 오염정도를 수치화한 것으로 물을 정화한다는 것은 물 속의 미생물이 활발히 활동하여 물질을 부패하지 않는 안정된 무기물질로 변화시키는 일이다. 미생물은 공기를 흡수하여 활동하고 오수 중의 유기물을 서서히 무기질로 변화시켜 가는 화학변화를 일으킨다. 이때 부패하는 물질을 많이 함유한 오수를 정화시키기 위해서는 보다 많은 공기(산소)를 필요로 한다. 이러한 미생물이 오수를 정화시키는 데 필요한 산소량을 mg/ l 단위로 나타낸 것이 BOD이다. 그러므로 오염도가 높은 물이 BOD 농도가 높다. 도시주변 하천의 수질오염이 일반하천보다 높은 것은 인구와 공장 등의 과도한 집중, 오수배출량의 급증, 물이 흐르는 경로가 짧아 정화기능의 약화, 하수도의 미비가 원인이다.

- COD(chemical oxygen demand) : COD는 화학적 산소요구량이라 하며 BOD와 같이 오수 중의 부패하기 쉬운 유기물 농도를 나타낸 것이다. COD는 생물·화학적으로 불안정한 유기물 및 무기성피산화물을 구별하지 않고 물속의 유기물을 산화제인 과망간칼륨을 이용하여 화학적으로 산화시킬 때 소비되는 산소량을 mg/ l 로 나타낸 것이다. COD와 BOD는 상관관계가 높다. 즉, BOD가 높은 물은 COD도 높고, BOD가 낮은 물은 COD도 낮은 경우가 많다. BOD는 실제 미생물에 대한 복잡한 측정으로, 측정법이 매우 어렵고 측정시간도 오래 걸리기(보통 5일) 때문에 COD로 대치되어 이용된다.
- 용존산소(DO, dissolved oxygen) : 용존산소는 물 속에 용해되어 있는 산소량(ppm)을 표시한 것으로, 하천 등이 오염되면 미생물에 의한 산화를 위하여 산소가 소비되어 용존산소량이 적어진다. 물에 녹아 있는 산소량은 수온·기압 등에 따라 다르지만 포화량은 5℃·1기압에서 12.73 ppm, 20℃·1기압에서 9.08 ppm이다. 깨끗한 물은 온도에 따른 포화량에 가까운 비율이 함유되어 있지만 오염수는 포화량이 적다. 따라서 물 속의 용존산소량은 청정도 혹은 오염도를 나타내는 지표가 된다. 어류의 생존에는 온도포화량의 60% 이상의 용존산소가 필요하고, 도시의 오염된 하천은 용존산소량이 적어 어류가 살 수 없다.
- 부유물(suspended solid) : 부유물은 보통 SS이라 하며 부유물질로 물에 용해하지 않는 직경 2 mm 이하의 물질량을 [mg/ l]로 표시한다. 물을 흐리게 하며, 증발잔류물은 형태에 따라 용해성물질과 부유물을 합한 것이며, 내용적으로 강열잔류물(무기물)과 강열감량(유기물)을 합한 것이다.

② **상수도시설**

상수도시설은 음료수나 공업·방화용의 물을 수도관을 통해 보내 주는 설비이다. 수원의 물이 수돗물로서 수요자에게 공급되기까지는 취수, 저수, 도수, 정수, 송수, 배수, 급수의 여러 시설과 작업계통을 거치게 된다. 최소한 취수·정수·배수의 3단계 과정을 거쳐야 하며, 원수의 질, 양, 지리적 조건에 의해 일부과정을 생략하여 공급하기도 한다.

- 취수시설 : 취수시설은 원수(原水)를 끌어들이기 위한 시설로, 수원의 종류는 지표수와 지하수로 나누며, 지표수는 하천·호수·저수지의 물, 지하수는 우물물과 용천수와 같은 물이다. 수원은 지하수, 지표수 등에서 단독 또는 2~3 수원으로부터 병용으로 하는 경우가 있다.
- 저수시설 : 저수시설은 가뭄에 필요한 원수를 공급하기 위해 저수해 두는 시설이며, 하천을 수원으로 하는 경우는 물의 안전취수를 위하여 저수지를 설치하여 물이 부족할 때를 대비한다.
- 도수시설 : 도수시설은 원수를 저수시설에서 정수시설로 송수하는 수로, 펌프 등과 같은 시설이다. 자연유하에 의한 방식(자연유하식수로)은 도수관, 도수거 등이 사용되며, 펌프를 이용하고 가압하여 송수하는 방식(펌프압송식)은 도수관이 사용된다.
- 정수시설 : 정수시설은 원수를 보건위생상 무해한 수질로 처리하는 시설이다. 정수처리는 한 종류의 방법보다는 여러 과정을 반복 처리하면 매우 효과적이다. 침전, 여과, 소독, 생물제거, 철과 망간의 제거 등이 이루어진다. 철분·암모니아 등을 함유할 때는 폭기나 제철(除鐵) 등의 시설을 필요로 한다.
  - 침전법(sedimentation) : 침전법은 원수 중에 부유하는 불순물을 침전시켜 제거하는 방법으로 보통침전법과 약품침전법이 있다. 보통침전법은 원수를 침전지에서 정지상태로 방치하거나 저속으로 침전지를 통과시켜 물보다 비중이 큰 불순물을 침강시키는 방법이다. 약품침전법은 원수 중에 점토와 같은 미세한 입자를 다량으로 부유하는 경우는 원수에 약품을 혼합하여 부유물을 화학작용에 의해 응집형성으로 침강속도를 촉진시켜 침강하는 방법이다. 약품은 황산알루미늄, 황산제이철을 사용한다.
  - 여과법(filtration) : 여과법은 침전지에서 침전처리된 물을 여과지의 모래층을 통과시켜 물 속의 부유물이나 세균을 제거하는 방법으로 완속여과법과 급속여과법이 있다. 완속여과법은 중력작용으로 물을 완만한 속도(여과속도 4~5 m/day)로 모래층을 통과시키면 물 속에 함유된 부유물이 여과막을 형성한다. 이 여과막은 매우 미묘한 정화작용을 하며 물 속에서 부유하는 고형물 통과를 저지하고 여과막 중에서 번식하는 세균, 기타

미생물작용에 의해 물 속의 세균, 기생충, 기타 유기용해물이 제거되어 정화된다. 급속여과법은 원수를 120~150 m/day 여과속도로 여과층을 통과시키는 방법이다. 탁도·색도가 높은 물을 처리하는 데 적합하며, 약품침전된 처리수를 여과하여 원수 중의 부유물을 사전에 응집시켜 여과층상에 퇴적하여 아교모양의 여과막을 형성, 모래층 전체와 여과막에서 부유물을 흡착·억류하여 정화한다.

- 폭기법(aeration) : 폭기법은 깊은 우물·지하수에 용해되어 있는 철을 제거하기 위해 통기(通氣, 폭기)에 의해 물을 공기와 접촉시킨 후 이것을 산화시켜 불용해성 제2철[$Fe(OH)_3$]로 만든 다음, 침전여과에 의해 제거시키는 방법이다. 폭기(통기)에 의해 물 속에 용해되어 있는 암모니아, 황화수소, 탄산가스 및 그 밖의 유독가스나 악취 등도 발산시킬 수 있다. 통기방법은 공중에 분사시키는 방법, 다수의 작은 구멍을 통해 샤워상태로 낙하시켜 코크스나 모래층에 물방울을 떨어뜨리는 방법 등으로 공기와의 접촉면적을 넓히는 것이다.
- 경수의 연화법(softening of hard water) : 경수의 연화법은 일시적인 경수를 끓임으로써 탄산석회를 침전시켜 연수로 만드는 법이다.

$$Ca(HCO_3)_2 \rightleftarrows CaCO_3 + CO_2 + H_2O$$

- 소독법(sterilization) : 소독법은 침전과 여과 과정을 거치면 물 속의 세균은 거의 제거되지만 잔존하는 세균을 살균하기 위한 방법으로 염소살균법이 채택된다. 일반적으로 급수전에서의 물이 유리잔류염소 0.1 ppm 이상 유지되게 염소소독을 해야 한다. 공급수가 병원생물에 현저하게 오염될 염려가 있을 경우나 오염되었다고 의심되는 생물과 물질이 다량으로 함유될 위험이 있는 경우 급수전의 물은 유리잔류염소 0.2 ppm 이상으로 소독하여야 한다. 소독약 사용량은 수질에 따라 차이가 있으나 보통 상수도 소독 때 사용하는 액체 염소농도는 2 ppm 정도이다.

■ 송수시설 : 송수시설은 정수시설에서 나온 정화된 물을 펌프와 송수관 등의 설비를 통하여 정수장에서 배수시설로 송수하는 시설이다. 송수량은 계획 1일 최대급수양으로 한다. 송수방식은 원칙적으로 관수로에 의하지만 개수로로 하는 경우 오염되지 않도록 한다.

■ 배수시설 : 배수시설은 정수시설에서 정화된 물을 급수 구역의 수요자에게 필요한 수압으로 소요수량을 배수하기 위한 시설이다. 배수관의 수압은 최소동수압 1.5 kg/cm^2가 표준이다. 자연유하식과 펌프압송식이 있다. 자연유하식은 자연낙차를 이용해서 송수하며, 펌프압송식은 펌프로 압송하여 정수를 일단 배수지에 펌프로 양수해서 그 다음 자연유하에 의해 급수구역에 배수하는 방법이다.

③ 급수장치

급수장치는 수요자에게 물을 공급하기 위하여 수도사업자가 시설한 배수관에서 분기해서 설치한 급수관이나 여기에 연결하는 급수용 기구이다.

④ 급수방식

급수설비는 각종 위생기구에 필요한 물을 공급하기 위한 기기와 장치이다. 우리들의 일상생활에 필요한 물을 필요로 하는 장소에 공급하여 그 기능을 달성하기 위해서는 필요한 수량과 적절한 수압으로 공급이 가능한 방식과 기기를 선택하여야 한다. 건물 내에서 위생기구와 수전에 수도본관으로 공급하기 위해서는 수도직결방식, 고가탱크방식, 압력탱크방식, 탱크가 없는 부스터방식 등이 있고, 건축물의 종류와 규모에 의하여 채택된다.

- 수도직결방식 : 수도직결방식은 도로에 배설되어 있는 수도본관 내의 수압을 이용하여 급수 인입관으로 분기하여 건물 내의 필요한 장소에 급수하는 방식으로 2층 이하 주택과 같은 소규모건물에 많이 이용된다. 양수펌프가 필요 없으며 설비비가 싸고 동력이 없으므로 정전 시 단수되지 않는다. 수도본관수압에 의존하여 급수하므로 급수높이에 제한이 있으며, 순간 최대수요에 알맞은 급수관경이 필요하고, 단수 시에는 급수할 수가 없다.
- 고가탱크(옥상탱크)방식(roof tank system, elevated tank system) : 고가탱크방식은 수도관의 수압이 부족한 경우에, 수돗물을 저수탱크(receiving tank)에 저장한 후 이것을 양수펌프에 의해 건물 옥상이나 높은 곳에 설치된 탱크에 양수하여, 그 수위를 이용하여 탱크에서 밑으로 세운 급수관을 통하여 하향 급수하는 방식이다. 일반빌딩과 고층건물에 사용할 수 있다. 단수 시에는 수수탱크와 고가탱크의 수량을 이용할 수 있으며, 취급이 용이하고 고장이 적으며 배관 내 공기가 차지 않으며 급수압력이 일정하다. 건물 높은 곳에 무거운 고가탱크를 설치하므로 구조적·미관상의 문제가 수반되고 설비비가 비싸다.
- 압력탱크방식(pressure tank system, hydropneumatic tank system) : 압력탱크방식은 수도본관으로부터 인입관 등에 의해 일단 저수탱크에 저수한 후 급수펌프로 압력을 보내면 압력탱크에서 공기를 압축·가열하여 그 압력에 의해 물을 필요로 한 곳에 급수하는 상향급수방식이다. 상용 중 최고·최저의 압력차가 크므로 급수압은 일정하지 않으나 탱크 설치위치의 제한을 받지 않고, 특히 부분적으로 고압을 필요로 하는 경우에 채택한다. 건축물의 구조와 미관상으로 옥상층에 고가탱크를 설치할 수 없는 경우 등 압력탱크에 물을 압입하여 내부의 압축공기의 압력을 이용하여 급수하는 방식이다. 탱크는 압력을 견디게 제작되어야 하므로 제작비가 비싸며 취급이 어렵다.

- 탱크가 없는 방식(펌프직송방식, tankless booster system) : 탱크가 없는 방식은 수도본관으로부터 물을 저수탱크에 저수한 후 급수펌프만으로 건물 내에 급수하는 방식이다. 유럽과 미국에서 많이 보급된 방식으로 정속방식과 변속방식이 있다. 정속방식은 여러 개의 펌프를 병렬로 설치하고 1대의 펌프를 항상 가동시켜 토출관이 압력을 감지했을 때 다른 펌프를 시동 또는 정지시키는 방식이다. 변속방식은 정속전동기와 변속장치를 조합하거나 또는 변속전동기를 사용하여 토출관의 압력변화를 감지하고 펌프의 회전수를 변화시킴으로써 양수량을 조절하는 방식이다. 옥상탱크가 필요 없으며 수질오염의 위험이 적다.

⑤ **밸브류(valves)**

밸브류는 배관의 중간에 설치하며 물의 개폐 또는 유량을 조절하는 데 사용한다.

- 글로브밸브(globe valve) : 글로브밸브는 스톱밸브(stop valve)라고도 하며 유량조절에 사용되며, 밸브형식이 공과 같아서 붙여진 이름이다.
- 게이트밸브(gate valve) : 게이트밸브는 물의 개폐용으로 사용되며 유체 통로를 수문으로 차단하는 모양과 비슷하여 슬루스밸브(sluice valve)라고도 한다. 밸브의 대표적인 제품이며, 수경의 크기만큼 개방되므로 압력손실이 적다. 손잡이의 회전력은 스톱밸브에 비하여 가벼우나 개폐하는 데 다소 시간이 걸린다. 밸브를 반쯤 열어 놓고 사용하게 되면 밸브 몸체의 배면에 와류가 생기고 유체저항이 커져서 밸브가 진동하고 밸브의 각 부분이 침식될 우려가 있다.
- 체크밸브(check valve) : 체크밸브는 유체를 한쪽 방향으로 흐르게 하고 역류를 방지하는 밸브이다. 스윙(swing)식 체크밸브는 수평, 수직의 어떤 배관에도 사용되며, 밸브 몸체가 핀으로 지지되어 있어서 핀 주위를 회전운동을 하면서 개폐되는 형식이다. 리프트(lift)체크밸브는 밸브몸체가 밸브시트에 대하여 수직으로 상하하는 형식이다.
- 콕(cock) : 콕은 가스 또는 수도 등의 꼭지로, 그랜드콕(grand cock)·메인콕(main cock)으로 원추형의 꼭지가 축을 중심으로 회전하고 꼭지를 90° 회전시킴으로써 여닫는 구조이다. 유체저항이 적으며 개폐시간도 짧은 장점이 있지만 큰 지름의 파이프나 압력이 높은 곳은 적합하지 않다.
- 볼탭(ball tap) : 볼탭은 볼콕(ball cock)이라고도 하며 물받이탱크, 옥상탱크, 변기세정탱크 등의 내부에 설치되고, 탱크 내의 수위변화에 따라 뜨개(浮子, float)가 상하로 이동하여 그 동작으로 급수공(給水孔)을 개폐하여 자동적으로 물을 급수시키는 기구이다.
- 신축이음(flexible joint) : 신축이음은 배관이 온도변화에 따라 신축하는 양을 제거하거나 흡

수하는 데 사용하며 슬리브형(sleeve type), 벨로즈형(bellow type), 루프형(loop type)이 있다.

- 스트레이너(strainer, 체, 여과기) : 스트레이너는 배관 속에 먼지 및 이물질이 들어가게 되면 배관이 막힐 위험 및 각종 밸브의 밸브시트를 손상시켜 수명을 단축시킬 위험을 방지하기 위한 기구이다. 내장된 금속망에 의하여 먼지 및 이물질을 여과시키고 정기적으로 먼지를 청소할 수 있는 구조로 되어 있다. 스트레이너는 반드시 밸브류의 앞에 설치하여야 하며, Y형, U형, V형 등으로 구별된다.

⑥ **급수설비의 오염방지**

급수설비의 오염원인은 저수탱크에 유해물질 침입, 배수의 급수설비로의 역류, 크로스커넥션(cross connection), 배관의 부식 등이다.

- 저수탱크의 오염방지대책
  - 음료수탱크에는 다른 목적의 물을 공급하지 않는다.
  - 음료수탱크는 완전히 밀폐하여 맨홀뚜껑을 통하여 다른 물, 먼지 등이 들어가지 않도록 한다.
  - 음료수탱크 내에는 다른 목적의 배관을 하지 않는다.
  - 음료수탱크에 부착된 오버플로(over flow)관은 철망 등을 씌워 벌레 등의 침입을 막는다.
  - 음료수탱크 내면은 위생적인 안전한 도료 및 공법으로 처리한다.
  - 수수탱크 등에는 필요 이상의 많은 물이 저장되지 않도록 한다. 물은 오랜 기간 동안 저장하면 잔류염소가 소비되어 부패하기 쉽다.
- 배수의 역류 : 배수의 역류는 단수 시 급수관의 일시적 부압이 형성되거나 변기의 세정밸브에 진공방지기(vacuum breaker)가 달려 있지 않는 경우에 일어나는 현상으로 역사이펀작용(back siphon action)이 일어나지 않게 진공방지기를 설치하기도 하고 토수구공간을 두기도 한다. 토수구공간을 확보할 수 없는 경우는 반드시 역류방지기를 설치하여야 한다.
- 크로스커넥션(cross connection) : 수돗물과 수돗물 이외의 물질이 혼합되어 오염시키는 것으로, 이와 같은 현상은 백플로(back flow), 수수탱크, 고가탱크 등을 통하여 일어난다. 백플로는 음료수 배관과 그 밖의 배관을 연결했거나 역사이펀작용에 의해 일어난다.
- 배관의 부식 : 강관은 특히 나사를 낸 부분이 부식되기 쉬우므로 그 부분에 내산도료를 칠해야 한다. 화장실, 주방, 화학공장, 화학실험실 등 산성수가 흐르는 바닥의 신더콘크리

트(cinder concrete) 속에 매설하는 관이나 지중 매설관에는 아스팔트주트(asphalt jute)를 감아서 매설한다. 방로(防露)·방동(防凍)을 위한 보온피복재는 펠트(felt), 아스베스토스(asbestos), 마그네시아(magnesia) 등을 사용한다.

(2) 급탕설비(hot water supply system)

등유·가스·증기·전기 등을 열원으로 하는 가열장치를 설치하여 물을 가열하여 필요로 하는 장소에 뜨거운 물을 공급하는 설비이다. 생활의 향상과 더불어 대부분의 주거에서는 급탕을 위한 설비가 설치되어 있다. 온수는 조리·세면·입욕 등에 사용되므로 음료수와 마찬가지로 위생적이어야 한다. 온수난방에 이용되는 온수는 보일러와 방열기와의 사이를 순환하기 때문에 오염될 가능성이 있으며, 음료용으로 사용해서는 안 된다. 급탕설비에서는 70~80℃의 온수가 공급되어야 하며, 온수 사용량은 개인의 관습과 국민성 등에 의해 다르지만, 온수의 온도를 60℃로 한 주거에서는 1인당 100~150 l 정도이다.

① 국소식급탕법(local hot water supply system, 개별식급탕법)

국소식급탕법은 욕실·부엌 등의 온수를 필요로 하는 장소에 소형탕비기를 설치하여 짧은 배관으로 급탕하는 방법으로 열원은 가스·전기·증기이다. 배관이 짧아 배관으로부터의 열손실이 적으며, 필요할 때는 어디에서나 간편하게 사용할 수 있으며 높은 온도를 즉시 얻을 수 있고, 온수를 필요로 하는 장소가 적을 때는 설비비가 저렴하다.

- 순간온수기(instantaneous hot water heater, 즉시탕비기) : 순간온수기는 수전을 열면 수압으로 가스전이 열려 파일럿플레임(pilot flame)에 의해 가스버너에 자동 점화되어 열교환기에 흐르는 물이 단시간으로 온수가 되는 기기이다. 물이 급탕관을 지나는 속도에 따라 가스의 분출량과 불꽃의 크기가 조절됨으로써 급탕의 온도를 조절한다. 급수전(faucet, cock, 수전)은 급수탕 배관의 말단에 장치되어 급수·급탕하는 철물의 총칭이다. 대형순간탕비기의 폐가스는 반드시 굴뚝을 통해 실외로 배출하지 않으면 일산화탄소 중독의 위험이 있다.
- 저탕형탕비기(storage type hot water heater, 저탕형온수기) : 저탕형탕비기는 가열된 온수를 기구 내에 저장하여 두는 것으로 탕비기로부터 열손실은 비교적 많지만, 많은 온수를 필요로 하는 곳에 적당하다. 순간탕비기의 온수는 60~70℃ 정도가 보통이나 저탕형탕비기는 비점에 가까운 온수를 얻을 수 있다. 서모스탯(thermostat)에 의하여 자동적으로 가스를 개폐하는 방식과 수동으로 조작하는 방식이 있다. 순간온수기보다 규모가 크고,

특정시간에 다량의 물을 필요로 하는 기숙사·학교·공장 등에서 식사시간에 많이 사용하고 있다.

- 기수혼합형탕비기 : 기수혼합형탕비기는 증기를 열원으로 하며 물탱크 내에 증기를 직접 불어넣어 끓이는 방법이다. 증기의 열효율은 100%이지만, 소음을 내는 것이 결점이다. 계속 새로운 물을 공급하여야 하므로 직접가열식과 같은 결점을 수반한다. 소음을 줄이기 위하여 증기흡입기(steam silencer)를 사용하고 사용증기압은 1~4 kg/cm^{2}가 적당하며, 학교·공장 등의 욕조에 많이 사용된다.

② 중앙급탕법(central hot water supply system)

중앙급탕법은 대규모 건물에서 건물 전체에 급탕을 공급하는 경우에 사용되며, 기계실에 가열기를 설치하고, 온수가 필요한 곳에 배관으로 급탕하는 방식이다.

- 직접가열식 중앙급탕법 : 직접가열식 중앙급탕법은 저탕탱크와 보일러를 직결하여 가열하는 방법이다. 열효율은 경제적이지만 새로운 냉수의 보급으로 보일러에 불평형 신축, 보일러 내부의 관석(scales)으로 열효율이 저하되어 보일러의 수명을 단축시키고, 파열의 위험이 비교적 크다. 건물높이에 해당되는 정수압이 보일러에 작용하게 되므로 고층건물은 저압보일러가 부적합하다.
- 간접가열식 중앙급탕법 : 간접가열식 중앙급탕법은 저탕탱크 내에 가열 코일을 설치하고, 여기에 증기 또는 열탕을 통하여 간접적으로 가열하는 방법이다. 직접가열식에 비해서 유리한 점은 다음과 같다.
  - 이미 설치된 보일러를 이용하여 설비비가 절약되고, 관리상으로도 유리하다.
  - 가열코일에는 같은 증기나 열탕이 순환되어 관석의 우려가 적고 전열효율이 유리하다.
  - 가열코일에 순환하는 증기는 건물높이에 관계없이 0.3~1.0 kg/cm^2 저압으로 된다.

③ 태양열탕비기

태양열탕비기는 태양열을 이용한 온수기기이다. 에너지 절약에 매우 유효하지만 날씨가 좋지 않은 날에는 필요한 온도의 온수를 얻을 수 없기 때문에 별도의 온수보일러가 필요하다. 집열판은 도관의 물이 겨울철에 동결하지 않도록 하여야 하며, 소규모 주택용으로 쓰이며, 연료비가 많이 절약된다. 집열판의 재료는 알루미늄, 동판 등이며, 수열부는 태양고도에 대하여 직각이 되도록 설치한다. 온수기의 능력은 기후에 좌우되나 집열기 면적 2 m^2(일반가정용)에는 100~200 l 정도가 표준이다.

(3) 배수/통기설비

인간은 일상생활에서 많은 물을 사용한다. 물을 사용한 다음 발생되는 배수를 건물 내에 체류시키지 않고 신속하게 건물 밖으로 보내는 설비가 배수설비이다. 즉, 주택 내부에 설치된 세면기, 욕조, 변기, 싱크 등의 위생기구와 그 밖의 오수를 옥외로 보내는 설비이다. 또한 배수설비의 기능을 원활하게 하기 위해서는 통기설비가 필요하다.

① 배수의 종류

배수는 인간의 일상생활에 의하여 생기는 생활배수, 우수 등의 자연현상에 의한 배수, 공장 등에서 발생하는 산업배수로 구별된다.

- 오수(汚水) : 인체의 배설물, 특히 분뇨를 포함하는 배수를 말한다. 즉, 대변기, 비데(bidet), 오물싱크, 병원의 변기소독 등의 배수이다.
- 잡배수(雜排水) : 오수 이외의 인간생활에서 발생한 배수와 기계에서 단순히 발생한 배수를 말하며, 고형물을 포함하지 않는다. 즉, 부엌기구, 세면기, 싱크대, 욕조 등에서 나오는 배수이다.
- 우수(雨水) : 단순히 강우뿐만 아니라 용수 또는 자연수 등의 사용하지 않는 불필요한 물의 총칭이다.
- 특수배수(特殊排水) : 공장, 병원, 연구소 등의 배수 중에서 기름, 산, 알칼리, 방사성물질 등을 다량으로 함유한 것이다. 또한 주차장배수, 기름을 다량으로 포함하는 주방배수도 포함된다.
- 중수도(재생이용수)배수 : 물의 유효이용을 위하여 한번 사용한 물을 재생하여 이용하는 경우, 재이용하는 원수가 되는 배수를 일반배수와 구별하여 별도로 배수한다.

② 배수설비

- 배수설비의 구분 : 배수설비는 건물 외벽의 바깥 면부터 1 m 외부의 배수설비를 옥외배수설비, 1 m 이내로부터 건물 내의 배수설비를 옥내배수설비라 한다. 옥외배수는 택지하수, 대지내하수, 구내하수(house sewer), 사설하수(private sewer)라고도 한다. 택지하수관의 범위는 건물 외벽의 외면에서 1 m 점에서 공공하수관까지 택지 내의 하수관이다. 이 택지하수관은 하수탱크를 통하여 공공하수관에 접속한다.
- 배수설비가 갖추어야 할 조건 : 배수설비가 갖추어야 할 조건은 다음과 같다.
  - 배수를 기구에서 가능한 빨리 운반하여 방류하여야 한다.

- 배수관에서는 물, 공기, 가스가 새지 않아야 한다.
- 옥외하수에서 오염된 공기, 냄새, 미생물 등이 옥내로 침입하지 않아야 한다.
- 사용재료는 내수 및 내구력이 있는 재료를 사용하고, 가장 간단한 시스템으로 하여야 한다.

③ 배수방식

■ 배수처리방식에 의한 분류 : 하수를 처리하기 위하여 설치하는 공공처리시설을 하수도라 하며, 분류식 하수도와 합류식 하수도가 있다. 합류식 하수도는 하수처리장을 갖고 오수를 방류할 수 있는 하수도이다. 분류식 하수도는 하수처리장이 없고 오수를 정화장치로 정화한 후 방류하는 하수도이며, 가옥배수의 배수계통과 우수배수계통을 합류하여 같이 흐르도록 하는 방식이다. 오수처리시설이 없거나 하수도가 없는 지역에서는 오수를 직접 공공하수에 방출할 수 없으므로 오수를 정화조에서 단독처리 한 후에 공공하수도에 방류한다.

- 합류식 하수도 : 합류식은 공공하수시설(하수관 및 오수처리시설)이 완비되어 있는 지역에서 오수·잡배수를 옥내에서 합류하고 우수를 옥외에서 합류시킨 후 하수도로 보내는 방식이다.
- 분류식 하수도 : 분류식은 공공하수시설이 완비되어 있지 않은 지역 등에서 오수 또는 오수와 잡배수를 정화조로 처리한 후, 우수와 합류 혹은 분류한 상태로 하수도, 하천, 바다로 방류하는 방식이다.

표 15-1 합류식 하수도의 특징

장점	단점
• 관이 크기 때문에 청소하기가 쉽다. • 홍수 때에는 가로의 오물까지 청소한다. • 오수는 우수에 비하여 소량이기 때문에 우수하수와 합류식하수의 공사비용과는 큰 차이가 없다.	• 하수처리장치의 능력이 크게 된다. • 큰 비가 올 때 하수관이 넘쳐 분뇨가 하천이나 바다로 방류된다. • 하수량의 변동이 크기 때문에 맑은 날에도 도로 위의 오수에서 악취발생을 초래할 수 있다.

■ 배수방식에 의한 분류

- 중력배수방식(gravity drainage system) : 자연유하(중력작용)에 의하여 높은 곳에서 낮은 곳으로 배수를 배출하는 방식으로 공공하수관보다 높은 곳에 있는 지상부분(地上部分)에서 사용된다.
- 기계배수방식(mechanical drainage system) : 지하실 등 공공하수관보다 낮은 곳의

배수를 배출하기 위하여 일단 배수탱크에 모아 이를 배수펌프를 이용하여 공공하수관으로 배출하는 방식이다.

④ **트랩**(trap)

배수관 속을 흐르는 물은 중력작용으로 자연유하하여 관 속은 거의 비어 있다. 따라서 하수관, 공공하수도 등에서 발생한 하수가스와 불쾌한 악취, 병원균을 함유한 미생물, 작은 벌레가 배수관을 통하여 실내에 침입하여 실내공기를 오염시키거나, 위생상 나쁜 영향을 미치게 된다. 이 나쁜 영향을 방지하기 위하여 설치하는 것이 트랩이다. 트랩은 배수계통의 일부분에 물을 고이게 하여 물은 자유롭게 유통하지만 공기나 가스는 통하지 않게 하는 기구이며, 여기에 물을 채워서 이를 트랩의 봉수(water seal)라고 한다. 봉수를 유지하여 트랩의 기능을 달성하기 위하여 트랩 가까이에 통기관을 세워서 트랩의 봉수를 보호함과 아울러 배수관의 냄새를 배출하는 역할을 한다.

■ 트랩이 갖추어야 할 조건 : 트랩으로서의 기능을 하기 위하여 필요한 조건은 다음과 같다.
- 완전하게 하수가스를 차단하고, 안정성이 있어야 한다.
- 봉수가 확실히 유효하게 유지하는 구조이어야 한다.
- 구조가 간단하며 평활한 내부로 오물이 체류하지 않는 형이어야 한다.
- 흐르는 물로 트랩의 내면을 세정하는 자기세정작용을 가져야 한다.
- 고장 시 쉽게 수리할 수 있고, 내부청소도 간단하게 할 수 있는 구조이어야 한다.
- 재질은 내식성, 내구성이 있어야 한다.

■ 트랩의 봉수깊이 : 트랩의 봉수깊이는 일반적으로 5~10 cm가 적당하다. 봉수깊이가 너무 깊으면 유수의 저항이 증가되어 오물이 정체하기 쉽고 배수흐름을 방해하게 된다. 봉수가 얕으면 트랩 내의 봉수가 없어져 트랩의 기능을 하지 못한다. 트랩은 가능한 위생기구에 접근시켜 장치하며, 너무 떨어지면 트랩유속이 감소하고 트랩 수로의 자기세정작용(scouring action)이 감소되어 폐쇄의 원인이 된다.

■ 트랩의 종류 : 트랩의 종류는 작용과 형태에 의해 분류된다.
- 사이펀식 트랩(siphon type trap) : 사이펀식 트랩은 관을 구부려 만든 트랩으로 관트랩이라 한다. 일반적으로 관트랩의 장점은 소형이고, 트랩 속을 배수 자신의 유수로 씻어내지만, 봉수를 쉽게 파괴하는 단점이 있다.
  - s-trap : 비교적 사용하기 쉬운 형이지만 쉽게 사이펀작용을 일으키기 때문에 원칙적으로 사용하지 않는다. 세면기, 대소변기 등에 장치하여 바닥의 수평분기배수관에 접

속한다.

-p-trap : 일반적으로 넓게 사용되고 있는 형이고, 통기관을 설치하면 봉수도 안정되어 이상적인 형이다. 벽 내의 배수수직관에 접속한다.

-u-trap : 배관 속의 유속을 저해하는 단점이 있다. 하우스트랩(house trap, running trap, main trap)으로 실내 배수관의 끝부분에 장치한다.

- 비사이펀식 트랩(non siphon type trap)

-drum trap : 봉수부분이 통과 같이 되어 있고 일반 관트랩보다 봉수부분에 다량의 물을 저장하는 것이 가능하기 때문에 봉수가 파괴되기 어려운 장점이 있다. 자기세정 작용이 없어 침전물이 정체되기 쉽다. 주방싱크 배수용으로 적합하다.

- 가옥배수기구

-바닥배수구(floor drain) : 바닥면의 배수를 배수관으로 유도하고 배수관 내의 악취가 실내에 침입하는 것을 방지하기 위한 트랩이다. 지하실의 식품저장고·보일러실·냉동실 등의 배수는 역류저지밸브를 설치하여야 한다. 기름을 취급하는 차고와 공장의 바닥배수용으로는 차고트랩(garage trap)을 설치하여야 하며, 단독 통기관을 세워 가솔린 가스를 옥상으로 배출하여야 한다.

-지방트랩(grease trap) : 식당·호텔·주택 등 주방싱크의 배수는 물과 함께 지방분이 배수관 내부로 흘러가면서 물이 냉각되면 지방분은 배관 벽에 부착된다. 이런 현상이 계속되는 배관 벽에는 지방분이 많이 부착되어 배관 내의 배수흐름은 점점 느려지고 결국은 배관의 폐쇄현상을 일으켜 물이 흐를 수 없게 된다. 방지책으로 싱크 유출구의 바로 뒤에 그리스트랩을 접속하여 배수관에 유입하기 전에 지방류를 제거한다.

■ 트랩의 봉수파괴원인 : 트랩의 봉수가 파괴되는 원인은 다음과 같다.

- 자기사이펀작용(self siphonage action) : 위생기구로부터 트랩을 통하여 배수가 만수상태로 흐르면 강한 사이펀작용이 발생하여 봉수를 흡입하게 되어 봉수가 빨려 나가게 된다. 이 작용으로부터 봉수를 지키기 위하여 통기관을 설치하여야 한다.
- 감압에 의한 흡인작용(with- drawing action, 유도사이펀작용) : 배수가 위층의 기구로부터 배수구 수직관 내부를 급속히 흘러 아래층 기구를 통과할 때, 수평관 내부의 공기를 끌어내어 압력이 감소되므로 트랩봉수를 흡인하여 파괴하는 현상이다. 통기관을 세우거나 수직관의 관경을 크게 하여 수직관이 만수상태로 배수되는 것을 방지하여야 한다.
- 역압에 의한 분출작용(back-pressure action, 역사이펀작용) : 만수된 배수 수직관과 만수된 배수 수평주관 사이에서 일어나는 현상으로, 시차적으로 배수가 될 때에 배수

수평관의 유속은 느리고 수직관의 유속은 빨라지게 된다. 이때에 수직관과 수평관 사이의 공기를 압축하게 되면 공기가 나갈 곳이 없으므로 압력이 약한 트랩 쪽의 봉수를 밀어 내어 실내로 분출하게 된다. 수평관 위의 수직관에 통기관을 만들어 압축된 공기를 도피시켜야 봉수파괴를 방지할 수 있다.

- 물의 운동량에 의한 관성(momentum action) : 위생기구로부터 물을 급격히 배수할 경우, 또는 강한 바람으로 배수관 속에 압력의 변화가 일어난 경우, 트랩 봉수 면에 동요가 일어나 봉수가 줄어들거나 잃게 된다. 방지책으로는 트랩 근처에 통기관을 세우거나 신정통기관에 역풍방지시설을 하여야 한다.
- 봉수의 증발(evaporation) : 위생기구를 오랫동안 사용하지 않는 기구에서 봉수의 물이 증발되어 봉수가 파괴되는 현상이다. 이 현상은 통기관으로 해결할 수 없기 때문에 화장실·수술실 등과 같은 바닥배수에서는 겨울철 난방을 하는 경우에는 특히 주의하여야 한다. 별도로 급수 배관을 해서 봉수를 보충하는 장치도 있고, 고온의 온수를 흘러 보내어 소독과 봉수를 유지하는 장치도 있다.
- 모세관현상(capillary attraction) : 트랩 출구에 솜이나 헝겊이 걸렸을 경우, 모세관현상으로 트랩의 봉수가 배수관 쪽으로 서서히 빨려 올라가 없어지는 현상이다. 즉, 헝겊에 의한 흡인식 사이펀작용이 일어나는 것이다. 방지책은 트랩을 자주 청소하여 이물질을 제거하고, 이물질이 트랩 내부로 침입하지 않도록 위생기구에 스트레이너를 설치해야 한다.

⑤ 통기설비

통기설비는 배수의 흐름을 원활히 하고 배수로 인하여 발생하는 기압변동으로부터 트랩을 보호하기 위하여 공기를 유통시키는 설비로, 통기를 목적으로 설치된 관을 통기관이라 하며, 통기설비는 배수설비와 상호 밀접한 관계를 가지고 있다.

■ 통기관의 설치목적 : 통기관의 설치목적은 다음과 같다.

- 사이펀작용, 역압에 의한 트랩의 봉수를 보호한다.
- 배수관 내에 공기를 유통시켜 환기를 촉진한다.
- 배수관 내를 대기압으로 유지시켜 자연유하에 의한 배수흐름을 원활히 하고 충분한 환기가 이루어져 관내를 청결하게 유지한다.

■ 통기관의 종류

- 각개통기관(individual vent pipe, back vent pipe) : 각 위생기구마다 통기관을 하나씩

설치하는 것으로 통기방식 중에서 가장 이상적인 통기관이나, 경비가 많이 들며, 각개통기관은 접속되는 배수관 구경의 1/2 이상으로 한다. 관경은 최소 32 mm 이상으로 한다.

- 루프통기관(loop vent pipe) : 두 개 이상의 트랩을 통기하고 보호하기 위하여 최상류에 있는 기구 배수관을 배수수평지관에 연결한 다음 하류측에서 통기관을 세워 통기수직관에 연결한 관이다. 기구수는 8개 미만, 통기관 길이는 7.5 m 이내로 하며, 관경은 40 mm 이상으로 한다.
- 신정통기관(stack vent pipe) : 배수수직관 상부에서 관경을 축소하지 않고 연장해 대기 중에 개구한 통기관이다. 수평주관 또는 부지 배수관이 만수되어 흐를 때에는 신정통기방식이 부적합하며, 관경은 배수수직관과 동일 구경으로 한다.
- 도피통기관(relief vent pipe) : 루프통기식 배관에서 통기능률을 촉진시키기 위해 설치하는 통기관으로 루프통기관에 연결된다. 관경은 배수관의 1/2 이상, 최소 40 mm 이상으로 한다.
- 습윤통기관(wet vent pipe) : 배수수평지관 최상류 기구의 바로 아래에 연결하는 통기관으로 통기와 배수의 역할을 함께하는 배수관이다.

(4) 오물정화설비

오물정화설비는 오수를 침전·분해 등의 방법에 따라 정화하는 시설이다.

① **오물단독처리방식(septic tank, 오물정화조)**

오수의 유기물을 미생물의 작용에 의하여 소화 또는 산화하여 사람과 동물에게 무해한 상태로 정화하는 장치이다. 처리는 물리적 방법, 화학적 방법, 생물화학적 방법을 조합하여 처리한다. 정화조의 성능표시 혹은 처리장치의 크기 결정 척도로는 BOD가 사용되며, 방류수의 BOD농도와 BOD제거율로 성능이 표시된다.

■ 오물정화조의 구비조건

- 정화조의 규모는 처리대상인원을 고려하여 세부사항의 기준에 적합하여야 한다.
- 정화조의 순서는 부패조, 예비여과조, 산화조, 소독조로 구성되어야 한다.
- 정화조의 바닥·벽·천장·간막이벽 등은 내수재료로 시공하고 누수가 없어야 한다.
- 부패조·예비여과조·산화조에는 내경이 40 cm 이상의 맨홀을 설치하고, 뚜껑은 주철이나 내수재료를 사용한다.
- 부패조는 침전·분리에 적합한 구조로 하고, 오수를 담고 있는 부분의 깊이는 1.2 m 이상으로 한다.

- 산화조에는 배기관과 송기구를 설치하고, 살포여과식으로 하며 살수 홈통의 밑면과 쇄석층 윗부분의 간격은 10 cm 이상, 쇄석층의 두께는 90 cm 이상, 쇄석층의 체적은 부패조에서 오수가 차지하는 유효용량의 1/2 이상, 쇄석받이와 정화조 바닥은 10 cm 이상의 간격으로 한다.
- 정화조의 성능은 BOD 제거율 65% 이상이어야 한다.
- 점검, 보수, 오니(sludge)의 관리 및 청소가 용이하고, 안전한 구조이어야 한다.

■ 오물정화조의 구조 : 오물정화조의 구조는 다음과 같다.

- 부패조 : 침전·분리를 주목적으로 하는 제1부패조, 제2부패조, 예비여과조로 구성되어 있다. 오물은 물과 함께 유입되어 고이고 액체와 고형물로 분리되면서 혐기성 미생물에 의해 분해·액화된다. 부패조의 액량이 증가하면 오물액은 예비여과조의 밑에서부터 침입하여 산화조로 넘쳐흐른다.
- 여과조 : 부패조와 산화조 사이에 설치된 예비여과조는 하부에서 위로 오수를 흐르게 함으로써 쇄석층에서 오수 중의 부유물(SS)을 제거한다.
- 산화조 : 부패조에서 들어온 오수는 산화조의 살수 홈통에 균일하게 분산되어 쇄석층으로 들어가면서 공기는 쇄석층 밑에서 위로 통과한다. 이때에 호기성박테리아의 활동이 매우 활발해져서 산화작용이 촉진된다. 쇄석크기는 부패조와 같고 요철이 많을수록 좋으며, 산화조 밑면에서 쇄석받이 밑면까지는 10 cm 이상의 간격을 두어 쇄석층 두께는 90~200 cm이고, 쇄석층의 윗면에서 산수 홈통 밑면의 간격은 10 cm가 좋다. 살수홈통은 U 또는 V형의 홈을 만들어 사용하고, 바닥면은 완만한 물매(1/100)를 만들어 오수의 흐름을 순조롭게 하여 소독조로 보낸다.
- 소독조 : 정화된 오수는 투명한 액체로 되어 있지만 많은 세균을 함유하고 있으므로 소독을 한 다음에 하수관으로 방류한다. 소독제는 차아염소산소다와 차아염소산칼륨을 사용한다.

■ 정화조의 청소와 관리 : 일상생활의 유지관리에서 정화조가 기능을 충분히 발휘하기 위하여서는 다음과 같은 주의가 필요하다.

- 종이는 물에 녹기 쉬운 양질의 종이를 사용하여야 한다.
- 탈지면 등은 정화기능을 저하시키기 때문에 투입하지 않아야 한다.
- 세정수는 가능한 한 다량으로 흐르게 한다.
- 변기 청소에 염산과 비눗물은 사용하지 않는다. 변기 청소에는 극히 소량의 차아염소산소다용액을 스펀지 혹은 브러시에 묻혀서 문지르면 좋다.

- 정화조는 분뇨만을 처리하는 것이기 때문에 가정하수 중에서 위생적으로 위험한 오수 혹은 세탁한 물과 부엌의 오수를 함께 흘러 보내지 않는다.
- 소독제의 보충, 소독제의 투입방법에 주의하여야 한다.

일반적으로 화장실 및 정화조는 불결하기 쉽고, 관리의 손길이 미치기 어려운 장소이기도 하다. 그러므로 한 가정의 위생문제뿐만 아니라 이웃에 폐를 끼치기도 하고, 한층 더 나아가서는 공해에도 영향을 미치므로 세심한 주의와 관리가 필요하다. 정화조에서 완전하게 정화되지 않은 상태로 하천으로 흘러가면 공해문제를 일으키고, 특히 처리수량이 많은 공업단지와 공장에서의 방류수도 주의하여야 한다. 발생되는 문제는 다음과 같다.

-관개용수로에 방류되어서 벼농사에 영향을 미친다.

-어장과 양식장으로 유입되어 고기를 사멸시키기도 한다.

-얕은우물에 유입되면 음료수가 오염된다.

-방류하천의 악취발생, 파리·모기 등의 발생으로 주변지역에 피해를 준다.

등이 있으므로 설비의 안전성과 세심한 관리가 필요하다.

② 오물과 잡배수 합류방식

성능은 BOD 제거율 70% 이상, 방류수의 BOD 60ppm 이하의 중급처리시설로 오물과 잡배수를 합류하여 처리하는 시설이다. 처리방식은 처리 대상인원에 따라 분류된다.

■ 처리방식

- 살수여과방식(trickling filter process) : 처리대상인원이 101~1,000명의 경우에 처리하는 방식이다.
- 고속살수여상방식(high rate trickling filter process) : 처리대상인원이 101~2,000명 이상의 경우에 처리하는 방식이다.
- 장시간폭기방식(extended aeration process) : 스크린, 폭기탱크, 침전지, 소독탱크를 조합한 구조로서 처리대상인원이 101~2,000명의 경우에 사용하는 방식이다.
- 순환수로폭기방식 : 긴 순환 수로를 이용하여 장시간 폭기가 이루어지는 방식으로 다른 폭기방식에 비해서 넓은 면적이 필요하며, 처리대상인원이 101~2,000명의 경우에 사용하는 방식이다.

③ 오수정화시설

오물 및 잡배수의 고급처리시설로, 오물과 잡배수를 합류해서 처리하는 시설이다. 성능은 BOD 제거율 85% 이상, 방류수의 BOD 제거율 30 ppm 이하이어야 한다. 처리방식은 다음과 같다.

- 장시간폭기방식(extended aeration process) : 오니(sludge)저장탱크가 달린 폭기방식이고 처리대상인원 501~5,000명의 경우에 사용하는 방식이다.
- 표준활성오니방식(conventional activated sludge process) : 장시간폭기방식에 준하는 구조로 하고 오니농축탱크를 갖추고 있으며, 처리대상인원 5,001명 이상의 대규모 처리의 경우에 적합하다.
- 분수폭기방식(step aeration process) : 오수를 분할하여 폭기탱크에 유입시키며, 동일 폭기탱크에 오수를 분할 주입함으로써 BOD부하의 균등화를 도모하여 처리효율을 높일 수 있으나, 유지관리에 고도의 기술이 필요하므로 대규모 처리에 적합한 방식이다.
- 오니재폭기방식(contact stabilization process) : 침전지의 침전 오니를 재폭기탱크에 보내어 6시간에서 8시간 폭기 시킨 후 활성화한 오니를 폭기탱크에 반송하여 오수와 혼합시킴으로써 폭기시간을 1시간에서 1.5시간 단축하는 방식이다.
- 순환수로폭기방식(oxidation ditch process) : 처리대상인원 501~5,000명의 경우에 사용하는 방식으로 넓은 면적을 필요로 하므로 비경제적이나 구조가 간단하고 처리조작이 간편하다.
- 표준살수여상방식(conventional trickling filter process) : 처리대상인원 501명 이상에 적용되는 방식이다.

(5) 위생기구설비

위생기구는 주택에서 화장실, 욕실, 주방 등과 같이 급수, 급탕 및 배수를 필요로 하는 장소에 설치하는 기구의 총칭이며, 급수관과 배수관 사이에 한번 사용한 물 또는 오폐물 등을 받아 배수관으로 배출시키는 역할을 한다. 부속물은 위생기구에 부속 장치되는 급수철물, 급탕철물, 트랩 및 부속철물이다.

① 위생기구가 갖추어야 할 조건

위생기구가 갖추어야 할 조건은 다음과 같다.

- 흡수성·내식성이 없고, 내구성이 있어야 한다.
- 항상 청결을 유지할 수 있어야 한다.
- 쉽게 파손되지 않아야 한다.
- 제작이 용이하여야 한다.
- 설치가 용이하여야 한다.
- 오염방지가 고려된 기구여야 한다.

② **위생도기**

■ 위생도기의 장점

• 색조가 희고, 매끄럽고, 청소하기 쉬우며, 위생적이다.

• 견고하여 산·알칼리에 침식되지 않으며, 내구력이 강하다.

• 오수·냄새를 흡수하지 않고, 변질되지 않는다.

• 제작기술이 발달하여 복잡한 모양의 기구도 만들 수 있다.

■ 위생도기의 단점

• 탄력성이 없어 외력에 파손되기 쉬우며, 파손되면 보수 할 수 없다.

• 팽창계수가 아주 작으므로, 장치철물과의 사이에 융통성이 없어 고정하면 금속의 팽창으로 파손된다.

• 형태를 만든 후 구워 내야 함으로 정확한 치수 맞추기가 어렵고, 철물과의 접속이 어렵다.

③ **위생기구의 재료**

■ 스테인리스스틸(stainless steel) : 내구성·탄력성·가공성이 좋으며 튼튼하고, 가벼워서 취급이 편리하다. 부엌의 싱크류, 욕조 등에 많이 사용된다.

■ porcelain enamelled iron ware : 욕조, 세면기의 싱크, 세정수조 등에 사용된다.

■ 플라스틱 제품 : 가공성이 우수하며 튼튼하고 가벼워 취급이 편리하나, 재질이 연약하여 흠이 생기고 쉽게 더러워져 위생상 어려움이 있다. 싱크류, 욕조 등에 많이 사용된다.

④ **위생기구의 종류**

■ 대변기

• 대변기의 종류 : 대변기는 세정방식(기능 및 구조)에 따라 다음과 같이 분류된다.

－세출식(wash out type) : 동양식 대변기 특유의 방식으로, 변기 바닥에 물이 모이는 얕은 접시모양의 부분에 오물을 받아 세척 시에 트랩 쪽으로 밀어 씻어 내는 형식이다. 오물을 받는 부분의 수심이 얕아서 오물이 노출되므로 냄새가 많이 나고 변기에 오물이 부착되기 쉬워서 미국에서는 사용을 금지하고 있다.

－세락식(wash down type) : 오물을 직접 트랩봉수에 낙하시켜 물의 낙하에 의하여 오물을 배출시키는 방식이다. 세출식에 비하여 냄새의 발산은 적지만, 트랩 부분의 수면은 물 세척 시에 수면이 높아져 물 높이차이로 오물을 배출하는 형식이다. 따라서 수면을 넓게 하면 수위의 상승이 적어져 유수면적에 제한을 받으므로 유수면이 좁아서 변기에 오물이 부착되기 쉽다. 수세 시에 소음이 크며, 일식변기에서는 낙차가 커서 용변

시 물이 튀어 오르는 단점이 있다. 일반적으로 양식변기에 많이 채택되는 방식이다.

- 사이펀식(siphon type) : 트랩의 배수로에 많은 굴곡을 만들어 저항을 만들어서 세정 시에 자기사이펀작용(self siphonage action)을 일으켜서 오물을 포함한 배수를 세정하는 방식이다. 유수면이 넓어서 오물이 부착하지 않으며, 세정기능은 세락식과 세출식에 비하여 우수하다. 트랩의 유효깊이는 65 mm 이상으로 한다.
- 사이펀 제트식(siphon jet type) : 사이펀의 자기사이펀작용을 촉진시키기 위하여 분수구멍(jet hole)을 설치한 것이다. 자기사이펀작용이 강력하여 세정 시에는 수면이 변기 전체를 적시므로 오물이 부착되지 않으며, 봉수도 75 mm 정도로 깊어서 수세식 대변기 중에서는 가장 좋은 방식이다.
- 블루아웃식(blow out type) : 작은 구멍에서 강력한 물을 분출시켜 유수를 배수관 쪽으로 흘러 보내는 방식이다. 이 방식은 배수통로를 크게 할 수 있어 막힐 염려가 적다. 소음이 크나, 배수구 위치가 높은 배관유닛용으로 사용하면 편리하다.
- 절수식(economizing type) : 변기의 세정능력 및 배출능력을 향상시킨 것이다. 배수·배관의 조건이 만족되면 세정수량 5 *l* 정도로 기능을 발휘하는 변기이다.
- 사이펀 볼테스식(siphon vortex type) : 물의 낙차가 적기 때문에 사이펀작용에 소용돌이 작용이 첨가되어 흡인·배출능력을 증가시킨 것으로, 세정 시에 공기가 혼입하지 않는 구조이므로 소음이 적다.

• 대변기 세정급수

- 세정밸브식(flush value type) : 세정밸브를 이용하여 급수관에서의 물을 직접 대변기에 급수하는 방식이다. 급수관 직결로 수압은 최소 0.7 kg/cm^2 이상을 필요로 하고, 급수관은 최소 25 mm 이상을 필요로 한다. 수세 시 짧은 시간에 많은 물을 필요로 하므로 다른 수전에 영향을 주고, 세정 시에는 소음이 크다. 대변기 트랩이 막히면 오수가 급수관 내로 역류하므로 이를 방지하기 위하여 역류방지기를 설치하여야 하며, 학교·호텔·사무실에 사용된다.
- 하이탱크식(high tank type) : 하이탱크에 볼탭(ball tap) 급수전을 통하여 일정량의 물을 모아 두었다가 세정 시에 대변기에 급수하는 방식이다. 낙차가 크기 때문에 세정 시의 소음이 크고, 설치·보수 등의 작업이 불편하다. 낙차에 의하여 오물을 흘려보내는 것이므로 사이펀식·사이펀제트식 또는 블루아웃식 대변기에는 사용할 수가 없으며, 세출식·세락식에 사용할 때도 바닥에서 탱크바닥까지의 높이는 1.6 m 이상을 필요로 한다.

-로탱크식(low tank type) : 도기 등의 로탱크에 일정량의 물을 모아 두었다가 변기에 급수하는 방식이다. 한번 사용하게 되면 다시 로탱크를 가득 채우는 데 시간이 필요하므로 연속사용은 어렵지만, 급수관의 압력이 0.3 kg/cm^2 이상의 낮은 압력에도 사용이 가능하며, 세정 시 소음이 적다. 로탱크의 용량은 세출식·세락식 대변기용은 13 l, 사이펀식·사이펀제트식 대변기용 15 l, 절수형 사이펀 대변기용 8 l, 사이펀제트식 대변기 9 l 이다. 면적을 많이 차지하는 단점이 있으나, 고장 수리가 용이하고 단수 시 물 공급이 용이하여, 주로 주택·호텔 등에서 사용한다.

■ 소변기

• 소변기의 종류

-벽걸이형(wall hang type) : 벽에 부착하여 사용하는 형으로 가격이 저렴하고 청소가 용이하지만, 칸막이가 필요하므로 바닥면이 오염되기 쉽다.

-바닥설치형(입형소변기, stand type urinal, stall type) : 바닥설치식으로 벽면에 하중이 걸리지 않으며 큰 소변기로 소변받이 높이가 낮아 어른·어린이들이 함께 사용할 수 있으므로 백화점·대합실 등 공중용으로 사용하는 데 편리하지만, 건조면이 넓은 단점이 있다.

• 소변기의 세정급수방식 : 소변기의 세정급수방식은 수동식과 자동식이 있으며, 수동식은 플러시밸브 또는 소변기 수전을 사용하여 세정하는 방식이다. 자동식은 자동사이펀장치를 구비한 자동급수방식의 광정관 또는 적외선으로 인체를 감지하여 세정을 하므로 절수대책의 하나로 많이 사용되고 있는 방식이다.

-세정수전식 : 급수전과 같이 핸들을 열면 물이 나오게 되어 있는 것으로 물의 양을 조절할 수 있으나 소변기의 세정에 확실성이 적다.

-세정밸브식 : 버튼을 누르면 일정량의 물을 공급하여 세정하는 방식으로 수압이 0.7 kg/cm^2 이상이 필요하다.

-자동사이펀식 : 하이탱크에 급수하고 탱크 내의 수위가 규정수위로 상승하면 사이펀작용을 일으켜서 자동적으로 탱크 내의 물을 방출하여 일정한 간격을 두고 소변기를 세정하는 방식이다.

-전자밸브식 : 최근 수요가 급증하고 있는 설비로 전자센서장치를 부착하여 소변을 보는 사람을 감지하여 전자밸브에 전달하면, 전자밸브가 열려서 일정시간 동안에 물을 소변기로 방출하여 소변기를 세정하는 방식으로 매우 위생적이고 편리하다.

- 수세기(basin)/세면기(lavatory) : 수세기와 세면기는 기구의 모양으로 구별하기 어려우나 일반적으로 실용량이 3 l 이하를 수세기라고 하고 그 이상의 것을 세면기라고 한다. 수세기는 급수용 수전만을 설치하지만, 세면기는 급수·급탕용 수전을 함께 설치한다.

2) 공기조화설비

(1) 공기조화설비

공기조화(air conditioning)란 실내공간에서 사람 또는 물품을 대상으로 외기의 상태와는 상관없이 온도, 습도, 기류, 부유분진, 냄새 등 제반 실내공기 조건을 그 실의 사용목적에 가장 적합한 상태로 일정하게 유지하는 것이다. 공기조화설비는 난방·냉방을 목적으로 하는 난방·냉방 설비와는 그 목적이 구별된다. 공기조화설비는 사용목적에 따라 쾌감용·산업용·의료용 공기조화로 분류되다. 따라서 공기조화의 목적은 실내공기의 정화, 실내온·습도조정, 실내의 기류조절이다. 공기조화설비는 공기조화기, 열원체, 열의 수송장치, 자동제어장치로 구성되어 있다.

① 실내공기조화조건

실내공기조화의 조건은 다음과 같다.

- 부유분진량 : 공기 1 m^3당 0.15 mg 이하
- 이산화탄소(CO_2)량 : 1,000 ppm 이하(농도 0.1% 이하)
- 일산화탄소(CO)량 : 10 ppm 이하(농도 0.001% 이하)
- 상대습도 : 40~70%
- 기류 : 0.5 m/s 이하
- 실내온도 : 17~28℃(냉방 시 26℃)

② 공기조화방식

실내의 쾌적한 공기환경 유지를 목적으로 하는 공조설비는 에너지절약을 위한 외기 냉방, 외기량 제어, 변풍량, 배열회수 등의 기술뿐만 아니라 고도정보화 내지는 국제화에 따른 다양한 공조방식이 요구된다. 따라서 공조방식을 선택할 때에는 운용비용(life cycle cost, 초기 cost, running cost), 요구공기환경, 안전성, 신뢰성, 유연성, 유지관리성능, 시공성, 제어성, 외관, 스페이스 등을 고려하여야 한다.

■ 공기조화방식의 분류(열매체에 따른 분류)

- 전공기방식(all air systems) : 단일덕트방식(CAV, VAN), 이중 덕트방식
- 공기-수방식(air-water systems) : 팬코일 유닛·덕트병용, 인덕션유닛방식, 복사냉난방방식
- 수방식(all water or hydronic systems) : 팬코일 유닛방식
- 냉매방식(refrigerant systems) : 룸에어컨, 패키지유닛방식

■ 공기조화방식의 특징

- 전공기방식 : 전공기방식은 공기조화기로부터 공급되는 급기만을 공조구역으로 공급하여 조화하는 방식이다. 전공기방식은 사무실, 병원의 내부 존, 청정도가 요구되는 병원의 수술실, 공장, 배기풍량이 많은 연구소, 레스토랑, 큰 풍량과 높은 정압이 요구되는 극장, 온도와 습도의 고도제어를 필요로 하는 크린룸(clean room)에 적합하다.

표 15-2 전공기방식의 특징

장점	단점
• 온·습도, 공기청정, 냄새의 제어가 용이하다. • 실내기류분포가 일정하다. • 공조실내에 물배관이 필요 없으므로 OA기기에 물 피해가 염려되지 않는다. • 외기냉방, 배열회수가 용이하다. • 운전·보수관리를 집중화 할 수 있으며, 겨울철 가습이 용이하다. • 실내에 설치되는 기기가 없으므로 실의 유효공간이 증대된다.	• 덕트 스페이스가 크다. • 반송 동력이 커진다. • 공조기계실을 위한 큰 면적이 필요하다.

- 공기-수방식 : 전공기설비에서는 건축물내의 공조 구역은 중앙에 설치된 공기조화기로부터 공급되는 공기에 의해 조화되는 반면에, 공기와 수설비에서는 공기와 물이 함께 각 공조구역으로 공급되며, 이 열매체의 온도와 유량을 조절함으로써 공조기능이 가능하게 된다. 공기-수방식은 사무실·병원·호텔·연구소 등과 같은 건축물에 많이 사용된다.

표 15-3 공기-수방식의 특징

장점	단점
• 유닛제어에 의한 개별제어가 가능하다. • 전공기식에 비하여 반송능력이 적다. • 덕트 스페이스, 공조 기계실의 스페이스가 적어도 된다.	• 실내 송풍량이 적고 유닛이 고성능 필터를 사용할 수 없어 청정도가 낮다. • 실내에 수배관이 필요하며 물에 의한 사고의 위험이 있다. • 외기 냉방, 배열회수가 어렵다.

- 수방식 : 팬코일 유닛, 유닛 벤치레이터(unit ventilator)와 같은 방열기를 실내에 설치하여 조화하는 형식으로 별도의 덕트방식에 의한 환기를 하지 않고 창틈이나 문 등의 개폐에 따른 환기에 의존하게 된다. 수방식은 주택과 같이 거주인원이 적고 틈새바람에 의한 외기 도입이 가능한 건물에 사용된다.

표 15-4 수방식의 특징

장점	단점
• 개별제어, 개별운전이 가능하다. • 덕트 스페이스, 공조기계실이 필요 없다. • 반송동력이 적다.	• 습도, 청정도, 기류분포의 제어가 곤란하다. • 실내에 수배관이 필요하다. • 외기냉방을 할 수 없다.

- 냉매방식 : 주택·호텔객실·소점포 등 비교적 소규모건물에 많이 사용되고 있다.

표 15-5 냉매방식의 특징

장점	단점
• 개별제어, 개별운전이 가능하다. • 반송동력이 적다. • 덕트 스페이스, 기계실면적이 적어도 된다. • 운전, 취급이 간단하다. • 고장 시 다른 것에 영향이 없고 융통성이 풍부하다.	• 습도, 청정도, 기류분포의 제어가 곤란하다. • 외기냉방을 할 수 없다. • 소음과 진동이 크며 내구성이 약하다.

- 정풍량단일덕트방식(constant air volume single dust system, CAV) : 가장 기본적인 공조방식으로 단일덕트에 의해 일정한 풍량을 공급하는 공조설비이다. 이 설비는 부하변동이 심하지 않은 경우에 적합하며, 부분적으로 부하변동이 있는 공간에는 적용이 곤란하다. 이 방식의 특징은 송풍량을 일정하게 하고 실내의 열부하 변동에 따라 송풍온도를 조절하는 방식이다. 일정온도를 송풍하게 되므로 부하 특성이 비교적 일정한 사무실, 극장, 스튜디오, 크린룸 등 같은 계통의 공조에 적합하다.

표 15-6 정풍량단일덕트방식의 특징

장점	단점
• 온·습도조정, 공기청정, 냄새제거 등을 고효율로 처리한다. • 중앙의 기계실과 실내가 분리되므로 방음, 방진처리가 가능하다. • 외기의 엔탈피가 실내의 엔탈피보다 낮은 경우에 외기 도입량을 증가시켜 공기조화 부하를 감소시킬 수 있다. 조건이 좋은 경우는 냉동기를 사용하지 않고 외기도입만으로 외기냉방을 할 수 있다. • 냉·난방의 최대 부하 시, 외기 도입이 부하를 증대시키는 경우 전열교환기를 사용하여 실내배기로부터 열회수를 할 수 있다. • 설비비는 일반적으로 계통수가 적은 경우 다른 방식보다 적게 든다. • 재열에 의한 에너지손실이나 이중덕트와 같은 혼합손실이 없으므로 운전비가 저렴하다. • 공조기가 중앙에 집중되므로 보수·관리가 용이하다.	• 부분적 부하변동에 대처하기 어렵다. • 재열계통이 없을 경우 실내습도가 문제가 된다. • 중앙기계실의 소요면적은 수·공기방식이나 전수방식보다 넓은 면적을 차지한다.

■ 가변풍량단일덕트방식(variable air volume single duct system, VAV) : 열부하의 증감에 따라 송풍량을 조절하여 공조하여야 할 대상의 온·습도를 일정하게 유지시키는 방식으로, 가변풍량단일덕트설비는 정풍량단일덕트설비가 갖는 특징 이외에도 다음과 같은 장·단점이 있다.

표 15-7 가변풍량단일덕트방식의 특징

장점	단점
• 모든 전공기방식 중에서 시설비용과 운전비용이 가장 저렴하여 경제적이다. • 실내공간의 구획변경이 자유롭다. • 덕트의 시공이 용이하다. • 외기냉방이 가능하고, 열회수시스템을 조합할 수 있다. • 취출구의 풍량조절 작업이 간편하며 시운전 및 에어발란싱(air balancing)실시가 용이하다.	• 저부하 시 송풍량이 감소하여 기류분포가 나빠진다. • 환기성능이 떨어지는 경우가 많다. • 다량의 VAV유닛이 필요하다.

■ 이중덕트설비(dual duct system) : 공기조화기로부터 냉풍과 온풍을 구분 처리하여, 각각 다른 덕트를 통해 공조구역으로 공급하고 공조구역에서는 공조부하에 적당하도록 혼합유닛을 이용하여 혼합급기하는 전공기식 정풍량중앙공조방식이다. 병원의 진료부·대규모 빌딩 등 복잡한 조닝에 적합하다.

표 15-8 이중덕트설비의 특징

장점	단점
• 냉난방을 동시에 할 수 있다. • 개별제어가 가능하다. • 칸막이이나 공사비의 증감에 따라 계획을 자유롭게 변경할 수 있다. • 실온조절이 우수하다.	• 설비비·운전비가 많이 든다. • 덕트가 이중으로 면적을 많이 차지한다. • 혼합유닛이 매우 고가이다. • 습도의 완전한 조절이 어렵다.

■ 팬코일유닛방식(fan coil unit system) : 전동기 직결의 소형 송풍기, 냉·온수코일 및 필터 등을 구비한 실내소형 공조기(fan coil unit)를 각 실의 천장 또는 바닥에 설치하여 중앙기계실로부터 냉수 또는 온수를 공급하여 공기조화를 하는 방식이다. 호텔의 객실, 아파트, 주택 등과 직접난방을 채용하고 있는 기존건물의 공기조화에도 적용할 수 있다.

표 15-9 팬코일유닛방식의 특징

장점	단점
• 각 유닛마다 조절할 수 있으므로 각 실의 개별제어에 적합하며 콜드드래프트(cold draft)를 방지할 수 있다. • 전공기방식보다 덕트 면적이 작다. • 팬코일유닛의 증설만으로 쉽게 장래부하에 대비할 수 있다.	• 외기공급을 위한 별도의 설비를 병용할 필요가 있다. • 유닛이 실내에 설치되므로 건축계획상 문제가 되는 경우가 있다. • 다수의 유닛이 분산 설치되어 보수 및 관리가 어렵다.

■ 유인유닛방식(induction unit system) : 공기조화기에서 조화된 1차 공기를 고압으로 플리넘 챔버(plenum chamber)에 공급하고 노즐을 통해 고속으로 실내에 분출시킬 때 주위 공기를 유인하여 함께 급기하는 공조방식이다. 중간규모 이상의 방이 많은 아파트, 사무실, 호텔 등 고층건물에 적합하다.

표 15-10 유인유닛방식의 특징

장점	단점
• 각실 제어를 저렴한 비용으로 할 수 있다. • 1차공기와 2차 냉·온수를 별도로 공급함으로써 재실자의 기호에 맞는 실온을 선정할 수 있다. • 1차공기를 고속덕트로 공급하고, 2차측에 냉·온수를 공급하므로 열반송에 필요한 면적을 최소화할 수 있다.	• 1차 공기량이 비교적 적어서 냉방에서 난방으로 전환할 때의 운전방법이 복잡하다. • 송풍량이 적어서 외기냉방효과가 적다. • 자동제어가 전공기방식에 비하여 복잡하다.

■ 복사냉·난방방식(panel air system) : 건물의 바닥 또는 천장 등에 매설된 배관에 냉수 또는 온수를 보내어 냉·난방하는 방식이다. 유럽과 미국에서 고급사무실에 많이 이용되고 있다.

표 15-11 복사 냉·난방방식의 특징

장점	단점
• 복사를 이용하므로 쾌감도를 높일 수 있다. • 전공기방식에 비하여 덕트 면적이 적다. • 복사부하를 직접 제거함으로써 실온의 제어성을 향상시킬 수 있다.	• 방열면 및 그에 따르는 배관설비, 제어설비가 필요하다. • 제어가 부적당하게 되면 냉각면에 결로가 생길 우려가 있으며, 잠열부하가 많은 공간에는 부적당하다.

■ 패키지유닛방식(package unit) : 패키지유닛방식은 소용량의 냉동기와 송풍기, 에어필터, 가습기, 자동제어기 등이 내장된 표준공조기로 공장에서 생산된 것이다. 패키지유닛은 룸에어컨디셔너이라고도 한다. 사무실, 건물, 점포 등에 적합하다.

표 15-12 패키지유닛방식의 특징

장점	단점
• 공장에서 다량으로 생산되므로 가격이 저렴하고 품질이 우수하다. • 설치와 조립이 간편하고 공사기간이 짧다. • 비교적 취급이 간단하고 증축, 개축, 유닛의 증설에 유리하다. • 유닛별 단독 운전과 제어가 가능하다.	• 온·습도 제어성이 떨어진다. • 압축기, 팬, 필터 등의 부품수가 많아 보수비용이 증대된다. • 중앙식에 비해 냉동기, 보일러의 내용연수가 짧다. • 동시부하율 등을 고려한 저감처리가 가능하지 않으므로 열원전체용량은 중앙 열원보다 커지게 된다.

(2) 냉·난방설비

냉·난방설비에는 각 실을 대상으로 한 개별유닛에서부터 중앙식까지 많은 방식이 있다. 어떠한 냉·난방설비를 설치할 것인가는 설계자와 거주자의 충분한 검토가 이루어져야 하며, 다음과 같은 사항을 검토하여야 한다.

■ 건물구조와 의장과의 관련 : 냉·난방을 하는 실과 하지 않는 실과의 관계, 건물구조와 배관스페이스, 덕트 스페이스 등의 검토, 취출구·흡입구·실내 유닛 등의 설치장소에 대하여 검토하여야 한다.

- 실의 사용법 : 낮을 중심으로 사용하는 실, 밤을 중심으로 사용하는 실, 주야 연속하여 사용하는 실, 이들의 조합정도, 가게 등과 함께 사용하는 경우, 특히 실의 사용법, 실내온도조건의 차이 등에 관하여 검토하여야 한다.
- 급탕 등 병용설비에 관하여 : 설비범위 문제로, 급탕설비를 병용하기도 하고, 처음은 난방만으로 시공하였지만, 냉방은 장래에 추가하기를 희망하는 등 설비내용에 관하여 검토하여야 한다.
- 운전조작에 관하여 : 운전방식 문제로 운전제어를 어디까지 자동으로 제어할 수 있는가, 조작의 난이도를 검토하여야 한다. 자동제어를 고급으로 하면 공사비는 고가로 된다.
- 공사비와 운전비에 관하여 : 공사비 · 운전비 · 유지비는 어느 정도 필요로 하는가에 대하여 검토하여야 한다. 특히, 최근은 단열공사를 어느 정도하면 좋은가, 에너지절약으로 몇 년 안으로 상쇄되는가 등의 경제성 검토가 이루어져야 한다.

① **난방설비**

- 난방설비가 갖추어야 할 조건 : 난방설비가 갖추어야 할 조건은 다음과 같다.
  - 쾌적감이 우수하여야 한다 : 실내의 상하 온도차가 적고, 난방을 할 때에 대류작용에 의하여 인체에 직접 냉기가 닿는 콜드드래프트가 생기지 않아야 한다.
  - 온도 및 습도 조절이 용이하여야 한다 : 외기온의 변동에 따라서 난방설비에서의 방열량을 용이하게 조절할 수 있고, 또 가습장치를 갖추어 습도조절이 가능하여야 한다.
  - 취급이 용이하여야 한다 : 특별한 자격이 없어도 취급이 용이하고, 보수 · 점검이 간단하여야 한다.
  - 비용이 저렴하여야 한다 : 설치비 · 연료비 및 운전유지비가 저렴한 것이 바람직하다.
  - 위생적이면서 안전하여야 한다 : 연료의 가스 · 그을림이 실내로 들어 올 수 없고, 화재위험이 없으며, 또한 소음발생이 적어야 한다.
  - 설치가 용이하여야 한다 : 실내 미관을 손상시키지 않고, 설치면적을 차지하지 않는 것이 좋다.
- 난방설비의 종류 : 난방방식에는 개별식난방, 중앙식난방, 지역난방이 있다. 스토브 등을 이용하여 직접 불을 사용한 것을 개별식난방이라 한다. 이에 대하여 보일러, 온풍로 등을 설치하여 여기에서 발생하는 증기 · 온수 · 온풍을 이용하여 필요로 하는 곳에 공급 배분하는 것을 중앙난방식이라 한다. 중앙난방식은 직접난방, 간접난방, 복사난방이 있다. 지역난방은 발전소 폐열이나 쓰레기 소각 시 나오는 폐열을 이용하여 생산한 고압증기나 고온수를 도시 내 일정범위의 지역에 공급하는 방식이다.

- 직접난방 : 직접난방은 난방을 하려고 하는 실에 방열기를 설치하고, 방열기에 증기·온수 및 전력을 공급하여 직접 실내에서 방열시켜서 난방하는 방법이다. 사용하는 열매의 종류에 따라 증기난방, 온수난방 및 전기난방으로 분류된다. 직접난방은 방열기에서의 방열량의 70~75%는 자연대류에 의하고, 나머지는 복사에 의하여 이루어지기 때문에 대류난방이라고도 한다. 중앙식난방으로 도시 일정구역의 다수 건물에 한 개의 보일러플랜에서 고압증기, 고온수를 공급하는 방식이 지역난방이다.
- 간접난방 : 간접난방은 기계실의 온풍로에서 공기를 가열하여 이 가열공기를 덕트를 매개로 하여 각 실로 송풍하여 난방하는 것으로 온풍난방이 여기에 속한다.
- 복사난방 : 복사난방도 직접난방의 일종이지만 실내의 천장·바닥·벽체 속에 파이프를 묻고, 이 파이프 열이 매개체(주로 온수)를 통하여 벽면의 표면온도를 30~40℃로 가열하고, 이면에서 복사로 방열하는 난방방식이다. 온수 대신에 전기를 사용하는 타입도 있다. 바닥난방은 표면온도가 낮기 때문에 방열량이 적으므로, 주택의 단열 및 기밀화가 우수해야 한다. 패널라디에이터는 스페이스를 차지 않으므로 한냉지에 보급되고 있다. 다만, 라디에이터에서의 복사에 의한 방열량의 비율은 기껏해야 30%이다. 고온복사난방은 공장 등과 같이 실내온도를 높일 수 없는 경우에 설치하며, 가스나 적외선램프, 고온수를 사용하고 있다. 대류난방과 복사난방을 비교하면 복사난방이 실내의 온도차가 적고, 대류난방에 비하여 실내온도가 낮으므로 쾌적한 난방효과를 얻을 수 있다.
- 태양열난방 : 건물 자체를 고안하여 태양열을 실내에 도입하여 실내온도를 유지하는 방식을 패시브솔라시스템(passive solar system) 이라 하며 미국을 중심으로 보급되고 있다. 한편, 태양열을 이용하여 집열기로 가열한 물이나 공기를 배관이나 덕트를 통해 실내에 순환시키는 방식을 액티브솔라시스템(active solar system)이라 한다. 경제적인 면 때문에 보급률이 낮으나 에너지 절감과 환경오염 방지의 관점에서 보급이 필요하다.
- 개별난방 : 가스·등유를 사용하는 개별난방설비는 연소형태에 따라 개방형, 반밀폐형, 밀폐형으로 분류된다. 개방형은 실내공기를 연소에 사용하고, 연소가스를 실내에 배출하는 타입이며, 자연환기량이 적은 기밀한 주택에서는 실내공기가 오염되므로 사용하여서는 안 된다. 반밀폐형은 실내공기를 사용하여 연소가스를 굴뚝에서 직접 외부로 배출하는 타입이다. 그러나 기밀한 주택에서는 부엌의 환기팬을 운전할 때에, 실내가 마이너스압력으로 되어 배기하여야 할 굴뚝에서 역류가 생겨 불완전한 연소를 일으키는 경우가 있으므로 주의가 필요하다. 밀폐형은 외부에서 연소에 필요한 공기를 도입하고 연소가스를 직접 외부로 배출하는 타입이며, 실내공기는 오염되지 않으나 급배기용

굴뚝의 설치 위치에 주의하여야 한다.

■ 각종 난방설비의 특징 : 일반적으로 열매온도가 높고 대류난방의 비율이 높은 만큼 쾌적도는 떨어진다. 증기난방은 대규모건물, 온수난방은 소규모건물, 복사난방은 천장높이가 높은 건물, 온풍난방은 환기를 필요로 하는 장소의 난방에 적합하다.

■ 가정용 방열기(radiator)의 종류

- 주철제 라디에이터(주철제 방열기) : 복사와 대류에 의하여 실을 따뜻하게 하기 때문에 쾌적감이 좋다. 그러나 중량이 무겁고, 다른 것보다 크기 때문에 설치면적이 많이 필요하다. 서구에서는 옛날부터 주택의 난방용 방열기로 많이 사용되었지만 최근에는 그다지 사용하지 않는다.
- 컨버터(convertor) : 플레이트 핀(plate fin)을 동판붙임 겉상자를 한 방열기로 공기는 자연대류에 의하여 하부에서 흡입하고, 가열되어서 상부로 나오게 되기 때문에 겉상자 상부에 그릴(grill)을 붙인 것이 전면에 그릴을 붙인 것보다도 효율이 좋고, 또한 키가 높은 편이 굴뚝효과가 강하고, 효율이 좋게 된다. 용량은 핀 길이에 의하여 결정된다. 겉상자의 형상과 치수는 제조회사에 따라 다르지만 바닥에 놓는 형(자립형)과 벽에 설치하는 형이 있다. 특수한 것은 높이가 낮은 것도 있지만 일반적으로 바닥에 설치하는 형이 많다.

표 15-13 각종 난방방식의 비교

구분	증기난방	온수난방	복사난방	온풍난방
열매 · 사용온도	증기 100~110℃	온수 70~90℃	온수 40~60℃	공기 30~50℃
열원	보일러	보일러 또는 열교환기	온풍기	온풍기
방열체	방열기	방열기	패널	없음
순환동력기계	진공급수펌프	온수순환펌프	송풍기	송풍기
설치비 대규모 설치비 소규모	소 소	중 중	대 대	중 소
연료비	대	중	소	소
유지관리의 난이도	조금 어려움	용이	조금 어려움	조금 곤란
자동제어의 난이도	어려움	용이	조금 어려움	용이
주로 적용되는 건물	대규모 사무실, 병원, 공장	주택, 아파트, 병원, 중규모 사무실	주택, 은행, 영업실, 교회	사무실, 공장

- 베이스보드 히터(baseboard heater) : 핀관을 동판제 겉상자로 포장한 방열기로 컨버터보다 키가 낮고, 폭넓은 나무 상태로 붙인 것이다. 이것도 컨버터와 마찬가지로 자연대류에 의한 방열기로 핀(fin)관의 길이로 용량이 결정된다. 보통 핀관은 1단이 사용되지만, 붙이는 폭이 좁은 장소에서는 2단, 3단이 사용된다.
- 강판 방열기(panel radiator) : 동판제의 얇은 판으로 된 방열기로 복사효과에 의하여 난방을 한다. 일반적으로 세면장, 화장실 등에 많이 사용된다. 비교적 소용량이고, 벽에 직접 붙이는 것이 많고, 타월 벽걸이용의 막대를 설치하면 타월건조 등에 도움이 된다.

  방열기 설치 장소는 원칙으로서 창유리 등 난방부하가 가장 많은 면의 하부에 설치하여, 차가운 하향기류가 바닥 면으로 흐르는 것을 방지한다. 설치는 가열된 기류가 커튼과 블라인드에 의하여 방해를 받지 않도록 조금 떨어져 설치한다. 미관상의 문제로 방열기를 건구(建具)로 감싸는 경우가 많지만, 커버방법에 의하여 방열효율이 증감하기 때문에 주의하여야 한다. 목조 벽에 방열기를 설치하는 경우는 뒤쪽에 단열재를 붙이면 벽체로 방열손실을 방지하여 히터의 효율이 좋고, 또한 벽체의 국부건조를 방지 할 수 있다. 난방운전의 개별제어는 방열기의 부속변(附屬弁)을 개폐하여 온수유량을 가감하여 조절한다.

② 냉방설비

여름철은 주택외부의 기온이 30℃ 이상이 되면 실내온도가 매우 높다. 의복을 벗는 것만으로는 더위를 피할 수 없고, 쾌적하게 지내기 위해서는 냉방이 필요하다. 선풍기를 사용하여도 어느 정도 시원한 느낌은 있겠지만, 너무 더울 때에는 충분하지 않다. 최근 많은 주택에서 냉방을 하고 있지만, 사용상의 문제점으로 오히려 건강상 해가 되는 경우도 있기 때문에 주의가 필요하다.

- ■ 냉방방법 : 냉방은 냉동기에 의하여 실내공기온도를 내리는 것이지만 보통은, 습도도 자동적으로 내리기 때문에 쾌적함을 얻는 좋은 방법이다. 그러나 실내온도가 실외온도와 비교하여 현저하게 낮으면, 실을 출입할 때에 온도차로 인하여 오히려 불쾌감을 느낄 뿐만 아니라 건강에도 좋지 않다. 실내외의 온도차이는 5℃ 이내가 되도록 냉방하여야 한다. 또 냉방방법이 나쁘면 실내의 온도분포가 나쁘거나 발 주위가 춥기도 하고, 냉풍이 직접 신체에 닿아서 좋지 않다. 냉방방법은 각 실을 개별적으로 냉방하는 개별난방과 중앙에 냉동기 및 기타 기기류를 설치하고 건물전체를 냉방하는 중앙냉방이 있다.

- 개별냉방 : 개별냉방은 룸 에어컨디셔너 등의 소형냉방기를 각 실에 설치한 것으로 일반주택에서 가장 많이 사용되고 있다. 기존 주택에도 설치하는 것이 용이하고, 필요한 실을 냉방하기 때문에 경비도 저렴하다.
- 중앙냉방 : 중앙냉방은 중앙에 설치된 냉동기에 의하여 냉풍을 만들어, 냉풍을 덕트로 각 실로 보내는 냉풍식과 냉수를 만들어 각 실의 파이프로 보내어 각 실에서 설치된 팬코일유닛(fan coil unit)으로 실내공기를 냉각하는 방식이 있다. 장치가 대규모이고 설치비와 경상비도 비싸다. 일반적으로 건물을 건설할 때에 설치한다. 냉풍을 보내는 장치는, 겨울철은 온풍으로 바꾸면 중앙난방이 되고, 공기의 습도와 청정도를 가감하는 것이 가능하다. 이것을 일반적으로 공기조화설비(air conditioning)라고 부르며 빌딩, 병원, 호텔 등에 설치되어 있다.

■ 냉방기기의 종류 : 일반적으로 사용되고 있는 냉방기기는 다음과 같다.

- 창문형 룸쿨러(window type air conditioner) : 창문형 룸쿨러는 각실 냉방기기로서 상자형을 하고 있으며 창 또는 건물의 외벽에 구멍을 만들어, 나머지 반은 실내로 돌출되어 나오도록 설치한다. 기계의 힘으로 실내공기로부터 열을 빼앗아서, 빼앗은 열을 실외로 방산하도록 되어 있다. 압축기에 의하여 가스 상태의 냉매를 압축하면 냉매는 고온·고압이 된다. 이것이 룸쿨러의 뒤쪽 실외로 돌출된 부분에 응축관으로 흘러, 실외공기에 닿아서 실외온도 부근까지 냉각하면 액체상태가 된다. 이 고압·액체 상태의 냉매를 압력강화파이프를 통하여 급격하게 팽창시키면 기화와 함께 온도가 내려가고 증발관을 통과하는 동안에 그 주위를 순환하고 있는 실내공기를 냉각시킨다. 이 원리와 같이 고온냉매가 실외공기로 충분히 냉각하는 것이 중요하고, 룸쿨러의 뒤쪽에는 실외공기를 잘 유통시켜 태양의 직사일사를 피하여야 한다. 룸쿨러의 장점은 증발관의 부분으로 실내공기 중의 수증기가 관 주위에 응결하여, 실내습도 제거에 도움이 되는 것이다. 이 응결수는 물빠짐 파이프를 통하여 실외로 유출하게 된다. 창문형 룸쿨러(에어컨디셔너)의 설치장소는 다음과 같은 점에 주의하여야 한다.
  - 기류분포를 양호하게 하는 위치에 설치한다. 가구 등으로 기류가 방해를 받지 않아야 하며, 부착높이는 실의 성격에 다소 차이가 있지만, 허리높이 이상으로 한다.
  - 옥외부분에 직사일사를 막는 방법(차양장치 등)을 갖추어야 한다.
  - 옥외부분은 외기와 열교환을 하기 때문에 통풍이 좋은 곳이 좋다. 벽 등으로 밀착하지 않도록 하고, 제조회사에서 요구하는 최소거리 이상을 둔다.
  - 이웃집에 소음영향이 미치지 않는 곳에 설치한다.

-소음·진동을 방지하기 위하여 튼튼한 구조로 설치하고, 방진재를 이용하여 정교하게 부착하여야 한다.

• 분리형 에어컨디셔너(separate type air conditioner) : 창문형 에어컨디셔너의 압축기와 응축관을 하나로 하여, 증발관의 부분과 분리시켜, 전자부분을 실외, 후자를 실내에 설치하여, 양자를 냉매가 통하는 2개의 파이프로 연결한 것이다. 10 m 정도 분리하는 것이 가능하고, 각각 적당한 위치에 설치하는 것이 가능하기 때문에 주택에서는 최근 주로 이 형식을 사용하고 있다.

-옥내유닛 : 실 전체에 일정한 기류분포를 얻을 수 있는 위치에 설치하며, 옥외유닛과 배관상으로 편리한 위치에 설치한다.

-옥외유닛 : 직사광선과 비가 닿지 않도록 하고, 통풍이 잘 되는 장소에 설치한다. 좁은 장소에서도 흡입과 흡출효과가 방해받지 않을 정도의 공간이 있도록 설치하며, 이웃집에 소음이 전달되지 않도록 설치하며, 방음처리도 강구하여야 한다.

• 패키지형 에어컨디셔너(package type air conditioner) : 패키지형 에어컨디셔너는 바닥에 설치하기 때문에 바닥설치형이라고도 한다. 창문형은 용량이 부족하고, 공냉식을 설치할 수 없고 수냉식으로 할 경우 등에 사용한다. 수냉식 유닛은 공냉식보다 냉각능력이 크다. 약간 대형의 에어컨디셔너로 원리는 창문형과 일치하고 응축관을 냉각하는 데에 실외공기가 아니고 수돗물을 이용한다. 사무실 등 상당히 넓은 실을 냉방할 때에 이용하지만, 냉풍을 덕트 등으로 유도하고, 여러 실을 동시에 냉방하는 것도 있다. 패키지를 부착할 때에는 다음과 같은 점을 주의하여야 한다.

-다른 유닛과 마찬가지로 실내의 기류분포가 양호하게 되는 장소에 설치한다. 거주자와 가구 등에 직접 닿지 않도록 주의한다.

-기초는 방진을 고려하고, 전기설비기술기준에 따라서 토대기초를 하고, 필요에 따라서는 고무패드를 깔도록 한다. 바닥은 유닛의 중량을 견딜 수 있는 구조이어야 한다.

-신선한 외기입력덕트, 냉각수 기타 배관 등이 용이하게 가능하도록 공간을 주위에 확보하여야 한다.

-에어필터의 교체, 고장 시의 서비스가 용이한 공간에 설치하여야 한다.

• 냉수식 중앙냉방장치 : 냉수에 의한 중앙냉방의 경우는, 각 실에서 냉풍을 만드는 팬코일유닛이 이용되고 있다. 팬코일유닛은 냉수를 통과하는 파이프에서 방열하기 쉽도록 여러 개의 핀이 부착되어 있어 이 사이의 팬을 이용하여 실내공기가 흐르도록 되어 있다. 이것은 또한 온수난방에서 방열기로서도 도움이 된다.

- 냉풍식 중앙냉방장치 : 중앙에 냉동기, 냉각코일 및 송풍기를 설치하고 냉풍을 만들어 덕트에서 각 실로 공급하는 방식이다. 냉풍온도는 냉방하여야 하는 실의 온도보다는 낮고, 실온은 공급하여야 하는 냉풍의 양으로 제어한다. 따라서 덕트 속에는 풍량을 조절하기 위한 조절기(damper)가 필요하다.

(3) 환기설비

실내의 환경·위생상태를 양호하게 유지하기 위해 신선한 공기를 받아들이고, 오염된 공기를 외부로 배출한다. 이것을 환기라고 하며 자연환기와 기계환기가 있다. 자연환기에는 바람에 의한 실내외의 압력차를 이용한 풍력환기와 실내외의 온도차에 의한 공기밀도의 차이로 일어나는 중력환기(온도차환기라고도 함)가 있다. 환기라는 것은 실내외의 공기 출입이 있으면 열의 흐름이 있어 실내에 미치는 영향은 직접적이다. 환기는 의도하지 않아도 보통은 실내의 틈새에서 어느 정도 환기가 일어나므로 겨울철의 차가운 틈새바람 등을 일상적으로 경험하고 있다.

① 환기방식

- 제1종 환기방식 : 기계에 의한 급배기방식을 이용한 환기방식으로 충분한 환기가 가능하지만 설비비가 비싸다. 주로 병원의 수술실, 독립공간의 공조에 사용된다.
- 제2종 환기방식 : 기계급기와 자연배기구에 의한 환기방식으로 실내에 오염공기가 침입하는 것을 방지할 수 있다. 반도체공장, 무균실에 사용한다.
- 제3종 환기방식 : 자연급기구와 기계에 의한 배기방식으로 실내의 오염공기를 신속하게 배출하여 다른 실로 이동하는 것을 막을 수 있다. 수증기·냄새를 발생하는 주방·화장실 등에 사용한다.
- 제4종 환기방식(자연환기방식) : 급기구와 배기구를 이용한 환기방식으로 개구부를 통하여 급기와 배기를 함으로 환기량이 일정하지 않지만 동력이 불필요한 방식이다.

② 환기설비의 요건

건축법 제51조 1항에 거실의 창, 기타 개구부에서는 환기에 필요한 부분의 면적은 거실바닥면적의 1/20 이상이 확보되어야 한다(다만 상당한 환기장치인 경우는 예외). 창이 없는 거실의 자연환기설비 급기구 위치는 거실바닥에서 천장높이의 1/2 이내에 설치하고, 배기구는 거실천장에서 바닥으로부터 80 cm 이내에 설치한다(차고, 가솔린공장은 예외).

건물의 환기량에서 환기에 필요한 신선한 외기량은 실내의 인원수, 실내의 상태, 실의 용도에 따라 다르다. 인체에 직접적으로 생리·위생에 영향을 미치는 것은 아니라 건물의 부패를 방지하기 위해 바닥 및 천장 등의 환기를 실시하여야 한다. 거실바닥 밑의 환기를 위하여서는 지면에서 45 cm 이상의 공간이 있어야 한다.

3) 전기 및 특수설비

(1) 전기설비

전기에너지는 동력원, 조명, 열, 음, 정보의 전달 수단으로 모든 분야에서 이용되고 있다. 건축물에서도 예외가 아니며, 전기에너지는 모든 곳에서 사용되고 있다. 전기에너지는 깨끗하고, 사용하기 쉽기 때문에 주택 내의 쾌적한 환경을 만들기 위한 전력, 운반용 동력을 위한 전력, 혹은 이들을 제어하기 위한 신호수단, 커뮤니케이션을 위한 정보통신의 수단으로 폭넓게 사용되고 있다. 또한 인명·재산보호를 위한 방재설비에도 전기설비는 사용되고 있다. 주택의 송전은 발전소로부터의 전기를 변전소에서 3,000~6,000 V의 고전압으로부터 전주 위의 변압기로 보내어진다. 변압기에서 취급이 비교적 안전한 100 V 또는 200 V의 저전압으로 각 가정의 인입선으로 보내어진다.

① 전원설비

전력을 공급하는 원천설비로 수변전설비, 자가발전설비, 축전지설비 등이다.

- 수변전설비 : 발전소에서 만들어진 전기는 매우 높은 전압으로 여러 단계의 변전소를 거쳐 수용가로 공급된다. 이러한 전기를 받아 사용하기에 적당한 전압으로 낮추는 장치를 수변전설비라 한다. 인입은 전력회사로부터 전기가 건축물에 들어오는 것이며, 이 전기를 수전반에서 수전하여, 변압기 등을 사용하여 원하는 전압으로 바꾸어서 건축물 내에서 여러 가지의 전압을 공급하게 된다. 단로기, 변성기, 차단기, 개폐기, 배선 등의 기기를 설치하는 옥내장소를 수전실, 전기실 또는 변전실이라고 한다.
- 자가발전설비 : 예비전원설비로 자가발전설비는 전력회사로부터 공급받는 사용전원의 정전 등에 대비하여 최소한의 보안전력을 확보하기 위한 설비이다. 규모가 작은 경우에는 축전지의 설치로도 어느 정도의 시간을 지탱할 수 있으나 오랜 시간 또는 용량이 큰 건물에는 비사용자가발전설비가 요구된다. 자가발전설비의 용량은 건물에 따라 다르나 보통 수전설비용량의 10~30% 정도로 한다.

- 축전지설비 : 축전지설비는 축전지, 충전장치, 보안장치, 제어장치 등으로 구성된다. 축전지는 순수한 직류전원이며 경제적이고 보수가 용이한 특성을 가지고 있다. 축전지설비는 사용전원이 정전되었을 때 자가발전설비를 가동시켜 정격전압으로 확보될 때까지의 예비전원으로 사용되는 경우가 많다. 축전지는 유도등과 같이 법적인 것과 보안상 필요한 최저 조도용인 비사용 전원뿐만 아니라 변전기기 및 제어기기의 조작용 릴레이, 감시반 등의 전원 및 전화교환장치나 통신·신호 등의 전원, 비상방송, 전기시계, 화재경보장치의 전원으로 사용된다.

② **배전과 배선설비**

- 배전설비 : 전력을 수요지에서 각 수용가로 분배하는 것을 배전이라 하며, 중·소 건물은 저압, 대규모건물은 고압 또는 특고압으로 전력을 인입하여 건물 내에서 간선, 분전반, 분기회로를 거쳐 배전한다.
  - 간선 : 인입개폐기로부터 분기점에 설치된 분기개폐기까지의 배선이다.
  - 분전반(panel board) : 각 간선에서 소요의 부하에 따라 배선을 분기하는 개소에 설치하는 것으로 배전반의 일종이다. 분전반은 주개폐기·분기회로용 분기개폐기 및 자동차단기 등을 한곳에 모아 설치한 것이다. 분전반의 주개폐기는 회로의 과부하 상태에 의해 자동적으로 전류를 차단 작동한 후 원상태로 돌아가는 서킷 브레이크(circuit breaker), 즉 노퓨즈 브레이크(no fuse breaker)가 사용된다. 나이프스위치(knife switch)도 사용되며, 분전반은 보수나 조작에 편리하도록 복도나 계단 부근의 벽에 설치하는 것이 좋다.
  - 분기회로(branch circuit) : 분기회로는 건물 내의 저압간선으로부터 분기하여 전기기기에 이르는 저압 옥내전로를 말하며, 분전반으로부터의 전선도 해당된다. 분기회로를 사용하는 것은 전기설비의 모든 기기를 안전하게 사용하고 고장이 생겼을 경우 그 피해 정도를 줄이고 신속하게 보수할 수 있도록 하기 위해서이다.
- 배선설비 : 전선을 끌어 달거나 연결하는 설비로, 배선은 전등(조명)용 배선과 동력용 배선으로 구분된다.
  - 전등배선 : 분기회로는 간선으로부터 분기하여 분기과전류 보호기를 거쳐 전등 또는 콘센트와 같은 부하에 이르는 배선을 말하는 것으로 분기회로마다 자동차단기를 설치하면 사고가 발생했을 때 그 회로만을 차단할 수 있으므로 다른 회로에 영향을 주지 않아 수리가 용이하다. 간선에서 중요한 것은 전선의 허용전류와 전선의 허용전압 강하이며, 특히 앞으로 증설 및 변경을 고려하여 여유를 두어야 한다.

- 동력배선 : 전동기 용량에 따라 전기방식을 결정하고 분기회로에 대한 조건을 결정한다. 분기회로는 전기관계법규에 의해 시설해야 하며, 전동기에 대한 분기회로 배선은 원칙적으로 1대에 1회선으로 한다. 그러나 분기회로 배선에 시설하는 자동차단기의 정격전류가 15 A 이하인 때에는 전동기 대수에 제한이 없다. 과전류보호기는 전동기가 1대인 경우는 그 정격 전류의 3배 이하이고, 기동전류에 의해서 작동하지 않는 정격의 것을 선정하여야 한다.

■ 배선기구 : 배선기구는 개폐기를 비롯하여 과전류보호기, 접속기 등을 말한다.

- 개폐기 : 옥내배선에서는 전로를 조작하거나 보수하기에 편리한 목적으로 각종 개폐기를 시설하며, 나이프스위치, 컷아웃스위치가 있다.
  - 나이프스위치(knife switch) : 대리석 또는 도기로 된 절연대 위에 칼받이와 칼을 결합해서 칼의 한쪽 끝을 절연대에 고정하고 다른 한쪽 끝에는 방수도료를 칠한 절연성 손잡이를 부착한 것이다. 특히, 커버가 없는 나이프 스위치는 충전부가 노출되어 있으므로 감전의 우려가 있다.
  - 컷아웃스위치(cut-out switch) : 스위치와 보안장치를 겸비한 소용량의 보안개폐기이며, 안전기 또는 두꺼비집, 베이비스위치(baby switch)라고도 한다.
- 점멸기 : 점멸기는 개폐기와 마찬가지로 단극·2극·3로·4로 등 다극 및 다접점형이 있으며, 기구별로 분류하면 로터리형(rotary switch), 텀블러형(tumbler switch), 버튼형(button switch), 풀형(pull switch) 등이 있다.
- 과전류 보호기(자동차단기) : 과전류가 흐르면 자동적으로 전로를 차단하는 것으로 퓨즈브레이크(fuse breaker) 등이 있다. 특히, 서킷브레이크(circuit breaker)는 과전류가 흐를 때 자동적으로 회로를 끊어서 보호하는 것으로 퓨즈와는 달리 그 자체에 아무런 손상을 없어 다시 사용할 수 있으므로 노퓨즈브레이크(no fuse breaker)라고도 한다.
- 접속기(connector) : 접속기에는 옥내배선과 코드접속에 사용되는 로제트(rosette), 코드와 전구와의 접속에 사용하는 소켓(socket), 옥내배선과 전기기기와의 접속에 사용하는 콘센트·플러그 등이 있다. 콘센트는 벽길이 5 m마다 하나씩을 설치한다.

(2) 가스설비

가스의 사용량은 매년 증가하고 있으며, 소규모 주택에서부터 대규모 공공건축물에 이르기까지 사용범위도 확대되고 있다. 그러나 가스가 갖고 있는 특성은 인간의 생활을 무한히 편리하게 하지만 잘못 취급되었을 때에는 그 피해가 엄청나게 클 수 있으므로 취급에 세심한 주의를 필요로 한다.

① 도시가스

도시가스는 도시가스의 원료(고체, 액체, 기체)인 석탄, 코크스, 나프타, LPG, 천연가스를 제조·정제·혼합하여 소정의 발열량으로 조정한 것이다. 도시가스는 원료별 조성이 서로 달라 비중, 연료의 특성이 달라지므로 가스의 배관설계, 기구의 선정에 주의하여야 한다. 도시가스의 비중은 공기를 1로 하면 0.5~0.7이며, 주방용, 냉·난방용, 상업용으로 사용한다.

- ■ 도시가스의 분류
  - 제조가스 : 석탄, 원유, 납사, 코크스, LPG 등을 원료로 사용해서 제조한 가스를 정제·혼합하여 소정의 발열량으로 조정한 가스이다.
  - 천연가스 : 지하로부터 발생하는 메탄을 주성분으로 하는 가스로 가스정·석유정에서 산출한 가스이다.
- ■ 도시가스의 원료와 특징
  - LPG(liquefied petroleum gas, 액화석유가스) : 프로판가스(propane gas)를 주성분으로 석유의 탄화수소가스 중에서 액화하기 쉬운 탄소수 3과 4의 탄화수소가스이다. 주성분은 프로판(C_3H_8), 프로필렌(C_3H_6), 부탄(C_4H_{10}), 부틸렌(C_4H_8) 및 소량의 에탄(C_2H_6), 에틸렌(C_2H_2)을 포함하고 있다. 상온·상압에서는 기체이지만 가압·냉각하면 쉽게 액화하기 때문에 탱크나 용기에 충전하여 간단하게 저장 및 운송이 가능하다. LPG의 비중은 1.5~2.0으로 공기보다 무거워 누출되면 대기 중에 확산되지 않고 지면에 체류되기 쉬우므로 환기구는 최하부에 설치하여야 한다. 무색·무미·무취이나 누출 시 감지를 위하여 향료(달걀 썩는 냄새)를 혼합한다. 일반가정과 업무용으로 공급되는 LPG는 취급 및 보관 시에 별령에 의하여 LPG조성이 제한되고 있으며, LPG에 적합한 기기를 선정하여야 한다.
  - LNG(liquefied natural gas, 액화천연가스) : 메탄을 주성분으로 하는 천연가스를 냉각하여 액화시킨 것이다. 무독성·무공해로 열량이 높으며, 공기보다 가벼워 창으로 배기되므로 LPG보다 안전성이 높으나, 대규모 저장시설을 갖추어 배관을 통하여 공급하여야 한다.
  - 나프타(naphtha) : 원유를 150~220℃ 정도에서 증류시킨 조제석유로 비등점 200℃ 이하의 유분 속의 경질 유분이 도시가스의 원료로 사용된다.
- ■ 가스공급방식 : 가스는 도로에 매설되어 있는 도관에 의하여 소비자에게 공급된다. 수송에는 고압·중압·저압의 도관에 의하여 공급한다. 공장에서 고압과 중압으로 수송되는 가스는 정압기(governor)로 중압 또는 저압으로 감압하여 수요자에게 공급된다. 수요자에

게 공급되는 가스의 공급압력은 사용하는 기기 및 사용량에 의하여 저압공급과 중압공급으로 구분된다.

② LPG설비

LPG는 주로 용기(bomb)에 의해 가정용 연료뿐만 아니라 가스절단 등 공업용으로 사용된다. LPG 용기의 설치방법은 다음과 같다.

- 용기는 옥외 또는 별도로 건물로서 교환이 가능한 공간과 불에서 2 m 이상 떨어지거나 차폐를 하여 화기의 접근을 금하여야 한다.
- 용기는 40℃ 이하로 보관하여야 한다.
- 용기에는 습기에 의한 부식방지를 고려하여야 한다.
- 용기는 충격을 금하며, 안전한 장소에 설치하여야 한다.
- 통풍이 잘되며, 직사광선을 피해야 한다.

(3) 소화설비

화재는 연소작용에 의하여 열이 전도, 대류, 복사의 방법으로 진행을 계속하여 확대 연소되는 현상이다. 연소는 화학반응의 일종으로 발열과 발광을 수반하는 산화반응이며, 연소를 위해서는 물질, 산소, 열원이 필요하고, 이것을 연소의 3요소라고 한다. 화재종류는 가연물 종류에 따라 일반화재(A급), 기름화재(B급), 전기화재(C급), 금속화재(D급), 가스화재(E급)로 분류된다. 가스화재의 연소상태는 B급화재와 비슷하나 연소 시 분출현상이 수반되므로 기름화재와는 다르다. 소화는 연소요소를 제거, 중단, 희석시킴으로써 연소가 계속되는 것을 정지 또는 억제시키는 것이다.

① 소화방법

- 가연물의 제거방법(제거소화) : 가스화재 시 가스배관의 콕 또는 밸브를 잠가서 가스공급을 차단시키면 가연물이 제거되어 연소가 정지되는 것이다.
- 질식소화 : 연소에 필요한 산소공급을 차단하여 연소를 정지시키는 방법이다. 알코올램프에 뚜껑을 덮으면 산소공급이 차단되어 불이 꺼지는 방법이다.
- 희석소화 : 가연물에 물을 첨가하여 희석시켜서 연소를 정지시키는 방법과 산소를 희석시키는 방법이 있으며 연소에 필요한 산소 공급원인 공기 중의 산소농도를 15% 이하로 하여 연소를 정지시키는 방법이다.

- 냉각소화 : 가연물을 냉각하여 그 온도를 발화점 이하로 낮추는 방법이다. 연소 중에 가연물의 온도를 저하시켜서 점화에너지를 받지 않도록 하여 소화하는 방법이다. 냉각제로 물을 많이 사용하며, 물은 많은 양을 구하기가 쉽고, 증발잠열이 크고 비열이 커서 냉각효과가 크다.
- 억제소화(연쇄반응차단법) : 연소의 연쇄반응이 일어나는 도중에 발생하는 유리기를 제거하거나 발생을 차단하여 화학적 반응을 지연, 중단시켜서 연소를 정지시키는 방법이다. 할로겐화물분말 및 강화액소화제 속에 부촉매 효과를 이용한 것이 함유되어 있다. 부촉매는 유리기 속에 불확실성물질이 혼합되면 유리기 발생을 억제하여 화염의 연쇄반응을 억제시키는 물질이다.

② **소화설비**

- 소화기 : 불을 끄는 데 쓰이는 기구의 한 가지로, 주로 화재가 발생 등의 비상상태에 사용되며, 분사하면 쉽게 불을 끌 수 있는 화학물질로 채워져 있다. 손으로 들고 사용할 수 있으며 조작이 쉬워 화재의 초기단계에 사용한다. 내용물에 따라 물소화기, 포말소화기, 액화소화기, 기체소화기, 분말소화기로 나뉜다. 물소화기는 옷·종이 등 연소성 고체물질에 발생한 화재에만 사용한다. 물은 전기가 통하기 때문에 전기화재에 사용하면 안 된다. 포말소화기는 연소성 고체물질이나 석유·식용유 등 연소성 액체로 발생한 화재에 사용한다. 석유 등 연소성 액체로 화재가 났을 때 소화기에 든 포말이 연소성 액체와 불길 사이에 막을 만들어서 불을 끈다. 액체·기체소화기는 연소성 액체나 전기화재에 사용한다. 사용하는 액화기체는 이산화탄소 기체와 할론 기체이다. 물이나 분말가루를 남기지 않기 때문에 전기화재를 끄는 데 가장 유용하다.
- 옥내외소화설비 : 건물 화재 시 자체 소방대원으로 진화작업을 할 수 있는 고정식 소화설비이다. 옥내소화설비는 소화전에 호스(hose), 노즐(nozzle)을 접속하여 옥내소화전 박스에 넣어 건물 각 층에 필요한 위치에 설치하여 공급 방수함으로써 소화한다. 소화펌프 작동은 소화전격납박스 혹은 작동용 누름버튼 또는 호스조작과 연동하여 작용하는 가동스위치에 의하여 전기로 원격 조작한다. 전동펌프 및 표시등의 전원은 다른 전원회로의 개폐기에 의하여 차단되지 않도록 한다. 설치위치는 소방대상물의 옥내 및 옥외에 설치하며, 수평거리는 한 개의 호스가 도달될 수 있는 거리를 고려하여 옥내소화설비는 수평거리 25 m을 초과해서는 안 되며, 압력 1.75 kg/cm^2, 규격방수량 130 l /min이다. 옥외소화설비는 수평거리 40 m 이하, 압력 2.5 kg/cm^2, 규격방수량 130 l /min, 설치기준 1·2층 면적합계 9,000 m^2 이상이다.

- **연결송수관 설비(siamese connection) :** 연결송수관은 법령상으로 소화활동을 할 때에 필요한 시설로서 독립된 소화설비는 아니다. 연결송수관은 소방대 전용전으로 펌프차 호수와 연결하여 건물 내의 소화전에 송수하기 위한 시설이다. 설치높이는 지반 및 바닥 0.5 m ~1.0 m 정도이다. 방수구 설치높이는 3층 이상의 건물에 설치하며, 1층의 각 부분으로부터 1개의 방수구까지의 수평거리는 50 m 이하이며, 압력 3.5 kg/cm^2 이상, 규격방수량은 450 l /min, 내경 100 mm 이상이다.
- **스프링클러 설비(sprinkler) :** 스프링클러 설비는 급수원, 급수관, 경보장치, 스프링클러헤드(sprinkler head)로 구성되어, 실내 천장에 설치된 스프링클러헤드의 가용편(일종의 휴즈)이 약 70℃에서 용융되어 자동적으로 물을 분사하여 화재를 초기에 진화하는 자동소화설비이다. 헤드 하나가 소화할 수 있는 면적은 약 10 m^{2}이다. 소방차 진입이 어려운 곳에 설치하며, 주로 백화점과 같은 무창층, 지하층, 고층건물에 적합하다.
- **드렌처 설비(drencher) :** 드렌처 설비는 건물의 외벽, 개구부, 지붕 등에 설치하여 끊임없는 살수로 수막(water curtain)을 형성하여 인접건물의 연소를 방지하는 설비이다. 설치간격은 수평거리 2.5 m 이하, 수직거리 4 m 이하에 하나씩 설치한다.
- **물분무 소화설비 :** 물분무 소화설비는 헤드로부터 물을 분무하여 주로 냉각작용과 공기차단에 의하여 연소를 저지하며, 자동차차고 등에 사용한다. 물분무 소화설비에서 물 분출 상태는 스프링클러에 비하여 미립자(0.3~0.8 mm)이므로 냉각법과 더불어 질식소화법이다.
- **포말 소화설비 :** 포말 소화설비는 탄산가스 또는 공기를 포함한 많은 포말을 만들어 연소면을 포말로 덮어 씌워 산소공급을 차단하여 질식소화하는 방식이다. 위험물 저장탱크, 비행기 격납고 등 유류화재 소화설비이다.
- **이산화탄소 소화설비 :** 이산화탄소 소화설비는 이산화탄소를 방출하는 탄산가스 설비로 산소농도를 저하하여 연소작용을 정지시키는 질식소화설비로 전기실 등에 사용한다.
- **할로겐화물 소화설비 :** 할로겐화물 소화설비는 하론설비라고도 하며, 약제를 가압헤드나 노즐에서 방사하는 설비이다. 인체에 거의 무해하며 우수한 소화 작용을 한다.
- **화재감지기 :** 화재감지기는 화재로 인하여 발생하는 열을 이용하여 자동적으로 감지하고 이것을 수신기에 알리는 장치이다. 감지기의 주요부는 기능상 열전도율이 높고, 열용량이 적고, 수열면적이 크고, 열흡수가 용이한 표면상태로 만들어야 한다.
- **파이어댐퍼(fire damper) :** 파이어댐퍼는 화재가 발생했을 때 덕트를 통해 다른 실이 연소되는 것을 미연에 방지하기 위해 사용한다.

(4) 유비쿼터스(ubiquitous)설비

유비쿼터스는 라틴어 'ubique' 를 어원으로 '언제, 어디서나, 누구라도 존재한다' 라는 의미를 가지고 있으며, 생활 속의 컴퓨팅 개념의 인퍼페이스, 환경, 기술이다. 따라서 유비쿼터스는 언제, 어디에서도 접근이 가능한 환경을 목표로, 유비쿼터스가 보급되면 시간과 장소에 관계없이 언제나 정보통신망에 접속하여 다양한 정보통신서비스를 활용할 수 있는 환경을 의미한다. 유비쿼터스는 여러 분야에 관계가 있으므로 '유비쿼터스 컴퓨팅(ubiquitous com-puting)' '유비쿼터스 네트워크사회(ubiquitous network)' 와 같이 사용되며, '퍼베이시브 컴퓨팅(pervasive computing)' 라고도 한다. IT기술의 발달은 주거공간에서 디지털도구의 사용이 매우 보편화되었다. 컴퓨터와 케이블 TV보급에 따른 네트워크화는 주거공간의 변화를 초래하고 있다. 가사업무를 돕는 홈뱅킹과 홈쇼핑 등의 활용으로 여가시간이 증가되고, 다양한 가전제품들의 통합이 이루어져 전자레인지, 냉장고, 텔레비전 등의 리모콘조작을 하나의 장치로 가능하게 되었으며, 주거공간의 디지털화도 계속 진행되고 있다. 주거공간에서의 유비쿼터스는 주거단지차원에서의 사이버커뮤니티 조성과 공간의 가변형, 공간의 정보통신 기술과의 연계성이 중요하다. 이와 같은 유비쿼터스 환경의 특징으로 첫째, 통합적 디지털네트워크기반이다. 둘째, 생활과의 통합적 연계형태이며, 셋째, 유비쿼터스 환경의 추구는 궁극적으로 이상적인 삶을 추구하는 수단으로 활용이 가능하다.

3. 주택재료

1) 구조재

구조재는 기초·기둥·벽·바닥 등의 건물 뼈대, 즉 주택의 구조체를 구성하는 재료이다. 구조재의 재질은 균질하고 강도가 커야 하며 내화 및 내구성이 있어야 한다. 또한 큰 재료를 용이하게 얻을 수 있어야 하고, 가벼우며 가공이 용이해야 한다. 일반적인 구조재의 종류로는 목재, 시멘트, 콘크리트, 강재 등이 있다.

(1) 목 재

목재는 자연스러운 감촉으로 친밀감을 느낄 수 있는 소재로서 무게에 비해 강도가 크고 가공성이 뛰어나기 때문에 예로부터 건축용 재료로서 중요한 역할을 담당해 왔으며 최근에는 친환경 소재로서 많이 사용되고 있다. 국내의 목재생산량이 부족하여 대부분 캐나다나 미국, 남미 등에서 수입하고 있다.

① 목재의 분류

목재는 외관에 따라서 침엽수와 활엽수로 나뉜다.

침엽수는 목질부의 섬유세포가 길고 가늘며, 곧고 큰 나무를 구하기 쉬워 보·기둥 등의 구조용 목재나 한옥의 마감재로서 광범위하게 사용된다. 재질이 연해 가공이 용이하고 경량이지만 쉽게 손상되지는 않는다. 삼나무, 소나무, 전나무류가 있다. 활엽수는 무늬가 아름답지만 큰 목재는 구하기 힘들다. 또 침엽수에 비해 무겁고 단단하여 가공하기 어려우며, 건조가 덜 된 것은 뒤틀림이 없다. 이 때문에 보, 기둥과 같이 길이가 필요한 구조용 목재보다는 마감용이나 가구용으로 적당하다. 느티나무, 벚나무, 밤나무류가 있다. 목재는 재질에 따라서 연재, 경재로 구분된다. 연재는 침엽수류이며 경재는 활엽수류이다.

② 목재의 제재 및 규격

- 제재 : 필요한 치수의 부재를 얻기 위하여 원목을 절단하는 작업이며, 제재의 취재율은 침엽수는 약 60~70%, 활엽수는 약 50~60% 정도이다.

널 각재 오림목

그림 15-6 규격에 따른 목재의 종류

출처 : http://www.sce.co.kr

표 15-14 목재의 취급단위

명칭	내용	단위	m^3	才	bf
입방미터	1 m×1 m×1 m	m^3	1 m^3	299,475	438,596 bf
사이(才)	1치×1치×1치	才	0.00324 m^3	1才	1.421 bf
보드피트	1인치×1인치×1인치	bf	0.00228 m^3	0.703才	1 bf
석(石)	1자×1자×10자	石	0.35937 m^3	107,623	157,619 bf

■ 규격

- 널 : 두께 75 mm 미만, 나비는 두께의 4배 이상의 목재
- 각재 : 75×75 mm 이상의 목재
- 오림목 : 75×75 mm 이하의 목재

■ 목재의 정척길이

- 정척물 : 1.8 m, 2.7 m, 3.6 m의 3종
- 장척물 : 정척물보다 0.9 m씩 긴 것
- 단척물 : 길이가 1.8 m 이하인 것
- 난척물 : 정척물이 아닌 것

(2) 시멘트

시멘트는 주요 건설자재로서 콘크리트 또는 시멘트를 주원료로 한 2차 제품용으로도 많이 사용되며 토목·건축용의 무기질의 결합경화제를 의미한다. 흔히 포틀랜드 시멘트를 지칭한다.

① 시멘트의 종류

■ 포틀랜드 시멘트

- 보통 포틀랜드 시멘트
  -원료는 실리카, 알루미나, 산화철 석회 석고(3%)로 이루어진다.
  -비중은 3.10~3.15 정도이다.
  -시멘트 모르타르로 사용된다.
- 조강 포틀랜드 시멘트
  -원료는 석회, 알루미나로 이루어진다.
  -한중 콘크리트, 긴급 공사용 콘크리트로 사용된다.
  -대형 단면부재에서는 내부응력으로 균열 발생이 쉬운 단점이 있다.
- 중용열 포틀랜드 시멘트
  -원료는 석회, 알루미나, 마그네슘으로 이루어진다.
  -방사선 차단용으로 사용된다.
  -수축률이 작아서 대형 단면 부재에 사용할 수 있다.
- 백색 포틀랜드 시멘트
  -원료는 백색 점토, 석회석으로 이루어진다.
  -모르타르, 연조석 등의 미장용 재료로 사용된다.

-액체연료를 완전 연소시키므로 회분이 포함되지 않아 백색으로 되는 특성이 있다.

■ 혼합 시멘트

• 슬랙 시멘트(slag cement)

-포틀랜드 시멘트 클링커와 슬랙에 적당량의 석고를 넣어 분말로 만든 것을 말한다.

-응결이 늦고 조기 강도가 낮다.

-화학작용에 대한 저항성과 수밀성이 높다.

-발열량이 적어 균열이 발생하지 않는다.

-해안공사 또는 큰 구조체 공사에 적합하다.

• 플라이 애시(flyash cement)

-보일러 연도에서 집진기로 채취한 재(회)를 말하며 무게로 15~40%의 플라이 애시를 멘트 클링커에 혼합하여 약간의 석고를 넣어 분쇄하여 만든다.

-수화열이 적고 조기강도는 낮아지며 장기강도는 높아진다.

-해안, 하천, 해수공사에 유리한 장점이 있다.

• 포졸라 시멘트(pozzolan cement)

-시멘트, 클링커와 포졸란(산화재)에 적당량의 석고를 넣어 규조토, 규산백토 등 실리카의 혼합재를 말한다.

-슬랙이나 시멘트와 유사한 특징을 지닌다.

■ 특수 시멘트

• 알루미나 시멘트(alumina cement)

-보오크사이트와 석회석을 혼합하여 분말로 만든 시멘트를 말한다.

-긴급공사, 동기공사, 해수공사 등에 사용된다.

• 팽창 시멘트

-보오크사이트, 백악(석회질의 흰암석), 석고를 혼합하여 소성한 칼슘 클링커에 슬랙 및 포트랜드 클링커의 혼합물을 넣어서 만든 시멘트를 말한다.

-건조하면 팽창되는 특성이 있다.

• 마그네시아 시멘트

-MgO에 $MgCL_2$의 수용액을 가하여 만든 백·담황색의 고급 시멘트를 말한다.

-물과 고온에 약하며, 철재를 녹슬게 하는 특성이 있다.

② **시멘트의 제법**

점토와 석회석을 1 : 4로 섞어서 용융할 때까지 회전가마에 소성하여 얻어진 클링커에 응결시간 조정제로 3% 이하의 석고를 첨가한다.

- 건식법 : 원료를 건조상태에서 배합하는 방법
- 습식법 : 원료를 곤죽상태에서 배합하는 방법
- 반습식법 : 곤죽상태를 탈수하여 소성하는 방법

③ **시멘트의 성질**

- 비중은 3.05~3.15 정도이다.
- 시멘트의 용적 중량은 1,500 kg/m^3이다.
- 입자가 가늘수록 수화작용이 빠르다.
- 분말도가 높으면 풍화되기 쉽다.
- 수화작용에 의한 균열이 일어나기 쉽다.
- 석고의 혼합량에 따라 응결이 달라진다.
- 새로운 시멘트일 때, 분말이 미세할 때 또는 온도가 높을수록 응결시간이 단축된다.
- 일반적으로 1시간에서 10시간 이내로 응결된다.
- 시멘트가 불안정하면 경화도중이나 경화 후, 팽창, 균열, 뒤틀림의 변형이 생긴다.
- 시멘트의 강도는 시멘트에 대한 물의 양, 골재의 성질과 압도, 시험체의 형상과 크기, 양생방법과 재령, 시험방법 등에 따라 달라진다.

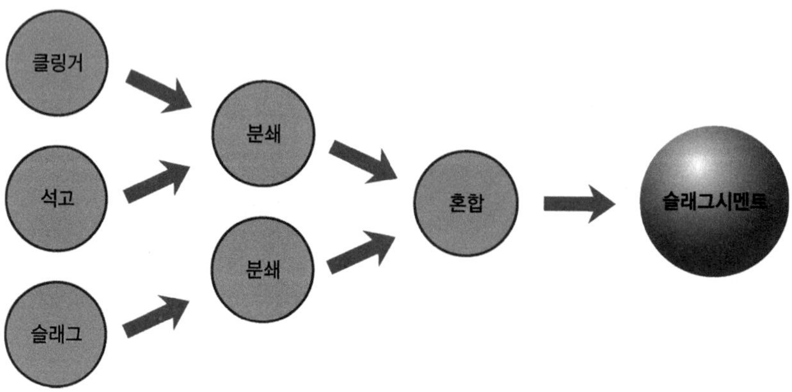

그림 15-7 시멘트 제조공정

출처 : http://www.hkcement.co.kr

(3) 콘크리트

① 콘크리트의 종류

■ 경량콘크리트

- 경량골재나 기포를 흡입시켜 콘크리트의 중량을 경량화시킨 콘크리트를 말한다.
- 일반 콘크리트보다 강도가 약하다.
- 건물중량을 감소시킬 수 있으며 열전도율이 낮고, 내화성 및 방음효과가 우수하여 피복용이나 열차단용으로도 쓰인다.

■ 중량콘크리트

- 비중 3.0 이상의 콘크리트로서, 철광석 등을 혼입하여 사용한다.
- 방사선 차폐능력이 우수하다.

■ 유동화 콘크리트

- 콘크리트에 유동화제를 첨가, 교반시켜 유동성을 증대시킨 콘크리트를 말한다.
- 시공성 향상, 수밀성 및 내구성의 향상, 수화열에 의한 균열 감소 도모한다.
- 기포간극계수가 크게 되는 경향이 있어 한랭한 기상조건에서는 충분한 배려 필요하다.

■ AE콘크리트

- AE제를 사용하여 콘크리트 속에 미세한 공기를 섞어 성질 개선한 콘크리트를 말한다.
- 공기량의 작용으로 콘크리트의 응집력이 커지고 유동성이 좋다.
- 방수성이 뛰어나고 화학작용에 대한 저항성이 높다.

■ 섬유보강콘크리트

- 인장강도, 휨강도, 균열에 대한 저항성을 높이고 인성 및 내충격성을 개선한 콘크리트를 말한다.
- 각종 섬유를 콘크리트 속에 균일하게 분산시킨다.
- 철근콘크리트와 함께 사용하면 부재의 전단내력을 증대시킬 수 있으므로 내지성이 요구되는 철근콘크리트 구조물에 효과적이다.

■ 레진콘크리트

- 시멘트 대신 유기고분자화합물인 폴리머로 모래 및 자갈 등의 골재를 결합시켜 제조한 콘크리트를 말한다.
- 압축강도가 우수하며, 방수성과 수밀성이 좋다.
- 각종 산이나 알카리 및 염류에 강하고, 내마모성이 우수하다.

② 콘크리트의 배합

시멘트·골재·물을 어떠한 비율로 섞을 것인지를 나타내는 것으로, 콘크리트의 강도나 워커빌리티에 영향을 미치며, 적당한 유동성과 분리저항성이 있고 워커빌리티가 좋도록 해야 한다. 콘크리트는 골재 간의 간격을 시멘트페이스트로 채워 서로 일체화되게 만들기 때문에 페이스트 내의 시멘트 농도가 중요한 요인이 된다.

③ 콘크리트의 시공과 양생

■ 콘크리트의 시공

- 타설준비 : 타설계획의 수립과 배근검사 및 거푸집검사로 이루어진다.
- 타설 : 콘크리트의 품질확인과 거푸집 습윤, 사용제한시간, 진동다짐, 이어치기위치에 대한 검사로 이루어진다.

■ 콘크리트의 양생

- 타설한 콘크리트가 경화하는 도중 구조체에 충격이나 하중이 가해지면, 균열이 발생하고 골재· 철근과 모르타르 사이의 부착력이 떨어질 수 있다.
- 콘크리트의 수화반응을 지속시키기 위해 표면으로부터의 수분 증발을 억제시킨다.
- 동절기에는 콘크리트의 온도를 5일간 2℃ 이상으로 보양해야 한다.

(4) 강 재

강재는 인장강도가 높아 얇은 두께의 구조부재를 만들 수 있으며, 연성이 있어 가공과 성형이 쉽고 디자인이 용이하다. 탄소함유량에 따라 인장강도나 변형이 크게 변하며 탄소함유량이 적을수록 연질의 강이 된다. 건축용 강재로는 탄소강이라고 불리는 탄소함유량이 0.3% 이하의 강재를 사용한다.

① 강재의 종류

■ 형강

- ㄴ형강, ㄷ형강, I형강, T형강, H형강 등이 있다.
- 고층건물의 기둥이나 보에는 H형강, I형강을 단일재로 사용한다.
- 경량형강은 단면이 얇고 경량이므로 스틸하우스나 각종 칸막이벽의 뼈대부재로 사용된다.

■ 봉강

- 가열 압연하여 성형된 단면이 원형, 사각형, 육각형, 팔각형인 봉상의 강재를 말한다.

• 봉강 중에서 철근콘크리트구조에 사용되는 것을 철근이라고 하며, 환강과 이형철근이 있다.

■ 고기능성 강재

• 초고층 건물이 진전되면서 고기능성 강재의 필요성 대두로 인해 등장하였다.
• 일반 강재에 비해 월등히 우수한 성능을 가진 강재가 개발된 것으로서, TMCP강, 고내후성강, 제진강판 등이 있다.

② 강재의 가공

강재의 가공방법에는 고온가공, 저온가공, 열처리 등의 방법이 있다. 고온가공은 마감치수가 정확하고 표면을 평활하게 할 수 있으나 마감온도가 낮으면 강도나 경도는 증가하는 대신 유연성이 떨어지는 단점이 있으며, 저온가공은 상온에 가까운 저온에서 가공하는 방법으로 소형 강재의 가공에 주로 사용된다. 열처리는 강을 뜨겁게 달군 후 다시 공기와 물, 기름 등으로 냉각하여 조직구성을 변화시킴으로서 강재의 성질을 개선하는 방법이다.

■ 풀림·불림 : 800℃ 정도로 열을 가해 천천히 냉각함으로써 강을 유연하게 하고 강도를 증대시키는 과정을 말한다.

■ 담금질 : 강을 고온으로 가열한 후 물과 기름 등으로 급속히 냉각시키는 방법이다.

■ 뜨임 : 담금질한 강을 다시 가열하여 서서히 냉각시키는 것으로 강의 내부에 생긴 변형을 제거하기 위한 방법이다.

③ 강재의 부식

강재의 부식은 대기 중의 산소와 화학반응을 일으켜 생기는 것과 이온에 의한 전해작용으로 생기는 것이 있으며, 바닷물 속에 있거나 습윤·건조가 반복되는 부위, 탄소함유량이 많은 강재가 부식하기 쉬운 단점이 있다.

강재의 부식을 방지하기 위한 방법으로 다음과 같은 방법이 있다.

■ 물이나 습기가 있는 것과 접촉시키지 않는다.

■ 표면을 깨끗이 하여 건조한 상태를 유지한다.

■ 종류가 다른 금속은 서로 접촉시키지 않는다.

■ 변형이 없는 균질한 강재를 사용한다.

■ 유성페인트, 아스팔트 등으로 도장하여 표면 보호한다.

■ 모르타르, 콘크리트 등과 같은 알카리성 재료로 산화되지 않도록 피복한다.

■ 표면에 법랑, 도금 처리한다.
■ 표면에 금속산화물의 피막 형성한다.

2) 내장재

실내의 공간을 이루는 벽, 바닥, 천장에 사용되는 내부 재료이다. 내장재는 사용목적과 기능에 맞도록 사용되어야 할 뿐만 아니라 시각적으로 노출되기 때문에 심미적 특성도 지녀야 한다.

(1) 목 재

① 합판(plywood)

합판은 3겹 이상의 얇은 판(veneer)을 각 섬유방향이 직교하도록 접착제로 접착한 것으로 보통 베니어 합판(veneer plywood)이라고 한다. 단판(veneer)의 겹친 매수는 3, 5, 7겹의 홀수로 되는데, 절삭, 휨가공, 접합 등의 작업이 용이하고 무게에 비해 강도적 성질이 우수하다.

그림 15-8 합판(plywood)
출처 : http://www.kswood.co.kr

■ 합판의 특성 및 용도
- 함수율 변화에 따른 신축 변형이 적고 방향성이 없으며 교착이 잘된 것은 원목보다 강하다.
- 곡면가공을 하여도 균열이 안 생기고 무늬가 일정하다.
- 표면가공법으로 흡음효과를 낼 수 있으며 주로 내장용으로 천정, 간막이벽, 내벽의 바탕, 목재분의 표판 등에 쓰인다.

■ 합판의 종류
- 보통합판 : 내장용 합판(1급, 2급, 3급), 외장용 합판(1급, 2급, 3급)
- 특수합판 : 치장합판, 무늬목 치장합판, 멜라민 치장합판, 폴리에스텔 치장합판, 프린트합판, 도장합판, 방화합판, 내수합판, 방부합판, 방충합판, 난연합판, 방화문합판 등

■ 합판의 치수
- 두께 : 3 mm, 4 mm, 6 mm, 9 mm, 12 mm, 24 mm, 18 mm 등
- 크기 : 900×1,800 mm(3자×6자), 1,200×2,400 mm(4자×8자)

■ 합판의 단판 제법

- 로터리베니어(rotary veneer) : 원목의 낭비를 막고 넓은 난판을 얻을 수 있다.
- 소우드베니어(sawed veneer) : 아름다운 나무결을 장식적으로 이용할 수 있다.
- 슬라이스드베니어(sliced veneer) : 아름다운 나무결을 장식적으로 이용할 수 있다.
- 반원로터리베니어(half-circle rotary veneer) : 아름다운 결을 갖는 고급 목재로부터 무늬목을 얻는 데 쓰인다.

② 플로어링(flooring)

플로어링은 마루판으로 뒷면에 홈이 없는 것을 파키트리(parquetry), 길이가 폭의 정수배이고, 300 mm 이상인 것을 패널(panel)이라고 한다.

- ■ 플로어링 보드(flooring board) : 표면을 곱게 대패질하여 마감하고 양측면을 제혀쪽매로 하여 접합이 편리하게 한 것을 말하며, 두께 9 mm(3푼), 나비 60 mm(2치), 길이 600 mm(2자) 치수를 갖는다. 마루 장선위에 깔거나 이중판의 바닥판으로 깔 수 있다.
- ■ 플로어링 블록(flooring block) : 플로어링 길이를 그 나비의 정수배로 하여 3장 또는 5장씩 붙여서 길이가 나비와 같게 4면을 제혀쪽매로 하여 만든 정사각형 블록을 말한다.
- ■ 쪽매널(wood mosaic) : 작고 고운 널을 무늬모양을 내서 잘라 맞추어 마루널 위 또는 콘크리트 모르타르 바닥에 세로, 가로 또는 빗방향으로 붙여 깐 것을 말하며 여러 모양의 형태를 공장 주문할 수 있다.
- ■ 파키트리 보드(parquetry board) : 두께 9~15 mm, 나비 50 mm, 길이는 나비의 3~5배 한 것으로 양측면을 제혀쪽매로 하고 표면은 곱게 대패질하여 마감한다.
- ■ 파키트리 패널(parquetry panel) : 두께 15 mm의 파키트리 보드를 4매씩 조합하여 240 mm 각판으로 접착제를 붙이는 우수한 마루판재로 목재무늬를 이용하여 의장적으로 아름답고 건조변형이 적으며 마모성도다. 양측면을 제혀쪽매로 하고 뒷면에 홈이 없는 특징이 있다.

그림 15-9 플로어링 보드(flooring board)

출처 : http://www.dongyang.co.kr

- 파키트리 블록(parquetry block) : 3~5매씩 조합하여 180 mm 각이나 300 mm 각판으로 만들어 방습처리한 것으로 철물과 모르타르를 사용하여 콘크리트 마루에 시공한다.

③ 섬유판(tex)

나무를 주원료로 하여 이를 섬유화, 펄프화하여 합성수지와 접착제를 섞어 판상으로 만든 것으로 파이버 보드(fiber board) 또는 텍스(tex)라고 한다.

- 연질섬유판 : 식물성 섬유가 주원료이며 건물의 내장, 흡음, 단열, 보존의 용도로 사용된다.
- 경질섬유판 : 목재 펄프만을 압축하여 만든 것으로서 비중이 0.8 이상이고 강도, 경도가 비교적 크며 구멍뚫기, 본뜨기, 구부림 등의 2차 가공이 용이하여 수장판으로 사용된다.
- 반경질섬유판 : 식물성 섬유를 주원료로 하여 만든 것으로 비중이 0.4~0.8 정도로 유공흡음판 또는 수장판으로 사용하며 보통 하드텍스(hard tex)라고 한다. 내수성이 적고 팽창이 크며 크기에 의한 신축이 큰 결점을 가지고 있다.

④ 파티클 보드(particle board)

칩보드(chip board)라고도 하며 목재를 소편화하여 충분히 건조시킨 후 합성수지 접착제와 같은 유기질의 접착제를 첨가하여 만든 보드이다. 온도에 의한 변화가 적고 변형도 적으며 음이나 열의 강도가 크므로 내력적으로 사용하는 적당하며 상판, 간막이, 가구 등에 사용된다.

⑤ 집성목재

두께 15~30 mm의 널을 접착제를 사용하여 각판재를 섬유평행 방향으로 겹쳐 붙여서 만든 목재이다. 구조재료는 물론 장식용으로도 쓰이며 최근에는 대 스팬(span) 구조로도 쓰인다. 종류에는 수평, 수직, 아치, 변형단면 등 여러 집성재가 있다.

- 필요한 치수, 형상을 가진 인공목재로 제조 가능하다.
- 균질의 부재로 제조 가능하다.
- 구조재, 마감재, 치장재를 겸용한 제품으로 제조 가능하다.
- 방부성, 방충성, 방화성이 높은 부재 제조 가능하다.
- 건조도가 균일하고 건조균일 및 변형 등을 피할 수 있다.

⑥ 코펜하겐 리브(copenhagen rib)

음향조절 효과 및 장식의 목적으로 영화관, 강당, 극장 등의 천장, 벽체에 붙인다.

그림 15-10 파티클 보드(particle board)

출처 : http://www.sce.co.kr

그림 15-11 코펜하겐 리브(copenhagen rib)의 시공사례(학교 강당)

출처 : http://www.daeduckwood.co.kr

⑦ 코르크판(cork board)

신축성, 내구성, 보온성, 내수성, 방염성이 뛰어나 바닥재, 벽재, 천장재, 단열재 등에 많이 사용된다. 정전기 방지효과가 뛰어나 사무실이나 전산실 등에 사용되고, 소음울림을 현저히 감소시키므로 방송실, 극장, 음악감상실 등의 천장 또는 안벽의 흡음판으로 많이 사용하여 시공시 원음을 재현하는 효과를 가지고 있다.

⑧ MDF

톱밥을 압축가공하여 목재가 가진 리그닌 단백질을 이용하여 목재섬유를 고착시켜서 만든 인조 목재판으로 인테리어 공사시 합판대용으로 시공이 용이하고 마감이 깔끔하다. 습기에 약하고 무게가 무겁고 재시공이 어렵다.

그림 15-12 MDF

출처 : http://www.kswood.co.kr

⑨ 라미우드

인공합성목재(MDF, PB 등)를 가공하여 그 표면에 특수래핑필름을 접착하여 천연목재 무늬와 질감을 그대로 느낄 수 있고, 원목의 단점을 보완하여 뒤틀림, 휨 등의 변형이 없는 건축 내장재를 말한다.

(2) 석고보드

석고보드(gypsum boards)는 비교적 저렴한 제품으로 방화성과 차음성이 우수하고 가공이 용이하며 유성페인트 등으로 마감할 수 있어 벽·천장의 바탕재나 마감재로 폭넓게 사용된다. 마감충격에 약하고 못·나사의 지지력이 떨어지며, 석고 자체가 흡수성이 있어 물에 젖게 되면 내구성이 저하되므로 사용부위에 주의해야 한다.

석고보드의 종류는 다음과 같다.

- 평석고보드 : 마감을 위한 바탕재로 두께가 9.5 mm, 12.5 mm, 15 mm인 석고보드를 말하며, 현재 치장석고보드, 석고라스보드, 유리공석고보드 등의 원판으로 사용된다.
- 방수석고보드 : 양면의 종이와 심재인 석고에 방수처리를 한 것을 말하며, 평석고보드를 사용할 수 없는 다습한 곳이나 물을 사용하는 곳에 바탕재로 사용된다.
- 강화석고보드 : 석고와 무기질 섬유를 섞은 것을 심재로 하여 내화성인 높은 방화석고보드를 말하며, 현재 강화석고보드에 방수기능을 부가한 방화방수석고보드로 사용된다.
- 치장석고보드 : 평석고보드의 표면에 색·문양이 프린트된 종이나 필림을 붙인 것을 말하며, 내벽·천장의 마감재로 사용된다.
- 석고라스보드 : 평석고보드의 표층부에 오목하고 깊은 홈을 촘촘하게 내어 미장벽의 바탕으로 사용하는 것을 말하며, 보드의 수축이 적어 미장한 벽면에 균열이 잘 생기지 않는 장점. 또 내벽 마감 시 공사기간 단축이 가능하다.
- 불연적층석고보드 : 표면의 종이에 불연성 보드용 원지를 사용한 것을 말하며, 표면을 양각 처리한 천장용 보드이다.
- 흡음용 유공석고보드 : 유공석고보드는 평석고보드에 흡음용 구멍을 거의 균등한 간격으로 뒷면까지 관통해서 뚫은 것을 말한다.
- 치장석고흡음보드 : 평석고보드에 흡음용 구멍을 불규칙적인 간격으로 뒷면까지 관통해서 뚫은 것을 말한다.
- 특수석고흡음보드 : 평보드에 흡음용 직경 13.4 mm의 구멍을 24 mm 간격으로 거의 균등하게 뒷면까지 관통해서 뚫은 것을 말한다.

- 경질석고보드 : 다른 보드에 비해 제품 자체를 경질로 만든 것으로서 칸막이 통로, 복도 등의 벽체 하단부에 주로 사용된다.

(3) 미 장

내벽·천장의 바탕이나 마감으로서 폭넓게 사용되고 있으며 내벽에나 천장의 미장에는 주로 모시멘트 모르타르, 석고플라스터, 돌로마이트플라스터, 회반죽을 사용한다.

① 시멘트 모르타르

시멘트 모르타르(cement mortar)는 시멘트를 고결재로 하고 모래를 골재로 하여 이를 혼합해서 물반죽하여 쓰는 마감재료로서 다른 미장재료보다 내구성 및 강도가 크고 또한 가장 많이 사용하고 있는 재료이다. 시멘트 모르타르는 시멘트, 모래 이외의 각종 혼화재를 사용하기도 하는데 여기에 사용하는 혼화재로는 돌가루, 플라이애시, 돌로마이트 플라스터, 소석회 등 무기물계의 혼화재와 각종 합성수지의 합성수지계 혼화재가 있다.

② 회반죽

소석회에 모래, 해초풀, 여물 등을 혼합하여 바르는 미장재로서 목조바탕, 콘크리트블록 및 벽통 바탕 등에 바른다. 회반죽(lime plaster) 바름은 일반적으로 연약하고 내수성이며 경화건조에 의한 수축률은 미장바름 중 가장 크나 여물로서 균열을 분산·경감시킨다. 회반죽은 다른 미장재료에 비해 건조시킬 때 시일이 걸리고 다소 연질이기는 하나 외관이 온유하고 시공을 잘하면 균열, 떨어짐의 우려가 없는 비교적 값이 저렴한 재료이다.

③ 석고 플라스터

분말한 소석고를 물로 비비면 구울 때 소실한 물에 상당하는 물과 결합하여 경화한다. 석고플라스터(gypsum plaster)는 이 성질을 이용한 것으로 순수한 소석고의 경화시간은 물을 가하고부터 5~20분간이므로 건축의 미장시공에는 적당하지 않다. 석고 플라스터는 소석고의 경화시간을 조정하기 위한 혼화제를 미리 혼합하거나 사용할 때 혼합하여 사용한다.

(4) 벽 지

벽지는 종이, 섬유류, 플라스틱류, 광물류 등을 주원료로 해서 스트모양으로 만든 재료로서, 주로 건물의 벽 또는 천장 등의 마감재로 바탕재 표면에 바르는 것을 말한다. 벽지는 내수성이 뛰어나고 색상이나 디자인이 다양하게 개발되어 있다. 비교적 저렴한 가격에 구조나 이음새 등의 접착부위에 표가 덜 나기 때문에 거친 시공을 가릴 수 있는 장점이 있다.

① **벽지의 종류**

- 종이벽지 : 인쇄벽지, 엠보스벽지, 지사벽지, 기타 종이벽지(한지) 등이 있다.
- 비닐벽지 : 발포비닐벽지, 실크 엠보스벽지, 케미컬벽지, 비닐벽지, 비닐라미네이트벽지, 염화비닐 칩벽지 등이 있다.
- 섬유벽지 : 직물벽지, 스트링벽지, 부직포벽지(인공 피혁벽지), 식모(floking) 등이 있다.
- 초경벽지 : 갈포벽지, 완포벽지, 아바카벽지, 황마벽지, 해초벽지, 기타 초경벽지 등이 있다.
- 목질계벽지 : 코르크벽지, 무늬목벽지, 수지 가공 단판벽지
- 무기질벽지 : 질석벽지, 금속박벽지, 유리섬유벽지

② **벽지의 시공방법**

벽면 바탕조정 ⇒ 초배 ⇒ 정배 ⇒ 건조 및 마무리

(5) 석재 및 인조석

석재 및 인조석은 타 재료에 비해 풍화나 마멸에 잘 견디며, 내구성과 내화성이 있는 재료이다. 또한 공예재로서 연마 시 광택이 나고 아름다운 물결이 나온다.

① **석재의 종류 및 특징**

바닥용 석재에는 주로 대리석이나 화강석이 사용되는데 대리석과 화강석은 가격이 높지만 외관이 아름답고 내마모성과 내수성이 좋아 실내외 바닥마감재로 많이 사용된다.

- 화강석(granite)
  - 쑥돌이라고 불리며 그 질이 단하고 내구성 및 강도 크다.
  - 외관이 수려하고 절리의 간격이 비교적 커서 큰 판재로 생산이 가능하다.
  - 타 석재와 비교해 흡수성이 낮고 압축강도가 높아 아치, 토대, 기둥 및 실내외의 마감재로 사용된다.
- 대리석(marble)
  - 석회암이 변화되어 결정화된 것으로 조직이 치밀하다.
  - 견고하고 색채와 반점이 아름다운 것이 특징이다.
  - 연마하면 광택이 나며 산과 열에 약한 결점이 있다.

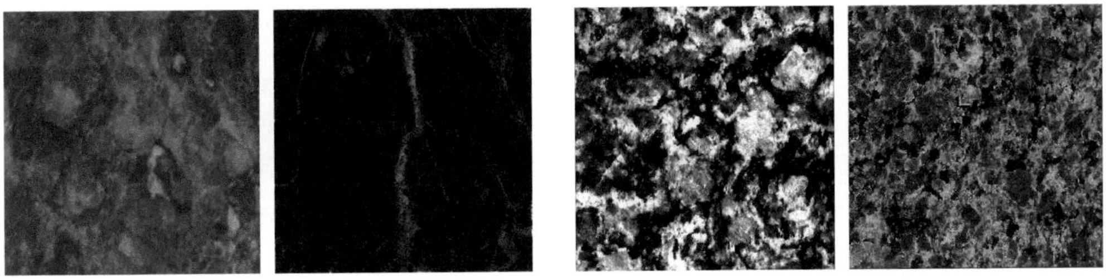

대리석 화강석

그림 15-13 바닥마감재로 사용되는 석재의 종류

출처 : http://www.stonemarble.co.kr

② 인조석의 종류 및 특징

모르타르나 합성수지, 콘크리트에 돌가루나 돌조각을 넣어 제조한 것을 말한다. 가공 시 원가 절감, 가공 용이성, 색상의 다양성 띠는 석재이다. 인조석으로는 테라조 타일, 인조석 판, 수지계 인조석이 있다.

- 테라조 타일(terrazzo tile) : 대리석, 사문암, 화강암 등의 종석을 골재로 포틀랜드 시멘트 또는 백색 시멘트에 착색제를 혼합하여 표면층을 만들고, 뒷면층은 골재를 사용하여 성형한 타일을 말한다.
- 인조석판(artificial stone board) : 모르타르로 바름 바탕을 한 위에 종석(種石)과 보통 포틀랜드 시멘트, 또는 백색 시멘트와 안료 돌가루 등을 배합·반죽하여 바르고 씻어내기, 갈기 및 잔다듬 등으로 마무리한 것을 말한다.
- 수지계 인조석 : 결합제로서 시멘트를 사용하지 않고 폴리에스테르수지나 에폭시 수지를 사용하여 제조한 것을 말한다. 압축강도, 수밀성, 방수성, 내마모성, 내산성 등은 우수하나 내열성은 낮다.

(6) 카 펫

라틴어 'Carpere(털을 빗질하다)' 에 어원을 가지고 있는 카펫은 바닥전체에 까는 것, 바닥의 일부분만 까는 러그(rug), 벽에 장식용으로 거는 것 등으로 나눌 수 있다. 카펫은 시각적, 촉각적으로 부드러워 인체에 쾌적감을 주나 유지관리가 어려운 단점이 있다. 카펫의 재료로는 울, 나일론, 아크릴, 레이온 등을 사용한다. 울은 양모를 원료로 하여 습도조절이 가능하기 때문에 고온다습한 지방에서 사용하면 좋다. 나일론과 아크릴은 석유화학제품으로 인장력이 크고 마찰이나 약품, 곰팡이 등에 강하기 때문에 보행량이 많은 현관, 로비, 계단 등에 많이 사용되나 열에 약하므로 주의해야 한다. 레이온은 화학섬유 중에서 가장 오래된 것으로서 염색이 용이하고 흡습성, 방충성이 있지만 내구성과 내화성이 떨어지는 단점이 있다.

(7) 커튼 및 블라인드

창이나 출입구 등에서 사용되는 커튼 및 블라인드는 내부와 외부의 경계인 곳에 설치함으로써 내부에서뿐만 아니라 외부에서도 시각적 초점이 되기 때문에 단순한 실용적인 측면과 장식적인 측면을 동시에 가지고 있다.

① 커튼의 종류

- 천의 종류에 따른 분류 : 주름 커튼, 레이스 커튼, 케이스먼트 커튼
- 사용목적에 따른 분류 : 차광용 커튼, 투시조절 커튼, 단열용 커튼, 차열용 커튼, 차음용 커튼, 흡음용 커튼

② 블라인드의 종류

베네치안 블라인드, 버티컬블라인드, 롤 블라인드, 로만 쉐이드 블라인드 등이 있다.

(8) 플라스틱

플라스틱은 가소성이 있는 합성 고분자물질로서 합성수지와 유사한 성질을 지니고 있어 건축용 보드, 시트, 도료, 접착제, 타일 등의 원재료로 광범위하게 사용되고 있다. 복잡한 성형이 가능한 반면 가열하면 변형되고 저온에서는 강도가 약해지는 단점이 있다.

① 플라스틱의 종류

- 열가소성 플라스틱 : 무색투명하고 1차원적인 선상구조이므로 분자진동이 자유롭기 때문에 가열하면 분자결합이 감소하여 부드러워지고 냉각하면 단단한 상태로 되는 성질을 가지고 있다.

  종류로는 폴리에틸렌수지, 염화비닐수지, 초산비닐수지, 폴리스티렌수지, 아크릴수지, 불소수지 등이 있다.
- 열경화성 플라스틱 : 가열해도 연화·용융하지 않으며, 무리하게 고온상태로 하면 분해되거나 탄화한다. 한 번 제조되면 딱딱한 상태로 유지되며, 열을 가해도 부드러워지지 않는 특성이 있다.

  종류로는 페놀수지, 요소수지, 멜라민수지, 불포화 폴리에스테르수지, 알키드수지, 에폭시수지, 폴리우레탄수지, 실리콘수지 등이 있다.

② **플라스틱 바닥재의 종류**

- PVC계 바닥재 : 비닐바닥시트, 비닐바닥타일
- 고무타일 바닥재 : 경질계 고무타일, 연질계 고무타일, 계단용 고무타일
- 리노륨 바닥재
- 합성수지계 바닥재 : 에폭시수지계 바닥재, 우레탄수지계 바닥재, 메타크릴수지계 바닥재, 폴리에스테르수지계 바닥재, 비닐에스테르수지계 바닥재, 아크릴수지계 바닥재

(9) 금속재

금속재질을 활용하는 기능적인 부분에 사용되며, 금속재 창호재료 및 창호철물, 금속 천장재 등이 포함된다. 건축재료나 실내장식재로 많이 사용되는 금속재료로서는 철강, 알루미늄, 동, 납, 아연과 합금한 것 등이 있다. 금속재는 목재보다 내구성이 강하고 공사비가 목공사에 비하여 저렴한 편이며 시공성도 좋기 때문에 녹이 발생하거나 중량이 무겁다는 단점만 제외하면 목재보다 우수한 재료이다.

① **금속재의 종류**

- 철금속 : 순금속과 합금, 강, 철강, 탄소강, 특수강
- 비철금속 : 동 및 동합금, 알루미늄과 알루미늄합금
- 금속제품 : 철근, 데크플레이트, 메탈폼, 강관비계, 긴결 및 고정철물, 수장 및 장식용 금속제품, 금속 창호재, 창호철물

② **금속재의 마감방법**

페인트, 플라스틱 코팅, 도금 등으로 금속재의 부식을 막을 수 있다.

(10) 단열 및 흡음재

단열재는 열을 차단할 수 있는 성능을 가진 재료로서 일반적으로 열전도율의 값이 0.05 kcal/mh℃ 내의 값을 갖는 재료를 말한다. 단열재는 보통 다공질 재료가 많으며 열전도율이 낮을수록 단열성능이 좋으며 단열재의 대부분은 흡음성도 우수하므로 흡음재로도 사용이 가능하다.

① **단열 및 흡음재 종류**

- 단열재 : 암면, 유리섬유, 석면, 발포폴리스티렌 보온재, 폴리우레탄폼
- 흡음재 : 다공질, 판상 흡음재

② 단열 및 흡음재의 조건

- 열전도율이 낮아야 한다.
- 흡수율이 낮아야 한다.
- 투기성이 작아야 한다.
- 비중이 작아야 한다.
- 시공성(가공, 접착)이 좋아야 한다.
- 내화성이 좋아야 한다.
- 어느 정도의 기계적인 강도가 있어야 한다.
- 내부식성이 좋아야 한다.
- 유독성 가스가 발생되지 않아야 한다.
- 사용연한에 따른 변질이 없어야 한다.

3) 외장재

주택의 외부를 마감하는 데 사용되는 재료로서 외부의 자연환경 및 다양한 환경적 요소로부터 내부 공간을 보호하고 구조적으로도 중요한 역할을 담당하는 기능을 지니고 있다.

외장재는 재료 선정 계획에 있어 건축의 설계적, 재료적 및 시공적 측면에서의 특성을 고려해야 한다.

(1) 벽 돌

벽돌의 종류는 다음과 같다.

- 보통 벽돌
  - 붉은 벽돌이라고도 한다.
  - 재래식 치수 : 210×100×60 mm
  - 표준식 치수 : 190×90×57 mm
- 공동 벽돌
  - 속이 빈 벽돌을 가리킨다.
  - 단열, 방음성이 좋고 시공이 용이하다.
  - 주로 칸막이 벽이나 외벽에 쓰인다.
- 다공 벽돌
  - 원료에 톱밥을 혼합해서 성형하고 소성한 것을 가리킨다.

- 비중은 1.5이다.
- 톱질과 못박기가 가능하다.
- 단열이 되고 방음성이 있다.
- 강도가 약하다.

■ 포도 벽돌
- 도로 포장용으로 사용되거나 건물 옥상 포장용으로 사용된다.
- 마멸이나 충격에 강하다.
- 흡수율이 작으며 내화력이 강한 것이 요구된다.

■ 광재 벽돌
- 광재에 10~20% 석회를 가하여 성형하고 건조한 것이다.
- 보통 벽돌보다 모든 성질이 양호한 편이다.

■ 내화 벽돌
- 높은 온도를 요하는 장소에 쓰인다.
- 1,580℃ 이상의 고열에 견딜 수 있다.
- 양질의 내화점토 및 특수재료를 사용하여 만든다.
- 주로 난로, 주방, 굴뚝에 쓰인다.

■ 검정 벽돌
- 진흙을 반죽하여 빛이 불완전하게 연소하여 색이 검게 된 벽돌을 말한다.
- 흙벽돌이라고도 한다.

■ 오지 벽돌
- 벽돌의 길이나 마구리면에 오지물을 칠해 구운 치장 벽돌을 말한다.
- 건물의 내부와 외부에 사용된다.

(2) 석 재

디자인, 컬러의 선택폭이 좁고 중량이며 가공성은 불리하나 내구성이 좋고 중후한 멋이 있는 재료로 널리 쓰이는 외장재이다.

① 석재의 분류

■ 용도에 의한 분류
- 외장용 : 화강암, 안산암, 점판암

- 내장용 : 대리석, 사문암
- 구조용 : 화강암, 안산암, 사암

② 석재의 특성

■ 화성암

- 화강암
  - 석영, 장석, 운모, 휘석, 각섬석으로 구성된다.
  - 구조재, 내·외장 재료로 다양하게 사용된다.
- 안산암
  - 휘석안산암, 각섬석안산암, 석영안산암으로 구성된다.
  - 구조재, 판석, 비석에 쓰이거나 장식재료 등에 쓰인다.
- 감람석
  - 크롬, 철광 등으로 된 흑색 치밀한 석질이 특징이다.
  - 감람석이 변질된 사문석, 사회석은 건축 장식재료 사용된다.
- 화산암(부석)
  - 마그마가 급속히 냉각될 때 가스가 방출하면서 다공질의 유리질로 이루어진 것을 말한다.
  - 비중은 0.7~0.8이며, 석재 중 가장 가볍다.
  - 경량골재, 단열재, 화학제조공업의 특수 장치에 사용된다.

■ 수성암

- 점판암
  - 이판암(점토가 바다 밑에 침전, 응결된 것)이 다시 변질된 것이다.
  - 석질이 치밀하며 주로 지붕재료나 외벽, 마루에 사용된다.

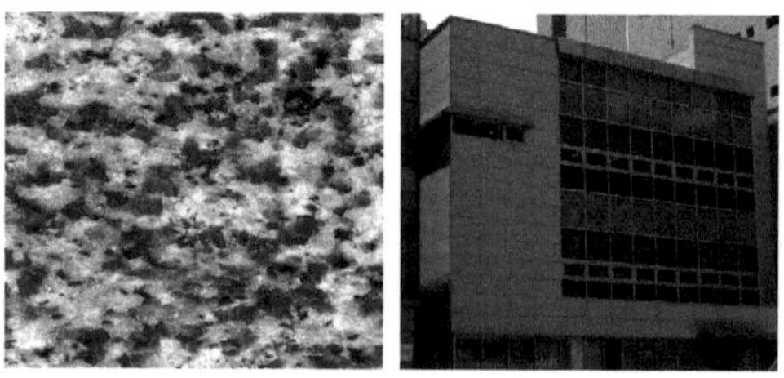

화강암(포천석)

화강암(뉴임페리얼 레드)

그림 15-14 건물 외장재로 사용된 화강암

출처 : http://tigerstone.co.kr

- 사암
  - 석영질의 모래가 압력을 받아 변질된 것이다.
  - 경질사암은 외벽 및 구조재로 적당하며 외관은 좋지 않다.
  - 연질사암은 실내에 손상이나 마멸이 잘 되지 않으며 주로 장식재로 사용된다.
- 응회암
  - 화산재, 화산 모래 등이 퇴적 응고하여 생성된다.
  - 다공질이 많고, 강도, 내구성이 작아 구조재로는 적당하지 않다.
  - 내화도가 높고 외관이 좋으므로 내화재나 장식재로 사용된다.
- 석회암
  - 화강암이나 동식물의 잔해 중 석회분이 물에 녹아 바다에서 침전, 응고된 것
  - 암석의 주성분은 탄산석회로 이루어져 있다.
  - 석질은 치밀하고 견고하나 내화성 및 내화학성이 부족하여 곧 분해된다.
  - 석회나 시멘트의 원료 또는 도로포장용 자갈로 사용된다.

■ 변성암

- 대리석
  - 석회암이 오랫동안 변질되어 결정화된 후 생성된다.
  - 열과 산에 약하다.
  - 광택과 색채, 문양이 좋아 장식재로 많이 사용된다.
- 트랜버린
  - 대리석의 한 종류로 다공질, 황갈색의 반문이 있다.
  - 석질이 균일치 못하다.
  - 실내 장식재로 많이 사용된다.
- 사문암
  - 흑록색의 치밀한 화강석인 감람석 중에 포함되어 있던 철분이 변질되어 생성된다.
  - 대리석 대용으로 사용된다.
- 석면
  - 사문암 또는 각섬석이 열과 압력을 받아 변질된 변성암의 일종이다.
  - 내화도는 1,200~1,300℃ 정도이다.
  - 화재에 안전하여 단열재 박킹이나 석면 시멘트판, 석면판에 사용된다.

■ 인조석

• 테라조

–대리석을 부수어 백색 시멘트 등으로 연마한 장식용 인조석을 말한다.

–보통 사문석이나 한수석의 대리석과 같이 광택이 있는 부순 돌을 사용한다.

• 종석

대리석 이외의 암석으로 테라조에 준하여 제작한 것으로 일종의 모조석을 말한다.

• 수지계 인조석

–시멘트를 사용하지 않고 폴리에스테르수지나 에폭시수지 등을 액상으로 하여 테라조, 모조석을 제조한 것이다.

–경화가 빠르고 높은 압축강도가 단기에 얻어지며 균열이 적은 것이 특징이다.

③ 석재의 마감공법

■ 벽재 구조에 따른 마감공법

• 순수 석조물일 때는 돌쌓기 공법을 사용한다.

• 구조물의 뒷벽이 벽돌조와 블록일 때는 돌쌓기와 돌붙이기 공법을 사용한다.

• 구조물의 뒷벽이 콘크리트일 때는 돌쌓기와 돌붙이기 공법을 사용한다.

■ 석재의 설치공법에 따른 마감공법

• 습식공법 : 모래·시멘트·물을 혼합한 모르타르를 돌의 뒷면에 주입시켜 돌을 고정시키는 방법

• 건식공법 : 내·외장용의 석재판과 밑바탕이 되는 구조체를 각종 앵커류로 간결해 나가는 공법

• GPC공법 : 화강석을 외장재로 사용하는 방법

(3) 타 일

타일은 점토를 소성하여 만들어지는 도자기질 타일을 말하며 내마모성, 내열성, 내약품성, 내구성이 좋다. 또한 중량이 무겁고 다른 재료에 비해 비싸지만 색채가 다양하여 외장재로 많이 사용된다.

① 타일의 분류

■ 모양에 따른 분류

• 보오더 타일 : 길이가 폭의 3배 이상인 타일

스크래치 타일

모자이크 타일

그림 15-15 다양한 모양의 타일 시공 사례

- 스크래치 타일 : 표면에 파인 홈이 나란하게 되어 있는 타일
- 모자이크 타일 : 장방형, 정방형과 같은 다양한 형태의 작은 조각을 모아 문양을 나타낸 타일로 각 또는 지름이 50 mm 정도의 타일
- 이형 타일 : 마감을 정밀하게, 미려하게 마무리하기 위한 타일

■ 바탕질에 따른 분류

- 도기질 타일 : 주로 실내에 사용한다.
- 자기질, 석기질 타일 : 실내외에 모두 사용가능하나 주로 외부에 사용한다.

② 타일의 백화 현상

타일의 뒷면에 물이 침투되면 물은 바탕 모르타르 속에 들어 있는 석회를 용해시켜서 수산화석회를 생성하는데 이와 같이 생성된 수산화석회가 벽의 외부로 표출되면서 공기 중의 탄산가스와 반응하여 석회석으로 변하여 타일의 표면은 오염시키는 현상이다. 백화 현상을 막기 위해서는 타일과 건물사이에 물이 침투하지 않도록 하고, 타일과 건물 사이에 공극이 발생치 않도록 모르타르를 충분히 타일 뒷면에 채워서 접착, 붙임 모르타르의 두께는 균등하도록 한다.

(4) 유 리

광선을 투과시키는 불연재료로서 품질이 균일한 제품의 대량생산이 가능하고 내구성이 우수한 반영구적인 재료이나 충격강도가 약한 취성재료로 파손되기 쉽고 열에 약하다. 실내건축 및 건축공사에 사용되는 유리는 대부분이 소다석회유리이고 판유리와 유리블록으로 구분한다. 유리의 종류는 다음과 같다.

플로트판유리 무늬유리 색유리 열선반사유리

망입유리 강화유리 접합유리 복층유리

그림 15-16 유리의 종류

출처 : http://www.flatalass.or.kr

① **일판 판유리**(clear glass)

- 보통판유리 : 두께 2~15 mm 수직인상법으로 제조되는 맑은 유리로서 표면에 요철현상이 일어나는 것이 단점이며 주택, 점포, 공장 등의 창, 내장, 가구, 쇼케이스, 가정용 수조, 원예 온실용으로 쓰인다.
- 플로트판유리 : 두께 3~19 mm의 플로트공법으로 생산되는 유리로서 표면이 평활하고, 파상, 결점이 없으며 대형인 것은 치수가 3,000×10,000 mm로서 최대 19,000 mm까지 양산이 가능하다.

  주로 일반건축, 진열장, 고급주택이나 초고층건물의 내장 및 외장, 제경, 복층, 자동차 등 각종 가공유리에 이용된다.

② **무늬유리**

롤 아웃공법으로 제조되고 판유리의 한 쪽 표면에 무늬가 음각된 반투명유리로 빛이 무늬에 따라 확산되므로 전체적으로 부드러운 감을 줄 수 있으며 주택 및 건축의 내·외장, 칸막이, 건축가구, 화장실, 욕탕 등에 사용된다.

③ 색유리

색유리는 여름철에는 태양복사열을 알맞게 차단시켜 주고, 겨울철에는 유리 자체의 온도가 높아져 실내온도를 보호하여 냉·난방비를 절감시켜 준다. 빛을 적당히 투과시킴으로써 분위기를 조성하고 외부의 시선을 적절히 막아 프라이버시를 보호하며 색유리는 황동색, 녹색, 청색, 회색 같은 다양한 색이 있고 빌딩과 일반주택의 창, 건축물 로비의 대형 창, 테이블과 각종 유리가구, 실내 칸막이에 사용된다.

④ 반사유리

제조·공정 시 특수 기체를 표면처리를 하여 일정 두께의 반사막을 입힌 유리로 막이 광선을 차단·반사시켜 실내에서는 투시되지만 외부에서는 거울처럼 보이는 특징이 있다.

태양열 차단효과는 투명유리, 색유리보다 뛰어나고 투시면에는 구릿빛, 회색, 녹색을 띠며, 반사면에서는 은빛, 금빛, 은회색, 황동색, 은청색, 청색, 흑갈색, 녹색 등을 띠고 있다.

⑤ 열선반사유리, 난방보온유리

태양열의 일부 투과와 반사가 적절히 조절되며 난방보온유리(low energy glass)는 태양 빛을 파장별로 흡수·반사시킨다. 단파장의 복사열은 투과시키고 난방기구에 의한 장파장의 복사열은 반사시킨다.

⑥ 망입유리

금속망을 유리 가운데 넣은 것으로서 깨지더라도 파편이 튀지 않고, 화재의 경우에도 불꽃의 침입을 방지해 준다. 주로 도난방지의 목적으로 사용되며 두께는 6.8 mm로 규정되어 있다.

망입 형판유리와 망입 연마판유리의 두 가지가 있으며 방화구획 안의 불연재료(을종방화문), 건축물 비상통로의 감시창, 학교나 공공건물에 주로 사용된다.

⑦ 강화유리

맑은 유리, 색유리 등을 열처리(600℃)하여 급냉시킴으로써 투시성은 같으나 강도는 5~10배 강하고 무게에 견디는 힘이 3~5배로 증가된 유리이다. 깨져도 모서리가 날카롭지 않은 작은 파편으로 부서지며, 200℃의 온도변화에도 견디는 강한 내열성을 가지고 있어 주로 고층빌딩의 창이나 출입문, 학교, 은행 등의 창, 수족관, 온실, 에스컬레이터의 난간, 엘리베이터 창, 진열장, 테이블 등 다양한 장소의 안정성을 요구하는 곳에 사용된다.

⑧ **접합유리**

판유리 사이에 폴리비닐부틸렌 필름을 끼워 고온, 고압으로 접착시킨 안전유리로 파손되어도 파편이 필름에 붙어 있으므로 사람에게 피해를 주지 않으며, 접착필름에 의한 다양한 색채효과를 나타낼 수도 있다.

건축물의 실내·외 천장, 대형 수족관, 식물원, 자동차, 기차, 선박의 창, 은행의 출납 창구, 보석점, 기타 사람의 출입이 빈번하고 안전성이 요구되는 곳에 주로 사용된다.

⑨ **복층유리**

건조한 공기층을 사이에 두고 판유리를 접합한 이중유리로 단열, 방음 및 유리면의 결로가 잘 발생하지 않으므로 냉·난방이 되는 시설, 한랭지의 건축물, 방송실의 유리창 등에 사용한다. 사용되는 원판에 따라 색상이 다양하게 표현되므로 공간의 개성을 살려 줄 수 있는 것이 특징이다.

⑩ **에칭유리**

두께 5 mm 이상의 유리에 가공이 가능하며 유리표면에 모래를 고압증기로 뿜어 마모시켜 불투명하게 한 후 불화수소를 사용하여 문양을 새긴 유리이다. 특히, 컬러 에칭유리는 유리 및 거울에 각양각색의 문양이나 그림, 글씨 등을 디자인하여 조각한 후 특수 안료로 채색한 창조성을 부각시킨 첨단 컬러예술제품이나 조각유리 등의 주문생산이 가능하며 유리 자체에 예술성을 부여할 수 있기 때문에 고급실내장식(층계난간, 응접실, 접객 장소의 장식 등)에 많이 사용된다.

⑪ **젖빛유리**

유리면 한 면을 경질의 사포 물갈기 하고 모래를 압축공기로 뿌리거나 또는 부식액을 분무하여 반투명 또는 불투명의 효과를 내는 유리이다. 이러한 효과를 얻은 유리는 거친 면이 실내가 되도록 시공한다.

⑫ **곡면유리**

판유리를 열처리해서 구부려 사용하는 유리로서 두께 5 mm 이상일 경우만 사용 가능하며, 반지름은 300 mm 이상이어야만 가능하다. 주된 용도는 빌딩의 외벽 코너, 건축물의 실내·외 천장, 건물 사이의 연결통로 및 출입구 등이다.

⑬ 거울

거울(mirror)은 연마판유리에 은칠로 덧바른 것으로서 직접 콘크리트면에 부착시키면 습기나 알칼리 등에 은도금이 침적되므로 고무제 패킹을 끼워서 거울 뒷면에 통풍이 되도록 해야 한다.

(5) 도 료

재료의 표면에 도료를 칠하는 것을 도장이라고 한다. 도장은 재료가 부식되거나 노후되는 것을 방지하기 위한 것과 재료에 색채나 광택을 부여하여 건물의 미관을 아름답게 하기 위한 것을 목적으로 하고 있다. 재료의 부식방지를 위해서는 내습성, 내후성, 내수성, 내유성, 내약품성을 지녀서 목재가 썩거나 금속이 부식하는 것을 방지한다. 건물의 미관을 위해서는 자유로운 색채와 광택, 모양을 내고 좋은 이미지를 줄 수 있도록 하며 저렴한 비용으로 콘크리트 마감이나 미장마감 위에 간단한 도색을 할 수 있다.

① 페인트

- 유성 페인트 : 안료와 건조성 지방유를 원료로 한다. 유성페인트의 특성은 속성 건조 경도가 크고, 내후성과 내마모성이 있다. 내 · 외장 어느 곳이나 사용가능하다. 실내의 목재, 금속, 콘크리트면에 사용된다.
- 에나멜 페인트 : 도막이 견고하고, 내후성과 내수성이 좋으며 착색이 선명하고 실내·외 목재와 금속면에 사용된다.
- 수성 페인트 : 소석고, 안료, 접착제를 섞어서 만든 것으로 물에 녹여서 사용하며 내수성이 없고, 내알칼리성이며 광택이 없는 것이 특징이고 용도로는 모르타르와 콘크리트 도장에 적합하다.
- 에멀션 페인트 : 에멀션 페인트의 특징은 내수성과 내구성을 들 수 있고, 목재, 섬유판에 사용되며 칠한 후에 물이 발산되면서 굳어져 거의 광택이 없는 도막을 형성하고 내·외장 어느 곳이나 사용이 가능하다.
- 아스팔트 페인트 : 내수성, 내산성, 내알칼리성, 전기절연성 등이 있는 것이 특징이며 방수, 방청 전기절연용으로 쓰인다.

② 바니시

- 유성 바니시 : 투명도료로 내후성이 적은 것이 특성이며, 목재 내부용으로 쓰인다.

■ 휘발성 바니시

• 랙(천연수지)

-조건성(條件性)이나 피막이 약하다.

-목재 내부용과 가구용으로 쓰인다.

• 래커(합성수지)

-내후성, 내화성, 내유성이 우수하다.

-목재면과 금속면의 외부용에 사용된다.

③ 합성수지 도료

■ 건조시간이 빠르고 도막이 견고하다.

■ 내산, 알칼리성으로 콘크리트나 회반죽면에 사용된다.

■ 도막은 내인화성이 있어 페인트와 바니시보다는 방화성을 갖는다.

■ 투명한 합성수지를 사용하면 극히 선명한 색을 낼 수 있다.

■ 종류로는 합성수지 수성 페인트, 합성수지 바니시, 합성수지수성 페인트, 페놀수지계, 비닐계 수지도료, 에폭시수지도료, 아크릴수지, 폴리에스테르수지도료, 비닐수지, 합성수지에멀션 페인트 등이 있다.

④ 방호도료

■ 방청도료

• 방청(防靑)도료는 금속면의 보호와 금속의 부식방지, 즉 녹이 슬지 않게 할 목적으로 사용되는 도료를 말한다.

• 방청도료 또는 녹막이도료라고도 하며 금속에는 방청도료로 초벌을 하고 그 위에 내후성이 있는 도료를 사용한다.

• 방청도료에는 연단도료(광명단도료), 합연방청도료, 방청산화도료, 규산염도료, 크롬산아연, 워시프라이머 등이 있다.

■ 방수도료 : 물유리와 같은 무기질용제에 내화성 안료를 넣은 것으로 카세인이나 아교에 석면, 석회 또는 마그네슘을 넣은 수성도료, 실리콘 또는 수지도료와 같은 내열성이 있는 합성수지도료 등을 말한다. 염소화합물을 함유한 도료, 발포성 방수도료 등이 있다.

■ 내알칼리도료 : 일반적으로 합성수지 페인트는 알칼리에 강하며, 염화비닐, 초산비닐이 이에 속한다.

(6) 뿜칠재

- 마감두께나 시공방법에 따라 얇은 뿜칠마감재(리신), 복층 뿜칠마감재(뿜칠타일), 두꺼운 뿜칠마감재(스타코)로 분류된다.
- 얇은 뿜칠마감재는 골재에 안료를 착색하거나 착색골재를 여러 가지 색으로 혼합하여 한번에 뿜칠하는 데 내후성이나 내오염성이 다소 떨어진다.
- 복층 뿜칠마감재는 표면에 문양을 만들기 위한 뿜칠과 착색, 피막을 만들기 위한 탑 코팅을 수회로 나눠서 뿜칠하여 1~5 mm 두께로 마감하고 다양한 문양이 가능하며 내수성과 내후성이 좋다.
- 두꺼운 뿜칠마감재는 얇은 뿜칠마감재와 같은 재료를 사용하지만 입체문양을 크게 하기 위해 4~10 mm의 두께에 뿜칠한 다음 롤러 등으로 돌출부를 눌러 모양이 퍼지게 한다. 또한 내구성이 좋고 중량감과 입체감이 있는 것이 특징이다.

(7) 사이딩

사이딩은 건물외벽용 강화패널을 총칭하는 말이다. 불연재가 많고 방화구조로 사용할 수 있기 때문에 오래전부터 목조건물의 외벽에 많이 사용되어 왔다. 요즘은 철근콘크리트구조, 조립식 건물 등에서도 폭넓게 사용되어 오고 있으며 목재사이딩, 비닐사이딩, 금속사이딩, 시멘트사이딩이 있다.

- 목재사이딩 : 의장성이 풍부하며 보온성과 방습성이 좋다.
- 비닐사이딩 : 내구성이 좋고 색상이 잘 변하지 않으며 시공이 간편하다.
- 금속사이딩 : 유지관리 및 부품교환이 용이하다.
- 시멘트사이딩 : 불연재료로서 강도가 크다.

목재사이딩

비닐사이딩

시멘트사이딩

그림 15-17 사이딩을 이용한 건물의 외관

출처 : http://www.yswood.co.kr

참 고 문 헌

• 주택구조

장기인(1998). 건축구조학. 보성각.

장회균 외(1998). 건축일반구조학. 기문당.

• 주택설비

(사)한국주거학회(2008). 미래주거환경, 2.

김봉애(2001). 주거환경학. 제주대출판부.

서승직(2004). 건축설비계획. 일진사.

성도생(1995). 건축설비. 학문사.

• 주택재료

건축재료교재 편찬위원회(2005). 건축재료. 보성각.

김영수 외(2007). 실내건축재료학. 건기원.

김재훈 외(2008). 건축재료학. 문운당.

대한건축학회(2003). 건축재료. 기문당.

박시환·장경수(1999). 실내건축재료학. 기문당.

서승하·이성금(1997). 실내건축재료학. 광문각.

양우창(1996). 실내재료시공학. 기문당.

오도엽 외(2005). 실내건축재료. 지음.

윤영선 외(2002). 실내건축재료학. 광문각.

정상진 외(2003). 건축재료학. 보성각.

최수경(2004). 건축·인테리어·조경 자재총람. 담디.

(주)대덕목재. http://www.daeduckwood.co.kr

(주)동양목재. http://dongyang.co.kr

(주)성창기업. http://www.sce.co.kr

(주)세창건축자재. http://www.ijaje.co.kr

(주)스톤마블. http://www.stonemarble.co.kr

(주)연성우드, 사이딩21. http://www.yswood.co.kr

(주)타이거스톤. http://tigerstone.co.kr

(주)한국시멘트. http://www.hkcement.co.kr

(주)한국판유리산업협회 KFGIA. http://www.flatglass.or.kr

(주)KS우드. http://www.kswood.co.kr

Benjamin Stein, John S. Reynolds (1999). Mechanical and Electrical Equipment for Buildings (8th Ed.). John Wiley & Sons, Inc.

Norbet Lechner (1999). Heating, Cooling, Lighting : Design Methods for Architects. John Wiley & Sons, Inc.

田中毅弘(1999). ポイントで學ぶ 建築環境・設備學. 技術書院.

建築技術者指導センタ-(2000). 建築技術の基礎知識. 霞ケ關出版社.

찾아보기

사각추형 3

아라베스크 35

■ 저자 소개

• 주거환경일반

김대년(서원대학교 조형·환경학부 건축학과 교수)

김종엽(한국토지주택공사 토지주택연구원 녹색성장연구실 연구위원)

박경옥(충북대학교 생활과학대학 주거환경학과 교수)

박현옥(청운대학교 방송·예술대학 인테리어디자인학과 교수)

신화경(상명대학교 자연과학대학 소비자주거학과 교수)

양세화(울산대학교 생활과학대학 주거환경학전공 교수)

전남일(가톨릭대학교 생활과학부 소비자주거학전공 교수)

최윤정(충북대학교 생활과학대학 주거환경학과 교수)

• 주거환경디자인

노현선(연세대학교 생활과학연구소 연구원)

박의정(대구예술대학교 디자인계열 건축실내디자인전공 교수)

박지연(백석대학교 기독교문화예술학부 인테리어디자인전공 교수)

박희진(울산대학교 생활과학대학 주거환경학전공 교수)

안옥희(영남대학교 생활과학대학 가족주거학과 교수)

이민아(군산대학교 자연과학대학 주거 및 실내계획학과 교수)

이윤희(신구대학 공간디자인학부 실내건축과 교수)

전정윤(연세대학교 생활과학대학 주거환경학과 교수)

주서령(경희대학교 생활과학대학 주거환경학과 교수)

한혜선(담디자인 설계실 실장)

• 주택정책·기술

강순주(건국대학교 건축학부 주거환경전공 교수)

곽인숙(우석대학교 보건복지대학 실버복지학과 교수)

김봉애(제주대학교 생활환경복지학부 주거·가족복지전공 교수)

박광재(한국재활복지대학 인테리어디자인과 교수)

오찬옥(인제대학교 디자인학부 실내디자인전공 교수)

이소영(중앙대학교 생활과학대학 주거환경학과 교수)

이지숙(군산대학교 자연과학대학 주거 및 실내계획학과 교수)

이현정(경희대학교 생활과학대학 주거환경학과 교수)

황연숙(한양대학교 생활과학대학 실내환경디자인학과 교수)

주거환경교육연구회

강순주(건국대학교)
곽인숙(우석대학교)
김대년(서원대학교)
김미경(충북대학교)
김미희(전남대학교)
김봉애(제주대학교)
김정인(우리관리(주))
김종엽(한국토지주택공사)
노현선(연세대학교 생활과학연구소)
모정현((주)예인건축연구소)
박경옥(충북대학교)
박광재(한국재활복지대학)
박선효(대림산업)
박수빈(부산대학교)
박의정(대구예술대학교)
박지연(백석대학교)
박현옥(청운대학교)
박희진(울산대학교)
백혜선(한국토지주택공사)
신화경(상명대학교)
안옥희(영남대학교)
양세화(울산대학교)
오찬옥(인제대학교)
유복희(울산대학교)
은난순(한국주거문화연구소)
이민아(군산대학교)
이소영(중앙대학교)
이윤희(신구대학)
이지숙(군산대학교)
이현정(경희대학교)
전남일(가톨릭대학교)
전정윤(연세대학교)
정경숙(백석대학교)
주서령(경희대학교)
최윤정(충북대학교)
한정원(부산대학교)
한혜선(담디자인)
황연숙(한양대학교)

편찬위원회

안옥희(총괄, 영남대학교)
박수빈(간사, 부산대학교)
곽인숙(우석대학교)
김미희(전남대학교)
박경옥(충북대학교)
오찬옥(인제대학교)
유복희(울산대학교)
주서령(경희대학교)

주거환경학총론

2010년 8월 20일 초판 인쇄
2010년 8월 25일 초판 발행

지은이 주거환경교육연구회
펴낸이 류 제 동
펴낸곳 (주)교 문 사

책임편집 윤정선
본문디자인 에바다에딧
표지디자인 반미현
제작 김선형
영업 정용섭·송기윤

출력 현대미디어
인쇄 동화인쇄
제본 대영제본

우편번호 413-756
주소 경기도 파주시 교하읍 문발리 출판문화정보산업단지 536-2
전화 031-955-6111(代)
팩스 031-955-0955
등록 1960. 10. 28. 제406-2006-000035호

홈페이지 www.kyomunsa.co.kr
E-mail webmaster@kyomunsa.co.kr
ISBN 978-89-363-1078-3 (93590)

값 30,000원
* 잘못된 책은 바꿔 드립니다.